Linus Pauling
Grundlagen der Chemie

Linus Pauling

GRUNDLAGEN DER CHEMIE

Übersetzt und bearbeitet von F. Helfferich

Verlag Chemie

Der Titel der Originalausgabe lautet **General Chemistry**, Third Edition, erschienen bei W. H. Freeman and Company, San Francisco, California. Copyright 1970 by Linus Pauling.

Unter dem Titel **Chemie – Eine Einführung** erlebte die deutsche Ausgabe von **General Chemistry**, Second Edition, zahlreiche Auflagen:

1. Auflage 1956
2. Auflage 1958
3. Auflage 1960
4. Auflage 1962
5. Auflage 1964
6. Auflage 1965
7. Auflage 1967
8. Auflage 1969

Verlagsredaktion: Dr. Gerd Giesler

Dieses Buch enthält 296 Abbildungen und 118 Tabellen

ISBN 3-527-25392-0

LIBRARY OF CONGRESS CATALOG CARD NO. 72-89596

Copyright © 1973 by Verlag Chemie GmbH, Weinheim/Bergstr.
Alle Rechte, insbesondere die der Übersetzung in fremde Sprachen, vorbehalten. Kein Teil dieses Buches darf ohne schriftliche Genehmigung des Verlages in irgendeiner Form — durch Photokopie, Mikrofilm oder irgendein anderes Verfahren — reproduziert oder in eine von Maschinen, insbesondere von Datenverarbeitungsmaschinen, verwendbare Sprache übertragen oder übersetzt werden.
All rights reserved (including those of translation into foreign languages). No part of this book may be reproduced in any form — by photoprint, microfilm, or any other means — nor transmitted or translated into a machine language without written permission from the publishers.
Die Wiedergabe von Warenbezeichnungen, Handelsnamen oder sonstigen Kennzeichen in diesem Buch berechtigt nicht zu der Annahme, daß diese von jedermann frei benutzt werden dürfen. Vielmehr handelt es sich häufig um eingetragene Warenzeichen oder sonstige gesetzlich geschützte Kennzeichen, wenn sie als solche nicht eigens gekennzeichnet sind.
Satz und Druck: Main-Echo, Kirsch & Co., Aschaffenburg.
Printed in Germany

Vorwort

In der ersten, vor 22 Jahren erschienenen Auflage dieses Buches habe ich den Versuch gemacht, das Tatsachenmaterial der beschreibenden Chemie — also die beobachteten Eigenschaften von Substanzen — so weit wie möglich mit theoretischen Grundlagen zu untermauern, vor allem mit der Theorie der Atom- und Molekularstruktur, um damit die Darstellung der Chemie einfacher zu gestalten. Die Verknüpfung mit theoretischen Gesichtspunkten habe ich in der zweiten Auflage weitergetrieben, und die hier vorliegende dritte Auflage setzt diese Entwicklung fort.
Die wichtigsten Theorien in der modernen Chemie sind die der Atom- und Molekularstruktur, der Quantenmechanik, der statistischen Mechanik und der Thermodynamik. In diesem Buch habe ich mich bemüht, die Entwicklung dieser Theorien im Hinblick auf die Chemie in folgerichtiger Weise darzustellen. Die Grundzüge der Quantenmechanik werden ausgehend von dem Gedanken der de Broglie-Wellenlänge des Elektrons erörtert. Die gequantelten Energiezustände eines Teilchens in einem Kasten werden an Hand einer einfachen Annahme über die Beziehung zwischen der de Broglie-Wellenlänge und der Kantenlänge des Kastens abgeleitet. Die Schrödinger-Gleichung für andere Systeme zu lösen, wird nicht versucht, aber die Wellenfunktionen von Elektronen in wasserstoffähnlichen Ionen sind angegeben und werden ebenso wie die Quantenzustände anderer Systeme in einigen Einzelheiten besprochen.
Ich habe die Erfahrung gemacht, daß es dem Anfänger leichter fällt, sich ein Verständnis der statistischen Mechanik (insbesondere in deren quantenmechanischer Form) als der Thermodynamik zu erarbeiten. Deswegen habe ich die statistische Mechanik vor der Thermodynamik eingeführt und die Erörterung der Thermodynamik auf ihr aufgebaut. Eine einfache Ableitung des Boltzmannschen Verteilungssatzes ist in Kapitel 9 angegeben. Von diesem Grundgesetz ausgehend werden die Hauptzüge der chemischen Thermodynamik dann in Kapitel 10 und 11 entwickelt. Es ist seit vielen Jahren üblich, verschiedene Elemente der chemischen Thermodynamik in Chemie-Vorlesungen zu bringen, insbesondere bei der Erörterung des chemischen Gleichgewichts, ohne jedoch die entsprechenden Gleichungen von den Grundprinzipien der Thermodynamik und statistischen Mechanik her abzuleiten. Ich glaube, der Student wird es begrüßen, daß ihm in diesem Lehrbuch eine Behandlung der grundlegenden Theorie zur Verfügung steht, selbst wenn es ihm nicht möglich sein sollte, das gesamte Material im Zuge der Chemie-Grundvorlesung zu meistern.
Das Material der beschreibenden Chemie ist in der vorliegenden Ausgabe kürzer gefaßt und wird vor allem bei den Nichtmetallen und deren Verbindungen unter neuen Gesichtspunkten betrachtet, die eine engere Beziehung mit der Elektronenstruktur von Atomen und besonders mit der Elektronegativität herzustellen gestatten. Es ist nicht möglich, neues Material in eine einjährige Chemievorlesung aufzunehmen, ohne manches vom alten fortfallen zu lassen. Für den Studenten ist es wichtig, einige Tatsachen

der beschreibenden Chemie kennenzulernen, und ich habe mich bemüht, eine wohlabgewogene Entscheidung zu treffen, wie weit die Einschränkung der Behandlung beschreibender Chemie ohne Schaden getrieben werden kann.

Das Buch enthält naturgemäß mehr, als selbst der beste Student sich in einem Jahr wird aneignen können. Ich bin von der Voraussetzung ausgegangen, daß bei der Benutzung als Vorlesungstext einige Kapitel und Abschnitte fortgelassen werden können. Das zusätzliche Material in diesem Buch soll zur Klärung etwa auftretender Fragen zur Verfügung stehen und dem interessierten Studenten die Möglichkeit bieten, seine Kenntnisse zu vertiefen.

In diesem Buch habe ich ausgiebig von den Maßeinheiten des „Internationalen Systems" Gebrauch gemacht. Vielen Lesern wird dieses System (oder wenigstens das nahe verwandte MKS-System) bereits vom Physikstudium her geläufig sein. Das „Internationale System" ist in den meisten Ländern der Welt (einschließlich Deutschland, nicht aber in den Vereinigten Staaten; Anm. d. Üb.) offiziell eingeführt und bietet erhebliche Vorteile durch Beseitigung willkürlicher Umrechnungsfaktoren. Es erscheint mir deshalb an der Zeit, nunmehr zu ihm überzugehen. Als hauptsächlichste Änderung ergibt sich hieraus die Verwendung des Joule statt der Kalorie als Einheit der Energie.

Das Buch „Grundlagen der Chemie" richtet sich in erster Linie an den Studenten der Chemie sowie nahe verwandter Gebiete, weiterhin an Studenten anderer Fachrichtungen mit guter Vorbildung und besonderem Interesse für Chemie. Elementare Vorkenntnisse in Physik und Mathematik werden vorausgesetzt.

Es ist mir eine Freude, Gustav Albrecht, Barclay Kamb, Peter Pauling, Arthur B. Robinson und Fred Wall für ihre Mitarbeit und Hilfe sowie John Ricci für die Anfertigung der stereoskopischen Zeichnungen meinen Dank auszusprechen.

9. Dezember 1969 *Linus Pauling*

Inhaltsverzeichnis

1.	**Wesen und Eigenschaften der Materie**	1
1.1.	Materie und Chemie	1
1.2.	Masse und Energie	1
1.3.	Das internationale Maßsystem	2
1.4.	Temperatur	4
1.5.	Materiesorten	5
1.6.	Physikalische Eigenschaften von Substanzen	9
1.7.	Chemische Eigenschaften von Substanzen	10
1.8.	Die wissenschaftliche Methodik	11
2.	**Die Atom- und Molekularstruktur der Materie**	15
2.1.	Hypothesen, Theorien und Gesetze	15
2.2.	Die Atomtheorie	16
2.3.	Moderne Methoden zur Aufklärung der Molekularstruktur	17
2.4.	Die Anordnung der Atome in Kristallen	18
2.5.	Die Beschreibung von Kristallstrukturen	20
2.6.	Kristallsymmetrie; die Kristallsysteme	24
2.7.	Der molekulare Aufbau von Substanzen	25
3.	**Das Elektron, der Atomkern und das Lichtquant**	35
3.1.	Elektrizität	35
3.2.	Die Entdeckung des Elektrons	40
3.3.	Die Entdeckung der Röntgenstrahlen und der Radioaktivität	47
3.4.	Die Atomkerne	50
3.5.	Die Geburt der Quantentheorie	52
3.6.	Der photoelektrische Effekt und das Lichtquant	57
3.7.	Die Beugung von Röntgenstrahlen an Kristallen	62
3.8.	Der Wellencharakter des Elektrons und der Elektronenspin	66
3.9.	Was ist Licht? Was ist ein Elektron?	71
3.10.	Die Heisenbergsche Unschärfebeziehung	72
4.	**Elemente und Verbindungen, Atom- und Molekularmassen**	77
4.1.	Die chemischen Elemente	77
4.2.	Das Neutron und die Kernstruktur	80
4.3.	Chemische Reaktionen	83
4.4.	Nuclidmassen und Atomgewichte	84
4.5.	Die Avogadrosche Zahl. Das Mol	84
4.6.	Beispiele der Berechnung von Gewichtsverhältnissen	85
4.7.	Atomgewichtsbestimmung mit chemischen Methoden	87
4.8.	Atomgewichtsbestimmung durch Massenspektrographie	88

4.9.	Bestimmung von Nuclidmassen mittels Kernreaktionen	90
4.10.	Die Festlegung der richtigen Atomgewichte – Isomorphie	91

5. Atombau und Periodensystem der Elemente ... 95
5.1.	Die Bohrsche Theorie des Wasserstoffatoms	95
5.2.	Anregung und Ionisierungsenergie	101
5.3.	Das wellenmechanische Bild des Atoms	105
5.4.	Das Periodensystem der Elemente	116
5.5.	Elektronenenergien als Grundlage des Periodensystems	121
5.6.	Die geschichtliche Entwicklung des Periodensystems	125

6. Die chemische Bindung ... 129
6.1.	Das Wesen der kovalenten Bindung	129
6.2.	Die Struktur kovalenter Verbindungen	133
6.3.	Die räumliche Ausrichtung von Bindungen	136
6.4.	Tetraedrische Bindungsorbitale	140
6.5.	Bindungsorbitale mit überwiegendem p-Charakter	143
6.6.	Molekeln und Kristalle der Nichtmetalle	144
6.7.	Resonanz	148
6.8.	Ionenbildung	149
6.9.	Partieller Ionencharakter kovalenter Bindungen	156
6.10.	Die Elektronegativitätsskala der Elemente	158
6.11.	Bildungswärme und relative Elektronegativität der Atome	161
6.12.	Das Elektroneutralitätsprinzip	167
6.13.	Größen von Atomen und Molekeln. Kovalente Radien und van der Waalssche Radien	169
6.14.	Oxidationszahlen von Atomen	172

7. Die Nichtmetalle und einige ihrer Verbindungen ... 177
7.1.	Die Elementarsubstanzen	177
7.2.	Hydride der Nichtmetalle. Kohlenwasserstoffe	189
7.3.	Kohlenwasserstoffe mit Doppel- und Dreifachbindungen	197
7.4.	Aromatische Kohlenwasserstoffe. Benzol	200
7.5.	Ammoniak und seine Verbindungen	203
7.6.	Andere Nichtmetallverbindungen mit normalen Valenzen	205
7.7.	Einige transargononische Verbindungen mit Einfachbindungen	211
7.8.	Die Argononen	214

8. Sauerstoffverbindungen von Nichteisenmetallen ... 223
8.1.	Die Sauerstoffverbindungen der Halogene	223
8.2.	Sauerstoffverbindungen von Schwefel, Selen und Tellur	231
8.3.	Sauerstoffverbindungen von Phosphor, Arsen, Antimon und Wismut	240
8.4.	Sauerstoffverbindungen des Stickstoffs	245
8.5.	Sauerstoffverbindungen des Kohlenstoffs	250
8.6.	Molekeln mit zweiwertigem Kohlenstoff. Freie Radikale	253
8.7.	Instabile und hochreaktionsfähige Molekeln	257

9. Gase: Quantenmechanik und statistische Mechanik 265
9.1. Die ideale Gasgleichung 267
9.2. Quantenmechanik eines einatomigen Gases 274
9.3. Die Wellengleichung 278
9.4. Die kinetische Gastheorie 280
9.5. Das Molekulargeschwindigkeitsverteilungsgesetz 281
9.6. Die Boltzmann-Verteilung 285
9.7. Abweichungen vom idealen Verhalten bei realen Gasen 290

10. Chemische Thermodynamik 297
10.1. Wärme und Arbeit. Energie und Enthalpie 297
10.2. Der erste Hauptsatz der Thermodynamik 298
10.3. Molwärme und spezifische Wärme. Schmelzwärme, Verdampfungswärme und Umwandlungswärme 300
10.4. Entropie. Der wahrscheinliche Zustand eines geschlossenen Systems . . 303
10.5. Die absolute Entropie eines idealen Gases 306
10.6. Reversible und irreversible Zustandsänderungen 307
10.7. Der Wirkungsgrad von Wärmemaschinen 309
10.8. Entropieänderung beliebiger Systeme bei Änderung der Temperatur . . 311
10.9. Der dritte Hauptsatz der Thermodynamik 312
10.10. Die Molwärme zweiatomiger Gase 315
10.11. Quantenzustände eines starren Rotators 316
10.12. Die Rotationsentropie zweiatomiger Gase 318
10.13. Quantenzustände des harmonischen Oszillators 319
10.14. Schwingungszustände zweiatomiger Molekeln 320
10.15. Energie, Wärmekapazität und Entropie eines harmonischen Oszillators . 322
10.16. Die Quantentheorie der Molwärme von Kristallen bei tiefen Temperaturen 324

11. Chemisches Gleichgewicht 331
11.1. Die thermodynamische Bedingung für chemisches Gleichgewicht . . . 331
11.2. Der Dampfdruck von Flüssigkeiten und Kristallen 334
11.3. Umwandlungsentropie, Schmelzentropie und Verdampfungsentropie . . 336
11.4. Van der Waalssche Kräfte. Schmelzpunkte und Siedepunkte 340
11.5. Chemisches Gleichgewicht in Gasen 348
11.6. Temperaturabhängigkeit der Gleichgewichtslage 352
11.7. Gleichgewicht in heterogenen Systemen 354
11.8. Das Le Châteliersche Prinzip 354
11.9. Die Phasenregel — eine Methode zur Einteilung von Gleichgewichtssystemen jeder Art 356
11.10. Die Bedingungen, unter denen eine Reaktion vollständig abläuft . . . 359
11.11. Tabellierte Werte thermodynamischer Größen von Substanzen 361

12. Wasser 365
12.1. Die Zusammensetzung des Wassers 365
12.2. Die Wassermolekel 369
12.3. Die Eigenschaften von Wasser 370

12.4.	Wasserstoffbrücken, die Ursache für die ungewöhnlichen Eigenschaften des Wassers	372
12.5.	Die Entropie von Eis	376
12.6.	Die Bedeutung von Wasser als elektrolytisches Lösungsmittel	377
12.7.	Schweres Wasser	380
12.8.	Abweichung des Wassers und einiger anderer Flüssigkeiten von der Hildebrandschen Regel	381
12.9.	Eis hoher Dichte	382
12.10.	Das Zustandsdiagramm von Wasser	384
13.	**Die Eigenschaften von Lösungen**	**389**
13.1.	Arten von Lösungen. Begriffe und Definitionen	389
13.2.	Löslichkeit	390
13.3.	Löslichkeit und Verwandtschaft zwischen Lösungsmittel und gelöstem Stoff	393
13.4.	Löslichkeit von Salzen und Hydroxiden	394
13.5.	Das Löslichkeitsprodukt	395
13.6.	Löslichkeit von Gasen in Flüssigkeiten: das Henrysche Gesetz	398
13.7.	Der Gefrierpunkt und der Siedepunkt von Lösungen	399
13.8.	Dampfdruck von Lösungen: das Raoultsche Gesetz	401
13.9.	Der osmotische Druck von Lösungen	403
13.10.	Das Entweichungsbestreben und das chemische Potential	405
13.11.	Die Eigenschaften der Elektrolytlösungen	409
13.12.	Kolloidale Lösungen	414
14.	**Säuren und Basen**	**419**
14.1.	Hydronium-Ionenkonzentration (Wasserstoff-Ionenkonzentration)	419
14.2.	Das Gleichgewicht von Wasserstoff-Ionen und Hydroxid-Ionen in wäßriger Lösung	422
14.3.	Indikatoren	423
14.4.	Das Äquivalentgewicht von Säuren und Basen	425
14.5.	Schwache Säuren und schwache Basen	426
14.6.	Die Titration schwacher Säuren und schwacher Basen. Hydrolyse von Salzen	429
14.7.	Gepufferte Lösungen	433
14.8.	Die Stärke der Sauerstoffsäuren	435
14.9.	Die Auflösung von Carbonaten in Säure. Hartes Wasser	438
14.10.	Die Fällung von Sulfiden	439
14.11.	Nichtwäßrige amphiprotische Lösungsmittel	440
15.	**Oxidations-Reduktions-Reaktionen. Elektrolyse**	**445**
15.1.	Die elektrolytische Zersetzung eines geschmolzenen Salzes	445
15.2.	Die Elektrolyse einer wäßrigen Salzlösung	449
15.3.	Oxidations-Reduktions-Reaktionen	452
15.4.	Quantitative Gesetze der Elektrolyse	454
15.5.	Die elektrochemische Spannungsreihe der Elemente	456
15.6.	Gleichgewichtskonstanten von Oxidations-Reduktions-Paaren	459

15.7.	Die Konzentrationsabhängigkeit der elektromotorischen Kraft elektrochemischer Zellen	464
15.8.	Galvanische Elemente und Akkumulatoren	465
15.9.	Elektrolytische Darstellung von Elementen	467
15.10.	Die Reduktion von Erzen. Metallurgie	471
16.	**Die Geschwindigkeit chemischer Reaktionen**	479
16.1.	Was bestimmt die Geschwindigkeit einer chemischen Reaktion?	479
16.2.	Geschwindigkeit einer Reaktion erster Ordnung bei konstanter Temperatur	482
16.3.	Reaktionen höherer Ordnung	487
16.4.	Reaktionsmechanismus. Temperaturabhängigkeit der Reaktionsgeschwindigkeit	490
16.5.	Katalyse	493
16.6.	Kinetik von Enzymreaktionen	494
16.7.	Kettenreaktionen	497
17.	**Struktur und Eigenschaften von Metallen und Legierungen**	501
17.1.	Die metallischen Elemente	501
17.2.	Die Struktur der Metalle	501
17.3.	Das Wesen der Übergangsmetalle	503
17.4.	Der metallische Zustand	505
17.5.	Metallische Wertigkeit	508
17.6.	Die Theorie frei beweglicher Elektronen in Metallen	511
17.7.	Legierungen	513
17.8.	Experimentelle Methoden zur Untersuchung von Metallen und Legierungen	518
17.9.	Einlagerungsmischkristalle und Substitutionsmischkristalle	524
17.10.	Physikalische Metallurgie	525
18.	**Lithium, Beryllium, Bor und Silicium und ihre Homologen**	533
18.1.	Die Elektronenstrukturen von Lithium, Beryllium, Bor und Silicium und ihren Homologen	533
18.2.	Verhältnis der Ionenradien. Liganz und deren Einfluß auf die Eigenschaften von Substanzen	534
18.3.	Die Alkalimetalle und ihre Verbindungen	540
18.4.	Die Erdalkalimetalle und ihre Verbindungen	543
18.5.	Bor	547
18.6.	Die Borane. Verbindungen mit Elektronenmangel	548
18.7.	Aluminium und seine Homologen	550
18.8.	Silicium und seine einfacheren Verbindungen	553
18.9.	Siliciumdioxid	554
18.10.	Natriumsilicat und andere Silicate	556
18.11.	Silicatminerale	557
18.12.	Glas	560
18.13.	Zement	561

XII   Inhaltsverzeichnis

18.14.	Silicone	561
18.15.	Germanium	562
18.16.	Zinn	564
18.17.	Blei	566
19.	**Anorganische Komplexe und die Chemie der Übergangsmetalle**	**569**
19.1.	Anorganische Komplexe	569
19.2.	Tetraedrische, oktaedrische und quadratische Bindungsorbitale	569
19.3.	Ammoniakkomplexe	573
19.4.	Cyanokomplexe	576
19.5.	Halogenokomplexe und andere Komplex-Ionen	577
19.6.	Hydroxokomplexe	579
19.7.	Sulfidkomplexe	580
19.8.	Quantitative Behandlung der Komplexbildung	581
19.9.	Koordinativ mehrwertige Komplexbildner	582
19.10.	Die Struktur und Stabilität von Metallcarbonylen und anderen kovalenten Komplexen der Übergangsmetalle	584
19.11.	Mehrkernige Komplexe	586
20.	**Eisen, Kobalt, Nickel und die Platinmetalle**	**591**
20.1.	Die Elektronenstrukturen und Oxidationszustände von Eisen, Kobalt, Nickel und den Platinmetallen	591
20.2.	Eisen	593
20.3.	Stahl	598
20.4.	Eisenverbindungen	602
20.5.	Kobalt	604
20.6.	Nickel	604
20.7.	Die Platinmetalle	605
21.	**Kupfer, Zink und Gallium und ihre Homologen**	**609**
21.1.	Die Elektronenstrukturen und Oxidationszustände von Kupfer, Zink und Gallium und ihren Homologen	609
21.2.	Die Eigenschaften von Kupfer, Silber und Gold	610
21.3.	Kupferverbindungen	612
21.4.	Silberverbindungen	614
21.5.	Photochemie und Photographie	615
21.6.	Goldverbindungen	620
21.7.	Farbe und gemischte Oxidationsstufen	620
21.8.	Eigenschaften und Verwendung von Zink, Cadmium und Quecksilber	621
21.9.	Verbindungen von Zink und Cadmium	622
21.10.	Quecksilberverbindungen	624
21.11.	Gallium, Indium und Thallium	627
22.	**Titan, Vanadium, Chrom und Mangan und ihre Homologen**	**629**
22.1.	Die Elektronenstrukturen von Titan, Vanadium, Chrom und Mangan und ihren Homologen	629
22.2.	Titan, Zironium, Hafnium und Thorium	630

22.3.	Vanadium, Niob, Tantal und Protactinium	632
22.4.	Supraleitung	633
22.5.	Chrom	635
22.6.	Die Homologen des Chroms	638
22.7.	Mangan	641
22.8.	Säurebildende und basenbildende Oxide und Hydroxide	644
22.9.	Die Homologen des Mangans	644
23.	**Organische Chemie**	**647**
23.1.	Wesen und Gesichtskreis der organischen Chemie	647
23.2.	Erdöl und die Kohlenwasserstoffe	648
23.3.	Alkohole und Phenole	652
23.4.	Aldehyde und Ketone	655
23.5.	Die organischen Säuren und ihre Ester	657
23.6.	Amine und andere organische Stickstoffverbindungen	660
23.7.	Kohlenhydrate, Zucker, Polysaccharide	663
23.8.	Fasern und Kunststoffe	664
24.	**Biochemie**	**667**
24.1.	Worin besteht Leben?	667
24.2.	Die chemische Struktur lebender Organismen	668
24.3.	Aminosäuren und Proteine	669
24.4.	Nucleinsäuren. Die Chemie der Vererbungsvorgänge	679
24.5.	Stoffwechselvorgänge. Enzyme und ihre Tätigkeit	686
24.6.	Vitamine	688
24.7.	Hormone	692
24.8.	Chemie und Medizin	692
25.	**Die Chemie der Elementarteilchen**	**697**
25.1.	Die Einteilung der Elementarteilchen	697
25.2.	Die Entdeckung der Elementarteilchen	699
25.3.	Die Kernkräfte. Starke Wechselwirkungen	703
25.4.	Die Struktur der Nucleonen	707
25.5.	Leptonen und Antileptonen	708
25.6.	Mesonen und Antimesonen	711
25.7.	Baryonen und Antibaryonen	712
25.8.	Die Zerfallsreaktionen der Elementarteilchen	712
25.9.	Seltsamkeit (Xenizität)	714
25.10.	Resonanzteilchen und Komplexe	716
25.11.	Die Struktur der Elementarteilchen. Quarks	717
25.12.	Positronium, Müonium und Mesonenatome	721
26.	**Kernchemie**	**723**
26.1.	Natürliche Radioaktivität	723
26.2.	Das Alter der Erde	727
26.3.	Künstliche Radioaktivität	728

26.4. Arten von Kernreaktionen 730
26.5. Verwendung radioaktiver Elemente als Indikatoren 732
26.6. Altersbestimmung mit Kohlenstoff 14 734
26.7. Die Eigenschaften von Nucliden 735
26.8. Das Schalenmodell der Kernstruktur 743
26.9. Das Helion-Triton-Modell. 744
26.10. Kernspaltung und Kernverschmelzung 747

Anhang I   Maßeinheiten 751
Anhang II   Werte einiger physikalischer und chemischer Konstanten 754
Anhang III   Die Symmetrie von Molekeln und Kristallen 755
Anhang IV   Röntgenstrahlen und Kristallstruktur 766
Anhang V   Wasserstoffähnliche Orbitale 779
Anhang VI   Russell-Saunders-Zustände und Pauli-Prinzip 782
Anhang VII Hybridbindungsorbitale 789
Anhang VIII Bindungs- und Dissoziationsenergien 795
Anhang IX   Dampfdruck des Wassers bei verschiedenen Temperaturen . . . 799
Anhang X   Eine weitere Ableitung des Boltzmannschen Verteilungssatzes . . 800
Anhang XI   Der Boltzmannsche Verteilungssatz in der klassischen Mechanik . 803
Anhang XII Die Entropie idealer Gase 805
Anhang XIII Dielektrische Polarisation und elektrisches Dipolmoment von Atomen, Ionen und Molekeln 808
Anhang XIV Die magnetischen Eigenschaften von Substanzen 812
Anhang XV Werte thermodynamischer Größen einiger Substanzen bei 25°C und 1 atm 822

Register 825

Kapitel 1

Wesen und Eigenschaften der Materie

1.1. Materie und Chemie

Das Weltall besteht aus Materie und strahlender Energie. Materie (vom lateinischen *materia*, Holz, Baustoff) kann definiert werden als jegliche Art von Masse-Energie (siehe Abschnitt 1.2), die sich langsamer als Licht fortbewegt; strahlende Energie dagegen ist jegliche Art von Masse-Energie, die sich mit Lichtgeschwindigkeit bewegt.
Die verschiedenen Arten von Materie nennt man *Stoffe* oder *Substanzen*. Die Chemie ist die Lehre von den Stoffen, von ihrem Aufbau, ihren Eigenschaften und von den Umsetzungen, die andere Stoffe aus ihnen entstehen lassen.
Diese Definition der Chemie ist gleichzeitig zu eng und zu weit gefaßt. Sie ist zu eng, weil sich der Chemiker bei seinem Studium der Stoffe auch mit strahlender Energie in ihrer Wechselwirkung mit den Stoffen befassen muß. Die Farbe von Stoffen kann ihn interessieren, die durch Lichtabsorption hervorgerufen wird; er kann die Struktur von Stoffen aus Beugung von Röntgenstrahlen ermitteln wollen (Abschnitt 3.7, Anhang IV); vielleicht beschäftigt ihn sogar die Absorption oder Emission elektromagnetischer Wellen durch die Stoffe.
Andererseits ist die Definition zu umfassend, weil fast alle naturwissenschaftlichen Disziplinen in sie einbezogen werden können. Der Astrophysiker befaßt sich mit Stoffen, die auf Sternen und anderen Himmelskörpern vorkommen, oder die in sehr geringer Konzentration im interstellaren Raum verteilt sind. Der Kernphysiker untersucht Stoffe, aus denen sich die Atomkerne zusammensetzen. Den Biologen interessieren Stoffe, die in lebenden Organismen vorkommen. Der Geologe beschäftigt sich mit Stoffen, aus denen die Erde aufgebaut ist, den sogenannten Mineralen. Es fällt also wirklich schwer, die Chemie gegen die anderen naturwissenschaftlichen Disziplinen abzugrenzen.

1.2. Masse und Energie

Materie besitzt Masse; deshalb unterliegt jedes Stückchen Materie der Schwerkraft: auf der Erde wird es zum Erdmittelpunkt hingezogen. Diese Anziehungskraft nennt man das Gewicht des Materiestückchens. Lange Zeit glaubten die Forscher, der Unterschied zwischen Materie und Energie läge darin, daß Materie Masse besäße, Energie dagegen nicht. Später, zu Beginn unseres Jahrhunderts (1905), zeigte Albert Einstein (1879–1955), daß auch die Energie Masse besitzt und daß folglich Licht von Materie durch Schwerkraft angezogen wird. Die Bestätigung seiner These wurde von Astronomen erbracht; bei der Sonnenfinsternis am 30. Mai 1919 und bei späteren Sonnenfinsternissen konnten entfernte Fixsterne beobachtet werden, bevor und nachdem sich die Sonne zwischen ihnen und der Erde vorbeigeschoben hatte; es erwies sich, daß das Licht der Sterne, dessen Weg zur Erde nahe an der Sonne vorbeiführte, zur Sonne hin abgelenkt wurde. Der Betrag der Masse, die zu einer bestimmten Energiemenge gehört, ist durch eine grundlegende Gleichung gegeben, die *Einstein-Beziehung*

$$E = mc^2 \tag{1.1}$$

die eine wesentliche Rolle in der Relativitätstheorie spielt. In dieser Gleichung bedeutet E die Energiemenge (J), m die Masse (kg) und c die Lichtgeschwindigkeit (m s^{-2})[1]. Die Lichtgeschwindigkeit c ist eine der fundamentalen Naturkonstanten[2]; ihr zahlenmäßiger Wert beträgt $2,99793 \cdot 10^8$ m s^{-1}.

Bis in unser Jahrhundert hinein glaubte man auch, Materie ließe sich nicht schaffen oder vernichten, sondern nur von einer Erscheinungsform in eine andere umwandeln. Inzwischen hat man jedoch entdeckt, daß es möglich ist, Materie in strahlende Energie zu verwandeln und umgekehrt strahlende Energie in Materie. Die Masse m der Materie, die man bei der Umwandlung der Menge E strahlender Energie erhält, oder die man in diese Menge strahlender Energie umwandeln kann, ist durch die Einstein-Beziehung (1.1) gegeben. Experimentell konnte die Einstein-Beziehung an Reaktionen von Atomkernen bestätigt werden. Die Beschreibung solcher Vorgänge soll einem späteren Kapitel vorbehalten bleiben.

Bis zu unserem Jahrhundert benutzte man das Gesetz von der Erhaltung der Materie und das Gesetz von der Erhaltung der Energie. Diese beiden Erhaltungsgesetze wurden dann zu einem einzigen vereinigt, dem *Gesetz von der Erhaltung der Masse*, wobei der Begriff Masse sowohl die Masse der Materie als auch die der Energie umfaßt.

1.3. Das internationale Maßsystem

Das metrische System der Maßeinheiten von Länge, Masse, Kraft und anderen physikalischen Größen ist während der französischen Revolution entwickelt worden. Im praktischen Gebrauch läßt es sich viel bequemer handhaben als die früher in den verschiedenen Ländern üblichen, nicht auf dem Dezimalsystem beruhenden Maßeinheiten, wie etwa Elle und Pfund, und hat diese fast vollständig verdrängt. In allen Ländern mit Ausnahme der Vereinigten Staaten, Kanada und einiger afrikanischer Nationen ist das metrische System zum mindesten für den wissenschaftlichen Gebrauch eingeführt worden. Eine erweiterte und verbesserte Fassung des metrischen Systems, das sogenannte „Internationale System" (SI von *système international*), ist 1960 offiziell von der Allgemeinen Konferenz für Gewicht und Maße angenommen worden.

Die Symbole der wichtigsten und häufigsten Einheiten des internationalen Systems sowie die Bezeichnung von Größenordnungen und einige abgeleitete Einheiten sind in Anhang I angegeben. Dem vom Physikstudium her mit dem MKS-System (Meter-Kilogramm-Sekunde-System) vertrauten Leser wird das internationale System weitgehend geläufig sein. Wer jedoch das cgs-System (Zentimeter-Gramm-Sekunde-System) benutzt hat, wird sich an einige neue Einheiten gewöhnen müssen.

---

1 Wegen der Maßeinheiten vgl. Abschnitt 1.3.
2 Das Symbol c bezeichnet die Lichtgeschwindigkeit im Vakuum.

1.3. Das internationale Maßsystem

Die Masseneinheit des SI ist das *Kilogramm* (kg), definiert als die Masse des in Paris aufbewahrten „Ur-Kilogramms", eines aus einer Platin-Iridium-Legierung angefertigten Quaders. Bezüglich der Masseneinheit weist das internationale System zur Zeit noch einen Schönheitsfehler auf, denn diese trägt die Größenbezeichnung „Kilo-", die sonst dem Tausendfachen der Grundeinheit vorbehalten ist. Entsprechend ist das Milligramm (Symbol mg, nicht μkg) ein Millionstel der Grundeinheit, nicht etwa ein Tausendstel, wie die Größenbezeichnung „Milli-" und das vorangestellte m es sonst verlangen. Dieser Schönheitsfehler wird bestehen bleiben, bis man sich auf einen neuen Namen und anderes Symbol für die Masseneinheit hat einigen können.

Die Längeneinheit des SI ist das *Meter* (m), früher definiert als der Abstand zwischen zwei eingravierten Linien auf dem „Ur-Meter", einem Platin-Iridium-Stab, der ebenfalls in Paris im internationalen Amt für Gewichte und Maße aufbewahrt wird. Als neue und schärfere Definition des Meters, die mit der alten innerhalb deren Fehlergrenze übereinstimmt, hat eine internationale Kommission 1960 das 1650763,73fache der Wellenlänge der orangeroten Spektrallinie des Kryptonisotops ^{86}Kr festgelegt.[1)]

Die Zeiteinheit des SI ist die *Sekunde* (s), definiert als die Zeitdauer von 9192631770 Perioden der Schwingung mit ungefähr 3,26 cm Wellenlänge im Mikrowellenspektrum des Caesiumatoms ^{133}Cs.[2)] Früher war die Sekunde als das 86400stel des mittleren Sonnentags definiert.

Die Volumeneinheit des SI ist das *Kubikmeter* (m^3). In der Chemie werden häufiger das Liter (l) und das Milliliter (ml) benutzt. Tausend Liter sind ein Kubikmeter, und Milliliter und Kubikzentimeter sind einander gleich.[3)]

Die Krafteinheit des SI ist das *Newton* (N), definiert als die Kraft, von der eine Masse von 1 kg um 1 m s^{-2} beschleunigt wird. Das Newton entspricht 10^5 dyn. (1 dyn, die Krafteinheit im cgs-System, ist die Kraft, die 1 g um 1 cm s^{-2} beschleunigt.) Die Energieeinheit des SI ist das *Joule* (J), definiert als die Arbeit, die ein Newton über die Strecke von einem Meter verrichtet: $1 J = 1 Nm = 10^7 erg = 10^7 dyn\, cm$.

Eine in der Chemie häufig benutzte Energieeinheit ist die *Kalorie* (cal). Die thermochemische Kalorie, definiert als 4,184 Joule (siehe Anhang I), ist ungefähr die Energiemenge, die nötig ist, ein Gramm Wasser um ein Grad Celsius zu erwärmen. Die Kilokalorie oder „große Kalorie" (kcal oder Cal) ist das Tausendfache der Kalorie. In diesem Buch wird in den meisten Tafeln und Erörterungen das Joule verwendet. Da die meisten thermochemischen Werke jedoch Wärmetönungen in Kalorien angeben, sei der Umrechnungsfaktor noch einmal herausgestellt:

---

1 Diese Spektrallinie entspricht dem Übergang des Atoms von einem $5d_5$- zu einem $2p_{10}$-Zustand. In beiden Zuständen ist $J=1$. Beim genannten Übergang fällt ein Elektron von einem $6d$- zu einem $5p$-Orbital (siehe Abschnitt 5.3).
2 Im Grundzustand hat das Caesiumatom ein ungepaartes Elektron, und zwar in einem $6s$-Orbital (Symbol $^2S_{1/2}$). Der Kern von ^{133}Cs hat einen Spin mit Quantenzahl $I=7/2$. Der Kernspin- und der Elektronenspin-Drehimpuls ergeben zusammen einen resultierenden Drehimpuls mit der Quantenzahl $F=4$ oder $F=3$. Die genannte Linie im Mikrowellenspektrum entspricht dem Übergang zwischen diesen beiden Energieniveaus (siehe Abschnitt 26.7).
3 Gemäß einer inzwischen revidierten Definition des Liters bestand ein kleiner Unterschied zwischen Milliliter und Kubikzentimeter: ein Milliliter nach dieser alten Definition entsprach 1,000027 cm^3.

1. Wesen und Eigenschaften der Materie

$$1 \text{ cal} = 4{,}184 \text{ J}$$
$$1 \text{ kcal} = 1 \text{ Cal} = 4{,}184 \text{ kJ}$$

Aufgabe 1.1. Der Niagara-Fall (Hufeinsenfall) ist 48 Meter hoch. Um wieviel erwärmt sich das Wasser beim Herabstürzen infolge der Umwandlung von potentieller Energie in Wärme? (Die Schwerkraftsbeschleunigung ist 9,80665 m s^{-2}.)

Lösung. Auf eine Masse von 1 kg wirkt an der Erdoberfläche die Schwerkraft 9,80665 N. Die potentielle Energie von 1 kg verringert sich folglich bei einem Höhenverlust von 48 Metern um $48 \cdot 9{,}80665 = 472$ J, und die Wärmeenergie erhöht sich um diesen Betrag. Wie oben angegeben ist 1 kcal = 4,184 kJ = 4148 J die Wärmemenge, die 1 kg Wasser um 1 °C erwärmt. Demgemäß erwärmt sich das Wasser um $472/4184 = 0{,}113$ °C.

Aufgabe 1.2. Bei der Kernspaltung von 2 kg Uran 235 (wie bei der Detonation der Atombombe am 6. August 1945 über Hiroshima) werden $1{,}646 \cdot 10^{14}$ J Strahlungsenergie und Wärme freigesetzt. Wie groß ist die Masse der materiellen Reaktionsprodukte?

Lösung. Wir können die Masse der freigesetzten Energie (Licht, γ-Strahlen usw.) mit der Einstein-Beziehung (1.1) berechnen. Teilen wir beide Seiten der Gleichung durch c^2 und setzen die Werte von E und c ein, so erhalten wir

$$m = \frac{E}{c^2} = \frac{1{,}646 \cdot 10^{14} \text{ J}}{(2{,}998 \cdot 10^8)^2 \text{m}^2 \text{s}^{-2}} = 0{,}183 \cdot 10^{-2} \text{ kg}$$

Die Materiemasse, ursprünglich 2 kg, hat also um 0,00183 kg abgenommen (das entspricht 0,0915%), und die Masse der materiellen Reaktionsprodukte beträgt somit 1,99817 kg.
Die Einstein-Beziehung zwischen Masse und Energie ist an Kernreaktionen dieser Art durch direkte Bestimmung der Masse der Reaktionsprodukte und der ausgestrahlten Energie bestätigt worden.

Aufgabe 1.3. Bei der Explosion von 1 kg Glycerintrinitrat (Nitroglycerin) wird ein Energiebetrag von $8{,}0 \cdot 10^6$ J frei, wie experimentell bestimmt worden ist. Wie groß ist die Masse der Reaktionsprodukte?

Lösung. Diese Aufgabe ist auf genau dieselbe Weise zu lösen wie die vorhergehende. Man erhält die Masse der durch die Reaktion erzeugten strahlenden Energie, indem man die Energie E durch das Quadrat der Lichtgeschwindigkeit teilt:

$$m = \frac{E}{c^2} = \frac{8{,}0 \cdot 10^6 \text{ J}}{(2{,}998 \cdot 10^8)^2 \text{m}^2 \text{s}^{-2}} = 0{,}89 \cdot 10^{-10} \text{ kg}$$

Hieraus berechnet sich die Masse der Reaktionsprodukte zu 0,999999999911 kg.

Die Masse der Reaktionsprodukte dieser chemischen Reaktion unterscheidet sich also von der Masse des Ausgangsmaterials sehr wenig – so wenig, daß man die Differenz unmöglich experimentell messen kann. Der Massenverlust beträgt nach unserer Rechnung nur ein Zehnmilliardstel der ursprünglichen Masse. Das ist ein so kleiner Bruchteil, daß wir für praktische Zwecke das Gesetz von der Erhaltung der Materie bei gewöhnlichen chemischen Reaktionen als gültig ansehen können.

1.4. Temperatur

Zwischen zwei Gegenständen, die sich berühren, kann ein Wärmeübergang stattfinden. Die *Temperatur* ist die Eigenschaft, von der es abhängt, in welcher Richtung die Wärmeenergie fließt: der Fluß ist stets vom Gegenstand höherer zu dem niedrigerer Temperatur gerichtet.

Temperaturen mißt man gewöhnlich mit einem Thermometer, etwa dem üblichen Quecksilberthermometer, das im wesentlichen aus einem mit Quecksilber gefüllten Glasröhrchen besteht. Die in der Wissenschaft allgemein benutzte Temperaturskala ist die *Celsius-Skala*, 1742 von dem schwedischen Astronomen Anders Celsius (1701–1744) eingeführt, auf der der Gefrierpunkt luftgesättigten Wassers und der Siedepunkt von Wasser unter 1 atm Druck bei 0 bzw. 100° liegen. In den angelsächsischen Ländern wird im Hausgebrauch sowie im Ingenieurwesen noch die *Fahrenheit-Skala* verwendet, auf der der Gefrierpunkt und der Siedepunkt des Wassers bei 32° und 212° liegen.[1)]

Die Kelvin-Skala. Vor rund zweihundert Jahren entdeckte man, daß das Volumen einer Gasmenge sich beim Abkühlen nach bestimmten Gesetzen verringert. Die Extrapolation nach tiefen Temperaturen ergab, daß das Gasvolumen bei etwa −273 °C überhaupt verschwinden würde, sollten die Gasgesetze im gesamten Temperaturbereich gültig sein. Hieraus entwickelte sich die Vorstellung, daß diese Temperatur von −273 °C (genauer, −273,15 °C) die tiefstmögliche Temperatur und damit den *absoluten Nullpunkt* der Temperaturskala darstellt. Eine entsprechende Skala führte der große britische Physiker Lord Kelvin (1824–1907) ein. Die Kelvin-Skala,[2)] die vom absoluten Nullpunkt aus rechnet, erfüllt den Zweck, die Gesetze der Thermodynamik in ihrer einfachsten Form erscheinen zu lassen (siehe Kapitel 10).
Die Temperaturskala des SI stimmt mit der ursprünglichen Kelvin-Skala überein, abgesehen von einer etwas abgeänderten Definition des Grads. Der absolute Nullpunkt ist 0 K, und 273,16 K ist festgelegt als der Tripelpunkt des Wassers (d.h. die Temperatur, bei der sich Wasser, Wasserdampf und Eis miteinander im Gleichgewicht befinden; siehe Abschnitt 11.9). Aus dieser Definition ergibt sich 373,15 K als Siedepunkt des Wassers unter Normaldruck von einer Atmosphäre sowie 273,15 K als Gefrierpunkt des mit Luft unter Normaldruck gesättigten Wassers.[3)] Somit ist eine Temperaturangabe in Kelvin-Graden des SI zahlenmäßig um 273,15 Grad höher als in Celsius-Graden.

1.5. Materiesorten

Wir wollen zuerst unterscheiden zwischen Gegenständen und Materiesorten. Ein Gegenstand — zum Beispiel ein Mensch, ein Tisch, eine Türklinke aus Messing — kann

---

1 Aufgestellt von Gabriel Daniel Fahrenheit (1686–1736), einem in Danzig geborenen Physiker, der in Holland und England lebte und 1714 das Quecksilberthermometer erfand. Vor Fahrenheit hatte man Alkohol als Thermometerflüssigkeit verwendet. Als Nullpunkt seiner Skala wählte Fahrenheit die niedrigste Temperatur, die er durch Mischen gleicher Mengen von Schnee und Ammoniumchlorid erreichen konnte. Die Lage des Siedepunkts des Wassers, bei 212 °F, ergab sich daraus, daß Fahrenheit seine Körpertemperatur mit 100 °F festlegen wollte. Tatsächlich beträgt die normale Körpertemperatur 98,6 °F; vielleicht hatte Fahrenheit leichtes Fieber, als er sein Thermometer kalibrierte.
2 In der Ingenieurliteratur der angelsächsischen Länder findet sich noch eine weitere absolute Skala, die *Rankine-Skala*. Die Temperatur in Grad Rankine ist in Fahrenheit-Graden vom absoluten Nullpunkt aus gemessen.
3 Null Grad Celsius ist definiert als der Gefrierpunkt des mit Luft unter Normaldruck gesättigten Wassers. Diese Temperatur liegt 0,10 Grad unter der des Tripelpunkts. Der Druckanstieg vom Tripelpunktdruck (0,00603 atm) bis zu 1 atm senkt den Gefrierpunkt um 0,0075 Grad, und die Sättigung mit Luft (Stickstoff und Sauerstoff) senkt ihn um weitere 0,0024 Grad.

aus einer Materiesorte oder aus mehreren Materiesorten bestehen. Den Chemiker interessieren in erster Linie nicht die Gegenstände als solche, sondern die Materiesorten, aus denen sie sich zusammensetzen. Er interessiert sich für die Legierung Messing, ob sie nun als Türklinke vorliegt oder als irgendein anderer Gegenstand; ja, sein Interesse gilt in erster Linie gerade denjenigen Eigenschaften des Materials, die unabhängig vom Wesen des Gegenstands sind, der aus dem Material besteht.

Materialien. Den Ausdruck *Material* benutzt man für jede Art von Materie, sei sie homogen oder heterogen.
Ein *heterogenes* (auch: *inhomogenes*) Material ist ein Material, das aus Teilen mit verschiedenen Eigenschaften besteht. Ein *homogenes* Material hat durch und durch dieselben Eigenschaften.
Holz, in dem weiche und harte Ringe abwechseln, ist offensichtlich ein heterogenes Material, ebenso Granit, in dem drei verschiedene Materiesorten zu erkennen sind (die Minerale Quarz, Glimmer und Feldspat).
Als *Minerale* bezeichnet man alle chemischen Elemente, alle Verbindungen und homogenen Materialien (wie Lösungen oder Mischkristalle), die als Folge anorganischer Prozesse natürlich vorkommen. Die meisten Minerale sind fest. Wasser und Quecksilber sind Beispiele für flüssige Minerale, Luft und Helium (aus Gesteinen oder Erdgasquellen) sind Beispiele für gasförmige Minerale. Amalgam (Quecksilber, das Silber und Gold gelöst enthält) ist ein Beispiel für eine Lösung, die als Mineral vorkommt. Gesteine sind einfache Minerale (Kalkstein besteht aus dem Mineral Kalkspat. $CaCO_3$) oder Gemenge von Mineralen (Granit ist ein solches Gemenge).

Substanzen. Eine *Substanz* ist eine homogene Materiesorte mit innerhalb enger Grenzen genau definierter chemischer Zusammensetzung.
Reines Kochsalz, reiner Zucker, reines Eisen, reines Kupfer, reiner Schwefel, reines Wasser, reiner Sauerstoff, reiner Wasserstoff sind typische Substanzen. Andererseits ist eine Lösung von Zucker in Wasser keine Substanz: gewiß ist sie homogen, aber sie genügt nicht dem zweiten oben gegebenen Kriterium, denn ihre Zusammensetzung ist nicht genau definiert, sondern kann in weiten Grenzen schwanken und ist gegeben durch die Menge Zucker, die sich gerade in einer bestimmten Menge Wasser aufgelöst hat. Aus dem gleichen Grund ist das Gold eines goldenen Ringes oder einer goldenen Uhrkette keine reine Substanz. Hier handelt es sich um eine Legierung von Gold mit anderen Metallen, gewöhnlich mit Kupfer, die eine kristalline Lösung von Kupfer in Gold darstellt. Eine derartige kristalline Lösung heißt auch *Mischkristall*. Der Ausdruck *Legierung* kennzeichnet ein metallisches Material, das aus mehreren Elementen besteht. Manche Legierungen sind Substanzen (intermetallische Verbindungen), die meisten von ihnen sind jedoch kristalline Lösungen oder Gemenge.
Zuweilen wird das Wort „Substanz" in weiterem Sinne benutzt, im wesentlichen gleichbedeutend mit dem Begriff „Stoff" (z.B. im ersten Abschnitt dieses Kapitels). Die in der Chemie übliche engere Fassung des Begriffs kann man hervorheben, indem man von „reinen Substanzen" spricht.

Unsere Definition ist insofern nicht scharf, als sie besagt, daß eine Substanz eine „in engen Grenzen genau definierte Zusammensetzung" hat. Die meisten Materialien, die der Chemiker als Substanzen (reine Substanzen) bezeichnet, haben eine genau definierte Zusammensetzung. Reines Kochsalz zum Beispiel besteht aus den beiden Elementen Natrium und Chlor in einem Mengenverhältnis, das genau einer Zusammensetzung aus gleichviel Atomen Natrium und Chlor entspricht. Bei anderen Substanzen dagegen ist die chemische Zusammensetzung innerhalb enger Grenzen veränderlich. Ein Beispiel hierfür bietet das Eisensulfid, das beim Erhitzen einer Mischung von Eisen und Schwefel entsteht. Die Zusammensetzung dieser Substanz kann innerhalb einiger Prozent schwanken.

Arten von Definitionen. Definitionen sind entweder scharf oder unscharf. Der Mathematiker kann die Bedeutung des Wortes, das er benutzt, scharf definieren. Bei der weiteren Diskussion hält er streng an der einmal gegebenen Definition jedes Wortes fest. Einige scharfe Definitionen haben wir oben angegeben. Eine davon ist die Definition des Kilogramms als Masse des Ur-Kilogramms, das in Paris aufbewahrt wird. In gleicher Weise ist das Gramm streng und scharf als ein Tausendstel der Masse des Kilogramms definiert.
Andererseits können Ausdrücke zur Beschreibung der Natur, die ihrem Wesen nach kompliziert ist, häufig nicht scharf definiert werden. Einen solchen Ausdruck definieren heißt die Bedeutung beschreiben, die er im wissenschaftlichen Sprachgebrauch erlangt hat.

Mischungen und Lösungen. Ein Stück Granit, in dem das Auge Körner von drei verschiedenen Materiesorten erkennt, ist offensichtlich eine *Mischung*. Eine Emulsion von Öl in Wasser (d.h. Wasser, in dem Öltröpfchen schweben, suspendiert sind) ist ebenso eine Mischung. Daß ein Stück Granit heterogen ist, sieht man auf den ersten Blick. Daß eine Emulsion von großen Öltröpfchen in Wasser heterogen ist, ist ebenfalls offensichtlich; man erkennt die Emulsion deutlich als Mischung. Macht man aber die Öltröpfchen der Emulsion kleiner und kleiner, so kann es schließlich unmöglich werden, die Heterogenität des Materials zu erkennen. Damit taucht die Frage auf, ob nun das Material als Mischung oder als Lösung angesprochen werden soll.
Eine gewöhnliche *Lösung* ist homogen. Sie wird in der Regel aber nicht als Substanz bezeichnet, weil ihre Zusammensetzung nicht festliegt. Eine Lösung von Flüssigkeiten ineinander, wie Alkohol in Wasser, oder von Gasen ineinander, wie Sauerstoff in Stickstoff (die Hauptbestandteile der Luft), kann auch eine Mischung genannt werden. Das Wort „Mischung" kann also ein homogenes Material bezeichnen, das keine Substanz ist, oder ein heterogenes Aggregat von zwei oder mehr Substanzen.
Ein homogenes, kristallines Material muß nicht unbedingt eine reine Substanz sein. So sind natürliche Schwefelkristalle manchmal dunkelgelb oder braun gefärbt anstatt hellgelb. Sie enthalten dann etwas Selen, dessen Atome ungeordnet im Kristall verteilt die Plätze einiger Schwefelatome einnehmen. Die Kristalle sind dabei homogen und ebenso gut ausgebildet wie reine Schwefelkristalle. Sie sind eine *kristalline Lösung* (auch *feste Lösung* oder *Mischkristall* genannt). Die Gold-Kupfer-Legierung, aus der Schmuckstücke

hergestellt werden, bietet ein anderes Beispiel für eine kristalline Lösung. Sie ist ein homogenes Material, dessen Zusammensetzung jedoch veränderlich ist.

Phasen. Ein materielles System (d.h., ein begrenzter Teil der Welt) kann durch die *Phasen* gekennzeichnet werden, aus denen es sich zusammensetzt. Eine Phase ist ein in sich homogener Teil des Systems, der von anderen Teilen durch physikalische Grenzen getrennt ist. Betrachten wir ein geschlossenes Gefäß, das zum Teil mit Wasser gefüllt ist, in dem Eis schwimmt. Der Inhalt des Gefäßes stellt ein System dar, das aus drei Phasen besteht: der festen Phase Eis, der flüssigen Phase Wasser und der gasförmigen Phase Luft. Ein Stück Temperguß erkennt man unter dem Mikroskop als Gemenge von kleinen Eisenkörnern (Eisenkristalliten) und Graphitteilchen (einer Kohlenstoff-Modifikation). Es besteht demnach aus zwei Phasen, Eisen und Graphit (Abb. 1.1).

Eine Phase in einem System umfaßt alle Anteile, die gleiche Eigenschaften und Zusammensetzung besitzen. Wenn also mehrere Eisstückchen in unserem oben behandelten System vorhanden sind, bilden sie deshalb nicht mehrere Phasen, sondern immer nur eine, die Eisphase.

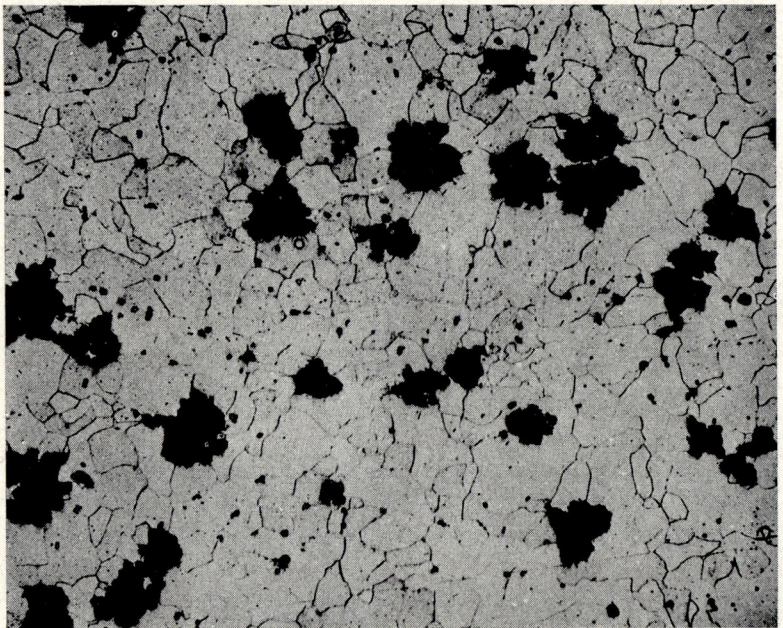

Abb. 1.1. Mikrophotographie (lineare Vergrößerung 1:100) einer polierten und geätzten Oberfläche von schwarzem Temperguß, die kleine Eisenkristallite und annähernd kugelförmige Graphitteilchen (Kohlenstoff) erkennen läßt. Die einzelnen Eisenkörner sehen wegen unterschiedlicher Beleuchtung etwas verschieden aus. (Malleable Founders Society.)

Bestandteile. Der Chemiker benutzt den Ausdruck *Bestandteil* in besonderem Sinne. Er bezeichnet als Anzahl der Bestandteile die (geringste) Anzahl von Substanzen, aus denen die Phasen des Systems aufgebaut werden können. Im oben behandelten System treten drei Phasen auf: Luft, Wasser und Eis. Als Bestandteile des Systems können wir Luft und Wasser oder Luft und Eis wählen, weil wir beide Phasen Wasser und Eis aus einer Substanz herstellen können, nämlich aus Wasser (oder Eis)[1]. In diesem Fall ist die Anzahl der Bestandteile geringer als die der Phasen. Sie kann auch größer sein: zum Beispiel hat ein System, das aus einer Zuckerlösung besteht, nur eine Phase, nämlich die Lösung; es hat aber zwei Bestandteile, Zucker und Wasser.

1.6. Physikalische Eigenschaften von Substanzen

Substanzen sind durch bestimmte, ihnen eigentümliche *Eigenschaften* charakterisiert. Natriumchlorid, gewöhnliches Kochsalz, mag als Beispiel einer Substanz dienen. Wir alle haben diese Substanz schon in verschiedenen Erscheinungsformen gesehen, als Tafelsalz in sehr feinen Körnchen, zum Regenerieren wasserenthärtender Minerale in Form gröberer Kristalle und als natürliche Steinsalzkristalle in Größe von fünf Zentimetern oder mehr. Trotz des sichtbaren Unterschieds in der äußeren Form haben alle diese Kochsalzproben dieselben grundlegenden Eigenschaften. In jedem Fall sind die Kristalle, seien sie groß oder klein, von quadratischen oder rechteckigen Flächen begrenzt, die zwar verschieden groß sind, aber stets mit den angrenzenden Flächen rechte Winkel bilden. Charakteristisch für Kristalle ganz allgemein ist, daß sie verschiedene Eigenschaften — insbesondere die *Ausbildung von Flächen, Kanten und Ecken* — in verschiedenen Richtungen des Raumes haben. Verschiedene Kochsalzkristalle spalten stets in der gleichen Weise: wenn man sie zerreibt, brechen (spalten) die Kristalle immer in parallel zu den Begrenzungsflächen verlaufenden Ebenen; so entstehen kleinere Kristalle, die den ursprünglichen ähnlich sind. Die verschiedenen Kochsalzarten haben den gleichen, salzigen *Geschmack*. Ihre *Löslichkeit* ist die gleiche: bei Zimmertemperatur (18 °C) lösen sich 35,86 g Salz in 100 g Wasser. Die *Dichte* (Verhältnis von Masse zu Volumen) des Kochsalzes ist in allen Fällen die gleiche, nämlich 2,163 g cm^{-3}.

Eigenschaften dieser Art, die von der Größe der Proben oder ihrem Verteilungsgrad nicht merklich abhängen, heißen *spezifische Eigenschaften* der Substanz.

Außer Dichte und Löslichkeit gibt es noch andere Eigenschaften, die sich genau messen und zahlenmäßig erfassen lassen. Hierzu gehören der *Schmelzpunkt* (die Temperatur, bei der die kristalline Substanz schmilzt), die *elektrische Leitfähigkeit* und die *Wärmeleitfähigkeit*. Andererseits gibt es interessante physikalische Eigenschaften, die ihrem Wesen nach nicht so einfach sind. Eine Eigenschaft dieser Art ist die *Verformbarkeit*, die angibt, wie leicht eine Substanz sich in dünne Folien aushämmern und zu Drähten ausziehen läßt. Eine Eigenschaft ähnlicher Art ist die *Härte*. Wir nennen eine Substanz härter als eine andere, wenn wir mit ihr die andere ritzen können. Diese Ritzprobe liefert allerdings nur qualitative Aussagen über die Härte. Wir kommen auf die Härte in Abschnitt 7.1 noch näher zu sprechen.

---

[1] In dieser Betrachtung haben wir die Luft als einen Bestandteil des Systems bezeichnet. Das führt nicht zu Schwierigkeiten, wenn wir uns auf Zustandsänderungen des Systems beschränken, bei denen sich Luft ebenso verhält wie Stickstoff. Für eine strenge Behandlung kann es notwendig werden, die Luft als Mischung mehrerer Bestandteile (Stickstoff, Sauerstoff, Argon usw.) aufzufassen.

Eine wichtige physikalische Eigenschaft einer Substanz ist ihre *Farbe*. Interessant ist die Tatsache, daß die Farbe, so wie sie unserem Auge erscheint, vom Verteilungsgrad der Substanz abhängt. Sie wird heller, wenn große Teilchen in kleinere zerlegt werden, denn die Schichtdicke, die das Licht durchdringt, bevor es an Phasengrenzen (Oberflächen) reflektiert wird, nimmt mit der Zerkleinerung ab.

Vielfach heißt es, daß unter gleichen äußeren Bedingungen alle Proben einer Substanz dieselben spezifischen physikalischen Eigenschaften besitzen (Dichte, Härte, Farbe, Schmelzpunkt, Kristallform usw.). Gelegentlich benutzt man allerdings das Wort „Substanz" ohne Rücksicht auf den Aggregatzustand; so können Eis, flüssiges Wasser und Wasserdampf als ein und dieselbe Substanz bezeichnet werden, obgleich sie sich zum Beispiel in ihrer Dichte unterscheiden. Andererseits kann man eine Probe, die aus Steinsalzkristallen und Tafelsalzkristallen besteht, eine Mischung nennen, obwohl sie nur aus der einen chemischen Substanz Natriumchlorid allein besteht. Dieser Mangel an Klarheit in den Definitionen scheint aber in der Praxis keine Verwirrung zu stiften.

Natürlich ist der Begriff „Substanz" eine Idealisierung. Alle tatsächlich vorkommenden Substanzen sind mehr oder weniger verunreinigt. Immerhin ist der Begriff nützlich. Die Erfahrung hat nämlich gelehrt, daß verschiedene Proben unreiner Substanzen mit dem gleichen Hauptbestandteil, aber verschiedenen Verunreinigungen in ihren Eigenschaften kaum irgendwelche Unterschiede zeigen, sofern nur die Verunreinigungen sehr gering sind. Diese übereinstimmenden Eigenschaften werden als die der idealen Substanz angenommen.

1.7. Chemische Eigenschaften von Substanzen

Die *chemischen Eigenschaften* einer Substanz beziehen sich auf die Teilnahme der Substanz an chemischen Reaktionen. *Chemische Reaktionen* sind Vorgänge, die Substanzen in andere Substanzen verwandeln.

Natriumchlorid zum Beispiel hat die Eigenschaft, sich in ein weiches Metall — Natrium — und ein gelbgrünes Gas — Chlor — zu verwandeln, wenn es durch Elektrolyse zersetzt wird. Es hat weiter die Eigenschaft, einen weißen Niederschlag zu bilden, wenn man seiner wäßrigen Lösung eine Lösung von Silbernitrat zugibt. Darüber hinaus hat es noch viele andere chemische Eigenschaften. Eisen hat die Eigenschaft, sich an feuchter Luft schnell mit Sauerstoff zu verbinden, zu rosten. Eine Legierung aus Eisen, Chrom und Nickel (rostfreier Stahl) dagegen rostet nicht. Dieses Beispiel läßt die Bedeutung chemischer Eigenschaften für die Technik erkennen.

Die meisten Substanzen können sich an vielen chemischen Reaktionen beteiligen. Die Untersuchung dieser Reaktionen macht einen großen Teil der Chemie aus.

Die Eigenschaften *Geruch* und *Geschmack* stehen in enger Beziehung zur chemischen Natur der Substanz und müssen als chemische Eigenschaften angesehen werden. Die Sinne für Geruch und Geschmack bei Mensch und Tier sind *chemische Sinne*. Die Molekeln von Substanzen, die schmecken und riechen, wirken auf die Nervenenden in Mund und Nase ein und rufen so die Empfindungen Geruch und Geschmack hervor. Wie sich diese Vorgänge im einzelnen abspielen, entzieht sich noch vollständig unserer Kenntnis. Mit unserem Wissen über die Wirkungsweise von Arzneimitteln und Drogen steht es ähnlich. Den molekularen Mechanismus dieser Vorgänge aufzuklären ist eine der Aufgaben, die zu lösen kommenden Generationen von Chemikern vorbehalten geblieben ist.

1.8. Die wissenschaftliche Methodik

Der Wert eines naturwissenschaftlichen Studiums liegt neben vielem anderen auch darin, daß es ein Problem mit der wissenschaftlichen Methodik anzupacken lehrt. Ein solches Vorgehen kann ganz allgemein von Nutzen sein, nicht nur für die Naturwissenschaften, sondern auch auf ganz anderen Gebieten, wie Wirtschaft, Rechtsprechung, Staatsführung, Soziologie und in internationalen Beziehungen.

Die wissenschaftliche Methodik in einem kurzen Abschnitt erschöpfend darzulegen ist schlechthin unmöglich. Hier soll nur ein kurzer Einblick gegeben werden, den wir zu Anfang des nächsten Kapitels und in späteren Kapiteln vertiefen wollen. Ich möchte an dieser Stelle sagen, daß die wissenschaftliche Methodik zum Teil darin besteht, die Grundsätze strenger Argumentation anzuwenden, wie sie Mathematik und Logik entwickelt haben, das heißt, vernünftige Schlußfolgerungen aus einigen anerkannten Postulaten zu ziehen. In einem Zweig der Mathematik werden die grundlegenden Postulate als Axiome anerkannt und das gesamte mathematische Gebäude aus ihnen abgeleitet. In den Naturwissenschaften wie auch auf anderen Gebieten menschlicher Betätigung kennt man die grundlegenden Postulate (Prinzipien, Gesetze) nicht, man muß sie vielmehr erst entdecken. Den Vorgang, der zur Entdeckung dieser Gesetze führt, nennt man *Induktion*.

Der erste Schritt in der Anwendung der wissenschaftlichen Methodik besteht im Feststellen von Tatbeständen durch Beobachtung oder Versuche. Der nächste Schritt besteht darin, viele Tatbestände zu ordnen, miteinander in Beziehung zu bringen und in einer einzigen Aussage zusammenzufassen. Eine solche Aussage von allgemeiner Gültigkeit, die viele Tatbestände umfaßt, nennt man ein *Gesetz*, manchmal auch ein *Naturgesetz*. Das Bemühen, Tatsachen so einzuordnen, legt oft die Durchführung weiterer Versuche nahe, die dann zur Entdeckung neuer Tatsachen führen.

Hierfür ein Beispiel: Zu Beginn des 19. Jahrhunderts entdeckte man, daß Wasser elektrolytisch (d.h. unter Einwirkung des elektrischen Stroms) in Wasserstoff und Sauerstoff zersetzt werden kann, und begann, die entstehenden Mengen der beiden Gase quantitativ zu messen. Ein Versuch ergab, daß 9 g Wasser bei Elektrolyse 1 g Wasserstoff und 8 g Sauerstoff lieferten. Dieser Befund für ein Wasser bestimmter Art wurde ergänzt durch Ergebnisse an Wasser anderer Herkunft. Immer lieferte die Elektrolyse von 9 g Wasser 1 g Wasserstoff und 8 g Sauerstoff. Als viele Versuche dieser Art stets zu demselben Ergebnis geführt hatten, faßte man den Sachverhalt in einem Gesetz zusammen, daß Wasser jeder Art bei der Elektrolyse Wasserstoff und Sauerstoff im gleichen Mengenverhältnis liefert. Als man mit anderen chemischen Substanzen ähnliche Ergebnisse erhielt, verallgemeinerte man das Gesetz zu dem Gesetz der konstanten Zusammensetzung, auch Gesetz der konstanten Proportionen: jede reine Probe einer gegebenen Verbindung enthält die Elemente im gleichen Gewichtsverhältnis.

Es muß betont werden, daß das induktive Vorgehen niemals unbedingt verläßlich ist. Wenn die Befunde von hundert elektrolytischen Analysen (Wägung der durch Elektrolyse erzeugten Wasserstoff- und Sauerstoffmengen) an Wasser verschiedener Herkunft vorliegen und die Mengen Wasserstoff und Sauerstoff innerhalb der Fehlergrenzen der Versuche stets im selben Gewichtsverhältnis zueinander standen, so scheint die Aussage berechtigt, daß Wasser jeder Art Wasserstoff und Sauerstoff im gleichen Gewichtsverhältnis enthält. Wenn tausend Analysen zu demselben Ergebnis führen, wird die Gültigkeit des Gesetzes noch wahrscheinlicher. Wenn dann aber eine einzige zuverlässige Analyse ein anderes Gewichtsverhältnis liefert, muß das Gesetz abgeändert werden. Es kann sich herausstellen, daß das Gesetz gilt, wenn die Wägungen mit 0,1% Genauigkeit ausgeführt werden, jedoch nicht mehr, wenn man die Genauigkeit der Wägungen noch weiter steigert. So ist es beim Wasser tatsächlich der Fall gewesen. Im Jahre 1929 entdeckte Professor William F. Giauque (geboren 1895), daß es drei verschiedene Arten von Sauerstoffatomen mit verschiedenen Massen gibt (solche Atome nennt man Isotope, vgl. Kapitel 4). Kurz darauf entdeckte Professor Harold C. Urey (geboren 1893), daß es zwei verschiedene Arten von Wasserstoffatomen mit verschiedenen Massen gibt. Wasser, das aus Molekeln besteht, in denen diese Abarten von Sauerstoffatomen und Wasserstoffatomen vertreten sind, enthält Wasserstoff und Sauerstoff in anderen Gewichtsverhältnissen. Tatsächlich stimmt auch die gewichtsmäßige Zusammensetzung reinen Wassers verschiedener Herkunft nicht genau überein. Deshalb wurde es nötig, dem Gesetz der konstanten Zusammensetzung eine neue Fassung zu geben, die die Existenz solcher Isotope berücksichtigt. Auf welche Weise das geschieht, wird in Kapitel 4 gezeigt.

Eine wichtige Art des Vorgehens, die zu Fortschritten auf naturwissenschaftlichem Gebiet geführt hat, ist die der *wiederholten Näherungen*. Eine Anzahl von Messungen wird mit einer gewissen Genauigkeit ausgeführt, zum Beispiel Bestimmungen der Zusammensetzung von Substanzen mit 1% Genauigkeit. Hieraus formuliert man eine grobe Gesetzmäßigkeit, die alle diese Meßergebnisse zusammenfaßt. Gesetzt den Fall, daß genauere Messungen einige Abweichungen von diesem ersten Gesetz ergeben, kann nun ein zweites, verfeinertes, aber komplizierteres Gesetz formuliert werden, das diesen Abweichungen Rechnung trägt. Verschiedentlich hat man dieses Vorgehen mehrmals wiederholen müssen, bis es zu einem Naturgesetz in seiner heute als gültig angesehenen Form geführt hat.

Man tut gut daran, stets zu bedenken, daß ein auf induktivem Weg erhaltenes Gesetz sich jederzeit als nur beschränkt gültig herausstellen kann und daß deduktive Schlußfolgerungen aus solchen Gesetzen eben die Wahrscheinlichkeit haben, mit der das ursprüngliche Gesetz richtig ist.

Die Anwendung der wissenschaftlichen Methodik besteht nicht allein im gewohnheitsmäßigen Gebrauch logischer Regeln und Folgerungen. Oft ist eine Verallgemeinerung, die viele Tatsachen zusammenfaßt, der Aufmerksamkeit entgangen, bis der Scharfblick eines hervorragenden Forschers sie entdeckte. Intuition und Vorstellungskraft haben ihren Anteil an der wissenschaftlichen Methodik.

In dem Maße, in dem mehr und mehr Menschen mit dem Wesen der wissenschaftlichen Methodik vertraut werden und lernen, sie zur Lösung von Problemen des täglichen Lebens zu benutzen, können wir auf Verbesserung der gesellschaftlichen, politischen und internationalen Verhältnisse in der Welt hoffen. Technischer Fortschritt kennzeichnet den einen Weg, auf dem die Naturwissenschaften die Welt verbessern können. Der andere Weg führt über den gesellschaftlichen Fortschritt, erzielt durch Anwendung der wissenschaftlichen Methodik, durch Entwicklung einer „Naturwissenschaft der Moral". Ich bin überzeugt, daß das Studium der Naturwissenschaften, das Erlernen der wissenschaftlichen Methodik durch weite Kreise letzten Endes der Menschheit bei der Lösung der großen gesellschaftlichen und politischen Probleme helfen wird.

Übungsaufgaben

1.1. Nennen Sie den Unterschied zwischen Materie und strahlender Energie.
1.2. Wie lautet die Einstein-Beziehung zwischen Masse und Energie? Nennen Sie die SI-Einheiten der Größen in dieser Beziehung.
1.3. Ungefähr wieviel Energie (in SI-Einheiten) wird benötigt, um einen Liter Wasser im flüssigen Zustand von 273,15 K auf 373,15 K zu erwärmen? (Vergleiche die Definition der Kalorie in Abschnitt 1.3.)
1.4. a) Ein Gefäß enthält eine gesättigte wäßrige Salzlösung und einige Salzkristalle.
   b) 10 g reines Zink wird in ein Quarzrohr von 100 ml Volumen gebracht. Das Rohr wird evakuiert, zugeschmolzen und erhitzt, bis ungefähr die Hälfte des Zinks geschmolzen ist.
   c) Der Versuch wird wiederholt mit 10 g einer Kupfer-Gold-Legierung an Stelle der 10 g Zink. Geben Sie für jedes dieser Systeme an, aus wieviel Phasen es besteht. Nennen Sie die Phasen und geben für jede an, ob es sich um eine reine Substanz oder um eine Mischung handelt. Nennen Sie die Bestandteile der Systeme.
1.5. Was bedeutet „spezifische Eigenschaften einer Substanz"? Sind Geruch, Form, Dichte, Farbe, Gewicht, Geschmack, Glanz, Oberfläche, magnetische Suszeptibilität, Wärmekapazität spezifische Eigenschaften? Welche dieser Eigenschaften kann man quantitativ messen?

Kapitel 2

Die Atom- und Molekularstruktur der Materie

Die Eigenschaften von Materie jeder Art lassen sich am leichtesten und klarsten verstehen, wenn man von der Struktur ausgeht, von Molekeln, Atomen und noch kleineren Teilchen, aus denen sich die Materie zusammensetzt. Mit diesem Thema, dem atomaren Aufbau der Materie, wollen wir uns nun befassen.

2.1. Hypothesen, Theorien und Gesetze

Wenn man zum ersten Male erkennt, daß eine Vorstellung eine Reihe von Tatsachen vernünftig erklären kann, nennt man sie eine *Hypothese*. Ob eine Hypothese standhält, muß sich aus weiteren Versuchen ergeben und aus der experimentellen Nachprüfung von Schlußfolgerungen, die man aus ihr zieht. Stimmt die Hypothese auch weiterhin mit den experimentellen Befunden überein, so befindet man sie der Bezeichnung *Theorie* oder *Gesetz* für würdig.

Eine Theorie, wie etwa die Atomtheorie, enthält gewöhnlich irgendwelche anschaulichen Vorstellungen struktureller Art, während ein Gesetz oft nur eine Aussage ist, die eine Reihe experimenteller Befunde zusammenfaßt. Zum Beispiel gibt es ein Gesetz von der Konstanz der Winkel zwischen Kristallflächen. Dieses Gesetz sagt, daß die Messung von Winkeln zwischen entsprechenden Flächen an verschiedenen Kristallen derselben reinen Substanz stets den gleichen Wert liefert, ohne Rücksicht darauf, ob der Kristall groß oder klein ist. Es erklärt diesen Sachverhalt aber in keiner Weise. Eine Erklärung gibt uns die Theorie vom atomaren Aufbau der Kristalle, nach der die Atome in Kristallen regelmäßig angeordnet sind (vgl. hierzu spätere Abschnitte in diesem Kapitel).

Es mag erwähnt werden, daß Wissenschaftler das Wort „Theorie" in zwei etwas voneinander verschiedenen Bedeutungen benutzen. Die eine Bedeutung entspricht der eben gegebenen Definition: sie bezeichnet eine Hypothese, die sich in gewissem Umfang experimentell hat bestätigen lassen. Im anderen Sinne gebraucht man das Wort „Theorie" für ein systematisches Wissensgebäude, das sich aus Tatsachen, Gesetzen, Theorien im engeren, eben beschriebenen Sinne, deduktiven Schlußfolgerungen und ähnlichem zusammensetzt. So verbindet man mit dem Ausdruck „Atomtheorie" nicht nur die Vorstellung, daß Substanzen aus Atomen bestehen, sondern alle Erscheinungen, die mit Substanzen zusammenhängen und mit Hilfe dieser Vorstellung erklärt und gedeutet werden können, und alle Überlegungen, die die Eigenschaften der Substanzen von ihrem atomaren Aufbau her zu erklären suchen.

2.2. Die Atomtheorie

Im Jahre 1805 verfocht der englische Chemiker und Physiker John Dalton (1766–1844) die Hypothese, daß alle Substanzen aus kleinen Materieteilchen verschiedener Sorten bestehen, die den verschiedenen Elementen entsprechen. Er nannte diese Teilchen *Atome*, nach dem griechischen Wort ἄτομος, unteilbar. Mit Hilfe dieser Hypothese ließen sich eine Reihe bis dahin unerklärter Beziehungen zwischen den Gewichtsmengen von Substanzen, die sich an chemischen Reaktionen beteiligen, in einfacher Weise deuten und erklären. Als weitere chemische und physikalische Untersuchungen sie bestätigten, wurde die Atomhypothese zur Atomtheorie.

Der schnelle Fortschritt auf dem Gebiet der Naturwissenschaften in unserem Jahrhundert prägt sich in der wachsenden Kenntnis von den Atomen besonders deutlich aus. Ein bekanntes, zu Anfang des Jahrhunderts geschriebenes Lehrbuch der Chemie definiert Atome als „gedachte Einheiten, aus denen die Körper sich zusammensetzen". Der Aufsatz über das „Atom" in der elften Ausgabe der *Encyclopaedia Britannica* (erschienen im Jahre 1910) schließt mit den Worten: „Die Atomtheorie hat sich für den Chemiker als unschätzbar wertvoll erwiesen. Gleichwohl fehlt es in der Geschichte der Naturwissenschaften nicht an Beispielen, daß eine Hypothese sich anfangs beim Gewinnen und Einordnen neuer Erkenntnisse bewährt hat, schließlich aber doch verworfen und durch eine andere ersetzt worden ist, die späteren Entdeckungen besser gerecht werden konnte. Einige hervorragende Chemiker haben die Vermutung geäußert, ein solches Schicksal möge der Atomtheorie bevorstehen... Die neuesten Ergebnisse auf dem Gebiet der Radioaktivität sprechen jedoch für die Existenz des Atoms, wenngleich sie nahelegen, daß das Atom nicht ein so zeitloses und unwandelbares Ding ist, wie Dalton und seine Vorgänger sich vorgestellt hatten." Heute, nur ein halbes Jahrhundert später, kennen wir viele Eigenschaften von Atomen und Molekeln genau. Atome und Molekeln können keinesfalls mehr als nur gedachte Einheiten angesehen werden.

Die Geschichte der Daltonschen Atomtheorie. Der griechische Philosoph Demokrit (um 460 bis 370 v.Chr.), dessen Vorstellungen zum Teil auch Ideen früherer Naturphilosophen widerspiegeln, stellte die These auf, das Weltall bestehe aus leerem Raum (Vakuum) und Atomen. Die Atome sah er als unvergänglich und unteilbar an, als „absolut klein", nämlich so klein, daß sie nicht weiter verkleinert werden könnten. Er nahm an, die Atome verschiedener Substanzen wie etwa Wasser und Eisen seien im Grunde gleich und unterschieden sich lediglich in irgendwelchen Äußerlichkeiten: die Atome des Wassers seien zum Beispiel glatt und rund und könnten leicht übereinander rollen, die des Eisens seien dagegen rauh und zackig, verhängten sich ineinander und bildeten somit einen festen Körper.

Demokrits Atomtheorie war reine Spekulation und viel zu allgemein gehalten, um von praktischem Nutzen zu sein. Daltons Atomtheorie dagegen war eine Hypothese, die viele Tatsachen auf eine einfache und einleuchtende Art erklären konnte.

Im Jahre 1785 hatte der französische Chemiker Antoine Laurent Lavoisier (1743–1794) eindeutig bewiesen, daß chemische Reaktionen nicht von einer meßbaren Änderung der Masse begleitet sind: die Reaktionsprodukte haben dieselbe Masse wie die Ausgangsstoffe. Im Jahre 1799 stellte dann Joseph Louis Proust (1754–1826), ebenfalls ein französischer Chemiker, das *Gesetz der konstanten Proportionen* auf. Nach diesem Gesetz enthalten verschiedene Proben derselben Substanz die Elemente, aus denen sich die Substanz zusammensetzt, stets im gleichen Mengenverhältnis. Zum Beispiel hatten Analysen von Wasser ergeben, daß die beiden Elemente Wasserstoff und Sauerstoff in Wasser jedweder Herkunft im Gewichtsverhältnis 1 : 8 vertreten sind.

Dalton formulierte daraufhin die Hypothese, daß Elemente aus Atomen bestehen, daß alle Atome eines Elements einander vollkommen gleichen und daß Verbindungen durch Vereinigung von Atomen mehrerer Elemente in charakteristischen, stets gleichbleibenden Zahlenverhältnissen entstehen. Auf diese Weise gelang es ihm, eine einfache Deutung des Gesetzes von der Erhaltung der Masse und des Gesetzes der konstanten Proportionen zu geben.

Eine *Molekel* besteht aus mehreren miteinander verbundenen Atomen. Entsteht eine Wassermolekel durch Vereinigung eines Sauerstoffatoms mit zwei Wasserstoffatomen, so muß gemäß dem Massenerhaltungsgesetz die Masse der Molekel der Summe der Massen des Sauerstoffatoms und der beiden Wasserstoffatome gleich sein. Daß jede Verbindung eine bestimmte chemische Zusammensetzung besitzt, erscheint dann als Folge des bestimmten Zahlenverhältnisses, mit dem die Atome der verschiedenen Elemente sich an der Verbindung beteiligen.

Dalton stellte noch ein weiteres Gesetz auf, das *Gesetz der multiplen Proportionen*[1]. Es besagt: Wenn sich zwei Elemente zu mehr als einer Verbindung vereinigen können, so stehen die Gewichtsmengen, mit denen das eine Element sich mit einer gegebenen Gewichtsmenge des anderen verbindet, zueinander im Verhältnis kleiner ganzer Zahlen.

Versuche ergaben, daß eines der Oxide des Kohlenstoffs die Elemente Kohlenstoff und Sauerstoff im Gewichtsverhältnis 3 : 4 enthält, ein anderes aber im Gewichtsverhältnis 3 : 8. Die Sauerstoffmengen, die sich in den beiden Oxiden mit der gleichen Menge Kohlenstoff verbinden, stehen also zueinander im Verhältnis 1 : 2, ein Verhältnis kleiner ganzer Zahlen. Dieser Befund läßt sich so deuten, daß das zweite Oxid doppelt soviel Sauerstoffatome pro Kohlenstoffatom enthält wie das erste.

Dalton hatte keine Möglichkeit, die wahren Formeln der Verbindungen zu bestimmen, und wählte seine Formeln willkürlich so einfach wie möglich. Zum Beispiel nahm er an, die Wassermolekel bestehe aus je einem Atom Wasserstoff und Sauerstoff, während sie tatsächlich zwei Wasserstoffatome und ein Sauerstoffatom enthält.

2.3. Moderne Methoden zur Aufklärung der Molekularstruktur

Die ersten Versuche, Eigenschaften von Substanzen mit Annahmen über deren Molekularstruktur zu deuten, wurden in der zweiten Hälfte des neunzehnten Jahrhunderts unternommen. In neuerer Zeit, seit 1912, gelang es dann schließlich, Einzelheiten des atomaren Aufbaus von Molekeln und Kristallen vieler Substanzen zu ermitteln. Viele

---

[1] Das Gesetz der multiplen Proportionen stellte den ersten großen Erfolg der Daltonschen Atomhypothese dar. Es war nicht aus Versuchsergebnissen, sondern rein theoretisch abgeleitet und erst dann durch Versuche bestätigt worden.

ausgezeichnete Methoden der Strukturaufklärung sind in der Physik entwickelt worden. Eine von ihnen beruht auf der Auswertung der von den Substanzen erzeugten Spektren (vgl. Abb. 21.1). Zum Beispiel strahlt eine Flamme, in der sich Wasserdampf befindet, ein für die Wassermolekel charakteristisches Licht aus; dieses Licht, in seine Spektrallinien zerlegt, nennt man das Spektrum des Wasserdampfs. Die Messung und Auswertung der Linien des Wasserdampfspektrums hat unter anderem ergeben, daß der Abstand jedes der beiden Wasserstoffatome vom Sauerstoffatom etwa 97 pm (d. h. $97 \cdot 10^{-12}$ m) beträgt. Es hat sich ferner gezeigt, daß sich die beiden Wasserstoffatome nicht auf gegenüberliegenden Seiten des Sauerstoffatoms befinden; vielmehr bilden die drei Atome miteinander am Sauerstoffatom einen Winkel von 104,5°. Die Atomabstände und Winkel der Kernverbindungslinien in vielen nicht zu komplizierten Molekeln sind mit spektroskopischen Methoden bestimmt worden.

Die Beugung von Elektronen- und Röntgenstrahlen ist ebenfalls vielfach zur Strukturaufklärung herangezogen worden. In diesem Buch erscheinen viele Molekular- und Kristallstrukturen, die auf diese Weise bestimmt worden sind. Die Ermittlung von Kristallstrukturen mit Hilfe der Beugung von Röntgenstrahlen ist im Anhang IV genauer dargestellt.

Wir haben oben den Abstand der Wasserstoffatome vom Sauerstoffatom in der Wassermolekel mit 97 pm angegeben, also in der entsprechenden Maßeinheit des internationalen Systems. Früher war es jedoch üblich, Atomabstände in Ångström anzugeben[1]: $1 \text{ Å} = 10^{-8}$ cm $= 10^{-10}$ m $= 100$ pm. Für die Kennzeichnung von Atomabständen hat das Ångström eine besonders bequeme Größenordnung; auch geben Tabellenwerke die Abstände in Ångström an. Wir wollen deshalb diesem Gebrauch hier folgen. Der Sauerstoff-Wasserstoff-Abstand in der Wassermolekel beträgt 0,97 Å, und die meisten Atomabstände in Molekeln und Kristallen liegen zwischen 1 und 4 Å.

2.4. Die Anordnung der Atome in Kristallen

Die meisten festen Substanzen zeigen kristallinen Aufbau. Manchmal ist ein Stück einer festen Substanz ein einziger, einheitlicher Kristall, ein sogenannter Einkristall. Bei den kubischen Natriumchloridkriställchen des Tafelsalzes ist das der Fall. Zuweilen sind solche Einkristalle sehr groß; gelegentlich kommen bei Mineralen Kristalle von einigen Metern Größe in der Natur vor.

Das *Kupfer* mag uns als Beispiel dienen. Kupfer kommt gediegen in Kristallen vor, deren Kantenlänge rund ein Zentimeter erreichen kann (siehe Abb. 2.1). Ein gewöhnliches Stück Kupfer besteht nicht aus einem einzigen Kupfer-Einkristall, sondern aus einem Aggregat kleiner Einkristalle, sogenannter Kristallite. Die Kristallite einer Metallprobe und die Korngrenzen zwischen ihnen werden deutlich sichtbar, wenn man die Metalloberfläche poliert und dann leicht mit Säure ätzt. Oft sind die Kristallite sehr klein und nur unter dem Mikroskop zu erkennen (Abb. 2.2), manchmal aber sind sie recht groß und dem bloßen Auge sichtbar, zum Beispiel im Messing mancher Türklinken.

---

[1] Das Ångström erhielt seinen Namen zu Ehren des schwedischen Physikers Anders Jonas Ångström (1814–1874), der 1868 seine auf sechs Stellen genau gemessenen Wellenlängen von tausend Linien des Sonnenspektrums veröffentlicht hatte.

2.4. Die Anordnung der Atome in Kristallen

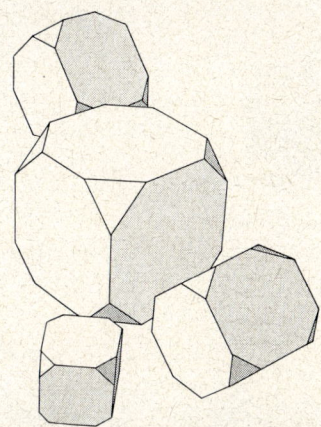

Abb. 2.2. Polierte und geätzte Oberfläche eines kalt gezogenen Kupferstabs (lineare Vergrößerung 1 : 200), die die kleinen Kristallite zeigt, aus denen sich das Metall zusammensetzt. Die kleinen runden Flecke sind Gasblasen.

Abb. 2.1. Natürliche Kupferkristalle.

Untersuchungen mit Methoden, die in Abschnitt 2.5 geschildert werden sollen, haben folgende wichtige Gesetzmäßigkeit ergeben: *jeder Kristall besteht aus Atomen, die in einem dreidimensionalen Gitter angeordnet sind, das sich regelmäßig wiederholt*. In einem Kupferkristall sind alle Atome einander gleich. Die Art ihrer Anordnung im Gitter ist in Abbildungen 2.3 und 2.4 gezeigt. So gepackt, nehmen Kugeln einheitlicher Größe am wenigsten Raum ein, und man nennt die Anordnung deshalb die *kubisch dichteste Kugelpackung*. Daß Kupfer mit dieser Struktur kristallisiert, wurde 1913 von W. L. Bragg ermittelt.

Es ist die Regelmäßigkeit der Anordnung der Atome, die dem Kristall seine charakteristischen Eigenschaften verleiht, insbesondere die Eigenschaft, in Form von Polyedern[1] *zu wachsen*. Die Kristallflächen werden durch Oberflächenschichten von Atomen festgelegt, wie die Abbildungen 2.3 und 2.4 erkennen lassen. Diese Flächen bilden miteinander Winkel bestimmter, charakteristischer Größen, die für alle Proben derselben Substanz übereinstimmen. Die Hauptflächen eines Kupferkristalls entsprechen, wie Abb. 2.3 und 2.4 zeigen, den sechs Flächen eines Würfels; diese Flächen sind stets orthogonal, d.h. rechtwinklig zueinander. Die acht kleineren Flächen, die man erhält, wenn man vom Würfel die Ecken abschneidet, sind sogenannte oktaedrische Flächen. Gediegenes Kupfer aus Kupfererzlagern tritt oft in Gestalt von Kristallen mit Würfelflächen und oktaedrischen Flächen auf (siehe Abb. 2.1).

Atome sind keine starren Kugeln, sie sind weich und können durch Kraftaufwendung dichter zusammengepreßt werden. Dies geschieht zum Beispiel, wenn sich das Volumen eines Kupferkristalls unter erhöhtem Druck verringert. Der Wert, den man der Größe von Atomen zuschreibt, entspricht dem Abstand von einem Atomkern zum benachbarten Atomkern in einem Kristall unter Normalbedingungen. Der Abstand von einem Kupferatom zu jedem seiner zwölf nächsten Nachbarn im Kupferkristall bei Zimmertemperatur und Atmosphärendruck beträgt 2,55 Å (von Kern zu Kern gemessen). Diese Entfernung

---

1 Ein Polyeder ist ein von Flächen begrenzter Körper.

2. Die Atom- und Molekularstruktur der Materie

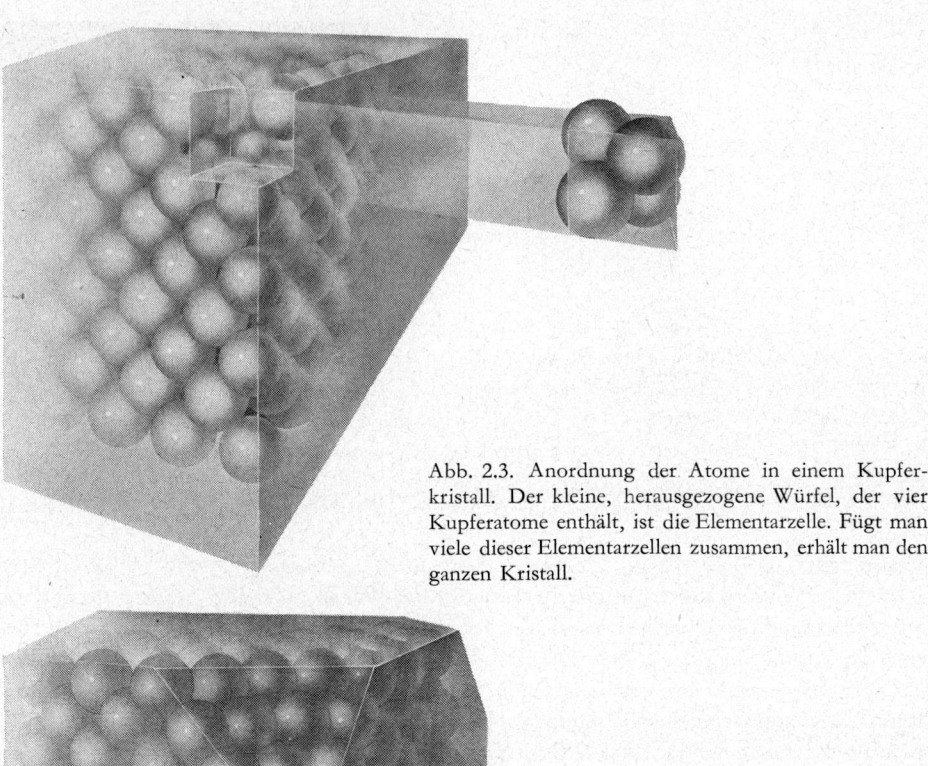

Abb. 2.3. Anordnung der Atome in einem Kupferkristall. Der kleine, herausgezogene Würfel, der vier Kupferatome enthält, ist die Elementarzelle. Fügt man viele dieser Elementarzellen zusammen, erhält man den ganzen Kristall.

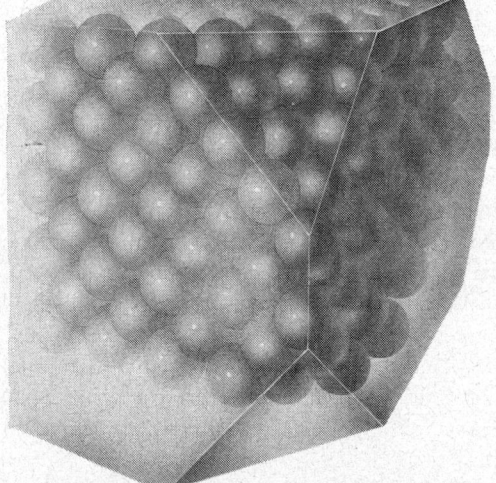

Abb. 2.4. Eine andere Ansicht der Atomanordnung im Kupferkristall, die kleine oktaedrische und große kubische Flächen zeigt.

bezeichnet man als den Atomdurchmesser des Kupfers im metallischen Zustand; die Hälfte dieser Entfernung ist der sogenannte metallische Radius des Kupfers.

2.5. Die Beschreibung von Kristallstrukturen

Für die Chemie spielt die äußere Form der Kristalle eine Rolle als eines der Merkmale, die zur Identifizierung von Substanzen herangezogen werden. Die Beschreibung der

Kristallformen ist Gegenstand der *Kristallographie*. Die Methode der Strukturaufklärung von Kristallen mit Hilfe der Beugung von Röntgenstrahlen, erfunden im Jahre 1912 von Max von Laue und weiterentwickelt von den englischen Physikern W. H. und W. L. Bragg, hat sich besonders in den letzten Jahrzehnten als überaus wertvoll erwiesen (siehe Abschnitt 3.7). Viele Angaben über Molekularstrukturen in diesem Buch beruhen auf Ergebnissen der Röntgenmethode.

Die Struktur eines Kristalls läßt sich am zweckmäßigsten durch Beschreibung seiner *Elementarzelle* charakterisieren. Die Elementarzelle eines kubischen Kristalls ist ein kleiner Würfel, der so gewählt ist, daß man aus vielen seinesgleichen den ganzen Kristall aufbauen kann, indem man sie lückenlos aneinanderpackt.

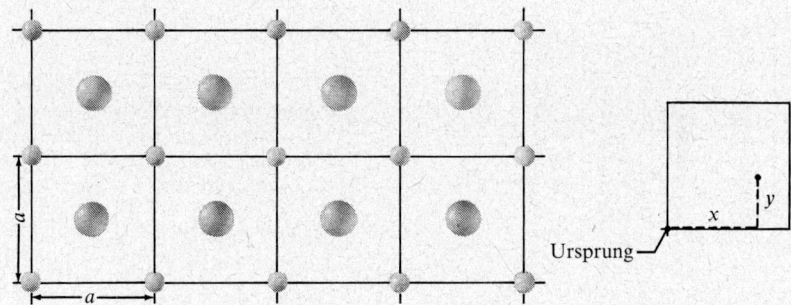

Abb. 2.5. Anordnung von Atomen in einer Ebene. Das Elementarfeld ist ein Quadrat. Die kleinen Atome haben die Koordinaten 0 0, die größeren Atome die Koordinaten 1/2 1/2.

Auf welche Weise das geschieht, soll ein zweidimensionales Beispiel erläutern. Abb. 2.5 zeigt einen Teil eines quadratischen Gitters. Das Elementarfeld dieses quadratischen Gitters ist ein Quadrat. Wir erhalten offensichtlich eine Art zweidimensionalen Kristall, wenn wir Quadrate, die dem Elementarfeld gleichen, lückenlos aneinanderfügen. In unserem Fall sind zwei ineinandergestellte Atomgitter vertreten; die Atome der einen Art, dargestellt durch kleine Kugeln, liegen auf den Schnittpunkten der Gitterlinien, die Atome der anderen Art, dargestellt durch größere Kugeln, liegen in der Mitte der quadratischen Elementarfelder. Wir können die Struktur mit Hilfe von Koordinaten x und y beschreiben, die die Lage der Atome relativ zum Nullpunkt (Ursprung) des Koordinatensystems angeben. Den Ursprung verlegen wir in die Ecke des Elementarfeldes. Die Werte von x und y geben wir in Bruchteilen der Kantenlänge des Elementarfeldes an (vgl. Abb. 2.5). Das durch die kleine Kugel dargestellte Atom hat demnach die Koordinaten $x = 0, y = 0$, das Atom in der Mitte des Feldes die Koordinaten $x = 1/2, y = 1/2$.

In ganz analoger Weise wählt man als Elementarzelle eines kubischen Kristalls einen Würfel, derart, daß man aus ihm durch Parallelverschiebung ein kubisches Kristallgitter erhält (Abb. 2.6). Man kann die Elementarzelle eines kubischen Kristalls beschreiben, indem man die Kantenlänge a der Zelle und die Koordinaten x, y und z für jedes Atom in Bruchteilen der Kantenlänge angibt. Man erhält so für das in kubisch dichtester Kugelpackung kristallisierende Kupfer als Elementarzelle einen Würfel mit der Kantenlänge

2. Die Atom- und Molekularstruktur der Materie

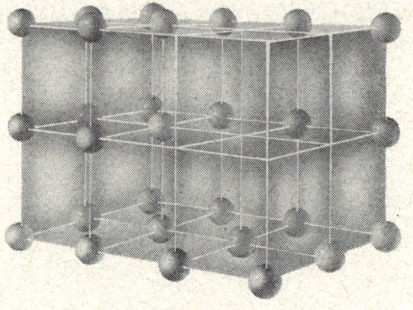

Abb. 2.6. Einfache kubische Anordnung von Atomen. Die Elementarzelle ist ein Würfel, der ein Atom mit den Koordinaten 0 0 0 enthält.

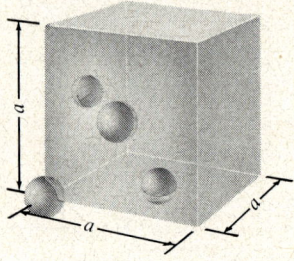

Abb. 2.7. Die Elementarzelle des kubisch flächenzentrierten Gitters, das der kubisch dichtesten Kugelpackung entspricht. Die Elementarzelle enthält vier Atome mit den Koordinaten 0 0 0, 0 1/2 1/2, 1/2 0 1/2, 1/2 1/2 0.

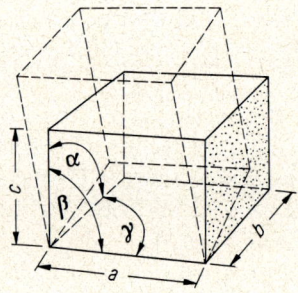

Abb. 2.8. Das Parallelepiped als allgemeiner Fall einer Elementarzelle. Es ist gegeben durch seine drei Kantenlängen und durch die drei Winkel zwischen je zwei seiner Kanten. Ein rechtwinkliges Parallelepiped mit ab-Fläche in gleicher Ebene ist in gestrichelten Linien angegeben.

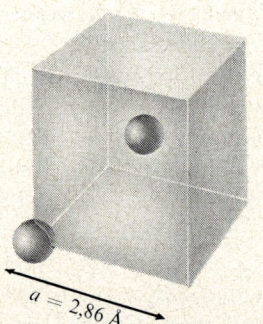

Abb. 2.9. Elementarzelle des kubisch raumzentrierten Gitters. Sie enthält zwei Atome mit den Koordinaten 0 0 0 und 1/2 1/2 1/2.

$a = \sqrt{2} \cdot 2{,}55\,\text{Å} = 3{,}61\,\text{Å}$, der vier Atome mit den Koordinaten $x = 0, y = 0, z = 0$; $x = 0, y = 1/2, z = 1/2$; $x = 1/2, y = 0, z = 1/2$; und $x = 1/2, y = 1/2, z = 0$ enthält (Abb. 2.7). Gewöhnlich schreibt man die Koordinaten ohne ihre Bezeichnungen x, y und z. Man sagt dann einfach, daß die Elementarzelle vier Kupferatome in 0, 0, 0; 0, 1/2, 1/2; 1/2, 0, 1/2; 1/2, 1/2, 0 enthält. Oft läßt man der Einfachheit halber auch noch die Kommas fort.

Beachten Sie, daß in der in Abb. 2.7 dargestellten Elementarzelle nur an einer der acht Ecken der Zelle ein Atom eingezeichnet ist. Natürlich erscheinen an den anderen sieben Ecken ebenfalls Atome, wenn der Würfel von anderen Würfeln umgeben ist; formal gehören diese Atome den benachbarten Würfeln an.

Die Elementarzelle eines nicht kubischen Kristalls ist ein Parallelepiped. Im allgemeinsten Fall, nämlich dem eines triklinen Kristalls, hat die Elementarzelle die Gestalt eines allgemeinen Parallelepipeds wie in Abb. 2.8. Man kann sie beschreiben, indem man ihre drei Kantenlängen a, b und c und die drei Winkel α, β und γ zwischen je zwei Kanten angibt.

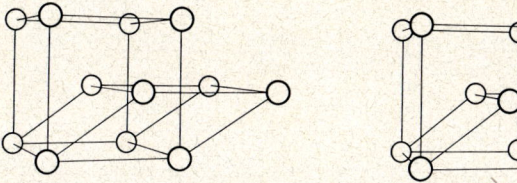

Abb. 2.10. Stereoskopische Ansicht der raumzentrierten Struktur, die bei Eisen und mehreren anderen Metallen auftritt. (Die stereoskopischen Abbildungen in diesem Buch vermitteln einen räumlichen Eindruck, wenn man aus einer Entfernung von einigen Zentimetern das linke Bild mit dem linken Auge und das rechte mit dem rechten Auge betrachtet. Ein aufrecht zwischen beide Bilder gehaltenes Stück Pappe oder steifes Papier mag das stereoskopische Sehen erleichtern. Der Ungeübte wird eine Anpassungszeit benötigen, bis seine Augen gelernt haben, die beiden Bilder zur Deckung zu bringen.)

Aufgabe 2.1. Eisen kristallisiert kubisch mit $a = 2{,}86\,\text{Å}$ und zwei Eisenatomen in der Elementarzelle in 0, 0, 0 und 1/2, 1/2, 1/2. Wieviel nächste Nachbarn hat jedes Eisenatom, und wie groß ist der Abstand zu ihnen?

Lösung. Wir zeichnen als Elementarzelle einen Würfel mit $2{,}86\,\text{Å}$ Kantenlänge und markieren die Orte 0, 0, 0 und 1/2, 1/2, 1/2 (Abb. 2.9). Wenn wir Würfel dieser Art aneinanderbauen, erhalten wir eine Struktur wie in Abb. 2.10. Man nennt sie *kubisch raumzentriertes Gitter*. Wie ersichtlich, ist das Atom in 1/2, 1/2, 1/2 von acht nächsten Nachbarn umgeben, den Atomen in 0, 0, 0 und in sieben anderen Ecken der Elementarzelle. Ebenso hat das Atom in 0, 0, 0 acht nächste Nachbarn. In jedem Fall stehen die Nachbarn in den Ecken eines Würfels. Diesen Sachverhalt kann man zum Ausdruck bringen, indem man sagt: jedes Atom in einem kubisch raumzentrierten Gitter hat die *Koordinationszahl 8*.

Um den Abstand zwischen den Atomen zu berechnen, benutzen wir den Satz des Pythagoras. Das Quadrat des Abstands ist gleich $(a/2)^2 + (a/2)^2 + (a/2)^2$, der Abstand selbst also gleich $\sqrt{3} \cdot a/2$. Der Abstand zwischen zwei beliebigen, benachbarten Eisenatomen beträgt demnach $0{,}866 \cdot 2{,}86\,\text{Å} = 2{,}48\,\text{Å}$, der metallische Radius des Eisens die Hälfte davon, $1{,}24\,\text{Å}$.

2. Die Atom- und Molekularstruktur der Materie

Aufgabe 2.2. Der englische Mathematiker und Astronom Thomas Harriot (1560–1621)[1], Lehrer von Sir Walter Raleigh, befaßte sich mit der Theorie vom atomaren Aufbau der Substanzen. Er fand die Hypothese, daß Substanzen aus Atomen bestehen, einleuchtend und hielt sie für geeignet, einige Eigenschaften der Materie zu deuten. Seine Schriften enthalten die Thesen:

9. Die festen Körper haben Atome, die sich an allen Seiten berühren.
10. Homogene Körper bestehen aus Atomen gleicher Gestalt und Größe.
11. Das Gewicht kann zunehmen, indem kleine Atome in die Hohlräume zwischen den größeren eingelagert werden.
12. Bei festen Körpern finden wir, daß in den leichtesten jedes Atom sechs andere berührt, in den schwersten (sofern sie nicht gemischt sind) jedes Atom zwölf andere.

Nehmen wir an, die Atome könnten als starre Kugeln aufgefaßt werden, die sich berühren. Welcher Unterschied in der Dichte ergäbe sich zwischen den beiden in 12. angegebenen Strukturen?

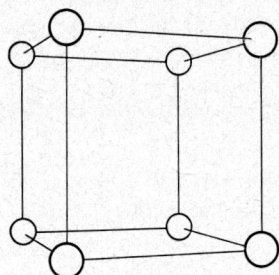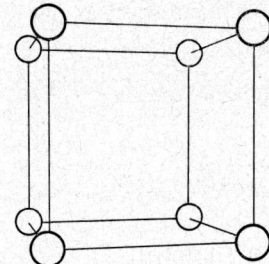

Abb. 2.11. Einfache kubische Kugelpackung (stereoskopische Ansicht).

Lösung. Als Struktur, bei der jedes Atom sechs andere berührt, schwebte Harriot wahrscheinlich das einfache kubische Gitter vor (Abb. 2.11). Hier ist die Elementarzelle ein Würfel, der ein Atom mit den Koordinaten 0, 0, 0 enthält. Jedes Atom berührt sechs andere, die sich im Abstand d (Atomdurchmesser) von ihm befinden. Das Volumen der Elementarzelle beträgt demnach d^3. Bei einer Masse M des Atoms beläuft sich die Dichte der Packung auf M/d^3.

Die dichtere, von Harriot angeführte Struktur, in der jedes Atom zwölf andere berührt, ist das im vorigen Abschnitt beschriebene kubisch flächenzentrierte Gitter. (Offenbar hatte Harriot oder auch ein anderer Forscher vor ihm entdeckt, daß man starre Kugeln auf keine Weise dichter packen kann.) Die Elementarzelle dieses Gitters enthält vier Atome, ihre Kantenlänge a beträgt $2^{1/2}d$, ihr Volumen also $2^{3/2}d^3$. Die Elementarzelle enthält die Masse $4M$; folglich ist die Dichte $4\,M/2^{3/2}d^3 = 2^{1/2}M/d^3$. Hieraus ergibt sich, daß die dichtere der beiden von Harriot beschriebenen Strukturen um den Faktor $2^{1/2} = \sqrt{2} = 1{,}414$ dichter ist als die andere. Der Unterschied in der Dichte beträgt also 41,4%.

2.6. Kristallsymmetrie; die Kristallsysteme

Man nimmt die Einteilung der Kristalle auf Grund ihrer Symmetrie vor. Ein Gegenstand hat Symmetrie, wenn man an ihm eine geometrische Operation vornehmen kann und ihn dabei in einer Lage zurückerhält, die von seiner ursprünglichen Lage nicht zu unterscheiden ist. Zum Beispiel kann man einen dreiflügeligen Propeller um 120° (ein Drittel einer vollen Umdrehung) um seine Achse drehen; die Lage, die er nun einnimmt, ist

---

[1] Harriot, der 1585 nach Virginia reiste, brachte die Kartoffel und Tabak mit nach Europa zurück und war vielleicht der erste Raucher, der nachweislich an Lungenkrebs gestorben ist. [Vgl. R. Taton (Herausgeber), *The Beginnings of Modern Science*.]

von der ursprünglichen nicht zu unterscheiden, vorausgesetzt, daß die drei Flügel einander vollkommen gleichen. Ebenso kann man ihn um 240° (zwei Drittel einer vollen Umdrehung) drehen und erhält wieder eine Lage, die von der ursprünglichen nicht zu unterscheiden ist. Es gibt also drei Operationen, aus denen der dreiflügelige Propeller in einer Lage hervorgeht, die mit der ursprünglichen zur Deckung gebracht werden kann: 1. Belassen in der ursprünglichen Lage, 2. Drehung um 120° und 3. Drehung um 240°. Das sind die drei Operationen einer dreizähligen Symmetrieachse. Weitere Beispiele von Symmetrieoperationen sind in Anhang III angegeben.

In Kristallen treten nur wenige Symmetrieelemente auf. Es gibt zweiunddreißig verschiedene Möglichkeiten, diese miteinander zu kombinieren. Entsprechend diesen Kombinationsmöglichkeiten teilt man die Kristalle in zweiunddreißig *Kristallklassen* ein. Die Kristallklassen faßt man in sechs *Kristallsysteme* zusammen, wie in Anhang III näher ausgeführt ist.

An einem unbegrenzten Kristall können weiterhin räumliche Verschiebungen und einige weitere Operationen vorgenommen werden, die keine von der ursprünglichen unterscheidbare Lage ergeben. Insgesamt gibt es 230 Kombinationsmöglichkeiten solcher Operationen. Diese 230 sogenannten *Raumgruppen* werden in Anhang III diskutiert.

2.7. Der molekulare Aufbau von Substanzen

Molekelkristalle. Der einzige Baustein eines Kupferkristalls ist das Kupferatom. Innerhalb des Kristalls treten keine abgegrenzten Atomgruppen auf, die kleiner sind als der Kristall selbst. Dagegen enthalten Kristalle vieler anderer Substanzen abgegrenzte (diskrete) Atomgruppen, die man Molekeln nennt. Ein Beispiel für einen Molekelkristall bietet die schwarzgraue Substanz Jod. Ihre aus Beugung von Röntgenstrahlen ermittelte Struktur zeigt Abbildung 2.12 (oben links). Sie läßt erkennen, daß die Atome paarweise, in zweiatomigen Molekeln, auftreten (das heißt in Molekeln, die aus je zwei Atomen bestehen).

Der Abstand zwischen zwei Atomen, die derselben Molekel angehören, ist kleiner als der zwischen zwei Atomen, die verschiedenen Molekeln angehören. Im Jodkristall beträgt der Atomabstand in jeder Molekel nur 2,68 Å, der kleinste Abstand zwischen Jodatomen verschiedener Molekeln dagegen 3,56 bis 4,40 Å.

Zwischen den Atomen einer Molekel wirken starke Kräfte, zwischen den Molekeln dagegen nur schwache. Es ist deshalb schwer, die Molekel zu einer Formänderung zu zwingen, während die Lage der Molekeln zueinander verhältnismäßig leicht verändert werden kann. Zum Beispiel läßt sich ein Jodkristall durch Druck zusammenpressen. Die Molekeln können aneinandergedrängt werden, bis sich der Abstand zwischen ihnen um mehrere Prozent verringert hat. Die Molekeln selbst behalten jedoch ihre ursprüngliche Größe bei, denn der Atomabstand innerhalb der Molekel ändert sich nicht in vergleichbarer Weise. Erwärmt man einen kalten Jodkristall, so dehnt er sich aus. Jede Molekel beansprucht nun einen größeren Raum im Kristall. Der Abstand von 2,68 Å zwischen den Jodatomen in den Molekeln bleibt aber auch hier nahezu unverändert.

Die Molekeln der verschiedenen chemischen Substanzen setzen sich aus Atomen unterschiedlicher Anzahl zusammen, die fest miteinander verbunden sind. Als Beispiel einer

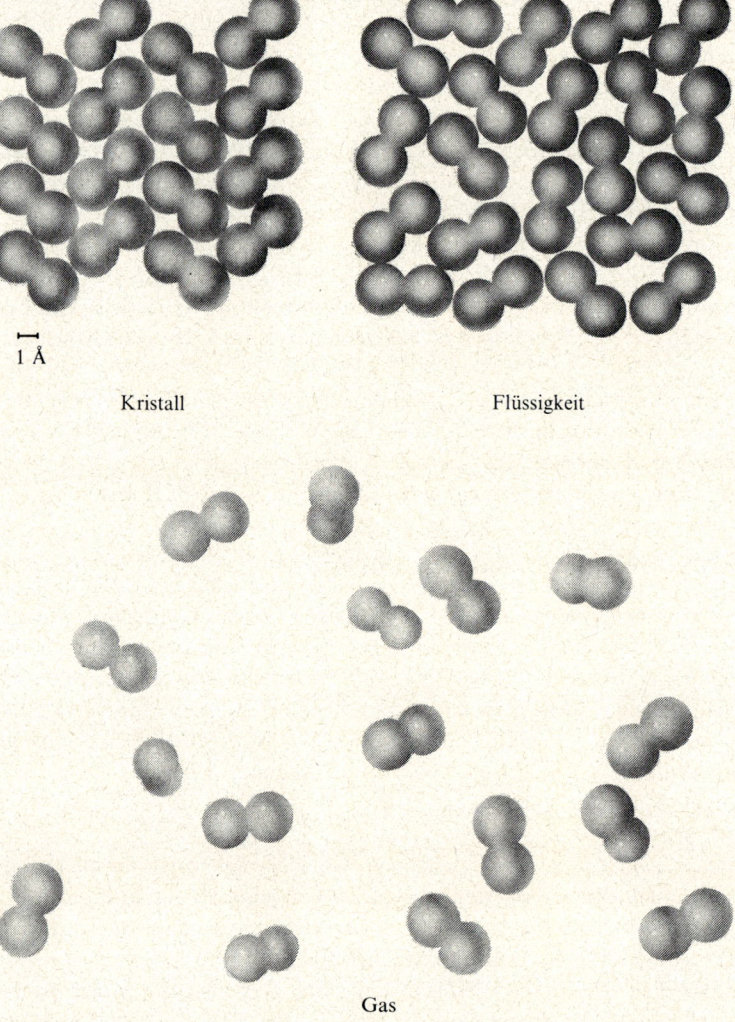

Abb. 2.12. Kristallines, flüssiges und gasförmiges Jod. In allen drei Aggregatzuständen sind zweiatomige Molekeln, I$_2$, zu erkennen.

komplizierteren Molekelstruktur zeigt Abbildung 2.13 das Cyanurtriazid, das aus drei Kohlenstoffatomen und zwölf Stickstoffatomen besteht. Innerhalb der Molekel liegen die Abstände zwischen benachbarten Atomen bei nur 1,11 bis 1,38 Å; die kleinsten Abstände zwischen Atomen verschiedener Molekeln betragen dagegen 3,12 und 3,16 Å. Ganz allgemein hat sich gezeigt, daß in den meisten Molekelkristallen die Abstände zwischen den Molekeln um etwa 1,60 Å größer sind als die Abstände zwischen den gleichen Atomen innerhalb der Molekeln.

2.7. Der molekulare Aufbau von Substanzen

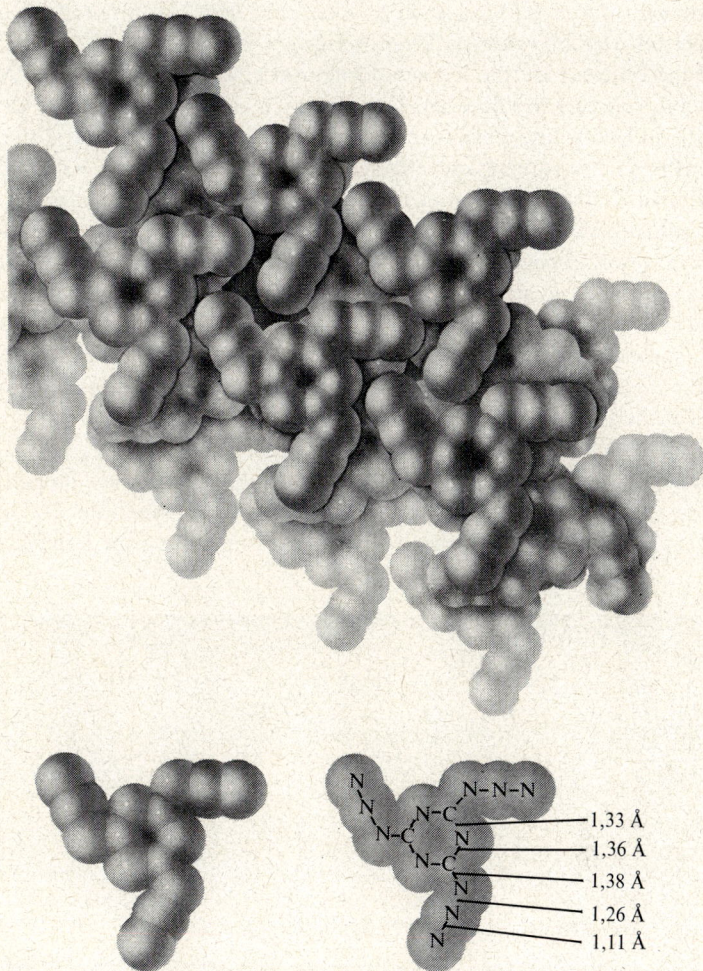

Abb. 2.13. Cyanurtriazid (C_3N_{12}). Oben: Anordnung der Molekeln im Kristall. Unten: Einzelne Molekeln.

Kristalle aus Riesenmolekeln. Pflanzen und Tiere sind kompliziert gebaut. Sie enthalten unzählige Molekeln verschiedenster Art. Viele dieser Molekeln sind sehr groß und bestehen aus Zehntausenden von Atomen. Gerade jetzt zeichnen sich die ersten Erfolge von Bemühungen ab, Einzelheiten über die Struktur solcher organischer Riesenmolekeln in Erfahrung zu bringen.

Eine besondere Art von Riesenmolekeln mit äußerst interessanten Eigenschaften sind die *Virusmolekeln*. Manche Krankheiten wie die Masern, Pocken, Kinderlähmung und Schnupfen werden durch Virusarten hervorgerufen. Virusmolekeln haben die Fähigkeit, sich zu reproduzieren, das heißt, sie können in geeigneter Umgebung die Bildung von Molekeln bewirken, die ihnen vollkommen gleichen. Eine Krankheit wie die Masern entsteht durch Bildung einer großen Zahl von Masernviren im menschlichen Körper, der mit wenigen solcher Viren infiziert worden ist.

Eine Eigenschaft, die Virusmolekeln mit gewöhnlichen, kleinen Molekeln teilen, ist die Fähigkeit zu kristallisieren. Die Molekeln eines Virus können Kristalle bilden, weil sie alle in Größe und Form im wesentlichen übereinstimmen und sich deshalb in der regelmäßigen Anordnung zusammenlagern können, die einen Kristall ausmacht.

In den letzten Jahren ist es möglich geworden, Virusmolekeln zu photographieren. Sie sind zu klein, als daß man sie unter einem gewöhnlichen Mikroskop erkennen könnte. Ein gewöhnliches Mikroskop arbeitet mit sichtbarem Licht. Es kann deshalb keine Gegenstände sichtbar machen (auflösen), die wesentlich kleiner sind als die Wellenlänge des Lichts, also als etwa 5000 Å. Mit dem Elektronenmikroskop kann man jedoch Gegenstände erkennen, die hundertmal kleiner sind. Das Elektronenmikroskop benutzt Elektronenstrahlen an Stelle von Lichtstrahlen. Man kann auf diese Weise Gegenstände erkennen, die nur 5 Å groß sind.

Eine elektronenmikroskopische Aufnahme eines Virus, der eine Krankheit an Tomatenpflanzen hervorruft, ist in Abbildung 2.14 wiedergegeben. Jede der Virusmolekeln mißt etwa 200 Å und besteht aus ungefähr 450000 Atomen. Auf der Aufnahme sind die einzelnen Molekeln und deren regelmäßige Anordnung im Kristall deutlich zu erkennen.

Abb. 2.14. Elektronenmikroskopische Aufnahme eines Kristalls von Nekrosevirus-Protein. Die regelmäßige Anordnung der Teilchen ist deutlich zu erkennen. Lineare Vergrößerung 1 : 65000. (R.W.G. Wyckoff.)

Verdampfung eines Molekelkristalls. Bei sehr niedriger Temperatur liegen die Jodmolekeln recht ruhig auf ihren Plätzen im Kristallgitter. Mit steigender Temperatur werden sie immer lebhafter und zappeln in dem engen Raum, den ihre Nachbarn ihnen lassen, immer unruhiger hin und her. Jede Molekel prallt dabei immer heftiger mit ihren Nachbarn zusammen. Diese Zunahme molekularer Bewegung mit steigender Temperatur bewirkt, daß der Kristall sich ausdehnt und damit jeder Molekel etwas mehr Platz für ihre thermische Schwingung (thermische Oszillation) einräumt.
Ein Molekel in der Kristalloberfläche wird durch Anziehungskräfte, die ihre Nachbarn auf sie ausüben, am Kristall festgehalten. Anziehungskräfte dieser Art, die ganz allgemein zwischen Molekeln auftreten, wenn sie einander nahe sind, nennt man *van der Waalssche Anziehungskräfte*. Die Bezeichnung hat man dem holländischen Physiker J.D. van der Waals (1837–1923) zu Ehren gewählt, dem wir die erste gründliche Abhandlung über intermolekulare Kräfte im Zusammenhang mit den grundlegenden Eigenschaften von Gasen und Flüssigkeiten verdanken.
Die van der Waalsschen Kräfte sind recht schwach. Deshalb wird gelegentlich eine Molekel, die in besonders heftige Bewegung geraten ist, sich von ihren Nachbarn losreißen und davonfliegen; sie verdampft. Befindet sich der Kristall in einem geschlossenen Gefäß, so wird wegen dieses Verdampfungsvorgangs bald eine große Zahl solcher freien Molekeln im Gefäß umherfliegen. Jede von ihnen beschreibt eine gerade Flugbahn. Gelegentlich stoßen sie miteinander zusammen oder prallen an die Gefäßwände; dabei ändert sich ihre Flugrichtung. Diese freien Molekeln sind Joddampf oder Jodgas (Abb. 2.12). Die Gasmolekeln gleichen den Molekeln im Kristall weitgehend; ihr Atomabstand ist praktisch der gleiche. Dagegen vergrößern sich beim Übergang vom festen in den gasförmigen Zustand die Abstände zwischen den Molekeln.
Joddampf sieht violett aus und hat einen eigentümlichen Geruch. Der Geruch von Jodtinktur (einer Lösung von Jod in Äthylalkohol, die als Antiseptikum verwendet wird) ist eine Überlagerung der Gerüche von Jod und Äthylalkohol.
Es mag überraschen, daß Molekeln von einer Kristalloberfläche unmittelbar verdampfen können. Daß eine kristalline Substanz langsam verdampft, ist aber gar nicht ungewöhnlich. Stückchen festen Camphers oder Naphthalins (bekannt als Mottenkugeln) werden an der Luft langsam kleiner, weil Molekeln aus ihrer Oberfläche verdampfen. Schnee kann zergehen, ohne zu schmelzen, indem die Eiskriställchen bei Temperaturen unterhalb des Schmelzpunktes verdampfen. Der Verdampfungsvorgang läuft schneller ab, wenn Wind den Wasserdampf aus der unmittelbaren Nähe der Kristalle forträgt und damit verhindert, daß er sich wieder auf ihnen niederschlägt.

Der Gaszustand. Charakteristisch für ein Gas ist, daß seine Molekeln nicht aneinander gebunden sind, sondern sich frei in einem Raum bewegen, der recht groß ist im Vergleich mit ihrem Eigenvolumen. Die van der Waalsschen Anziehungskräfte treten auch im Gas auf, und zwar immer dann, wenn zwei Molekeln sich nahe kommen. Gewöhnlich kann man diese Kräfte aber vernachlässigen, weil die Molekeln weit voneinander entfernt sind. Da die Molekeln sich frei bewegen können, hat eine Gasmenge weder eine bestimmte Form noch ein bestimmtes Volumen. Ein Gas paßt sich in Form und Volumen seinem Behälter an. Quantitativ sollen die Eigenschaften der Gase später behandelt werden (Kapitel 9).

Gase unter Normaldruck (eine Atmosphäre) sind sehr verdünnt: das Eigenvolumen der Molekeln beträgt nur etwa ein Tausendstel des gesamten Gasvolumens. Alles andere ist leerer Raum. So hat ein Gramm festes Jod ein Volumen von 0,2 cm³ (seine Dichte ist 4,93 g cm^{-3}), während ein Gramm Jodgas bei einer Atmosphäre Druck und einer Temperatur von 184 °C (Siedepunkt des Jods) ein Volumen von 148 cm³ einnimmt, also über siebenhundertmal so viel. In einem Gas ist demnach das Volumen aller Molekeln zusammengenommen sehr klein gegenüber dem Volumen, das das Gas bei Normaldruck ausfüllt. Trotzdem ist der Durchmesser einer Gasmolekel nicht eben sehr klein gegenüber dem mittleren Abstand von Molekel zu Molekel: in einem Gas bei Zimmertemperatur und einer Atmosphäre Druck beträgt der mittlere Abstand zwischen benachbarten Molekeln ungefähr zehn Molekeldurchmesser (vgl. Abb. 2.12).

Dampfdruck eines Kristalls. Ein Jodkristall in einem evakuierten Gefäß wird sich langsam in Joddampf verwandeln, weil die Molekeln in seiner Oberfläche verdampfen. Von Zeit zu Zeit wird eine der freien Gasmolekeln wieder auf die Kristalloberfläche treffen, wo andere Molekeln sie mit van der Waalsschen Anziehungskräften festhalten können. Diesen Vorgang nennt man *Kondensation* von Gasmolekeln.

Die Anzahl Molekeln, die in einer gegebenen Zeit aus der Kristalloberfläche verdampfen, ist proportional der Größe der Oberfläche; vom Druck des umgebenden Gases hängt sie nicht wesentlich ab. Die Anzahl Gasmolekeln, die in einer gegebenen Zeit auf den Kristall auftreffen, ist dagegen proportional der Kristalloberfläche und außerdem proportional der Konzentration der Molekeln in der Gasphase (Anzahl Molekeln in der Volumeneinheit).

Schließt man ein paar Jodkristalle in ein Gefäß ein und überläßt sie bei Zimmertemperatur sich selbst, so sieht man bald, daß ein Teil des Jods verdampft, denn die Gasphase im Gefäß färbt sich violett. Nach einer Weile bemerkt man, daß der Verdampfungsvorgang anscheinend zum Stillstand gekommen ist, denn die violette Farbe der Gasphase vertieft sich nicht mehr, sondern bleibt unverändert. Dieser stationäre Zustand ist erreicht, wenn die Konzentration der Gasmolekeln so angewachsen ist, daß Verdampfung und Kondensation sich die Waage halten, das heißt, daß in gleicher Zeit ebensoviel Molekeln von der Kristalloberfläche verdampfen wie dort auftreffen und haften bleiben. Den zugehörigen Gasdruck nennt man den *Dampfdruck* des Kristalls.

Ein stationärer Zustand solcher Art ist ein Beispiel für ein sogenanntes *Gleichgewicht*. Die Untersuchung von physikalischen Gleichgewichten — wie dieses Gleichgewicht zwischen Kristall und seinem Dampf — und von chemischen Gleichgewichten — das sind stationäre Zustände in Systemen mit verschiedenen, miteinander reagierenden Substanzen — macht einen wichtigen Teil der allgemeinen Chemie aus. Ein Gleichgewicht ist keineswegs ein Zustand, in dem nichts geschieht, vielmehr ein Zustand, in dem Reaktion und Rückreaktion sich gerade die Waage halten, so daß insgesamt im System keine Änderung eintritt.

Der Dampfdruck einer jeden kristallinen Substanz wächst mit steigender Temperatur. Für Jod beträgt er $0,26 \cdot 10^{-3}$ atm bei 20 °C und 0,118 atm bei 114 °C, dem Schmelzpunkt des Kristalls. Jodkristalle, die auf eine Temperatur dicht unterhalb des Schmelzpunkts erhitzt werden, verdampfen schnell. Der Joddampf kann sich an kühleren Stellen des Gefäßes in Form von Kristallen niederschlagen. Der Gesamtvorgang des Verdampfens eines Kristalls und der Kondensation des Dampfes unmittelbar als Kristall — augenscheinlich unter Umgehung des flüssigen Zustands — wird als *Sublimation* bezeichnet. Viele Substanzen lassen sich durch Sublimation hervorragend reinigen.

Maßeinheiten des Drucks. Im vorigen Absatz haben wir den Dampfdruck des Jods in Atmosphären (atm) angegeben. Eine Atmosphäre ist der Druck, den das Gewicht der Erdatmosphäre auf die Erdoberfläche in Meereshöhe ausübt. *Eine* (physikalische) *Atmosphäre*[1] (atm) beträgt 101,325 kN m^{-2}. Sie zählt nicht zu den anerkannten Einheiten des SI, ist aber für die Chemie insofern wichtig, als die Eigenschaften vieler Substanzen unter 1 atm Druck gemessen und entsprechend tabelliert worden sind.
Eine andere, bislang häufig benutzte Druckeinheit ist das Torr, benannt nach Evangelista Torricelli (1608–1647), einem italienischen Physiker und Erfinder des Quecksilberbarometers. Das Torr, für das auch die Schreibweise mm Hg (Millimeter Quecksilber) benutzt wird, gibt die Höhe einer Quecksilbersäule in Millimetern an, deren Gewicht den Druck kompensiert. Eine (physikalische) Atmosphäre beträgt 760 Torr.

Der flüssige Zustand. Wenn Jodkristalle auf 114 °C erwärmt werden, schmelzen sie, sie verwandeln sich in flüssiges Jod. Die Temperatur, bei der Kristalle und Flüssigkeit sich im Gleichgewicht befinden — bei der also weder die Kristalle schmelzen noch die Flüssigkeit erstarrt — bezeichnet man als *Schmelzpunkt* der Kristalle und *Gefrierpunkt* der Flüssigkeit (Abkürzung *Fp*.). Für Jod beträgt diese Temperatur 114 °C.
Ähnlich wie festes (kristallines) Jod und im Gegensatz zum Gas hat flüssiges Jod ein definiertes Volumen: 1 g nimmt etwa 0,2 cm^3 ein. Ungleich dem festen Jod hat es aber keine bestimmte Form, sondern paßt sich der Form seines Behälters an.
Die molekulare Vorstellung liefert vom Schmelzen folgendes Bild: Wird der Kristall erwärmt, so tanzen die Molekeln immer heftiger auf ihren Plätzen. Solange der Kristall noch kalt ist, verschiebt diese Wärmebewegung jedoch keine einzige Molekel merklich von ihrem durch die Anordnung der Nachbarn im Kristallgitter gegebenen Platz. Beim Schmelzpunkt endlich wird die Wärmebewegung so groß, daß die Molekeln aneinander vorbeigleiten und ihre Lage zueinander verändern. Sie bleiben weiterhin dicht beisammen, aber ihre feste, regelmäßige Anordnung geht verloren. Vielmehr wechselt die Gruppierung um eine bestimmte Molekel ständig; manchmal sieht sie der dichten Packung im Kristall ähnlich, wo jede Jodmolekel zwölf unmittelbare Nachbarn hat, manchmal weicht sie erheblich davon ab, und jede Molekel hat nur zehn, neun oder acht unmittelbare Nachbarn (Abb. 2.12). Die Flüssigkeit ist also, wie der Kristall und im Gegensatz zum Gas, eine *kondensierte Phase*, in der die Molekeln recht dicht gepackt sind. Ein wesentlicher Unterschied zwischen beiden Arten von kondensierten Phasen besteht in der Anordnung der Atome oder Molekeln: charakteristisch für den Kristall ist die

---

1 Außer der physikalischen Atmosphäre wird im Ingenieurwesen in Deutschland gelegentlich noch die etwas anders definierte *technische Atmosphäre* (at) verwendet. Die technische Atmosphäre entspricht dem Druck von einem Kilogramm (Gewicht) pro Quadratzentimeter. 1 at = 0,968 atm = 98,1 kN m^{-2}.

32   2. Die Atom- und Molekularstruktur der Materie

Regelmäßigkeit, für die Flüssigkeit die Regellosigkeit der Anordnung. Diese Regellosigkeit führt meistens dazu, daß die Dichte einer Flüssigkeit etwas geringer ist als die der entsprechenden Kristalle; mit anderen Worten, die Flüssigkeit nimmt gewöhnlich etwas mehr Raum ein als die gleiche Menge kristalliner Substanz.

Dampfdruck und Siedepunkt einer Flüssigkeit. Ebenso wie ein Kristall befindet sich auch eine Flüssigkeit bei jeder Temperatur nur dann im Gleichgewicht mit ihrem eigenen Dampf, wenn sich eine ganz bestimmte Konzentration der Dampfmolekeln eingestellt hat. Den dieser Konzentration entsprechenden Druck nennt man den *Dampfdruck der Flüssigkeit* bei der vorgegebenen Temperatur.

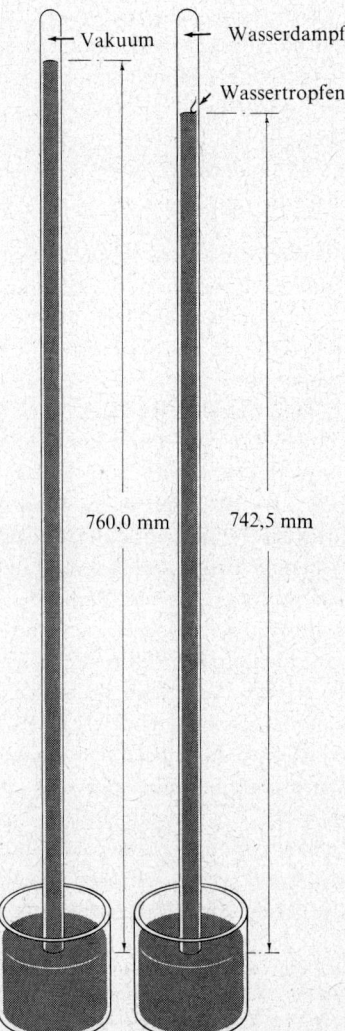

Abb. 2.15. Einfache Versuchsanordnung zur Messung des Dampfdrucks einer Flüssigkeit.

2.7. Der molekulare Aufbau von Substanzen

Der Dampfdruck jeder Flüssigkeit wächst mit steigender Temperatur. Die Temperatur, bei der er einen vorgegebenen Wert (gewöhnlich 1 atm) überschreitet, nennt man den *Siedepunkt* der Flüssigkeit unter dem angegebenen Druck (Abkürzung Kp.). Bei dieser Temperatur können sich Dampfblasen in der Flüssigkeit bilden und in den Gasraum entweichen.

Der Dampfdruck von flüssigem Jod bei seinem Gefrierpunkt (114 °C) beträgt 0,118 atm. Genau den gleichen Dampfdruck haben Jodkristalle bei dieser Temperatur (vgl. den vorletzten Abschnitt). Jodgas unter 0,118 atm Druck befindet sich demnach im Gleichgewicht einerseits mit flüssigem Jod bei 114 °C, seinem Gefrierpunkt, und andererseits mit Jodkristallen bei der gleichen Temperatur, ihrem Schmelzpunkt. Die Kristalle und die Flüssigkeit befinden sich beim Schmelzpunkt (Gefrierpunkt) im Gleichgewicht und haben dann genau den gleichen Dampfdruck. Hätten die beiden kondensierten Phasen verschiedenen Dampfdruck, so würde die Phase mit dem höheren Dampfdruck weiter verdampfen, und der Dampf würde bevorzugt so lange an der Phase mit dem niedrigeren Dampfdruck kondensieren, bis die erste Phase verschwunden wäre.

Der Dampfdruck des flüssigen Jods erreicht 1 atm bei 184 °C. Das ist also der Siedepunkt des Jods.

Andere Substanzen durchlaufen ähnliche Phasenumwandlungen, wenn man sie erhitzt. Wenn Kupfer schmilzt (bei 1083 °C), wird es zu flüssigem Kupfer, dessen Atome ebenso regellos angeordnet sind wie die Molekeln in flüssigem Jod. Unter 1 atm Druck siedet Kupfer bei 2310 °C und bildet Kupferdampf, der aus einzelnen Kupferatomen besteht.

Der Dampfdruck einer Substanz kann auf verschiedene Weise gemessen werden. Eine Versuchsanordnung hierfür gibt Abbildung 2.15 an. Man mißt den Luftdruck als Höhe einer Quecksilbersäule in einem evakuierten Rohr. Die Luft drückt auf die freiliegende Quecksilberoberfläche in der Schale und preßt das Quecksilber im Rohr nach oben. Bei normalem Luftdruck beträgt die Höhe der Quecksilbersäule 760 mm. Nun führt man die Substanz, zum Beispiel einen Wassertropfen, in das Innere des Rohres oberhalb des Quecksilbers ein. Hierzu bringt man den Tropfen unter das Rohr und gibt ihn frei; er steigt dann durch das Quecksilber nach oben. Nun verdampfen die Molekeln der Substanz in den Raum oberhalb der Quecksilbersäule, bis sich Gleichgewicht zwischen dem

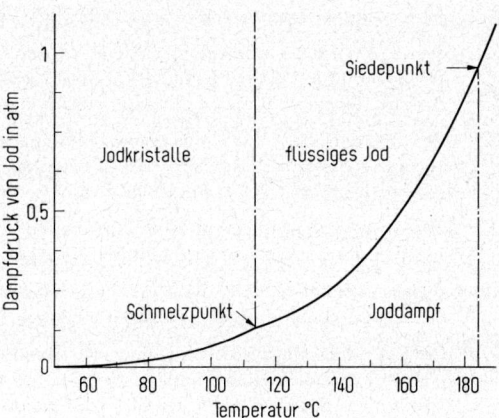

Abb. 2.16. Temperaturabhängigkeit des Dampfdrucks von kristallinem und flüssigem Jod. Der Schmelzpunkt der Kristalle ist diejenige Temperatur, bei der Kristalle und Flüssigkeit den gleichen Dampfdruck haben. Der Siedepunkt der Flüssigkeit (unter 1 atm Druck) ist die Temperatur, bei der der Dampfdruck der Flüssigkeit 1 atm erreicht.

Dampf und der kondensierten Phase eingestellt hat. Jetzt herrscht in dem Raum oberhalb der Quecksilbersäule ein Druck, der genau dem Dampfdruck der Substanz entspricht. Entsprechend verringert sich die Höhe der Säule. Meßergebnisse dieser Art an Jodkristallen und flüssigem Jod sind in Abbildung 2.16 dargestellt.

Wir kommen auf weitere Einzelheiten des Dampfdrucks von Flüssigkeiten und Kristallen in Abschnitten 11.2 und 11.3 zurück.

Übungsaufgaben

2.1. Erklären Sie den Unterschied zwischen Hypothesen, Theorien, Gesetzen und Tatsachen. Geben Sie von jeder der nachstehenden Thesen an, in welche dieser vier Kategorien sie fällt:
 a) Das Innere des Monds besteht aus Granit und ähnlichen Silikatgesteinen.
 b) Wasserstoff, Stickstoff, Sauerstoff und Neon sind unter Normalbedingungen Gase.
 c) Ein Körper der Masse m erfährt von einer Kraft f die Beschleunigung fm^{-1}.
 d) Die Eigenschaften von Gasen können mit der Bewegung der Molekeln erklärt werden, aus denen sie bestehen.
 e) Alle Kristalle bestehen aus Atomen oder Molekeln in regelmäßiger Anordnung.

2.2. Nennen Sie Beweismaterial, das für den atomaren Aufbau der Materie spricht.

2.3. Metallisches Indium bildet tetragonale Kristalle. Die Elementarzelle ist ein rechtwinkliges Parallelepiped mit den Kantenlängen $a = 3{,}24$ Å, $b = 3{,}24$ Å und $c = 4{,}94$ Å, sie enthält zwei Atome mit den Koordinaten 0, 0, 0 und 1/2, 1/2, 1/2. a) Berechnen Sie die Abstände von jedem Atom zu seinen zwölf nächsten Nachbarn. Sie werden feststellen, daß vier der Nachbarn sich in einer, die anderen acht in einer anderen Entfernung befinden. b) Zeigen Sie, daß bei einem Achsenverhältnis $c/a = 1{,}414$ alle Abstände einander gleich werden. c) In welcher Beziehung steht eine Elementarzelle mit diesem Achsenverhältnis zur Elementarzelle der kubisch dichtesten Kugelpackung?

2.4. Diamant hat eine kubische Elementarzelle mit $a = 3{,}56$ Å. Sie enthält acht Atome mit den Koordinaten 0, 0, 0; 0, 1/2, 1/2; 1/2, 0, 1/2; 1/2, 1/2, 0; 1/4, 1/4, 1/4; 1/4, 3/4, 3/4; 3/4, 1/4, 3/4; 3/4, 3/4, 1/4. Wie viele nächste Nachbarn hat jedes Atom? Wie groß ist der Abstand zu ihnen? (Lösung: vier nächste Nachbarn im Abstand von 1,54 Å.)

2.5. Kristallines Natriumchlorid hat eine kubische Elementarzelle mit $a = 5{,}628$ Å. Sie enthält vier Natriumatome (Natriumionen) mit den Koordinaten 0, 0, 0; 0, 1/2, 1/2; 1/2, 0, 1/2; 1/2, 1/2, 0, und vier Chloratome (Chloridionen) mit den Koordinaten 1/2, 1/2, 1/2; 1/2, 0, 0; 0, 1/2, 0; 0, 0, 1/2. Zeichnen Sie die Elementarzelle und die Lage der Atome. Wieviel nächste Nachbarn hat jedes Atom? Wie groß ist der Abstand zu ihnen? Welches Polyeder bilden die Nachbarn? Diese Atomanordnung, die man als Kochsalzgitter bezeichnet, tritt bei Salzen häufig auf.

2.6. Caesiumchlorid hat eine kubische Elementarzelle mit $a = 4{,}11$ Å; die Koordinaten sind 0, 0, 0 für Cs und 1/2, 1/2, 1/2 für Cl. Wieviel nächste Nachbarn hat jedes Atom? Wie groß ist der Abstand zwischen ihnen? Was für ein Polyeder wird von den nächsten Nachbarn eines Atoms beschrieben?

2.7. Der Dampfdruck festen Kohlenstoffdioxids am Schmelzpunkt ($-56{,}5$ °C) beträgt 5 atm. Erklären Sie, warum festes Kohlenstoffdioxid (Trockeneis) nicht schmilzt, wenn es zum Kühlen zum Beispiel von Speiseeisbehältern verwendet wird. Was müßten Sie tun, um Kohlenstoffdioxid zu verflüssigen?

2.8. Wie ist der Dampfdruck von Kristallen und von Flüssigkeiten definiert? Können Sie einen Grund angeben, warum am Schmelzpunkt beide Drucke einander gleich sein müssen?

2.9. Welchen Einfluß hat eine Druckerhöhung auf den Siedepunkt einer Flüssigkeit? Schätzen Sie den Siedepunkt von Jod unter 0,5 atm Druck (vgl. Abb. 2.16).

2.10. Die CO_2-Molekeln, aus denen Kohlenstoffdioxid besteht, sind geradlinig gebaut, und das Kohlenstoffatom befindet sich in der Mitte. Fertigen Sie drei Zeichnungen an, die Ihre Vorstellungen über gasförmiges, flüssiges und festes CO_2 wiedergeben, und erklären Sie die Strukturen.

Kapitel 3

Das Elektron, der Atomkern und das Lichtquant

In den vierzehn Jahren von 1897 bis 1911 führten Entdeckungen zu der Erkenntnis, daß Atome aus kleineren Teilchen bestehen und daß diese elektrische Ladungen tragen. Zur selben Zeit wurde auch die Existenz des Lichtquants, der kleinsten Einheit der strahlenden Energie entdeckt. Die Entdeckung der Atombausteine und die Erforschung der Atomstruktur bilden einen der interessantesten Abschnitte in der Geschichte der Naturwissenschaften. Darüber hinaus ist es in neuerer Zeit dank der Kenntnis der Elektronenstrukturen von Atomen möglich geworden, das umfangreiche Tatsachenmaterial der Chemie nach einleuchtenden Gesichtspunkten übersichtlich zu ordnen: man hat entdeckt, daß die Bindungen zwischen den Atomen innerhalb der Molekeln aus Elektronenpaaren bestehen, die je zwei Atomen gemeinsam angehören. Dem Chemiestudenten wird der Weg zur Beherrschung seines Fachs viel leichter werden, wenn er zuerst den Atombau richtig verstehen lernt.

3.1. Elektrizität

Ein Stück Bernstein zieht leichte Gegenstände wie Federn oder Strohsplitter an, wenn man es vorher mit Wolle oder Pelz gerieben hat. Das wußten schon die alten Griechen. William Gilbert (1540–1603), Leibarzt der Königin Elizabeth I. von England, untersuchte diese Erscheinung. Er erfand zur Bezeichnung der Anziehungskraft das Beiwort „elektrisch", nach ἤλεκτρον, dem griechischen Wort für Bernstein. Außer Gilbert beschäftigten sich viele Forscher, darunter auch Benjamin Franklin (1706–1790), mit elektrischen Erscheinungen. Im Laufe des 19. Jahrhunderts wurden viele Erkenntnisse über das Wesen der Elektrizität und des mit ihr nahe verwandten Magnetismus gewonnen.
Reibt man einen Siegellackstab (Siegellack verhält sich wie Bernstein) mit einem Wolltuch und einen Glasstab mit einem Seidentuch und nähert die Stäbe einander, so springt vom Stab ein elektrischer Funke über. Außerdem machen sich Anziehungskräfte zwischen ihnen bemerkbar. Hängt man den durch Reiben mit dem Wolltuch elektrisch aufgeladenen Siegellackstab an einem Faden auf und bringt den ebenfalls aufgeladenen Glasstab in die Nähe eines seiner Enden, so dreht sich das Ende dem Glasstab zu. Dagegen stoßen sich zwei elektrisch aufgeladene Siegellackstäbe gegenseitig ab und ebenso zwei elektrisch aufgeladene Glasstäbe. Hieraus leitete man die Vorstellung ab, daß zwei Arten von Elektrizität existieren und daß entgegengesetzte Arten von Elektrizität einander anziehen, während gleiche Arten sich abstoßen. Franklin nahm an, daß beim Reiben des Glasstabs mit dem Seidentuch etwas vom Tuch auf den Glasstab übergehe. Er be-

zeichnete den Stab als positiv geladen, womit er zum Ausdruck bringen wollte, daß der Stab einen Überschuß an elektrischem Fluidum habe, der durch das Reiben auf ihn übergegangen sei; dem Tuch dagegen fehle nun diese Menge, deshalb sei es negativ geladen. Er führte aus, er könne nicht genau wissen, ob das elektrische Fluidum vom Seidentuch zum Glasstab oder vom Glasstab zum Seidentuch übergehe; folglich sei die Entscheidung willkürlich, die Glaselektrizität als positiv zu bezeichnen. Heute wissen wir, daß tatsächlich geladene Teilchen, nämlich Elektronen, vom Glasstab auf das Seidentuch übergehen, wenn man den Stab mit dem Tuch reibt. Franklin hat also die falsche Entscheidung getroffen.

Sorgfältige Versuche, die Joseph Priestley (1733–1804), Henry Cavendish (1731–1810) und der französische Physiker Charles Augustin de Coulomb (1736—1806) anstellten, führten zu folgender Entdeckung: die Anziehungskraft zwischen zwei elektrischen Ladungen entgegengesetzten Vorzeichens ist umgekehrt proportional dem Quadrat des Abstands zwischen beiden und proportional den Größen der Ladungen — das heißt proportional der Menge positiver Elektrizität $+ q_1$ und der Menge negativer Elektrizität $- q_2$. Die mathematische Formulierung dieser Beziehung, die man als Coulombsches Gesetz bezeichnet, lautet:

$$\text{Anziehungskraft} \;=\; k \; \frac{q_1 \, q_2}{r^2} \tag{3.1}$$

wobei r den Abstand zwischen den beiden (als Punktladungen angesehenen) Ladungen angibt und k eine Konstante ist, die für zweckmäßig gewählte Maßeinheiten den Wert eins annimmt (vgl. weiter unten).

Einheiten der elektrischen Ladung. Die elektrische Ladungseinheit im internationalen System ist das Coulomb (C). Ein Coulomb ist gleich einer Ampere-Sekunde, und ein Ampere ist definiert als der Strom, dessen Fluß in jedem von zwei unendlich langen, parallelen Drähten im Abstand von einem Meter voneinander eine elektromagnetische Kraft von $2 \cdot 10^{-7}$ Newton pro Meter auf jeden der Drähte einwirken lassen würde. (Diese schon früher als praktische Ladungseinheit benutzte Maßeinheit ist vom internationalen System übernommen worden, obwohl eine zehnmal so große Einheit eine logischere Wahl gewesen wäre.)

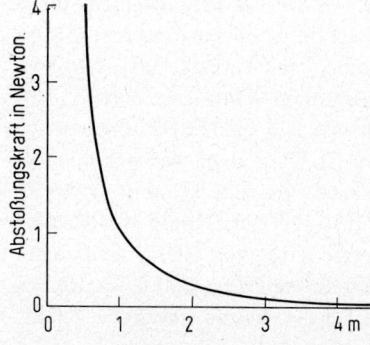

Abb. 3.1. Die elektrostatische Abstoßungskraft zwischen zwei elektrischen Ladungen gleichen Vorzeichens als Funktion ihres Abstands. Die Kraft ist dem Quadrat des Abstands umgekehrt proportional. Die Zahlenangaben an den Achsen sind für zwei Einheitsladungen von je 1 Stoney.

Eine bei der Erörterung von Atom- und Molekularstrukturen besonders handliche Ladungseinheit ist die sogenannte elektrostatische Einheit, die so definiert ist, daß die elektrostatische Kraft zwischen zwei Einheitsladungen im Abstand von einem Meter ein Newton beträgt. Wir wollen diese Einheit ein Stoney nennen und sie mit S bezeichnen[1]. Ein Stoney beträgt $10^{7/2}c^{-1} = 1{,}054822 \cdot 10^{-5}$ Coulomb (wobei c die Lichtgeschwindigkeit in m s^{-1} angibt).

Kraft und potentielle Energie. Die Abstoßungskraft zwischen zwei Ladungen gleichen Vorzeichens von je einem Stoney in Abhängigkeit von ihrem Abstand ist in Abbildung 3.1 angegeben. Mit Hilfe des Coulombschen Gesetzes, das die Kraft als Funktion des Abstandes liefert (Abb. 3.1), können wir die Arbeit berechnen, die aufgewendet werden muß, um die Ladungen aus unendlicher Entfernung einander bis auf den Abstand r zu nähern. Die allgemeine Beziehung zwischen Arbeit und Kraft ist bekanntlich

$$\text{Arbeit} = \text{Kraft mal Weg} \tag{3.2}$$

Die Berechnung ergibt, daß die Annäherung von zwei Ladungen von je einem Stoney aus unendlicher Entfernung bis auf den Abstand r die Arbeit $1/r$ Joule erfordert. Diesen Energiebetrag speichert das System — bestehend aus den beiden Ladungen im Abstand r — in sich auf. Vermöge der zwischen ihnen wirksamen Abstoßungskraft können die Ladungen die Arbeit $1/r$ J leisten, wenn sie sich wieder trennen. Die gespeicherte Fähigkeit, Arbeit zu leisten, nennt man die *potentielle Energie* des Systems (siehe Abb. 3.2).
Wie wir sehen, beträgt die potentielle Energie zweier elektrischer Einheitsladungen gleichen Vorzeichens in 1 m Abstand 1 J, in 1/2 m Abstand 2 J. Außerdem können wir feststellen, daß der Anstieg der Kurve für die potentielle Energie aufgetragen gegen den Abstand (Abb. 3.2) an jeder Stelle der Abstoßungskraft zwischen den Ladungen gleich ist.

$$\text{Kraft} = -\frac{\text{d (potentielle Energie)}}{\text{d}r}$$

Der allgemeine Ausdruck für die potentielle Energie zweier elektrischer Ladungen q_1 und q_2 im Abstand r ist

$$\text{potentielle Energie} = \frac{q_1 q_2}{r} \text{ J} \tag{3.3}$$

wobei q_1 und q_2 in Stoney und r in Metern angegeben ist. Die potentielle Energie ist positiv, wenn die Ladungen das gleiche Vorzeichen, und negativ, wenn sie entgegengesetztes Vorzeichen haben. Wären q_1 und q_2 in Coulomb angegeben, so hätten wir schreiben müssen:

$$\text{potentielle Energie} = 8{,}9876 \cdot 10^9 \frac{q_1 q_2}{r} \text{ J} \tag{3.4}$$

Gleichung (3.3) ist offensichtlich einfacher, und hierin liegt der Vorzug des Stoney gegenüber dem Coulomb in Berechnungen elektrostatischer Wechselwirkungen.

---

1 Der Name Stoney für diese Einheit wird zu Ehren von G. Johnstone Stoney (siehe Abschnitt 3.2) vorgeschlagen. Die entsprechende Einheit im cgs-System ist das Statcoulomb. Die elektrostatische Kraft zwischen zwei Punktladungen von je einem Statcoulomb im Abstand von 1 cm ist 1 dyn. 1 Coulomb = $c/10$ Statcoulomb.

38 3. Das Elektron, der Atomkern und das Lichtquant

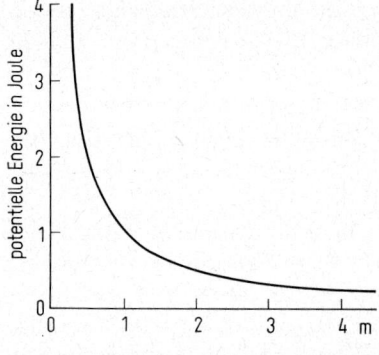

Abb. 3.2. Die potentielle Energie zweier elektrischer Einheitsladungen (1 Stoney) gleichen Vorzeichens als Funktion ihres Abstands. Die potentielle Energie ist dem Abstand umgekehrt proportional.

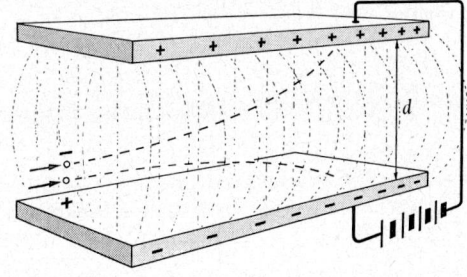

Abb. 3.3. Flugbahn elektrisch geladener Teilchen im homogenen elektrischen Feld zwischen geladenen Platten.

Wechselwirkung elektrischer Ladungen mit elektrischen und magnetischen Feldern. Eine elektrische Ladung ist, wie man sagt, von einem *elektrischen Feld* umgeben, das auf andere in der Nähe befindliche Ladungen eine Kraft ausübt. (Das elektrische Feld wird manchmal auch als *elektrostatisches Feld* bezeichnet.) Ein Maß für die Stärke eines elektrischen Feldes ist die Kraft, die es auf eine elektrische Einheitsladung ausübt. Die Feldstärke in elektrostatischen Einheiten ist gleich der Kraft in Newton, die auf eine Ladung von einem Stoney wirkt. Die Feldstärke einer Ladung q ist im Abstand r von deren Mittelpunkt gleich q/r^2, und die Feldrichtung zeigt (bei einer positiven Ladung) von der Ladung fort.

Eine geeignete Methode, das Feld anzugeben, geht auf Michael Faraday (1791–1867) zurück, dem wir viele Entdeckungen auf den Gebieten der Elektrizität und des Magnetismus wie auch der Chemie verdanken. Faraday nahm an, daß jeder geladene Körper *Kraftlinien* ausstrahlt. Die Richtung der Kraftlinien gibt an jeder Stelle die Richtung des elektrischen Feldes an, und die Anzahl Kraftlinien pro Flächeneinheit senkrecht zur Feldrichtung gemessen ist der Feldstärke proportional.

Einen wichtigen Fall zeigt Abbildung 3.3: Zwei große, parallele Metallplatten befinden sich in geringem, überall gleichem Abstand voneinander. Die eine der Platten ist positiv, die andere negativ geladen. Außer an den Rändern verlaufen die Kraftlinien von einer Platte zur anderen geradlinig und haben überall gleiche Dichte. Folglich ist das elektrische Feld dort an allen Stellen gleich, es ist *homogen*.

Der Arbeitsbetrag, den die Überführung einer positiven Einheitsladung von der negativen zur positiven Platte erfordert, ist zahlenmäßig gleich dem Produkt aus der Feldstärke und dem Abstand *d* der Platten (in Metern). Diese Größe nennt man die *Potentialdifferenz* zwischen den beiden Platten.

Die Einheit der Potentialdifferenz im Internationalen System ist das Volt (V). Sein Wert ist so bemessen, daß die Energie der Verschiebung einer Ladung von einem Coulomb durch ein Potentialgefälle von einem Volt ein Joule beträgt: 1 C V = 1 J.

Ein homogenes elektrisches Feld wirkt auf ein geladenes Teilchen ganz ähnlich wie das Schwerefeld der Erde auf eine Masse, denn in hinreichender Entfernung vom Erdmittelpunkt darf das Schwerefeld als homogen angesehen werden. Ein positiv geladenes Teilchen, das — wie in Abbildung 3.3 angegeben — zwischen die beiden Platten geschossen wird, beschreibt eine parabolische Flugbahn wie ein horizontal abgefeuertes Geschoß (gestrichelte Linie) und fällt auf die negativ geladene, untere Platte.

Ein *Magnetfeld* übt auf eine ruhende elektrische Ladung keine Kraft aus; auf eine bewegte Ladung wirkt eine Kraft senkrecht zum Magnetfeld und senkrecht zur Flugbahn der Ladung. Das zeigt Abbildung 3.4. Die Pole des Magneten sind mit *N* (Nordpol) und *S* (Südpol) bezeichnet. Die Kraftlinien führen vom Nordpol zum Südpol. Das Bild zeigt ein positiv geladenes Teilchen, das von links nach rechts durch das Magnetfeld fliegt. Nach den Naturgesetzen, denen Elektrizität und Magnetismus gehorchen, wirkt auf das Teilchen eine Kraft, die der magnetischen Feldstärke, der Ladung des Teilchens und der Geschwindigkeit des Teilchens proportional ist. In der Abbildung wird das Teilchen aus der Papierebene heraus auf den Beschauer zu abgelenkt, denn die Kraft wirkt senkrecht zur Flugbahn und zu den magnetischen Feldlinien, die beide in der Papierebene liegen.

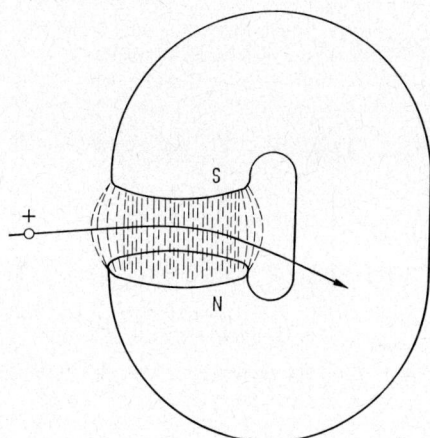

Abb. 3.4. Flugbahn eines elektrisch geladenen Teilchens im Magnetfeld.

Erklärung der elektrischen und magnetischen Gesetze. Die Frage liegt nahe, wie die Physiker es erklären, daß ein Elektron das andere abstößt, oder daß ganz allgemein elektrisch geladene Körper sich entsprechend dem Coulombschen Gesetz anziehen oder abstoßen, oder welche Erklärung sie für den noch erstaunlicheren und unerwarteten Sachverhalt anbieten können, daß eine elektrische Ladung beim Durchgang durch ein Magnetfeld zur Seite abgelenkt wird. Eine Antwort darauf gibt es nicht. Wir müssen

3. Das Elektron, der Atomkern und das Lichtquant

diese Eigenschaften von Elektrizität und Magnetismus hinnehmen als einen Wesenszug der Welt, in der wir leben.

Die elektrischen und magnetischen Erscheinungen und Effekte sind vereinbar mit einer allgemeinen Theorie in Form eines Systems mathematischer Gleichungen. Diese sogenannten Maxwellschen Gleichungen wurden 1873 von James Clerk Maxwell (1831–1879), einem englischen Physiker, aufgestellt. Newtons Bewegungsgesetzen vergleichbar erfassen die Maxwellschen Gleichungen eine erstaunliche Anzahl von Erscheinungen in eindrucksvoller mathematischer Schönheit. Auf sie näher einzugehen ist leider im Rahmen dieses Buches nicht möglich.

Die elektromagnetische Pumpe. Ein interessantes Gerät, das die Kraft ausnutzt, die auf bewegte elektrische Ladungen im Magnetfeld wirkt, ist die elektromagnetische Pumpe. Sie dient dazu, flüssiges Metall — zum Beispiel eine Natrium-Kalium-Legierung — umzupumpen, das als Wärmeüberträger die im Kernreaktor entstehende Wärme an einen Dampfkessel außerhalb des Reaktors abführen soll. Die Rohrleitung (aus Chromnickelstahl) mit dem flüssigen Metall führt zwischen den Polen eines starken Dauermagneten hindurch. Rechtwinklig zu den Magnetpolen liegen Kontakte an der Rohrleitung, die einen elektrischen Strom von ungefähr 20000 Ampere bei 1 Volt Potentialdifferenz durch das flüssige Metall leiten (Abb. 3.5). Auf die strömenden Elektronen übt das Magnetfeld eine seitwärts gerichtete Kraft aus, die das Metall in der aus der Abbildung ersichtlichen Richtung senkrecht zur Stromrichtung und zur Richtung des Magnetfelds in Fluß setzt.

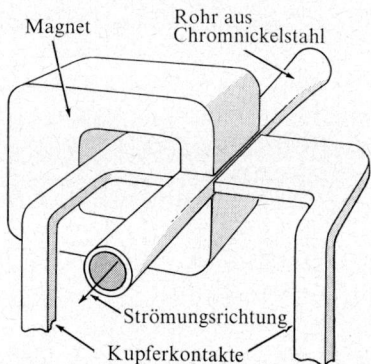

Abb. 3.5. Konstruktion einer elektromagnetischen Pumpe. Wenn ein elektrischer Strom im Bereich zwischen den Magnetpolen durch die flüssige Legierung fließt, wirkt auf die strömenden Ladungen und damit auf die Legierung eine Kraft in der angegebenen Richtung.

3.2. Die Entdeckung des Elektrons

Zu Beginn des 19. Jahrhunderts entdeckte man, daß chemische Verbindungen durch elektrischen Strom zersetzt werden können. Man ermittelte die Elektrizitätsmenge, die eine bestimmte Menge eines Elements aus einer seiner Verbindungen in Freiheit setzt. Zum Beispiel stellte man fest, daß 96490 Coulomb ein Gramm Wasserstoffgas aus Wasser freisetzen. (Eine eingehende Behandlung bringen wir in Kapitel 15.) Nach sorgfältiger Prüfung dieser Erscheinungen kam schon 1874 der englische Forscher **Dr. G. Johnstone**

Stoney (1826–1911) zu dem Schluß, daß Elektrizität aus dieskreten Einheiten bestehen müsse, und daß diese Einheiten mit materiellen Atomen verbunden seien. Im Jahr 1891 legte er diesen Gedanken eingehend dar und schlug den Namen *Elektron* für die von ihm geforderte Elementareinheit der Elektrizität vor.

Zur gleichen Zeit untersuchten Physiker die Leitung elektrischen Stroms in Gasen. Nach einigen Jahren (1897) brachten diese Versuche Sir Joseph John Thomson (1856 bis 1940, damals Direktor des Cavendish-Laboratoriums der Universität Cambridge) zu der festen Überzeugung, daß Elektronen existieren, und führten ihn zu den ersten Aussagen über einige ihrer Eigenschaften. Auch deutsche Forscher, insbesondere P. Lenard, E. Wiechert, W. Wien und H. Hertz hatten an der Entdeckung und dem Nachweis des Elektrons Anteil.

Schmilzt man Elektroden in eine etwa 50 cm lange Glasröhre ein (Abb. 3.6) und legt an sie eine Potentialdifferenz von ungefähr 10 000 Volt an, so findet keine elektrische Ent-

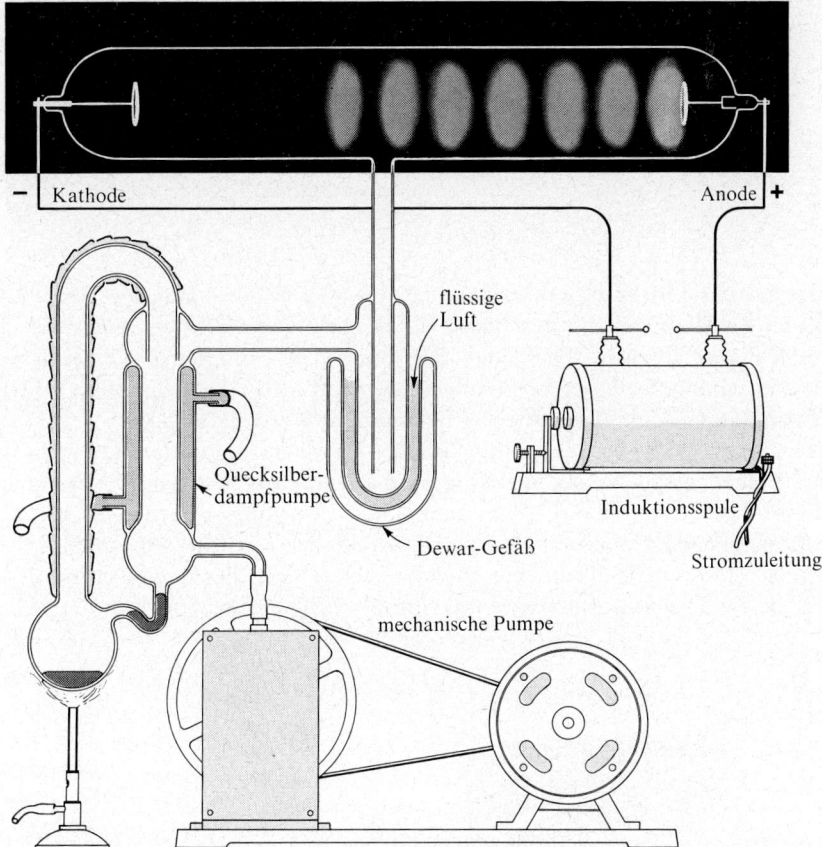

Abb. 3.6. Apparatur zur Beobachtung elektrischer Entladungen in Gasen unter niedrigem Druck. Den dunklen Raum um die Kathode nennt man Crookeschen Dunkelraum. Bei noch niedrigerem Druck füllt er die ganze Röhre.

ladung statt, es sei denn, daß man einen Teil der Luft oder des sonst in der Röhre enthaltenen Gases herauspumpt. Entladungen beginnen aufzutreten, wenn der Druck auf ungefähr 0,01 atm abgesunken ist. Die Art der Entladung, bei der das Gas in der Röhre Licht ausstrahlt, ändert sich, wenn der Druck noch weiter abnimmt. Bei weniger als 0,001 atm erscheint in der Nähe der Kathode eine dunkle Zone, während im übrigen Teil des Rohres leuchtende Zonen auftreten. Mit noch weiter sinkendem Druck wächst die dunkle Zone, bis sie bei etwa 10^{-5} atm die ganze Röhre ausfüllt. Bei diesem Druck strahlt das in der Röhre verbliebene Gas kein Licht mehr aus, doch leuchtet (fluoresziert) das Glas selbst mit schwachem, grünlichem Licht.

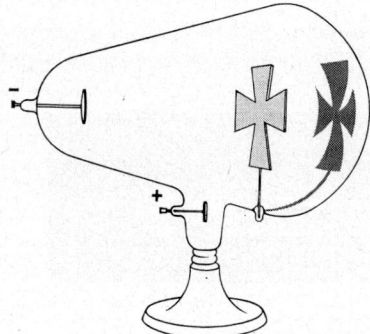

Abb. 3.7. Ein Versuch, der zeigt, daß die aus der Kathode (links) austretenden Kathodenstrahlen die Entladungsröhre geradlinig durchfliegen.

Das grünliche Licht entsteht dadurch, daß auf das Glas ein Hagel von Strahlen auftrifft, die an der Kathode austreten (daher die Bezeichnung *Kathodenstrahlen*) und eine gerade Flugbahn beschreiben. Dies fand man bei dem in Abbildung 3.7 gezeigten Versuch heraus: ein innerhalb der Entladungsröhre angebrachter Gegenstand wirft einen Schatten auf das Glas, das überall außer in diesem Schatten fluoresziert.

Jean Perrin (1870–1942), ein französischer Physiker, konnte im Jahr 1895 zeigen, daß die Kathodenstrahlen aus negativ geladenen Teilchen bestehen. Seine Versuchsanordnung zeigt die Abbildung 3.8. Er baute in die Entladungsröhre einen Schirm mit einem Schlitz ein und blendete so ein paralleles Bündel von Kathodenstrahlen aus. Gleichzeitig versah er die Röhre mit einem Leuchtschirm, der es gestattete, den Weg des Bündels an Hand der Fluoreszenz zu verfolgen. Brachte man die Röhre so in ein Magnet-

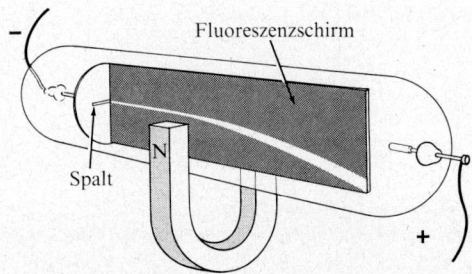

Abb. 3.8. Perrins Versuch, der die negative Ladung der Kathodenstrahlen beweist.

feld, daß die Feldlinien senkrecht zu dem Kathodenstrahlbündel verliefen, so wurde das Bündel abgelenkt. Aus der Richtung der Ablenkung ergab sich, daß es sich um negativ geladene Teilchen handeln mußte.

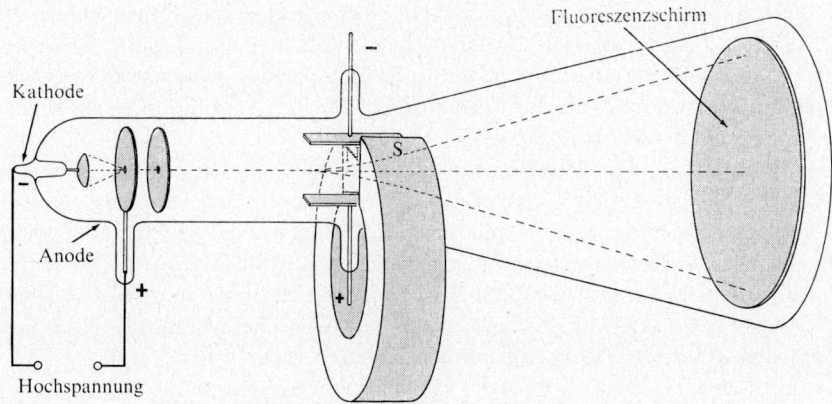

Abb. 3.9. J. J. Thomsons Apparatur zur Messung des Verhältnisses Ladung zu Masse von Kathodenstrahlteilchen durch gleichzeitige Ablenkung im elektrischen und magnetischen Feld.

Aus der Größe der Ablenkung allein ließ sich das Verhältnis von Ladung zu Masse der Teilchen nicht bestimmen, weil die Geschwindigkeit der Teilchen unbekannt war. J. J. Thomson bestimmte die Geschwindigkeit der Teilchen in einem anderen Versuch. In seiner in Abbildung 3.9 skizzierten Apparatur wirkten auf die Teilchen gleichzeitig ein magnetisches und ein elektrisches Feld. Während er die magnetische Feldstärke unverändert ließ, änderte er die elektrische Feldstärke so lange, bis das Strahlenbündel den Leuchtschirm gerade an derselben, zentralen Stelle traf wie bei ausgeschaltetem magnetischen und elektrischen Feld. Unter diesen Versuchsbedingungen hielten sich also die Ablenkungskräfte des magnetischen und des elektrischen Felds gerade die Waage. Nun ist die Ablenkungskraft des Magnetfelds gleich Hev und die des elektrischen Felds gleich Ee, wobei H die magnetische Feldstärke, E die elektrische Feldstärke, e die elektrische Ladung des Teilchens und v dessen Geschwindigkeit bedeutet. Wenn beide Kräfte einander gleich sind, ist

$$Hev = Ee$$

Die elektrische Ladung e des Teilchens hebt sich heraus, und die Geschwindigkeit v des Teilchens ist dann gegeben durch

$$v = \frac{E}{H}$$

Thomson setzte die Werte für E und H ein und konnte daraus die Geschwindigkeit v berechnen. Die Werte, die er erhielt, hingen nur von der Arbeitsspannung der Entladungsröhre ab. Sie lagen in der Größenordnung von $6 \cdot 10^7 \, \mathrm{m\,s^{-1}}$, das ist ungefähr ein Fünftel der Lichtgeschwindigkeit.

Nachdem J. J. Thomson die Geschwindigkeit der Kathodenstrahlen ermittelt hatte, konnte er das Verhältnis von Ladung zu Masse der Teilchen aus der Ablenkung des Strahlenbündels bestimmen, und zwar entweder durch ein elektrisches Feld allein oder durch ein magnetisches Feld allein. Aus solchen Versuchen erhielt er für e/m den Wert $1 \cdot 10^8$ Coulomb pro Gramm. Innerhalb der Fehlergrenze seiner Versuche (ein Fehler um den Faktor 2 lag im Bereich der Möglichkeit) erhielt er den gleichen Wert, unabhängig davon, ob die Röhre ursprünglich mit Luft, Wasserstoff, Kohlenstoffdioxid oder Methyljodid gefüllt war und ob die Kathoden aus Platin, Aluminium, Kupfer, Eisen, Blei, Silber, Zinn oder Zink bestanden.

Der Wert für e/m, den Thomson aus diesen Versuchen erhielt, brachte ihn zu der Überzeugung, daß die Teilchen eine Materiesorte seien, die sich von den gewöhnlichen Erscheinungsformen der Materie unterscheide. Er folgerte das aus einem Vergleich mit den Werten für e/m für Wasserstoff und andere Elemente, die man aus Elektrolysen ermittelt hatte. Wir hatten schon erwähnt, daß bei der Elektrolyse von Wasser 96490 Coulomb gerade ein Gramm Wasserstoff entwickeln. Stoneys These als richtig vorausgesetzt, daß mit jedem Wasserstoffatom eine Elementarladung verknüpft sei, ergibt sich für das Verhältnis e/m für Wasserstoff der Wert 96490 Coulomb pro Gramm. Wenn es sich in beiden Fällen um die gleichen Ladungen handelt, muß demnach die Masse eines Kathodenstrahlteilchens ungefähr 1000mal kleiner sein als die eines Wasserstoffatoms. Spätere Versuche zeigten, daß Thomson anfangs einen fast um den Faktor 2 zu kleinen Wert für e/m erhalten hatte, und daß folglich die Masse des Kathodenstrahlteilchens (Elektrons) ungefähr 1/2000 der Masse des Wasserstoffatoms beträgt. (Der genaue Wert ist 1/1837.) Andere Forscher hatten ebenfalls wichtige Versuche an Kathodenstrahlen durchgeführt, doch es waren Thomsons quantitative Messungen, die den ersten überzeugenden Beweis erbrachten, daß diese Strahlen aus Teilchen (Elektronen) bestehen, die viel leichter als Atome sind. Thomson wird daher die Ehre zuerkannt, das Elektron entdeckt zu haben.

Messung der Ladung des Elektrons. Nach der Entdeckung des Elektrons durch J. J. Thomson bemühten sich viele Forscher, entweder e oder m einzeln zu ermitteln. Am erfolgreichsten war R. A. Millikan (1868–1953), der seine Versuche 1906 begann. Mit seinem Schwebetröpfchenversuch bestimmte er 1909 den Wert e mit 1% Genauigkeit.

Millikan arbeitete mit der in Abbildung 3.10 skizzierten Apparatur. Ein Zerstäuber versprüht Öl zu kleinen Tröpfchen, von denen sich einige an Ionen hängen, die in der Luft des Behälters durch Bestrahlung mit Röntgenstrahlen erzeugt worden sind. Der Beobachter visiert eines der kleinen Tröpfchen durch ein Fernrohr an und mißt seine Fallgeschwindigkeit im Schwerefeld der Erde. Wegen des großen Reibungswiderstands der sie umgebenden Luft erreichen die Tröpfchen bald eine Endgeschwindigkeit, bei der die Reibungskraft der Schwerkraft gerade gleich ist. Diese Endgeschwindigkeit hängt von der Größe und Masse des Tröpfchens ab. Die Masse kann berechnet werden, wenn die Dichte des Tröpfchens und die Viskosität der Luft bekannt sind. Nun wird eine elektrische Potentialdifferenz an die Platten gelegt. Sie erzeugt ein elektrisches Feld in dem Raum, in dem die Tröpfchen sich befinden. Einige der Tröpfchen (diejenigen,

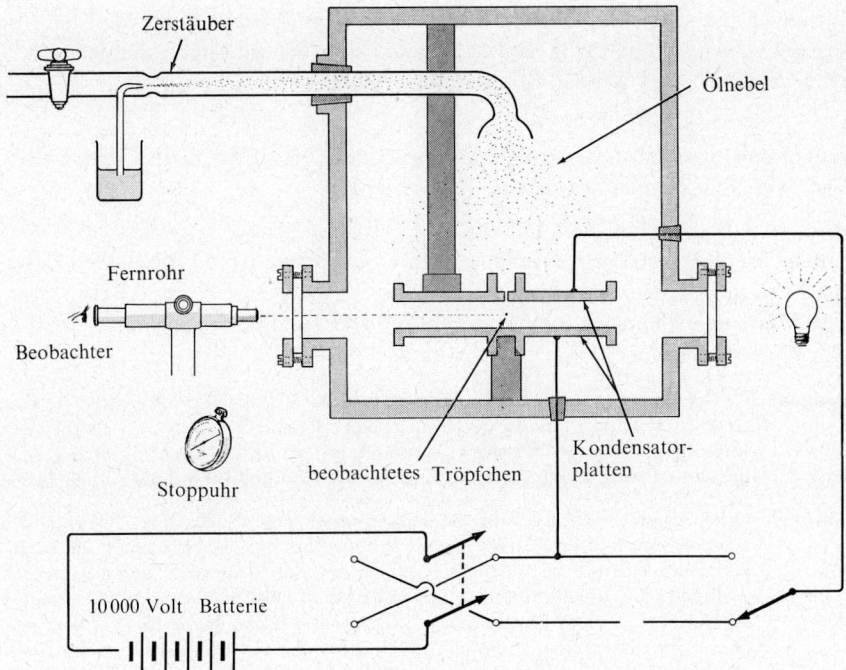

Abb. 3.10. Skizze der von Millikan benutzten Apparatur zur Bestimmung der Elementarladung mit der Schwebetröpfchenmethode.

die keine Ladungen tragen) setzen ihre Fallbewegung unverändert fort, während andere, die elektrische Ladungen tragen, ihre Geschwindigkeit ändern und vielleicht sogar aufsteigen, weil sie von der oberen, entgegengesetzt aufgeladenen Platte angezogen werden. Der Beobachter mißt die Steiggeschwindigkeit eines solchen Tröpfchens, dessen Fallgeschwindigkeit er vorher ermittelt hatte. Aus diesen beiden Geschwindigkeiten und der elektrischen Feldstärke läßt sich die Größe der elektrischen Ladung auf dem Tröpfchen berechnen. In mehreren Versuchen mit verschiedenen Tröpfchen erhielt man Werte wie

$$e = 1{,}6 \cdot 10^{-19} \text{C}$$
$$e = 3{,}2 \cdot 10^{-19} \text{C} = 2 \cdot 1{,}6 \cdot 10^{-19} \text{C}$$
$$e = 8{,}0 \cdot 10^{-19} \text{C} = 5 \cdot 1{,}6 \cdot 10^{-19} \text{C}$$

Alle diese Werte enthalten als gemeinsamen Faktor $1{,}6 \cdot 10^{-19}$ Coulomb. Millikan schloß daraus, daß dies die kleinste elektrische Ladung sei, die unter solchen Versuchsbedingungen auftreten kann. Der Mittelwert seiner Messungen betrug $-1{,}591 \cdot 10^{-19}$ C, was als Ladung des Elektrons (Elementarladung) angenommen wurde. Später (1935) stellte man fest, daß der Wert um knapp 1% zu klein war, hauptsächlich wegen eines fehlerhaften Werts für die Viskosität der Luft.

Seit Millikans Versuchen sind eine ganze Reihe anderer Methoden zur Bestimmung der Elektronenladung entwickelt worden, und diese ist nunmehr mit rund 0,001 Prozent Genauigkeit bekannt.

Für den praktischen Gebrauch ist es zweckmäßig, Zahlenwerte für die Elementarladung in zwei verschiedenen Maßeinheiten greifbar zu haben und mit verschiedenen Symbolen zu bezeichnen. Der Wert in Coulomb beträgt

$$e = 0{,}160206 \cdot 10^{-18} \, C$$

und empfiehlt sich für die Berechnung der kinetischen Energie in Joule, die eV beträgt. Der Wert der Elementarladung in Stoney ist

$$\varepsilon = 15{,}1880 \cdot 10^{-15} \, S$$

und ist für elektrostatische Berechnungen vorzuziehen, da ε^2/r die elektrostatische Energie in Joule liefert[1].

Die Masse des Elektrons beträgt $0{,}91083 \cdot 10^{-30}$ kg; das ist ungefähr 1/1837 der Masse des Wasserstoffatoms.

Aufgabe 3.1. Nehmen wir an, J. J. Thomson beschleunigte in einem seiner Versuche die Elektronen in seiner Entladungsröhre durch Anlagen einer Potentialdifferenz von 10000 Volt zwischen Kathode und Anode. Welche Geschwindigkeit würde ein Elektron erreichen, das an der Kathode austritt und das gesamte Feld zwischen Kathode und Anode durchfällt?

Lösung. Die Feldstärke zwischen Kathode und Anode beträgt $10000/d \, \text{V m}^{-1}$, worin d den Abstand zwischen Kathode und Anode angibt. Auf die Ladung e wirkt demnach die Kraft $10000\,e/d$, und dem Elektron wird von dieser Kraft auf dem durchlaufenen Weg d die kinetische Energie $d \cdot 10000\,e/d = 10000\,e$ J erteilt. (Ganz allgemein erhält eine Ladung e die Energie eV beim Durchlaufen einer Potentialdifferenz V, ohne Rücksicht darauf, ob das Feld homogen ist oder nicht.) Durch Einsetzen des Zahlenwerts für e erhalten wir für die kinetische Energie $10000 \cdot 0{,}1602 \cdot 10^{-18}$ J $= 0{,}1602 \cdot 10^{-14}$ J. Diese kinetische Energie kann $1/2\,mv^2$ gleichgesetzt werden. Mit der Elektronenmasse $m = 0{,}91083 \cdot 10^{-30}$ kg findet man somit für die Geschwindigkeit v den Wert

$$v = \left(\frac{2 \cdot 0{,}1602 \cdot 10^{-14}}{0{,}91083 \cdot 10^{-30}} \right)^{1/2} = 5{,}93 \cdot 10^7 \, \text{ms}^{-1}$$

Das Elektron wird demnach bis auf rund ein Fünftel der Lichtgeschwindigkeit beschleunigt, wenn es ein Potentialgefälle von 10000 V durchläuft.

J. J. Thomson war überrascht, daß sich alle Teilchen in seinem Kathodenstrahlbündel mit praktisch der gleichen Geschwindigkeit bewegten. Die Ursache dafür ist, daß alle Elektronen an der Kathode austraten und dieselbe Potentialdifferenz durchfielen. Hätte die Röhre eine größere Menge Gas enthalten, so wären viele Elektronen mit Gasmolekeln zusammengestoßen und hätten dabei einen Teil ihrer Energie an sie abgegeben; dann hätten die Elektronen nicht mehr die gleiche Energie und damit gleiche Geschwindigkeit besessen.

Die Relativitätskorrektur. Die obige Rechnung enthält insofern einen kleinen Fehler, als sie auf den Newtonschen Bewegungsgleichungen statt auf denen der Relativitätstheorie aufbaut. Gemäß der speziellen Relativitätstheorie hat ein Teilchen der Ruhmasse m_0, das sich relativ zum Beobachter mit der Geschwindigkeit v bewegt, den Impuls

---

[1] Wir folgen dem üblichen Gebrauch, e als positive Ladung zu schreiben. Die Elektronenladung beträgt demnach $-e$. Auch wollen wir entsprechend den Richtlinien des SI die Zehnerpotenzen von Konstanten in Vielfachen von drei (also 10^3, 10^6, 10^{-15} usw.) angeben.

$m_0 v/(1-\beta^2)^{1/2}$ und nicht $m_0 v$; hier ist $\beta = v/c$ die Teilchengeschwindigkeit als Bruchteil der Lichtgeschwindigkeit. Die relativistische kinetische Energie beträgt

$$\text{kinetische Energie} = m_0 v^2 \left(\frac{1}{(1-\beta^2)^{1/2}} - 1 \right) \tag{3.5}$$

Für die Geschwindigkeit des mit 10 000 V beschleunigten Elektrons ergibt die relativistische Rechnung $5{,}85 \cdot 10^7 \mathrm{m\,s^{-1}}$, also einen um etwa 1,4% geringeren Wert als die klassische. Die effektive Masse des beschleunigten Elektrons,

$$m = m_0/(1-\beta^2)^{1/2} \tag{3.6}$$

ist in unserem Fall um 1,96% größer als die Ruhmasse, m_0. Bestimmungen der Effektivmasse schneller Elektronen durch Ablenkung in elektrischen und Magnetfeldern gehörten zu den ersten Versuchen, die zur Bestätigung der Relativitätstheorie unternommen wurden.

Die Leitung von Elektrizität in Metallen. Ein elektrischer Gleichstrom, der durch einen Kupferdraht fließt, ist ein *Strom von Elektronen* im Draht. Ein Metall oder ein ähnlicher elektrischer Leiter enthält Elektronen mit erheblicher Bewegungsfreiheit, die zwischen den Metallatomen durchschlüpfen können, wenn eine Potentialdifferenz anliegt.

Rufen wir uns die Analogie zwischen dem Strom von Elektrizität durch einen Draht und dem Strom von Wasser durch eine Rohrleitung ins Gedächtnis. Die Wasser-*Menge* wird in Litern gemessen, die Elektrizitätsmenge gewöhnlich in Coulomb oder in Stoney. Der *Strom* des Wassers, das heißt die Menge, die in der Zeiteinheit den Leitungsquerschnitt durchfließt, wird in Litern pro Sekunde gemessen, der elektrische Strom in Ampere (Coulomb pro Sekunde). Der Strom des Wassers durch die Leitung hängt ab vom *Druckunterschied* zwischen den Enden der Leitung, gemessen in Atmosphären oder Kilogramm pro Quadratmeter; der Strom der Elektrizität im Draht hängt ab vom elektrischen Druckunterschied, das heißt von der *Potentialdifferenz* oder dem *Spannungsabfall* längs des Drahts, gewöhnlich gemessen in Volt.

Ein (elektrischer) Generator ist im wesentlichen eine elektrische Pumpe, die Elektronen aus einem Draht in einen anderen pumpt. Ein Gleichstromgenerator pumpt Elektronen fortwährend in derselben Richtung, eine Wechselstromgenerator kehrt die Richtung in regelmäßigen Zeitabständen um und erzeugt so einen Elektronendruck abwechselnd in der einen und in der anderen Richtung. Ein 50-Hertz-Generator[1] kehrt die Pumprichtung 100mal in der Sekunde um.

3.3. Die Entdeckung der Röntgenstrahlen und der Radioaktivität

Mit dem Jahr 1895 begann eine Periode großer Entdeckungen. 1895 wurden die Röntgenstrahlen entdeckt, 1896 die Radioaktivität, und im selben Jahr wurden die neuen radioaktiven Elemente Polonium und Radium isoliert. 1897 folgte die Entdeckung des

---

1 Ein Hertz (Hz) bedeutet eine Schwingung pro Sekunde. Die Einheit trägt ihren Namen zu Ehren des deutschen Physikers Heinrich Hertz (1857–1894).

Elektrons. Die Quantentheorie wurde 1900 aufgestellt. 1905 wurde das Lichtquant entdeckt, und 1911 die Atomkerne.

Wilhelm Konrad Röntgen (1845–1923), Professor der Physik an der Universität Würzburg, berichtete 1895, er habe eine neue Art von Strahlen entdeckt. Er begann seine Veröffentlichung mit dem Satz:

„Läßt man durch eine Hittorfsche Vacuumröhre oder einen genügend evakuierten Lenardschen, Crookesschen oder ähnlichen Apparat die Entladung eines größeren Ruhmkorff (Induktionswicklung) gehen und bedeckt die Röhre mit einem ziemlich eng anliegenden Mantel aus dünnem, schwarzem Carton, so sieht man in dem vollständig verdunkelten Zimmer einen in der Nähe des Apparats gebrachten, mit Baryumplatincyanür angestrichenen Papierschirm bei jeder Entladung hell aufleuchten..."[1].

Er zeigte, daß die von ihm entdeckten Strahlen durch Materie dringen, die für Licht undurchlässig ist, und daß sie in einer Reihe von Substanzen wie Glas und Kalkspat Fluoreszenz hervorrufen können. Er fand, daß die Strahlung photographische Platten schwärzt, daß die Strahlen durch ein Magnetfeld nicht abgelenkt werden und daß sie von einer Stelle in der Vakuumröhre auszugehen scheinen, auf die die Kathodenstrahlen auftreffen. Die neuen Strahlen wurden später Röntgenstrahlen genannt[2].

Innerhalb weniger Wochen nach Bekanntgabe dieser großen Entdeckung hatten Ärzte die Strahlen bereits zur Untersuchung von Patienten herangezogen.

Fast 20 Jahre lang bestanden Zweifel über die Natur der Röntgenstrahlen. Einige Forscher hielten sie für Korpuskularstrahlen (d.h., aus Teilchen bestehend) und glaubten so ihre Eigenschaften am besten deuten zu können, andere hielten sie für eine besondere Art von Licht, das sich vom gewöhnlichen durch eine sehr kurze Wellenlänge unterscheide. Die zweite Auffassung stellte sich als richtig heraus, als 1912 die Beugung von Röntgenstrahlen an Kristallen beobachtet wurde (Abschnitt 3–7).

Bald nach Entdeckung der Röntgenstrahlen äußerte der große französische Mathematiker Henri Poincaré (1854–1912) auf einer Sitzung der französischen Akademie der Wissenschaften den Gedanken, die Röntgenstrahlung könne mit der Fluoreszenz zusammenhängen, die das Glas der Entladungsröhre an der Stelle zeigt, von der die Röntgenstrahlung ausgeht. Diese Vermutung regte den französischen Physiker Henri Becquerel (1852–1908) zur Untersuchung einiger fluoreszierender Minerale an. Er war Professor der Physik am Museum für Naturgeschichte in Paris, wie vor ihm schon sein Vater und sein Großvater. Sein Vater hatte viel fluoreszierende Minerale für das Museum gesammelt. Becquerel wählte ein Uransalz, setzte es dem Sonnenlicht aus, bis es starke Fluoreszenz zeigte, und legte es dann neben eine in schwarzes Papier gewickelte photographische Platte. Als er die photographische Platte entwickelte, fand er eine Schwärzung, was Poincarés Vermutung zunächst zu bestätigen schien. Becquerel stellte jedoch fest, daß Uransalze, auch ohne daß man sie vorher der Sonne ausgesetzt und fluoreszierend gemacht hat, eine in schwarzes Papier gewickelte photographische Platte schwärzen. Er

---

1 Sitzungsberichte der Würzburger Physikalisch-Medizinischen Gesellschaft, Dezember 1895, abgedruckt in Annalen der Physik und Chemie, Neue Folge, **64**,1 (1898).
2 Einige Länder, vor allem die angelsächsischen, hielten an Röntgens ursprünglicher Bezeichnung „X-Strahlen" fest.

3.3. Die Entdeckung der Röntgenstrahlen und der Radioaktivität

zeigte, daß überhaupt jede Uranverbindung solche Wirkung hat. Außerdem fand er, daß die von den Uranverbindungen ausgehende Strahlung, ebenso wie Röntgenstrahlen, ein Elektroskop (Abb. 3.11) entladen kann, indem sie die Luft ionisiert und leitend macht. Nun begann Marie Sklodowska Curie (1867–1934) eine systematische Untersuchung der „Becquerel-Strahlung" mit dem Elektroskop, um festzustellen, ob außer Uran noch andere Substanzen ähnliche „radioaktive" Eigenschaften hätten. Das war das Thema ihrer Doktorarbeit. Sie fand heraus, daß natürliche Pechblende, ein Uranerz, wesentlich stärker strahlt als gereinigtes Uranoxid. Zusammen mit ihrem Mann, Professor Pierre Curie (1859–1906), begann sie, die Pechblende in Anteile zu zerlegen und deren Aktivität zu bestimmen. Sie isolierte eine Wismutsulfidfraktion, die 400mal so aktiv war wie Uran. Da reines Wismutsulfid nicht strahlt, nahm sie an, ein neues, stark radioaktives Element mit ähnlichen chemischen Eigenschaften wie Wismut sei als Verunreinigung in der Probe enthalten. Dieses Element, dem sie den Namen Polonium gab, war das erste Element, das auf Grund seiner radioaktiven Eigenschaften entdeckt wurde. Noch im gleichen Jahr, 1896, isolierten Marie und Pierre Curie eine Bariumchloridfraktion, die ein anderes neues Element enthielt, das sie Radium nannten.

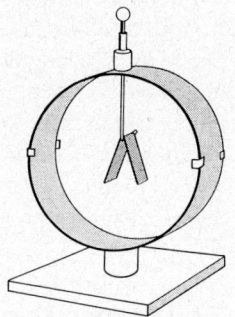

Abb. 3.11. Ein einfaches Elektroskop. Wenn die Goldfolie und ihre Halterung elektrisch aufgeladen sind, spreizen sich die beiden Blättchen der Folie, weil die Ladungen gleichen Vorzeichens auf den Blättchen sich abstoßen.

Auch Becquerel setzte die Untersuchung der Eigenschaften seiner neuen Strahlung fort. Er konnte dabei die von Marie und Pierre Curie hergestellten, stark strahlenden Präparate benutzen. 1899 zeigte er, daß die Strahlung des Radiums mit einem Magneten abgelenkt werden kann. Im selben Jahr meldete der junge Physiker Ernest Rutherford (1871–1937) aus Neuseeland, ein Mitarbeiter von J. J. Thomson am Cavendish-Laboratorium in Cambridge, daß die Strahlung des Urans aus mindestens zwei verschiedenen Anteilen bestehe, die er α-(alpha-)Strahlung und β-(beta-)Strahlung nannte. Bald darauf berichtete Paul Villard (1860–1934), ein französischer Forscher, über einen dritten Anteil, die γ-(gamma-)Strahlung.

α-, β- und γ-Strahlen. Eine Versuchsanordnung, mit der gezeigt werden kann, daß natürliche radioaktive Stoffe drei verschiedene Arten von Strahlung aussenden, gibt Abbildung 3.12 wieder. Ein enges Loch in dem Bleiklotz, in dem sich der radioaktive Stoff befindet, blendet ein annähernd paralleles Strahlenbündel aus, das ein starkes Magnetfeld durchquert. Die Strahlen werden in verschiedener Weise beeinflußt und zeigen, daß sie verschiedenartige elektrische Ladung tragen. α-Strahlen sind positiv ge-

50 3. Das Elektron, der Atomkern und das Lichtquant

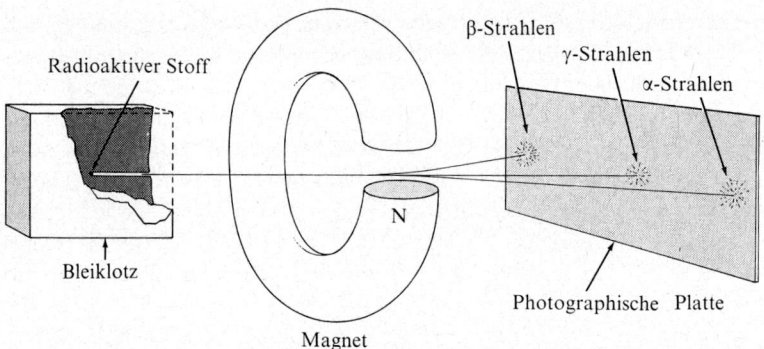

Abb. 3.12. Ablenkung von α- und β-Strahlen im Magnetfeld.

laden; weitere Untersuchungen von Rutherford identifizierten sie als positive Bruchstücke von Heliumatomen, die sich mit hoher Geschwindigkeit bewegen. β-Strahlen sind Elektronen, ebenfalls von hoher Geschwindigkeit. γ-Strahlen haben Ähnlichkeit mit sichtbarem Licht, sind jedoch von äußerst kurzer Wellenlänge. Sie sind identisch mit Röntgenstrahlen aus einer mit sehr hoher Spannung betriebenen Röntgenröhre.

Die Identifizierung der positiv geladenen α-Teilchen als Heliumkerne gelang Rutherford mit einem Versuch, in dem er α-Teilchen durch eine dünne Metallfolie in eine Kammer schoß. Er konnte anschließend die Anwesenheit von Helium in der Kammer nachweisen, darüber hinaus sogar die Heliummenge mit der Anzahl der eingeschossenen α-Teilchen in Verbindung bringen.

Auf die Kernreaktionen, die Ursache der radioaktiven Strahlung, gehen wir in Kapitel 26 näher ein.

3.4. Die Atomkerne

Im Jahre 1906 führte Ernest Rutherford, damals Professor der Physik an der McGill-Universität in Montreal in Kanada (und ab 1907 an der Universität Manchester) Versuche über die Ablenkung von α-Teilchen an dünnen Glimmerplättchen aus. Ähnliche Versuche mit Goldfolien unternahmen später H. Geiger (1882–1945) und E. Marsden (geboren 1889) in Rutherfords Laboratorium. Die Ergebnisse wurden 1909 publiziert. Zwei Jahre später, 1911, veröffentlichte Rutherford seine Auslegung der Ergebnisse, nach der der größte Teil der Atommassen in Teilchen vereinigt ist, die sehr viel kleiner sind als die Atome selbst. (Eine dahingehende Vermutung hatte bereits 1903 der deutsche Physiker P. Lenard auf Grund der Ergebnisse seiner Versuche mit Kathodenstrahlen an Metallfolien ausgesprochen.)

Die von Rutherford und seinen Mitarbeitern benutzte Versuchsanordnung geht aus Abbildung 3.13 hervor. Ein Stückchen Radium sendet α-Strahlen nach allen Richtungen aus. Ein Satz von Schlitzen blendet daraus ein Bündel von α-Teilchen aus. Dieses Bündel trifft auf eine Metallfolie. Mit Hilfe von Schirmen, die mit Zinksulfid überzogen sind, stellt man fest, in welche Richtungen die α-Teilchen gestreut werden. Trifft ein α-Teilchen auf den Schirm, so geht von der betreffenden Stelle ein Lichtblitz aus.

3.4. Die Atomkerne

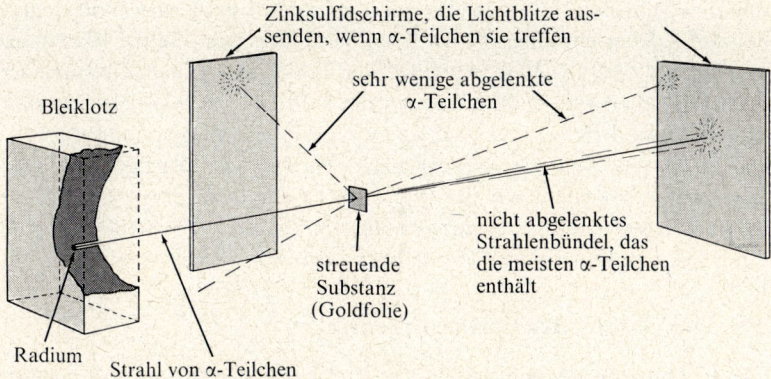

Abb. 3.13. Rutherfords Versuchsanordnung, mit der er zeigte, daß die Atome sehr kleine, schwere Kerne enthalten.

Wären die Atome durch und durch massive Bälle, so müßte jedes α-Teilchen, das sie treffen oder streifen würde, an ihnen abprallen und seine Flugrichtung zum mindesten etwas ändern. Tatsächlich aber durchfliegen die meisten Teilchen die Folie mit nur sehr geringer Ablenkung, etwa um 1°. Die Winkelverteilung der Ablenkung ließ darauf schließen, daß jedes einzelne Teilchen eine Folge vieler sehr kleiner, regelloser Ablenkungen von der Flugrichtung erfahren habe, wahrscheinlich bei Zusammenstößen mit leichten Teilchen. Einige wenige α-Teilchen aber, etwa jedes Hunderttausendste an einer 0.5 μm dicken Goldfolie, zeigten eine erhebliche Ablenkung, oft um mehr als 90°, die auf diese Weise nicht erklärt werden konnte. Eine doppelt so dicke Folie lenkte rund doppelt so viele α-Teilchen unter großen Winkeln ab und ließ auch wieder die meisten geradeaus durchfliegen.

Offenbar lassen sich diese Versuchsergebnisse mit der Annahme deuten, daß der größte Teil der Masse des Atoms in einem sehr kleinen Teilchen vereinigt ist, das Rutherford *Atomkern* nannte. Ist auch das α-Teilchen sehr klein, so kann es durch das Atom fliegen, und die Wahrscheinlichkeit ist gering, daß es dabei mit dem Kern zusammenstößt. Rutherford schloß, daß der Querschnitt des schweren Kerns mehr als 10^8mal kleiner sein müsse als der Gesamtquerschnitt des Atoms. Der Durchmesser des Kerns ist dann mehr als $(10^8)^{1/2} = 10^4$mal kleiner als der des Atoms. Da der Durchmesser des Goldatoms ungefähr bei $3 \cdot 10^{-10}$ m liegt, sollte der Kerndurchmesser weniger als $3 \cdot 10^{-14}$ m betragen.

Das Bild vom Atom, das sich aus diesen und ähnlichen Versuchen entwickelt hat, ist in der Tat bemerkenswert. Wenn wir ein Stückchen Gold um den linearen Faktor 10^9 vergrößern könnten, würden wir es als riesigen Stapel von Atomen mit etwa 30 cm Durchmesser sehen. Jedes Atom hätte also ungefähr die Größe eines Fußballs. Praktisch die gesamte Masse jedes Atoms wäre aber in seinem Kern vereinigt, in einem Teilchen von kaum einem Dreißigstel Millimeter Größe, so winzig wie ein Sandkörnchen. Um diesen Kern kreisen mit hoher Geschwindigkeit Elektronen. Der Rutherford-Versuch bestünde darin, durch den Stapel von Fußballatomen eine Flut von Sandkörnchen (α-Teilchen) zu schießen, von denen jedes ungehindert geradeaus hindurchflöge, es sei denn, es träfe zufällig auf eines der anderen Sandkörnchen, die die Atomkerne darstellen. Es leuchtet ein, daß die Wahrscheinlichkeit für einen solchen Zusammenstoß recht gering ist. (Im Rutherford-Versuch werden die α-Teilchen von den Elektronen nur sehr wenig abgelenkt weil sie sehr viel schwerer als die Elektronen sind.)

Der Kern des Wasserstoffatoms trägt eine Ladung gleicher Größe, jedoch entgegengesetzten Vorzeichens wie das Elektron. Er ist also positiv geladen. Die Kerne anderer Atome tragen positive Ladungen, die ganzzahlige Vielfache dieser Elementarladung sind. Die Struktur solcher Kerne behandeln wir im nächsten Kapitel.

3.5. Die Geburt der Quantentheorie

Die Quantentheorie ist ein Kind des 20. Jahrhunderts: sie wurde im Jahr 1900 von Max Planck (1858–1947), Professor für theoretische Physik an der Berliner Universität, in einfacher Form aufgestellt. Zu seiner Theorie führten ihn Überlegungen über die von einem heißen Festkörper ausgehende Strahlung.

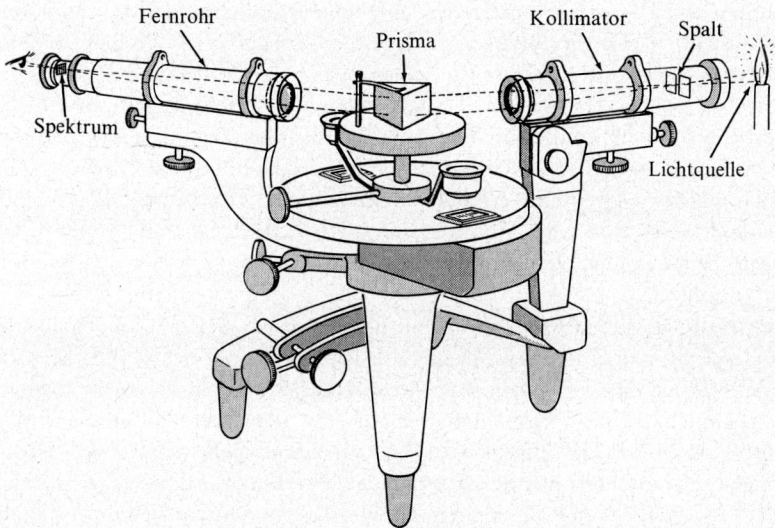

Abb. 3.14. Ein einfaches Spektroskop. Ein Prisma zerlegt das Licht der Lichtquelle in sein Spektrum. An Stelle eines Prismas könnte auch ein Strichgitter benutzt werden.

Wellen und Interferenz. In der zweiten Hälfte des 17. Jahrhunderts zerlegte Isaac Newton feine Sonnenstrahlen mittels eines gläsernen Prismas in ihre Spektralfarben – Rot, Orange, Gelb, Grün, Blau, Indigo, Violett (siehe Abb. 3.14). Er entdeckte dabei, daß man mit einem zweiten Prisma das ganze Spektrum wieder zu einem einzigen weißen Lichtstrahl vereinigen kann, daß aber Licht jeder einzelnen Farbe für sich allein alle weitere Behandlung unverändert übersteht. Weiterhin hatte er das Farbenspiel von Seifenblasen sowie von einer schwach konvexen Linse auf einer flachen Glasplatte (Newtonsche Ringe) beobachtet. Er hatte erkannt, daß solche Interferenzfarben sich zwanglos mit einer Theorie erklären lassen, die das Licht als Wellenerscheinung ansieht; die geradlinige Ausbreitung des Lichts aber schien ihm am besten zu der Annahme zu passen, daß Licht aus Teilchen (Korpuskeln) bestehe. Seinen Bemühungen, die Interferenzerscheinungen mit besonderen Eigenschaften der Licht-Korpuskeln zu erklären, war jedoch kein Erfolg beschieden. Andere Forscher, insbesondere Christian Huygens (1629–1695), Augustin Jean Fresnel (1788–1827) und Thomas Young (1773–1829), stellten dann die Wellentheorie des Lichts auf eine verläßliche Grundlage. 1873 folgerte James Clerk Maxwell aus seinen elektromagnetischen Feldgleichungen, daß die Oszillation einer elektrischen Ladung Wellen mit Lichteigenschaften erzeugen müßten; dies wurde 1888 von Heinrich Hertz bestätigt. Nach Maxwells Theorie beruhen elektromagnetische Wellen auf Schwingungen eines elektrischen und eines Magnetfelds.

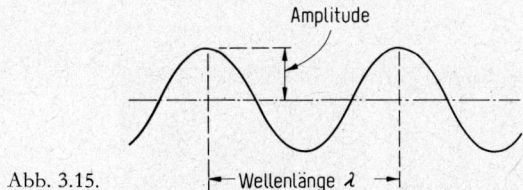

Abb. 3.15.

Wellenbewegungen lassen sich durch Sinuskurven wie in Abbildung 3.15 darstellen. Die Kurve kann zum Beispiel eine Momentaufnahme des Querschnitts von Wellen in der Meeresoberfläche wiedergeben. Der Abstand von Wellenberg zum nächsten Wellenberg heißt *Wellenlänge*, gewöhnlich mit λ (lambda) bezeichnet. Die Höhe des Wellenbergs, vom Durchschnittsniveau aus gemessen – das ist gleichzeitig auch die Tiefe des Wellentals –, heißt *Amplitude* der Welle. Wenn sich die Wellen mit der Geschwindigkeit c m s^{-1} fortbewegen, ist ihre Frequenz ν (nü) gleich c/λ. Die Frequenz ist also die Anzahl von Wellen, die einen festen Punkt in der Zeiteinheit (1 s) passieren. Die Dimension der Wellenlänge ist die einer Länge. Die Dimension der Frequenz – Anzahl von Wellen pro Sekunde – ist [Zeit^{-1}]. Daraus ergibt sich für das Produkt aus Wellenlänge und Frequenz die Dimension [Länge] [Zeit^{-1}], also die Dimension einer Geschwindigkeit. Die Beziehung zwischen Wellenlänge λ, Frequenz ν und Geschwindigkeit c lautet:

$$\lambda \nu = c \tag{3.7}$$

Im Fall des Lichts würde die Sinuskurve in Abbildung 3.15 die Größe des elektrischen Felds im Raum darstellen. Das elektrische Feld einer Lichtwelle steht senkrecht auf der Fortpflanzungsrichtung der Welle.

Die Erscheinung der *Interferenz* von Wellen wird zur Bestimmung der Wellenlängen von Licht und Röntgenstrahlen herangezogen. Diese Erscheinung wird in den Abbildungen 3.16 und 3.17 verdeutlicht. In Abbildung 3.16 läuft ein Zug von Wasserwellen gegen eine Mole an, die einen kleinen Durchlaß hat. Die Wellen, die gegen die Mole prallen, geben ihre Energie an die Steine der Mole ab. Der Teil der Wellen, der auf den Durchlaß trifft, verursacht dort eine Störung, die sich in Form eines kreisförmigen Wellenzugs vom Durchlaß aus über die Wasseroberfläche jenseits der Mole ausbreitet. Die Wellenlänge

3. Das Elektron, der Atomkern und das Lichtquant

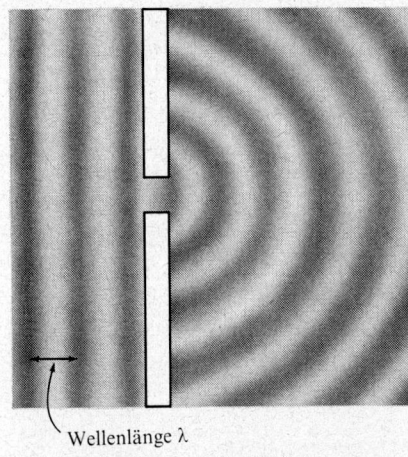

Abb. 3.16. Wasserwellen, die (von links) gegen eine Mole mit einer kleinen Öffnung anlaufen. Von der Öffnung ausgehend breiten sich die Wellen kreisförmig aus.

Wellenlänge λ

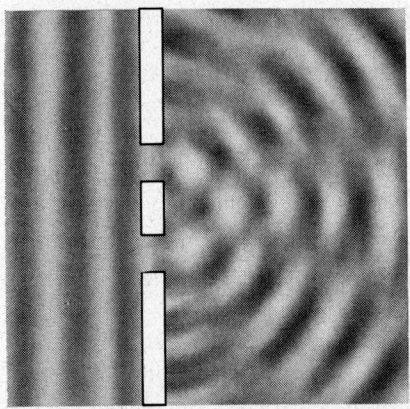

Abb. 3.17. Verstärkung und Auslöschung zweier kreisförmiger Wellenzüge, die von zwei Öffnungen ausgehen.

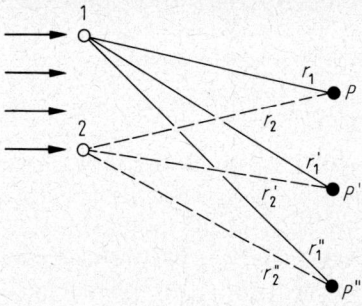

Fig. 3.18. Bedingungen für die Verstärkung bzw. Auslöschung von kreisförmigen Wellenzügen, die von den beiden Zentren 1 und 2 ausgehen. Der Wellenzug, der die beiden Zentren zur Schwingung anregt, fällt von links her ein, wie durch die Pfeile angedeutet ist.

dieser kreisförmigen Wellen ist die gleiche wie die der anlaufenden Wellen. Hat die Mole zwei Durchlässe, so gehen von beiden kreisförmige Wellenzüge aus, die sich überlagern. In bestimmten Richtungen addieren sich die Wellen und ergeben so einen Wellenzug mit verdoppelter Amplitude, während sich in anderen Richtungen die beiden

Wellenzüge durch Interferenz auslöschen, weil die Wellenberge des einen Zugs gerade mit den Wellentälern des anderen zusammentreffen (Abb. 3.17). Wenn Licht oder Röntgenstrahlen auf Atome treffen, streuen die Atome einen Teil der einfallenden Strahlung, und zwar sendet jedes Atom einen kugelförmigen Wellenzug aus. Wenn zwei vom selben einfallenden Wellenzug angeregte Atome Licht streuen, addieren bzw. löschen sich die von beiden ausgehenden kugelförmigen Wellenzüge in den verschiedenen Richtungen des Raums in der gleichen Weise wie die Wasserwellen in Abb. 3.17.

Die Winkel, unter denen Verstärkung bzw. Auslöschung eintritt, lassen sich aus dem Abstand der Streuzentren und der Wellenlänge der Wellen leicht berechnen. Wie das geschieht, zeigt Abbildung 3.18. r_1 ist der Abstand vom ersten Streuzentrum und r_2 der Abstand vom zweiten Streuzentrum. An allen Punkten P auf der Mittelebene zwischen beiden Zentren sind diese Abstände einander gleich ($r_1 = r_2$). Dort kommen also die Wellenberge beider Wellenzüge gleichzeitig an und verstärken sich. Der Punkt P'' liegt so, daß die Differenz der Abstände von beiden Zentren gerade eine Wellenlänge beträgt ($r_1'' - r_2'' = \lambda$). Jeder Wellenberg vom ersten Zentrum erreicht P'' gleichzeitig mit dem eine Schwingungsdauer früher vom zweiten Zentrum ausgegangenen Wellenberg; also verstärken sich auch hier die Wellen. Für den dazwischenliegenden Punkt P' beträgt die Differenz der Abstände von den Zentren gerade eine halbe Wellenlänge ($r_1' - r_2' = \lambda/2$). Hier treffen daher die Wellenberge vom einen Zentrum auf die Wellentäler vom anderen Zentrum, und die Wellen löschen sich aus.

Ein Gitterspektroskop kann man sich herstellen, indem man das Glasprisma in der in Abbildung 3.14 gezeigten Anordnung durch eine dünne Kunststoffolie mit erhabenen, parallelen Linien ersetzt. (Eine solche Folie erhält man als Abguß einer Metallplatte, auf der die Linien mit einem Diamanten eingeritzt worden sind.) Steht die Folie senkrecht zur Richtung des Lichts, so ergibt eine Rechnung gemäß den obigen Ausführungen für die Winkel φ, unter denen Licht der Wellenlänge λ verstärkt wird,

$$n\lambda = d\sin\varphi$$

Hierbei ist d der Abstand der Gitterlinien, φ der Winkel zwischen dem einfallenden und dem gebeugten Strahl, und n ist eine ganze Zahl (die Ordnung der Beugung, gleichbedeutend mit der Anzahl Wellenlängen, um die die Weglängen der sich verstärkenden Strahlen sich unterscheiden). Auf diese Weise gemessene Wellenlängen erstrecken sich von rund 4000 Å für violettes Licht bis rund 7000 Å für rotes Licht (vgl. Abb. 21.1).

Lichtemission. Werden Gase erhitzt oder durch elektrische Funken angeregt, so senden ihre Atome und Molekeln Licht bestimmter Wellenlängen aus, die für das Gas charakteristisch sind. Aus ihnen besteht das sogenannte *Emissionsspektrum*. Die Emissionsspektren der Alkalimetalle, des Quecksilbers und des Neons zeigt Abbildung 21.1. Von den Emissionsspektren der Elemente, insbesondere der Metalle, macht die *Spektralanalyse* zu deren Identifizierung Gebrauch. Sie hat als analytisches Verfahren große Bedeutung erlangt. Wird ein Festkörper erhitzt, so sendet er eine Strahlung aus, deren Intensitätsverteilung in Abhängigkeit von der Wellenlänge für seine Zusammensetzung charakteristisch ist. In der zweiten Hälfte des 19. Jahrhunderts entdeckte man jedoch, daß die Strahlung, die durch eine kleine Öffnung aus einem heißen Hohlkörper austritt, keine charakteristischen Linien, sondern ein kontinuierliches Spektrum besitzt. Die Intensitätsverteilung der Hohlkörperstrahlung hängt nur von der Temperatur, nicht von der Beschaffenheit des Hohlkörpers ab. Abbildung 3.19 zeigt solche Kurven für drei verschiedene Temperaturen. Aus den Kurven geht hervor, daß bei niedriger Temperatur (unter 4000 K) der größte Teil der Energie im infraroten Gebiet ausgestrahlt wird und nur wenig im sichtbaren Bereich zwischen 4000 und 8000 Å. Bei 6000 K, der Temperatur der Sonnenoberfläche, liegt das Maximum der Energieausstrahlung etwa bei 5000 Å. Hier fällt ein großer Teil der Energie in den sichtbaren Bereich.

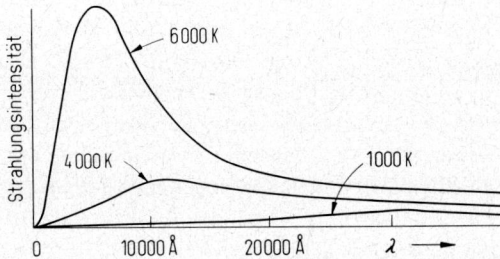

Abb. 3.19. Energieverteilung als Funktion der Wellenlänge für Licht im Gleichgewicht mit einem heißen Hohlkörper. Die drei Kurven entsprechen drei verschiedenen Temperaturen. Die Analyse solcher experimentellen Kurven führte Max Planck 1900 zur Entdeckung der Quantentheorie.

Die Entdeckung des Planckschen Wirkungsquantums. Die theoretischen Physiker, die sich vor 1900 mit der Strahlung heißer Hohlkörper befaßten, konnten die experimentellen Kurven der in Abbildung 3.19 wiedergegebenen Art aus der kinetischen Theorie der Molekularbewegung nicht erklären. Max Planck fand, daß sich eine befriedigende Theorie entwickeln läßt, wenn man annimmt, daß der heiße Körper Licht von gegebener Wellenlänge nicht in beliebig kleinen Beträgen kontinuierlich, sondern nur in „Quanten" bestimmter Größe emittieren und absorbieren kann. Plancks Theorie setzte nicht voraus, daß das Licht selbst aus Energiebündeln – *Lichtquanten* oder *Photonen* – besteht. Experimentelle Ergebnisse anderer Versuche stützen jedoch diese Auffassung, wie Einstein wenig später (1905) ausführte.

Planck fand, daß der Energiebetrag von Licht einer Wellenlänge λ, den der heiße Körper in einem Elementarakt emittiert, proportional der Frequenz ν ist ($\nu = c/\lambda$).

$$E = h\nu \tag{3.9}$$

In dieser Gleichung ist E der Energiebetrag von Licht der Frequenz ν, der in einem Elementarakt emittiert oder absorbiert wird, und h der Proportionalitätsfaktor. Die Größe h ist eine sehr wichtige Konstante; sie ist (wie die Lichtgeschwindigkeit c) eine universelle Naturkonstante und der Grundpfeiler der ganzen Quantentheorie. Man nennt sie das *Plancksche Wirkungsquantum*. Ihr Wert ist

$$h = 0{,}66252 \cdot 10^{-33} \text{ Js}$$

(Die Maßeinheit von h, nämlich Js, hat nach Gleichung 3.9 die Dimension Energie mal Zeit.)

Wir sehen, daß Licht kurzer Wellenlängen aus großen Energiebündeln und Licht langer Wellenlängen aus kleinen Energiebündeln besteht. Im nächsten Abschnitt besprechen wir einige Versuche, in denen die Größe der Energiebündel zum Ausdruck kommt.

3.6. Der photoelektrische Effekt und das Lichtquant

Im Jahr 1887 beobachtete der deutsche Physiker Heinrich Hertz, der Entdecker der Radiowellen, daß die Spannung, bei der ein Funke zwischen zwei Metallelektroden überspringt, durch Bestrahlen der Elektroden mit ultraviolettem Licht erniedrigt wird.
J. J. Thomson fand dann 1898, daß eine mit ultraviolettem Licht bestrahlte Metalloberfläche negative Ladungen emittiert. Eine einfache Versuchsanordnung, mit der diese Erscheinung nachgewiesen werden kann, ist in Abbildung 3.20 wiedergegeben. Eine Zinkplatte ist mit einem negativ aufgeladenen Elektroskop leitend verbunden. Wird die Zinkplatte mit ultraviolettem Licht bestrahlt, so fallen die gespreizten Blättchen des Elektroskops zusammen: ein Beweis dafür, daß die negative Ladung verschwindet. Bei einem stark positiv aufgeladenen Elektroskop bleiben die Blättchen gespreizt. Positive Ladungen treten also unter gleichen Bedingungen nicht aus. Ein ungeladenes Elektroskop lädt sich bei Bestrahlung der Metallplatte mit ultraviolettem Licht positiv auf, woraus hervorgeht, daß negative Ladungen das Metall verlassen haben.

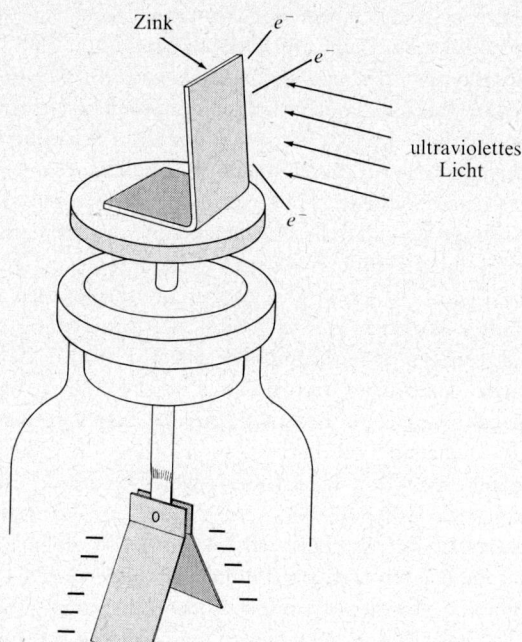

Abb. 3.20. Einfache Versuchsanordnung, die den photoelektrischen Effekt zeigt. Eine Zinkplatte, auf die ultraviolettes Licht fällt, sendet negative Ladungen aus.

J. J. Thomson konnte zeigen, daß die bei Bestrahlung mit ultraviolettem Licht aus dem Zink austretende negative elektrische Ladung aus Elektronen besteht. Die Emission von Elektronen unter Einwirkung von ultraviolettem Licht oder Röntgenstrahlen bezeichnet man als *photoelektrischen Effekt*. Die ausgesandten Elektronen heißen *Photoelektronen*; in ihrer Beschaffenheit unterscheiden sie sich nicht von gewöhnlichen Elektronen.

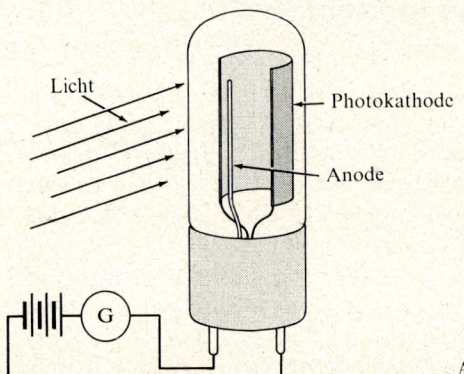

Abb. 3.21. Eine Photozelle.

Die Untersuchung des photoelektrischen Effekts brachte interessante Tatsachen an den Tag. Sehr bald fand man heraus, daß das Auftreffen von sichtbarem Licht auf eine Zinkplatte keine Emission von Photoelektronen hervorruft, wohl aber das Auftreffen von ultraviolettem Licht mit Wellenlängen unter 3500 Å. Die größte noch wirksame Wellenlänge bezeichnet man als die *photoelektrische Schwelle*.
Jede Substanz hat eine andere photoelektrische Schwelle. Die Alkalimetalle zeichnen sich photoelektrisch besonders aus: ihre Schwellen liegen im sichtbaren Spektralbereich. Die Schwelle für Natrium zum Beispiel liegt bei etwa 6500 Å; damit ist bei diesem Metall das ganze sichtbare Spektrum außer dem roten Anteil wirksam.
Es zeigte sich, daß die Photoelektronen eine kinetische Energie mit auf den Weg bekommen, deren Größe von der Wellenlänge des eingestrahlten Lichts abhängt. Zum Nachweis kann ein Gerät ähnlich der in Abbildung 3.21 skizzierten Photozelle dienen. Die Photoelektronen, die das Metall bei Bestrahlung emittiert, werden von einer Elektrode aufgefangen. Ihre Anzahl läßt sich aus der Messung des durch den Draht der Elektrode fließenden Stroms bestimmen. Zwischen der Auffängerelektrode und dem emittierenden Metall kann eine Potentialdifferenz angelegt werden. Erteilt man der Elektrode ein kleines negatives Potential, so erfordert die Überführung der Elektronen vom emittierenden Metall zur Elektrode Arbeit. Damit kommt der Strom von Photoelektronen auch dann zum Erliegen, wenn die Wellenlänge des einfallenden Lichts die Schwelle ein wenig unterschreitet; er fließt jedoch weiter bei noch kurzwelligerem Licht. Durch Steigern der angelegten Gegenspannung läßt sich für jede Wellenlänge die Potentialdifferenz bestimmen, die den Strom der Photoelektronen gerade aufhält.
Einstein erklärte 1905 diese Erscheinung mit seiner Theorie des photoelektrischen Effekts. Er nahm an, daß das auf die Metallplatte auftreffende Licht aus *Lichtquanten* oder *Photonen* der Energie $h\nu$ besteht, und daß bei der Lichtabsorption durch das Metall sich die gesamte Energie eines Photons in Energie eines Photoelektrons verwandelt. Das Elektron muß allerdings einen bestimmten Teil dieser Energie aufwenden, um sich aus dem Metall zu lösen. Diese Austrittsenergie wollen wir mit E_i (Ionisierungsenergie des Metalls) bezeichnen. Der restliche Teil der Energie verbleibt dem Photoelektron als kinetische Energie. Einsteins *photoelektrische Gleichung* lautet

3.6. Der photoelektrische Effekt und das Lichtquant

$$h\nu = E_i + \tfrac{1}{2}mv^2 \tag{3.10}$$

Diese berühmte Gleichung sagt aus, daß die Energie $h\nu$ des Lichtquants gleich ist der Energie E_i, die zum Herauslösen des Elektrons aus dem Metall erforderlich ist, plus der dem Elektron erteilten kinetischen Energie $\tfrac{1}{2}mv^2$. Die Theorie der Lichtquanten hat ihre Anerkennung im wesentlichen dem Erfolg dieser Gleichung bei der Erklärung der Beobachtungen des photoelektrischen Effekts zu verdanken.

Unmittelbar läßt sich die Geschwindigkeit der Photoelektronen schwer messen. Statt dessen bestimmt man die kinetische Energie $\tfrac{1}{2}mv^2$ aus der Messung der als Gegenspannung angelegten Potentialdifferenz V, die gerade ausreicht, die Photoelektronen von der Auffängerelektrode fernzuhalten. Das Produkt aus der Potentialdifferenz V und der Ladung e des Elektrons gibt die gegen das elektrostatische Feld geleistete Arbeit an. Wenn V gerade so groß ist, daß es die Elektronen am Erreichen der Auffängerelektrode hindert, gilt die Beziehung

$$eV = \tfrac{1}{2}mv^2$$

Einsetzen in die vorige Gleichung ergibt

$$eV = h\nu - E_i$$

oder
$$V = \frac{h\nu}{e} - \frac{E_i}{e} \tag{3.11}$$

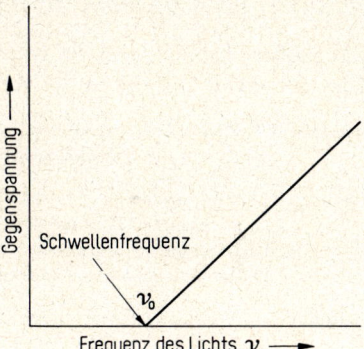

Abb. 3.22. Die Kurve gibt Meßwerte der Gegenspannung wieder, die gerade ausreicht, die Photoelektronen von der Auffängerelektrode fernzuhalten. Die Gegenspannung ist aufgetragen gegen die Frequenz des Lichts, das die Photoelektronen erzeugt. Die Schwellenfrequenz ν_0 ist diejenige Lichtfrequenz, die gerade ausreicht, ein Elektron aus dem Metall herauszulösen. Ein Lichtquant höherer Frequenz vermag das Elektron herauszuschlagen und darüber hinaus ihm kinetische Energie mitzugeben.

Diese Gleichung ist im Diagramm 3.22 aufgetragen. Zwischen der Gegenspannung und der Frequenz des Lichts besteht eine lineare Beziehung. Experimentelle Messungen liefern Punkte, die genau auf einer solchen Geraden liegen. Der Schnittpunkt ν_0 mit der Frequenzachse entspricht der photoelektrischen Schwelle für das Metall. Der Anstieg der Geraden ist nach Gleichung 3.11 gleich h/e, d.h., gleich dem Planckschen Wirkungsquantum h geteilt durch die Ladung e des Elektrons. Um die Einsteinsche Gleichung zu bestätigen, führte R. A. Millikan 1912 genaue Messungen der Gegenspannungen aus. Er verwendete dazu ein Gerät wie das in Abbildung 3.21 skizzierte. Seine Messungen führten zu einem Wert von h/e, aus dem er mit Hilfe seines Werts für e das Plancksche Wirkungsquantum ausrechnen konnte. Lange Zeit galt dieser Wert als der genaueste.

Die Photozelle. Die Photozelle wird für Fernsehaufnahmegeräte, beim Filmen, für automatische Türöffner und für viele andere Zwecke verwendet. Sie besteht aus einer Va-

3. Das Elektron, der Atomkern und das Lichtquant

kuumröhre, deren Glasmantel innen mit einem feinen Spiegel von Alkalimetall überzogen ist (vgl. Abb. 3.21), und die eine positiv geladene Elektrode enthält, die die Photoelektronen anzieht. Fällt Licht von kürzerer Wellenlänge als die der photoelektrischen Schwelle auf die Metallschicht, so treten Photoelektronen aus und erzeugen einen Strom im Stromkreis, dessen Stärke mit einem Amperemeter gemessen werden kann. Die Strommenge erweist sich als proportional der Lichtintensität.

Aufgabe 3.2. Wieviel Energie besitzt ein Lichtquant von 6500 Å Wellenlänge?

Lösung. Die Energie des Lichtquants beträgt $h\nu$, worin h das Plancksche Wirkungsquantum und ν die Frequenz des Lichts ist. Die Frequenz ν von Licht der Wellenlänge λ beträgt c/λ. Also:

$$\nu = \frac{3 \cdot 10^8 \,\mathrm{ms^{-1}}}{6500 \cdot 10^{-8}\,\mathrm{m}} = 4{,}62 \cdot 10^{14}\,\mathrm{Hz}$$

Wir erhalten damit

Energie des Lichtquants $= h\nu = 0{,}66252 \cdot 10^{-33}\,\mathrm{Js} \cdot 4{,}62 \cdot 10^{14}\,\mathrm{s^{-1}}$
$= 3{,}06 \cdot 10^{-19}\,\mathrm{J}$

Das Elektronenvolt als Energieeinheit. Das Elektronenvolt hat sich in der Physik als handliche Energieeinheit eingebürgert. Es entspricht der Energie eines von einer Potentialdifferenz von 1 Volt beschleunigten Elektrons. Sein zahlenmäßiger Wert beträgt

$$1\,\mathrm{eV} = 0{,}160206 \cdot 10^{-18}\,\mathrm{J} \tag{3.12}$$

Als größere Einheit wird das MeV (Mega-Elektronenvolt, 10^6 eV) und das GeV (Giga-Elektronenvolt, 10^9 eV) in der Kernphysik und Physik der Elementarteilchen benutzt.

Aufgabe 3.3. Welche Gegenspannung unterbindet den Strom von Photoelektronen, der durch Auftreffen von Licht der Wellenlänge 6500 Å in einer Natriumzelle erzeugt wird?

Lösung. Die photoelektrische Schwelle von Natrium liegt bei 6500 Å. Die von Licht dieser Wellenlänge erzeugten Photoelektronen erhalten also keine kinetische Energie, denn die Energie der Lichtquanten reicht gerade nur aus, die Elektronen aus dem Metall zu lösen. Deshalb hält in diesem Fall schon eine äußerst geringe Gegenspannung den Strom der Photoelektronen auf.

Aufgabe 3.4. Welche Gegenspannung unterbindet den Strom von Photoelektronen, den Licht einer Wellenlänge von 3250 Å in einer Natriumzelle erzeugt?

Lösung. Wir berechnen zunächst – wie in Aufgabe 3.2 gezeigt – die Energie eines Lichtquants der Wellenlänge 3250 Å und erhalten $6{,}12 \cdot 10^{-19}$ J. Wir können uns sogar die erneute Rechnung sparen, denn die Wellenlänge ist genau halb so groß wie diejenige in Aufgabe 3.2 (6500 Å), und damit sind die Frequenz ν und die Energie $h\nu$ doppelt so groß.
Von dieser Energie des Lichtquants werden $3{,}06 \cdot 10^{-19}$ J, die der Schwelle von 6500 Å entsprechen, verbraucht, um das Photoelektron aus dem Metall zu lösen. Die restliche Energie von $3{,}06 \cdot 10^{-19}$ J erhält das Photoelektron als kinetische Energie. Wir suchen das Gegenpotential, das das Photoelektron auf die Geschwindigkeit null abbremst. Das ist der Fall, wenn das Produkt aus diesem Potential V und der Ladung e des Elektrons gleich der kinetischen Energie des Elektrons ist:

$eV = 3{,}06 \cdot 10^{-19}\,\mathrm{J}$

$$V = \frac{3{,}06 \cdot 10^{-19}\,\mathrm{J}}{0{,}1602 \cdot 10^{-18}\,\mathrm{C}} = 1{,}91\,\mathrm{V}$$

Die Gegenspannung, die den Strom von Photoelektronen in einer mit Licht von 3250 Å Wellenlänge belichteten Natriumzelle zum Erliegen bringt, beträgt demnach 1,91 Volt.

3.6. Der photoelektrische Effekt und das Lichtquant

Erzeugung von Röntgenstrahlen. In einer Röntgenröhre werden Elektronen, die aus einem Gitter austreten, durch eine anliegende Spannung beschleunigt und treffen dann auf die Anode (bzw. die Antikathode[1]) auf, wo sie zur Ruhe kommen. Die kinetische Energie eines jeden solchen Elektrons verwandelt sich dabei größtenteils oder vollständig in ein Lichtquant. Diese Erscheinung wird als inverser photoelektrischer Effekt bezeichnet. Wird das Elektron vollkommen abgebremst, so verwandelt sich seine gesamte Energie in Röntgenstrahlung (Licht) der Energie $h\nu$ und der entsprechenden Frequenz ν. Die Frequenz ν dieser Strahlung kann aus der photoelektrischen Gleichung $eV = h\nu$ berechnet werden. (Die Ionisierungsenergie E_i des Metalls kann hier vernachlässigt werden, da sie gegenüber den anderen Energien gering ist und somit nicht ins Gewicht fällt.) Wird das Elektron nicht vollständig abgebremst, so ist die Frequenz des ausgestrahlten Röntgenquants geringer als der Grenzwert.

Zur Unterscheidung von den charakteristischen Röntgenspektren der Elemente (Abschnitt 4.1) bezeichnet man den so erzeugten Anteil des Röntgenspektrums als *Bremsstrahlung*.

Aufgabe 3.5. Wo liegt die kurzwellige Grenze der Bremsstrahlung einer mit 50 000 V betriebenen Röntgenröhre?

Lösung. Die Elektronen, die auf die Antikathode auftreffen, besitzen die Energie eV. Für die angegebene Spannung hat eV gemäß Gleichung 3.12 den Wert $8,01 \cdot 10^{-15}$ J. Gleichzeitig ist $eV = h\nu$. Hieraus folgt für ν:

$$\nu = \frac{8{,}01 \cdot 10^{-15}\,\text{J}}{0{,}6625 \cdot 10^{-33}\,\text{Js}} = 1{,}209 \cdot 10^{19}\,\text{Hz}$$

Die Wellenlänge λ erhalten wir, indem wir die Lichtgeschwindigkeit c durch die Frequenz ν teilen:

$$\lambda = \frac{c}{\nu} = \frac{3 \cdot 10^{8}\,\text{m s}^{-1}}{1{,}209 \cdot 10^{19}\,\text{s}^{-1}} = 2{,}48 \cdot 10^{-11}\,\text{m} = 0{,}248\,\text{Å}$$

Die kurzwellige Grenze der Bremsstrahlung einer mit 50 000 V betriebenen Röntgenröhre liegt also bei 0,248 Å.

Übrigens kann die ganze obige Rechnung in einem einzigen Schritt zusammengefaßt werden:

$$\text{kurzwellige Grenze (in Å)} = \frac{12398}{\text{beschleunigendes Potential (in Volt)}} \qquad (3.13)$$

Diese Gleichung zeigt, daß ein Lichtquant der im nahen Infrarot gelegenen Wellenlänge 12398 Å gerade die gleiche Energie hat wie ein durch die Potentialdifferenz 1 Volt beschleunigtes Elektron.

Aufgabe 3.6. Ein Lichtstrahl der Wellenlänge 6500 Å und der Intensität 0,01 W = 0,01 Js^{-1} (das entspricht etwa der Energie des Sonnen- oder Himmelslichts an einem klaren Tag, die auf eine Fläche von 1 cm² fällt) trifft auf eine Natriumzelle. Seine Energie setzt sich vollständig in Erzeugung von Photoelektronen um. Wie groß ist der photoelektrische Strom, der im Stromkreis der Zelle fließt?

Lösung. Die Energie eines Lichtquants der Wellenlänge 6500 Å beträgt $3{,}06 \cdot 10^{-19}$ J (Aufgabe 3.2). Infolgedessen besteht das Licht von 0,01 J Strahlungsenergie aus $0{,}01/3{,}06 \cdot 10^{-19} = 3{,}27$

---

[1] Als „Antikathode" bezeichnet man die Stelle (meistens eine Metallplatte) innerhalb der Röhre, auf die die Kathodenstrahlen auftreffen. Bei Röhren neuerer Bauart ist sie im allgemeinen nicht mit der Anode identisch.

10^{16} Photonen. Diese Anzahl Photonen trifft pro Sekunde auf das Metall der Photozelle und setzt dort eine gleiche Anzahl Photoelektronen frei. Durch Multiplizieren mit der Elektronenladung, $0{,}1602 \cdot 10^{-18}$ C, erhalten wir $5{,}24 \cdot 10^{-3}$ C als die Elektrizitätsmenge, die pro Sekunde zur Auffängerelektrode strömt. Ein Ampere ist ein Strom von einem Coulomb pro Sekunde. Folglich beträgt der durch das Licht erzeugte photoelektrische Strom $5{,}24 \cdot 10^{-3}$ A oder 5,24 mA.

3.7. Die Beugung von Röntgenstrahlen an Kristallen

Im Jahrzehnt, das auf die Entdeckung der Röntgenstrahlen folgte, wurde der Versuch unternommen, Beugungserscheinungen von Röntgenstrahlen mit einem überaus feinen Schlitz zu erzeugen. Die Ergebnisse deuten darauf hin, daß Röntgenstrahlen eine Wellenlänge in der Größenordnung von 1 Å haben müßten, das heißt, ungefähr ein Fünftausendstel der Wellenlänge des sichtbaren Lichts. Dann hatte Max von Laue (1879–1960) den Einfall, daß Kristalle mit ihrer regelmäßigen Anordnung von Atomen in Abständen etwa um 3 Å vielleicht Beugungserscheinungen an Röntgenstrahlen hervorrufen könnten. W. Friedrich und P. Knipping, zwei Experimentalphysiker, führten den Versuch sofort an einem Kupfersulfat-pentahydrat-Kristall durch. Sie durchstrahlten den Kristall, den sie mit photographischen Platten umgeben hatten, mit einem schmalen Bündel von Röntgenstrahlen aus einer Röntgenröhre. Sie fanden auf der photographischen Platte hinter dem Kristall einen schwarzen Fleck, wo der nicht abgebeugte „Primärstrahl" die Platte getroffen hatte, und außerdem mehrere andere Flecken in den Vorzugsrichtungen der Beugung. Der Versuch bewies unmittelbar, daß Röntgenstrahlen eine dem Licht ähnliche Wellenerscheinung sind und daß die Wellenlänge der Röntgenstrahlen aus der verwendeten Röntgenröhre in der Größenordnung von einem Ångström lag.

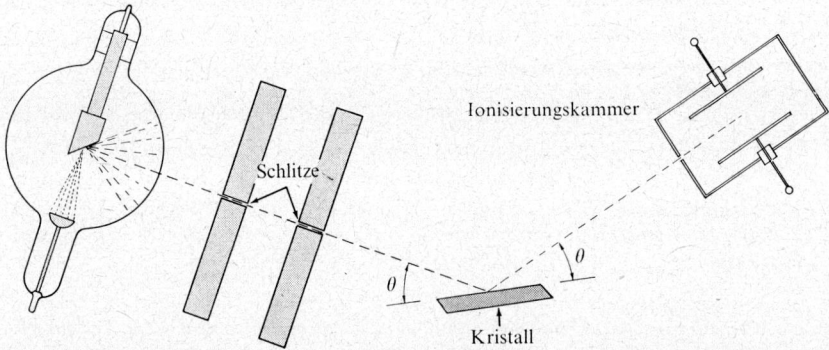

Abb. 3.23. Die Braggsche Versuchsanordnung zur Untersuchung der Beugung von Röntgenstrahlen an Kristallen.

W. Lawrence Bragg (geboren 1890), damals Student an der Universität Cambridge, entwickelte dann die Theorie der Beugung von Röntgenstrahlen (die weiter unten angegebene Braggsche Gleichung) und benutzte sie im November 1912 dazu, die Struktur der kubischen Modifikation von Zinkblende (Sphalerit) mit Hilfe der Röntgenaufnahmen aufzuklären, die Laue, Friedrich und Knipping von diesem Mineral aufgenommen und veröffentlicht hatten. Sein Vater, William H. Bragg (1862–1942), entwarf daraufhin das Röntgenspektrometer (Abb. 3.23), und innerhalb eines Jahres hatten W. L. und W. H. Bragg die Atomanordnungen in einer ganzen Reihe von Kristallen genau ermittelt, sowie die Wellenlängen der von verschiedenen Elementen als Antikathoden in Röntgenröhren ausgestrahlten Röntgenlinien gemessen. Die Braggsche Versuchsanordnung ist in Abbildung 3.23 dargestellt. Ein Bündel von Röntgenstrahlen wird ausgeblendet und trifft auf eine Kristallfläche, zum Beispiel die Spaltfläche eines Kochsalzkristalls. An der im Bild angegebenen Stelle wird ein Instrument aufgestellt, das auf Röntgenstrahlen anspricht. (William und Lawrence Bragg benutzten ursprünglich eine *Ionisierungskammer*; heute könnte man statt dessen ein *Geiger-Zählrohr* oder einen *Szintillationszähler* verwen-

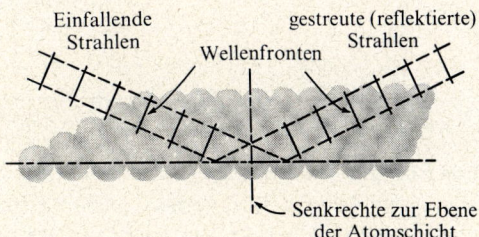

Abb. 3.24. Die Reflektionsbedingung ist erfüllt: es tritt keine Phasenverschiebung zwischen den Strahlen des Bündels auf.

den[1].) Die von Lawrence Bragg entwickelte einfache Theorie ist in Abbildungen 3.24 und 3.25 erläutert. Bragg zeigte, daß die Bedingungen für eine gegenseitige Verstärkung der Strahlen erfüllt sind, wenn der einfallende und der gestreute Strahl erstens in derselben Ebene senkrecht zur Ebene der Atomschicht liegen, die die Streuung hervorruft, und zweitens mit der Atomschicht den gleichen Winkel bilden. Diese Art der Streuung bezeichnet man auch als Reflektion, weil sie denselben Gesetzen gehorcht wie die Reflektion sichtbaren Lichts, zum Beispiel an einem Spiegel. Bragg formulierte dann die Bedingung für die gegenseitige Verstärkung von zwei Strahlen desselben Bündels, die an zwei verschiedenen Atomschichten mit Abstand d voneinander reflektiert werden (Abbildung 3.25). Der Unterschied in der Wegstrecke beider Strahlen ist gleich $2d\sin\theta$, worin θ den Einfallswinkel des Strahls angibt. Damit die Strahlen sich gegenseitig verstärken, muß der Unterschied $2d\sin\theta$ ihrer Wegstrecken gleich der Wellenlänge λ oder einem ganzzahligen Vielfachen von λ sein – also gleich $n\lambda$, worin n eine ganze Zahl ist. Wir erhalten so die *Braggsche Gleichung* für die Beugung von Röntgenstrahlen:

$$n\lambda = 2d\sin\theta \tag{3.14}$$

---

1 Ionisierungskammern sowie Geiger- und Proportionalzählrohre sind Geräte zum Anzeigen von geladenen Teilchen und Lichtquanten. Im Inneren des Geräts werden Molekeln eines Füllgases durch Absorption einfallender geladener Teilchen oder Lichtquanten ionisiert (siehe Abschnitt 5.2). In der Ionisierungskammer entlädt die Ionisierung ein aufgeladenes Elektroskop. Im Geiger- und im Proportionalzählrohr wird die Ionisierung des Füllgases durch Auslösen weiterer Ionisierung verstärkt; die hierzu erforderliche Energie wird von einer hohen elektrischen Spannung bezogen, die zwischen dem Gehäuse und einem zentralen Draht anliegt. Im Szintillationszähler wird die Energie des einfallenden Teilchens oder Lichtquants durch einen sogenannten *Szintillator* in einen Lichtblitz verwandelt; dieser erzeugt beim Auffallen auf eine Photokathode ein elektrisches Signal (Elektronen), das in einem Sekundärelektronenvervielfacher verstärkt wird.

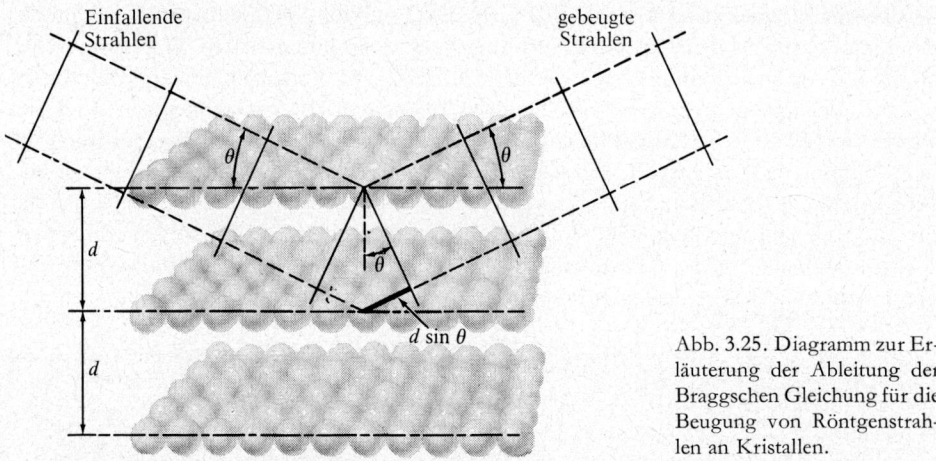

Abb. 3.25. Diagramm zur Erläuterung der Ableitung der Braggschen Gleichung für die Beugung von Röntgenstrahlen an Kristallen.

Für Röntgenstrahlen einheitlicher Wellenlänge λ und Kristalle mit bestimmten Schichtabständen d ist die Braggsche Gleichung für bestimmte *Glanzwinkel* θ erfüllt. Wie aus diesen die Kristallstruktur ermittelt werden kann, erläutert Abbildung 3.26. Sie zeigt eine einzelne Atomschicht, die Besetzung einer kubischen Kristallfläche eines einfachen kubischen Kristallgitters. Diese Schicht kann auf verschiedene Weise aus Atomreihen (in der Abbildung durch gestrichelte Linien angedeutet) mit den Abständen d_1, d_2, d_3 usw. zusammengesetzt werden. Den Atomreihen dieser Einzelschicht entsprechen Atomschichten senkrecht zur Papierebene im Fall des dreidimensionalen kubischen Kristalls. Die Schichtabstände (Gitterabstände) d_1, d_2, d_3 usw. stehen zueinander im Verhältnis $1 : 2^{-1/2} : 5^{-1/2}$ usw. Gleichzeitig sind die Schichtabstände umgekehrt proportional den zugehörigen Werten von $\sin\theta$. Mit Braggs Versuchen konnte daher ohne Kenntnis der Wellenlänge der Röntgenstrahlung einfach aus den Relativwerten der Schichtabstände die Art der Atomanordnung ermittelt werden.

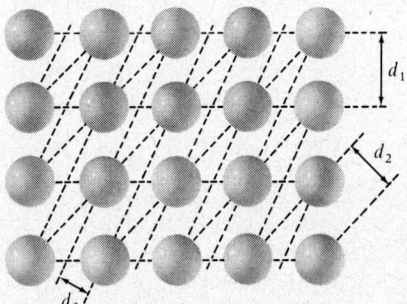

Abb. 3.26. Abstände zwischen verschiedenen Atomreihen in einem zweidimensionalen Kristall.

Eine Wiedergabe der ersten Meßergebnisse von W. und L. Bragg bringt Abbildung 3.27. Sie zeigt eine Gruppe von Reflektionen, die sich mit wachsenden Werten für $\sin\theta$ regelmäßig wiederholt. Jede dieser Gruppen entspricht einem Wert 1, 2, 3 usw. für die ganze

3.7. Die Beugung von Röntgenstrahlen an Kristallen

Zahl n, die man die *Ordnung der Reflektion* nennt. Die sich wiederholende Gruppe besteht aus einem schwachen gebeugten Strahl unter kleinerem Winkel und einem stärkeren gebeugten Strahl unter größerem Winkel. Das läßt darauf schließen, daß die Röntgenstrahlung der Röntgenröhre aus zwei Anteilen bestand: einem kurzwelligeren Anteil von geringerer und einem langwelligeren Anteil von größerer Intensität.

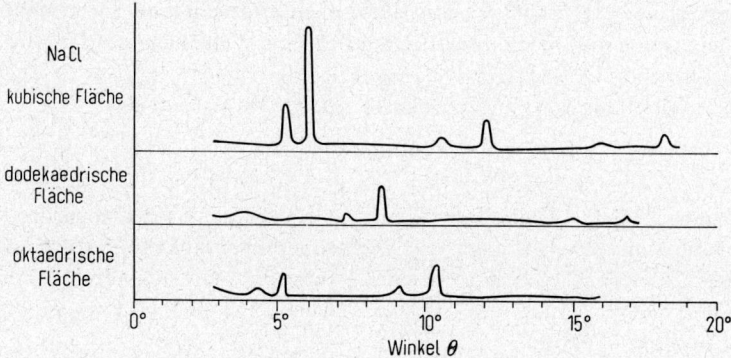

Abb. 3.27. Experimentelle Werte von W. und L. Bragg für die Beugung von Röntgenstrahlen an Kochsalzkristallen.

Ergebnisse und Folgen der Entwicklung der Röntgenmethode sind uns schon im vorigen Kapitel begegnet, als wir uns mit der Struktur der Kristalle von Kupfer und Jod befaßt haben.
Weitere Einzelheiten von Kristallstrukturen und Beugung von Röntgenstrahlen werden in Anhang IV diskutiert.

Aufgabe 3.7. Aus der Dichte des Kochsalzes und Millikans Wert für die Elementarladung berechneten W. und L. Bragg (vgl. Übungsaufgabe 4.18) den Gitterabstand d_1 für die kubischen Flächen von Natriumchloridkristallen zu 2,81Å. Rechnen Sie aus den Versuchsergebnissen in Abbildung 3.27 die Wellenlängen der beiden Anteile der Röntgenstrahlung aus, die die von ihnen benutzte Röntgenröhre lieferte.

Lösung. Wir wollen zuerst die Wellenlänge der kurzwelligeren Röntgenstrahlung berechnen. Man nennt sie die Strahlung der K_β-Linie. Den Glanzwinkel der ersten Ordnung entnehmen wir der Abbildung, er beträgt 5°18′. Der zugehörige Wert von $\sin\theta$ ist 0,0924. Für $n = 1$ (erste Ordnung) lautet die Braggsche Gleichung

$\lambda = 2d\sin\theta$

Wir setzen die Werte 2,81 Å für d und 0,0924 für $\sin\theta$ ein und erhalten

$\lambda = 2 \cdot 2,81 \cdot 0,0924 = 0,519$ Å.

Das ist die Wellenlänge der K_β-Linie. In der gleichen Weise berechnen wir die Wellenlänge der anderen Linie unter Verwendung des experimentellen Werts für θ von 6°0′ zu

$\lambda = 0,587$ Å.

Das ist die Wellenlänge der K_α-Linie. Beide Linien gehören zum *charakteristischen Röntgenspektrum* des Elements Palladium, aus dem die Antikathode (Anode) der von W. und L. Bragg in ihren Versuchen benutzten Röntgenröhre bestand.

3.8. Der Wellencharakter des Elektrons und der Elektronenspin

Bis zum Jahr 1924 schienen alle Beobachtungen die Annahme zu rechtfertigen, man könne die Elektronen als kleine geladene Teilchen ansehen. In diesem Jahr aber entdeckte der französische Physiker Louis de Broglie (geboren 1892) den Wellencharakter des Elektrons. Er fertigte als Doktorarbeit an der Universität Paris eine theoretische Untersuchung über die Quantentheorie an und fand dabei, daß eine verblüffende Analogie in den Eigenschaften von Elektronen einerseits und Lichtquanten andererseits besteht, wenn man dem bewegten Elektron eine Wellenlänge zuschreibt. Diese Wellenlänge heißt heute die *de-Broglie-Wellenlänge*.

Die Gleichung für die Wellenlänge des Elektrons lautet

$$\lambda = \frac{h}{mv} \tag{3.15}$$

Hierin bedeutet λ die Wellenlänge des Elektrons, h das Plancksche Wirkungsquantum, m die Masse des Elektrons und v seine Geschwindigkeit. Das Produkt mv ist der Impuls des Elektrons[1]. Aus der Gleichung folgt, daß ein ruhendes Elektron eine unendliche Wellenlänge besitzt, und daß die Wellenlänge mit wachsender Geschwindigkeit des Elektrons abnimmt.

Aufgabe 3.8. Wie groß ist die Wellenlänge eines Elektrons mit 13,6 eV kinetischer Energie?

Lösung. Die Energie des Elektrons von 13,6 eV in Joule beträgt

$E = 13{,}6 \cdot 0{,}1602 \cdot 10^{-18} = 2{,}18 \cdot 10^{-18}$ J

Dies ist die kinetische Energie des bewegten Elektrons, also gleich $1/2\, mv^2$. Folglich:

$mv^2 = 4{,}36 \cdot 10^{-18}$ J

Wir multiplizieren beide Seiten mit der Masse $m = 0{,}9108 \cdot 10^{-30}$ kg des Elektrons und erhalten

$m^2 v^2 = 4{,}36 \cdot 10^{-18} \cdot 0{,}9108 \cdot 10^{-30} = 3{,}97 \cdot 10^{-48}\, \text{kg}^2\,\text{m}^2\,\text{s}^{-2}$

Ziehen der Quadratwurzel auf beiden Seiten ergibt

$mv = 1{,}99 \cdot 10^{-24}\, \text{kg m s}^{-1}$

Aus der de-Broglie-Gleichung folgt damit die Wellenlänge

$$\lambda = \frac{h}{vm} = \frac{0{,}6625 \cdot 10^{-33}\, \text{kg m}^2\,\text{s}^{-1}}{1{,}99 \cdot 10^{-24}\, \text{kg m s}^{-1}} = 0{,}333 \cdot 10^{-9}\, \text{m}$$

Wir haben also ausgerechnet, daß die de-Broglie-Wellenlänge eines Elektrons, das durch eine Potentialdifferenz von 13,6 V beschleunigt worden ist, 3,33 Å beträgt.

Wir können nun ohne Schwierigkeit die Wellenlänge eines Elektrons mit der hundertfachen kinetischen Energie ausrechnen, also eines Elektrons, das durch eine Potentialdifferenz von 1360 Volt beschleunigt worden ist. Da die Energie dem Quadrat der Geschwindigkeit proportional ist, ist dieses Elektron zehnmal so schnell wie das vorige; seine de-Broglie-Wellenlänge beträgt demnach ein Zehntel, 0,333 Å.

Die Analogie zwischen Photon und Elektron. Ein Teil der Gedankengänge de Broglies, die zur Entdeckung der Wellenlänge des Elektrons führten, läßt sich leicht faßlich wiedergeben. Die Energie eines Photons der Frequenz v beträgt hv. Die Masse

---

[1] In der klassischen Mechanik ist der Impuls der Translationsbewegung eines Körpers der Masse m und Geschwindigkeit v als mv definiert.

des Photons ist durch die Einstein-Beziehung zwischen Energie und Masse gegeben:

$$mc^2 = h\nu$$

wobei m die Masse des Photons angibt. Teilen wir beide Seiten der Gleichung durch c, so erhalten wir

$$mc = \frac{h\nu}{c}$$

Hierin kann ν/c durch $1/\lambda$ ersetzt werden:

$$mc = \frac{h}{\lambda}$$

oder

$$\lambda = \frac{h}{mc}$$

De Broglie zeigte, daß dieselbe Gleichung auf das Elektron angewendet werden kann, indem man für m die Masse des Elektrons statt der des Photons einsetzt und die Geschwindigkeit c des Photons durch die Geschwindigkeit v des Elektrons ersetzt. Damit erhält man die de-Broglie-Gleichung.

Die unmittelbare experimentelle Bestätigung der Elektronenwellen und der de-Broglie-Gleichung. Den Wellencharakter bewegter Elektronen unzweideutig nachzuweisen, gelang dem amerikanischen Physiker C. J. Davisson (1881–1958) und dem englischen Physiker G. P. Thomson (geboren 1892). Sie beobachteten, daß Elektronen an Kristallen gebeugt werden und dabei Beugungsfiguren ähnlich denen von Röntgenstrahlen liefern. Darüber hinaus stellten sie fest, daß die Beugungsfiguren bei Anwendung des Braggschen Gesetzes auf Wellenlängen schließen lassen, die mit den de-Broglie-Wellenlängen übereinstimmen.

Das Durchdringungsvermögen von Elektronen für Materie ist wesentlich geringer als das von Röntgenstrahlen gleicher Wellenlänge. Deshalb muß der Elektronenstrahl entweder an einer Kristalloberfläche reflektiert werden (Davisson und Mitarbeiter verwendeten hierzu einen Nickel-Einkristall) oder mit hoher Energie durch einen sehr dünnen Kristall oder eine dünne Schicht Kristallpulver geschossen werden (so ging Thomson vor).

Kristallstrukturen können außer durch Beugung von Röntgenstrahlen auch durch Beugung von Elektronenstrahlen untersucht werden. Als besonders wertvoll hat sich die neue Methode für die Aufklärung der Struktur sehr dünner Filme an Kristalloberflächen erwiesen. So hat sie gezeigt, daß bei der Adsorption von Argon an einem reinen Nickelkristall die Argonatome nur ein Viertel der von den Nickelatomen (in der Oktaederfläche der kubisch dichtesten Kugelpackung; vgl. Abb. 2.4) gebildeten Dreiecke einnehmen. Auch die Struktur von sehr dünnen Oxidschichten, die sich auf Metalloberflächen bilden und das Metall vor weiterer Korrosion bewahren, ist mit dieser Methode untersucht worden.

Außerdem läßt sich die Beugung von Elektronenstrahlen zur Bestimmung der Struktur von Gasmolekeln heranziehen. Wie dabei eine Beugungsfigur zustande kommt, zeigt die Abbildung 3.17, die der Beugung von Wellen an einer zweiatomigen Molekel entspricht. Die Molekeln im Gas haben verschiedene räumliche Ausrichtung, die Beugungsfigur ist daher verwaschen. Sie besteht aus einer Reihe von Ringen. Aus der Wellenlänge der Elektronen und dem Durchmesser der Ringe lassen sich die Atomabstände in den Molekeln berechnen. Seit der Entdeckung der Beugung von Elektronenstrahlen sind die Strukturen von Hunderten von Molekeln in dieser Weise bestimmt worden.

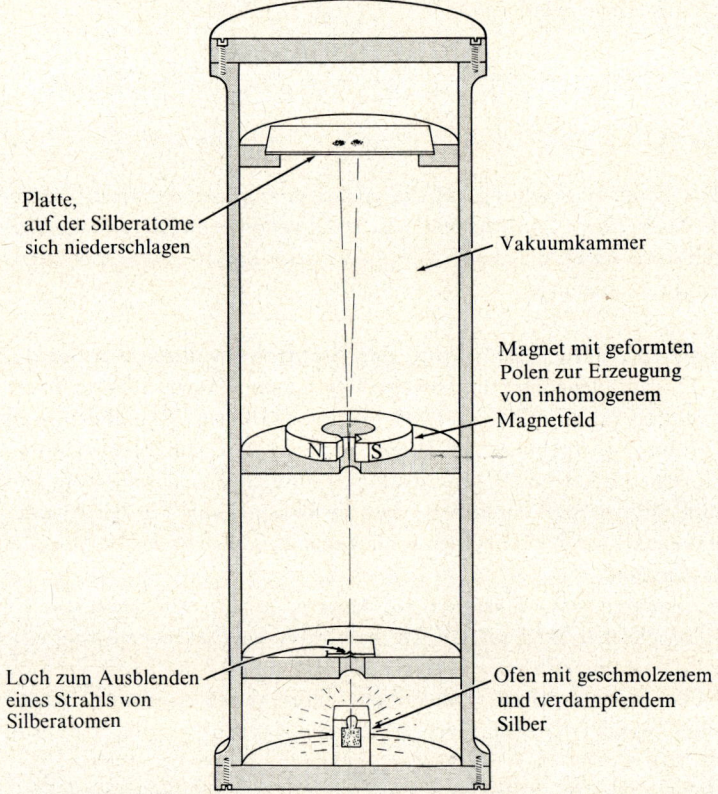

Abb. 3.28. Meßanordnung des Stern-Gerlach-Versuchs, der die gequantelte Einstellung des magnetischen Moments von Atomen im angelegten Magnetfeld erweist.

Der Spin des Elektrons. Im Jahr 1925 entdeckten George E. Uhlenbeck (geboren 1900) und Samuel A. Goudsmit (geboren 1902), zwei holländische Physiker, daß das Elektron einen Spin besitzt: es rotiert um seine Achse ähnlich wie die Erde um ihre Nord-Süd-Achse. Die Größe des Spins (d.h. der Drehimpuls der Rotation) ist für alle Elektronen gleich, aber die räumliche Ausrichtung der Achse ist veränderlich. Relativ zu einer gegebenen Vorzugsrichtung, wie etwa der Richtung des Magnetfelds der Erde, kann ein freies Elektron sich entweder parallel oder antiparallel (d.h. mit entgegengesetzter Richtung) einstellen, aber keine andere Lage einnehmen.

3.8. Der Wellencharakter des Elektrons und der Elektronenspin

Zur Entdeckung des Elektronenspins führte hauptsächlich die Untersuchung der Feinstruktur von Spektrallinien, auf die wir in anderem Zusammenhang kurz eingehen werden (siehe Kapitel 5). Einer der entscheidenden Schritte in dieser Entwicklung war der Stern-Gerlach-Versuch, den Otto Stern (1888–1969) 1921 vorgeschlagen und im selben Jahr zusammen mit W. Gerlach ausgeführt hatte. Beim Stern-Gerlach-Versuch (siehe Abb. 3.28) wird Silber am Boden eines Hochvakuumgefäßes verdampft. Ein Strahl von Silberatomen wird ausgeblendet, durchfliegt ein hochgradig inhomogenes, von besonders geformten Polen erzeugtes Magnetfeld und trifft dann auf eine Platte auf, auf der er Spuren hinterläßt, die durch chemisches Entwickeln sichtbar gemacht werden können. Es zeigte sich, daß der Atomstrahl sich in zwei Strahlen aufspaltet. Zur Erklärung nahm man an, das Silberatom habe ein magnetisches Moment, das sich in zwei entgegengesetzten Lagen zu den Feldlinien des angelegten Magnetfelds einstellen könne, so daß die Atome je nach ihrer Ausrichtung infolge der Inhomogenität des Felds (d.h. des Gradienten der Feldstärke) nach rechts oder links abgelenkt würden. Das geforderte magnetische Moment stellte sich später als das eines Elektrons im Atom heraus.

Quantelung des Drehimpulses. Der Drehimpuls eines Festkörpers, der mit der Winkelgeschwindigkeit ω um eine durch seinen Schwerpunkt führende Achse rotiert, ist $I\omega$, wobei I das Trägheitsmoment darstellt. (Für einen aus Teilchen i bestehenden Festkörper ist $I = \sum_i m_i \rho_i$, wobei m_i die Masse des i'ten Teilchens und ρ_i dessen Abstand von der Achse angibt.) Der Drehimpuls wird gewöhnlich als Vektor in Richtung der Drehachse angegeben. Wie man erkennt, hat er die Dimension [Masse · (Länge)² · Zeit⁻¹], also dieselbe wie das Plancksche Wirkungsquantum h, eine Betrachtung, die es nahelegt, daß der Impuls in Einheiten von h oder $h/2\pi$ gequantelt sein könne. Anfängliche Versuche des englischen Mathematikers J. W. Nicholson und des dänischen Chemikers Niels Bjerrum, diese Idee anzuwenden, blieben zwar erfolglos, aber schon im nächsten Jahr, 1913, gelang Niels Bohr mit ihr die Aufstellung seines Modells des Wasserstoffatoms (siehe Kapitel 5).

Drehimpulsquantenzahlen. Ganz allgemein hat es sich gezeigt, daß der Drehimpuls eines Teilchens oder eines aus mehreren Teilchen bestehenden Systems der Gleichung

$$\text{Drehimpuls} = [J(J+1)]^{1/2} \frac{h}{2\pi}$$

gehorcht. Statt dessen kann man auch schreiben

$$\text{Drehimpuls} = [J(J+1)]^{1/2} \hbar \qquad (3.16)$$

wobei $\hbar = h/2\pi$

(Der Zahlenwert der neuen Größe $\hbar$ beträgt $0{,}105443 \cdot 10^{-33}$ Js.) Die sogenannte Drehimpulsquantenzahl J hat für einige Systeme halbzahlige Werte (1/2, 3/2, 5/2, ...) und für andere ganzzahlige (0, 1, 2, ...).

Die Komponente des Drehimpulsvektors in der Richtung eines Magnetfelds beträgt $M_J \hbar$, wobei M_J die Werte $-J, -J+1, \ldots, +J$ annehmen kann. M_J und J sind also entweder beide halbzahlig oder beide ganzzahlig. Für jeden vorgegebenen Wert von J

existieren $2J+1$ Werte von M_J; das heißt, ein System mit Drehimpulsquantenzahl J besitzt $2J+1$ Möglichkeiten gequantelter räumlicher Ausrichtung.

Die Drehimpulsquantenzahl des Elektrons wird mit s bezeichnet und hat den Wert 1/2. Der Spindrehimpuls des Elektrons beträgt folglich $\sqrt{3}\,\hbar/2 = 91{,}32 \cdot 10^{-30}$ Js.

Die magnetische Quantenzahl m_s des Elektronenspins kann die Werte $+1/2$ und $-1/2$ annehmen. Die Drehimpulskomponente in Feldrichtung ist folglich $+\hbar/2$ oder $-\hbar/2$ (siehe Abbildung 3.29).

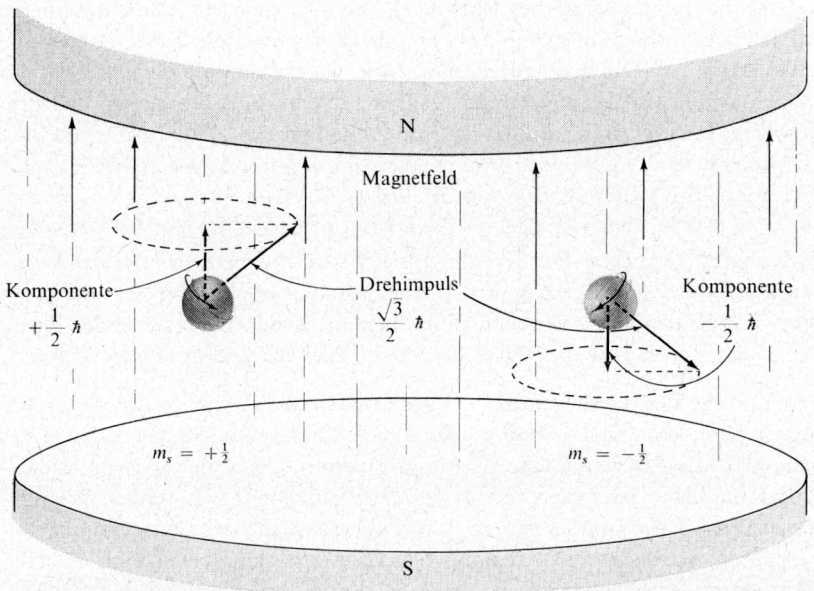

Abb. 3.29. Schematische Darstellung der Quantelung der Spinorientierung von Elektronen. Die Spinquantenzahl ist $s = 1/2$, der Drehimpuls damit $(\sqrt{3}/2)\hbar$. Die magnetische Quantenzahl m kann die Werte $+1/2$ und $-1/2$ annehmen, und die Komponente des Drehimpulses in Richtung des Magnetfelds beträgt entsprechend $+\hbar/2$ bzw. $-\hbar/2$.

Das magnetische Moment. Im Jahr 1820 entdeckte Hans Christian Oersted (1777 bis 1851), ein dänischer Physiker, daß ein stromdurchflossener Draht auf einen Magneten eine Kraft ausübt. Man kann sagen, daß der Strom ein Magnetfeld erzeugt. Fließt der Strom im Kreis, so gleicht das Feld dem eines kleinen Magneten, das heißt eines magnetischen Dipols. Das Dipolmoment ist gleich dem Produkt der Stromstärke, des stromumflossenen Querschnitts und der Permeabilität. (Die Permeabilität im Vakuum beträgt $4\pi \cdot 10^{-7}$ Weber A^{-1}m^{-1}.) Betrachten wir den Umlauf von Teilchen der Masse m und Ladung e als einen Kreisstrom i, so ergibt sich für den Drehimpuls (den sogenannten Bahndrehimpuls) der Wert $i \cdot$ Fläche $\cdot (2m/e)$; für das magnetische Moment erhalten wir

$$\text{Magnetisches Moment} = \text{Bahndrehimpuls} \cdot \frac{e}{2m} \cdot 4\pi \cdot 10^{-7} \text{ Weber } m \qquad (3.17)$$

Die gequantelte Einheitskomponente des Bahndrehimpulses hat die Größe $\hbar = h/2\pi$; das ihr zugehörige magnetische Moment beträgt

$$\mu_B = \frac{\hbar e}{2m} \cdot 4\pi \cdot 10^{-7} = 11{,}653 \cdot 10^{-30} \text{ Weber m} \tag{3.18}$$

Die Einheit μ_B bezeichnet man als das Bohrsche Magneton.

Der Spindrehimpuls des Elektrons hat den Wert $\sqrt{3}\hbar/2$. Das magnetische Moment des Spins beträgt aber nicht $\sqrt{3}/2$, sondern $\sqrt{3}$ Bohrsche Magnetonen, ist also um einen Faktor zwei größer. Diesen Faktor nennt man den Landé-Faktor (auch g-Faktor). Daß das Elektron einen Landé-Faktor 2 haben muß, ist eine Folge seines relativistischen Verhaltens.

Im Stern-Gerlach-Versuch mit Silberatomen entspricht die Ablenkung der Atomstrahlen einer Komponente der Größe $\pm \mu_B$ des magnetischen Moments in der Richtung des angelegten Feldes.

Stern-Gerlach-Versuche mit Wasserstoffmolekeln und andere Versuche haben erwiesen, daß das Proton ebenfalls einen Spin besitzt, und zwar mit der Spinquantenzahl $s = 1/2$. Das zugehörige magnetische Moment beträgt aber nicht $\sqrt{3}/2$ Kernmagnetonen[1], auch nicht $\sqrt{3}$ Kernmagnetonen, was einem Landé-Faktor 2 entsprechen würde; vielmehr ist der beobachtete Wert $2{,}79275 \cdot \sqrt{3}$ Kernmagnetonen, der Landé-Faktor also 5,5855. Wie auch verschiedene andere Anzeichen deutet dieser überraschende Wert des Landé-Faktor darauf hin, daß das Proton kein einfaches Teilchen ist, sondern eine komplizierte Struktur besitzt.

3.9. Was ist Licht? Was ist ein Elektron?

Manch einer hat sich in unserer Zeit die Fragen gestellt: Woraus besteht Licht nun wirklich, aus Wellen oder aus Teilchen? Und ist das Elektron wirklich ein Teilchen oder eine Welle?

Solche Fragen lassen sich weder in dem einen noch in dem anderen Sinne beantworten. Licht ist der Name, den wir einem Bestandteil unserer Welt gegeben haben. Der Begriff schließt alle Eigenschaften ein, die das Licht besitzt, und alle Erscheinungen, die wir an Systemen beobachten, in denen Licht eine Rolle spielt. Manche Eigenschaften des Lichts ähneln denen von Wellen; wir können sie mit Einführung einer Wellenlänge beschreiben. Andere Eigenschaften des Lichts ähneln denen von Teilchen und lassen sich durch Einführung von Lichtquanten erfassen, die eine bestimmte Energie $h\nu$ und eine bestimmte Masse $h\nu/c^2$ besitzen. Ein Lichtstrahl ist weder ein Wellenzug noch ein Strom von Teilchen, er ist beides zugleich.

Ebenso ist ein Elektron weder ein Teilchen noch eine Welle im üblichen Sinn. Oft verhält sich das Elektron so, wie man es von einem kleinen Teilchen mit Masse m und Ladung $-e$ erwarten sollte. Von gewöhnlichen Teilchen unterscheidet es sich jedoch dadurch, daß es auch den Charakter einer Welle annehmen kann, deren Wellenlänge

---

[1] Das Bohrsche Kernmagneton beträgt $6{,}347 \cdot 10^{-33}$ Weber m und berechnet sich wie μ_B in Gleichung 3.18, aber unter Verwendung der Masse des Protons statt der des Elektrons.

durch die de-Broglie-Gleichung gegeben ist. Das Elektron ist, ebenso wie das Photon, Teilchen und Welle zugleich.

Nach Überwindung anfänglicher gedanklicher Schwierigkeiten haben sich die Wissenschaftler an diese neue Auffassung von der Natur des Lichts und der Elektronen gewöhnt. Es gelang ihnen bald, in vielen Fällen vorauszusagen, wann das Verhalten eines Lichtstrahls im wesentlichen durch seine Wellenlänge und wann es durch die Energie und Masse seiner Photonen bestimmt wird, wann also die Behandlung des Lichts als Wellenerscheinung und wann seine Behandlung als Teilchenstrom zweckmäßiger ist. Ebenso lernten sie, wann das Elektron als Teilchen und wann es als Welle aufzufassen ist. In manchen Fällen tragen sowohl die Wellennatur als auch die Teilchennatur wesentlich zum Verhalten bei. Dann läßt nur eine gründliche theoretische Behandlung, die auf den Gleichungen der Quantenmechanik aufbaut, Voraussagen darüber zu, wie sich das Licht oder das Elektron verhalten wird.

Zwei andere Fragen mögen dem Leser auftauchen: Existieren Elektronen? Und wie sehen sie aus? Die Antwort auf die erste Frage heißt: Ja! Elektronen existieren. „Elektron" ist ein Begriff, den die Wissenschaftler in der Behandlung gewisser physikalischer Erscheinungen benutzen, zum Beispiel für den Strahl in J. J. Thomsons Entladungsröhre, für den Träger der negativen elektrischen Ladung in Millikans Schwebetröpfchenversuch, für das Teilchen, das sich mit einem neutralen Fluoratom zu einem Fluorid-Ion vereinigt. Als Antwort auf die Frage nach dem Aussehen des Elektrons können wir anführen, daß die Untersuchung der Streuung sehr schneller Elektronen an Protonen und anderen Atomkernen einige Hinweise geliefert hat: sie hat nicht nur Auskunft über Einzelheiten der Struktur und Größe der Kerne gegeben (siehe Kapitel 26), sondern auch gezeigt, daß das Elektron sich wie ein punktförmiges Teilchen verhält, das über einen Durchmesser von 0,1 fm ($0,1 \cdot 10^{-15}$ m) hinaus keine Struktur mehr besitzt.

3.10. Die Heisenbergsche Unschärfebeziehung

Die sogenannte Heisenbergsche Unschärfebeziehung, die eine wichtige Konsequenz der Quantenmechanik darstellt, wurde 1927 von Werner Heisenberg (geboren 1901) formuliert. Heisenberg zeigte, daß es wegen des Welle-Teilchen-Dualismus der Materie im Prinzip unmöglich ist, Ort und Geschwindigkeit eines Teilchens gleichzeitig mit absoluter Genauigkeit zu messen. Darüber hinaus konnte er zeigen, daß die Energie eines Systems für einen scharf festgelegten Zeitpunkt nicht genau bestimmt werden kann.

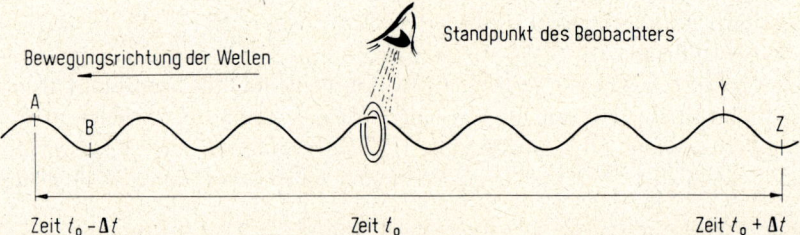

Abb. 3.30. Zur Erläuterung der Unsicherheit in der Bestimmung der Frequenz eines Wellenzugs durch Zählen der Wellenkämme, die einen festgelegten Punkt in einer gegebenen Zeitspanne passieren.

3.10. Die Heisenbergsche Unschärfebeziehung

Die quantenmechanische Unschärfebeziehung ist der ganz allgemein für Wellen beliebiger Art zwischen Frequenz und Zeit bestehenden Unschärfegleichung eng verwandt. Denken wir uns zum Beispiel einen Zug von Meereswellen und eine an einem festen Ort in ihrem Weg verankerte Boje. Ein Beobachter auf der Boje kann die Frequenz der Wellen (d.h., die Anzahl Wellen, die die Boje pro Zeiteinheit passieren) zur Zeit t_0 bestimmen, indem er die Wellenberge und Täler vom Zeitpunkt $t_0 - \Delta t$ bis zum Zeitpunkt $t_0 + \Delta t$ zählt; geteilt durch 2 ergibt diese Zahl die Anzahl von Wellen im Zeitraum $2\Delta t$, und erneutes Teilen durch $2\Delta t$ liefert die Frequenz ν, die als Anzahl Wellen pro Zeiteinheit definiert ist:

$$\nu = \frac{\text{Anzahl von Wellenbergen und Tälern}}{2 \cdot 2 \cdot \Delta t}$$

Dieses Verfahren liefert einen Durchschnittswert, gemittelt über den Zeitraum $2\Delta t$ um den Zeitpunkt t_0. Man kann sagen, das Ergebnis gilt für den Zeitpunkt t_0 mit der Unschärfe Δt. Für die Frequenz ergibt sich ebenfalls eine Unschärfe. In Abbildung 3.30 zum Beispiel könnten der Wellenberg A und das Tal Z gerade noch mitgezählt werden oder nicht; der größtmögliche Unterschied zwischen den Ergebnissen beträgt 2 für die Anzahl der Wellenberge und Täler und somit $1/2\Delta t$ für die Frequenz:

$$\Delta \nu = \frac{2}{2 \cdot 2\Delta t} = \frac{1}{2\Delta t}$$

wofür man auch $\Delta \nu \cdot \Delta t = 1/2$ schreiben kann. Eine genauere Rechnung, die auf der Wahrscheinlichkeitsverteilung von $\Delta \nu$ und Δt aufbaut, führt zu der folgenden üblichen Form für die *Unschärfebeziehung zwischen Frequenz und Zeit*:

$$\Delta \nu \cdot \Delta t = 1/2\pi \tag{3.19}$$

Die Quantentheorie gestattet es, diese Rechnung unmittelbar in die Unschärfebeziehung zwischen Energie und Zeit für Lichtquanten umzuwandeln. Die Energie E eines Lichtquants der Frequenz ν ist $h\nu$, und die Frequenzunschärfe $\Delta \nu$ multipliziert mit h liefert die Energieunschärfe ΔE:

$$\Delta E = h\Delta \nu$$

Durch Einsetzen dieser Beziehung in Gleichung 3.19 erhalten wir die *Unschärfebeziehung zwischen Energie und Zeit*:

$$\Delta E \Delta t = \frac{h}{2\pi} \tag{3.20}$$

Die quantentheoretische Untersuchung vieler Versuchsergebnisse hat die Allgemeingültigkeit dieser Beziehung erwiesen. Die Unschärfe der Energiebestimmung läßt sich nur dadurch gering halten, daß man die Energiemessung über eine hinreichend lange Zeitspanne ausdehnt.

Aufgabe 3.9. Die Wellenlängen der von elektrischer Entladung in Natriumgas angeregten gelben D-Linien betragen 5890 und 5896 Å. Die Anregungsdauer der Linien ist durch Messung von deren Intensität als Absorptionslinien im Spektrum von Natriumgas ermittelt worden und entspricht einer durchschnittlichen Lebensdauer der angeregten Zustände von $1,6 \cdot 10^{-8}$ Sekunden. (Die meisten angeregten Zustände von Atomen haben etwa eine solche Lebensdauer.) Führt eine Lebensdauer dieser Länge zu einer merklichen Verbreiterung der Spektrallinien?

Lösung. Die Anwendung der Unschärfebeziehung auf den vorliegenden Fall basiert auf der Überlegung, daß der dem Lichtquant entsprechende Wellenzug vom Atom während der Lebensdauer des angeregten Zustands ausgestrahlt wird. Die Frequenz, die der Wellenlänge $5890 \cdot 10^{-10}$ m entspricht, ist $\nu = c/\lambda = 3 \cdot 10^8 \text{ms}^{-1}/5890 \cdot 10^{-10}$ m $= 5{,}09 \cdot 10^{14}$ Hz. Die von der Zeitunschärfe $\Delta t = 1{,}6 \cdot 10^{-8}$ s herrührende Frequenzunschärfe ist $\Delta \nu = 1/2\pi \Delta t = (1/2\pi \cdot 1{,}6 \cdot 10^{-8} \text{s})^{-1} = 1{,}00 \cdot 10^7$ Hz (siehe Gleichung 3.19), und die relative Frequenzunschärfe ist demnach $\Delta \nu / \nu = 1{,}00 \cdot 10^7 \text{Hz}/5{,}09 \cdot 10^{14}$ Hz $= 1{,}96 \cdot 10^{-8}$. Den gleichen Wert hat auch die Wellenlängenunschärfe $\Delta \lambda / \lambda$. Folglich erhalten wir für die absolute Wellenlängenunschärfe $\Delta \lambda = 1{,}96 \cdot 10^{-8} \cdot 5890 \cdot 10^{-10}$ m $= 1{,}15 \cdot 10^{-14}$ m $= 0{,}0001$ Å.

Die Frequenzunschärfe der Linien führt nach obiger Rechnung zu einer Linienbreite von nur rund 1/50000000 der Wellenlänge. Eine so geringe Verbreiterung wird gewöhnlich von anderen Effekten überschattet. Jedoch haben manche angeregten Zustände mit Energien, die die Ionisierungsenergie überschreiten, wegen des außerordentlich schnellen Zerfalls in ein positives Ion und ein Elektron eine durchschnittliche Lebensdauer von nur 10^{-12} Sekunden. Die Breite der Spektrallinien von Übergängen mit einem solchen Zustand als dem oberen Energiezustand beträgt in der Tat rund 1 Å.

Die Unschärfebeziehung zwischen Ort und Impuls eines Teilchens sagt aus, daß das Produkt der Unschärfen des Werts einer der Ortskoordinaten x, y, z und der Komponenten des Impulses in der betreffenden Koordinatenrichtung mindestens $h/2\pi$ beträgt; für die x-Richtung zum Beispiel gilt

$$\Delta x \cdot \Delta(mv_x) \geq h/2\pi \tag{3.21}$$

worin v_x die Geschwindigkeitskomponente in x-Richtung angibt.

Übungsaufgaben

3.1. Die Stromstärke im Draht einer gewöhnlichen Glühbirne betrage 1 Ampere (1 Cs^{-1}). Wieviele Elektronen fließen pro Sekunde durch den Draht? (Die Ladung des Elektrons beträgt $-0{,}160 \cdot 10^{-18}$ C.)

3.2. Entsprechend dem Gesetz der Schwerkraft ist die Massenanziehungskraft zwischen zwei Teilchen mit den Massen m_1 und m_2, die sich im Abstand r voneinander befinden, gleich Gm_1m_2/r^2, worin die Gravitätskonstante G experimentell zu $0{,}6673 \cdot 10^{-10}$ Nm^{2}kg^{-2} ermittelt worden ist; das heißt, die Anziehungskraft zwischen zwei Teilchen von je 1 kg Masse im Abstand 1 m voneinander beträgt $0{,}6673 \cdot 10^{-10}$ N. a) Berechnen Sie die elektrostatische Anziehungskraft zwischen einem Elektron und einem Proton im Abstand von 10 Å. (Ein Proton trägt eine Ladung gleicher Größe wie das Elektron, jedoch positiven Vorzeichens. Seine Masse beträgt $1{,}672 \cdot 10^{-27}$ kg. Es ist der Kern eines Wasserstoffatoms.) b) Berechnen Sie die Massenanziehungskraft zwischen einem Elektron und einem Proton im Abstand von 10 Å. Wie groß ist das zahlenmäßige Verhältnis beider Kräfte für diesen Abstand? c) In welcher Weise hängt das Verhältnis beider Kräfte vom Abstand zwischen Elektron und Proton ab?
[Lösungen: a) $2{,}3068 \cdot 10^{-13}$ N; b) $1{,}0165 \cdot 10^{-49}$ N und $2{,}269 \cdot 10^{39}$.]

3.3. Berechnen Sie die Geschwindigkeit, die die Elektronen in J. J. Thomsons Apparatur bei einem Potentialgefälle von 5000 V erlangen würden. Nehmen Sie dabei an, daß jedem Elektron die kinetische Energie eV erteilt wird, worin e die Ladung des Elektrons (in Coulomb) und V das durchlaufene Spannungsgefälle (in Volt) angibt.

3.4. Beschreiben Sie Millikans Schwebetröpfchenversuch. Warum muß man die Viskosität der Luft kennen, um aus den Messungen die Elementarladung zu berechnen?

Übungsaufgaben

3.5. Die α-Teilchen der vom Radium ausgehenden Strahlung haben größtenteils eine Energie von 4,79 MeV. Mit welcher Geschwindigkeit fliegen sie? In welchem Verhältnis steht ihre Geschwindigkeit zu der des Lichts? Die Masse eines α-Teilchens beträgt $6{,}66 \cdot 10^{-27}$ kg. (Lösung: die Geschwindigkeit beträgt $1{,}5 \cdot 10^7$ m s^{-1}.) (Beachten Sie, daß der Ausdruck $1/2 \, mv^2$ für die kinetische Energie eines Teilchens mit weniger als 1% Fehler benutzt werden kann, solange die Geschwindigkeit des Teilchens weniger als 10% der Lichtgeschwindigkeit beträgt. Für höhere Geschwindigkeiten liefert nur der relativistische Ausdruck richtige Lösungen.)

3.6. Berechnen Sie die Energie eines α-Teilchens von 4,79 MeV in J. Der Kern eines Goldatoms hat die elektrische Ladung 79ε, wobei ε die Elementarladung ist ($15{,}188 \cdot 10^{-15}$ S). Das αTeilchen hat die Ladung 2ε. In welchem Abstand ist die potentielle Energie beim Frontalzusammenstoß eines α-Teilchens und eines Goldkerns gleich der kinetischen Energie eines α-Teilchens von 4,79 MeV? (Die potentielle Energie in Joule ist gleich dem Produkt beider Ladungen in Stoney, geteilt durch den Abstand zwischen beiden in Metern.) Dieser Abstand kann als Anhaltswert dafür gelten, wie nahe das α-Teilchen dem Goldkern kommen muß, damit es unter großem Winkel abgelenkt wird. (Lösung: $4{,}75 \cdot 10^{-4}$ Å.)

3.7. α-Teilchen von 4,79 MeV werden durch eine Einzelschicht von Goldatomen durchgeschossen. Berechnen Sie den Anteil von α-Teilchen, der voraussichtlich unter großen Winkeln abgelenkt wird. Benutzen Sie dazu den Wert $4{,}75 \cdot 10^{-4}$ Å (vgl. vorige Aufgabe) für den Abstand, auf den sich das α-Teilchen dem Goldkern nähern muß, um abgelenkt zu werden, und nehmen Sie an, die Goldatome lägen so dicht wie möglich gepackt mit 2,88 Å Abstand von Mittelpunkt zu Mittelpunkt benachbarter Atome. (Lösung: $9{,}87 \cdot 10^{-8}$.)

3.8. Ein Lichtstrahl fällt senkrecht auf ein Gitter mit 5000 Linien pro Zentimeter. Berechnen Sie die Winkel, unter denen das sichtbare Spektrum in erster Ordnung erscheint. Führen Sie die Rechnung für die Wellenlängen 4000 Å (violett) und 7500 Å (rot) durch.

3.9. Erklären Sie, warum sich die an einer ebenen Atomschicht gebeugten Röntgenstrahlen gegenseitig verstärken, wenn der einfallende und der gebeugte Strahl in derselben Ebene liegen (senkrecht zur Ebene der Atomschicht) und beide Strahlen mit der Ebene der Atomschicht den gleichen Winkel bilden.

3.10. Leiten Sie – unter Annahme von Reflektion, vgl. vorstehende Aufgabe – die Braggsche Gleichung für die Beugung von Röntgenstrahlen an einem Stapel von Atomschichten mit Abstand d voneinander ab.

3.11. Der Abstand zwischen parallel zu den kubischen Flächen liegenden Atomschichten beträgt im Natriumchloridkristall 2,81 Å. Berechnen Sie unter Benutzung der Braggschen Gleichung die ersten drei Glanzwinkel der K_α-Strahlung von Kupfer (das heißt der der K_α-Linie entsprechenden Strahlung einer Röntgenröhre mit Kupfer-Antikathode). Die Wellenlänge der K_α-Linie von Kupfer beträgt 1,54 Å.

3.12. Selig Hecht und Mitarbeiter stellten fest, daß ein junger Mensch einen auf seine Pupille fallenden Lichtblitz von 5500 Å Wellenlänge und einer Energie von $20 \cdot 10^{-18}$ J wahrzunehmen vermag. Ungefähr 10% des Lichts, das auf die Pupille fällt, erreicht die Rezeptoren der Netzhaut und wird von ihnen aufgenommen. Berechnen Sie aus diesen Angaben die zum Erreichen der Schwelle des Sehvermögens benötigten Lichtquanten (gleich der Anzahl der angeregten Rezeptoren).

3.13.[1]) Die bei niedriger Temperatur stabile Modifikation des Elements Polonium kristallisiert mit einfachem kubischen Gitter, enthält also ein Atom pro Elementarzelle. Die ersten vier Linien des Röntgendiagramms von Kristallpulver liegen bei Glanzwinkeln, denen Flächenabstände von 3,346, 2,366, 1,932 und 1,673 Å entsprechen. Nennen Sie die zugehörigen Sätze der Indices hkl. Wie groß ist die Länge a der Elementarzelle? Wieviel nächste Nachbarn hat jedes Atom, und in welchem Abstand liegen sie?

---

[1] Lösung erfordert Kenntnis des Materials in Anhang IV.

3. Das Elektron, der Atomkern und das Lichtquant

3.14.[1] Metallisches Kalium kristallisiert mit kubisch-raumzentriertem Gitter. Die Elementarzelle enthält zwei Atome mit Koordinaten 0, 0, 0 und 1/2, 1/2, 1/2. Demonstrieren Sie an Hand einer Zeichnung, daß der Kristall Schichten im Abstand $a/2$ enthält, die dieselbe Besetzungsdichte haben und parallel zu den Würfelflächen liegen. Erklären Sie mit diesem Befund, warum die Reflektion 1 0 0 mit Abstand $d = a$ in der Röntgenbeugungsaufnahme nicht auftritt. (Alle Strukturen mit kubisch-raumzentriertem Gitter liefern nur Reflektionen hkl mit geradzahligen Werten von $h+k+l$.) Die ersten beiden Reflektionen des Kaliums, nämlich $hkl = 1\ 1\ 0$ und $2\ 0\ 0$, ergeben Abstände $d = 3{,}710$ bzw. $2{,}62$ Å bei 78 K. Wie groß ist a? Wieviel nächste und zweitnächste Nachbarn hat jedes Atom? In welchem Abstand liegen sie?

---

[1] Lösung erfordert Kenntnis des Materials in Anhang IV.

Kapitel 4

Elemente und Verbindungen, Atom- und Molekularmassen

Einer der wichtigsten Grundpfeiler chemischer Theorie ist die Einteilung von Substanzen in die beiden Klassen *Elementarsubstanzen* und *Verbindungen*. Diese Unterteilung wurde zuerst 1787 von dem französischen Chemiker Antoine Laurent Lavoisier (1743–1794) auf Grund seines fünfzehnjährigen Studiums der Massen der an chemischen Reaktionen beteiligten Stoffe (Ausgangsstoffe und Reaktionsprodukte) vorgenommen. Lavoisier definierte als Verbindung eine Substanz, die sich in mindestens zwei verschiedene Substanzen zerlegen läßt, und als Elementarsubstanz (oder Element) eine Substanz, die nicht zerlegt werden kann. In seinem Buch *Traité élémentaire de Chimie* (1789 in Paris erschienen) führte er dreiunddreißig Elemente an, darunter zehn, deren Oxide er richtig als Verbindungen einschätzte, obwohl die Elemente selbst damals noch nicht isoliert worden waren. Wie wir noch sehen werden, hat die Entdeckung von Elektronen und Atomkernen zu einer Neufassung der Definitionen von Elementarsubstanzen und Verbindungen geführt.

4.1. Die chemischen Elemente

Ein *Element* ist eine Materiesorte, die aus Atomen mit Kernen gleicher elektrischer Ladung besteht.
Zum Beispiel zählen alle Atome mit Kernen der Ladung $+e$ (und mit einem Elektron, das diese Kernladung kompensiert) zum Element Wasserstoff, und alle Atome mit Kernen der Ladung $+92e$ zählen zum Element Uran.
Eine *Elementarsubstanz* ist eine Substanz, die aus Atomen nur eines Elements besteht. Elementarsubstanzen werden gewöhnlich kurz als Elemente bezeichnet.
Eine *Verbindung* ist eine Substanz, die aus Atomen mehrerer verschiedener Elemente besteht. Die Atome der verschiedenen Elemente müssen dabei in bestimmten, gleichbleibenden Zahlenverhältnissen vertreten sein, da man von Substanzen definitionsgemäß eine feststehende Zusammensetzung verlangt.

Die Ordnungszahl. Alle Atomkerne tragen positive elektrische Ladungen, die der Ladung des Protons gleich sind oder ein ganzzahliges Vielfaches davon betragen. Die ganze Zahl, die als Faktor auftritt, nennt man die *Ordnungszahl* des Atoms. Sie wird gewöhnlich mit Z bezeichnet. Ein Atom mit Ordnungszahl Z hat also die elektrische Kernladung Ze, wobei e die Ladung des Protons ist (Ladung des Elektrons ist $-e$). So hat das

78   4. Elemente und Verbindungen, Atom- und Molekularmassen

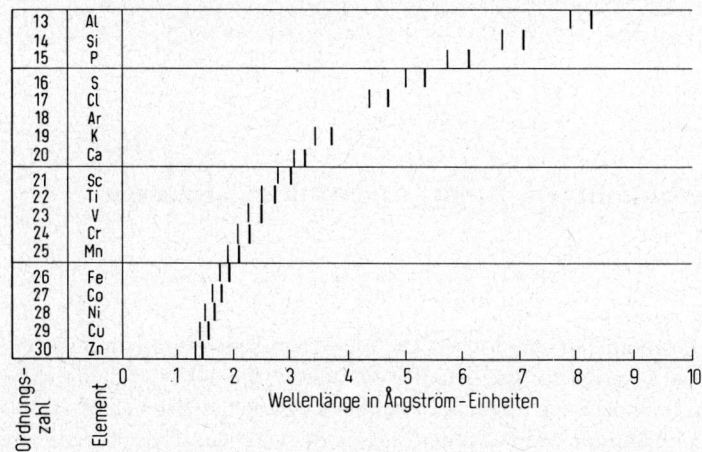

Abb. 4.1. Diagramm, das die Gesetzmäßigkeit der Röntgenemissionslinien einer Folge von Elementen zeigt.

einfachste Atom, das Wasserstoffatom, die Ordnungszahl 1 und besteht aus einem Kern mit der Ladung e und einem Elektron mit der Ladung $-e$.

Die Zuordnung von Ordnungszahlen zu den Elementen. Bald nachdem man das Elektron als Bestandteil der Materie entdeckt hatte, erkannte man, daß den Elementen Ordnungszahlen zugeordnet werden können, die die Anzahl Elektronen im Atom angeben. Eine eindeutige Vorschrift hierfür fehlte jedoch bis 1913. In diesem Jahr entdeckte H. G. J. Moseley (1887–1915), ein junger englischer Physiker an der Universität Manchester, daß die Ordnungszahl eines jeden Elements mittels seiner charakteristischen Röntgenstrahlung bestimmt werden kann, die von einer das Element enthaltenden Röntgenröhre ausgeht. Auf Grund von Meßergebnissen weniger Monate konnte er vielen Elementen die richtigen Ordnungszahlen zuweisen. Moseley arbeitete mit einer Versuchsanordnung ähnlich der in Abbildung 3.23 gezeigten. Elektronen treten aus der Kathode nahe dem Boden der Röntgenröhre (links im Bild) aus, werden durch ein an den Enden der Röhre anliegendes Potentialgefälle von mehreren tausend Volt beschleunigt und treffen auf die Antikathode mitten in der Röhre. Wenn sie von den schnellen Elektronen getroffen werden, senden die Atome des Materials, aus dem die Antikathode besteht, die charakteristische Röntgenstrahlung aus.

Versuche dieser Art zeigten, daß das Spektrum der so erzeugten Röntgenstrahlung scharfe, für das Antikathodenmaterial charakteristische Linien enthält. Moseley ermittelte die Wellenlängen dieser Linien für eine Reihe von Elementen und entdeckte, daß sie bestimmten Gesetzmäßigkeiten gehorchen. Die Wellenlängen der beiden Hauptlinien der Elemente von Aluminium bis Zink (mit Ausnahme des Gases Argon) sind in Abbildung 4.1 angegeben. Noch treffender kommt das regelmäßige Verhalten zum Ausdruck, wenn man die Quadratwurzel aus der reziproken Wellenlänge der beiden Linien für eine geeignete Reihenfolge der Elemente aufträgt, nämlich gegen deren Ordnungszahl. In einem solchen, sogenannten Moseley-Diagramm liegen alle Punkte für eine ge-

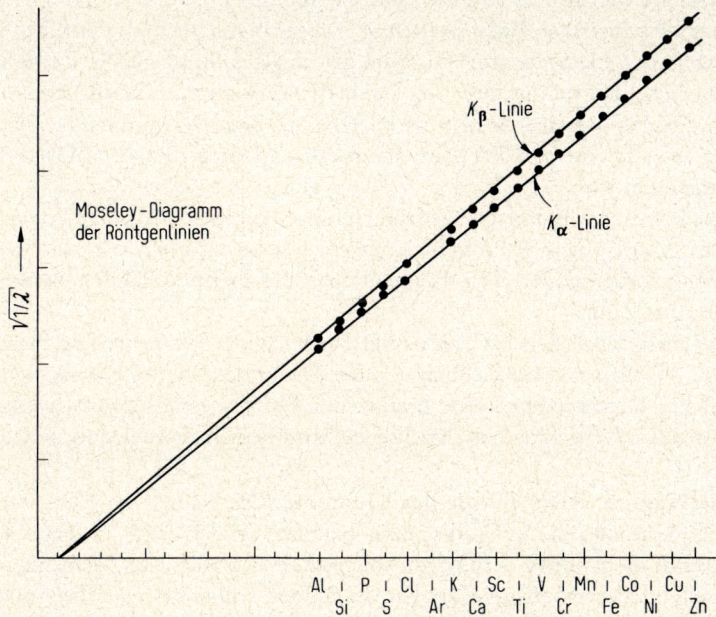

Abb. 4.2. Die Quadratwurzeln aus der reziproken Wellenlänge der K_α- und K_β-Linien der Röntgenspektren, aufgetragen gegen die Reihenfolge der Elemente im Periodensystem. Dieses nach ihm benannte Diagramm benutzte Moseley, um die Ordnungszahlen der Elemente zu bestimmen.

gebene Röntgenlinie auf einer Geraden. Das Moseley-Diagramm für die Elemente von Aluminium bis Zink ist in Abbildung 4.2 angegeben. Mit dieser Methode war es Moseley ein leichtes, den Elementen die richtigen Ordnungszahlen zuzuweisen (vgl. die Erörterung der Bohrschen Theorie in Kapitel 5).

Isotope. In einer unvollständig evakuierten Entladungsröhre (siehe Abb. 3.6) können die schnellen Elektronen der Entladung beim Zusammenstoß mit Atomen oder Molekeln aus deren Elektronenhüllen ein oder mehrere Elektronen herausschlagen, so daß diese angeschlagenen Atome bzw. Molekeln positive Ladungen erhalten. Solche positiv geladenen Teilchen werden Kationen genannt. (Kationen werden von der Kathode angezogen, der Elektrode mit negativer Ladung; negativ geladene Atome oder Molekeln heißen Anionen und werden von der Anode angezogen, der Elektrode mit positiver Ladung. Die Bezeichnungen Kation und Anion gehen auf Michael Faraday zurück, der sie 1834 in seiner Abhandlung über die Stromleitung in wäßrigen Salzlösungen einführte.) In einer Entladungsröhre werden die Kationen in Richtung auf eine gitterförmige Kathode hin beschleunigt, fliegen durch das Gitter und treten auf dessen anderer Seite als ein Strahl positiv geladener Teilchen aus. Mit einer Apparatur ähnlich der in Abbildung 3.9 gezeigten unternahm J. J. Thomson 1912 Versuche mit elektrischen und magnetischen Feldern an solchen ionisierten Atomstrahlen und stellte dabei fest, daß Neon ($Z = 10$) zwei verschiedene Kationen liefert, deren Massen rund zwanzig und zweiundzwanzig mal so groß sind wie die des Protons. Atome gleicher Ordnungszahl, aber verschiedener Maße werden als *Isotope* bezeichnet (an derselben Stelle im Periodensystem der Elemente stehend, vom griechischen ἴσος, gleich, und τόπος, Platz). Isotope unterscheiden sich in ihrer sogenannten *Massenzahl A*. Natürlich vorkommendes Neon (in der Atmosphäre) besteht zu 89,97% aus dem Isotop mit $A = 20$, zu 9,73% aus dem mit $A = 22$ und zu 0,30% aus einem dritten Isotop mit $A = 21$, das Thomson seinerzeit entgangen war.

Alle bekannten Elemente besitzen mehrere Isotope. Allerdings kommt in einigen Fällen, zum Beispiel beim Aluminium, nur ein Isotop natürlich vor, und die anderen sind von kurzer Lebensdauer. Das Element, das die meisten stabilen Isotope besitzt, nämlich zehn, ist Zinn.

Die chemischen Eigenschaften aller Isotope eines Elements sind im wesentlichen dieselben. Sie hängen hauptsächlich von der Ordnungszahl des Kerns, nicht von seiner Masse ab. Für Atome oder Kerne bestimmter Ordnungszahl und Massenzahl wird auch der Ausdruck *Nuclid* benutzt. Nuclide ein und desselben Elements sind also Isotope.

Die Namen und Symbole der Elemente. Die Namen der Elemente und deren chemische Symbole, die als Abkürzung benutzt werden, sind in Tafel 4.1 angegeben. Als Symbol dient meist der Anfangsbuchstabe des Elements, dem man nötigenfalls einen zweiten Buchstaben zugefügt hat. In einigen Fällen hat man die Anfangsbuchstaben der lateinischen Namen gewählt (die ihrerseits wiederum zum Teil aus dem Griechischen entlehnt sind): H für Wasserstoff *(hydrogenium)*, N für Stickstoff *(nitrogenium)*, O für Sauerstoff *(oxygenium)*, Fe für Eisen *(ferrum)*, Ag für Silber *(argentum)*, Au für Gold *(aurum)*, Hg für Quecksilber *(hydrargyrum)*, Sn für Zinn *(stannum)*, Sb für Antimon *(stibium)* und Pb für Blei *(plumbum)*. Die Einführung dieses Systems chemischer Symbole geht auf einen Vorschlag des schwedischen Chemikers Jöns Jakob Berzelius (1779 bis 1848) im Jahre 1811 zurück.

Die Elemente in einer besonderen Anordnung, dem sogenannten Periodensystem, sind in Tafel 5.3 angegeben.

Ein Symbol kann ein Atom eines Elements bezeichnen oder auch das Element als solches. Das Symbol I bezeichnet das Element Jod. Es kann auch die Elementarsubstanz Jod damit gemeint sein. Die übliche Bezeichnung für diese ist jedoch I_2, weil elementares Jod bekanntlich in festem, flüssigem und gasförmigem Zustand (außer bei sehr hohen Temperaturen) aus zweiatomigen Molekeln besteht. In Formeln, die die Zusammensetzung oder den molekularen Aufbau beschreiben, gibt der den verschiedenen Symbolen angehängte Index die Anzahl der Atome des betreffenden Elements in der Molekel an.

4.2. Das Neutron und die Kernstruktur

Im Jahre 1921 stellte der amerikanische Chemiker W. D. Harkins die These auf, Atomkerne seien aufgebaut aus Protonen und Teilchen, die er „Neutronen" nannte, nämlich hypothetischen Teilchen mit der gleichen Masse wie die Protonen, aber ohne elektrische Ladung. Im selben Jahr machte Ernest Rutherford einen ähnlichen Vorschlag. 1932 gelang es James Chadwick (geboren 1891), einem englischen Physiker, die Existenz von

Tafel 4.1. Internationale Atomgewichte.

Element	Symbol	Ordnungszahl	Atomgewicht	Element	Symbol	Ordnungszahl	Atomgewicht
Actinium	Ac	89	[227][1]	Lithium	Li	3	6,939
Alumium	Al	13	26,9815	Lutetium	Lu	71	174,97
Americium	Am	95	[243]	Magnesium	Mg	12	24,312
Antimon	Sb	51	121,75	Mangan	Mn	25	54,9380
Argon	Ar	18	39,948	Mendelevium	Md	101	[256]
Arsen	As	33	74,9216	Molybdän	Mo	42	95,94
Astat	At	85	[210]	Natrium	Na	11	22,9898
Barium	Ba	56	137,34	Neodym	Nd	60	144,24
Berkelium	Bk	97	[247]	Neon	Ne	10	20,183
Beryllium	Be	4	9,0122	Neptunium	Np	93	[237]
Blei	Pb	82	207,19	Nickel	Ni	28	58,71
Bor	B	5	10,811[2]	Niob	Nb	41	92,906
Brom	Br	35	79,909[3]	Nobelium	No	102	[256]
Cadmium	Cd	48	112,40	Osmium	Os	76	190,2
Cäsium	Cs	55	132,905	Palladium	Pd	46	106,4
Calcium	Ca	20	40,08	Phosphor	P	15	30,9738
Californium	Cf	98	[249]	Platin	Pt	78	195,09
Cer	Ce	58	140,12	Plutonium	Pu	94	[242]
Chlor	Cl	17	35,453[3]	Polonium	Po	84	[210]
Chrom	Cr	24	51,996[3]	Praseodym	Pr	59	140,907
Curium	Cm	96	[247]	Promethium	Pm	61	[147]
Dysprosium	Dy	66	162,50	Protactinium	Pa	91	[231]
Einsteinium	Es	99	[254]	Quecksilber	Hg	80	200,59
Eisen	Fe	26	55,847[3]	Radium	Ra	88	[226]
Erbium	Er	68	167,26	Radon	Rn	86	[222]
Europium	Eu	63	151,96	Rhenium	Re	75	186,2
Fermium	Fm	100	[253]	Rhodium	Rh	45	102,905
Fluor	F	9	18,9984	Rubidium	Rb	37	85,47
Francium	Fr	87	[223]	Ruthenium	Ru	44	101,07
Gadolinium	Gd	64	157,25	Samarium	Sm	62	150,35
Gallium	Ga	31	69,72	Sauerstoff	O	8	15,9994[2]
Germanium	Ge	32	72,59	Scandium	Sc	21	44,956
Gold	Au	79	196,967	Schwefel	S	16	32,064[2]
Hafnium	Hf	72	178,49	Selen	Se	34	78,96
Helium	He	2	4,0026	Silber	Ag	47	107,870[3]
Holmium	Ho	67	164,930	Silicium	Si	14	28,086[2]
Indium	In	49	114,82	Stickstoff	N	7	14,0067
Iridium	Ir	77	192,2	Strontium	Sr	38	87,62
Jod	I	53	126,9044	Tantal	Ta	73	180,948
Kalium	K	19	39,102	Technetium	Tc	43	[97]
Khurchatovium	Kh	104	[260]	Tellur	Te	52	127,60
Kobalt	Co	27	58,9332	Terbium	Tb	65	158,924
Kohlenstoff	C	6	12,01115[2]	Thallium	Tl	81	204,37
Krypton	Kr	36	83,80	Thorium	Th	90	232,038
Kupfer	Cu	29	63,54	Thulium	Tm	69	168,934
Lanthan	La	57	138,91	Titan	Ti	22	47,90
Lawrencium	Lr	103	[257]	Uran	U	92	238,03

Element	Symbol	Ordnungszahl	Atomgewicht	Element	Symbol	Ordnungszahl	Atomgewicht
Vanadium	V	23	50,942	Ytterbium	Yb	70	173,04
Wasserstoff	H	1	1,00797[2)]	Yttrium	Y	39	88,905
Wismut	Bi	83	208,980	Zink	Zn	30	65,37
Wolfram	W	74	183,85	Zinn	Sn	50	118,69
Xenon	Xe	54	131,30	Zirconium	Zr	40	91,22

1 Eingeklammerte Werte geben die Massenzahl des stabilsten bekannten Isotops an.
2 Das Atomgewicht kann wegen Unterschieden in der natürlichen Isotopenverteilung je nach Herkunft schwanken. Die gefundenen Abweichungen vom Tabellenwert liegen innerhalb der folgenden Grenzen: ±0,003 für Bor, ±0,00005 für Kohlenstoff, ±0,0001 für Sauerstoff, ±0,003 für Schwefel, ±0,001 für Silicium, ±0,00001 für Wasserstoff.
3 Das angegebene, experimentell bestimmte Atomgewicht ist mit folgender Unsicherheit behaftet: ±0,002 für Brom, ±0,001 für Chlor, ±0,001 für Chrom, ±0,003 für Eisen, ±0,003 für Silber.

Neutronen nachzuweisen. Zuvor, im Jahr 1930, hatten die deutschen Kernphysiker W. Bothe und H. Becker beobachtet, daß beim Beschießen von metallischem Beryllium mit α-Teilchen eines Radiumpräparats eine äußerst durchdringende Strahlung auftritt, die sie für γ-Strahlen hielten. Später entdeckte Frédéric Joliot (1900–1958) mit seiner Frau, Irène Joliot-Curie (1897–1956), daß diese vom Beryllium ausgehende Strahlung in Paraffin und anderen wasserstoffhaltigen Materialien große Mengen von Protonen erzeugt. Da man sich nur schwer vorstellen kann, wie γ-Strahlen Protonen erzeugen könnten, stellte Chadwick eingehendere Untersuchungen dieser Erscheinung an. Er fand, daß die Strahlung in Wirklichkeit aus Teilchen ungefähr der gleichen Masse wie Protonen, aber ohne elektrische Ladung besteht. Da die Neutronen ungeladen sind, üben sie auf andere Materiesorten nur sehr schwache Kräfte aus, außer in sehr geringem Abstand (unter etwa 5 fm, d.h., $5 \cdot 10^{-15}$ m).

Die Masse des Neutrons beträgt $1,67470 \cdot 10^{-27}$ kg, ist also um 0,14% größer als die des Protons. Wie das Proton hat auch das Neutron einen Spin, und zwar ebenfalls mit der Quantenzahl $s = \frac{1}{2}$. Trotz des Fehlens einer elektrischen Ladung hat das Neutron ein magnetisches Moment; es beträgt $\mu = -3,3137$ Kernmagnetonen. (Das negative Vorzeichen besagt, daß das magnetische Moment dem Rotieren einer negativen Ladung entspricht.)

Einzelheiten der Kernstruktur sind zwar nicht mit Sicherheit bekannt, aber die Kernphysiker scheinen sich darüber einig zu sein, daß man alle Kerne als aus Protonen und Neutronen aufgebaut ansehen kann.

Als erstes Beispiel mag das *Deuteron* dienen, der Kern des Deuteriumatoms. Das Deuteron hat die gleiche elektrische Ladung wie das Proton, aber eine etwa doppelt so große Masse. Man stellt sich das Deuteron als aus einem Proton und einem Neutron bestehend vor (siehe Abbildung 4.3).

Der Kern des Heliumatoms, das α-Teilchen, hat eine doppelt so große elektrische Ladung und eine rund viermal so große Masse wie das Proton und dürfte aus zwei Protonen und zwei Neutronen bestehen.

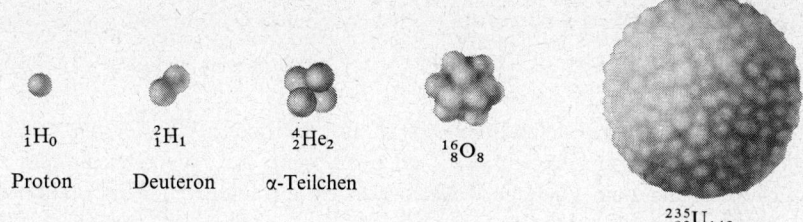

Abb. 4.3. Hypothetische Strukturen einiger Atomkerne. Wir wissen noch wenig darüber, wie sich die Kerne aus den Elementarteilchen aufbauen. Es ist jedoch bekannt, daß die Kerne ungefähr 10^{-15} m groß sind, also sehr klein selbst im Vergleich zu den Atomen.

Abbildung 4.3 zeigt weiterhin ein Bild, das den Kern des Sauerstoffatoms als aus je acht Protonen und Neutronen bestehend darstellt. Dieser Kern hat eine Masse von rund sechzehn Einheiten.

Schließlich zeigt die Abbildung eine hypothetische Struktur eines Urankerns, aufgebaut aus 92 Protonen und 143 Neutronen. Die Ladung dieses Kerns ist 92mal so groß wie die des Protons, und seine Masse ist rund 235mal so groß. Im Atom wird die elektrische Kernladung von zweiundneunzig Elektronen kompensiert.

Die Anzahl der Neutronen in einem Kern wird mit dem Buchstaben N bezeichnet. Die Massenzahl A ist die Summe der Anzahl von Neutronen und Protonen, $N+Z$. Nuclide werden oft in der Form $^A_Z X_N$ angegeben (vgl. Abb. 4.3; früher wurde auch $_Z X^A_N$ geschrieben). Diese Schreibweise enthält zwar sich duplizierende Angaben, denn A ist gleich der Summe von N und Z, und das Symbol X (z.B. U für Uran) und die Zahl Z (92 für Uran) bedingen sich gegenseitig, aber ihre vollständige Angabe aller Größen ist für den Leser oft bequemer als die knappere, an sich ausreichende Form ^{A}X. Die vollständigen Symbole für das Neutron und das Proton sind $^1_0 n_1$ und $^1_1 p_0$.

Nuclide gleicher Neutronenzahl N nennt man auch *Isotone*. [Dieses Wort ist nicht aus dem Griechischen abgeleitet; vielmehr hat man im Wort „Isotop" den Buchstaben p (Proton) durch n (Neutron) ersetzt.] Nuclide gleicher Massenzahl A nennt man *Isobare*.

4.3. Chemische Reaktionen

Die Formel einer chemischen Verbindung soll deren Zusammensetzung und Aufbau so eingehend wie möglich wiedergeben. So lautet die Formel für Benzol nicht CH, sondern C_6H_6, denn die Benzolmolekel besteht aus je sechs Kohlenstoff- und Wasserstoffatomen. Für kristallines Kupfersulfat-pentahydrat schreibt man $CuSO_4(H_2O)_5$ oder $CuSO_4 \cdot 5H_2O$, um anzugeben, daß die Molekel eine Sulfatgruppe und fünf leicht abspaltbare Wassermolekeln enthält. Schon der Name der Verbindung weist auf diesen Aufbau hin.

Eine chemische Reaktionsgleichung, die dem Reaktionsablauf gerecht wird, kann aufgestellt werden, wenn die Reaktionsprodukte bekannt sind. Zum Beispiel mag die Reaktion eines Raketentreibstoffs, der aus Kaliumperchlorat ($KClO_4$) und Kohlenstoff besteht, als Reaktionsprodukte Kaliumchlorid (KCl) und Kohlenstoffmonoxid oder -dioxid oder eine Mischung dieser beiden Oxide liefern. In diesem Fall ist es angebracht, zwei Gleichungen aufzustellen, die die beiden möglichen Reaktionen wiedergeben:

$$KClO_4 + 4\,C \rightarrow KCl + 4\,CO$$
$$KClO_4 + 2\,C \rightarrow KCl + 2\,CO_2$$

In jeder der beiden Gleichungen treten auf der linken wie auf der rechten Seite die gleiche Anzahl von Atomen eines jeden Elements auf: die Gleichungen sind „ausgeglichen". Eine ausgeglichene Reaktionsgleichung aufzustellen ist oft der erste Schritt zur Lösung einer chemischen Frage.

4.4. Nuclidmassen und Atomgewichte

Nuclidmassen werden allgemein in *Dalton* angegeben. Das Dalton (d) ist definiert als ein Zwölftel der Masse des (neutralen) Atoms $^{12}_{6}C_6$. Die Nuclidmasse von ^{12}C ist genau 12,00000 d. Für das Dalton ist der Wert von $1,66033 \cdot 10^{-27}$ kg ermittelt worden.

Für gewöhnliche chemische Reaktionen können die Gewichtsverhältnisse der beteiligten Stoffe aus den Atommassen und den Zahlenverhältnissen, mit denen die Atome der betreffenden Elemente auftreten, berechnet werden. Sofern ein Element als Mischung verschiedener Isotope auftritt, muß für seine Atommasse der entsprechende Durchschnittswert eingesetzt werden. Solche Durchschnittswerte bezeichnet man als *chemische Atomgewichte*. Die Maßeinheit für Atomgewichte ist das Dalton.

Es ist durchaus möglich, daß der Ausdruck Atomgewicht in der Zukunft durch Atommasse ersetzt werden wird. Allerdings mag im Zusammenhang mit den bei fast allen chemischen Reaktionen vorkommenden Isotopengemischen auch der alte Name Atomgewicht seine Vorzüge haben; jedenfalls wird er sicher noch geraume Zeit im Gebrauch bleiben.

Die Geschichte der Atomgewichtsskala. John Dalton wählte als Bezugsgröße seiner Atomgewichtsskala den Wert 1 für Wasserstoff. Später benutzte der schwedische Chemiker J. J. Berzelius 100 für Sauerstoff als Bezugswert. J. S. Stas (1813–1891), ein belgischer Chemiker, wählte bei seinen sorgfältigen quantitativen Analysen den Wert 16 für Sauerstoff (d. h. für das natürlich auftretende Isotopengemisch), und dies blieb lange Zeit die Grundlage der „chemischen" Atomgewichtsskala. Daneben wurden mehrere Jahrzehnte hindurch Nuclidmassen („physikalische" Atomgewichte) auf einer Skala mit Bezugswert 16 für das neutrale Sauerstoffisotop $^{16}_{8}O_8$ angegeben, und die chemischen Atomgewichte waren somit um einen Faktor 1,000272 größer als die physikalischen. Um diesem verwirrenden Zustand ein Ende zu bereiten, wurde 1961 als Einheit für Atomgewichte wie Nuclidmassen ein Zwölftel der Masse von $^{12}_{6}C_6$ einheitlich festgesetzt.

4.5. Die Avogadrosche Zahl. Das Mol

Die *Avogadrosche Zahl*[1] (N) ist definiert als die Anzahl ^{12}C-Atome in genau 12 Gramm dieses Kohlenstoffisotops. Ihr anerkannter Wert beträgt $0,60229 \cdot 10^{24}$. Sie trägt ihren

---

[1] Die Avogadrosche Zahl wird häufig auch als *Loschmidtsche Zahl* bezeichnet.

Namen zu Ehren des italienischen Physikers Amedeo Avogadro, auf dessen Arbeiten wir in Kapitel 9 eingehen wollen.

1 *Mol* einer Substanz ist definiert als die aus der Avogadroschen Zahl von Molekeln bestehende Substanzmenge. So ist 1 Mol Wasser, H_2O, die Wassermenge, die aus N H_2O-Molekeln besteht. Das Molekulargewicht des Wassers (d.h. die Summe der Atomgewichte der Atome in der Molekel: $2 \cdot 1,00797 + 1 \cdot 15,9994$; vgl. Tafel 4.1) beträgt 18,0153, und entsprechend den Definitionen des Atomgewichts und des Mols ist 1 Mol Wasser eine Wassermenge von 18,0153 g.

1 Mol Jodatome ist 126,9044 g Jod, und 1 Mol Jodmolekeln (I_2) ist 253,8088 g Jod. Um Mißverständnissen vorzubeugen nennt man zuweilen 1 Mol von Atomen eines Elements ein *Grammatom*. Als Gewicht eines Mols einer Verbindung sieht man das Gewicht entsprechend der angegebenen Formel an (Grammformelgewicht, d.h., die Summe der Grammatomgewichte der in der Formel auftretenden Atome), ohne Rücksicht darauf, ob die Formel die wahre Zusammensetzung der Molekeln richtig wiedergibt. So gilt für das Molekulargewicht von flüssiger Essigsäure, CH_3COOH (fl), der dieser Formel entsprechende Wert 60,05, obwohl die Flüssigkeit wahrscheinlich ebenso wie der Dampf zum Teil aus Doppelmolekeln $(CH_3COOH)_2$, besteht.

Oft wird wie in diesem Beispiel der Aggregatzustand einer Substanz durch einen beigefügten Buchstaben gekennzeichnet: Cu (f) steht für festes (kristallines) Kupfer, Cu (fl) für flüssiges Kupfer und Cu (g) für gasförmiges Kupfer. (In der angelsächsischen Literatur findet sich s oder c für feste und l für flüssige Stoffe.) Befindet sich eine Substanz in Lösung, so wird ihrer Formel gelegentlich die Bezeichnung des Lösungsmittels angehängt, etwa aq (für *aqua*, Wasser) im Fall einer wäßrigen Lösung.

4.6. Beispiele der Berechnung von Gewichtsverhältnissen

Bei der Berechnung von Gewichtsverhältnissen ist es wichtig, sich zuerst darüber klarzuwerden, was mit den einzelnen beteiligten Atomen und Molekeln geschieht, und dann den Ansatz entsprechend zu formulieren. Versuchen Sie nicht, sich schematische Regeln zur Lösung solcher Rechenaufgaben einzuprägen – derartige Regeln sind dazu angetan, Verwirrung zu stiften, und können Sie leicht zu Fehlern verleiten.

Wie man bei Berechnungen dieser Art vorgeht, zeigen am besten die ausführlichen Übungsbeispiele.

Im allgemeinen genügt für die zahlenmäßige Ausrechnung chemischer Probleme ein Rechenschieber. Er liefert das Ergebnis auf etwa drei Stellen genau, was häufig das äußerste ist, was sich im Hinblick auf die Genauigkeit der eingesetzten Daten vertreten läßt. Manchmal stehen genauere Daten zur Verfügung. Dann erfordert die Genauigkeit, die vom Ergebnis verlangt wird, die Verwendung von Logarithmentafeln oder eine schriftliche Ausrechnung. Wo eine solche Genauigkeit nicht erforderlich ist, können die Atomgewichte bis auf eine Stelle hinterm Komma abgerundet werden.

Aufgabe 4.1. Der Prozentsatz von Blei in Bleiglanz (PbS) soll auf 0,1% genau berechnet werden.

Lösung. Das Formelgewicht von PbS erhält man als die Summe der Atomgewichte von Blei und Schwefel (vgl. Tafel 4.1):

4. Elemente und Verbindungen, Atom- und Molekularmassen

Gewicht eines Bleiatoms (1 Pb) = 207,2 d
Gewicht eines Schwefelatoms (1 S) = 32,1 d
Gewicht von 1 PbS = 239,3 d

Demgemäß enthält 2,39,3 d PbS 207,2 d Blei. 100,0 g PbS enthält dann

$$\frac{207,2 \text{ d Pb} \cdot 100,0 \text{ g PbS}}{239,3 \text{ d PbS}} = 86,6 \text{ g Pb}$$

Der Prozentsatz von Blei in Bleiglanz beträgt also 86,6%.

Aufgabe 4.2. Ein Raketentreibstoff besteht aus einer Mischung von gepulvertem Kaliumperchlorat, $KClO_4$, und pulverförmigem Kohlenstoff (Ruß), C, sowie einer kleinen Menge eines Binders, der das Pulver zusammenhält. Wieviel Kohlenstoff muß mit 1000 g Kaliumperchlorat vermischt werden, wenn die Reaktion zu KCl und CO_2 führen soll?

Lösung. Als Reaktionsgleichung sei vorausgesetzt

$KClO_4 + 2 C \rightarrow KCl + 2 CO_2$

Zunächst wird das Formelgewicht von Kaliumperchlorat berechnet:
Gewicht von K = 39,1
Gewicht von Cl = 35,5
Gewicht von 4 O = 4 · 16,0 = 64,0
Gewicht von $KClO_4$ = 138,6

Das Atomgewicht von Kohlenstoff ist 12,0, das Gewicht von 2C also 24,0. Folglich ergibt sich das Gewicht des erforderlichen Kohlenstoffs durch Multiplizieren des Gewichts des Kaliumperchlorats mit 24,0/138,6:

$$\frac{24,0 \text{ (C)}}{138,6 \text{ (KClO}_4)} \cdot 1000 \text{ g (KClO}_4) = 173 \text{ g (C)}$$

Es wird also etwa 173 g Kohlenstoff pro 1000 g Kaliumperchlorat benötigt[1].

Aufgabe 4.3. Zur Bestimmung des Atomgewichts von Eisen wurde 7,59712 g sorgfältig gereinigten Eisenoxids, Fe_2O_3, durch Erhitzen im Wasserstoffstrom reduziert. Die Reduktion lieferte 5,31364 g metallisches Eisen. Hieraus und aus dem Atomgewicht des Sauerstoffs ist das Atomgewicht des Eisens zu berechnen.

Lösung. Der Gewichtsunterschied zwischen Eisenoxid und Eisen, nämlich 2,28348 g, stellt den Gewichtsanteil des Sauerstoffs im Oxid dar. Wie aus der Formel des Oxids hervorgeht, ist zwei Drittel dieses Gewichtsanteils eine Sauerstoffmenge gleicher Atomzahl wie das Eisen im Oxid, dessen Gewicht 5,31364 g beträgt. Das Atomgewicht des Sauerstoffs ist 15,9994 (vgl. Tafel 4.1). Folglich ist das Atomgewicht des Eisens

$$\frac{5,31364}{(2/3) \cdot 2,28348} \cdot 15,9994 = 55,8457$$

Dieser Wert von 55,8457 für das Atomgewicht des Eisens stammt von einer Untersuchung, die G. P. Baxter und C. R. Hoover vor rund fünfzig Jahren angestellt hatten. Er stimmt gut mit dem in Tafel 4.1 angegebenen Wert von 55,847 überein.

Aufgabe 4.4. Ein Oxid des Arsens enthält 65,2% Arsen. Wie lautet seine einfachste Formel?

Lösung. Dieser Angabe zufolge enthält 100 g des Oxids 65,2 g Arsen und 34,8 g Sauerstoff. Teilen wir den Gewichtsanteil des Arsens durch dessen Grammatomgewicht, nämlich 74,9 g, so erhalten wir 0,870 als die Anzahl Grammatome Arsen. In gleicher Weise teilen wir den Ge-

---

[1] In der Chemie ist es üblich, Ausdrücke wie „173 g Kohlenstoff" als Singular zu konstruieren, da eine Gewichtsmenge gemeint ist, nicht etwa eine Anzahl einzelner Gramme der Substanz.

wichtsanteil des Sauerstoffs, 34,8 g, durch dessen Grammatomgewicht von 16 g und erhalten 2,17 als die Anzahl Grammatome Sauerstoff in 100 g des Oxids. Die Anzahl der Arsen- und Sauerstoffatome in der Verbindung steht also im Verhältnis 0,870 : 2,17. Einstellen dieses Verhältnisses auf dem Rechenschieber zeigt, daß es fast genau 2 : 5 entspricht (genauer 2 : 4,99). Folglich lautet die einfachste Formel As_2O_5.

Wir haben betont, daß dies die einfachste Formel ist, um damit der Möglichkeit Rechnung zu tragen, daß die Substanz aus komplizierteren Molekeln, wie etwa As_4O_{10}, bestehen könnte Die größere Anzahl von Atomen in der Molekel sollte dann in der Formel zum Ausdruck kommen.

Aufgabe 4.5. Die qualitative Analyse einer Substanz ergibt, daß diese nur aus Kohlenstoff und Wasserstoff besteht (also ein sogenannter Kohlenwasserstoff ist). Die Substanz wird wie folgt einer quantitativen Analyse unterworfen. Eine genau eingewogene Menge von 0,2822 g wird in ein Verbrennungsrohr eingebracht und in einem trockenen Luftstrom verbrannt. Die die Verbrennungsprodukte enthaltende überschüssige Luft wird nacheinander durch zwei Röhrchen geleitet, von denen das erste mit Calciumchlorid gefüllt ist und den Wasserdampf aufnimmt, während das zweite eine Mischung von Natriumhydroxid und Calciumoxid enthält und das Kohlenstoffdioxid aufnimmt. Beide Röhrchen mit Füllung sind vor der Verbrennung gewogen worden. Erneutes Wägen nach der Verbrennung ergibt für das erste Röhrchen einen Gewichtszuwachs von 0,1598 g und für das zweite einen Gewichtszuwachs von 0,9768 g. Wie lautet die einfachste Formel für die Substanz?

Lösung. Die Aufgabe läßt sich am besten schrittweise lösen. Wir wollen zuerst ausrechnen, wieviel Mol Wasser entstanden sind. Dazu teilen wir 0,1598 g durch 18,02 g, das Gewicht von 1 Mol Wasser, und finden 0,00887. Jedes Mol Wasserdampf enthält zwei Grammatome Wasserstoff; die Anzahl Grammatome Wasserstoff in der ursprünglichen Probe ist also $2 \cdot 0,00887 = 0,01774$.

In gleicher Weise rechnen wir die Anzahl Mol Kohlenstoffdioxid in den Verbrennungsprodukten aus, indem wir das Gewicht des entstandenen Kohlenstoffdioxids, 0,9768 g, durch das Grammolgewicht des Dioxids, 44,01 g, teilen. Die Rechnung ergibt 0,02219. Dies ist zugleich die Anzahl Grammatome Kohlenstoff in der ursprünglichen Probe, denn jede Kohlenstoffdioxidmolekel enthält ein Kohlenstoffatom.

Die ursprüngliche Substanz enthielt also Kohlenstoff- und Wasserstoffatome im Zahlenverhältnis 0,02219 : 0,01774. Dieses Verhältnis ist gleich 1,251 : 1 oder innerhalb der Fehlergrenze der Analyse gleich 5 : 4. Die einfachste Formel für die Substanz lautet also C_5H_4.

Hätte der Analytiker gemerkt, daß die Substanz nach Mottenkugeln riecht, so hätte er sie als Naphthalin ($C_{10}H_8$) identifiziert.

4.7. Atomgewichtsbestimmung mit chemischen Methoden

Die Bedeutung der Atomgewichtstabelle kann kaum hoch genug eingeschätzt werden. Fast jede Betätigung in der Chemie hat in einer oder anderer Weise mit Atomgewichten zu tun. Fast zwei Jahrhunderte lang haben Generationen von Chemikern Versuch über Versuch durchgeführt mit dem Bemühen, immer exaktere Werte für die Atomgewichte zu bestimmen, damit chemische Berechnungen mit immer größerer Genauigkeit angestellt werden konnten.

Bis unlängst wurden alle Atomgewichtsbestimmungen auf chemischem Wege durchgeführt. Hierbei ermittelt man die Menge des betreffenden Elements, die sich mit einem Grammatom Sauerstoff oder eines anderen Elements mit genau bekanntem Atomgewicht verbindet. Ein Beispiel ist uns bereits begegnet (Aufgabe 4.3). Ein weiteres Beispiel, das bei der Entwicklung der Theorie der Radioaktivität eine Rolle gespielt hat, soll nun folgen.

Aufgabe 4.6. Eine Probe eines Bleisulfids, PbS, das aus einem Uranerz (Curit aus Katanga) gewonnen worden war, ergab bei der Reduktion 0,8654 g metallisches Blei pro Gramm Sulfid. Eine andere Bleisulfidprobe, die aus einem Thoriumerz (Thorit aus Norwegen) gewonnen worden war, lieferte dagegen bei der Reduktion 0,8664 g metallisches Blei pro Gramm Sulfid. Unter Verwendung von 32,064 für das Atomgewicht des Schwefels sollen die sich aus diesen Bestimmungen ergebenden zwei Atomgewichte für Blei berechnet werden.

Lösung. Für das Bleisulfid aus Curit beträgt das Verhältnis der Atomgewichte von Blei und Schwefel 0,8654 : 0,1346, und das Atomgewicht des Bleis berechnet sich daher zu $(0,8654/0,1346) \cdot 32,064 = 206,15$. Für das Blei im Thorit ergibt sich in gleicher Weise das Atomgewicht zu $(0,8664/0,1336) \cdot 32,064 = 207,94$.

Ergebnisse dieser Art erhielt 1914 der amerikanische Chemiker Theodore William Richards (1868–1928). Sie bestätigten die Schlußfolgerungen hinsichtlich der Existenz von Isotopen, die der englische Forscher Frederick Soddy (1877–1956) im Jahr zuvor aus den Untersuchungen des radioaktiven Zerfalls von Uran und Thorium gezogen hatte.

4.8. Atomgewichtsbestimmung durch Massenspektrographie

Das Gerät, mit dem J. J. Thomson die beiden Isotope des Neon entdeckte (siehe Abschnitt 4.1), war ein primitiver Massenspektrograph. Neuzeitliche Massenspektrographen sind zur Lösung vieler physikalischer und chemischer Aufgaben herangezogen worden, unter anderem zur Bestimmung von Nuklidmassen und relativen Häufigkeiten von Isotopen.

Das Prinzip des modernen Massenspektrographen erläutert das in Abbildung 4.4 gezeigte einfache Gerät.

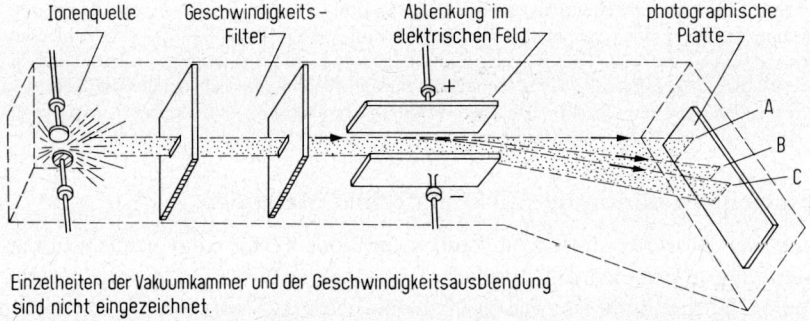

Einzelheiten der Vakuumkammer und der Geschwindigkeitsausblendung sind nicht eingezeichnet.

Abb. 4.4. Skizze eines einfachen Massenspektrographen.

Ganz links befindet sich eine Kammer, in der durch eine elektrische Entladung positive Ionen entstehen, die durch ein elektrisches Potential nach rechts beschleunigt werden. Die durch den ersten Spalt tretenden Ionen haben unterschiedliche Geschwindigkeit. Der zweite Teil des Geräts wählt Ionen von einheitlicher Geschwindigkeit aus und läßt sie durch den zweiten Spalt austreten. Ionen von anderer Geschwindigkeit werden abgefangen. (Auf Einzelheiten dieses Geschwindigkeitsfilters können wir hier nicht eingehen.) Die aus dem zweiten Spalt austretenden Ionen gelangen nun in einen Raum zwischen

4.8. Atomgewichtsbestimmung durch Massenspektrographie

zwei Metallplatten, von denen die eine positiv, die andere negativ geladen ist. Die Ionen erfahren demgemäß eine Beschleunigung zur negativen Platte hin und werden von der geraden Bahn A abgelenkt, die sie durchlaufen würden, wenn die Platten keine Ladungen trügen.

Die zwischen den Platten auf ein Ion wirkende elektrostatische Kraft ist der Ladung, $+ze$, des Ions proportional (wobei z die Anzahl der fehlenden Elektronen ist), und die Trägheit des Ions ist seiner Masse M proportional. Das Ausmaß der Ablenkung des Ions hängt demnach von ze/M ab, vom Verhältnis seiner Ladung zu seiner Masse.

Von zwei Ionen gleicher Ladung wird in dieser Anordnung das leichtere stärker abgelenkt. Der Strahl C in der Abbildung könnte zum Beispiel von dem Ion C^+ mit der Ladung $+e$ und der Masse 12 (Atomgewicht des Kohlenstoffs) herrühren, der Strahl B von dem schwereren Ion O^+ mit gleicher Ladung und der Masse 16.

Von zwei Ionen gleicher Masse wird das Ion mit höherer Ladung stärker abgelenkt. Die Strahlen B und C könnten also von den Ionen O^{2+} bzw. O^{3+} stammen.

Aus der Ablenkung der Strahlen (durch Ausmessung ihrer Spuren auf einer photographischen Platte) lassen sich relative Werte für ze/M für verschiedene Ionen berechnen. Da e, die Elementarladung, konstant ist, sind Relativwerte von ze/M gleichzeitig relative reziproke Werte von M/z. Die Methode gestattet also die unmittelbare experimentelle Bestimmung der relativen Massen von Atomen und damit von Atomgewichten.

Die ganze Zahl z, der Ionisationsgrad, ergibt sich gewöhnlich aus den in der Entladungsröhre anwesenden Substanzen. Neon zum Beispiel liefert Ionen mit $M/z = 20$ und 22 ($z = 1$) sowie 10 und 11 ($z = 2$), usw.

An Stelle des einfachen, oben beschriebenen Massenspektrographen werden gewöhnlich andere Konstruktionen verwendet, die von elektrischen und magnetischen Feldern Gebrauch machen. Sie sind so gebaut, daß sie Ionen mit gleichem Verhältnis M/z, jedoch verschiedener Geschwindigkeit in einer scharfen Linie auf der photographischen Platte

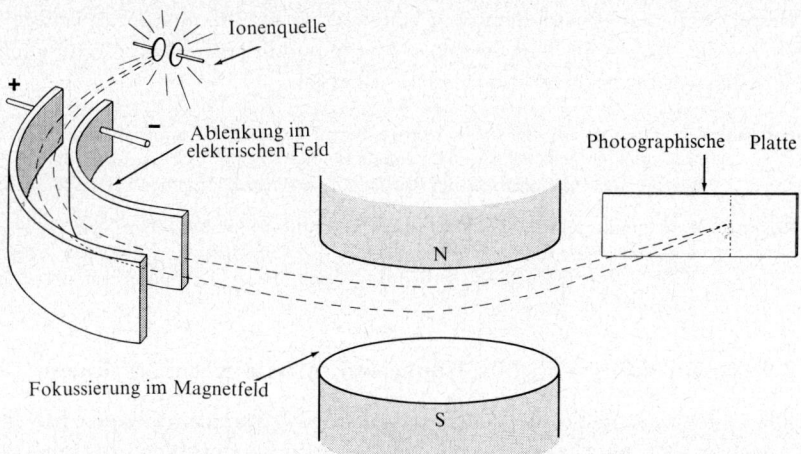

Abb. 4.5. Ein fokussierender Massenspektrograph mit Ablenkung des Ionenstrahls im elektrischen und magnetischen Feld. (Das Gerät befindet sich in einer Hochvakuumkammer.)

fokussieren. Ein Gerät dieser Art mit gekrümmten Kondensatorplatten für das elektrische Feld und einem Magnetfeld zeigt Abbildung 4.5. Je nach Bauweise kann im fokussierenden Massenspektrographen die Ablenkung im Magnetfeld in derselben oder der entgegengesetzten Richtung erfolgen wie die im elektrischen Feld.

Im sogenannten Flugzeitspektrographen wird eine Folge von Ionenpulsen in einem langen Rohr (etwa 2 m lang) beschleunigt, und ein Leuchtschirm registriert die Anzahl der auf den Detektor auftreffenden Ionen als Funktion der seit Einlaß des Pulses verstrichenen Zeit. Die Ionen mit größtem Verhältnis von Ladung zu Masse weisen die kürzeste Flugzeit auf.

Massenspektrographen moderner Ausführung erreichen eine Genauigkeit von etwa einem Teil in 200 000 und ein Auflösungsvermögen von etwa 20 000 (d.h., sie trennen noch Ionenstrahlen, deren Werte für M/z sich nur um ein Zwanzigtausendstel unterscheiden). Wegen ihrer hervorragenden Genauigkeit ist heutzutage die Massenspektrographie zur Atomgewichtsbestimmung den chemischen Methoden überlegen.

Bei massenspektrographischen Messungen mit ^{12}C oder ^{16}O als Vergleichssubstanz verwendet man eine Ionenquelle, die gleichzeitig Kohlenstoff- oder Sauerstoff-Ionen und Ionen des zu untersuchenden Elements liefert. Man erhält die Linien des Kohlenstoffs oder Sauerstoffs und derjenigen Ionen des anderen Elements, deren ze/M-Werte sehr ähnlich sind. So liegen für ^{32}S, ^{33}S und ^{34}S die Linien der zweifach ionisierten Atome nahe der Linie des einfach ionisierten Sauerstoffs. Dies ermöglicht eine sehr genaue Relativbestimmung.

Beispiele massenspektrographischer Atomgewichtsbestimmungen. Der Wert der Atommasse eines Reinelements (das nur aus einem Isotop besteht) ist auch sein Atomgewicht. So wird die massenspektrographisch gemessene Atommasse von Gold, das nur aus dem einen Isotop ^{197}Au besteht, mit 196,967 angegeben. Dieser Wert ist von der internationalen Kommission für Atomgewichte offiziell anerkannt worden.

Besteht ein Element aus mehreren Isotopen, so muß man zur Ermittlung des Atomgewichts die Massen der verschiedenen Isotope und deren relative Häufigkeit bestimmen. Wie dies geschieht, zeigt das folgende Beispiel.

Aufgabe 4.7. Silber besitzt zwei stabile Isotope der massenspektrographisch bestimmten Massen 106,902 und 108,900. Die relative Häufigkeit ist 51,35% für das erste und 48,65% für das zweite Isotop. Das Atomgewicht des Silbers soll aus diesen Angaben berechnet werden.

Lösung. Das durchschnittliche Atomgewicht beträgt $0{,}5135 \cdot 106{,}902 + 0{,}4865 \cdot 108{,}900$. Statt dessen kann man auch schreiben $106{,}902 + 0{,}4865(108{,}900 - 106{,}902) = 106{,}902 + 0{,}4865 \cdot 1{,}998 = 106{,}902 + 0{,}972 = 107{,}874$. Nach dieser Rechnung ist das Atomgewicht des Silbers 107,874.

4.9. Bestimmung von Nuclidmassen mittels Kernreaktionen

Die Untersuchung der bei Kernreaktionen freigesetzten Energien hat eine Fülle von Angaben über Nuclidmassen geliefert. Kernreaktionen sollen in Kapitel 26 besprochen werden. Das Prinzip, das der Kernmassenbestimmung zugrunde liegt, geht aus dem folgenden Beispiel hervor.

Aufgabe 4.8. Zu einem Bruchteil von 0,0118% besteht natürlich vorkommendes Kalium aus dem radioaktiven Isotop $^{40}_{19}K_{21}$, das unter β-Strahlung zerfällt:
$^{40}_{19}K_{21} \rightarrow\, ^{40}_{20}Ca_{20}{}^+ + e^-$
Die kinetische Energie des ausgesandten Elektrons (β-Strahls) ist mit einem magnetischen β-Strahlenspektrometer bestimmt worden, das die Krümmung der Flugbahn im Magnetfeld mißt; sie beträgt 1,32 MeV. Die Masse des ^{40}Ca-Atoms, das stabil ist und 97% des natürlich vorkommenden Calciums ausmacht, beträgt nach massenspektrographischen Bestimmungen 39,96259 d. Wie groß ist die Masse von ^{40}K?

Lösung. Die Energie der Reaktion Ca+ + $e^- \rightarrow$ Ca beträgt nur 6 eV und kann somit vernachlässigt werden. Die freigesetzte Energie von 1,32 MeV ist demnach die der Reaktion ^{40}K $\rightarrow$ ^{40}Ca. Wie sich durch Einsetzen von $e = 0{,}1602 \cdot 10^{-18}$ C ergibt, beträgt diese Energie $0{,}211 \cdot 10^{-12}$ J. Mit der Gleichung $E = mc^2$ kann die dieser kinetischen Energie äquivalente Masse berechnet werden: wir teilen durch $c^2 = (2{,}9979 \cdot 10^8)^2$ m^{2}s^{-2} und erhalten $2{,}35 \cdot 10^{-30}$ kg. Ein Dalton ist $1{,}660 \cdot 10^{-27}$ kg. Die Verringerung der Masse bei der Reaktion ^{40}K $\rightarrow$ ^{40}Ca ist folglich $2{,}35 \cdot 10^{-30}/1{,}660 \cdot 10^{-27} = 0{,}00142$ d. Für die Masse von ^{40}K ergibt sich daraus $39{,}96259\,\text{d} + 0{,}00142\,\text{d} = 39{,}96401\,\text{d}$.

4.10. Die Festlegung der richtigen Atomgewichte — Isomorphie

In den ersten Jahren nach Aufstellung der Atomtheorie bestand keine Möglichkeit, die wahren Relativgewichte der verschiedenen Elemente mit Sicherheit festzustellen. Dalton wies den Elementen Atomgewichte in solcher Weise zu, daß sich für Verbindungen möglichst einfache Formeln ergaben. Viele Chemiker benutzten bis 1858 die Formel HO für Wasser. In diesem Jahre wandte Stanislao Cannizzaro (1826–1910) ein viel früher, nämlich 1811, von Avogadro entdecktes Prinzip mit so gründlichem Erfolg an, daß er die meisten Chemiker von der Richtigkeit der mit ihm ermittelten Atomgewichte überzeugen konnte. Auf dieses Prinzip kommen wir in einem späteren Kapitel zurück.

In der ersten Hälfte des neunzehnten Jahrhunderts wurden noch einige weitere Vorschriften zur Zuweisung der richtigen Atomgewichte entwickelt, darunter die Regel von Dulong und Petit, die uns in Abschnitt 10.3 begegnen wird.

Weiterhin entdeckte 1819 der deutsche Chemiker Eilhardt Mitscherlich (1794–1863) die *Isomorphie*, nämlich das Auftreten von verschiedenen Substanzen in nahezu derselben Kristallform. Er formulierte seine Isomorphieregel, die besagt, daß isomorphe Kristalle einander analoge Formeln besitzen.

Ein Beispiel für die Isomorphie liefern die Minerale Manganspat (Rhodochrosit, $MnCO_3$) und Kalkspat ($CaCO_3$). Ihre Kristalle sind einander sehr ähnlich, wie Abbildung 4.6 zeigt. Beide Kristalle gehören dem hexagonalen Kristallsystem an (siehe Anhang III) und

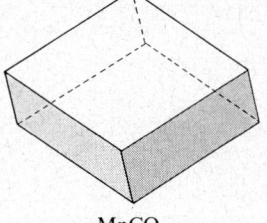

Abb. 4.6. Isomorphe Kristalle von Manganspat und Kalkspat (hexagonales System).

$MnCO_3$ $\qquad\qquad$ $CaCO_3$

4. Elemente und Verbindungen, Atom- und Molekularmassen

weisen vorzügliche rhomboedrische Spaltflächen auf. Der größere der beiden Winkel der rhomboedrischen Spaltfläche beträgt 102°50′ für Manganspat und 101°55′ für Kalkspat. Diese Ähnlichkeit galt vor über hundert Jahren als hinreichend, die Kristalle als isomorph zu erklären. Später konnte mittels der Beugung von Röntgenstrahlen bestätigt werden, daß die Kristalle tatsächlich die gleiche Struktur besitzen.

Wie die Isomorphieregel angewandt werden kann, läßt sich am Beispiel des englischen Chemikers Henry E. Roscoe zeigen, der das richtige Atomgewicht des Vanadiums fand. Berzelius hatte 1831 dieses Atomgewicht mit 68,5 angegeben. Roscoe fiel 1867 auf, daß die Formel des hexagonalen Minerals Vanadinit den Formeln anderer, mit ihm isomorpher hexagonaler Minerale nicht analog war:

		Achsenverhältnis
Apatit	$Ca_5(PO_4)_3F$	$c/a = 1{,}363$
Hydroxylapatit	$Ca_5(PO_4)_3OH$	1,355
Pyromorphit	$Pb_5(PO_4)_3Cl$	1,362
Mimetit	$Pb_5(AsO_4)_3Cl$	1,377
Vanadinit	$Pb_5(VO_3)_3Cl$ (falsch)	1,404

Die analoge Formel für Vanadinit müßte $Pb_5(VO_4)_3Cl$ lauten. Roscoe nahm die Untersuchung der Vanadiumverbindungen wieder auf und fand, daß tatsächlich dies die richtige Formel ist. Berzelius hatte das Oxid VO für die Elementarsubstanz gehalten. Das heute anerkannte Atomgewicht für Vanadium beträgt 50,942.

Die Isomorphieregel gilt nicht ohne Ausnahmen. Zum Beispiel gilt der Hydroxylapatit seiner Kristallform nach als dem Apatit isomorph, weist aber in seiner Formel ein zusätzliches Atom auf. Diese Abweichung kann dadurch erklärt werden, daß das Wasserstoffatom viel kleiner als andere Atome ist und im Hydroxylapatitkristall Lücken zwischen größeren Atomen ausfüllt, die im Apatitkristall unbesetzt bleiben.

Übungsaufgaben

4.1. Was ist ein Element? Kann man mit chemischen Methoden einwandfrei nachweisen, daß es sich bei einer Substanz um ein Element handelt? Kann mit chemischen Methoden einwandfrei nachgewiesen werden, daß eine Substanz eine Verbindung ist?

4.2. Beschreiben Sie zwei chemische Versuche, die beweisen, daß Wasser kein Element sein kann. Können Sie einen chemischen Nachweis entwerfen, mit dem sich zeigen ließe, daß Sauerstoff ein Element ist?

4.3. Benzin verbrennt und bildet dabei Wasser und Kohlenstoffdioxid. Beweist das eindeutig, daß Benzin kein Element ist?

4.4. Sagen Sie an Hand des Moseley-Diagramms (Abb. 4.2) ungefähr die Wellenlänge der K_α Linie im Röntgenspektrum des Argons voraus. Können Sie sich denken, warum Moseley die Wellenlänge dieser Linie nicht gemessen hat?

4.5. Definieren Sie die Begriffe Isotop, Isoton, Isobar, Nuclid, Massenzahl, die Symbole N, A und Z und die Maßeinheit ein Dalton.

4.6. Welche Ordnungszahl und ungefähr welches Atomgewicht hat das Element, dessen Atomkern 81 Protonen und 122 Neutronen enthält? Geben Sie das vollständige Symbol dieses Nuclids an (chemisches Symbol mit Ordnungszahl, Massenzahl und Neutronenzahl).

Übungsaufgaben 93

4.7. Wieviele Protonen und wieviele Neutronen besitzt der Kern des Kobaltisotops mit Massenzahl 60, des Nickelisotops mit Massenzahl 60, des Plutoniumisotops mit Massenzahl 238?

4.8. ^{90}Sr ist ein β-Strahler. Wie lauten Ordnungszahl und Massenzahl des Zerfallsprodukts? Um welches Element handelt es sich? Das beim Zerfall gebildete Element ist ebenfalls ein β-Strahler; welcher Kern bildet sich bei seinem Zerfall?

4.9. Argon, Kalium und Calcium besitzen Nuclide der Massenzahl 40. Aus wieviel Protonen und wieviel Neutronen besteht jeder der drei Kerne?

4.10. Nennen Sie die Vorzüge und Nachteile, die sich aus der Wahl von H = 1,00000, O = 16,00000, ^{16}O = 16,00000 oder ^{12}C = 12,00000 als Bezugswert für die chemischen Atomgewichte ergeben.

4.11. Welche Bedeutung und Folgen hätte die Definition der Avogadroschen Zahl als $1,00000 \cdot 10^{24}$? Welche Maßeinheiten müßten abgeändert werden?

4.12. Sir William Ramsay und Professor Frederick Soddy zählten die Lichtblitze, die α-Teilchen des Radiums beim Aufprall auf einen mit Zinksulfid überzogenen Schirm hervorriefen. Sie stellten fest, daß ein Gramm Radium $13,8 \cdot 10^{10}$ α-Teilchen (Heliumkerne) pro Sekunde aussendet. Außerdem bestimmten sie die gebildete Menge Heliumgas und fanden 0,158 cm³ (bei 0° C und 1 atm) pro Jahr und Gramm Radium. Bei dieser Temperatur und diesem Druck wiegt 1 Liter Helium 0,179 g. Ein Grammatom Helium wiegt 4,003 g (das Atomgewicht des Heliums beträgt 4,003). Berechnen Sie aus diesen Daten einen Näherungswert für die Avogadrosche Zahl.

4.13. Eine Molekel Lachgas, N_2O, (für Narkosen verwendet) besteht aus zwei Stickstoffatomen und einem Sauerstoffatom. Berechnen Sie mit der Avogadroschen Zahl und den Atomgewichten von Stickstoff und Sauerstoff das Gewicht (in kg) eines Sauerstoffatoms und zweier Stickstoffatome sowie das einer Lachgasmolekel. Geben Sie die prozentuale Zusammensetzung des Lachgases aus Stickstoff und Sauerstoff an.

4.14. Gleichen Sie die folgenden chemischen Reaktionsgleichungen aus (die Formeln für die Verbindungen können als richtig vorausgesetzt werden):
$Fe_2O_3 + C \rightarrow Fe + CO_2$
$Ag + S_8 \rightarrow Ag_2S$
$C_{12}H_{22}O_{11} + O_2 \rightarrow CO_2 + H_2O$
$H_3PO_4 + NaOH \rightarrow Na_3PO_4 + H_2O$
$Li + H_2O \rightarrow LiOH + H_2$
$HCl + Ba(OH)_2 \rightarrow BaCl_2 + H_2O$
$CuO + NH_3 \rightarrow N_2 + Cu + H_2O$
$N_2 + H_2 \rightarrow NH_3$
$H_3BO_3 \rightarrow B_2O_3 + H_2O$
$Fe + F_2 \rightarrow FeF_3$

4.15. Wieviel Kohle (hier als reiner Kohlenstoff anzusehen) ist nötig, um eine Tonne Fe_2O_3 zu Eisen zu reduzieren? Wieviel Eisen entsteht dabei?

4.16. Das Atomgewicht von Samarium beträgt 150,35. Erklären Sie genau, was mit dieser Angabe gemeint ist.

4.17. Natürlich vorkommendes Thallium besteht aus ^{203}Tl und ^{205}Tl. Die Nuclidmassen dieser Isotope betragen 202,97 bzw. 204,97, und das Atomgewicht des (natürlichen) Thalliums ist 204,39. Berechnen Sie die Isotopenzusammensetzung des natürlichen Thaliums.

4.18. Die Dichte von NaCl(f) beträgt 2,165 g cm^{-3}. Berechnen Sie das Molvolumen und mit Hilfe der Avogadroschen Zahl das Volumen und die Kantenlänge a der kubischen Elementarzelle, die je vier Natrium- und Chloratome enthält. (Solche Rechnungen stellten W.H. und W.L. Bragg bei ihrer Bestimmung der Wellenlänge von Röntgenstrahlen an; vgl. Abschnitt 3.7, Aufgabe 3.7.)

Kapitel 5

Atombau und Periodensystem der Elemente

Vor rund hundert Jahren tauchte die Erkenntnis auf, daß viele physikalische und chemische Eigenschaften der Elemente einen in großen Zügen periodischen Gang aufweisen, wenn die Elemente nach wachsendem Atomgewicht angeordnet werden. Ein wertvolles Hilfsmittel, auf das beim Chemiestudium oft zurückgegriffen werden kann, ist das sogenannte *Periodensystem*, in dem die Elemente ihrer Ordnungszahl nach angeordnet sind und das den periodischen Gang der Eigenschaften zum Ausdruck bringt (siehe Tafel 5.3). Darüber hinaus ist es in den letzten fünfzig Jahren gelungen, den Aufbau der Elektronenschalen der Atome im einzelnen aufzuklären und in einer im großen und ganzen befriedigenden Weise mit den Eigenschaften der Elemente in Verbindung zu bringen. Diesen Zusammenhängen sind die folgenden Abschnitte gewidmet.

5.1. Die Bohrsche Theorie des Wasserstoffatoms

Unsere Kenntnisse der Struktur der Elektronenhüllen von Atomen stammen zum größten Teil aus der Untersuchung des Lichts, das die Atome ausstrahlen, wenn sie durch hohe Temperaturen oder durch elektrische Funken oder Lichtbögen angeregt werden. Das von den Atomen ausgestrahlte Licht besteht aus scharfen Linien bestimmter Frequenzen. Man nennt es das *Linienspektrum* der Atome.

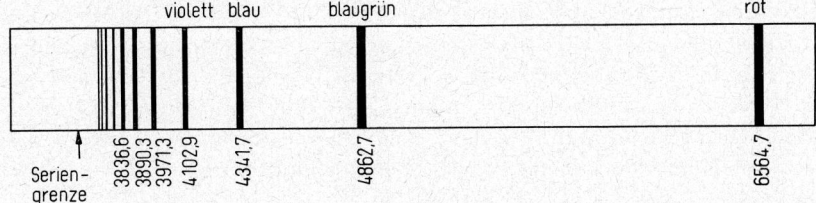

Abb. 5.1. Die Balmer-Serie des Wasserstoffspektrums. Die langwelligste Linie (rechts) ist die H -Linie. Sie entspricht einem Übergang vom Zustand $n = 3$ in den Zustand $n = 2$.

Der gründlichen Untersuchung der Linienspektren wandte man sich etwa 1880 zu. Schon zu Anfang erzielten einige Forscher Erfolge in der Auslegung der Spektren. Sie erkannten gewisse Regelmäßigkeiten in den Frequenzen der einzelnen Linien eines Spektrums. Die Frequenzen der Spektrallinien des Wasserstoffatoms zeigen zum Beispiel eine besonders einfache Gesetzmäßigkeit, auf die wir noch näher eingehen. Sie kommt deutlich in der Wiedergabe eines Teils des Wasserstoffspektrums in Abbildung 5.1 zum Ausdruck. Jedoch erst im Jahr 1913 gelang dem dänischen Physiker Niels Bohr (1885 bis 1962) die Erklärung des Wasserstoffspektrums aus der Elektronenstruktur des Wasserstoffatoms. Er wandte mit Erfolg die Quantentheorie auf dieses Problem an und schuf die Grundlage für die außerordentlichen Fortschritte im Verständnis für das Wesen der Materie, die seitdem erzielt werden konnten.

Das Wasserstoffatom besteht aus einem Proton und einem Elektron. Die Wechselwirkung zwischen ihren elektrischen Ladungen, $-\varepsilon$ und $+\varepsilon$, wirkt sich in einer Anziehung aus, die dem Quadrat des Abstands der beiden umgekehrt proportional ist. Es gilt also eine Gesetzmäßigkeit gleicher Form wie für die Anziehungskraft zwischen Sonne und Erde auf Grund der Schwerkraft. Ließen sich die Newtonschen Bewegungsgesetze auf das Wasserstoffatom anwenden, so müßten wir erwarten, daß das im Verhältnis zum Kern sehr leichte Elektron um diesen auf einer elliptischen Bahn umläuft, ähnlich wie die Erde um die Sonne. Die einfachste Bahn um den Kern wäre für das Elektron eine Kreisbahn. Die Newtonschen Bewegungsgesetze würden für den Kreis jede Größe zulassen, je nach dem Energiegehalt des Systems.

Nach der Entdeckung von Elektron und Proton zogen die Physiker, die sich mit der Atomstruktur befaßten, ein solches Modell in Erwägung. Es zeigte sich dabei, daß die klassischen Theorien der Mechanik (die Newtonschen Bewegungsgesetze), der Elektrizität und des Magnetismus beim Atom versagten. Wenn das Elektron um den Kern umläuft, müßte es nach der elektromagnetischen Theorie Licht einer Frequenz aussenden, die der Frequenz seiner Umläufe um den Kern gleich ist. Die Ausstrahlung von Licht durch das bewegte Elektron ist ein ähnlicher Vorgang wie die Ausstrahlung von Radiowellen durch Elektronen, die sich in den Antennen eines Senders hin- und herbewegen[1]. Gibt aber das Atom fortgesetzt Energie in Form von Licht ab, so müßte das Elektron auf einer immer engeren Spiralbahn näher und näher an den Kern herankommen. Die Frequenz seiner Umläufe würde dabei stetig wachsen. Folglich müßte auf Grund der klassischen Theorien der Mechanik und des Elektromagnetismus das Wasserstoffatom ein *kontinuierliches Spektrum* aller Wellenlängen aussenden. Das steht im Widerspruch zur Erfahrung. Das Spektrum einer Entladungsröhre, die (durch Dissoziation von Wasserstoffmolekeln gebildete) Wasserstoffatome enthält, besteht aus wohldefinierten Linien (vgl. Abb. 5.1). Darüber hinaus ist bekannt, daß der Raumbedarf eines Wasserstoffatoms in flüssigen oder festen Substanzen ungefähr einem Durchmesser von einem Ångström entspricht, während nach den klassischen Theorien nichts das Elektron daran hindert, sich dem Kern immer weiter zu nähern und damit das Atom viel kleiner als 1 Å werden zu lassen.

Die Quantentheorie der Lichtmission heißer Körper von Planck und die Theorie des photoelektrischen Effekts und der Lichtquanten von Einstein wiesen Bohr den richtigen

---

[1] Nach der klassischen elektromagnetischen Theorie strahlt eine elektrische Ladung ε, die eine lineare harmonische Schwingung der Frequenz ν und Amplitude x_0 in x-Richtung ausführt, Licht aus und büßt damit Energie ein gemäß der Gleichung $-dE/dt = 16\pi^2\nu^4\varepsilon^2 x_0^2/3c^3$. Die Lage x der Ladung als Zeitfunktion ist dabei gegeben durch $x = x_0 \cos(2\pi\nu t)$. Ein Elektron auf einer Kreisbahn in der x, y-Ebene entspricht zwei linearen Oszillatoren, je einem in x- und y-Richtung, und sollte daher doppelt so viel Energie pro Zeiteinheit verlieren.

5.1. Die Bohrsche Theorie des Wasserstoffatoms

Weg zur Überwindung dieser grundlegenden Schwierigkeiten. Planck und Einstein hatten beide angenommen, daß Licht der Frequenz ν von Materie nicht in beliebigen Energiebeträgen emittiert oder absorbiert werden kann, sondern nur in Energiequanten $h\nu$. Wenn ein Wasserstoffatom, dessen Elektron eine große Kreisbahn beschreibt, ein Lichtquant $h\nu$ aussendet, so muß sich danach das Elektron auf einer ganz anderen, sehr viel kleineren Kreisbahn befinden, die einem um den Energiebetrag $h\nu$ geringeren Energiegehalt des Atoms entspricht. Diese Überlegung führte Bohr zu der Annahme, daß *das Wasserstoffatom nur in ganz bestimmten Zuständen existieren kann*, die er die *stationären Zustände* des Atoms nannte. Bohr nahm an, daß einer dieser Zustände, der *Grundzustand* oder *Normalzustand*, dem geringstmöglichen Energiegehalt des Atoms entspricht. Das ist demgemäß der stabilste Zustand des Atoms. Die anderen Zustände mit höherer Energie nannte er *angeregte Zustände*.

Bohr nahm in Übereinstimmung mit Plancks früheren Arbeiten weiter an, daß beim Übergang des Atoms von einem Zustand mit der Energie E'' in einen Zustand mit der Energie E' die Energie des ausgestrahlten Lichtquants gerade der Differenz $E'' - E'$ gleich ist. Diese Gleichung

$$h\nu = E'' - E' \tag{5.1}$$

ist als *Bohrsche Frequenzbedingung* bekannt. Sie gibt die Frequenz des Lichts an, das das Atom beim Übergang aus einem angeregten Zustand E'' in einen Zustand niedrigeren Energiegehalts E' ausstrahlt.

Für die Absorption von Licht durch die Atome gilt dieselbe Gleichung: die Frequenz des Lichts, das das Atom beim Übergang von einem niedrigeren zu einem höheren Energiezustand absorbiert, ist gleich der Differenz der beiden Energien geteilt durch das Plancksche Wirkungsquantum. Ebenso gilt die Gleichung für die Emission und Absorption von Licht durch Molekeln und komplizierter gebaute Systeme.

Aufgabe 5.1. Eine Röhre, die Wasserstoffatome im Grundzustand enthält, absorbiert keinerlei Licht im sichtbaren Bereich, sondern nur im äußersten Ultraviolett. Die Wellenlänge der langwelligsten Absorptionslinie beträgt $\lambda = 1216$ Å. Um welchen Energiebetrag liegt der angeregte Zustand über dem Grundzustand, der aus diesem durch Absorption eines Lichtquants der genannten Wellenlänge hervorgegangen ist?

Lösung. Die Frequenz des absorbierten Lichts ist
$\nu = c/\lambda = (2{,}998 \cdot 10^8 \mathrm{m s}^{-1})/(1{,}216 \cdot 10^{-7} \mathrm{m}) = 2{,}466 \cdot 10^{15}\,\mathrm{Hz}$
Die Energie eines Lichtquants beträgt $h\nu$. Dies ist gleichzeitig die Energiedifferenz zwischen dem angeregten und dem Grundzustand des Wasserstoffatoms. Die Frage nach dieser Energiedifferenz wird also durch folgende Rechnung beantwortet:
Energiedifferenz zwischen angeregtem und Grundzustand
$= h\nu = 0{,}6625 \cdot 10^{-33}\,\mathrm{J s} \cdot 2{,}466 \cdot 10^{15}\,\mathrm{s}^{-1}$
$= 1{,}634 \cdot 10^{-18}\,\mathrm{J}$

Der Wert kann in Elektronenvolt umgerechnet werden (vgl. Gl. 3.12). Es ergibt sich 10,20 eV. Dasselbe Ergebnis liefert die Anwendung der Gleichung 3.13 unmittelbar:
$12398/1216\,\text{Å} = 10{,}20\,\mathrm{eV}$

Außerdem entdeckte Bohr eine Methode zur Berechnung der Energien der stationären Zustände des Wasserstoffatoms unter Verwendung des Planckschen Wirkungsquantums. Wie er fand, erhält man richtige Werte für die Energien der stationären Zustände unter

5. Atombau und Periodensystem der Elemente

den Annahmen, daß das Elektron auf Kreisbahnen läuft und einen Drehimpuls von $\hbar$ im Grundzustand, $2\hbar$ im ersten angeregten Zustand, $3\hbar$ im nächsten angeregten Zustand usw. besitzt. (Vergleiche hierzu die Diskussion des Drehimpulses in Abschnitt 3.8.) Wie ersichtlich, ist es hier bequemer, das Drehimpulsquant $\hbar$ statt des Planckschen Wirkungsquantums h zu verwenden.

Allgemein formuliert, beträgt nach Bohr der Drehimpuls des Elektrons auf seiner Kreisbahn um den Kern (Bohrschen Bahn):

$$\text{Drehimpuls} = n\hbar, \quad \text{wobei } n = 1, 2, 3, \ldots \tag{5.2}$$

Die so eingeführte ganze Zahl n heißt in der Bohrschen Theorie die *Hauptquantenzahl*. Für den Radius der Bohrschen Kreisbahnen ergeben sich die Werte $n^2 a_0$, worin

$$a_0 = \hbar^2/m\varepsilon^2 = 0{,}530 \text{ Å} \tag{5.3}$$

In dieser Gleichung gibt m die Masse des Elektrons und ε seine Ladung an. Der Radius der Bohrschen Kreisbahn beträgt demnach für den Grundzustand 0,530 Å, für den ersten angeregten Zustand viermal so viel, für den nächsten angeregten Zustand neunmal so viel usw. (vgl. Abb. 5.2).

Für ein Atom der Ordnungszahl Z (also der Kernladung $Z\varepsilon$) gilt für den Radius der Bohrschen Kreisbahnen

$$r(Z,n) = n^2 a_0/Z \tag{5.4}$$

Für Bahnen mit der gleichen Quantenzahl ist also der Radius der Ordnungszahl umgekehrt proportional.

Die Energie des Elektrons im n'ten stationären Zustand gehorcht der Gleichung

$$E_n = -\frac{m\varepsilon^4 Z^2}{2\hbar^2 n^2} = -13{,}60 \text{ eV} \cdot Z^2/n^2 \tag{5.5}$$

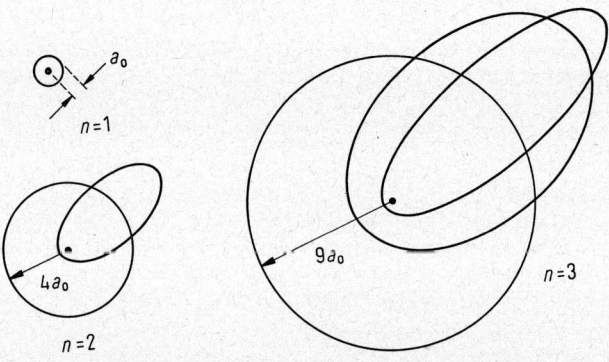

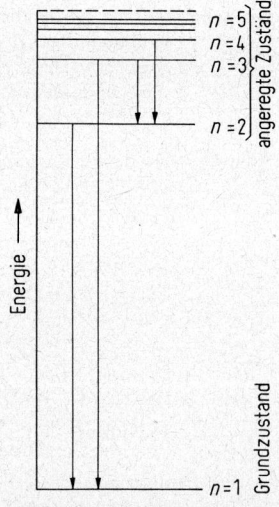

Abb. 5.2. Bohr-Sommerfeldsche Bahnen für das Elektron im Wasserstoffatom. Die Bohr-Sommerfeldsche Theorie rechnet mit solchen Kreis- und Ellipsenbahnen. Eine genaue Beschreibung der Elektronenbewegung im Wasserstoffatom stellen sie nicht dar. Nach der quantenmechanischen Theorie, die im wesentlichen richtig zu sein scheint, bewegt sich das Elektron ungefähr in der von Bohr angegebenen Weise um den Kern; die Bewegung im Grundzustand ($n = 1$) ist jedoch nicht kreisförmig, sondern radial (auf den Kern zu und von ihm fort).

Abb. 5.3. Energieniveaus des Wasserstoffatoms.

Mit $Z = 1$ ergibt diese Gleichung die in Abbildung 5.3 gezeigten Energieniveaus des Wasserstoffatoms, und mit der Borschen Frequenzbedingung $E_i - E_j = h\nu_{ij}$ erklären diese Energieniveaus das Linienspektrum des Wasserstoffs.

Die in Abbildung 5.1 gezeigten Linien der sogenannten Balmer-Serie entsprechen den Übergängen von $n = 3, 4, 5, \ldots$ zum Zustand $n = 2$. Die Serien, zu deren niedrigeren Energiezuständen die Hauptquantenzahlen $n = 3$ und $n = 4$ gehören, waren ebenfalls bereits bekannt, als Bohr seine Theorie schuf. Dagegen hatte man die Serie, die Übergängen in den Grundzustand ($n = 1$) entspricht, noch nicht aufgefunden. Bohr sagte die Existenz dieser Serie voraus und berechnete die Wellenlängen ihrer Linien ($\lambda = 1216$ Å usw.). Experimentalphysiker begannen sofort, nach den Linien zu suchen. Ihre Lage im fernen Ultraviolett machte komplizierte Versuchsanordnungen erforderlich. Theodore Lyman, Professor an der Harvard-Universität, fand 1915 die Linien der Serie, die nach ihm den Namen Lyman-Serie erhielt.

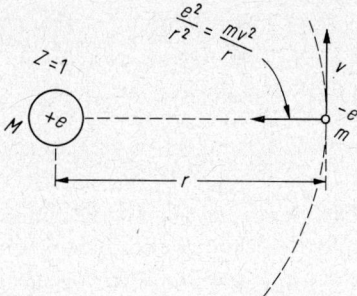

Abb. 5.4. Elektronen auf einer Bohrschen Kreisbahn. Die Skizze erläutert die Berechnung der Zentrifugalkraft, die die elektrostatische Anziehung zwischen Kern und Elektron gerade kompensieren muß, damit das Elektron eine Kreisbahn beschreibt.

Wir wollen dem Weg folgen, den Bohr bei seiner Berechnung der Eigenschaften des Wasserstoffatoms einschlug. Abbildung 5.4 veranschaulicht die Umlaufbewegung des Elektrons um den Kern auf einer Kreisbahn. Der Betrag der Geschwindigkeit bleibt konstant, aber die Bewegungsrichtung, die zu jeder Zeit der Tangente der Kreisbahn entspricht, ändert sich fortwährend. Hierzu muß das Elektron ständig eine Beschleunigung in Richtung auf den Kern hin erfahren, und zwar ergibt sich aus den in der Abbildung gezeigten geometrischen Verhältnissen, daß diese Beschleunigung v^2/r betragen muß. Hierzu ist eine Kraft von mv^2/r erforderlich. Diese auf das Elektron ausgeübte Kraft ist die elektrostatische Anziehungskraft zwischen Elektron und Kern, die für einen Kern mit Ordnungszahl Z nach Gleichung 3.1 $Z\varepsilon^2/r^2$ beträgt. Es gilt also die Beziehung

$$\frac{mv^2}{r} = \frac{Z\varepsilon^2}{r^2} \tag{5.6}$$

oder, nach Multiplizieren mit r

$$mv^2 = \frac{Z\varepsilon^2}{r} \tag{5.7}$$

In dieser Form gibt die Gleichung Auskunft über die Beziehung zwischen der kinetischen Energie, $1/2\, mv^2$, und der potentiellen Energie, $-Z\varepsilon^2/r$, des Systems: die kinetische Energie ist halb so groß wie die potentielle Energie und hat umgekehrtes Vorzeichen.

Der Drehimpuls des Elektrons auf seiner Kreisbahn ist gleich dem linearen Impuls multipliziert mit dem Bahnradius, also gleich mvr. Bohr nahm nun an, daß der Drehimpuls gequantelt sei, und zwar gemäß

$$mrv = n\hbar \tag{5.8}$$

Multiplizieren wir Gleichung 5.7 mit mr^2, so erhalten wir

$$m^2v^2r^2 = Z\varepsilon^2 mr$$

Die linke Seite dieser Gleichung ist gerade das Quadrat der linken Seite von Gleichung 5.8. Beide Seiten der neuen Gleichung sind daher auch gleich dem Quadrat der rechten Seite von Gleichung 5.8. Wir können also schreiben

$$n^2\hbar^2 = Z\varepsilon^2 mr$$

oder, für den Radius nach r aufgelöst,

$$r = \frac{n^2\hbar^2}{Zm\varepsilon^2} = \frac{n^2}{Z} 0{,}530 \text{ Å} \tag{5.9}$$

Durch Einsetzen in Gleichung 5.8 erhalten wir für die Geschwindigkeit

$$v = \frac{Z\varepsilon^2}{n\hbar} = \frac{Z}{n} \cdot 2{,}188 \cdot 10^6 \,\text{m s}^{-1} \tag{5.10}$$

Die Gesamtenergie ist die Summe von kinetischer und potentieller Energie. Daraus folgt die schon vorweggenommene Gleichung 5.5. Wir können auch sagen, die Gesamtenergie sei gleich der kinetischen Energie mit umgekehrtem Vorzeichen oder gleich der Hälfte der potentiellen Energie[1].

Dieser Behandlung gemäß beträgt die Energie des Wasserstoffatoms im Grundzustand $-m\varepsilon^4/2\hbar^2$, was 13,60 eV entspricht. Diese Energie ist erforderlich, ein Wasserstoffatom, das sich im Grundzustand befindet, in ein Elektron und ein Proton zu trennen. Sie wird als *Ionisierungsenergie* des (unangeregten) Wasserstoffatoms bezeichnet.

Ellipsenbahnen. Im Jahre 1915 erweiterte der deutsche Kernphysiker Arnold Sommerfeld (1868–1951) die Bohrsche Theorie durch Einführung zusätzlicher Ellipsenbahnen. Sommerfeld verwendete drei Quantenzahlen: die Hauptquantenzahl n kennzeichnet die Energie des Atoms (Gl. 5.4) und legt die große Halbachse der elliptischen Bahn des Elektrons fest, die n^2a_0 beträgt; die Nebenquantenzahl k, die kleiner oder gleich n ist, kennzeichnet die kleine Halbachse der Ellipse, die nka_0 mißt; die dritte, magnetische Quantenzahl m gibt die Drehimpulskomponente in Richtung eines angelegten Magnet-

---

[1] Die Behandlung setzt voraus, daß das Elektron um einen ortsfesten Kern umläuft. Tatsächlich sollten aber beide Teilchen um den gemeinsamen Schwerpunkt kreisen. Die Kernbewegung kann man in Rechnung stellen, indem man die Elektronenmasse durch die sogenannte *reduzierte Masse* $(1/m + 1/M_p)^{-1}$ ersetzt, wobei M_p die Kernmasse darstellt. Durch diese Korrektur verändern sich die Energieniveaus des Wasserstoffatoms um etwa 0,05%. Für He$^+$ ist die prozentuale Abweichung nur rund ein Viertel so groß. Einer der ersten Erfolge der Bohrschen Theorie bestand darin, die hierdurch verursachte Verschiebung gewisser Linien des Heliums gegenüber denen des Wasserstoffs erklären zu können.

feldes an (vgl. Abschnitt 3.8). Einige Sommerfeldsche Ellipsenbahnen sind in Abbildung 5.2 gezeigt.
Die Bohr-Sommerfeldsche Beschreibung der Elektronenbahnen in Atomen ist inzwischen durch die wellenmechanische Behandlung ersetzt worden, die jedoch einige Wesenszüge des früheren Modells übernommen hat.

5.2. Anregung und Ionisierungsenergie

Eine interessante Bestätigung der Gedankengänge von Bohr über stationäre Zustände von Atomen und Molekeln lieferten Versuche, die James Franck (1882–1964) und Gustav Hertz (geboren 1887) in den Jahren 1914 bis 1920 durchführten. Sie konnten zeigen, daß ein schnelles Elektron bei Zusammenstößen mit Atomen oder Molekeln fast ohne Verlust von kinetischer Energie abprallt, es sei denn, seine kinetische Energie reicht aus, das Atom oder die Molekel aus dem Grundzustand auf einen angeregten Zustand zu heben oder sogar ein Elektron völlig herauszuschlagen, also das Atom oder die Molekel zu ionisieren.

Eine Skizze des von ihnen benutzten Geräts zeigt Abbildung 5.5. Wird der Draht der Glühkathode geheizt, so treten Elektronen aus ihm heraus. Die Elektronen werden durch die Potentialdifferenz V_1 zwischen Glühkathode und Gitter beschleunigt. Viele der Elektronen fliegen durch die Maschen des Gitters und treffen auf die Auffängerplatte, die auf einem gegenüber dem Gitter etwas negativen Potential gehalten wird. Gegen das elektrostatische Feld zwischen Gitter und Auffängerplatte können die Elektronen anlaufen, weil sie genügend kinetische Energie mitbringen, die von der Beschleunigung im Feld zwischen Kathode und Gitter herrührt. Ein paar Atome oder Molekeln zwischen Glühkathode und Gitter stören nicht wesentlich, da die Elektronen bei Zusammenstößen mit ihnen ohne nennenswerten Verlust an kinetischer Energie abprallen.

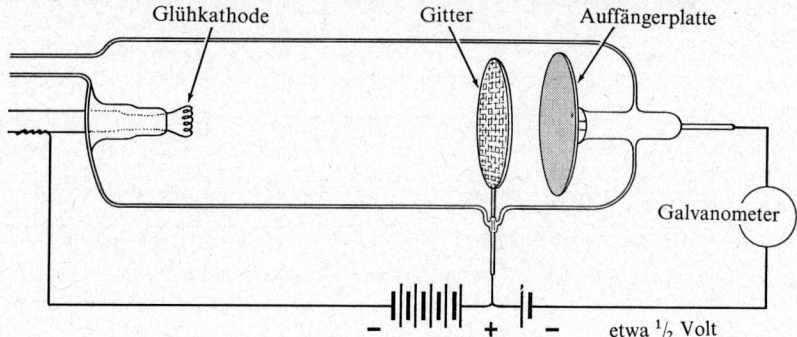

Abb. 5.5. Gerät für Elektronenstoßversuche nach Franck und Hertz.

Ist jedoch die beschleunigende Potentialdifferenz V_1 so groß, daß sie den Elektronen eine kinetische Energie erteilt, die die Anregungsenergie der anwesenden Atome oder Molekeln übersteigt, so können die Elektronen bei Zusammenstößen mit den Atomen oder Molekeln diese in den angeregten Zustand heben. Die Anregungsenergie des

5. Atombau und Periodensystem der Elemente

Atoms oder der Molekel bestreitet das Elektron aus seiner kinetischen Energie. Es behält nur den Rest an kinetischer Energie, um den seine ursprüngliche kinetische Energie die Anregungsenergie überstieg. Dieser Rest reicht unter Umständen nicht mehr aus, gegen das Feld zwischen Gitter und Auffängerplatte anzulaufen. Damit geht der Strom im Stromkreis der Auffängerplatte zurück.

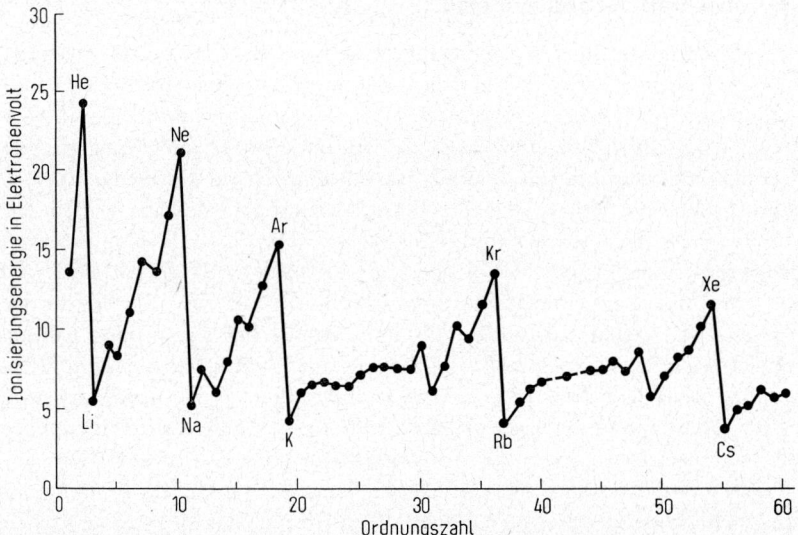

Abb. 5.6. Erste Ionisierungsenergie (in Elektronenvolt) der Atome von Wasserstoff (Ordnungszahl 1) bis Neodym (Ordnungszahl 60). Die Elemente mit besonders hoher und besonders niedriger Ionisierungsenergie sind angemerkt.

Befindet sich zum Beispiel Wasserstoff in der Röhre, so zeigt bei Steigerung der Spannung das Galvanometer einen Anstieg des Stroms an, bis die Spannung den Wert 10,2 V erreicht. Diese Potentialdifferenz reicht gerade aus, den Elektronen zwischen Auffängerplatte und Gitter so viel Energie zu erteilen, daß sie die Wasserstoffatome aus dem Grundzustand (mit Hauptquantenzahl $n = 1$) in den ersten angeregten Zustand ($n = 2$) heben können. Bei dieser Spannung, die man eine *kritische Spannung* oder ein *kritisches Potential* des atomaren Wasserstoffs nennt, sinkt der Strom der Auffängerplatte ab. Entsprechend den höheren Anregungszuständen treten weitere kritische Potentiale auf, bei denen der Strom absinkt. Einen großen Abfall verzeichnet das Galvanometer bei 13,60 V. Die dieser Spannung entsprechende Energie, 13,60 eV, reicht gerade aus, um ein Elektron aus einem Wasserstoffatom vollständig herauszulösen, d.h. ein Wasserstoffatom in ein Proton und ein Elektron in weiter Entfernung voneinander zu verwandeln. Man nennt diese Spannung, 13,60 V, die *Ionisierungsspannung* des Wasserstoffatoms.

Die ersten und zweiten Ionisierungsenergien einer Reihe von Atomen sind in Tafel 5.1 angeführt und in Abbildung 5.6 als Funktion der Ordnungszahl aufgetragen. Die meisten dieser Werte sind aus den Spektren der Elemente berechnet. Für viele Elemente

Tafel 5.1. Erste und zweite Ionisierungsenergien der Elemente (in eV).

Z		I_1	I_2	Z		I_1	I_2
1	H	13,60		47	Ag	7,57	21,48
2	He	24,58	54,40	48	Cd	8,99	16,90
3	Li	5,390	75,62	49	In	5,79	18,86
4	Be	9,32	18,21	50	Sn	7,34	14,63
5	B	8,30	25,15	51	Sb	8,64	16,5
6	C	11,26	24,38	52	Te	9,01	18,6
7	N	14,53	29,59	53	I	10,45	19,09
8	O	13,61	35,11	54	Xe	12,13	21,2
9	F	17,42	34,98	55	Cs	3,893	25,1
10	Ne	21,56	41,07	56	Ba	5,21	10,00
11	Na	5,138	47,29	57	La	5,61	11,43
12	Mg	7,64	15,03	58	Ce	6,6	14,8
13	Al	5,98	18,82	59	Pr	5,8	
14	Si	8,15	16,34	60	Nd	6,3	
15	P	10,48	19,72	61	Pm		
16	S	10,36	23,4	62	Sm	6	11,4
17	Cl	13,01	23,80	63	Eu	5,66	11,4
18	Ar	15,76	27,62	64	Gd	6,2	
19	K	4,339	31,81	65	Tb	6,7	
20	Ca	6,11	11,87	66	Dy	6,8	
21	Sc	6,54	12,80	67	Ho		
22	Ti	6,82	13,57	68	Er		
23	V	6,74	14,65	69	Tm		
24	Cr	6,76	16,49	70	Yb	6,2	
25	Mn	7,43	15,64	71	Lu	5,0	
26	Fe	7,87	16,18	72	Hf	5,5	14,9
27	Co	7,86	17,05	73	Ta	7,88	16,2
28	Ni	7,63	18,15	74	W	7,98	17,7
29	Cu	7,72	20,29	75	Re	7,87	16,6
30	Zn	9,39	17,96	76	Os	8,7	17
31	Ga	6,00	20,51	77	Ir	9	
32	Ge	7,88	15,93	78	Pt	9,0	18,56
33	As	9,81	18,63	79	Au	9,22	20,5
34	Se	9,75	21,5	80	Hg	10,43	18,75
35	Br	11,84	21,6	81	Tl	6,11	20,42
36	Kr	14,00	24,56	82	Pb	7,42	15,03
37	Rb	4,176	27,5	83	Bi	8	16,68
38	Sr	5,69	11,03	84	Po	8,43	
39	Y	6,38	12,23	85	At		
40	Zr	6,84	13,13	86	Rn	10,75	
41	Nb	6,88	14,32	87	Fr		
42	Mo	7,10	16,15	88	Ra	5,28	10,14
43	Tc	7,28	15,26	89	Ac	6,9	12,1
44	Ru	7,36	16,76	90	Th		
45	Rh	7,46	18,07	91	Pa		
46	Pd	8,33	19,42	92	U	5	

sind auch die dritten und noch höheren Ionisierungsenergien bekannt; zum Beispiel betragen die Ionisierungsenergien der dreizehn Ionisierungsstufen des Aluminiums 5,984, 18,823, 28,44, 119,96, 153,77, 190,92, 241,38, 284,53, 330,1, 398,5, 441,9, 2085 und 2298 eV.

Das Verhalten der Ionisierungsenergien läßt sich in einfacher Weise damit erklären, daß jedes Elektron bis zu einem gewissen Grade durch andere Elektronen vom Kern abgeschirmt wird. Die effektive Kernladung eines Atoms (hinsichtlich eines bestimmten Elektrons) kann angegeben werden als $(Z-S)\varepsilon$, wobei S die sogenannte *Abschirmungszahl* ist. Die Ionisierungsenergie für Entfernung eines Elektrons mit Hauptquantenzahl n (vgl. Gleichung 5.5) ist dann gegeben durch

$$I = \frac{(Z-S)^2}{n^2} \cdot 13{,}60 \text{ eV} \tag{5.11}$$

Aufgabe 5.2. Wie groß ist die Abschirmungszahl eines der beiden Elektronen des Heliumatoms hinsichtlich des anderen? (Vorausgesetzt sei $n = 1$ für beide Elektronen.)

Lösung. Der Wert von 54,50 eV für I_2 ist gerade gleich $2^2 \cdot 13{,}60$ eV, wie gemäß Gleichung 5.11 mit $n = 1$, $Z = 2$ (für Helium) und $S = 0$ zu fordern ist. Wir setzen den Wert von 24,58 eV für I_1 (siehe Tabelle 5.1) gleich $(2-S)^2 \cdot 13{,}60$ eV und erhalten $S = 0{,}66$.

Aufgabe 5.3. Die Abschirmungszahlen für Li$^+$ und Al^{11+} sollen an Hand der Meßwerte von $I_2 = 75{,}62$ eV für Li (siehe Tafel 5.1) und $I_{12} = 2085$ eV für Al (siehe oben) unter der Annahme berechnet werden, daß beide Ionen zwei Elektronen mit $n = 1$ enthalten.

Lösung. Mit Hilfe von Gleichung 5.11 wie in Aufgabe 5.2 erhält man $S = 0{,}64$ für Li$^+$ und $S = 0{,}62$ für Al^{11+}. Dieses Ergebnis läßt darauf schließen, daß die Abschirmung eines Elektrons mit $n = 1$ durch ein anderes mit $n = 1$ von der Größe der Kernladung weitgehend unabhängig ist.

Aufgabe 5.4. Der Gang der ersten und zweiten Ionisierungsenergien in Tafel 5.1 legt die Annahme nahe, daß das Lithiumatom zwei innere Elektronen mit $n = 1$ und ein äußeres Elektron mit $n = 2$ besitzt. Wären die inneren Elektronen bei der Abschirmung des äußeren Elektrons vom Kern uneingeschränkt wirksam (d.h. würden sie den Effektivwert der Kernladung um den vollen Wert der beiden Elektronenladungen verringern), so würde die erste Ionisierungsenergie $[(3-2)^2/2^2] \cdot 13{,}60$ eV $= 3{,}40$ eV betragen. Übten die inneren Elektronen dagegen keinerlei Abschirmungswirkung aus, so würde diese Energie $(3^2/2^2) \cdot 13{,}60$ eV $= 30{,}60$ eV betragen. Der tatsächliche Wert liegt bei 5,390 eV (siehe Tafel 5.1). Berechnen Sie hieraus die prozentuale Wirksamkeit der beiden inneren Elektronen bei der Abschirmung des äußeren.

Lösung. Durch Gleichsetzen von 5,390 eV und $[(3-S)^2/2^2] \cdot 13{,}60$ eV erhalten wir $S = 1{,}74$. Jedes der beiden inneren Elektronen hat demnach eine Wirksamkeit von 87% bei der Abschirmung des äußeren Elektrons von der Kernladung. (Vergleiche hiermit die Wirksamkeit von 64% bei der Abschirmung des anderen inneren Elektrons; siehe vorige Aufgabe.)

Aufgabe 5.5. Schätzen Sie das Größenverhältnis des neutralen Lithiumatoms zum Lithiumion Li$^+$.

Lösung. Als uns bekannte Näherung benutzen wir Gleichung 5.9 für den Bahnradius mit $Z - S$ an Stelle von Z:

$$r = \frac{n^2}{Z-S} \cdot 0{,}530 \text{ Å}$$

Mit $n = 2$ und $S = 1{,}74$ (siehe vorige Aufgabe) erhalten wir $r = 1{,}68$ Å für den Radius der Bohrschen Bahn des äußeren Elektrons im Li. Mit $n = 1$ und $S = 0{,}64$ (siehe Aufgabe 5.3) erhalten wir $r = 0{,}22$ Å für den Bohrschen Radius im Li$^+$. Dieser Rechnung nach ist das Lithiumatom fast achtmal so groß wie das Li$^+$-Ion.

5.3. Das wellenmechanische Bild des Atoms

Innerhalb der zehn Jahre bis 1923, die auf ihre Aufstellung folgten, hatte sich die Bohrsche Theorie der Elektronenstruktur von Atomen als ergänzungs- und verbesserungsbedürftig erwiesen. Die Theorie lieferte zwar die richtigen Werte für die Energieniveaus des Wasserstoffatoms sowie der Ionen He$^+$, Li^{2+} usw., die nur ein Elektron besitzen, konnte aber keine befriedigende Auskunft über die Wahrscheinlichkeiten des Übergangs von einem Quantenzustand zum anderen geben, konnte also die experimentell gefundenen relativen Intensitäten der Spektrallinien des Wasserstoffs nicht befriedigend erklären. Weiterhin lieferte die Bohrsche Theorie weder für das Heliumatom und das Wasserstoffmolekel-Ion H$_2^+$ noch für irgendwelche anderen Atome oder Molekeln mit mehr als einem Elektron oder Kern die richtigen Energieniveaus. Die beobachteten Rotationsspektren (Bandenspektren) zweiatomiger Molekeln ergaben, daß die Energieniveaus der Rotation nicht entsprechend Bohrs Annahme über die Quantelung des Drehimpulses proportional J^2 sind (mit $J = 0, 1, 2, \ldots$), sondern proportional der Größe $J(J + 1)$. (J ist die Gesamtdrehimpulsquantenzahl; vgl. Seite 69.) Viele Beobachtungen anderer Eigenschaften wiesen gleichfalls darauf hin, daß die alte Quantentheorie einer Revision bedürfe. Die Suche nach einer besseren Theorie führte bald mit Erfolg zur Quantenmechanik, auch Wellenmechanik genannt, der wir uns jetzt zuwenden wollen.

In den zwei Jahren von 1924 bis 1926 wurde die Bohrsche Beschreibung der Elektronenbahnen durch eine erheblich verbesserte Behandlung ersetzt, die noch heute im Gebrauch ist und in jeder Hinsicht befriedigend zu sein scheint.

Auf de Broglies Entdeckung, daß dem Elektron, das sich mit einer Geschwindigkeit v bewegt, eine Wellenlänge $\lambda = h/mv$ zuzuschreiben ist, sind wir bereits in Abschnitt 3.8 eingegangen. Wie de Broglie zeigte, sind die nach seiner Gleichung berechneten Wellenlängen der Elektronen gerade so groß, daß die Elektronenwellen sich in den verschiedenen Bohrschen Kreisbahnen verstärken. Wählen wir als Beispiel die Bohrsche Kreisbahn mit der Hauptquantenzahl $n = 5$. Der Umfang der Bahn (der Radius multipliziert mit 2π) beträgt gerade fünf de-Broglie-Wellenlängen für ein Elektron mit einer Geschwindigkeit, wie die Bohrsche Theorie sie fordert. Daher kann man es so auffassen, daß der Elektronen-Wellenzug sich durch Überlagerung verstärkt, wenn das Elektron auf dieser Bahn um den Kern läuft. Bei jeder auch nur ein wenig größeren oder kleineren Wellenlänge würde sich dagegen der Wellenzug durch Interferenz selbst auslöschen.

Die rechnerische Bestätigung dieser Aussage liefert uns die Aufgabe 3.8. Die kinetische Energie eines Elektrons in der ersten Bohrschen Kreisbahn, im Grundzustand des Wasserstoffatoms, beträgt 13,60 eV. Wir hatten die Wellenlänge zu 3,33 Å berechnet. Der Radius der ersten Bohrschen Kreisbahn beträgt 0,530 Å. Multipliziert mit 2π ergibt das 3,33 Å. Die Bahn ist also gerade eine de-Broglie-Wellenlänge lang. Gemäß der Bohrschen Theorie beträgt die Geschwindigkeit eines Elektrons auf der n'ten Bahn $1/n$ der Geschwindigkeit auf der ersten Bahn, die Wellenlänge des Elektrons auf der n'ten Bahn also $n \cdot 3{,}33$ Å. Der Umfang der Bohrschen Bahn ist aber dem Quadrat von n proportional, ist nämlich gleich $n^2 \cdot 3{,}33$ Å (siehe Gl. 5.4). Hieraus geht hervor, wie de Broglie entdeckte, daß der Umfang der n'ten Bahn gerade n de-Broglie-Wellenlängen mißt. Diese Entdeckung war insofern interessant, als sie nahelegte, daß die stationären Zustände des Wasserstoffatoms mit der Wellennatur des Elektron zu tun haben. Die Beziehung zwischen der de-Broglie-Wellenlänge und dem Umfang der Bohrschen Bahnen steht aber in keinem näheren Zusammenhang mit dem quantenmechanischen (wellenmechanischen) Modell des Wasserstoffatoms.

Die Quantenmechanik wurde 1925 von Werner Heisenberg (geboren 1901) entwickelt. Unabhängig hiervon stellte der österreichische Physiker Erwin Schrödinger (1887–1961) Anfang 1926 eine äquivalente Theorie auf, die sogenannte Wellenmechanik. Wichtige Beiträge zu diesen Entwicklungen sind weiterhin dem englischen Physiker Paul Adrien Maurice Dirac (geboren 1902) zu verdanken.

Die Quantenmechanik scheint in voller Übereinstimmung mit allen Beobachtungsergebnissen über den Aufbau von Atomen und Molekeln zu stehen. Wahrscheinlich bedarf sie jedoch einiger Erweiterungen, bevor sie sich auf den Aufbau der Atomkerne anwenden läßt. In kurzer, leicht faßlicher Form läßt sich die Quantenmechanik nicht darstellen. Wir müssen uns deshalb in diesem Buch damit zufrieden geben, einige ihrer Ergebnisse, vor allem hinsichtlich des Aufbaus der Elektronenhüllen von Atomen und Molekeln, kurz zu umreißen.

Die Quantenmechanik liefert kein so klar erkennbares Bild von der Bewegung der Elektronen im Atom wie das Bohrsche Atommodell. Die meßbaren Eigenschaften des Atoms werden jedoch durch die quantenmechanischen Gleichungen richtig wiedergegeben. Zu diesen Größen zählt zum Beispiel der mittlere und wahrscheinlichste Abstand zwischen Elektron und Kern für einen bestimmten Quantenzustand und die mittlere Geschwindigkeit des Elektrons. Es ergibt sich, daß der wahrscheinlichste Abstand zwischen Elektron und Kern mit dem von Bohr berechneten Wert übereinstimmt, und ebenso die mittlere Geschwindigkeit (genauer die Wurzel aus dem mittleren Geschwindigkeitsquadrat). Der Drehimpuls dagegen ist anders als bei Bohr, und besonders im Wasserstoffatom läuft das Elektron im Grundzustand nicht auf einer Bahn mit dem Drehimpuls $\hbar$, sondern es bewegt sich zum Kern hin und von ihm fort auf einer Bahn mit dem Drehimpuls null.

Die Elektronen, die sich um einen Kern bewegen, beschreibt die Quantenmechanik mit gewissen mathematischen Funktionen, den sogenannten *Wellenfunktionen (Schrödinger-Funktionen)*. Die Wellenfunktion für ein Elektron heißt eine *Orbital-Wellenfunktion*. Man spricht davon, daß das Elektron einen *Orbital* einnimmt, nicht eine Bahn. Diese andere Bezeichnung hat man zur Unterscheidung von den Bohrschen Bahnen gewählt, mit denen die Vorstellung eine etwas andere Art der Elektronenbewegung verbindet.

Orbitalquantenzahlen. Ein Orbital ist durch drei Quantenzahlen gekennzeichnet, die mit n, l und m_l bezeichnet werden und wie folgt definiert sind.

Die *Hauptquantenzahl* n ist im wesentlichen der bereits besprochenen Bohrschen Quantenzahl n gleichwertig. Sie bestimmt weitgehend die Energie des Elektrons, das das Orbital besetzt, sowie die Größe des Orbitals.

Die *Orbitalimpulsquantenzahl* (auch Bahnimpulsquantenzahl) l kennzeichnet den Orbitaldrehimpuls (Bahndrehimpuls) des Elektrons, das das Orbital besetzt. Dieser beträgt $[l(l+1)]^{1/2}\hbar$ (vgl. hierzu den Spindrehimpuls des Elektrons, $[s(s+1)]^{1/2}\hbar$, wobei $s=$

1/2; siehe Abschnitt 3.8). Die Quantenzahl l kann die Werte 0, 1, 2, ..., $n-1$ annehmen. Für $n=1$ ist somit $l=0$, für $n=2$ kann l die Werte 0 und 1 haben und so fort.
Die *Orientierungsquantenzahl* m_l kennzeichnet die räumliche Ausrichtung des Orbitaldrehimpulses; sie gibt nämlich den Wert der Drehimpulskomponente in einer vorgegebenen Richtung an, etwa der Richtung eines Magnetfelds. Diese Komponente beträgt $m_l \hbar$ (vgl. hierzu die Bedeutung von m_s, siehe Abschnitt 3.8). Die Quantenzahl m_l kann die Werte $-l, -l+1, \ldots, -1, 0, 1, \ldots, +l$ annehmen. Zu einem gegebenen Wert von l gehören also $2l+1$ Werte von m_l, die $2l+1$ verschiedenen Möglichkeiten der räumlichen Ausrichtung des Orbitals entsprechen.
Es hat sich eingebürgert, die Orbitale mit Impulsquantenzahlen $l = 0, 1, 2, \ldots$ mit den Buchstaben $s, p, d, f, g, h, \ldots$ zu kennzeichnen. Hierbei entspricht s dem Wert $l=0$, p dem Wert $l=1$, d dem Wert $l=2$ usw[1]. Der Wert der Hauptquantenzahl n wird dem Buchstaben vorangestellt. So bezeichnet $3d$ ein Orbital mit $n=3$ und $l=2$. Diese Bezeichnungsweise erstreckt sich auch auf Elektronen: ein $3d$-Elektron ist ein Elektron, das ein $3d$-Orbital besetzt.
Für wasserstoffähnliche Ionen (d.h. mit nur einem Elektron) ist die Energie durch die Bohrsche Gleichung 5.5 gegeben, und der durchschnittliche Abstand des Elektrons vom Kern beträgt

$$\langle r \rangle = 0{,}530\,\text{Å} \cdot \frac{n^2}{Z} \left[1 + \frac{1}{2} \left(1 - \frac{l(l+1)}{n^2} \right) \right] \tag{5.12}$$

Ausdrücke für die einfachsten Funktionen wasserstoffähnlicher Ionen in Polarkoordinaten sind in Anhang V angegeben.

Das Wasserstoffatom im Grundzustand. Die Wellenfunktion für das Wasserstoffatom und wasserstoffähnliche Ionen (d.h. mit einem Elektron) im Grundzustand ($n=1, l=0, m_l=0$) ist

$$\psi_{100} = \frac{1}{\sqrt{\pi}} \left(\frac{Z}{a_0} \right)^{3/2} e^{-Zr/a_0}$$

Ihr Quadrat, $(Z^3/\pi a_0^3) e^{-Zr/a_0}$, gibt die Aufenthaltswahrscheinlichkeit des Elektrons in einer Raumeinheit im Abstand r vom Kern an, und die Größe $4\pi r^2 \psi_{100}^2 dr$ entspricht der Wahrscheinlichkeit, das Elektron im Abstand zwischen r und $r + dr$ vom Kern zu finden. Wie aus Abbildung 5.7 hervorgeht, hat die letztere Funktion ihr Maximum bei $r = a_0$. Der wahrscheinlichste Abstand des Elektrons vom Kern ist also gerade gleich dem Bohrschen Bahnradius a_0. Das Elektron ist jedoch nicht an diesen einen Abstand vom Kern gebunden. Auch ist die Geschwindigkeit des Elektrons nicht konstant, sondern gehorcht gerade so einer Verteilungsfunktion, daß die Wurzel aus dem mittleren Geschwindigkeitsquadrat den Bohrschen Wert v_0 annimmt. Wir können also vom Was-

---

[1] Dieser Gebrauch hat einen seltsamen Ursprung. Er geht auf die um 1890 in der Spektroskopie benutzten Namen für verschiedene Serien von Linien in den Spektren der Alkalimetalle zurück, die als *scharfe, Prinzipal-, diffuse* und *fundamentale Serie* bezeichnet wurden; s, p, d und f sind die Anfangsbuchstaben dieser Namen und rühren somit nicht etwa von Worten her, die die Orbitale sinngemäß beschreiben.

serstoffatom im Grundzustand sagen, daß das Elektron sich mit wechselnder Geschwindigkeit in der Größenordnung von v_0 hin und her bewegt und dabei vorwiegend einen Abstand von rund einem halben Ångström vom Kern einhält. Gemittelt über einen hinreichend langen Zeitraum, der sich über viele Bewegungsphasen des Elektrons erstreckt, erscheint das Atom als ein Kern, der von einer kugelsymmetrischen Wolke negativer Elektrizität umgeben ist: die zeitliche Mittelung „verschmiert" das sich schnell bewegende Elektron um den Kern herum, wie in Abbildung 5.8 für Helium angedeutet ist. (Für das Wasserstoffatom ist lediglich der Maßstab größer.)

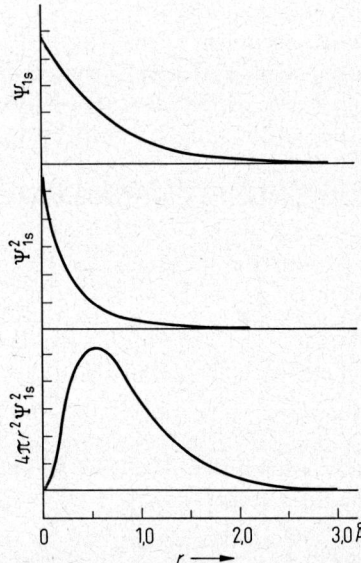

Abb. 5.7. Die Wellenfunktion Ψ_{1s}, ihr Quadrat und die radiale Wahrscheinlichkeitsverteilungsfunktion $4_\pi r^2 \Psi^2_{1s}$ für das Wasserstoffatom im Grundzustand.

Das Wasserstoffatom im Grundzustand hat gemäß seiner Orbitalimpulsquantenzahl $l = 0$ keinen Orbitaldrehimpuls. Die Bewegung des Elektrons ist also nicht als Umlauf um den Kern anzusehen, sondern als Bewegung zum Kern hin und von ihm fort, und zwar in allen Richtungen des Raums, so daß sich eine kugelsymmetrische Aufenthaltsverteilungsfunktion ergibt. Der mittlere Abstand (im Gegensatz zum wahrscheinlichsten) des Elektrons vom Kern beträgt $^3/_2 \cdot 0{,}530\,\text{Å} = 0{,}795\,\text{Å}$, ist also um die Hälfte größer als der Radius der Bohrschen Kreisbahn.

Es gibt nur ein Orbital mit der Hauptquantenzahl $n = 1$. Andere mögliche Orbitale des Wasserstoffatoms entsprechen Werten $n = 2$, $n = 3$ usw. Ein Wasserstoffatom, dessen Elektron ein solches Orbital besetzt, befindet sich in einem angeregten, instabilen Zustand. Eine hohe Energie ist erforderlich, das Wasserstoffatom vom Grundzustand in den ersten angeregten Zustand (mit $n = 2$) zu versetzen, nämlich drei Viertel der zur vollständigen Abspaltung des Elektrons nötigen Energie. Der Durchmesser des Atoms in diesem angeregten Zustand ist viermal so groß wie im Grundzustand. In den schweren Atomen sind die Orbitale mit $n = 2, 3, 4$ usw. auch im Grundzustand besetzt.

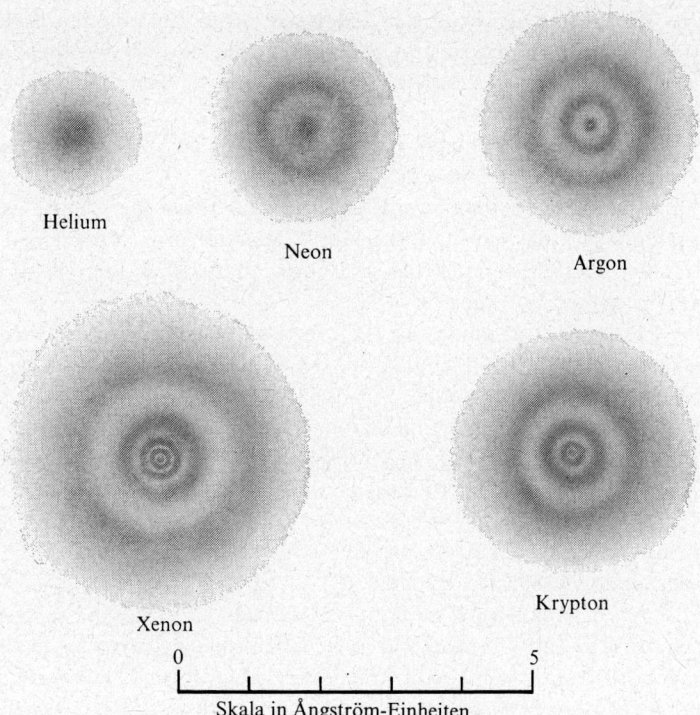

Abb. 5.8. Elektronenverteilung in den Atomen der Edelgase. Die konzentrischen Elektronenschalen sind angedeutet.

Das Pauli-Prinzip. Ein für die Spektroskopie und viele andere Gebiete der Physik und Chemie äußerst wichtiges Gesetz ist das nach seinem Entdecker, dem österreichischen Physiker Wolfgang Pauli (1900–1958), benannte Pauli-Prinzip.

Stellen wir uns vor, ein Atom befinde sich in einem äußeren Magnetfeld, das stark genug ist, die gegenseitige Beeinflussung der Elektronen aufzuheben, so daß sich diese unabhängig voneinander im Magnetfeld ausrichten. Der Zustand eines jeden Elektrons ist dann durch die Werte der Quantenzahlen gekennzeichnet, und zwar kann für jedes Elektron die Hauptquantenzahl n, die Impulsquantenzahl l (auch Azimutalquantenzahl) und die Orientierungsquantenzahl m_l (Drehimpulskomponente in Feldrichtung, auch magnetische oder orbitalmagnetische Quantenzahl) seines Orbitals sowie seine Spinquantenzahl s (Wert 1/2 für jedes Elektron) und Spinorientierungsquantenzahl m_s ($+1/2$ oder $-1/2$, entsprechend der Spinausrichtung ungefähr parallel oder antiparallel zum Feld, auch spinmagnetische Quantenzahl) angegeben werden. Das Pauli-Prinzip kann nun in die Form der Aussage gekleidet werden, daß *kein Atom existieren kann, in dem zwei Elektronen in allen Quantenzahlen übereinstimmen*. Gleichbedeutend ist die Feststellung, daß *zwei Elektronen nur dann dasselbe Orbital besetzen können, wenn sie entgegengesetzten Spin haben*.

Die Elektronenstruktur der Edelgase. Der Aufbau der Elektronenhüllen in den Atomen der Edelgase ist mit experimentellen und theoretischen physikalischen sowie chemischen Methoden aufgeklärt worden, auf die näher einzugehen hier zu weit führen würde. Die Ergebnisse sind in Abbildung 5.8 angedeutet. Wie ersichtlich, sind die Elektronen in den Atomen von Neon, Argon, Krypton und Xenon in mehreren konzentrischen Schalen angeordnet.

Das Heliumatom enthält zwei Elektronen, die beide ähnliche Bewegungen um den Kern ausführen wie das eine Elektron im Wasserstoffatom. Die beiden Elektronen besetzen dasselbe Orbital, nämlich das $1s$-Orbital, und haben dem Pauli-Prinzip entsprechend entgegengesetzten Spin.

Die Elektronenanordnung im Heliumatom im Grundzustand wird mit dem Symbol $1s^2$ gekennzeichnet. Der hochgestellte Index 2 besagt, daß sich zwei Elektronen im angegebenen $1s$-Orbital befinden. Für das $1s$-Orbital ist $n=1$ und $l=0$ sowie $m_l=0$.

Zwei Elektronen entgegengesetzten Spins, die dasselbe Orbital besetzen, werden als *Elektronenpaar* bezeichnet. Die Elektronen im Heliumatom können angesehen werden als eine Wolke negativer Elektrizität, die den Kern umgibt. Wegen der doppelt so großen Kernladung ist der Durchmesser der Wolke nur etwa halb so groß wie im Wasserstoffatom. Die beiden Elektronen bilden, wie man sagt, eine vollständige Heliumschale (auch vollständige K-Schale genannt).

Alle Atome mit Ausnahme des Wasserstoffs besitzen eine vollständige Heliumschale, bestehend aus zwei $1s$-Elektronen ($1s^2$) dicht beim Kern. Der Durchmesser der Heliumschale ist der Ordnungszahl umgekehrt proportional. Für Radon ($Z=86$) beträgt er nur mehr rund 0,006 Å.

Das Neonatom besitzt zwei vollständige Elektronenschalen, nämlich die Heliumschale mit zwei Elektronen und etwa 0,2 Å Durchmesser (wie in Abbildung 5.8) und eine äußere Schale von acht Elektronen, die Neon- oder L-Schale genannt wird. Ihr Durchmesser beträgt rund 2 Å.

Diese beiden Schalen treten mit kleinerem Durchmesser im Argon, Krypton und Xenon zusammen mit weiteren Schalen auf (siehe Abb. 5.8). Dem Aufbau der Schalen wollen wir uns jetzt zuwenden.

Elektronenschalen und -teilschalen. Um 1920 führte die Entwicklung der Theorie der Atomspektren (Linienspektren und charakteristische Röntgenspektren der Elemente) zu der Erkenntnis, daß die auf die Heliumschale folgenden Elektronenschalen aus Orbitalen verschiedener Art bestehen.

Die K-Schale besteht aus nur einem Orbital, dem bereits besprochenen $1s$-Orbital. Die L-Schale besteht aus zwei Teilschalen, $2s$ und $2p$, von zusammen vier Orbitalen. Die

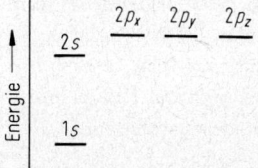

Abb. 5.9. Relative Stabilität der $1s$-, $2s$-, $2p_x$-, $2p_y$- und $2p_z$-Orbitale. Die Höhe im Diagramm ist gleichzeitig ein Maß für den durchschnittlichen Abstand des Elektrons vom Kern.

5.3. Das wellenmechanische Bild des Atoms

$2s$-Teilschale besitzt nur ein Orbital, das $2s$-Orbital mit $n=2$, $l=0$ und $m_l=0$. Die $2p$-Teilschale besteht dagegen aus drei $2p$-Orbitalen mit $n=2$ und $l=1$, die sich in ihren Werten -1, 0 und $+1$ für m_l unterscheiden. Das $2s$-Orbital stellt einen etwa stabileren Elektronenzustand dar als die $2p$-Orbitale, wie aus dem Energieniveauschema in Abbildung 5.9 hervorgeht. Die drei $2p$-Orbitale unterscheiden sich nicht in ihrer Energie.

Wie das $1s$-Orbital entspricht auch das $2s$-Orbital einer kugelsymmetrischen Ladungsverteilung um den Kern. Für ein $2p$-Orbital ist die Verteilung aber nicht kugelsymmetrisch, sondern um eine Achse konzentriert (siehe Abb. 5.10). Die charakteristischen Achsen der drei $2p$-Orbitale stehen senkrecht zueinander und können als die x-, y- und z-Achse in den drei Raumrichtungen gewählt werden, wie in Abbildung 5.10 angedeutet st; sie werden demgemäß auch mit $2p_x$, $2p_y$ und $2p_z$ bezeichnet (siehe Anhang V).

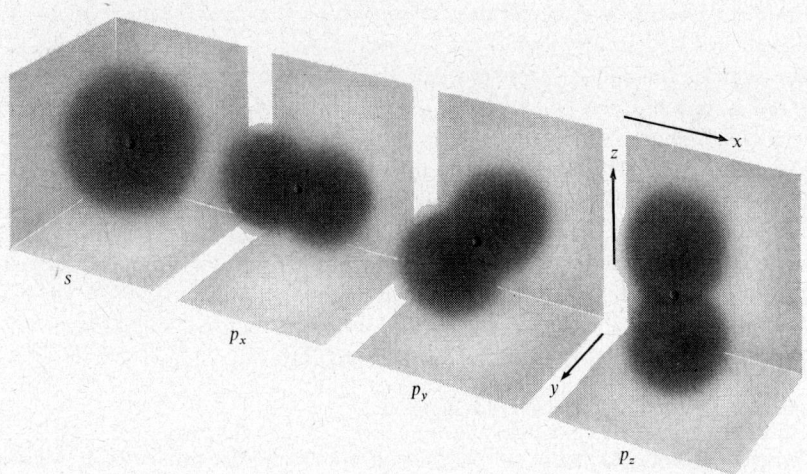

Abb. 5.10. Winkelabhängigkeit der relativen Dichten des s- und der drei p-Orbitale.

Dem Pauli-Prinzip entsprechend können das $2s$-Orbital und die drei $2p$-Orbitale von je zwei Elektronen besetzt werden, vorausgesetzt, daß diese entgegengesetzten Spin haben. Somit enthält die vollständige $2s$-Teilschale zwei Elektronen (ein Elektronenpaar) und die vollständige $2p$-Teilschale sechs Elektronen (je ein Elektronenpaar für jedes der drei $2p$-Orbitale). Die vollständige L-Schale besitzt also acht Elektronen (vier Elektronenpaare).

Für die vollständige $2s$-Teilschale wird das Symbol $2s^2$ verwendet, und für die vollständige $2p$-Teilschale das Symbol $2p_x^2 2p_y^2 2p_z^2$, das gewöhnlich zu $2p^6$ verkürzt wird. Das Symbol für die vollständige L-Schale ist $2s^2 2p_x^2 2p_y^2 2p_z^2$, gewöhnlich verkürzt zu $2s^2 2p^6$. Die M-Schale, mit Hauptquantenzahl $n=3$, besteht aus drei Teilschalen mit zusammen neun Orbitalen. Außer der $3s$-Teilschale (ein Orbital) und der $3p$-Teilschale (drei Orbitale) enthält sie eine $3d$-Teilschale mit fünf $3d$-Orbitalen.

Die nächste Schale, die N-Schale, enthält außer den analogen $4s$-, $4p$- und $4d$-Teilschalen noch eine $4f$-Teilschale mit sieben Orbitalen.

Die Buchstaben K, L, M, N, O, P, mit denen die Schalen bezeichnet werden, entsprechen fortlaufenden Werten der Hauptquantenzahl n: K entspricht $n=1$, L entspricht $n=2$, M entspricht $n=3$ usw. Daß die Buchstabenfolge mit K und nicht mit A beginnt, ist ein historisch bedingtes Versehen[1].

Die mit K, L, M usw. bezeichneten Elektronenschalen entsprechen der in der Kernphysik üblichen Einteilung. In der Chemie zieht man eine etwas andere Einteilung vor, bei der die Teilschalen nach einem anderen Gesichtspunkt zusammengefaßt werden. Abbildung 5.11 zeigt ungefähr die Reihenfolge der Energieniveaus aller von Elektronen besetzten Orbitale von Atomen im Grundzustand. Wie ersichtlich, überlappen sich die Energiebereiche der nach der physikalischen Einteilung definierten Elektronenschalen. So sind zum Beispiel die Energien eines $3d$-Elektrons (in der M-Schale) und eines $4p$-Elektrons (in der N-Schale) einander etwa gleich. In der Chemie sind nun die Reihenfolge der Energieniveaus und das Auftreten von Elektronen sehr ähnlicher Energie von besonderer Bedeutung, und es hat sich deshalb als praktisch erwiesen, die fünf $3d$-Orbitale mit den $4s$- und $4p$- statt mit den $3s$- und $3p$-Orbitalen zu einer Schale zusammenzufassen und mit den $4d$-, $5d$-, $6d$-, $4f$ und $5f$-Orbitalen in ähnlicher Weise vorzugehen, wie in Abbildung 5.11 angedeutet ist.

Die Schalen gemäß dieser Einteilung sind nach den Edelgasen benannt, in denen sie (beim Fortschreiten im Periodensystem der Elemente) zum ersten Mal vollständig auftreten. Die Anzahl Elektronen in einer Schale ist gleichzeitig die Anzahl der Elemente in der mit dem betreffenden Edelgas beendeten Periode des Periodensystems; sie beträgt 2 für die Helium-Schale, je 8 für die Neon- und Argonschalen, je 18 für die Krypton- und Xenonschalen und je 32 für die Radon- und Eka-Radonschalen. Die Symbole für die vollständigen Schalen sind in Tafel 5.2 aufgeführt.

Tafel 5.2. Schalen und Teilschalen der Elemente.

Chemischer Name der Schale	Symbol der Elektronenkonfiguration der vollständigen Schale mit Angabe der Teilschalen
Helium-Schale	$1s^2$
Neon-Schale	$2s^2 2p^6$
Argon-Schale	$3s^2 3p^6$
Krypton-Schale	$3d^{10} 4s^2 4p^6$
Xenon-Schale	$4d^{10} 5s^2 5p^6$
Radon-Schale	$4f^{14} 5d^{10} 6s^2 6p^6$
Eka-Radon-Schale	$5f^{14} 6d^{10} 7s^2 7p^6$

---

1 In den Jahren 1905 bis 1910 untersuchte der englische Physiker Charles Glover Barkla (1877–1944) die Fähigkeit von Röntgenstrahlen, Folien aus Kupfer und anderem Material zu durchdringen. Dabei stellte er fest, daß die Elemente zwei verschiedene Arten von Röntgenstrahlen aussenden, die sich in ihrem Durchdringungsvermögen unterscheiden. Zuerst bezeichnete er die beiden Strahlungen mit A und B, entschloß sich aber 1911, K für die härtere und L für die weichere Strahlung zu benutzen, damit für noch härtere und noch weichere Strahlungen, deren Entdeckung er für wahrscheinlich hielt, entsprechende Buchstaben zur Verfügung stehen würden. Nicht viel später entdeckte er (weichere) M- und N-Strahlung, aber eine härtere als die K-Strahlung kommt im charakteristischen Röntgenspektrum der Atome nicht vor. Möglicherweise leitete sein Name Barkla dazu an, die Buchstaben K und L zu wählen.

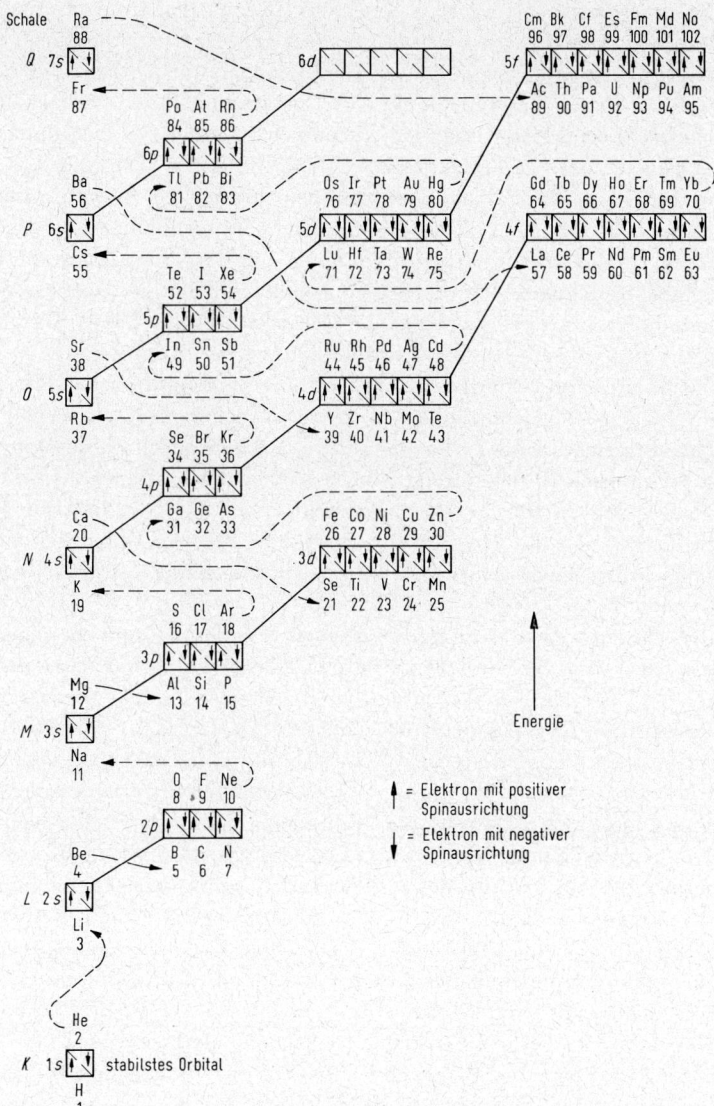

Abb. 5.11. Energieniveau-Diagramm der Elektronenschalen und -teilschalen der Elemente.

Argononenstrukturen. Die Elemente Helium, Neon, Argon, Krypton, Xenon und Radon werden gewöhnlich Edelgase genannt, und die Strukturen ihrer Elektronenhüllen Edelgasstrukturen. Der Einfachheit halber wollen wir die Elemente *Argononen* nennen und den Aufbau ihrer Elektronenhüllen *Argononenstrukturen*. Der Name deutet auf die Reaktionsträgheit hin (nach dem Griechischen ἀργός, träge), und das -on ist zur Unterscheidung vom Element Argon angehängt.

Elektronenspin-Multipletts. Im Jahre 1925 machten zwei amerikanische Forscher, der Astronom Henry Norris Russell und der Physiker F. A. Saunders, eine für die Aufklärung der Elektronenstruktur der Atome bedeutsame Entdeckung. Sie suchten nach den Gesetzen, denen die Wellenlängen von Spektrallinien von Atomen gehorchen, die durch elektrische Entladung oder auf irgendwelche andere Weise angeregt sind. Dabei entdeckten sie, daß die Spins der Elektronen im Atom sich zu einem resultierenden Spin (vektoriell) zusammensetzen können, den man mit der Gesamtspinquantenzahl S kennzeichnet. In ähnlicher Weise können sich die Orbitaldrehimpulse der Elektronen zu einem resultierenden Orbitaldrehimpuls mit Orbitalquantenzahl L zusammensetzen. Schließlich können sich die beiden resultierenden Impulsvektoren zu einem Gesamtdrehimpuls mit der Quantenzahl J zusammensetzen. Diese Art von Wechselwirkung nennt man Russell-Saunders-Kopplung (auch LS-Kopplung).

Das Boratom im Grundzustand (Elektronenkonfiguration $1s^2 2s^2 2p$) zum Beispiel enthält zwei Elektronenpaare, und die Spins der beiden Elektronen jedes Paars sind wegen des Pauli-Prinzips einander entgegengesetzt und heben sich gegenseitig auf. Der resultierende Gesamtspin ist daher gerade der Spin des fünften Elektrons, so daß die Gesamtspinquantenzahl wie für ein einzelnes Elektron den Wert $1/2$ hat: $S = 1/2$. Weiterhin haben die Elektronen des $1s$- und des $2s$-Orbitals keinen Orbitaldrehimpuls, wohl aber das $2p$-Elektron gemäß seiner Orbitalimpulsquantenzahl $l = 1$. Somit hat L denselben Wert: $L = 1$.

Der Zustand eines Atoms mit Russell-Saunders-Kopplung kann durch ein *Russell-Saunders-Symbol* verdeutlicht werden. Für das Boratom im Grundzustand lautet das Symbol $^2P_{1/2}$ (sprich „Dublett P ein halb"). Der Großbuchstabe bezeichnet den Wert der Quantenzahl L, wobei den Buchstaben $S, P, D, F, G, \ldots$ die Werte $L = 0, 1, 2, 3, 4, \ldots$ entsprechen, also in derselben Weise wie für ein Elektron den Kleinbuchstaben $s, p, d, f, g, \ldots$ die Werte $l = 0, 1, 2, 3, 4, \ldots$ der Orbitalimpulsquantenzahl entsprechen. Die links oben angehängte Zahl zeigt die Multiplizität des Zustands an. Sie beträgt $2S + 1$, wobei S die Gesamtspinquantenzahl ist. Die Multiplizität gibt die Anzahl der Möglichkeiten räumlicher Ausrichtung des resultierenden Spins zu einem Magnetfeld oder zum Gesamtdrehimpulsvektor an. Für $S = 1/2$ sind zwei solche Ausrichtungen möglich, die Komponenten von $+1/2$ und $-1/2$ in Richtung von L entsprechen. Für $L = 1$, wie im Boratom im Grundzustand, ergeben sich aus den beiden möglichen Richtungen des Elektronenspins zwei Werte von J, nämlich $1 + 1/2 = 3/2$ und $1 - 1/2 = 1/2$. Der Wert von J wird dem Buchstaben im Russell-Saunders-Symbol rechts unten angehängt. Die beiden Zustände $^2P_{1/2}$ und $^2P_{3/2}$ haben nahezu die gleiche Energie. Der Unterschied zwischen ihnen (Feinstrukturaufspaltung) wächst mit zunehmender Ordnungszahl (0,002 eV für B, 0,014 eV für Al, 0,102 eV für Ga und 0,274 für In, die alle einen $^2P_{1/2}$-Zustand als den Grundzustand und einen $^2P_{3/2}$-Zustand als den niedrigsten angeregten Zustand aufweisen). Die beiden Zustände bilden, wie man sagt, ein *Dublett*.

In ähnlicher Weise lautet das Russell-Saunders-Symbol für den Grundzustand des Kohlenstoffatoms $^3P_0$, entsprechend den Werten $S = 1, L = 1, J = 0$. Dieser Zustand gehört zu einem *Triplett*, dessen andere Mitglieder die Zustände $^3P_1$ und $^3P_2$ sind. Die beiden p-Elektronen der Konfiguration $1s^2 2s^2 2p^2$ des Kohlenstoffs können ihren Spin zu einem resultierenden Spin mit $S = 0$ oder $S = 1$ zusammensetzen. $S = 0$ führt zu einem Singulettzustand, $S = 1$ mit den möglichen Komponenten -1, 0 und $+1$ dagegen zu einem Triplett. Weiterhin können sich die Orbitaldrehimpulse der beiden p-Elektronen (mit $l = 1$) zu einem resultierenden Orbitaldrehimpuls mit $L = 0$, 1 oder 2 zusammensetzen, was S-, P- und D-Zuständen entspricht. Das Pauli-Prinzip bewirkt in einer Weise, die hier nicht im einzelnen diskutiert werden kann, daß ^1S, ^3P und ^1D als die tatsächlichen Zustände auftreten. Von diesen ist der Triplettzustand, ^3P, der stabilste (vgl. Abb. 5.12).

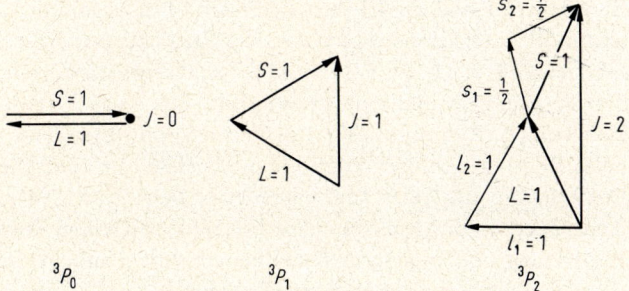

Abb. 5.12. Die drei Möglichkeiten der Kombination eines Spindrehimpulses $S = 1$ und eines Bahndrehimpulses $L = 1$ zu einem Gesamtdrehimpuls $J = 0$, 1 oder 2. Der Zustand $^3P_0$ ist der Grundzustand des Kohlenstoffatoms, und $^3P_2$ ist der Grundzustand des Sauerstoffatoms.

Die relative Stabilität von Zuständen gegebener Elektronenkonfiguration (etwa der Zustände ^1S, ^3P und ^1D, die die beiden gleichwertigen p-Elektronen einnehmen können) gehorcht den sogenannten Hundschen Regeln, 1925 von F. Hund aufgestellt:
1. Die Zustände mit höchstem Wert von S (höchster Multiplizität) sind die stabilsten. So liegt für $(np)^2$ das Triplett $^3P_{0,1,2}$ unterhalb der Singuletts $^1S_0$ und $^1D_2$.
2. Für einen gegebenen Wert von S ist der Zustand mit höchstem Wert von L der stabilste. So liegt für $(np)^2$ der Zustand $^1D_2$ unterhalb von $^1S_0$.
3. Für ein Multiplett mit halb oder weniger als halb besetzter Teilschale ist der Zustand mit kleinstem Wert von J der stabilste, für ein Multiplett mit mehr als halb besetzter Teilschale dagegen der Zustand mit größtem Wert von J. Die vollständige $2p$-Teilschale zum Beispiel enthält sechs Elektronen. Im Kohlenstoff (Konfiguration $1s^22s^22p^2$) ist sie weniger als halb besetzt, und der Grundzustand ist $^3P_0$, dagegen ist sie im Sauerstoff (Konfiguration $1s^22s^22p^4$, zwei Fehlstellen oder „Lücken" in der vollständigen $2p^6$-Teilschale) mehr als halb besetzt, und der Grundzustand ist $^3P_2$.
Die Bedeutung, die der ersten Regel zukommt, zeigt sich am Beispiel der Ionisierungsenergien (I_1) in Abbildung 5.6, vor allem an dem Abfall, den diese von $Z = 7$ (Stickstoff) zu $Z = 8$ (Sauerstoff) verzeichnen. Der steile Abfall vom He zum Li geht auf den Wechsel der Hauptquantenzahl zurück ($n = 1$ für He, $n = 2$ für Li), und der geringere Abfall vom Be zum B beruht darauf, daß das $2p$-Orbital des B der Kernladung gegenüber stärker abgeschirmt ist als das $2s$-Orbital des Be (siehe Abschnitt 5.5). Es gibt drei $2p$-Orbitale, und das Pauli-Prinzip erlaubt es den drei $2p$-Elektronen des Stickstoffs, ihre Spins parallel einzustellen, so daß $S = 3/2$ wird (ein Quartettzustand, $^4S_{3/2}$). Die Wechselwirkung der drei parallelen Spins liefert einen Beitrag zur Stabilität des Zustands. Beim Sauerstoff dagegen muß der Spin des vierten $2p$-Elektrons den Spins der anderen drei entgegengesetzt sein, was sich in verringerter Stabilität auswirkt.

5.4. Das Periodensystem der Elemente

Eines der Kernstücke chemischer Theorie ist das *Gesetz der Periodizität* der Elemente. In seiner heutigen Fassung sagt dieses Gesetz ganz einfach: *die Eigenschaften der Elemente sind nicht zufällig, sondern sie sind durch die Atomstruktur gegeben und hängen von der Ordnungszahl in systematischer Weise ab*. Wichtig ist dabei, daß diese Abhängigkeit eine gewisse Periodizität aufweist, die in der periodischen Wiederkehr charakteristischer Eigenschaften zum Ausdruck kommt.

Zum Beispiel sind die Elemente mit den Ordnungszahlen 2, 10, 18, 36, 54 und 86 samt und sonders reaktionsträge Gase. Die Elemente mit einer um eins größeren Ordnungszahl, nämlich 3, 11, 19, 37, 55 und 87, sind dagegen durchweg Leichtmetalle von besonders ausgeprägter Reaktionsfreudigkeit. Die sechs Metalle, Lithium (3), Natrium (11), Kalium (19), Rubidium (37), Caesium (55) und Francium (87), reagieren alle mit Chlor unter Bildung farbloser Salze, die in Würfeln mit kubischen Spaltflächen kristallisieren. Die Formeln der Salze sind einander analog: LiCl, NaCl, KCl, RbCl, CsCl und FrCl. Andere Verbindungen, die diese Elemente eingehen, weisen untereinander in Zusammensetzung und Eigenschaften entsprechende Ähnlichkeiten auf und unterscheiden sich von den Verbindungen anderer Elemente.

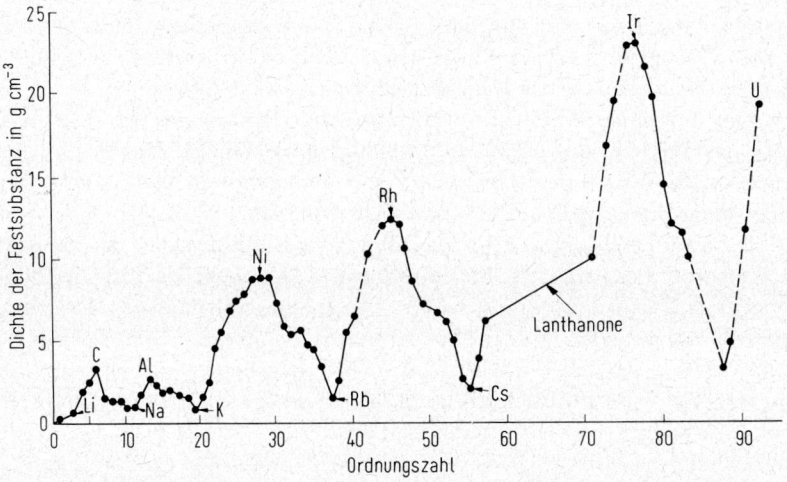

Abb. 5.13. Die Dichten der Elemente im festen Zustand (in g cm^{-3}). Die Elemente an den Maxima und Minima der zackigen Kurve sind angemerkt.

Die Periodizität der Eigenschaften kommt treffend in den Werten der ersten Ionisierungsenergien der Atome zum Ausdruck (siehe Abb. 5.6). Die Ionisierungsenergie nimmt ziemlich stetig mit wachsender Ordnungszahl zu, bis ein Edelgas erreicht ist, und fällt dann beim nächsten Element auf etwa ein Viertel des Wertes für das Edelgas ab. Die Periodizität einer anderen Eigenschaft, der Dichten der Elemente in festem Zustand, ist in Abbildung 5.13 gezeigt. Die Periodizität der Eigenschaften der nach steigender Ordnungszahl geordneten Elemente läßt sich eindrucksvoll und übersichtlich zeigen, indem

5.4. Das Periodensystem der Elemente   117

Tafel 5.3. Das Periodensystem der Elemente.

0	Ia	IIa	IIIa	IVb	Vb	VIb	VIIb	VIII			Ib	IIb	IIIb	IVa	Va	VIa	VIIa	0
He 2																		
Ne 10	Li 3	Be 4	B 5											C 6	N 7	O 8	F 9	Ne 10
Ar 18	Na 11	Mg 12	Al 13											Si 14	P 15	S 16	Cl 17	Ar 18
Kr 36	K 19	Ca 20	Sc 21	Ti 22	V 23	Cr 24	Mn 25	Fe 26	Co 27	Ni 28	Cu 29	Zn 30	Ga 31	Ge 32	As 33	Se 34	Br 35	Kr 36
Xe 54	Rb 37	Sr 38	Y 39	Zr 40	Nb 41	Mo 42	Tc 43	Ru 44	Rh 45	Pd 46	Ag 47	Cd 48	In 49	Sn 50	Sb 51	Te 52	J 53	Xe 54
Rn 86	Cs 55	Ba 56	La 57 *	Hf 72	Ta 73	W 74	Re 75	Os 76	Ir 77	Pt 78	Au 79	Hg 80	Tl 81	Pb 82	Bi 83	Po 84	At 85	Rn 86
	Fr 87	Ra 88	Ac 89 ◆	Th 90	Pa 91	U 92	Np 93	Pu 94										

Gruppe 0
| H 1 | He 2 |

* Lanthanone

Ce 58	Pr 59	Nd 60	Pm 61	Sm 62	Eu 63	Gd 64	Tb 65	Dy 66	Ho 67	Er 68	Tm 69	Yb 70	Lu 71

◆ Actinone

Th 90	Pa 91	U 92	Np 93	Pu 94	Am 95	Cm 96	Bk 97	Cf 98	Es 99	Fm 100	Md 101	No 102	Lr 103	Kh 104

man die Elemente in einer Tafel anordnet, dem sogenannten *Periodensystem der Elemente*. Viele verschiedene Formen des Periodensystems sind vorgeschlagen und benutzt worden. Wir werden bei der Besprechung der Elemente und ihrer Eigenschaften von dem einfachen System Gebrauch machen, das die Tafel 5.3 zeigt. (Dasselbe System ist dem Buch als Ausklapptafel beigegeben.)

Die waagerechten Zeilen des Periodensystems nennt man *Perioden*. Es gibt eine sehr kurze Periode (mit Wasserstoff und Helium, Ordnungszahlen 1 und 2), zwei kurze Perioden von je acht Elementen, zwei lange Perioden von je achtzehn Elementen, eine sehr lange Periode von zweiunddreißig Elementen und eine unvollständige Periode.

Die senkrechten Spalten des Periodensystems nennt man *Gruppen;* welche Beziehungen dabei zwischen den Elementen in den kurzen und denen in den langen Perioden bestehen, ist in der Tafel angedeutet. Elemente, die derselben Gruppe angehören, sogenannte *Homologe*, sind einander in ihren physikalischen und chemischen Eigenschaften nahe verwandt.

Zu den Gruppen Ia, IIa und IIIa rechnet man die Elemente auf der linken Seite aller Perioden, zu den Gruppen Va, VIa und VIIa die Elemente auf der rechten Seite. Die mittleren Elemente der langen Perioden, die sogenannten *Übergangselemente*, unterscheiden sich in ihren Eigenschaften von den Elementen der kurzen Perioden. Wir besprechen sie getrennt als Gruppen IVb, Vb, VIb, VIIb, VIII (die VIII. Gruppe enthält aus historisch bedingten Gründen drei Elemente je Periode), Ib, IIb, IIIb und IVa.

Die sehr lange Periode ist in der Tafel in der Weise untergebracht, daß vierzehn Elemente herausgenommen und unten gesondert aufgeführt sind. Es handelt sich dabei um die Lanthanone, mit den Ordnungszahlen 58 bis 71. Die unvollständige Periode ist in ähnlicher Weise dadurch untergebracht, daß die Elemente mit Ordnungszahl von 90 an, die Aktinone, ebenfalls herausgezogen und unter den Lanthanonen aufgeführt sind.

Die Elemente auf der linken Seite und in der Mitte des Periodensystems sind Metalle. Im Elementarzustand zeigen sie charakteristische Eigenschaften, die man als metallische Eigenschaften bezeichnet: hohe elektrische Leitfähigkeit und Wärmeleitfähigkeit, metallischen Glanz, Verformbarkeit. Die Elemente auf der rechten Seite des Periodensystems sind Nichtmetalle. Im Elementarzustand besitzen sie keine metallischen Eigenschaften.

Am stärksten ausgeprägt finden sich die metallischen Eigenschaften bei den Elementen in der linken unteren Ecke des Periodensystems, die nichtmetallischen Eigenschaften bei den Elementen in der rechten oberen Ecke. Den Übergang von Metallen zu Nichtmetallen bilden Elemente mit Eigenschaften, die zwischen den metallischen und den nichtmetallischen stehen. Diese Elemente nehmen eine Zone im Periodensystem ein, die sich von einem Punkt oben ziemlich in der Mitte zur rechten unteren Ecke hin erstreckt. Man bezeichnet sie als Halbmetalle. Zu ihnen zählen Bor, Silicium, Germanium, Arsen, Antimon, Tellur und Polonium.

Auf die Entdeckung des Periodensystems kommen wir im letzten Abschnitt dieses Kapitels zurück.

Elektronenschalen und Perioden des Periodensystems. Die in Tafel 5.2 aufgeführten Elektronenschalen in der Reihenfolge ihrer Ausbildung enthalten 2, 8, 8, 18, 18, 32 und 32 Elektronen. Diese Zahlen sind gleichzeitig die jeweilige Anzahl der

Elemente in den Perioden des Periodensystems. (Die letzte Periode ist unvollständig.) Die zwei kurzen Perioden von je acht Elementen entsprechen der Besetzung von je zwei Teilschalen, einer s-Teilschale (mit einem Orbital) und einer p-Teilschale (mit drei Orbitalen).

Die nächsten beiden langen Perioden entsprechen der Besetzung nicht nur dieser Teilschalen (mit Konfiguration $4s^2 4p^6$ bzw. $5s^2 5p^6$), sondern auch von d-Teilschalen ($3d^{10}$ bzw. $4d^{10}$). Es ist der Einbau der zehn d-Elektronen, der die Perioden auf je achtzehn Elemente anwachsen läßt.

Die sehr lange Periode, die mit Radon endet, kommt durch die Besetzung von $4f^{14}$ zusätzlich zu $5d^{10}$ und $6s^2 6p^6$ zustande.

Das Oktett. Jedes Edelgas mit Ausnahme des Heliums besitzt acht äußere Elektronen (d.h. mit höchstem Wert der Hauptquantenzahl), die als vier Paare mit der Konfiguration $ns^2 np^6$ auftreten. Diese Gruppierung von acht Elektronen wird als *Oktett* bezeichnet. Viele Eigenschaften von Elementen, die im Periodensystem in der Nähe der Edelgase stehen, lassen sich in einfacher und befriedigender Weise mit der Vorstellung vom Oktett und dessen vier Orbitalen ns, np_x, np_y und np_z deuten. (Bei anderen Elementen, mit denen wir uns hauptsächlich in den letzten Kapiteln beschäftigen wollen, müssen auch die d-Orbitale in Rechnung gestellt werden.)

Die Elektronenstruktur der Elemente der ersten kurzen Periode. Alle Elemente von Lithium bis Fluor haben eine innere Schale, $1s^2$. Das Lithium besitzt ein zusätzliches $2s$-Elektron, und seine Elektronenkonfiguration ist folglich $1s^2 2s$.

Die Elektronenstruktur eines Atoms kann mit einer Schreibweise veranschaulicht werden, die Pünktchen für die Elektronen der äußeren Schale (oder des äußeren Oktetts) benutzt; das chemische Symbol wird beibehalten und entspricht dann dem Kern mit den Elektronen der inneren Schalen. Das Symbol für Lithium in dieser Schreibweise, Li·, zeigt als Pünktchen nur das eine äußere Elektron, das auch Valenzelektron genannt wird. Das nächste Element, Beryllium, besitzt zwei Valenzelektronen, die beide im Grundzustand das $2s$-Orbital besetzen. Das Pünktchensymbol ist Be:, und die Elektronenkonfiguration ist $1s^2 2s^2$ (im Grundzustand). Das Paar von Pünktchen stellt ein Paar von Elektronen entgegengesetzten Spins dar, die gemeinsam ein Orbital besetzen.

Die Symbole für die acht Elemente der ersten Periode im Grundzustand lauten

$$\text{Li·} \quad \text{Be:} \quad \text{:B·} \quad \text{·C·} \quad \text{:N·} \quad \text{:O·} \quad \text{:F·} \quad \text{:Ne:}$$

Die ersten drei $2p$-Elektronen besetzen verschiedene Orbitale und bleiben ungepaart. So ist die Konfiguration des Kohlenstoffs im Grundzustand $1s^2 2s^2 2p_x 2p_y$, nicht etwa $1s^2 2s^2 2p_x^2$.

Die Elektronenkonfigurationen der Elemente vom Lithium bis zum Neon erscheinen in Tafel 5.4. Für die höheren Homologe dieser Elemente sind die Konfigurationen die gleichen, abgesehen nur von der höheren Hauptquantenzahl n. So hat zum Beispiel Schwefel, das Homologe des Sauerstoffs in der nächsten Periode, die Valenzelektronenkonfiguration $3s^2 3p^4$.

Tafel 5.4. Elektronenkonfigurationen der Elemente Li bis Ne.

Atom	Anzahl Elektronen pro Orbital[1]				Elektronenkonfiguration
	$2s$	$2p_x$	$2p_y$	$2p_z$	
Li	1				$2s$
Be	2				$2s^2$
B	2	1			$2s^2 2p$
C	2	1	1		$2s^2 2p^2$
N	2	1	1	1	$2s^2 2p^3$
O	2	2	1	1	$2s^2 2p^4$
F	2	2	2	1	$2s^2 2p^5$
Ne	2	2	2	2	$2s^2 2p^6$

1 Die Innenelektronen, jeweils ein $1s^2$-Paar bei diesen Elementen, sind nicht mit angegeben.

Wie von den Elektronenstrukturen bei der Korrelation der Eigenschaften von Substanzen Gebrauch gemacht werden kann, soll in den nächsten Kapiteln erläutert werden.

Ein Energieniveauschema. Eine Tafel, die die Energiewerte aller Elektronen in allen Atomen schematisch wiedergibt, zeigt Abbildung 5.11.

Jedes Orbital ist als Quadrat eingetragen. Das stabilste Orbital (dessen Elektronen am festesten an den Kern gebunden sind) ist das $1s$-Orbital ganz unten im Diagramm. Energie ist erforderlich, um ein Elektron von einem stabilen in ein weniger stabiles, im Diagramm höher gelegenes Orbital zu heben.

Die Reihenfolge des Einbaus der Elektronen zeigen die Pfeile im Diagramm: die ersten beiden Elektronen besetzen das $1s$-Orbital, die nächsten beiden das $2s$-Orbital, die nächsten sechs die $2p$-Orbitale usw. Die Symbole und Ordnungszahlen stehen über bzw. unter dem äußersten (am lockersten gebundenen) Elektron des neutralen Atoms.

Die Elektronenkonfiguration ergibt sich aus der Reihenfolge der Orbitale entlang des bezeichneten Wegs durch das Diagramm bis zum Symbol des betreffenden Elements. So ist die Elektronenkonfiguration des Stickstoffs $1s^2 2s^2 2p^3$, und die des Scandiums $1s^2 2s^2 2p^6 3s^2 3p^6 4s^2 3d$.

Bei den schweren Atomen können die Energiewerte der Zustände, die zu mehreren verschiedenen Konfigurationen gehören, sehr nahe beieinanderliegen. Die Entscheidung, welche Elektronenkonfiguration dem Atom in einem Diagramm wie in Abbildung 5.11 zugeschrieben werden soll, ist daher etwas willkürlich. Die Konfigurationen im Diagramm entsprechen dem stabilsten Zustand der freien (gasförmigen) Atome oder einem sehr eng benachbarten Zustand. Die aus Atomspektren ermittelten Elektronenkonfigurationen der Elemente 1 bis 92 im Grundzustand sowie deren Russel-Saunders-Symbole sind in Tafel 5.5 angegeben. Gegenüber Abbildung 5.11 zeigen sich vereinzelte Abweichungen, die erste beim Chrom ($Z = 24$), dessen Grundzustand die Konfiguration $3d^5 4s$ aufweist, nicht $3d^4 4s^2$. Die letztere Konfiguration ist die eines angeregten Zustands, der nur 0,96 eV über dem Grundzustand liegt.

5.5. Elektronenenergien als Grundlage des Periodensystems

Die Energie eines Elektrons im Wasserstoffatom oder einem wasserstoffähnlichen Ion (He^+, Li^{2+} usw.) hängt nach Gleichung 5.5 bei vorgegebener Ordnungszahl nur von der Hauptquantenzahl n ab. Für jeden Wert von n existieren $2n^2$ Sätze von Werten von l, m_l und m_s, und jedes wasserstoffartige Energieniveau n könnte deshalb mit $2n^2$ Elektronen besetzt werden (2 in der K-Schale, 8 in der L-Schale, 18 in der M-Schale usw.). Das Periodensystem sähe einfacher aus, falls die Edelgase jeweils bei der Vervollständigung dieser Schalen auftreten würden, also bei $Z = 2, 10, 28, 60, 110, \ldots$ Statt dessen erscheinen sie bei $Z = 2, 10, 18, 36, 54$ und 86, und die Perioden der Reihe nach enthalten 2, 8, 8, 18, 18

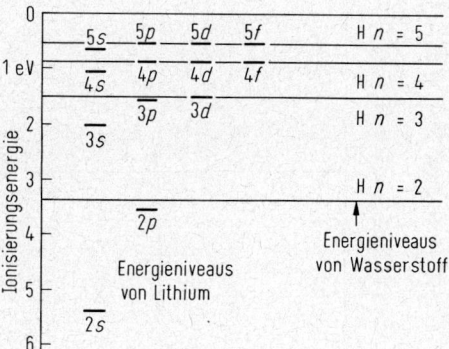

Abb. 5.14. Energieniveaus des Lithiumatoms.

und 32 Elemente. Dieser wichtige Wesenszug des Periodensystems kann heute als vollständig geklärt gelten. Er kommt dadurch zustande, daß für alle Atome mit Ausnahme des Wasserstoffatoms die Elektronenenergie der Orbitale nicht nur von n, sondern auch von l abhängt.

Tauchbahnen. Die Abhängigkeit der Elektronenenergien von beiden Quantenzahlen, n und l, geht aus den experimentell gefundenen Energieniveaus hervor. So zeigt Abbildung 5.11, daß der Zustand $2s$ ($l=0$) unter $2p$ ($l=1$) liegt, $3s$ unter $3p$ und $3p$ wiederum unter $3d$ usw. Dies kommt in den angeregten Zuständen des Lithiumatoms (Abb. 5.14[1])) und aller anderer Atome mit Ausnahme des Wasserstoffatoms zum Ausdruck. Ein von Schrödinger im Jahr 1921, also noch vor Aufstellung der Quantenmechanik vorgeschlagene Erklärung für dieses Verhalten ist in Abbildungen 5.15 und 5.16 dargestellt. Schrödingers Vorschlag läuft darauf hinaus, die innere Elektronenschale des Lithiums durch eine äquivalente elektrische Ladung zu ersetzen, die gleichmäßig auf der Oberfläche einer Kugel von geeignet gewähltem Radius verschmiert ist. Für Lithium sollte dieser Radius etwa 0,33 Å betragen (vgl. Aufgabe 5.5 mit Korrektur um einen Faktor 3/2 gemäß Gl. 5.12). Das Valenzelektron außerhalb dieser Schale würde sich dann in einem elektrischen Feld bewegen, das von der Kernladung $+3\varepsilon$ und den Ladungen der beiden

---

[1] Berechnet durch Kombination der Photonenenergien, die den beobachteten Spektrallinien des Li entsprechen.

Tafel 5.5. Elektronenkonfigurationen der Atome im Grundzustand.

		He 1s	Neon 2s 2p	Argon 3s 3p	Krypton 3d 4s 4p	Xenon 4d 5s 5p	Radon 4f 5d 6s 6p	Eka-Radon 5f 6d 7s 7p	Symbol
H	1	1							$^2S_{1/2}$
He	2	2							$^1S_0$
Li	3	2	1						$^2S_{1/2}$
Be	4	2	2						$^1S_0$
B	5	2	2 1						$^2P_{1/2}$
C	6	2	2 2						$^3P_0$
N	7	2	2 3						$^4S_{3/2}$
O	8	2	2 4						$^3P_2$
F	9	2	2 5						$^2P_{3/2}$
Ne	10	2	2 6						$^1S_0$
Na	11			1					$^2S_{1/2}$
Mg	12			2					$^1S_0$
Al	13		10	2 1					$^2P_{1/2}$
Si	14		Neon-	2 2					$^3P_0$
P	15		Rumpf	2 3					$^4S_{3/2}$
S	16			2 4					$^3P_2$
Cl	17			2 5					$^2P_{3/2}$
Ar	18	2	2 6	2 6					$^1S_0$
K	19				1				$^2S_{1/2}$
Ca	20				2				$^1S_0$
Sc	21				1 2				$^2D_{3/2}$
Ti	22				2 2				$^3F_2$
V	23				3 2				$^4F_{3/2}$
Cr	24				5 1				$^7S_3$
Mn	25				5 2				$^6S_{5/2}$
Fe	26			18	6 2				$^5D_4$
Co	27			Argon-Rumpf	7 2				$^4F_{9/2}$
Ni	28				8 2				$^3F_4$
Cu	29				10 1				$^2S_{1/2}$
Zn	30				10 2				$^1S_0$
Ga	31				10 2 1				$^2P_{1/2}$
Ge	32				10 2 2				$^3P_0$
As	33				10 2 3				$^4S_{3/2}$
Se	34				10 2 4				$^3P_2$
Br	35				10 2 5				$^2P_{3/2}$
Kr	36	2	2 6	2 6	10 2 6				$^1S_0$
Rb	37					1			$^2S_{1/2}$
Sr	38					2			$^1S_0$
Y	39					1 2			$^2D_{3/2}$
Zr	40					2 2			$^3F_2$
Nb	41					4 1			$^6D_{1/2}$
Mo	42					5 1			$^7S_3$
Tc	43					5 2			$^6S_{5/2}$
Ru	44			36		7 1			$^5F_5$
Rh	45			Krypton-Rumpf		8 1			$^4F_{9/2}$
Pd	46					10			$^1S_0$
Ag	47					10 1			$^2S_{1/2}$
Cd	48					10 2			$^1S_0$
In	49					10 2 1			$^2P_{1/2}$
Sn	50					10 2 2			$^3P_0$
Sb	51					10 2 3			$^4S_{3/2}$
Te	52					10 2 4			$^3P_2$
I	53					10 2 5			$^2P_{3/2}$

Tafel 5.5. (Fortsetzung)

		He 1s	Neon 2s 2p	Argon 3s 3p	Krypton 3d 4s 4p	Xenon 4d 5s 5p	Radon 4f 5d 6s 6p	Eka-Radon 5f 6d 7s 7p	Symbol
Xe	54	2	2 6	2 6	10 2 6	10 2 6			$^1S_0$
Cs	55						1	$^2S_{1/2}$	
Ba	56						1 2		$^1S_0$
La	57						1 2	$^2D_{3/2}$	
Ce	58						1 1 2		$^3H_4$
Pr	59						2 1 2	$^4K_{11/2}$	
Nd	60						3 1 2		$^5L_6$
Pm	61						4 1 2	$^6L_{9/2}$	
Sm	62						5 1 2		$^7K_4$
Eu	63						6 1 2	$^8H_{3/2}$	
Gd	64						7 1 2		$^9D_2$
Tb	65						8 1 2		$^8H_{17/2}$
Dy	66						9 1 2		$^7K_{10}$
Ho	67						10 1 2	$^6K_{19/2}$	
Er	68			54			11 1 2		$^5L_{10}$
Tm	69			Xenon-Rumpf			12 1 2	$^4K_{17/2}$	
Yb	70						13 1 2		$^3H_6$
Lu	71						14 1 2	$^2D_{3/2}$	
Hf	72						14 2 2		$^3F_2$
Ta	73						14 3 2	$^4F_{3/2}$	
W	74						14 4 2		$^5D_0$
Re	75						14 5 2	$^6S_{5/2}$	
Os	76						14 6 2		$^5D_4$
Ir	77						14 7 2	$^4F_{9/2}$	
Pt	78						14 9 1		$^3D_3$
Au	79						14 10 1	$^2S_{1/2}$	
Hg	80						14 10 2		$^1S_0$
Tl	81						14 10 2 1	$^2P_{1/2}$	
Pb	82						14 10 2 2		$^3P_0$
Bi	83						14 10 2 3	$^4S_{3/2}$	
Po	84						14 10 2 4		$^3P_2$
At	85						14 10 2 5	$^2P_{3/2}$	
Rn	86	2	2 6	2 6	10 2 6	10 2 6	14 10 2 6		$^1S_0$
Fr	87							1	$^2S_{1/2}$	
Ra	88				86			2		$^1S_0$
Ac	89				Radon-Rumpf			1 2	$^2D_{3/2}$	
Th	90							2 2		$^3F_2$
Pa	91							3 2	$^4F_{3/2}$	
U	92							4 2		$^5D_0$
Eka-Rn	118	2	2 6	2 6	10 2 6	10 2 6	14 10 2 6	14 10 2 6	$^1S_0$

K-Elektronen von zusammen -2ε herrührt, also im Feld einer Effektivladung $+\varepsilon$ wie der des Protons (vollständige Wirksamkeit der Abschirmung, Abschirmungszahl 2; vgl. Abschnitt 5.2). Solange das Valenzelektron außerhalb der K-Schale bleibt, sollte es sich somit wie ein Elektron im Wasserstoffatom verhalten. Eine Bahn, die außerhalb der inneren Schale bleibt (Abb. 5.15), wird *ungestört* oder *nicht eintauchend* genannt.

5. Atombau und Periodensystem der Elemente

Wie Abbildung 5.14 zeigt, würde sich ein *f*- oder *d*-Elektron eines angeregten Lithiumatoms auf einer im wesentlichen ungestörten Bahn befinden, ein *s*-Elektron dagegen durch die *K*-Schale bis dicht zum Kern vordringen, und wahrscheinlich würde sogar ein *p*-Elektron zu einem gewissen Grade in die *K*-Schale eintauchen. Ein Elektron auf einer solchen *gestörten* oder *Tauchbahn* (Abb. 5.16) dringt in den Anziehungsbereich der vollen Kernladung $+3\varepsilon$ vor und ist nur teilweise durch die *K*-Elektronen abgeschirmt, sollte deshalb erheblich stabiler (fester gebunden) sein.

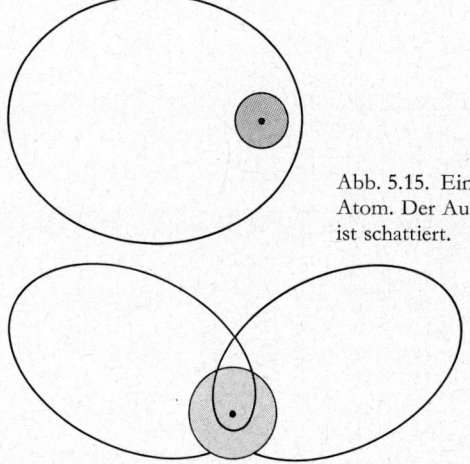

Abb. 5.15. Eine nicht eintauchende Bahn in einem alkaliähnlichen Atom. Der Aufenthaltsraum der inneren Elektronen um den Kern ist schattiert.

Abb. 5.16. Tauchbahn in einem alkaliähnlichen Atom.

Aufgabe 5.6. Die Wellenlänge der Spektrallinie, die dem Übergang $2p \to 2s$ im Li entspricht, beträgt nach spektroskopischer Messung 6710 Å. Wie groß ist die Abschirmungszahl der beiden *K*-Elektronen hinsichtlich des $2p$-Elektrons?

Lösung. Auf üblichem Wege (Gl. 3.13) finden wir für die Energie eines Lichtquants mit $\lambda = 6710$ Å den Wert 1,848 eV. Folglich liegt der angeregte $2p$-Zustand des Li um 1,848 eV über dem $2s$-Zustand (Grundzustand), hat also eine um 1,848 eV geringere Ionisierungsenergie. Für den Grundzustand ist die Ionisierungsenergie 5,390 eV (vgl. Tafel 5.1), für den $2p$-Zustand folglich $5,390 - 1,848 = 3,542$ eV. Mit diesem Wert liefert Gleichung 5.11 die Abschirmungszahl $S = 1,98$, verglichen mit 1,74 für die Abschirmungszahl gegenüber dem $2s$-Elektron (vgl. Aufgabe 5.4). Nach dieser Rechnung durchdringt das $2p$-Elektron die *K*-Schale nur zu 1%, während das $2s$-Elektron des Grundzustands sie zu 13% durchdringt.

Die erste lange Periode. Die Konfiguration von Argon, mit $Z = 18$, ist $1s^2 2s^2 2p^6 3s^2 3p^6$. Beim nächsten Element, dem Kalium, wird ein $4s$-Elektron eingebaut, nicht etwa ein $3d$-Elektron, denn das $4s$-Orbital ist als Tauchorbital energetisch begünstigt gegenüber dem $3d$-Orbital, das kein Tauchorbital ist. Das $4s$-Elektron ist laut Tafel 5.1 mit einer Energie von 4,34 eV gebunden. Aus dem Spektrum des Kaliums ergibt sich für den angeregten $3d$-Zustand eine Energie, die um 2,67 eV über der des Grundzustands liegt. Die Energie, mit der das $3d$-Elektron gebunden ist, liegt also mit $4,34 - 2,67 = 1,67$ eV nur wenig über der für eine vollkommen ungestörte Bahn ($Z-S=1$), die $13,60/3^2 = 1,51$ eV beträgt.

Daß das 3d-Orbital im Kalium ungestört ist, entspricht der Erwartung. Der kürzeste Abstand vom Kern für eine Bohr-Sommerfeldsche Ellipsenbahn mit Hauptquantenzahl n und Drehimpuls $[l(l+1)]^{1/2}\hbar$ beträgt

$$\frac{n^2 a_0}{Z-S}\left[1+\frac{1}{2}\left(1-\frac{l(l+1)}{n^2}\right)\right]$$

Für ein 3d-Elektron mit $Z-S=1$ ergibt sich hieraus 2,02 Å, während der Rumpf (d.h. das K^+-Ion) nur einen Radius von etwa 1,4 Å aufweist[1]. Das Bohr-Sommerfeldsche Atommodell ist der Wellenmechanik nahe genug verwandt, daß man diese Rechnung als Erklärung der Instabilität des 3d-Zustands des Kaliums gelten lassen kann.
Bei den folgenden Elementen – Ca, Sc, Ti, V usw. – erhöht sich die effektive Kernladung rasch, und beim Vanadium ($Z=23$) wird das 3d-Orbital dem 4s-Orbital energetisch ungefähr gleichwertig. Die erste lange Periode erstreckt sich demgemäß über 18 Elemente vom Kalium bis zum Krypton und entspricht dem Aufbau der $3d^{10}$-, $4s^2$- und $4p^2$-Teilschalen auf der Argon-Rumpfstruktur.
In ähnlicher Weise beginnt ein 4d-Elektron beim Niob ($Z=41$) in den Rumpf einzutauchen, wie aus den Grundzustandskonfigurationen in Tafel 5.5 hervorgeht. So kommt die zweite lange Periode zustande. Die erste sehr lange Periode, die von Cs (55) bis zu Rn (86) reicht, rührt davon her, daß sowohl 5d- als auch 4f-Orbitale etwa bei $Z=58$ beginnen, in den Rumpf einzutauchen.

5.6. Die geschichtliche Entwicklung des Periodensystems

Die Einteilung der chemischen Substanzen in zwei Gruppen, in Elemente und Verbindungen, war zu Ende des achtzehnten Jahrhunderts erreicht. Es dauerte lange Zeit, bis man erkannte, daß die Elemente sich in der heute durch das Periodensystem gegebenen Weise ordnen lassen. Den ersten Schritt in dieser Richtung tat 1817 der deutsche Chemiker J.W. Döbereiner (1780–1849), der zeigte, daß das Verbindungsgewicht von Strontium gerade mit dem arithmetischen Mittel der Verbindungsgewichte der verwandten Elemente Calcium und Barium übereinstimmt. In den nächsten Jahren fand er noch andere solche „Triaden" ähnlicher Elemente (Chlor, Brom und Jod, sowie Lithium, Natrium und Kalium).
Andere Chemiker zeigten dann, daß die Elemente sich in Gruppen von mehr als drei ähnlichen Elementen ordnen lassen. Fluor wurde der Triade Chlor-Brom-Jod und Magnesium der Triade Calcium-Strontium-Barium zugefügt. 1854 hatte man Sauerstoff, Schwefel, Selen und Tellur als Glieder einer Familie, Stickstoff, Phosphor, Arsen, Antimon und Wismut als Glieder einer anderen Familie erkannt.
1862 ordnete der französische Chemiker A.E.B. de Chancourtois die Elemente nach steigendem Atomgewicht auf einer räumlichen Schraubenkurve so an, daß je sechzehn Elemente auf einen Gang der Schraube zu liegen kamen. Auf diese Weise lagen Elemente mit ähnlichen Eigenschaften einander nahe. „Die Eigenschaften der Elemente sind

---

[1] Die Berechnung mit der Ionisierungsenergie wie in Aufgabe 5.5 liefert $r=1,44$ Å. Der Kristallradius von K^+ (siehe Kapitel 6) beträgt 1,33 Å.

Eigenschaften von Zahlen", wie er sich ausdrückte. Der englische Chemiker J. A. R. Newlands stellte 1863 ein System auf, das die Elemente nach steigendem Atomgewicht geordnet in sieben Gruppen zu je sieben Elementen enthielt. Er sprach vom „Gesetz der Oktaven", in Analogie zu den sieben Tonintervallen einer Oktave in der Musik. Seine Idee wurde jedoch nur belächelt, und er verfolgte sie nicht weiter.

Den letzten und entscheidenden Schritt in der Entwicklung des Periodensystems tat 1869 der russische Chemiker Dimitrij I. Mendelejeff (1834–1907), der die Beziehungen zwischen dem Atomgewicht der Elemente und ihren physikalischen und chemischen Eigenschaften gründlich untersuchte, und zwar unter besonderer Berücksichtigung der Wertigkeit (Kapitel 6). Mendelejeff stellte ein Periodensystem mit 17 Spalten auf, das in seinen wesentlichen Zügen der Tafel 5.3 ähnlich sieht. Die Edelgase fehlten, sie waren damals noch nicht entdeckt. 1871 berichtigte Mendelejeff seine Tafel und ordnete mehrere Elemente auf Grund inzwischen berichtigter Atomgewichte anders ein. Gleichzeitig mit dem unabhängig von ihm arbeitenden deutschen Chemiker Lothar Meyer (1830–1895) schlug er 1871 ein System mit acht Spalten vor, das er erhielt, indem er jede der langen Perioden in eine Periode von sieben Elementen, eine achte Gruppe mit den drei zentralen Elementen (wie Eisen, Kobalt, Nickel) und eine zweite Periode von sieben Elementen aufteilte. Den Gruppen gab man römische Ziffern, und später bezeichnete man zur Unterscheidung die ersten und zweiten Perioden innerhalb der langen Perioden mit den kleinen Buchstaben a und b. Diese Kennzeichnung der Perioden (Ia, IIa, IIIa, IVb, Vb, VIb, VIIb, VIII, Ib, IIb, IIIb, IVa, Va, VIa, VIIa) findet sich – in etwas berichtigter Form – auch im heutigen Periodensystem wieder, selbst wenn es in seiner breiten Form (mit langen Perioden) geschrieben wird.

Die „nullte" Gruppe wurde dem Periodensystem hinzugefügt, nachdem Lord Rayleigh und Sir William Ramsay in den Jahren nach 1894 die Edelgase Helium, Neon, Argon usw. entdeckt hatten. Nach der Entdeckung des Elektrons und der Entwicklung der Atomkerntheorie äußerte der holländische Physiker A. van den Broek die Vermutung, daß die Kernladungszahl eines Elements, die wir heute als Ordnungszahl bezeichnen, gleich der Platznummer des Elements im Periodensystem sei.

Das Periodensystem fand Anerkennung gleich nach Mendelejeffs Veröffentlichung, weil er mit ihm erfolgreich Voraussagen machte, die sich wenig später experimentell bestätigten. 1871 bemerkte Mendelejeff, daß die Eigenschaften von siebzehn Elementen besser in Beziehung zu den anderen Elementen gesetzt werden konnten, wenn man sie ihren Platz im Periodensystem, den sie auf Grund des damals für sie angenommenen Atomgewichts einnahmen, wechseln ließ. Er schloß daraus auf kleine Fehler in den Atomgewichtsbestimmungen für einige Elemente und auf große Fehler bei verschiedenen anderen Elementen, deren Verbindungen man unrichtige Formeln zugeschrieben hatte. Die experimentelle Nachprüfung bestätigte Mendelejeffs Ansicht.

Fast alle Elemente stehen im Periodensystem in der Reihenfolge steigender Atomgewichte geordnet. An vier Stellen haben jedoch benachbarte Elemente ihre Plätze vertauscht: Argon steht vor Kalium (die Ordnungszahlen sind 18 für Argon und 19 für Kalium, die Atomgewichte dagegen 39,948 für Argon und 39,102 für Kalium), Kobalt steht vor Nickel, Tellur vor Jod und Thorium vor Protaktinium. Die Ursache dafür liegt in der Isotopenverteilung der beteiligten Elemente, die dazu führt, daß das Atomgewicht der natürlich vorkommenden Isotopenmischung größer ist für das Element mit geringerer Ordnungszahl. So besteht Argon fast ausschließlich (zu 99,6%) aus dem Isotop mit Massenzahl 40 (18 Protonen, 22 Neutronen), Kalium dagegen zum größten Teil (zu 93,4%) aus dem Isotop mit Massenzahl 39 (19 Protonen, 20 Neutronen). Die Tatsache, daß bei den genannten Paaren die Elemente auf Grund ihrer chemischen Eigenschaften ihre Plätze in der nach steigendem Atomgewicht geordneten Reihe tauschen müssen, hat viel Kopfzerbrechen verursacht, bis dann die Ordnungszahlen der Elemente entdeckt wurden und sich die Unregelmäßigkeiten als wenig bedeutungsvoll herausstellten.

Mendelejeff wendete das Periodensystem in sehr überzeugender Weise an, indem er die Existenz von sechs bis dahin noch nicht entdeckten Elementen voraussagte, die freien Plätzen im Periodensystem entsprachen. Er nannte diese Elemente Eka-Bor, Eka-Aluminium, Eka-Silicium, Eka-Mangan, Dvi-Mangan und Eka-Tellur (Sanskrit: *eka,* der erste; *dvi,* der zweite). Drei dieser Elemente wurden bald darauf entdeckt (ihre Entdecker nannten sie Scandium, Gallium und Germanium). Ihre Eigenschaften und die ihrer Verbindungen erwiesen sich den von Mendelejeff für Eka-Bor, Eka-Aluminium und Eka-Silicium vorhergesagten sehr ähnlich. Inzwischen sind auch die Elemente Technetium, Rhenium und Polonium entdeckt oder künstlich hergestellt worden. Ihre Eigenschaften stimmen mit den für Eka-Mangan, Dvi-Mangan und Eka-Tellur vorhergesagten weitgehend überein.

Nach der Entdeckung von Helium und Argon ließ das Periodensystem die Existenz von Neon, Xenon, Krypton und Radon mit Sicherheit erwarten. Die Suche nach diesen Elementen als Bestandteilen der Luft führte zur Entdeckung der drei ersten. Das Radon fand man später bei der Untersuchung der Eigenschaften von Radium und anderen radioaktiven Substanzen. Überlegungen über die Beziehungen zwischen Atombau und Periodensystem führten Niels Bohr zu der Annahme, daß das Element 72 in seinen Eigenschaften dem Zirkonium ähnlich sein müsse. Das veranlaßte G. von Hevesy und D. Coster, Zirkoniumerze genau zu untersuchen. Sie fanden dabei das fehlende Element und nannten es Hafnium.

Übungsaufgaben

5.1. Zeigen Sie an Hand der Bohrschen Frequenzbedindung und der Bohrschen Energiegleichung, daß die zweite Balmer-Linie (Wellenlänge 4862,7 Å) des Wasserstoffspektrums (Abbildung 5.1) einem Quantensprung des Elektrons von $n = 4$ auf $n = 2$ entspricht.

5.2. Was besagt das Russell-Saunders-Symbol $^2S_{1/2}$ für den Grundzustand des Wasserstoffatoms (vgl. Tafel 5.5)?

5.3. Die erste Ionisierungsenergie des Heliums beträgt 24,58 eV, die zweite 54,40 eV. In beiden Fällen wird ein 1s-Elektron abgespalten. Erklären Sie, warum das zweite Elektron so viel fester gebunden ist als das erste.

5.4. Wie sehen die Elektronenkonfigurationen von Li^+ und Be^+ aus? Warum ist die zweite Ionisierungsenergie so viel höher für Lithium als für Beryllium?

5.5. Welches sind die Hauptquantenzahlen der Anfangszustände und Endzustände für die Balmer-Serie im Wasserstoffspektrum? Zeichnen Sie ein Energieniveaudiagramm für das Wasserstoffatom und tragen Sie die Übergänge ein, denen die Emissionslinien der Balmer-Serie entsprechen.

5.6. Wie hängt im Bohrschen Atommodell der Umfang der Kreisbahnen von der Hauptquantenzahl und wie von der Ordnungszahl des Atoms (der Kernladung) ab?

5.7. Beschreiben Sie die Elektronenstoßversuche, die Franck und Hertz 1914 bis 1920 ausführten. Welche Eigenschaften von Atomen und Molekeln lassen sich in diesen Versuchen messen?

5.8. Die Ionisierungsenergien von Wasserstoff, Helium und Lithium betragen 13,60 eV, 24,58 eV bzw. 5,39 eV. In welcher Beziehung stehen diese drei Werte zu den chemischen Eigenschaften der drei Elemente?

5.9. Beschreiben Sie die Struktur der Elektronenhüllen des Wasserstoffatoms, Heliumatoms und Lithiumatoms im Grundzustand, wie sie sich aus dem Bohrschen Atommodell, dem Elektronenspin und dem Pauli-Prinzip ergeben.

5.10. Fertigen Sie von jedem Argonon, He, Ne, Ar, Kr, Xe und Rn, eine Skizze an, die die Elektronen in ihren Schalen als Pünktchen zeigt.

5.11. Überzeugen Sie sich, daß Sie verstanden haben, wie das Periodensystem zustande kommt: Leiten Sie an Hand der Elektronenschalen der Argononen die Elektronenstrukturen von N (Ordnungszahl 7), Al (Ordnungszahl 13), K (19), Ni (28), Cu (29), Ba (56), Bi (83) und Ra (88) ab. Tragen Sie diese Elektronenstrukturen in eine Tabelle ähnlich der im Text für die Edelgase gegebenen ein.

5.12. Die synthetischen Elemente Neptunium (93), Plutonium (94), Americium (95) und Curium (96) bilden alle, ebenso wie Actinium (89), dreiwertig positive Ionen. In welchen Schalen können die zusätzlichen Elektronen eingebaut sein, die Np^{3+}, Pu^{3+}, Am^{3+} und Cm^{3+} über die des Ac^{3+} hinaus besitzen?

5.13. a) Wie sieht die Elektronenkonfiguration des Fluors aus? Greifen Sie auf Abbildung 5.4 zurück und zeigen Sie alle neun Elektronen. Vergessen Sie nicht, daß sich die $2p$-Teilschale aus drei Orbitalen zusammensetzt.
b) Wieviele Elektronenpaare besitzt das Fluoratom? Welche Orbitale besetzen sie?
c) Wieviele ungepaarte Elektronen treten auf? Auf welchem Orbital?

5.14. Im elektrischen Bogen zwischen Graphitelektroden werden einige Kohlenstoffatome in einen angeregten Zustand versetzt, dem man in der Spektroskopie die Konfiguration $1s^2 2s 2p_x 2p_y 2p_z$ (auch $2s2p^3$ geschrieben) zuspricht. Geben Sie das Pünktchensymbol an, das diesem Zustand des Kohlenstoffatoms entspricht.

5.15. Welche Elektronenkonfigurationen ergeben sich für Beryllium und Bor aus Abbildung 5.11? Wie sehen die entsprechenden Pünktchensymbole aus? Wie sehen die gewöhnlich benutzten Pünktchensymbole dieser Atome aus? (Die gewöhnlich benutzten Symbole zeigen eine größere Zahl von ungepaarten Elektronen.)

5.16. Geben Sie die Elektronenkonfiguration des Elements mit Ordnungszahl 103 an (vollständiges Symbol mit Orbitalen aller 103 Elektronen). Welchem Orbital schreiben Sie das letzte Elektron zu? Warum?

5.17. Nennen Sie die wichtigsten metallischen Eigenschaften. In welchem Teil des Periodensystems stehen die Elemente mit metallischen Eigenschaften? Teilen Sie die folgenden Elemente in Metalle, Halbmetalle und Nichtmetalle ein: Kalium, Arsen, Aluminium, Xenon, Brom, Silicium, Phosphor.

5.18. In seinem Aufsatz unter dem Stichwort „Chemie" in der neunten Auflage der Encyclopaedia Britannica (erschienen 1878) sagte H. A. Armstrong, Mendelejeff habe kürzlich vorgeschlagen, dem Uran das Atomgewicht 240 an Stelle des alten, auf Berzelius zurückgehenden Werts von 120 zuzuweisen; er, Armstrong, zöge jedoch den Wert 180 vor. Mendelejeff behielt recht. Die richtige Formel für Pechblende, ein wichtiges Uranerz, lautet U_3O_8. Welche Formel für Pechblende benutzte (a) Berzelius, (b) Armstrong?

Kapitel 6

Die chemische Bindung

Seit über hundert Jahren ist es in der Chemie üblich, die Formeln von Verbindungen in einer Weise zu schematisieren, die den Elementen bestimmte Bindungsvermögen, sogenannte *Wertigkeiten* (auch *Valenzen*) zuschreibt. Als Wertigkeit eines Elements galt nach inzwischen überholter Definition die Anzahl von Bindungen, die ein Atom des Elements mit den Atomen anderer Elemente eingeht.
Das Streben nach einem klaren Verständnis des Wesens der Wertigkeit sowie der chemischen Bindungskräfte ganz allgemein hat in neuerer Zeit zu einer Unterteilung des Bindungsbegriffs in verschiedene neue Begriffe geführt, besonders denen der *kovalenten Bindung* und der *Ionenbindung*. Mit diesen Bindungskräften sowie der allgemeinen Frage nach dem Wesen der chemischen Bindung wollen wir uns jetzt beschäftigen.

6.1. Das Wesen der kovalenten Bindung

In den meisten Molekeln werden die Atome von Bindungen einer sehr wichtigen Art zusammengehalten, der *Bindung mit gemeinsamem Elektronenpaar* oder *kovalenten Bindung*. Diese Art der Bindung ist so wichtig, so allgemein in der großen Mehrheit aller Substanzen vertreten, daß sie Gilbert Newton Lewis (Professor an der Universität von California, 1875–1946), der ihre Elektronenstruktur aufklärte, als die chemische Bindung schlechthin bezeichnete. Diese Bindung ist es, die in Strukturformeln wie

$$\text{Br-Br} \quad \text{und} \quad \text{Cl-}\underset{\underset{\text{Cl}}{|}}{\overset{\overset{\text{Cl}}{|}}{\text{C}}}\text{-Cl}$$

wie sie in der Chemie seit über hundert Jahren üblich sind, durch einen Strich symbolisiert wird.
Mit der Entwicklung der Theorie der kovalenten Bindung ist die Chemie in unserer Zeit um vieles verständlicher geworden. Chemische Gegebenheiten zu begreifen und sich einzuprägen ist heute einfacher als vor sechzig Jahren, dank der Möglichkeit, sie mit unserer Kenntnis der Natur der chemischen Bindung und der Elektronenstruktur von Molekeln in Verbindung zu bringen. Dem Leser sei deshalb empfohlen, dieses Kapitel besonders sorgfältig zu studieren und sich eine klare Vorstellung von der chemischen Bindung zu erarbeiten.

Das Wasserstoffmolekel-Ion. Die einfachste Molekel ist das Wasserstoffmolekel-Ion, H^+, das aus zwei Protonen und einem Elektron besteht. Seine Eigenschaften sind durch

Untersuchung des Bandenspektrums (Molekelspektrums) des Wasserstoffs ermittelt worden. Der durchschnittliche Abstand der beiden Protonen voneinander beträgt 1,06 Å, und die Bindungsenergie (d. h., die zur Aufspaltung des H_2^+ in H und H^+ nötige Energie) beläuft sich auf 255 kJ mol^{-1}.

Aus der wellenmechanischen Behandlung des H_2^+-Ions ergeben sich für den Bindungsabstand und die Bindungsenergie Werte, die mit den experimentell gefundenen ausgezeichnet übereinstimmen. Die berechnete Elektronenverteilung zeigt Abbildung 6.1. Das Elektron konzentriert sich auf den Bereich zwischen den beiden Kernen. Seine elektrostatische Anziehungskraft den Kernen gegenüber kompensiert deren gegenseitige Abstoßung und liefert die Bindungsenergie. Eine solche Bindung wird *Einelektronenbindung* genannt.

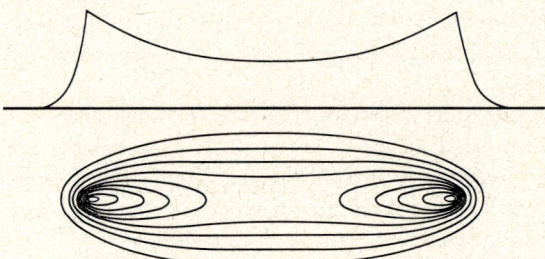

Abb. 6.1. Elektronenverteilung im Wasserstoff-Molekel-Ion. Die Kurve im oberen Diagramm gibt den Funktionswert entlang der Kernverbindungsachse an. Das untere Diagramm zeigt Konturlinien der Funktion für Werte von 0,1 (äußerste Konturlinie) bis 1 (an den Kernen).

Auf einfache und einprägsame Weise läßt sich das wellenmechanische Verhalten des H_2^+-Ions mit Hilfe der 1s-Wellenfunktion des Wasserstoffatoms im Grundzustand erläutern. Die beiden Protonen seien H_a^+ und H_b^+ genannt. Hat das Proton H_a^+ das Elektron eingefangen und somit ein Wasserstoffatom $H_a \cdot$ (im Grundzustand) gebildet, so nennen wir die Wellenfunktion 1s(a). Die Berechnung der Energie des Systems zeigt für diese Wellenfunktion, daß keine Bindung zustandekommt, wenn ein Proton H_b^+ sich dem Wasserstoffatom $H_a \cdot$ nähert. Die Kurve für die Energie als Funktion des Abstands (gestrichelt in Abb. 6.2) entspricht einer Abstoßung. Natürlich trifft dasselbe für die Wellenfunktion 1s(b) zu, die einer Annäherung des Protons H_a^+ an das Wasserstoffatom $H_b \cdot$ beschreibt.

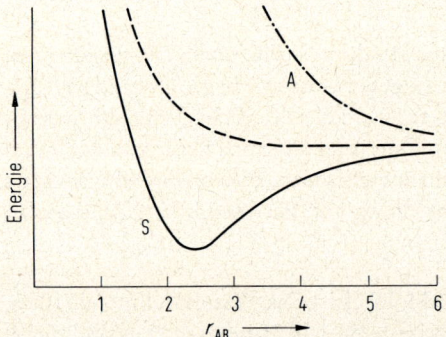

Abb. 6.2. Energie der Wechselwirkung eines Wasserstoffatoms mit einem Proton als Funktion des Abstands r_{AB} (angegeben in Einheiten $a_0 = 0{,}530$ Å). Die unterste Kurve, S, entspricht der Bildung eines Wasserstoff-Molekel-Ions in dessen stabilem Grundzustand.

Für die Energie der Hybridstruktur

$$(H_a \cdot H_b^+) + (H_a^+ \cdot H_b)$$

mit der Wellenfunktion $1s(a) + 1s(b)$ ergibt die wellenmechanische Berechnung die in Abbildung 6.2 mit S (symmetrisch) bezeichnete Kurve, die mit den experimentell gefundenen Eigenschaften des Wasserstoffmolekel-Ions in Einklang steht.

In der Sprechweise der Wellenmechanik sagt man, das Elektron befinde sich in *Resonanz* zwischen den beiden Kernen, und die Wellenfunktion wird als symmetrische Hybridfunktion von $1s(a)$ und $1s(b)$ bezeichnet. Die Bindungsenergie kann als *Resonanzenergie* des Elektrons zwischen Lagen in Nachbarschaft des einen und des anderen Protons aufgefaßt werden.

Außer der symmetrischen Wellenfunktion können $1s(a)$ und $1s(b)$ noch eine andere bilden, nämlich die antisymmetrische Funktion $1s(a) - 1s(b)$. (Die Funktion heißt antisymmetrisch, weil sie beim Vertauschen der Kerne a und b ihr Vorzeichen wechselt.) Für diese Funktion verschwindet die Elektronendichte halbwegs zwischen den Kernen, und diese stoßen sich gegenseitig kräftig ab (siehe die Kurve A in Abb. 6.2). Die antisymmetrische Funktion beschreibt einen Antibindungszustand (instabilen Zustand) des H_2^+-Ions.

Die symmetrische wie die antisymmetrische Wellenfunktion werden als *Molekularorbitale* bezeichnet.

Bindungen aufgrund von $1s$-Orbitalen. Jedes der beiden $1s$-Orbitale $1s(a)$ und $1s(b)$ von zwei Kernen a und b kann gemäß dem Pauli-Prinzip mit zwei Elektronen (entgegengesetzten Spins) besetzt sein. Wir betrachten die Fälle

			Bindungselektronen
I.	H_2^+	$a + b$	1
II.	H_2	$(a + b)^2$	$1 + 1$
III.	He_2^+	$(a + b)^2 (a - b)$	$1 + 1 - 1$
IV.	$(He_2) = He + He$	$(a + b)^2 (a - b)^2$	$1 + 1 - 1 - 1$

Wegen der Gleichwertigkeit der beiden Kerne können wir das symmetrische und das antisymmetrische Bindungsorbital benutzen. Der Kürze halber schreiben wir a und b für $1s(a)$ und $1s(b)$. Die Resonanzenergie eines Elektrons in $a + b$ ist eine stabilisierende Bindungsenergie, die eines Elektrons in $a - b$ eine destabilisierende Antibindungsenergie. Dem Pauli-Prinzip gemäß hat $a + b$ nur für zwei Elektronen Platz (die entgegengesetzten Spin haben müssen). Hieraus kann man wie oben angegeben schließen, daß H_2 zwei Bindungselektronen besitzt, He_2^+ dagegen ein und $He + He$ kein effektives Bindungselektron.

Diese Folgerung steht mit experimentellen Befunden in Einklang: die Bindungsenergie von H_2 ist mit 429 kJ mol^{-1} fast doppelt so groß wie die von H_2^+, die Bindungsenergien von He_2^+ und H_2^+ sind einander mit 243 bzw. 255 kJ mol^{-1} sehr ähnlich, und zwei Heliumatome üben aufeinander nur sehr schwache Anziehungskräfte aus.

Die Wasserstoffmolekel. In anderer Weise als zuvor kann die Wasserstoffmolekel aufgefaßt werden als ein System, das durch Resonanz der beiden Strukturen $H_a\uparrow\downarrow H_b$ und

$H_a\uparrow\downarrow H_b$ stabilisiert wird; das heißt, die Elektronen mit positivem und negativem Spin vertauschen ihre Plätze. Die entsprechende Wellenfunktion liefert etwas bessere Werte für die Bindungsenergie und den Bindungsabstand als die Molekularorbital-Wellenfunktion. Noch bessere Übereinstimmung läßt sich mit einer dazwischenliegenden Wellenfunktion erreichen, die über die beiden genannten Strukturen hinaus einen kleinen Beitrag der Ionenstrukturen $H_a^-\uparrow\downarrow H_b^+$ und $H_a^+\uparrow\downarrow H_b^-$ in Rechnung stellt.

In der Wasserstoffmolekel halten die beiden Kerne ziemlich starr einen Abstand von 0,74 Å voneinander ein. Bei Zimmertemperatur schwingen sie relativ zueinander mit einer Amplitude von wenigen Hundertstel Ångström und bei höheren Temperaturen mit etwas größeren Amplituden. Die beiden Elektronen führen schnelle Bewegungen im Bereich der beiden Kerne aus. Ihre Verteilung im zeitlichen Mittel ist durch die Schattierung in Abbildung 6.3 angedeutet. Wie man sieht, konzentriert sich die Bewegung der beiden Elektronen hauptsächlich auf eine schmale Zone zwischen den beiden Kernen.

Die beiden von beiden Kernen gemeinsam festgehaltenen Elektronen sind es, aus denen die chemische Bindung zwischen den beiden Wasserstoffatomen besteht.

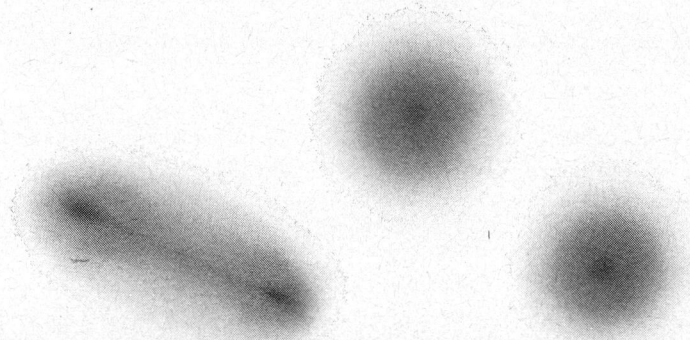

Abb. 6.3. Elektronenverteilung in zwei Wasserstoffatomen (rechts) und in der Wasserstoffmolekel (links). Der Kernabstand in der Molekel beträgt 0,74 Å.

Das Wasserstoffatom kann die Heliumstruktur $1s^2$ annehmen, indem es ein zweites Elektron aufnimmt, was zum Beispiel im Lithiumhydrid, Li^+H^-, einer salzartigen Verbindung, der Fall ist (siehe Abschnitt 6.8). Außerdem kann es aber die Heliumstruktur annehmen, indem es ein Elektronenpaar mit einem anderen Atom teilt, wie etwa im H_2; das gemeinsame Elektronenpaar zählt in der Elektronenhülle jedes der beiden Atome mit.

Kovalente Bindung in anderen Molekeln. Die kovalente Bindung in anderen Molekeln ist der Bindung in der Wasserstoffmolekel sehr ähnlich. Für jede kovalente Bindung muß ein Elektronenpaar zur Verfügung stehen. Weiterhin werden zwei Orbitale benötigt, je eines pro Atom.

Die kovalente Bindung besteht aus einem Elektronenpaar, das zwei Atomen gemeinsam angehört und zwei stabile Orbitale (von jedem Atom eines) besetzt.

Das Kohlenstoffatom zum Beispiel besitzt in seiner L-Schale vier stabile Orbitale (vgl. das Energieniveaudiagramm in Abb. 5.11) und vier Elektronen, die Bindungen eingehen können. Somit kann das Atom vier kovalente Bindungen mit vier Wasserstoffatomen eingehen, von denen jedes ein stabiles Orbital (das $1s$-Orbital) und ein Elektron beisteuert:

$$\begin{array}{c} H \\ H : \overset{..}{\underset{..}{C}} : H \\ H \end{array} \quad \text{gleichbedeutend mit} \quad \begin{array}{c} H \\ | \\ H - C - H \\ | \\ H \end{array}$$

In dieser Molekel haben alle Atome eine Argononenstruktur (Edelgasstruktur) erreicht. Die gemeinsamen Elektronenpaare zählen für jedes der beiden beteiligten Atome mit. Das Kohlenstoffatom mit seinen vier gemeinsamen Paaren in der L-Schale und dem „einsamen" (d.h., nicht gemeinsamen) Paar in der K-Schale hat die Neonstruktur angenommen, die vier Wasserstoffatome dagegen die Heliumstruktur.

6.2. Die Struktur kovalenter Verbindungen

Die Elektronenstruktur von Molekeln kovalenter Verbindungen, die sich aus Atomen der Hauptgruppen des Periodensystems zusammensetzen, läßt sich gewöhnlich nach folgender Regel aufstellen: Man zählt die Valenzelektronen in der Molekel und verteilt sie dann als gemeinsame oder einsame Elektronenpaare so, daß jedes Atom eine Argononenstruktur erreicht.

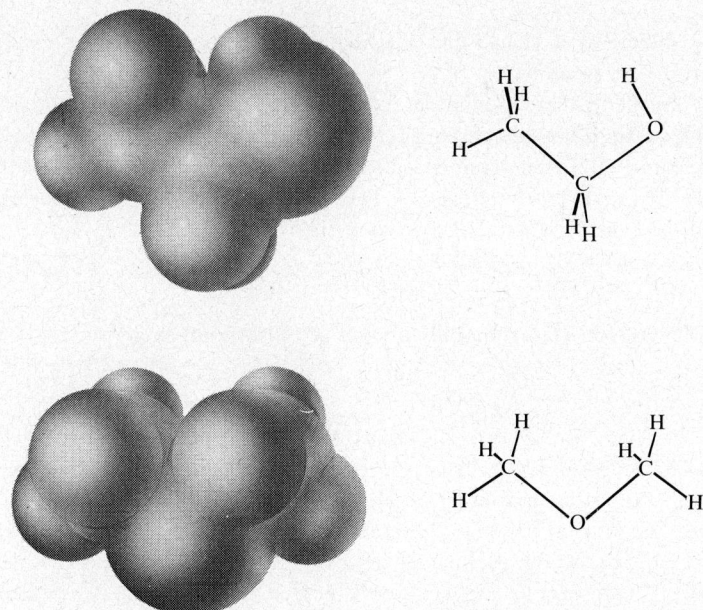

Abb. 6.4. Die Strukturen der einander isomeren Molekeln von Äthanol/ C_2H_5OH, und Dimethyläther, $(CH_3)_2O$.

In vielen Molekeln ist die kovalente Wertigkeit eines jeden Atoms der Anzahl ungepaarter Elektronen in dessen äußerer Schale gleich und steht deshalb in einfacher Beziehung zur Lage des Elements im Periodensystem. Für andere Molekeln und Ionen sind die Verhältnisse jedoch komplizierter.

Vielfach kann man nicht umhin, auf experimentell ermittelte Kenntnisse der gegenseitigen Verknüpfung der Atome zurückzugreifen. Zum Beispiel gibt es zwei Verbindungen der Zusammensetzung C_2H_6O, Äthanol (Äthylalkohol) und Dimethyläther. Aus den chemischen Eigenschaften der beiden Substanzen geht hervor, daß Äthanol ein an ein Sauerstoffatom gebundenes Wasserstoffatom enthält, Dimethyläther dagegen nicht. Den Aufbau der beiden Molekeln zeigt Abbildung 6.4.

Verbindungen des Wasserstoffs mit Nichtmetallen. Überlegen wir uns zunächst, welche Struktur man von einer Verbindung von Wasserstoff und Fluor, dem leichtesten Element der siebenten Gruppe, erwarten sollte. Wasserstoff besitzt nur ein Orbital und ein Elektron, kann also die Heliumkonfiguration erreichen, indem es eine einzelne kovalente Bindung (Einfachbindung, mit einem Elektronenpaar) mit einem anderen Element eingeht. Fluor trägt sieben Elektronen in seiner äußeren Schale, der L-Schale, die auf die vier Orbitale dieser Schale verteilt sind. Folglich sind drei der Orbitale mit je einem Elektronenpaar und das vierte mit einem einzelnen Elektron besetzt. Fluor kann somit eine Argononenstruktur annehmen, indem es mit seinem ungepaarten Elektron eine kovalente Einfachbindung eingeht. Wir erwarten daher die Struktur

$$H : \ddot{\underset{..}{F}} :$$

In dieser Molekel hält eine kovalente Einfachbindung das Wasserstoff- und das Fluoratom fest zusammen.

In solchen Darstellungen der Elektronenkonfiguration verwendet man häufig zur Symbolisierung des gemeinsamen Elektronenpaars der Bequemlichkeit halber anstelle der beiden Pünktchen einen Strich. Die einsamen Elektronenpaare in den äußeren Schalen werden manchmal angegeben, besonders wenn es auf die Elektronenkonfiguration der Molekel ankommt; häufig werden sie aber fortgelassen:

$$H-\ddot{\underset{..}{F}}: \quad \text{oder} \quad H-F$$

Die anderen Halogene bilden analoge Verbindungen:

$$H-\ddot{\underset{..}{Cl}}: \qquad H-\ddot{\underset{..}{Br}}: \qquad H-\ddot{\underset{..}{I}}:$$

Chlorwasserstoff   Bromwasserstoff   Jodwasserstoff

Die Elemente der sechsten Gruppe – Sauerstoff, Schwefel, Selen und Tellur – können eine Argononenstruktur annehmen, indem sie zwei kovalente Bindungen eingehen. Sauerstoff trägt in seiner äußeren Schale sechs Elektronen. Auf die vier Orbitale dieser Schale können die Elektronen als zwei (einsame) Elektronenpaare in zwei Orbitalen und zwei ungepaarte Elektronen in den beiden anderen Orbitalen verteilt werden. Die beiden ungepaarten Elektronen können kovalente Bindungen mit zwei Wasserstoffatomen eingehen und damit eine Wassermolekel bilden mit der Struktur

6.2. Die Struktur kovalenter Verbindungen

$$\ddot{\underset{..}{\text{O}}}:\text{H} \quad\text{H} \qquad \text{oder} \qquad \ddot{\underset{..}{\text{O}}}\text{-H} \quad\text{H}$$

Beim Verlust eines Protons entsteht das Hydroxid-Ion, OH^-:

$$\left[:\ddot{\underset{..}{\text{O}}}\text{-H}\right]^-$$

Bei der Bindung eines zusätzlichen Protons, das sich an eines der einsamen Elektronenpaare der Wassermolekel anhängt, entsteht das Hydronium-Ion, OH_3^+:

$$\left[:\overset{\text{H}}{\underset{\text{H}}{\text{O}}}\text{-H}\right]^+$$

Alle drei Wasserstoffatome im Hydronium-Ion sind auf dieselbe Art und Weise mit dem Sauerstoffatom verknüpft.

Im Wasserstoffperoxid, H_2O_2, erreichen die Sauerstoffatome die Neonkonfiguration, indem sie eine kovalente Bindung miteinander und je eine weitere mit einem Wasserstoffatom eingehen:

$$\overset{\text{H}}{\underset{..}{\ddot{\text{O}}}}-\overset{\text{H}}{\underset{..}{\ddot{\text{O}}}}:$$

Schwefelwasserstoff, Selenwasserstoff und Tellurwasserstoff haben dieselbe Elektronenstruktur wie Wasser:

$$:\overset{\text{H}}{\underset{..}{\text{S}}}\text{-H} \qquad :\overset{\text{H}}{\text{Se}}\text{-H} \qquad :\overset{\text{H}}{\text{Te}}\text{-H}$$

Stickstoff und die anderen Elemente der fünften Gruppe tragen fünf Außenelektronen und können eine Argononenstruktur durch Eingehen von drei kovalenten Bindungen erreichen. Die Strukturen von Ammoniak, Phosphin, Arsin und Stibin sehen wie folgt aus:

$$:\overset{\text{H}}{\underset{\text{H}}{\text{N}}}\text{-H} \qquad :\overset{\text{H}}{\underset{\text{H}}{\text{P}}}\text{-H} \qquad :\overset{\text{H}}{\underset{\text{H}}{\text{As}}}\text{-H} \qquad :\overset{\text{H}}{\underset{\text{H}}{\text{Sb}}}\text{-H}$$

Die Ammoniakmolekel kann ein Proton anlagern und das Ammonium-Ion, NH_4^+, bilden, in dem alle vier Wasserstoffatome kovalent an das Stickstoffatom gebunden sind:

$$\left[\text{H-}\overset{\text{H}}{\underset{\text{H}}{\text{N}}}\text{-H}\right]^+$$

Alle vier L-Orbitale im Ammonium-Ion sind an der Bildung der kovalenten Bindungen beteiligt. Die Bildung des Ammonium-Ions durch Protonenanlagerung an Ammoniak ist der Bildung des Hydronium-Ions durch Protonenanlagerung an Wasser analog.

Die Elektronenstruktur einiger anderer Verbindungen. Die Elektronenstruktur anderer Molekeln mit kovalenten Bindungen läßt sich gewöhnlich ohne Schwierigkeit nach der Regel ableiten, daß die Nichtmetalle ihre Oktette zu vervollständigen trachten. Die Strukturen einiger Verbindungen von Nichtmetallen miteinander seien als Beispiele angeführt:

:F̈:
|
:Ö-F̈:   Sauerstoffdifluorid

:C̈l:
|
:S̈-C̈l: Schwefeldichlorid

   C̈l:
  /
:N-C̈l: Stickstofftrichlorid[1]
  \
   C̈l:

H\
H-C-C̈l: Methylchlorid
H/

6.3. Die räumliche Ausrichtung von Bindungen

Wie im Jahre 1874 entdeckt wurde, richtet das Kohlenstoffatom seine vier Bindungen räumlich so aus, daß sie in die vier Ecken eines um das Atom gelegten Tetraeders weisen. Zu dieser Erkenntnis führten Bemühungen, das im folgenden beschriebene Verhalten bestimmter Substanzen gegenüber polarisiertem Licht zu erklären.

Optische Aktivität. Ein Strahlenbündel gewöhnlichen Lichts, das durch einen Kalkspatkristall fällt, wird in zwei Bündel gespalten, die planpolarisiert sind: in jedem der Bündel schwingt das elektrische Feld des Lichts in einer Ebene, und die Ebenen der beiden Bündel stehen senkrecht zueinander.

Zwei in bestimmter Weise geschnittene Kalkspatkristalle können zu einem Prisma so verkittet werden, daß nur ein Strahlenbündel durchtritt, während das andere zur abgedunkelten Seite des Prismas abgelenkt und dort absorbiert wird. Mit einem solchen sog. Nicolschen Prisma kann man ein Strahlenbündel polarisierten Lichts erzeugen sowie die räumliche Ausrichtung der Polarisationsebene feststellen. In einem Polarimeter (siehe Abb. 6.5) dient ein erstes Prisma der Erzeugung eines polarisierten Strahlenbündels. Wird die Polarisationsebene des Lichts auf dessen Weg zum zweiten Prisma nicht gedreht, so durchdringt das Bündel das zweite Prisma, wenn dieses ebenso wie das erste ausgerichtet ist, es wird aber vom zweiten Prisma absorbiert, wenn dieses im rechten Winkel zum ersten steht.

---

1 In der Regel bemüht man sich, die Strukturen so zu schreiben, daß sie dem räumlichen Aufbau der Molekeln gerecht werden. Die hier angegebene Formel für Stickstofftrichlorid soll eine Pyramidenstruktur andeuten, in der die Chloratome drei Ecken und das Stickstoffatom ungefähr die Mitte eines Tetraeders einnehmen. Der räumliche Aufbau von Molekeln wird im nächsten Abschnitt besprochen.

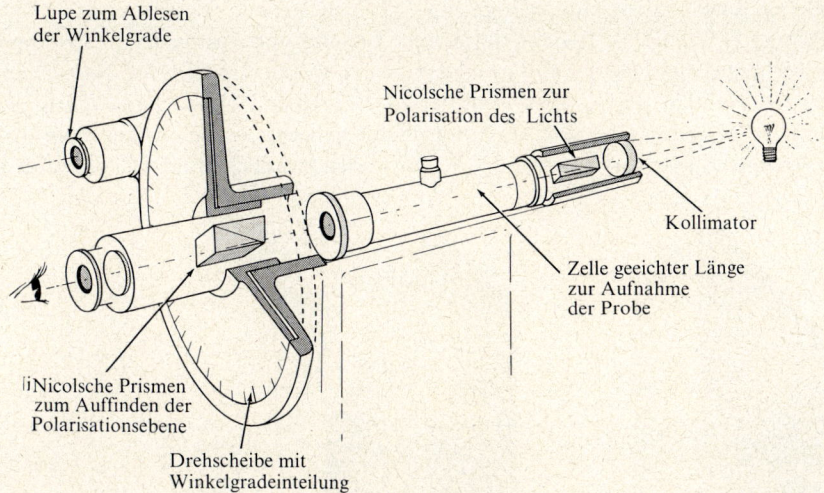

Abb. 6.5. Das Polarimeter, ein Instrument zur Bestimmung der Drehung der Polarisationsebene planpolarisierten Lichts durch eine optisch aktive Substanz.

Im Jahre 1811 entdeckte Dominique François Jean Arago (1786–1853), ein französischer Physiker, daß Quarzkristalle die Ebene polarisierten Lichts zu drehen vermögen. Quarzkristalle sind entweder rechtsdrehend oder linksdrehend, das heißt, sie drehen die Ebene des durchfallenden polarisierten Lichts, in Lichtrichtung gesehen, im Uhrzeigersinn (rechts) oder im entgegengesetzten Sinn (links). Im Polarimeter muß also das zweite Prisma entsprechend nach rechts oder links gedreht werden, um das Strahlenbündel unbehindert durchzulassen.

Die Quarzkristalle der beiden Arten unterscheiden sich auch in der Ausbildung ihrer Flächen: sie verhalten sich zueinander wie Bild und Spiegelbild (siehe Abb. 6.6) und können als rechtshändige und linkshändige Kristalle bezeichnet werden.

Rechtshändige und linkshändige Molekeln. Einige Jahre später entdeckte der französische Physiker Jean Baptiste Biot (1774–1862), daß bestimmte Flüssigkeiten ebenfalls optisch aktiv sind (d.h. die Ebene polarisierten Lichts zu drehen vermögen). Es stellte sich zum Beispiel heraus, daß Terpentinöl linksdrehend und wäßrige Lösungen von Rohrzucker ($C_{12}H_{22}O_{11}$) rechtsdrehend sind. Bei den Substanzen, deren Lösungen sich als optisch aktiv erwiesen, handelte es sich ausschließlich um organische Verbindungen pflanzlichen oder tierischen Ursprungs.

Eine erstaunliche Erscheinung wurde dann an Weinsäureabscheidungen im Satz von Weinen beobachtet, nämlich daß es zwei Arten solcher Weinsäure gibt, die sich in ihren Eigenschaften fast vollkommen gleichen, von denen aber die eine rechtsdrehend ist, während die andere keinerlei optische Aktivität zeigt. Wie sollte man es erklären, daß zwei Molekeln identischer Zusammensetzung sich so drastisch in ihrem Verhalten gegenüber polarisiertem Licht unterscheiden?

138 6. Die chemische Bindung

Dieses Rätsel zu entschlüsseln gelang 1844 dem großen französischen Chemiker Louis Pasteur (1822–1895). Pasteur fügte einer Lösung optisch inaktiver Weinsäure Natronlauge und Ammoniak zu und trocknete sie ein, wobei Kristalle von Natriumammoniumtartrat, $NaNH_4C_4H_4O_6$, auskristallisierten. Bei seiner Untersuchung der Kristalle stellte Pasteur zunächst fest, daß sie anscheinend genauso aussahen wie Kristalle, die aus Lösungen optisch aktiver Weinsäure gewonnen worden waren. Bei genauerem Zusehen

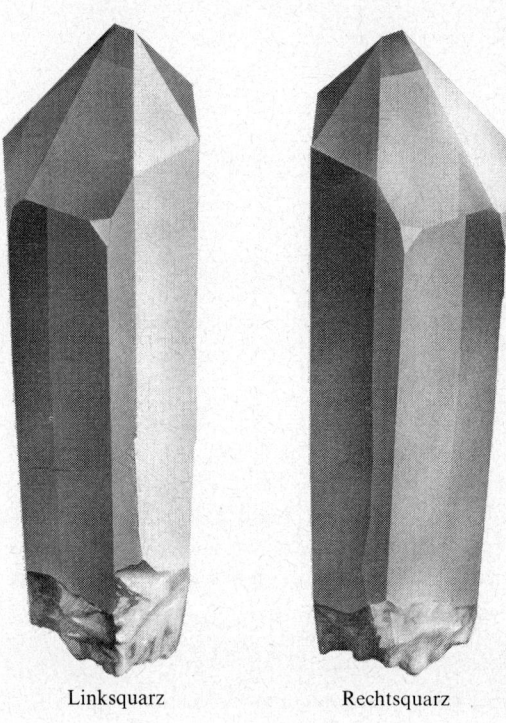

Linksquarz Rechtsquarz

Abb. 6.6. Kristalle von Rechts-Quarz und Links-Quarz.

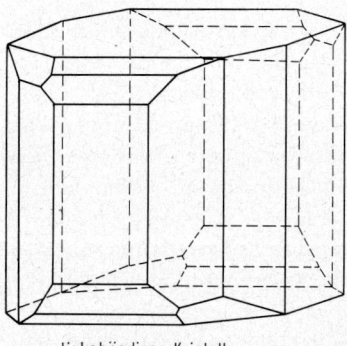 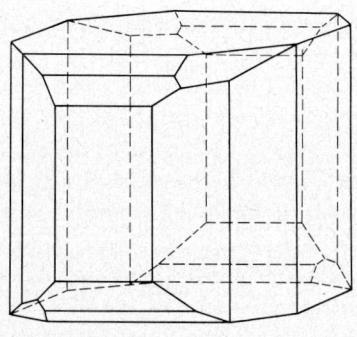

linkshändiger Kristall   rechtshändiger Kristall
Natriumammoniumtartrat

Abb. 6.7. Rechtshändige und linkshändige Kristalle von Natriumammoniumtartrat.

6.3. Die räumliche Ausrichtung von Bindungen

erkannte er jedoch plötzlich, daß dies nur bei der Hälfte der Kristalle wirklich der Fall war; die anderen Kristalle waren den ersten nur spiegelbildlich gleich (siehe Abb. 6.7). Er sortierte die Kristalle beider Arten mit der Hand aus und löste sie in Wasser. Die eine Lösung erwies sich als rechtsdrehend, die andere als linksdrehend, und beide drehten die Ebene polarisierten Lichts (vom Drehsinn abgesehen) um den gleichen Betrag.

Es lag nun auf der Hand, daß die Anordnung der Atome in der Weinsäuremolekel keine Symmetrieebene (Spiegelebene) und auch kein Symmetriezentrum besitzt, daß vielmehr zwei einander spiegelbildlich gleiche Anordnungen existieren, die eine rechtsdrehend und die andere linksdrehend.

Damals, 1844, bestand so wenig Aussicht, diese Anordnungen aufzuklären (d.h. die dreidimensionale Struktur der Molekeln zu ermitteln), daß weder Pasteur noch seine Zeitgenossen sich an dieser Aufgabe versuchten. Aber innerhalb der nächsten fünfzehn Jahre wurden die tatsächlichen Atomgewichte eingeführt, den Verbindungen wurden die richtigen Formeln zugeschrieben, das Konzept der chemischen Bindung entwickelte sich, und die Vierwertigkeit des Kohlenstoffs wurde erwiesen. Der Ausdruck „chemische Struktur" wurde zum ersten Mal im Jahr 1861 von Alexander M. Butlerov (1828 bis 1886), einem russischen Chemiker, benutzt, der erklärte, es sei wesentlich herauszufinden, wie in der Molekel einer Verbindung jedes einzelne Atom mit den anderen verknüpft ist.

Weitere Jahre vergingen, in denen viele Studenten der Chemie von der Vierwertigkeit des Kohlenstoffs, von Strukturformeln und von rechtsdrehenden und linksdrehenden Molekeln hörten. Zwei solcher Studenten, der Holländer Jacobus Hendricus van't Hoff (1852–1911) und der Franzose Jules Achille le Bel (1847–1930) erkannten dann 1874, daß *keine* Struktur, deren Atome alle in einer Ebene liegen, optische Aktivität aufweisen kann: eine ebene Struktur ist ihr eigenes Spiegelbild, denn die Ebene der Atome ist automatisch eine Symmetrieebene der Molekel. So kann zum Beispiel die Verbindung Fluorchlorbrommethan, CHFClBr, die sich in rechtsdrehende und linksdrehende Fraktionen zerlegen läßt, nicht korrekt durch die ebene Formel

$$\begin{array}{c} F \\ | \\ Cl-C-H \\ | \\ Br \end{array}$$

wiedergegeben werden. Die vier Bindungen des Kohlenstoffs in der Molekel können nicht in einer Ebene liegen, vielmehr weisen sie in Richtung der vier Ecken eines Tetraeders. Es müssen zwei Sorten von Fluorchlorbrommethanmolekeln existieren, die abgesehen von ihrem Orientierungssinn identisch sind, sich also spiegelbildlich genau gleichen (siehe Abb. 6.8).

Dies war die Geburtsstunde des tetraedrischen Kohlenstoffatoms und der Stereochemie, d.h. der Chemie im dreidimensionalen Raum (der Strukturchemie). Mit ihr begann eine rasche Entwicklung der Theorie der Strukturchemie sowie der Chemie überhaupt.

Ein Paar rechts- und linkshändiger Molekeln nennt man ein *enantiomeres Paar*, und die beiden aus solchen Molekeln bestehenden Substanzen heißen *Enantiomere* (vom Griechischen ἐναντίος, entgegengesetzt, und μέρος, Teil). Zur Unterscheidung der beiden Enan-

tiomere eines Paares benutzt man die vorangestellten Buchstaben D und L. Ein Kristallpaar enantiomerer Substanzen wird als enantiomorphes Paar bezeichnet.
Auf die Bedeutung rechts- und linkshändiger Molekeln in Organismen kommen wir in Kapitel 24 zurück.

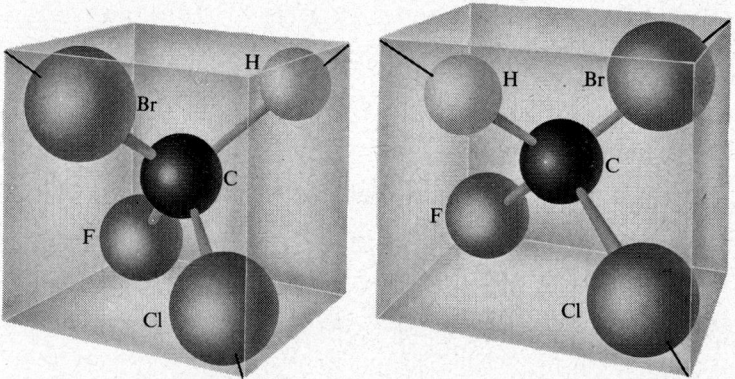

Abb. 6.8. Rechtshändige und linkshändige Molekeln von Fluorchlorbrommethan.

6.4. Tetraedrische Bindungsorbitale

In einer Molekel, in der wie im Methan, CH_4, oder Tetrachlorkohlenstoff, CCl_4, die vier Bindungen gleichartig sind, betragen die Bindungswinkel H—C—H oder Cl—C—Cl 109°28'. In unsymmetrischen Molekeln, wie CHFClBr, treten Abweichungen von diesem Wert auf, beschränken sich aber auf wenige Grad. Experimentelle Bestimmungen (Beugungsaufnahmen von Röntgen- und Elektronenstrahlen, Mikrowellenspektroskopie) haben gezeigt, daß die Bindungswinkel im allgemeinen zwischen 106 und 113° liegen, im Durchschnitt für die sechs Winkel einer jeden Molekel dicht bei 109°28'.
Jede der vier Bindungen des Kohlenstoffatoms beansprucht eines der Orbitale der L-Schale. In Kapitel 5 waren diese als das $2s$-Orbital und die drei $2p$-Orbitale vorgestellt worden. Nun drängt sich die Frage auf, ob die vier Bindungen – etwa mit vier Wasserstoffatomen – wirklich gleichartig sind: sollte man nicht erwarten, daß das $2s$-Elektron eine Bindung anderer Art eingeht als die drei $2p$-Elektronen?
Viele Versuche sind angestellt worden, diese Frage zu beantworten. Die Ergebnisse lassen darauf schließen, daß die vier Bindungen sich nicht unterscheiden. Nach einer 1931 aufgestellten Theorie des tetraedrischen Kohlenstoffatoms sind das $2s$- und die $2p$-Orbitale des Kohlenstoffs „hybridisiert" und bilden so vier tetraedrische *Hybridbindungsorbitale*, die einander vollkommen gleichwertig sind und in Richtung der Ecken eines Tetraeders weisen (siehe Abb. 6.9). Es zeigt sich ferner, daß von allen denkbaren Hybridorbitalen der s- und p-Orbitale gerade die tetraedrischen sich am besten eignen, feste Bindungen einzugehen. Die tetraedrische Anordnung der Bindungen ist daher die stabile (siehe Anhang VII).
In manchen Molekeln treten Bindungswinkel auf, die wegen der Lage der Atome zueinander erheblich vom Tetraederwert abweichen müssen. Man kann hier von Molekeln

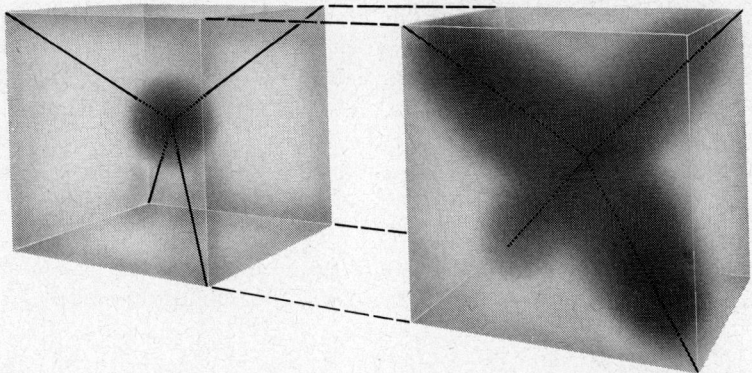

Abb. 6.9. Skizze der Orbitale im Kohlenstoffatom. Links: $1s$-Orbital (K-Schale) des Kohlenstoffatoms, rechts: die vier tetraedrischen Orbitale der L-Schale.

mit gewinkelten Bindungen oder mit gespannten Strukturen sprechen. Ein Beispiel ist Cyclopropan, C_3H_6, dessen Molekel einen Ring von drei Kohlenstoffatomen enthält (siehe Abb. 6.10). Jede Bindung im Ring ist um fast 50° vom Normalwert abgewinkelt. Die Molekel ist um rund 100 kJ mol^{-1} (33 kJ mol^{-1} pro Bindung) labiler als entsprechende spannungsfreie Molekeln wie etwa Cyclohexan, C_6H_{12}.

Die Kohlenstoff-Kohlenstoff-Doppelbindung. In verschiedenen Verbindungen beteiligen sich zwei Valenzen eines Atoms an der Bindung mit einem anderen Atom. Eine solche Doppelbindung besteht zum Beispiel zwischen den beiden Kohlenstoffatomen im Äthylen (Äthen), C_2H_4:

$$\begin{matrix} H & & H \\ & C=C & \\ H & & H \end{matrix}$$

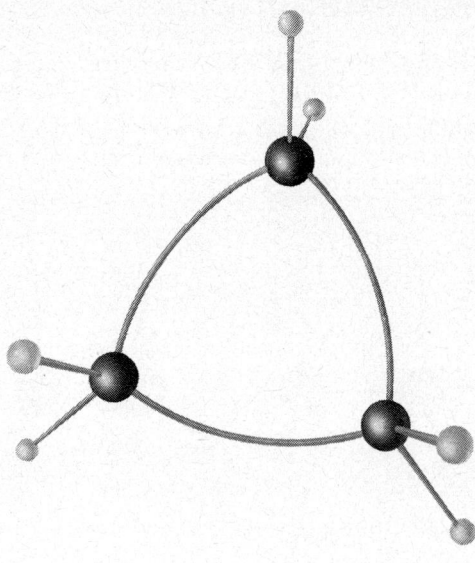

Abb. 6.10. Modell der Molekel von Cyclopropan, C_3H_6, das die Verbiegung der Kohlenstoff-Kohlenstoff-Bindungen verdeutlicht.

6. Die chemische Bindung

Die mit der Doppelbindung verknüpften Atome lassen sich darstellen als zwei Tetraeder, die zwei gemeinsame Ecken aufweisen, sich also entlang einer Kante berühren (siehe Abb. 6.11). In welchem Grade die beiden Bindungen, die die Doppelbindung bilden, dabei abgewinkelt werden müssen, geht aus Abbildung 6.12 hervor.

Die vier anderen Bindungen, die die beiden Kohlenstoffatome im Äthylen eingehen, liegen in einer Ebene, und zwar steht diese senkrecht zur Ebene der beiden gewinkelten Bindungen.

Die Kohlenstoff-Kohlenstoff-Dreifachbindung. Im Acetylen (Äthin), C_2H_2, sind die beiden Kohlenstoffatome durch eine Dreifachbindung verbunden:

$$H-C\equiv C-H$$

Diese Anordnung entspricht zwei Tetraedern, die sich mit je einer Fläche berühren (siehe Abb. 6.11 und 6.12). Die Molekel ist demgemäß geradlinig.

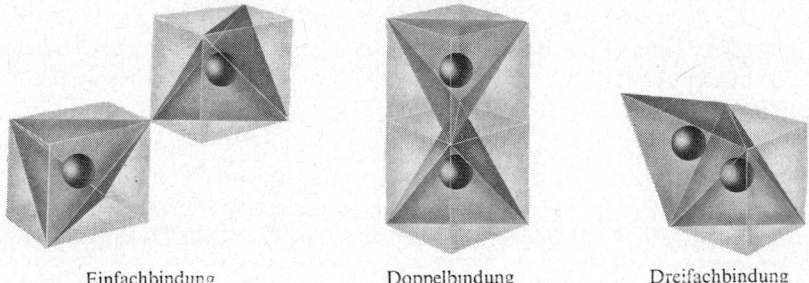

Einfachbindung   Doppelbindung   Dreifachbindung

Abb. 6.11. Gegenseitige Lage von tetraedrischen Atomen bei der Bildung von Einfach-, Doppel- und Dreifachbindungen.

Bindungsabstände. Die Länge der Kohlenstoff–Kohlenstoff–Bindung (Kernabstand der beiden Kohlenstoffatome) ist für Äthan, Äthylen und Acetylen spektroskopisch bestimmt worden. Sie beträgt 1,54 Å für die Einfachbindung in Äthan (sowie in anderen Molekeln mit C–C–Einfachbindung), 1,33 Å für die Doppelbindung und 1,20 Å für die Dreifachbindung.

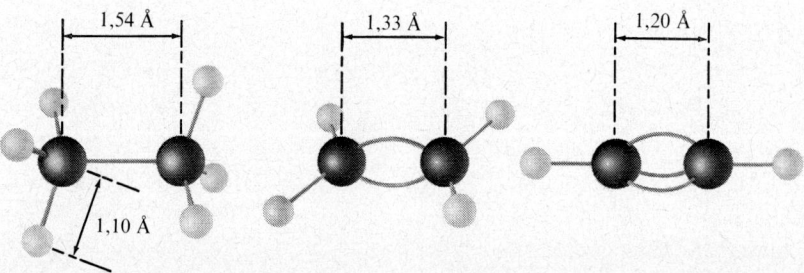

Abb. 6.12. Bindungsmodelle der Molekeln von Äthylen, C_2H_4, und Acetylen, C_2H_2.

Es ist bemerkenswert, daß diese Werte für die C=C- und C≡C-Bindung innerhalb von 0,02 Å mit denen übereinstimmen, die sich aus gewinkelten, tetraedrisch angeordneten Einfachbindungen von 1,54 Å Länge ergeben (vgl. Abb. 6.12). Diese Übereinstimmung spricht für die Brauchbarkeit des Konzepts der gewinkelten Bindungen zur Beschreibung der Doppel- und Dreifachbindung.

6.5. Bindungsorbitale mit überwiegendem p-Charakter

In einer Molekel wie etwa Ammoniak, NH_3, mit der Strukturformel

$$:\underset{\diagdown H}{\overset{\diagup H}{N-H}}$$

sind die Bindungsorbitale des Stickstoffatoms nicht tetraedrisch, sondern sie zeigen vorwiegend den Charakter von drei $2p$-Orbitalen. Quantenmechanische Rechnungen und kernmagnetische Resonanzmessungen (die die Energie der Wechselwirkung zwischen dem magnetischen Kernspin und den Valenzelektronen messen) schreiben übereinstimmend dem einsamen Elektronenpaar ein Hybridorbital mit vorwiegendem $2s$-Charakter (etwa 79%) zu; die drei Bindungsorbitale weisen etwa 93% $2p$- und 7% $2s$-Charakter auf.

Wie wir in Kapitel 5 gesehen haben, ist ein $2s$-Elektron stabiler als ein $2p$-Elektron[1]).

Das Stickstoffatom, :N·, ist um rund 1000 kJ mol^{-1} stabiler, wenn das Elektronenpaar das $2s$-Orbital besetzt $(2s^2 2p_x 2p_y 2p_z)$, nicht aber eines der $2p$-Orbitale $(2s 2p_x^2 2p_y 2p_z)$. Das Atom hat daher das Bestreben, das $2s$-Paar bestehen zu lassen und die $2p$-Orbitale für die Bindungselektronen zu benutzen, wenn es Verbindungen bildet.

Die drei $2p$-Orbitale sind in Abbildung 5.10 dargestellt. Das $2p_x$-Orbital erstreckt sich in zwei einander entgegengesetzten Richtungen längs der x-Achse und kann eine Bindung in der einen wie der anderen Richtung ausbilden. Ebenso kann das $2p_y$-Orbital eine Bindung längs der y-Achse und das $2p_z$-Orbital eine Bindung längs der z-Achse ausbilden. *Die von p-Orbitalen gebildeten Bindungen stehen also ungefähr rechtwinklig zueinander.* Mit wachsendem s-Charakter der Bindungsorbitale nehmen die Bindungswinkel zu und erreichen bei tetraedrischen Orbitalen, die 25% s-Charakter aufweisen, den Wert von 109°28'.

Die experimentell gefundenen Werte für Bindungswinkel an Atomen mit einsamem Elektronenpaar liegen gewöhnlich zwischen 90 und 109°. So betragen die spektroskopisch bestimmten Werte für NH_3 107°, für H_2O 104,5°, für PH_3 93°, für H_2S 92° und für H_2Se 91°.

---

[1]) Wie Abbildung 5.14 zeigt, liegt das $2p$-Niveau beim Lithium etwa 1,85 eV über dem $2s$-Niveau. Die entsprechenden Werte für den p-s-Unterschied bei den anderen Alkalimetallen betragen 2,10 eV für Na, 1,62 eV für K, 1,58 eV für Rb und 1,44 eV für Cs. Die Werte für die Elemente der Gruppe IIa liegen rund doppelt so hoch, für die der Gruppe IIIa rund dreimal so hoch usw. Wir drücken Energiewerte gewöhnlich in kJ mol^{-1} aus (1 eV = 96,49 kJ mol^{-1}) und können uns als Faustregel merken, daß der p-s-Unterschied in grober Näherung $200 \cdot z$ kJ mol^{-1} beträgt, wobei z die Nummer der Gruppe im Periodensystem angibt. Der d-p-Unterschied hat etwa die gleiche Größe wie der p-s-Unterschied.

6.6. Molekeln und Kristalle der Nichtmetalle

Die Halogenmolekeln. Ein Halogenatom, etwa das von Fluor, kann Argononenstruktur annehmen, indem es eine kovalente Einfachbindung mit einem anderen Halogenatom eingeht:

$$:\!\ddot{\text{F}}\text{-}\ddot{\text{F}}\!:\qquad :\!\ddot{\text{Cl}}\text{-}\ddot{\text{Cl}}\!:\qquad :\!\ddot{\text{Br}}\text{-}\ddot{\text{Br}}\!:\qquad :\!\ddot{\text{I}}\text{-}\ddot{\text{I}}\!:$$

Die kovalente Bindung schließt die Atome zu zweiatomigen Molekeln zusammen, aus denen die elementaren Halogene in allen Aggregatzuständen, kristallin, flüssig und gasförmig, bestehen.

Die Elemente der sechsten Gruppe. Dem Atom eines Elements der sechsten Gruppe, zum Beispiel Schwefel, fehlen zwei Elektronen zum vollständigen Oktett. Es kann sein Oktett vervollständigen, indem es kovalente Einfachbindungen mit zwei anderen Atomen ausbildet. Die Bindungen können zu einer ringförmigen Molekel führen, etwa einem S_8-Ring, oder eine sehr lange Kette bilden, deren Endglieder dann eine anomale Struktur aufweisen müssen:

Elementarer *Schwefel* tritt in beiden Formen auf (siehe Abschnitt 7.1). Gewöhnlicher Schwefel (rhombischer Schwefel) besteht aus achtatomigen Molekeln in der Form gestauchter, oktagonaler Ringe mit S–S–S-Bindungswinkeln von 102° (siehe Abb. 6.13).

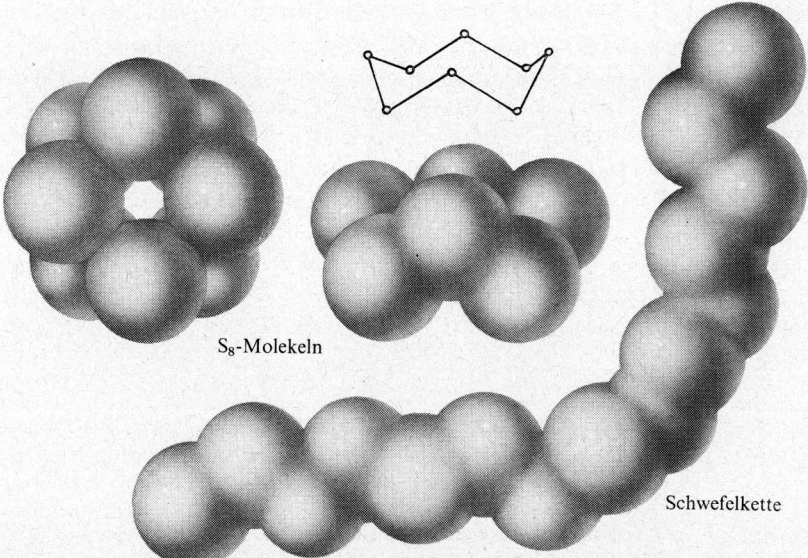

Abb. 6.13. S_8-Ring und lange Kette von Schwefelatomen.

Normaler *Sauerstoff* (Luftsauerstoff) besteht aus zweiatomigen Molekeln mit einer ungewöhnlichen Elektronenstruktur. Zu erwarten wäre eine Doppelbindung

$$:\!\ddot{\mathrm{O}}\!: \;:\!\ddot{\mathrm{O}}\!: \qquad \text{oder} \qquad :\!\ddot{\mathrm{O}}\!=\!\ddot{\mathrm{O}}\!:$$

Statt dessen enthält die Molekel nur ein Elektronenpaar, und zwei Elektronen bleiben ungepaart:

$$:\!\ddot{\mathrm{O}}\!-\!\dot{\mathrm{O}}\!:$$

Die beiden ungepaarten Elektronen bewirken den Paramagnetismus[1] des Sauerstoffs. Nach dem Spektrum des Sauerstoff zu schließen, ist die Anziehungskraft zwischen den Sauerstoffatomen erheblich stärker, als eine kovalente Einfachbindung es erwarten ließe. Das zeigt, daß tatsächlich die ungepaarten Elektronen an einer Bindung besonderer Art beteiligt sind, die man Dreielektronenbindung nennen kann. Nach dieser Auffassung enthält die Sauerstoffmolekel eine kovalente Einfachbindung und zwei solcher Dreielektronenbindungen, was mit der Strukturformel

$$:\mathrm{O}\!\mathrel{\vcenter{\hbox{$\equiv$}}}\!\mathrm{O}\!:$$

zum Ausdruck gebracht werden kann.

Ozon, die dreiatomige Modifikation von Sauerstoff, hat die Elektronenstruktur

$$\left\{ \begin{array}{cc} \overset{+}{:}\!\mathrm{O}\!\overset{\displaystyle\ddot{\mathrm{O}}:}{\diagup} & \overset{+}{:}\!\mathrm{O}\!\overset{\displaystyle :\!\ddot{\mathrm{O}}\!:^-}{\diagup} \\ \!\diagdown\!:\!\ddot{\mathrm{O}}\!:^- & \!\diagdown\!\ddot{\mathrm{O}}\!: \end{array} \right\}$$

Das eine der beiden endständigen Atome der Molekel gleicht einem Fluoratom darin, daß es sein Oktett vervollständigt, indem es nur ein Elektronenpaar mit seinem Nachbarn teilt. Es kann als negatives Ion $:\!\ddot{\mathrm{O}}\!\cdot^{-}$ aufgefaßt werden, das eine kovalente Bindung eingeht. Das mittlere Sauerstoffatom gleicht einem Stickstoffatom (siehe weiter unten) und kann als positives Ion $:\!\mathrm{O}\!\cdot^{+}$ aufgefaßt werden, das drei kovalente Bindungen eingeht (eine Doppelbindung und eine Einfachbindung). Der Winkel zwischen der Doppel- und der Einfachbindung ist mit 116,8° etwas kleiner als für tetraedrische Orbitale (125,3°; siehe Abb. 6.11).

Oben haben wir zwei Strukturen für Ozon in geschweiften Klammern angegeben. Das besagt, daß die endständigen Sauerstoffatome nicht voneinander unterscheidbar sind. Die wahre Struktur der Molekel ist eine Überlagerung der beiden angeführten Strukturen. Man sagt: jede der beiden Bindungen ist ein Hybrid einer kovalenten Einfachbindung und einer kovalenten Doppelbindung (vgl. Abschnitt 6.7 über Resonanz).

Stickstoff und seine Homologen. Das Stickstoffatom, dem drei Elektronen zum Oktett fehlen, kann sein Oktett vervollständigen, indem es drei kovalente Bindungen eingeht.

---

[1] Als paramagnetisch bezeichnet man Substanzen, die danach streben, sich in ein starkes Magnetfeld zu schieben, also zum Beispiel zwischen die Pole eines Magneten. Diamagnetische Substanzen streben aus dem Magnetfeld fort.

Es tut dies im elementaren Stickstoff. In der N_2-Molekel bilden die Stickstoffatome eine Dreifachbindung, sie teilen drei Elektronenpaare:

$$: N : : : N : \quad \text{oder} \quad : N \equiv N :$$

Die Bindung ist ungemein fest und verleiht der N_2-Molekel äußerst hohe Stabilität. Gasförmiger *Phosphor* besteht bei sehr hohen Temperaturen aus analog gebauten P_2-Molekeln, $:P\equiv P:$. Bei niedrigerer Temperatur ist die P_4-Molekel stabil. Sie hat tetra-

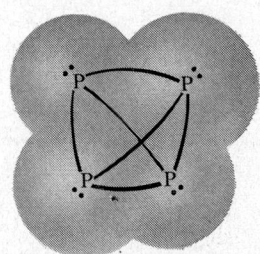

Abb. 6.14. Die P_4-Molekel.

edrischen Aufbau (siehe Abb. 6.14). Jedes Phosphoratom bildet drei kovalente Bindungen mit den drei anderen Atomen in der Molekel aus. Solche Molekeln treten im Phosphordampf, gelöst in unpolaren Lösungsmitteln wie Schwefelkohlenstoff und im festen, weißen Phosphor auf. In anderen Modifikationen des Elements (roter Phosphor, schwarzer Phosphor) bilden die Atome größere Aggregate.

Arsen und *Antimon* liegen in der Dampfphase ebenfalls als tetraedrische Molekeln As_4 und Sb_4 vor, die bei höherer Temperatur in zweiatomige Molekeln As_2 und Sb_2 dissoziieren. Kristalle dieser Elementarsubstanzen und von *Wismut* sind dagegen hochpolymer; sie enthalten Atomschichten, in denen jedes Atom einfache kovalente Bindungen mit drei Nachbarn ausbildet (siehe Abb. 6.15).

Kohlenstoff und seine Homologen. Kohlenstoff, dem vier Elektronen zum vollständigen Oktett fehlen, kann vier kovalente Bindungen eingehen. Im *Diamant* ist jedes

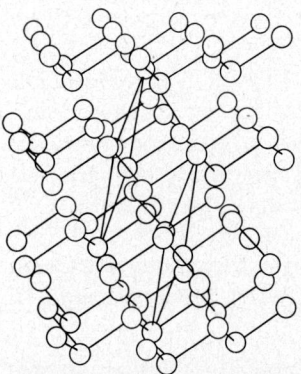
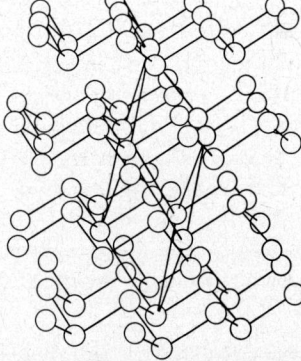

Abb. 6.15. Stereoskopische Ansicht der Atomanordnung im Arsenkristall. Jedes Atom ist durch Einfachbindungen mit drei anderen Atomen in einer gestauchten Schicht verbunden.

Atom fest an vier Nachbarn gebunden, die in den Ecken eines regelmäßigen Tetraeders um das Atom stehen (Abb. 6.16). Diese kovalenten Bindungen halten alle Atome im Diamantkristall zu einer einzigen Riesenmolekel zusammen. Da die C—C-Bindung sehr fest ist, ist der Kristall äußerst hart. Angesichts dieser Struktur wird es verständlich, daß Diamant die härteste bekannte Substanz ist.

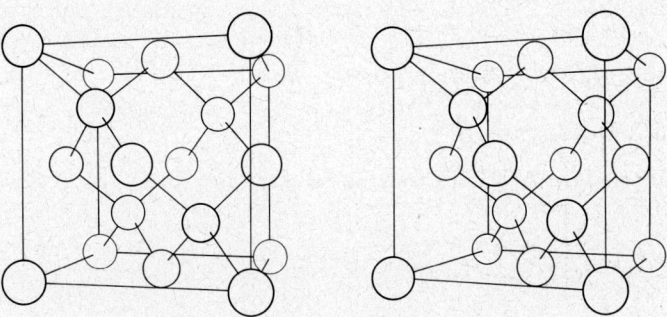

Abb. 6.16. Stereoskopische Ansicht der Diamantstruktur.

Graphit besteht aus Atomschichten, deren Aufbau aus Abbildung 6.17 hervorgeht. Jedes Atom hat drei Nachbarn. Zu zwei von ihnen bildet es kovalente Einfachbindungen aus, zum dritten eine Doppelbindung. Damit hat jedes Atom sein Oktett vervollständigt. Die Doppelbindungen sind nicht an ihren Platz gebunden, sie fluktuieren und verleihen so jeder Bindung in gewissem Ausmaß Doppelbindungscharakter. Die kovalenten Bindungen halten die Atome innerhalb der Schichten sehr fest zusammen. Die Schichten selbst sind dagegen nur ziemlich lose aufeinander gestapelt und können leicht voneinander getrennt werden. Deshalb ist Graphit eine weiche Substanz, die sogar als Schmiermittel verwendet wird.

Silicium, *Germanium* und graues *Zinn* kristallisieren ebenfalls mit Diamantgitter. Gewöhnliches Zinn (weißes Zinn) und Blei haben Metallstruktur (siehe Kapitel 20).

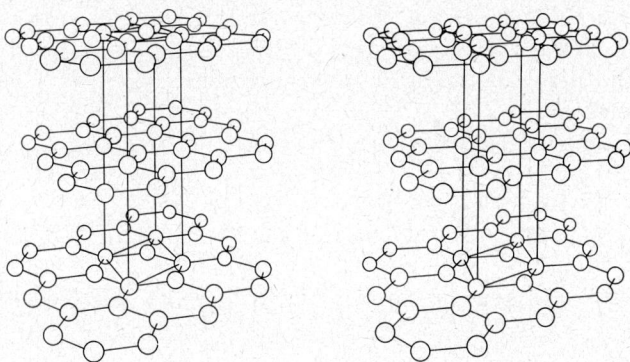

Abb. 6.17. Stereoskopische Ansicht der Graphitstruktur.

148   6. Die chemische Bindung

Relative Stabilität von Einfach- und Mehrfachbindungen. Die Erörterung der Struktur stabiler Molekeln und Kristalle im vorigen Abschnitt läßt darauf schließen, daß Einfachbindungen stabiler sind als Mehrfachbindungen für alle Nichtmetalle mit Ausnahme der Elemente, die in der ersten Periode des Periodensystems stehen und p-Bindungen eingehen, nämlich Stickstoff und Sauerstoff. (Fluor gehört auch zu dieser Gruppe, ist aber im allgemeinen in kovalenten Verbindungen einwertig.) Diese allgemeine Regel kann für viele Unterschiede, die hinsichtlich der Struktur und Eigenschaften zwischen den Elementen der ersten Periode und ihren schwereren Homologen bestehen, eine einfache Erklärung liefern.

6.7. Resonanz

Im vorigen Abschnitt war die Struktur von Ozon angegeben worden als

$$\left\{ \begin{array}{cc} \overset{+}{O}\!\!\diagup\!\!\overset{\cdot\cdot}{\underset{\cdot\cdot}{O}}: & \overset{+}{O}\!\!\diagup\!\!\overset{\cdot\cdot}{\underset{\cdot\cdot}{O}}\!:\!- \\ :\!\overset{\cdot\cdot}{O}\!\diagdown & \\ \quad :\!\overset{\cdot\cdot}{\underset{\cdot\cdot}{O}}\!:\!- & :\!\overset{\cdot\cdot}{\underset{\cdot\cdot}{O}}\!\diagdown\!\!\overset{\cdot\cdot}{\underset{\cdot\cdot}{O}}\!: \end{array} \right\}$$

Experimentelle Ergebnisse haben nämlich gezeigt, daß die beiden Sauerstoff–Sauerstoff-Bindungen nicht verschieden, sondern einander vollkommen gleich sind. Beide Bindungsabstände betragen 1,278 Å. Die Gleichheit der Bindungen läßt sich mit der Annahme einer *Hybridstruktur* erklären: Jede der beiden Bindungen ist ein Hybrid einer Einfachbindung und einer Doppelbindung und hat Eigenschaften, die zwischen denen beider Bindungsarten liegen.

Man kann das Wechseln der Doppelbindung zwischen den beiden Lagen im Ozon als *Resonanz* bezeichnen. Die *Resonanz einer Molekel zwischen mehreren Elektronenstrukturen* ist ein Grundbegriff chemischer Theorie. Oft bereitet es Schwierigkeiten, einer Molekel eine einzige Elektronenstruktur zuzuschreiben, die ihre Eigenschaften befriedigend wiedergibt. In vielen Fällen erscheinen zwei oder noch mehr Elektronenstrukturen gleich angemessen. Meistens kann man eine solche Molekel am zutreffendsten mit der Aussage beschreiben, daß in ihr die verschiedenen möglichen Elektronenstrukturen miteinander in Resonanz stehen. Hierzu werden die einzelnen Elektronenstrukturen in geschweiften Klammern angegeben. Die einzelnen Strukturen entsprechen nicht verschiedenen Arten von Molekeln, es sind vielmehr nur Molekeln einer Art anwesend, deren Elektronenstruktur ein Hybrid der verschiedenen aufgeführten Strukturen ist.

Die Resonanzstrukturen einiger wichtiger Molekeln können wie folgt geschrieben werden:

$$\left\{ :C\text{-}\overset{\cdot\cdot}{\underset{\cdot\cdot}{O}}: \quad :C\!=\!\overset{\cdot\cdot}{O}: \quad :C\!\equiv\!O: \right\} \qquad \text{Kohlenstoffmonoxid}$$

$$\left\{ :\overset{\cdot\cdot}{O}\!=\!C\!=\!\overset{\cdot\cdot}{\underset{\cdot\cdot}{O}}: \quad :\overset{\cdot\cdot}{\underset{\cdot\cdot}{O}}\text{-}C\!\equiv\!O: \quad :O\!\equiv\!C\text{-}\overset{\cdot\cdot}{\underset{\cdot\cdot}{O}}: \right\} \qquad \text{Kohlenstoffdioxid}$$

$$\left\{ :\overset{\cdot\cdot}{S}\!=\!C\!=\!\overset{\cdot\cdot}{S}: \quad :\overset{\cdot\cdot}{\underset{\cdot\cdot}{S}}\text{-}C\!\equiv\!S: \quad :S\!\equiv\!C\text{-}\overset{\cdot\cdot}{\underset{\cdot\cdot}{S}}: \right\} \qquad \text{Schwefelkohlenstoff}$$

$$\left\{ :\overset{\cdot\cdot}{N}\!=\!N\!=\!\overset{\cdot\cdot}{\underset{\cdot\cdot}{O}}: \quad :N\!\equiv\!N\text{-}\overset{\cdot\cdot}{\underset{\cdot\cdot}{O}}: \right\} \qquad \text{. Distickstoffoxid}$$

(Die angegebenen dreiatomigen Molekeln sind geradlinig.) Daß diese Molekeln tatsächlich die angegebenen Resonanzstrukturen aufweisen, ist experimentell belegt. Vielleicht den einfachsten Hinweis liefern die Bindungsabstände. Im allgemeinen ist der Kernabstand zweier gegebener Atome um 0,21 Å geringer, wenn diese mit einer Doppelbindung statt einer Einfachbindung verbunden sind, und für eine Dreifachbindung ist der Abstand um weitere 0,13 Å kleiner. Zum Beispiel beträgt der Einfachbindungsabstand zweier Kohlenstoffatome (wie im Diamant oder Äthan) 1,54 Å, der Doppelbindungsabstand dagegen 1,33 Å und der Dreifachbindungsabstand 1,20 Å. Der Abstand zwischen einem Kohlenstoff- und einem Sauerstoffatom, die wie im Formaldehyd mit einer Doppelbindung verbunden sind:

$$\begin{array}{c} H \\ \diagdown \\ C=\ddot{O}: \\ \diagup \\ H \end{array}$$

beträgt 1,22 Å. Für Kohlenstoffdioxid dagegen, dem man für lange Zeit die Struktur $O=C=O$ zugeschrieben hatte, ergab die Messung des Kohlenstoff–Sauerstoff-Bindungsabstands 1,16 Å. Die Verkürzung um 0,06 Å geht auf den Dreifachbindungscharakter zurück, den die beiden Strukturen $O\equiv C-O$ und $O-C\equiv O$ beisteuern. (Der verkürzende Einfluß der Dreifachbindung überwiegt den streckenden der Einfachbindung.)

6.8. Ionenbindung

Der englische Naturwissenschaftler Henry Cavendish berichtete schon vor fast zweihundert Jahren, die elektrische Leitfähigkeit von Wasser werde durch gelöstes Salz erheblich gesteigert. Im Jahre 1884 veröffentlichte dann Svante Arrhenius (1859–1927), ein schwedischer Student, seine Doktorarbeit, in der er unter anderem seine Deutung von Messungen der elektrischen Leitfähigkeit von Salzlösungen darlegte. Diese zunächst noch etwas vagen Ideen präzisierte er später und veröffentlichte dann 1887 eine eingehende Abhandlung über elektrolytische Dissoziation. Arrhenius stellte die These auf, Natriumchlorid in wäßriger Lösung bestehe aus Natrium-Ionen, Na^+, und Chlorid-Ionen, Cl^-. Wenn Elektroden in eine solche Lösung eingetaucht werden, ziehen deren elektrische Ladungen die Ionen an: die Natrium-Ionen wandern zur Kathode und die Chlorid-Ionen zur Anode. Die Wanderung der positiv und negativ geladenen Ionen (in entgegengesetzten Richtungen) stellt den Mechanismus des Stromtransports durch die Lösung dar.

Die Untersuchung der Eigenschaften von wäßrigen Lösungen hat die Anwesenheit hydratisierter Ionen wie $Na^+(aq)$, $Mg^{2+}(aq)$, $Al^{3+}(aq)$, $S^{2-}(aq)$ und $Cl^-(aq)$ sowie von komplexen Ionen wie $SO_4{}^{2-}(aq)$ bestätigt. Viele dieser Ionen tragen eine Ladung, die gerade so bemessen ist, daß das Atom die Elektronenzahl des nächstliegenden Edelgases (Argononenstruktur) erreicht. Die Anzahl Elektronen, die das Atom bei der Ionisierung abgibt oder aufnimmt, bezeichnet man als dessen *Ionenwertigkeit;* sie beträgt zum Beispiel +1 für Na^+ und −1 für Cl^-.

Die Alkalimetalle (Gruppe Ia des Periodensystems) sind positiv einwertig: ihre Atome enthalten ein Elektron mehr als das Atom des nächsten Argonons, verlieren dieses nur locker gebundene Elektron leicht und bilden dabei die entsprechenden Kationen, Li^+,

6. Die chemische Bindung

Tafel 6.1. Ionisierungsenergien und Elektronenaffinitäten einwertiger Elemente.

Element	Erste Ionisierungsenergie	Element	Elektronenaffinität
H	1312 kJ mol^{-1}	H	71 kJ mol^{-1}
Li	520	F	333
Na	496	Cl	350
K	419	Br	330
Rb	403	I	300
Cs	376		

Na$^+$, K$^+$, Rb$^+$ und Cs$^+$. Wie leicht die Alkalimetalle ihr äußerstes Elektron abgeben, ist aus den Werten der ersten Ionisierungsenergien in Tafel 5.1 (in eV) und 6.1 (in kJ mol^{-1}) sowie aus Abbildung 5.13 ersichtlich.

Die Halogene (Gruppe VIIa des Periodensystems) sind negativ einwertig: ihre Atome enthalten ein Elektron weniger als das Atom des nächsten Argonons und neigen dazu, ein zusätzliches Elektron aufzunehmen und damit die entsprechenden Anionen, F$^-$, Cl$^-$, Br$^-$ und I$^-$, zu bilden. Die Energie, die freigesetzt wird, wenn ein Atom ein Elektron aufnimmt und sich in ein Anion verwandelt, bezeichnet man als die *Elektronenaffinität* des Atoms. Die Elektronenaffinitäten der Halogene (Tafel 6.1) liegen höher als die anderer Elemente[1].

Die Atome der Elemente in Gruppe IIa des Periodensystems können Argononenstruktur annehmen, indem sie zwei Elektronen abgeben und die Ionen Be^{2+}, Mg^{2+}, Ca^{2+}, Sr^{2+} und Ba^{2+} bilden. Diese Elemente sind also positiv zweiwertig. Entsprechend sind die Elemente der Gruppe IIIa positiv dreiwertig, die der Gruppe VIa negativ zweiwertig usw.

Die Formeln binärer Salze wie

$$Na^+F^- \qquad Na^+Br^- \qquad K^+I^- \qquad Ca^{2+}(F^-)_2 \qquad Ba^{2+}(Cl^-)_2$$
$$Al^{3+}(Cl^-)_3 \qquad (Na^+)_2O^{2-} \qquad Ca^{2+}O^{2-} \qquad (Al^{3+})_2(O^{2-})_3$$

usw. ergeben sich folglich aus der Stellung der Elemente im Periodensystem.

Ionenverbindungen bilden die unedlen Metalle der Gruppen Ia und IIa mit den typischen Nichtmetallen in der rechten oberen Ecke des Periodensystems. Außerdem gibt es Ionenverbindungen, die Kationen der unedlen Metalle und Säureanionen, insbesondere der Sauerstoffsäuren enthalten.

Wie sich später in diesem Kapitel zeigen wird, ist die Beschreibung von Verbindungen als Aggregaten von Ionen eine vereinfachende Näherung. Die Elektronenstrukturen von Molekeln und Kristallen, die allgemein als Ionenverbindungen gelten, entsprechen in Wirklichkeit einem nur unvollständigen Übergang der Elektronen von den Metallatomen zu den Nichtmetallatomen. Gleichwohl ist die Idee der Ionenbindung in ihrem oben skizzierten Zusammenhang mit der Argononenkonfiguration der Elektronenhüllen ein wichtiger und nützlicher Teil chemischer Theorie.

---

[1] Überraschenderweise hat Fluor eine geringere Elektronenaffinität als Chlor. Die erste Elektronenaffinität von Sauerstoff ist 140 kJ mol^{-1}, die von OH 175 kJ mol^{-1}.

6.8. Ionenbildung

Abb. 6.18. Die Kochsalzstruktur. Die Elementarzelle enthält 4 Na in den Lagen 0 0 0, 0 1/2 1/2, 1/2 0 1/2 und 1/2 1/2 0 und 4 Cl in den Lagen 1/2 1/2 1/2, 1/2 0 0, 0 1/2 0 und 0 0 1/2. Die Struktur beruht auf einem kubisch flächenzentrierten Gitter. Die Abbildung stammt aus einer frühen Arbeit von William Barlow.

Die Bestimmung der Kristallstruktur von NaCl, die mittels Röntgenbeugungsaufnahmen 1913 durchgeführt wurde, hat gezeigt, daß der Kristall keine definierbaren Molekeln Na—Cl enthält. Vielmehr ist jedes Natriumatom von sechs Chloratomen und jedes Chloratom von sechs Natriumatomen als nächsten Nachbarn in gleichem Abstand umgeben (siehe Abb. 6.18). Dieser Befund führte unmittelbar zu der Erkenntnis, daß der Kristall als ein Aggregat von Natrium-Kationen und Chlorid-Anionen aufgefaßt werden kann und daß jedes Ion mit seinen sechs Nachbarn durch eine elektrostatische oder Ionen-

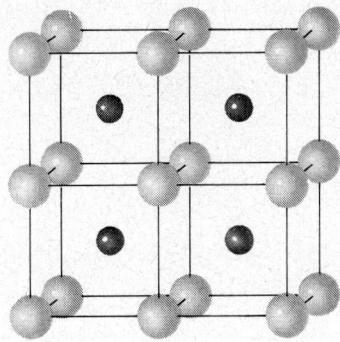

Abb. 6.19. Die Caesiumchloridstruktur. Die Elementarzelle enthält 1 Cs in der Lage 0 0 0 und 1 Cl in der Lage 1/2 1/2 1/2. Die Struktur beruht auf einem einfachen kubischen Gitter.

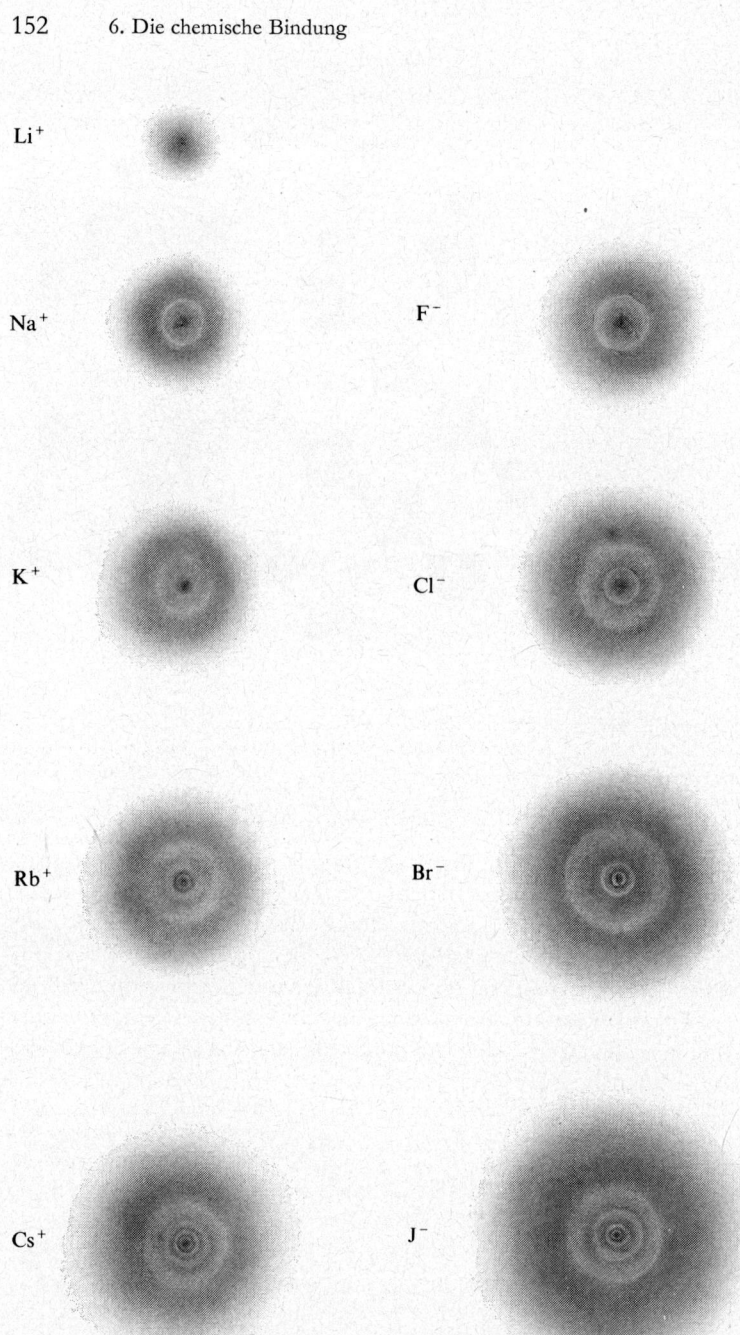

Abb. 6.20. Elektronenverteilung in Alkali-Ionen und Halogenid-Ionen.

6.8. Ionenbildung

bindung der Bindungszahl (oder Bindungskraft) 1/6 verknüpft ist. Die Alkalihydride (LiH bis CsH) und die meisten Alkalihalogenide kristallieren mit NaCl-Struktur (Kochsalzstruktur). CsCl, CsBr und CsI kristallisieren mit einer anderen Struktur, die in Abbildung 6.19 gezeigt ist. In der NaCl-Struktur hat jedes Ion, wie man sagt, die Koordinationszahl 6, in der CsCl-Struktur dagegen die Koordinationszahl 8.

Ionenradien. Die Elektronenverteilung in Alkali- und Halogenid-Ionen ist in Abbildung 6.20 angegeben. Sie ist der Verteilung in den entsprechenden Argononen sehr ähnlich, die in etwas größerem Maßstab in Abbildung 5.8 gezeigt sind. Die größere Kernladung (+11e gegenüber +9e) zieht die Elektronenhülle im Natrium-Ion näher an den Kern heran als im Fluorid-Ion, und das Natrium-Ion ist damit um rund 30% kleiner. Das Neonatom ist kleiner als das Fluorid-Ion und größer als das Natrium-Ion.

Eine äußere Oberfläche kann für Atome und Ionen nicht einwandfrei definiert werden. Vielmehr erreicht die Elektronendichte mit wachsendem Abstand vom Kern gewöhnlich ein Maximum in der äußeren Elektronenschale und fällt dann asymptotisch auf null ab. Man kann jedoch Ionenradien so definieren, daß für zwei Ionen ähnlicher Struktur die Radien der räumlichen Ausdehnung der Elektronendichten proportional sind, während die Summe der beiden Radien dem Kernabstand der Ionen im Kristall gleich ist.

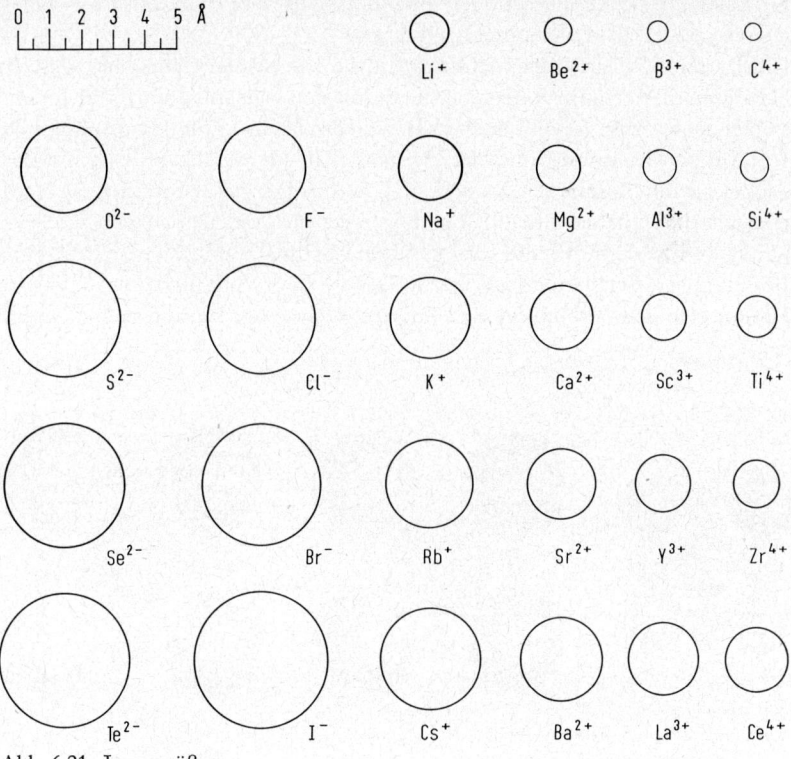

Abb. 6.21. Ionengrößen.

6. Die chemische Bindung

Die sich hieraus ergebenden Größenverhältnisse verschiedener Ionen mit Argononenstruktur zeigt Abbildung 6.21. Die Zahlenwerte einiger Ionenradien sind in Tafel 6.2 angegeben.

Tafel 6.2. Kristallradien einiger Ionen.

Ion	Radius	Ion	Radius	Ion	Radius	Ion	Radius	Ion	Radius	Ion	Radius
				Li^+	0,60 Å	Be^{2+}	0,31 Å	B^{3+}	0,20 Å	C^{4+}	0,15 Å
O^{2-}	1,40 Å	F^-	1,36 Å	Na^+	0,95	Mg^{2+}	0,65	Al^{3+}	0,50	Si^{4+}	0,41
S^{2-}	1,84	Cl^-	1,81	K^+	1,33	Ca^{2+}	0,99	Sc^{3+}	0,81	Ge^{4+}	0,53
Se^{2-}	1,98	Br^-	1,95	Rb^+	1,48	Sr^{2+}	1,13	Y^{3+}	0,93	Sn^{4+}	0,71
Te^{2-}	2,21	I^-	2,16	Cs^+	1,69	Ba^{2+}	1,35	La^{3+}	1,15	Pb^{4+}	0,84

Die so definierten Radien geben richtig die experimentell gefundenen Abstände zwischen Kationen und Anionen in Kristallen wieder, sofern beide Ionen die Struktur desselben Argonons haben, wie etwa in Na^+F^- (beide Ionen haben Neonstruktur) und K^+Cl^- (beide haben Argonstruktur). Die gemessenen Abstände von 2,31 Å für Na^+—F^- und 3,14 Å für K^+—Cl^- sind den Summen der entsprechenden Radien gleich. In anderen Kristallen, in denen die Anionen einander beinahe berühren, ist der gemessene Abstand jedoch größer als die Summe der Radien.

Ein Extremfall liegt beim Lithiumjodid vor, in dessen Gitter die Jodid-Ionen einander berühren, die Lithium-Ionen aber nicht mit den benachbarten Jodid-Ionen in Berührung stehen (siehe Abb. 6.22). Die Packungsdichte ist also von den großen, sich berührenden Jodid-Ionen bestimmt, und der Abstand Li^+—I^- im Kristall ist mit 3,02 Å fast 10% größer als die Summe der Radien, 2,76 Å. Infolge dieser Struktur ist Lithiumjodid weicher als die anderen Alkalihalogenide; es weist weiterhin einen niedrigeren Schmelzpunkt und Siedepunkt und eine geringere Schmelz- und Verdampfungswärme auf. Die Beziehung zwischen dem Schmelzpunkt und dem Verhältnis der Radien von Anion und Kation geht aus Abbildung 6.23 hervor. Wegen der stärkeren Anziehungskraft bei geringerem Abstand sollte man eigentlich annehmen, daß für jedes gegebene Anion die

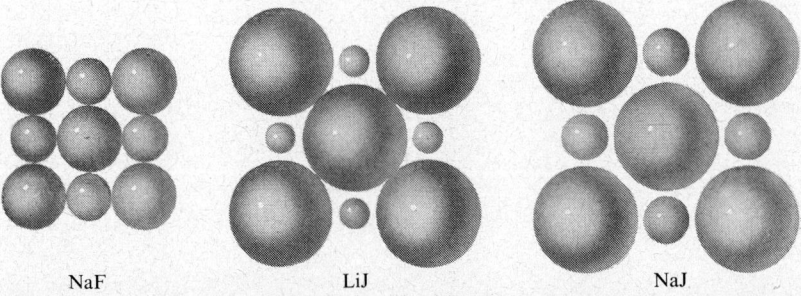

Abb. 6.22. Ionenanordnung in den Kristallen von NaF, LiI und NaI. Im Kristall von Lithiumjodid berühren sich die Jodid-Ionen.

Kristalle mit kleinerem Kation den höheren Schmelzpunkt aufweisen würden. Die Lithiumsalze folgen dieser Regel nicht, und der Schmelzpunkt des Natriumjodids liegt ebenfalls niedriger als erwartet. Im Natriumjodidkristall berühren sich die Anionen sowohl miteinander als auch mit den Kationen, und das Gitter ist daher etwas aufgeweitet (siehe Abb. 6.22).

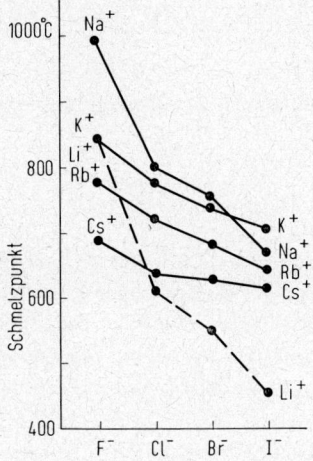

Abb. 6.23. Die Schmelzpunkte der Alkalihalogenide. Bei den Lithiumsalzen und bei Natriumjodid ist die Auswirkung der gegenseitigen Berührung der Anionen im Kristall erkenntlich.

In den Gasmolekeln, etwa in LiI, tritt ein solcher Effekt des Radiusverhältnisses nicht auf. Soweit die Abstände zwischen Kation und Anion in den Alkalihalogenidmolekeln ermittelt worden sind (durch Mikrowellenspektroskopie), liegen sie bei etwa 80% der Summe der Kristallradien (vgl. Tafel 6.3).

Tafel 6.3. Abstände zwischen Kation und Anion in den Gasmolekeln der Alkalihalogenide.

	Li^+	Na^+	K^+	Rb^+	Cs^+
Cl^-	2,03 Å	2,36 Å	2,67 Å	2,79 Å	2,91 Å
Br^-	2,17	2,50	2,82	2,95	3,07
I^-	2,39	2,71	3,05	3,18	3,32

Die Verkürzung des Abstands zwischen Kation und Anion beim Übergang vom Kristall zur Gasmolekel findet ihre Erklärung in der stärkeren Ionenbindung. In der Gasmolekel, etwa Na^+Cl^-, besteht eine Einfachbindung zwischen dem positiv einwertigen Kation und dem negativ einwertigen Anion. Im Kristall dagegen verteilt jedes Kation seine Anziehungskraft auf die sechs Anionen, die es umgeben; jeder Kontakt zwischen Kation und Anion stellt also nur ein Sechstel einer Bindung dar, eine „1/6-Bindung". Der Bindungsabstand dieser schwächeren Bindung ist größer (um 0,4 bis 0,6 Å) als der der vollen Bindung in der Gasmolekel.

6.9. Partieller Ionencharakter kovalenter Bindungen

Oft stehen wir vor der Frage, ob eine Bindung in einer Molekel als Ionenbindung oder als kovalente Bindung angesprochen werden soll. Bei einem Salz eines Metalls und eines typischen Nichtmetalls besteht kein Zweifel: hier handelt es sich um einen Ionenkristall. So schreiben wir für Lithiumchlorid

$$\text{Li}^+ \text{Cl}^- \quad \text{oder} \quad \text{Li}^+ : \ddot{\underset{..}{\text{Cl}}} :^-$$

Ebensowenig Zweifel besteht bei Stickstofftrichlorid, NCl_3, einer öligen, molekularen Substanz, der Verbindung zweier Nichtmetalle mit der kovalenten Struktur

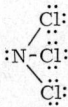

Zwischen LiCl und NCl_3 stehen die drei Verbindungen $BeCl_2$, BCl_3 und CCl_4. Wo tritt der Wechsel von der Ionenstruktur zur kovalenten Struktur ein?

Die Antwort gibt uns die Theorie der Resonanz. *Der Übergang von einer Ionenbindung zu einer rein kovalenten Bindung innerhalb einer Reihe von Verbindungen tritt nicht sprunghaft, sondern allmählich ein.*

Das elektrische Dipolmoment von Molekeln und der partielle Ionencharakter von Bindungen. Wie man vor rund fünfzig Jahren feststellte, haben manche Flüssigkeiten eine niedrige und nahezu temperaturunabhängige Dielektrizitätskonstante (1,5 bis 2,5), andere dagegen eine hohe Dielektrizitätskonstante, die mit steigender Temperatur stark zunimmt. Es entwickelte sich die Vorstellung, daß die sogenannten *unpolaren* Flüssigkeiten der ersten Gruppe aus Molekeln ohne elektrisches Dipolmoment bestehen, die *polaren* Flüssigkeiten der zweiten Gruppe dagegen aus Molekeln mit Dipolmoment.

Eine Molekel besitzt ein elektrisches Dipolmoment, wenn das Zentrum ihrer positiven Ladung nicht mit dem der negativen Ladung zusammenfällt. Für zwei Ladungen $+q$ und $-q$ im Abstand d beträgt das Dipolmoment qd. Zum Beispiel haben ein Proton mit $q = \varepsilon$ und ein Elektron mit $q = -\varepsilon$ ($\varepsilon = 15{,}188 \cdot 10^{-15}$ S) im Abstand von 1 Å (10^{-10} m) voneinander das Dipolmoment $1{,}5188 \cdot 10^{-24}$ Sm. Der Bequemlichkeit halber wollen wir als Einheit des Dipolmoments das ε Å (Epsilon-Ångström) benutzen[1].

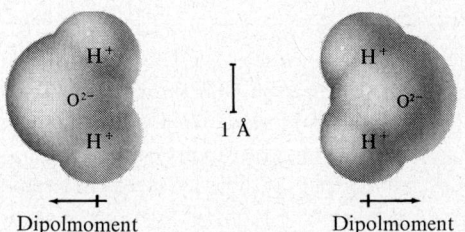

Abb. 6.24. Zwei Wassermolekeln mit entgegengesetzt gerichteten Vektoren des elektrischen Dipolmoments.

---

1 Gewöhnlich wird das Dipolmoment in Debye (Symbol D) angegeben. Ein D ist ein Statcoulomb cm. Der Umrechnungsfaktor beträgt 1ε Å $= 4{,}803$ D.

Wassermolekeln sind polar (vgl. Abb. 6.24; das Dipolmoment ist als Pfeil angegeben, der von der positiven zur negativen Ladung zeigt). In einem elektrischen Feld, zum Beispiel zwischen den elektrisch aufgeladenen Platten eines Kondensators, streben die Wassermolekeln danach, sich auszurichten, indem sie ihre positive Seite der negativen Platte und ihre negative Seite der positiven Platte zuwenden (siehe Abb. 6.25). Hierdurch wird das angelegte Feld teilweise neutralisiert. Das ist der physikalische Inhalt der Aussage, daß „das Medium (Wasser) eine *Dielektrizitätskonstante* besitzt, die größer als eins ist" (etwa 80 für flüssiges Wasser bei 20 °C).

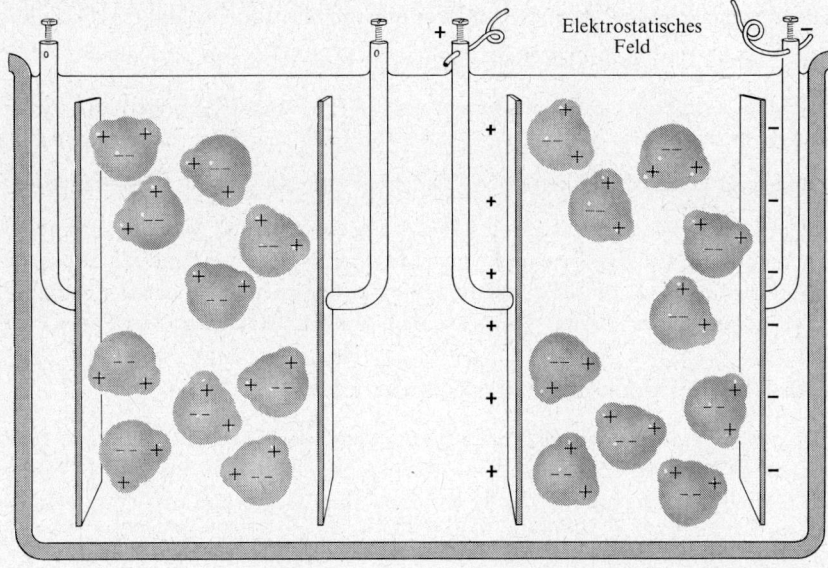

Unorientierte Wassermolekeln   Teilweise orientierte Wassermolekeln
Abb. 6.25. Ausrichtung polarer Molekeln im elektrischen Feld. Diese Erscheinung kommt in einer hohen Dielektrizitätskonstante zum Ausdruck.

Die Spannung, die erforderlich ist, eine gegebene Ladungsmenge auf die Platten eines Kondensators aufzubringen, ist der Dielektrizitätskonstante des Mediums zwischen den Platten umgekehrt proportional. Auf diese Weise kann die Dielektrizitätskonstante einer Substanz ermittelt werden. Aus der Dielektrizitätskonstante kann man mittels einer von Peter Debye (1884–1966) im Jahr 1914 aufgestellten Theorie das Dipolmoment der Molekeln berechnen (siehe Anhang XIII). Außerdem kann das Dipolmoment sehr genau durch Mikrowellenspektroskopie und Methoden der Resonanz von Molekularstrahlen bestimmt werden.

Für Wassermolekeln in Wasserdampf beträgt das experimentell bestimmte Dipolmoment $0{,}387\,\varepsilon\,\text{Å}$. Aus dem Wasserdampfspektrum ergibt sich ein O—H-Bindungsabstand von $0{,}97\,\text{Å}$ und ein H—O—H-Bindungswinkel von $104{,}5°$. Der Schwerpunkt der Protonenladung, halbwegs zwischen den beiden Protonen, liegt damit $0{,}59\,\text{Å}$ vom Sauerstoffkern entfernt. Wären die Bindungen reine Ionenbindungen, so sollte das Dipolmoment

$2\varepsilon \cdot 0{,}59\,\text{Å} = 1{,}18\varepsilon\,\text{Å}$ betragen. Der experimentell gefundene Wert von $0{,}387\varepsilon\,\text{Å}$ läßt darauf schließen, daß die O—H-Bindungen $(0{,}387/1{,}18) \cdot 100 = 33\%$ Ionencharakter (und 67% kovalenten Charakter) aufweisen.

Ein extremer Fall liegt bei der Gasmolekel des Lithiumfluorids vor, deren Dipolmoment mit $1{,}39\varepsilon\,\text{Å}$ 92% des theoretischen Werts für Li$^+$ und F$^-$ im experimentell bestimmten Kernabstand von 1,52 Å beträgt. Für diese Molekel liefert also das Symbol Li$^+$F$^-$ eine recht zutreffende Beschreibung, und die Bindung kann als Ionenbindung mit nur sehr schwachem kovalenten Charakter (etwa 8%) angesprochen werden.

Andererseits entspricht das Dipolmoment des Jodwasserstoffs mit $0{,}080\varepsilon\,\text{Å}$ bei einem Kernabstand von 1,62 Å einer Bindung mit nur 5% Ionencharakter. Die übliche kovalente Formel H:Ï: gibt also die Struktur der Molekel recht gut wieder.

Fluorwasserstoff hat ein Dipolmoment von $0{,}413\varepsilon\,\text{Å}$ und einem Kernabstand von 0,92 Å. Dies entspricht einem Aufbau, zu dem die Ionenstruktur H$^+$F$^-$ zu 45% und die kovalente Struktur H:F̈: zu 55% beitragen. Die H—F-Bindung steht also sozusagen ungefähr halbwegs zwischen den Extremen reiner Ionenbindung und reiner kovalenter Bindung. Der relative Ionencharakter und kovalente Charakter einer Bindung zwischen zwei gegebenen Atomen A und B kann mit Hilfe der sogenannten Elektronegativität ungefähr vorausgesagt werden, einem Konzept, dem wir uns als nächstes zuwenden wollen.

6.10. Die Elektronegativitätsskala der Elemente

Es hat sich herausgestellt, daß man die Fähigkeit der einzelnen Elemente, Elektronen in kovalenter Bindung anzuziehen, in Zahlen zum Ausdruck bringen kann. Damit läßt sich der partielle Ionencharakter der Bindungen abschätzen. Die Anziehungskraft für Elektronen in kovalenter Bindung bezeichnet man als *Elektronegativität* des betreffenden

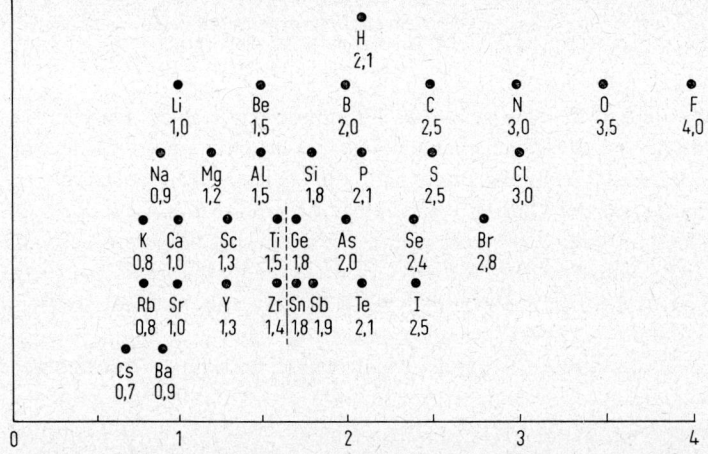

Abb. 6.26. Die Elektronegativitätsskala. Die gestrichelte Linie gibt ungefähr die Werte für die Übergangselemente an.

Tafel 6.4. Elektronegativitätswerta der Elemente.

| | | | | | | H | | | | | | | |
						2,1							
Li	Be	B								C	N	O	F
1,0	1,5	2,0								2,5	3,0	3,5	4,0
Na	Mg	Al								Si	P	S	Cl
0,9	1,2	1,5								1,8	2,1	2,5	3,0
K	Ca	Sc	Ti	V	Cr	Mn	Fe	Co	Ni	Cu	Zn	Ga	Ge	As	Se	Br
0,8	1,0	1,3	1,5	1,6	1,6	1,5	1,8	1,9	1,9	1,9	1,6	1,6	1,8	2,0	2,4	2,8
Rb	Sr	Y	Zr	Nb	Mo	Tc	Ru	Rh	Pd	Ag	Cd	In	Sn	Sb	Te	I
0,8	1,0	1,2	1,4	1,6	1,8	1,9	2,2	2,2	2,2	1,9	1,7	1,7	1,8	1,9	2,1	2,5
Cs	Ba	La-Lu	Hf	Ta	W	Re	Os	Ir	Pt	Au	Hg	Tl	Pb	Bi	Po	At
0,7	0,9	1,0–1,2	1,3	1,5	1,7	1,9	2,2	2,2	2,2	2,4	1,9	1,8	1,9	1,9	2,0	2,2
Fr	Ra	Ac	Th	Pa	U	Np-No										
0,7	0,9	1,1	1,3	1,4	1,4	1,4–1,3										

Elements. Abbildung 6.26 zeigt eine Elektronegativitätsskala der Elemente mit Ausnahme der Übergangselemente und der Lanthanone. Außerdem sind die Zahlenwerte der Elektronegativität in Tafel 6.4 angegeben. Wir benutzen für die Elektronegativität das Symbol x.

Die Skala erstreckt sich vom Caesium, 0,7, bis zum Fluor, 4,0. Fluor ist bei weitem das elektronegativste Element. Ihm folgen Sauerstoff an zweiter Stelle und Stickstoff und Chlor an dritter Stelle. Wasserstoff und die typischen Halbmetalle stehen mit Werten um 2 im mittleren Teil der Skala. Die meisten Metalle haben Werte um oder unter 1,7.

Die Elektronegativitätsskala in der Anordnung in Abbildung 6.26 sieht dem Periodensystem im großen und ganzen recht ähnlich und unterscheidet sich von diesem hauptsächlich dadurch, daß der obere Teil nach rechts und der untere nach links verschoben ist. Wie bei der Besprechung des Periodensystems erwähnt, stehen in ihm die unedelsten Metalle in der linken unteren Ecke und die ausgeprägtesten Nichtmetalle in der rechten oberen. Mit der Verschiebung wie in Abbildung 6.26 kommt eine Darstellung zustande, die den Metall- oder Nichtmetallcharakter der Elemente in einfacher Weise als Funktion einer auf der horizontalen Koordinate angegebenen Größe, der Elektronegativität, angibt.

Zwischen dem partiellen Ionencharakter der Bindung zweier Atome A und B und deren Elektronegativitätsdifferenz $x_A - x_B$ (oder $x_B - x_A$) besteht näherungsweise eine Beziehung, die man findet, indem man den aus Meßwerten des Dipolmoments und Kernabstands berechneten partiellen Ionencharakter gegen die Elektronegativitätsdifferenz aufträgt. Eine solche Auftragung für Jodbromid, Jodchlorid, die Halogenwasserstoffe und die Lithiumhalogenide (Gasmolekeln) zeigt Abbildung 6.27. Die Streuung der experimentell ermittelten Punkte um die eingezeichnete glatte Kurve bleibt innerhalb von etwa $\pm 2\%$ für $x_A - x_B < 1$ und innerhalb von etwa $\pm 10\%$ für größere Elektronegativitätsdifferenzen. Zahlenwerte, die der Kurve entsprechen, sind in Tafel 6.5 angegeben. Das Dipolmoment ist ein Vektor, der gewöhnlich als ein Pfeil angegeben wird, der von der positiven zur negativen Ladung zeigt. Gelegentlich wird ein gekreuzter Pfeil, $\leftrightarrow$, benutzt.

6. Die chemische Bindung

Tafel 6.5. Beziehung zwischen Elektronegativitätsdifferenz und partiellem Ionencharakter der Bindung.

Elektronegativitäts-differenz	partieller Ionencharakter	Elektronegativitäts-differenz	partieller Ionencharakter
0,2	1%	1,8	55%
0,4	4	2,0	63
0,6	9	2,2	70
0,8	15	2,4	76
1,0	22	2,6	82
1,2	30	2,8	86
1,4	39	3,0	89
1,6	47	3,2	92

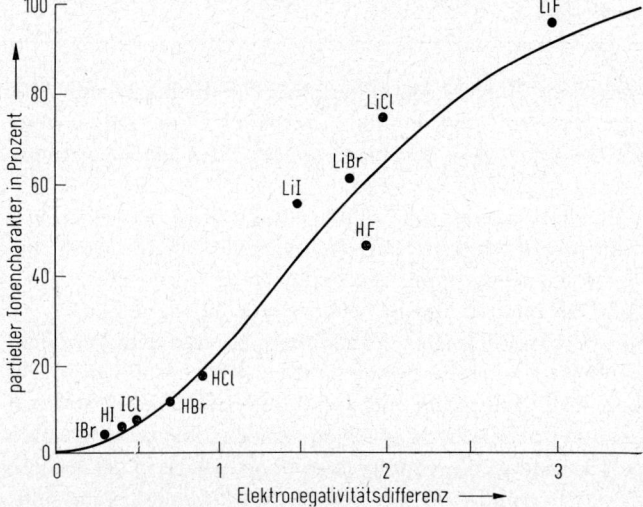

Abb. 6.27. Beziehung zwischen der Elektronegativitätsdifferenz zweier Atome und dem partiellen Ionencharakter der von ihnen gebildeten Bindung.

Das Dipolmoment einer mehratomigen Molekel erweist sich als ungefähr gleich der Vektorsumme der Momente, die sich für die einzelnen Bindungen aus deren partiellem Ionencharakter ergeben. Weicht der experimentell gefundene Wert von dem so berechneten erheblich ab, so sieht die Elektronenstruktur der Molekel wahrscheinlich etwas anders aus, als die Rechnung vorausgesetzt hatte.

Je größer der Abstand zweier Elemente auf der Skala ist (in Abb. 6.26 der horizontale Abstand), desto größer ist der partielle Ionencharakter der Bindung zwischen ihnen. Bei einem Abstand von 1,7 Einheiten hat die Bindung etwa 50% Ionencharakter. Ist der Abstand noch größer, so scheint es angemessen, für die Verbindung eine Ionenstruktur zu schreiben, ist der Abstand kleiner, eine kovalente Struktur. Das ist jedoch nur eine Faustregel, die nicht starr befolgt zu werden braucht.

Aufgabe 6.1. Wie sieht die Elektronenstruktur der NaCl-Gasmolekel aus? Welches elektrische Dipolmoment sollte man von ihr erwarten? (Unter 1 atm Druck siedet NaCl bei 1430 °C.)

Lösung. Die Elektronegativitätsdifferenz für Chlor ($x = 3{,}0$) und Natrium ($x = 0{,}9$) beträgt 2,1. Die Molekel hat demgemäß vorwiegend Ionencharakter, Na$^+$Cl$^-$, und zwar nach Tafel 6.5 67% Ionencharakter und 33% kovalenten Charakter. Der Bindungsabstand beträgt laut Tafel 6.3 2,36 Å. Für 100% Ionencharakter würde das Dipolmoment somit $2{,}36\,\varepsilon$Å betragen. Für einen partiellen Ionencharakter von 67% ergibt sich hieraus als Voraussage für das Dipolmoment $0{,}67 \cdot 2{,}36\,\varepsilon\text{Å} = 1{,}58\,\varepsilon\text{Å}$. (Der tatsächliche Wert ist mit $1{,}73\,\varepsilon$Å etwas größer und entspricht einem partiellen Ionencharakter von 73%.)

Aufgabe 6.2. Wie groß ist das elektrische Dipolmoment von Acetylen, C_2H_2?

Lösung. Die Acetylenmolekel, H—C≡C—H, ist geradlinig (siehe Abschnitt 6.4). Die beiden H—C-Dipole sind also einander entgegengerichtet:

$$\overset{\longmapsto\quad\;\longleftarrow\!\!\!\mid}{\text{H-C}\equiv\text{C-H}}$$

und heben sich gegenseitig auf. Das resultierende Dipolmoment ist folglich null.

6.11. Bildungswärme und relative Elektronegativität der Atome

Von den chemischen Reaktionen verlaufen die einen unter Entwicklung von Wärme, die anderen unter Aufnahme von Wärme. Reaktionen, die Wärme entwickeln, nennt man *exotherme Reaktionen* und solche, die Wärme aufnehmen, *endotherme Reaktionen*. Es versteht sich von selbst, daß eine jede exotherme Reaktion bei Umkehrung der Reaktionsrichtung endotherm verlaufen muß, und umgekehrt.

Wärme ist definiert als die Energie, die durch den physikalischen Vorgang der Wärmeleitung oder Strahlung von einer Region eines Systems zu einer anderen übergeführt wird. Die Reaktionswärme (auch Wärmetönung) einer chemischen Reaktion ist die Wärme, die an die Umgebung abgegeben wird, wenn die Reaktion bei konstanter Temperatur und unter konstantem Druck abläuft, und zwar unter solchen Bedingungen, daß sie keine Arbeit außer der Druck-Volumen-Arbeit $P \cdot \Delta V$ leistet (ΔV = Volumen der Produkte minus Volumen der Ausgangsstoffe).

Enthalpie. Es hat sich gezeigt, daß jeder chemischen Substanz ein zahlenmäßiger Wert (bezogen auf Normalbedingungen) einer bestimmten physikalischen Größe zugeschrieben werden kann, die man *Wärmeinhalt* oder *Enthalpie* nennt (nach dem griechischen Wort ἐνθάλπειν, erwärmen) und mit dem Symbol H bezeichnet. Die Zahlenwerte erfüllen die Bedingung, daß man für jede chemische Reaktion die aufgenommene Wärme erhält, wenn man die Summe der Enthalpien der Ausgangsstoffe von der Summe der Enthalpien der Reaktionsprodukte abzieht. Definiert ist die Enthalpie durch die Beziehung

$$H = E + PV$$

worin E die innere Energie der betreffenden Substanz angibt.

Für die Enthalpieänderung (Änderung des Wärmeinhalts) eines Systems, wie sie im Zuge einer Zustandsänderung z.B. durch chemische Reaktion auftritt, verwendet man das Zeichen ΔH. Ein positiver Wert von ΔH zeigt somit an, daß das System bei der Reaktion Wärme aus der Umgebung aufnimmt. Für die Enthalpieänderung bei einer Zustandsänderung (Reaktion) bei 298,15 K (25 °C) unter 1 atm Druck schreibt man

ΔH_{298}. Zum Beispiel können die Reaktionsgleichungen für die Verbrennung von Kohlenstoff wie folgt angegeben werden:

$$C(\text{Graphit}) + O_2(g) \rightarrow CO_2(g) \qquad \Delta H_{298} = -393{,}5 \text{ kJ mol}^{-1}$$
$$C(\text{Graphit}) + 1/2 \; O_2(g) \rightarrow CO(g) \qquad \Delta H_{298} = -110{,}5 \text{ kJ mol}^{-1}$$

(Thermochemische Angaben werden gewöhnlich auf 25 °C bezogen.)
Im früher üblichen Sprachgebrauch bezeichnete man die bei der Bildung einer chemischen Verbindung aus den Elementen freigesetzte Wärme als *Bildungswärme*. Ein negativer Wert der Bildungswärme, Q_B, zeigt an, daß die Bildung aus den Elementen ein endothermer Vorgang ist. Die Bildungswärme ist also gleich dem Wert von $-\Delta H$ für die Bildungsreaktion aus den Elementen. Zum Beispiel ist $Q_B = 393{,}5 \text{ kJ mol}^{-1}$ für $CO_2(g)$ und $110{,}5 \text{ kJ mol}^{-1}$ für $CO(g)$.

Die Enthalpieänderung bei der Bildung einer Substanz aus den Elementen in deren Normalzustand wird *Normal-Bildungsenthalpie* oder kurz *Normalenthalpie* genannt und $\Delta H°$ bezeichnet. Ganz allgemein zeigt eine oben angehängte Null bei thermodynamischen Symbolen an, daß als Bezugszustand die beteiligten Elemente im Normalzustand gewählt sind. Als Normalzustand eines Elements gilt der bei der betreffenden Temperatur stabile, d.h. unterhalb des Schmelzpunktes die jeweils stabile kistalline Modifikation, zwischen Schmelzpunkt und Siedepunkt die Flüssigkeit und oberhalb des Siedepunkts der Dampf unter 1 atm Druck (bzw. Partialdruck).

Die ΔH-Werte zweier Reaktionen können zum ΔH-Wert einer dritten kombiniert werden. So erhält man durch Kombination der beiden oben angegebenen Reaktionen die Enthalpieänderung der Verbrennung von Kohlenstoffmonoxid zu Kohlenstoffdioxid:

$$CO(g) + {}^1/_2 \; O_2(g) \rightarrow CO_2(g) \qquad \Delta H_{298} = -283{,}0 \text{ kJ mol}^{-1}$$

Der Wert von $-\Delta H$ für die Reaktion einer Substanz mit Sauerstoff wird auch *Verbrennungswärme* genannt.

Häufig läßt man der Einfachheit halber den Wert der Bildungs- oder Verbrennungswärme (oder von $-\Delta H$ für beliebige Reaktionen) in der Reaktionsgleichung wie ein Produkt erscheinen, zum Beispiel

$$C(\text{Graphit}) + O_2(g) \rightarrow CO_2(g) + 393{,}5 \text{ kJ mol}^{-1}$$
$$CO(g) + 1/2 \; O_2(g) \rightarrow CO_2(g) + 283{,}5 \text{ kJ mol}^{-1}$$

Zur experimentellen Bestimmung von Reaktionsenthalpien benutzt man Geräte wie etwa das in Abbildung 6.28 gezeigte Bombenkalorimeter. Eine Probe der Substanz wird gewogen und in die Bombe eingebracht, in die anschließend Sauerstoff eingepreßt wird. Nach Ablesen der Temperatur im Wasserbad wird die Probe durch Einschalten eines Stroms elektrisch gezündet, der durch einen in ihr eingebetteten Draht fließt. Die von der Reaktion erzeugte Wärme erhöht die Temperatur der gesamten Anordnung innerhalb des Isoliermantels. Nach Ablauf einer Zeitspanne, die für vollständigen Temperaturausgleich innerhalb des isolierten Systems ausreicht, wird die Temperatur des Wasserbads erneut abgelesen. Aus der Temperaturdifferenz kann die von der Reaktion freigesetzte Wärme berechnet werden. Hierzu muß der „Wasserwert" des Kalorimeters bekannt sein, d.h. diejenige Gewichtsmenge Wasser, die bei gleicher Wärmezufuhr die gleiche Temperaturerhöhung erfahren würde wie das Kalorimeter. Außerdem müssen natürlich Korrekturen angebracht werden, die die vom Zündstrom zugeführte Wärme berück-

6.11. Bildungswärme und relative Elektronegativität der Atome

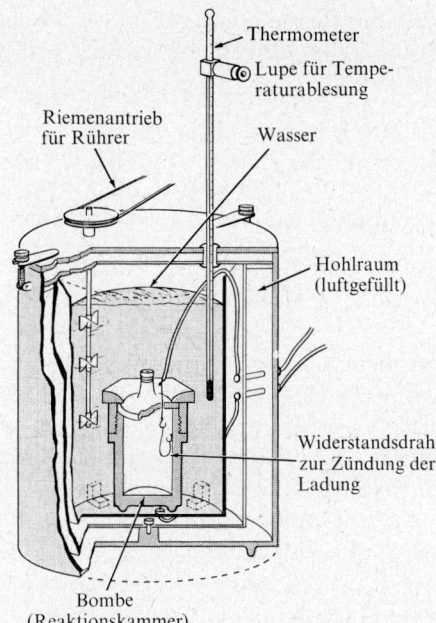

Abb. 6.28. Eine Kalorimeterbombe.

sichtigen und in Rechnung stellen, daß die Reaktion nicht unter konstantem Druck abgelaufen ist.

Experimentelle Werte der Bildungsenthalpien von Tausenden von Verbindungen unter Normalbedingungen sind in Tabellenwerken angegeben[1]. Durch Kombination dieser Werte kann man die Enthalpieänderung für jede beliebige Reaktion erhalten, deren Ausgangsstoffe und Produkte aus diesen Verbindungen (und gegebenenfalls aus Elementarsubstanzen) bestehen.

Darüber hinaus ist es möglich, ein allgemeines Verständnis für die Bildungsenthalpien und verwandte chemische Eigenschaften von Verbindungen und die Beziehungen zur Elektronegativität und anderen Eigenschaften von Atomen zu entwickeln, wie weiter unten und in späteren Kapiteln ausgeführt werden soll.

Wasserstoff- und Jodatome haben trotz völlig verschiedener sonstiger Eigenschaften annähernd die gleiche Elektronegativität. In der Molekel H—$\ddot{\mathrm{I}}$: üben die beiden Atome nahezu die gleiche Anziehungskraft auf das gemeinsame Elektronenpaar aus, das die kovalente Bindung zwischen ihnen bewirkt. Diese Bindung ist damit den kovalenten Bindungen in den Molekeln H—H und :$\ddot{\mathrm{I}}$—$\ddot{\mathrm{I}}$: weitgehend ähnlich. Es überrascht daher nicht, daß die Bindungsenergie der H—I-Bindung fast genau dem Mittelwert zwi-

---

[1] Landolt-Börnstein: Zahlenwerte und Funktionen aus Physik, Chemie, Astronomie, Geophysik und Technik, 6. Auflage, Band II, Teil 4. Springer-Verlag, Berlin, 1961; Selected Values of Thermodynamic Properties, U.S. Bureau of Standards, Circular No. 500, Washinton, D.C., 1952.

schen den Bindungsenergien der H—H- und der I—I-Bindung entspricht. Die Bildungswärme des HI für Bildung aus den Gasmolekeln H_2 und I_2 beträgt nur 6,3 kJ mol^{-1}:

$$1/2\ H_2(g) + 1/2\ I_2(g) \rightarrow HI(g) + 6{,}3\ \text{kJ mol}^{-1}$$

Die Molekeln der anderen Halogenwasserstoffe weisen größere Elektronegativitätsdifferenzen (0,7 für HBr, 0,9 für HCl, 1,9 für HF) und stärkeren partiellen Ionencharakter auf (12%, 17% bzw. 45%), und ihre Bildungswärmen nehmen in derselben Reihenfolge erheblich zu:

$$1/2\ H_2(g) + 1/2\ Br_2(g) \rightarrow HBr(g) + 51\ \text{kJ mol}^{-1}$$
$$1/2\ H_2(g) + 1/2\ Cl_2(g) \rightarrow HCl(g) + 92\ \text{kJ mol}^{-1}$$
$$1/2\ H_2(g) + 1/2\ F_2(g) \rightarrow HF(g) + 269\ \text{kJ mol}^{-1}$$

Für diese Halogenwasserstoffmolekeln sind die Bindungsenergien also größer als der entsprechende Mittelwert für die Bindungen in den Molekeln der beiden Elementarsubstanzen. Maßgebend für die zusätzliche Bindungsfestigkeit ist die Elektronegativitätsdifferenz der beiden Atome, aus denen die Molekel besteht. *Je größer der Abstand zweier Elemente auf der Elektronegativitätsskala ist, desto fester ist die Bindung zwischen ihnen.* Die zusätzliche Stabilisierung geht auf die Energie der Resonanz der kovalenten Struktur mit der Ionenstruktur zurück.

Bindungsenergie. Die Bildungswärme einer Verbindung für die Bildung aus den Elementen ist ein Maß für den Unterschied der Bindungsenergien in der Molekel und in den Elementarsubstanzen. Für einfach gebaute Molekeln wie H_2, F_2, Cl_2, Br_2 und I_2 sind die Bindungsenergien mit spektroskopischen Methoden ermittelt worden. Sie sind den Bildungswärmen ($-\Delta H$) der zweiatomigen Molekeln für Bildung aus den Atomen gleich:

$$2H(g) \rightarrow H_2(g) + 436\ \text{kJ mol}^{-1}$$
$$2F(g) \rightarrow F_2(g) + 153\ \text{kJ mol}^{-1}$$
$$2Cl(g) \rightarrow Cl_2(g) + 243\ \text{kJ mol}^{-1}$$
$$2Br(g) \rightarrow Br_2(g) + 193\ \text{kJ mol}^{-1}$$
$$2\ I(g) \rightarrow I_2(g) + 151\ \text{kJ mol}^{-1}$$

Zum Aufbrechen einer H—H-Bindung und einer F—F-Bindung wird eine Energie von $436 + 153 = 589$ kJ mol^{-1} benötigt. Die Bindungsenergie von HF ist

$$H(g) + F(g) \rightarrow HF(g) + 563\ \text{kJ mol}^{-1}$$
oder $\quad 2H(g) + 2F(g) \rightarrow 2HF(g) + 1126\ \text{kJ mol}^{-1}$

Bei der Bildung zweier H—F-Bindungen werden also 1126 kJ mol^{-1} freigesetzt. Die Dissoziation von H_2 und F_2 zu 2H und 2F verbraucht aber nur 589 kJ mol^{-1}. Folglich ist die Bindungsenergie der beiden H—F-Bindungen um $1126 - 589 = 537$ kJ mol^{-1} größer als die einer H—H- und einer F—F-Bindung. Die Bindungsenergie einer H—F-Bindung liegt damit um 269 kJ mol^{-1} über dem Mittelwert der H—H- und F—F-Bindungen. Dieser Energieüberschuß macht gerade die Bildungswärme des HF für Bildung aus $1/2\ H_2$ und $1/2\ F_2$ aus.

Zahlenwerte einiger Bindungsenergien und Anmerkungen über ihre Verwendung sind in Anhang VIII angegeben.

6.11. Bildungswärme und relative Elektronegativität der Atome

Die quantitative Beziehung zwischen der Bindungsenergie und dem Unterschied in der Elektronegativität läßt sich in eine Gleichung fassen. Für eine kovalente Einfachbindung zwischen zwei Atomen A und B beträgt die zusätzliche Bindungsenergie auf Grund des partiellen Ionencharakters ungefähr 100 $(x_A - x_B)^2$ kJ mol^{-1}. Das heißt, die zusätzliche Energie ist dem Quadrat des Unterschieds in der Elektronegativität der beiden Atome proportional, und der Proportionalitätsfaktor hat den zahlenmäßigen Wert 100 kJ mol^{-1}. Die Elektronegativitäten von Fluor und Chlor zum Beispiel unterscheiden sich um eine Einheit. Als Bildungswärme von ClF (die Molekel enthält eine Cl—F-Einfachbindung) sagt die Regel 100 kJ mol^{-1} voraus. Die beobachtete Bildungswärme beträgt 107 kJ mol^{-1}. Die vorausberechneten und die experimentellen Bildungswärmen stimmen nur annähernd überein. Für Elektronegativitätsdifferenzen von weniger als einer Einheit bleibt der Fehler gewöhnlich innerhalb von 5 bis 10 kJ mol^{-1}, aber für größere Werte der Differenz können sich erhebliche Abweichungen ergeben. Eine bessere Übereinstimmung in diesem Bereich läßt sich mit einem zusätzlichen Term vierter Potenz erzielen, wie in Gl. 6.1 angegeben ist (siehe auch Übungsaufgabe 6.22).

Die auf diese Weise berechneten Bildungsenergien beziehen sich auf Elemente, deren Atome in den Elementarsubstanzen durch Einfachbindungen verknüpft sind, wie das zum Beispiel bei P_4 und S_8 der Fall ist. Stickstoff (N_2) und Sauerstoff (O_2) enthalten Mehrfachbindungen; die Molekeln sind um 470 bzw. 212 kJ mol^{-1} stabiler als zu erwarten wäre, wenn sie nur Einfachbindungen enthielten. Bei Molekeln, die Stickstoff oder Sauerstoff enthalten, müssen wir deshalb die berechnete Bildungswärme entsprechend berichtigen. Wir können dazu die Gleichung benutzen

$$Q_B = \text{Bildungswärme (in kJ mol}^{-1}) \qquad (6.1)$$
$$= 100 \Sigma (x_A - x_B)^2 - 6{,}5 \Sigma (x_A - x_B)^4 - 235 n_N - 106 n_O$$

Die Summenzeichen Σ beziehen sich auf Summierung über alle Bindungen, die in der Strukturformel der Verbindung erscheinen. Das Zeichen n_B steht für die Anzahl der Stickstoffatome in der Molekel, das Zeichen n_O für die Anzahl der Sauerstoffatome in der Molekel.

Berechnen wir als Beispiel die Bildungswärme der Substanz Stickstofftrichlorid,

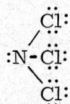

Stickstoff und Chlor haben die gleiche Elektronegativität; die beiden ersten Terme der Gleichung tragen also zur Bildungswärme nichts bei. Die Molekel enthält ein Stickstoffatom und kein Sauerstoffatom. Folglich ist $Q_B = -235$ kJ mol^{-1}. Das negative Vorzeichen läßt erkennen, daß die Substanz unbeständig ist, und daß bei ihrer Zersetzung Wärme frei wird. Tatsächlich explodiert Stickstofftrichlorid, eine ölige Flüssigkeit, leicht und mit großer Heftigkeit

$$NCl_3(g) \rightarrow N_2(g) + 3/2\ Cl_2(g) + 235 \text{ kJ mol}^{-1}$$

Die Unbeständigkeit des Stickstofftrichlorids ist voll und ganz der hohen Energie zu verdanken, die durch die Bildung der Dreifachbindung in der Stickstoffmolekel freigesetzt wird.

Mit Gleichung 6.1 lassen sich Näherungswerte für die Bildungswärme beliebiger Verbindungen berechnen, vorausgesetzt, daß in diesen nur Einfachbindungen auftreten. Einige weitere Beispiele mögen dies erläutern.

Aufgabe 6.3. Wie läßt sich voraussagen, ob PI_3 oder PF_3 sich durch stark exotherme Reaktion aus den Elementen bilden kann?

Lösung. Phosphor und Jod unterscheiden sich in ihrer Elektronegativität nur um 0,4 Einheiten. Die Bildung von PI_3 sollte deshalb als nur schwach exotherme Reaktion verlaufen. Die vom partiellen Ionencharakter der P—I-Bindung bewirkte zusätzliche Bindungsenergie, $100(x_A-x_B)^2$ kJ mol^{-1}, beträgt $100 \cdot 0,4^2 = 16$ kJ mol^{-1} pro P—I-Bindung. Die Voraussage für PI_3 lautet daher: $P(f) + 3/2\,I_2(g) \rightarrow PI_3(g) + 48$ kJ mol^{-1}.

Für die Bildung von PF_3 dagegen ist wegen der großen Elektronegativitätsdifferenz von 1,9 Einheiten eine stark exotherme Reaktion zu erwarten. Hier ergibt die Rechnung: $3(100 \cdot 1,9^2 - 6,5 \cdot 1,9^4) = 829$ kJ mol^{-1}, so daß $P(f) + 3/2\,F_2(g) \rightarrow PF_3(g) + 829$ kJ mol^{-1}.

Aufgabe 6.4. Von welchen Stickstoffverbindungen mit Einfachbindungen steht zu erwarten, daß sie im Vergleich zu den Elementen stabil sind?

Lösung. Gewöhnlich setzt man voraus, eine Verbindung sei im Vergleich zu den Elementen stabil, wenn sie aus diesen durch eine exotherme Reaktion hervorgeht. (Die Bildungswärme ist allerdings nicht allein maßgeblich für die Stabilität; vgl. hierzu Kapitel 11.) Die Bildung einer Verbindung von Stickstoff mit einem Element der gleichen Elektronegativität (3,0) ist wegen der Stabilität der N≡N-Dreifachbindung im N_2 um 235 kJ mol^{-1} pro Stickstoffatom endotherm (vgl. Gl. 6.1). Eine exotherme Bildungsreaktion mit einem anderen Element kommt daher nur dann zustande, wenn dessen Elektronegativität sich so weit von der des Stickstoffs unterscheidet, daß die vom partiellen Ionencharakter beigesteuerte zusätzliche Bindungsenergie den Stabilitätsüberschuß der N≡N-Dreifachbindung überwiegt. Die Verbindung mit dem anderen Element X enthält drei N—X-Bindungen pro Stickstoffatom. Folglich können wir ansetzen:[1]

$$3 \cdot 100 \cdot (x_X - x_N)^2 = 235$$

$$(x_X - x_N)^2 = \frac{235}{3 \cdot 100} = 0,78$$

$$x_X - x_N = \pm(0,78)^{1/2} = \pm 0,88$$

Stabil sind demnach Verbindungen von Stickstoff mit Elementen einer Elektronegativität $x \leq 2,1$ oder $x \geq 3,9$ (Fluor) (Einfachbindungen vorausgesetzt). NF_3 und NH_3 sind stabil, NCl_3, NBr_3 und NI_3 dagegen nicht.

Aufgabe 6.5. Ein Gemisch von Aluminiumpulver und Eisen(III)-oxid, Fe_2O_3, reagiert bei Zündung gemäß
$$2\,Al(f) + Fe_2O_3(f) \rightarrow 2\,Fe(fl) + Al_2O_3(f)$$
Die Reaktion entwickelt so viel Wärme, daß das Eisen geschmolzen anfällt. Darf man erwarten, daß sich metallisches Magnesium in ähnlicher Weise aus MgO und Aluminium gewinnen läßt?

Lösung. Wir vergleichen die Umsetzungen
$$4\,Al(f) + 3\,O_2(g) \rightarrow 2\,Al_2O_3(f) + Q_1$$
$$\text{und } 6\,Mg(f) + 3\,O_2(g) \rightarrow 6\,MgO(f) + Q_2$$
wobei Q_1 und Q_2 die Wärmetönungen sind. Die beiden Reaktionen sind so geschrieben, daß sich bei jeder zwölf Metall—Sauerstoff-Einfachbindungen bilden. Die Elektronegativität von Al beträgt 1,5 Einheiten, die von Mg nur 1,2. Die Elektronegativitätsdifferenz zwischen Al

---

1 Die Rechnung vernachlässigt den Term $-6,5(x_A - x_B)^4$. Mit ihm würde das Ergebnis $\pm 0,90$ lauten.

und O ist also mit 2,0 Einheiten geringer als die zwischen Mg und O mit 2,3. Folglich ist Q_1 kleiner als Q_2. Durch Abziehen der zweiten Gleichung von der ersten erhält man

$$4\,Al(f) + 6\,MgO(f) \rightarrow 6\,Mg(f) + 2\,Al_2O_3(f) + Q_1 - Q_2$$

Da Q_1 kleiner ist als Q_2, wäre diese Reaktion endotherm und wird deshalb voraussichtlich unterbleiben[1]. Aller Wahrscheinlichkeit nach kann also Magnesium nicht durch Zünden eines Gemischs von Aluminium und Magnesiumoxid gewonnen werden.

6.12. Das Elektroneutralitätsprinzip

Ein für das Verständnis der Elektronenstrukturen von Molekeln wertvolles Prinzip ist das *Elektroneutralitätsprinzip*. Es besagt: *In stabilen Molekeln und Kristallen ist jedes Atom nahezu elektrisch neutral*. Unter „nahezu neutral" ist dabei ein Ladungswert zwischen -1 und $+1$ zu verstehen.

Dieses Prinzip leuchtet ein, wenn man die Ionisierungsenergien und Elektronenaffinitäten der Atome betrachtet. Die Elektronenaffinität von Nichtmetallatomen liegt etwa bei 350 kJ mol^{-1} für Aufnahme des ersten zusätzlichen Elektrons, wie beim Übergang vom Atom :F· zum Anion :F:$^-$ oder vom Atom :O· zum Anion :Ö·$^-$ (vgl. Abschnitt 6.8). Für die Aufnahme eines zweiten zusätzlichen Elektrons, etwa für den Übergang von :Ö·$^-$ zu :Ö:$^{2-}$, ist die Elektronenaffinität aber vergleichsweise sehr gering, selbst wenn dabei ein Oktett vervollständigt wird. Die gegenseitige Abstoßung der beiden negativen Ladungen bringt die Anziehungskraft für das zweite Elektron fast zum Verschwinden. Andererseits liegt die erste Ionisierungsenergie von Metallatomen etwa bei 400 bis 800 kJ mol^{-1}, die zweite Ionisierungsenergie aber bei oder über 1500 kJ mol^{-1}. Daß in einer stabilen Molekel ein Atom eine doppelte negative oder doppelt positive Ladung trägt, ist deshalb unwahrscheinlich.

Wie das Elektroneutralitätsprinzip dazu herangezogen werden kann, Molekeln und Kristallen die richtigen Elektronenstrukturen zuzuschreiben, soll in den folgenden Beispielen sowie in späteren Abschnitten und Kapiteln erläutert werden.

Aufgabe 6.6. Ist der Cyanwasserstoffmolekel die Formel HCN oder HNC zuzuschreiben?

Lösung. Die Elektronenstruktur H—C≡N: läßt alle Atome nahezu elektroneutral werden. Der partielle Ionencharakter der Bindungen (4% für H—C, 7% für jede C—N-Bindung) führt zu Ladungen von $+0,04$ für H, $+0,17$ für C und $-0,21$ für N. Diese Ladungen sind klein und mit dem Elektroneutralitätsprinzip verträglich. Für HNC schreibt die Elektronenstruktur H—N≡C: dem N vier und dem C fünf Valenzelektronen zu, entspricht also N$^+$ und C$^-$. Der partielle Ionencharakter der Bindungen führt hier zu Ladungen von $+0,04$ für H, $+0,75$ für N und $-0,79$ für C. Diese Ladungen von N und C sind erheblich größer als für die Struktur H—C≡N:, die deshalb als stabiler anzusehen und vorzuziehen ist.

Aufgabe 6.7. Methylcyanid und Methylisocyanid haben dieselbe Zusammensetzung, jedoch verschiedene Bildungswärmen, nämlich -88 bzw. -150 kJ mol^{-1}. Welche der beiden Verbindungen hat die Formel H$_3$C—C≡N: ?

---

[1] Eine solche Folgerung aufgrund der Normalenthalpie der Reaktion ist nicht allgemein vertretbar. Wie jedoch in Abschnitt 11.10 gezeigt wird, wird die Gleichgewichtslage bei chemischen Reaktionen, an denen ausschließlich kristalline Substanzen beteiligt sind, weitgehend von der Enthalpieänderung bestimmt.

6. Die chemische Bindung

Lösung. Methylcyanid ist um 62 kJ mol^{-1} stabiler als Methylisocyanid. Die beiden Strukturen H$_3$C—C≡N: und H$_3$C—N≡C: enthalten die gleiche Anzahl von Bindungen, aber die Atome erhalten in der ersten Anordnung geringere Ladungen als in der zweiten, die folglich die stabilere ist. Methylcyanid ist also die Struktur H$_3$C—C≡N: zuzuschreiben, Methylisocyanid die Struktur H$_3$C—N≡C:.

Aufgabe 6.8. Wie sieht die Elektronenstruktur von Kohlenstoffmonoxid aus? Die Molekel besitzt ein nur sehr geringes elektrisches Dipolmoment, 0,023 εÅ.

Lösung. Die einzige Elektronenstruktur, die sowohl C als auch O sein Oktett vervollständigen läßt, ist :C≡O:. Sie entspricht C$^+$ und O$^-$, wenn die gemeinsamen Elektronenpaare je zur Hälfte den beiden Atomen zugeteilt werden. Die Elektronegativitätsdifferenz von 1,0 Einheiten entspricht 22% partiellem Ionencharakter für jede Bindung. Hieraus ergeben sich Ladungen von $-0,34$ für C und $+0,34$ für O. Ebenfalls denkbar ist die Elektronenstruktur :C=Ö:. Hier betätigt Sauerstoff seine normale kovalente Wertigkeit, aber Kohlenstoff vervollständigt sein Oktett nicht. Berücksichtigung des partiellen Ionencharakters führt zu Ladungen von $+0,44$ für C und $-0,44$ für O. Wir können annehmen, daß beide Strukturen zu ungefähr gleichen Teilen zu einer Hybridstruktur beitragen, in der die Atome nur sehr geringe Ladungen tragen, was mit dem Elektroneutralitätsprinzip sowie dem sehr geringen beobachteten Wert des Dipolmoments in Einklang steht. Die Molekel kann also als Resonanzhybrid {:C≡O:, :C=Ö:} aufgefaßt werden.

Aufgabe 6.9. Wie sieht die Elektronenstruktur von Distickstoffmonoxid, N$_2$O, aus (Lachgas, benutzt als Narkosegas)? Sein elektrisches Dipolmoment beträgt 0,035 εÅ.

Lösung. Eine Ringstruktur ist wegen der damit verbundenen Spannung nicht wahrscheinlich. Von den möglichen geradlinigen Strukturen läßt :N=N=O: zwar alle drei Atome ihre Oktette vervollständigen, kann aber wegen der doppelten Ladung des endständigen Stickstoffatoms ausgeschlossen werden. Die beiden anderen Strukturen mit vollständigen Oktetts aller Atome sind :N≡N—O: und :N=N=Ö:. Beide ergeben formell Ladungen auf zwei Atomen, wie in den Formeln angegeben. Beide Strukturen sehen gleichermaßen annehmbar aus, und die Molekel dürfte deshalb am besten zu beschreiben sein als ein Resonanzhybrid, zu dem beide Strukturen zu ungefähr gleichen Teilen beitragen. Jede der beiden Strukturen für sich allein würde ein großes Dipolmoment bewirken, aber die beiden Momente sind einander entgegengerichtet und heben sich daher in der Hybridstruktur weitgehend auf, was mit dem geringen experimentell gefundenen Dipolmoment in Einklang steht.

Transargononenstrukturen. Zuweilen gehen Atome so viele kovalente Bindungen ein, daß sie sich mit mehr als vier Elektronenpaaren umgeben. Sie nehmen damit eine sogenannte Transargononenstruktur an. Ein Beispiel liefert Phosphorpentachlorid, PCl$_5$, in dessen Molekel das Phosphoratom von fünf Chloratomen umgeben ist, die kovalent (mit leichtem Ionencharakter) daran gebunden sind:

```
    :Cl:
     |
:Cl\ |
    >P-Cl:
:Cl/ |
     |
    :Cl:
```

In dieser Verbindung scheint das Phosphoratom von fünf der neun Orbitale der *M*-Schale Gebrauch zu machen, nicht nur von den vier stabilsten, die von den Elektronen der Argonkonfiguration besetzt sind. Es hat den Anschein, daß vier der neun oder mehr

Orbitale der *M*-, *N*- oder *O*-Schale besonders stabil sind, daß aber darüber hinaus ein oder mehrere weitere gelegentlich für Bindungen herangezogen werden.
Die Elektronegativitätsdifferenz zwischen Chlor und Phosphor beträgt 0,9 Einheiten, was einem partiellen Ionencharakter von 18% entspricht. Eine andere, ebenfalls mögliche Beschreibung der PCl_5-Molekel ist daher folgende: Das Phosphoratom bildet vier kovalente Bindungen unter Verwendung nur der vier Orbitale der Außenschale, und die fünfte Bindung ist eine Ionbindung mit Cl^- und steht mit den vier kovalenten Bindungen in Resonanz zwischen den fünf Bindungslagen, so daß im Resonanzhybrid jedes Chloratom von einer Bindung mit 80% kovalentem und 20% Ionencharakter gehalten wird.
Den Sauerstoffsäuren wie zum Beispiel H_2SO_4 können in ähnlicher Weise Transargononenstrukturen zugeschrieben werden:

$$\begin{array}{c} H\ \ \ \ddot{O}: \\ |\ \ \ \ \| \\ :\ddot{O}-S=\ddot{O}: \\ |\ \\ :\ddot{O}-H \end{array}$$

Auf die Stabilität der Transargononenstrukturen kommen wir in Abschnitt 7.7 und 8.1 zu sprechen.

6.13. Die Größen von Atomen und Molekeln. Kovalente Radien und van der Waalssche Radien

Atomabstände (Bindungsabstände) in Molekeln und Kristallen können mit Methoden der Spektroskopie (einschließlich Mikrowellenspektroskopie), der Beugung von Röntgen-, Elektronen- und Neutronenstrahlen und der magnetischen Kernresonanz bestimmt werden. Eine Beschreibung dieser Methoden würde hier zu weit führen. In den letzten vierzig Jahren sind die Bindungsabstände von Hunderten von Substanzen ermittelt worden, und ihre Kenntnis erweist sich bei der Erörterung der Elektronenstruktur von Molekeln und Kristallen als wertvoll.
Wie sich gezeigt hat, ist der Bindungsabstand für eine A—B-Einfachbindung im allgemeinen innerhalb von 0,03 Å dem Mittelwert der Bindungsabstände A—A und B—B gleich. Zum Beispiel beträgt der Mittelwert der C—C- und Cl—Cl-Abstände (1,54 bzw. 1,98 Å; siehe Abschnitt 6.4) $^1/_2$ (1,54 + 1,98) Å = 1,76 Å. Der tatsächliche Wert des C—Cl-Abstands, mittels Röntgenbeugungsaufnahmen an CCl_4 bestimmt, beträgt ebenfalls 1,76 Å. Die kovalenten Radien (für Einfachbindungen) von 0,77 Å für C und 0,99 Å für Cl können also auf drei verschiedene Weisen zu den richtigen, experimentell gefundenen Bindungsabständen C—C, Cl—Cl und C—Cl kombiniert werden.
Werte der kovalenten Radien (für Einfachbindungen) der Nichtmetalle sind in Tafel 6.6 angegeben. Der Wert von 0,30 Å für Wasserstoff gilt für alle Bindungen mit Ausnahme von H—H. (Der H—H-Abstand entspricht mit 0,74 Å einem größeren Radius, als für andere Bindungen des Wasserstoffs einzusetzen ist.)
Wie schon in Abschnitt 6.4 erwähnt, sind die Bindungsabstände für C=C und C≡C um 0,21 bzw. 0,34 Å kürzer als für C—C. Etwa die gleiche Verkürzung tritt bei anderen Doppel- und Dreifachbindungen auf. Zum Beispiel liefert die Simme der Radien von

Kohlenstoff und Stickstoff gemäß Tafel 6.6 für den C—N-Bindungsabstand den Wert von 1,47 Å, und der C≡N-Bindungsabstand sollte demnach $1{,}47 - 0{,}34 = 1{,}13$ Å betragen. Dies stimmt befriedigend mit dem an H—C≡N beobachteten Wert von 1,15 Å überein.

In Resonanzhybriden liegen die Bindungsabstände zwischen den entsprechenden Werten für die beitragenden Strukturen.

Tafel 6.6. Radien für kovalente Einfachbindungen.

C	0,77 Å	N	0,70 Å	O	0,66 Å	F	0,64 Å
Si	1,17	P	1,10	S	1,04	Cl	0,99
Ge	1,22	As	1,21	Se	1,17	Br	1,14
Sn	1,40	Sb	1,41	Te	1,37	I	1,33

Aufgabe 6.10. Für Distickstoffoxid, N_2O, betragen die experimentell bestimmten Stickstoff—Stickstoff- und Stickstoff—Sauerstoff-Abstände 1,13 bzw. 1,19 Å. Welche Schlüsse bezüglich der Elektronenstruktur der Molekel lassen sich hieraus ziehen?

Lösung. Die zu erwartenden Bindungsabstände gemäß Tafel 6.6 und mit Abzug von 0,21 bzw. 0,34 Å für Doppel- und Dreifachbindungen betragen 1,19 Å für N=N, 1,06 Å für N≡N, 1,36 Å für N—O und 1,15 Å für N=O. Für den Stickstoff—Stickstoff-Abstand fällt der experimentell gefundene Wert zwischen den Doppel- und den Dreifachbindungsabstand, für den Stickstoff—Sauerstoff-Abstand zwischen den Einfach- und den Doppelbindungsabstand. Dies stützt unsere Folgerung in Aufgabe 6.9, nach der eine Resonanzstruktur {:N≡N—Ö: , :N=N=Ö:} vorliegt.

Van der Waalssche Radien. Beim Studium einiger Eigenschaften von Gasen drängt sich die Annahme auf, daß die Molekeln eine wohldefinierte Größe haben, so daß starke Abstoßungskräfte zwischen zwei Molekeln wirksam werden, die sich einander bis auf einen bestimmten Abstand nähern. Diese Erkenntnis geht auf den holländischen Physiker J.D. van der Waals zurück. Für die Argononen zum Beispiel deuten die Abweichungen vom idealen Verhalten und andere Eigenschaften, wie die Viskosität, auf effektive Radien von 1 bis 2 Å hin. Radien dieser Art nennt man *van der Waalssche Radien* der Atome.

Weiterhin hat sich herausgestellt, daß sich die effektive Größe von Molekeln, die in Flüssigkeiten oder Kristallen dicht gepackt liegen, richtig ergibt, wenn man allen Atomen in der Molekel in ähnlicher Weise van der Waalssche Radien zuschreibt. Werte für solche Radien sind in Tafel 6.7 angegeben.

Tafel 6.7. Van der Waalssche Radien von Atomen.

H	1,1 Å	N	1,5 Å	O	1,40 Å	F	1,35 Å
		P	1,9	S	1,85	Cl	1,80
		As	2,0	Se	2,00	Br	1,95
		Sb	2,2	Te	2,20	I	2,15
Halbmesser der Dicke aromatischer Ringe wie in Benzol oder Naphthalin							1,70

6.13. Die Größen von Atomen und Molekeln

Die van der Waalsschen Radien von Atomen sind ungefähr 0,8 Å größer als die entsprechenden kovalenten Radien für Einfachbindungen. Den Unterschied erläutert Abbildung 6.29, die zwei Chlormolekeln in van der Waalsscher Berührung zeigt (wie im Kristall gepackt oder beim Zusammenstoß im flüssigen oder Gaszustand). Jedes Chloratom ist von vier äußeren Elektronenpaaren umgeben, von denen eines den beiden Atomen der Cl_2-Molekel gemeinsam angehört. Das gemeinsame Elektronenpaar hält sich im Mittel am Punkt halbwegs zwischen den beiden Kernen auf, 0,99 Å von jedem der beiden Kerne entfernt. Die drei einsamen Elektronenpaare pro Kern halten von diesem etwa denselben Abstand ein (der dem kovalenten Radius entspricht). Zwischen den Kernen zweier Chloratome, die sich berühren, aber nicht miteinander verbunden sind, befinden sich zwei einsame Elektronenpaare. Der van der Waalssche Radius ist so definiert, daß er einen großen Teil der Elektronendichteverteilung der einsamen Elektronenpaare mit einbezieht.

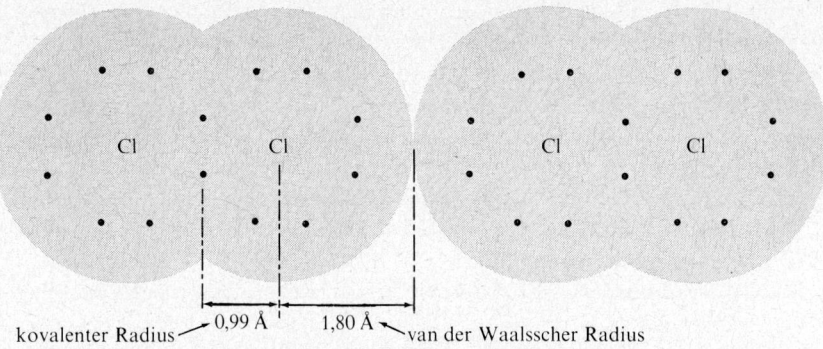

Abb. 6.29. Zwei Chlormolekeln in van der Waalsscher Berührung. Die Abbildung erläutert den Unterschied zwischen dem van der Waalsschen und dem kovalenten Radius.

Zeichnungen von Atomen und Molekeln können die van der Waalsschen Radien zugrundegelegt werden, um die Volumina anzudeuten, innerhalb derer die Elektronen des Atoms oder der Molekel sich größtenteils aufhalten. Für Ionen werden sinngemäß die Ionenradien (kristalline Radien) benutzt, die bereits in Abschnitt 6.8 erörtert worden sind. Für ein gegebenes Element sind der van der Waalssche Radius des Atoms und der Ionenradius des negativen Ions einander praktisch gleich. So beträgt zum Beispiel der van der Waalssche Radius von Chlor 1,80 Å, der Ionenradius des Chlorid-Ions 1,81 Å. Die kovalenten Radien haben eine andere physikalische Bedeutung und erfüllen andere Zwecke. Für zwei mit einer kovalenten Einzelbindung verbundene Atome gibt die Summe der kovalenten Radien den Kernabstand an. Der kovalente Radius eines Atoms kann angesehen werden als die Strecke vom Kern bis zum mittleren Aufenthaltsort des gemeinsamen Elektronenpaares, der van der Waalssche Radius dagegen erstreckt sich weiter bis zum äußeren Teil des Raums, in dem sich die Elektronen bewegen (vgl. Abb. 6.29). Der effektive Radius eines Atoms in einer Richtung, die mit einer kovalenten Bindung des Atoms nur einen kleinen Winkel bildet, ist geringer als der van der Waalssche Radius für andere Richtungen. Zum Beispiel sind die Chloratome in der Tetrachlorkohlenstoffmolekel nur 2,9 Å voneinander entfernt; obwohl dieser Abstand erheblich kleiner ist als der van der Waalssche Durchmesser mit 3,6 Å, zeigen die Eigenschaften der Molekel keinerlei innere Spannungen an.

6.14. Oxidationszahlen von Atomen

Die Namensgebung anorganisch-chemischer Verbindungen baut auf der Zuordnung bestimmter positiver oder negativer Zahlen zu den Atomen der Elemente auf. Diese Zahlen heißen *Oxidationszahlen* und sind wie folgt definiert:

Die Oxidationszahl eines Atoms gibt Größe und Vorzeichen der elektrischen Ladung an, die dem Atom zuzuschreiben wäre, wenn man die Elektronen nach bestimmter Vorschrift auf die Atome verteilt.

Die Zuteilung von Elektronen ist in gewissem Grade willkürlich. Trotzdem führt das Verfahren zu brauchbaren Ergebnissen: es gestattet eine einfache Aussage über die Wertigkeiten der Elemente in Verbindungen ohne Aufstellen ins einzelne gehender Elektronenstrukturformeln, und es liefert einen einfachen Schlüssel zum Ausgleichen von Reaktionsgleichungen für Oxidations-Reduktions-Reaktionen.

Für die Festlegung der Oxidationszahl eines jeden Atoms in einer Verbindung gibt es einfache Regeln. Sie sind allerdings nicht ganz eindeutig. Im allgemeinen begegnet ihre Anwendung keinen Schwierigkeiten; in manchen Fällen helfen jedoch nur beträchtliches chemisches Feingefühl und Kenntnis der Molekularstruktur. Die Regeln lauten:

1. Die Oxidationszahl eines einatomigen Ions in einer aus Ionen aufgebauten Substanz ist gleich seiner elektrischen Ladung.
2. Die Oxidationszahl von Atomen in Elementarsubstanzen ist gleich null.
3. In einer kovalenten Verbindung bekannter Struktur ist die Oxidationszahl jedes Atoms diejenige Ladung, die dem Atom verbleibt, wenn alle gemeinsamen Elektronenpaare vollständig dem stärker elektronegativen Atom zugeschrieben werden. Elektronenpaare, die zwei Atomen desselben Elements gemeinsam angehören, werden in der Regel auf beide Atome aufgeteilt.
4. Die Oxidationszahl eines Elements in einer Verbindung unbekannter Struktur läßt sich berechnen, wenn man den anderen Elementen in der Verbindung vernünftige Oxidationszahlen zuteilt.

Die folgenden Beispiele erläutern die Anwendung der ersten drei Regeln. Die den Atomen angehängten Zahlen sind deren Oxidationszahlen:

$Na^{+1}Cl^{-1}$ $\qquad$ $Mg^{+2}(Cl^{-1})_2$ $\qquad$ $(Al^{+3})_2(O^{-2})_3$

H_2^0 $\qquad$ O_2^0 $\qquad$ C^0 (Diamant oder Graphit)

H^{+1} (Wasserstoff-Kation) $\qquad$ $(O^{-2}H^{+1})^-$ (Hydroxid-Ion)

$N^{-3}(H^{+1})_3$ $\qquad$ $Cl^{+1}F^{-1}$ $\qquad$ $C^{+4}(O^{-2})_2$

$C^{+2}O^{-2}$ $\qquad$ $C^{-4}(H^{+1})_4$ $\qquad$ $K^{+1}Mn^{+7}(O^{-2})_4$

Fluor, das am stärksten elektronegative Element, hat in allen seinen Verbindungen mit anderen Elementen die Oxidationszahl -1.

Sauerstoff ist nächst Fluor das am stärksten elektronegative Element und hat in seinen Verbindungen gewöhnlich die Oxidationszahl -2. Beispiele sind $Ca^{+2}O^{-2}$, $(Fe^{+3})_2(O^{-2})_3$,

$C^{+4}(O^{-2})_2$. Eine Ausnahme ist Sauerstoffdifluorid, OF_2; in dieser Verbindung mit dem einzigen Element, das noch stärker elektronegativ ist, hat Sauerstoff die Oxidationszahl $+2$. Weiterhin hat Sauerstoff die Oxidationszahl -1 in Wasserstoffperoxid, H_2O_2, und in anderen Peroxiden.

Wasserstoff hat in Verbindung mit Nichtmetallen die Oxidationszahl $+1$, so in $(H^{+1})_2 O^{-2}$, $(H^{+1})_2 S^{-2}$, $N^{-3}(H^{+1})_3$, $(P^{-2})_2(H^{+1})_4$. In Verbindungen mit Metallen wie $Li^{+1}H^{-1}$, $Ca^{+2}(H^{-1})_2$ usw. ist seine Oxidationszahl -1, entsprechend der Elektronenstruktur $H:^{-1}$ eines negativen Wasserstoff-Ions mit vollständiger K-Schale (Heliumstruktur).

Oxidationszahl und chemische Namensgebung. Für die Einteilung der Verbindungen eines Elements sind in erster Linie dessen Oxidationsstufen maßgebend. Der Besprechung der Verbindungen eines Elements oder einer Gruppe von Elementen in den nächsten Kapiteln werden wir jeweils eine Aussage über die Oxidationsstufen voranschicken, die in den Verbindungen vertreten sind. Die Verbindungen werden in Klassen eingeteilt, die je einer Oxidationsstufe des hauptsächlichen Elements entsprechen. Zum Beispiel teilen wir die Eisenverbindungen in zwei Klassen ein, die von Eisen im Oxidationszustand $+2$ und die von Eisen im Oxidationszustand $+3$.

Nach dem von der Internationalen Union für Chemie 1940 eingeführten System der Nomenklatur anorganischer Verbindungen wird die Oxidationszahl eines Metalls als römische Ziffer angegeben und dem Namen des Metalls in Klammern angehängt. So heißt $FeCl_2$ Eisen(II)-chlorid und $FeCl_3$ Eisen(III)-chlorid (gesprochen „Eisen-zwei-chlorid", „Eisen-drei-chlorid")[1].

Die Oxidationsstufe anzugeben erübrigt sich, wenn sie die einzige ist, die das betreffende Metall in seinen Verbindungen einnimmt. So sagt man für $BaCl_2$ Bariumchlorid, nicht Barium(II)-chlorid, denn Barium bildet stabile Verbindungen nur im Oxidationszustand $+2$. Auch kann die Angabe der Oxidationsstufe fortfallen, wenn diese die bei weitem vorwiegende und wichtigste des Elements ist. Zum Beispiel sind die Verbindungen von Kupfer mit Oxidationszahl $+2$ viel verbreiteter und wichtiger als die mit Oxidationszahl $+1$, und $CuCl_2$ kann deshalb kurz Kupferchlorid genannt werden; $CuCl$ dagegen heißt Kupfer(I)-chlorid.

Verbindungen von Halbmetallen und Nichtmetallen erhalten gewöhnlich Namen, in denen ein vorangestelltes griechisches Zahlwort die Anzahl Atome des betreffenden Elements angibt. Zum Beispiel heißen die Verbindungen PCl_3 und PCl_5 Phosphortrichlorid bzw. Phosphorpentachlorid. Wir benutzen in diesem Buch die vollen Namen Distickstofftrioxid für N_2O_3, Distickstofftetroxid, N_2O_4 und entsprechende Bildungen für andere derartige Verbindungen, obwohl in solchen Fällen die Vorsilbe Di- im allgemeinen Sprachgebrauch oft fortfällt.

---

1 In der angelsächsischen Literatur ist bis heute noch eine ältere Nomenklatur weit verbreitet, nach der die jeweils niedrigere und höhere Oxidationsstufe mit der dem lateinischen Namen des Metalls angehängten Endung *-ous* bzw. *-ic* gekennzeichnet wird: *ferrous chloride* für $FeCl_2$, *ferric chloride* für $FeCl_3$ usw. Die entsprechende alte deutsche Nomenklatur mit Endungen *-o* und *-i* (Ferro-chlorid, Ferri-chlorid) ist inzwischen ganz verschwunden.

Übungsaufgaben

6.1. Beschreiben Sie die Wellenfunktion des Elektrons im Wasserstoffmolekel-Ion, H_2^+, an Hand der zu den beiden Kernen gehörigen $1s$-Orbitalwellenfunktionen. Warum nennt man die Wellenfunktion des Molekel-Ions symmetrisch?

6.2. Die experimentell bestimmten Bindungsenergien von H_2^+, H_2, He_2^+ und He_2 betragen 255, 429 243 und 0 kJ mol^{-1}. Erklären Sie die Beziehungen zwischen diesen Werten und der Besetzung von molekularen Bindungs- und Antibindungsorbitalen.

6.3. Berechnen Sie mit den Angaben in Übungsaufgabe 6.2 und Tafel 5.1 die Ionisierungsenergie des Wasserstoffmolekel-Ions (für Ionisierung zu $e^- + p + p$).

6.4. Welchen Wert hat die Ionisierungsenergie der H_2-Molekel (Ionisierung zu e^- und H_2^+)?

6.5. Die ersten vier Anregungszustände der Wasserstoffmolekel sind allem Anschein nach der Anwesenheit eines Elektrons auf einem Molekularorbital zu verdanken, das von einem $2s$- oder $2p$-Orbital des Wasserstoffatoms herrührt. Die Anregungszustände liegen 11,37, 11,87, 11,89 und 12,40 eV, im Mittel also 11,88 eV über dem Grundzustand. Nach Angaben in Kapitel 5 liegen aber die $2s$- und $2p$-Niveaus des Wasserstoffatoms nur 10,20 eV über dessen Grundzustand ($1s$). Können Sie eine einfache Erklärung für diesen Unterschied zwischen den Werten für Molekel und Atom vorschlagen?

6.6. Die Bindungsabstände für elf der dreizehn angeregten Zustände des H_2, für die genaue Werte bekannt sind, sind einander praktisch gleich ($1,05 \pm 0,02$ Å). Können Sie Struktureigenschaften anführen, die dieses Ergebnis erklären?

6.7. Schreiben Sie die Elektronenstrukturformeln für die folgenden mehratomigen Ionen unter Angabe aller Elektronen in der Außenschale. Nehmen Sie dazu kovalente Bindungen zwischen den einzelnen Atomen des Ions an:

O_2^{2-} (Peroxid-Ion)
S_3^{2-} (Trisulfid-Ion)
NO_2^+ (Nitryl-Ion)
BH_4^- (Tetrahydridoborat-Ion)
NH_4^+ (Ammonium-Ion)
$N(CH_3)_4^+$ (Tetramethylammonium-Ion)

Geben Sie zu jedem der Ionen eine neutrale Molekel an, die die gleiche Elektronenstruktur besitzt. (Beispiel: HS^- hat die gleiche Elektronenstruktur wie HCl.)

6.8. Das Difluor-Ion, F_2^+, hat eine Dissoziationsenergie von 318 kJ mol^{-1} (für Dissoziation zu $F + F^+$). Welche Elektronenstruktur würden Sie dem Ion zuschreiben? Wie würden Sie die Bindung im Ion charakterisieren? Erläutern Sie die Größe der Bindungsenergie im Zusammenhang mit den Bindungsenergien von O—O, N—N, O=O und N=N in Tafel VIII.1 und VIII.2.

6.9. Pentamethylentetrazol, $C_6H_{10}N_4$, ist eine Substanz, die bei der Behandlung gewisser Geisteskrankheiten herangezogen wird. Sie enthält einen Ring von sechs Kohlenstoffatomen und einem Stickstoffatom, der mit einem fünfgliedrigen Ring verschmolzen ist. Der große Ring enthält eine Folge von fünf CH_2-Gruppen. Zeichnen Sie nach diesen Angaben eine Strukturformel der Verbindung, und zwar so, daß alle Atome ihre Helium- oder Neonschalen vervollständigen. Wieviele Doppelbindungen treten in der Molekel auf?

6.10. Stellen Sie die Elektronenstrukturformeln der Molekeln NH_3 und BF_3 auf. Beide Molekeln vereinigen sich zu der Additionsverbindung H_3NBF_3. Wie sieht die Elektronenstruktur dieser Molekel aus? Welche Ähnlichkeit besteht in der Umgruppierung der Elektronen im Verlauf der beiden Reaktionen

$NH_3 + H^+ \rightarrow NH_4^+$ und $NH_3 + BF_3 \rightarrow H_3NBF_3$?

6.11. Spiropentan, C_5H_8, besteht aus zwei dreigliedrigen Ringen mit einem gemeinsamen Atom. Zeichnen Sie die räumliche Lage der Bindungen in der Molekel auf. Geben Sie an, wieviele Isomere von Dimethylspiropentan, $C_5H_6(CH_3)_2$, existieren. Wieviele dieser Isomeren stellen enantiomere Paare dar?

6.12. Wenn ein Gemisch von Schwefel und weißem Phosphor erwärmt wird, bildet sich die Verbindung P_4S_3, die zur Herstellung von Sicherheitszündhölzern verwendet wird. Röntgenbeugungsaufnahmen haben ergeben, daß die Molekel eine dreizählige Symmetrieachse besitzt. Die sehr geringe Bildungswärme (nahezu null) deutet darauf hin, daß die Atome mit ihrer normalen kovalenten Wertigkeit vorliegen. Welche Elektronenstruktur würden Sie der Molekel zuschreiben?

6.13. Kalium verbrennt in Sauerstoff unter Bildung von Kaliumhyperoxid, KO_2, einer orangegelben, kristallinen, paramagnetischen Substanz. Der Paramagnetismus rührt vom Spin des ungepaarten Elektrons im Hyperoxid-Ion O_2^- her. Der Bindungsabstand im Hyperoxid-Ion beträgt 1,28 Å. Erörtern Sie die Elektronenstruktur des Ions im Zusammenhang mit diesem Bindungsabstand. (Der Sauerstoff—Sauerstoff-Abstand in Wasserstoffperoxid beträgt 1,46 Å, in der Sauerstoffmolekel im Grundzustand 1,21 Å.)

6.14. Die Normalenthalpie von $CO_2(g)$ beträgt $-394\,kJ\,mol^{-1}$, die von $CS_2(g)$ $+115\,kJ\,mol^{-1}$. Berechnen Sie die Enthalpien für die Bildung der Molekeln aus den Atomen (siehe Tafel VIII.3). Benutzen Sie die so ermittelten Werte und die Bindungsenergien von C=O- und C=S-Bindungen (Tafel VIII.2) zur Berechnung der Resonanzenergien von CO_2 und CS_2. (Lösung: 157 bzw. 204 kJ mol^{-1}.)

6.15. Stellen Sie eine analoge Berechnung an für Kohlenstoffoxysulfid, $OCS(g)$, dessen Bildungsenthalpie $-137\,kJ\,mol^{-1}$ beträgt.

6.16. Berechnen Sie die Elektronegativität x von C, N, P, As und S auf Grund der Bildungsenthalpien in den Tafeln in Kapitel 7. Setzen Sie dabei $x=2,1$ für H und setzen Sie voraus, daß die Energie der zusätzlichen Stabilisierung durch partiellen Ionencharakter $100(x-x_H)^2\,kJ\,mol^{-1}$ ausmacht.

6.17. Neben Kupferatomen enthält Kupferdampf Cu_2-Molekeln, deren Bindungsenergie 190 kJ mol^{-1} beträgt. Berechnen Sie die Bindungsenergien von $CuF(g)$, $CuCl(g)$, $CuBr(g)$ und $CuI(g)$ mit Hilfe der Normalenthalpien in Tafel 21.2 (vgl. auch Tafel VIII.3) und hieraus die Elektronegativität des Kupfers. (Lösung: 1,93, 1,94, 1,79 und 1,78, im Mittel 1,86.)

6.18. Ag_2 und Au_2 haben Bindungsenergien von 157 bzw. 215 kJ mol^{-1}. Die Normalenthalpien von $AgCl(g)$ und $AuCl(g)$ betragen 97 bzw. 189 kJ mol^{-1}. Wie groß ist die Elektronegativität von Ag und Au?

6.19. Die Bindungsenergien der Gasmolekeln CuAg, CuAu und AgAu sind 175, 228 bzw. 199 kJ mol^{-1}. Benutzen Sie diese Angaben und $x=1,86$ für Cu (Übungsaufgabe 6.17) zur Berechnung der Elektronegativität von Ag und Au. (Lösung: 1,98 bzw. 2,36.)

6.20. Berechnen Sie ΔH^0 für die Reaktion
$$C_2H_6(g) + O(g) \to C_2H_5OH(g)$$
aus den Normalenthalpien von $C_2H_6(g)$ und $C_2H_5OH(g)$ in Tafel 7.2 und von $O(g)$ in Tafel 7.1. Benutzen Sie das Ergebnis sowie die Bindungsenergien von C—H und O—H (Tafel VIII.1) zur Berechnung der Bindungsenergie der C—O-Bindung. (Lösung: 353 kJ mol^{-1}.)

6.21. Berechnen Sie auf demselben Wege wie in Übungsaufgabe 6.20 den ΔH^0-Wert der Reaktion
$$C_2H_6(g) + O(g) \to (CH_3)_2O(g)$$
und mit ihm einen Wert für die C—O-Bindungsenergie. (Lösung: 347 kJ mol^{-1}.) Können Sie strukturelle Gründe anführen, warum die beiden Werte für die Bindungsenergie nicht übereinstimmen?

6.22. Der Koeffizient C im Ausdruck $100(x_A-x_B)^2 - C(x_A-x_B)^4$ für die Energie der zusätzlichen Stabilisierung durch partiellen Ionencharakter soll mittels der Werte für x in Tafel 6.4 berechnet werden. Ermitteln Sie C durch Vergleich der O—H-Bindungsenergie mit dem Mittelwert der O—O- und H—H-Bindungsenergien (Tafel VIII.1). Stellen Sie die gleiche Rechnung an unter Benutzung der Bindungsenergien von C—O-, C—F- und H—F-Bindungen. (Lösung: 5,9, 6,5, 6,9 und 7,3, im Mittel 6,7 kJ mol^{-1}.)

6.23. a) Geben Sie die Elektronenstrukturformeln von H_2O, H_2O_2, H_2S, H_2S_2, H_2S_3, H_2S_4 und H_2S_5; an.
b) Welche strukturellen Eigenschaften erklären die Instabilität des Wasserstoffperoxids und die Stabilität des analogen Diwasserstoffdisulfids, die zum Ausdruck kommen in den Zerfallsgleichungen

6. Die chemische Bindung

$H_2O_2(fl) \rightarrow H_2O(fl) + 1/2\, O_2(g) + 98\,\text{kJ mol}^{-1}$

$H_2S_2(fl) \rightarrow H_2S(g) + 1/2\, S_8(f) - 3\,\text{kJ mol}^{-1}$

Auf gleiche Weise erklärt sich übrigens die Tatsache, daß die Verbindungen H_2O_3, H_2O_4 und H_2O_5 nicht existieren, während die analogen Schwefelverbindungen stabil sind.

6.24. Wie sieht die Elektronenstruktur von S_6 aus? Vorausgesetzt, Sie könnten die analoge Sauerstoffverbindung O_6 herstellen, würde deren Verwendung an Stelle von HF als Oxidationsmittel für flüssigen Wasserstoff einen stärkeren Raketentreibstoff abgeben oder nicht? (Wegen Enthalpiewerten vgl. Tafel 7.1 und 7.9.) (Lösung: 44% stärker pro Gewichtseinheit der Mischung von Wasserstoff und Oxidationsmittel.)

6.25. Die Normalenthalpien der Gasmolekeln von CH_4, CH_3Cl, CH_2Cl_2, $CHCl_3$ und CCl_4 betragen -75, -86, -94, -105 und $-109\,\text{kJ mol}^{-1}$. Berechnen Sie aus ihnen die Bindungsenergien der ersten bis vierten C—Cl-Bindung. (Lösung: 329, 326, 330 und 323 kJ mol^{-1}.)

6.26. Für LiH(g), dessen Bindungsabstand 1,60 Å beträgt, hat sich aus Messungen ein elektrisches Dipolmoment von 1,23 εÅ ergeben. Was für ein partieller Ionencharakter entspricht diesem Wert? (Lösung: 77%.)

6.27. Für das OH-Radikal (Bindungsabstand 0,97 Å) beträgt das experimentell bestimmte elektrische Dipolmoment 0,33 εÅ. Geben Sie die Größe des partiellen Ionencharakters und der Elektronegativität an, die diesem Wert entsprechen. (Vgl. die Rechnung für H_2O in Abschnitt 6.9.)

6.28. Erörtern Sie die Elektronenstruktur von Wasserstoffperoxid, H_2O_2, im Zusammenhang mit dessen experimentell bestimmtem elektrischen Dipolmoment von 0,43 εÅ. Welche theoretischen Werte für das elektrische Dipolmoment von H_2O_2 ergeben sich auf Grund des Werts für OH unter Annahme der ebenen Strukturen

$\begin{matrix} H & & H \\ \searrow & & \swarrow \\ O & - & O \end{matrix}$ (cis-Struktur) $\begin{matrix} H & & \\ \searrow & & \\ O & - & O \\ & & \swarrow \\ & & H \end{matrix}$ (trans-Struktur)

6.29. Das elektrische Dipolmoment von H_2S (Bindungswinkel 92°) beträgt 0,20 εÅ. Welches Moment ergibt sich hieraus für HS? Welche Werte für H_2S_2 würden Sie voraussagen bei Annahme einer ebenen cis-Struktur, einer ebenen trans-Struktur und einer um 90° gewinkelten Struktur (Winkel der beiden SSH-Ebenen 90°)? (Lösung: 0,144, 0,288, 0 und 0,204 εÅ.) Der experimentell gefundene Wert ist 0,22 εÅ.

6.30. Schreiben Sie den Gasmolekeln LiI, $MgCl_2$, $Pb(CH_3)_4$, H_3CF, HCN, H_2CO und P_2H_4 Elektronenstrukturen zu, und zwar mit (a) extremem Ionencharakter, (b) extremem kovalenten Charakter, (c) dem sich aus den Elektronegativitäten ergebenden partiellen Ionencharakter. In welchem Ausmaß wird das Elektronegativitätsprinzip befolgt?

6.31. Geben Sie Resonanzstrukturen an für NO_3^- (Nitrat-Ion), NO_2^+ (Nitryl-Kation), H_3BO_3 (Borsäure), O_3 (Ozon) und H_3CNO_2 (Nitromethan), und zwar so, daß alle Atome Argononenstruktur annehmen.

6.32. Schreiben Sie den Molekeln PCl_3F_2, $TeCl_4$, SF_6, S_2F_{10}, $HClO_4$ und $Te(OH)_6$ Transargononenstrukturen zu. Welche äußeren Orbitale der Atome mit Transargononenstruktur werden für Bindungen und welche für einsame Elektronenpaare benutzt?

6.33. Erörtern Sie in kurzen Zügen die Zusammenhänge zwischen den nachstehenden Tatsachen und der Elektronegativität der Elemente: (a) In Lavoisiers 1787 aufgestellter Liste der bekannten Elemente fehlen Natrium, Kalium, Calcium und Aluminium; (b) Fluor verbindet sich mit allen Elementen mit Ausnahme der leichten Edelgase; (c) Äthylchlorid, C_2H_5Cl, kann durch Einleiten von HCl(g) in Äthanol, C_2H_5OH, dargestellt werden; (d) die stabilsten Verbindungen mit Transargononenstruktur sind die Fluoride; (e) viele Metalle lassen sich durch Reaktion ihrer Chloride mit Natrium gewinnen; (f) NCl_3 ist explosiv, NF_3 dagegen ist stabil; (g) das Polymere $(CF_2)_n$ ist hochgradig korrosionsbeständig; (h) die Hydride des Bors werden als Raketentreibstoffe verwendet.

Kapitel 7

Die Nichtmetalle und einige ihrer Verbindungen

In den vorigen Kapiteln haben wir uns mit einigen der Grundpfeiler chemischer Theorie befaßt, mit Prinzipien der Atom- und Molekularstruktur, dem Wesen des Lichtquants, des Elektrons und des Atomkerns, der Elektronenstruktur von Atomen und ihrer Beziehung zum Periodensystem der Elemente, der Elektronenstruktur von Molekeln und dem Wesen der chemischen Bindung. Auf dieser theoretischen Grundlage können wir die Eigenschaften von Substanzen in viel befriedigenderer Weise diskutieren, als dies vor fünfzig Jahren möglich war. Die Korrelation der physikalischen und chemischen Eigenschaften von Substanzen mit deren Atom- und Molekularstruktur, sei sie auch unvollkommen, macht das Tatsachenmaterial der Chemie interessanter und leichter zu behalten.
Auf der ersten Seite dieses Buches findet sich die Feststellung, die Chemie sei die Lehre von den *Stoffen*, von ihrem Aufbau, ihren Eigenschaften und von den Umsetzungen, die andere Stoffe aus ihnen entstehen lassen. In den vorigen Kapiteln ist nur wenig von Stoffen die Rede gewesen. In diesem und dem folgenden Kapitel werden uns viele Tatsachen und Eigenschaften einer großen Zahl von Stoffen – der Nichtmetalle und ihrer Verbindungen – begegnen, und wir wollen uns dabei bemühen, dieses Tatsachenmaterial mit theoretischen Prinzipien, besonders denen der Elektronen- und Molekularstruktur gewinnbringend in Beziehung zu bringen. In Kapitel 9 wollen wir uns dann wieder der theoretischen Chemie zuwenden.
Der erste Abschnitt dieses Kapitels führt einige Eigenschaften der Elemente Wasserstoff, Kohlenstoff, Stickstoff, Phosphor, Arsen, Antimon, Wismut, Sauerstoff, Schwefel, Selen, Tellur, Fluor, Chlor, Brom und Jod an. Die folgenden Abschnitte handeln von Verbindungen dieser Elemente miteinander, insbesondere solchen mit Einzelbindungen und normalen Wertigkeiten der Atome. Die Besprechung von Verbindungen der Nichtmetalle mit Sauerstoff folgt im nächsten Kapitel.

7.1. Die Elementarsubstanzen

Wasserstoff. Wasserstoff ist ein sehr verbreitetes Element. Es findet sich in den meisten Verbindungen, aus denen lebende Materie besteht, sowie in vielen anorganischen Verbindungen. Man kennt heute mehr Verbindungen des Wasserstoffs als irgendeines anderen Elements. Am nächsten kommt ihm in dieser Hinsicht der Kohlenstoff.
Freier Wasserstoff, H_2, ist ein farbloses, geruch- und geschmackloses Gas. Es ist das leichteste aller Gase, seine Dichte beträgt etwa 1/14 derjenigen von Luft. Schmelzpunkt

und Siedepunkt des Wasserstoffs liegen mit −259 °C (14 K) bzw. −252,7 °C (20,5 K) niedriger als die aller anderen Substanzen außer Helium. Flüssiger Wasserstoff ist, wie zu erwarten, mit einer Dichte von 0,070 g cm^{-3} die leichteste aller Flüssigkeiten und ebenso ist kristalliner Wasserstoff mit einer Dichte von 0,088 g cm^{-3} die leichteste aller kristallinen Substanzen. In geringem Umfang löst sich Wasserstoff in Wasser: 1 Liter Wasser nimmt bei 0 °C unter 1 atm Druck nur 21,5 ml Wasserstoffgas auf. Mit steigender Temperatur nimmt die Löslichkeit ab, mit wachsendem Gasdruck nimmt sie zu.

Die Elektronenstruktur der Wasserstoffmolekel ist in Abschnitt 6.1 erörtert worden.

Im Laboratorium stellt man Wasserstoff gewöhnlich durch Reaktion einer Säure, zum Beispiel Schwefelsäure, H_2SO_4, mit einem Metall wie Zink dar. Die Gleichung dieser Reaktion lautet

$$H_2SO_4(aq) + Zn(f) \rightarrow ZnSO_4(aq) + H_2(g)$$

Wasserstoff kann auch durch Reaktion einiger Metalle mit Wasser oder Wasserdampf dargestellt werden. Natrium und seine Homologen reagieren sehr heftig mit Wasser, so heftig, daß die bei der Reaktion entstehende Wärme den freigesetzten Wasserstoff entzünden kann. Weniger stürmisch reagiert eine Legierung aus Blei und Natrium, die manchmal zur Darstellung von Wasserstoff verwendet wird.

Großtechnisch wurde Wasserstoff früher meist durch Umsetzung von Eisen mit Wasserdampf dargestellt. Bei diesem Verfahren strömt der in einem Kessel erzeugte Dampf über Eisenschwamm (poröses Eisen, gewonnen durch Reduktion von Erz), der auf etwa 600 °C erhitzt ist und mit dem Dampf reagiert gemäß

$$3\,Fe(f) + 4\,H_2O(g) \rightarrow Fe_3O_4(f) + 4\,H_2(g)$$

Hat sich ein großer Teil des Eisens auf diese Weise in Eisenoxid, Fe_3O_4, umgewandelt, so kann es wieder zu Eisen regeneriert werden, indem man Kohlenstoffmonoxid, CO, über das erhitzte Oxid leitet:

$$Fe_3O_4(f) + 4\,CO(g) \rightarrow 3\,Fe(f) + 4\,CO_2(g)$$

Heute wird der technische Wasserstoffbedarf fast vollständig von Verfahren zur Verarbeitung von Kohlenwasserstoffen gedeckt, insbesondere durch sogenanntes Reformieren von Erdölfraktionen mit Dampf unter hohem Druck oder mit Katalysatoren.

Natrium und Eisen zeichnen sich nicht etwa durch besondere Eigenschaften aus, die sie zur Herstellung von Wasserstoff besser als andere Metalle befähigen würden, sie sind

Tafel 7.1. Normalenthalpien von Wasserstoff- und Sauerstoffverbindungen bei 25 °C (in kJ mol^{-1}).

$e^-(g)$	0[1]	$O^+(g)$	1567	$OH^-(g)$	−133
$H_2(g)$	0	$O^-(g)$	110	$OH^-(aq)$	−230
$O_2(g)$	0	$O_2^+(g)$	1184	$H_2O(g)$	−242
$H^+(aq)$	0	$O_2^-(aq)$	−16	$H_2O(fl)$	−286
$H(g)$	218	$O_3(g)$	142	$H_2O_2(g)$	−133
$O(g)$	249	$O_4(g)$	−0,7	$H_2O_2(fl)$	−188
$H^+(g)$	1536	$OH(g)$	42	$H_2O_2(aq)$	−191
$H^-(g)$	149				

1 Die Bildungsenthalpien der Elemente im Normalzustand, des Elektrons im Gaszustand und des Wasserstoff-Ions in wäßriger Lösung werden allgemein als Bezugswerte gleich null gesetzt.

lediglich billig und leicht erhältlich. Andere Metalle mit ähnlicher Elektronegativität wie Natrium ($x = 0,9$) reagieren mit Wasser ebenso heftig wie dieses, und Metalle mit ähnlicher Elektronegativität wie Eisen ($x = 1,8$) reagieren ungefähr wie dieses mit Wasserdampf. Bei der chemischen Reaktionsfreudigkeit spielen zwar andere Struktureigenschaften, auf die wir später zurückkommen werden, auch eine Rolle, die Bindungsenergie und damit die sie bestimmende Elektronegativitätsdifferenz ist jedoch der wichtigste Faktor.

Normalenthalpien einiger Wasserstoff- und Sauerstoffverbindungen sind in Tafel 7.1 angegeben. Beim Benutzen dieser und späterer Tabellen ist zu beachten, daß die Normalenthalpie $\Delta H°$ einer Substanz definiert ist als der ΔH-Wert für die Bildung aus den Elementen in deren Normalzustand (siehe Abschnitt 6.11); die Bildungsenthalpie ist der Bildungswärme Q_B (also der bei der Bildung freigesetzten Wärme) mit umgekehrtem Vorzeichen gleich ($Q_B = -\Delta H_B$).

Elementarer Kohlenstoff. Kohlenstoff kommt in der Natur in zwei allotropen Modifikationen vor, als Diamant und als Graphit. *Diamant* ist eine der härtesten Substanzen, die wir kennen[1]. Er tritt oft in wundervollen, durchsichtigen Kristallen von hohem Brechungsvermögen auf, die zu Schmuckstücken verarbeitet werden. *Graphit*, die andere Modifikation, ist eine weiche, schwarze, kristalline Substanz, die als Schmiermittel und für „Blei"-Minen von Bleistiften gebraucht wird. *Bort* und *Carbonado* (schwarzer Diamant) sind unvollkommen kristalline Formen von Diamant, die nicht die charakteristischen Spaltflächen der Diamantkristalle aufweisen. Sie sind etwas leichter als kristalliner Diamant, außerdem zäher und etwas härter. Sie werden für Schneiden von Bohrern, Sägen und Fräsen und Arbeitsflächen anderer Schneid-, Schleif- und Zerkleinerungswerkzeuge verwendet. Für diese und einige andere Zwecke eignet sich der Diamant wegen seiner großen Härte vorzüglich. So werden zum Beispiel konisch durchbohrte Diamanten als Ziehdüsen für Drähte benutzt. Holzkohle, Koks und Ruß sind mikrokristalline oder amorphe (d.h. nicht kristalline) Formen von Kohlenstoff. Die Dichte von Diamant beträgt $3,51 \text{ g cm}^{-3}$, die von Graphit $2,26 \text{ g cm}^{-3}$.

Die große Härte von Diamant findet ihre Erklärung in der Struktur des Diamantkristalls, die sich aus Röntgenbeugungsaufnahmen ergibt. Im Diamantkristall ist jedes Kohlenstoffatom von vier anderen umgeben, die die Ecken eines um das erste Atom gelegten regelmäßigen Tetraeders besetzen (siehe Abb. 6.16). Für einen kleinen Ausschnitt aus einem Diamantkristall kann die Struktur wie folgt dargestellt werden:

$$
\begin{array}{c}
\diagdown | \quad\quad | \diagup \\
-\mathrm{C} \quad\quad \mathrm{C}- \\
\diagup \quad \diagdown \mathrm{C} \diagup \quad \diagdown \\
-\mathrm{C} \quad\quad \mathrm{C}- \\
\diagup | \quad\quad | \diagdown
\end{array}
$$

Chemische Bindungen verbinden jedes Kohlenstoffatom mit vier anderen, jedes dieser Atome wiederum mit drei weiteren (zusätzlich zum erstgenannten), und so fort. Der ganze Kristall ist eine einzige Riesenmolekel, die durch kovalente Bindungen zusammen-

---

[1] Einige Borcarbide sowie Bort und schwarzer Diamant sind härter als Diamant.

gehalten ist (Abschnitt 6.4). Zum Spalten des Kristalls müssen viele Bindungen gebrochen werden. Dies erfordert einen erheblichen Kraftaufwand, und darum ist das Material so hart. Der Bindungsabstand im Diamant ist der normale Einfachbindungsabstand, 1,54 Å.

Mit der technischen Synthese von Diamanten wurde um 1950 begonnen, nachdem Methoden zum Erzielen sehr hoher Drücke (über 70000 atm) bei hohen Temperaturen (2000 °C) entwickelt worden waren. Geringe Zusätze eines Metalls, wie Nickel, fördern die Kristallisation künstlicher Diamanten. Beachtung verdient dabei, daß die kubische Elementarzelle des Nickelkristalls (mit vier Nickelatomen in dichtester Kugelpackung) mit 3,52 Å nahezu dieselbe Kantenlänge hat wie die des Diamantkristalls mit 3,56 Å (mit acht Kohlenstoffatomen in der in Abb. 6.16 gezeigten Anordnung). Künstliche Diamanten enthalten einige Nickelatome an Stelle von Paaren von Kohlenstoffatomen.

Die Struktur von Graphit geht aus Abbildung 6.17 hervor. Es handelt sich um eine Schichtstruktur, bei der jedes Atom zwei Einfachbindungen und eine Doppelbindung mit seinen drei nächsten Nachbarn unterhält, wie im unteren Teil der Abbildung gezeigt ist. Innerhalb jeder Schicht stehen die Bindungen miteinander derart in Resonanz, daß jede zu zwei Dritteln Einfachbindungscharakter und zu einem Drittel Doppelbindungscharakter aufweist. Innerhalb der Schichten betragen die Atomabstände 1,42 Å, liegen also zwischen den Abständen für Einfach- und Doppelbindungen, 1,54 bzw. 1,33 Å. Der Schichtabstand beträgt 3,4 Å, ist also mehr als doppelt so groß wie der Bindungsabstand innerhalb der Schichten. Der Graphitkristall kann daher als ein verhältnismäßig loser Stapel von schichtförmigen Riesenmolekeln aufgefaßt werden. Die Schichten lassen sich leicht voneinander trennen. Deshalb ist Graphit ein weiches Material, das sogar als Schmiermittel verwendet wird. Die Schmierwirkung hängt zu gewissem Grade von der Anwesenheit von Wasser ab; worauf diese Abhängigkeit beruht, ist noch unklar.

Tafel 7.2. Normalenthalpien von Kohlenstoffverbindungen bei 25 °C (in kJ mol^{-1}).

C(Graphit)	0	C_2H_2(g)	227	CH_2O(g)	Formaldehyd	−116
C(Diamant)	1,9	C_2H_4(g)	52	CH_3CHO(g)	Acetaldehyd	−166
C(g)	718	C_2H_6(g)	−85	$(CH_3)_2CO$(g)	Aceton	−216
C^+(g)	1806	CF_4(g)	−912	HCOOH(g)	Ameisensäure	−363
C_2(g)	982	CCl_4(g)	−107	CH_3COOH(g)	Essigsäure	−435
CO(g)	−111	$CHCl_3$(g)	−100	CH_3OH(g)	Methanol	−201
CO^+(g)	1224	CH_2Cl_2(g)	−88	C_2H_5OH(g)	Äthanol	−237
CO_2(g)	−394	CH_3Cl(g)	−82	$(CH_3)_2O$(g)	Dimethyläther	−185
CH(g)	595	CBr_4(g)	50	C_3H_6(g)	Cyclopropan	38
CH_2(g)	397	CS_2(g)	115	C_6H_{12}(g)	Cyclohexan	−126
CH_3(g)	134	COS(g)	−137	C_6H_{10}(g)	Cyclohexen	−6
CH_4(g)	−75	$(CH_3)_2S$(g)	−38	C_6H_6(g)	Benzol	83

Die Sublimationswärme für die Sublimation von Diamant zu Kohlenstoffatomen beträgt laut Tafel 7.2 716 kJ mol^{-1}. Bei der Sublimation werden zwei C—C-Bindungen pro Atom gebrochen. Der Unterschied zwischen der Sublimationswärme und der Summe der Bindungsenergien der beiden C—C-Bindungen (2 · 348 = 696 kJ mol^{-1}, siehe Tafel

VIII.1 im Anhang) beläuft sich auf 20 kJ mol^{-1} und stellt die van der Waalssche Anziehungskraft zwischen Atomen im Kristall dar, die nicht nächste Nachbarn sind. (Die Energie der van der Waalsschen Anziehungskraft zwischen miteinander verbundenen Atomen ist in der Bindungsenergie einbegriffen.)

Die Bindungsenergie der C=C-Doppelbindung ist mit 615 kJ mol^{-1} (siehe Tafel VIII.2) um 81 kJ mol^{-1} geringer als die von zwei C—C-Einfachbindungen. Man könnte deshalb erwarten, die Graphitstruktur mit zwei Einfachbindungen und einer Doppelbindung für jedes Atom in der Schicht sei bei ungefähr gleicher van der Waalsschen Wechselwirkung um $1/2 \cdot 81 = 40{,}5$ kJ mol^{-1} weniger stabil als die Diamantstruktur. Tatsächlich ist sie aber stabiler, und zwar um 1,9 kJ mol^{-1} (siehe Tafel 7.2). Die zusätzliche Stabilität des Graphits in Höhe von 42,4 kJ mol^{-1} wird der Resonanz der Doppelbindungen zwischen den möglichen Lagen zugeschrieben. Eine Graphitschicht entspricht nicht einer einzigen Valenzstruktur, sondern vielen, die miteinander in Resonanz stehen.

Härte. Die Definition der Härte bereitet Schwierigkeiten. Eine quantitative Fassung des Begriffs scheint deshalb nicht erzielt worden zu sein, weil er mehrere verwandte Eigenschaften umfaßt (Dehnungsfestigkeit, Widerstand gegen Spaltung usw.). Verschiedene Härteskalen und Geräte zur Härtemessung sind vorgeschlagen worden. Ein Prüfungsverfahren besteht darin, ein mit einer Diamantspitze versehenes Gewicht auf die Probe fallen zu lassen und die Rückprallhöhe zu messen. Bei einem anderen Verfahren (nach Brinell) wird eine gehärtete Stahlkugel auf die Oberfläche der Probe gepreßt und die Größe des Abdrucks gemessen.

Eine sehr einfache Prüfung auf Härte ist die Ritzprobe. Ein Material, das ein anderes ritzt und von dem anderen nicht geritzt wird, gilt als härter als das andere. Die hierauf aufbauende, vor allem von Mineralogen benutzte Härteskala ist die *Mohs-Skala* (nach Friedrich Mohs, 1773–1839, einem deutschen Mineralogen) mit Bezugspunkten (Mohshärten) von 1 bis 10, die durch die folgenden Minerale gegeben sind:

1. Talk, $Mg_3Si_4O_{10}(OH)_2$
2. Gips, $CaSO_4 \cdot 2\,H_2O$
3. Kalkspat, $CaCO_3$
4. Flußspat, CaF_2
5. Apatit, $Ca_5(PO_4)_3F$
6. Orthoklas, $KAlSi_3O_8$
7. Quarz, SiO_2
8. Topas, $Al_2SiO_4F_2$
9. Korund, Al_2O_3
10. Diamant, C

Diamant ist wesentlich härter als Korund. Es sind deshalb Änderungen der Mohs-Skala vorgeschlagen worden, die dem Diamant einen erheblich höheren Wert, zum Beispiel 15, zuweisen. Die Härte von Graphit liegt zwischen 1 und 2.

Stickstoff und seine Homologen. Elementarer Stickstoff kommt in der Natur als Hauptbestandteil (78 Gewichtsprozent) der atmosphärischen Luft vor. Er ist ein farbloses, geruch- und geschmackloses Gas und besteht aus zweiatomigen Molekeln, N_2. Bei 0 °C und 1 atm Druck wiegt 1 Liter Stickstoff 1,2506 g. Das Gas kondensiert bei $-195{,}8$ °C zu einer farblosen Flüssigkeit und erstarrt bei $-209{.}96$ °C zu einer weißen, festen Masse. Es löst sich etwas in Wasser: 1 Liter Wasser nimmt bei 0 °C und 1 atm Druck 23,5 ml Gas auf. Einige Eigenschaften von Stickstoff und anderen Elementen der fünften Gruppe sind in Tafel 7.3, Enthalpiewerte in Tafel 7.4 und 7.5 angegeben.

7. Die Nichtmetalle und einige ihrer Verbindungen

Tafel 7.3. Eigenschaften der Elemente der Gruppe V.

	Ordnungszahl	Atomgewicht	Schmelzpunkt	Siedepunkt	Dichte im festen Zustand	Farbe	kovalenter Radius	van der Waalsscher Radius
N	7	14,0067	−209,8 °C	−195,8 °C	1,026 g cm^{-3}	weiß	0,70 Å	1,5 Å
P	15	30,9738	44,1	280	1,81	weiß	1,10	1,9
As	33	74,9216	814[1)]	715[2)]	5,73	grau	1,21	2,0
Sb	51	121,75	630	1380	6,68	silberweiß	1,41	2,2
Bi	83	208,980	271	1470	9,80	rötlichweiß	1,51	2,3

1 Bei 36 atm Druck.   2 Sublimiert.

Phosphor wurde 1669 von Henning Brand, einem deutschen Alchimisten, auf seiner Suche nach dem Stein der Weisen entdeckt. Brand erhitzte den Verdampfungsrückstand von Urin in einer Retorte, wobei Phosphor in die Vorlage abdestillierte. Der Name des Elements (nach dem Griechischen φωσφόρος Lichtbringer) rührt davon her, daß Phosphor im Dunkeln leuchtet.

Elementaren Phosphor gewinnt man durch Erhitzen von Calciumphosphat mit Quarzsand (Siliciumdioxid) und Kohle im elektrischen Ofen. Das Siliciumdioxid verdrängt unter Bildung von Calciumsilicat das Tetraphosphordekoxid, P_4O_{10}, aus dem Calciumphosphat; die Kohle reduziert das Phosphoroxid zu elementarem Phosphor, der aus dem Ofen als Dampf entweicht und unter Wasser aufgefangen wird, wo er als *weißer Phosphor* erstarrt.

Phosphordampf ist vieratomig. In der Molekel P_4 trägt jedes Phosphoratom ein einsames Elektronenpaar und geht mit jedem der drei anderen Atome eine Einfachbindung ein (Abb. 6.14). Bei höheren Temperaturen ist der Dampf teilweise in zweiatomige Molekeln P_2 dissoziiert, deren Struktur :P≡P: der der Stickstoffmolekel analog ist.

Phosphordampf kondensiert zu flüssigem weißem Phosphor, der zu festem weißen Phosphor erstarrt, einer weichen, wachsartigen, farblosen Masse, die sich in Schwefelkohlenstoff, Benzol und anderen unpolaren Lösungsmitteln löst. Sowohl fester als auch flüssiger weißer Phosphor bestehen aus den gleichen Molekeln P_4 wie der Dampf.

Weißer Phosphor ist metastabil. Er wandelt sich am Licht oder beim Erwärmen langsam in *roten Phosphor*, die stabile Modifikation, um. Weißer Phosphor sieht in der Regel gelb-

Tafel 7.4. Normalenthalpien einiger Stickstoffverbindungen bei 25 °C (in kJ mol^{-1}).

N_2(g)	0	NH(g)	331	NO_2^-(aq)	−106
N(g)	473	NH_3(g)	−46	NO_3^-(aq)	−207
N^+(g)	1883	NH_3(aq)	−81	NH_2OH(f)	−107
NO(g)	90	NH_4^+(g)	628	NH_4OH(aq)	−367
NO_2(g)	34	NH_4^+(aq)	−133	$H_2N_2O_2$(aq)	−57
NO_3(g)	54	N_2H_4(fl)	50	NH_4NO_3(f)	−365
N_2O(g)	82	HN_3(g)	294	NF_3(g)	−114
N_2O_3(g)	84	N_3^-(aq)	245	NCl_3(in CCl_4)	229
N_2O_4(g)	44	HNO_2(aq)	−119	NH_4F(f)	−467
N_2O_5(f)	−42	HNO_3(fl)	−173	NH_4Cl(f)	−315

Tafel 7.5. Normalenthalpien einiger Verbindungen von Phosphor, Arsen, Antimon und Wismut bei 25 °C (in kJ mol^{-1}).

	X = P	As	Sb	Bi
X(f)[1]	0	0	0	0
X(g)	315	254	254	208
X$^+$(g)	1380	1273	1094	917
X$_2$(g)	142	124	218	249
X$_4$(g)	55	149	204	
XO(g)	−41	20	188	67
X$_4$O$_6$(f)	−1640	−1314	−1409	−1154
X$_4$O$_{10}$(f)	−2984	−1829	−1961	
XH$_3$(g)	9	171		
HXO$_3$(f)	−955			
H$_3$XO$_2$(aq)	−609			
H$_3$XO$_3$(aq)	−972	−742		
H$_3$XO$_4$(aq)	−1289	−899	−902	
XO$_4{}^{3-}$(aq)	−1279	−870		
X$_2$O$_7{}^{4-}$(aq)	−2276			
XCl$_3$(g)	−255	−299	−315	−271
XCl$_5$(g)	−343		−393	
XCl$_3$O(g)	−592			
XBr$_3$	−150(g)	−195(f)	−260(f)	
XBr$_5$(f)	−276			
XBr$_3$O(f)	−479			
XI$_3$(f)	−46	−57	−96	
XN(g)	−85	29	311	

1 Der Normalzustand ist für Phosphor die weiße Modifikation (kubisch, P$_4$), für Arsen, Antimon und Wismut die hexagonale Modifikation. Die Enthalpie von schwarzem Phosphor beträgt −43 kJ mol^{-1}.

lich aus, weil er sich spurenweise in die rote Modifikation umgelagert hat. Die vollständige Umwandlung beansprucht sogar bei 250 °C mehrere Stunden. Sie kann durch einen geringen Zusatz von Jod beschleunigt werden, das als Katalysator wirkt[1]. Roter Phosphor ist wesentlich stabiler als weißer; er fängt an der Luft erst oberhalb 240 °C Feuer, während weißer Phosphor sich bei etwa 40 °C entzündet und bei Zimmertemperatur langsam oxidiert wird und dabei ein weißliches Licht ausstrahlt. (Hiervon rührt der Ausdruck „Phosphoreszenz" her, der jedoch heute eine etwas andere Bedeutung erlangt hat.) Im Gegensatz zum roten Phosphor ist weißer Phosphor äußerst giftig; etwa 0,15 g genügen, einen Menschen zu töten. Er verursacht Knochennekrose, insbesondere der Kieferknochen. Verbrennungen durch weißen Phosphor sind schmerzhaft und heilen nur langsam. Roter Phosphor kann in weißen nur über die Dampfphase umgewandelt werden. Er ist in keinem Lösungsmittel in nennenswertem Umfang löslich. Beim Erhitzen auf 500 oder 600 °C beginnt er langsam zu schmelzen (unter Druck) oder zu verdampfen. Der Dampf besteht aus P$_4$-Molekeln.

---

1 Eine Substanz, die eine chemische Reaktion beschleunigt, ohne sich dabei merklich zu verändern, nennt man einen *Katalysator*: man sagt, sie *katalysiert* die Reaktion (siehe Abschnitt 16.5).

Man kennt noch mehrere andere allotrope Formen des Elements. Eine davon, *schwarzer Phosphor*, bildet sich aus weißem Phosphor unter hohem Druck. Diese Modifikation ist noch reaktionsträger als roter Phosphor und ist die stabilste des Elements. (Die Normalenthalpie bezogen auf weißen Phosphor beträgt -43 kJ mol^{-1}; die des roten Phosphors beträgt -18 kJ mol^{-1}.)

Die Eigenschaften des roten und schwarzen Phosphors finden eine Erklärung in der Struktur dieser Modifikationen. Es handelt sich um Hochpolymere, um Riesenmolekeln, die sich durch den ganzen Kristall erstrecken. Wenn ein solcher Kristall schmelzen, verdampfen oder sich in einem Lösungsmittel auflösen soll, muß eine chemische Reaktion eintreten, die einige der P—P-Bindungen aufbricht und andere neu entstehen läßt. Vorgänge dieser Art verlaufen sehr langsam. Die Struktur von rotem Phosphor ist nicht genau bekannt. In schwarzem Phosphor treten gefaltete Ringe auf, die den in Abbildung 6.15 für Arsen gezeigten ähnlich sehen, aber eine andere Faltung aufweisen.

Elementares Arsen tritt in mehreren Modifikationen auf. Gewöhnliches, *graues Arsen* ist ein stahlgraues Halbmetall. Seine Dichte beträgt 5,73 g cm^{-3}, sein Schmelzpunkt (unter Druck) 814 °C. Bei etwa 450 °C sublimiert es rasch und bildet einen Dampf von Molekeln As$_4$, die ähnlich wie P$_4$ gebaut sind. Daneben kommt eine instabile, gelbe kristalline Modifikation vor, die ebenfalls aus Molekeln As$_4$ besteht und sich in Schwefelkohlenstoff löst. Die graue Modifikation hat die in Abbildung 6.15 gezeigte Schichtstruktur, in der jedes Atom kovalente Bindungen zu drei Nachbarn innerhalb der Schicht unterhält. Elementares Antimon und Wismut kristallisieren mit derselben Schichtstruktur.

Sauerstoff und seine Homologen. Sauerstoff ist das häufigste Element in der Erdrinde. Sein Anteil am Wasser beträgt 89 Gewichtsprozent, sein Anteil an der Luft 23 Gewichtsprozent (21 Volumenprozent) und an den gewöhnlichen Mineralien (Silicaten) fast 50 Gewichtsprozent. Elementarer Sauerstoff besteht aus zweiatomigen Molekeln, O$_2$, der in Abschnitt 6.6 beschriebenen Struktur. Er ist ein farbloses, geruchloses Gas, das in Wasser etwas löslich ist: 1 Liter Wasser löst bei 0 °C unter 1 atm Druck 48,9 ml Sauerstoffgas. Die Dichte von Sauerstoff bei 0 °C und 1 atm Druck beträgt 1,429 g l^{-1}. Sauerstoff kondensiert bei $-183,0$ °C, seinem Siedepunkt, zu einer blassblauen Flüssigkeit und erstarrt bei $-218,4$ °C, seinem Schmelzpunkt, zu einer blassblauen kristallinen Masse.

Im Laboratorium läßt sich Sauerstoff am bequemsten durch Erhitzen von Kaliumchlorat, KClO$_3$, darstellen:

$$2\text{ KClO}_3 \rightarrow 2\text{ KCl} + 3\text{ O}_2(g)$$

Die Reaktion läuft bei einer Temperatur eben oberhalb des Schmelzpunkts von Kaliumchlorat glatt ab, wenn man etwas Braunstein (Mangandioxid, MnO$_2$) zumischt. Obgleich der Braunstein die Sauerstoffentwicklung aus dem Kaliumchlorat fördert, erfährt er selbst keine Veränderung.

Für technische Zwecke wird Sauerstoff hauptsächlich durch fraktionierte Destillation flüssiger Luft gewonnen. Stickstoff ist flüchtiger als Sauerstoff und entweicht daher bevorzugt aus der flüssigen Luft. Hält man geeignete Bedingungen bei der Verdampfung ein, so kann man zu fast reinem Sauerstoff gelangen. Außerdem wird Sauerstoff, gleich-

Tafel 7.6. Eigenschaften von Sauerstoff, Schwefel, Selen und Tellur.

	Ordnungszahl	Atomgewicht	Schmelzpunkt	Siedepunkt	Dichte	kovalenter Radius	Ionenradius von X^{2-}
Sauerstoff (Gas)	8	15,9994	−218,4 °C	−183,0 °C	1,429 g l^{-1}	0,66 Å	1,40 Å
Schwefel (rhombisch)	16	32,064	119,25[1]) 112,8	444,6	2,07 g cm^{-3}	1,04	1,84
Selen (grau)	34	78,96	217	685	4,79	1,17	1,98
Tellur (grau)	52	127,60	450	1087	6,25	1,37	2,21

1 Die beiden Schmelzpunkte gelten für monoklinen und für (sehr rasch erwärmten) rhombischen Schwefel.

Tafel 7.7. Normalenthalpien einiger Verbindungen von Schwefel, Selen und Tellur bei 25 °C (in kJ mol^{-1}).

	X = S	Se	Te
X(f)[1])	0	0	0
X(g)	279	202	199
X$^+$(g)	1284	1149	1074
X^{2-}(g)	524		
X^{2-}(aq)	42	132	
X$_2$(g)	125	139	172
X$_6$(g)	106		
X$_8$(g)	101		
XO(g)	6	40	180
XO$_2$	−297(g)	−230(f)	−325(f)
XO$_3$(g)	−395		
H$_2$X(g)	−20	86	154
H$_2$XO$_3$(aq)	−633	−512	−605
H$_2$XO$_4$	−811(fl)	−538(f)	
H$_2$XO$_4$(aq)	−908	−608	−697
XCl$_2$(g)		−41	
X$_2$Cl$_2$(fl)	−60		−84
XF$_6$(g)	−1209	−1029	−1318

1 Der Normalzustand ist für Schwefel die rhombische Modifikation (S$_8$-Molekeln), für Selen und Tellur die hexagonale Modifikation (lange Ketten von Atomen).

zeitig mit Wasserstoff, durch Wasserelektrolyse hergestellt. Sauerstoff wird in Stahlflaschen unter Druck von 100 atm und mehr gelagert und versandt.

Einige Eigenschaften von Sauerstoff und seinen Homologen sind in Tafel 7.6 angegeben. Enthalpien von Sauerstoffverbindungen finden sich in Tafel 7.1 und anderen Tafeln, die von Verbindungen der Homologen des Sauerstoffs in Tafel 7.7.

Elementarer Schwefel tritt in mehreren allotropen Modifikationen auf. Gewöhnlicher Schwefel ist eine feste, gelbe Substanz, die mit rhombischer Symmetrie kristallisiert. Diese Modifikation heißt *rhombischer* (oder *orthorhombischer*) *Schwefel*. Sie ist unlöslich in Wasser, löst sich jedoch in Schwefelkohlenstoff, CS$_2$, und Tetrachlorkohlenstoff, CCl$_4$, und ähnlichen unpolaren Lösungsmitteln. Aus solchen Lösungen sind schöngeformte Kristalle leicht zu erhalten.

Bei 112,8 °C schmilzt rhombischer Schwefel zu einer strohfarbenen Flüssigkeit. Beim Abkühlen erstarrt diese zu monoklinen Kristallen, zu *monoklinem Schwefel*. In der rhombischen und der monoklinen Modifikation wie auch in der strohfarbenen Schmelze liegt der Schwefel in Form von gestauchten, ringförmigen Molekeln S_8 vor (Abb. 6.13). In der Bildung so großer Molekeln (ebenso bei Se_8 und Te_8) kommt das Bestreben der Elemente der sechsten Gruppe zum Ausdruck, lieber zwei kovalente Einfachbindungen als eine Doppelbindung einzugehen. Zweiatomige Schwefelmolekeln treten bei hoher Temperatur im Schwefeldampf auf (bei niedrigeren Temperaturen besteht auch der Dampf aus Molekeln S_6 und S_8), aber sie sind nicht so stabil wie die großen Molekeln mit Einfachbindungen. Das trifft nicht nur für Schwefel zu: ganz allgemein gehen die schwereren Elemente – im Gegensatz zu Kohlenstoff, Stickstoff und Sauerstoff – ziemlich selten Doppel- und Dreifachbindungen ein (siehe Abschnitt 6.6). Schwefelkohlenstoff, CS_2, und andere Verbindungen mit Kohlenstoff—Schwefel-Doppelbindung sind die wesentlichsten Ausnahmen von dieser Regel.

Monokliner Schwefel ist oberhalb 95,5 °C stabil. Dies ist die *Gleichgewichtstemperatur* (*Umwandlungstemperatur*, *Umwandlungspunkt*) zwischen den beiden kristallinen Modifikationen. Monokliner Schwefel schmilzt bei 119,25 °C. Frisch geschmolzener Schwefel ist eine bewegliche, strohfarbene Flüssigkeit. Ihre Viskosität ist gering, weil die S_8-Molekeln wegen ihrer fast kugelförmigen Gestalt (Abb. 6.13) leicht übereinander rollen können. Erhitzt man die Schmelze weiter, so färbt sie sich langsam dunkler, wird dickflüssiger und schließlich so zäh (bei rund 200 °C), daß sie nicht mehr aus dem Behälter zu fließen vermag. Die meisten Substanzen zeigen eine Abnahme der Viskosität mit steigender Temperatur, weil die wachsende thermische Anregung den Molekeln mehr Bewegungsfreiheit verschafft. Das abnorme Verhalten von Schwefel rührt von der Bildung einer anderen Art von Molekeln her; es entstehen lange Ketten von Dutzenden von Atomen. Die Ketten verschlingen sich miteinander und bewirken damit die hohe Viskosität der Flüssigkeit. Für die tiefrote Färbung sind die Atome an den Kettenenden verantwortlich, die nur eine Einfachbindung anstatt zwei eingegangen sind.

Die strohgelbe Flüssigkeit, S_8, trägt die Bezeichnung λ-Schwefel, die dunkelrote Flüssigkeit, S_∞, die Bezeichnung μ-Schwefel. Wenn man μ-Schwefel rasch abkühlt, etwa indem man ihn in Wasser gießt, bildet er eine gummiartige, *unterkühlte Flüssigkeit*, die sich nicht in Schwefelkohlenstoff löst. Läßt man diese Masse ein paar Tage bei Zimmertemperatur stehen, so lagern sich die Ketten wieder zu Molekeln S_8 um und bilden ein Aggregat von Kristallen rhombischen Schwefels.

Eine kristalline Schwefelmodifikation mit rhomboedrischer Symmetrie kann man erhalten durch Extraktion einer angesäuerten Lösung von Natriumthiosulfat mit Chloroform und Eindampfen des Chloroformextrakts. Die Kristalle sind orangerot und bestehen aus S_6-Molekeln. Sie sind instabil und lagern sich innerhalb einiger Stunden in lange Ketten und dann in rhombischen Schwefel (S_8) um. Auch eine aus S_{12}-Molekeln bestehende Modifikation ist dargestellt worden.

Schwefel siedet bei 444,6 °C. Sein Dampf besteht aus S_8-Molekeln und bildet beim Niederschlag auf kalter Oberfläche direkt rhombischen Schwefel.

Die Elementarsubstanzen *Selen* und *Tellur* unterscheiden sich in ihren physikalischen Eigenschaften vom Schwefel gerade so, wie die Stellung der drei Elemente zueinander im Periodensystem es erwarten läßt: die Schmelzpunkte, Siedepunkte und Dichten wachsen mit steigender Ordnungszahl, wie Tafel 7.6 zeigt. Die stabilen Modifikationen von Selen und Tellur (grau) weisen eine hexagonale Packung langer Ketten auf, deren jede eine dreizählige Schraubenachse besitzt. Die roten allotropen Modifikationen von Selen bestehen aus Se_8-Molekeln.

Auffallend ist, wie der metallische Charakter mit steigender Ordnungszahl stärker zum Ausdruck kommt. Schwefel leitet den elektrischen Strom nicht, ebensowenig die rote Modifikation von Selen. Graues Selen hat eine geringe, aber meßbare elektrische Leitfähigkeit, und Tellur ist ein Halbleiter, dessen Leitfähigkeit bereits Bruchteile eines Prozents derjenigen von Metallen beträgt. Bemerkenswert an der grauen Modifikation des Selens ist, daß Belichtung mit sichtbarem Licht die elektrische Leitfähigkeit wesentlich steigert. Darauf beruht die Wirkungsweise von „Selenzellen" zur Messung von Lichtintensitäten sowie das Xerox-Verfahren zum Kopieren von Schriftstücken.

Tafel 7.8. Eigenschaften der Halogene.

	Ordnungszahl	Atomgewicht	Farbe und Zustand	Schmelzpunkt	Siedepunkt	Ionenradius[1]	kovalenter Radius	Dissoziationswärme
F_2	9	18,9984	blaßgelbes Gas	−223 °C	−187 °C	1,36 Å	0,64 Å	153 kJ mol^{-1}
Cl_2	17	35,453	gelbgrünes Gas	−101,6	−34,6	1,81	0,99	243
Br_2	35	79,909	rotbraune Flüssigkeit	−7,3	58,7	1,95	1,14	193
I_2	53	126,9044	grauschwarze glänzende Kristalle	113,5	184	2,16	1,27	151

1 Radius des negativ einwertigen Ions mit Liganz 6, wie Cl^- im NaCl-Kristall.

Die Halogene. Die elementaren Halogene bestehen aus zweiatomigen Molekeln, F_2, Cl_2, Br_2 und I_2. Einige ihrer physikalischen Eigenschaften sind in Tafel 7.8 angegeben. Fluor, das leichteste Halogen, ist das reaktionsfreudigste von allen Elementen. Es geht mit allen Elementen außer den leichten Edelgasen Verbindungen ein. Seine große Reaktionsfähigkeit kann seiner hohen Elektronegativität zugeschrieben werden. Stoffe wie Holz oder Gummi entzünden sich im Fluorstrom, und sogar Asbest (ein Magnesiumalumosilicat) reagiert heftig mit Fluor und glüht dabei auf. Platin wird von Fluor nur langsam angegriffen. Kupfer und Stahl werden oberflächlich angegriffen, überziehen sich aber dabei mit einer dünnen Haut von Kupfer- bzw. Eisenfluorid, die sie vor weiterer Korrosion schützt. Sie können daher als Material für Behälter zur Lagerung des Gases verwendet werden. Da Fluor stärker elektronegativ ist als alle anderen Elemente, ist nicht zu erwarten, daß es durch Umsatz irgendeines anderen Elements mit einem Fluorid

Tafel 7.9. Normalenthalpien von Halogenverbindungen bei 25 °C (in kJ mol⁻¹).

	X = F	Cl	Br	I
$X_2(g)$	0	0	31	62
X_2			0(fl)	0(f)
$X_2(aq)$		−25	−5	21
X(g)	77	121	112	107
$X^+(g)$	1764	1378	1261	1120
$X^-(g)$	−256	−229	−218	−193
$X^-(aq)$	−329	−167	−121	−56
HX(g)	−269	−92	−36	26
KX(f)	−563	−436	−392	−328
$X_2O(g)$	23	76		
HXO(aq)		−118		−159
$HXO_2(aq)$		−52		
$HXO_3(aq)$		−98	−40	−230
$HXO_4(aq)$		−131		
$H_5XO_6(aq)$				−766

dargestellt werden kann. Dagegen kann die Elektrolyse von Fluoriden elementares Fluor freisetzen, denn die Oxidationskraft (Elektronenaffinität) einer Elektrode kann durch Erhöhen der angelegten Spannung unbegrenzt gesteigert werden (vgl. die eingehende Diskussion in Kapitel 15). In der Tat wurde Fluor erstmalig durch Elektrolyse erhalten, nämlich 1886 von dem französischen Chemiker Henri Moissan (1852–1907) durch Elektrolyse einer Lösung von KF in flüssigem HF.

Chlor (nach dem griechischen χλωρός, grün), das häufigste der Halogene, ist ein gelbgrünes Gas von scharfem, die Schleimhäute reizendem Geruch. Als erster stellte es K. W. Scheele, ein schwedischer Chemiker, im Jahr 1774 durch Einwirkung von Salzsäure auf Mangandioxid dar. Heute liefert die Elektrolyse konzentrierter Natriumchloridlösungen Chlor in großem Maßstab.

Brom (nach dem griechischen βρῶμος, Gestank) kommt in Form von Bromid-Ionen in geringen Mengen im Meerwasser und in natürlichen Salzablagerungen vor. Das freie Element ist eine leicht flüchtige, dunkel-rotbraune Flüssigkeit von erstickendem Geruch, deren Dampf Augen und Rachen reizt. Auf der Haut verursacht es schmerzhafte Wunden. Dargestellt werden kann freies Brom durch Behandeln eines Bromids mit einem starken Oxidationsmittel, zum Beispiel mit Chlor.

Jod (nach dem griechischen ἰοειδής, veilchenfarbig) kommt in Form von Jodid-Ionen, I⁻, in sehr geringen Mengen im Meerwasser vor, außerdem als Natriumjodat, $NaIO_3$, im Chilesalpeter. Technisch gewonnen wird es aus dem Salpeter, aus Seetang, der es aus dem Meerwasser anreichert, sowie aus Sole von Ölquellen.

Das freie Element besteht aus dunklen, fast schwarzen Kristallen, die einen schwachen metallischen Glanz zeigen. Erwärmt man es ein wenig, so bildet es einen wundervollen blauvioletten Dampf, dem es seinen Namen verdankt. Lösungen von Jod in Chloroform, Tetrachlorkohlenstoff und Schwefelkohlenstoff zeigen dieselbe blauviolette Farbe, was darauf schließen läßt, daß in ihnen I_2-Molekeln vorliegen, die den Gasmolekeln

gleichen. Lösungen von Jod in kaliumjodidhaltigem Wasser und in Alkohol (Jodtinktur) sind braun. Der Farbunterschied deutet darauf hin, daß die Jodmolekeln in der Lösung chemisch reagiert haben. In der wäßrigen Lösung tritt Kaliumtrijodid, KI_3, auf, und mit dem Alkohol geht das Jod eine Verbindung ein.
Normalenthalpien einiger Halogenverbindungen sind in Tafel 7.9 zusammengestellt.

7.2. Hydride der Nichtmetalle. Kohlenwasserstoffe

Die Elemente Kohlenstoff, Stickstoff, Sauerstoff und Fluor und ihre Homologen bilden einfache Hydride, deren Zusammensetzung der gewöhnlichen kovalenten Wertigkeit entspricht (CH_4, NH_3, H_2O, HF). Einige Eigenschaften dieser Hydride sind in Tafel 7.10 angegeben.

Tafel 7.10. Einige Eigenschaften von Nichtmetallhydriden.

Formel	Schmelzpunkt	Siedepunkt	Dichte im flüssigen Zustand	Normalenthalpie (Gas)	Bindungsabstand	Bindungswinkel
CH_4	−183 °C	−161 °C	0,54 g cm^{-3}	−75 kJ mol^{-1}	1,09 Å	109,5 °C
SiH_4	−185	−112	0,68	−62	1,48	109,5
GeH_4	−165	−90	1,52		1,53	109,5
SnH_4	−150	−52			1,70	109,5
NH_3	−78	−33	0,82	−46	1,01	107,3
PH_3	−133	−85	0,75	9	1,42	93,1
AsH_3	−114	−55		171	1,52	91,8
SbH_3	−88	−17	2,26		1,71	91,3
BiH_3		22				
H_2O	0	100	1,00	−242	0,96	104,5
H_2S	−86	−61		−20	1,33	92,2
H_2Se	−64	−42	2,12	86	1,46	91,0
H_2Te	33	57	2,57	154	1,7	90
HF	−92	19	0,99	−269	0,92	
HCl	−112	−84	1,19	−92	1,27	
HBr	−89	−67	1,78	−36	1,41	
HI	−51	−35	2,85	26	1,61	

Die Tetrahydride (CH_4 bis SnH_4) weisen eine regelmäßige Tetraederstruktur auf; das Zentralatom macht also von seinen tetraedrischen sp^3-Bindungsorbitalen Gebrauch (Bindungswinkel 109,5°; siehe Abschnitt 6.4). Für die anderen Hydride sind die Bindungswinkel kleiner und nähern sich dem Wert von 90° für p-Bindungsorbitale (siehe Abschnitt 6.5).
Die Stabilität der Hydride hängt hauptsächlich von der Elektronegativitätsdifferenz zwischen dem betreffenden Element und Wasserstoff ab, wie schon in Abschnitt 6.11 erörtert worden ist (vgl. auch Anhang VIII). Bildungswärmen pro Bindung (also pro Wasserstoffatom) der Hydride im Gaszustand für Bildung aus den Elementen in deren Normalzustand sind in Abbildung 7.1 angegeben. Zum Vergleich ist die thoretische

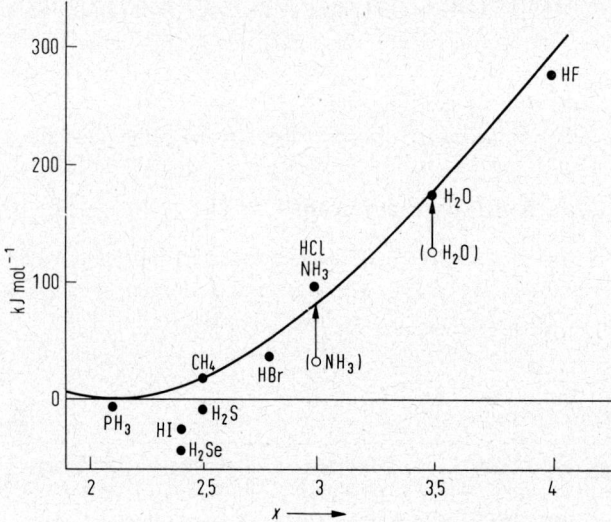

Abb. 7.1. Normal-Bildungswärmen pro Bindung für die gasförmigen Hydride der Nichtmetalle. Die Kurve gibt zum Vergleich die theoretische, aus der Elektronegativitätsdifferenz berechnete Bildungswärme an.

Funktion $100(x-2,1)^2 - 6,5(x-2,1)^4$ kJ mol^{-1} eingezeichnet (2,1 ist die Elektronegativität des Wasserstoffs). Die Werte für H$_2$S, H$_2$Se und HI würden der Kurve näherrücken, wenn man die van der Waalsschen Anziehungskräfte im kristallinen Zustand (Normalzustand) von Schwefel, Selen und Jod durch eine Korrektur berücksichtigen würde. Die niedrigen, als Kreise eingezeichneten Werte für NH$_3$ und H$_2$O rücken der Kurve entsprechend den Pfeilen näher, wenn die zusätzliche Stabilität durch Mehrfachbindung im Stickstoff und Sauerstoff in Rechnung gestellt wird (siehe Abschnitt 6.11). Für Stickstoff fällt die eben angegebene Korrektur besonders in Gewicht. Die Stickstoffmolekel, :N≡N:, ist um 469 kJ mol^{-1} stabiler als eine fiktive Stickstoffmodifikation mit Einzelbindungen, und die Bildungswärme von NH$_3$(g) für Bildung aus 1/2 N$_2$(g) und 3/2 H$_2$(g) beträgt deshalb nur 46 kJ mol^{-1} statt $46+235 = 281$ kJ mol^{-1}.

Methan und andere Alkane. Verbindungen, die ausschließlich aus Kohlenstoff und Wasserstoff bestehen, nennt man *Kohlenwasserstoffe*. *Methan*, CH$_4$, ist das erste Glied einer Reihe von Kohlenwasserstoffen, der *Paraffin*-Reihe. Einige dieser sogenannten *Alkane* sind in Tafel 7.11 aufgeführt.

Erdgas von Öl- oder Gasquellen besteht gewöhnlich zu etwa 85% aus Methan. Auch Sumpfgas, das sich durch anaerobische Fermentation (d.h. unter Luftausschluß) pflanzlicher Stoffe bildet, besteht ebenfalls aus Methan (neben geringen Mengen Kohlenstoffdioxid und Stickstoff).

Verwendet wird Methan als Brennstoff, außerdem in großem Ausmaß zur Herstellung von Ruß (sehr fein verteiltem Kohlenstoff), der sich abscheidet, wenn Methan unter beschränkter Luftzufuhr verbrennt:

$$CH_4 + O_2 \rightarrow 2 H_2O + C$$

So hergestellter Ruß hat sich als Kautschukfüllstoff für Kraftfahrzeugreifen bewährt.

7.2. Hydride der Nichtmetalle. Kohlenwasserstoffe

Tafel 7.11. Einige physikalische Eigenschaften der Normalalkane.

Name	Formel	Schmelzpunkt	Siedepunkt	Dichte im flüssigen Zustand
Methan	CH_4	$-183\,°C$	$-161\,°C$	$0{,}54\ \mathrm{g\,cm^{-3}}$
Äthan	C_2H_6	-172	-88	0,55
Propan	C_3H_8	-190	-45	0,58
Butan	C_4H_{10}	-135	-1	0,60
Pentan	C_5H_{12}	-130	36	0,63
Hexan	C_6H_{14}	-95	69	0,66
Heptan	C_7H_{16}	-91	98	0,68
Octan	C_8H_{18}	-57	126	0,70
Nonan	C_9H_{20}	-54	151	0,72
Decan	$C_{10}H_{22}$	-30	174	0,73
Pentadecan	$C_{15}H_{32}$	10	271	0,77
Eikosan	$C_{20}H_{42}$	38		0,78
Triakontan	$C_{30}H_{62}$	70		0,79

Der Name „Paraffin" (nach dem lateinischen *parum*, wenig, und *affinis*, verwandt) deutet die verhältnismäßig geringe Reaktionsfreudigkeit dieser Verbindungen an. Sie kommen als Bestandteile des Erdöls vor.

Äthan hat die Struktur

$$\begin{array}{c} H\ \ \ \ \ H \\ \diagdown\ \ \ \diagup \\ H-C-C-H \\ \diagup\ \ \ \diagdown \\ H\ \ \ \ \ H \end{array}$$

Es ist ein Gas (siehe Tafel 7.11) und tritt in großen Mengen in einigen Erdgasvorkommen auf. *Propan*, das dritte Glied der Reihe, hat die Struktur

$$\begin{array}{c} H\ \ H\ \ \ \ \ \ H\ \ H \\ \diagdown\ |\ \ \ \ \ |\ \diagup \\ H-C\ \ \ \ \ \ \ C-H \\ \diagdown\ \ \diagup \\ C \\ \diagup\ \diagdown \\ H\ \ H \end{array}$$

Es ist ebenfalls ein Gas, läßt sich jedoch leicht verflüssigen und dient als Brennstoff.
In der Strukturformel von Propan tritt eine Kette von drei miteinander verbundenen Kohlenstoffatomen auf. Das nächste Alkan ist *Butan*, C_4H_{10}, und ergibt sich aus Propan, wenn man ein Wasserstoffatom an einem Ende der Kette durch eine Methylgruppe

$$\begin{array}{c} H \\ \diagup \\ -C-H \\ \diagdown \\ H\ \ H \end{array}$$

ersetzt. Seine Formel erhält man aus der von Propan durch Addieren von CH_2. Die so fortgesetzte Reihe von Kohlenwasserstoffen mit immer längerer Kette von Kohlenstoffatomen nennt man *Normalalkane* (*n*-Alkane).
Die leichteren Glieder der Paraffinreihe sind Gase, die mittleren Flüssigkeiten und die schwereren feste Substanzen. Der Name Petroläther hat sich eingebürgert für ein Gemisch, das im wesentlichen Pentan, Hexan und Heptan enthält und als Lösungsmittel und zur Entfernung von Flecken benutzt wird. Benzin besteht hauptsächlich aus den

Kohlenwasserstoffen von Heptan bis Nonan (C_7H_{16} bis C_9H_{20}), und Petroleum (Kerosin, Leuchtöl) aus Decan bis Hexadecan ($C_{10}H_{22}$ bis $C_{16}H_{34}$). Gasöl oder Treiböl enthält Paraffine von über zwanzig Kohlenstoffatomen je Molekel. Schmieröl, Vaseline und festes Paraffin setzen sich aus noch höheren Gliedern der Reihe zusammen.

Das niedrigste Glied der Reihe, bei dem die Erscheinung der Isomerie auftritt, ist das Butan, C_4H_{10}. Man spricht von Isomerie, wenn mehrere Substanzen bei gleicher Zusammensetzung verschiedene Eigenschaften aufweisen (vgl. Abschnitt 6.2). Solche Unterschiede in den Eigenschaften gehen gewöhnlich auf eine unterschiedliche Art der Verknüpfung der Atome zurück. Von Butan gibt es zwei Isomere, nämlich *n*-Butan (Normalbutan) und Isobutan. Die Strukturen beider Substanzen sind aus Abbildung 7.2 ersichtlich: *n*-Butan ist ein „geradkettiger" Kohlenwasserstoff[1], Isobutan dagegen ent-

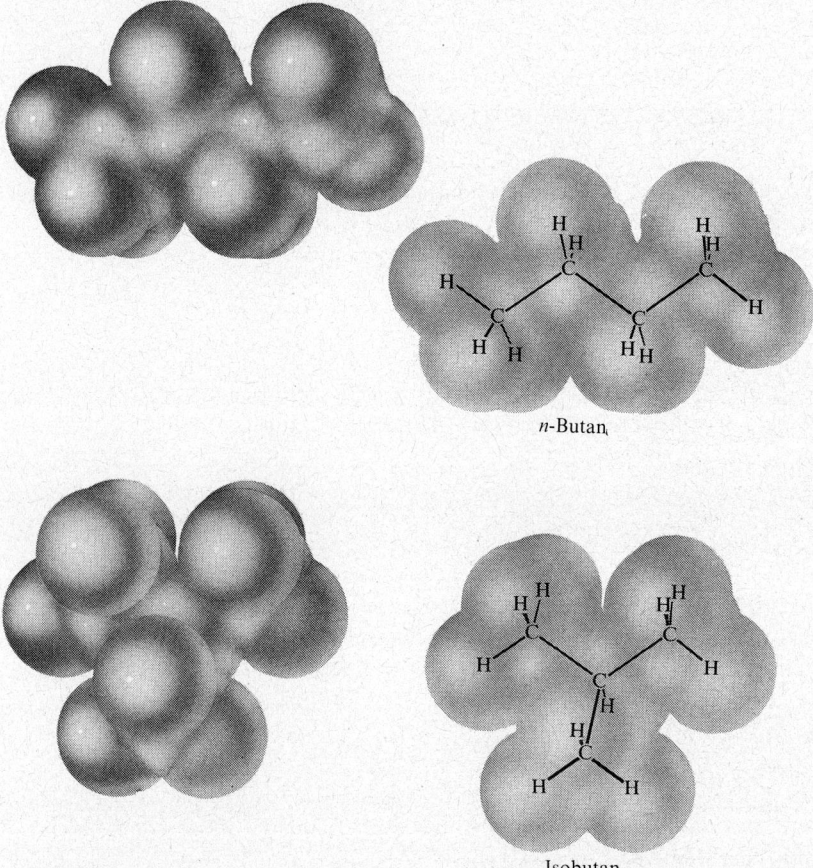

n-Butan

Isobutan

Abb. 7.2. Die Strukturen der isomeren Molekeln von *n*-Butan und *iso*-Butan.

---

1 In Wirklichkeit ist die Kohlenstoffkette natürlich wegen der tetraedrischen Anordnung der Orbitale im Kohlenstoffatom gewinkelt.

hält eine verzweigte Kette. Im allgemeinen sind sich solche Isomere weitgehend in ihren Eigenschaften ähnlich. Zum Beispiel liegen die Schmelzpunkte von n-Butan und Isobutan bei -135 °C bzw. -145 °C. Die Kohlenwasserstoffe mit verzweigter Kette sind stabiler als ihre geradkettigen Isomere [Normalenthalpie in kJ mol^{-1} ist -126 für n-C$_4$H$_{10}$(g), -135 für iso-C$_4$H$_{10}$(g); -146 für n-C$_5$H$_{12}$(g), -154 für iso-C$_5$H$_{12}$(g), -166 für neo-C$_5$H$_{12}$(g); Neopentan ist Tetramethylmethan, C(CH$_3$)$_4$]. Die größere Stabilität der verzweigten, verglichen mit den geraden Ketten, kann auf den kompakteren Aufbau zurückgeführt werden, der stärkere van der Waalssche Stabilisierung (Anziehungskräfte zwischen nicht miteinander verbundenen Atomen) zur Folge hat.

Die normalen (d.h. geradkettigen) Kohlenwasserstoffe „klopfen" beim Verbrennen in Bezinmotoren mit hoher Verdichtung, während die verzweigten, die langsamer verbrennen, diese Neigung nicht zeigen. Die sogenannte „Octanzahl" ist ein Maß der Klopffestigkeit. Sie wird ermittelt durch Vergleich des Benzins mit Mischungen von n-Heptan und einem hochverzweigten Octan, nämlich 2,2,4-Trimethylpentan

in verschiedenen Mengenverhältnissen. Die Octanzahl ist definiert als der prozentuale Anteil dieses Octans an derjenigen Mischung, die dieselben Klopfeigenschaften wie das bewertete Benzin aufweist.

Zur Erhöhung der Klopffestigkeit wird Benzin vielfach *Bleitetraäthyl*, Pb(C$_2$H$_5$)$_4$, zugesetzt („Bleibenzin").

Namensgebung von organischen Verbindungen. In der organischen Chemie hat sich ein recht kompliziertes System der Namensgebung von Verbindungen entwickelt. Hier können wir uns jedoch mit der Wiedergabe einiger Grundzüge bescheiden.

Die einfach gebauten Substanzen tragen gewöhnlich besondere Namen (sogenannte Trivialnamen), zum Beispiel Methan, Äthan, Propan, Butan. Vom Pentan an bauen die Namen der Alkane auf dem griechischen Zahlwort auf, das die Zahl der Kohlenstoffatome im betreffenden Alkan angibt (siehe Tafel 7.11).

Gruppen, die sich von Alkanen durch Entfernen eines Wasserstoffatoms ableiten, tragen den Namen des entsprechenden Alkans mit Endung -yl an Stelle von -an. So heißt die -CH$_3$-Gruppe Methylgruppe, -C$_2$H$_5$ Äthylgruppe (wie im Bleitetraäthyl, s. oben) und so fort. Solche Gruppen werden *Alkylgruppen* genannt.

Ein verzweigter Kohlenwasserstoff leitet seinen Namen von der längsten in ihm vertretenen Kette von Kohlenstoffatomen ab. Die Kohlenstoffatome werden von einem Ende der Kette zum anderen numeriert, und Gruppen, die an Stelle von Wasserstoffatomen an einem Kohlenstoffatom hängen, werden zusammen mit dessen Nummer angegeben. Für Isobutan zum Beispiel (s. weiter oben) lautet der dieser Vorschrift entsprechende Name 2-Methylpropan. Ein anderes Beispiel, nämlich 2,2,4-Trimethylpentan (s. Strukturformel auf der vorigen Seite) ist uns bereits begegnet.

Behinderte Rotation um Einfachbindungen. Bis vor rund fünfunddreißig Jahren glaubte man, die beiden Teile einer Molekel wie Äthan, H_3C-CH_3, könnten frei um die Achse der sie verbindenden Einfachbindung rotieren. Zu dieser Annahme unbehinderter Rotation um Einfachbindungen war man gelangt, als alle Versuche, Isomere von Substanzen wie 1,2-Dichloräthan, $H_2ClC-CH_2Cl$, aufzufinden, fehlgeschlagen waren. 1937 zeigten jedoch J. D. Kemp und K. S. Pitzer, zwei amerikanische Chemiker, daß der experimentell bestimmte Entropiegehalt der Äthanmolekel die Existenz einer Energieschwelle von etwa 12,5 kJ mol^{-1} erfordert, die die Rotation der beiden Methylgruppen gegeneinander behindert.

Viele Messungen der Höhe der Potentialschwelle sind seitdem ausgeführt worden, vor allem von E. B. Wilson jr. und Mitarbeitern mittels Mikrowellenspektroskopie (Untersuchung der Absorptionsspektren von Gasmolekeln im Wellenbereich von 1 cm). Für H_3C-CH_2F und H_3C-CHF_2 sind die Werte von 13,8 bzw. 13,3 kJ mol^{-1} dem für Äthan sehr ähnlich. Für H_3C-CH_2Cl und H_3C-CH_2Br ist die Schwelle mit 14,9 kJ mol^{-1} etwas höher. In allen Fällen ist die stabile Konfiguration die *gestaffelte* (*staggered configuration*, d. h. mit Bindungen auf gegenüberliegenden Seiten der C—C-Achse, so daß die Atome „auf Lücke" stehen; siehe Abb. 7.2). Die instabile Konfiguration, die man aus der stabilen durch Rotation einer Methylgruppe (oder substituierten Methylgruppe) um 60° um die C—C-Achse erhält, kann *überdeckte Konfiguration* (*eclipsed configuration*) genannt werden.

Spektroskopische Untersuchungen haben erwiesen, daß 1,2-Dichloräthan im Gaszustand und in Lösung als Gemisch dreier Isomere vorliegt, alle drei mit gestaffelter Konfiguration. Entlang der C—C-Achse gesehen, stellen sich die Isomere wie folgt dar:

(Das zweite und das dritte Isomere bilden ein enantiomeres Paar; vgl. Abschnitt 6.3.) Die Energieschwelle, die die Rotation behindert, ist so niedrig, daß die Isomere sich für eine präparative Trennung zu schnell in einander umwandeln.

Die Ursache der Rotationsbehinderung ist noch nicht vollständig geklärt. Angesichts der geringen Abhängigkeit von der Größe der an den Kohlenstoffatomen hängenden Substituenten dürfte sterische Hinderung (d. h. räumliche Behinderung durch Aneinanderstoßen der Atome) kaum ins Gewicht fallen. Am wahrscheinlichsten ist die Erklärung, daß die Schwelle auf gegenseitige Abstoßung der H—C-Bindungselektronen an den beiden Kohlenstoffatomen zurückgeht, also auf Abstoßung durch äußere Bindungen. Diese Hypothese findet eine Stütze in den Werten der Schwellenhöhen für H_3C-NH_2 und H_3C-OH, die 7,9 bzw. 4,5 kJ mol^{-1} betragen.

Cyclische Kohlenwasserstoffe. Bereits in Abschnitt 6.4 ist uns ein Kohlenwasserstoff begegnet, dessen Molekel einen Ring von Kohlenstoffatomen aufweist. Der einfachste dieser sogenannten cyclischen Kohlenwasserstoffe ist *Cyclopropan*, C_3H_6, dessen Bau in Abbildung 6.10 gezeigt ist. Cyclopropan ist ein farbloses Gas mit Fp. —126,6 °C, Kp.

−34,4 °C und einer Normalbildungsenthalpie 20,4 kJ mol^{-1}. Es ist ein gutes Narkosegas, ist aber gefährlich, denn Mischungen mit Luft können bei Zündung durch elektrostatische Entladung explodieren.

Cyclohexan, C_6H_{12}, ist eine farblose Flüssigkeit (Kp. 81 °C, Fp. 6,5 °C), die bei der Fraktionierung von Petroleum anfällt und als Lösungsmittel verwendet wird. Die Molekel weist einen gewellten hexagonalen Ring mit spannungsfreien Bindungswinkeln (tetraedrische Winkel, 109,5°), normalen Bindungsabständen (1,54 Å für C—C, 1,10 Å für C—H) und der stabilen (gestaffelten) Atomanordnung an allen Kohlenstoff—Kohlenstoff-Bindungen auf. Die Normalenthalpie der Gasmolekel beträgt −126 kJ mol^{-1} (siehe Tafel 7.2), also −21 kJ mol^{-1} pro CH_2-Gruppe. Der letztere Wert kann für spannungsfreie $(CH_2)_n$-Ringmolekeln ganz allgemein als Norm angesehen werden. Für eine fiktive spannungsfreie Cyclopropanmolekel wäre somit eine Normalenthalpie von −63 kJ mol^{-1} zu erwarten. Der tatsächliche Wert für Cyclopropan ist mit 38 kJ mol^{-1} um 101 kJ mol^{-1} höher. Die Differenz stellt die Spannungsenergie des Dreirings im Cyclopropan dar. Wegen seiner Spannungsenergie ist Cyclopropan reaktionsfähiger als Cyclohexan. So reagiert Cyclopropan mit Wasserstoff bei 80 °C in Gegenwart von fein verteiltem Platin als Katalysator:

$$C_3H_6(g) + H_2(g) \xrightarrow{Pt, 80\ °C} C_3H_8(g)$$

Die Angaben Pt und 80 °C unter dem Reaktionspfeil besagen, daß die Anwesenheit von Platin und eine Temperatur von 80 °C erforderlich sind, um die Reaktion zum Ablauf zu bringen.

Die ringförmige Cyclobutanmolekel, C_4H_8, reagiert in ähnlicher Weise unter Bildung von Butan, allerdings erst bei etwas höherer Temperatur:

$$C_4H_8(g) + H_2(g) \xrightarrow{Pt, 120\ °C} C_4H_{10}(g)$$

Größere Ringe, wie etwa der von Cyclohexan, lassen sich unterhalb von 200 °C nicht durch Hydrieren öffnen.

Andere Molekeln mit Dreiringen, wie Äthylenimin und Äthlenoxid,

$$\underset{\underset{H}{N}}{H_2C\text{---}CH_2} \quad \text{bzw.} \quad \underset{O}{H_2C\text{---}CH_2}$$

haben etwa die gleiche Spannung wie Cyclopropan und sind hochgradig reaktionsfähig. Die Reaktionsfähigkeit der Epoxygruppe

$$\underset{O}{-C\text{---}C-}$$

kann zur Vernetzung großer Molekeln ausgenutzt werden, zum Beispiel beim Härten von Epoxyklebstoffen.

Hydrazin, Wasserstoffperoxid und verwandte Hydride. Neben den bisher behandelten Nichtmetallhydriden gibt es viele andere, die mehrere, durch Einfachbindungen miteinander verknüpfte Nichtmetallatome enthalten. Zum Beispiel löst eine Lösung von

Natriumsulfid (Na_2S) Schwefel (S_8) unter Bildung von Polysulfiden Na_2S_2, Na_2S_3, Na_2S_4 usw. auf und liefert beim Ansäuern mit Salzsäure die entsprechenden Wasserstoffverbindungen H_2S_2, H_2S_3, H_2S_4 und so fort. Erwartungsgemäß ist die Reaktionsenthalpie einer Reaktion wie $8 H_2S + S_8 \rightarrow 8 HS-SH$ nur gering, denn das Produkt enthält die gleichen Bindungen wie die Ausgangsstoffe (sechzehn H—S- und acht S—S-Bindungen). Die verschiedenen Wasserstoffpolysulfide sind daher ungefähr ebenso stabil (im Vergleich zu den elementaren Nichtmetallen) wie die Alkane.

Im Gegensatz hierzu sind für Sauerstoff und Stickstoff die entsprechenden Reaktionen

$$H_2O(g) + 1/2 O_2(g) \rightarrow H_2O_2(g)$$
$$4 NH_3(g) + N_2(g) \rightarrow 3 N_2H_4(g)$$

stark endotherm: ihre $\Delta H°$-Werte betragen 109 bzw. 155 kJ mol^{-1}. Sowohl Wasserstoffperoxid als auch Hydrazin sind wegen ihrer relativ labilen O—O- bzw. N—N-Bindung als energiereich anzusprechen. Beide werden als Raketentreibstoffe verwendet. Höhere analoge Verbindungen wie etwa H_2O_3 oder N_3H_5 sind nicht bekannt.

Wird Bariumoxid, BaO, bei beginnender Rotglut im Luftstrom erhitzt, so addiert es Sauerstoff und bildet ein höheres Oxid, nämlich Bariumperoxid, BaO_2:

$$2 BaO + O_2 \rightarrow 2 BaO_2$$

Wasserstoffperoxid, H_2O_2, kann durch Abdestillieren von mit Schwefelsäure oder Phosphorsäure versetztem Bariumperoxid gewonnen werden[1]:

$$BaO_2 + H_2SO_4 \rightarrow BaSO_4 + H_2O_2$$

Reines Wasserstoffperoxid ist eine farblose, sirupöse Flüssigkeit mit Dichte 1,47 g cm^{-3}, Fp. —1,7 °C und Kp. 151 °C. Es ist ein überaus kräftiges Oxidationsmittel, das organische Substanzen spontan angreift. Seine Anwendungen beruhen hauptsächlich auf seiner Oxidationskraft.

Käufliches Wasserstoffperoxid ist eine wäßrige Lösung, die häufig geringe Zusätze eines Stabilisators, zum Beispiel Phosphat-Ionen, enthält. Sie bremsen den Zerfall zu Wasser und Sauerstoff gemäß

$$2 H_2O_2 \rightarrow 2 H_2O + O_2$$

In Drogerien ist Wasserstoffperoxid als 3%ige Lösung (3 g H_2O_2 auf 100 g) für medizinische Zwecke als Desinfektionsmittel und als 6%ige Lösung zum Bleichen der Haare erhältlich. 30%ige und seit einiger Zeit auch 85%ige Lösungen verwendet die chemische Industrie.

Dem Sauerstoff in Wasserstoffperoxid ist die Oxidationszahl —1 zuzuschreiben. In der oben angegebenen Reaktion wird von jeder Peroxidmolekel ein Sauerstoffatom zur Oxidationszahl 0 oxidiert, das andere zur Oxidationszahl —2 reduziert. Einen solchen Vorgang nennt man *Disproportionierung* (auch Auto-Oxidations-Reduktions-Reaktion). Wasserstoffperoxid kann sowohl als Oxidationsmittel als auch als Reduktionsmittel wirken. Auf seiner Oxidationskraft beruht die Verwendung als Bleichmittel für Haare und seine Wirkung als mildes Desinfektionsmittel. Ölgemälde, die durch Bildung von

---

1 Zur großtechnischen Darstellung bedient man sich eines Verfahrens, das von organischen Verbindungen Gebrauch macht.

schwarzem Bleisulfid, PbS, aus dem „Bleiweiß" (basischem Bleicarbonat) in der Ölfarbe nachgedunkelt sind, können durch Behandlung mit Wasserstoffperoxid wieder aufgefrischt werden:

$$PbS(f) + 4\,H_2O_2(aq) \rightarrow PbSO_4(f) + 4\,H_2O(fl)$$

Die Wirkung als Reduktionsmittel kommt zum Beispiel in der Entfärbung saurer Permanganatlösung zum Ausdruck:

$$2\,MnO_4^- + 5\,H_2O_2 + 6\,H^+ \rightarrow 2\,Mn^{2+} + 5\,O_2(g) + 8\,H_2O$$

Schwefelwasserstoff und die Sulfide. Schwefelwasserstoff ist eine dem Wasser analoge Verbindung mit Elektronenstruktur

$$\overset{H}{\underset{\cdot\cdot}{:\!S}}\!-\!H$$

Er ist wesentlich flüchtiger als Wasser (Fp. −85,5 °C, Kp. −60,3 °C) und löst sich beträchtlich in kaltem Wasser (2,6 l Gas in 1 l Wasser bei 20 °C); die Lösung reagiert schwach sauer. Durch Sauerstoff aus der Luft wird sie langsam oxidiert und scheidet einen milchigen Niederschlag von Schwefel aus.
Schwefelwasserstoff riecht auch in großer Verdünnung unangenehm nach faulen Eiern. Er ist äußerst giftig. Seine Verwendung in der chemischen Analyse erfordert daher besondere Vorsicht.
Zur Darstellung von Schwefelwasserstoff kann man einfach Salzsäure auf Eisensulfid einwirken lassen:

$$2\,HCl(aq) + FeS(f) \rightarrow FeCl_2(aq) + H_2S(g)$$

Die *Sulfide* der Alkalimetalle und Erdalkalimetalle sind farblose, in Wasser leicht lösliche Substanzen. Die Sulfide der weitaus meisten anderen Metalle lösen sich in Wasser nicht oder kaum merklich. Ihre fraktionierte Ausfällung unter Veränderung der Bedingungen macht einen wichtigen Teil des Trennungsgangs in der qualitativen anorganischen Analyse aus. Viele Metallsulfide kommen in der Natur vor. Wichtige sulfidische Erze sind FeS, Cu_2S, CuS, ZnS, Ag_2S, HgS und PbS.

7.3. Kohlenwasserstoffe mit Doppel- und Dreifachbindungen

Die Substanz *Äthylen* (Äthen)[1], C_2H_4, besteht aus Molekeln

$$\underset{H}{\overset{H}{\diagdown}}C\!=\!C\underset{H}{\overset{H}{\diagup}}$$

in denen eine Doppelbindung die beiden Kohlenstoffatome verknüpft. Die Doppelbindung verleiht der Molekel eine wesentlich größere Reaktionsfähigkeit, als die Alkane

---

1 Äthylen, Propylen, Butylen, Acetylen usw. sind gebräuchliche Trivialnamen. Die entsprechenden systematischen Namen lauten Äthen, Propen, Buten bzw. Äthin. Sie leiten sich von den Namen der jeweiligen Alkane ab und tragen die Endung -en für Doppelbindungen und -in für Dreifachbindungen.

sie besitzen. Während zum Beispiel Chlor, Brom und Jod die Alkane nicht ohne weiteres angreifen, reagieren sie leicht mit Äthylen. Ein Gemisch von Chlor und Äthylen reagiert bei Zimmertemperatur glatt im Dunkeln und explosionsartig bei Belichtung. Dabei bildet sich *Dichloräthan*, $C_2H_4Cl_2$:

$$C_2H_4 + Cl_2 \rightarrow C_2H_4Cl_2$$

oder

$$\underset{H}{\overset{H}{>}}C=C\underset{H}{\overset{H}{<}} + Cl-Cl \rightarrow \underset{H}{\overset{Cl}{>}}H-C-C\underset{Cl}{\overset{H}{<}}H$$

Im Verlauf dieser Reaktion wandelt sich die Doppelbindung zwischen den beiden Kohlenstoffatomen in eine Einfachbindung um, die Einfachbindung zwischen den beiden Chloratomen löst sich, und zwei neue Bindungen – Einfachbindungen zwischen je einem Chlor- und Kohlenstoffatom – bilden sich. Mit Hilfe der in Tafel VIII.1 und VIII.2 angegebenen Bindungsenergien können wir die Reaktionswärme abschätzen:

Bindungsenergien der Ausgangsstoffe		Bindungsenergien des Produkts	
C=C	615	C—C	344
Cl—Cl	243	2 C—Cl	656
	858 kJ mol^{-1}		1000 kJ mol^{-1}

Es zeigt sich, daß die Bindungen in den Molekeln des Reaktionsprodukts insgesamt um 142 kJ mol^{-1} stabiler sind als die in den Ausgangsstoffen. Damit ist die Reaktion um 142 kJ mol^{-1} exotherm, setzt also eine mäßige Wärmemenge frei.
Eine Reaktion dieses Typs nennt man *Additionsreaktion* (auch *Anlagerungsreaktion*). *Eine Additionsreaktion ist eine Reaktion, bei der eine Molekel sich an eine Doppelbindung anlagert, wobei letztere sich in eine Einfachbindung umwandelt.*
Wegen dieser Fähigkeit, Substanzen, wie zum Beispiel Halogene, anzulagern, bezeichnet man Äthylen und die verwandten Kohlenwasserstoffe mit Doppelbindungen als *ungesättigt*. Äthylen ist das erste Glied einer homologen Reihe von Kohlenwasserstoffen, die eine Doppelbindung enthalten und *Alkene* heißen.
Äthylen ist ein farbloses Gas (Kp. —104 °C) mit süßlichem Geruch. Im Laboratorium kann es durch Erhitzen von Äthanol, C_2H_5OH, mit konzentrierter Schwefelsäure dargestellt werden, vorzugsweise in Gegenwart eines Katalysators wie Siliciumdioxid, der die Reaktionsgeschwindigkeit erhöht. Konzentrierte Schwefelsäure zeichnet sich durch eine kräftige wasserentziehende Wirkung aus und vermag Wasser aus dem Alkohol abzuspalten:

$$C_2H_5OH \xrightarrow{H_2SO_4} C_2H_4 + H_2O$$

Früher wurde Äthylen in großem Stil durch Überleiten von Alkoholdampf über einen Katalysator (Aluminiumoxid) bei etwa 400 °C erzeugt:

$$C_2H_5OH \xrightarrow{Al_2O_3} C_2H_4 + H_2O - 47 \text{ kJ mol}^{-1}$$

Als endotherme Reaktion wird die Umsetzung durch hohe Temperatur begünstigt. Großtechnisch hat die Dehydratation von Alkohol heute keine Bedeutung mehr. Vielmehr wird fast der gesamte Bedarf an Äthylen durch Pyrolyse (d. h. durch thermische Zersetzung) von Petroleumfraktionen und Raffineriegasen gedeckt. Auch diese Reaktion ist endotherm und wird gewöhnlich bei 700 bis 900 °C durchgeführt.

Äthylen besitzt die interessante Fähigkeit, unreife Früchte zum Reifen zu bringen, und wird tatsächlich für diesen Zweck verwendet. Außerdem kann es als Narkosegas benutzt werden. Hauptsächlich dient Äthylen jedoch als Ausgangsstoff für die Herstellung anderer Chemikalien und Kunststoffe, zum Beispiel Äthanol, Äthylenoxid, Äthylenglykol, höhere Alkene und Alkohole (Ziegler-Aufbaureaktion) und Polyäthylen.

Cis- und Trans-Isomere. Die Äthylenmolekel hat einen flachen Bau (siehe Abschnitt 6.4), und die Rotation der beiden CH_2-Gruppen gegeneinander um die Doppelbindungsachse ist stark behindert. Infolgedessen existieren von Äthylenderivaten mit zwei Substituenten, zum Beispiel 1,2-Dichloräthylen, zwei Isomere, die *cis*-1,2-Dichloräthylen und *trans*-1,2-Dichloräthylen genannt werden:

$$\underset{cis}{\underset{Cl}{\overset{H}{>}}C=C\underset{Cl}{\overset{H}{<}}} \qquad \underset{trans}{\underset{Cl}{\overset{H}{>}}C=C\underset{H}{\overset{Cl}{<}}}$$

Die beiden Substanzen unterscheiden sich in ihren Eigenschaften: das *cis*-Isomere hat einen Schmelzpunkt von $-80{,}5$ °C, Siedepunkt 59,8 °C, Dichte im flüssigen Zustand 1,291 g cm^{-3} und elektrisches Dipolmoment 0,39 εÅ; das *trans*-Isomere dagegen hat einen Schmelzpunkt von -50 °C, Siedepunkt 48,5 °C, Dichte im flüssigen Zustand 1,265 g cm^{-3} und kein elektrisches Dipolmoment.

Die der Rotation um die Doppelbindung vorgelagerte Potentialschwelle ist experimentell bestimmt worden[1] und beträgt etwa 200 kJ mol^{-1}.

Acetylen (Äthin), H—C≡C—H, ist das erste Glied einer homologen Reihe von Kohlenwasserstoffen, die Dreifachbindungen enthalten. Von Acetylen abgesehen haben sich für diese sogenannten *Alkine* keine nennenswerten Anwendungsmöglichkeiten ergeben, außer als Ausgangsstoffe für die Herstellung anderer Chemikalien.

Acetylen ist ein farbloses Gas. In reinem Zustand ist es fast geruchlos. Technischem Acetylen haftet ein widerlicher, knoblauchartiger Geruch an, der auf Verunreinigungen zurückgeht. Unverdünntes Acetylen ist unter Druck äußerst explosiv. Gewöhnlich wird es, in Aceton gelöst, unter Druck gelagert. Acetylen besitzt vor allem Bedeutung als Ausgangsstoff für die Herstellung anderer organischer Verbindungen (Reppe-Verfahren). Acetylen/Sauerstoff-Gebläse erzeugen Temperaturen von 3500 °C und werden zum Schweißen von Metallen verwendet (Autogenschweißen). Für Beleuchtungszwecke (Carbidlampe) und als Brennstoff wird Acetylen heute nur noch in geringem Umfang benutzt.

---

1 Die Schwellenhöhe kann auf Grund der spektroskopisch bestimmten Frequenz der Torsionsschwingung der Molekel (gegenseitige Verwindung der beiden Hälften) und der Aktivierungsenergie der *cis-trans*-Isomerisierung abgeschätzt werden.

7. Die Nichtmetalle und einige ihrer Verbindungen

Am bequemsten läßt sich Acetylen aus *Calciumcarbid*, CaC_2 (auch Calciumacetylid genannt) herstellen. Calciumcarbid entsteht beim Zusammenschmelzen von Koks mit gebranntem Kalk (Calciumoxid, CaO) im elektrischen Ofen:

$$CaO + 3\,C \rightarrow CaC_2 + CO(g)$$

Calciumcarbid ist eine graue, feste Masse, die mit Wasser heftig zu Calciumhydroxid und Acetylen reagiert:

$$CaC_2 + 2\,H_2O \rightarrow Ca(OH)_2 + C_2H_2(g)$$

Die Existenz von Calciumcarbid und anderen Carbiden analoger Zusammensetzung zeigt, daß Acetylen eine Säure mit zwei durch Metall ersetzbaren Wasserstoffatomen ist. Es ist jedoch eine überaus schwache Säure, so schwach, daß seine Lösungen nicht sauer schmecken.

Acytylen und andere Verbindungen mit Kohlenstoff—Kohlenstoff-Dreifachbindungen sind hochgradig reaktionsfähig. Sie können Chlor und andere Substanzen anlagern und werden deshalb zur Klasse der ungesättigten Verbindungen gerechnet.

7.4. Aromatische Kohlenwasserstoffe. Benzol

Ein wichtiger Kohlenwasserstoff ist *Benzol*, C_6H_6, eine leichtflüchtige Flüssigkeit (Fp. 5,5 °C, Kp. 80,1 °C, Dichte 0,88 g cm^{-3}). Benzol und andere ähnlich gebaute Kohlenwasserstoffe werden als *aromatische Kohlenwasserstoffe* bezeichnet, ihre Abkömmlinge als aromatische Verbindungen – viele von diesen haben ein charakteristisches Aroma. Benzol selbst wurde 1825 von Faraday entdeckt, der es durch Erhitzen von aus Öl und Fetten hergestelltem Leuchtgas fand.

Die Struktur des Benzols blieb lange Zeit ungeklärt. Der deutsche Chemiker August Kekulé (1829–1896) äußerte 1865 die Ansicht, daß die sechs Kohlenstoffatome in Form eines ebenen, regelmäßigen Sechsecks angeordnet seien; an jedes Kohlenstoffatom sei ein Wasserstoffatom gebunden, so daß die Wasserstoffatome in den Ecken eines größeren Sechsecks stehen. Da das Kohlenstoffatom bekanntlich in der Regel vier Wertigkeiten betätigt, nahm Kekulé an, daß im Ring Einfachbindungen und Doppelbindungen miteinander abwechseln:

Eine Struktur dieser Art nennt man Kekulé-Struktur.

In Abkömmlingen des Benzols sind ein oder mehrere Wasserstoffatome durch Methylgruppen oder andere Atomgruppen ersetzt. Steinkohlenteer und Erdöl zum Beispiel enthalten neben anderen Verbindungen *Toluol*, C_7H_8, und die drei *Xylole*, C_8H_{10}. Meistens schreibt man die Formeln dieser Substanzen $C_6H_5CH_3$ bzw. $C_6H_4(CH_3)_2$, um damit ihre Struktur zum Ausdruck zu bringen:

7.4. Aromatische Kohlenwasserstoffe. Benzol

Toluol   ortho-Xylol   meta-Xylol   para-Xylol
            (o-Xylol)   (m-Xylol)   (p-Xylol)

In diesen Formeln ist der aus sechs Kohlenstoffatomen bestehende Benzolring einfach als Sechseck dargestellt. Dieser vereinfachenden Schreibweise bedienen sich die organischen Chemiker. Häufig werden auch die Wasserstoffatome am Benzolring nicht angegeben, sondern nur Substituenten (vgl. auch weiter unten).
Wie für Benzol können wir auch für dessen Abkömmlinge Kekulé-Strukturen zeichnen. Für o-Xylol zum Beispiel sind zwei Kekulé-Strukturen denkbar:

In der ersten der beiden Strukturen liegt eine Doppelbindung zwischen den beiden Kohlenstoffatomen, an denen die Methylgruppen hängen, in der zweiten Struktur eine Einfachbindung. Den organischen Chemikern gelang es jedoch seinerzeit nicht, zwei isomere Substanzen zu isolieren, die den beiden Formeln entsprochen hätten. Um die Unmöglichkeit der Trennung der beiden Isomeren voneinander zu erklären, nahm Kekulé an, daß die Molekel leicht von einer Struktur zur anderen überwechselt. Die heutige Theorie der Molekularstruktur sagt, daß die beiden Strukturen nicht zwei verschiedenen Formen von o-Xylol entsprechen und daß keine der beiden Strukturen allein den Bau der Molekel befriedigend wiederzugeben vermag. Vielmehr ist die tatsächliche Struktur der o-Xylolmolekel ein Hybrid beider Strukturen. Jede Bindung zwischen zwei Kohlenstoffatomen im Ring hat Eigenschaften, die zwischen denen einer Doppelbindung und denen einer Einfachbindung liegen. Obwohl die Auffassung sich durchgesetzt hat, daß im Benzol und in verwandten Verbindungen eine solche Resonanzstruktur vorliegt, zeichnet man doch häufig aus Gründen der Einfachheit eine der Kekulé-Strukturen oder auch nur ein Sechseck für einen Benzolring. Neuerdings findet man auch eine Schreibweise, die den Benzolring als Sechseck mit eingezeichnetem Kreis darstellt, zum Beispiel für o-Xylol:

Dadurch wird einerseits einer Verwechslung mit einem gesättigten Sechsring vorgebeugt, andererseits die Festlegung auf eine der beiden Kekulé-Strukturen vermieden.
Die Struktur des Benzols ist 1929 und in den folgenden Jahren mit Hilfe von Elektronenbeugungsaufnahmen aufgeklärt worden. Die Molekel hat die Form eines flachen Sechsecks mit Kohlenstoff—Kohlenstoff-Bindungsabstand von 1,40 Å und Kohlenstoff—Wasserstoff-Bindungsabstand von 1,06 Å. Für eine Kohlenstoff—Kohlenstoff-

Bindung mit 50% Doppelbindungscharakter entspricht der Abstand angesichts der Werte von 1,54 Å für C—C, 1,33 Å für C=C und 1,42 Å für 33$^1/_3$% Doppelbindungscharakter (Graphit) der Erwartung. Die flache Form (alle Kohlenstoffatome in einer Ebene) ist bedingt durch die besonderen Eigenschaften der Doppelbindung (siehe Abschnitt 6.4).

Benzol und seine Abkömmlinge sind äußerst wichtige Substanzen. Aus ihnen werden Arzneimittel, Sprengstoffe, photographische Entwickler, Kunstharze, synthetische Farbstoffe und viele andere Verbindungen hergestellt. Als Beispiel sei *Trinitrotoluol*, C_6H_2 $(CH_3)(NO_2)_3$, angeführt, ein wichtiger Sprengstoff (TNT). Seine Struktur ist

Außer Benzol und seinen Abkömmlingen gibt es weitere aromatische Kohlenwasserstoffe, die zwei oder noch mehr Ringe aus Kohlenstoffatomen enthalten. Hierzu gehör- *Naphthalin*, $C_{10}H_8$, eine feste Substanz mit charakteristischem Geruch, die als Bestandteil von Mottenkugeln und zur Herstellung von Farbstoffen und anderen organischen Verbindungen verwendet wird. *Anthracen* und *Phenanthren* sind isomere Substanzen der Formel $C_{14}H_{10}$, die aus drei miteinander verschmolzenen („kondensierten") Ringen bestehen. Auch aus ihnen werden Farbstoffe hergestellt. Außerdem sind Abkömmlinge von ihnen biologisch wichtige Substanzen (Cholesterin, Sexualhormone; siehe Kapitel 24). Die Strukturen von Naphthalin, Anthracen und Phenanthren sind

Naphthalin   Anthracen   Phenanthren

Auch diese Molekeln haben Resonanzstruktur, während hier nur eine der Kekulé-Strukturen angegeben ist.

Resonanzenergie. Die beim Anlagern einer Wasserstoffmolekel an eine Doppelbindung (Hydrierung) freigesetzte Wärme beträgt etwa 120 kJ mol^{-1}. Für Cyclohexen zum Beispiel ergibt die experimentelle Bestimmung 119,6 kJ mol^{-1}:

Hätte die Benzolmolekel eine der Kekulé-Strukturen, ⬡, so sollte man annehmen, die bei der Hydrierung ihrer drei Doppelbindungen freigesetzte Wärme sei gerade dreimal so groß wie die bei der Hydrierung der einen Doppelbindung im Cyclohexen, also $3 \cdot 119{,}6 = 358{,}8 \text{ kJ mol}^{-1}$:

$$\text{C}_6\text{H}_6 + 3\text{ H}_2 \longrightarrow \text{C}_6\text{H}_{12} + 358{,}8 \text{ kJ mol}^{-1}$$
$$\text{(falsch)}$$

Die tatsächliche, experimentell bestimmte Hydrierungswärme ist jedoch um 150 kJ mol^{-1} geringer:

$$\text{C}_6\text{H}_6(g) + 3\text{ H}_2(g) \to \text{C}_6\text{H}_{12}(g) + 208{,}4 \text{ kJ mol}^{-1}$$

Benzol ist also um 150 kJ mol^{-1} stabiler als eine einer einzigen Kekulé-Struktur entsprechende Molekel mit drei Doppelbindungen, ähnlich denen im Cyclohexen. Die zusätzliche Stabilisierungsenergie in Höhe von 150 kJ mol^{-1} wird als *Resonanzenergie* des Benzols bezeichnet. Sie wird der Tatsache zugeschrieben, daß die Benzolmolekel durch eine einzelne Kekulé-Struktur nicht befriedigend wiedergegeben, wohl aber als Hybrid der beiden Kekulé-Strukturen angesehen werden kann[1].

Wegen seiner Resonanzenergie ist Benzol erheblich weniger reaktionsfähig als Alkene und andere ungesättigte Verbindungen. Zum Beispiel ist die Bildung von Cyclohexadien

aus Benzol durch Anlagerung einer Wasserstoffmolekel eine endotherme, nicht eine exotherme Reaktion. Die stabilisierende Wirkung der Resonanzenergie kommt in den Eigenschaften von Benzol und anderen aromatischen Verbindungen zum Ausdruck.

7.5. Ammoniak und seine Verbindungen

Ammoniak, NH_3, ist ein Gas, das sich leicht kondensieren läßt (Kp. $-33{,}4$ °C, Fp. $-77{,}7$ °C) und sich leicht in Wasser löst. Die Lösung reagiert alkalisch. Ammoniakgas ist farblos und hat einen beißenden Geruch, der an Ställe und Misthaufen erinnert, wo Ammoniak durch Zersetzung organischer Substanzen entsteht. Die Lösung von Ammoniak in Wasser („Salmiakgeist") enthält als molekulare Teilchensorten NH_3, NH_4OH, NH_4^+ und OH^-. Wäßriges Ammoniak ist eine schwache Base, d.h. sie ist nur schwach zu NH_4^+ und OH^- ionisiert gemäß

$$NH_3 + H_2O \rightleftharpoons NH_4OH \rightleftharpoons NH_4^+ + OH^-$$

Das Ammonium-Ion hat die Form eines regelmäßigen Tetraeders: seine vier Elektronenpaare besetzen vier tetraedrische sp^3-Orbitale. In der Ammoniumhydroxidmolekel, NH_4OH, werden das Ammonium-Ion und das Hydroxid-Ion durch eine Wasserstoffbrückenbindung zusammengehalten (vgl. Abschnitt 12.4).

---

[1] Natürlich könnte die Benzolmolekel im Grundzustand kaum weniger stabil sein als eine fiktive Molekel, die einer der Kekulé-Strukturen entspräche; es würde sich dann nämlich die Frage erheben, was die Molekel daran hindere, diese stabilere Struktur anzunehmen. Die Theorie der Resonanz baut auf dem quantenmechanischen Theorem auf, daß der Normalzustand (Grundzustand) eines Atoms oder einer Molekel von allen Zuständen der stabilste ist.

Darstellung von Ammoniak. Im Laboratorium stellt man Ammoniak in einfacher Weise her, indem man ein Ammoniumsalz wie Ammoniumchlorid, NH_4Cl, mit einer starken Base, etwa Natriumhydroxid oder Calciumhydroxid, erhitzt:

$$2\,NH_4Cl + Ca(OH)_2 \rightarrow CaCl_2 + 2\,H_2O + 2\,NH_3(g)$$

Auch beim Erhitzen konzentrierten wäßrigen Ammoniaks entwickelt sich Ammoniakgas.

Das wichtigste technische Verfahren zur Ammoniakdarstellung ist das *Haber-Bosch-Verfahren*, die direkte Vereinigung von Stickstoff und Wasserstoff unter hohem Druck (mehreren hundert Atmosphären) in Gegenwart eines Katalysators (in der Regel Eisen, dem zur Erhöhung der Aktivität Molybdän oder andere Substanzen zugesetzt sind). Um eine „Vergiftung" des Katalysators zu vermeiden, müssen die Gase vorher sorgfältig gereinigt werden. Die Gleichgewichtslage der Reaktion ist für die Ammoniakbildung bei hoher Temperatur ungünstiger als bei niedrigerer. Jedoch reagieren die Gase bei niedriger Temperatur äußerst langsam. Nur ein Katalysator, der die Reaktionsgeschwindigkeit bei oder unter 500 °C hinreichend beschleunigt, macht die direkte Vereinigung als technisches Verfahren gangbar. Selbst bei dieser verhältnismäßig niedrigen Temperatur liegt das Gleichgewicht unter Atmosphärendruck so ungünstig, daß nur 0,1% der Mischung sich zu Ammoniak umsetzt. Steigerung des Gesamtdrucks begünstigt die Bildung von Ammoniak. Bei 500 atm beträgt der Gleichgewichtsumsatz mehr als ein Drittel (vgl. Aufgabe 11.7 in Abschnitt 11.5).

Kleinere Mengen Ammoniak fallen als Nebenprodukt bei der Gewinnung von Koks und Leuchtgas aus Kohle und beim Kalkstickstoffverfahren an. Im *Kalkstickstoffverfahren* wird eine Mischung von gebranntem Kalk und Koks im elektrischen Ofen erhitzt. Es entsteht Calciumacetylid (Calciumcarbid), CaC_2:

$$CaO + 3\,C \rightarrow CO + CaC_2$$

Heißes Calciumacetylid bindet darübergeleiteten Stickstoff (gewonnen durch fraktionierte Destillation verflüssigter Luft) zu Kalkstickstoff (Calciumcyanamid), $CaCN_2$:

$$CaC_2 + N_2 \rightarrow CaCN_2 + C$$

Kalkstickstoff wird unmittelbar als Kunstdünger verwendet oder mit Dampf unter Druck zu Ammoniak umgesetzt:

$$CaCN_2 + 3\,H_2O \rightarrow CaCO_3 + 2\,NH_3$$

Ammoniumsalze. Die Ammoniumsalze sind den Salzen von Kalium und Rubidium in Kristallform, Molvolumen, Farbe und anderen Eigenschaften weitgehend ähnlich. Die Ursache hierfür liegt in der nahezu gleichen Größe der Ionen (Radius von NH_4^+ 1,48 Å, von K^+ 1,33 Å und von Rb^+ 1,48 Å). Die Ammoniumsalze sind fast alle in Wasser löslich und in wäßriger Lösung vollständig dissoziiert.

Ammoniumchlorid, NH_4Cl, ist ein weißes Salz von bitterem, salzartigem Geschmack. Es wird für Trockenelemente und als Flußmittel zum Löten und Schweißen verwendet. Ammoniumsulfat, $(NH_4)_2SO_4$, ist wichtig als Kunstdünger. Ammoniumnitrat, NH_4NO_3 wird ebenfalls als Düngemittel verwendet, sowie gemischt mit anderen Substanzen als Sprengstoff.

Flüssiges Ammoniak als Lösungsmittel. Flüssiges Ammoniak (Kp. —33,4 °C) hat eine hohe Dielektrizitätskonstante und ist demgemäß ein gutes Lösungsmittel für Salze. In Lösung sind die Salze elektrolytisch dissoziiert. Außerdem besitzt flüssiges Ammoniak die ungewöhnliche Fähigkeit, Alkalimetalle und Erdalkalimetalle ohne chemische Reaktion zu lösen. Die Lösungen zeigen blaue Farbe, außerordentlich hohe elektrische Leitfähigkeit und einen metallischen Glanz. Sie zersetzen sich langsam unter Wasserstoffentwicklung und Bildung von Amiden, zum Beispiel Natriumamid, $NaNH_2$:

$$2 Na + 2 NH_3 \rightarrow 2 Na^+ + 2 NH_2^- + H_2$$

In Lösungen sind die Amide zu Metall-Kationen und Amid-Ionen

$$\left[\overset{H}{\underset{H}{\ddot{N}}} \right]^-$$

dissoziiert. Das Amid-Ion in flüssigem Ammoniak entspricht dem Hydroxid-Ion in wäßrigen Systemen, das Ammonium-Ion dem Hydronium-Ion.

Derivate des Ammoniaks. Die Alkylamine, zum Beispiel Methylamin, H_3C-NH_2, sind Gase oder Flüssigkeiten und ähneln dem Ammoniak darin, daß sie ein Proton an das einsame Elektronenpaar des Stickstoffatoms anlagern können, wobei sich das entsprechende Alkylammonium-Ion bildet, etwa $CH_3NH_3^+$.
Hydrazin, N_2H_4, ist ebenfalls eine Base (d. h. es kann Protonen anlagern). Es bildet zwei Reihen von Salzen, von denen sich die einen vom Ion $N_2H_5^+$, die anderen vom Ion $N_2H_6^{2+}$ ableiten; Beispiele sind die Salze N_2H_5Cl und $N_2H_6Cl_2$. Hydroxylamin, N_2H-OH, bildet Salze, die das Ion H_3NOH^+ enthalten.

Hydroniumsalze. Das kristalline Monohydrat der Perchlorsäure, $HClO_4 \cdot H_2O$, hat denselben Aufbau wie Ammoniumperchlorat, NH_4ClO_4, und zwar nimmt das Hydronium-Ion, OH_3^+, den Platz des Ammonium-Ions, NH_4^+, ein. Die Substanz kann als Hydroniumperchlorat bezeichnet werden. Strukturen dieses Typs finden sich auch bei Hydraten anderer starker Säuren.

Phosphoniumsalze. Bei den Atomen anderer Elemente der fünften, sechsten und siebenten Gruppe des Periodensystems ist die Protonenaffinität des einsamen Elektronenpaars gering. Nur Phosphin, PH_3, bildet eine Reihe von Salzen. Phosphoniumbromid, PH_4Br, kann durch Einleiten von Phosphin in kalte wäßrige Bromwasserstoffsäure erhalten werden. Als weitere Phosphoniumsalze sind nur das Jodid, Chlorid und Sulfat bekannt.

7.6. Andere Nichtmetallverbindungen mit normalen Valenzen

Die Halogene gehen mit den meisten Nichtmetallen (einschließlich anderer Halogene) und Halbmetallen Verbindungen ein. In der Regel handelt es sich hierbei um molekulare Substanzen mit verhältnismäßig niedrigem Schmelz- und Siedepunkt, wie das für Verbindungen mit nur schwachen Anziehungskräften zwischen den Molekeln typisch ist.

Ein Beispiel einer Substanz mit kovalenter Bindung zwischen einem Halogen und einem Nichtmetall ist Chloroform, $CHCl_3$. In der Molekel verbinden kovalente Einfachbindungen das Kohlenstoffatom mit einem Wasserstoff- und drei Chloratomen. Chloroform ist eine farblose Flüssigkeit mit charakteristischem, süßlichem Geruch, Kp. 61 °C, Dichte 1,498 g cm^{-3}. Es ist in Wasser nur wenig löslich, löst sich aber leicht in Alkohol, Äther und Tetrachlorkohlenstoff.

Die Halogenide von Kohlenstoff und seinen Homologen sind tetraedrisch gebaut (sp^3-Bindungsorbitale). Die von Stickstoff, Sauerstoff und deren Homologen weisen Bindungswinkel um 100° auf, was p-Bindungsorbitalen mit gewissem s-Charakter entspricht.

Tafel 7.12. Eigenschaften einiger Nichtmetallchloride.

	CCl_4	NCl_3	Cl_2O	ClF
Schmelzpunkt	−23 °C	−40 °C	−20 °C	−154 °C
Siedepunkt	77 °C	70 °C	4 °C	−100 °C
Bindungsabstand	1,77 Å	1,73 Å	1,69 Å	1,63 Å
Bindungswinkel	109,5 °C	110 °C	110 °C	
	$SiCl_4$	PCl_3	SCl_2	Cl_2
Schmelzpunkt	−70 °C	−112 °C	−78 °C	−102 °C
Siedepunkt	60 °C	74 °C	59 °C	−34 °C
Bindungsabstand	2,01 Å	2,04 Å	2,00 Å	1,99 Å
Bindungswinkel	109,5 °C	100,0 °C	102 °C	
	$GeCl_4$	$AsCl_3$		$BrCl$
Schmelzpunkt	−50 °C	−18 °C		
Siedepunkt	83 °C	130 °C		
Bindungsabstand	2,09 Å	2,16 Å		2,14 Å
Bindungswinkel	109,5 °C	99 °C		
	$SnCl_4$	$SbCl_3$	$TeCl_2$	ICl
Schmelzpunkt	−33 °C	73 °C	209 °C	27 °C
Siedepunkt	114 °C	223 °C	327 °C	97 °C
Bindungsabstand	2,32 Å	2,38 Å	2,34 Å	2,30 Å
Bindungswinkel	109,5 °C	99 °C	99 °C	

Die Schmelzpunkte, Siedepunkte, Bindungsabstände und Bindungswinkel einiger Chloride sind in Tafel 7.12 angegeben, Normalenthalpien in verschiedenen früheren Tafeln dieses Kapitels. Maßgebend für die Stabilität der Substanzen ist die Elektronegativitätsdifferenz der miteinander verbundenen Atome, im Fall von Stickstoff und Sauerstoff mit den früher diskutierten Korrekturen.

Viele dieser Verbindungen reagieren sofort mit Wasser, wobei sich ein Hydrid des einen Elements und eine Hydroxylverbindung des anderen bildet:

$$ClF + H_2O \rightarrow HClO + HF$$
$$PCl_3 + 3\,H_2O \rightarrow P(OH)_3 + 3\,HCl$$

In der Regel verbindet sich bei einer solchen sogenannten *Hydrolyse* das stärker elektronegative Element mit Wasserstoff, das schwächer elektronegative mit der Hydroxylgruppe. Wie ersichtlich, gehorchen die obigen Beispiele dieser Regel.

Resonanz in Fluorkohlenwasserstoffen. Ein interessanter Gang kommt in den Eigenschaften der Glieder der Reihe Methylfluorid, Methylendifluorid, Trifluormethan, Tetrafluorkohlenstoff zum Ausdruck. Bei der stufenweisen Chlorierung von Methan ist die Enthalpiedifferenz für alle Schritte nahezu die gleiche (innerhalb von $\pm$ 4 kJ mol^{-1}; siehe Übungsaufgabe 6.25). Dies ist nach dem Prinzip der additiven Bindungsenergien zu erwarten, denn in jedem Falle wird ja eine C—H-Bindung durch eine C—Cl-Bindung ersetzt. Für die analogen Fluorverbindungen jedoch ergeben sich Elektronegativitätsdifferenzen, die sich von Schritt zu Schritt erheblich ändern:

	$CH_4(g)$	$CH_3F(g)$	$CH_2F_2(g)$	$CHF_3(g)$	$CF_4(g)$
$\Delta H_B°$ (298 K)	−75	−234	−449	−691	−923 kJ mol^{-1}
Differenz		−159	−215	−242	−232

Aus der Bildungsenthalpie von CH_3F ergibt sich ein Wert von 443 kJ mol^{-1} für die C—F-Bindungsenergie, der auch in Tafel VIII.1 angegeben ist. Die höheren Fluoride des Methans sind durch Resonanz mit anderen, nicht den normalen Valenzen entsprechenden Strukturen stabilisiert.

Für Methylfluorid und Äthylfluorid beträgt der experimentell bestimmte C—F-Bindungsabstand 1,385 Å, was für eine Einfachbindung recht genau der Erwartung entspricht. Bei den höheren Fluoriden dagegen macht sich eine erhebliche Verkürzung bemerkbar: 1,358 Å für CH_2F_2, 1,334 Å für CHF_3 und 1,320 Å für CF_4. Diese Werte deuten auf zunehmenden Doppelbindungscharakter hin, ein Effekt, den etwa die Resonanz zwischen den folgenden, für Methylendifluorid gezeichneten Strukturen hervorbringen würde:

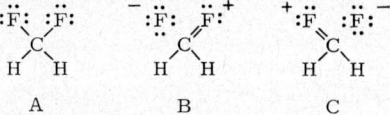

Die Elektronegativitätsdifferenz zwischen Kohlenstoff und Fluor entspricht einem partiellen Ionencharakter der C—F-Bindung von 43%, so daß ein Orbital des Kohlenstoffatoms freigemacht und zur Bildung einer Doppelbindung mit dem anderen Fluoratom benutzt werden kann. Unter Annahme von 443 kJ mol^{-1} für die Bindungsenergie der C—F-Bindung in den Strukturen mit normaler Valenz (für CH_2F_2 die Struktur A) ergibt sich als Energie der Resonanz mit Strukturen wie B und C 56 kJ mol^{-1} für CH_2F_2, 139 kJ mol^{-1} für CHF_3 und 212 kJ mol^{-1} für CF_4.

Eine erhebliche Resonanzenergie ergibt sich auch für CH_2ClF mit 25, $CHClF_2$ mit 69, $CClF_3$ mit 132, $CHCl_2F$ mit 36, CCl_2F_2 mit 69 und CCl_3F mit 21 kJ mol^{-1}. In diesen Molekeln ist eine gewisse Verkürzung des C—Cl-Abstands festzustellen, die aber geringer ist als die des C—F-Abstands.

Die der Resonanzenergie zu verdankende Verringerung der chemischen Reaktionsfähigkeit hat erhebliche praktische Bedeutung erlangt. Die Chlorderivate des Methans, zum Beispiel Tetrachlorkohlenstoff, sind nämlich giftig oder schädlich wegen ihrer Neigung zu hydrolysieren. Die Fluorchlorderivate des Methans dagegen hydrolysieren nicht in gleicher Weise und können deshalb ohne Gefahr im Haushalt und in der Industrie verwendet werden. Mit der Entdeckung dieser Klasse von Verbindungen, insbesondere von CCl_3F (Kp. 23,8 °C) und CCl_2F_2 (Kp. —30 °C), die den Namen „Freon" erhalten haben, hat die Kühlschrankindustrie einen großen Auftrieb erfahren. Auch als Aerosolträger wird Freon benutzt.

In $SiCl_4$ und anderen Halogeniden der schwereren Elemente sind die Bindungsabstände gewöhnlich kleiner als die Summe der kovalenten Radien. Für $SiCl_4$ beträgt der Unterschied 0,16 Å. Die Verkürzung dürfte damit zu deuten sein, daß die Bindungen zu gewissem Grade Doppelbindungscharakter aufweisen, der auf Resonanzerscheinungen wie der oben diskutierten zurückgeht.

Substitutionsreaktionen. Methan und andere Alkane reagieren im Sonnenlicht oder bei höher Temperatur mit Chlor oder Brom. Wird ein Gemisch von Methan und Chlor durch ein Rohr geleitet, das einen Katalysator (Aluminiumchlorid, $AlCl_3$, gemischt mit Tonerde) enthält und auf etwa 300 °C erhitzt ist, so spielen sich die folgenden Reaktionen ab[1]:

$$CH_4 + Cl_2 \rightarrow CH_3Cl + HCl$$
$$CH_3Cl + Cl_2 \rightarrow CH_2Cl_2 + HCl$$
$$CH_2Cl_2 + Cl_2 \rightarrow CHCl_3 + HCl$$
$$CHCl_3 + Cl_2 \rightarrow CCl_4 + HCl$$

Bei jeder dieser Reaktionen wird eine Chlormolekel, Cl—Cl, in zwei Chloratome gespalten, von denen das eine ein Wasserstoffatom von seinem Platz am Kohlenstoffatom verdrängt, das andere sich mit dem verdrängten Wasserstoffatom zu einer Chlorwasserstoffmolekel, H—Cl, verbindet. Für die Reaktionswärme jeder der obigen Reaktionen ergibt eine Rechnung mit den Bindungsenergien in Tafel VIII.1: $328 + 432 - 243 - 415 = 102$ kJ mol^{-1}. Die Reaktionen sind also nicht so stark exotherm wie die Anlagerung von Chlor an eine Doppelbindung (142 kJ mol^{-1}).

Chemische Reaktionen dieses allgemeinen Typs heißen *Substitutionsreaktionen*. *Eine Substitutionsreaktion besteht im Ersatz eines Atoms oder einer Gruppe von Atomen in der Molekel durch ein anderes Atom oder eine andere Gruppe*. Die vier Chlorderivate des Methans sind Substitutionsprodukte von Methan. Von Substitutions- wie von Additionsreaktionen (vgl. Abschnitt 7.4) macht die präparative organische Chemie in weitem Umfang Gebrauch.

Einige physikalische Eigenschaften der Chlorderivate des Methans sind in Tafel 7.13 zusammengestellt; die Enthalpien ihrer Bildung aus den Elementen gehen aus Tafel 7.2 hervor. Alle vier Verbindungen sind farblos und haben einen charakteristischen Ge-

---

[1] Das Mengenverhältnis der vier Produkte kann innerhalb gewisser Grenzen durch Verschieben des Verhältnisses von Methan zu Chlor im Reaktionsgemisch verändert werden.

Tafel 7.13. Einige physikalische Eigenschaften der Chlormethane.

Substanz	Formel	Schmelzpunkt	Siedepunkt	Dichte im flüssigen Zustand
Methylchlorid	CH_3Cl	$-98\,°C$	$-24\,°C$	$0,92\,g\,cm^{-3}$
Dichlormethan	CH_2Cl_2	-97	40	1,34
Chloroform	$CHCl_3$	-64	61	1,50
Tetrachlorkohlenstoff	CCl_4	-23	77	1,60

ruch und niedrigen Siedepunkt, der mit wachsender Anzahl von Chloratomen in der Molekel ansteigt. In Wasser bilden die Substanzen keine Ionen.

Chloroform und Tetrachlorkohlenstoff sind wichtige Lösungsmittel. Tetrachlorkohlenstoff wird außerdem für die chemische Reinigung von Kleidungsstücken verwendet. Chloroform war früher als Anästhetikum weit verbreitet.

Beim Arbeiten mit Tetrachlorkohlenstoff ist Vorsicht geboten, weil das Einatmen größerer Mengen des Dampfs die Leber schädigt.

Alkohole und Äther. Wird in einem Kohlenwasserstoff ein Wasserstoffatom (das sich nicht an einem aromatischen Ring befindet) durch eine Hydroxylgruppe, —OH, ersetzt, so erhält man einen *Alkohol*. So leitet sich vom Methan, CH_4, der *Methylalkohol*, CH_3OH ab und vom Äthan, C_2H_6, der *Äthylalkohol*, C_2H_5OH. Heute benutzt man für die Alkohole gewöhnlich die Namen der entsprechenden Kohlenwasserstoffe mit der Endung -ol; Methylalkohol heißt also *Methanol* und Äthylalkohol *Äthanol*. Die Strukturformeln lauten

```
    H              H H
    |              | |
H - C - O - H   H- C-C-O-H
    |              | |
    H              H H
  Methanol        Äthanol
```

Um Methanol aus Methan herzustellen, könnte man letzteres durch Behandeln mit Chlor in Methylchlorid überführen (siehe oben), das dann beim Umsetzen mit Natriumhydroxid Methanol liefert:

$$CH_3Cl + NaOH \rightarrow CH_3OH + NaCl$$

Methanol entsteht bei der zersetzenden Destillation von Holz; davon rührt sein alter Name „Holzgeist" her. Großtechnisch wird Methanol jedoch vorwiegend katalytisch aus Wasserstoff und Kohlenstoffmonoxid hergestellt. Methanol ist giftig; sein Genuß verursacht Blindheit und kann zum Tode führen. Methanol ist eines der wichtigsten Lösungsmittel, außerdem ein Ausgangsstoff für die Herstellung anderer organischer Verbindungen.

Das historisch wichtigste Verfahren zur Herstellung von Äthanol ist die Vergärung von Zuckern mit Hefe. Gewöhnlich geht man dabei von Korn oder Melasse aus. Die Hefe erzeugt ein Enzym, daß die Vergärung gemäß

$$C_6H_{12}O_6 \rightarrow 2\,CO_2 + 2\,C_2H_5OH$$

katalysiert. In dieser Gleichung stellt $C_6H_{12}O_6$ einen Zucker dar, zum Beispiel Glucose (auch Dextrose oder Traubenzucker genannt; vgl. Kapitel 23). Großtechnisch wird Äthanol heute hauptsächlich durch direkte oder indirekte Anlagerung von Wasser an Äthylen hergestellt.

Äthanol ist eine farblose Flüssigkeit (Fp. -117 °C, Kp. 79 °C) von charakteristischem, angenehmem Geruch. Es wird als Brennstoff, Lösungsmittel und Ausgangsstoff für die Herstellung anderer Verbindungen verwendet. Bier enthält 3 bis 6% Alkohol, Wein gewöhnlich 10 bis 12% und Branntwein wie Kognak, Likör, Schnaps und Gin 40 bis über 60%.

Als *Äther* wird eine Klasse von Verbindungen bezeichnet, die sich bilden, wenn Alkohole unter Austritt von Wasser miteinander kondensieren. Der wichtigste Vertreter dieser Klasse ist der *Diäthyläther*, $(C_2H_5)_2O$, der schlechthin Äther genannt wird. Er wird hergestellt durch Behandeln von Äthanol mit konzentrierter Schwefelsäure, die als wasserentziehendes Mittel wirkt:

$$2\,C_2H_5OH \xrightarrow{H_2SO_4} C_2H_5OC_2H_5 + H_2O$$

Er findet Verwendung als Lösungsmittel und für Narkosen.

Die organischen Säuren. Äthanol kann von Luftsauerstoff zu *Essigsäure*, $HC_2H_3O_2$ oder CH_3COOH, oxidiert werden:

$$C_2H_5OH + O_2 \rightarrow CH_3COOH + H_2O$$

Die Oxidation tritt leicht unter natürlichen Bedingungen ein: Wein, der in einem offenen Gefäß steht, verwandelt sich durch Säurevergärung seines Alkohols in Essig. Die Umwandlung wird von Mikroorganismen bewirkt, die Enzyme erzeugen, von denen die Reaktion katalysiert wird.

Die Strukturformel von Essigsäure ist

$$\text{H-}\overset{\overset{\displaystyle H}{|}}{\underset{\underset{\displaystyle H}{|}}{C}}\text{-}C\overset{\displaystyle O\text{-}H}{\underset{\displaystyle O}{\diagdown\!\!\diagup}}$$

Sie enthält die sogenannte *Carboxylgruppe*

$$\text{-}C\overset{\displaystyle O\text{-}H}{\underset{\displaystyle O}{\diagdown\!\!\diagup}}$$

Diese Gruppe ist es, der die organischen Säuren ihre Säureeigenschaften verdanken. Wasserfreie Essigsäure („Eisessig") schmilzt bei 17 °C, siedet bei 118 °C und ist in Wasser wie in Alkohol leicht löslich. Eines der Wasserstoffatome kann in wäßriger Lösung von der Molekel abdissoziieren; dabei entsteht das *Acetat-Ion*, $C_2H_3O_2^-$. Die Säure reagiert mit Basen unter Bildung von Salzen, die *Acetate* heißen

$$HC_2H_3O_2 + NaOH \rightarrow NaC_2H_3O_2 + H_2O$$

Das so entstandene Natriumacetat, $NaC_2H_3O_2$, ist eine weiße, kristalline Substanz.
Die einfachste organische Säure ist die *Ameisensäure*, $HCOOH$, deren Salze *Formiate*

heißen (nach dem lateinischen Namen *acidum formicicum*, von *formica*, Ameise). Weitere organische Säuren werden uns in Kapitel 23 begegnen.

Die oben angegebene Strukturformel für Essigsäure ist nicht vollauf befriedigend. Der experimentell ermittelte C—OH-Bindungsabstand beträgt 1,36 Å, ist also um 0,07 Å kürzer als bei einer C—O-Einfachbindung. Derselbe Wert von 1,36 Å wird auch an Methylformiat (Ameisensäuremethylester), HCOOCH$_3$, beobachtet. Deshalb weist man den Carboxylsäuren die Resonanzstruktur zu

$$\left\{ \begin{array}{cc} R-C\begin{array}{c}\ddot{\text{O}}-H\\ \\ \ddot{\text{O}}:\end{array} & R-C\begin{array}{c}\overset{+}{\ddot{\text{O}}}-H\\ \\ :\ddot{\text{O}}:^-\end{array} \\ A & B \end{array} \right\}$$

Die Bindungsabstände von 1,22 Å und 1,36 Å lassen für Säuren und ihre Ester auf einen Beitrag der Struktur A von 80% und der Struktur B von 20% schließen. Die entsprechenden beiden Strukturen A' und B' des Carboxyl-Ions

$$\left\{ \begin{array}{cc} R-C\begin{array}{c}:\ddot{\text{O}}:^-\\ \\ \ddot{\text{O}}:\end{array} & R-C\begin{array}{c}\ddot{\text{O}}:\\ \\ :\ddot{\text{O}}:^-\end{array} \\ A' & B' \end{array} \right\}$$

sind einander äquivalent, tragen also je zur Hälfte zum Ion im Grundzustand bei. Die Resonanzenergie relativ zur Struktur A bzw. A' ergibt sich zu etwa 65 kJ mol^{-1} für Säuren und Ester und etwa 130 kJ mol^{-1} für Carboxyl-Ionen. Wie in Abschnitt 23.5 ausgeführt werden soll, kann die zusätzliche Resonanzenergie des Carboxyl-Ions erklären, warum die OH-Gruppe in Carboxylsäuren so viel stärker sauer ist als in Alkoholen.

Chemische Reaktionen organischer Substanzen. Eben haben wir uns mit Abkömmlingen von Methan und Äthan befaßt, in denen ein Chloratom, —Cl, eine Hydroxylgruppe, —OH, oder eine Carboxylgruppe, —COOH, den Platz eines Wasserstoffatoms eingenommen hat. Noch viele andere Gruppen sind in der Lage, ein Wasserstoffatom zu ersetzen und damit neue Klassen von Substanzen zu bilden.

Allgemein können die chemischen Reaktionen, die Methan in seine Derivate verwandeln, auch auf andere Kohlenwasserstoffe angewandt werden. Mittels chemischer Analyse und Untersuchung der chemischen Reaktionen einer neuen Substanz kann der Chemiker deren Formel ermitteln. Besteht zum Beispiel eine Substanz ausschließlich aus Kohlenstoff, Wasserstoff und Sauerstoff und weist Säureeigenschaften ähnlich denen von Essigsäure auf, so wird man annehmen, daß sie eine Carboxylgruppe, —COOH, enthält. Die besonderen Reaktionen, mit deren Hilfe verschiedene funktionelle Gruppen in Molekeln identifiziert werden können, machen einen wichtigen Teil der organischen Chemie aus.

7.7. Einige transargononische Verbindungen mit Einfachbindungen

Beim Überleiten von Chlor über Phosphor bildet sich Phosphortrichlorid gemäß der Reaktion

$$1/4\,P_4(f) + 3/2\,Cl_2(g) \rightarrow PCl_3(g) + 279 \text{ kJ mol}^{-1}$$

Daneben entsteht als Folgeprodukt Phosphorpentachlorid:
$$PCl_3(g) + Cl_2(g) \rightarrow PCl_5(g) + 92 \text{ kJ mol}^{-1}$$
In der PCl_5-Molekel hat das Phosphoratom eine Transargononenstruktur mit fünf gemeinsamen Elektronenpaaren in der Außenschale angenommen. Es bildet fünf kovalente Bindungen, und die Bindungsorbitale sind Hybride von einem 3d- mit einem 3s- und drei 3p-Orbitalen. Die Strukturformel der Molekel ist

$$\begin{array}{c} \text{Cl} \\ | \hspace{-0.3em}\diagup \text{Cl} \\ \text{Cl-P} \\ | \hspace{-0.3em}\diagdown \text{Cl} \\ \text{Cl} \end{array}$$

Die Molekel hat die Form einer trigonalen Doppelpyramide; drei Chloratome in gleichem Abstand besetzen den Äquator, die anderen beiden die beiden Pole (siehe Abb. 7.3).

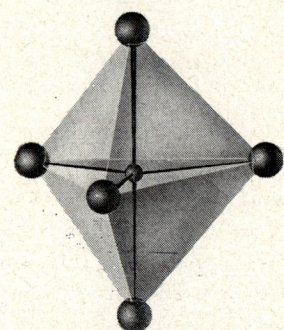

Abb. 7.3. Die Struktur der Molekel von FCl_5. Die fünf Chloratome besetzen die Ecken einer trigonalen Doppelpyramide um das Phosphoratom.

Die Bindungsenergie der P—Cl-Bindung in PCl_3 beträgt 317 kJ mol^{-1}:
$$P(g) + 3 Cl(g) \rightarrow PCl_3(g) + 3 \cdot 317 \text{ kJ mol}^{-1}$$
Die effektive Bindungsenergie jeder der beiden zusätzlichen P—Cl-Bindungen in PCl_5 beläuft sich auf 165 kJ mol^{-1}:
$$PCl_3(g) + 2 Cl(g) \rightarrow PCl_5(g) + 2 \cdot 165 \text{ kJ mol}^{-1}$$
Eine transargononische P—Cl-Bindung ist demnach um 152 kJ mol^{-1} weniger stabil als eine argononische. Die geringere Stabilität geht darauf zurück, daß ein 3d-Elektron im Phosphor weniger stabil ist als ein 3p-Elektron, ein Unterschied, den die größere Bindungskraft (stärkere Überlappung) der spd-Hybridbindungsorbitale verglichen mit p-Bindungsorbitalen nur teilweise aufzuwiegen vermag. Zum Grundzustand von PCl_5 tragen weiterhin auch Ionenstrukturen wie

$$\begin{array}{c} \text{Cl}^- \\ + \hspace{-0.3em}\diagup \text{Cl} \\ \text{Cl-P} \\ | \hspace{-0.3em}\diagdown \text{Cl} \\ \text{Cl} \end{array}$$

merklich bei, für die keine Promotionsenergie $3p \rightarrow 3d$ erforderlich ist.
Wie wichtig die Rolle von Ionenstrukturen bei der Stabilisierung transargononischer Verbindungen sein kann, zeigt sich an der hohen Stabilität der transargononischen

Tafel 7.14. Formeln transargononischer Molekeln und Ionen mit Einfachbindungen.

SiF_6^{2-}					
GeF_6^{2-}					
SnF_6^{2-}	$SnCl_6^{2-}$	$SnBr_6^{2-}$	SnI_6^{2-}	$Sn(OH)_6^{2-}$	
PF_5	PCl_5	PF_6^-	PCl_6^-		
PF_3Cl_2	PBr_3Cl_2	PCl_3F_2	PCl_3Br_2		
AsF_6^-					
SbF_6^-	$SbCl_5$	$SbCl_6^-$	$SbBr_6^-$	$Sb(OH)_6^-$	
SF_4	SF_6	S_2F_{10}	SCl_4		
SeF_4	SeF_6	$SeCl_4$	$SeBr_4$	$SeCl_6^{2-}$	$CeBr_6^{2-}$
TeF_4	TeF_6	$TeCl_4$	$TeBr_4$	$TeCl_6^{2-}$	$Te(OH)_6$
ClF_3	ClF_5				
BrF_3	BrF_5	BrF_4^-			
IF_5	IF_7	ICl_3	ICl_2^-	ICl_4^-	

Fluoride. So beträgt die Bindungsenergie für jedes der beiden zusätzlichen Fluoratome in PF_5 425 kJ mol^{-1}:

$$PF_3(g) + 2 F(g) \rightarrow PF_5(g) + 2 \cdot 425 \text{ kJ mol}^{-1}$$

liegt also nur um 61 kJ mol^{-1} unter der normalen (d.h. argononischen) P—F-Bindungsenergie von 486 kJ mol^{-1} (in PF_3). Dieser Unterschied ist beträchtlich geringer als für P—Cl (152 kJ mol^{-1}, siehe oben). Es ist deshalb nicht verwunderlich, daß die Fluoride unter den transargononischen Molekeln und Ionen vorwiegen (vgl. Tafel 7.14).
Die meisten der transargononischen Molekeln und Ionen mit Einfachbindungen, deren Existenz bekannt ist, sind in Tafel 7.14 aufgeführt. Die Verbindungen mit niedrigem Molekulargewicht, insbesondere die Fluoride, sind Gase bei Zimmertemperatur. [SF_6 siedet bei —62 °C; PCl_5(f) sublimiert bei 160 °C und schmilzt (unter Druck) bei 168 °C.]
In SF_6 und anderen Molekeln und Ionen mit der Koordinationszahl 6 und ohne einsame Elektronenpaare in der Außenschale des Zentralatoms weisen die sechs Bindungen in Richtung der Ecken eines regelmäßigen Oktaeders. In BrF_5 zeigen die fünf Bindungen in fünf dieser Richtungen, während in der sechsten Ecke des Oktaeders ein einsames Elektronenpaar stehen dürfte. Das einsame Paar, das ein Orbital mit vorwiegendem s-Charakter innehat, nimmt mehr Platz ein als ein bindendes Paar, und die Bindungswinkel am Zentralatom zwischen der Bindung mit dem polaren Fluoratom und den Bindungen mit den vier Fluoratomen am Äquator sind kleiner als 90° (etwa 86°). In BrF_4^- liegen alle vier Bindungen in einer Ebene, und die beiden einsamen Elektronenpaare nehmen die beiden anderen Oktaederplätze ein.
Eine interessante, bisher noch ungeklärte Tatsache ist, daß Phosphor und Antimon stabilere transargononische Verbindungen bilden als Arsen, das zwischen beiden stehende Homologe.
Die Stabilität transargononischer Verbindungen wächst mit zunehmender Elektronegativitätsdifferenz zwischen dem Zentralatom und dem Außenatom, wie folgender Vergleich illustriert:

$$ClF(g) + 2 F_2(g) \rightarrow ClF_5(g) + 188 \text{ kJ mol}^{-1}$$
$$BrF(g) + 2 F_2(g) \rightarrow BrF_5(g) + 370 \text{ kJ mol}^{-1}$$
$$IF(g) + 2 F_2(g) \rightarrow IF_5(g) + 727 \text{ kJ mol}^{-1}$$

Die Elemente der ersten Periode (C, N, O) bilden keine stabilen Verbindungen mit Transargononenstruktur. Dieser generelle Unterschied im chemischen Verhalten zwischen ihnen und ihren schwereren Homologen findet seine unmittelbare Erklärung darin, daß $2d$-Orbitale nicht existieren.

Auf transargononischen Verbindungen mit Mehrfachbindungen kommen wir im nächsten Kapitel zurück.

7.8. Die Argononen

Die Glieder der nullten Gruppe des Periodensystems, Helium, Neon, Argon, Krypton, Xenon und Radon, die wir Argononen nennen (siehe Abschnitt 5.3), sind bisher gewöhnlich als Edelgase bezeichnet worden, ein Name, der ihren Mangel an Reaktionsfähigkeit zum Ausdruck bringt. Lange Zeit hindurch glaubte man, die Argononen seien nicht in der Lage, kovalente Verbindungen zu bilden. Die einzigen bekannten Verbindungen waren die Hydrate vom Clathrat-Typ (Einschlußverbindungen, siehe Abschnitt 12.6), wie zum Beispiel $Xe_8(H_2O)_{46}$. In den letzten Jahren sind jedoch eine Reihe von transargononischen Verbindungen von Krypton und Xenon hergestellt worden.

Tafel 7.15. Eigenschaften der Argononen.

	Symbol	Ordnungszahl	Atomgewicht	Schmelzpunkt	Siedepunkt
Helium	He	2	4,0026	$-272,2\,°C$	$-268,9\,°C$
Neon	Ne	10	20,183	$-248,67$	$-245,9$
Argon	Ar	18	39,948	$-189,2$	$-185,7$
Krypton	Kr	36	83,80	-157	$-152,9$
Xenon	Xe	54	131,30	-112	$-107,1$
Radon	Rn	86	222	-77	$-61,8$

1 Unter 26 atm Druck. Unter geringerem Druck bleibt Helium bei noch tieferen Temperaturen flüssig.

Die Elektronenstruktur der Argononen haben wir bereits in Abschnitt 5.3 beschrieben. Die Namen stammen, mit Ausnahme von Radon, aus dem Griechischen: ἥλιος heißt Sonne[1]), νέος neu, ἀργός träge, κρυπτός verborgen und ξένος fremd. Radon erhielt seinen Namen nach Radium, aus dem es durch radioaktiven Zerfall entsteht. Tafel 7.15 gibt eine Übersicht über die Eigenschaften der Argononen. Bemerkenswert ist der regelmäßige Anstieg des Schmelzpunkts und Siedepunkts mit wachsender Ordnungszahl.

Helium. Helium kommt in sehr geringen Mengen in unserer Atmosphäre vor. Seine Anwesenheit auf der Sonne verrät sich durch seine Absorptionslinien im Spektrum des Sonnenlichts. Diese Linien hat man schon 1868 beobachtet, lange bevor das Element

---

1 Trotz seines Namens stammt Helium nicht von der Sonne her. Alles ursprünglich auf der Erde vorhandene Helium ist wegen seines geringen Molekulargewichts in den Weltraum entkommen. Das Helium, das sich heute auf der Erde befindet, rührt vom $α$-Zerfall radioaktiver Elemente her (siehe Kapitel 26).

auf der Erde gefunden wurde. Man schrieb sie einem neuen Element zu, das Sir Norman Lockyer (1836–1920) Helium nannte[1].

Helium kommt in einer Reihe von Uranmineralien vor, aus denen es beim Erhitzen entweicht. Es ist weiterhin ein Bestandteil der Erdgase einiger Quellen, vor allem in Texas und Kanada. Aus diesen Erdgasen wird der größte Teil des Bedarfs an Helium gedeckt. Helium dient zur Füllung von Ballons und Luftschiffen. Gegenüber Wasserstoff hat es den Vorteil, daß es nicht verbrennen kann. Ein Gemisch von Helium und Sauerstoff verwenden Taucher an Stelle von Luft zur Atmung. Sie verhindern damit ein Schäumen des Bluts, das auftritt, wenn das Blut Stickstoff in kleinen Bläschen wieder abgibt, der sich unter erhöhtem Druck in ihm gelöst hatte; außerdem wird damit die berauschende oder betäubende Wirkung von Stickstoff unter Druck vermieden.

Neon. Neon, das zweite Edelgas, ist in unserer Atmosphäre mit 0,002% vertreten. Man gewinnt es – zusammen mit den anderen Edelgasen (außer Helium) – bei der fraktionierten Destillation flüssiger Luft.

Eine elektrische Entladung in einer Röhre, die Neon unter geringem Druck enthält, läßt die Neonatome ihre charakteristischen Spektrallinien aussenden. Sie ergeben ein leuchtend rotes Licht. Solche Neonlampen finden für Leuchtreklamen Verwendung. Quecksilber, Helium und Argon liefern andere Farben; sie werden auch in Mischungen miteinander oder mit Neon eingesetzt.

Argon. Ungefähr 1% unserer Atmosphäre besteht aus Argon. Es dient zur Füllung von Glühbirnen. Die Argonfüllung erlaubt es, die Fäden in der Birne höher zu erhitzen, als es bei einer evakuierten Birne zweckmäßig wäre. Auf diese Weise läßt sich ein weißeres Licht erzeugen. Das Argon vermindert die Verdampfungsgeschwindigkeit des Metalls, aus dem die Fäden bestehen, indem es die verdampften Metallatome daran hindert, vom Faden wegzudiffundieren, und ihnen so Gelegenheit gibt, sich wieder auf diesem niederzuschlagen. Argon wird außerdem in großem Umfang in der Technik dazu benutzt, eine inerte Atmosphäre herzustellen, vor allem zum Schweißen und bei der Fabrikation von Metallen und Legierungen höchster Reinheit. Die Weltjahresproduktion von Argon für diesen Zweck allein liegt bei 10^8 Kubikmetern.

Xenon, Krypton und Radon. Xenon und Krypton, die in sehr geringen Mengen in der Luft vorkommen, haben kaum nennenswerte Anwendungen gefunden. Wegen ihres höheren Atomgewichts eignen sie sich zwar besser als Argon zur Füllung von Glühbirnen, sind aber so viel teurer, daß ihre Verwendung nur bei hohem Strompreis oder besonderes hohen Anforderungen an die Lebensdauer in Frage kommt. Xenon ist außerdem ein gutes Narkosemittel, aber auch hier verbietet sein hoher Preis eine allgemeine Einführung. (Es ist bisher bei zwei ausgedehnten Operationen an Patienten verwendet worden.)

---

1 Die Endung „-ium", die sonst nur die Namen von Metallen tragen, wählte Lockyer, weil er das neue Element irrtümlich für ein Metall hielt. „Helion" wäre der Einheitlichkeit der Endung halber ein besserer Name.

Radon, das ständig aus Radium entsteht, wird bei der Behandlung von Krebs eingesetzt. Es hat sich gezeigt, daß die Strahlung radioaktiver Substanzen häufig eine wirksame Bekämpfung von Krebs gestattet. Eine gangbare Methode der Strahlenbehandlung besteht darin, daß man in die Nähe des entarteten Gewebes ein Goldröhrchen bringt, das mit Radon gefüllt ist.

Die Entdeckung der Argononen. Die Geschichte der Entdeckung des Argons liefert ein interessantes Beispiel dafür, wie wichtig es ist, bei wissenschaftlicher Forschung auf kleine Abweichungen zu achten.

Über hundert Jahre lang glaubte man, die atmosphärische Luft bestünde – neben geringen, wechselnden Mengen von Wasserdampf und Kohlenstoffdioxid – allein aus Sauerstoff (21 Volumenprozent) und Stickstoff (79 Volumenprozent). 1785 untersuchte Henry Cavendish die Zusammensetzung der atmosphärischen Luft. Er mischte die Luft mit Sauerstoff und erzeugte in der Gasmischung elektrische Funken, die die Verbindung von Stickstoff und Sauerstoff zu Stickstoffoxiden herbeiführten. Die Stickstoffoxide lösten sich in einer alkalischen Lösung, die mit dem Gasraum in Verbindung stand. Er erzeugte die Funken so lange, bis das Gasvolumen nicht mehr abnahm, und entfernte dann den Sauerstoff aus dem restlichen Gas durch Behandeln mit einer Sulfidlösung. Nur ein kleines Gasbläschen, nicht mehr als ein Hundertzwanzigstel der ursprünglichen Luft, blieb dabei übrig und wurde nicht absorbiert. Cavendish selbst legte sich darauf nicht fest, aber allgemein scheinen die Chemiker angenommen zu haben, daß auch der letzte Rest Gas verschwunden wäre, wenn man noch längere Zeit Funken erzeugt hätte. Jedenfalls sah man in Cavendishs Versuch einen Beweis dafür, daß die Atmosphäre nur aus Sauerstoff und Stickstoff bestehe.

Im Jahr 1894, über hundert Jahre später, begann Lord Rayleigh eine Untersuchung, die auch die sorgfältige Bestimmung der Gasdichten von Wasserstoff, Sauerstoff und Stickstoff umfaßte. Um Stickstoff zu erhalten, mischte er getrocknete Luft mit einem Überschuß von Ammoniak, NH_3, und leitete das Gasgemisch über rotglühendes Kupfer. Unter diesen Bedingungen reagiert Sauerstoff mit Ammoniak entsprechend der Gleichung

$$4\,NH_3 + 3\,O_2 \rightarrow 6\,H_2O + 2\,N_2$$

Das überschüssige Ammoniak entfernte er anschließend, indem er das Gas durch Schwefelsäure perlen ließ. Nach dem Trocknen sollte nun das restliche Gas nur noch aus reinem Stickstoff bestehen, der zum Teil aus dem Ammoniak, zum anderen Teil aus der Luft stammte. Lord Rayleigh bestimmte die Dichte dieses Gases. Eine andere Stickstoffprobe stellte er her, indem er einfach Luft über rotglühendes Kupfer leitete. Dabei bindet das Kupfer den Sauerstoff unter Bildung von Kupferoxid:

$$O_2 + 2\,Cu \rightarrow 2\,CuO$$

Bei der Bestimmung der Dichte dieses Gases stellte sich heraus, daß sie um 0,1% höher lag als die der aus Ammoniak und Luft hergestellten Probe. Zur Aufklärung dieser Abweichung stellte Lord Rayleigh eine dritte Stickstoffprobe aus Ammoniak und reinem Sauerstoff her. Der Stickstoff hieraus hatte eine um 0,5% geringere Dichte als der aus der zweiten Probe. Weitere Versuche zeigten, daß ausschließlich aus Luft hergestellter Stickstoff eine um 0,5% höhere Dichte besitzt als Stickstoff, der ausschließlich aus chemischen Verbindungen stammt, ohne Rücksicht auf deren Herkunft. Für Luftstickstoff ergab sich die Dichte 1,2572 g l^{-1} bei 0 °C und 1 atm, für chemisch erzeugten Stickstoff dagegen die Dichte 1,2505 g l^{-1}. Lord Rayleigh und Sir William Ramsay wiederholten nun Cavendishs Versuch und bewiesen durch Spektralanalyse, daß das restliche Gas tatsächlich kein Stickstoff, sondern ein neues Element war. Sie suchten dann nach den anderen stabilen Argononen und fanden sie.

Transargononische Verbindungen der Argononen. 1933 war man auf Grund von Überlegungen über die Elektronenstruktur von Molekeln zu der Auffassung gelangt, daß transargononische Verbindungen von Krypton, Xenon und Radon mit Fluor und Sauerstoff stabil sein sollten. Zum Beispiel legte die Existenz der Säuren H_8SnO_6, H_7SbO_6, H_6TeO_6 und H_5IO_6 es nahe, daß H_4XeO_6, Perxenonsäure, ebenfalls existiere. Versuche, XeF_6 durch Reaktion von Xenon und Fluor zu erzeugen, blieben jedoch erfolglos. Erst 1962 und 1963 gelang es, Xenonverbindungen darzustellen. Als erster berichtete 1962 Neil Bartlett (geboren 1933), ein englischer Chemiker, über eine solche Verbindung, nämlich Xenonhexafluoroplatinat, $XePtF_6$, eine gelbe, kristalline Substanz. Im nächsten Jahr meldete Bartlett die Darstellung der analogen Rhodiumverbindung, $XeRhF_6$. Wissenschaftlern am Argonne National Laboratory (U.S.A.), gefolgt von anderen Forschern, gelang es dann, verschiedene Xenonfluoride zu erhalten, darunter XeF_2, XeF_4 und XeF_6. Inzwischen sind auch mehrere Krypton- und Radonverbindungen dargestellt worden, unter anderem KrF_2, KrF_4 und RnF_4.

Die XeF_2-Molekel ist geradlinig gebaut und hat einen Bindungsabstand von 2,00 Å. XeF_4 hat einen ebenen, quadratischen Bau mit einem Bindungsabstand von 1,95 Å. Von XeF_6, dessen Bindungsabstand 1,90 Å beträgt, steht nur fest, daß es nicht die Struktur eines regelmäßigen Oktaeders aufweist. (Die Molekel besitzt außer den sechs gemeinsamen Elektronenpaaren noch ein einsames am Xenonatom.) Die Verkürzung des Xe—F-Bindungsabstands in dieser Reihe läßt den zunehmenden d-Charakter der Bindungsorbitale des Xenons erkennen.

Die Xenonfluoride reagieren stürmisch mit Wasser, zum Beispiel gemäß

$$XeF_6 + H_2O \rightarrow XeOF_4 + 2\,HF$$
$$XeOF_4 + 2\,H_2O \rightarrow XeO_3 + 4\,HF$$
$$XeO_3 + H_2O \rightarrow H_2XeO_4$$

Xenon bildet außerdem ein Tetroxid, XeO_4, und die entsprechende Säure, H_4XeO_6. Röntgenbeugungsaufnahmen an Kristallen von $Na_4XeO_6 \cdot 6\,H_2O$ zeigen, daß das Perxenat-Ion in Form eines regelmäßigen Oktaeders mit Xe—O-Bindungsabstand von 1,84 Å vorliegt. Perxenonsäure ist ein überaus kräftiges Oxidationsmittel, das Mangan (II)-Ionen, Mn^{2+}, zu Permanganat-Ionen, MnO_4^-, zu oxidieren vermag.

Die Bildungswärme von Xenontetrafluorid ist aus Messungen der Wärmetönung der Reaktion des Tetrafluorids mit einer Kaliumjodidlösung berechnet worden:

$$Xe(g) + 2\,F_2(g) \rightarrow XeF_4(g) + 188\,kJ\,mol^{-1}$$

Für die Bindungsenergie der Xe—F-Bindung ergibt sich hieraus ein Wert von 126 kJ mol^{-1}. Ein Vergleich dieses Werts mit den Bindungsenergien der transargononischen

I—F-, Br—F- und Cl—F-Bindungen, die 727, 370 bzw. 188 kJ mol^{-1} betragen, legt es nahe, Xenon eine Elektronegativität von etwa 3,1 zuzuweisen.

Die Oxide von Xenon sind unbeständig: XeO_3 explodiert so heftig wie TNT (Trinitrotoluol, Nitroglycerin). Die Messung der Explosionswärme hat ergeben:

$$XeO_3(f) \rightarrow Xe(g) + 3/2\,O_2(g) + 402 \text{ kJ mol}^{-1}$$

Die Sublimationsenthalpie von XeO_3 beträgt 80 kJ mol^{-1}, die Bindungsenergie der Xe=O-Bindung demnach 88 kJ mol^{-1}.

Übungsaufgaben

7.1. Geben Sie die Symbole für die Elektronenstrukturen von C, N, O und F im Grundzustand an. Wieviele Elektronenpaare und wieviele ungepaarte Elektronen trägt jedes Atom in seiner Außenschale (der L-Schale)? Welche Wertigkeit würden Sie jedem Atom im Grundzustand zuschreiben? Nennen Sie für jedes der vier Elemente eine Verbindung, in der es mit dieser Wertigkeit auftritt.

7.2. Schreiben Sie dem Kohlenstoffatom in Methan, CH_4, und dem Siliciumatom in Silan, SiH_4, Elektronenkonfigurationen zu.

7.3. Der von zwei der vier tetraedrischen Bindungen des Kohlenstoffatoms gebildete Winkel wird gewöhnlich mit 109,5° angegeben (vgl. Abb. 6.9). Berechnen Sie den theoretischen Wert dieses Winkels mit einer Genauigkeit von 0,001° unter Benutzung der geometrischen Beziehung zwischen Tetraeder und Würfel. Berechnen Sie weiterhin den theoretischen Winkel zwischen einer Einfach- und einer Doppelbindung am Kohlenstoffatom (vgl. Abb. 6.11).

7.4. Die Enthalpie der Bildung von $CBr_4(g)$ aus Diamant und $2\,Br_2(g)$ beträgt -14 kJ mol^{-1}. Leiten Sie dieses Ergebnis ab, ausgehend von der mit 50 kJ mol^{-1} angegebenen Normalenthalpie in Tafel 7.2.

7.5. Die Bildungsenthalpien (bezogen auf 25 °C) von Verbindungen des Typs $CX_4(g)$ für Bildung aus Diamant und $2\,X_2(g)$, wobei X = H, Br, Cl oder F, haben die folgenden Werte in kJ mol^{-1}: -77 für H, -14 für Br, -109 für Cl und -914 für F. Erläutern Sie die Beziehungen zwischen diesen Werten und der Struktur der Ausgangsstoffe und Produkte sowie der Elektronegativität der beteiligten Elemente.

7.6. Berechnen Sie mittels der in Tafel 7.2 angegebenen Normalenthalpie von $C_2H_6(g)$ und den Werten für H(g) und C(g) den ΔH^0-Wert (bezogen auf 25 °C) der Reaktion $2C(g) + 6H(g) \rightarrow C_2H_6(g)$.

7.7. Stellen Sie einen Vergleich zwischen den Bindungen in Cyclohexan, C_6H_{12}, einerseits und denen in Methan und Äthan andererseits an. Berechnen Sie einen Wert für die molare Enthalpie der Bildung von $C_6H_{12}(g)$ aus den Gasatomen, ausgehend von den Werten von -1662 bzw. -2833 kJ mol^{-1} für $C(g) + 4H(g) \rightarrow CH_4(g)$ und $2C(g) + 6H(g) \rightarrow C_2H_6(g)$; legen Sie dabei das Prinzip der Konstanz von Bindungsenergien zugrunde. (Lösung: -7026 kJ mol^{-1}.) Der experimentell ermittelte Wert beträgt -7032 kJ mol^{-1}.

7.8. Der experimentell bestimmte ΔH^0-Wert (für 25 °C) der Reaktion
$6\,C_2H_6(g) \rightarrow C_6H_{12}(g) + 6\,CH_4(g)$
beträgt -66 kJ mol^{-1}. Leiten Sie diesen Wert ausgehend von den in Tafel 7.2 angegebenen Normalenthalpien der beteiligten Verbindungen ab. Warum ist der Absolutwert so gering?

7.9. Berechnen Sie den ΔH^0-Wert (für 25 °C) der Reaktion
$3\,C_2H_6(g) \rightarrow C_3H_6(g) + 3\,CH_4(g)$
ausgehend von den Normalenthalpien in Tafel 7.2. (Lösung: 68 kJ mol^{-1}.) Mit welchen Struktureigenschaften können Sie diesen Wert deuten?

7.10. Die Normalenthalpie von gasförmigem Äthanol (−237 kJ mol⁻¹) ist geringer als die von gasförmigem Dimethyläther (−185 kJ mol⁻¹). Können Sie diesen Unterschied auf Grund der Strukturen der beiden Moleklen erklären?

7.11. Nur zwei der Chlorverbindungen mit normalen Wertigkeiten der Atome (HCl, SCl$_2$, PCl$_3$ usw.) weisen positive Werte der Normalenthalpie auf, nämlich NCl$_3$ und OCl$_2$ (vgl. Tafel 7.4 und 7.9). Erklären Sie diesen Befund im Zusammenhang mit den Strukturen der beteiligten Verbindungen und Elemente.

7.12. Hydrazin, N$_2$H$_4$, vereinigt sich mit Chlorwasserstoff unter Bildung von zwei kristallinen Salzen der Formeln N$_2$H$_5$Cl und N$_2$H$_6$Cl$_2$. Erörtern Sie die Elektronenstrukturen der Ionen N$_2$H$_5^+$ und N$_2$H$_6^{2+}$ im Vergleich mit der des Ammonium-Ions.

7.13. Abschnitt 7.2 enthält die Feststellung, Äthylenoxid, $\overset{H_2C-CH_2}{\underset{O}{\diagdown\diagup}}$ verdanke seine hohe Reaktionsfähigkeit der Spannung im dreigliedrigen Ring (Abwinkeln der Bindungen). Der experimentell bestimmte Wert der Normalenthalpie von C$_2$H$_4$O(g) beträgt −51 kJ mol⁻¹. Berechnen Sie mit diesem Wert unter Benutzung von Tafel VIII.3 die Enthalpie der Bildung aus den Atomen sowie mittels der Bindungsenergien in Tafel VIII.1 die Spannungsenergie des Rings. (Lösung: −2602 bzw. 102 kJ mol⁻¹.)

7.14. Zu welchen Aussagen über die Struktur von Essigsäure, CH$_3$COOH, gelangen Sie angesichts der experimentell ermittelten Werte von 1,22 und 1,36 Å für die beiden Kohlenstoff—Sauerstoff-Bindungsabstände?

7.15. Berechnen Sie den ΔH^0-Wert (für 25 °C) der Reaktion
H$_2$CO(g) + (CH$_3$)$_2$O(g) → HCOOCH$_3$(g) + CH$_4$(g)
mittels der Angaben in Tafel 7.2. (Lösung: −124 kJ mol⁻¹.) Welche Zusammenhänge bestehen zwischen diesem Wert und der Struktur des Ameisensäuremethylesters, HCOOCH$_3$ (Methylformiat)?

7.16. Berechnen und erläutern Sie in gleicher Weise wie in der vorigen Aufgabe die ΔH^0-Werte der Reaktionen
H$_2$CO(g) + CH$_3$OH(g) → HCOOH(g) + CH$_4$(g)
CH$_3$CHO(g) + CH$_3$CH$_2$OH(g) → CH$_3$COOH(g) + C$_2$H$_6$(g)
(Lösung: −121 bzw. −117 kJ mol⁻¹.)

7.17. Abschnitt 7.3 enthält die Feststellung, daß die Fähigkeit der Halogene, ungesättigte Verbindungen anzugreifen, mit den Bindungsenergien zu tun hat, und zwar vor allem mit denen von C=C- und C—C-Bindungen. Erklären Sie diesen Zusammenhang am Beispiel von Brom und Äthylen.

7.18. Obwohl die Benzolmolekel gewöhnlich durch ihre Kekulé-Strukturen ⌬ und ⌬ gekennzeichnet wird, die Doppelbindungen enthalten, lagern sich die Halogene an Benzol nicht so leicht an wie an Äthylen. Erklären Sie diesen Unterschied im Verhalten von Benzol und Äthylen im Zusammenhang mit deren Elektronenstrukturen und denen der Produkte der Halogenanlagerung.

7.19. Zeichnen Sie Elektronenstrukturen für ClF$_3$, IF$_5$, IF$_7$, XeF$_2$, XeF$_4$ und XeF$_6$. Geben Sie bei allen an, welche Orbitale von den einsamen Elektronenpaaren (die stabilsten Orbitale) und welche von den Bindungselektronen besetzt sind.

7.20. Der amerikanische Forscher R. S. Mulliken hat vorgeschlagen, die Elektronegativität einwertiger Elemente als proportional der Summe von deren Elektronenaffinität und erster Ionisierungsenergie anzusehen. Berechnen Sie mit Hilfe der Enthalpiewerte in Tafel 7.9 die Größe, durch die man den nach Mullikens Vorschrift ermittelten Wert teilen müßte, um für die Summe der Elektronegativitäten der vier Halogene den gleichen Zahlenwert zu erhalten wie sich aus Tafel 6.4 ergibt. Welche Elektronegativitätswerte würden sich für die Halogene mit Mullikens Vorschrift und Teilen durch die oben berechnete Größe ergeben? (Lösung: 531 kJ mol^{-1}; $x = 3,94$, 3,05, 2,81 und 2,50.)

7.21. Warum gibt Tafel 7.5 (Abschnitt 7.7) keine Bildungsenthalpie von $AsCl_5$ an?

7.22. Berechnen Sie auf Grund der Enthalpiewerte in Tafel 7.7 die Enthalpie der Reaktion $8S(g) \rightarrow S_8(g)$. Welche Bindungsenergie der S—S-Bindung ergibt sich hieraus?

7.23. Die Normalenthalpie von $H_2S_2(g)$ beträgt 4 kJ mol^{-1}. Ermitteln Sie hieraus die Enthalpie der Bildung von H_2S_2 aus den Atomen. Berechnen Sie mit diesem Ergebnis die Bindungsenergie der S—S-Bindung unter der Annahme, daß die S—H-Bindungsenergie die gleiche ist wie in H_2S. Vergleichen Sie das Ergebnis mit dem oben für die S_8-Molekel berechneten Wert.

7.24. Schätzen Sie die Enthalpie der Reaktion $H_2S(g) + 1/8\ S_8(g) \rightarrow H_2S_2(g)$ auf Grund der Bindungsenergien der beteiligten Bindungen. Vergleichen Sie das Ergebnis mit dem experimentell ermittelten Wert gemäß den Normalenthalpien in Tafel 7.7 und der vorigen Aufgabe.

7.25. Die Erze Schwefelkies und Blätterkies (Graueisenerz) sind sich in ihrem Aufbau ähnlich. Beide haben die Zusammensetzung FeS_2, und in beiden treten die Schwefelatome in Paaren auf, deren Partner kovalent verbunden sind. Die Normalenthalpie beträgt -178 kJ mol^{-1} für Schwefelkies und -154 kJ mol^{-1} für Blätterkies. Die eine Verbindung reagiert lebhafter mit Säuren und Sauerstoff. Welche von beiden halten Sie für die reaktionsfreudigere? (Lösung: Blätterkies.)

7.26. Die Normalenthalpie von $Cl_2O(g)$ beträgt 76 kJ mol^{-1}. Wie groß ist die Enthalpie der Bildung aus den Atomen? Zu welchem Wert für die Cl—O-Bindungsenergie führt dieses Ergebnis? (Lösung: -415 bzw. 207,5 kJ mol^{-1}.)

7.27. Die Normalenthalpie von $Br_2O(g)$ ist nicht bekannt. Welche Elektronstruktur würden Sie der Molekel zuschreiben? Können Sie Werte für die Br—O-Bindungsenergie und die Normalenthalpie von $Br_2O(g)$ voraussagen? (Lösung: 216 bzw. 41 kJ mol^{-1}.)

7.28. Den Ausführungen in Abschnitt 7.6 gemäß vereinigt sich bei der Hydrolyse einer binären Verbindung das stärker elektronegative Element mit Wasserstoff, das weniger stark elektronegative mit der OH-Gruppe. Können Sie diese Gesetzmäßigkeit erklären? Welche Produkte würde die Hydrolyse von ICl liefern?

7.29. Wie sieht die Elektronstruktur von Schwefeldichlorid, SCl_2, aus? Sagen Sie den Bindungsabstand, den prozentualen Ionencharakter und das elektrische Dipolmoment der S—Cl-Bindung voraus. Schätzen Sie den Wert des elektrischen Dipolmoments der SCl_2-Molekel unter Annahme eines Bindungswinkels von 102°.

7.30. Geben Sie Elektronstrukturen für SF_6 und S_2F_{10} an. Beachten Sie dabei, daß das Schwefelatom über 3d-Orbitale verfügt, die sich mit dem 3s- und den 3p-Orbitalen an der Bildung von Hybridbindungsorbitalen beteiligen können.

7.31. Die Bildungsenthalpie von ClF(g) beträgt -56 kJ mol^{-1}. Wie groß ist die Bindungsenergie der Cl—F-Bindung? (Lösung: 256 kJ mol^{-1}.)

7.32. Wie sieht die Struktur der ClF_3-Molekel aus? Welche Orbitale benutzt das Chloratom für seine äußeren einsamen Elektronenpaare und welche fungieren als Bindungsorbitale?

7.33. Die Bildungsenthalpie von $ClF_3(g)$ beträgt -162 kJ mol^{-1}.
 a) Wie groß ist die Enthalpie der Bildung von ClF_3 aus ClF und F_2?
 b) Wie groß ist die effektive Bindungsenergie der beiden zusätzlichen Cl—F-Bindungen?
 c) Wie groß ist die durchschnittliche Bindungsenergie der drei Bindungen? Warum sind die Bindungen schwächer als in ClF?
 (Lösung: -106, 132 bzw. 173 kJ mol^{-1}; Rückgriff auf 3d-Orbital.)

7.34. Schätzen Sie den kovalenten Radius (für Einfachbindung) von Xe auf Grund der in Tafel 6.6 angegebenen Radien von Sb, Te und I. Welcher Bindungsabstand ergibt sich hieraus für die Xe—F-Bindung? (Die Auswertung von Röntgenbeugungsaufnahmen an XeF$_4$-Kristallen liefert einen Wert von $1,92 \pm 0,03$ Å.)

7.35. Sagen Sie den kovalenten Radius von Krypton und den Bindungsabstand der Kr—F-Bindung voraus. (Experimentelle Werte sind bisher nicht bekannt.)

7.36. Die Sublimationsenthalpien von Wasserstoffperoxid und Hydrazin betragen 65 bzw. 52 kJ mol^{-1}.
 a) Schätzen Sie die Sublimationsenthalpie von Hydroxylamin (noch kein experimenteller Wert bekannt).
 b) Berechnen Sie die Normalenthalpie von NH$_2$OH(g) mittels der von NH$_2$OH(f) in Tafel 7.4 (Lösung: -49 kJ mol^{-1}.)

7.37. a) Berechnen Sie die Enthalpie der Reaktion NH$_2$OH(g) + H$_2$(g) → NH$_3$(g) + H$_2$O(g) aus den Normalenthalpien von NH$_2$OH(g) (-49 kJ mol^{-1}), NH$_3$ (Tafel 7.4) und H$_2$O (Tafel 7.1).
 b) Was für Bindungen werden bei der Reaktion gelöst und gebildet? Ermitteln Sie mit Hilfe bekannter Bindungsenergien die N—O-Bindungsenergie. (Lösung: 179 kJ mol^{-1}.)

7.38. Schätzen Sie die Bindungsenergie der N—O-Bindung mittels der Beziehung zwischen Bindungsenergie und Elektronegativität und vergleichen Sie den so ermittelten Wert mit dem Ergebnis der vorigen Aufgabe.

7.39. Die Triebwerke einiger Großraketen werden mit 1,1-Dimethylhydrazin, (CH$_3$)$_2$N—NH$_2$, als Brennstoff betrieben, dem flüssiger Sauerstoff als Oxidationsmittel zugesetzt ist. Die Verbrennungsprodukte sind H$_2$O(g), CO$_2$(g) und N$_2$(g). Schätzen Sie auf Grund von Bindungsenergien die Bildungsenthalpie des Brennstoffs und mit diesem seine Verbrennungswärme. Liefert dieser Treibstoff mehr Energie pro Gewichtseinheit (von Brennstoff plus Oxidationsmittel) als eine Mischung von Wasserstoff und Sauerstoff? (Vernachlässigen Sie bei der Rechnung die Verdampfungswärmen.)

7.40. Stickstoff und Chlor haben die gleiche Elektronegativität, 3,0. Man könnte deshalb glauben, die freigesetzte Wärmemenge bei der Bildung von Ammoniak sollte dreimal so groß sein wie bei der Bildung von Chlorwasserstoff. Tatsächlich ist sie aber nur halb so groß (46 gegenüber 92 kJ mol^{-1}). Warum?

7.41. Wie erklären Sie es, daß unter den Salzen im Meer Stickstoffverbindungen kaum vertreten sind, obschon die Atmosphäre hauptsächlich aus Stickstoff besteht?

7.42. Die Verbindung P$_3$N$_3$Cl$_6$ (Fp. 114 °C, Kp. 257 °C) besteht laut Ausweis von Röntgenbeugungsaufnahmen aus einem sechsgliedrigen Ring, in dem P und N miteinander abwechseln, und je zwei Chloratomen an jeden Phosphoratom. Schreiben Sie der Molekel eine Elektronenstruktur zu.

Kapitel 8

Sauerstoffverbindungen von Nichtmetallen

Von den 2468 anorganischen Verbindungen, die der Aufnahme in ein gebräuchliches Tabellenwerk für würdig befunden worden sind, enthalten über 49% (1220 Verbindungen) an Nichtmetallatome gebundene Sauerstoffatome. Die meisten sauerstoffhaltigen Verbindungen der Nichtmetalle weisen Transargononenstrukturen auf, und der Vielfalt dieser Strukturen mehr als allen anderen strukturellen Gegebenheiten verdanken wir die Mannigfaltigkeit der anorganischen Chemie.
In Abschnitt 8.1 werden wir zunächst die Sauerstoffverbindungen des Chlors als Beispiel untersuchen. Die folgenden Abschnitte bringen dann eine Übersicht über die Sauerstoffverbindungen der anderen nichtmetallischen Elemente.

8.1. Die Sauerstoffverbindungen der Halogene

Chlor bildet unter Betätigung seiner normalen Valenz ein Oxid, Cl_2O, und eine Säure, HClO

:Cl: H
 | |
:O-Cl: :O-Cl:

Es bildet weiterhin eine ganze Reihe von transargononischen Sauerstoffverbindungen. *Dichlormonoxid*, Cl_2O, ist ein gelbes Gas, das beim Überleiten von Chlor über Quecksilberoxid entsteht:

$$2\,Cl_2(g) + HgO(f) \rightarrow HgCl_2(f) + Cl_2O(g)$$

Das Gas kondensiert bei etwa 4 °C zu einer Flüssigkeit. Es ist das Anhydrid der hypochlorigen Säure, d.h. es reagiert mit Wasser unter Bildung von hypochloriger Säure:

$$Cl_2O(g) + H_2O(fl) \rightarrow 2\,HClO(aq)$$

Die Normalenthalpie von $Cl_2O(g)$ beträgt $24\,kJ\,mol^{-1}$.
Als transargononische Verbindung interessant ist *Dichlorheptoxid*, Cl_2O_7, eine farblose Flüssigkeit (Fp. −91 °C, Kp. 82 °C), die durch Mischen von Tetraphosphordekoxid, P_4O_{10}, und Perchlorsäure, $HClO_4$, dargestellt werden kann. Man könnte Cl_2O_7 die folgende Argononenstruktur zuweisen:

$$^{-1}:\!\ddot{O}\!-\!\underset{\underset{^{-1}:\!\ddot{O}:}{|}}{\overset{\overset{:\ddot{O}:}{|}}{Cl^{+3}}}\!\cdots\!\underset{\underset{^{-1}:\!\ddot{O}:}{|}}{\overset{}{Cl^{+3}}}\!-\!\ddot{O}:^{-1}$$

Wegen der hohen Ladung von je +3 Einheiten auf den beiden Chloratomen ist diese Struktur jedoch unbefriedigend. Auch hat die röntgenographische Strukturbestimmung gezeigt, daß die Bindungsabstände der sechs äußeren Cl—O-Bindungen 1,42 Å betragen, also um 0,28 Å kürzer sind als der Einfachbindungsabstand von 1,70 Å in Cl_2O und für die beiden inneren Bindungen in Cl_2O_7. Dieser Befund spricht ebenfalls für eine Transargononenstruktur:

$$:\ddot{O}=Cl\overset{..\overset{..}{O}..}{}Cl=\ddot{O}:$$
$$:\ddot{O}\overset{\|}{}\ddot{O}::\ddot{O}\overset{\|}{}\ddot{O}:$$

Hier ist jedes Chloratom kovalent siebenwertig, entsprechend der Stellung in der siebenten Gruppe des Periodensystems. Beim Eingehen der sieben kovalenten Bindungen macht das Chloratom von drei $3d$-Orbitalen zusammen mit dem $3s$- und den drei $3p$-Orbitalen Gebrauch.

Die Normalenthalpie von $Cl_2O_7(g)$ beträgt 213 kJ mol^{-1}. Die Flüssigkeit ist zwar kein besonders empfindlicher Sprengstoff, doch kann ihre Explosion durch Schlag oder Zündung ausgelöst werden.

Auf Grund der Enthalpien der beteiligten Substanzen und von O(g) (siehe Tafel VIII.3) können wir schreiben:

$$Cl_2O(g) + 6\,O(g) \rightarrow Cl_2O_7(g) + 6 \cdot 216\,kJ\,mol^{-1}$$

Die Bindungsenergie einer transargononischen Cl=O-Doppelbindung beträgt demnach 216 kJ mol^{-1}.

Die Bestimmung der Wärmetönungen anderer Reaktionen hat gezeigt, daß auch in anderen Molekeln mit Cl=O-Doppelbindungen deren Bindungsenergie nahezu die gleiche ist wie in Cl_2O_7. Als Beispiel sei die Oxidation von ClF zu ClO_3F genannt:

$$ClF(g) + 3\,O(g) \rightarrow ClO_3F(g) + 3 \cdot 239\,kJ\,mol^{-1}$$

Daß hier der Relativwert höher liegt als für Cl_2O_7, kann darauf zurückgeführt werden, daß die Cl—F-Bindung einen stärkeren Ionencharakter aufweist als die Cl—O-Einfachbindung, wodurch ein zusätzlicher Anteil eines sp-Orbitals verfügbar wird und die Promotionsenergie sich verringert.

Oxidationszahlen der Halogene. Die Halogene, mit Ausnahme von Fluor, bilden beständige Verbindungen entsprechend fast allen Oxidationszahlen von -1 bis $+7$, wie die nachstehende Übersicht zeigt.

	+7	$HClO_4$, Cl_2O_7		H_5IO_6
	+6	Cl_2O_6		
	+5	$HClO_3$	$HBrO_3$	HIO_3, I_2O_5
	+4	ClO_2	BrO_2	IO_2
	+3	$HClO_2$		
	+2			
	+1	$HClO$, Cl_2O	$HBrO$, Br_2O	HIO
	0	F_2	Cl_2	Br_2	I_2
	-1	HF, F^-	HCl, Cl^-	HBr, Br^-	HI, I^-

(Nicht aufgeführt sind sehr labile Molekeln, die man nur in hochverdünnter Gasphase oder durch Einfangen in Kristallen oder unterkühlten Flüssigkeiten hat nachweisen können; hierzu gehören zum Beispiel OF und ClO.)

Die Sauerstoffsäuren des Chlors. Angesichts der bisherigen Ausführungen ist es nicht erstaunlich, daß außer der Sauerstoffsäure mit normaler Valenz, HClO (richtiger HOCl geschrieben) die transargononischen Sauerstoffsäuren $HClO_2$, $HClO_3$ und $HClO_4$ auftreten. Diese Sauerstoffsäuren und ihre Anionen haben die folgenden Namen:

$HClO_4$, Perchlorsäure $\qquad$ ClO_4^-, Perchlorat-Ion
$HClO_3$, Chlorsäure $\qquad$ ClO_3^-, Chlorat-Ion
$HClO_2$, chlorige Säure $\qquad$ ClO_2^-, Chlorit-Ion
HClO, hypochlorige Säure $\qquad$ ClO^-, Hypochlorit-Ion

Der Aufbau der vier Anionen geht aus Abbildung 8.1 hervor.

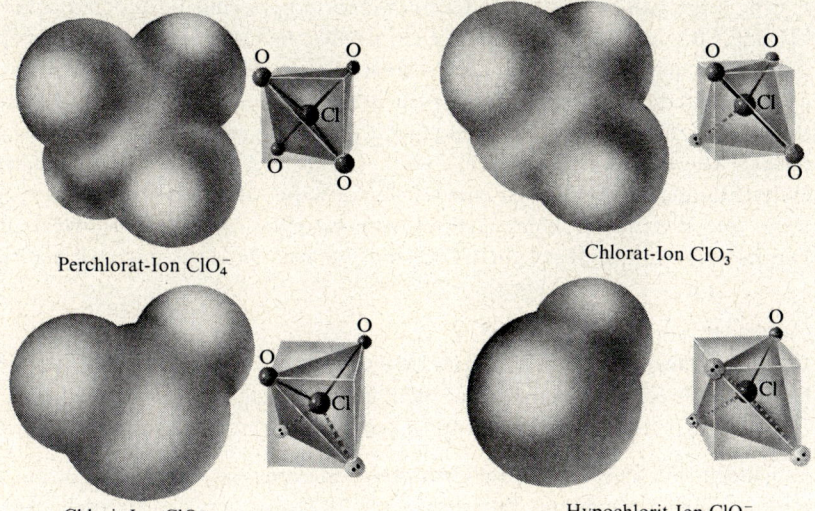

Perchlorat-Ion ClO_4^- $\qquad$ Chlorat-Ion ClO_3^-

Chlorit-Ion ClO_2^- $\qquad$ Hypochlorit-Ion ClO^-

Abb. 8.1. Die Strukturen der Anionen der vier Sauerstoffsäuren des Chlors.

Den vier Säuren können die folgenden Elektronenstrukturen zugeschrieben werden, die mit dem Elektronegativitätsprinzip in Einklang stehen, allerdings aber eine Betätigung der 3d-Orbitale des Chlors voraussetzen (außer bei der hypochlorigen Säure):

Perchlorsäure $\qquad$ Chlorsäure $\qquad$ chlorige Säure $\qquad$ hypochlorige Säure

In den nachstehenden Abschnitten sollen diese Säuren, ihre Salze sowie die Chloroxide in der Reihenfolge wachsender Oxidationszahl des Chlors besprochen werden.

Hypochlorige Säure und die Hypochlorite. Hypochlorige Säure, HClO, und die meisten ihrer Salze sind nur in wäßriger Lösung bekannt; sie zersetzen sich, wenn ihre Lösung konzentriert wird. Hypochlorit-Ionen entstehen neben Chlorid-Ionen beim Einleiten von Chlor in Natronlauge (Lösung von Natriumhydroxid):

$$Cl_2 + 2\,OH^- \rightarrow Cl^- + ClO^- + H_2O$$

Eine auf diese Weise oder durch Elektrolyse von wäßrigem Natriumchlorid hergestellte Lösung von *Natriumhypochlorit*, NaClO, hat als Sterilisations- und Bleichmittel für den Haushalt weite Verbreitung gefunden. Das Hypochlorit-Ion ist ein kräftiges Oxidationsmittel; darauf beruht seine Wirkung für die genannten Zwecke.

Chlorkalk ist eine Verbindung, die sich beim Überleiten von Chlor über Calciumhydroxid bildet:

$$Ca(OH)_2(f) + Cl_2(g) \rightarrow CaCl(ClO)(f) + H_2O(fl)$$

Die Formel CaCl(ClO), die ungefähr der Zusammensetzung des Handelsprodukts entspricht, zeigt, daß es sich um ein Calcium-chlorid-hypochlorit handelt, das beide Anionen Cl^- und ClO^- enthält. Chlorkalk ist ein weißes, feines Pulver, das wegen spurenweiser Zersetzung unter Einwirkung der Luftfeuchtigkeit nach Chlor riecht. Es wird als Bleich- und Sterilisationsmittel für den Haushalt benutzt. In der Textil- und Papierindustrie ist es als Bleichmittel inzwischen weitgehend von flüssigem Chlor verdrängt worden. Auch reines *Calciumhypochlorit*, $Ca(ClO)_2$, wird erzeugt und als Bleichmittel benutzt.

Hypochlorige Säure selbst ist eine schwache Säure. Man erhält sie als wäßrige Lösung, wenn man die Lösung eines Hypochlorits mit einer Säure wie Schwefelsäure versetzt. Die Lösung enthält Molekeln HClO und nur wenige Hypochlorit-Ionen ClO^-:

$$ClO^- + H^+ \rightarrow HClO$$

Chlorige Säure und die Chlorite. Wenn Chlordioxid, ClO_2 (siehe weiter unten), in Natron- oder Kalilauge eingeleitet wird, entstehen ein Chlorit-Ion und ein Chlorat-Ion:

$$2\,ClO_2 + 2\,OH^- \rightarrow ClO_2^- + ClO_3^- + H_2O$$

Es handelt sich hierbei um eine Disproportionierung, bei der das Chlor mit Oxidationszahl +4 gleichzeitig einesteils zur Stufe +3 reduziert, anderenteils zur Stufe +5 oxidiert wird. Reines Natriumchlorit, $NaClO_2$, kann durch Einleiten von Chlordioxid in eine Lösung von Natriumperoxid hergestellt werden:

$$2\,ClO_2 + Na_2O_2 \rightarrow 2\,Na^+ + 2\,ClO_2^- + O_2$$

Hier wirkt das Peroxid als Reduktionsmittel und erniedrigt die Oxidationszahl des Chlors von +4 auf +3.

Natriumchlorit wird als kräftiges Bleichmittel in der Textilindustrie verwendet.

Chlorsäure und die Chlorate. Chlorsäure, $HClO_3$, ist eine instabile Säure und, ebenso wie ihre Salze, ein kräftiges Oxidationsmittel. Ihr wichtigstes Salz ist *Kaliumchlorat*, $KClO_3$, das durch Einleiten eines Chlorstroms in heiße Kalilauge oder durch Erhitzen einer Lösung, die Hypochlorit-Ionen und Kalium-Ionen enthält, gewonnen wird:

$$3\,ClO^- \rightarrow ClO_3^- + 2\,Cl^-$$

Kaliumchlorat läßt sich vom Kaliumchlorid durch Kristallisation trennen: seine Löslichkeit ist bei niedriger Temperatur wesentlich geringer als die des Chlorids (3g gegenüber 28g in 100g Wasser bei 0 °C). Ein billigeres Herstellungsverfahren für Kaliumchlorat ist die Elektrolyse einer ständig gut durchmischten Kaliumchloridlösung zwischen inerten Elektroden. Die Elektrodenreaktionen sind

Kathodenreaktion: $2e^- + 2H_2O \rightarrow 2OH^- + H_2$
Anodenreaktion: $Cl^- + 3H_2O \rightarrow ClO_3^- + 6H^+ + 6e^-$

Das Durchmischen der Lösung bezweckt, die Hydroxid- und Wasserstoff-Ionen zusammenzuführen, so daß sie sich zu Wasser vereinigen. Die Gesamtreaktion ist

$$Cl^- + 3H_2O \rightarrow ClO_3^- + 3H_2$$

Kaliumchlorat ist ein weißes Salz. Es wird Streichholzköpfen und Feuerwerkskörpern als Oxidationsmittel zugesetzt und bei der Herstellung von Farbstoffen verwendet.
Eine Lösung des analogen Natriumsalzes, *Natriumchlorat*, $NaClO_3$, wird zur Unkrautbekämpfung verwendet. Kaliumchlorat wäre dazu ebenso geeignet, doch sind allgemein die Natriumsalze billiger als die Kaliumsalze und werden deshalb bevorzugt, wenn es nur auf das Anion ankommt. Manchmal allerdings ist das Natriumsalz hygroskopisch (zieht Feuchtigkeit aus der Luft an und zerfließt) oder zeigt andere unerwünschte Eigenschaften. Dann greift man trotz des höheren Preises auf das Kaliumsalz zurück.
Alle Chlorate ergeben, gemischt mit Reduktionsmitteln, sehr empfindliche Sprengstoffe. *Ihre Handhabung erfordert große Vorsicht*. Bei der Verwendung von Natriumchlorat zur Unkrautbekämpfung ist besondere Vorsicht geboten: mit der Lösung getränkte brennbare Materialien wie Holz oder Kleidungsstücke entzünden sich durch Reibung, wenn sie getrocknet sind. *Besonders gefährlich ist es, ein Chlorat zusammen mit Schwefel, Holzkohle oder anderen Reduktionsmitteln zu zerreiben oder zu zermahlen.*

Perchlorsäure und die Perchlorate. Kaliumperchlorat, $KClO_4$, bildet sich, wenn man Kaliumchlorat bis zum Schmelzpunkt erhitzt:

$$4 KClO_3 \rightarrow 3 KClO_4 + KCl$$

In Abwesenheit eines Katalysators ist bei dieser Temperatur die Zersetzung des Chlorats unter Sauerstoffentwicklung noch gering. Ein anderes Herstellungsverfahren ist die über lange Zeit fortgesetzte Elektrolyse von Kaliumchlorid-, Kaliumhypochlorit- oder Kaliumchloratlösungen.
Kaliumperchlorat und die anderen Perchlorate sind Oxidationsmittel, jedoch reagieren sie weniger heftig und sind daher nicht so gefährlich wie die Chlorate. Kaliumperchlorat wird Sprengstoffen zugesetzt, zum Beispiel der Treibladung der Panzerfaust und anderer Raketengeschosse. Eine solche Treibladung besteht aus einer Mischung von gepulvertem Kaliumperchlorat und Ruß (fein verteiltem Kohlenstoff), die durch ein Bindemittel zusammengehalten wird. Die Verbrennung verläuft größtenteils nach

$$KClO_4 + 4C \rightarrow KCl + 4CO$$

Wasserfreies Magnesiumperchlorat, $Mg(ClO_4)_2$, und Bariumperchlorat, $Ba(ClO_4)_2$, dienen als Trockenmittel; sie sind besonders stark hygroskopisch (feuchtigkeitsanziehend). Fast alle Perchlorate lösen sich sehr leicht in Wasser; Kaliumperchlorat bildet eine Aus-

nahme: bei 0 °C lösen sich nur 0,75g in 100g Wasser. Elektrolytisch hergestelltes Natriumperchlorat wird zur Unkrautbekämpfung verwendet; es ist weniger gefährlich als Natriumchlorat. Ganz allgemein sind Mischungen von brennbaren Materialien mit Perchloraten weniger gefährlich als die entsprechenden Mischungen mit Chloraten.
Perchlorsäure, $HClO_4 \cdot H_2O$, ist eine farblose Flüssigkeit. Versetzt man eine Perchloratlösung mit Schwefelsäure, so bildet sich Perchlorsäure, die unter vermindertem Druck abdestilliert werden kann. Sie geht dabei als Monohydrat über, das beim Abkühlen kristallisiert. Die Kristalle sind mit Ammoniumperchlorat, NH_4ClO_4, isomorph. Allem Anschein nach handelt es sich um ein Hydroniumperchlorat, $(H_3O)^+(ClO_4)^-$.

Oxide des Chlors. Abgesehen von dem bereits besprochenen Oxid Cl_2O mit normalen Wertigkeiten sind folgende Oxide bekannt: ClO, ClO_2, ClO_3 (oder Cl_2O_6), Cl_2O_7 und ClO_4 (möglicherweise Cl_2O_8).
Chlormonoxid, ClO, ist an Hand seines Bandenspektrums charakterisiert worden. Sein Bindungsabstand liegt mit 1,55 Å zwischen dem Einfachbindungs- und dem Doppelbindungsabstand, 1,69 bzw. 1,42 Å (wie in Cl_2O_7). Die Bindungsenergie ist mit 269 kJ mol^{-1} um 69 kJ mol^{-1} höher als für eine Cl—O-Einfachbindung. Diese Stabilisierung wird der Bildung einer Dreielektronenbindung zusätzlich zur Einfachbindung zugeschrieben, entsprechend der Elektronenstruktur :Cl∴O: bzw. einer Resonanz der Strukturen

:C̈l-Ö: und :Ċl-Ö:

Chlordioxid, ClO_2, ist die einzige Verbindung, in der Chlor positiv vierwertig auftritt. Es ist ein rötlichgelbes, äußerst explosives Gas, das sich leicht zu Chlor und Sauerstoff zersetzt. Wegen der Heftigkeit dieses Zerfalls ist es äußerst gefährlich, Schwefelsäure oder andere starke Säuren mit Chloraten oder irgendwelchen trockenen Mischungen, die Chlorate enthalten, in Berührung zu bringen. Chlordioxid kann dargestellt werden, indem man sehr vorsichtig Kaliumchlorat mit Schwefelsäure versetzt. Wir sollten erwarten, daß die Schwefelsäure die hierbei zunächst freigesetzte Chlorsäure zu deren Anhydrid dehydratisiert:

$$KClO_3 + H_2SO_4 \rightarrow KHSO_4 + HClO_3$$
$$2\,HClO_3 \rightarrow H_2O + Cl_2O_5$$

Chlorpentoxid, Cl_2O_5, ist jedoch höchst instabil; seine Existenz hat nie nachgewiesen werden können. Falls es überhaupt entsteht, zersetzt es sich sofort zu Chlordioxid und Sauerstoff:

$$2\,Cl_2O_5 \rightarrow 4\,ClO_2 + O_2$$

Die Molekel ist gewinkelt; der O—Cl—O-Bindungswinkel beträgt 118°, der Bindungsabstand 1,49 Å. Wir können ihr die folgende Elektronenstruktur mit gegenseitiger Resonanz der beiden Bindungen zuschreiben:

:Ö:
‖
C̈l∴O:

Auf Grund der Bindungsenergie von 269 kJ mol^{-1} der Cl$\cdots$O-Bindung in ClO und von 216 kJ mol^{-1} für die transargononische Cl=O-Bindung in Cl$_2$O$_7$ sollte die Enthalpie der Bildung von ClO$_2$(g) aus Cl(g) und 2O(g) etwa -485 kJ mol^{-1} betragen. Experimentell ist -497 kJ mol^{-1} gefunden worden.

Die Sauerstoffsäuren und Oxide des Broms. Brom bildet nur zwei beständige Sauerstoffsäuren – hypobromige Säure und Bromsäure – und deren Salze:

| HBrO | hypobromige Säure | KBrO | Kaliumhypobromit |
| HBrO$_3$ | Bromsäure | KBrO$_3$ | Kaliumbromat |

In Darstellung und Eigenschaften gleichen sie den analogen Chlorverbindungen, sind jedoch etwas schwächere Oxidationsmittel.

Das Auftreten des Bromit-Ions, BrO$_2^-$, in Lösung ist behauptet worden. Viele Jahre lang blieb allen Versuchen, Perbromsäure oder irgendwelche Perbromate herzustellen, der Erfolg versagt; erst kürzlich ist die Darstellung von Perbromsäure gemeldet worden. In der Literatur finden sich Angaben über drei sehr unbeständige Oxide, Br$_2$O, BrO$_2$ und Br$_3$O$_8$. Über den Bau von Br$_3$O$_8$ ist nichts bekannt.

Für keine der Sauerstoffverbindungen des Broms haben sich nennenswerte Anwendungen ergeben.

Die Sauerstoffsäuren und Oxide des Jods. Jod reagiert in kalter, alkalischer Lösung mit Hydroxid-Ionen zu Jodid- und *Hypojodit-Ionen*, IO$^-$, gemäß

$$I_2 + 2\,OH^- \rightarrow IO^- + I^- + H_2O$$

Erwärmt man die Lösung, so bilden sich Jodat-Ionen, IO$_3^-$:

$$3\,IO^- \rightarrow IO_3^- + 2\,I^-$$

Auf diese Weise können die Salze der Jodsäure und der hypojodigen Säure dargestellt werden. *Jodsäure* selbst, HIO$_3$, wird gewöhnlich aus Jod durch Oxidation mit konzentrierter Salpetersäure gewonnen:

$$I_2 + 10\,HNO_3 \rightarrow 2\,HIO_3 + 10\,NO_2 + 4\,H_2O$$

Jodsäure, eine weiße, feste Masse, ist in konzentrierter Salpetersäure nur wenig löslich und scheidet sich deshalb im Verlauf der Reaktion ab. Von den Salzen der Jodsäure sind hauptsächlich Kaliumjodat, KIO$_3$, und Natriumjodat, NaIO$_3$, zu nennen; beide sind weiße, kristalline Substanzen.

Perjodsäure hat die Formel H$_5$IO$_6$; die Sauerstoffatome sind in oktaedrischer Anordnung um das Jodatom gelagert (siehe Abb. 8.2). Hinsichtlich ihrer Zusammensetzung entspricht Perjodsäure also nicht der ihr homologen Perchlorsäure, HClO$_4$. Die Ursache ist darin zu suchen, daß das Jodatom größer ist und sich deshalb mit sechs statt mit vier Sauerstoffatomen umgeben kann: Jod in Perjodsäure hat die Koordinationszahl 6.

Zwei verschiedene Klassen von Perjodaten treten auf, die einen entsprechen der Formel H$_5$IO$_6$ für die Säure, die anderen der Formel HIO$_4$. Zur ersten Klasse gehören Dikaliumtrihydrogen-perjodat, K$_2$H$_3$IO$_6$, Silberperjodat, Ag$_5$IO$_6$, usw. Natriumperjodat, NaIO$_4$, ein Salz der zweiten Klasse, kommt in geringen Mengen in ungereinigtem Chilesalpeter vor.

8. Sauerstoffverbindungen von Nichtmetallen

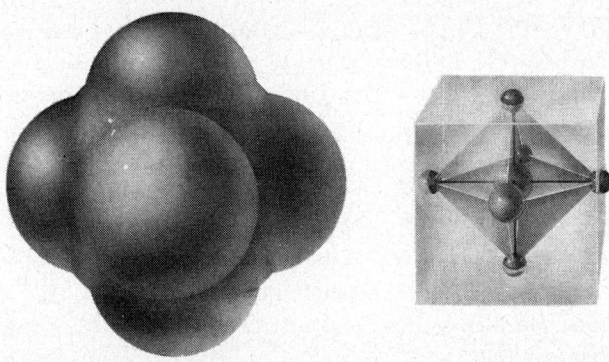

Abb. 8.2. Das Perjodat-Ion, IO_6^{5-}.

Beide Formen der Perjodsäure, H_5IO_6 und HIO_4 (von denen die zweite unbeständig ist, aber stabile Salze bildet) entsprechen der Oxidationsstufe +7 des Jods. Das Gleichgewicht zwischen beiden Formen ist das einer Hydratation (Wasseranlagerung):

$$HIO_4 + 2\,H_2O \rightleftharpoons H_5IO_6$$

Dijodpentoxid, I_2O_5, fällt als weißes Pulver bei vorsichtigem Erhitzen von Jodsäure oder Perjodsäure an:

$$2\,HIO_3 \rightarrow I_5O_2 + H_2O$$
$$2\,H_5IO_6 \rightarrow I_2O_5 + 5\,H_2O + O_2$$

Das Anhydrid der Perjodsäure, I_2O_7, scheint nicht beständig zu sein. Jedenfalls ist seine Herstellung nie gelungen.

Ein niedrigeres Oxid, IO_2, kann man erhalten, indem man ein Jodat mit Schwefelsäure behandelt und dann Wasser zusetzt. Dieses Oxid ist eine feste, gelbe, paramagnetische Substanz.

Das Oxidationsvermögen der Halogensauerstoffverbindungen.

Elementares Fluor, F_2, kann die Halogenid-Ionen seiner Homologen zu freiem Halogen oxidieren, etwa nach

$$F_2 + 2\,Cl^- \rightarrow 2\,F^- + Cl_2$$

Fluor ist stärker elektronegativ als die anderen Elemente und kann daher deren Anionen Elektronen entziehen. In ähnlicher Weise kann Chlor Bromid-Ionen zu Brom und Jodid-Ionen zu Jod oxidieren, und Brom wiederum kann ebenfalls Jodid-Ionen zu Jod oxidieren:

$$Cl_2 + 2\,Br^- \rightarrow 2\,Cl^- + Br_2$$
$$Cl_2 + 2\,I^- \rightarrow 2\,Cl^- + I_2$$
$$Br_2 + 2\,I^- \rightarrow 2\,Br^- + I_2$$

Hinsichtlich ihres Oxidationsvermögens ist die Rangordnung der elementaren Halogene somit $F_2 > Cl_2 > Br_2 > I_2$.

Bei oberflächlicher Betrachtung könnte es scheinen, bei den Reaktionen der freien Halogene mit Halogensauerstoffverbindungen läge eine Anomalie vor; zum Beispiel setzt zwar Chlor elementares Jod aus Jodid-Ionen frei, Jod dagegen setzt Chlor aus Chlorat-Ionen frei gemäß der Reaktion

$$I_2 + 2\,ClO_3^- \rightarrow 2\,IO_3^- + Cl_2$$

Bei dieser Reaktion ist aber zu bedenken, daß das elementare Jod als Reduktionsmittel statt als Oxidationsmittel fungiert. Im Verlauf der Reaktion erhöht sich die Oxidationszahl des Jods von 0 auf +5, während sich die des Chlors von +5 auf 0 verringert. Die Reaktion verläuft also vorwiegend durchaus in der Richtung, die mit dem Elektronegativitätsprinzip in Einklang steht: Jod als das schwerere Halogen und weniger stark elektronegative Element neigt dazu, eine hohe positive Oxidationszahl anzunehmen, Chlor dagegen strebt an, die seine zu erniedrigen. (Zu beachten ist, daß hier, wie bei fast allen chemischen Reaktionen, ein chemisches Gleichgewicht vorliegen kann. Die obigen Ausführungen sind also so zu verstehen, daß das System im Gleichgewicht mehr Jodat-Ionen und freies Chlor als Chlorat-Ionen und freies Jod enthalten wird.)

In ähnlicher Weise kann das Hypochlorit-Ion, ClO^-, Brom zum Hypobromit-Ion und dieses wiederum Jod zum Hypojodit-Ion oxidieren. Bei den höheren Oxidationsstufen von Brom allerdings versagt die Regel: $HBrO_2$, $NBrO_3$ und $HBrO_4$ sind wesentlich unbeständiger als die analogen Chlor- und Jodverbindungen. Eine befriedigende Erklärung für diesen Wesenszug des Broms ist bisher nicht gefunden worden. Bei Selen und Arsen in ihren höheren Oxidationszuständen machen sich ebenfalls solche Abweichungen gegenüber dem Verhalten ihrer leichteren und schwereren Homologen bemerkbar.

8.2. Sauerstoffverbindungen von Schwefel, Selen und Tellur

Die transargononischen Sauerstoffverbindungen von Schwefel sind stabiler als die von Chlor, die von Phosphor wiederum stabiler als die von Schwefel. Perchlorsäure und die Perchlorate sind kräftige Oxidationsmittel, Schwefelsäure und die Sulfate dagegen sind schwache und Phosphorsäure und die Phosphate noch schwächere Oxidationsmittel. Diese Unterschiede im chemischen Verhalten entsprechen den Elektronegativitäten, die 3 Einheiten für Cl, 2,5 für S und 2,1 für P betragen, so daß die Elektronegativitätsdifferenz gegenüber Sauerstoff 0,5 Einheiten für Cl, 1,0 für S und 1,4 für P ausmacht. Der Anstieg der Elektronegativitätsdifferenz in dieser Reihenfolge kommt in den nachstehenden typischen Wärmetönungen zum Ausdruck:

$$HCl(g) + 2\,O_2(g) \rightarrow HClO_4(fl) + 8 \text{ kJ mol}^{-1}$$
$$H_2S(g) + 2\,O_2(g) \rightarrow H_2SO_4(fl) + 790 \text{ kJ mol}^{-1}$$
$$H_3P(g) + 2\,O_2(g) \rightarrow H_3PO_4(fl) + 1250 \text{ kJ mol}^{-1}$$

Die stabilen Verbindungen von Schwefel, Selen und Tellur entsprechen verschiedenen Oxidationsstufen dieser Elemente im Bereich von −2 bis +6, wie die folgende Aufstellung zeigt:

+6	SO_3, H_2SO_4, SF_6	H_2SeO_4, SeF_6	TeO_3, $Te(OH)_6$, TeF_6
+4	SO_2, H_2SO_3	SeO_2, H_2SeO_3	TeO_2
+2			
0	S_8, S_6, S_2	Se	Te
−2	H_2S, S^{2-}	H_2Se	H_2Te

Oxide des Schwefels. Das normalen Valenzen entsprechende Oxid des Schwefels, SO, ist erheblich weniger stabil als die transargononischen Oxide SO_2 und SO_3. Die Bildungswärmen sind wie folgt:

$$1/8\,S_8(f) + 1/2\,O_2(g) \rightarrow SO(g) \;-\; 7\;kJ\,mol^{-1}$$
$$1/8\,S_8(f) + O_2(g) \rightarrow SO_2(g) + 297\;kJ\,mol^{-1}$$
$$1/8\,S_8(f) + 3/2\,O_2(g) \rightarrow SO_3(g) + 396\;kJ\,mol^{-1}$$

Wie aus der Kombination der ersten beiden Gleichungen hervorgeht, ist der Zerfall von Schwefelmonoxid zu Schwefeldioxid und Schwefel stark exotherm:

$$2\,SO(g) \rightarrow 1/8\,S_8(f) + SO_2(g) + 311\;kJ\,mol^{-1}$$

Deshalb ist es kaum zu verwundern, daß Schwefelmonoxid nicht als stabile Substanz, sondern nur als höchst reaktionsfähige Molekel in hochverdünnter Gasphase oder in „eingefrorenem" Zustand in einem festen Träger aufgefunden worden ist. Seine Struktur, $:S\!\dot{=}\!\dot{O}:$, weist zwei Elektronen mit parallelen Spins auf und ähnelt damit denen der Molekeln O_2 und S_2.

Schwefeldioxid, SO_2, entsteht beim Verbrennen von Schwefel oder „Rösten" von Sulfiden wie Schwefelkies (FeS_2):

$$S + O_2 \rightarrow SO_2$$
$$4\,FeS_2 + 11\,O_2 \rightarrow 2\,Fe_2O_3 + 8\,SO_2$$

Es ist ein farbloses Gas von typischem stechenden Geruch. Sein Schmelzpunkt und Siedepunkt liegen bei $-75\;°C$ bzw. $-10\;°C$.
Im Laboratorium erzeugt man Schwefeldioxid am einfachsten, indem man eine starke Säure auf Natriumhydrogensulfit einwirken läßt:

$$H_2SO_4 + NaHSO_3 \rightarrow NaHSO_4 + H_2O + SO_2$$

Um es zu reinigen und zu trocknen kann das Gas durch konzentrierte Schwefelsäure geleitet werden.
Die Elektronenstruktur von Schwefeldioxid ist

Das Schwefelatom macht hier von einem $3d$-Orbital zusätzlich zum $3s$- und den drei $3p$-Orbitalen Gebrauch. Der experimentell bestimmte Schwefel—Sauerstoff-Bindungsabstand ist mit $1{,}43$ Å etwas kürzer als man für eine Doppelbindung erwarten sollte ($1{,}49$ Å). Der O—S—O-Bindungswinkel beträgt $119{,}5°$.
Schwefeldioxid wird in großen Mengen weiterverarbeitet zu Schwefelsäure, schwefliger Säure und Sulfiten. Es zerstört Bakterien und Pilze und dient als Konservierungsmittel für Dörrobst. Eine Lösung von Calciumhydrogensulfit, $Ca(HSO_3)_2$, hergestellt durch Reaktion von Schwefeldioxid mit Calciumhydroxid, wird zur Herstellung von Papier aus Holz verwendet. Sie löst das Lignin auf, das im Holz die Cellulosefasern zusammenklebt. Die vom Lignin befreiten Fasern können anschließend zu Papier verarbeitet werden.

Schwefeltrioxid, SO$_3$, entsteht neben Schwefeldioxid in sehr geringer Menge, wenn Schwefel an der Luft verbrennt. Zu seiner Darstellung oxidiert man gewöhnlich Schwefeldioxid mit Luft in Gegenwart eines Katalysators. Die Reaktion der Bildung aus den Elementen ist exotherm, wenn auch pro Sauerstoffatom nicht so exotherm wie bei der Bildung von Schwefeldioxid. Das Gleichgewicht

$$SO_2(g) + 1/2\,O_2(g) \rightleftharpoons SO_3(g)$$

ist so gelagert, daß sich bei niedriger Temperatur eine befriedigende Ausbeute erzielen läßt, sofern die Reaktion den Gleichgewichtszustand schnell genug erreicht. Bei niedrigen Temperaturen ist jedoch die Reaktionsgeschwindigkeit zu gering, und bei hohen Temperaturen, wo die Reaktion schnell genug abläuft, ist wieder die Lage des Gleichgewichts zu ungünstig, als daß die direkte Vereinigung der Substanzen als technisches Verfahren in Frage käme.

Gelöst wurde dieses Problem durch die Entdeckung von Katalysatoren (Platin, Divanadiumpentoxid), die die Reaktion beschleunigen, ohne die Lage des Gleichgewichts zu beeinflussen. Die katalysierte Reaktion läuft nicht in der Gasphase ab, sondern an der Oberfläche des Katalysators. Im technischen Verfahren wird Schwefeldioxid, das aus der Verbrennung von Schwefel oder Schwefelkies stammt, mit Luft untermischt und bei einer Temperatur von 400 bis 450 °C über den Katalysator geleitet. Ungefähr 99% des Schwefeldioxids setzen sich dabei zu Schwefeltrioxid um. Das Schwefeltrioxid wird hauptsächlich zu Schwefelsäure weiterverarbeitet.

Schwefeltrioxid ist eine stark ätzende Substanz, die mit Wasser heftig zu Schwefelsäure reagiert:

$$SO_3(g) + H_2O(fl) \rightarrow H_2SO_4(fl) + 130\ kJ\,mol^{-1}$$

Es löst sich ebenfalls leicht in Schwefelsäure. Dabei entsteht *rauchende Schwefelsäure (Oleum)*, die hauptsächlich aus *Dischwefelsäure (Pyroschwefelsäure)*, H$_2$S$_2$O$_7$, besteht:

$$SO_3 + H_2SO_4 \rightleftharpoons H_2S_2O_7$$

Schwefeltrioxid kondensiert bei 44,5 °C zu einer farblosen Flüssigkeit, die bei 16,8 °C zu durchsichtigen Kristallen erstarrt. Diese Kristalle (α-Schwefeltrioxid) sind eine instabile Modifikation der polymorphen Substanz. Die stabile Modifikation besteht aus seidig glänzenden, asbestartigen Kristallen, zu denen sich die α-Kristalle bei längerem Stehen umlagern, am leichtesten in Gegenwart einer Spur Feuchtigkeit. Es gibt noch weitere Modifikationen von Schwefeltrioxid, deren Untersuchung jedoch Schwierigkeiten bereitet, da die Umwandlungsgeschwindigkeiten sehr klein sind. Die asbestartigen Kristalle beginnen oberhalb 50 °C langsam zu SO$_3$-Dampf zu verdampfen.

Die Schwefeltrioxidmolekel der Gasphase, der flüssigen Phase und der α-Kristalle besitzt die Elektronenstruktur

Die Molekel ist planar gebaut, und alle drei Bindungen haben wie in der Schwefeldioxidmolekel denselben Bindungsabstand von 1,43 Å.

Die Eigenschaften des Schwefeltrioxids können weitgehend als Folge der Labilität der

Schwefel—Sauerstoff-Doppelbindung – verglichen mit zwei Einfachbindungen – erklärt werden. So können bei der Reaktion mit Wasser zu Schwefelsäure zwei Einfachbindungen eine Doppelbindung ersetzen:

Die erhöhte Stabilität des Reaktionsprodukts spiegelt sich in der großen Wärmetönung der Reaktion wider. Eine zweite Schwefeltrioxidmolekel kann mit einer Schwefelsäuremolekel reagieren und sich dabei einer Doppelbindung entledigen: So entsteht Dischwefelsäure:

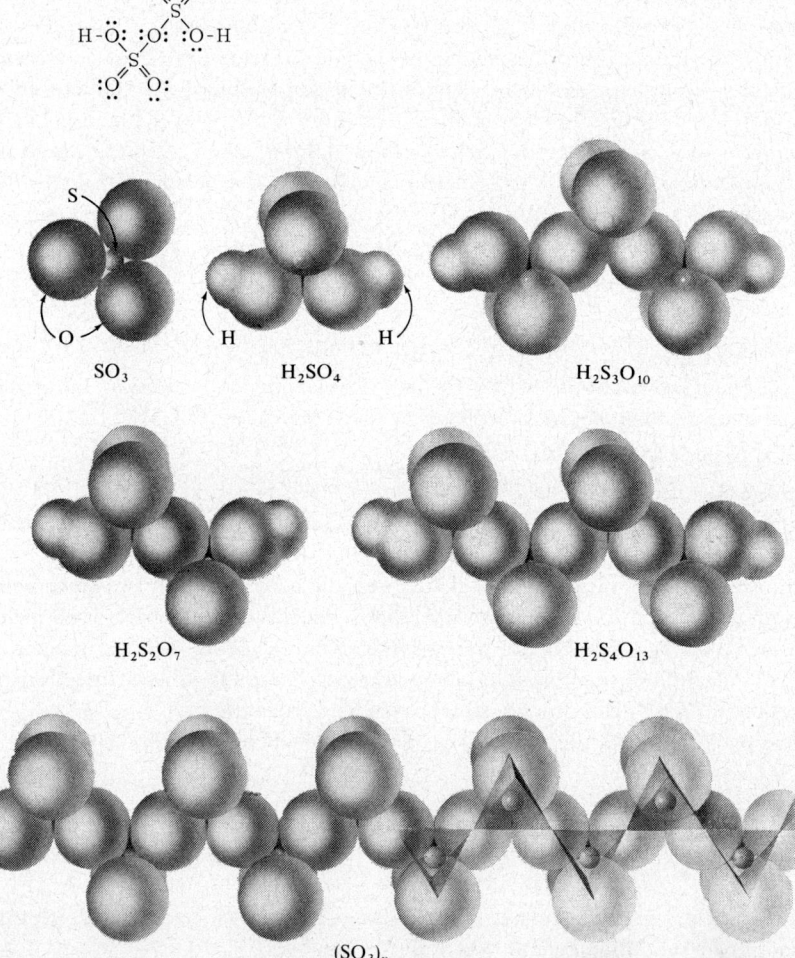

Abb. 8.3. Schwefeltrioxid und einige Sauerstoffsäuren des Schwefels.

8.2. Sauerstoffverbindungen von Schwefel, Selen und Tellur

Auf diese Weise kann die Reaktion zu Molekeln von Trischwefelsäure, $H_2S_3O_{10}$, Tetraschwefelsäure, $H_2S_4O_{13}$, usw. fortschreiten (siehe Abb. 8.3), bis zur Bildung einer Kette $HO_3SO(SO_3)_xSO_3H$ von nahezu unbegrenzter Länge. Eine solche Kette ist im wesentlichen ein Hochpolymeres von Schwefeltrioxid, $(SO_3)_x$, mit hohem Polymerisationsgrad x. Aus solchen sehr langgestreckten Molekeln besteht die asbestartige kristalline Modifikation von Schwefeltrioxid. Die faserartige Erscheinungsform der Kristalle ist nun verständlich: sie bestehen aus sehr langen Kettenmolekeln, die parallel ausgerichtet aneinanderliegen. Da die Bindungen innerhalb der Ketten stark, zwischen den einzelnen Ketten aber schwach sind, spaltet sich der Kristall leicht in Fasern auf.

Die Molekularstruktur erklärt auch, warum die Bildung der asbestartigen Kristalle ebenso wie ihr Verdampfen langsame Vorgänge sind, während sonst Kristallisation und vor allem Verdampfen schnell ablaufen. Hier handelt es sich jedoch in Wirklichkeit um *chemische Reaktionen* mit Veränderungen im Bindungszustand. Auch die Rolle, die eine Spur Wasser als Katalysator für die Kristallisation der asbestartigen Modifikation spielt, wird nun klar: die Reaktion mit Wassermolekeln bildet die Anfangsglieder für die Ketten, die dann zu großer Länge weiterwachsen können.

Im langkettigen Polymeren von Schwefeltrioxid (Abb. 8.3) beträgt der Schwefel—Sauerstoff-Abstand für die an zwei Schwefelatome gebundenen Sauerstoffatome ungefähr 1,62 Å, für die an ein Schwefelatom gebundenen Sauerstoffatome ungefähr 1,43 Å. Beide Abstände sind etwas kleiner als der Einfachbindungs- bzw. Doppelbindungsabstand, der sich aus den kovalenten Radien ergibt. Dieser Befund legt es nahe, dem polymeren Schwefeltrioxid die Struktur

zuzuschreiben, in der jedes Schwefelatom sechs Bindungen unterhält. Die Bindungsorbitale sind Hybride von einem 3s-, drei 3p- und zwei 3d-Orbitalen.

Schweflige Säure. Eine Lösung von schwefliger Säure, H_2SO_3, erhält man durch Lösen von Schwefeldioxid in Wasser. Schweflige Säure und ihre Salze, die *Sulfite*, sind kräftige Reduktionsmittel. Durch Sauerstoff, elementare Halogene, Wasserstoffperoxid und ähnliche Oxidationsmittel werden sie zu Schwefelsäure bzw. Sulfaten oxidiert. Die Elektronenstruktur von schwefliger Säure ist

Schwefelsäure und die Sulfate. Schwefelsäure, H_2SO_4, ist eine der wichtigsten Chemikalien. Sie wird fast überall in der chemischen und in vielen verwandten Industrien gebraucht.

Schwefelsäure ist eine schwere, ölige Flüssigkeit (Dichte 1,838 g cm^{-3}), die an der Luft etwas raucht, weil sie Spuren von Schwefeltrioxid abgibt, die sich mit der Feuchtigkeit der Luft zu Nebeltröpfchen von Schwefelsäure vereinigen. Beim Erhitzen gibt Schwefelsäure einen an Schwefeltrioxid reichen Dampf ab und siedet dann bei 330 °C mit der konstanten Zusammensetzung 98% H_2SO_4, 2% Wasser. Das ist die gewöhnliche „konzentrierte Schwefelsäure" des Handels.

Konzentrierte Schwefelsäure wirkt zerstörend auf viele Substanzen. Sie zeigt eine besonders starke Affinität zu Wasser. Beim Mischen mit Wasser wird eine große Wärmemenge frei als Folge der Bildung von Hydronium-Ionen:

$$H_2SO_4 + 2H_2O \rightleftharpoons 2H_3O^+ + SO_4^{2-}$$

Zum Verdünnen gieße man stets die konzentrierte Säure in dünnem Strahl in Wasser und rühre dabei um. *Niemals darf Wasser in die Säure gegossen werden*, denn es reagiert beim Auftreffen auf deren Oberfläche so heftig, daß heiße Säuretröpfchen leicht aus dem Gefäß spritzen können. Die verdünnte Säure nimmt weniger Raum ein als ihre Bestandteile. Die Kontraktion hat ihr Maximum bei einer Zusammensetzung $H_2SO_4 + 2H_2O$ [$(H_3O^+)_2 (SO_4^{2-})$].

Je nach Gehalt überschüssigen Schwefeltrioxids oder Wassers bilden sich beim Abkühlen von Schwefelsäure die festen Phasen $H_2S_2O_7$, H_2SO_4, $H_2SO_4 \cdot H_2O$ [wahrscheinlich $(H_3O^+(HSO_4)^-)$], $H_2SO_4 \cdot 2H_2O$ [$(H_3O^+)_2(SO_4)^{2-}$] und $H_2SO_4 \cdot 4H_2O$.

Darstellung von Schwefelsäure. Schwefelsäure wird in zwei Verfahren gewonnen, von denen das *Kontaktverfahren* das ältere *Bleikammerverfahren* inzwischen weitgehend verdrängt hat. Beim Kontaktverfahren wird Schwefeldioxid katalytisch zu Schwefeltrioxid oxidiert. [Der Name rührt davon her, daß die Reaktion beim Kontakt (Berührung) der Gase mit dem festen Katalysator erfolgt.] Als Katalysator wurde früher feinverteiltes Platin benutzt; heute arbeitet man jedoch fast ausschließlich mit Divanadiumpentoxid, V_2O_5. Das Gasgemisch, das über den Katalysator geströmt ist, wird in Schwefelsäure eingeleitet, die das enthaltene Schwefeltrioxid absorbiert. Gleichzeitig fließt Wasser zu, so daß die Konzentration der Säure unverändert bleibt. 98%ige Säure wird abgezogen.

Beim Bleikammerverfahren werden Sauerstoff, Schwefeldioxid, Stickstoffmonoxid und eine Spur Wasserdampf in eine große, mit Blei ausgekleidete Kammer eingeleitet. Hierbei bilden sich weiße Kristalle von Nitrosylschwefelsäure (Nitrosylhydrogensulfat), $NOHSO_4$ (Schwefelsäure, in der ein Nitrosyl-Ion, $:N{\equiv}O:^+$, den Platz eines Wasserstoff-Ions einnimmt). Anschließend wird Wasserdampf eingeblasen, mit dem die Kristalle unter Bildung von Schwefelsäuretröpfchen und Freisetzen von Stickstoffoxiden reagieren. Die komplizierten Reaktionen, die in der Kammer ablaufen, lassen sich zusammenfassend angeben als

$$2SO_2 + NO + NO_2 + O_2 + H_2O \rightarrow 2NOHSO_4$$
$$2NOHSO_4 + H_2O \rightarrow 2H_2SO_4 + NO + NO_2$$

Die Stickstoffoxide, NO und NO_2, die an der ersten Reaktion teilnehmen, werden in der zweiten wieder freigesetzt und stehen erneut zur Verfügung.

Chemische Eigenschaften und Verwendung der Schwefelsäure. Verwendungszwecke für Schwefelsäure ergeben sich aus ihren chemischen Eigenschaften als Säure, als wasserentziehendes Mittel und als Oxidationsmittel.

Schwefelsäure siedet erst bei 330 °C. Sie eignet sich daher zum Freisetzen leichter flüchtiger Säuren aus deren Salzen. So läßt sich Salpetersäure durch Erhitzen eines Nitrats mit Schwefelsäure darstellen:

$$NaNO_3 + H_2SO_4 \rightarrow NaHSO_4 + HNO_3$$

Die Salpetersäure destilliert bei 86 °C ab. Außerdem wird Schwefelsäure zur Herstellung von löslichen Phosphat-Kunstdüngern, von Ammoniumsulfat-Kunstdünger, von anderen Sulfaten sowie von vielen Chemikalien und Arzneimitteln verwendet. Vor dem Verzinken, Verzinnen oder Emaillieren entrostet man Eisen gewöhnlich durch Eintauchen in Schwefelsäure („Pickeln"). Weiterhin dient Schwefelsäure als Elektrolyt in den gebräuchlichen Bleiakkumulatoren (z. B. Kraftfahrzeugbatterien).

Die große Affinität zu Wasser macht Schwefelsäure zu einem äußerst wirksamen wasserentziehenden Mittel. Gase, die nicht mit ihr reagieren, können getrocknet werden, indem man sie durch Schwefelsäure perlen läßt. Die wasserentziehende Wirkung konzentrierter Schwefelsäure ist so stark, daß sie organischen Verbindungen wie Zucker Wasserstoff und Sauerstoff als Wasser entreißt:

$$C_{12}H_{22}O_{11} \xrightarrow{H_2SO_4} 12\,C + 11\,H_2O$$
(Rohrzucker)

Viele Sprengstoffe, zum Beispiel Glycerintrinitrat („Nitroglycerin"), werden durch Reaktion organischer Substanzen mit Salpetersäure hergestellt. Bei der Reaktion entsteht Wasser:

$$C_3H_5(OH)_3 + 3\,HNO_3 \xrightarrow{H_2SO_4} C_3H_5(NO_3)_3 + 3\,H_2O$$
(Glycerin) \hspace{2cm} (Glycerintrinitrat)

Zusatz von Schwefelsäure zur Salpetersäure fördert wegen der wasserentziehenden Wirkung der Schwefelsäure den Ablauf der Reaktion.

Heiße konzentrierte Schwefelsäure ist ein wirksames Oxidationsmittel. Sie wird bei der Oxidation zu Schwefeldioxid reduziert. Sie löst Kupfer auf und vermag sogar Kohlenstoff zu oxidieren:

$$Cu + 2\,H_2SO_4 \rightarrow CuSO_4 + 2\,H_2O + SO_2$$
$$C + 2\,H_2SO_4 \rightarrow CO_2 + 2\,H_2O + 2\,SO_2$$

Die Auflösung von Kupfer in heißer konzentrierter Schwefelsäure ist ein Beispiel für eine ganz allgemeine Erscheinung, nämlich der *Auflösung eines edlen Metalls in einer Säure unter Einwirkung eines Oxidationsmittels*. Die unedlen Metalle werden bereits von Wasserstoff-Ionen zu ihren Kationen oxidiert, wobei die Wasserstoff-Ionen ihrerseits zu Wasserstoff reduziert werden; zum Beispiel

$$Zn + 2\,H^+ \rightarrow Zn^{2+} + H_2(g)$$

Kupfer ist zu dieser Reaktion nicht fähig. Es kann jedoch durch ein stärkeres Oxidationsmittel wie Chlor, Salpetersäure oder, wie oben gezeigt, durch heiße konzentrierte Schwefelsäure zum Kation oxidiert werden.

Sulfate. Schwefelsäure vereinigt sich mit Basen zu neutralen Sulfaten wie Kaliumsulfat, K_2SO_4, oder zu Hydrogensulfaten (sauren Sulfaten, auch Bisulfate genannt) wie Kaliumhydrogensulfat, $KHSO_4$.

Die kaum löslichen Sulfate kommen als Minerale vor. Dazu gehören $CaSO_4 \cdot 2H_2O$ *(Gips)*, $SrSO_4$ *(Cölestin)*, $BaSO_4$ *(Schwerspat)* und $PbSO_4$ *(Anglesit)*. Von allen Sulfaten ist Bariumsulfat am wenigsten löslich. Sein weißer Niederschlag dient als Nachweis für Sulfat-Ionen.

Zu den häufigsten löslichen Sulfaten zählen $Na_2SO_4 \cdot 10H_2O$ (Glaubersalz), $(NH_4)_2SO_4$, $MgSO_4 \cdot 7H_2O$ (Bittersalz), $CuSO_4 \cdot 5H_2O$ (Kupfervitriol), $FeSO_4 \cdot 7H_2O$, $(NH_4)_2Fe(SO_4)_2 \cdot 6H_2O$ (Mohrsches Salz, ein gut kristallisierendes Salz, das leicht zu reinigen ist und in der analytischen Chemie zur Herstellung von Normallösungen von Eisen(II)-Ionen dient), $ZnSO_4 \cdot 7H_2O$, $KAl(SO_4)_2 \cdot 12H_2O$ (Alaun), $NH_4Al(SO_4)_2 \cdot 12H_2O$ (Ammoniumalaun) und $KCr(SO_4)_2 \cdot 12H_2O$ (Chromalaun).

Die Peroxyschwefelsäuren. In Schwefelsäure nimmt Schwefel die höchstmögliche Oxidationsstufe ein. Wirkt ein starkes Oxidationsmittel (Wasserstoffperoxid oder eine Anode entsprechenden Potentials) auf Schwefelsäure ein, so kann es einzig und allein die Sauerstoffatome oxidieren, und zwar von -2 zu -1. Die Produkte einer solchen Reaktion, Peroxyschwefelsäure, H_2SO_5, und Peroxydischwefelsäure, $H_2S_2O_8$, weisen die folgenden Strukturen auf:

Peroxyschwefelsäure, H_2SO_5

Peroxydischwefelsäure, $H_2S_2O_8$

Die Säuren und ihre Salze werden als Bleichmittel benutzt.

Die Thiosäuren. Natriumthiosulfat, $Na_2S_2O_3 \cdot 5H_2O$, findet in der Photographie Verwendung. Es wird durch Kochen einer Lösung von Natriumsulfit mit freiem Schwefel hergestellt:

$$SO_3^{2-} + 1/8\, S_8 \rightarrow S_2O_3^{2-}$$
Sulfit-Ion   Thiosulfat-Ion

Thioschwefelsäure selbst, $H_2S_2O_3$, ist unbeständig. Säuert man ein Thiosulfat an, so bilden sich Schwefeldioxid und Schwefel.

Bemerkenswert an der Struktur des Thiosulfat-Ions ist, daß die beiden Schwefelatome einander nicht gleichwertig sind. Das Ion ist ein Sulfat-Ion, SO_4^{2-}, in dem ein Schwefelatom ein Sauerstoffatom ersetzt hat. Dem zentralen Schwefelatom können wir die Oxidationszahl $+6$ zuschreiben, dem anderen die Oxidationszahl -2.

Thiosulfat-Ionen werden leicht, besonders von Jod, zu Tetrathionat-Ionen, $S_4O_6^{2-}$, oxidiert:

$$2\,S_2O_3^{2-} \rightarrow S_4O_6^{2-} + 2e^-$$
oder $\quad 2\,S_2O_3^{2-} + I_2 \rightarrow S_4O_6^{2-} + 2I^-$

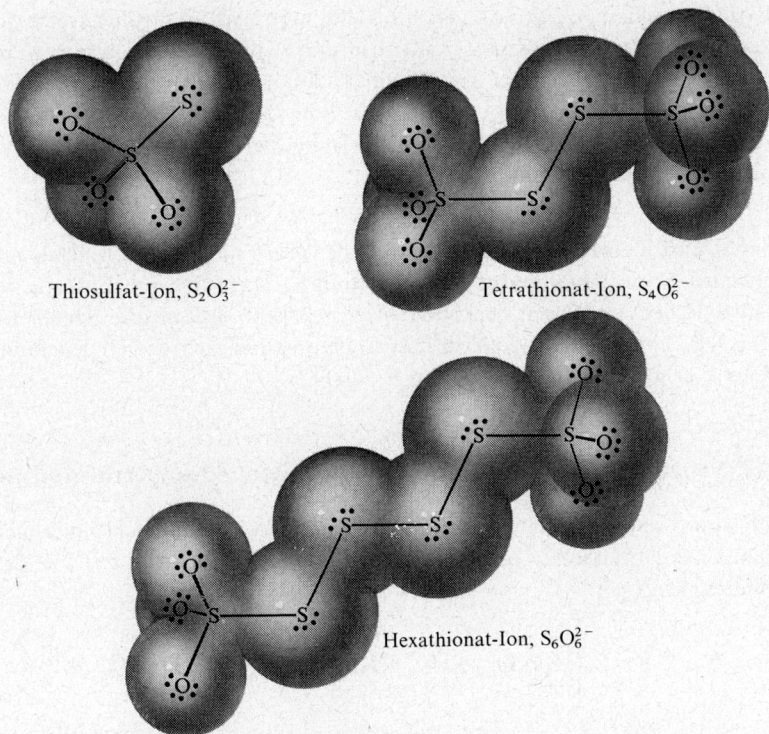

Abb. 8.4. Das Thiosulfat-Ion und verwandte Ionen.

Die letztere Reaktion von Thiosulfat und Jod spielt in der quantitativen Analyse von Oxidations- und Reduktionsmitteln eine wichtige Rolle. Den Aufbau des Tetrathionat-Ions zeigt Abbildung 8.4; vom Peroxydisulfat-Ion unterscheidet es sich dadurch, daß es eine Disulfidgruppe -S—S- an Stelle einer Peroxidgruppe enthält. Die Oxidation des Thiosulfat-Ions zum Tetrathionat-Ion ist der Oxidation des Sulfid-Ions zum Disulfid-Ion analog:

$$2\,S^{2-} \rightarrow S_2^{2-} + 2\,e^-$$

Thioschwefelsäure ist ein Vertreter einer ganzen Klasse von Säuren, der sogenannten *Thiosäuren*, in denen ein oder mehrere Sauerstoffatome durch Schwefelatome ersetzt sind. So löst sich Diarsenpentasulfid in einer Lösung von Natriumsulfid unter Bildung von Thioarsenat-Ionen, AsS_4^{3-}, die den Arsenat-Ionen, AsO_4^{3-}, vollständig analog gebaut sind:

$$As_2S_5 + 3\,S^{2-} \rightarrow 2\,AsS_4^{3-}$$

Ebenso löst sich Diarsentrisulfid unter Bildung von Thioarsenit-Ionen:

$$As_2S_3 + 3\,S^{2-} \rightarrow 2\,AsS_3^{3-}$$

Enthält die Lösung Disulfid-Ionen, so oxidieren diese Thioarsenit zu Thioarsenat:

$$AsS_3^{3-} + S_2^{2-} \rightarrow AsS_4^{3-} + S^{2-}$$

Eine alkalische Lösung von Natriumsulfid und Natriumdisulfid (oder den entsprechenden Ammoniumverbindungen) dient in der qualitativen Analyse zur Auftrennung der ausgefällten Sulfide einiger Metalle und Halbmetalle in zwei Gruppen. Einige von ihnen (HgS, As_2S_3, As_2S_5, Sb_2S_3, Sb_2S_5, SnS, SnS_2) können Thio-Anionen bilden (HgS_2^{2-}, AsS_4^{3-}, SbS_4^{3-}, SnS_4^{4-}) und gehen in Lösung, die anderen (Ag_2S, PbS, Bi_2S_3, CuS, CdS) bleiben ungelöst zurück.

Selen und Tellur. Die transargononischen Verbindungen von Selen sind den entsprechenden Schwefelverbindungen sehr ähnlich. Die Selenate, d.h., die Salze der Selensäure, H_2SeO_4, gleichen den Sulfaten weitgehend. Tellursäure dagegen hat die Formel $Te(OH)_6$: wegen der Größe des Zentralatoms hat sich dessen Koordinationszahl von 4 auf 6 erhöht, wie beim Jodatom in H_5IO_6.

8.3. Sauerstoffverbindungen von Phosphor, Arsen, Antimon und Wismut

Phosphor und seine schwereren Homologen bilden stabile Verbindungen, die verschiedenen Oxidationsstufen im Bereich von -3 bis $+5$ entsprechen, wie die folgende Aufstellung zeigt:

$+5$	$\begin{cases} P_4O_{10} \\ H_3PO_4 \\ PCl_5 \end{cases}$	As_2O_5 H_3AsO_4	Sb_2O_5 $HSb(OH)_6$ $SbCl_5$	Bi_2O_5
$+4$				
$+3$	$\begin{cases} P_4O_6 \\ H_2HPO_3 \\ PCl_3 \end{cases}$	As_4O_6 H_3AsO_3 $AsCl_3$	Sb_4O_6 H_3SbO_3 $SbCl_3$, Sb^{3+}	Bi_4O_6 $BiCl_3$, Bi^{3+}
$+2$				
$+1$	HH_2PO_2			
0	P_4	As	Sb	Bi
-1				
-2	P_2H_4			
-3	PH_3, PH_4^+	AsH_3	SbH_3	BiH_3

Weiterhin sind die Eigenschaften einer Reihe hochgradig instabiler, einfach gebauter Molekeln, wie PH, PH_2, PO, PS und PN, spektroskopisch ermittelt worden.

Oxide des Phosphors. Tetraphosphorhexoxid, P_4O_6, entsteht beim Verbrennen von Phosphor unter beschränktem Sauerstoff- oder Luftzutritt. Sein Schmelzpunkt liegt bei 22,5 °C, sein Siedepunkt bei 173,1 °C. Die Molekularstruktur, angegeben in Abbildung 8.5, ist die einer Verbindung mit normalen Valenzen. Die Normalenthalpie, die für die Gasmolekel -2145 kJ mol^{-1} beträgt, entspricht einer P—O-Bindungsenergie von 415 kJ mol^{-1}. Der experimentell bestimmte Bindungsabstand ist 1,66 Å, der O—P—O-Bindungswinkel 99° und der P—O—P-Bindungswinkel 128°.

8.3. Sauerstoffverbindungen von Phosphor, Arsen, Antimon und Wismut

Tetraphosphordekoxid, P_4O_{10} (häufig inkorrekt als Phosphorpentoxid, P_2O_5, bezeichnet), bildet sich, wenn Phosphor unter reichlicher Luftzufuhr verbrennt. Mit Wasser reagiert es heftig zu Phosphorsäure. Im Laboratorium wird das Oxid zum Trocknen von Gasen benutzt; es ist das wirksamste Trockenmittel, das wir kennen. Die Normalenthalpie, $-2834 \text{ kJ mol}^{-1}$ für $P_4O_{10}(g)$, entspricht einer Bindungsenergie von 584 kJ mol^{-1} für die transargononische P=O-Doppelbindung:

$$P_4O_6(g) + 4\,O(g) \rightarrow P_4O_{10}(g) + 4 \cdot 584 \text{ kJ mol}^{-1}$$

Die Struktur der Molekel ist in Abbildung 8.5 gezeigt. Die Bindungsabstände liegen bei 1,60 Å für P—O und 1,40 Å für P=O.

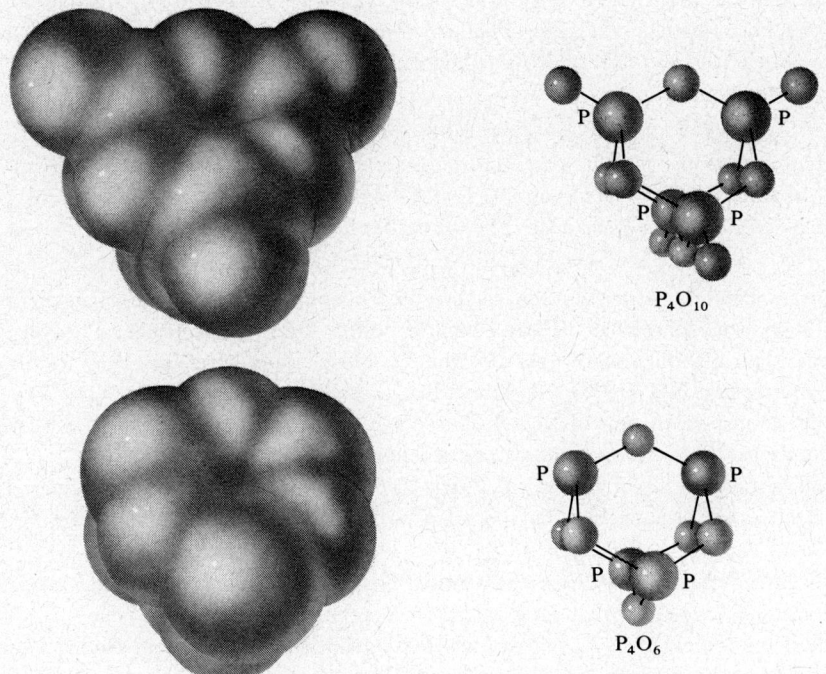

Abb. 8.5. Molekeln der Oxide von Phosphor.

Phosphorsäure. Die wichtigste Säure des Phosphors ist die Phosphorsäure, H_3PO_4 (auch *Orthophosphorsäure* genannt). Reine Phosphorsäure ist eine zerfließliche, kristalline Substanz, die bei 42 °C schmilzt. Sie wird durch Auflösen von Tetraphosphordekoxid in Wasser hergestellt. Die „sirupöse Phosphorsäure" des Handels (86% H_3PO_4) ist eine viskose Flüssigkeit.

Phosphorsäure ist eine schwache Säure. Sie ist stabil und wirkt nicht als Oxidationsmittel.

Orthophosphorsäure bildet drei Reihen von Salzen, in denen ein, zwei bzw. alle drei Wasserstoffatome durch Metall ersetzt sind. Gewöhnlich stellt man die Salze her, indem man Phosphorsäure und das Metallhydroxid bzw. -carbonat in entsprechenden Mengenverhältnissen mischt. Natriumdihydrogenphosphat, NaH_2PO_4 (auch primäres Natriumphosphat genannt), reagiert schwach sauer. Es dient (gemischt mit Natriumhydrogencarbonat) zur Herstellung von Backpulvern, außerdem zur Vorbehandlung von Kesselspeisewasser, um Absetzen von Kesselstein zu verhindern. Dinatriumhydrogenphosphat (sekundäres Natriumphosphat), Na_2HPO_4, reagiert schwach basisch, und Trinatriumphosphat (tertiäres Natriumphosphat), Na_3PO_4, deutlich basisch. Das letztere wird als Putzmittel (Reinigen von Holzflächen usw.) und zur Vorbehandlung von Kesselspeisewasser verwendet.

Phosphate sind wertvolle Kunstdünger. Die natürlich vorkommenden Phosphate – Tricalciumphosphat, $[Ca_3(PO_4)_2]$, und Hydroxylapatit – sind zu wenig löslich, um als wirksame Phosphorlieferanten für Pflanzen dienen zu können. Man verwandelt sie deshalb in löslicheres Calciumdihydrogenphosphat, $Ca(H_2PO_4)_2$, zum Beispiel durch Aufschluß mit Schwefelsäure:

$$Ca_3(PO_4)_2 + 2\,H_2SO_4 \rightarrow 2\,CaSO_4 + Ca(H_2PO_4)_2$$

Dem Reaktionsprodukt setzt man genügend Wasser zu, um das Calciumsulfat in sein Dihydrat, Gips, zu verwandeln. Das Gemisch wird als „Superphosphat" gehandelt. Gelegentlich schließt man die Phosphate auch mit Phosphorsäure auf:

$$Ca_3(PO_4)_2 + 4\,H_3PO_4 \rightarrow 3\,Ca(H_2PO_4)_2$$

Dieses Produkt ist wesentlich reicher an Phosphor als Superphosphat. Man nennt es „Doppelsuperphosphat". Über zehn Millionen Tonnen natürlicher Phosphate werden jedes Jahr zu Phosphatdünger verarbeitet. Neuerdings wird auch Ammoniumdihydrogenphosphat, $NH_4H_2PO_4$, als Kunstdünger benutzt.

Phosphorsäure kommt in Nucleinsäuren vor, die eine wichtige Rolle in der Biologie bei der Reproduktion von Organismen spielen.

Die Wirkstoffe vieler bekannter Pflanzenschutzmittel (E 605, Systox, Metasystox usw.) bestehen aus organischen Phosphorsäure- bzw. Thiophosphorsäureestern.

Die kondensierten Phosphorsäuren. Phosphorsäure neigt zur *Kondensation*. Als Kondensation bezeichnet man eine Reaktion, bei der sich mehrere Moleküln unter Austritt kleinerer Moleküln, z.B. Wasser, zu einer größeren zusammenschließen. Zwei Moleküln Phosphorsäure kondensieren durch Reaktion zweier Hydroxylgruppen. Es entsteht Wasser und eine Sauerstoffbrücke bildet sich, d.h., zwei Phosphoratome werden über ein Sauerstoffatom durch Einfachbindungen verknüpft.

Wird Orthophosphorsäure erhitzt, so verliert sie Wasser und kondensiert zu *Diphosphorsäure* (auch *Pyrophosphorsäure* genannt), $H_4P_2O_7$:

$$2\,H_3PO_4 \rightleftharpoons H_4P_2O_7 + H_2O$$

einer weißen, kristallinen Substanz, die bei 61 °C schmilzt. Ihre Salze lassen sich durch Neutralisation der Säure oder durch starkes Erhitzen der Hydrogen- oder Ammoniumorthophosphate der Metalle darstellen. In Form von Magnesiumpyrophosphat, $Mg_2P_2O_7$, kann Magnesium oder Phosphor analytisch quantitativ bestimmt werden: aus einer Lösung, die Orthophosphat-Ionen und Magnesiumchlorid (oder Magnesiumsulfat) enthält, fällt in Gegenwart von Ammoniumchlorid und Ammoniak langsam ein Niederschlag von schwer löslichem Magnesiumammoniumphosphat, $MgNH_4PO_4 \cdot 6H_2O$, aus, der mit verdünntem Ammoniak gewaschen, getrocknet und auf schwache Rotglut erhitzt wird; dabei bildet sich Magnesiumpyrophosphat, dessen Gewicht bestimmt wird:

$$2\,MgNH_4PO_4 \cdot 6\,H_2O \rightarrow Mg_2P_2O_7 + 13\,H_2O$$

Neben Diphosphorsäure treten auch Polyphosphorsäuren höheren Kondensationsgrads auf, zum Beispiel *Triphosphorsäure*, $H_5P_3O_{10}$. Die wechselseitige Umwandlung von Triphosphaten, Diphosphaten und Orthophosphaten spielt bei vielen Lebensfunktionen eine Rolle, zum Beispiel beim Zuckerstoffwechsel. Dieser Vorgang läuft bei Körpertemperatur unter Einwirkung besonderer Enzyme ab.

Eine wichtige Klasse von kondensierten Phosphorsäuren sind die sogenannten *Metaphosphorsäuren*, in denen jeder Phosphattetraeder durch zwei seiner Sauerstoffatome mit zwei anderen Tetraedern verbunden ist. Diese Säuren haben die Zusammensetzung $(HPO_3)_x$, wobei $x = 3, 4, 5, 6, \ldots$. Zu ihnen gehören Tetrametaphosphorsäure und Hexametaphosphorsäure. In ihrem Bau haben die kondensierten Phosphorsäuren eine gewisse Ähnlichkeit mit den Polymeren von Schwefeltrioxid (vgl. Abb. 8.3).

Metaphosphorsäure wird durch Erhitzen von Orthophosphorsäure oder Diphosphorsäure oder durch Zusatz von Wasser zu Tetraphosphordekoxid dargestellt. Sie ist eine viskose, klebrige Masse, die außer ringförmigen Molekeln wie $H_4P_4O_{12}$ lange Ketten $(HPO_3)_\infty$ enthält. Die langen Ketten, die auch verzweigt sein können, verschlingen sich miteinander und bewirken so die hohe Viskosität der Säure.

Die Metaphosphate werden zum Enthärten von Wasser benutzt. „Natriumhexametaphosphat" hat sich hierfür als besonders geeignet erwiesen. (Der Name des Handelsprodukts ist nicht wörtlich zu nehmen; es besteht aus einem ganzen Spektrum höherer kondensierter Phosphate.)

Phosphorige Säure, H_2HPO_3, ist eine weiße Substanz, die bei 74 °C schmilzt. Sie entsteht beim Auflösen von Tetraphosphorhexoxid in kaltem Wasser:

$$P_4O_6 + 6\,H_2O \rightarrow 4\,H_2HPO_3$$

Sie kann auch leicht durch Einwirkung von Wasser auf Phosphortrichlorid dargestellt werden

$$PCl_3 + 3\,H_2O \rightarrow H_2HPO_3 + 3\,HCl$$

Phosphorige Säure ist wenig beständig. Beim Erhitzen disproportioniert sie zu Phosphin und Phosphorsäure:

$$4\,H_2HPO_3 \rightarrow 3\,H_3PO_4 + PH_3$$

Die Säure und ihre Salze, die *Phosphite*, sind kräftige Reduktionsmittel. Als Nachweis von Phosphit-Ionen dient ihre Reaktion mit Silber-Ionen: es bildet sich ein schwarzer Niederschlag. Er besteht aus Silberphosphat, Ag_3PO_4, und Silber, das zum Metall reduziert worden ist und die Färbung verursacht. Phosphit-Ionen reduzieren auch Jodat-Ionen zu freiem Jod, das an der Blaufärbung von Stärke oder an der Färbung einer kleinen, mit der wäßrigen Phase geschüttelten Menge Tetrachlorkohlenstoff erkannt wird.

Phosphorige Säure ist eine schwache Säure. Sie bildet zwei Reihen von Salzen. Gewöhnliches Natriumphosphit ist $Na_2HPO_3 \cdot 5H_2O$. Daneben gibt es Natriumhydrogenphosphit, $NaHHPO_3 \cdot 5H_2O$. Das dritte Wasserstoffatom kann jedoch nicht durch ein Metall-Kation ersetzt werden. Diese Besonderheit verdankt es seiner direkten Bindung an das Phosphoratom (nicht an ein Sauerstoffatom):

$$\begin{array}{c} H \diagdown \ddot{\underset{..}{O}}\text{-}H \\ P \\ :\underset{..}{O} :\underset{..}{O}\text{-}H \end{array}$$

Die Formel für das Phosphit-Ion ist also HPO_3^{2-}, nicht PO_3^{3-}.

Hypophosphorige Säure. Die Lösung, die bei der Darstellung von Phosphin aus Phosphor und Alkali zurückbleibt, enthält *Hypophosphit-Ionen*, $H_2PO_2^-$. Eine Lösung der zugehörigen Säure, der hypophosphorigen Säure, HH_2PO_2, erhält man, wenn man als Base Bariumhydroxidlösung benutzt und die Barium-Ionen aus der Lösung durch Zusatz der stöchiometrischen Menge Schwefelsäure ausfällt.
Hypophosphorige Säure ist eine schwache, einwertige Säure. Sie bildet nur eine Reihe von Salzen. Die beiden nicht sauren Wasserstoffatome sind direkt an das Phosphoratom gebunden:

$$\begin{array}{c} H \diagdown \ddot{\underset{..}{O}}\text{-}H \\ P \\ H \diagup \underset{..}{\overset{\|}{O}}: \end{array}$$

Die Säure und ihre Salze sind kräftige Reduktionsmittel. Sie reduzieren die Kationen von Kupfer und edleren Metallen.

Oxidations- und Reduktionsverhalten von Phosphorverbindungen. In ihrem Oxidations- und Reduktionsverhalten unterscheiden sich die Phosphorverbindungen drastisch von denen des Chlors. (Die Schwefelverbindungen nehmen eine Mittelstellung ein.) So ist die höchste Sauerstoffsäure des Phosphors, H_3PO_4, eine stabile Verbindung ohne Oxidationskraft, während die des Chlors, $HClO_4$, ein sehr kräftiges Oxidationsmittel ist. Die niedrigeren Sauerstoffsäuren des Phosphors sind starke Reduktionsmittel, die des Chlors dagegen starke Oxidationsmittel. Das Phosphid-Ion, P^{3-}, ist ein so starkes Reduktionsmittel, daß es nicht in freier Form erhalten werden kann; auch das Sulfid-Ion, S^{2-}, ist ein kräftiges Reduktionsmittel; das Chlorid-Ion dagegen ist stabil.
Diese Gegensätze im Verhalten lassen sich auf die unterschiedliche Elektronegativität der Elemente zurückführen. Diese beträgt 3,0 Einheiten für Cl, 2,5 für S und 2,1 für P, und die Stabilität der Bindungen mit Sauerstoff nimmt demgemäß in der Reihenfolge Cl, S, P zu. Die Energien der Anlagerung von vier Sauerstoffatomen, entsprechend der Oxidation von der niedrigsten zur höchsten Oxidationsstufe, ergeben sich wie folgt[1]:

$$Cl^-(aq) + 4\,O(g) \rightarrow ClO_4^-(aq) + 4 \cdot 240 \text{ kJ mol}^{-1}$$
$$S^{2-}(aq) + 4\,O(g) \rightarrow SO_4^{2-}(aq) + 4 \cdot 485 \text{ kJ mol}^{-1}$$
$$P^{3-}(aq) + 4\,O(g) \rightarrow PO_4^{3-}(aq) + 4 \cdot 620 \text{ kJ mol}^{-1}$$

---

1 Die Energiewerte sind auf Grund der Normalenthalpien in Kapitel 7 berechnet. Für das fiktive P^{3-}(aq) ist ein Wert von 200 kJ mol^{-1} eingesetzt, der sich aus Extrapolation der Werte für PH_3, H_2S, S^{2-}, HCl und Cl$^-$ ergibt.

Als Durchschnittswert der Bindungsenergie ergibt sich hieraus 240 kJ mol^{-1} für die $\ddot{\text{Cl}}=\ddot{\text{O}}$:-Bindung, 485 kJ mol^{-1} für die $\text{S}=\ddot{\text{O}}$:-Bindung und 620 kJ mol^{-1} für die $\text{P}=\ddot{\text{O}}$:-Bindung. Der Anstieg des Werts von Chlor zu Phosphor entspricht angesichts des zunehmenden Ionencharakters der Bindung ungefähr der Erwartung.

8.4. Sauerstoffverbindungen des Stickstoffs

Von Stickstoff sind Verbindungen bekannt, die allen Oxidationsstufen von -3 bis $+5$ entsprechen. Einige Vertreter sind in der nachstehenden Übersicht aufgeführt:

$+5$	N_2O_5,	Distickstoffpentoxid	HNO_3,	Salpetersäure
$+4$	$\begin{cases} NO_2, \\ N_2O_4, \end{cases}$	Stickstoffdioxid Distickstofftetroxid		
$+3$	N_2O_3,	Distickstofftrioxid	HNO_2,	salpetrige Säure
$+2$	NO,	Stickstoffoxid		
$+1$	N_2O,	Distickstoffoxid	$H_2N_2O_2$,	hyposalpetrige Säure
0	N_2,	freier Stickstoff		
-1	NH_2OH,	Hydroxylamin		
-2	N_2H_4,	Hydrazin		
-3	NH_3,	Ammoniak	NH_4^+,	Ammonium-Ion

Die Oxide des Stickstoffs. *Distickstoffoxid*, N_2O, wird durch Erhitzen von Ammoniumnitrat hergestellt:

$$NH_4NO_3 \rightarrow 2\,H_2O + N_2O$$

Es ist ein farbloses, geruchloses Gas, das die Verbrennung unterhält: es gibt dabei sein Sauerstoffatom ab, und molekularer Stickstoff bleibt zurück. Kurze Zeit eingeatmet, erzeugt es Rauschzustände. Diese Wirkung (1799 von Humphry Davy entdeckt) führte zu der Bezeichnung *Lachgas*. Längeres Einatmen wirkt betäubend. Im Gemisch mit Luft oder Sauerstoff dient das Gas zu Narkosen für kleinere Operationen. Außerdem benutzt man es zur Herstellung von Schlagsahne: unter Druck löst es sich in der Sahne und bildet beim Entspannen kleine Gasbläschen, die die Sahne wie gewöhnliche Schlagsahne erscheinen lassen.

Die Elektronenstruktur von Distickstoffoxid ist

$$\left\{ :\ddot{\text{N}}=\text{N}=\ddot{\text{O}}: \qquad :\text{N}\equiv\text{N}-\ddot{\underset{..}{\text{O}}}: \right\}$$

Die Stellung des Sauerstoffatoms am Ende der geradlinigen Molekel erklärt, warum Distickstoffoxid andere Substanzen so leicht zu oxidieren und sich dabei in $:\text{N}\equiv\text{N}:$ zu verwandeln vermag.

Stickstoffoxid (Stickoxid), NO, kann durch Reduktion von verdünnter Salpetersäure mit Kupfer oder Quecksilber dargestellt werden:

$$3\,\text{Cu} + 8\,\text{H}^+ + 2\,\text{NO}_3^- \rightarrow 3\,\text{Cu}^{2+} + 4\,\text{H}_2\text{O} + 2\,\text{NO}$$

Das so gebildete Gas enthält in der Regel Verunreinigungen wie Stickstoff und Stickstoffdioxid. Fängt man das Gas über Wasser auf, indem es sich wenig löst, so hält das Wasser das Stickstoffdioxid zurück.

8. Sauerstoffverbindungen von Nichtmetallen

Ein Metall oder ein anderes Reduktionsmittel kann Salpetersäure zu jeder niedrigeren Oxidationsstufe reduzieren, zu Stickstoffdioxid, salpetriger Säure, Stickstoffoxid, Distickstoffoxid, Stickstoff, Hydroxylamin, Hydrazin oder Ammoniak, je nach den Reaktionsbedingungen. Geeignete Wahl der Bedingungen kann eines der Produkte besonders stark begünstigen, in der Regel entstehen jedoch daneben beträchtliche Mengen der anderen Produkte. Unter den oben genannten Bedingungen bildet sich in der Hauptsache Stickstoffoxid.

Stickstoffoxid ist ein farbloses Gas, das schwer zu kondensieren ist (Kp. $-151,7$ °C, Fp. $-163,6$ °C). Es vereinigt sich leicht mit Sauerstoff zu rotem Stickstoffdioxid.

Distickstofftrioxid, N_2O_3, ist eine blaue Flüssigkeit, die entsteht, wenn eine äquimolekulare Mischung von Stickstoffoxid und Stickstoffdioxid abgekühlt wird. Es ist das Anhydrid der salpetrigen Säure, zu der es sich mit Wasser vereinigt:

$$N_2O_3 + H_2O \rightarrow 2\,HNO_2$$

Stickstoffdioxid, NO_2, ein rotes Gas, und sein Dimeres, *Distickstofftetroxid*, N_2O_4, ein farbloses, leicht kondensierbares Gas, stehen miteinander im Gleichgewicht:

$$2\,NO_2 \rightleftharpoons N_2O_4$$
$$\text{rot} \qquad \text{farblos}$$

Ein Gemisch dieser Gase kann durch Reaktion von Stickstoffoxid mit Sauerstoff, durch Reduktion von konzentrierter Salpetersäure mit Kupfer oder durch thermische Zersetzung von Bleinitrat dargestellt werden:

$$2\,NO + O_2 \rightarrow 2\,NO_2$$
$$Cu + 4\,H^+ + 2\,NO_3^- \rightarrow Cu^{2+} + 2\,H_2O + 2\,NO_2$$
$$2\,Pb(NO_3)_2 \rightarrow PbO + 4\,NO_2 + O_2$$

Es löst sich leicht in Wasser oder Alkalilauge, wobei Nitrat-Ionen und Nitrit-Ionen entstehen.

Distickstoffpentoxid, N_2O_5, ist das Anhydrid der Salpetersäure. In Form weißer Kristalle läßt es sich durch vorsichtiges Entwässern von Salpetersäure mit **Tetraphosphordekoxid** oder durch Oxidation von Stickstoffdioxid mit Ozon gewinnen. Es ist unbeständig und zerfällt bei Zimmertemperatur spontan zu Stickstoffdioxid und Sauerstoff.

Die Elektronenstrukturen der Stickstoffoxide sind nachstehend angegeben. Die meisten der Molekeln sind Resonanzhybride, deren Einzelstrukturen nicht alle aufgeführt sind. Im N_2O_5 zum Beispiel können die Doppelbindungen und Einfachbindungen ihre Plätze tauschen.

Wir haben Grund zur Frage, warum die beiden beständigsten dieser Substanzen, NO und NO_2, Molekeln mit ungerader Elektronenzahl sind und den Stickstoff mit einer Oxidationszahl enthalten, die er in keiner anderen Verbindung annimmt, und warum N_2O_3 und N_2O_5, die Anhydride der beiden wichtigsten Säuren HNO_2 und HNO_3, so unbeständig sind, daß sie sich bei Zimmertemperatur zersetzen. Wahrscheinlich führt die Resonanz des ungepaarten Elektrons zwischen den beiden bzw. den drei Atomen der Molekel in den Oxiden NO und NO_2 zu einer Stabilität, die größer ist als die der Anhydride N_2O_3 und N_2O_5.

Salpetersäure und die Nitrate. *Salpetersäure*, HNO_3, ist eine farblose Flüssigkeit mit Schmelzpunkt -42 °C, Siedepunkt 86 °C und Dichte $1,52 \, g \, cm^{-3}$. Sie ist eine starke Säure, die in wäßriger Lösung vollständig in Wasserstoff-Ionen und Nitrat-Ionen, NO_3^-, dissoziiert ist. Außerdem ist sie ein kräftiges Oxidationsmittel. Sie greift die Haut an und erteilt ihr eine gelbe Farbe.

Im Laboratorium kann Salpetersäure durch Erhitzen von Natriumnitrat mit Schwefelsäure in einer ausschließlich aus Glas bestehenden Apparatur hergestellt werden:

$$NaNO_3 + H_2SO_4 \rightarrow NaHSO_4 + HNO_3$$

Auch technisch findet dieses Verfahren Anwendung. Als Rohstoff dient dabei natürliches Natriumnitrat (Chilesalpeter).

Einen großen Teil des Bedarfs an Salpetersäure deckt die Oxidation von Ammoniak, ein mehrstufiges Verfahren. Ammoniak wird mit Luft gemischt und verbrennt an der Oberfläche eines Platinkatalysators zu Stickstoffoxid:

$$4 \, NH_3 + 5 \, O_2 \rightarrow 4 \, NO + 6 \, H_2O$$

Beim Abkühlen läuft die Oxidation weiter zu Stickstoffdioxid:

$$2 \, NO + O_2 \rightarrow 2 \, NO_2$$

Das Gas strömt anschließend durch einen mit Quarzstückchen beschickten Turm, durch den ihm Wasser entgegenrieselt. Dabei bilden sich Salpetersäure und salpetrige Säure:

$$2 \, NO_2 + H_2O \rightarrow HNO_3 + HNO_2$$

Mit wachsender Säurekonzentration beginnt die salpetrige Säure sich zu zersetzen:

$$3 \, HNO_2 \rightleftharpoons HNO_3 + 2 \, NO + H_2O$$

Das entstehende Stickstoffoxid wird durch überschüssigen Sauerstoff wieder oxidiert und durchläuft die Reaktionsfolge von neuem.

In einem Verfahren (Birkeland-Eyde-Verfahren), das heute aufgegeben worden ist, band man atmosphärischen Stickstoff unmittelbar an Sauerstoff zu Stickstoffoxid. Die erforderlichen hohen Temperaturen erzielte man mit einem elektrischen Lichtbogen, der durch einen starken Gleichstrommagneten zu einer großen Scheibe ausgezogen wurde („elektrische Sonne"). Die Reaktion

$$N_2 + O_2 \rightleftharpoons 2\,NO$$

ist endotherm, die Gleichgewichtsausbeute wächst daher mit steigender Temperatur, und zwar von 0,4% bei 1500 °C auf 5% bei 3000 °C. Man blies Luft durch den Lichtbogen und sorgte dafür, daß das heiße Gemisch sich sehr schnell abkühlte. Auf diese Weise gelang es, die günstige Gleichgewichtslage der hohen Temperatur „einzufrieren". Das Stickstoffoxid wurde wie oben beschrieben zu Salpetersäure weiterverarbeitet.

Natriumnitrat, $NaNO_3$, bildet durchsichtige, farblose Kristalle, die denen von Kalkspat, $CaCO_3$, sehr ähnlich sehen. Die Ähnlichkeit beruht nicht auf einem Zufall: Die Kristalle haben tatsächlich die gleiche Struktur, Na^+ vertritt Ca^{2+} und NO_3^- vertritt CO_3^{2-}. Die Natriumnitratkristalle zeigen außerdem wie die Kalkspatkristalle Doppelbrechung. Natriumnitrat wird als Düngemittel verwendet, weiterhin zur Herstellung von Salpetersäure und anderen Nitraten. *Kaliumnitrat*, KNO_3 (Salpeter), wird zum Pökeln von Fleisch und in der Medizin benutzt; außerdem ist es ein Bestandteil von *Schwarzpulver*, einer Mischung von Kohlepulver, Schwefel und Kaliumnitrat, die bei Zündung im abgeschlossenen Raum explodiert.

Das Nitrat-Ion hat eine ebene Struktur:

Alle drei Bindungen sind Hybride von Einfach- und Doppelbindungen.
Die Nitrate aller Metalle sind in Wasser leicht löslich.

Salpetrige Säure und die Nitrite. *Salpetrige Säure*, HNO_2, entsteht in geringen Mengen neben Salpetersäure, wenn Stickstoffdioxid sich in Wasser löst. Durch Einleiten von Stickstoffdioxid in Alkalilauge enthält man Nitrite (neben Nitraten):

$$2\,NO_2 + 2\,OH^- \rightarrow NO_2^- + NO_3^- + H_2O$$

Natriumnitrit und *Kaliumnitrit* können auch durch thermische Zersetzung der Nitrate oder durch deren Reduktion mit Blei dargestellt werden:

$$2\,NaNO_3 \rightarrow 2\,NaNO_2 + O_2$$
$$NaNO_3 + Pb \rightarrow NaNO_2 + PbO$$

Beide Salze sind blaßgelbe, kristalline Substanzen. Auch ihre Lösungen zeigen eine gelbliche Farbe. Natrium- und Kaliumnitrit werden bei der Herstellung von Farbstoffen sowie im Laboratorium verwendet.

Das Nitrit-Ion ist ein Reduktionsmittel. Oxidationsmittel wie Brom, Permanganat-Ionen und Chromat-Ionen oxidieren es zum Nitrat-Ion. Es kann auch als Oxidationsmittel reagieren, zum Beispiel Jodid-Ionen zu Jod oxidieren. Diese Eigenschaft in Verbindung mit dem Jodnachweis durch Blaufärbung von Stärke kann zur Unterscheidung des Nitrits vom Nitrat herangezogen werden, das Jodit-Ionen nicht ohne weiteres oxidiert.

Die Elektronenstruktur des Nitrit-Ions ist

$$\left\{ \begin{array}{cc} :\ddot{\text{O}}: & \ddot{\text{O}}: \\ :\text{N} & :\text{N} \\ \ddot{\text{O}}: & \ddot{\text{O}}: \end{array} \right\}^{-}$$

Andere Stickstoffverbindungen. *Hyposalpetrige Säure*, $H_2N_2O_2$, entsteht in geringer Menge bei der Reaktion von salpetriger Säure mit Hydroxylamin:

$$H_2NOH + HNO_2 \rightarrow H_2N_2O_2 + H_2O$$

Sie ist eine sehr schwache Säure. Ihre Salze heißen Hyponitrite. Ihre Struktur ist

$$\begin{array}{c} H-\ddot{\text{O}}: \quad :\ddot{\text{O}}-H \\ N=N \end{array}$$

Sie zersetzt sich zu Wasser und Distickstoffoxid, N_2O, entsteht jedoch nicht in nennenswerter Menge durch Reaktion dieser beiden Substanzen. Keines ihrer Salze hat besondere Bedeutung.

Cyanwasserstoff (Strukturformel H—C≡N:), ist ein Gas, das sich in Wasser löst. Die Lösung, Blausäure genannt, reagiert sehr schwach sauer. Cyanwasserstoff wird durch Behandeln eines Cyanids (etwa *Kaliumcyanid*, KCN) mit Schwefelsäure freigesetzt und dient zur Bekämpfung von Ratten und Ungeziefer. Er riecht nach bitteren Mandeln und zerquetschten Obstkernen, die ihm tatsächlich den charakteristischen Geruch verdanken. Cyanwasserstoff sowie Blausäure und ihre Salze, die Cyanide, sind äußerst giftig.

Cyanide können durch Einwirkung von Kohlenstoff und Stickstoff auf Metalloxide dargestellt werden. Zum Beispiel entsteht Bariumcyanid, wenn Stickstoff über eine rotglühende Mischung von Bariumoxid und Kohlenstoff strömt:

$$BaO + 3C + N_2 \rightarrow Ba(CN)_2 + CO$$

Das Cyanid-Ion, $[:C\equiv N:]^-$, ähnelt in seinem Verhalten den Halogenid-Ionen. Wie Cl^-, Br^- und I^- bildet es mit Silber-Ionen einen Niederschlag. Außerdem kann es zu *Dicyan*, $:N\equiv C—C\equiv N:$, oxidiert werden, ähnlich wie die Halogenid-Ionen zu den elementaren Halogenen F_2, Cl_2 usw. Unter geeigneten Bedingungen lassen sich drei Anionen erhalten, die in ihrer Struktur der Kohlenstoffdioxidmolekel, $:\ddot{\text{O}}=C=\ddot{\text{O}}:$, und der Distickstoffoxidmolekel, $:\ddot{\text{N}}=N=\ddot{\text{O}}:$, ähnlich sind. (Die hier angegebenen Formeln stehen in Resonanz mit anderen wie $:O\equiv C—\ddot{\text{O}}:$ usw.) Die Anionen sind:

$[:\ddot{\text{N}}=C=\ddot{\text{O}}:]^-$ Cyanat-Ion   (Anion der Cyansäure)

$[:\ddot{\text{C}}=N=\ddot{\text{O}}:]^-$ Fulminat-Ion   (Anion der Knallsäure)

$[:\ddot{\text{N}}=N=\ddot{\text{N}}:]^-$ Azid-Ion   (Anion der Stickstoffwasserstoffsäure)

Verwandt mit ihnen ist das Rhodanid-Ion, $[:\ddot{\text{N}}=C=\ddot{\text{S}}:]^-$. Es bildet mit Eisen(III)-Ionen einen tiefrot gefärbten Komplex, der zum Nachweis von Eisen dient. Auch das Azid-Ion bildet mit Eisen(III)-Ionen einen Komplex sehr ähnlicher Farbe.

250   8. Sauerstoffverbindungen von Nichtmetallen

Die Fulminate und Azide der Schwermetalle sind empfindliche Explosivstoffe. *Quecksilberfulminat* (Knallquecksilber), $Hg(CNO)_2$, und *Bleiazid*, $Pb(N_3)_2$, werden als Initialzünder verwendet.

8.5. Sauerstoffverbindungen des Kohlenstoffs

Kohlenstoff verbrennt unter Bildung der Gase *Kohlenstoffmonoxid*, CO, und *Kohlenstoffdioxid*, CO_2. Kohlenstoffmonoxid entsteht bei Mangel an Sauerstoff oder bei sehr hoher Flammentemperatur.

Kohlenstoffmonoxid. Kohlenstoffmonoxid („Kohlenoxid") ist ein farbloses, geruchloses Gas, das sich in Wasser nur wenig löst (35,4 ml in 1 Liter Wasser bei 0 °C und 1 atm). Es ist giftig, weil es sich mit dem Hämoglobin des Bluts in gleicher Weise wie Sauerstoff verbindet und damit das Hämoglobin daran hindert, in den Lungen Sauerstoff aufzunehmen und den Geweben zuzuführen. Der Tod tritt ein, wenn etwa die Hälfte des Hämoglobins im Blut durch Kohlenstoffmonoxid blockiert worden ist. Auspuffgase von Kraftfahrzeugmotoren enthalten mäßige Mengen von Kohlenstoffmonoxid, und es ist deshalb gefährlich, sich in einer geschlossenen Garage bei laufendem Motor aufzuhalten. Kohlenstoffmonoxid hat große technische Bedeutung für Synthesen organischer Verbindungen, als Brennstoff und als Reduktionsmittel.
Die Bildungswärme von Kohlenstoffmonoxid beträgt 110,5 $kJ\,mol^{-1}$, die Verbrennungswärme 283,0 $kJ\,mol^{-1}$ (vgl. Abschnitt 6.11). Die typischen bläulichen, zuckenden Flämmchen über einem Kohlenfeuer kommen durch die Verbrennung von Kohlenstoffmonoxid zustande, das sich bei der Verbrennung der Kohle an deren Oberfläche gebildet hat.
In Aufgabe 6.8 (Abschnitt 6.12) hatten wir auf Grund des geringen elektrischen Dipolmoments der Kohlenstoffmonoxidmolekel auf eine Resonanzstruktur von :C≡O: und :C̈=Ö: geschlossen. Bestärkt wird diese Annahme durch das Verhalten der Bildungswärmen der drei Molekeln C_2, O_2 und CO:

$$2\,C(g) \rightarrow C_2(g) + 455 \; kJ\,mol^{-1}$$
$$2\,O(g) \rightarrow O_2(g) + 495 \; kJ\,mol^{-1}$$
$$C(g) + O(g) \rightarrow CO(g) + 1077 \; kJ\,mol^{-1}$$

Mit 1077 $kJ\,mol^{-1}$ weist Kohlenstoffmonoxid von allen zweiatomigen Molekeln die höchste Bildungswärme auf. Schätzen wir zunächst die Bindungsenergie der Doppelbindung, :C̈=Ö:. Ihr Wert ergibt sich ungefähr als der Mittelwert[1] der Bindungsenergien in C_2 und O_2 zuzüglich eines Betrags von $2 \cdot 100 = 200\,kJ\,mol^{-1}$, der dem partiellen Ionencharakter der Doppelbindung (hier angesehen als zwei Einfachbindun-

---

[1] Die Sauerstoffmolekel enthält eine Einfachbindung und zwei Dreielektronenbindungen (siehe Abschnitt 6.6). Ihre Bindungsenergie ist etwa derjenigen einer Doppelbindung gleich, denn eine Dreielektronenbindung (ebenso wie eine Einelektronenbindung) ist etwa halb so fest wie eine Elektronenpaarbindung. Die C_2-Molekel hat ebenfalls eine Triplettstruktur, :C∸C:, nämlich mit einer Einfachbindung und zwei Einelektronenbindungen.

gen) Rechnung trägt: $^1/_2$ (455 + 495) + 200 = 675 kJ mol^{-1}. Dieser Wert ist viel kleiner als die experimentell beobachtete Bindungsenergie, und die Struktur :C=Ö: für sich allein ist folglich zur Beschreibung der CO-Molekel ungenügend. (Der beobachtete Bindungsabstand von 1,13 Å schließt ebenfalls das Vorliegen einer Doppelbindung aus, für die der Abstand 1,22 Å betragen müßte.) Für die Struktur :C≡O: mit Dreifachbindung, in der vom Kohlenstoffatom wie vom Sauerstoffatom alle vier Orbitale benutzt werden, ergibt die Schätzung der Bindungsenergie einen Wert von rund 1000 kJ mol^{-1}, der also um etwa die Hälfte größer ist als für die Struktur mit Doppelbindung. Die experimentell gefundene Bindungsenergie ist mit 1077 kJ mol^{-1} sogar noch etwas größer. Der Unterschied ist die Resonanzenergie der beiden Strukturen :C≡O: und :C=Ö:.

Kohlenstoffdioxid. Kohlenstoffdioxid ist ein farbloses, geruchloses Gas mit leicht saurem Geschmack, der davon herrührt, daß es sich mit Wasser zu Kohlensäure verbindet. Es ist ungefähr eineinhalbmal so schwer wie Luft. In Wasser löst es sich leicht: unter 1 atm Druck nimmt 1 Liter Wasser bei 0 °C 1713 ml des Gases auf. Der Schmelzpunkt (Gefrierpunkt) von Kohlenstoffdioxid liegt über dem Siedepunkt der kristallinen Substanz bei Atmosphärendruck. Wenn festes Kohlenstoffdioxid von sehr tiefer Temperatur erwärmt wird, erreicht sein Dampfdruck 1 atm bei −79 °C. Bei dieser Temperatur verdampft (sublimiert) es, ohne zu schmelzen. Unter einem erhöhten Druck von 5,2 atm schmilzt kristallines Kohlenstoffdioxid bei −56,6 °C. Die Eigenschaft, unter gewöhnlichem Druck zu verdampfen, ohne vorher zu schmelzen, hat Kohlenstoffdioxid zu einem begehrten Kühlmittel gemacht („Trockeneis").
Die Bildungsenthalpie von Kohlenstoffdioxid beträgt −394 kJ mol^{-1}, die Sublimationswärme bei −78,48 °C (1 atm Druck) 25 kJ mol^{-1}. Die Molekel ist geradlinig gebaut, und der Kohlenstoff—Sauerstoff-Bindungsabstand beträgt 1,159 Å.
Kohlenstoffdioxid wird verwendet zur Herstellung von *Natriumcarbonat*, $Na_2CO_3 \cdot 10 H_2O$ (Kristallsoda), *Natriumhydrogencarbonat*, $NaHCO_3$ (Natriumbicarbonat, Bullrichsalz) und kohlensäurehaltigem Wasser für Getränke (Sodawasser, Sprudel). Hierzu wird Wasser mit Kohlenstoffdioxid unter 3 bis 4 atm Druck behandelt.
Kohlenstoffdioxid kann zur Brandbekämpfung eingesetzt werden: es erstickt das Feuer. Ein tragbarer „Kohlensäure-Löscher" besteht gewöhnlich aus einer mit flüssigem Kohlenstoffdioxid gefüllten Stahlflasche. (Unter etwa 70 atm Druck läßt sich Kohlenstoffdioxid bei gewöhnlicher Temperatur verflüssigen.) Ein Teil des Bedarfs an Kohlenstoffdioxid (insbesondere an festem Kohlenstoffdioxid) wird aus Erdgasquellen in den westlichen Vereinigten Staaten gedeckt, die das Gas in fast reinem Zustand ausströmen. Große Mengen Kohlenstoffdioxid fallen als Nebenprodukt bei der Zementfabrikation, Kalkbrennerei, Eisenverhüttung und Bierbrauerei an.

Kohlensäure und die Carbonate. Kohlenstoffdioxid löst sich in Wasser und reagiert dabei zum Teil zu Kohlensäure:

$$CO_2 + H_2O \rightarrow H_2CO_3$$

Die Strukturformel von Kohlensäure ist

$$\ddot{\underset{..}{O}}=C\underset{\diagdown \ddot{\underset{..}{O}}-H}{\diagup \overset{..}{O}-H}$$

Ihre Salze heißen *Carbonate*. Die Säure ist zweibasisch (d. h., sie enthält zwei durch Metall ersetzbare Wasserstoffatome). Mit einer Base wie Natriumhydroxid kann sie sowohl ein normales („neutrales") Salz, Na_2CO_3, als auch ein Hydrogensalz („saures Salz"), $NaHCO_3$, bilden. Das normale Salz enthält das Carbonat-Ion, CO_3^{2-}, das Hydrogensalz das Hydrogencarbonat-Ion (Bicarbonat-Ion) HCO_3^-.
Lange Zeit hindurch hatte man dem Carbonat-Ion die Strukturformel

$$\ddot{\underset{..}{O}}=C\underset{\diagdown \ddot{\underset{..}{O}}:^-}{\diagup \overset{..}{\underset{..}{O}}:^-}$$

zugeschrieben, in der eines der Sauerstoffatome mit einer Doppelbindung, die anderen beiden mit Einfachbindungen am Kohlenstoffatom hängen. 1914 untersuchte dann W. L. Bragg Kristalle von Kalkspat, $CaCO_3$, mittels Beugung von Röntgenstrahlen und stellte dabei fest, daß die drei Kohlenstoff—Sauerstoff-Bindungen im Carbonat-Ion einander völlig gleichwertig sind. Dieser Befund verlangte eine Revision der Strukturformel. Eine neue Formel wurde 1931 vorgeschlagen, als die Theorie der chemischen Resonanz entwickelt worden war (vgl. Abschnitt 6.7). Im Fall des Carbonat-Ions ist die Struktur ein Hybrid von drei Einzelstrukturen:

$$\left\{ \ddot{\underset{..}{O}}=C\underset{\diagdown \ddot{\underset{..}{O}}:^-}{\diagup \overset{..}{\underset{..}{O}}:^-} \quad :\ddot{\underset{..}{O}}-C\underset{\diagdown \ddot{\underset{..}{O}}:^-}{\diagup \overset{..}{O}:} \quad :\ddot{\underset{..}{O}}-C\underset{\diagdown \ddot{\underset{..}{O}}:}{\diagup \overset{..}{\underset{..}{O}}:^-} \right\}$$

Jedes der drei Sauerstoffatome ist mit dem Kohlenstoffatom durch eine Bindung verknüpft, die ein Hybrid einer Doppelbindung (zu einem Drittel) und einer Einfachbindung (zu zwei Dritteln) ist. Die drei Kohlenstoff—Sauerstoff-Bindungen sind damit einander vollkommen gleichwertig.

Calciumcarbonat. Das wichtigste Calciummineral ist Calciumcarbonat, $CaCO_3$. Es kommt in der Natur in wundervollen, farblosen Kristallen als *Kalkspat* vor. *Marmor* ist eine mikrokristalline Form von Calciumcarbonat. *Kalkstein* ist ein Gestein, das größtenteils aus Calciumcarbonat besteht. Außerdem ist Calciumcarbonat der Hauptbestandteil von Perlen, Korallen und den meisten Muscheln. In einer anderen, rhombischen Kristallform kommt Calciumcarbonat als *Aragonit* vor.
Wird Calciumcarbonat erhitzt (wie z.B. im Kalkofen, wo brennbare Substanzen mit Kalkstein gemischt und entzündet werden), so zersetzt es sich und bildet gebrannten Kalk, CaO:

$$CaCO_3 \to CaO + CO_2(g)$$

Der gebrannte Kalk wird durch Zugabe von Wasser „gelöscht". Dabei entsteht Calciumhydroxid:

$$CaO + H_2O \rightarrow Ca(OH)_2$$

Der so hergestellte gelöschte Kalk ist ein weißes Pulver. Gemischt mit Wasser und Sand ergibt er *Mörtel*. Der Mörtel verfestigt sich, weil sich Kristalle von Calciumhydroxid bilden, die die Sandkörner zusammenzementieren. An der Luft verhärtet sich der Mörtel weiter durch Aufnahme von Kohlenstoffdioxid, wobei sich Calciumcarbonat bildet.
Große Mengen von Kalkstein werden zur Herstellung von Portlandzement verbraucht (s. Kapitel 18).

Natriumcarbonat (Soda), Na_2CO_3, ist eine weiße Substanz, die als Haushaltsalkali zum Waschen und Reinigen und in der Industrie benutzt wird. Aus wäßriger Lösung kristallisiert Natriumcarbonat mit 10 Molekeln Kristallwasser aus: $Na_2CO_3 \cdot 10 H_2O$ (Kristallsoda). Die Kristalle des Dekahydrats spalten leicht Wasser ab und bilden das Monohydrat, $Na_2CO_3 \cdot H_2O$. Beim Erhitzen auf 100 °C verliert das Monohydrat sein Kristallwasser und bildet wasserfreies Natriumcarbonat, Na_2CO_3.

Natriumhydrogencarbonat (Natriumbicarbonat, Bullrichsalz), $NaHCO_3$, ist eine weiße Substanz, die gewöhnlich als Pulver vorliegt. Es wird beim Kochen, in der Medizin und zur Herstellung von Backpulver verwendet. Backpulver ist ein Treibmittel, das bei der Herstellung von Gebäck, Kuchen und anderen Backwaren dem Teig zugesetzt wird. Seine Aufgabe besteht darin, Gasbläschen zu entwickeln, die den Teig „aufgehen" lassen. An Stelle von Backpulver kann für denselben Zweck Natriumhydrogencarbonat und saure Milch verwendet werden. In beiden Fälle setzt die Einwirkung von Säure Kohlenstoffdioxid aus Natriumhydrogencarbonat frei. Bei Verwendung saurer Milch ist es Milchsäure, $HC_3H_5O_3$, die mit dem Natriumhydrogencarbonat reagiert:

$$NaHCO_3 + HC_3H_5O_3 \rightarrow NaC_3H_5O_3 + H_2O + CO_2(g)$$

Das Produkt $NaC_3H_5O_3$ ist Natriumlactat, das Natriumsalz der Milchsäure (Abschnitt 23.5). Weinstein-Backpulver besteht aus Natriumhydrogencarbonat, Kaliumhydrogentartrat ($KHC_4H_4O_6$, Weinstein) und Stärke. Der Zusatz von Stärke soll verhindern, daß Feuchtigkeit aus der Luft das Pulver zu einer festen Masse zusammenbacken läßt. Gibt man Wasser zu einem Weinstein-Backpulver, so spielt sich die Reaktion ab:

$$NaHCO_3 + KHC_4H_4O_6 \rightarrow NaKC_4H_4O_6 + H_2O + CO_2(g)$$

Das Produkt $NaKC_4H_4O_6 \cdot 4 H_2O$ ist als Seignettesalz bekannt. Backpulver werden auch mit Calciumdihydrogenphosphat, $Ca(H_2PO_4)_2$, Natriumdihydrogenphosphat, NaH_2PO_4, oder Natriumaluminiumsulfat, $NaAl(SO_4)_2$, als saurem Bestandteil hergestellt. Die letzte der angeführten Substanzen wirkt sauer, weil Aluminiumsalze hydrolysieren (siehe Abschnitt 14.6).
In gewöhnlichem Brotteig ist Hefe das Treibmittel (siehe Abschnitt 7.6).

8.6. Molekeln mit zweiwertigem Kohlenstoff. Freie Radikale

Kohlenstoffmonoxid kann als Verbindung mit zweiwertigem Kohlenstoff angesprochen werden. Der Valenzzustand des Kohlenstoffatoms in dieser Molekel beruht auf der Elektronenkonfiguration $2s^2 2p^2$, mit einem einsamen Elektronenpaar im $2s$-Orbital und zwei Valenzelektronen in zwei verschiedenen $2p$-Orbitalen.

8. Sauerstoffverbindungen von Nichtmetallen

Nur in wenigen anderen Verbindungen liegt Kohlenstoff zweiwertig vor. Hierzu gehören die Isocyanide (auch Isonitrile genannt). Die Isocyanide sind weniger stabil als die ihnen isomeren Cyanide (Nitrile). Zum Beispiel ist die Bildungsenthalpie von Methylcyanid (Acetonitril, zugewiesene Elektronenstruktur $CH_3-C\equiv N:$) 88 kJ mol^{-1}, die von Methylisocyanid (Acetoisonitril, $CH_3-N\equiv C:$) dagegen 150 kJ mol^{-1}. Methylisocyanid ist eine leichtflüchtige Flüssigkeit (Kp. 59,6 °C) von widerlichem Geruch, der weitaus stechender ist als der von Methylcyanid. Die Alkylisocyanide mit kurzer Kette (Methyl-, Äthyl-, Isopropyl-, *tert.*-Butyl-) können sich mit Hämoglobin verbinden. Nur wenige Substanzen, darunter molekularer Sauerstoff und Kohlenstoffmonoxid, besitzen diese Fähigkeit, auf der die Sauerstoffversorgung der Gewebe im Körper beruht. Die Giftigkeit der Isocyanide geht wie die von Kohlenstoffmonoxid auf die Reaktion mit Hämoglobin im Blut zurück, die dessen Fähigkeit, Sauerstoff zu transportieren, unterbindet.

Das Cyanid-Ion, $[:C\equiv N:]^-$, und das Fulminat-Ion $[:C\equiv N-\overset{..}{\overset{..}{O}}:]^-$, können ebenfalls als Vertreter von Verbindungen mit zweiwertigem Kohlenstoff angesehen werden.

Im Dampf von Graphit bei sehr hoher Temperatur treten Molekeln C_2 und C_3 auf. C_2 im Grundzustand besitzt zwei ungepaarte Elektronen. Seine Elektronenstruktur kann als $:C \dot{-} C:$ angegeben werden, d.h. mit einer Einfachbindung und zwei Einelektronenbindungen. Eine denkbare Struktur von C_3 ist $:C=C=C:$.

Carben (auch *Methylen*), CH_2, kann als verdünntes Gas durch Photolyse von Diazomethan, CH_2N_2, hergestellt werden:

$$CH_2N_2 + h\nu \rightarrow CH_2 + N_2$$

Hier bezeichnet das Symbol $h\nu$ ein Lichtquant. Die Reaktion kann mit ultraviolettem Licht einer Wellenlänge von ungefähr 1415 Å zum Ablauf gebracht werden. Substituierte Carbene lassen sich in ähnlicher Weise darstellen. Zum Beispiel kann man Diphenylcarben, $(C_6H_5)_2C:$, durch Photolyse von Diphenyldiazomethan, $(C_6H_5)_2CH_2$, erhalten.

Dichlorcarben, CCl_2, hat sich als ein wertvolles, chemisches Reagens erwiesen. Es kann zwar nicht in konzentrierter Form hergestellt oder aufbewahrt werden, läßt sich aber ohne Schwierigkeit in Lösung erzeugen und weist alle Merkmale einer höchst reaktionsfähigen, kurzlebigen Molekel auf. Eine bequeme Darstellungsmethode beruht auf der Reaktion von Natriumäthanolat (Natriumäthylat, Natriumderivat des Äthanols), C_2H_5ONa, mit Chloroform:

$$C_2H_5ONa + CHCl_3 \rightarrow C_2H_5OH + NaCl + CCl_2$$

Mit Dichlorcarben gelingen eine ganze Reihe von organisch-chemischen Reaktionen, die auf andere Weise nur unter großen Schwierigkeiten zustandegebracht werden können. Zum Beispiel lagert sich Dichlorcarben glatt an Doppelbindungen unter Bildung von Cyclopropanderivaten an:

Cyclohexen + $:CCl_2 \longrightarrow$ Dichlornorcaran

8.6. Molekeln mit zweiwertigem Kohlenstoff. Freie Radikale

Ein anderes äußerst reaktionsfähiges Carben ist *Carbonylcarben*, C_2O, das durch Bestrahlen von Kohlenstoffsuboxid, C_3O_2, mit ultraviolettem Licht dargestellt werden kann. Kohlenstoffsuboxid (Trikohlenstoffdioxid) ist ein übelriechendes Gas (Fp. -111 °C, Kp. 7 °C), das man durch Dehydratisierung von Malonsäure, $CH_2(COOH)_2$, mit Tetraphosphordekoxid bei etwa 150 °C erhält:

$$H_2C(C(=O)-OH)_2 \xrightarrow{P_4O_{10}} C_3O_2 + 2\,H_2O$$

Die Molekularstruktur ist durch Elektronenbeugungsaufnahmen bestimmt worden. Die Molekel ist geradlinig, die Kohlenstoff—Sauerstoff- und Kohlenstoff—Kohlenstoff-Bindungsabstände betragen 1,16 bzw. 1,28 Å. Diesen Werten entspricht eine Valenzstruktur $:\ddot{O}=C=C=C=\ddot{O}:$ mit kleinen Beiträgen von $^+:O\equiv C-C\equiv C-\ddot{O}:^-$ und $^-:\ddot{O}-C\equiv C-C\equiv O:^+$.

Carbonylcarben verhält sich vielen Molekeln gegenüber als Spender eines Kohlenstoffatoms. Ein typisches Beispiel ist die Reaktion mit Äthylen, die zu Allen (Propadien), $H_2C=C=CH_2$, und Kohlenstoffmonoxid führt. Wahrscheinlich bildet sich bei der Reaktion zunächst ein Cyclopropanring, der sofort aufbricht:

$$\underset{H_2}{\overset{H_2}{C}}{=}\underset{}{C} + {:}C=C=\ddot{O}: \longrightarrow \underset{H_2C}{\overset{H_2C}{>}}C{-}C=C=O \longrightarrow \underset{\underset{H_2}{C}}{\overset{\overset{H_2}{C}}{C}}=C + CO$$

Durch Untersuchungen mit ^{14}C-Markierung (vgl. Abschnitt 26.5) hat sich zeigen lassen, daß das (endständige) Carben-Kohlenstoffatom des C_2O als das mittlere Kohlenstoffatom im Allen auftritt. Zu diesem Zweck wird Malonsäure mit ^{14}C als mittlerem Kohlenstoffatom synthetisiert; die Wasserabspaltung führt dann zu $^{14}C=C=O$, und die Reaktion des letzteren mit Äthylen liefert Kohlenstoffmonoxid, das völlig frei von ^{14}C ist.

In ähnlicher Weise kann gezeigt werden, daß $^{14}C=C=O$ mit molekularem Sauerstoff zu ^{14}CO, CO_2 und O reagiert. Daß das Kohlenstoffdioxid kein ^{14}C enthält, erweist einen der für die Reaktion vorgeschlagenen Mechanismen als unrichtig:

$$O_2 + {:}C=C=O \longrightarrow \overset{O}{\underset{O}{|}}C=C=O \longrightarrow CO_2 + CO$$

Richtig ist wahrscheinlich der folgende Mechanismus, der die Bildung eines viergliedrigen Rings als Zwischenprodukt vorsieht:

$$:C=C=O + O_2 \longrightarrow \underset{O-O}{C{-}C{\overset{O}{\nearrow}}} \longrightarrow CO + CO_2 \quad (\text{oder } CO + CO + O)$$

Die Struktur von Carben. Für die Carbenmolekel im Grundzustand könnte man zwei denkbare Strukturen vorschlagen. Die erste von diesen,

$$:C\begin{smallmatrix}H\\H\end{smallmatrix}$$

beruht auf der Konfiguration $2s^2 2p^2$ des Kohlenstoffatoms. Hier hätten die Bindungsorbitale der beiden Kohlenstoff—Wasserstoff-Bindungen $2p$-Charakter. Die zweite denkbare Struktur ist eine Triplettstruktur:

$$\uparrow\uparrow C\begin{smallmatrix}H\\H\end{smallmatrix}$$

Hier ist die Konfiguration des Kohlenstoffatoms $2s2p^3$, und zwei der tetraedrischen Orbitale sind von den beiden ungepaarten Elektronen besetzt, die anderen beiden von den Bindungselektronen. Die Kohlenstoff—Wasserstoff-Bindungen sollten in dieser Struktur fester sein als in der Singulettstruktur, aber bei der Triplettstruktur muß eine Promotionsenergie aufgebracht werden, um das Kohlenstoffatom vom zweiwertigen in den vierwertigen Zustand zu versetzen. Ergebnisse spektroskopischer Untersuchungen lassen darauf schließen, daß der Grundzustand der Triplettzustand ist und daß der Singulettzustand etwas weniger stabil ist. Die relative Energie der beiden Zustände ist bisher noch nicht ermittelt worden.

Die Energie des Singulettzustands können wir mit Hilfe der Bindungsenergien abschätzen. Für die Bildungswärme von CH für Bildung aus den Atomen ergibt sich auf Grund der Normalenthalpie von CH(g) in Tafel 7.2 ein Wert von 338 kJ mol^{-1}. Im Singulettzustand des CH_2 dürfte die Energie der zweiten C—H-Bindung die gleiche sein wie die der ersten. Für die Bildungswärme von $:CH_2$ aus den Atomen würde man so zu einem Wert von etwa 676 kJ mol^{-1} gelangen. Der beobachtete Wert für den Grundzustand ($\uparrow\uparrow CH_2$, Triplettzustand, berechnet aus der in Tafel 7.2 angegebenen Bildungsenthalpie) ist 754 kJ mol^{-1}, also größer als für den Singulettzustand berechnet. Auf Grund dieser Schätzung sollte also der Singulettzustand um etwa 78 kJ mol^{-1} über dem Triplettzustand liegen.

Der C—H-Bindungsabstand in CH beträgt 1,12 Å, ist also fast der gleiche wie in Methan (1,11 Å). Im Grundzustand (Triplettzustand) von CH_2 ist der Bindungsabstand 1,07 Å und der Bindungswinkel 140°; im Singulettzustand dagegen sind Abstand und Winkel 1,12 Å bzw. 103°. Diese Werte ergeben sich aus der Auswertung des Bandenspektrums von CH_2.

Freie Radikale. Ein Atom oder eine Atomgruppe mit einem oder mehreren einsamen Elektronen, die chemische Bindungen eingehen können, nennt man ein *freies Radikal*. Freie Radikale sind in der Regel überaus reaktionsfähig und schwierig darzustellen, außer in sehr geringer Konzentration.

Ein Verfahren, das Methylradikale als verdünntes Gas liefert, besteht im Erhitzen von Quecksilberdimethyl, $Hg(CH_3)_2$, das zu metallischem Quecksilber und zwei Methylradikalen zerfällt. Bequem ist auch die Zersetzung von Diacetyl, $(CH_3CO_2)_2$, durch Erhitzen oder Bestrahlen mit ultraviolettem Licht; die Diacetylmolekel liefert beim Zerfall zwei Kohlenstoffdioxidmolekeln und zwei Methylradikale.

Im Jahr 1900 entdeckte der amerikanische Chemiker Moses Gomberg (1866–1947), daß einige freie Radikale von Kohlenwasserstoffen stabil sind. Gomberg hatte versucht, Hexaphenyläthan, $(C_6H_5)_3C—C(C_6H_5)_3$, zu synthetisieren und hatte erwartet, eine stabile, weiße, kristalline Substanz zu finden. Statt dessen erhielt er eine tiefgefärbte Lösung mit der Fähigkeit, Sauerstoff zu binden. Er schloß richtig, die Lösung enthalte nicht das Hexaphenylderivat von Äthan, sondern vielmehr das freie Radikal Triphenylmethyl, mit der Formel $(C_6H_5)C\cdot$. Seitdem sind viele andere freie Kohlenwasserstoffradikale erzeugt worden. Sie haben sich als paramagnetisch erwiesen, enthalten also ungepaarte Elektronen. (Der Paramagnetismus ist dem magnetischen Moment des Elektronenspins ungepaarter Elektronen zu verdanken.) Die Stabilität des Triphenylmethylradikals und die sich aus ihr ergebende geringe Festigkeit der Bindung zwischen den beiden mittleren Kohlenstoffatomen im substituierten Äthan ist auf die Resonanzenergie des ungepaarten Elektrons zwischen den verschiedenen Kohlenstoffatomen des Radikals zurückzuführen. Nicht weniger als acht Valenzstrukturen vom Typ A können aufgestellt werden, jede mit neun Doppelbindungen und dem ungepaarten Elektron am zentralen Kohlenstoffatom, und 36 weitere Strukturen vom Typ B, mit dem ungepaarten Elektron an einem der Kohlenstoffatome eines Rings.

A   B

8.7. Instabile und hochreaktionsfähige Molekeln

Im Zeitraum der Entwicklung der klassischen Chemie, etwa von 1780 bis 1920, war die Aufmerksamkeit der chemischen Forschung fast ausschließlich auf das Verhalten von stabilen Substanzen gerichtet. Heute ist es möglich geworden, auch instabile und hochreaktionsfähige Molekeln zu untersuchen, vor allem mit Methoden der Spektroskopie und magnetischen Resonanz.

Die Auswertung von Molekularspektren hat Aufschlüsse über Elektronenstrukturen, Kernabstände und Schwingungsfrequenzen von Hunderten von zweiatomigen Molekeln im Grundzustand wie in angeregten Zuständen geliefert. Einige Angaben über Bindungsabstände (Kernabstände) einer Reihe von Molekeln im Grundzustand sind in Tafel 8.1 zusammengestellt. Die Elektronenstrukturen zweiatomiger Molekeln werden mit Symbolen wie $^2\Sigma$, ähnlich den Russell-Saunders-Symbolen für Atome charakterisiert. Die links oben angehängte Zahl hat dieselbe Bedeutung wie im Fall der Atome: sie ist gleich $2S+1$, wobei S die Gesamtelektronenspinquantenzahl ist, und ist damit um 1 größer als die Anzahl ungepaarter Elektronen. Die Symbole $\Sigma, \Pi, \Delta, \ldots$ entsprechen den Wer-

8. Sauerstoffverbindungen von Nichtmetallen

Tafel 8.1. Kernabstände einiger zweiatomiger Molekeln im Grundzustand.

Molekel	Symbol	Bindungs-abstand	Molekel	Symbol	Bindungs-abstand
BH	$^1\Sigma$	1,233 Å	Cl_2	$^1\Sigma$	1,988 Å
BH$^+$	$^2\Sigma$	1,215	Cl_2^+	$^2\Pi$	1,891
CH	$^2\Pi$	1,120	N_2	$^1\Sigma$	1,094
CH$^+$	$^1\Sigma$	1,131	N_2^+	$^2\Sigma$	1,116
NH	$^3\Sigma$	1,038	O_2	$^3\Sigma$	1,207
OH	$^2\Pi$	0,971	O_2^+	$^2\Pi$	1,123
OH$^+$	$^3\Sigma$	1,029	CF	$^2\Pi$	1,271
SiH	$^2\Pi$	1,520	SiN	$^2\Sigma$	1,572
PH	$^3\Sigma$	1,433	SiO	$^1\Sigma$	1,510
SH	$^2\Pi$	1,35	SiF	$^2\Pi$	1,603

ten 0, 1, 2,... der Komponente des Gesamtorbitaldrehimpulses der Elektronen in Richtung der Kernverbindungsachse der Molekel.

Das Symbol $^1\Sigma$ für BH zum Beispiel gibt an, daß der Gesamtelektronenspin Null ist ($S = 0$, alle Elektronen sind gepaart) und daß der Gesamtorbitaldrehimpuls keine Komponente in Richtung der B—H-Achse aufweist. Den Gedankengängen in Kapitel 6 folgend, würden wir der Molekel die Valenzstruktur :B—H zuweisen (1s-Elektronen von B nicht angegeben). Das einsame Elektronenpaar besetzt im wesentlichen das 2s-Orbital (mit geringfügigem $2p_\sigma$-Charakter; das Symbol $2p_\sigma$ bezeichnet dasjenige 2p-Orbital, das sich entlang der Kernverbindungsachse erstreckt). Die Bindung wird gebildet vom 1s-Orbital von H und dem $2p_\sigma$-Orbital von B, letzteres mit geringfügigem 2s-Charakter. Der Bindungsabstand stimmt mit 1,233 Å recht gut mit dem für eine Einfachbindung zu erwartenden Wert überein.

Strukturen mit einer Einfachbindung zum Wasserstoffatom entsprechen auch bei anderen Hydriden dem beobachteten Grundzustand. Für CH zum Beispiel schreiben wir die Strukturformel :C—H. Diese Struktur ist die gleiche wie für BH, abgesehen von dem zusätzlichen, ungepaarten Elektron. Dieses besetzt eines der beiden übrigen 2p-Orbitale des Kohlenstoffatoms, die auch $2p_\pi$-Orbitale genannt werden. (Eines der drei 2p-Orbitale, $2p_\sigma$, ist von der Bindung in Anspruch genommen.) Entlang der C—H-Achse hat der Gesamtorbitaldrehimpuls für das eine $2p_\pi$-Orbital die Komponente +1, für das andere die Komponente −1. Der Zustand, in dem eins von beiden besetzt ist, ist folglich ein $^2\Pi$-Zustand.

Die Struktur von NH ist :N—H. Die beiden ungepaarten Elektronen besetzen die beiden $2p_\pi$-Orbitale, mit Orbitaldrehimpulskomponenten +1 und −1. Der resultierende Gesamtorbitaldrehimpuls ist folglich null, und der Zustand muß ein Σ-Zustand sein. Nach der ersten Hundschen Regel (siehe Abschnitt 5.3) sollten die Spins der beiden Elektronen im Grundzustand parallel sein. Folglich ist der Grundzustand ein $^3\Sigma$-Zustand.

In den meisten Molekeln, mit Ausnahme der Hydride, ist die Ionisierung in der Regel von einer Änderung des Bindungszustands begleitet. So hat zum Beispiel das Chlormolekel-Ion die Struktur :Cl∵Cl:$^+$, weist also eine Einfachbindung und eine Drei-

Tafel 8.2. Grundzustand und Anregungszustände von NO.

	Energie	Symbol	Bindungsabstand
D[1]	6,58 eV	$^2\Sigma$	1,09 Å
C	6,47	$^2\Sigma$	1,09
B	5,65	$^2\Pi$	1,33
A	5,47	$^2\Sigma$	1,09
X	0	$^2\Pi$	1,15

1 Es ist üblich, den Grundzustand mit X und die Anregungszustände mit A, B, ... zu bezeichnen.

elektronenbindung auf. Entsprechend ist der Bindungsabstand um 0,10 Å geringer als in $:\!\ddot{\text{C}}\text{l}\!-\!\ddot{\text{C}}\text{l}\!:$. Dagegen besteht zwischen N_2 und N_2^+ kaum ein Unterschied im Bindungsabstand, denn beide Molekeln haben eine Dreifachbindung.

Der Grundzustand von NO (siehe Tafel 8.2) entspricht dem Symbol $^2\Pi$, woraus zu ersehen ist, daß sich ein ungepaartes Elektron auf einem p_π-Orbital befindet. Die beiden Elektronenstrukturen $:\!\dot{\text{N}}\!=\!\ddot{\text{O}}\!:$ und $:\!\ddot{\text{N}}\!=\!\dot{\text{O}}\!:$ können entweder symmetrisch oder antisymmetrisch kombiniert werden. Die symmetrische Kombination stabilisiert die Molekel, von der man dann sagen kann, sie habe eine Dreielektronenbindung zusätzlich zur Doppelbindung. Der für den Grundzustand beobachtete Bindungsabstand von 1,15 Å entspricht dieser Struktur, $:\!\text{N}\!\equiv\!\text{O}\!:$. Im antisymmetrischen $^2\Pi$-Zustand dagegen sollte eine Dreielektronen-Antibindung die Doppelbindung schwächen und damit zu einem Bindungsabstand führen, der zwischen dem Doppelbindungs- und dem Einfachbindungsabstand liegt. Dies trifft für den angeregten Zustand B zu (Bindungsabstand 1,33 Å). Für die anderen drei Anregungszustände A C und D, beträgt der Bindungsabstand 1,09 Å, was einer Dreifachbindung entspricht. Die Molekel in einem dieser Zustände kann aufgefaßt werden als ein NO^+-Rumpf mit einem Elektron auf einem äußeren Orbital mit der Hauptquantenzahl 3 oder größer als 3. Als Strukturformel für einen solchen Zustand kann man $(:\!\text{N}\!\equiv\!\text{O}\!:)\cdot$ schreiben.

Viele hochreaktionsfähige mehratomige Molekeln sind mit spektroskopischen Methoden untersucht worden. Ein Beispiel ist Siliciumdihydrid, SiH_2, das bei Blitzphotolyse (Zersetzung durch Lichtquanten ultravioletter Lichtblitze) von $SiH_4(g)$ entsteht. Das Bandenspektrum von SiH_2 zeigt, daß der H—Si—H-Bindungswinkel 92,1° beträgt und der Si—H-Bindungsabstand 1,521 Å. Diesen Befunden entspricht die Struktur

$$:\!Si\!\!\begin{array}{c} \nearrow H \\ \searrow H \end{array}$$

Die Bindungsorbitale des Siliciums haben vorwiegend $3p$-Charakter, das einsame Elektronenpaar vorwiegend $3s$-Charakter.

Es ist möglich, hochreaktionsfähige Molekeln vor dem Zerfall zu bewahren, indem man sie in einem inerten Träger einfängt, zum Beispiel in gefrorenem Argon, oder aber in einem Kristall erzeugt und dort beläßt. Als Beispiel sei das CO_2^--Anion genannt, das durch Röntgenbestrahlung von Natriumformiat gebildet werden kann. Die CO_2^--Ionen besetzen einzelne Gitterplätze von HCO_2^--Ionen. Nach Ausweis des Elektronenspinresonanzspektrums hat das CO_2^--Ion, das ein ungepaartes Elektron trägt, eine der NO_2-Molekel ähnliche Struktur, und zwar mit einem O—C—O-Bindungswinkel von etwa 134°.

Tautomerie. Einige allem Anschein nach reine Substanzen weisen chemische und physikalische Eigenschaften auf, die man nach allgemeinen Erfahrungsregeln zwei strukturell verschiedenen Molekeln zuschreiben würde. So zeigt zum Beispiel Aceton (gewöhnlich als Dimethylketon angesehen, siehe Struktur A weiter unten) ein Reaktionsverhalten gegenüber anderen Stoffen, das einerseits für eine Kohlenstoff—Sauerstoff-Doppelbindung, andererseits aber auch für eine Kohlenstoff—Kohlenstoff-Doppelbindung charakteristisch ist. Die Eigenschaften von Aceton lassen darauf schließen, daß die Substanz in Gasform, flüssiger Form und in Lösung größtenteils aus Molekeln der Struktur A (Keto-Form) und zu einem geringen Teil aus Molekeln der Struktur B (Enol-Form besteht:

$$\underset{A}{H_3C-\overset{\overset{O}{\|}}{C}-CH_3} \qquad \underset{B}{H_2C=\overset{\overset{OH}{|}}{C}-CH_3}$$

Die gegenseitige Umwandlung erfolgt so rasch, daß die beiden Formen mit herkömmlichen Methoden nicht voneinander getrennt werden können.
Das Auftreten einer Substanz in zwei isomeren Formen, die wegen ihrer raschen gegenseitigen Umwandlung praktisch nicht voneinander getrennt werden können, bezeichnet man als *Tautomerie*.
Äthylacetylacetonat (auch Acetylessigsäureäthylester), eine Flüssigkeit, reagiert mit Brom bei Zimmertemperatur zu 7% innerhalb einer Sekunde; die weitere Bromierung bis zu 100% schreitet danach wesentlich langsamer fort. Dieser Befund läßt darauf schließen, daß die Flüssigkeit im Gleichgewicht zu 93% aus Molekeln der Keto-Form (A) und zu 7% aus Molekeln der Enol-Form (B) besteht:

$$\underset{A}{H_3C-\overset{\overset{O}{\|}}{C}-\underset{H_2}{C}-\overset{\overset{O}{\|}}{C}-OC_2H_5} \qquad \underset{B}{H_3C-\overset{\overset{HO}{|}}{\underset{H}{C}}=\overset{}{C}-\overset{\overset{O}{\|}}{C}-OC_2H_5}$$

In neuerer Zeit ist es möglich geworden, tautomere Gemische mit physikalischen Methoden zu untersuchen. Zum Beispiel kann der Anteil von Molekeln der Enol-Form durch Messung der Intensität der OH-Absorptionsbande im Infrarotspektrum bestimmt werden; diese Bande geht auf die Valenzschwingung der Hydroxylgruppe zurück, deren Wellenzahl mit 3500 cm^{-1} etwas über der der C—H-Valenzschwingung (etwa 3000 cm^{-1}) liegt. Weiterhin hat sich die Methode der kernmagnetischen Resonanzmessung als besonders wertvoll erwiesen bei der Ermittlung nicht nur der Mengenverhältnisse der Tautomeren, sondern auch von deren Umwandlungsgeschwindigkeit.

Übungsaufgaben

8.1. Geben Sie die Zusammensetzungen und Strukturen der Sauerstoffsäuren der Elemente der fünften Gruppe im Oxidationszustand +5 an.

8.2. Geben Sie die Zusammensetzungen und Strukturen der Sauerstoffsäuren der Elemente der fünften Gruppe im Oxidationszustand +3 an [einschließlich Bi(OH)$_3$]. Welchen Gang zeigen die Eigenschaften dieser Verbindungen mit wachsender Ordnungszahl?

8.3. Stellen Sie die Reaktionsgleichungen für die Hydrolyse von Phosphortribromid und von Phosphorpentachlorid auf.

8.4. Um Ca$_3$(PO$_4$)$_2$ in ein lösliches Phosphat zur Verwendung als Düngemittel zu verwandeln, setzt man es entweder mit Schwefelsäure oder mit Phosphorsäure um. Im ersten Fall entsteht ein Gemisch von CaSO$_4 \cdot$ 2H$_2$O und Ca(H$_2$PO$_4$)$_2$ („Superphosphat"), im zweiten Fall entsteht Ca(H$_2$PO$_4$)$_2$ allein („Doppelsuperphosphat"). Stellen Sie die entsprechenden Reaktionsgleichungen auf und berechnen Sie den prozentualen Phosphorgehalt des ersten und des zweiten Produkts.

8.5. Zeichnen Sie die Elektronenstrukturen von phosphoriger Säure (H$_3$PO$_3$) und hypophosphoriger Säure (H$_3$PO$_2$) auf.

8.6. Wenn phosphorige Säure auf 200 °C erhitzt wird, zerfällt sie zu Phosphin und Phosphorsäure. Stellen Sie eine ausgeglichene Reaktionsgleichung für den Zerfall auf.

8.7. Bromwasserstoff kann durch Reaktion von Phosphortribromid mit Wasser erzeugt werden. Wie lautet die Reaktionsgleichung? Welche andere Phosphorverbindung könnte entstehen, wenn die Lösung erwärmt würde?

8.8. Arsen reagiert mit heißer, konzentrierter Salpetersäure unter Bildung von Arsensäure, Stickstoffdioxid und Wasser. Stellen Sie die Reaktionsgleichung auf.

8.9. Welche Struktur hat Trimetaphosphorsäure, H$_3$P$_3$O$_9$?

8.10. Stellen Sie die Reaktionsgleichung für die Reduktion von Ag$^+$ mit Natriumphosphitlösung auf.

8.11. Geben Sie chemische Gleichungen an, die die sauren und basischen Eigenschaften von Antimon im Oxidationszustand +3 illustrieren (vgl. Kapitel 14).

8.12. Erörtern Sie die Bildungsenthalpien der Trichloride, Tribromide und Trijodide von Phosphor, Arsen und Antimon im Zusammenhang mit der Elektronegativität der betreffenden Elemente.

8.13. Stellen Sie Reaktionsgleichungen auf für die Darstellung von H$_2$S, von SO$_2$ und von SO$_3$ mittels
a) einer Reaktion, bei der das Schwefelatom oxidiert oder reduziert wird,
b) einer Reaktion ohne Änderung des Oxidationszustands von Schwefel.

8.14. Führen Sie einige Beispiele an für die Verwendung von Schwefelsäure zur Herstellung leichtflüchtigerer Säuren. Warum läßt sich Jodwasserstoffgas nicht auf diese Weise erzeugen?

8.15. Stellen Sie die Reaktionsgleichungen für drei typische Anwendungen von Schwefelsäure auf.

8.16. Geben Sie die Elektronenstrukturen von Dischwefelsäure, Peroxyschwefelsäure und Peroxydischwefelsäure an.

8.17. a) Schwefelkohlenstoff, der bei 46,3 °C siedet, wird durch Überleiten von Schwefeldampf über zur Rotglut erhitzte Kohle dargestellt. Die Kohle verbrennt im Schwefeldampf zu Schwefelkohlenstoff. Stellen Sie die Reaktionsgleichung für diese Reaktion auf.
b) Die Normalenthalpie von CS$_2$(g) beträgt 115 kJ mol^{-1}. Berechnen Sie unter Benutzung von Tafel 7.7 die Enthalpie der Reaktion S$_2$(g) + C(Graphit) → CS$_2$(g). Ist die Reaktion exotherm oder endotherm?

262   8. Sauerstoffverbindungen von Nichtmetallen

8.18. In Gegenwart von Jod als Katalysator reagiert Schwefelkohlenstoff mit Chlor zu Tetrachlorkohlenstoff und Dischwefeldichlorid, S_2Cl_2. Wie lautet die Reaktionsgleichung?

8.19. Nach Ausweis ihres Mikrowellenspektrums hat die Schwefeldioxidmolekel einen Bindungsabstand von 1,432 Å, einen Bindungswinkel von 119,5°, und ein elektrisches Dipolmoment von 0,331 ε Å. Wie groß müßten die Ladungen der Atome sein, um das beobachtete Dipolmoment hervorzurufen? (Rechnen Sie mit Punktladungen am Aufenthaltsort der Kerne.) (Lösung: +0,46 für S, je −0,23 für O.)

8.20. Bei der Beschreibung der Schwefeldioxidmolekel in Abschnitt 8.2 war bemerkt worden, für eine S=O-Bindung sei ein Bindungsabstand von 1,49 Å zu erwarten. Wie gelangt man zu diesem Wert?

8.21. Nehmen Sie an, eine Doppelbindung könne als ein Paar gewinkelter Einfachbindungen angesehen werden, mit sonst genau denselben Eigenschaften wie gerade Einfachbindungen. Berechnen Sie unter dieser Voraussetzung und mit den Elektronegativitäten von Schwefel und Sauerstoff für eine fiktive Schwefeldioxidmolekel mit zwei Schwefel—Sauerstoff-Doppelbindungen den partiellen Ionencharakter der gewinkelten Einfachbindungen und die sich daraus ergebenden elektrischen Ladungen des Schwefelatoms und der Sauerstoffatome. (Lösung: 22%; +0,88 bzw. je −0,44.)

8.22. Die amerikanischen Chemiker G. N. Lewis und Irving Langmuir nahmen an, die Elektronenstruktur des Schwefelatoms in seinen Verbindungen sei eine Argonstruktur. Welche beiden Resonanzstrukturen für SO_2 ergeben sich aus dieser Annahme? Wie groß sind die entsprechenden elektrischen Ladungen des Schwefelatoms und der Sauerstoffatome? (Lösung: +1,66 bzw. −0,83.)

8.23. Die experimentell bestimmten Schwefel—Sauerstoff-Bindungsabstände in Schwefeldioxid legen die Annahme nahe, daß die Bindungen einen gewissen Dreifachbindungscharakter aufweisen (vgl. Übungsaufgaben 8.19 und 8.20). Welchem Bindungsabstand und welcher elektrischen Ladung des Schwefelatoms würde das folgende Paar von Resonanzstrukturen entsprechen?

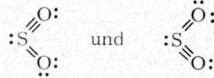

(Lösung: 1,36 Å; −0,10 für S.)

8.24. Berechnen Sie unter Benutzung der Ergebnisse der Übungsaufgaben 8.21 und 8.23, welche prozentualen Beiträge der Struktur

und der beiden in Übungsaufgabe 8.23 gezeigten Strukturen zu einem elektrischen Dipolmoment führen würden, das mit dem experimentell gefundenen übereinstimmt (Ladung +0,46 für S; vgl. Übungsaufgabe 8.19). (Lösung: 57% Beitrag der Struktur mit zwei Doppelbindungen.)

8.25. Erörtern Sie die Bildungsenthalpien der Dioxide, Hexafluoride und Sauerstoffsäuren von Schwefel, Selen und Tellur im Zusammenhang mit der Stellung dieser Elemente im Periodensystem. (Vgl. hierzu die Ausführungen über die Stabilität der höheren Oxidationsstufen von Brom am Ende von Abschnitt 8.1.)

8.26. Die Normalenthalpie von flüssigem Dimethylsulfoxid, $(CH_3)_2S=O$, beträgt −196 kJ mol^{-1} und die Verdampfungsenthalpie 53 kJ mol^{-1}. Wie groß ist die Enthalpie der Bildung von $(CH_3)_2SO(g)$ aus den Atomen? Ziehen Sie von diesem Wert die Bindungsenergien aller Einfachbindungen in der Molekel ab, um einen Wert für die S=O-Bindungsenergie zu erhalten. (Lösung: 3409 bzw. 401 kJ mol^{-1}.)

8.27. Können Sie eine Elektronenstruktur für H_5IO_6 vorschlagen? Welche Orbitale beteiligen sich an der Bildung der Hybridbindungsorbitale des Jodatoms?

8.28. Die reaktionsfähige Molekel ClO, die ein ungepaartes Elektron besitzt, ist mit Methoden der Gasspektroskopie untersucht worden. Was für eine Elektronenstruktur würden Sie der Molekel zuschreiben? Ihre Normalenthalpie beträgt 138 kJ mol^{-1}. Wie groß ist die Enthalpie der Bildung aus den Atomen? (Lösung: 231 kJ mol^{-1}.) Die Bindungsenergie einer Dreielektronenbindung (ebenso wie einer Einelektronenbindung) wird gewöhnlich zu 50 bis 60% derjenigen einer entsprechenden Elektronenpaarbindung (Einfachbindung) veranschlagt. Welche Schlüsse bezüglich des relativen Dreielektronenbindungscharakters in dieser Molekel ziehen Sie aus der Enthalpie der Bildung aus den Atomen?

8.29. Was für eine Elektronenstruktur können Sie für die „ungerade" Molekel (d.h. mit ungerader Elektronenzahl, ein ungepaartes Elektron) ClO_2 vorschlagen? Berücksichtigen Sie dabei, daß der Chlor—Sauerstoff-Bindungsabstand in dieser Molekel 1,49 Å beträgt, gegenüber 1,69 Å in Cl_2O. Der O—Cl—O-Bindungswinkel liegt bei 116°.

8.30. Die Normalenthalpie von ClO_2(g) beträgt 103 kJ mol^{-1}, die von ClO(g) 138 kJ mol^{-1}. Wie groß ist die Enthalpie der Reaktion ClO(g) + O(g) → ClO_2(g)? (Lösung: 284 kJ mol^{-1}.) Was zeigt ein Vergleich dieses Werts mit dem Durchschnittswert für die Säure-Anionen in Abschnitt 8.3?

8.31. Die Kristalle von $NOClO_4$ und $(NO)_2SnCl_6$ sind denen von NH_4ClO_4 bzw. $(NH_4)_2SnCl_6$ sehr ähnlich. Man nimmt an, daß sie das Nitrosyl-Kation, NO^+, enthalten. Welche Elektronenstrukturen und Bindungsabstände würden Sie diesem Ion zuschreiben?

8.32. Stickstoffwasserstoffsäure, HN_3, ist ein explosionsgefährliches Gas. Seine Normalenthalpie beträgt 294 kJ mol^{-1}. Wieviel Wärme würde freigesetzt bei seinem Zerfall zu a) molekularem Wasserstoff und Stickstoff, b) Ammoniak und Stickstoff, c) NH(g) und Stickstoff?

8.33. Erörtern Sie die Elektronenstruktur des Azid-Ions, N_3^-, im Vergleich mit denen von Distickstoffoxid und Kohlenstoffmonoxid.

8.34. Berechnen Sie die Bildungswärmen von SO(g) und PO(g) für Bildung aus den Atomen auf Grund der tabellierten Enthalpiewerte und vergleichen Sie die Ergebnisse mit den im Text angegebenen S=O- und P=O-Bindungsenergien in den Ionen der Sauerstoffsäuren.

8.35. Schreiben Sie P_4O_6 und P_4O_{10} Elektronenstrukturen zu. Von was für Bindungsorbitalen macht das Phosphoratom in diesen Molekeln Gebrauch?

8.36. Die Bildungsenthalpien von P_4O_{10}(f) und P_4O_6(f) belaufen sich laut Tafel 7.5 auf —2984 bzw. —1640 kJ mol^{-1}. Die Sublimationsenthalpien betragen 100 bzw. 67 kJ mol^{-1}. Berechnen Sie hieraus die Bindungsenergie der P=O-Bindung.

8.37. a) Berechnen Sie aus Angaben in der vorigen Aufgabe einen Wert für die P—O-Bindungsenergie. b) Berechnen Sie zum Vergleich einen Wert für die P—O-Bindungsenergie aus Werten für P—P- und O—O-Bindungen mit einer Korrektur, die die Elektronegativitätsdifferenz berücksichtigt.

8.38. Die experimentell bestimmten Bindungsabstände in P_5O_{10} betragen 1,65 und 1,39 Å; der letztere Wert bezieht sich auf die Bindungen mit Sauerstoffatomen, die nur mit einem Phosphoratom verknüpft sind. Der erste Wert entspricht einer Einfachbindung mit geringfügigem Doppelbindungscharakter, der zweite entspricht einer Dreifachbindung. Zeichnen Sie eine Valenzstruktur mit Einfach- und Dreifachbindungen. Was für Orbitale werden als Bindungsorbitale benutzt a) von den zwei Phosphoratome verbindenden Sauerstoffatomen, b) von den äußeren Sauerstoffatomen, c) von den Phosphoratomen? Wieviele einsame Elektronenpaare haben die Sauerstoffatome?

8.39. Legen Sie die Struktur mit Dreifachbindungen zugrunde, ermitteln Sie für alle Bindungen den partiellen Ionencharakter entsprechend der Elektronegativitätsdifferenz und berechnen Sie die elektrischen Ladungen der Phosphor- und Sauerstoffatome. Ist diese Struktur besser oder weniger gut verträglich mit dem Elektroneutralitätsprinzip (Atomladung zwischen —1 und +1) als die Struktur mit Doppelbindungen zu den äußeren Sauerstoffatomen?

8. Sauerstoffverbindungen von Nichtmetallen

8.40. Schätzen Sie das elektrische Dipolmoment der Molekeln von P_4O_6 und P_4O_{10}.

8.41. Die Lösungswärme von hyposalpetriger Säure in Wasser beträgt schätzungsweise 75 kJ mol^{-1} (zum Vergleich 58 für H_2O_2, 16 für O_2). Berechnen Sie die N=N-Bindungsenergie mittels dieser Angabe, der Normalenthalpien von $H_2N_2O_2$(aq) in Tafel 7.4 und den Bindungsenergien der anderen Bindungen. (Lösung: 586 kJ mol^{-1}.) Vergleichen Sie das Ergebnis mit den Werten für die Einfach- und Mehrfachbindungen N—N, N≡N, C—C, C=C und C≡C.

8.42. Ammoniumdihydrogenphosphat, $NH_4H_2PO_4$, kann durch Einleiten von Ammoniak in wäßrige Phosphorsäure und Sprühtrocknen des Produkts hergestellt werden. Es wird behauptet, dieses Düngemittel könne von England an Länder wie Indien und Malaya für einen um 20% niedrigeren Preis (bezogen auf P_4O_{10}-Gehalt) als andere Phosphate geliefert werden (vgl. Abschnitt 8.4). Ihr Kommentar?

Kapitel 9

Gase: Quantenmechanik und statistische Mechanik

Ein wesentlicher Teil chemischer und physikalischer Theorie hat sich im Zusammenhang mit der experimentellen Untersuchung der Eigenschaften von Gasen entwickelt. In diesem Kapitel wollen wir einige dieser Eigenschaften erörtern. Besonders berücksichtigen wollen wir dabei die Beziehungen mit den allgemeinen Theorien der Quantenmechanik und statistischen Mechanik.

Es ist interessant festzustellen, daß der Ausdruck „Gas" nicht vor Anfang des siebzehnten Jahrhunderts aufgekommen ist. Ein belgischer Arzt, J.B. van Helmont (1577–1644), prägte das Wort, um dem Begriff einen Namen zu geben, der durch die neue Vorstellung hervorgerufen worden war, daß es verschiedene Arten von „Luft" gäbe. Van Helmont entdeckte, daß ein Gas (heute als Kohlenstoffdioxid bekannt) entsteht, wenn Kalkstein mit Säure behandelt wird, und zwar ein Gas, das sich von Luft darin unterscheidet, daß es schwerer ist und Lebensvorgänge nicht zu unterhalten vermag. Er entdeckte weiterhin, daß das gleiche Gas auch bei Gärungsvorgängen entsteht und daß es in der Grotto del Cane anwesend ist, einer Höhle in Italien, von der man beobachtet hatte, daß Hunde in ihr bewußtlos werden. (Kohlenstoffdioxid entweicht aus Rissen am Boden der Höhle und verdrängt die Luft in den niedrigeren Lagen.)

Im Verlauf des siebzehnten und achtzehnten Jahrhunderts wurden weitere Gase entdeckt, darunter Wasserstoff, Sauerstoff und Stickstoff, und auf ihre Eigenschaften hin untersucht. Allerdings erkannte man erst gegen Ende des achtzehnten Jahrhunderts diese drei Gase als Elemente. Lavoisiers Entdeckung, daß Sauerstoff ein Element ist und daß die Verbrennung in einer Vereinigung mit Sauerstoff besteht, legte den Grundstein zur modernen Chemie.

Eine bemerkenswerte Eigenschaft von Gasen, die sie von Flüssigkeiten und festen Körpern unterscheidet, besteht darin, daß das Volumen einer gegebenen Gasmenge sehr stark von der Temperatur des Gases und vom Druck abhängt. Das Volumen einer bestimmten Menge flüssigen Wassers (z.B. 1 kg) ändert sich nicht merklich, wenn Temperatur und Druck etwas verändert werden. Steigerung des Drucks von 1 atm auf 2 atm läßt das Volumen flüssigen Wassers nur um weniger als 0,01% abnehmen, und Steigerung der Temperatur von 0 °C auf 100 °C bringt einen Volumenzuwachs von nur 2% mit sich. Auf der anderen Seite verringert sich das Volumen einer gegebenen Menge Luft auf die Hälfte, wenn der Druck von 1 atm auf 2 atm erhöht wird, und Erwärmen von 0 °C auf 100 °C führt zu einer Ausdehnung der Luft um 36,6%.

Es ist deshalb verständlich, daß diese interessanten Erscheinungen schon zu Beginn der Entwicklung unserer modernen Chemie die Aufmerksamkeit der Forscher auf sich gelenkt haben, daß viele quantitative Versuche hierüber angestellt worden sind und daß eine große Zahl von Physikern und Chemikern des vorigen Jahrhunderts sich der Aufgabe gewidmet haben, eine sinnvolle Theorie zur Erklärung des Verhaltens der Gase zu entwickeln. Mit einem Teil dieser Theorie wollen wir uns später in diesem Kapitel beschäftigen.

Abgesehen von dem Bestreben, diesen Teil der physikalischen Welt verstehen zu lernen, gibt es noch einen anderen, einen praktischen Grund für das Studium der Gasgesetze. Es handelt sich um die Aufgabe, Gase zu messen. Das einfachste Verfahren, die Menge eines festen Stoffs zu bestimmen, aus der eine Probe besteht, ist die Wägung der Probe. Auch für Flüssigkeiten ist dieses Verfahren bequem gangbar. Statt dessen kann man auch das Volumen bestimmen und es mit der Dichte multiplizieren, die in einem anderen Versuch gemessen worden ist. Für Gase ist die Wägung meist kein bequemes Verfahren, da ihre Dichten sehr gering sind. Volumina lassen sich bei Gasen wesentlich einfacher und genauer messen mit Hilfe von Behältern bekannten Volumens. Dies ist einer der Gründe, warum die Kenntnis der Beziehungen zwischen Druck, Volumen und Temperatur von Gasen mit zur Chemie gehört.

Ein anderer, wichtiger Grund, sich mit den Gasgesetzen zu beschäftigen, ist der folgende: die Dichte eines verdünnten Gases steht in einfacher Beziehung zu seinem Molekulargewicht, während für Flüssigkeiten und feste Körper keine solche Gesetzmäßigkeit besteht. Die Kenntnis des Zusammenhangs zwischen Dichte und Molekulargewicht von Gasen leistete wertvolle Dienste bei der Festlegung der richtigen Atomgewichte. Sie hat noch heute praktischen Wert, denn sie gestattet es, einen Näherungswert für die Dichte eines Gases bekannter molekularer Zusammensetzung unmittelbar zu berechnen oder das durchschnittliche Molekulargewicht eines Gases unbekannter molekularer Zusammensetzung aus der experimentellen Messung seiner Dichte zu bestimmen. In den nächsten Abschnitten werden wir uns mit solchen Anwendungen beschäftigen.

Die experimentelle Untersuchung hat eine bedeutsame Gesetzmäßigkeit aufgedeckt: *alle gewöhnlichen Gase stimmen bei geringer Dichte in ihrem physikalischen Verhalten nahezu vollkommen überein*. Eine Beschreibung dieses Verhaltens liefern die sogenannten *idealen Gasgesetze* (oft kurz als *Gasgesetze* bezeichnet).

Die experimentelle Prüfung hat gezeigt, daß innerhalb der Zuverlässigkeit der Gasgesetze nur drei Größen das Volumen einer Gasmenge bestimmen: der *Druck* des Gases, seine *Temperatur* und die *Anzahl Molekeln* in der Gasmenge. Wie das Volumen des Gases vom Druck abhängt, beschreibt das *Boylesche Gesetz*, wie es von der Temperatur abhängt, beschreibt das *Gesetz von Charles und Gay-Lussac*, und wie es von der Anzahl der anwesenden Molekeln abhängt, beschreibt das *Gesetz von Avogadro*.

Weiterhin hat die experimentelle Untersuchung ergeben, daß die innere Energie (vgl. Abschnitt 6.11) eines verdünnten Gases bei konstanter Temperatur bei Änderung des Gasvolumens nahezu unverändert bleibt; für ein ideales Gas ist sie vom Volumen unabhängig. Wie wir später bei der Behandlung der statistischen Mechanik (kinetische Gastheorie) sehen werden, führt die Annahme, daß die Gasmolekeln (eines idealen Gases) einander nicht beeinflussen – sich also nicht anziehen oder abstoßen – zu dieser Unabhängigkeit der inneren Energie vom Volumen sowie zur idealen Gasgleichung.

9.1. Die ideale Gasgleichung

Die Abhängigkeit des Gasvolumens vom Druck. Versuche über die Abhängigkeit des Gasvolumens vom Druck haben gezeigt, daß für fast alle Gase bei konstanter Temperatur das Volumen einer Gasmenge dem Druck umgekehrt proportional ist. Anders gesagt, das Produkt aus Druck und Volumen ist unter diesen Bedingungen konstant:

$$PV = \text{konst.} \qquad \text{(Temperatur konstant, Molzahl konstant)} \qquad (9.1)$$

So lautet das *Boylesche Gesetz*. Es wurde 1662 von dem englischen Naturforscher Robert Boyle (1627–1691) auf Grund seiner Versuchsergebnisse formuliert.
Während alle gewöhnlichen Gase, wie Sauerstoff, Wasserstoff, Stickstoff, Kohlenstoffmonoxid, Kohlenstoffdioxid usw., dem Boyleschen Gesetz folgen, weichen manche Gase davon ab. Zu diesen gehört Stickstoffdioxid, NO_2, dessen Molekeln sich zu Doppelmolekeln von Distickstofftetroxid, N_2O_4, zusammenlagern können. Unter Normalbedingungen enthält das Gas sowohl NO_2-Molekeln als auch N_2O_4-Molekeln. Ändert sich der Druck, unter dem das Gas steht, so ändert sich auch die Zahl der Molekeln beider Arten und damit die Gesamtzahl der Molekeln. Deshalb hängt das Volumen des Gases in komplizierter Weise vom Druck ab, nicht einfach nach dem Boyleschen Gesetz. Wir kommen darauf in Kapitel 11 zurück.

Der Partialdruck von Bestandteilen einer Gasmischung. Dalton fand 1801, daß beim Mischen zweier Gasmengen unter gleichem Druck sich das Gesamtvolumen nicht ändert. Befinden sich die beiden Gase vor der Vermischung in getrennten Behältern gleicher Größe unter 1 atm Druck, so enthält nach der Vermischung jeder Behälter ein Gasgemisch von 1 atm Druck, das je zur Hälfte aus Molekeln des einen und Molekeln des anderen Gases besteht. Das legt die Annahme nahe, daß in einer solchen Mischung jeder der beiden Bestandteile $1/2$ atm Druck ausübt, wie es auch der Fall wäre, wenn der andere Bestandteil nicht anwesend wäre. Daltons *Gesetz der Partialdrucke* besagt: In einer Gasmischung üben die Molekeln jedes einzelnen gasförmigen Bestandteils denselben Druck aus, wie wenn sie allein anwesend wären. Der Gesamtdruck der Gasmischung ist gleich der Summe dieser Partialdrucke der einzelnen Bestandteile.

Korrektur zur Berücksichtigung des Dampfdrucks von Wasser. Wird eine Gasmenge über Wasser aufgefangen, so enthält sie Wasserdampf, der zu ihrem Druck beiträgt. Der Partialdruck des Wasserdampfs im Gas (der Anteil des Gesamtdrucks, der auf den enthaltenen Wasserdampf entfällt) ist im Gleichgewicht mit flüssigem Wasser gleich dem Dampfdruck des Wassers bei der betreffenden Temperatur. Die Werte für den Dampfdruck des Wassers bei verschiedenen Temperaturen sind im Anhang IX tabelliert.

Die Abhängigkeit des Gasvolumens von der Temperatur. Nach der Entdeckung des Boyleschen Gesetzes vergingen über hundert Jahre, bis die Abhängigkeit des Gasvolumens von der Temperatur untersucht wurde. 1787 endlich berichtete der französische Physiker Jacques Alexandre Charles (1746–1823), daß verschiedene Gase sich um den gleichen Bruchteil ihres Volumens ausdehnen, wenn ihre Temperatur um den gleichen

Betrag erhöht wird. John Dalton setzte 1801 die Arbeiten in England fort. 1802 dehnte Joseph Louis Gay-Lussac (1778–1850) die Untersuchungen aus und stellte fest, daß alle Gase sich für jeden Celsius-Grad, um den sie erwärmt werden, um $1/_{273}$ ihres Volumens bei 0 °C ausdehnen. Eine Gasmenge von 273 ml Volumen bei 0 °C nimmt also bei 1 °C unter demselben Druck 274 ml, bei 2 °C 275 ml, bei 100 °C 373 ml ein usw.

Die Abhängigkeit des Gasvolumens von der Temperatur können wir so formulieren: Das Volumen einer Gasmenge ist der aboluten Temperatur proportional, wenn der Druck und die Anzahl mol im Gas unverävdert bleiben:

$$V = \text{konst.} \cdot T \qquad \text{(Druck konstant, Molzahl konstant)} \qquad (9.2)$$

Dies ist das *Gesetz von Charles und Gay-Lussac*.

Während das Gasvolumen dem Druck umgekehrt proportional ist, ist es der aboluten Temperatur direkt proportional. Wie diese Beziehungen aussehen, veranschaulichen die Kurven in Abbildung 9.1.

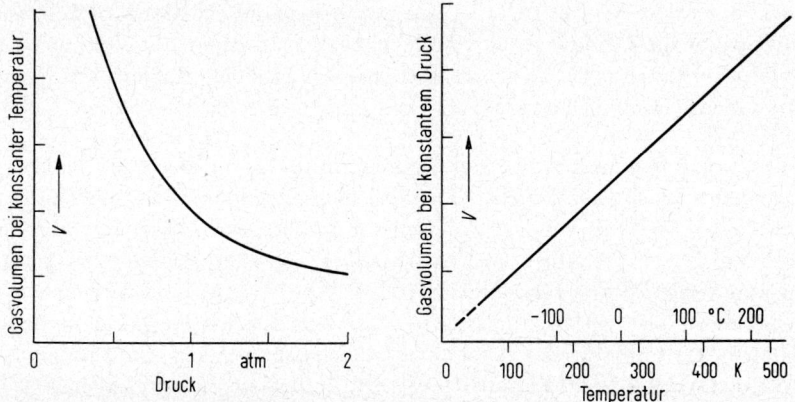

Abb. 9.1. Abhängigkeit des Gasvolumens vom Druck (links) und von der Temperatur (rechts). Die linke Kurve zeigt das Volumen einer Gasmenge bei konstanter Temperatur und unveränderter Molzahl als Funktion des Drucks. Die rechte Kurve zeigt das Volumen einer Gasmenge bei konstantem Druck und unveränderter Molzahl als Funktion der Temperatur.

Normalbedingungen. Gewöhnlich findet man Gasvolumina auf 0 °C und 1 atm Druck bezogen. Diese Temperatur und diesen Druck bezeichnet man als *Normalbedingungen*. Man nennt es „eine Gasmenge auf Normalbedingungen reduzieren", wenn man ihr Volumen auf diese Temperatur und diesen Druck umrechnet.

Das Gesetz von Avogadro. Im Jahr 1805 begann Gay-Lussac eine Versuchsreihe, in der er den Sauerstoffgehalt der Luft in Volumenprozent messen wollte. Er mischte der Luft ein bestimmtes Volumen Wasserstoff zu, ließ das Gemisch explodieren und prüfte das restliche Gas darauf, ob Wasserstoff oder Sauerstoff im Überschuß vorhanden gewesen waren. Zu seinem Erstaunen fand er eine äußerst einfache Beziehung: 1000 ml Sauerstoff reagierten mit genau 2000 ml Wasserstoff zu Wasser. Er setzte seine Untersuchungen über die Volumina verschiedener Gase, die miteinander reagieren, fort und fand, daß sich 1000 ml Chlorwasserstoff mit genau 1000 ml Ammoniak verbinden und daß 1000 ml Kohlenstoffmonoxid mit 500 ml Sauerstoff 1000 ml Kohlenstoffdioxid bilden. Auf dieser Grundlage formulierte er das Gesetz der Verbindungsvolumina: Die Volumina von Gasen, die miteinander reagieren oder in einer chemischen Reaktion entstehen, stehen zueinander im Verhältnis kleiner ganzer Zahlen.

Eine derartig einfache empirische Beziehung rief nach einer einfachen theoretischen Deutung. 1811 stellte Amedeo Avogadro (1776–1856), Professor der Physik an der Universität Turin, eine Hypothese zur Deutung des Gesetzes auf: *Gleiche Volumina aller verdünnten Gase enthalten unter gleichen äußeren Bedingungen die gleiche Anzahl Molekeln*. Inzwischen ist gründlich geprüft und bestätigt worden, daß die Hypothese innerhalb der Genauigkeit, mit der die Gase den idealen Gasgesetzen folgen, richtig ist. Deshalb nennt man sie jetzt ein Gesetz, das *Gesetz von Avogadro*[1].

Im vorigen Jahrhundert gab das Gesetz von Avogadro die befriedigendste und einzig zuverlässige Auskunft darüber, welche Vielfachen der Äquivalentgewichte den Elementen als Atomgewichte zugeschrieben werden sollten. Welche Gedankengänge dazu führen, zeigen die nächsten Abschnitte. Aber der Wert des Gesetzes wurde von den Chemikern bis 1858 nicht erfaßt. Erst als Stanislao Cannizzaro (1826–1910) in diesem Jahre zeigte, wie man das Gesetz systematisch anwenden kann, verschwand auf einen Schlag die Unsicherheit hinsichtlich der Richtigkeit von Atomgewichten und Formeln von Verbindungen. Vor 1858 hatten viele Chemiker für Wasser die Formel HO und 8 als Atomgewicht des Sauerstoffs benutzt. Nun erkannten alle H_2O als die richtige Formel an[2].

Das Gesetz von Avogadro und das Gesetz der Verbindungsvolumina. Das Gesetz von Avogadro verlangt, daß die Volumina der reagierenden wie der entstehenden Substanzen bei Gasreaktionen zueinander im Verhältnis kleiner ganzer Zahlen stehen (bei Messung unter gleichen Bedingungen). Die Anzahl Molekeln der Ausgangsstoffe und Produkte bei einer chemischen Reaktion stehen zueinander in ganzzahligem Verhältnis, und dasselbe Verhältnis gilt auch für die Gasvolumina. Abbildung 9.2 erläutert diese Regel an Hand verschiedener Gasreaktionen; jeder Kasten in der Abbildung stellt das Volumen dar, das von vier Gasmolekeln eingenommen wird.

Die Anwendung des Gesetzes von Avogadro bei der Festlegung der richtigen Atomgewichte der Elemente. Wir wollen nun sehen, wie Cannizzaro 1858 das Gesetz von Avogadro bei der Wahl der Atomgewichte für die Elemente anwandte. Nach dem Gesetz von Avogadro ist das Molekulargewicht jeder Substanz gleich dem Gewicht in Gramm eines noch festzulegenden Molvolumens der gasförmigen Substanz, das für alle Gase unter gleichen äußeren Bedingungen gleich groß ist. Für die Festlegung der Größe

---

1 Die Hypothese, daß gleiche Gasvolumina die gleiche Anzahl von Atomen enthalten, war schon von Dalton geprüft und verworfen worden; er war nicht auf den Gedanken gekommen, daß Elementarsubstanzen in Form mehratomiger Molekeln (H_2, O_2 u.a.) auftreten könnten.
2 Daß die Chemiker das Gesetz von Avogadro von 1811 bis 1858 übersahen, scheint daran gelegen zu haben, daß Molekeln als etwas zu „Theoretisches" angesehen wurden, das keiner ernstlichen Betrachtung wert sei.

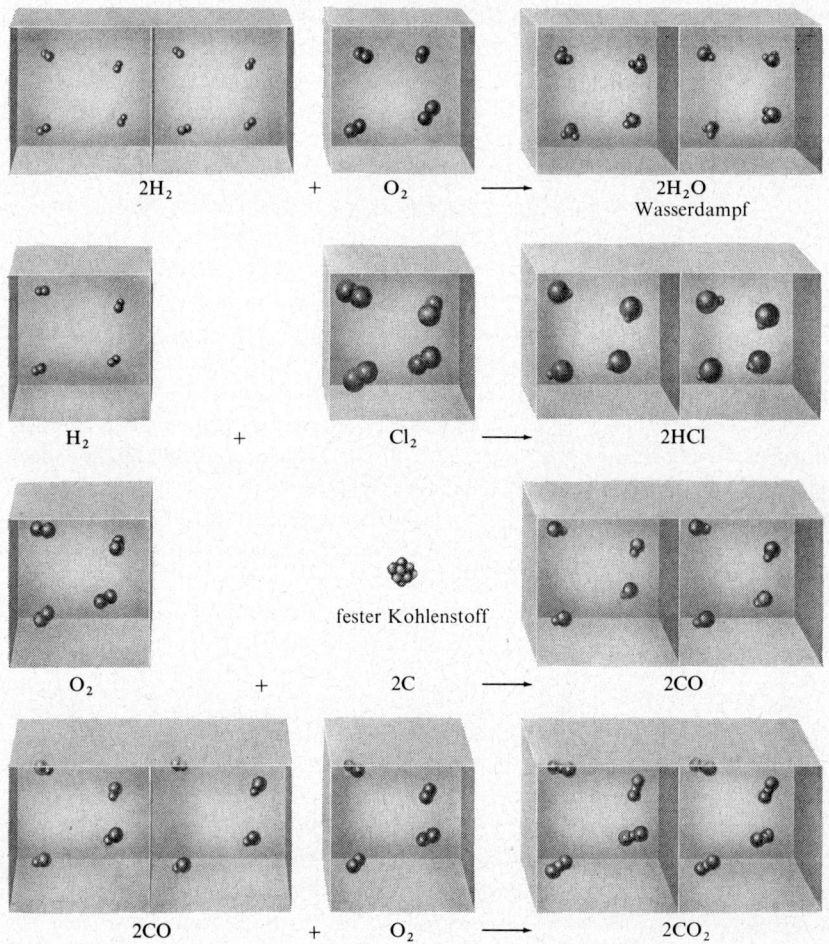

Abb. 9.2. Relative Volumina von Gasen, die sich an chemischen Reaktionen beteiligen.

dieses Volumens ist es entscheidend, wie wir unsere Atomgewichtsskala normieren wollen. Hier sei sie auf Wasserstoff gleich eins bezogen. Wir bestimmen nun für möglichst viele gasförmige Wasserstoffverbindungen das Gewicht eines bestimmten Volumens, zum Beispiel 1 Liter reduziert auf Normalbedingungen, und das Gewicht des in dieser Menge der Verbindung enthaltenen Wasserstoffs. Die nachstehende Tabelle zeigt eine solche Aufstellung. Wir sehen, daß das Gewicht des Wasserstoffs mindestens 0,045 g beträgt und in jedem Fall entweder diesen Wert oder ein ganzzahliges Vielfaches davon annimmt. Wir dürfen daraus schließen, daß die Verbindungen mit 0,045 g Wasserstoff pro Liter Gas ein Wasserstoffatom in der Molekel enthalten, die Verbindungen mit 0,089 g Wasserstoff pro Liter Gas zwei Wasserstoffatome pro Gasmolekel usw. In 22,4 Liter (unter Normalbedingungen) enthalten die Verbindungen 1 g, 2 g usw., also 1 Grammatom, 2 Grammatome usw. Wasserstoff. Dies ist also unser Molvolumen.

9.1. Die ideale Gasgleichung

Ein Mol eines Gases nimmt unter Normalbedingungen (0 °C, 1 atm) das Volumen von 22,4 Litern ein.

	Gasgewicht pro Liter in g	Gewicht des enthaltenen Wasserstoffs in g	Gasgewicht pro 22,4 Liter in g	Gewicht des enthaltenen Wasserstoffs in g
Wasserstoff (H_2)	0,089	0,089	2	2
Methan (CH_4)	0,72	0,179	16	4
Äthan (C_2H_6)	1,34	0,268	30	6
Wasser (H_2O)	0,805	0,089	18	2
Schwefelwasserstoff (H_2S)	1,52	0,089	34	2
Cyanwasserstoff (HCN)	1,20	0,045	27	1
Chlorwasserstoff (HCl)	1,63	0,045	36,5	1
Ammoniak NH_3)	0,76	0,134	17	3
Pyridin (C_5H_5N)	3,5	0,223	79	5

Ähnlich gehen wir bei der Festlegung der Atomgewichte der anderen Elemente vor: die Wahrscheinlichkeit ist groß, daß unter den vielen Verbindungen eines anderen Elements sich wenigstens eine findet, die nur ein Atom des betreffenden Elements in der Molekel enthält. Das Gewicht, mit dem das Element an 22,4 Liter Gasvolumen dieser Verbindung beteiligt ist, ist das Atomgewicht des Elements.

Elementarer Wasserstoff besteht, wie aus der obigen Aufstellung hervorgeht, aus zweiatomigen Molekeln H_2, und Wasser hat zunächst die Formel H_2O_x, worin x noch zu bestimmen bleibt.

Wie für Wasserstoff stellen wir nun für Sauerstoff eine Tabelle mit experimentellen Daten auf. Der Vergleich von elementarem Sauerstoff und Wasser in dieser Aufstellung zeigt, daß die Sauerstoffmolekel aus zwei Atomen oder jedenfalls einer geraden Anzahl von Atomen bestehen muß, denn unter Normalbedingungen enthält elementarer Sauerstoff im Molvolumen doppelt soviel Sauerstoff (32 g) wie Wasserdampf (16 g Sauerstoff). Die Daten der anderen Verbindungen geben uns keinen Anlaß zur Annahme, daß das Atomgewicht von Sauerstoff geringer als 16 sei. Also schreiben wir Sauerstoff das Atomgewicht 16 zu. Wasser erhält damit die Formel H_2O.

	Gasgewicht pro 22,4 Liter in g	Gewicht des enthaltenen Sauerstoffs in g
Sauerstoff (O_2)	32	32
Wasser (H_2O)	18	16
Kohlenstoffoxid (CO)	28	16
Kohlenstoffdioxid (CO_2)	44	32
Distickstoffoxid (N_2O)	44	16
Stickstoffoxid (NO)	30	16
Schwefeldioxid (SO_2)	64	32
Schwefeltrioxid (SO_3)	80	48

Es wird Ihnen aufgefallen sein, daß das Gesetz von Avogadro streng genommen nur Höchstwerte für die Atomgewichte der Elemente liefert. Die Möglichkeit bleibt immer offen, daß das wirkliche Atomgewicht nur die Hälfte, ein Drittel usw. des angenommenen Wertes beträgt.

Die vollständige ideale Gasgleichung. Das Boylesche Gesetz, das Gesetz von Charles und Gay-Lussac und das Gesetz von Avogadro lassen sich in einer einzigen Gleichung zusammenfassen:

$$PV = nRT \tag{9.3}$$

Hierin ist P der Druck, unter dem das Gas steht, V das Volumen, das das Gas einnimmt, n die Molzahl in der Gasmenge (also die Anzahl Molekeln geteilt durch die Avogadrosche Zahl), T die absolute Temperatur des Gases und R die sogenannte *Gaskonstante*.
Der zahlenmäßige Wert der Gaskonstanten richtet sich nach den verwendeten Maßeinheiten, d. h. den Einheiten, in denen P, V, n und T angegeben werden. Bei Angabe von P in Atmosphären, V in Litern, n in Mol und T in Kelvin-Graden ergibt sich für R der Wert von 0,0820 Literatmosphären pro Mol und Grad (genauer 0,08206 l atm grad^{-1} mol^{-1}); R kann auch angegeben werden als 8,3146 J grad^{-1} mol^{-1}. Die Größe R/N (N = Avogadrosche Zahl) wird als *Boltzmann-Konstante* bezeichnet, mit dem Symbol k; ihr Wert beträgt 13,805 · 10^{-24} J grad^{-1}.
Die ideale Gasgleichung kann umgeformt werden zu

$$n = \frac{PV}{RT} \tag{9.4}$$

In dieser Form drückt sie das Gesetz von Avogadro aus.
Das Volumen von einem Mol eines idealen Gases unter Normalbedingungen beträgt 22,415 Liter (22,415 · 10^{-3} m³).
Wie die ideale Gasgleichung chemische Fragen zu lösen hilft, soll mit den folgenden Beispielen erläutert werden.

Aufgabe 9.1. Welche Dichte hat Sauerstoff unter Normalbedingungen?

Lösung. Das Volumen von einem Mol O_2 (Masse 31,9988 g) beträgt 22,415 l. Folglich ist die Dichte 31,9988/22,415 = 1,428 g l^{-1}.

Aufgabe 9.2. Die Sauerstoffmenge, die von einer gegebenen Menge Kaliumchlorat, $KClO_3$, freigesetzt wird, soll experimentell bestimmt werden. Hierzu wägen wir 2,00 g des Salzes ab, mischen es mit etwas Braunstein (Mangandioxid, als Katalysator) und bringen es in ein Reagenzglas ein. Das Reagenzglas wird mit einem Korken verschlossen, durch den ein Glasröhrchen führt, dessen anderes Ende unter ein umgestülptes, mit Wasser gefülltes Gefäß in einem ebenfalls wassergefüllten Trog gebracht wird. Das Reagenzglas wird nun erhitzt, bis die Gasentwicklung aufgehört hat. Das freigesetzte, im umgestülpten Gefäß aufgefangene Gas hat, wie wir feststellen, ein Volumen von 591 ml. Die Temperatur betrug 18 °C, der Druck 0,9851 atm. Wieviel wiegt der freigesetzte Sauerstoff? Wie stellt sich der gefundene Wert zur theoretischen Ausbeute?

Lösung. Dem atmosphärischen Außendruck von 0,9851 atm hält innerhalb des Gefäßes einesteils der Druck des aufgefangenen Sauerstoffs, anderenteils der Druck des Wasserdampfs, der sich in dem durchperlenden Sauerstoff gelöst hat, die Waage. Durch Nachschlagen in Anhang IX stellen wir fest, daß der Gleichgewichtsdampfdruck von flüssigem Wasser bei 18°C 0,0204 atm beträgt. Für den Partialdruck des Sauerstoffs im Gefäß folgt hieraus 0,9851 − 0,0204 = 0,9647 atm. Bei diesem Druck betrug das Volumen 591 ml. Wir wissen, daß das Volumen sich verringert, wenn der Druck erhöht wird (auf 1 atm); wir multiplizieren also 591 mit 0,9647/1 und erhalten so 570 ml als das Volumen bei 1 atm und 18 °C (291,15 K). Um das (noch geringere) Volumen unter Normalbedingungen zu erhalten, müssen wir zur Temperaturkorrektur mit 273,15/291,15 multiplizieren. Das Ergebnis ist 535 ml. (Das gleiche, auf drei Stellen genaue Ergebnis erhält man durch Multiplizieren mit 273/291.) Von Aufgabe 9.1 her wissen wir, daß die Dichte von Sauerstoff unter Normalbedingungen 1,428 g l $^{-1}$ beträgt. Das Gewicht des freigesetzten Sauerstoffs ist folglich $0,535 \cdot 1,428 = 0,764$ g.

Zur Beantwortung der zweiten Frage berechnen wir zunächst die theoretische Ausbeute an Sauerstoff von 2,00 g Kaliumchlorat. Die Reaktionsgleichung für den Zerfall von Kaliumchlorat ist

$$KClO_3 \rightarrow KCl + 3/2 O_2(g)$$

Demgemäß sollte 1 Grammformelgewicht von $KClO_3$, nämlich 122,6 g, 3 Grammatome Sauerstoff freisetzen, also 48,0 g. Der von 2,00 g Kaliumchlorat freigesetzte Sauerstoff sollte also $(48,0/122,6) \cdot 2,00 \text{g} = 0,783 \text{g}$ wiegen.

Die experimentell bestimmte Sauerstoffmenge erweist sich als kleiner. Der Unterschied beträgt 0,019 g oder 2,4%.

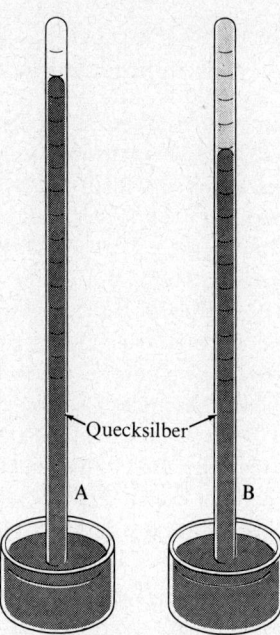

Abb. 9.3. Versuchsanordnung zur Bestimmung der Dampfdichte nach Hofmann.

Aufgabe 9.3. Molekulargewichtsbestimmung nach Hofmann (Quecksilbersäulenmethode). Ein Chemiker isolierte eine Substanz, ein gelbes Öl. Er analysierte es und fand, daß es nur aus Wasserstoff und Schwefel besteht. Aus der Menge Wasserdampf, die sich bei der Verbrennung bildete, berechnete er als Zusammensetzung ungefähr 3% Wasserstoff und 97% Schwefel. Zur Bestimmung des Molekulargewichts wog er eine winzige Glaskapsel, füllte sie mit dem Öl und wog sie erneut. Die Differenz der beiden Wägungen, das Gewicht des Öls, betrug 0,0302 g. Nun führte er die gefüllte Kapsel in den Raum über einer Quecksilbersäule in einem Glasrohr ein (wie in Abbildung 9.3). Die Substanz verdampfte vollständig, und dabei sank der Quecksilberspiegel im Rohr um 118 mm. Die Temperatur im Glasrohr betrug 30 °C, das Volumen der Gasphase über dem Quecksilber zu Ende des Versuchs 73,2 ml. Wie groß ist das Molekulargewicht, und wie lautet die Molekularformel für die Substanz?

Lösung. Der Dampf der Substanz nimmt 73,2 ml bei 30 °C und 118 mm Druck ein. Das auf Normalbedingungen reduzierte Volumen des Dampfes ist demnach

$$\frac{273}{303} \cdot \frac{118}{760} \cdot 73{,}2\,\text{ml} = 10{,}24\,\text{ml}$$

Ein Mol Gas nimmt unter Normalbedingungen 22,415 Liter ein. Unsere Probe enthält folglich $10{,}24/22415 = 0{,}000457$ mol. Ihr Gewicht betrug 0,0302 g. Das Gewicht von einem Mol ist dies Gewicht geteilt durch die Molzahl:

$$\text{Molekulargewicht der Substanz} = \frac{0{,}0302\,\text{g}}{0{,}000457\,\text{mol}} = 66{,}1\,\text{g mol}^{-1}$$

Die Analyse hatte eine Zusammensetzung von ungefähr 3% Wasserstoff und 97% Schwefel ergeben. 100 g der Substanz würden also etwa 3 g Wasserstoff und 97 g Schwefel enthalten, oder 3 Grammatome Wasserstoff und 3 Grammatome Schwefel (Atomgewicht von Schwefel ist 32). Demnach enthält die Substanz Wasserstoffatome und Schwefelatome in gleicher Anzahl. Der Zusammensetzung HS entspräche ein Molekulargewicht von 33, der Summe der Atomgewichte von Wasserstoff und Schwefel. Das experimentelle Molekulargewicht ist doppelt so groß. Die Formel muß also H_2S_2 lauten. Das genaue Molekulargewicht hierfür ist 66,15.

9.2. Quantenmechanik eines einatomigen Gases

Wir wollen unsere theoretische Behandlung von Gasen beginnen mit einer Betrachtung der Quantenzustände einer einatomigen Molekel in einem würfelförmigen Kasten.
Beschränken wir uns zunächst auf den eindimensionalen Fall, betrachten also ein Teilchen (eine Molekel), das in seiner Bewegung auf eine Dimension (die x-Achse) beschränkt ist, und zwar auf den Bereich von $x = 0$ bis $x = a$, sich also in einem eindimensionalen Kasten der Länge a befindet. Die potentielle Energie sei null im Bereich $0 < x < a$. In diesem Bereich bewegt sich das Teilchen frei, mit konstanter Geschwindigkeit v und konstantem Impuls mv, die beide ihr Vorzeichen, aber nicht ihren Absolutwert ändern, wenn das Teilchen bei $x = 0$ oder $x = a$ von der Wand abprallt.
Wie in Abschnitt 3.8 ausgeführt worden ist, hat ein Teilchen, das sich mit dem Impuls mv bewegt, eine Wellenlänge von $\lambda = h/mv$. Es kann als Wellenfunktion einer reinen Sinuswelle dieser Wellenlänge dargestellt werden, also als $\sin 2\pi x/\lambda$ oder $\cos 2\pi x/\lambda$, innerhalb des Bereichs $0 \leq x \leq a$. Die Grenzen bei $x = 0$ und $x = a$ hindern das Teilchen daran, aus dem Kasten auszutreten. Folglich muß die Wahrscheinlichkeitsverteilungsfunktion für das Teilchen, die das Quadrat der Wellenfunktion ist, bei $x = 0$ und $x = a$ auf null abfallen. Das schließt alle Cosinus-Funktionen aus, denn sie haben den Wert 1 bei $x = 0$. Weiterhin können wir alle Sinus-Funktionen ausschließen außer denen, für die $\sin 2\pi a/\lambda$ null ist, also $2a/\lambda$ einen ganzzahligen Wert n hat ($n = 1, 2, 3, \ldots$).
Auf diese Weise gelangen wir zu der Schlußfolgerung, daß die Quantenzustände des Teilchens im eindimensionalen Kasten der Länge a die Zustände sind mit

$$\lambda = \frac{h}{mv} = \frac{2a}{n} \tag{9.5}$$

wobei $n = 1, 2, 3, \ldots$ ist.
Die erlaubten Wellenfunktionen sind

$$\Psi_n(x) = \left(\frac{2}{a}\right)^{1/2} \sin \frac{\pi n x}{a} \tag{9.6}$$

Mehrere solcher Funktionen und ihre Quadrate, die Wahrscheinlichkeitsverteilungsfunktionen für das Teilchen, sind in Abbildung 9.4 dargestellt. Der Faktor $(2/a)^{1/2}$ ist ein Normierungsfaktor, der erreicht, daß die Gesamtaufenthaltswahrscheinlichkeit des Teilchens im Kasten den Wert eins annimmt.

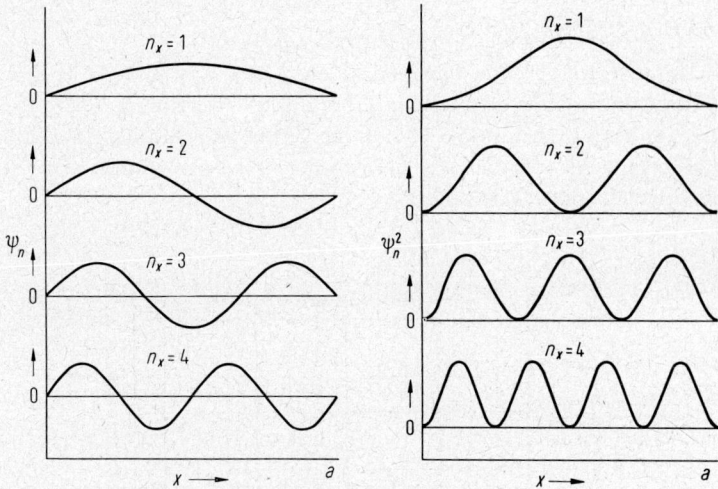

Abb. 9.4. Wellenfunktion $\Psi_n(x)$ und Wahrscheinlichkeitsverteilungsfunktion $\Psi^2_n(x)$ für ein Teilchen im Kasten. Angegeben sind die Funktionen für die ersten vier Werte von n.

Aus dieser Betrachtung ergibt sich, daß die Länge eines „Umlaufs" (Flug von $x = 0$ nach $x = a$ und zurück) $2a$ beträgt und $n\lambda$ gleich sein muß, also eine ganze Zahl von Wellenlängen ausmachen muß. Diese Beziehung ist physikalisch gehaltvoller als die entsprechende, von de Broglie für die Bohrschen Kreisbahnen im Wasserstoffatom herausgestellte Beziehung (vgl. Abschnitt 3.8), denn die Wellenlänge eines freien Teilchens ist konstant (sogar im Kasten, außer im Augenblick des Abprallens von der Wand), die des Elektrons im Wasserstoffatom dagegen nicht.

Die Energie des Teilchens ist seine kinetische Energie, $1/2\ mv^2$, für die sich mit $mv = nh/2a$ gemäß Gleichung 9.5 der Wert $n^2h^2/8ma^2$ ergibt:

$$E_n = 1/2\ mv^2 = \frac{(mv)^2}{2m} = \frac{n^2h^2}{8ma^2} \tag{9.7}$$

Für ein Teilchen in einem dreidimensionalen, würfelförmigen Kasten ($0 \leq x \leq a$, $0 \leq y \leq a$, $0 \leq z \leq a$) ist die Behandlung sehr ähnlich. Der Geschwindigkeitsvektor hat drei Komponenten, v_x, v_y und v_z, parallel zu den drei Kanten des Kastens. Jede Komponente muß so bemessen sein, daß die ihr äquivalente Wellenlänge ein ganzzahliges Vielfaches von $2a$ ist, also

$$\left. \begin{array}{l} mv_x = n_x h/2a \\ mv_y = n_y h/2a \\ mv_z = n_z h/2a \end{array} \right\} \tag{9.8}$$

276   9. Gase: Quantenmechanik und statistische Mechanik

mit $n_x, n_y, n_z = 1, 2, 3, \ldots$. Die entsprechenden Wellenfunktionen sind

$$\Psi_{n_x, n_y, n_z} = \left(\frac{2}{a}\right)^{3/2} \sin \frac{\pi n_x x}{a} \sin \frac{\pi n_y y}{a} \sin \frac{\pi n_z z}{a} \tag{9.9}$$

und die Energie der Quantenzustände, $^1/_2\, m(v_x^2 + v_y^2 + v_z^2) = {}^1/_2\, mv^2$, ist gegeben durch

$$E(n_x, n_y, n_z) = \frac{(n_x^2 + n_y^2 + n_z^2) h^2}{8 m a^2} \tag{9.10}$$

Erlaubte Sätze der drei Quantenzahlen n_x, n_y, n_z sind 1, 1, 1; 2, 1, 1; 1, 2, 1; 1, 1, 2; 2, 2, 1; und so fort und sind in Abbildung 9.5 erläutert. Die entsprechenden Energieniveaus zeigt Abbildung 9.6. Der niedrigste Zustand ist ein Einzelzustand, er ist, wie man sagt, nicht entartet. Auf dem zweiten Niveau befinden sich drei Zustände; es wird als dreifach entartet bezeichnet.

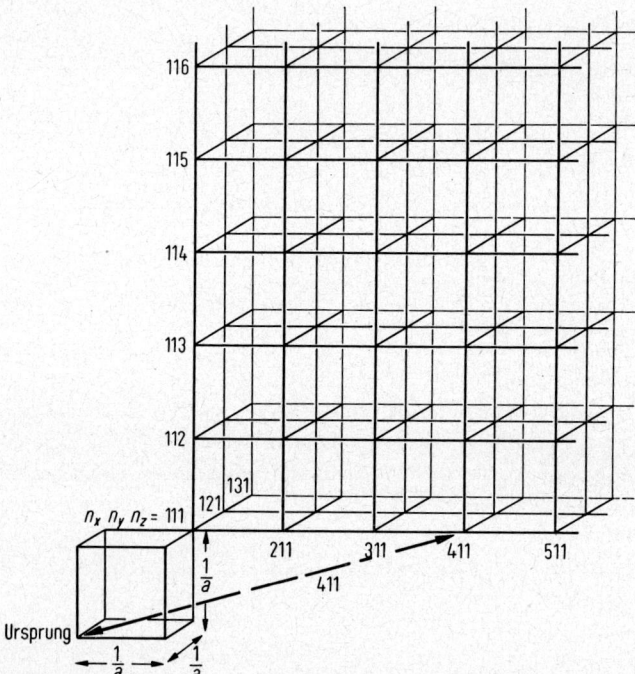

Abb. 9.5. Geometrische Darstellung der Energieniveaus für ein Teilchen im rechtwinkligen Kasten.

Wäre das Teilchen ein Elektron, das zwei verschiedene Möglichkeiten hat, seinen Spin auszurichten, so würde das niedrigste Niveau zwei Zuständen entsprechen, nämlich 1, 1, 1 mit $m_s = 1/2$ und 1, 1, 1 mit $m_s = -1/2$. Alle anderen Zustände wären gleichfalls doppelt so stark entartet.

Betrachten wir nun zwei Zustände, A und B (zum Beispiel Ψ_{111} und Ψ_{211}) und zwei identische Teilchen, 1 und 2. Für ein solches System können wir vier Wellenfunktionen angeben:

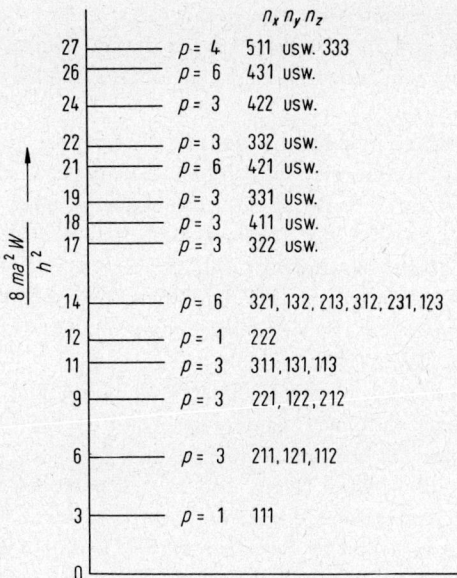

Abb. 9.6. Energieniveaus, Degenerationsgrad und Quantenzahlen für ein Teilchen im kubischen Kasten.

$A(1)\ A(2)$
$B(1)\ B(2)$
$A(1)\ B(2)$
$B(1)\ A(2)$

Die Funktion $A(1)\ A(2)$ besagt, daß sich Teilchen 1 im Zustand A und Teilchen 2 ebenfalls im Zustand A befindet. Die Wahrscheinlichkeitsverteilungsfunktion ist $\{A(1)\ A(2)\}^2 = \{A(1)\}^2\{A(2)\}^2$; d.h., jedes der beiden Teilchen hat im zeitlichen Mittel eine Verteilung im Kasten, die der untersten Kurve in Abbildung 9.5 entspricht. Eine Komplikation tritt bei der dritten Funktion, $A(1)\ B(2)$, ein, für die die Wahrscheinlichkeitsverteilungsfunktion $\{A(1)\}^2\{B(2)\}^2$ ist. Hier sind die Funktionen A^2 und B^2 verschieden, die voraussetzungsgemäß identischen Teilchen hätten also in diesem Zustand verschiedene Eigenschaften, was ihre Unterscheidung durch ein geeignetes Experiment gestatten sollte. Dies stellt einen Widerspruch dar. Könnten die beiden Teilchen so voneinander unterschieden werden, so dürften wir sie nicht als identisch bezeichnen.

Die Lösung des Problems liegt darin, daß die beiden Wellenfunktionen $A(1)\ B(2)$ und $B(1)\ A(2)$ keine zulässigen Wellenfunktionen des Systems zweier identischer Teilchen sind, wohl aber ihre Summe und ihre Differenz. Auf diese Weise gelangen wir zu den folgenden vier Wellenfunktionen:

symmetrisch bezüglich 1 und 2

$$\left.\begin{array}{l} A(1)\ A(2) \\ B(1)\ B(2) \\ A(1)\ B(2) + B(1)\ A(2) \end{array}\right\} \tag{9.11}$$

antisymmetrisch bezüglich 1 und 2

$$A(1)\ B(2) - B(1)\ A(2) \tag{9.12}$$

Man vergewissert sich leicht, daß bei allen vier Funktionen die Wahrscheinlichkeitsverteilungsfunktion (das Quadrat der Wellenfunktion) für das Teilchen 1 wie für das Teilchen 2 dieselbe ist. Die Funktionen sind also zulässig für zwei identische Teilchen.

Bosonen und Fermionen. Die Erfahrung lehrt, daß manche Teilchen nur symmetrische Wellenfunktionen einnehmen. Solche Teilchen nennt man *Bosonen*, nach dem indischen Physiker S. N. Bose, der 1924 entdeckte, daß Lichtquanten Bosonen sind. (Albert Einstein machte zur gleichen Zeit dieselbe Entdeckung.) Andere Teilchen, darunter das Elektron, das Proton und das Neutron, sind *Fermionen*, benannt nach Enrico Fermi (1901–1954), der mit W. Pauli und P. A. M. Dirac entscheidend zu ihrem Verständnis beigetragen hat. Bosonen haben ganzzahligen Spin (0, 1, ...) und Fermionen halbzahligen (1/2, 3/2, ...).

Zusammengesetzte Teilchen sind Fermionen, wenn sie eine ungerade Anzahl von Fermionen enthalten; anderenfalls sind sie Bosonen. Zum Beispiel ist der Kern $^{3}_{2}He_1$ (zwei Protonen und ein Neutron) ein Fermion, der Kern $^{4}_{2}He_2$ dagegen ein Boson. Das Helium-4-Atom (Kern und zwei Elektronen) ist ebenfalls ein Boson.

Zwei identische Bosonen in einem System können die drei symmetrischen Zustände entsprechend den Funktionen (9.11) einnehmen, nicht aber den antisymmetrischen entsprechend der Funktion (9.12). Dagegen können zwei identische Fermionen den antisymmetrischen Zustand entsprechend der Funktion (9.12) einnehmen, aber keinen der drei anderen Zustände. Zwei nicht identische Teilchen können alle vier Zustände einnehmen.

Diese Symmetrieanforderungen beschränken die Anzahl von Quantenzuständen eines Systems vieler identischer Teilchen gewaltig. Betrachten wir beispielsweise 26 nicht identische Teilchen, 1 bis 26, und 26 Ein-Teilchen-Zustände, A bis Z. Das erste Teilchen kann jede beliebige der 26 Funktionen A bis Z einnehmen; das zweite Teilchen hat 25 Möglichkeiten für jede Wahl einer Funktion für das erste, und so fort, so daß sich insgesamt 26! verschiedene Zustände für das System ergeben[1]. Es gibt aber nur eine einzige, vollkommen symmetrische Kombination dieser 26! Funktionen [wie $A(1) B(2) \ldots Z(26)$] und nur eine einzige vollkommen antisymmetrische. Für identische Teilchen, seien es Bosonen oder Fermionen, reduziert sich also die Anzahl von Zuständen des Systems ausschließlich doppelter Besetzung [wie $A(1) A(2) C(3) \ldots$] um den Faktor $N!$, worin N die Zahl der Teilchen ist.

9.3. Die Wellengleichung

Ein Teilchen im feldfreien, eindimensionalen Raum hat die Wellenlänge $\lambda = h/mv$ und kann wiedergegeben werden durch die sinusförmigen Wellenfunktionen $\sin(2\pi x mv/h)$ und $\cos(2\pi x mv/h)$. Diese Wellenfunktionen sind Lösungen der Differentialgleichung

$$\frac{d^2 \Psi(x)}{dx^2} = -\frac{8\pi^2 m}{h^2} E \Psi(x) \tag{9.13}$$

---

[1] $N!$ (N Fakultät) ist gleich $1 \cdot 2 \cdot 3 \cdot \ldots \cdot N$.

In dieser Gleichung ist E die Energie des Quantenzustands und gleich der kinetischen Energie, $1/2\ mv^2$, für das freie Teilchen mit potentieller Energie null.

Diese Gleichung ist die Schrödinger-Gleichung, 1925 von Erwin Schrödinger entdeckt (1926 veröffentlicht). Für ein Teilchen, das sich in einer Dimension in einem durch die Potentialfunktion $V(x)$ beschriebenen Kraftfeld bewegt, lautet die Schrödinger-Gleichung:

$$\frac{d^2 \Psi(x)}{dx^2} = \frac{8\pi^2 m}{h^2}[V(x) - E]\Psi(x) \tag{9.14}$$

Für das Teilchen im eindimensionalen Kasten ist $V(x) = 0$ für $0 < x < a$, und $V(x)$ ist sehr groß für $x \leq 0$ und $x \geq a$. Die zulässigen Lösungen der Wellengleichung 9.14 sind die Funktionen 9.6, die den in Gleichung 9.7 gegebenen Werten der Energie E entsprechen.

Für ein Teilchen im dreidimensionalen Raum lautet die Schrödinger-Gleichung

$$\frac{\partial^2 \Psi}{\partial x^2} + \frac{\partial^2 \Psi}{\partial y^2} + \frac{\partial^2 \Psi}{\partial z^2} = \frac{8\pi^2 m}{h^2}(V - E)\Psi \tag{9.15}$$

Hier bedeutet Ψ die Funktion $\Psi(x, y, z)$ der drei Koordinaten des Teilchens.

Die Anzahl der Quantenzustände. Bei der Behandlung der kinetischen Gastheorie später in diesem Kapitel werden wir uns für die Anzahl von Quantenzuständen interessieren, die ein Teilchen in einem Energieintervall zwischen E und $E + dE$ einnehmen kann. Betrachten wir alle Zustände mit Translationsenergie (Fortbewegungsenergie) von 0 bis E_{max}. Aus Gleichung 9.10 geht hervor[1]), daß dies die Zustände sind mit

$$r^2 = n_x^2 + n_y^2 + n_z^2 \leq \frac{8mV^{2/3}E_{max}}{h^2} \tag{9.16}$$

wobei V, das Volumen des Kastens, gleich a^3 ist und r den Radius (Entfernung des Punkts n_x, n_y, n_z vom Ursprung des Koordinatensystems) in Abbildung 9.5 angibt. Das Volumen des Oktanten mit Radius r beträgt $\frac{1}{8} \cdot \frac{4\pi r^3}{3}$. Da das System einen Quantenzustand pro Volumeneinheit enthält, gibt das Volumen des Oktanten die Anzahl von Quantenzuständen in Energiebereich von 0 bis E_{max} an:

$$N(E_{max}) = \frac{\pi}{6}r^3 = \frac{\pi}{6}\left(\frac{8mV^{2/3}E_{max}}{h^2}\right)^{3/2}$$

Hieraus folgt

$$N(E) = \frac{8\pi 2^{1/2} m^{3/2} V E^{3/2}}{3h^3} \tag{9.17}$$

(Die Kennzeichnung „max" am E ist hier fortgelassen worden.) Differenzieren ergibt

$$dN = \frac{4\pi 2^{1/2} m^{3/2} V E^{1/2}}{h^3} dE \tag{9.18}$$

---

[1] Gleichung 9.10 kann umgeformt werden zu $n_x^2 + n_y^2 + n_z^2 = 8ma^2 E/h^2$.

9.4. Die kinetische Gastheorie

Während des 19. Jahrhunderts entstand die Vorstellung, daß die Atome und Molekeln sich in fortgesetzter Bewegung befinden, und daß die Temperatur ein Maß für die Heftigkeit dieser Bewegung ist. Der Gedanke, das Verhalten der Gase aus der Wärmebewegung der Gasmolekeln heraus zu erklären, hat eine ganze Reihe von Wissenschaftlern beschäftigt (Daniel Bernoulli 1738, J.P. Joule 1851, A. Kronig 1856). In den Jahren nach 1858 wurde diese Vorstellung von Clausius, Maxwell, Boltzmann und später von vielen anderen Forschern zu einer ins einzelne gehenden Theorie, der kinetischen Gastheorie, ausgebaut. Die Physik wie auch die physikalische Chemie beschäftigen sich mit diesem Gebiet, das einen wichtigen Teil der statistischen Mechanik ausmacht.

In einem Gas der Temperatur T fliegen die Molekeln wahllos durcheinander; in einem gegebenen Augenblick haben alle verschiedene Geschwindigkeiten v und verschiedene kinetische Energie der Translation $1/_2\ mv^2$ (wobei m die Masse der Molekel ist). Die mittlere kinetische Energie pro Molekel $1/_2\ m\langle v^2\rangle$ ist, wie sich herausgestellt hat, für alle Gase gleicher Temperatur die gleiche. Sie wächst mit steigender Temperatur, und zwar ist sie der absoluten Temperatur proportional.

Die Wurzel aus dem mittleren Geschwindigkeitsquadrat[1] für Wasserstoffmolekeln bei 0 °C beträgt $1{,}84 \cdot 10^3\,\mathrm{m\,s^{-1}}$. Bei höherer Temperatur ist die Geschwindigkeit größer: sie verdoppelt sich, wenn die absolute Temperatur auf das Vierfache steigt. Wasserstoffmolekeln fliegen demnach bei 820 °C mit $3{,}68 \cdot 10^3\,\mathrm{m\,s^{-1}}$.

Da bei gleicher Temperatur die mittlere kinetische Energie für Molekeln verschiedener Gase die gleiche ist, muß das mittlere Geschwindigkeitsquadrat der Masse der Molekel umgekehrt proportional sein. Die mittlere Geschwindigkeit (Wurzel aus dem mittleren Geschwindigkeitsquadrat) ist damit der Wurzel aus dem Molekulargewicht umgekehrt proportional. Das Molekulargewicht von Sauerstoff ist 16mal so groß wie das von Wasserstoff, deshalb fliegen Sauerstoffmolekeln mit einer Geschwindigkeit, die gerade ein Viertel derjenigen von Wasserstoffmolekeln gleicher Temperatur beträgt. Die Wurzel aus dem mittleren Geschwindigkeitsquadrat für Sauerstoff bei 0 °C ist $0{,}46 \cdot 10^3\,\mathrm{m\,s^{-1}}$.

Für das Boylesche Gesetz liefert die kinetische Gastheorie eine einfache Erklärung. Der Druck, den das Gas auf seinen Behälter ausübt, geht auf die Molekeln zurück, die gegen die Wände stoßen und von ihnen abprallen und dabei einen Impuls auf sie übertragen. Verringert man das Volumen auf die Hälfte, so verdoppelt sich die Anzahl Molekeln pro Volumeneinheit und damit auch die Anzahl Stöße pro Zeiteinheit auf die Flächeneinheit der Wand. Folglich verdoppelt sich der Druck. Ähnlich einfach erklärt sich das Gesetz von Charles und Gay-Lussac. Verdoppelt man die absolute Temperatur, so erhöht sich die Geschwindigkeit der Molekeln um den Faktor $\sqrt{2}$. Damit erhöht sich auch die Häufigkeit der Stöße auf die Wand um den gleichen Faktor. Gleichzeitig erhöht sich die Heftigkeit jedes Stoßes um $\sqrt{2}$. Der Druck verdoppelt sich also bei Ver-

---

1 Die Wurzel aus dem mittleren Quadrat einer Größe x ist definiert als die Quadratwurzel des Mittelwerts des Quadrats der Größe, also bei n Werten von x:

$$\left[\left(\sum_{i=1}^{n} x_i^2\right)\Big/ n\right]^{1/2}$$

doppelung der absoluten Temperatur. Das Gesetz von Avogadro folgt aus der Tatsache, daß bei gleicher Temperatur die mittlere kinetische Energie der Molekeln in allen Gasen die gleiche ist.

Effusion und Diffusion von Gasen und die mittlere freie Weglänge. Zwischen der Geschwindigkeit, mit der ein Gas aus einem engen Loch ausströmt (effundiert) und seinem Molekulargewicht besteht ein interessanter Zusammenhang. Bohrt man ein kleines Loch in die Wand eines Behälters, durch das Gasmolekeln in einen evakuierten Raum ausströmen können, so hängt die Geschwindigkeit dieser *Effusion* ab von der Häufigkeit, mit der die Molekeln von innen auf das Loch treffen, und damit (unter sonst gleichen Bedingungen) von der mittleren Geschwindigkeit der Molekeln. Die mittlere Fluggeschwindigkeit verschiedener Molekeln ist der Wurzel aus ihrem Molekulargewicht umgekehrt proportional. Die kinetische Gastheorie verlangt also, daß die Geschwindigkeit der Effusion eines Gases durch ein enges Loch der Wurzel aus dem Molekulargewicht des Gases umgekehrt proportional ist. Schon vor Entwicklung der kinetischen Gastheorie war ein solcher Zusammenhang experimentell gefunden worden: Man hatte festgestellt, daß Wasserstoff viermal so schnell durch poröse Platten effundiert wie Sauerstoff.

Bisher haben wir außer acht gelassen, daß die Gasmolekeln nicht unendlich klein sind. Infolge ihrer Größe stoßen sie häufig miteinander zusammen. In einem gewöhnlichen Gas, etwa in Luft unter Normalbedingungen, fliegt eine Molekel zwischen zwei Zusammenstößen im Durchschnitt nur etwa 500 Å. Diese *mittlere freie Weglänge* beträgt hier also nur etwa zweihundert Molekeldurchmesser.

Die Größe der mittleren freien Weglänge spielt eine entscheidende Rolle in Erscheinungen, die auf Zusammenstößen zwischen Molekeln beruhen, nämlich bei der inneren Reibung, der Wärmeleitung und der *Diffusion* eines Gases durch ein anderes oder der Selbstdiffusion (der Diffusion einzelner, z.B. radioaktiver Molekeln innerhalb eines einheitlichen, nicht radioaktiven Gases). In den ersten Jahren führten Skeptiker gegen die kinetische Gastheorie an, daß es Minuten oder Stunden dauert, bis ein Gas von einer Seite eines Raumes bis zur anderen diffundiert, wenn keine Strömungen (Konvektion) die Gase durcheinanderwirbeln. Dies schien unvereinbar mit den hohen Fluggeschwindigkeiten der Molekeln von Kilometern pro Sekunde. Die geringe Diffusionsgeschwindigkeit erklärt sich aus der Kürze der freien Weglänge: die häufigen Zusammenstöße zwingen die Molekel immer wieder zu Richtungsänderungen, sie fliegt einen regellosen Zickzackkurs und entfernt sich so nur sehr langsam von dem Ort, an dem sie sich ursprünglich befunden hatte. Nur wenn ein Gas in ein Hochvakuum ausströmt, kann es mit seiner Molekulargeschwindigkeit diffundieren.

9.5. Das Molekulargeschwindigkeitsverteilungsgesetz

Im Jahr 1860 leitete der englische Physiker James Clerk Maxwell eine Gleichung ab, die den Bruchteil von Gasmolekeln mit einer Geschwindigkeit im Intervall zwischen v und $v + dv$ richtig angibt. Diese Gleichung heißt das *Maxwellsche* (auch *Maxwell-Boltzmannsche*) *Molekulargeschwindigkeitsverteilungsgesetz*. Bei der Aufstellung dieses Gesetzes handelt

9. Gase: Quantenmechanik und statistische Mechanik

es sich darum, in einem aus N Molekeln gleicher Masse m bestehenden idealen Gas bei gegebener Temperatur T die Anzahl dN von Molekeln zu finden, deren Geschwindigkeit zwischen v und $v + dv$ liegt. Die Geschwindigkeit v kann als Vektor mit Komponenten v_x, v_y und v_z parallel zu den drei Koordinaten des Geschwindigkeitsrichtungsraums angesehen werden. Das Volumen der Kugelschale zwischen v und $v + dv$ in diesem Raum beträgt $4\pi v^2 dv$. Maxwell leitete mittels einer Betrachtung der Impulsübertragung von einer Molekel zur anderen bei Zusammenstößen ab, daß jedes Volumenelement im Geschwindigkeitsrichtungsraum den Exponentialfaktor $\exp(-{}^1/_2\, mv^2/kT)$ als Gewichtsfaktor (Ausdruck der Wahrscheinlichkeit, eine Molekel im betreffenden Volumenelement anzufinden) erhält[1]. Auf diesen sogenannten Boltzmann-Faktor kommen wir im nächsten Abschnitt zurück. Weiterhin wird ein Normierungsfaktor $(m/2\pi kT)^{3/2}$ benötigt, um zu erreichen, daß das Integral von dN über den gesamten Geschwindigkeitsbereich ($v = 0$ bis $v = \infty$) gleich N wird. Das Geschwindigkeitsverteilungsgesetz lautet damit

$$dN = 4\pi N \left(\frac{m}{2\pi kT}\right)^{3/2} \exp\left(\frac{-{}^1/_2\, mv^2}{kT}\right) v^2 dv \qquad (9.19)$$

Die für Heliumatome bei 100 und 400 K berechnete Geschwindigkeitsverteilung zeigt Abbildung 9.7. Aus Gleichung 9.19 ist zu ersehen, daß Masse und Temperatur nur in Form des Verhältnisses m/T in das Verteilungsgesetz eingehen. Somit gelten die gezeigten Kurven auch für andere Fälle, zum Beispiel für Methan, CH_4, und zwar angesichts dessen viermal so großen Molekulargewichts bei viermal so hohen Temperaturen, also bei 400 und 1600 K.

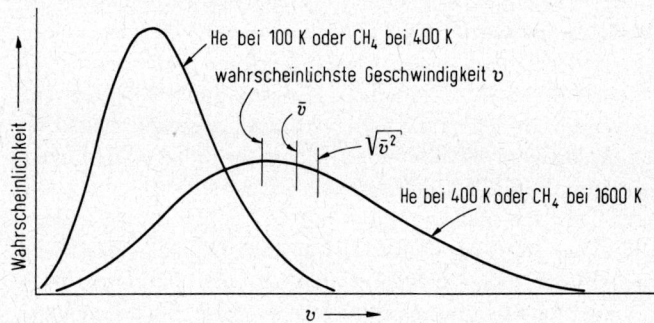

Abb. 9.7. Geschwindigkeitsverteilungsfunktion für Heliumatome bei 100 und 40 K. Die beiden Kurven gelten ebenfalls für Methan bei 400 und 1600 K.

Das Maximum der Verteilungsfunktion gibt die sogenannte wahrscheinlichste Geschwindigkeit v_w an; sie beträgt $(2kT/m)^{1/2}$, was $128{,}95(T/M)^{1/2}\,\mathrm{m\,s^{-1}}$ entspricht (wobei M das Molekulargewicht angibt). An der Kurve für Helium bei 400 K ist dieser Wert durch eine senkrechte Linie bezeichnet.
Die mittlere Geschwindigkeit, $\langle v \rangle$, beträgt $(8kT/\pi m)^{1/2}$, was $145{,}5(T/M)^{1/2}\,\mathrm{m\,s^{-1}}$ entspricht. Die Wurzel aus dem mittleren Geschwindigkeitsquadrat, $\langle v^2 \rangle^{1/2}$, beträgt $(3kT/m)^{1/2}$ oder $157{,}94(T/M)^{1/2}\,\mathrm{m\,s^{-1}}$.

---

1 Wir benutzen hier und im folgenden die Schreibweise $\exp(x)$ für e^x.

Es zeigt sich, daß die mittlere kinetische Energie pro Molekel, $1/2\, m\langle v^2\rangle$, den Wert $3/2\, kT$ hat. Sie ist folglich für alle Gase bei gleicher Temperatur die gleiche, wie bereits zu Anfang von Abschnitt 9.4 vorweggenommen worden ist.

Dieses Ergebnis, auch als *Energie-Gleichverteilungssatz* bekannt, ist eine der wichtigsten Folgerungen aus der kinetischen Theorie. Beispiele seiner Anwendung bei der Erörterung der Eigenschaften von Gasen sind uns bereits weiter oben begegnet.

Der Gleichverteilungssatz wird manchmal in folgende Aussage gekleidet: *Die mittlere kinetische Energie von Molekeln oder anderen Teilchen beträgt im Gültigkeitsbereich der klassischen Theorie $1/2\, kT$ pro Freiheitsgrad.* Den Molekeln sind drei Freiheitsgrade der Translationsbewegung zuzuschreiben, die den drei Geschwindigkeitskomponenten v_x, v_y und v_z entsprechen, und die mittlere kinetische Energie bei gegebener Temperatur T beträgt folglich $3/2\, kT$. Dieser Wert der mittleren kinetischen Energie gilt auch für Kristalle und Flüssigkeiten, sofern die Temperatur hinreichend hoch ist, die Gültigkeit der klassischen Theorie zu gewährleisten. Bei niedrigeren Temperaturen läßt die Quantelung der Energiezustände die Molwärme unter ihren Gleichverteilungswert absinken, und die mittlere kinetische Energie pro Freiheitsgrad ist dann ebenfalls kleiner als der Gleichverteilungswert.

Aufgabe 9.4. Die *Molwärme* ist definiert als die Wärmemenge, die einer Substanz pro Mol zugeführt werden muß, um deren Temperatur um eine Einheit (1 Grad) ohne Phasenänderung zu erhöhen. (Die *spezifische Wärme* ist in gleicher Weise definiert, bezieht sich jedoch auf 1 g statt auf 1 mol.) Wie groß ist die Molwärme von gasförmigem Helium bei konstantem Volumen?

Lösung. Die Wechselwirkung der Molekeln (Heliumatome) in gasförmigem Helium ist so gering, daß wir nur die kinetische Energie der Molekeln zu berücksichtigen brauchen. Die mittlere kinetische Energie beträgt $3/2\, kT$ pro Molekel, also $3/2\, RT$ pro mol. Der Anstieg der Energie mit der Temperatur, dE/dT, ist folglich

$$\frac{dE}{dT} = \frac{d}{dT}\left(3/2\, RT\right) = 3/2\, R$$

und die Molwärme, d.h. der Energiezuwachs pro Mol und Grad, ist damit $3/2\, R$. Der Wert von R ist 8,315 J grad^{-1} mol^{-1}. Die Molwärme bei konstantem Volumen, C_V, ist also $3/2 \cdot 8{,}315 = 12{,}47$ J grad^{-1} mol^{-1}. Wie die experimentelle Prüfung zeigt, gilt dieser Wert tatsächlich für alle einatomigen Gase.

Druck-Volumen-Arbeit. Ändert sich das Volumen eines Systems unter konstantem Druck P um den Betrag dV, so wird eine Arbeit PdV geleistet. Betrachten wir nun die Arbeit, die ein Gas unter konstantem Druck in einem Zylinder mit beweglichem Kolben bei einer Temperaturerhöhung dT leistet. Die Arbeit (unter Vernachlässigung von Reibungsverlusten) ist PdV. Durch Differenzieren der idealen Gasgleichung, $PV = nRT$, unter konstantem Druck erhalten wir $PdV = nRdT$. Das sich ausdehnende Gas leistet also die Arbeit $nRdT$, d.h. pro Mol und Grad Temperaturerhöhung zahlenmäßig soviel wie R. Diese Energie wird der Umgebung als Wärmeenergie entzogen, zusätzlich zu der Wärmeenergie, die dem Gas zur Erhöhung seiner inneren Energie beim Erhitzen unter konstantem Druck zugeführt werden muß. Die Molwärme unter konstantem Druck, C_P, eines Gases ist folglich größer als die Molwärme bei konstantem Volumen, C_V, und zwar um den Betrag R, also um 8,3146 J grad^{-1} mol^{-1}.

Diese Folgerung entspricht der Erfahrung. Die Molwärme von einatomigen Gasen beträgt 12,47 J grad^{-1} mol^{-1} bei konstantem Volumen und 20,76 J grad^{-1} mol^{-1} unter konstantem Druck.

Experimentelle Bestätigung des Geschwindigkeitsverteilungsgesetzes. Viele Folgerungen aus dem Geschwindigkeitsverteilungsgesetz haben sich bald nach dessen Aufstellung experimentell bestätigen lassen, und Widersprüche ergaben sich nicht. Zum Beispiel leitete Maxwell ab, nach der kinetischen Gastheorie sei die innere Reibung (Viskosität) von Gasen vom Druck unabhängig (außer bei sehr hohem und sehr niedrigem Druck) und nehme mit steigender Temperatur zu statt ab. Diese überraschende Voraussage wurde experimentell bestätigt. Auf Grund solcher Arbeiten galt die kinetische Gastheorie einschließlich des Geschwindigkeitsverteilungsgesetzes als gesichert, lange bevor eine direkte Messung der Geschwindigkeitsverteilungsfunktion möglich war. 1920 endlich hatten die Methoden der Experimentalphysik, insbesondere die Hochvakuumtechnik, einen Stand erreicht, der eine direkte Bestimmung gestattete. Den ersten solchen Versuch unternahme Otto Stern. Er ließ Silberatome von einem versilberten, auf 1200 °C erhitzten Wolframdraht in ein Hochvakuum abdampfen, blendete mit einem System von Schlitzen einen Strahl von Silberatomen aus und ließ diesen dann auf eine rotierende Trommel auftreffen. Einer der Schlitze rotierte ebenfalls und ließ damit den Strahl nur für Augenblicke durchfallen, deren Zeitdauer kurz gegenüber der Umdrehungszeit der Trommel war. Die schnellen Atome erreichten die Trommel sehr rasch, bevor diese ihre Lage wesentlich geändert hatte, die langsamen Atome dagegen erreichten die Trommel erst mit erheblicher, durch deren Drehung kenntlich gemachter Verzögerung. Auf diese Weise ließ sich die Verteilungsfunktion in groben Zügen bestätigen. Spätere Versuche haben die Verteilungsfunktion praktisch vollkommen bestätigt. Ein solcher Versuch, den I. Estermann, O.C. Simpson und O. Stern 1947 ausführten, ist in Abbildung 9.8 dargestellt. Die gesamte Apparatur ist evakuiert. Links befindet sich ein Ofen, in dem metallisches Caesium auf etwa 450 K erhitzt wird, eine Temperatur, bei

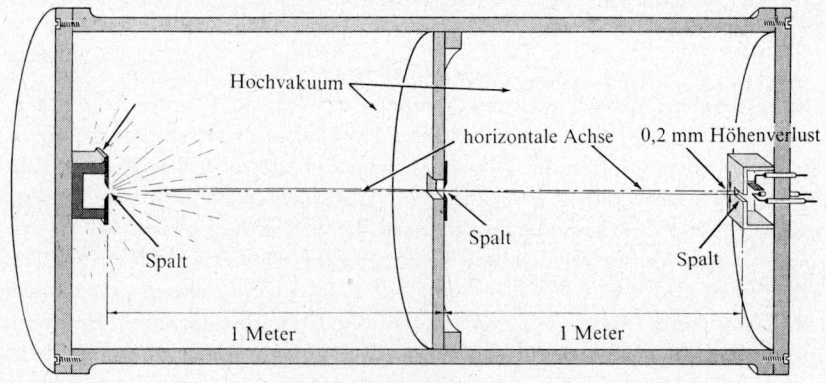

Ofen mit verdampfendem Cs

Abb. 9.8. Apparatur zur experimentellen Prüfung des Molekulargeschwindigkeitsverteilungsgesetzes.

der der Dampfdruck von Caesium hoch genug ist, die Anwesenheit vieler Caesiumatome im Gasraum zu gewährleisten. Ein Strahl von Caesiumatomen tritt durch einen horizontalen Schlitz aus dem Ofen aus. Ein zweiter, einen Meter entfernter Schlitz blendet einen schärferen Strahl aus. Nach Zurücklegen eines weiteren Meters trifft der Strahl durch einen dritten Schlitz auf den Detektor auf, einen dünnen, horizontalen, elektrisch geheizten Wolframdraht, neben dem sich eine Platte mit negativer elektrischer Vorspannung befindet. Alle Caesiumatome, die auf den Draht auftreffen, werden dort zu Caesium-Ionen, Cs^+, ionisiert, die von der negativ geladenen Platte abgesaugt werden. Die Anzahl von Caesium-Ionen, die die Platte erreichen, kann durch Messen des zwischen Draht und Platte fließenden elektrischen Stroms bestimmt werden.

Die Caesiumatome des durch die ersten beiden Schlitze ausgeblendeten Strahls beschreiben unter dem Einfluß der Schwerkraft der Erde eine parabolische Flugbahn. Die durchschnittliche Ablenkung durch die Schwerkraft in der gezeigten Anordnung beträgt etwa 0,2 mm für Caesiumatome bei 450 K.

Die gefundene Verteilungsfunktion der Ablenkung – also die pro Zeiteinheit auftreffenden Caesium-Ionen in Abhängigkeit von der Höhe des Wolframdrahts – zeigt Abbildung 9.9. Mit ihr kann die Geschwindigkeitsverteilung der Caesiumgasmolekeln (Atome) im Ofen berechnet werden. Die so berechnete Geschwindigkeitsverteilung stimmt mit dem Maxwellschen Geschwindigkeitsverteilungsgesetz, Gleichung 9.19, überein. Die Versuche bestätigten das Gesetz mit einer Genauigkeit von etwa ±1%.

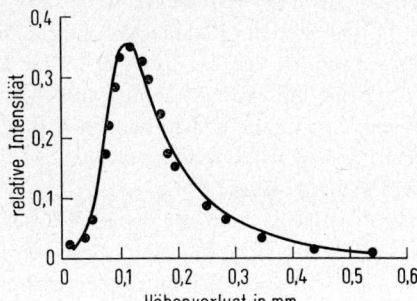

Abb. 9.9. Geschwindigkeitsverteilung von Caesiumatomen. Die Punkte sind experimentell mit der in Abb. 9.8 gezeigten Anordnung bestimmt.

9.6. Die Boltzmann-Verteilung

In diesem Abschnitt wollen wir den Boltzmannschen Verteilungssatz ableiten, von dem das oben ohne Ableitung angegebene Molekulargeschwindigkeitsverteilungsgesetz (Gl. 9.19) einen Spezialfall darstellt.

Wir betrachten ein System, das aus einer großen Anzahl N identischer Teilchen besteht, etwa den Molekeln einer Gasmenge. (Die Ableitung der Gleichungen behält ihre Gültigkeit auch für kompliziertere Systeme, etwa für Gasmischungen.) Wir setzen voraus, daß die Molekeln – also die Bestandteile des Systems – sich kaum beeinflussen, und daß die Gesamtenergie E_{ges} des Systems als Summe der Einzelenergien der Molekeln angesehen werden kann, also

$$E_{ges} = E_1 + E_2 + \ldots + E_N = \sum_{i=1}^{N} E_i \tag{9.20}$$

9. Gase: Quantenmechanik und statistische Mechanik

Die möglichen Werte der Energien E_i entsprechen den Quantenzuständen der Molekeln und sind für ein einatomiges Gas in einem Behälter mit Volumen V durch Gleichung 9.9 gegeben. Es wäre zum Beispiel möglich (aber nicht wahrscheinlich), daß alle Molekeln die gleiche Energie haben, also jede E_{ges}/N.

Unsere Aufgabe besteht darin, die wahrscheinlichste Verteilung der Energie des Systems auf die Molekeln zu finden. Wir gehen dabei von der grundlegenden Voraussetzung aus, daß *alle Quantenzustände gleichermaßen wichtig sind*, d.h. *gleiche Besetzungswahrscheinlichkeit aufweisen*. Daher suchen wir nach derjenigen Verteilung der Gesamtenergie, die der größten Anzahl von Quantenzuständen des Systems entspricht.

Die gesuchte Verteilung können wir finden, indem wir mit Hilfe der Kombinations- und Permutationstheorie einen allgemeinen, für beliebige Verteilung der Gesamtenergie gültigen Ausdruck für die Anzahl von Quantenzuständen aufstellen und dann den höchstmöglichen Wert dieses Ausdrucks suchen.

Wir wollen zunächst die möglichen Zustände einer Molekel einteilen in Klassen gleicher Anzahl von Zuständen, die unter sich praktisch gleiche Energie aufweisen. Es gebe also n Zustände der Klasse j, alle mit der Energie E_j. Wir werden nun diesen Klassen verschiedene Anzahlen N_j von Molekeln zuweisen, und zwar arbeiten wir dabei zunächst mit N nicht identischen, von 1 bis N numerierten Molekeln und führen dann eine Korrektur ein, die die Identität der Teilchen in Rechnung stellt.

Wir ordnen die Molekeln willkürlich in eine Reihe. Die Molekel 1 kann jeden beliebigen der N Plätze der Reihe einnehmen. Für jede Platzzuweisung der Molekel 1 gibt es $N-1$ Möglichkeiten der Platzzuweisung für Molekel 2, und so fort. Die Gesamtzahl möglicher Anordnungen der N Molekeln in der Reihe beträgt $N!$

Nun seien die ersten N_1 Molekeln der Reihe die Angehörigen der ersten Klasse. Jede Molekel in dieser Klasse kann n Zustände einnehmen, und die Anzahl von Zuständen einer gegebenen Gruppe von N_1 unterscheidbaren Molekeln beträgt daher n^{N_1}. Aber bei der im vorigen Absatz dargelegten Verteilung zählt man ein und dieselbe Gruppe von N_1 Molekeln in der ersten Klasse $N_1!$ mal in verschiedenen Folgen innerhalb der Klasse. (Zum Beispiel möge die Klasse aus den Molekeln 4, 8 und 9 bestehen, so daß $N_1 = 3$ ist; sechs Reihenfolgen würden dann gezählt, nämlich 489, 948, 894, 498, 849 und 984.) Zur Gesamtkombination von Zuständen des Systems trägt damit die erste Klasse nur den Faktor $n^{N_1}/N_1!$ bei, die zweite Klasse entsprechend $n^{N_2}/N_2!$ usw. Für alle Klassen zusammen ergibt sich hieraus der Gesamtfaktor

$$\frac{n^N}{N_1!N_2!N_3!\ldots} = \frac{n^N}{\prod\limits_{j=1}^{\infty} N_j!}$$

wobei zur Vereinfachung im Zähler von der Beziehung $N_1 + N_2 + N_3 + \ldots = N$ Gebrauch gemacht ist. Das Zeichen $\prod$ gibt an, daß die nach ihm genannten Größen miteinander zu multiplizieren sind.

Die Gesamtzahl von Zuständen eines Systems mit N unterscheidbaren Molekeln und mit $N_1, N_2, \ldots$ Molekeln in den jeweiligen Klassen mit n Molekularzuständen erhält man durch Multiplizieren des obigen Faktors mit der Anzahl von Möglichkeiten der Anordnung der N Molekeln in einer Reihe, also mit $N!$. Folglich ist

$$\text{Anzahl Zustände eines Systems mit unterscheidbaren Molekeln} = \frac{N!\,n^N}{\prod_{j=1}^{\infty} N_j!} \qquad (9.21)$$

Wie in Abschnitt 9.3 dargelegt worden ist, entspricht ein System von N identischen Teilchen (entweder Fermionen oder Bosonen), die N Einzelteilchenzustände einnehmen, jedoch nur einer der zulässigen Wellenfunktionen (entweder der vollkommen antisymmetrischen oder der vollkommen symmetrischen) des Systems, nicht etwa allen $N!$ Wellenfunktionen. [Hierbei lassen wir Zustände mit mehr als einem identischen Teilchen in demselben Einzelteilchenzustand außer acht; solche Zustände kommen bei Fermionen nicht vor (Pauli-Prinzip) und haben bei Bosonen ein höheres Quantengewicht.] Teilen durch $N!$ liefert:

$$\text{Anzahl Zustände eines Systems mit identischen Molekeln} = W = \frac{n^N}{\prod_{j=1}^{\infty} N_j!}$$

Wir fragen nun nach den Werten von $N_1, N_2, \ldots$, für die die Größe W ihren Höchstwert annimmt. Dieser Höchstwert entspricht der wahrscheinlichsten Verteilung der Molekeln auf die Zustände[1]. Hierzu lassen wir $N_1, N_2, N_3, \ldots$ beliebige Werte annehmen und fragen, wie sich W ändert, wenn ein paar Molekeln von einem Zustand in einen anderen versetzt werden. Wir entnehmen der l'ten Klassen, mit der Energie E_l, zwei Molekeln und überführen die eine in die k'te Klasse mit der Energie $E_l - \Delta E$ und die andere in die m'te Klasse mit der Energie $E_l + \Delta E$. Bei dieser Operation bleibt sowohl die Zahl von Molekeln als auch die Gesamtenergie des Systems unverändert. Der neue Wert von W, den wir W' nennen wollen, ist dann

$$W' = \frac{n^N}{N_1!\,N_2!\,\ldots(N_k+1)!\,\ldots(N_l-2)!\,\ldots(N_m+1)!\,\ldots} \qquad (9.23)$$

Teilen durch W ergibt

$$\frac{W'}{W} = \frac{(N_l-1)N_l}{(N_k+1)(N_m+1)}$$

Soll nun W der Maximalwert sein, so muß W' kleiner sein als W und damit W'/W kleiner sein als 1; als Bedingung für die dem Maximalwert entsprechende Verteilung können wir also schreiben

$$\frac{(N_l-1)N_l}{(N_k+1)(N_m+1)} < 1 \qquad (9.24)$$

Eine analoge Betrachtung der Überführung je einer Molekel von der k'ten und der m'ten Klasse in die l'te Klasse ergibt die Bedingung

---

[1] Man könnte einwenden, alle Zustände des Systems (mit gleicher Gesamtenergie) müßten betrachtet werden, nicht nur die mit der wahrscheinlichsten Verteilung der Molekeln auf die Molekularzustände. Es stellt sich aber heraus, daß das Ergebnis hiervon unberührt bleibt, denn die weniger wahrscheinlichen Verteilungen tragen im Vergleich mit der wahrscheinlichsten nur eine unwesentliche Anzahl von Zuständen bei.

9. Gase: Quantenmechanik und statistische Mechanik

$$\frac{N_k N_m}{(N_l+1)(N_l+2)} < 1$$

oder nach Bilden des Reziprokwerts:

$$\frac{(N_l+1)(N_l+2)}{N_k N_m} > 1 \tag{9.25}$$

Wegen der sehr großen Anzahl von Molekeln in Gasmengen, die gewöhnlich betrachtet werden, dürfen wir die Zahlen 1 und 2 neben N_k, N_l und N_m in den Bedingungen (9.24) und (9.25) vernachlässigen, um diese wie folgt zu schreiben:

$$\frac{N_l^2}{N_k N_m} - \text{kleiner Term} < 1$$

$$\frac{N_l^2}{N_k N_m} + \text{kleiner Term} > 1$$

Hiernach soll sich die Größe $N_l^2/N_k N_m$ kaum von 1 unterscheiden. Als Näherung können wir schreiben:

$$\frac{N_l^2}{N_k N_m} = 1$$

oder umgeformt

$$\frac{N_l}{N_k} = \frac{N_m}{N_l} \tag{9.26}$$

Diese Gleichung gilt für alle beliebigen Paare von Zustandsklassen mit Energieunterschied ΔE, so daß wir schreiben können

$$\frac{N_l(E_l)}{N_k(E_k)} = \text{konst.} \quad \text{für gegebene Differenz } E_l - E_k \tag{9.27}$$

Das Besetzungsverhältnis von zwei Klassen von Molekularzuständen mit n Molekularzuständen in jeder Klasse wird also allein von dem Unterschied zwischen den Energien der Molekeln in der einen und in der anderen Klasse bestimmt.

Ein solches Verhalten ist bekanntlich typisch für Exponentialfunktionen. Die allgemeinste Funktion von x mit dieser Eigenschaft ist $a \exp(bx)$, wobei a und b beliebige Konstanten sind. Offenbar erhält man beim Teilen von $a \exp(bx_2)$ durch $a \exp(bx_1)$ das Ergebnis $a \exp[b(x_2-x_1)]$, das nur von der Differenz x_2-x_1 abhängt, nicht von den Absolutwerten von x_1 und x_2.

Auf Grund dieser Überlegungen können wir die Besetzungszahl N_i einer Klasse von Molekularzuständen der Energie E_i angeben in der Form

$$N_i = CN \exp(-\beta E_i) \tag{9.28}$$

Hier haben wir CN für a und $-\beta$ für b eingesetzt. Die Konstante C muß so bemessen werden, daß die Summe über alle Besetzungszahlen N_i die Gesamtzahl N von Molekeln ergibt:

$$C \sum_{i=1}^{\infty} \exp(-\beta E_i) = 1$$

und damit

$$C = \frac{1}{\sum\limits_{i=1}^{\infty} \exp(-\beta E_i)} \qquad (9.29)$$

Gleichung 9.28 stellt den Boltzmannschen Verteilungssatz in einer für gequantelte Systeme gültigen Form dar (wegen der klassischen Form, siehe Anhang XI). Bei der Anwendung auf die durch Gleichung 9.10 gegebenen Quantenzustände einer Molekel im Kasten ergibt sich $3/2\,\beta$ für die mittlere Energie pro Molekel. Die absolute Temperaturskala ist so definiert, daß in einem Gas bei gegebener Temperatur T die mittlere Energie einer einatomigen Molekel $3/2\,kT$ beträgt, wobei k die Boltzmann-Konstante ist und den Wert $13{,}805 \cdot 10^{-24}$ J grad^{-1} hat. Folglich können wir ß in Gleichung 9.28 durch $1/kT$ ersetzen. Wir erhalten damit den Boltzmannschen Verteilungssatz in seiner üblichen Form:

$$N_i = NQ^{-1} \exp\left(-\frac{E_i}{kT}\right) \qquad (9.30)$$

wobei die Nominierungskonstante Q gegeben ist durch

$$Q = \sum_{i=1}^{\infty} \exp\left(-\frac{E_i}{kT}\right) \qquad (9.31)$$

Ableitung des Maxwellschen Geschwindigkeitsverteilungsgesetzes. Wir können nun das Molekulargeschwindigkeitsverteilungsgesetz ableiten. Wie aus Gleichung 9.18 hervorgeht, ist die Anzahl gequantelter Einzelteilchenzustände im Energiebereich zwischen E und $E+\mathrm{d}E$ proportional $E^{1/2}\mathrm{d}E$. Nach dem Boltzmannschen Verteilungssatz (Gleichung 9.30) ist die Besetzung eines Zustands dem Boltzmann-Faktor $\exp(-E/kT)$ proportional. Folglich ist die Anzahl von Molekeln im Energiebereich von E bis $E+\mathrm{d}E$

$$\mathrm{d}N = \text{konst.} \exp(-E/kT)\, E^{1/2}\mathrm{d}E \qquad (9.32)$$

Da $E = 1/2\, mv^2$, ist $\mathrm{d}E = mv\mathrm{d}v$ und $E^{1/2}\mathrm{d}E = 2^{-1/2} m^{3/2} v^2 \mathrm{d}v$. Der Wert der Konstanten ergibt sich aus der Integration $\int\limits_{E=0}^{E=\infty} \mathrm{d}N = N$. Auf diese Weise erhält man Gleichung 9.19.

Die Verteilungsgesetze für Bosonen und Fermionen. Der Boltzmannsche Verteilungssatz gilt für Systeme von Bosonen oder Fermionen bei genügend hohen Temperaturen. Bei niedrigeren Temperaturen, bei denen die Anzahl von Translationszuständen mit geringerer Energie als $3/2\,kT$ der Anzahl von Molekeln nahekommt, machen sich Abweichungen bemerkbar, weil den Zuständen mit mehr als einer Molekel auf demselben Niveau ein anderes Gewicht zukommt. Die Verteilung von Bosonen gehorcht der sogenannten Bose-Statistik (auch Bose-Einstein-Statistik), die von Fermionen der Fermi-Statistik (Fermi-Dirac-Statistik). In einigen Eigenschaften von flüssigem ^{4}He und flüssigem ^{3}He, das aus Bosonen bzw. aus Fermionen besteht, kommen die Abweichungen von der Boltzmann-Verteilung zum Ausdruck. Die beiden Verteilungsgesetze seien hier ohne Ableitung wiedergegeben; die Bose-Statistik liefert

$$N_i = \frac{1}{C' \exp(E_i/kT) - N} \qquad (9.33a)$$

und die Fermi-Statistik

$$N_i = \frac{1}{C'' \exp(E_i/kT) + N} \qquad (9.33b)$$

Hierbei sind die Konstanten C' und C'' so bemessen, daß $\sum_i N_i = N$, und N gibt die Gesamtzahl von Teilchen an.

Aufgabe 9.5. In welcher Höhe über dem Meeresspiegel beträgt der Luftdruck der Atmosphäre 0,5 atm? Setzen Sie bei der Berechnung eine gleichförmige Temperatur von 20 °C voraus.

Lösung. Diese Aufgabe erläutert, wie der Boltzmannsche Verteilungssatz angewandt werden kann. Denken wir uns einen luftgefüllten Kasten in Höhe des Meeresspiegels und einen ähnlichen, mit dem ersten durch ein kleines Rohr verbundenen Kasten auf der Höhe z. Die Translationszustände der Molekeln sind in beiden Kästen dieselben, aber wegen der potentiellen Energie der Molekeln im Schwerefeld der Erde ist die einem jeden gegebenen Translationszustand zugehörige Energie im oberen Kasten größer als im unteren. Der Energieunterschied beträgt mgz, wobei m das Gewicht der Molekel und g die Erdbeschleunigung ist. Wir erinnern uns, daß der Boltzmann-Faktor als Produkt zweier Exponentialfaktoren geschrieben werden kann: $\exp(-E/kT) = \exp(-\text{kinetische Energie}/kT - \text{potentielle Energie}/kT) = \exp(-\text{kinetische Energie}/kT \cdot \exp(-\text{potentielle Energie}/kT)$. Es zeigt sich damit, daß die Besetzung jedes Zustands im oberen Kasten $\exp(-mgz/kT)$ mal so groß ist wie die des entsprechenden Zustands (d.h. mit derselben kinetischen Energie) im unteren Kasten. Nach der Fragestellung unserer Aufgabe soll das Verhältnis der Besetzung 0,5 betragen. Daher setzen wir an:

$$\exp(-mgz/kT) = 0{,}5$$
$$-mgz/kT = 2{,}303 \log 0{,}5$$
$$mgz = 2{,}303 \, kT \log 2$$
$$z = \frac{2{,}303 \, kT \log 2}{mg}$$

Der Bequemlichkeit halber multiplizieren wir Zähler und Nenner mit der Avogadroschen Zahl:

$$z = \frac{2{,}303 \, RT \log 2}{Mg}$$

Nach Einsetzen von $R = 8{,}315 \, \text{J grad}^{-1} \text{mol}^{-1}$, $T = 293 \, \text{K}$, $M = 0{,}0288 \, \text{kg mol}^{-1}$ (Durchschnittswert für N_2 und O_2) und $g = 9{,}807 \, \text{ms}^{-2}$ erhalten wir $z = 5980 \, \text{m}$. Die Rechnung zeigt also, daß die Höhe, in der der Luftdruck auf 0,5 atm abgesunken ist, rund 6 km über dem Meeresspiegel liegt.

9.7. Abweichungen vom idealen Verhalten bei realen Gasen

Kein wirklich existierendes Gas, oder, wie man sagt, reales Gas, gehorcht den idealen Gasgesetzen ganz genau, und zwar aus zwei Gründen. Erstens sind die Molekeln nicht unendlich klein. Jede Molekel hindert also durch ihre Gegenwart die anderen Molekeln daran, das Volumen des Behälters voll auszunutzen. Auf Grund ihres Eigenvolumens trachten die Molekeln danach, ein größeres Volumen als das ideale einzunehmen. Zweitens bewegen sich die Molekeln nicht unabhängig voneinander, sondern ziehen sich auch schon aus gewisser Entfernung etwas an. Diese Anziehung wirkt auf eine Verringerung des realen Gasvolumens gegenüber dem idealen hin.

9.7. Abweichungen vom idealen Verhalten bei realen Gasen

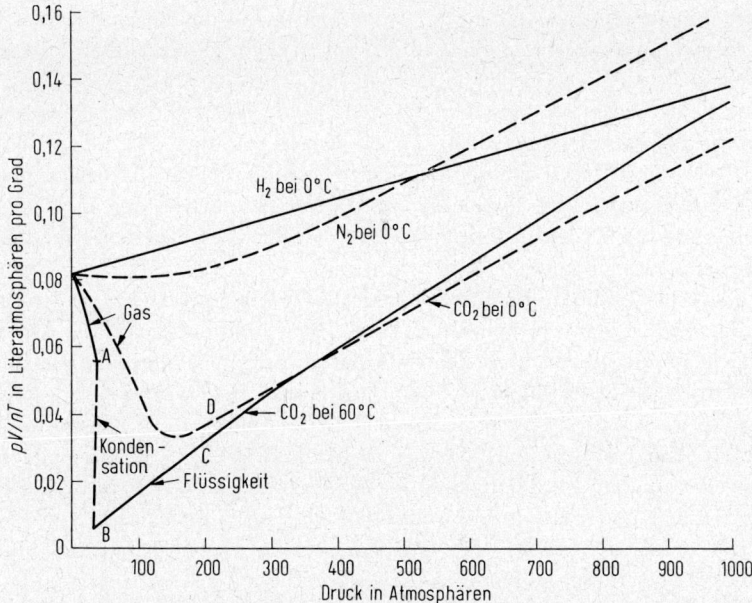

Abb. 9.10. Das Produkt PV/nT in Abhängigkeit vom Druck p für einige Gase. Bei hohen Drücken machen sich Abweichungen vom idealen Gasgesetz bemerkbar.

Welches Ausmaß diese Abweichungen annehmen, zeigt an einigen Gasen die Abbildung 9.10. Für Wasserstoff bei 0 °C sind sie für alle Drücke positiv. Hier wirkt sich im wesentlichen das Eigenvolumen der Molekeln aus. Die Anziehungskräfte bei dieser Temperatur (weit über dem Siedepunkt, $-252{,}8$ °C) sind äußerst gering.
Bei Drücken unter 120 atm zeigt Stickstoff (bei 0 °C) negative Abweichungen vom idealen Verhalten. Die intermolekularen Anziehungskräfte überwiegen die Auswirkung des Eigenvolumens der Molekeln.
Für Wasserstoff und Stickstoff bei 0 °C liegen die Abweichungen für Drücke bis zu 300 atm unter 10%. Ähnlich zeigen Sauerstoff, Helium und andere Gase mit niedrigen Siedepunkten geringe Abweichungen vom idealen Verhalten. Bei Zimmertemperatur und Drücken unter 10 atm befolgen diese Gase die idealen Gasgesetze auf 1% genau.
Große Abweichungen zeigen dagegen Gase mit hohen Siedepunkten. Ganz allgemein versagen die idealen Gasgesetze bei Annäherung an die Kondensation. Das Volumen von Kohlenstoffdioxid bei 60 °C und 120 atm beträgt, wie aus der Abbildung hervorgeht, nur 30% des aus der idealen Gasgleichung berechneten Volumens.
Bei niedrigen Temperaturen kommt in den Abweichungen systematisch die Kondensation des Gases zur Flüssigkeit zum Ausdruck (siehe die Kurve für Kohlenstoffdioxid bei 0 °C). Komprimiert man Kohlenstoffdioxid bei 0 °C auf etwa 40 atm, so ziehen sich die Molekeln so stark an, daß sie zusammenkleben und eine Flüssigkeit bilden. Das System besteht nun aus zwei Phasen, der Gasphase und der flüssigen Phase. Bei weiterer Kompression verringert sich das Volumen ohne Druckänderung (von A bis B in der Kurve), bis alles Gas kondensiert ist. Von B an nimmt das Volumen der Flüssigkeit bei

Steigerung des Drucks wesentlich langsamer ab, als das für ein Gas der Fall wäre, denn die Molekeln in der Flüssigkeit sind ja schon dicht gepackt. Daher steigt die Kurve an (Gebiet C).

Eine bemerkenswerte Erscheinung, den *kontinuierlichen Übergang zwischen dem flüssigen Zustand und dem gasförmigen Zustand*, entdeckte vor über 100 Jahren Thomas Andrews (1813–1885). Er fand, daß oberhalb einer bestimmten, für das betreffende Gas charakteristischen Temperatur, die er *kritische Temperatur* nannte, der gasförmige Zustand bei Steigerung des Drucks kontinuierlich in den flüssigen übergeht, ohne daß zwei Phasen nebeneinander auftreten.

Für Kohlenstoffdioxid beträgt die kritische Temperatur 31,1 °C. Oberhalb dieser Temperatur (z.B. bei 60 °C, vgl. die Kurve in der Abbildung) zeigt die Kurve keinerlei Anzeichen einer Kondensation. Bei Drücken über 200 atm benimmt sich die Substanz aber mehr wie flüssiges Kohlenstoffdioxid, nicht wie ein Gas (Bereich D in der Kurve). Tatsächlich ist es auf zwei verschiedenen Wegen möglich, die Substanz aus dem Gaszustand bei 0 °C und 1 atm in den flüssigen Zustand bei 0 °C und 50 atm überzuführen, nämlich entweder auf dem gewöhnlichen Weg der Kondensation über das Zwei-Phasen-Stadium oder ohne Kondensation und kontinuierlich, indem man das Gas auf über 31,1 °C erwärmt, den Druck auf ungefähr 200 atm steigert, wieder auf 0 °C abkühlt und dann den Druck auf 50 atm senkt. Hat man das Gas auf diese Weise ohne Kondensation verflüssigt, so kann man es zum Sieden bringen und verdampfen lassen, einfach indem man die Temperatur auf 0 °C hält und den Druck weiter erniedrigt. Nun kann man wieder ohne Kondensation verflüssigen. Das Spiel läßt sich beliebig oft wiederholen.

Tafel 9.1. Van der Waalssche Konstanten und kritische Werte einiger Substanzen.

Substanz	a	b	kritische Temperatur	kritischer Druck	kritisches Volumen
He	0,0341 l^2 atm mol^{-2}	0,0237 l mol^{-1}	5,3 K	2,26 atm	58 ml mol^{-1}
Ne	0,211	0,0171	44,5	25,9	42
Ar	1,35	0,0322	151	48	75
Kr	2,32	0,0398	210	54	107
Xe	4,19	0,0550	300	58	112
H_2	0,244	0,0266	73,3	12,8	65
N_2	1,39	0,0391	126,1	33,5	90
O_2	1,36	0,0318	154,4	49,7	74
Cl_2	6,49	0,0562	129	76	125
CO	1,49	0,0399	134	35	90
CO_2	3,59	0,0427	304	73	96
N_2O	3,78	0,0441	309,7	72,6	98
CH_4	2,25	0,0428	91	46	99
C_2H_6	5,49	0,0638	305	49	143
SO_2	6,71	0,0564	430	78	123
CCl_4	20,39	0,138	556	45	276
$SnCl_4$	26,91	0,164	592	37	352
H_2O	5,46	0,0305	647,2	217,7	45
NH_3	4,17	0,0371	406	112	72
Hg	8,09	0,0170	1823	200	45

Werte für die kritischen Temperaturen und die zugehörigen kritischen Drucke und Dichten einiger Substanzen sind in Tafel 9.1 zusammengestellt.

Im Hinblick darauf, daß gasförmige wie flüssige Phasen einen regellosen Aufbau haben (siehe Kapitel 2), erscheint die Möglichkeit eines kontinuierlichen Übergangs verständlich. Dagegen fällt es schwer, sich einen allmählichen Übergang von einem ungeordneten Zustand (Flüssigkeit) in einen geordneten (Kristall) vorzustellen. Es ist auch nicht gelungen, Substanzen zu kristallisieren oder Kristalle zu schmelzen, ohne daß sie am Schmelzpunkt einen diskontinuierlichen Übergang mit zwei Phasen durchlaufen: Kristalle haben keine kritische Temperatur.

Die van der Waalssche Zustandsgleichung. Eine Gleichung, die das Volumen einer gegebenen Substanzmenge in Abhängigkeit von der Temperatur und dem Druck beschreibt, wird als *Zustandsgleichung* für die Substanz bezeichnet.

Die ideale Gasgleichung ist auf reale Gase nur sehr beschränkt anwendbar, und viele andere Gleichungen, die neben der universellen Konstanten R noch andere, für die betreffende Substanz charakteristische Konstanten enthalten, sind in Vorschlag gebracht worden. Von den einfacheren Gleichungen dieser Art ist die brauchbarste die 1873 von dem Holländer Johannes Diderik van der Waals aufgestellte Beziehung

$$\left(P + \frac{n^2 a}{V^2}\right)\left(V - nb\right) = nRT \tag{9.34}$$

Diese Gleichung enthält zwei Stoffkonstanten a und b. Experimentell bestimmte Werte von a und b (ermittelt durch Messung der Abweichungen vom idealen Gasverhalten) für eine Reihe von Gasen sind in Tafel 9.1 angegeben.

Die Konstante b hat die Dimension eines Molvolumens. Sie ist gewöhnlich etwa um ein Viertel größer als das Molvolumen der Substanz im flüssigen Zustand, wie der folgende Vergleich einiger typischer Werte zeigt. Die Werte in $cm^3\,mol^{-1}$ der Konstanten b und des Molvolumens der Flüssigkeit sind für Ar 32 und 28, für Cl_2 56 und 46, für SO_2 56 und 45, für CCl_4 138 und 98.

Die Größe a/V gibt die Energie der effektiven gegenseitigen Anziehung der Molekeln an. Wird für V das Molvolumen der Flüssigkeit eingesetzt, so beträgt a/V gewöhnlich rund zwei Drittel der Verdampfungswärme der Flüssigkeit. Typische Werte von a/V, umgerechnet auf $kJ\,mol^{-1}$, und der Verdampfungswärme, ebenfalls in $kJ\,mol^{-1}$, sind 4,78 und 6,53 für Ar, 14,5 und 20,4 für Cl_2, 15,2 und 25,4 für SO_2, 21,4 und 30,0 für CCl_4.

Sowohl die Konstante b als auch das Molvolumen der Flüssigkeit sind für Helium mit 0,0237 bzw. 0,0317 $l\,mol^{-1}$ größer als für Neon mit 0,0171 bzw. 0,017 $l\,mol^{-1}$, obwohl andere Anzeichen und Überlegungen, insbesondere die theoretische Behandlung der Elektronenverteilung in diesen Atomen (siehe Abschnitt 6.13) es erwarten ließen, daß das Heliumatom kleiner sei als das Neonatom. Vermutlich beruht diese Anomalie auf einem Quanteneffekt.

Es ist interessant, wie in der van der Waalsschen Zustandsgleichung der Übergang vom flüssigen zum gasförmigen Zustand und der kritische Punkt zum Ausdruck kommen. Abbildung 9.11 zeigt vier mit Gleichung 9.34 berechnete Kurven, die das Volumen als

9. Gase: Quantenmechanik und statistische Mechanik

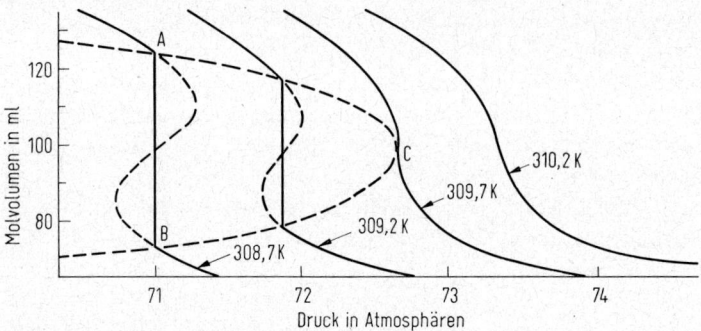

Abb. 9.11. Mit der van der Waalsschen Gleichung berechnete Kurven für das Molvolumen von Distickstoffmonoxid bei vier verschiedenen Temperaturen.

Funktion des Drucks bei vier verschiedenen Temperaturen angeben; für a und b sind dabei die Werte für N_2O eingesetzt, die Temperaturen liegen in der Nähe der kritischen Temperatur. Die für 308,7 K (ein Grad unterhalb der kritischen Temperatur) berechnete Kurve durchläuft einen Bereich, in dem sich der Druck mit abnehmendem Volumen verringern statt erhöhen würde (mittlerer Teil des gestrichelten Kurvenstücks). Statt dessen entsteht eine zweite Phase, und der das System darstellende Punkt wandert entlang der Horizontalen von A nach B, bis eine der beiden Phasen verschwunden ist. (Bei B ist allein die flüssige Phase übriggeblieben.)

Der Punkt C ist der kritische Punkt, an dem die Eigenschaften der gasförmigen und der flüssigen Phase miteinander identisch werden. An diesem Punkt ist die Kurve horizontal (erste Ableitung gleich null) und ändert ihren Krümmungssinn (zweite Ableitung gleich null). Mit diesen Bedingungen erhält man aus Gleichung 9.34 die folgenden Ausdrücke für die kritischen Werte:

$$\text{kritische Temperatur} = \frac{8a}{27bR} \tag{9.35}$$

$$\text{kritischer Druck} = \frac{a}{27b^2} \tag{9.36}$$

$$\text{kritisches Molvolumen} = 3b \tag{9.37}$$

Ein Vergleich mit den Angaben in Tafel 9.1 zeigt, daß diese Beziehungen annähernd erfüllt sind. Die größten Abweichungen weist das kritische Molvolumen auf, das gewöhnlich um 2,25 b beträgt.

Übungsaufgaben

9.1. 1 cm^3 festes Kohlenstoffdioxid (Dichte 1,56 g cm^{-3}) verdampft bei 25 °C unter 1 atm Druck. Welches Volumen nimmt der Dampf ein?

9.2. Die Dichte von Helium beträgt unter Normalbedingungen 0,1786 g l^{-1}. Berechnen Sie die Dichte bei 100 °C und 200 atm.

9.3. Avogadro war der erste, der Wasser als aus dreiatomigen Molekeln (H_2O in unserer heutigen Schreibweise) bestehend beschrieb. Welche experimentellen Befunde führten ihn zu dieser Vorstellung? Stellen Sie sich vor, Sie seien Avogadro im Jahr 1811, und schreiben Sie eine kurzgefaßte

Mitteilung für eine wissenschaftliche Zeitschrift, in der Sie Ihre zu diesem Ergebnis führende Schlußweise so streng wie möglich darzulegen versuchen.

9.4. Avogadro schrieb 1811 auf Grund von Dichtemessungen und chemischer Analyse Campher die Formel $C_{10}H_{16}O$ zu. Die experimentell bestimmte Dampfdichte von Kampfer bei 210 °C und 1 atm beträgt 3,84 g l^{-1}. Was für ein Molekulargewicht entspricht dieser Dichte?

9.5. Die Messung der Dichte von (gasförmigem) Cyanwasserstoff bei 26 °C und 1 atm ergibt einen Wert von 1,210 g l^{-1}. Berechnen Sie hieraus das scheinbare Molekulargewicht des Gases. Nehmen Sie an, das Gas enthalte Doppelmolekeln, $(HCN)_2$, neben den gewöhnlichen HCN-Molekeln, und berechnen Sie den Prozentgehalt an Doppelmolekeln. (Lösung: 29,70 bzw. 18,2%.)

9.6. Bei 3000 K ist Wasserstoffgas unter 1 atm Gesamtdruck zu 9,03% in Wasserstoffatome dissoziiert. Welche Dichte hat das Gas? Wie groß wäre die Dichte bei 3000 K und 1 atm, wenn die zweiatomigen Molekeln nicht dissoziieren würden?

9.7. Bei 2500 K und 1 atm Druck beträgt die experimentelle Dichte von Kohlenstoffdioxid 0,1991 g l^{-1}. Wie groß ist das durchschnittliche Molekulargewicht der Gasmolekeln? Nehmen Sie an, daß allein die Zersetzung des Kohlenstoffdioxids in Kohlenstoffmonoxid und Sauerstoff dafür verantwortlich ist, daß das Molekulargewicht geringer ist als das theoretische, und berechnen Sie daraus den Prozentsatz der Kohlenstoffdioxidmolekeln, die sich zersetzt haben.

9.8. Die Messung der Dichte eines Gases bei 25 °C und 1 atm liefert einen Wert von 1,63 g l^{-1}. Wie groß ist das Molekulargewicht? Die Messung der Molwärme bei konstantem Volumen ergibt 0,31 J grad^{-1} g^{-1}. Wieviel Atome pro Molekel enthält das Gas? Können Sie sagen, um welches Gas es sich handelt?

9.9. Die Dichte von Äthylen bei sehr niedrigem Druck entspricht bei Umrechnung mit der idealen Gasgleichung einer Dichte von 1,251223 g l^{-1} unter Normalbedingungen. Die Formel von Äthylen lautet C_2H_4. Berechnen Sie mit diesen Angaben einen genauen Wert für das Molekulargewicht von Äthylen. Berechnen Sie hieraus das Atomgewicht von Wasserstoff unter Benutzung von 12,01115 für das Atomgewicht von Kohlenstoff.

9.10. Effundiert Deuterium (Atomgewicht 2,0147) schneller oder langsamer als Wasserstoff durch eine poröse Platte? Berechnen Sie das Verhältnis der Effusionsgeschwindigkeiten der beiden Molekelsorten. In welchem Verhältnis zu diesen steht die Effusionsgeschwindigkeit von Molekeln, die aus einem Deuteriumatom und einem (leichten) Wasserstoffatom bestehen?

9.11. Bei der sogenannten Gasdiffusionsmethode zur Abtrennung des ^{235}U von natürlichem Uran effundiert gasförmiges UF_6 (Siedepunkt 56 °C unter Normalbedingungen) durch kleine Öffnungen (ca. 10 nm Durchmesser) in einer Scheidewand aus Metall. Wie groß ist der höchste theoretisch erreichbare Anreicherungsfaktor, um den sich das Verhältnis ^{235}U zu ^{238}U in einer einzigen Trennstufe vergrößern könnte? (Lösung: 1,00429; in der Praxis wird etwa ein Drittel dieser Anreicherung erzielt.)

9.12. Wie aus Lehrbüchern der Physik zu ersehen ist, ist die Schallgeschwindigkeit in Gasen gegeben durch $(\gamma P/\rho)^{1/2}$; hierbei ist γ das Verhältnis C_P/C_V des Gases, P der Druck in Nm^{-2} und ρ die Dichte in kg m^{-3}.
a) Zeigen Sie mit Hilfe der idealen Gasgleichung, daß die angegebene Größe gleich $(1000 \gamma RT/M)^{1/2}$ ist, wobei M das Molekulargewicht angibt.
b) Wie groß ist die Schallgeschwindigkeit in Helium bei 0 °C und 1 atm?
c) Wie groß ist das Verhältnis von Schallgeschwindigkeit zu wahrscheinlichster Molekulargeschwindigkeit?

9.13. Berechnen Sie die Schallgeschwindigkeit in Neon, Argon, Krypton und Xenon bei 0 °C. (Lösung: 169,8 m s^{-1} für Xenon.)

9.14. Die experimentell bestimmte Schallgeschwindigkeit in Sauerstoff unter Normalbedingungen beträgt 316 m s^{-1}. Wie groß ist der entsprechende Wert von γ? Was für Werte von C_P und C_V ergeben sich hieraus? (Lösung: 1,406; 2,5 R bzw. 3,5 R; vgl. Abschnitt 10.10.)

9.15. Wie groß wäre theoretisch die Schallgeschwindigkeit in Quecksilberdampf (einatomige Molekeln) bei 25 °C? In flüssigem Quecksilber beträgt die experimentell bestimmte Schallgeschwindigkeit bei dieser Temperatur 1450 ms^{-1}. Können Sie eine einfache qualitative Erklärung für den Unterschied der beiden Werte vorschlagen? (Vgl. hierzu die Erörterung gegen Ende von Abschnitt 11.3.)

9.16. Bestimmen Sie durch Ausmessen der Fläche unter einer der Kurven in Abbildung 9.7 einen Näherungswert für den Bruchteil von Gasmolekeln, deren Geschwindigkeit über Mach 1 (Schallgeschwindigkeit) und über Mach 2 (doppelte Schallgeschwindigkeit) liegt.

9.17. Die Wurzel aus dem mittleren Geschwindigkeitsquadrat von Gasmolekeln bei der Temperatur T ist $(3kT/m)^{1/2}$, entsprechend einer durchschnittlichen kinetischen Energie von $3/2\ kT$ pro Molekel. Bei welchem Bruchteil der Wurzel aus dem mittleren Geschwindigkeitsquadrat wird der Boltzmann-Faktor (Gleichung 9.19) gleich 0,99? Wie groß ist der Bruchteil von Gasmolekeln mit geringerer Geschwindigkeit als dieser?

9.18. Xenon kristallisiert mit kubisch dichtester Kugelpackung (Abb. 2.3) mit einer Kantenlänge $a = 6{,}24$ Å bei 88 K. Wie groß ist das Molvolumen von Xe(f) bei dieser Temperatur? In welchem Verhältnis stehen die van der Waalssche Konstante b und das kritische Volumen zu diesem Molvolumen? (Lösung: 36,6 ml mol^{-1}, Verhältnis 1,50 bzw. 3,06.)

9.19. Eine gegebene Menge eines idealen Gases dehnt sich adiabatisch (d. h. ohne Austausch von Wärmeenergie mit der Umgebung) vom Volumen V zum Volumen $V + dV$ aus.
a) Wieviel Arbeit leistet das System?
b) Die Änderung der inneren Energie des Gases pro mol ist $C_V dT$, wobei dT die Temperaturänderung im Zuge der Ausdehnung angibt. In welcher Beziehung steht dieser Energiebetrag zur geleisteten Arbeit?
c) Leiten Sie, ausgehend von der in b) aufgestellten Beziehung, mit Hilfe der idealen Gasgleichung, $PV = nRT$, eine für adiabatische Ausdehnung gültige Differentialgleichung für V als Funktion von T ab.
d) Lösen Sie die Differentialgleichung mit V_0, P_0 und T_0 als Anfangswerten, um eine algebraische Beziehung zwischen V und T bei adiabatischer Ausdehnung und Kompression eines idealen Gases herzustellen.
e) Leiten Sie aus der eben erhaltenen Beziehung mit Hilfe der idealen Gasgleichung eine Beziehung zwischen P und T sowie eine Beziehung zwischen P und V ab. [Lösung der letzten Frage: $P/P_0 = (V_0/V)\gamma$, wobei $\gamma = C_P/C_V$.]

9.20. Eine gegebene Menge Xenon wird von anfänglich 0 °C und 1 atm adiabatisch auf die Hälfte ihres Volumens komprimiert. Geben Sie die Endwerte von P und T an.

9.21. Eine primitive Methode, Feuer zu machen, besteht darin, Luft in einem Rohr durch Herabstoßen eines Kolbens schnell zu komprimieren und damit ein leichtentzündliches Material am Boden des Rohrs zu entflammen. Nehmen Sie an, die Zündtemperatur sei 300 °C, und berechnen Sie, wie weit der Kolben zur Zündung herabgestoßen werden muß. (Der Wert von C_V für Luft ist $5/2\ R$.)

9.22. Fertigen Sie eine graphische Darstellung der Funktion $\sin(2\pi xmv/h)$ für Werte von x zwischen 0 und $2h/mv$ an. Erläutern Sie mit dieser Auftragung die Aussage im ersten Satz von Abschnitt 9.3, daß diese Funktion und die zugehörige Cosinus-Funktion ein Teilchen mit der Wellenlänge $\lambda = h/mv$ im eindimensionalen, feldfreien Raum darstellen.

9.23. Differenzieren Sie die Sinus- und die Cosinus-Funktion der vorigen Aufgabe zweimal nach x und zeigen Sie, daß die Funktionen Lösungen von Gleichung 9.13 sind.

9.24. Ein Tank enthält $CO_2(g)$ bei dessen kritischer Temperatur und kritischem Druck, 31 °C und 73 atm. Wieviel mehr CO_2 enthält der Tank, als eine Rechnung mit der idealen Gasgleichung ergeben würde? (Lösung: 256% mehr.)

9.25. Wie aus Abbildung 9.11 hervorgeht, sind am kritischen Punkt sowohl dP/dV als auch d^2P/dV^2 gleich null. Formen Sie Gleichung 9.34 so um, daß sie P als Funktion von V angibt, bilden Sie die beiden Ableitungen, setzen Sie diese gleich null und lösen Sie die Gleichungen nach den kritischen Werten von P, T und V auf (Gl. 9.35, 9.36, 9.37).

Kapitel 10

Chemische Thermodynamik

In diesem Kapitel wollen wir einige Grundzüge der chemischen Thermodynamik besprechen. Unsere Entwicklungen bauen auf der Behandlung der Quantenzustände und des Boltzmannschen Verteilungssatzes im vorigen Kapitel auf. Ich bin der Ansicht, daß dieser Weg besser als jeder andere geeignet ist, ein Verständnis der chemischen Thermodynamik zu vermitteln.

10.1. Wärme und Arbeit. Energie und Enthalpie

Es wird sich als praktisch erweisen, das Weltall in zwei Teile einzuteilen, nämlich das betrachtete *System* und dessen *Umgebung*, d.h. alles, was nicht zum System rechnet. In den meisten Fällen werden wir uns mit Systemen beschäftigen, die eine gegebene, konstante Materiemenge enthalten (Systeme mit für Materie undurchdringlichen Wänden), wohl aber Wärme von der Umgebung aufnehmen und an diese abgeben sowie Arbeit auf die Umgebung ausüben oder von dieser empfangen können.
Die Beziehung zwischen Wärme und Arbeit ist Gegenstand der Physik. Hier soll nur kurz das Wesentlichste zusammengefaßt werden. Arbeit wird geleistet durch eine gerichtete Kraft, die längs eines Weges wirkt. Die Arbeit, die von der Kraft 1 Newton längs des Weges von 1 Meter geleistet wird, heißt 1 Joule. Besteht die Arbeit darin, einen ursprünglich ruhenden Gegenstand in Bewegung zu setzen, so erteilt sie dem Gegenstand die kinetische Energie 1 J. Die kinetische Energie kann vollständig in Arbeit zurückverwandelt werden, wobei der bewegte Gegenstand wieder zur Ruhe kommt. Zum Beispiel kann der bewegte Gegenstand mittels einer an ihm befestigten Schnur ein kleines Gewicht auf eine bestimmte Höhe heben.
Der bewegte Gegenstand kann auch durch *Reibung* zur Ruhe kommen. Dabei verwandelt sich die kinetische Energie der gerichteten Bewegung in Energie ungeordneter Molekularbewegung von Molekeln der Körper, die sich aneinander reiben. Dieser Zuwachs an Heftigkeit der Molekularbewegung entspricht einer Steigerung der Temperatur der Körper. Den Körpern ist, wie man sagt, Wärme zugeführt worden. Nehmen wir an, einer der Körper sei 1 g Wasser, und seine Temperatur sei um 1° gestiegen, so habe er eine Kalorie an Wärme aufgenommen. Die Kalorie, früher das übliche Wärmemaß, war definiert als die zum Erwärmen von 1 g Wasser um 1° erforderliche Energie; mit anderen Worten, die spezifische Wärme von Wasser war definitionsgemäß gleich 1 cal grad^{-1} g^{-1} gesetzt.

Bei dieser Überlegung drängt sich sofort die Frage auf, wieviel Arbeit geleistet werden muß, um so viel Wärme hervorzubringen. James Prescott Joule (1818–1889) konnte mit seinen Versuchen in Manchester zwischen 1840 und 1878 die Frage beantworten, nachdem Count Rumford (Benjamin Thompson, 1753–1814) bereits 1798 gezeigt hatte, daß die Reibung eines stumpfen Bohrers in einem Geschützrohr das Rohr erwärmt. Joules Versuche führten zu einem Wert für das elektrische Wärmeäquivalent – d.h. für die Beziehung zwischen Wärme und elektrischer Arbeit – der sich von dem heute anerkannten, genaueren Wert nur wenig unterscheidet:

$$1 \text{ cal} = 4{,}1840 \text{ Joule}$$

Ein Joule ist die Arbeit, die ein Coulomb Elektrizität längs einer Potentialdifferenz von einem Volt leistet. Ein Joule ist also gleichzeitig eine Wattsekunde:

$$1 \text{ Joule} = 1 \text{ Voltcoulomb} = 1 \text{ Wattsekunde}$$

Schon in Abschnitt 6.11 hatten wir darauf hingewiesen, daß der Ausdruck „Wärme" eine Energiemenge bezeichnet, die ein System in bestimmter Weise aufnimmt oder abgibt, nämlich durch Wärmeleistung oder Strahlung.

10.2. Der erste Hauptsatz der Thermodynamik

Die Energie E eines Systems ist gegeben durch den Zustand des Systems (Zusammensetzung, Druck, Temperatur und gelegentlich andere Faktoren, wie Stärke eines elektrischen, magnetischen oder Schwerefelds). *Die Energieänderung ΔE, die die Veränderung eines Systems von einem Anfangszustand zu einem Endzustand begleitet, ist ausschließlich von diesen beiden Zuständen bestimmt und ist unabhängig vom Weg, auf dem die Zustandsänderung durchgeführt wird.*

Die eben getroffene Feststellung bringt das Gesetz von der Erhaltung der Energie zum Ausdruck. Sie stellt weiterhin eine Fassung des *ersten Hauptsatzes der Thermodynamik* dar. Beim Übergang eines Systems von einem gegebenen Anfangszustand zu einem gegebenen Endzustand stellt die Summe der vom System aufgenommenen Wärme und der auf das System geleisteten Arbeit die Energieänderung des Systems dar. Die Summe von Wärme und Arbeit ist vom Weg der Zustandsänderung unabhängig, die Wärme und die Arbeit für sich allein hängen dagegen vom Weg ab.

Zur Erläuterung wollen wir die Reaktion von flüssigem Stickstofftrichlorid, anfangs bei 25 °C und 1 atm Druck, unter Bildung von Stickstoff und Chlor gleicher Temperatur und gleichen Drucks betrachten:

$$2\,NCl_3(fl) \rightarrow N_2(g) + 3\,Cl_2(g)$$

Die experimentell bestimmte Energieänderung ΔE, die diese Zustandsänderung begleitet, beträgt $-451{,}9$ kJ für 2 mol NCl_3.

Bei 25 °C und 1 atm Druck nimmt eine Menge von 2 mol flüssigen Stickstofftrichlorids ein Volumen von 0,148 l ein, die gasförmigen Produkte dagegen ein Volumen von 97,900 l. Wir können den Übergang des Systems vom Anfangs- zum Endzustand so durchführen, daß weder das System Arbeit auf die Umgebung ausübt noch von der

Umgebung auf das System Arbeit ausgeübt wird. Hierzu wird 2 mol (240,8 g) Stickstofftrichlorid bei 25 °C und 1 atm in einem dünnwandigen Glaskolben eingeschmolzen, der in ein Stahlgefäß von 97,900 l Volumen eingebracht wird. Das Stahlgefäß wird evakuiert und in einen auf 25 °C eingestellten Thermostaten gelegt. Nachdem sich thermisches Gleichgewicht zwischen dem Stahlgefäß und seiner Umgebung, dem Thermostaten, eingestellt hat, wird das Stickstofftrichlorid durch Zündung mittels eines zwischen zwei im Kolben eingeschmolzenen Drähten überspringenden Funkens zur Explosion (Reaktion gemäß obiger Gleichung) gebracht. Nachdem das Gefäß wieder ins thermische Gleichgewicht mit der Umgebung (25 °C) gekommen ist, beträgt der Druck in seinem Inneren 1 atm. Keine Arbeit ist geleistet worden. Die Wärmemenge, die von der Umgebung an das System abgegeben worden ist, ist genau gleich ΔE, also —451,9 kJ; d.h. 451,9 kJ Wärme sind vom System an die Umgebung abgegeben worden. Ein anderer Weg von demselben Anfangszustand zu demselben Endzustand entspricht folgendem Gedankenversuch. Wir bauen in das Stahlgefäß einen kleinen Verbrennungsmotor mit 240,8 g Stickstofftrichlorid (bei 25 °C) im Tank ein. Die Kurbelwelle des Motors führt durch die Gefäßwand, so daß dieser Arbeit auf die Umgebung ausüben kann. Das Gefäß, dessen Volumen 97,900 l (ausschließlich des Konstruktionsmaterials des Motors) beträgt, wird evakuiert. Nun wird der Motor gestartet und läuft, bis sein Brennstoff verbraucht ist. Anschließend lassen wir das System wieder in thermisches Gleichgewicht mit der Umgebung (25 °C) kommen.

Nehmen wir an, der Motor habe, ähnlich guten Dieselmotoren, einen Wirkungsgrad von 43%. Die auf die Umgebung ausgeübte Arbeit wäre dann · (43/100) 451,9 kJ = 194,3 kJ. Die vom System an die Umgebung abgeführte Wärme würde 451,9 — 194,3 = 257,6 kJ betragen.

Zustandsänderungen auf anderen Wegen von demselben Anfangs- zu demselben Endzustand werden im allgemeinen wiederum andere Werte der übertragenen Wärme und geleisteten Arbeit zur Folge haben.

Im Laboratorium führt man Zustandsänderungen meistens so durch, daß der Druck 1 atm bleibt, das Volumen des Systems sich aber ändern kann (also nicht in einem evakuierten Gefäß, wie oben beschrieben). Nimmt sein Volumen um ΔV zu, so übt das System die Arbeit $P\Delta V$ auf die Umgebung aus, wobei P den Druck angibt. Würde zum Beispiel 2 NCl_3(fl) sich langsam bei 25 °C und 1 atm Druck in einem Zylinder mit beweglichem Kolben zersetzen, so würde das System die Arbeit 1 atm · (97,900 — 0,148) l = 97,852 l atm auf die Umgebung ausüben. (Die Arbeit besteht im Zurückstoßen der Atmosphäre.) Mit der Beziehung 1 l atm = 101,3 J finden wir, daß das System die Druck-Volumen-Arbeit 9,91 kJ geleistet hat. Die an die Umgebung abgeführte Wärmemenge beträgt folglich 451,9 — 9,9 = 442,0 kJ.

Bereits in Abschnitt 6.11 hatten wir darauf hingewiesen, daß die Enthalpie H eines Systems als dessen Energie zuzüglich des Terms PV definiert ist:

$$H = E + PV \tag{10.1}$$

Für jede Zustandsänderung von einem Anfangs- zu einem Endzustand, die bei konstantem Druck so durchgeführt wird, daß keine Arbeit außer der Druck-Volumen-Arbeit geleistet wird, ist ΔH genau gleich der von der Umgebung an das System abgegebenen

Wärme. Um ΔE zu ermitteln, muß man außerdem die Volumenänderung feststellen und die entsprechende Korrektur zur Berücksichtigung der Druck-Volumen-Arbeit vornehmen.

Den Vorteil erheblicher Vereinfachung, der sich beim Gebrauch der Enthalpie (also einschließlich des PV-Terms) an Stelle der Energie ergibt, erkannte als erster der große amerikanische Forscher J. Willard Gibbs (1839–1903) im Zuge seiner thoretischen Untersuchungen, die er 1876 und 1878 unter dem Titel *On the Equilibrium of Heterogeneous Substances* veröffentlichte und mit denen er die Grundlage des gesamten Gebäudes der chemischen Thermodynamik schuf.

Gibbs und andere auf diesem Gebiet arbeitende Theoretiker suchten und fanden weiterhin die Antwort auf die Frage nach der größtmöglichen Arbeit, die ein System im Verlauf einer Zustandsänderung auf die Umgebung ausüben kann. Wir kommen hierauf später in diesem Kapitel zurück.

Aufgabe 10.1. Wie groß ist die Änderung der inneren Energie, ΔE, bei der Reaktion
$H_2(g) + 1/2 O_2(g) \rightarrow H_2O(fl)$
bei 25 °C und 1 atm?

Lösung. Der ΔH-Wert der Reaktion beträgt laut Tafel 7.1 -286 kJ mol^{-1}. Ein genauerer, experimentell bestimmter Wert ist $-285,840$ kJ mol^{-1}. Um ΔE zu erhalten, müssen wir gemäß Gleichung 10.1 einen Korrekturterm $-\Delta(PV)$ zufügen. Der PV-Wert für $H_2(g)$ beträgt RT, also $8,3146 \cdot 298,15 = 2479$ J mol^{-1} = $2,479$ kJ mol^{-1}. Der Wert für $1/2 O_2(g)$ ist halb so groß, $1,240$ kJ mol^{-1}. Der Wert für flüssiges Wasser, dessen Molvolumen 18 ml mol^{-1} beträgt, ist $0,002$ kJ mol^{-1}. Insgesamt ist damit $\Delta(PV) = -3,717$ kJ mol^{-1}. Hieraus folgt $\Delta E = -285,840 + 3,717 = -282,123$ kJ mol^{-1}.

Diese Änderung der inneren Energie im Zuge der Reaktion geht hauptsächlich auf eine Änderung der elektronischen Energie der Molekeln zurück; die Änderung der Rotations- und Schwingungsenergie bleibt vergleichsweise gering.

10.3. Molwärme und spezifische Wärme. Schmelzwärme, Verdampfungswärme und Umwandlungswärme

Die experimentell bestimmte Molwärme einer Substanz kann dazu benutzt werden, aus der Normalenthalpie (bezogen auf 1 atm und 273,15 K) der Substanz deren Enthalpie bei einer anderen Temperatur zu berechnen. Weiterhin kann mit Hilfe der Schmelz-, Verdampfungs- oder Umwandlungswärme, die sich auf die entsprechenden Phasenumwandlungen unter konstantem Druck beziehen, die Enthalpie der Substanz in einem anderen Aggregatzustand ermittelt werden.

Molwärme und spezifische Wärme. Wie schon früher erwähnt, nennt man die zum Erwärmen einer Substanz pro Mol (oder Grammformelgewicht) um eine Temperatureinheit (1°) erforderliche Wärmemenge die *Molwärme* der Substanz, die pro Gewichtseinheit (1 g) erforderliche Wärmemenge die *spezifische Wärme*. Für beide Größen wird auch der Ausdruck *Wärmekapazität* benutzt. Molwärmen oder spezifische Wärmen können in Tabellenwerken nachgeschlagen werden. Die Messung wird gewöhnlich bei konstantem Druck durchgeführt. Die Molwärme ist gleich der spezifischen Wärme multipliziert mit dem Molekulargewicht (oder Formelgewicht).

10.3. Molwärme und spezifische Wärme

Die Regel von Dulong und Petit. Dulong und Petit wiesen 1819 in Frankreich darauf hin, daß für die schwereren festen Elementarsubstanzen (mit Atomgewicht über 35) das Produkt aus spezifischer Wärme und Atomgewicht, also die Molwärme, stets ungefähr 26 J grad^{-1} mol^{-1} beträgt. Man nennt diese Gesetzmäßigkeit die *Regel von Dulong und Petit*. In welchem Grad sie befolgt wird, geht aus den nachstehenden Beispielen hervor:

Element	Experimentell bestimmte Molwärme bei 20 °C
Al	24,3 J grad^{-1} mol^{-1}
Fe	25,2
Ni	26,0
Ag	25,5
Au	25,2
Pb	26,8

Der niedrige Wert für Aluminium (Atomgewicht 27) ist typisch für die bei Elementen geringen Atomgewichts auftretenden Abweichungen (vgl. Abschnitt 10.16).
In der ersten Hälfte des vorigen Jahrhunderts leistete die Regel wertvolle Dienste beim Ermitteln von Näherungswerten für die Atomgewichte einer Reihe von Elementen. Hierzu teilte man 26 durch die experimentell bestimmte spezifische Wärme der Elementarsubstanz im festen Zustand. Für Wismut zum Beispiel beträgt die spezifische Wärme 0,123 J grad^{-1}g^{-1}; teilen wir 26 J grad^{-1}mol^{-1} durch diesen Wert, so erhalten wir 211 g mol^{-1} als Näherungswert für das Atomgewicht von Wismut entsprechend der Regel von Dulong und Petit. Der wirkliche Wert ist 209.

Die Koppsche Regel. Einen Näherungswert für die Molwärme einer festen Substanz kann man nach der sogenannten *Koppschen Regel* als die Summe von Beiträgen von den beteiligten Atomen erhalten, wobei für die Atome die folgenden Werte zu benutzen sind:

H	Li	Be	B	C	N	O	F	alle anderen	
10	21	15	13	8	13	18	20	26	J grad^{-1} mol^{-1}

Diese Werte gelten für Zimmertemperatur. Die Molwärmen von Flüssigkeiten sind etwas größer als die der entsprechenden Substanzen im festen Zustand, gewöhnlich um etwa 15%. Die Molwärme von flüssigem Wasser ist mit 75,4 J grad^{-1}mol^{-1} ungewöhnlich groß, während die von Eis mit 38 J grad^{-1}mol^{-1} die Koppsche Regel befolgt. Auf die Ursache des hohen Werts von Wasser werden wir in Kapitel 12 eingehen.

Aufgabe 10.2. Wie groß ist der ΔH-Wert der Reaktion in Aufgabe 10.1
$$H_2(g) + 1/2\,O_2(g) \rightarrow H_2O(fl)$$
bei 100 °C und 1 atm? Die experimentell bestimmten durchschnittlichen Molwärmen bei konstantem Druck, C_P, von $H_2(g)$, $O_2(g)$ und $H_2O(fl)$ im Temperaturbereich zwischen 25 und 100 °C betragen 28,9, 29,4 bzw. 75,5 J grad^{-1} mol^{-1}.

Lösung. Zur Klärung der Fragestellung fertigen wir ein Diagramm an, das die verschiedenen Zustände des Systems angibt. Der Übersichtlichkeit halber empfiehlt es sich bei solchen Diagrammen, die einzelnen Zustände so anzuordnen, daß ihre Höhe im Diagramm in groben Zügen dem Enthalpiewert entspricht.

10. Chemische Thermodynamik

$$H_2(g,\ 100\,°C) + \tfrac{1}{2}O_2(g,\ 100\,°C) \xrightarrow{1,\ \Delta H_1} H_2O(\text{fl},\ 100\,°C)$$

$$2\downarrow \Delta H_2$$

$$H_2(g,\ 25\,°C) + \tfrac{1}{2}O_2(g,\ 100\,°C)$$

$$3\downarrow \Delta H_3 \qquad\qquad 5\uparrow \Delta H_5$$

$$H_2(g,\ 25\,°C) + \tfrac{1}{2}O_2(g,\ 25\,°C) \xrightarrow{4,\ \Delta H_4} H_2O(\text{fl},\ 25\,°C)$$

Das Diagramm zeigt zwei Wege, auf denen das System vom Anfangszustand, $H_2(g, 100\,°C) + 1/2\,O_2(g, 100\,°C)$, zum Endzustand, $H_2O(\text{fl},100\,°C)$. gelangen kann. Da die Enthalpie eines Systems allein vom Zustand bestimmt ist und nicht vom Weg abhängt, auf dem es den Zustand erreicht hat, sind die Enthalpieänderungen längs des ersten Wegs (Schritt 1) und längs des zweiten Wegs (Schritte 2, 3, 4 und 5) einander gleich:
$\Delta H_1 = \Delta H_2 + \Delta H_3 + \Delta H_4 + \Delta H_5$
Für ΔH_4 gilt der in Aufgabe 10.1 angegebene Wert von $-285{,}840\,\text{kJ}\,\text{mol}^{-1}$. ΔH_5 ist das Integral von 25 bis 100 °C über die Molwärme von $H_2O(\text{fl})$ bei konstantem Druck $\int_{25°}^{100°} C_P\,dT$

$= C_P \int_{25°}^{100°} dT = 75{,}5\,\text{J}\,\text{grad}^{-1}\,\text{mol}^{-1} \cdot 75° = 5663\,\text{J}\,\text{mol}^{-1} = 5{,}663\,\text{kJ}\,\text{mol}^{-1}$. Auf ähnliche Weise findet man $\Delta H_2 = -2{,}168\,\text{kJ}\,\text{mol}^{-1}$ und $\Delta H_3 = -1{,}103\,\text{kJ}\,\text{mol}^{-1}$. Die Summe $\Delta H_2 + \Delta H_3 + \Delta H_4 + \Delta H_5$ beläuft sich damit auf $-283{,}448\,\text{kJ}\,\text{mol}^{-1}$, und ist die Antwort auf die gestellte Frage.

Verdampfungswärme. Wenn einer Flüssigkeit bei deren Siedepunkt Wärme zugeführt wird, erhöht sich die Temperatur nicht, vielmehr wird statt dessen eine entsprechende Menge der Flüssigkeit verdampft. Die beim Verdampfen am Siedepunkt pro Mol aufgewandte Wärmemenge wird als *Verdampfungswärme* bezeichnet. Für Wasser beträgt sie $40{,}6\,\text{kJ}\,\text{mol}^{-1}$.

Für viele Substanzen kann ein Näherungswert für die Verdampfungswärme mit Hilfe der *Troutonschen Regel* vorausgesagt werden. Die Regel besagt, daß die molare Verdampfungswärme geteilt durch die absolute Temperatur des Siedepunkts für die meisten Substanzen etwa $84\,\text{J}\,\text{grad}^{-1}\,\text{mol}^{-1}$ beträgt. Nehmen wir Schwefelkohlenstoff als Beispiel, der bei 319 K siedet: die Regel liefert $84 \cdot 319 = 26{,}8\,\text{kJ}\,\text{mol}^{-1}$; der experimentell gefundene Wert liegt bei $26{,}7\,\text{kJ}\,\text{mol}^{-1}$. Für Wasser ist die Verdampfungswärme größer, als die Troutonsche Regel es erwarten läßt, und zwar wegen der starken, von Wasserstoffbrückenbindungen bewirkten intermolekularen Kräfte in der Flüssigkeit. (Hinsichtlich der Beziehung zwischen Verdampfungswärme und Siedepunkt vgl. die eingehendere Untersuchung in Abschnitt 11.3.)

Umwandlungswärmen. Beim Übergang von einer kristallinen Modifikation in eine andere, bei höherer Temperatur stabile Modifikation nimmt eine Substanz eine bestimmte Wärmemenge auf, die als *Umwandlungswärme* bezeichnet wird. Für die Umwandlung von weißem Phosphor in roten zum Beispiel beträgt die Umwandlungswärme $15{,}5\,\text{J}\,\text{mol}^{-1}$, für die Umwandlung von rotem Quecksilber(II)-jodid in gelbes $12{,}6\,\text{J}\,\text{mol}^{-1}$.

10.4. Entropie. Der wahrscheinliche Zustand eines geschlossenen Systems

Die folgenden Betrachtungen beziehen sich auf ein „geschlossenes", d.h. von seiner Umgebung vollkommen isoliertes System. Festgelegt ist das System durch die Angabe, was für Atome (oder Molekeln oder chemische Substanzen) es innerhalb seiner Grenzen enthält. Der makroskopische Zustand des Systems wird weiterhin festgelegt durch die Angabe der Werte eines Paars von Zustandsvariablen, etwa der Temperatur und der Energie des Systems. (Ein anderes Paar makroskopischer Zustandsvariablen kann statt dessen gewählt werden, etwa Volumen und Temperatur oder Druck und Temperatur. Weitere makroskopische Parameter, wie Feldstärke eines elektrostatischen, magnetischen oder Schwerefelds, können darüber hinaus eingeführt werden, wo dies zur Behandlung der mit ihnen verbundenen Eigenschaften des Systems erforderlich ist.)

Unser Ziel ist, eine Theorie zu entwickeln, mit der wir das Verhalten des Systems (also seine makroskopischen Eigenschaften) ausgehend von seiner Zusammensetzung und Struktur verstehen können (d.h. ausgehend von den Atomen und Molekeln, aus denen es besteht, und deren Quantenzuständen). Wir wollen uns dabei auf makroskopische Systeme beschränken, also auf Systeme mit einer oder mehreren Atom- oder Molekelsorten, die durch sehr viele identische Teilchen vertreten sind.

Eine Theorie dieser Art haben wir bereits in Abschnitt 9.5 entwickelt. Bei dieser Gelegenheit hatten wir für den speziellen Fall eines reinen, einatomigen Gases (aus identischen Teilchen bestehend) darauf hingewiesen, daß der durch Volumen und Energie beschriebene makroskopische Zustand des Systems einer sehr großen Zahl von Quantenzuständen (mikroskopischen Zuständen) entspricht. Wir waren von der Voraussetzung ausgegangen, daß alle Quantenzustände, die derselben vorgegebenen Gesamtenergie des Systems entsprechen, gleiches Gewicht haben und daß somit der wahrscheinlichste makroskopische Zustand des Systems derjenige ist, der von der größten Anzahl von Quantenzuständen realisiert werden kann.

Wir nennen die Anzahl von Quantenzuständen, die zu einem gegebenen makroskopischen Zustand des Systems gehören, die *Multiplizität* dieses Zustands und benutzen für sie das Zeichen W (für Wahrscheinlichkeit – diese Bezeichnungsweise geht auf Boltzmann zurück). Die Wahrscheinlichkeit eines makroskopischen Zustands eines geschlossenen Systems ist der Multiplizität des Zustands proportional. Falls keine Beschränkung es daran hindert, nimmt das System den makroskopischen Zustand größter Multiplizität an, also den Zustand mit größtem Wert von W. Unterliegt das System anfangs einer Beschränkung, die das Erreichen des Zustands größter Multiplizität verhindert, so strebt das System spontan diesem Zustand zu, wenn die Beschränkung aufgehoben wird.

Der vorstehende Satz stellt eine mögliche Fassung des *zweiten Hauptsatzes der Thermodynamik* dar.

Betrachten wir zum Beispiel das in Abbildung 10.1 gezeigte System, das aus zwei Kolben von je 10 Liter Volumen besteht, die miteinander durch ein Rohr mit einem Hahn verbunden sind und insgesamt ein Mol Helium enthalten. Wir schließen den Hahn und legen dem System damit eine Beschränkung auf. Der anfängliche makroskopische Zustand des Systems sei so gewählt, daß sich alle Heliummolekeln im Kolben A befinden und die Energie $^3/_2\ R \cdot 273$ beträgt, was einer Temperatur von 273 K entspricht (vgl. Abschnitt 9.4).

Wir fragen nun, welchen makroskopischen Zustand das System annimmt, wenn wir den Hahn öffnen. Erfahrung und gesunder Menschenverstand sagen uns, daß das Gas sich natürlich gleichmäßig auf die beiden Kolben verteilen wird. Die Temperatur ändert sich dabei nicht (die Gesamtenergie, hier ausschließlich die kinetische Energie der Molekeln, bleibt unverändert), und der Druck sinkt auf die Hälfte des Anfangswerts im Kolben A ab.

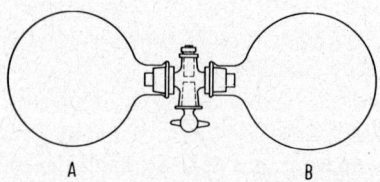

Abb. 10.1. Ein abgeschlossenes System von 20 Liter Volumen, das 1 mol Helium enthält und dessen Energie einer Temperatur von 0 °C entspricht.

Die Wahrscheinlichkeit des makroskopischen Endzustands ist 2^N mal so groß wie die des (der Beschränkung unterliegenden) makroskopischen Anfangszustands, wobei N die Anzahl Molekeln angibt. Es braucht uns deshalb nicht zu überraschen, daß nach Erreichen des Gleichgewichts spontane Schwankungen des Drucks im einen oder anderen Kolben so gering bleiben, daß sie kaum nachgewiesen werden können.

Das Verhältnis W/W_0 der Wahrscheinlichkeiten des Endzustands und Anfangszustands (W_0) kann wie folgt berechnet werden. Laut Gleichung 9.18 ist die Anzahl von Quantenzuständen im Energiebereich von E bis $E + dE$ für ein Teilchen im Kasten dem Volumen des Kastens proportional. Die Anzahl von Quantenzuständen eines Systems von N identischen Molekeln ist nach Gleichung 9.22

$$W = \frac{n^N}{\prod_{j=1}^{\infty} N_j!} \tag{10.2}$$

Der Wert von N_j, also die Anzahl Molekeln in einer Klasse von n molekularen Quantenzuständen mit nahezu gleicher Energie E_j, ist n mal so groß wie die durch den Boltzmannschen Verteilungssatz gegebene Besetzungswahrscheinlichkeit eines einzelnen Quantenzustands der Energie E_j (Gl. 9.30 mit E_j an Stelle von E_i). Setzen wir n, wie zu fordern, dem Volumen proportional, also $n = n_0 V/V_0$, so werden offenbar die Werte der N_j für das Volumen V die gleichen wie für das Volumen V_0. Der Nenner in Gleichung 10.2 bleibt damit vom Volumen unabhängig. Folglich ist W proportional n^N, wofür wir $(n_0 V/V_0)^N$ schreiben können. Auf diese Weise erhalten wir

$$\frac{W}{W_0} = \left(\frac{V}{V_0}\right)^N \tag{10.3}$$

Für $V/V_0 = 2$ beträgt das Verhältnis 2^N. Das Verhältnis $(V/V_0)^N$ kann auch mittels einer sehr einfachen Wahrscheinlichkeitsbetrachtung abgeleitet werden: das Verhältnis der Wahrscheinlichkeiten, eine gegebene Molekel im Volumen V beziehungsweise im

Volumen V_0 anzufinden, ist V/V_0; für N voneinander unabhängige Molekeln ist das Verhältnis der Gesamtwahrscheinlichkeiten damit $(V/V_0)^N$.

Entropie. Der Begriff der Entropie (vom griechischen τροπή, Wendung, Wandel) fand um 1850 Eingang in die Thermodynamik anläßlich von theoretischen Arbeiten über den Wirkungsgrad von Wärmemaschinen. Dreißig Jahre später äußerte Boltzmann den Gedanken, diese thermodynamische Größe (die das Symbol S erhielt) könne mit dem Ausdruck $k \ln W$ identifiziert werden, wobei k die Boltzmann-Konstante und W die Multiplizität des Systems ist:

$$S = k \ln W \qquad (10.4.)$$

(Boltzmanns Arbeiten stammen aus der Zeit gegen Ende des vorigen Jahrhunderts, also vor der Entwicklung der Quantenmechanik; demgemäß konnte er nur Wahrscheinlichkeitsverhältnisse W_2/W_1 und entsprechende Entropieunterschiede $S_2 - S_1$ betrachten, nicht aber Absolutwerte.)

Wie wir Gleichung 10.4 entnehmen können, hat eine Vergrößerung von W ein Anwachsen von S zur Folge. Weiter oben hatten wir gezeigt, daß eine spontane Zustandsänderung in einem *geschlossenen* System stets von einer Vergrößerung von W begleitet ist. Wir gelangen damit zu dem Schluß, daß bei einer jeden solchen Zustandsänderung die Entropie zunimmt. Diese Aussage ist eine andere Fassung des zweiten Hauptsatzes der Thermodynamik.

Das Weltall mag als ein geschlossenes System gelten. Sowohl der erste als auch der zweite Hauptsatz der Thermodynamik kommen zum Ausdruck in dem folgenden, von dem deutschen Physiker Rudolf Clausius (1822–1888) ausgesprochenen Satz: *Die Energie der Welt bleibt konstant; die Entropie strebt einem Maximum zu.*

Einen spontanen Vorgang in einem geschlossenen System, nämlich die durch Öffnen eines Hahns ausgelöste Ausdehnung eines Gases auf ein größeres Volumen, haben wir bereits betrachtet (Abb. 10.1). Für ein Mol eines idealen Gases, das sich vom Volumen V_1 auf das Volumen V_2 ausdehnt, ohne dabei Arbeit zu leisten (d.h. im geschlossenen System), ist der Entropiezuwachs $\Delta S = S_2 - S_1 = R \ln(V_2/V_1)$, wobei $R = 8{,}315$ J grad^{-1} mol^{-1}. Sofern sich das Volumen verdoppelt, erhalten wir $\Delta S = R \ln 2 = 8{,}315 \cdot 2{,}303 \cdot 0{,}301 = 5{,}764$ J grad^{-1} mol^{-1}.

Mischungsentropie. Wir betrachten ein Mol eines Gasgemischs, das sich aus x_1 mol eines Gases G_1 und x_2 mol eines Gases G_2 zusammensetzt. Es ist also $x_1 + x_2 = 1$ (x_1 und x_2 heißen in einem solchen Fall die *Molenbrüche* der Komponenten). Der Anfangszustand sei so gewählt, daß das Gas G_1 den Kolben A und das Gas G_2 den Kolben B in Abbildung 10.1 einnimmt, und die Volumina der beiden Kolben seien x_1 bzw. x_2 proportional; der Druck bleibt dann unverändert, wenn wir den Hahn öffnen. Die Quantenzustände für das Gas G_1 im Kolben A und im Gesamtvolumen sind dieselben wie im zuvor betrachteten Fall der Ausdehnung eines Gases. Der Entropiezuwachs der x_1 mol des Gases G_1 ist folglich $x_1 R \ln(V_2/V_1) = x_1 R \ln(1/x_1)$; für das Gas G_2 gilt entsprechend $x_2 R \ln(1/x_2)$. Die Entropie des Mischens pro Mol gemischten Gases bei konstantem Druck ist demnach

$$\Delta S = -R(x_1 \ln x_1 + x_2 \ln x_2) \qquad (10.5)$$

wobei $x_1 + x_2 = 1$. Das Vermischen vollzieht sich im geschlossenen System spontan, wenn der Hahn geöffnet wird. Ist $x_1 = x_2 = 1/2$, so beträgt der Entropiezuwachs $R \ln 2 = 5{,}764$ J grad^{-1} pro Mol gemischten Gases.

Verwandlung potentieller Energie in Wärme. Für die folgende Betrachtung bestehe unser System aus zwei senkrecht übereinander angeordneten und miteinander verbundenen Kolben (Abb. 10.1 um 90° gedreht), von denen der obere mit flüssigem Quecksilber gefüllt ist. Wird der Hahn geöffnet, so erfolgt spontan eine Änderung des makroskopischen Zustands des geschlossenen Systems: das Quecksilber strömt vom oberen in den unteren Kolben und verbleibt dort. Diese Zustandsänderung vollzieht sich mit einer Heftigkeit (Spritzen und Schwappen des Quecksilbers), die auf einen beträchtlichen Entropiezuwachs schließen läßt. Welcher Art ist nun dieser Entropiezuwachs?

Die Antwort auf diese Frage liegt darin, daß sich die potentielle Energie Mgz (wobei M die Masse des Quecksilbers, z seine Höhe über der Endlage und g die Erdbeschleunigung ist) des Quecksilbers im oberen Kolben in Wärmeenergie verwandelt. Das flüssige Quecksilber hat im unteren Kolben des geschlossenen Systems eine höhere Temperatur als anfangs im oberen. Wie wir bei der Erörterung des Boltzmannschen Verteilungssatzes gesehen haben, wächst die Anzahl von Quantenzuständen eines Systems mit der Erhöhung seiner inneren Energie (d. h. der Energie ausschließlich des Mgz-Terms), also mit steigender Temperatur. Wir werden später feststellen, daß der Entropiezuwachs bei diesem spontanen Vorgang Mgz/T beträgt, wobei T die (durchschnittliche) Temperatur des Quecksilbers angibt.

10.5. Die absolute Entropie eines idealen Gases

Wir haben den Ausdruck $k \ln W$ als Maß der Entropie eines Systems kennengelernt (Gleichung 10.5). Die Größe $\ln W$ für ein System von N identischen Teilchen ist durch Gleichung 9.22 in Abhängigkeit von der Verteilung der Teilchen auf Klassen von Quantenzuständen von Einzelteilchen gegeben. Die Verteilung der Teilchen auf die Quantenzustände und damit auf Klassen solcher Zustände ist ebenfalls abgeleitet worden, und zwar entspricht sie im allgemeinen Fall dem Boltzmannschen Verteilungssatz (Gleichung 9.30) und für den speziellen Fall eines idealen Gases der Gleichung 9.32. Durch Einsetzen dieser Verteilung in Gleichung 9.22 können wir die Entropie eines idealen Gases berechnen. Die Rechnung im einzelnen ist in Anhang XII wiedergegeben.

Wie sich herausstellt, ist die Entropie eines einatomigen, idealen Gases eine Funktion von dessen Molekulargewicht, Volumen und Temperatur (sie kann wahlweise auch als Funktion von Molekulargewicht, Druck und Temperatur dargestellt werden). Die beiden, in Anhang XII abgeleiteten Gleichungen für die Entropie pro Mol lauten

$$S_{\text{molar}} = {}^3\!/_2\, R \ln M + {}^3\!/_2\, R \ln T + R \ln V + 11{,}11 \text{ J grad}^{-1}\text{mol}^{-1} \qquad (10.6)$$

$$S_{\text{molar}} = {}^3\!/_2\, R \ln M + {}^5\!/_2\, R \ln T - R \ln P - 9{,}69 \text{ J grad}^{-1}\text{mol}^{-1} \qquad (10.7)$$

In diesen Gleichungen ist M das Molekulargewicht in Dalton (also bezogen auf 12 für ^{12}C), V das Molvolumen in l mol^{-1} und P der Druck in atm.

Diese Gleichungen setzen voraus, daß die Multiplizität des Systems groß genug ist, die Anwendung der Stirlingschen Näherungsformel für ln $N!$ zu rechtfertigen. Bei extrem niedrigen Temperaturen wäre nur der Quantenzustand mit geringster Energie besetzt. Im Grenzfall $T \to 0\,\mathrm{K}$ wäre also nur ein Quantenzustand des Systems realisiert, und W hätte dann den Wert 1 und S den Wert 0.

Setzen wir für ein Gas unter 1 atm Druck $S_{\mathrm{molar}} = 0$ sowie $M = 4{,}003$ (Helium) und lösen Gleichung 10.7 nach T auf, so erhalten wir $T = 1{,}44$ K. In Wirklichkeit kondensiert aber Helium unter 1 atm Druck bereits bei 4,3 K zur Flüssigkeit, also bevor es Temperaturen erreicht, bei denen mit schwerwiegenden Abweichungen vom idealen Gasverhalten wegen der geringen Anzahl realisierbarer Quantenzustände zu rechnen wäre. Alle anderen Gase kondensieren ebenfalls, bevor sie das Tieftemperaturgebiet der Quantenartung erreichen.

Die Temperaturabhängigkeit der Entropie. Wie betrachten als System ein Mol eines idealen, einatomigen Gases. Dem System, dessen Volumen wir konstant halten, führen wir eine kleine Wärmemenge zu, die eine Steigerung der Temperatur um den Betrag δT bewirkt. Um wieviel wächst hierbei die Entropie? Die Antwort erteilt uns Gleichung 10.6, aus der wir durch Differenzieren $(\delta S_{\mathrm{molar}}/\delta T)_V = {}^3/_2\, R/T$ erhalten; der Entropiezuwachs beträgt folglich ${}^3/_2\, R\delta T/T$.

Bekanntlich hat für ein einatomiges Gas die Molwärme bei konstantem Volumen, C_V, den Wert ${}^3/_2\, R$ (siehe Aufgabe 9.4). Die zugeführte Wärmemenge q, die die Temperaturerhöhung δT bewirkt hat, beläuft sich also auf ${}^3/_2\, R\, \delta T$. Folglich beträgt der Entropiezuwachs des Systems q/T.

Wir wollen nun das System unter konstantem Druck erwärmen. Durch Differenzieren von Gleichung 10.7 finden wir hierfür, daß der Entropiezuwachs ${}^5/_2\, R\, \delta T/T$ beträgt. Nun ist bekanntlich für ein einatomiges Gas die Molwärme bei konstantem Druck ${}^5/_2\, R$ (siehe Abschnitt 9.4), so daß q hier den Wert ${}^5/_2\, RT$ annimmt. Auch in diesem Fall ergibt sich also für den Entropiezuwachs des Systems der Wert q/T.

Schließlich wollen wir die Entropieänderung $\Delta S_{\mathrm{molar}}$ betrachten, die eine Temperaturänderung von T_1 auf T_2 begleitet. Für konstantes Volumen erhalten wir mit Gleichung 10.6

$$\Delta S_{\mathrm{molar}} = {}^3/_2\, R \ln \frac{T_2}{T_1} \qquad \text{bei konstantem Volumen} \qquad (10.8)$$

und für konstanten Druck mit Gleichung 10.7

$$\Delta S_{\mathrm{molar}} = {}^5/_2\, R \ln \frac{T_2}{T_1} \qquad \text{bei konstantem Druck} \qquad (10.9)$$

10.6. Reversible und irreversible Zustandsänderungen

Wir wollen nun ein System zusammen mit seiner Umgebung untersuchen. Die Umgebung verfügt über Maschinen, die Arbeit auf das System ausüben oder vom System zur Arbeitsleistung angetrieben werden können; sie verfügt weiterhin über beliebig viele Wärmebehälter, die sich auf verschiedenen Temperaturen befinden. Da wir mit den

Eigenschaften idealer, einatomiger Gase bereits gut vertraut sind, wollen wir jeden der Wärmebehälter als aus einer Vielzahl von Molen eines solchen Gases bestehend ansehen.

Unser System möge aus einem Mol eines idealen, einatomigen Gases bestehen, konstantes Volumen V haben und sich anfänglich auf der Temperatur T_1 befinden. Wir bringen das System nun in einen sehr großen Wärmebehälter der höheren Temperatur T_2. Das System erhöht seine Temperatur von T_1 auf T_2, und dabei fließt die Wärmemenge $q = C_V(T_2-T_1) = {}^3/_2\, R(T_2-T_1)$ vom Wärmebehälter in das System.

Im Wärmebehälter, dessen Temperatur wegen seiner Größe praktisch unverändert geblieben ist, hat sich die Entropie um $-q/T_2 = -{}^3/_2\, R(T_2-T_1)/T_2$ verändert. Die Entropieänderung des Systems beträgt laut Gleichung 10.8 ${}^3/_2\, R \ln(T_2/T_1)$. Die Entropieänderung des Weltalls bei diesem spontanen Vorgang der Wärmeübertragung von einem wärmeren zu einem kälteren Körper stellt sich als positiv heraus, wie es der zweite Hauptsatz der Thermodynamik verlangt (vgl. Abschnitt 10.4). Der Entropiezuwachs, also die Summe der beiden oben genannten Entropieänderungen, kann nach Einführen von ΔT für $T_2 - T_1$ und unter Benutzung der Reihenentwicklung $\ln x = a + 1/2\,a^2 + 1/3\,a^3 + \ldots$ [wobei $a = (x-1)/x$] wie folgt angegeben werden:

$$\Delta S_{\text{Weltall}} = {}^3/_2\, R \left[1/2\left(\frac{\Delta T}{T_2}\right)^2 + 1/3\left(\frac{\Delta T}{T_2}\right)^3 + \ldots\right] \qquad (10.10)$$

Kühlen wir jetzt das System auf seine ursprüngliche Temperatur T_1 ab, indem wir es in einen ebenfalls sehr großen Wärmebehälter dieser Temperatur bringen, so erhöht sich die Entropie des Weltalls wiederum. Das System befindet sich dann zwar wieder in seinem Anfangszustand und hat die gleiche Entropie wie zu Beginn, aber eine Wärmemenge ${}^3/_2\, R\Delta T$ ist dem ersten, auf der Temperatur T_2 befindlichen Wärmebehälter entzogen und dem zweiten, auf der Temperatur T_1 befindlichen zugeführt worden, wobei sich die Entropie der beiden Behälter insgesamt erhöht hat um

$$\Delta S = {}^3/_2\, R\Delta T \left(\frac{1}{T_1} - \frac{1}{T_2}\right) = {}^3/_2\, R\, \frac{(\Delta T)^2}{T_1 T_2} \qquad (10.11)$$

Einen solchen Prozeß, bei dem ein System erst durch Wärmeaufnahme aus einem Wärmebehälter höherer Temperatur erwärmt und dann wieder auf seine Anfangstemperatur abgekühlt (in den Anfangszustand zurückversetzt) wird, ist ein typischer *irreversibler Kreisprozeß*. Er ist nicht umkehrbar, denn bei jedem seiner beiden Schritte nimmt die Entropie des Weltalls zu.

Ein *reversibler* (d.h., umkehrbarer) *Kreisprozeß* dagegen ist ein Prozeß, bei dem das System seinen Anfangszustand wieder erreicht (nach Durchlaufen von Zustandsänderungen), ohne daß sich die Entropie des Weltalls dabei verändert.

Dem Idealfall eines reversiblen Kreisprozesses können wir erheblich näherkommen als im oben betrachteten Beispiel. Hierzu bringen wir das System, dessen Temperatur T_1 beträgt, in einen Wärmebehälter der nur wenig höheren Temperatur $T_1 + \delta T$, wobei $\delta T = (T_2-T_1)/n$. Das System erwärmt sich hierbei auf $T_1 + \delta T$. In einem zweiten Schritt bringen wir das System in einen Wärmebehälter der Temperatur $T_1 + 2\delta T$ und erwärmen es auf diese Temperatur, und so fort. Mit insgesamt n solchen Schritten können wir das System auf die Temperatur T_2 bringen und dann in ähnlicher Weise in n Schritten wieder auf seine Anfangstemperatur T_1 abkühlen.

Aus dem in Gleichung 10.11 angegebenen Zusammenhang zwischen Entropie und Temperaturdifferenz geht hervor, daß der Entropiezuwachs der Umgebung bei diesem neuen Prozeß um den Faktor $1/n$ kleiner ist als bei dem zuerst betrachteten. Könnten wir n unendlich groß machen, so hätten wir das Ideal eines reversiblen Kreisprozesses erreicht, also eines Kreisprozesses ohne Änderung der Entropie des Weltalls.

Leider ergibt sich eine Komplikation: Der Temperaturausgleich zwischen System und Wärmebehälter beruht auf Wärmeleitung, die Zeit erfordert, und ein Prozeß mit einer unendlichen Anzahl von Schritten würde deshalb unendlich lange dauern. *Kein wirklicher Prozeß ist reversibel.* Wohl aber können wirkliche Prozesse dem Ideal der Reversibilität so nahe kommen, wie unsere Geduld es ermöglicht.

Bei jedem Schritt eines reversiblen Prozesses kann eine verschwindend kleine Änderung der Umgebung die Richtung des Vorgangs umkehren. Würde zum Beispiel beim Erwärmen des Systems die Temperatur des Wärmebehälters gesenkt (etwa um $2\,\delta T$ in der obigen Betrachtung), so würde das System zum Zustand des vorigen Schritts zurückkehren.

Halten wir das System unter konstantem Druck, statt sein Volumen vorzugeben, so dehnt es sich beim Erwärmen aus und leistet dabei auf seine Umgebung die Arbeit $P\,\Delta V$. Um Reversibilität sicherzustellen, müssen wir annehmen, diese Arbeit könne ohne Reibungsverluste von der Umgebung gespeichert werden, etwa durch Anheben eines Gewichts. Die von der Umgebung in dieser Weise gespeicherte potentielle Energie kann dann dazu verwendet werden, das System wieder auf sein ursprüngliches Volumen zu komprimieren.

Da jeder Schritt eines reversiblen Gesamtprozesses seinerseits reversibel sein muß, nimmt das System bei jedem Schritt genau so viel Energie auf, wie die Umgebung abgibt, oder umgekehrt.

10.7. Der Wirkungsgrad von Wärmemaschinen

Im Jahre 1824 veröffentlichte ein junger französischer Physiker namens Sadi Carnot (1796–1832) eine Arbeit unter dem Titel *Réflexions sur la puissance motrice du feu et sur les machines propres à développer cette puissance*. Gegenstand dieser Studie war die Beziehung zwischen Wärme und Arbeit, und der Wirkungsgrad von Dampfmaschinen (Wärmemaschinen) fand besondere Berücksichtigung. Obwohl der erste Hauptsatz der Thermodynamik damals noch nicht aufgestellt worden war, gelang es Carnot, ein Grundprinzip zu formulieren, das als eine Fassung des zweiten Hauptsatzes angesehen werden kann.

Carnot betrachtete einen hypothetischen Kreisprozeß mit Zustandsänderungen eines Gases, das mit seiner Umgebung in Wechselwirkung steht. Der nach ihm benannte Carnotsche Kreisprozeß, dargestellt in Abbildung 10.2, besteht aus vier Schritten: 1. das Gas dehnt sich isotherm bei der Temperatur T_{heiss} vom Volumen V_1 auf das Volumen V_2 aus, übt dabei Arbeit auf die Umgebung aus und nimmt von dieser Wärme auf; 2. das Gas dehnt sich adiabatisch (d.h. ohne Wärmeübertragung) auf das Volumen V_3 aus und kühlt sich dabei auf die Temperatur T_{kalt} ab; 3. das Gas wird bei der Temperatur T_{kalt} isotherm auf das Volumen V_4 komprimiert; 4. das Gas wird durch adiabatische Kompression in den Anfangszustand zurückversetzt. Alle Schritte werden reversibel durchgeführt, so daß sich die Entropie des Weltalls nicht verändert. Da das System zu seinem Anfangszustand zurückkehrt, erfährt es keine Entropieänderung. Folglich muß auch die Entropie der Umgebung unverändert bleiben.

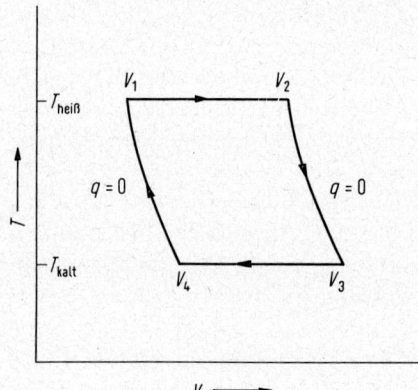

Abb. 10.2. Der Carnotsche Kreisprozeß.

Der zweite und vierte Schritt sind adiabatisch ($q = 0$) und erfolgen daher ohne Entropieänderung der Umgebung. Beim ersten Schritt wird die Wärmemenge q_{heiss} der Umgebung entnommen und dem System zugeführt, wobei sich die Entropie der Umgebung um $-q_{heiss}/T_{heiss}$ verändert. Beim dritten Schritt wird die Wärmemenge q_{kalt} an die Umgebung abgegeben, deren Entropie sich folglich hierbei um q_{kalt}/T_{kalt} erhöht. Da aber der Gesamtprozeß keine Änderung der Entropie nach sich zieht, ergibt sich

$$-\frac{q_{heiss}}{T_{heiss}} + \frac{q_{kalt}}{T_{kalt}} = 0$$

oder

$$\frac{q_{heiss}}{q_{kalt}} = \frac{T_{heiss}}{T_{kalt}} \qquad (10.12)$$

Gemäß dem Gesetz von der Erhaltung der Energie können wir für die vom System geleistete Arbeit A schreiben:

$$A = q_{heiss} - q_{kalt}$$

Mit Gleichung 10.12 folgt hieraus

$$A = q_{heiss} \left(\frac{T_{heiss} - T_{kalt}}{T_{heiss}} \right) \qquad (10.13)$$

Man bezeichnet den in Arbeit verwandelten Bruchteil der aus dem Wärmebehälter höherer Temperatur entnommenen Wärmemenge als den Wirkungsgrad der Wärmemaschine. Wie Gleichung 10.13 zeigt, findet man den Wirkungsgrad einer idealen (d.h. reversibel arbeitenden) Wärmemaschine, indem man den Temperaturunterschied zwischen den beiden Wärmebehältern durch die Temperatur des wärmeren teilt. Beim Betrieb einer wirklichen Wärmemaschine läßt es sich nicht vermeiden, daß die Entropie des Weltalls mit jedem Zyklus zunimmt, und der Wirkungsgrad ist deshalb geringer.

Eine *Wärmepumpe* ist eine Maschine, die Arbeit aufwendet, Wärme einem kalten Behälter zu entziehen und einem heißen zuzuführen. Der Wirkungsgrad einer idealen Wärmepumpe, q_{heiss}/A, ist $T_{heiss}/(T_{heiss} - T_{kalt})$. Eine ideale, elektrisch betriebene Wärmepumpe, die bei einer Außentemperatur am Gefrierpunkt eine Temperatur im Haus von 25 °C aufrechterhält, würde also diesen Zweck $298°/25° = 11{,}9$ mal so wirksam erfüllen wie ein elektrischer Ofen. Wirkliche Wärmepumpen haben natürlich einen geringeren Wirkungsgrad.

10.8. Entropieänderung beliebiger Systeme bei Änderung der Temperatur

Als nächstes wollen wir die Entropieänderung eines beliebigen Systems bei einer Temperaturerhöhung von T_1 auf T_2 untersuchen.

Das System wird reversibel erwärmt, und die bei einem differentiellen Schritt bei der Temperatur T von der Umgebung an das System abgegebene differentielle Wärmemenge sei δq_{rev} (pro Mol). (Die Bezeichnung δq statt dq wird bevorzugt, weil es sich nicht um ein vollständiges Differential handelt.) Die Entropieänderung bei diesem Schritt ist gemäß den Ausführungen im vorigen Abschnitt $\delta q_{rev}/T$ (pro Mol). Folglich ist die gesamte Entropieänderung pro Mol

$$\Delta S = S_2 - S_1 = \int_{T_1}^{T_2} \frac{\delta q_{rev}}{T} \tag{10.14}$$

Wir können δq_{rev} durch $C dT$ ersetzen, wobei C die Molwärme des Systems (natürlich für reversible Erwärmung) angibt:

$$\Delta S = S_2 - S_1 = \int_{T_1}^{T_2} C \frac{dT}{T} \tag{10.15}$$

Je nachdem, ob das Volumen oder der Druck konstant gehalten werden, ist für C die Molwärme C_V oder C_P einzusetzen.

Die Enthalpie ist definiert als $H = E + PV$ (siehe Abschnitt 6.11). Wird das System unter konstantem Druck von T_1 auf T_2 erwärmt, ohne daß es dabei Arbeit außer der $P\Delta V$-Arbeit leistet, so ergibt sich damit eine Erhöhung der Enthalpie pro Mol um $\int_{T_1}^{T_2} \delta q$, wofür wir $\int_{T_1}^{T_2} C_P dT$ schreiben können, zuzüglich der Umwandlungswärmen, falls Phasenumwandlungen stattgefunden haben.

Aufgabe 10.4. Die molare Entropie von Eis bei 0 °C und 1 atm beträgt 51,84 J grad^{-1} mol^{-1}. Wie groß ist die molare Entropie von Wasser bei 0 °C und bei 25 °C unter 1 atm Druck?

Lösung. Beim Schmelzen nimmt ein Mol Wasser ohne Temperaturänderung die Schmelzwärme auf, die 6010 J mol^{-1} beträgt (siehe Abschnitt 10.3). Die Entropie erhöht sich hierbei folglich um $6010/273{,}15 = 22{,}00$ J grad^{-1} mol^{-1} auf 73,84 J grad^{-1} mol^{-1}. Dies ist die molare Entropie von Wasser bei 0 °C.

Die molare Entropie von Wasser bei 25 °C erhalten wir, wenn wir den obigen Wert erhöhen um

$$\int_{273\,\text{K}}^{298\,\text{K}} C_P \frac{dT}{T} = C_P \int_{273\,\text{K}}^{298\,\text{K}} d\ln T$$

$$= C_P \ln \frac{298°}{273°} = C_P \ln 1{,}092 = 0{,}0880\, C_P$$

Der Wert von C_P, der in diesem Temperaturbereich praktisch konstant bleibt, beträgt 75,3 J grad^{-1} mol^{-1}. Der Entropiezuwachs beläuft sich damit auf 6,63 J grad mol^{-1}, und die molare Entropie von Wasser bei 25 °C beträgt 80,47 J grad^{-1} mol^{-1}.

Die molare Enthalpie von Wasser bei 0 °C und 1 atm ist natürlich um 6010 J mol^{-1} größer als die von Eis bei gleicher Temperatur und gleichem Druck.

10.9. Der dritte Hauptsatz der Thermodynamik

Der dritte Hauptsatz der Thermodynamik kommt zum Ausdruck in der Feststellung: *Die Entropie einer reinen Substanz in Form eines idealen Kristalls ist null am absoluten Nullpunkt der Temperatur.*

Boltzmanns Beziehung $S = k \ln W$, die Entropie und Multiplizität verknüpft, führt unmittelbar zum dritten Hauptsatz. Betrachten wir zum Beispiel einen Kupferkristall (siehe Abschnitt 2.4), dessen Atomanordnung der kubisch dichtesten Kugelpackung entspricht. Jedes Atom führt Schwingungsbewegungen um seinen Platz im kubisch flächenzentrierten Gitter aus. Beim Abkühlen verringert sich die Amplitude der Schwingungen, und die Besetzungsdichte der höheren Schwingungsquantenzustände nimmt stark ab. Im Grenzfall der Temperatur 0 K ist nur ein einziger Quantenzustand besetzt, der mit der geringsten Energie; alle anderen, mit höherer Energie, sind nicht mehr realisiert, denn der Boltzmann-Faktor $\exp(-E/kT)$ geht gegen null wenn die Temperatur gegen null geht.

Der dritte Hauptsatz der Thermodynamik wurde von dem deutschen physikalischen Chemiker Walther Nernst (1864–1941) entdeckt. Um 1906 bestimmte Nernst experimentell für eine Reihe von Substanzen den Entropieunterschied der kristallinen Verbindung und der (kristallinen) Elementarsubstanzen, aus denen sie hergestellt werden kann[1]. Weiterhin bestimmte er deren Molwärmen von normalen bis zu sehr tiefen Temperaturen und konnte so den Entropieunterschied auch bei sehr tiefer Temperatur ermitteln. In jedem Fall fand er, daß der Entropieunterschied zu verschwinden scheint, wenn die Temperatur sich dem absoluten Nullpunkt nähert. 1911 formulierte er den dritten Hauptsatz im wesentlichen in der oben angegebenen Form.

Die Entropie von Bleidampf. Ausdrücke für die Entropie eines einatomigen, idealen Gases haben wir in Abschnitt 10.5 abgeleitet (Gleichungen 10.6 und 10.7). Wir können Gleichung 10.7 dazu benutzen, die Entropie von Pb(g) bei 1 atm Druck am Siedepunkt, 2017 K, zu berechnen. Nach Einsetzen von $M = 207{,}19$ für das Atomgewicht von Blei erhalten wir $S = 215{,}04$ J grad^{-1} mol^{-1}.

Eine andere Möglichkeit, einen Wert für die Entropie von Pb(g) zu erhalten, geht von der Voraussetzung aus, daß der dritte Hauptsatz gültig ist, so daß $S = 0$ für Pb(f) bei

---

1 Die Versuchsmethoden zur Messung solcher Entropieunterschiede sollen in Kapitel 11 behandelt werden.

10.9. Der dritte Hauptsatz der Thermodynamik

0 K; die Entropie ergibt sich dann als die Summe der Beiträge $\int_{0\,K}^{Fp.} C_P \, d\ln T$ für den Temperaturbereich von Nullpunkt bis zum Schmelzpunkt, $\Delta H_{Schmelz}/T_{Fp.}$ für die Verflüssigung, $\int_{Fp.}^{Kp.} C_P d\ln T$ für den Temperaturbereich bis zum Siedepunkt und $\Delta H_{Verdampfung}/T_{Kp.}$ für die Verdampfung. Ein Vergleich des so erhaltenen und des mit Gleichung 10.7 berechneten Werts der Entropie von Pb(g) gibt uns die Möglichkeit einer Prüfung sowohl des dritten Hauptsatzes als auch der zur Ableitung von Gleichung 10.7 benutzten statistischen Quantentheorie.

Die experimentell bestimmte Molwärme von Pb(f) in Abhängigkeit von der Temperatur geht aus Abbildung 10.10 hervor. Ihr Wert fällt mit abnehmender Temperatur steil ab. Um 5 K gehorcht sie der Beziehung $C_P = 0,0026 \, T^3 \, J \, grad^{-1} mol^{-1}$. Mit dieser Beziehung (und bei Gültigkeit des dritten Hauptsatzes) finden wir für S bei 5 K den Wert $\int_{0\,K}^{5\,K} C_P d\ln T = 0,11 \, J \, grad^{-1} mol^{-1}$. Dieser Wert erscheint in der ersten Zeile von Tafel 10.1.

Den Wert von $\int_{5\,K}^{298,15\,K} C_P \, d\ln T$ erhalten wir durch Auftragen der experimentellen C_P-Werte gegen $\ln T$, wie in Abbildung 10.3, und Ausmessen der Fläche unter der Kurve zwischen 5 und 298,15 K. Diese graphische Integration führt zu 64,74 J grad^{-1}mol^{-1}.
Von 298,15 K bis zum Schmelzpunkt, 600,5 K, steigt C_P von 25 auf 30 J grad^{-1}mol^{-1} an. Eine Näherungsrechnung mit dem Durchschnittswert von 27,5 J grad^{-1}mol^{-1} liefert für die Entropieänderung über diesen Temperaturbereich $27,5 \ln(600,5/298,15) = 19,3$ J grad^{-1}mol^{-1}.

Tafel 10.1. Beiträge zur Entropie von gasförmigem Blei bei 2020 K nach dem dritten Hauptsatz.

0 bis 5 K	0,11 J grad^{-1} mol^{-1}
5 bis 298,15 K	64,74
298,15 bis 600,5 K (Schmelzpunkt)	19,3
Schmelzentropie	8,29
600,5 bis 2020 K	38,8
Verdampfungsentropie	85
Entropie von Pb(g) bei 2020 K	216
Wert gemäß Gleichung 10.7	215,04

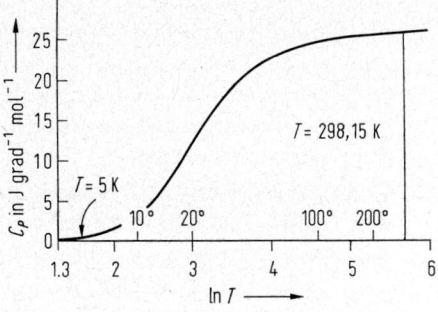

Abb. 10.3. Molwärme von Blei (im kristallinen Zustand) als Funktion von $\ln T$. Die Fläche unter der Kurve zwischen 5 und 298,15 K gibt die Entropieänderung von Pb(f) beim Übergang von der einen zur anderen Temperatur an.

Die direkt gemessene Schmelzwärme beträgt 4,98 kJ mol^{-1}, woraus sich eine Schmelzentropie von 8,29 J grad^{-1} mol^{-1} ergibt.

Flüssiges Blei hat im Bereich von 600 bis 900 K eine Molwärme 32 J grad^{-1} mol^{-1}. Sehen wir diesen Wert als bis zum Siedepunkt, 2017 K, gültig an, so erhalten wir für die Entropieänderung vom Schmelzpunkt bis zum Siedepunkt 32 ln (2017/600,5) = 38,8 J grad^{-1} mol^{-1}. Die Verdampfungswärme ist nur näherungsweise aus der Temperaturabhängigkeit des Dampfdrucks von Pb(fl) ermittelt worden und wird mit 170 kJ mol^{-1} angegeben. Dies entspricht einer Verdampfungsentropie von 84 J grad^{-1} mol^{-1}.

Die Summe aller dieser Beiträge beläuft sich auf 216 J grad^{-1} mol^{-1} und stimmt innerhalb der Fehlergrenze mit dem genaueren, mit Gleichung 10.7 berechneten Wert überein.

Eine ähnliche Gegenüberstellung für die fünf Argononen von Helium bis Xenon zeigt Tafel 10.2. Die Fehlergrenze der experimentellen Werte für die Entropie gemäß dem dritten Hauptsatz ist gering, im Durchschnitt ±0,6 Einheiten, und die Abweichungen von den theoretischen Werten sind durchweg noch geringer, im Durchschnitt ±0,3 Einheiten.

Tafel 10.2. Theoretische und beobachtete Entropien der Argononen bei 1 atm und 0 °C.

	Entropie berechnet mit Gleichung 10.7.	Beobachtete Entropie ($S = 0$ bei 0 K)
He	126,07 J grad^{-1} mol^{-1}	126,0 ± 0,5 J grad^{-1} mol^{-1}
Ne	146,24	146,5 ± 0,4
Ar	154,76	154,6 ± 0,8
Kr	164,01	163,9 ± 0,5
Xe	169,61	170,3 ± 1,0

Ausnahmen vom dritten Hauptsatz. Vom dritten Hauptsatz in der oben angegebenen Form – die Entropie einer reinen Substanz in Form eines idealen Kristalls ist null am absoluten Nullpunkt der Temperatur – sind keine Ausnahmen bekannt. Wohl aber gibt es kristalline Substanzen, die eine gewisse restliche Entropie behalten, wenn sie in üblicher Weise auf äußerst tiefe Temperaturen abgekühlt werden. Ein Beispiel ist Distickstoffoxid, N_2O, mit einer restlichen Entropie von 4,77 J grad^{-1} mol^{-1} bei sehr tiefer Temperatur. (Dieser Wert ergibt sich als der Unterschied zwischen dem theoretischen Wert, der aus Gleichung 10.7 mit zusätzlichen Rotations- und Schwingungstermen zu erhalten ist, und dem durch Integrieren über $C_P d \ln T$ und Addieren der Schmelz- und Verdampfungsentropie erhaltenen Wert.) Als Ursache der Restentropie wird allgemein angenommen, daß der N_2O-Kristall nicht ideal ist, sondern unter den Versuchsbedingungen ein gewisses Maß an Unordnung aufweist. Die Molekel ist geradlinig gebaut, und das Sauerstoffatom steht an einem Ende. Wäre der Kristall ideal, so könnte sein Aufbau wie folgt dargestellt werden:

```
NNO   NNO   NNO   NNO   NNO   ...
ONN   ONN   ONN   ONN   ONN   ...
```

An jedem Platz im Kristall hat hier die Molekel eine vorgeschriebene Ausrichtung: in der ersten Reihe stehen die Sauerstoffatome rechts, in der zweiten links, und so fort.

Nun sind aber das Sauerstoffatom und das Stickstoffatom nahezu gleich groß und tragen fast keine elektrische Ladung. (Das elektrische Dipolmoment beträgt nur 0,0346 εÅ.) Der Energieunterschied zwischen den beiden Orientierungen an einem gegebenen Platz mag deshalb so klein sein, daß unter den Versuchsbedingungen der C_P-Messung beide mit nahezu gleicher Wahrscheinlichkeit angenommen werden. Falls jede Molekel unabhängig von ihren Nachbarn willkürlich die eine oder andere Ausrichtung annehmen könnte, wäre die Multiplizität des Kristalls 2^N. Der entsprechende Entropiewert ist mit $R \ln 2 = 5{,}76$ J grad^{-1} mol^{-1} nur 21% größer als die tatsächlich beobachtete Restentropie.

Warum der Kristall eine solche Unordnung aufweist, ist leicht einzusehen. Bei Temperaturen dicht unterhalb des Schmelzpunkts, 183 K, können sich die Molekeln ohne große Schwierigkeit im Kristall umdrehen und nehmen beide Ausrichtungen mit etwa gleicher Häufigkeit an, denn der Energieunterschied zwischen den beiden ist viel kleiner als kT. Bei niedriger Temperatur aber ist das Umdrehen im Kristall stark behindert, und die Molekeln werden deshalb beim Abkühlen in weitgehend zufälliger Weise in der einen oder anderen Ausrichtung „eingefroren".

Auch Kohlenstoffmonoxid weist eine Restentropie auf, die sich auf etwa 4,5 J grad^{-1} mol^{-1} beläuft und der gleichen Art von Unordnung im Kristall zugeschrieben wird.

Die Restentropie von Eis soll in Abschnitt 12.5 behandelt werden.

10.10. Die Molwärme zweiatomiger Gase

Für einatomige Gase beträgt die Molwärme bei konstantem Druck $^5/_2\, R$. Für zweiatomigen Wasserstoff, H$_2$, findet man im Temperaturbereich vom Siedepunkt (20,4 K) bis etwa 50 K ebenfalls einen Wert von $^5/_2\, R$. Oberhalb dieser Temperatur wächst die Molwärme an und beträgt im Bereich zwischen 400 und 700 K etwa $^7/_2\, R$ (Abb. 10.4). Bei noch höheren Temperaturen steigt die Molwärme noch weiter an.

Für andere zweiatomige Gase zeigt sich allgemein, daß C_P von $^7/_2\, R$ bei niedriger Temperatur auf $^9/_2\, R$ bei hoher Temperatur ansteigt.

Gleichverteilung der Energie. Nach der klassischen kinetischen Theorie sowie bei hoher Temperatur nach der Quantenthermodynamik ist die mittlere Energie für jeden Freiheitsgrad der Molekel $^1/_2\, kT$. Die mittlere kinetische Energie einer einatomigen Molekel beträgt $^3/_2\, kT$ und die Molwärme C_V für ein einatomiges Gas demgemäß $^3/_2\, R$ (siehe Abschnitt 9.4). Der Wert von C_P ist wegen der $P\Delta V$-Arbeit der thermischen Ausdehnung um R größer.

Zweiatomige Molekeln besitzen sechs Freiheitsgrade, je drei pro Atom. Die Freiheitsgrade (d.h. die zur Angabe der Konfiguration des Systems erforderlichen unabhängigen Koordinaten) können gewählt werden als die drei carthesischen Koordinaten des Massenschwerpunkts, der Abstand der beiden Atome und die beiden Winkel ϑ und φ, die die räumliche Ausrichtung der Kernverbindungsachse angeben. Die ersten drei Freiheitsgrade entsprechen der Translationsenergie $^3/_2\, kT$, der vierte der Schwingungsenergie kT (wozu der Gleichverteilungswert der kinetischen Energie $^1/_2\, kT$ und die durchschnittliche potentielle Energie gleichfalls $^1/_2\, kT$ beiträgt) und die letzten beiden der kinetischen Energie kT der beiden Rotationsfreiheitsgrade. Als Summe dieser Beiträge ergibt sich $C_V = {}^7/_2\, R$ und damit $C_V = {}^9/_2\, R$, in Übereinstimmung mit den beobachteten Werten für die schwereren Molekeln bei hoher Temperatur (Abb. 10.4).

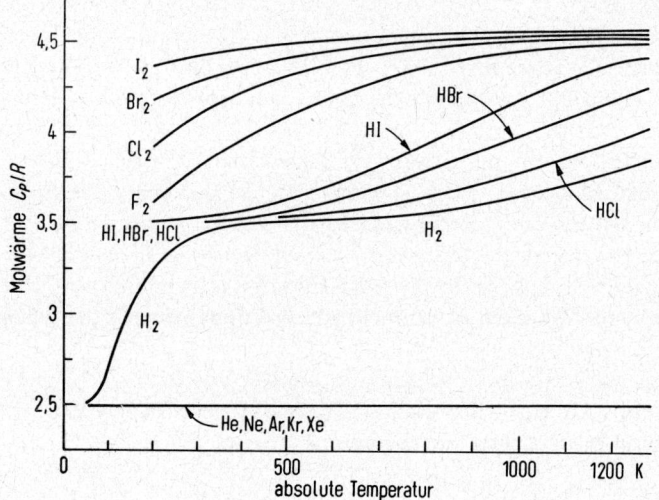

Abb. 10.4. Beobachtete Molwärmen einiger zweiatomiger Gase unter konstantem Druck.

Das Absinken auf $C_P = {}^7/_2\, R$ bei niedrigeren Temperaturen ist ein Quanteneffekt des „Einfrierens" der Schwingungsbewegung, d.h. die Molekel wird auf den niedrigsten Schwingungsquantenzustand beschränkt. In ähnlicher Weise spiegelt das weitere Absinken im Fall von H_2 das Einfrieren der Rotationsbewegung wider. Diese Quanteneffekte wollen wir in den nächsten Abschnitten weiter untersuchen.

10.11. Quantenzustände eines starren Rotators

In erster Näherung kann eine zweiatomige Molekel als ein Gebilde angesehen werden, das aus zwei Punktmassen in fest vorgeschriebenem Abstand besteht. In der klassischen Theorie erscheint die Molekel als eine Hantel, die um eine durch den Schwerpunkt führende Achse mit der Winkelgeschwindigkeit ω, dem Drehimpuls $I\omega$ und der kinetischen Rotationsenergie $1/2\, I\omega^2$ rotiert. Das Trägheitsmoment I beträgt $M_1 r_1^2 + M_2 r_2^2$, wobei $r_1/r_2 = M_2/M_1$. (M_1 und M_2 sind die Atommassen der beiden Atome und r_1 und r_2 deren Abstände vom gemeinsamen Schwerpunkt; $r_1 + r_2$ ist somit der Kernabstand.) Wie wir früher gesehen haben, hatte Niels Bohr in seiner Quantentheorie des Wasserstoffatoms dem Elektron die Bahndrehimpulswerte $n\hbar$ mit $n = 1, 2, 3, \ldots$ zugewiesen (siehe Abschnitt 5.1). Jedoch hatte es sich später bei der Entwicklung der Quantenmechanik gezeigt, daß der Bahndrehimpuls des Elektrons in Wirklichkeit die Werte
$$[l(l+1)]^{1/2}\hbar$$
mit $l = 0, 1, 2, \ldots$ annimmt. Es ist deshalb nicht verwunderlich, daß die Lösungen der Schrödingerschen Wellengleichung für den starren Rotator sich herausstellen als die-

jenigen mit Drehimpulsen $I\omega = [J(J+1)]^{1/2}\hbar$, wobei die Rotationsquantenzahl J die Werte 0, 1, 2, ... annimmt. Für die Rotationsenergie $^1/_2\, I\omega^2$ findet man unmittelbar

$$E_{\text{Rot}} = \frac{J(J+1)\hbar^2}{2I} \qquad (10.16)$$

Zu jedem Wert von J gehören $2J+1$ Quantenzustände, die durch die Werte $-J, -J+1, \ldots, J$ der Orientierungsquantenzahl M charakterisiert sind. (Die Drehimpulskomponente in einer Vorzugsrichtung, etwa der eines angelegten Magnetfelds, beträgt $M\hbar$.)

Reine Rotationsspektren. Die Energieniveaus gemäß Gleichung 10.16 sind in Abbildung 10.5 angegeben. Nach der klassischen Theorie emittiert und absorbiert ein rotierender elektrischer Dipol Licht einer Frequenz, die der Rotationsfrequenz gleich ist. Ein Quantenrotator wie etwa ein HCl-Molekel weist eine verwandte Eigenschaft auf; die Quantenzahl J ändert sich nur um $\pm\, 1$ bei der Emission oder Absorption eines Lichtquants. Die erlaubten Übergänge für Molekeln mit elektrischem Dipolmoment wie HCl sind in Abbildung 10.5 durch Pfeile gekennzeichnet.

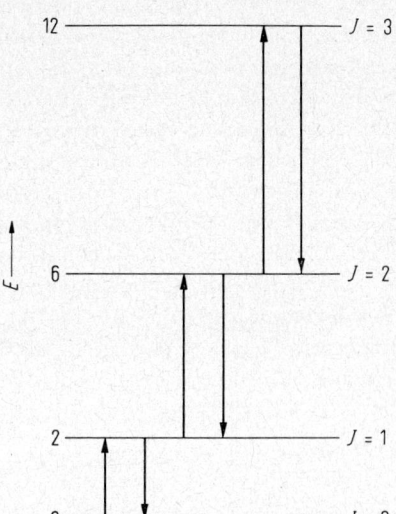

Abb. 10.5. Die ersten vier Rotationsenergieniveaus eines starren Rotators und die erlaubten, mit Absorption oder Emission eines Lichtquants verbundenen Übergänge.

Es zeigt sich zum Beispiel, daß gasförmiges $^1\text{H}^{35}\text{Cl}$ eine kräftige Absorptionslinie im fernen Infrarot (Mikrowellenbereich) mit einer Wellenlänge von 0,474 mm aufweist. Außerdem treten schwächere Linien bei 1/2, 1/3, ... dieser Wellenlänge auf. Die Linien entsprechen den Übergängen $J = 0 \to 1$, $1 \to 2$, bzw. $2 \to 3$ usw. Aus der Wellenlänge ergibt sich für die Frequenz ν des Lichtquants $6{,}33 \cdot 10^{12}$ Hz und für seine Energie $h\nu$ $4{,}19 \cdot 10^{-22}$ J. Diese Energie stellt den Unterschied zwischen dem ersten Anregungszustand der Rotation, $J = 1$, und dem Grundzustand, $J = 0$, der HCl-Molekel dar und ist nach Gleichung 10.16 gleich $\hbar^2/I$. Hieraus ergibt sich $I = 2{,}65 \cdot 10^{-47}$ kg m². Für $^1\text{H}^{35}\text{Cl}$, die vorwiegende Isotopenzusammensetzung, beläuft sich das Trägheitsmoment auf $1{,}626\, r^2 \cdot 10^{-27}$ kg m², wobei r den Kernabstand angibt. Für den mittleren Kernabstand von ^{1}H^{35}Cl erhalten wir somit $1{,}277 \cdot 10^{-10}$ m = 1,277 Å. Für Molekeln anderer Isotopenzusammensetzung, wie etwa ^{2}H^{35}Cl, erweist sich der Abstand als der gleiche.

10.12. Die Rotationsentropie zweiatomiger Gase

Die Gleichgewichtsverteilung der Molekeln auf die Schwingungszustände, deren Energie durch Gleichung 10.16 gegeben ist, gehorcht dem Boltzmannschen Verteilungssatz. Für den Beitrag der Rotation zur Entropie eines zweiatomigen Gases liefert das in Anhang XII angegebene Rechenverfahren

$$S_{\text{Rot}} = R + R \ln T - R \ln \frac{\hbar^2}{2Ik} - R \ln \sigma \tag{10.17}$$

In dieser Gleichung, die nur bei höheren Temperaturen gilt (bei denen der Beitrag der Rotation zur Molwärme R beträgt), hängt der Wert der sogenannten *Symmetriezahl* σ davon ab, ob die Molekel aus zwei verschiedenen oder zwei gleichen Atomen besteht: im ersten Fall ist $\sigma = 1$, im zweiten $\sigma = 2$. Falls die Atome identischer Art sind, ganz gleich ob es sich um Bosonen oder Fermionen handelt, lassen die Symmetrieanforderungen der Wellengleichung nur die Hälfte der Zustände zu, und zwar entweder nur die mit geradzahligen Werten von J (Rotationswellenfunktionen symmetrisch bezüglich der beiden Atome) oder nur die mit ungeradzahligen (antisymmetrische Wellenfunktionen). (Die Kernspins und die Symmetrieeigenschaften der Elektronenzustände spielen ebenfalls eine Rolle, deren Erörterung hier aber zu weit führen würde.)

Als ein Beispiel wollen wir die Entropie von Wasserstoff, H$_2$(g), bei 500 K und 1 atm berechnen. Für die Translationsentropie liefert Gleichung 10.7 mit $M = 2{,}016$ den Wert 125,31 J grad^{-1} mol^{-1}. Die Rotationsentropie ergibt sich aus Gleichung 10.17 mit $\sigma = 2$; mit dem aus Auswertung des Spektrums von molekularem Wasserstoff erhaltenen Trägheitsmoment I von $4{,}61 \cdot 10^{-48}$ kg m^2 (entsprechend einem Kernabstand von 0,742 Å) finden wir $S_{\text{Rot}} = 17{,}06$ J grad^{-1} mol^{-1}. Die Gesamtentropie von H$_2$(g) bei 500 K und 1 atm ist die Summe dieser beiden Beiträge und beläuft sich auf 142,37 J grad^{-1} mol^{-1}. Werte für andere Temperaturen lassen sich hieraus mit der Beziehung $S = \int C_P \, d \ln T$ gewinnen.

Für niedrige Temperaturen, bei denen die Rotationswärme unter R absinkt, liefert Gleichung 10.17 zu kleine Werte. Für H$_2$ ist das bereits unter Zimmertemperatur der Fall. Für HCl(g) ist die Gleichung noch am Siedepunkt unter Normaldruck, 188 K, gültig und ergibt $S_{\text{Rot}} = 0$ bei 5,6 K, woraus hervorgeht, daß der Quanteneffekt der Rotation bei dieser Temperatur eine bedeutende Rolle spielt.

Eine vereinfachte Betrachtung. Zu einer als Näherung brauchbaren Behandlung des Verhaltens bei niedriger Temperatur gelangen wir, indem wir nur den Grundzustand mit $J = 0$ und die ersten drei Anregungszustände mit $J = 1$ (und $M = -1, 0$ und $+1$) in Rechnung stellen. Es sei $E = 4{,}20 \cdot 10^{-22}$ J für $J = 1$, wie im Fall von HCl. Dann hat E/k den Wert 30,4°, und die Besetzungswahrscheinlichkeiten des Grundzustands und jedes der drei Zustände mit $J = 1$ verhalten sich wie $1 : \exp(-30{,}4/T)$. Für die mittlere Rotationsenergie pro Molekel bei der Temperatur T führt dies zu

$$\langle E \rangle / k = \frac{3 \cdot 30{,}4 \exp(-30{,}4/T)}{1 + 3\exp(-30{,}4/T)}$$

Werte, die sich hieraus für verschiedene Temperaturen T ergeben, zeigt Abbildung 10.6. Weiterhin können wir durch Differenzieren des obigen Ausdrucks nach T den Beitrag der Rotation zur Molwärme erhalten, der ebenfalls in Abbildung 10.6 dargestellt ist. Graphische Integration führt zu einer Rotationsentropie von $0{,}06\,\mathrm{J\,grad^{-1}\,mol^{-1}}$ bei $5{,}6\,\mathrm{K}$, wofür Gleichung 10.17 den Wert null geliefert hatte. Der neue Wert ist der richtige, und der zu geringe war durch Anwendung von Gleichung 10.17 auf einen Temperaturbereich zustandegekommen, für den sie nicht mehr gültig ist (und zwar weil die Vernachlässigung der Terme höherer Ordnung, mit Faktoren $1/T^2$, $1/T^3$, ..., in der Reihenentwicklung der Verteilungsfunktion nicht mehr zulässig ist).

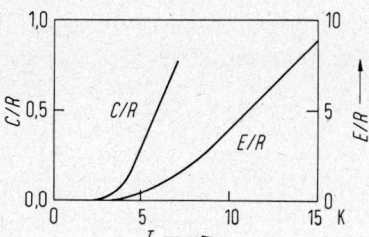

Abb. 10.6. Theoretische molare Rotationsenergie und Rotationsmolwärme von HCl(g) bei niedrigen Temperaturen.

10.13. Quantenzustände des harmonischen Oszillators

Bis zu diesem Punkt haben wir die zu fünf der sechs Freiheitsgrade gehörigen Quantenzustände einer zweiatomigen Molekel wie HCl untersucht, nämlich die der drei Translations- und der beiden Rotationsfreiheitsgrade. Die dem sechsten, durch den Kernabstand gekennzeichneten Freiheitsgrad entsprechende Bewegung ist die Schwingung der beiden Kerne relativ zueinander oder, genauer ausgedrückt, deren synchrone Schwingung relativ zum gemeinsamen Schwerpunkt. Nach den Newtonschen Bewegungsgleichungen ist diese Schwingung der beiden Kerne mit Massen M_1 und M_2 der Schwingung eines Teilchens der Masse $(M_1^{-1} + M_2^{-1})^{-1}$ um einen festen Punkt äquivalent, d. h. gehorcht derselben Potentialfunktion.

Wir stellen uns ein Teilchen vor, das sich in einer Raumrichtung (der x-Achse) bewegen kann und um eine Ruhelage $x = 0$ derart schwingt, daß die rücktreibende Kraft der jeweiligen Auslenkung (Abstand von $x = 0$) proportional ist. Die Kraftkonstante sei k. Bei einer Auslenkung x ist die rücktreibende Kraft dann $-kx$ und die potentielle Energie $\frac{1}{2}kx^2$. Wie in Lehrbüchern der Experimentalphysik nachgeschlagen werden kann, ist die Bewegung des Teilchens eine einfache harmonische Schwingung und gehorcht der Gleichung

$$x = a \sin 2\pi\nu t \qquad (10.18)$$

Hier ist a die Amplitude und ν die Frequenz der Schwingung. Zwischen der Frequenz ν, der Kraftkonstanten k und der Masse m des Teilchens besteht die Beziehung

$$k + 4\pi^2 m\nu^2 \qquad (10.19)$$

und für die Energie gilt

$$E = 2\pi^2 m v^2 a^2 \tag{10.20}$$

Es läßt sich unschwer zeigen, daß für jeden beliebigen Bewegungszustand des harmonischen Oszillators der Zeitdurchschnitt der potentiellen Energie (zeitliches Mittel von $1/2\ kx^2$) und der kinetischen Energie (zeitliches Mittel von $1/2\ mv^2$, wobei v die Geschwindigkeit angibt) einander gleich sind. Beide tragen damit je zur Hälfte zur Gesamtenergie E bei. (Diese Gesetzmäßigkeit, auch als *Virialtheorem* des harmonischen Oszillators bekannt, gilt sowohl in der klassischen als auch in der Quantenmechanik.)

Die Lösung der Schrödingerschen Wellengleichung für den harmonischen Oszillator läßt erkennen, daß die erlaubten Energieniveaus gleichen Abstand voneinander haben (siehe Abb. 10.7), und zwar betragen die Energien

$$E_v = (v+1/2)h\nu \tag{10.21}$$

wobei die Schwingungsquantenzahl v ganzzahlige Werte 0, 1, 2, ... annehmen kann. Bemerkenswert ist, daß die Schwingung auch im niedrigsten Quantenzustand nicht zur Ruhe kommt; die Energie $1/2\ h\nu$ des niedrigsten Zustands wird als *Nullpunktsenergie* des Oszillators bezeichnet.

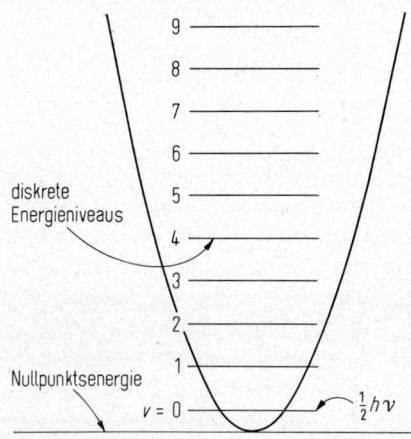

Abb. 10.7. Gequantelte Energieniveaus des harmonischen Oszillators. Die parabolische Kurve gibt die potentielle Energie in Abhängigkeit von der Auslenkung des Teilchen von der Gleichgewichtslage an.

10.14. Schwingungszustände zweiatomiger Molekeln

In einer Molekel ist die Schwingungsbewegung der Atome festgelegt durch eine Potentialfunktion, die der elektronischen Energie gleich ist (berechnet durch Lösen der Schrödinger-Gleichung für ortsfeste Kerne)[1]. Für Chlorwasserstoff zum Beispiel hat die Potentialfunktion die in Abbildung 10.8 gezeigte Form. Der Wert $V(r) = 0$ entspricht getrennten Atomen H und Cl im Grundzustand. Der untere Teil der Kurve läßt sich durch eine Parabel annähern. Die beobachteten Energieniveaus liegen nicht genau in gleichem Abstand voneinander; der Energieunterschied zwischen den Niveaus $v = 2$

---

[1] Diese Aussage ist als das Born-Oppenheimer-Prinzip bekannt, 1927 von Max Born und Robert Oppenheimer aufgestellt.

und $v = 1$ ist um 5% geringer als der zwischen $v = 1$ und $v = 0$. Der Übergang von $v = 0$ zu $v = 1$ führt zur ersten Schwingungsbande im Absorptionsspektrum von HCl, die mit einer mittleren Wellenlänge von 3,40 μm im Infrarot liegt. (Es handelt sich um eine Bande, also um eine Ansammlung dicht gedrängter Linien, da sich die Rotationsquantenzahl J beim Übergang ebenfalls ändert.) Der Übergang von $v = 0$ zu $v = 2$ ergibt eine schwache Linie bei 1,73 μm, die als erster Oberton der Grundlinie bei 3,40 μm angesprochen werden kann.

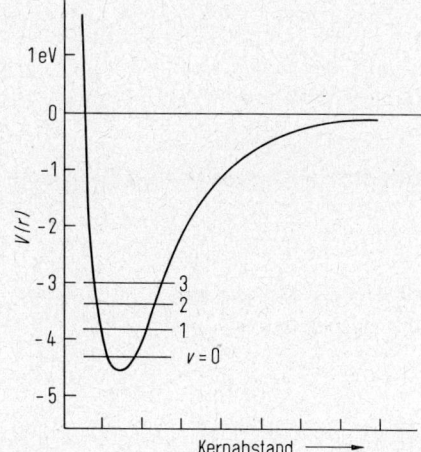

Abb. 10.8. Elektronische Energie einer zweiatomigen Molekel (HCl) in Abhängigkeit vom Kernabstand. Als Nullpunkt der Energie ist der Zustand der beiden Atome bei vollständiger Trennung gewählt. Das Minimum der Kurve entspricht dem Gleichgewichtsabstand der Kerne.

Aus der Wellenlänge von 3,40 μm für den Übergang von $v = 0$ zu $v = 1$ geht hervor, daß das erste Schwingungsniveau um $E_1 - E_0 = h\nu = hc/\lambda = 5{,}85 \cdot 10^{-20}$ J über dem Grundzustand liegt. Die Größe dieses Wertes kann die Lage des Temperaturbereichs erklären, in dem die Schwingung zur Molwärme von Chlorwasserstoff beizutragen beginnt, wie die folgende Rechnung zeigen soll.

Aufgabe 10.5. Wie aus Abbildung 10.4 hervorgeht, erreicht der Beitrag der Schwingung zur Molwärme von HCl den Wert $0{,}1 R$ bei etwa 750 K. Bei welcher Temperatur wäre dies auf Grund des spektroskopisch ermittelten Wertes von $5{,}85 \cdot 10^{-20}$ J für $E_1 - E_0$ zu erwarten?

Lösung. Nur die zwei untersten Schwingungszustände brauchen in Rechnung gestellt zu werden. Das Verhältnis ihrer Besetzungen ist $1 : \exp[-(E_1-E_0)/kT]$. Der Beitrag eines Zustands zur Gesamtenergie (relativ zum Grundzustand) ist gleich seiner Energie multipliziert mit der relativen Besetzung, in unserem Fall also $(E_1-E_0)\exp[-(E_1-E_0)/kT]$. (Hier ist der Zähler $1 + \exp[-(E_1-E_0)/kT]$ näherungsweise gleich 1 gesetzt worden, wie später gerechtfertigt werden soll.) Die Molwärme ist erhältlich als die Ableitung der Energie pro Molekel nach der Temperatur, multipliziert mit N. Folglich

$$C_{\text{Schw}} = N \frac{(E_1-E_0)^2}{kT^2} \exp\left(-\frac{E_1-E_0}{kT}\right)$$
$$= R x^2 \exp(-x)$$

wobei $x = (E_1-E_0)/kT$. Für $C_{\text{Schw}} = 0{,}1 R$ ist demnach $x^2 \exp(-x) = 0{,}1$, also $10 x^2 = \exp x$. Der Wert von x, der diese Gleichung erfüllt, kann durch Nachschlagen in mathematischen Tabellen gefunden werden und beträgt $x = 5{,}83$. Hiermit ergibt sich $T =$

$(E_1-E_0)/5{,}83\,k = 5{,}85 \cdot 10^{-20}/5{,}83 \cdot 13{,}805 \cdot 10^{-24} = 727$ K. Nach dieser Rechnung sollte also die molare Schwingungswärme den Wert $0{,}1\,R$ bei 727 K erreichen.

Der Molenbruch der Molekeln im angeregten Zustand, $v = 1$, bei dieser Temperatur ist $\exp(-x) = 0{,}003$; die Vernachlässigung dieses Terms neben 1 im Zähler war also gerechtfertigt.

10.15. Energie, Wärmekapazität und Entropie eines harmonischen Oszillators

Wir wollen nun mit Hilfe des Boltzmannschen Verteilungssatzes die Wahrscheinlichkeit w_v eines beliebigen Zustands v des harmonischen Oszillators berechnen. Gemäß Gleichung 9.30 können wir die Wahrscheinlichkeit angeben als

$$w_v = Cx^v$$

Hier ist C ein Normierungsfaktor, und x ist gegeben durch

$$x = \exp\left(-\frac{h\nu}{kT}\right)$$

Um einen Ausdruck für C zu erhalten, machen wir Gebrauch davon, daß die Summe aller w_v gegeben ist durch

$$\sum_{v=0}^{\infty} w_v = C(1 + x + x^2 + x^3 + \ldots)$$

Die Reihe $1 + x + x^2 + x^3 + \ldots$ ist gleich $(1-x)^{-1}$, wie durch Reihenentwicklung von $(1-x)^{-1}$ mit dem binomischen Lehrsatz gezeigt werden kann. Da die Summe $\sum_{v=0}^{\infty} w_v$ aller Wahrscheinlichkeiten definitionsgemäß 1 ist, erhalten wir

$$C(1-x)^{-1} = 1$$

oder

$$C = 1 - x = 1 - \exp\left(-\frac{h\nu}{kT}\right)$$

Für die Wahrscheinlichkeit w_v folgt nun

$$w_v = (1-x)x^v = \left[1 - \exp\left(-\frac{h\nu}{kT}\right)\right] \exp\left(-\frac{vh\nu}{kT}\right) \tag{10.22}$$

Die Energie E_v des v'ten Zustands ist laut Gleichung 10.21 $(v+1/2)h\nu$. Die mittlere Energie $\langle E \rangle$ ist die Summe aller Produkte $w_v E_v$:

$$\langle E \rangle = \sum_{v=0}^{\infty} w_v E_v = h\nu \sum_{v=0}^{\infty} w_v v + {}^1/_2\, h\nu \sum_{v=0}^{\infty} w_v$$

Ersetzen wir w_v gemäß Gleichung 10.22 durch $(1-x)x^v$, so erhalten wir mit $\Sigma w_v = 1$ (im zweiten Term) den Ausdruck

$$\langle E \rangle = h\nu\,(1-x) \sum_{v=0}^{\infty} v\,x^v + {}^1/_2\, h\nu$$

10.15. Energie, Wärmekapazität und Entropie eines harmonischen Oszillators

Die Summe läßt sich leicht mit dem binomischen Lehrsatz auswerten:

$$\sum_{\nu=0}^{\infty} \nu x^{\nu} = x + 2x^2 + 3x^3 + \ldots$$
$$= x(1 + 2x + 3x^2 + \ldots)$$
$$= x(1-x)^{-2}$$

Damit ergibt sich

$$E_{\text{Schw}} = \frac{Nh\nu \exp(-h\nu/kT)}{1 - \exp(-h\nu/kT)} + {}^1/{}_2 Nh\nu \qquad (10.23)$$

Die Molwärme der Schwingung erhalten wir durch Differenzieren nach T:

$$C_{\text{Schw}} = R \left(\frac{h\nu}{kT}\right)^2 \frac{\exp(h\nu/kT)}{[\exp(h\nu/kT) - 1]^2} \qquad (10.24)$$

Die Schwingungsentropie ergibt sich hieraus durch Integration $\int_0^T C_{\text{Schw}} \, d\ln T$:

$$S_{\text{Schw}} = \frac{R(h\nu/kT)}{\exp(h\nu/kT) - 1} - R \ln \left[1 - \exp\left(-\frac{h\nu}{kT}\right)\right] \qquad (10.25)$$

Die drei Funktionen E_{Schw}, C_{Schw} und S_{Schw} sind in Abbildung 10.9 dargestellt. Bei hohen Temperaturen nähern sich die Schwingungsenergie und Schwingungswärme ihren Gleichverteilungswerten RT bzw. R und die Schwingungsentropie dem Wert $R[\ln(kT/h\nu) + 1]$. Die Gleichverteilungswerte der Molwärme eines zweiatomigen Gases sind $C_V = {}^7/{}_2 R$ und $C_P = {}^9/{}_2 R$.

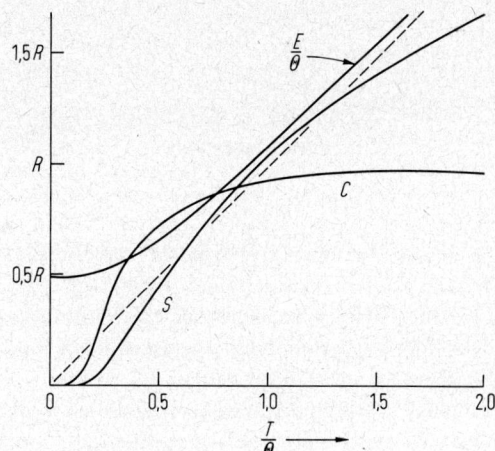

Abb. 10.9. Schwingungswärme C, durch die charakteristische Temperatur geteilte Energie E/θ und Entropie $S/$ berechnet mit den Planck-Einstein-Gleichungen für den harmonischen Oszillator.

Eine nicht geradlinig gebaute, aus n Atomen bestehende Molekel ($n \geq 3$) besitzt $3n$ Freiheitsgrade, nämlich drei der Translation, drei der Rotation und $3n - 6$ der Schwingung. Für Wasserdampf zum Beispiel ist $C_P = 4{,}04\,R$ bei 298 K; hierzu steuert der PV-Term einen Beitrag R bei, die Gleichverteilungswerte für die drei Translationsfreiheitsgrade zusammen ${}^3/{}_2 R$ und die für die drei Rotationsfreiheitsgrade zusammen ebenfalls $3/2\,R$. Zwei der drei weiteren Freiheitsgrade entsprechen hochfrequenten Schwingungen, nämlich den Streckschwingungen (Valenzschwingungen) der beiden O—H-Bindungen. Der letzte Freiheitsgrad entspricht einer Schwingung niedrigerer Frequenz, der Kippschwingung (Deformationsschwingung) der Bindungen (Hin- und Herwackeln der Wasserstoffatome am Sauerstoffatom). Von der letztgenannten Schwingung können wir erwarten, daß sie sich bei niedrigerer Temperatur bemerkbar zu machen beginnt als die beiden anderen. Die Frequenzen der Valenzschwingungen liegen rund 20% höher als im Fall von HCl, für das C_{Schw} den Wert $1/2\,R$ bei etwa 1400 K erreicht, und die Frequenz der Deformationsschwingung liegt bei etwa 55% von dieser[1]. Hiernach dürfen wir erwarten, daß C_P den Wert $5\,R$ bei etwa 1000 K und $7\,R$ erst bei einer mehr als doppelt so hohen Temperatur erreicht. Der tatsächliche, experimentell gefundene Wert bei 1000 K beträgt $4{,}96\,R$.

10.16. Die Quantentheorie der Molwärme von Kristallen bei tiefen Temperaturen

Einer der ersten Erfolge, den die Quantentheorie verzeichnen konnte, war die von Einstein gegebene Erklärung des Abfalls der Molwärme von festen Stoffen gegen null bei tiefen Temperaturen (vgl. Abb. 10.10).

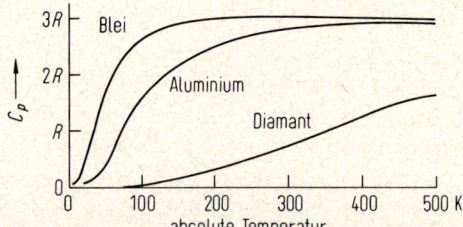

Abb. 10.10. Beobachtete Molwärmen von Diamant, Aluminium und Blei.

Wie wir im vorigen Abschnitt gezeigt haben, hat die mittlere Energie eines harmonischen Oszillators bei der Temperatur T den Wert kT, sofern die Temperatur so hoch ist, daß kT viel größer ist als der Energieunterschied $h\nu$ zwischen benachbarten Energieniveaus. Für einen klassischen harmonischen Oszillator ist der Energieunterschied zwischen benachbarten Energieniveaus beliebig klein, und die Beziehung $\langle E \rangle = kT$ sollte deshalb bei allen Temperaturen gelten.

Ein aus N Atomen (einem Mol) bestehender Kristall kann als $3N$ harmonischen Oszillatoren gleichwertig aufgefaßt werden. Die molare Schwingungsenergie ist dann

$$E_{\text{molar}} = 3NkT$$

---

[1] Zur Angabe von Molekularschwingungen benutzt man in Tabellen gewöhnlich statt der Frequenz die Wellenzahl in cm^{-1}. Die Wellenzahl ist der Reziprokwert der Wellenlänge in cm. Für HCl (Übergang $0 \rightarrow 1$) ist die Wellenzahl 2940 cm^{-1}. Die beiden Valenzschwingungen von $H_2O(g)$ liegen bei 3660 und 3760 cm^{-1}, die Deformationsschwingung bei 1600 cm^{-1}.

10.16. Die Quantentheorie der Molwärme von Kristallen bei tiefen Temperaturen

Die Molwärme bei konstantem Volumen ergibt sich hieraus durch Differenzieren nach T:

$$C_V = \frac{dE_{\text{molar}}}{dT} = 3R \quad \text{(nach klassischer Theorie)}$$

Die klassische statistische Mechanik führt also unmittelbar zu dem Ergebnis, daß die Molwärme bei konstantem Volumen für Elemente den Wert $3R$ haben sollte; für konstanten Druck würde sich ein geringfügig höherer Wert ergeben. Wie schon in Abschnitt 10.3 erwähnt, steht dies in Einklang mit der Erfahrung bei Zimmertemperatur für Elemente höheren Atomgewichts; dagegen weisen die leichten Elemente bei Zimmertemperatur und alle Elemente bei hinreichend tiefer Temperatur erheblich geringere Molwärmen auf, die bei Annäherung an den absoluten Nullpunkt der Temperatur gegen null abfallen.

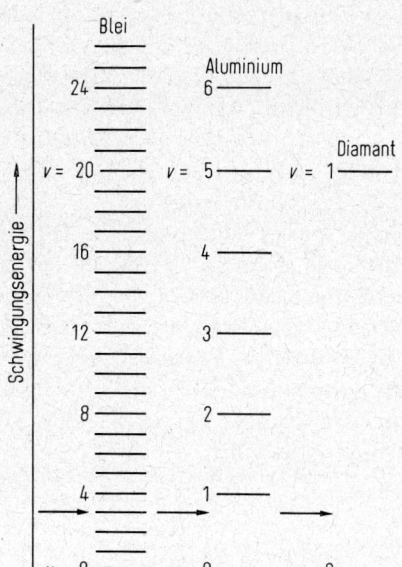

Abb. 10.11. Gegenüberstellung der Schwingungsenergieniveaus der Atome in Kristallen von Diamant, Aluminium und Blei, berechnet nach der Einsteinschen Theorie.

Die Kraftkonstante der Bindungen eines jeden Atoms mit seinen Nachbarn im Kristall läßt sich aus der experimentell bestimmten Kompressibilität des Kristalls berechnen. Aus der Kraftkonstanten und der Atommasse kann dann die Frequenz der Schwingung des Atoms relativ zu seinen Nachbarn ermittelt werden. Die so gefundene Frequenz ν ist viermal so hoch für Aluminium wie für Blei, für Diamant sogar zwanzigmal so hoch wie für Blei. Die entsprechenden Energieniveaus (relativ zum Zustand mit $\nu = 0$ für jedes der Elemente) zeigt Abbildung 10.11. Denken wir uns ein Stück Blei, ein Stück Aluminium und einen Diamanten in Berührung mit einem Gegenstand, dessen Temperatur so gewählt sei, daß die bei Zusammenstößen von Atomen übertragene Energie im Mittel gerade der Höhe des waagerechten Pfeils in der Abbildung entspricht. Die Bleiatome hätten dann keine Schwierigkeit, diese Energie aufzunehmen. Andererseits wäre die Energie viel zu gering, ein Kohlenstoffatom im Diamant vom niedrigsten Schwingungszustand ($v = 0$) in den ersten Anregungszustand ($v = 1$) zu versetzen. Der Diamant würde also bei einer solchen Temperaturerhöhung kaum Energie von der Umgebung aufnehmen, und seine Molwärme wäre folglich gering.

Die in Abbildung 10.9 gezeigten Kurven entsprechen nach Multiplizieren mit dem Faktor 3 – gemäß den drei Schwingungsfreiheitsgraden jedes Atoms (in Richtung der x-, y- und z-Achse) – der Einsteinschen Theorie der Molwärme von Kristallen. Wie ersichtlich, beläuft sich nach ihr die Molwärme auf $3/2\,R$, also die Hälfte des Normalwerts, bei einer Temperatur von etwa $1/3\,h\nu/k$.

Einstein hatte seine theoretischen Berechnungen der Molwärme im Jahr 1907 angestellt. Es zeigte sich aber, daß die Kurven der theoretischen Werte im Vergleich zu denen der experimentellen Werte beim Übergang zu tiefen Temperaturen zu früh abzufallen beginnen. Peter Debye stellte dann eine verfeinerte Theorie auf, die auch der Schwingung von Gruppen von mehreren Atomen relativ zu deren Umgebung Rechnung trägt. Debyes theoretische Funktion für die Molwärme ergab vollkommene Übereinstimmung mit Meßwerten, und damit setzte sich die Erkenntnis durch (im Jahr 1912), daß man zur Quantentheorie greifen muß, um ein klares Verständnis der Zusammenhänge zwischen den physikalischen Eigenschaften von Substanzen und deren Atom- und Molekularstruktur zu gewinnen. Nach der Debyeschen Theorie erreicht die Molwärme $3/2\,R$ bei einer Temperatur von etwa $1/4\,h\nu/k$ (genauer, $0{,}249\,h\nu_{\max}/k$).

Debye wies darauf hin, daß die niedrigen Schwingungsfrequenzen großen Wellenlängen entsprechen, die ein Vielfaches des Atomdurchmessers betragen und im Rahmen der herkömmlichen Theorie der Verformung elastischer Festkörper behandelt werden können. Es treten zwei Arten von Schwingungen auf, nämlich *Kompressionswellen* (gewöhnliche *Schallwellen*, *Phononen*) und *Transversalwellen*, bei denen die Atome im rechten Winkel zur Fortpflanzungsrichtung schwingen. Eine einfache Betrachtung (ähnlich der des Teilchens im Kasten, Abb. 9.4 und 9.5) führt zu folgender Frequenzverteilungsfunktion:

$$N(\nu)\,d\nu \;=\; 9N\,\frac{\nu^2}{\nu^3_{\max}}\,d\nu \tag{10.26}$$

Wie ersichtlich, ist $\int_0^{\nu_{\max}} N(\nu)\,d\nu = 3N$. Die maximale Frequenz, $\nu_{\max}$, entspricht der Einsteinschen Frequenz.

Energie, Molwärme und Entropie kann man erhalten durch Integration der entsprechenden Einsteinschen Ausdrücke (Gleichungen 10.23, 10.24 und 10.25) über den gesamten Frequenzbereich von 0 bis $\nu_{\max}$. Die vollständigen Debyeschen Gleichungen sowie Tafeln der Debye-Funktionen sind in Tabellenwerken nachzuschlagen und sollen hier nicht angegeben werden. Für Nichtmetallkristalle einfacher Struktur (alle Atome gleicher Art) stimmt die Debyesche Theorie ausgezeichnet mit den experimentell gefundenen Molwärmen überein. Komplizierter gebaute Kristalle, insbesondere Molekelkristalle, erfordern eine verfeinerte Behandlung.

Einen Vergleich der Molwärmen nach Debye und nach Einstein zeigt Abbildung 10.12. Wichtig ist der Unterschied bei niedriger Temperatur. Hier ist nach der Debyeschen Theorie die Molwärme proportional T^3, während sie nach der Einsteinschen Theorie zunächst sehr klein bleibt und erst bei erheblich höherer Temperatur steil ansteigt.

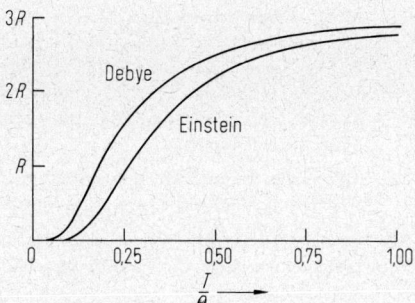

Abb. 10.12. Die Einsteinsche und die Debyesche Funktion für die Molwärme kristalliner Festkörper.

Im Bereich tiefer Temperatur folgt die Debyesche Molwärme der Näherungsgleichung

$$C_V = \frac{12\pi^4}{5} \left(\frac{k}{h\nu_{max}}\right)^3 RT^3 = 233{,}78 \left(\frac{k}{h\nu_{max}}\right)^3 RT^3 \qquad (10.27)$$

und zwar mit weniger als 1% Abweichung bei Temperaturen unter $0{,}08\, h\nu_{max}/k$.
Für Metalle weist die Molwärme bei tiefer Temperatur eine Temperaturabhängigkeit der Form $\gamma T + aT^3$ auf: außer dem Debyeschen T^3-Term tritt ein linearer Term auf, der auf Anregung der Valenzelektronen (Elektronen im Leitfähigkeitsband) zurückzuführen ist, wie in Kapitel 18 näher erläutert werden soll.
Für hohe Temperaturen gelten nach der Debyeschen Theorie die folgenden Näherungsgleichungen für E, C_V und S:

$$E = 3RT \left[1 + \frac{1}{20}\left(\frac{\theta}{T}\right)^2 - \ldots\right] \qquad (10.28)$$

$$C_V = 3R \left[1 - \frac{1}{20}\left(\frac{\theta}{T}\right)^2 + \ldots\right] \qquad (10.29)$$

$$S = 3R \left[\ln\left(\frac{T}{\theta}\right) + 1{,}333 + \ldots\right] \qquad (10.30)$$

(wobei $\theta = h\nu_{max}/k$). Von diesen Beziehungen werden wir im nächsten Kapitel Gebrauch machen.

Übungsaufgaben

10.1. Die molare Verdampfungsenthalpie von Methanol bei 25 °C beträgt 37,4 kJ mol^{-1}. Berechnen Sie hieraus unter Benutzung von Angaben in Tafel 7.1 und 7.2 die Enthalpieänderung der Reaktion $CH_3OH(fl) + 3/2\, O_2(g) \rightarrow CO_2(g) + 2H_2O(fl)$ bei 25 °C und 1 atm.

10.2. Die Verbrennungswärme von flüssigem Benzol, $C_6H_6(fl)$, für Verbrennung zu $CO_2(g)$ und $H_2O(fl)$ bei 25 °C beträgt 3273 kJ mol^{-1}. Wie groß ist die Normalenthalpie der Bildung von $C_6H_6(fl)$?

10.3. Die Verdampfungsenthalpie von Chlor, Cl_2, am Siedepunkt unter Normaldruck (284 K, Dampfdruck 1 atm) beträgt 20,41 kJ mol^{-1}. Wie groß ist der Unterschied ΔE der inneren Energie des Dampfs und der Flüssigkeit? (Lösung: 18,08 kJ mol^{-1}.)

10.4. Ein Mol flüssiges Chlor von 284 K wird in einen evakuierten 25-Liter-Kolben eingebracht, der sich in einem Thermostaten von 284 K befindet. Wieviel Wärmeenergie muß der Kolben dem Thermostaten entziehen, um wieder die Temperatur von 284 K zu erreichen?

10.5. a) Berechnen Sie mit Hilfe der C_P-Werte in Abbildung 10.4 (mit sinngemäßer Extrapolation) die Energiemenge, die zum Erwärmen von 1 mol HCl(g) von 25 auf 1200 °C erforderlich ist.
b) Die Normalenthalpie von HCl(g) beträgt $-92\,\text{kJ}\,\text{mol}^{-1}$ (siehe Tafel 7.9). Halten Sie es für möglich, daß eine Wasserstoff-Chlor-Flamme eine Temperatur von 1200 °C erreichen könnte? [Lassen Sie dabei die Möglichkeit unvollständiger Verbrennung und Dissoziation zu H(g) und Cl(g) außer Betracht.]

10.6. Berechnen Sie für Al(f) den Enthalpieunterschied zwischen 500 und 298 K durch Ausmessen der Fläche unter der C_P-Kurve von Aluminium in Abbildung 10.10.

10.7. Unter geeigneten Bedingungen kann man Wasser erheblich unter 0 °C abkühlen, ohne es dabei gefrieren zu lassen (Unterkühlung). Stellen Sie eine Beziehung auf, die die Schmelzenthalpie von Eis als Funktion der Temperatur angibt. Setzen Sie dabei konstante C_P-Werte für Wasser und Eis voraus (79,95 bzw. 37,72 J grad^{-1} mol^{-1}). Bei 0 °C beträgt die Schmelzenthalpie 6,008 kJ mol^{-1}. Wie weit müßte Wasser unterkühlt werden, um ohne jede Abgabe von Wärme an die Umgebung vollständig gefrieren zu können?

10.8. Berechnen Sie mit Hilfe der idealen Gasgesetze Näherungswerte für die Änderung der inneren Energie und der Entropie beim Mischen von 1 mol O_2(g) und 4 mol N_2(g) bei 25 °C. (Das Gasgemisch hat ungefähr die Zusammensetzung atmosphärischer Luft.)

10.9. Welcher Entropieunterschied, gemessen in J grad^{-1} mol^{-1}, besteht zwischen Helium a) unter 1 und 5 atm bei 25 °C, b) unter 1 und 5 atm bei 100 °C, c) unter 1 und 0,2 atm bei 25 °C, d) unter 1 und 0,2 atm bei 100 °C?

10.10. Ein System besteht aus zwei Kolben, von denen der eine 1 mol Helium unter 5 atm Druck, der andere 1 mol Helium unter 0,2 atm Druck enthält. Das System befindet sich in einem Thermostaten bei 25 °C. Zum Druckausgleich zwischen beiden Kolben wird ein Verbindungshahn geöffnet. Um wieviel hat sich nach Wiedererreichen des thermischen Gleichgewichts die Entropie des Heliums verändert?

10.11. Die nach dem dritten Hauptsatz berechnete absolute Entropie von S_8 (rhombisch) bei 25 °C beträgt 255,1 J grad^{-1} mol^{-1}, die Molwärme 181 J grad^{-1} mol^{-1}.
a) Berechnen Sie unter der Voraussetzung konstanter Molwärme die Entropie der kristallinen Substanz bei 95,4 °C, der Temperatur der Umwandlung in die monokline Modifikation.
b) Die experimentell bestimmte Umwandlungsenthalpie von S_8 (rhombisch) $\rightarrow S_8$ (monoklin) bei 95,4 °C beträgt 3,01 kJ mol^{-1}. Wie groß ist die Umwandlungsentropie?
c) Wie groß ist die absolute Entropie von S_8 (monoklin) am Umwandlungspunkt?

10.12. Die nach dem dritten Hauptsatz berechnete Entropie von S_8 (monoklin) bei 25 °C beträgt 260,4 J grad^{-1} mol^{-1}. (Die Berechnung auf Grund der experimentell bestimmten Molwärme ist möglich, weil die Kristalle bei niedriger Temperatur metastabil sind, d.h. sich nur sehr langsam in die rhombische Modifikation umwandeln.) Die Molwärme C_V bei gleicher Temperatur ist 189 J grad^{-1} mol^{-1}. Erläutern Sie, wie diese Angaben in Verbindung mit den Ergebnissen der vorigen Aufgabe zu einer Prüfung des dritten Hauptsatzes der Thermodynamik herangezogen werden können.

10.13. Berechnen Sie mit Gleichung 10.7 einen Wert für die Entropie von Li(g) am Siedepunkt unter Normaldruck (1336 °C). (Der Wert nach dem dritten Hauptsatz ist um $R \ln 2$ größer; siehe nachstehende Aufgabe.)

10.14. Beantworten Sie die folgenden Fragen mit Hilfe der Betrachtung des niedrigsten Energiezustands eines Teilchens im Kasten, wiedergegeben durch Gleichung 10.9 mit Quantenzahlen $n_x = n_y = n_z = 1$.
a) Wieviel kinetische Energie würde ein Lithiumatom in einem kubischen Kasten von 10 cm Kantenlänge aufweisen?
b) Der Grundzustand des Lithiumatoms ist ein $^2S_{1/2}$-Zustand. Wieviele Werte kann die Quantenzahl M_J annehmen? Wieviele Quantenzustände hat die in a) berechnete Energie (vorausgesetzt, daß kein Magnetfeld existiert)?

c) Wieviele Quantenzustände besitzt 1 mol Li(g) zusätzlich zu denen von 1 mol eines fiktiven einatomigen Gases gleichen Molekulargewichts mit $^1S_0$-Zustand?
d) Welche zusätzliche Entropie wird von dem ungepaarten Elektron in Li(g) verursacht?

10.15. Die mit dem dritten Hauptsatz berechnete Entropie von HI(g) bei 25 °C und 1 atm beträgt 206,3 J grad^{-1} mol^{-1}. Die Größe der Molwärme (Abb. 10.4) zeigt, daß die Entropie im wesentlichen nur auf Translation und Rotation zurückgeht.
a) Berechnen Sie die Translationsentropie.
b) Berechnen Sie die Rotationsentropie und vergleichen Sie die Summe beider Entropien mit dem Wert gemäß dem dritten Hauptsatz. Für den Atomabstand H—I ergibt sich aus dem Bandenspektrum ein Wert von $r_0 = 1{,}61$ Å.

10.16. Der erste angeregte Schwingungszustand, $v = 1$, der Jodwasserstoffmolekel liegt bei $4{,}59 \cdot 10^{-20}$ J über dem Grundzustand, $v = 0$. Wieviel trägt bei 25 °C die Schwingung zur Entropie von Jodwasserstoff bei (vgl. Gleichung 10.25)?

10.17. Die Debyesche charakteristische Temperatur θ ist 4,02 mal so hoch wie die Temperatur, bei der C_V den Wert $^3/_2 R$ erreicht. Schätzen Sie θ für Al(f) mit Hilfe der Kurve in Abbildung 10.10. Berechnen Sie mit Gleichung 10.27 Werte für C_V von Al(f) bei 10 K und bei 20 K.

10.18. Leiten Sie durch Integration des Ausdrucks für C_V eine für Kristalle bei tiefer Temperatur gültige Beziehung für $H(T) - H(0\,\mathrm{K})$ ab. Leiten Sie weiterhin durch Integration von $C_V d\ln T$ eine Gleichung für $S(T)$ ab. (Der PdV-Term kann für Kristalle bei tiefer Temperatur vernachlässigt werden.)

10.19. Ermitteln Sie die Enthalpie und Entropie von Aluminium bei 10 K und bei 20 K mit Hilfe der Ergebnisse der beiden vorigen Aufgaben.

10.20. Tragen Sie die in Abbildung 10.10 dargestellte Molwärme von Aluminium im Bereich von 20 bis 298 K gegen $\ln T$ auf und ermitteln Sie $S(298\,\mathrm{K}) - S(20\,\mathrm{K})$ durch Ausmessen der Fläche unter der Kurve. Berechnen Sie hieraus den Absolutwert von $S(298\,\mathrm{K})$ durch Addieren des in der vorigen Aufgabe ermittelten Wertes für $S(20\,\mathrm{K})$. In Tabellenwerken ist $S(25\,°\mathrm{C})$ mit 28,32 J grad^{-1} mol^{-1} angegeben.

10.21. Berechnen Sie die Entropie von Al(g) bei 2767 K mit Hilfe des obigen Werts für $S(25\,°\mathrm{C})$ und der folgenden Angaben: C_V in J grad^{-1} mol^{-1} für Al(f): 29,3 bei 700 K, 33,1 bei 900 K; Schmelzpunkt: 933 K; Schmelzenthalpie: 10,71 kJ mol^{-1}; C_P für Al(fl): 31,8 J grad^{-1} mol^{-1}; Siedepunkt: 2767 K bei 1 atm; Verdampfungsenthalpie: 290,8 kJ mol^{-1}. (Lösung: etwa 211,0 J grad^{-1} mol^{-1}.)

10.22. Der Grundzustand des Aluminiumatoms, $^2P_{1/2}$, hat ein Quantengewicht 2 (zwei Quantenzustände mit $M_J = +1/2$ und $-1/2$, die in Abwesenheit eines Magnetfelds gleiche Energie haben). Der erste angeregte Zustand, $^2P_{3/2}$, hat ein Quantengewicht 4 und liegt 112 cm^{-1} (entsprechend $2{,}22 \cdot 10^{-21}$ J) über dem Grundzustand. Wie groß ist kT bei 2767 K? Wie verteilen sich die Atome bei dieser Temperatur auf die beiden Zustände? (Der nächste, bei 25350 cm^{-1} liegende Anregungszustand sowie die noch höheren können hier außer Betracht bleiben.)

10.23. Berechnen Sie die Translationsentropie von Al(g) bei 1 atm und 2767 K mit Gleichung 10.7. Erläutern Sie das Ergebnis im Zusammenhang mit den beiden vorigen Aufgaben. (Lösung: 196,14 J grad^{-1} mol^{-1}.)

10.24. Durch Vergleich der aus bekannten Werten des Trägheitsmoments und der Schwingungsfrequenzen der Molekel berechneten theoretischen Entropie von $ClO_3F(g)$ mit experimentellen Werten der Molwärme und Sublimationswärme des Kristalls stellten J. K. Koehler und W. F. Giauque 1958 fest, daß der Kristall bei sehr tiefer Temperatur eine Restentropie von 10,13 J grad^{-1} mol^{-1} aufweist. Was für eine Struktur würden Sie der Molekel zuschreiben? Was für eine Art von Unordnung halten Sie für verantwortlich für die Restentropie? Eine wie große Restentropie würde sich ergeben, wenn diese Unordnung vollständig wäre?

Kapitel 11

Chemisches Gleichgewicht

In diesem Kapitel wollen wir uns mit dem Wesen des chemischen Gleichgewichts befassen und mit der „treibenden Kraft", die chemische Reaktionen zum Ablauf bringt.

11.1. Die thermodynamische Bedingung für chemisches Gleichgewicht

Wir wollen ein System betrachten, das bei vorgegebenen Bedingungen von Druck und Temperatur in zwei verschiedenen Zuständen A und B vorliegen kann. Zum Beispiel könnte das System aus einem Mol Schwefel bestehen, dessen stabile Modifikation bekanntlich bei Temperaturen unter 368,54 K die rhombische und bei höheren Temperaturen die monokline ist. Bei der Umwandlungstemperatur können also die beiden Modifikationen nebeneinander vorliegen, und keine von beiden zeigt bei dieser Temperatur eine Neigung, in die andere überzugehen: bei dieser Temperatur (unter 1 atm Druck) sind die beiden Formen miteinander im Gleichgewicht.
Wir fragen nun, was diese bestimmte Temperatur auszeichnet. Allgemein ausgedrückt, wir suchen die Bedingungen zu formulieren, unter denen zwei Zustände A und B nebeneinander existieren können, sich miteinander im Gleichgewicht befinden.
Betrachten wir zunächst die reversible Umwandlung des Systems unter beliebigen Bedingungen vom einen Zustand A in den anderen Zustand B, und zwar auf einem Weg, der das System die anfänglichen Werte von Druck und Temperatur wieder erreichen läßt. Die dem System bei dieser reversiblen Umwandlung bei konstanter Temperatur T von der Umgebung zugeführte Wärme sei q_rev, und die auf das System ausgeübte Arbeit ($P\Delta V$-Arbeit nicht eingerechnet) sei A_rev. Gemäß dem ersten Hauptsatz der Thermodynamik können wir schreiben

$$\Delta H = H_A - H_B = q_\text{rev} + A_\text{rev} \tag{11.1}$$

Die Entropieänderung der Umgebung beläuft sich auf $-q_\text{rev}/T$, und die des Systems ist $S_B - S_A$. Nach dem zweiten Hauptsatz der Thermodynamik muß die Summe dieser beiden Entropieänderungen null sein:

$$-\frac{q_\text{rev}}{T} + S_B - S_A = 0$$

und damit

$$q_\text{rev} = T(S_B - S_A) \tag{11.2}$$

Aus Gleichung 11.1 und 11.2 erhalten wir

$$A_\text{rev} = H_B - H_A - T(S_B - S_A) \tag{11.3}$$

11. Chemisches Gleichgewicht

wofür wir schreiben

$$A_{\text{rev}} = G_B - G_A \tag{11.4}$$

wobei $G_B = H_B - TS_B$ und $G_A = H_A - TS_A$. Die hier neu eingeführte thermodynamische Funktion $G = H - TS$ heißt *freie Enthalpie*[1].

Wir wollen nun die Bedingungen so wählen, daß das System keine Arbeitsleistung erfährt. Falls hierbei $\Delta G = G_B - G_A$ gerade verschwindet, ist der Übergang des Systems von A nach B (oder von B nach A) reversibel und bringt keine Entropieänderung des Weltalls mit sich. Hieraus können wir schließen: *Bei konstantem Druck und konstanter Temperatur und ohne Arbeitsleistung außer der $P\Delta V$-Arbeit befindet sich das System im Gleichgewicht, wenn die freie Enthalpie konstant bleibt*:

$$\Delta G = \Delta H - T\Delta S = 0 \tag{11.5}$$

Bei spontanen Zustandsänderungen erhöht sich die Entropie des Weltalls. Wie die Untersuchung unseres Problems zeigt, tritt eine solche Entropieerhöhung ein, wenn ΔG negativ ist. Hieraus folgt: *Spontane Veränderungen in einem System bei konstantem Druck und konstanter Temperatur sind von einer Abnahme der freien Enthalpie begleitet.*

Einige der thermodynamischen Funktionen von rhombischem und monoklinem Schwefel im Temperaturbereich von 360 bis 380 K sind in Abbildung 11.1 gezeigt. Für rhombischen Schwefel ist die Enthalpie aus Messungen der Molwärme C_P durch Integration vom absoluten Nullpunkt bis zur Temperatur T berechnet (unter Benutzung des Debyeschen T^3-Gesetzes im Bereich unter 15 K, für den keine Meßergebnisse vorliegen); dabei ist für diese, bei niedriger Temperatur stabile Modifikation $H = 0$ bei 0 K gesetzt. Für monoklinen Schwefel ist die Enthalpie mittels der experimentell bestimmten Molwärme und der Umwandlungswärme (402 J mol^{-1}) bei der Umwandlungstemperatur berechnet. Für beide Modifikationen ist die Entropie unter Benutzung des dritten Hauptsatzes durch Integration $\int_0^T C_P \, d\ln T$ ermittelt; die Umwandlung von monoklinem in rhombischen Schwefel ist langsam genug, Messungen der Molwärme der metastabilen Modifikation zu erlauben. Die freie Enthalpie ergibt sich aus $G = H - TS$.

Wie die Abbildung zeigt, begünstigt der Enthalpieunterschied die rhombische, der Entropieunterschied aber die monokline Modifikation. Die beiden zu ΔG beitragenden Terme ΔH und $-T\Delta S$ befinden sich in einem fein abgestimmten Widerspiel. Mit steigender Temperatur gewinnt der zweite Term mehr und mehr an Bedeutung. Damit ist die monokline Modifikation, die die größere Entropie aufweist, die bei hoher Temperatur stabile.

---

1 In der angelsächsischen Literatur wird die freie Enthalpie gewöhnlich als *Gibbs free energy* bezeichnet, die freie Energie zur Unterscheidung als *Helmholtz free energy*. Der Name ist zu Ehren des großen amerikanischen Theoretikers J. Willard Gibbs gewählt, der entscheidend zur Entwicklung der Thermodynamik und statistischen Mechanik beigetragen hat. In der älteren angelsächsischen Literatur findet sich das Symbol F für die freie Enthalpie, das wir für die freie Energie $F = E - TS$ benutzen, die gelegentlich bei der Behandlung von Systemen mit konstantem Volumen herangezogen wird. In verschiedenen Lehrbüchern werden die auf ein Mol bezogenen thermodynamischen Funktionen durch eine Tilde gekennzeichnet: $\tilde{G}, \tilde{H}, \tilde{S}$ usw.

11.1. Die thermodynamische Bedingung für chemisches Gleichgewicht

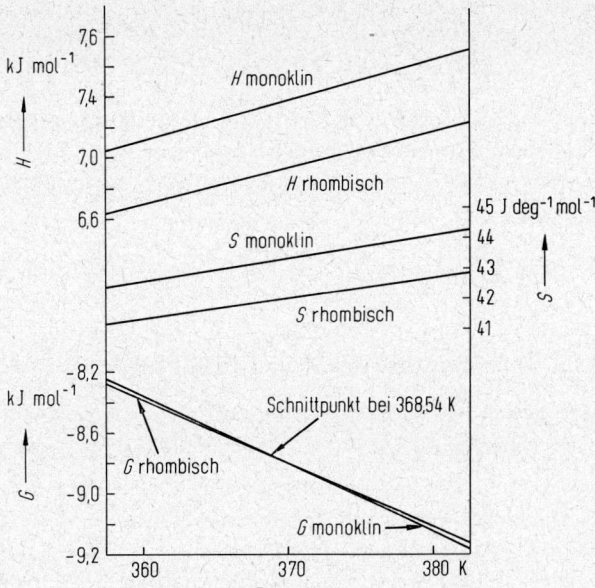

Abb. 11.1. Thermodynamische Funktionen der beiden kristallinen Modifikationen von Schwefel (bezogen auf ein Schwefelatom).

Wegen des geringen ΔG-Werts ist die Umwandlung ein träger Vorgang. Wie schon in Abschnitt 7.1 erwähnt, kann rhombischer Schwefel überhitzt werden. Sein Schmelzpunkt liegt bei 386 K, also etwa 6° unter dem von monoklinem Schwefel. Daß der Schmelzpunkt niedriger liegt, ist natürlich eine notwendige Folge der höheren freien Enthalpie.

Abhängigkeit der freien Enthalpie von Druck und Temperatur. Für eine reversible Erhöhung der Temperatur des Systems um δT bei konstantem Druck ergibt sich entsprechend der Definition $G = H - TS$ eine Änderung der freien Enthalpie

$$\delta G = \delta H - T\delta S - S\delta T$$

Nun ist jedoch $\delta S = \delta H/T$; der erste und der zweite Term auf der rechten Seite der Gleichung heben sich also auf, und wir erhalten

$$\delta G = -S\delta T \qquad (11.6)$$

Gewöhnlich schreibt man dieses Ergebnis in Form der partiellen Ableitung von G nach T[1]:

$$\left(\frac{\partial G}{\partial T}\right)_P = -S \qquad (11.7)$$

(Der Index P gibt an, daß der Druck konstant gehalten wird.)
Zur Auswertung von $(\partial G/\partial P)_T$ benutzen wir $G = E + PV - TS$ und erhalten für

---

[1] Die partielle Ableitung $(\partial G/\partial T)_P$ gibt das Verhältnis der Änderung von G zu der von T bei konstantem P an.

die Änderung der freien Enthalpie im Zuge einer reversiblen Druckänderung δP bei konstanter Temperatur

$$\delta G = \delta E + V\delta P + P\delta V - T\delta S$$

Die Summe von δE und $P\delta V$, also der Änderung der inneren Energie und der von der Umgebung auf das System geleisteten Arbeit, ist q_{rev}; da aber $q_{rev}/T = \delta S$, heben sich in der obigen Gleichung die ersten beiden und der letzte Term gegenseitig auf, und wir erhalten

$$\left(\frac{\partial G}{\partial P}\right)_T = V \tag{11.8}$$

11.2. Der Dampfdruck von Flüssigkeiten und Kristallen

Wir wollen die Verdampfungsreaktion einer Flüssigkeit betrachten:

$$\mathrm{X(fl)} \rightleftharpoons \mathrm{X(g)} \tag{11.9}$$

wobei X die Formel der Substanz bezeichnet. Die (molare) freie Enthalpie bezogen auf Normaldruck (1 atm) und Temperatur T sei $G°_{fl}$ für die Flüssigkeit und $G°_{g}$ für den Dampf. Wir fragen nach dem Druck, bei dem die beiden Phasen miteinander im Gleichgewicht stehen, mit anderen Worten, nach dem Dampfdruck der Flüssigkeit.

Diese Frage läßt sich mit Gleichung 11.8 beantworten. Die Flüssigkeit ändert ihr Volumen kaum bei geringen Druckänderungen (von ein paar Atmosphären), so daß für V das Molvolumen V_{fl} bei 1 atm eingesetzt werden kann:

$$\delta G_{fl} = V_{fl}\delta P$$
$$G_{fl} - G^0{}_{fl} = V_{fl}(P - P_0) \tag{11.10}$$

Für das Gas benutzen wir die ideale Gasgleichung, nach der für ein Mol $PV = RT$ oder $V_g = RT/P$, so daß wir schreiben können:

$$\delta G_g = RT\frac{\delta P}{P}$$
$$G_g - G^0{}_g = RT\ln\frac{P}{P_0} \tag{11.11}$$

Ziehen wir Gleichung 11.10 von Gleichung 11.11 ab, so erhalten wir

$$G_g - G_{fl} - (G^0{}_g - G^0{}_{fl}) = RT\ln\frac{P}{P_0} - V_{fl}(P - P_0) \tag{11.12}$$

Nun verlangt gemäß den Ausführungen in Abschnitt 11.1 die Bedingung für Gleichgewicht der beiden Phasen, daß deren freie Enthalpien einander gleich sind: also $G_g - G_{fl} = 0$. Weiterhin ist der Term $-V_{fl}(P-P_0)$ gewöhnlich so klein, daß er gegenüber $RT\ln(P/P_0)$ vernachlässigt werden kann. Damit ergibt sich aus Gleichung 11.12 die Dampfdruckgleichung

$$-\Delta G^0 = RT\ln\frac{P}{P_0} \tag{11.13}$$

wobei $\Delta G^0 = G^0{}_g - G^0{}_{fl}$ und $P_0 = 1$ atm.

11.2. Der Dampfdruck von Flüssigkeiten und Kristallen

Die Größe ΔG^0 als Funktion der Temperatur erhalten wir mit Hilfe von Gleichung 11.7, die wir wie folgt umformen:

$$\frac{d(-\Delta G^0)}{dT} = \Delta S^0 = S_g - S_{fl}$$

Ersetzen von $-\Delta G^0$ gemäß Gleichung 11.13 liefert

$$\frac{d \ln (P/P_0)}{dT} = \frac{\Delta S^0}{RT} \tag{11.14}$$

Hierbei ist die Verdampfungsentropie, ΔS^0, gleich der Verdampfungsenthalpie geteilt durch die Temperatur, $\Delta H^0/T$, so daß

$$\frac{d \ln (P/P_0)}{dT} = \frac{\Delta H^0_{Verd}}{RT^2} \tag{11.15}$$

Diese sogenannte *Clausius-Clapeyron-Gleichung* kann integriert werden unter der Annahme, daß ΔH^0_{Verd} konstant bleibt (innerhalb enger Temperaturbereiche eine gute Näherung). Wir erhalten auf diese Weise

$$\ln \frac{P}{P_0} = -\frac{\Delta H^0_{Verd}}{RT} + \text{konst.} \tag{11.16}$$

(Für die Integrationskonstante ergibt sich durch Vergleich mit Gleichung 11.13 $\Delta S^0/R$.) Nach Gleichung 11.16 ergibt sich beim Auftragen von $\ln(P/P_0)$ oder $\log(P/P_0)$ gegen $1/T$ eine Gerade innerhalb von Temperaturbereichen, in denen ΔH^0_{Verd} als konstant angesehen werden kann. Die Messung des Dampfdrucks von Flüssigkeiten oder Kristallen in Abhängigkeit von der Temperatur führt also zu Werten für die Verdampfungs- bzw. Sublimationsenthalpie sowie für ΔG^0 und ΔS^0.

Tafel 11.1. Dampfdruck von Jod als Funktion der Temperatur.

Temperatur	Dampfdruck von kristallinem Jod	Temperatur	Dampfdruck von flüssigem Jod
30 °C	0,00062 atm	114,2 °C (Fp.)	0,118 atm
40	0,00136	120	0,146
50	0,00284	130	0,207
60	0,00567	140	0,286
70	0,0108	150	0,387
80	0,0199	160	0,518
90	0,0353	170	0,686
100	0,0599	180	0,893
110	0,0986	184,35 (Kp.)	1,000
114,2 (Fp.)	0,118	190	1,143

Aufgabe 11.1. Ergebnisse von Dampfdruckmessungen an Jod [I_2(f) und I_2(fl)] sind in Tafel 11.1 angegeben (vgl. auch Abb. 2.16). Welche Werte thermodynamischer Größen lassen sich aus diesen Angaben berechnen?

Lösung. Die Werte von $\log(P/P_0)$ sind in Abbildung 11.2 gegen $1/T$ aufgetragen. Die Meßpunkte weichen nicht wesentlich von den beiden in der Abbildung durch sie gelegten Geraden ab. Der Anstieg der Gerade beträgt $-3,19 \cdot 10^3$ grad im einen und $-2,35 \cdot 10^3$ grad im anderen

Fall. Durch Multiplizieren mit $-2{,}303\,R = -2{,}303 \cdot 8{,}315$ J grad^{-1} mol^{-1} erhalten wir 61,1 kJ mol^{-1} für die Sublimationsenthalpie und 45,0 kJ mol^{-1} für die Verdampfungsenthalpie. Die Differenz der beiden, 16,1 kJ mol^{-1}, stellt die Schmelzenthalpie von Jod dar. Die Schmelzentropie, die wir durch Teilen der Schmelzenthalpie durch die Gleichgewichtstemperatur von Flüssigkeit und Kristall (387,4 K) erhalten, beträgt 41,5 J grad^{-1} mol^{-1}. Für die Normalentropie der Verdampfung finden wir 98,4 J grad^{-1} mol^{-1}, indem wir die Verdampfungsenthalpie durch die Temperatur des Siedepunkts unter Normaldruck (457,5 K) teilen.

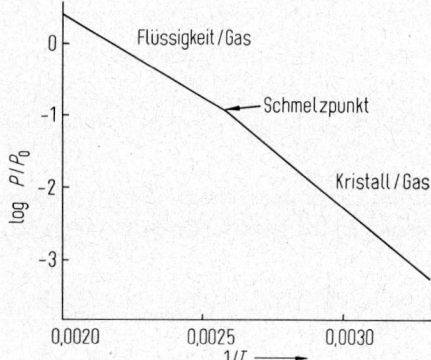

Abb. 11.2. Dampfdruck von I_2(f) und I_2(fl) in logarithmischer Auftragung gegen $1/T$.

11.3. Umwandlungsentropie, Schmelzentropie und Verdampfungsentropie

In struktureller Hinsicht hat der Unterschied in den thermodynamischen Eigenschaften von rhombischem und monoklinem Schwefel seine Ursache in der verschiedenartigen Packung der Molekeln in den beiden Kristallformen. In beiden Fällen handelt es sich um die gleichen Molekeln, nämlich um gestauchte, achtatomige Ringe (Abb. 6.13) mit einem S—S-Bindungsabstand von 2,06 Å und einem Bindungswinkel von 105°. Die Dichte beträgt 2,07 g cm^{-3} für die rhombische und 1,96 g cm^{-3} für die monokline Kristallform; in der ersteren sind die Molekeln also besser ineinandergepaßt. Die Enthalpie der Sublimation von S_8(rhombisch) zu S_8(g) bei 298 K beträgt 101,3 kJ mol^{-1}, die der Sublimation von S_8(monoklin) zu S_8(g) dagegen 98,0 kJ mol^{-1}. Wir können annehmen, daß der monokline Kristall nur $98/101 = 0{,}97$ mal so viel Berührungsstellen von Molekeln aufweist wie der besser gepackte und stabilere rhombische Kristall. Im loser gepackten Kristall schwingen die Molekeln mit geringerer Frequenz, und damit ist die Debyesche charakteristische Temperatur θ niedriger und die Entropie größer (vgl. Gleichung 10.30). Bei der Umwandlungstemperatur weist monokliner Schwefel eine um 3% größere Entropie als rhombischer Schwefel auf.

Schmelzentropie. Experimentell bestimmte Schmelzentropien einer Reihe von Substanzen sind in Tafel 11.2 angegeben. Für die Substanzen im linken Teil der Tafel, die im Gaszustand einatomig sind und einfache Kristallstruktur aufweisen, liegen die Schmelzentropien bei 0,8 bis 1,7 R. Die Ausdehnung beim Schmelzen beträgt etwa 3% bei den Alaklimetallen, etwa 5% bei Cu, Ag und Au und etwa 15% bei den vier Argononen, zeigt also ein der Schmelzentropie auffallend paralleles Verhalten.

Tafel 11.2. Schmelzentropien einiger Substanzen.

	Fp.	$\Delta S/R$		Fp.	$\Delta S/R$
Li	453 K	0,77	HCl	158,9 K	1,51
Na	371	0,86	HBr	186,3	1,56
K	337	0,85	H_2S	187,6	1,53
Cu	1357	1,15	H_2Se	206,2	1,46
Ag	1234	1,11	CH_4	90,7	1,25
Au	1336	1,15	CF_4	89,5	0,94
Ne	24,6	1,64	SiF_4	182,9	4,64
Ar	83,9	1,69	C_2H_4	104,0	3,88
Kr	116,0	1,70	CO_2	217,0	4,63
Xe	161,3	1,71	Cl_2	172,2	4,48
			Br_2	265,9	4,78

Wie aus Röntgenbeugungsaufnahmen hervorgeht, sind die Abstände zwischen benachbarten Atomen in einatomigen Flüssigkeiten nahezu die gleichen wie in den entsprechenden Kristallen, aber die mittlere Koordinationszahl (durchschnittliche Anzahl von Nachbarn) ist geringer, nämlich etwa 10 in der Flüssigkeit gegenüber 12 im Kristall. Wir können von der Flüssigkeit sagen, in ihr habe jedes Atom als Nachbarn zehn Atome und zwei Leerplätze (oder neun und drei bzw. elf und einen), die Leerplätze seien willkürlich verteilt und die im Kristall sich über größere Bereiche erstreckende Ordnung sei zerstört. Die Entropie des Vermischens von 1 mol Atomen mit 0,2 mol Leerplätzen beträgt $0,54\,R$ (siehe Abschnitt 10.4). Weiterhin sind die Schwingungsfrequenzen in der Flüssigkeit wegen der geringeren Koordinationszahl niedriger als im Kristall. Damit ist die Debyesche charakteristische Temperatur θ geringer, was zu einem Beitrag $3R \ln(\theta_{Kristall}/\theta_{Flüss})$ zur Schmelzentropie führt, beispielsweise $0,55\,R$ falls $\theta_{Kristall}$ um 20% größer ist als $\theta_{Flüss}$. Diese Näherungsbetrachtungen lassen die beobachteten Werte im Bereich von 0,8 bis $1,7\,R$ verständlich erscheinen.

Für CO_2, Cl_2 und Br_2 (und viele andere zwei- und dreiatomige Molekeln, die hier nicht angeführt sind) liegen die Werte um $4,5\,R$ und lassen vermuten, daß hier im flüssigen Zustand eine zusätzliche Orientierungsentropie in Höhe von rund $3\,R$ auftritt. Unter Benutzung der Boltzmann-Beziehung können wir schreiben $S = k \ln W = k \ln w^N = R \ln w = 3\,R$ und finden so für w einen Wert von ungefähr 20. Ganz so viele Ausrichtungsquantenzustände einer Molekel in der Flüssigkeit sind kaum zu erwarten. Es ist deshalb gut möglich, daß die hohe Schmelzentropie zum Teil auf eine durch partielle Unordnung im Kristall verursachte weitere Verringerung der Debyeschen charakteristischen Temperatur im Kristall zurückgeht.

Für verschiedene Substanzen in Tafel 11.2 läßt die geringe Schmelzentropie in Höhe um 1 bis $1,5\,R$ vermuten, daß sich beim Schmelzen die Unordnung der Ausrichtung nicht wesentlich erhöht. Alle Substanzen in dieser Klasse weisen einen oder mehrere Umwandlungspunkte unterhalb des Schmelzpunkts mit Umwandlungsentropien von 2 bis $3\,R$ auf. Es ist anzunehmen, daß diese Umwandlungen mit einer erheblichen Erhöhung der Rotationsunordnung verbunden sind und den Molekeln im Kristall in Nähe des Schmelzpunkts praktisch so viel Rotationsfreiheit einräumen wie in der Flüssigkeit. In

11. Chemisches Gleichgewicht

thermodynamischer Hinsicht verhalten sich solche Kristalle mehratomiger Molekeln beim Schmelzen praktisch wie die von einatomigen Molekeln.

Verdampfungsentropie. Für viele Substanzen liegt die Verdampfungsentropie beim normalen Siedepunkt (unter 1 atm Druck) in der Nähe von 85 J grad^{-1} mol^{-1}. Diese als *Troutonsche Regel* bekannte Gesetzmäßigkeit gestattet es, die Verdampfungswärme von Substanzen mit bekanntem Siedepunkt abzuschätzen.

Tafel 11.3. Verdampfungswärmen und Verdampfungsentropien einiger Flüssigkeiten.

Substanz	Siedepunkt bei 1 atm	Siedepunkt für Dampf mit Normalvolumen	Verdampfungs- wärme	Verdampfungs- entropie für Dampf mit Normalvolumen
Ne	27,2 K	20,6 K	1,80 kJ mol^{-1}	87,4 J grad^{-1} mol^{-1}
Ar	87,3	76,6	6,53	85,2
Kr	119,9	108,9	9,04	83,0
Xe	165	155	12,64	81,5
Cu	2855	3560	305	85,7
Ag	2466	3030	254	83,8
Au	2933	3680	310	84,2
Zn	1180	1367	115	84,1
Cd	1040	1190	100	84,0
Hg	630	688	58,1	84,4
HCl	188,1	181	16,2	89,2
HBr	206,4	200	17,6	88,0
HI	238	234	19,7	84,2
H$_2$S	213	208	18,7	89,9
H$_2$Se	232	228	19,3	84,6
PH$_3$	185	177	14,6	82,5
AsH$_3$	211	205	17,4	84,9
CH$_4$	111,7	100	8,20	82,0
SnH$_4$	221	216	18,5	85,6
CCl$_4$	350	359	30,0	83,6
O$_2$	90,2	79,5	6,82	85,8
N$_2$	77,3	66,5	5,56	83,6
CO	81,7	71,1	6,07	85,4
F$_2$	85,2	74,4	6,32	84,9
Cl$_2$	239	236	20,4	86,6
P$_4$	553	596	49,8	83,6
			Durchschnitt	84,9 ± 1,5

Die normalen Siedepunkte und Verdampfungswärmen für eine Reihe von Flüssigkeiten sind in Tafel 11.3 angegeben. Bei den ersten zehn Eintragungen handelt es sich um Substanzen, die im Gaszustand einatomig sind. Ihre Siedepunkte erstrecken sich über einen weiten Temperaturbereich von 27,2 K für Neon bis 2933 K für Gold. Ihre Verdampfungswärmen überstreichen ebenfalls mehr als zwei Größenordnungen, aber das Verhältnis der Verdampfungswärme zur Siedetemperatur – also die Verdampfungsentro-

11.3. Umwandlungsentropie, Schmelzentropie und Verdampfungsentropie

pie – liegt für alle innerhalb des Bereichs von 66 bis 106 J grad^{-1}mol^{-1}. Auch für viele Flüssigkeiten mit mehratomigen Molekeln fällt die Verdampfungsentropie in diesen Bereich.

Die Troutonsche Regel ist 1915 von J. H. Hildebrand (geboren 1881), einem amerikanischen Chemiker, verfeinert worden. Hildebrand stellte fest, daß die Verdampfungsentropie bei derjenigen Temperatur, bei der ein Mol des Dampfs im Gleichgewicht mit der Flüssigkeit gerade das Normalvolumen von 22,4 Liter einnimmt, für viele Substanzen nahezu die gleiche ist. In Tafel 11.3 ist diese Temperatur in der dritten Spalte angegeben, der zugehörige Wert der Verdampfungsentropie in der letzten Spalte.

Der Siedepunkt unter Bedingungen, unter denen der Dampf das normale Molvolumen einnimmt, kann mit Gleichung 11.16 berechnet werden, wie das folgende Beispiel erläutern soll.

Aufgabe 11.2. Der Siedepunkt von Wasserstoff unter Normaldruck liegt bei 20,39 K, und die Verdampfungsenthalpie beträgt 904 J mol^{-1}. In welchem Ausmaß befolgt Wasserstoff die Hildebrandsche Regel?

Lösung. Die Normalentropie der Verdampfung ist mit 904/20,39 = 44 J grad^{-1}mol^{-1} ungewöhnlich gering. Zur Berechnung des Wertes am Hildebrandschen Siedepunkt ermitteln wir mit Gleichung 11.16 den Korrekturfaktor, der sich ergibt aus der Temperaturverschiebung von der Temperatur T_1, bei der der Dampfdruck 1 atm beträgt, zur Temperatur T_2, bei der der Dampfdruck P_2 gerade so groß ist, daß das Molvolumen V_2 22,4 l ausmacht. Gemäß Gleichung 11.16 können wir ansetzen:

$$\ln \frac{P_1}{P_0} = -\frac{\Delta H^0_{Verd}}{RT_1} + \frac{\Delta S^0}{R}$$

$$\ln \frac{P_2}{P_0} = -\frac{\Delta H^0_{Verd}}{RT_2} + \frac{\Delta S^0}{R}$$

wobei $P_1 = P_0 = 1$ atm. Durch Subtrahieren der ersten Gleichung von der zweiten erhalten wir

$$\ln P_2 = \frac{\Delta H^0_{Verd}}{R}\left(\frac{1}{T_1} - \frac{1}{T_2}\right)$$

Ersatz von P_2 mit Hilfe der Gasgleichung $P_2 V_2 = RT_2$ liefert

$$\ln\left(\frac{RT_2}{V_2}\right) = \frac{\Delta H^0_{Verd}}{R}\left(\frac{1}{T_1} - \frac{1}{T_2}\right)$$

Mit $V_2 = 22,4$ l ist $R/V_2 = 0,08206/22,4 = 0,00366$. Nach Umstellung auf dekadische Logarithmen (ln = 2,303 log) und Umordnung der Terme erhalten wir

$$\frac{1}{T_2} = \frac{1}{T_1} - \frac{2,303\,R}{\Delta H^0_{Verd}} \log(0,00366\,T_2)$$

und nach Einsetzen des angegebenen Werts für ΔH^0_{Verd}

$$\frac{1}{T_2} = \frac{1}{T_1} - 0,0212 \log(0,00366\,T_2) = 0,0490 - 0,0212 \log(0,00366\,T_2)$$

Eine Gleichung dieser Art löst man durch wiederholte Näherungen. Wir setzen einen Schätzungswert von T_2 in den von T_2 nur schwach abhängigen logarithmischen Ausdruck auf der rechten Seite ein und lösen nach T_2 auf. Als einen geeigneten ersten Schätzungswert, der keine Schwierigkeiten befürchten läßt, wählen wir den Wert von T_1, 20,39°. Als erste Näherung erhalten wir mit ihm $T_2 = 13,72°$. Wiederholen der Näherung mit diesem neuen Wert auf der rechten Seite ergibt 13,07°; als dritte Näherung finden wir 12,99°, als vierte 12,98°. Für die Verdampfungsentropie am Hildebrandschen Siedepunkt von 12,98 K ergibt sich 904/12,98 = 69,6 J grad^{-1}mol^{-1}, also ein Wert, der 18% unter dem Normalwert 85 J grad^{-1}mol^{-1} liegt.

Aufgabe 11.3. Die Substanz POFClBr siedet unter Normaldruck bei 352 K. Ihre Verdampfungsenthalpie soll geschätzt werden.

Lösung. Aus Tafel 11.3 entnehmen wir, daß bei dieser Temperatur der Hildebrandsche Siedepunkt etwa 9° über dem normalen Siedepunkt liegt. Folglich können wir schreiben: $\Delta H°_{\text{Verd}} = (352° + 9°) \cdot 84{,}9 = 30650 \, \text{J mol}^{-1}$. Nach dieser Schätzung sollte die Verdampfungsenthalpie also bei 30 bis 31 kJ mol^{-1} liegen.

Zu einer einfachen Deutung der Hildebrandschen Regel gelangt man mit einer Betrachtung, die nur die Translationsentropie des Dampfes und der Flüssigkeit in Rechnung stellt, die also voraussetzt, daß hinsichtlich der Rotations- und Schwingungsentropie kein Unterschied zwischen den beiden Phasen besteht. Im Ausdruck für die Translationsentropie des Gases tritt ein volumenabhängiger Term $R \ln V_g$ auf. Wir postulieren das Auftreten eines analogen Terms $R \ln V_{\text{fl}}$ im Fall der Flüssigkeit. Nach der Hildebrandschen Regel können wir dann schreiben

$$R \ln \frac{V_g}{V_{\text{fl}}} = 84{,}9 \, \text{J grad}^{-1} \text{mol}^{-1}$$

Die Lösung dieser Gleichung ergibt $V_{\text{fl}} = 0{,}91 \, \text{cm}^3 \text{mol}^{-1}$, was einem Volumen von $1{,}37 \, \text{Å}^3$ pro Molekel entspricht.

Nach dieser Rechnung sollte für alle Substanzen in Tafel 11.3 im flüssigen Zustand das zugängliche Volumen pro Molekel am Hildebrandschen Siedepunkt nahezu den gleichen Wert haben, ungefähr $1{,}37 \, \text{Å}^3$. Dieses Volumen mag überraschend klein erscheinen, wissen wir doch, daß zum Beispiel der Abstand zwischen Kupferatomen im Kupferkristall $2{,}55 \, \text{Å}$ beträgt (siehe Kapitel 2), und eine Kugel mit diesem Durchmesser nimmt $8{,}6 \, \text{Å}^3$ ein. In der Flüssigkeit, deren Dichte geringer ist, ist das Volumen pro Kupferatom sogar noch etwas größer. Jedoch kann der Mittelpunkt des Atoms sich nicht frei innerhalb dieses ganzen Volumens bewegen, sondern bleibt auf einen kleinen Teil davon beschränkt. Ein dem Atommittelpunkt zugängliches Volumen von $1{,}37 \, \text{Å}^3$ entspricht einer Bewegung des Mittelpunkts innerhalb eines Kugelraums mit $0{,}69 \, \text{Å}$ Radius. Wir dürfen daher schließen, daß in Flüssigkeiten wie denen in Tafel 11.3 die Molekeln eine Bewegungsfreiheit bis zu $0{,}69 \, \text{Å}$ von ihrem mittleren Aufenthaltsort genießen.

Niemand vermag zu sagen, warum so verschiedene Flüssigkeiten wie Edelgase und geschmolzene Metalle am Siedepunkt gerade das gleiche freie Volumen von $1{,}37 \, \text{Å}^3$ pro Molekel aufweisen. Die Theorie des flüssigen Zustandes steckt heute noch in den Kinderschuhen, aber wir dürfen hoffen, daß die nächsten Jahre uns eine Erklärung dieser bemerkenswerten Tatsache bringen werden.

11.4. Van der Waalssche Kräfte. Schmelzpunkte und Siedepunkte

Alle Molekeln üben aufeinander schwache Anziehungskräfte aus. Diese *elektronischen van der Waalsschen Anziehungskräfte* gehen auf Wechselwirkung zwischen den Elektronen und Atomkernen einer Molekel mit denen anderer Molekeln zurück. Zwischen den Kernen der einen Molekel und den Elektronen der anderen Molekel wirken elektrostatische Anziehungskräfte, die durch gegenseitige Abstoßung zwischen den Elektronen und zwischen den Kernen beider Molekeln größtenteils, aber nicht restlos kompensiert werden. Ins Gewicht fallen die van der Waalsschen Kräfte nur, wenn die Molekeln einander sehr nahe sind, so nahe, daß sie sich fast berühren. Bei sehr geringen Abständen (für Argon zum Beispiel 4 Å) wird die Anziehungskraft kompensiert durch eine Abstoßung, weil sich nun die äußeren Elektronenschalen beider Molekeln zu durchdringen beginnen (siehe Abb. 11.3).

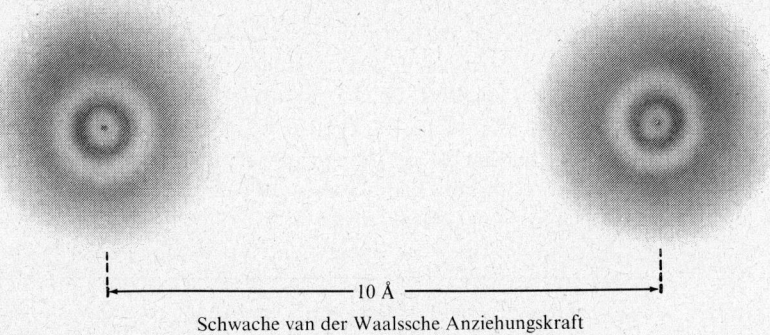

|←———————— 10 Å ————————→|
Schwache van der Waalssche Anziehungskraft

Sehr starke van der Waalssche Anziehungskraft
|←——— 5 Å ———→|

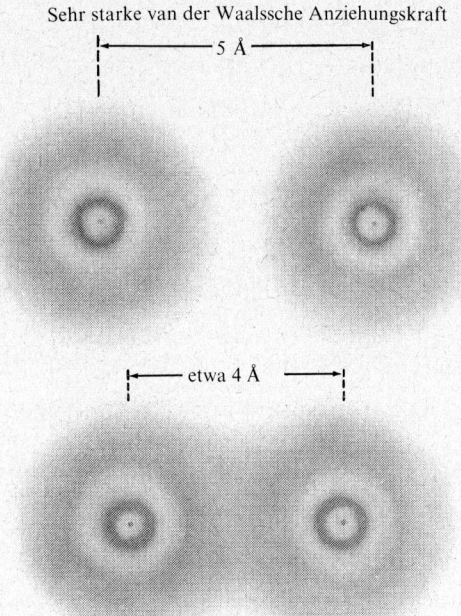

|←— etwa 4 Å —→|

Van der Waalssche Anziehungskraft wird gerade kompensiert durch Abstoßung infolge gegenseitiger Durchdringung der äußeren Elektronenschalen

Abb. 11.3. Van der Waalssche Anziehung und Abstoßung für einatomige Molekeln (Argon) in Beziehung zur Elektronenverteilung.

Diese intermolekularen, elektronischen van der Waalsschen Anziehungskräfte sind die Ursache dafür, daß Substanzen wie die Edelgase, die Halogene usw. bei hinreichend tiefen Temperaturen zu Flüssigkeiten kondensieren und zu festen Körpern erstarren. Der Siedepunkt einer Substanz ist ein Maß für die Stärke der molekularen Anregung, die nötig ist, die van der Waalssche Anziehung zu überwinden. Er gibt uns deshalb Auskunft über die Stärke dieser Kräfte. In der Regel nehmen die van der Waalsschen Anziehungskräfte mit wachsender Anzahl von Elektronen pro Molekel zu. Da das Molekulargewicht der Anzahl Elektronen in der Molekel in großen Zügen proportional ist (gewöhnlich rund doppelt so groß wie die Elektronenzahl), nimmt die van der Waalssche Anziehung mit wachsendem Molekulargewicht zu: große Molekeln (mit vielen Elektronen) ziehen sich stärker an als kleine (mit wenigen Elektronen). Im allgemeinen haben daher molekulare Substanzen mit hohem Molekulargewicht höhere Siedepunkte als solche mit niedrigem Molekulargewicht.

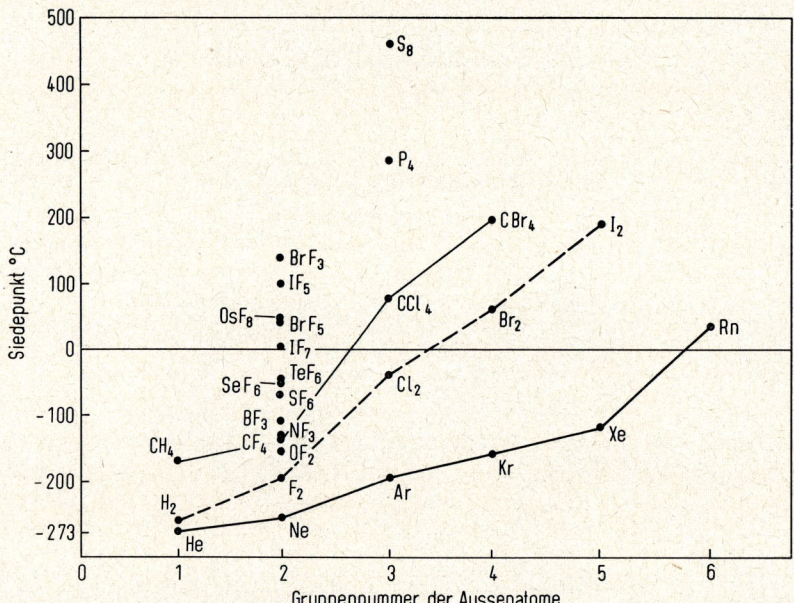

Abb. 11.4. Erhöhung des Siedepunkts mit wachsender Kompliziertheit des molekularen Aufbaus.

Diese Verallgemeinerung ist in Abbildung 11.4 veranschaulicht. In ihr sind die Siedepunkte einiger molekularer Substanzen aufgeführt. Die stetige Zunahme der Siedepunkte in den Reihen He, Ne, Ar, Kr, Xe, Rn und H_2, F_2, Cl_2, Br_2, I_2 bietet ein treffendes Beispiel.

Einen ähnlichen Einfluß übt die Anzahl Atome in der Molekel (bei annähernd gleichbleibender Ordnungszahl) aus, wie die folgenden Reihen zeigen:

	Ar	Cl_2	P_4	S_8
Siedepunkt	−185,7 °C	−34,6 °C	280 °C	444,6 °C

	Ne	F_2	CF_4	SF_6	IF_7	OsF_8
Siedepunkt	−245,9 °C	−188,1°	−128°	−63,8°	4,5 °C	47,5 °C

Die Theorie der van der Waalsschen Anziehungskräfte zwischen Molekeln entwickelte 1929 der Physiker F. London. Als mögliche Ursache der gegenseitigen van der Waalsschen Anziehung zweier HCl-Molekeln (oder anderer Molekeln mit permanentem elektrischem Dipolmoment; siehe Abschnitt 6.8) hatte man die Wechselwirkung der permanenten Dipole in Betracht gezogen. Sorgfältige Rechnunngen ergaben jedoch, daß die auf diese Weise zustandekommende gegenseitige Anziehung bei HCl-Molekeln nur etwa 10% der tatsächlich beobachteten ausmachen kann. Überdies ist die Wechselwirkung zwischen Xenonmolekeln (Kp. −107 °C) fast so groß wie zwischen Chlorwasserstoffmolekeln (Kp. −84 °C), obwohl die Xenonmolekel einatomig ist und damit kein permanentes elektrisches Dipolmoment besitzt.

Wie London zeigen konnte, besteht zwischen Molekeln beliebiger Art eine van der Waalssche Anziehung, die als eine Folge der Wechselwirkung der momentanen elektrischen Dipolmomente der Molekeln angesehen werden mag. Im Xenonatom zum Beispiel können die 54 Elektronen zu einem Zeitpunkt sich zufällig gerade so verteilt haben, daß ihr gemeinsamer Ladungsschwerpunkt mit dem Atomkern zusammenfällt; zu anderen Zeitpunkten aber wird der Ladungsschwerpunkt in der einen oder anderen Richtung vom Kern fort verschoben sein, und das Atom weist dann ein momentanes elektrisches Dipolmoment auf. Mit quantenmechanischen Rechnungen gelang es London festzustellen, daß bei Paaren von Atomen die stabilen gegenseitigen Ausrichtungen der momentanten Dipolmomente, etwa ⊢→ ⊢→ , häufiger realisiert sind als die instabilen, etwa ⊢→ ←⊣ , und daß sich hieraus insgesamt eine Anziehungskraft ergibt. Die Londonsche Gleichung für die Wechselwirkung zweier Molekeln A und B lautet

$$\text{Anziehungsenergie} = -\,^3/_2 \frac{\alpha_A \alpha_B}{r^6{}_{AB}} \frac{I_A I_B}{(I_A + I_B)} \qquad (11.17)$$

Das entspricht einer Anziehungskraft, die der siebenten Potenz des Abstands umgekehrt proportional ist:

$$\text{Anziehungskraft} = 9 \frac{\alpha_A \alpha_B}{r^7{}_{AB}} \frac{I_A I_B}{(I_A + I_B)} \qquad (11.18)$$

(erhältlich durch Differenzieren nach r_{AB}). In diesen Gleichungen sind I_A und I_B die Anregungsenergien der Molekeln A und B (etwas größer als die ersten Ionisierungsenergien), α_A und α_B ihre *elektronischen Polarisierbarkeiten* und r_{AB} der Abstand zwischen den Mittelpunkten der Molekeln.

Die elektronische Polarisierbarkeit einer Molekel ist ein Maß für die Verschiebung der Elektronen in einem elektrischen Feld, und zwar ist $\mu = \alpha E$ das von einem Feld E erteilte induzierte Dipolmoment. Die Größe α hat die Dimension eines Volumens. Die elektrische Polarisierbarkeit einer Kugel aus leitendem Material (Metallkugel) mit Radius r ist r^3. Die Polarisierbarkeit des Xenonatoms beträgt 4,16 Å^3 (4,16 · 10^{-30} m^3), was (1,61 Å)^3 entspricht. Der Wert 1,61 Å, den wir als Polarisierbarkeitsradius des Xenonatoms bezeichnen können, stimmt ungefähr mit anderen vergleichbaren Radien überein;

zum Beispiel ist er nur um 16% geringer als der Mittelwert der Kristallradien der isoelektronischen Nachbarn Cs⁺ und I⁻ des Xenonatoms.

Licht, das eine Substanz durchstrahlt, hat eine andere Fortpflanzungsgeschwindigkeit als im Vakuum. Das Verhältnis der Lichtgeschwindigkeit im Vakuum zu der in der Substanz wird als *Brechnungsindex* der Substanz bezeichnet. Die Verlangsamung des Lichts in der Substanz – und damit die Abweichung des Brechungsindex vom Wert eins – geht auf eine Wechselwirkung des Lichts mit der Substanz zurück, und zwar auf die Polarisation der Atome oder Molekeln durch den elektrischen Vektor des Lichts. Die Beziehung zwischen dem Brechungsindex n und der molekularen Polarisierbarkeit α kommt in der *Lorenz-Lorentz-Gleichung* zum Ausdruck, 1880 aufgestellt von zwei Physikern, dem Dänen Ludwig Valentin Lorenz (1829–1891) und dem Holländer Hendrik Anton Lorentz (1853–1928). Die Gleichung lautet

$$\alpha = \frac{3}{4\pi N} \cdot \frac{n^2-1}{n^2+2} \cdot \frac{M}{d} \qquad (11.19)$$

Hierbei ist M das Molekulargewicht und d die Dichte der Substanz. Wie die molekulare Polarisierbarkeit einer Substanz mit bekanntem Brechungsindex berechnet werden kann, zeigt die nachstehende Aufgabe.

Aufgabe 11.4. Der Brechungsindex von Xenon unter Normalbedingungen beträgt 1,000703. (Dieser Wert bezieht sich auf die D-Linien von Natrium mit 5894 Å Wellenlänge[1]; der Brechungsindex hängt von der Wellenlänge des Lichts ab und beträgt zum Beispiel für Xenon 1,000713 bei 4800 Å und 1,000697 bei 6700 Å.) Wie groß ist die Polarisierbarkeit des Xenonatoms?

Lösung. Für ein Gas unter Normalbedingungen hat M/d den Wert 22414 cm³. Für Xenon ist $n^2 = 1,001406$. Damit folgt gemäß der Lorenz-Lorentz-Gleichung

$$\alpha = \frac{3}{4\pi N} \cdot \frac{n^2-1}{n^2+2} \cdot \frac{M}{d} = \frac{3}{4\pi \cdot 0,602 \cdot 10^{24}} \cdot \frac{1,406 \cdot 10^{-3}}{3,001} \cdot 22,414 \cdot 10^3$$

$$= 4,16 \cdot 10^{-24} \text{cm}^3$$

Die Polarisierbarkeit des Xenonatoms ist folglich $\alpha = 4,16$ Å³.

Tafel 11.4. Dielektrische Polarisierbarkeiten einiger Atome, Ionen und Molekeln (bezogen auf Natrium-D-Linien).

		H	0,67 Å³				
		He	0,20	Li⁺	0,03 Å³	Be²⁺	0,008 Å³
F⁻	1,05 Å³	Ne	0,40	Na⁺	0,18	Mg²⁺	0,09
Cl⁻	3,69	Ar	1,64	K⁺	0,84	Ca²⁺	0,47
Br⁻	4,81	Kr	2,48	Rb⁺	1,42	Sr²⁺	0,86
I⁻	7,16	Xe	4,16	Cs⁺	2,44	Ba²⁺	1,56
H₂	0,80	HCN	2,58	F₂	1,16	P₄	14,71
HCl	2,64	H₂O	1,49	Cl₂	4,60	BCl₃	8,31
HBr	3,62	NH₃	2,23	Br₂	6,90	BBr₃	11,87
HI	5,45	H₂S	3,80	N₂	1,76	CCl₄	10,53

---

1 Durchschnittswert von 5890,12 und 5896,16 Å mit Intensitätsverhältnis 1:2.

11.4. Van der Waalssche Kräfte. Schmelzpunkte und Siedepunkte

Tafel 11.5. Beiträge von Atomen und strukturellen Gruppierungen zur dielektrischen Polarisierbarkeit organischer Molekeln.

H—	0,40 Å^3	F—	0,58 Å^3	dreigliedriger Ring	0,24 Å^3
C in CH$_4$	1,03	Cl—	2,30	viergliedriger Ring	0,13
C in Diamant	0,83	Br—	3,45		
$\diagdown$C=	1,34	I—	5,50		
-C≡	1,42	O$\diagup$	0,69		
N$\diagdown$	0,97	O=	0,85		
$\diagdown$N=	0,90	S$\diagup$	3,00		
N≡	0,83	S=	3,14		

Werte für die Polarisierbarkeiten verschiedener Molekeln und Ionen sind in Tafel 11.4 angegeben. Weiterhin zeigt Tafel 11.5 Werte für die atomaren Polarisierbarkeiten, die für Atome in Molekeln gelten: die Polarisierbarkeit einer Molekel erhält man als die Summe der Beiträge aller Atome in der Molekel.

Wie sich herausgestellt hat, liefert die Londonsche Gleichung, die auf einer Näherung aufbaut, für die Energie und Kraft der van der Waalsschen Anziehung einigermaßen verläßliche Werte, wenn für die Anregungsenergie I ein Wert eingesetzt wird, der 60% über der ersten Ionisierungsenergie liegt. Typische Werte der ersten Ionisierungsenergie liegen bei 12 eV = 1160 kJ mol^{-1}. Einsetzen in Gleichung 11.17 ergibt

$$\text{Anziehungsenergie} \simeq -\frac{\alpha_A \alpha_B}{r^6_{AB}} \cdot 1400 \text{ kJ mol}^{-1} \tag{11.20}$$

Aufgabe 11.5. Xenon kristallisiert mit kubisch dichtester Kugelpackung; jedes Atom hat zwölf nächste Nachbarn in 4,41 Å Abstand. Wie groß ist die van der Waalssche Anziehungsenergie zwischen den Atomen? Was sagt uns ein Vergleich des Ergebnisses mit der experimentell bestimmten Sublimationswärme von 14,9 kJ mol^{-1}?

Lösung. Wir setzen in Gleichung 11.20 $\alpha = 4,16$ Å^3 und $r_{AB} = 4,41$ Å und erhalten für die Energie der van der Waalsschen Anziehung pro Paar von Xenonatomen $-1400 \cdot 4,16^2/4,41^6 = -3,29$ kJ mol^{-1}. Pro Atom treten sechs solcher Wechselwirkungen zwischen nächsten Nachbarn auf[1], und die Gesamtenergie der van der Waalsschen Wechselwirkung zwischen nächsten Nachbarn beträgt folglich nach dieser Rechnung $-6 \cdot 3,29 = -19,8$ kJ mol^{-1}, ist also dem Betrag nach etwas größer als die Sublimationswärme. In einer genaueren Rechnung wäre darüber hinaus die van der Waalsschen Anziehung zwischen weiter entfernten Atomen sowie die Energie der van der Waalsschen Abstoßung zu berücksichtigen. Die Abstoßungsenergie im Xenonkristall ist etwa halb so groß wie die Anziehungsenergie. Setzen wir für die Abstoßungsenergie B/r^{12} ein, so ergibt sich mit der Anziehungsenergie $-A/r^6$ für den Gleichgewichtsabstand die Kräftebilanz $-6A/r^7 + 12B/r^{13} = 0$; hieraus folgt, daß im Ausdruck für die Gesamtenergie bei diesem Abstand der Abstoßungsterm dem Betrag nach gerade halb so groß ist wie der Anziehungsterm und umgekehrtes Vorzeichen hat.

Bindungsart und Atomanordnung. Vor fünfzig Jahren, bevor die moderne Strukturchemie sich entwickelt hatte, war man der Meinung, eine sprunghafte Änderung der

---

[1] Nur sechs statt zwölf, da an jeder solcher Xe—Xe-Wechselwirkung zwei Xenonatome beteiligt sind.

Schmelzpunkte oder Siedepunkte innerhalb einer Reihe verwandter Verbindungen sei als Beweis für einen Wechsel in der Art der Bindung anzusehen. So haben zum Beispiel die Fluoride der Elemente der zweiten Periode die folgenden Schmelzpunkte und Siedepunkte:

	NaF	MgF_2	AlF_3	SiF_4	PF_5	SF_6
Schmelzpunkt	995°	1263°	>1257°	—90°	—94°	—51 °C
Siedepunkt	1704°	2227°	1257°[1)]	—95°[1)]	—85°	—64 °C[1)]

Der große Sprung zwischen Aluminiumtrifluorid und Siliciumtetrafluorid ist nicht von einem wesentlichen Wechsel in der Bindungsart begleitet: in allen Fällen handelt es sich um Bindungen, deren Charakter zwischen dem einer reinen Ionenbindung M^+F^- und einer gewöhnlichen kovalenten Bindung $M:\ddot{F}:$ liegt. Der große Unterschied im Verhalten ist vielmehr durch eine Änderung in der Anordnung der Atome bedingt. Die drei leichtflüchtigen Substanzen liegen im kristallinen, flüssigen wie auch gasförmigen Zustand als diskrete Molekeln SiF_4, PF_5 bzw. SF_6 (ohne Dipolmoment) vor (Abb. 11.5). Zum Schmelzen oder Verdampfen der Substanz reicht hier eine verhältnismäßig geringe thermische Anregung aus, die nur die schwachen intermolekularen Kräfte zu überwinden hat und von der Festigkeit und Art der Bindungen zwischen den Atomen innerhalb der Molekeln im wesentlichen unabhängig ist. Die drei anderen Substanzen sind dagegen im kristallinen Zustand Riesenmolekeln mit festen Bindungen zwischen benachbarten Ionen, die den ganzen Kristall zusammenhalten. Einige dieser festen Bindungen müssen aufgebrochen werden, um einen solchen Kristall zum Schmelzen zu bringen, weitere, um die Flüssigkeit zu verdampfen. Deshalb liegen die Schmelzpunkte und Siedepunkte wesentlich höher. Auf die Eigenschaften solcher Substanzen im Zusammenhang mit dem Größenverhältnis der beteiligten Atome (Verhältnis der Ionenradien) wollen wir in Abschnitt 18.2 näher eingehen.

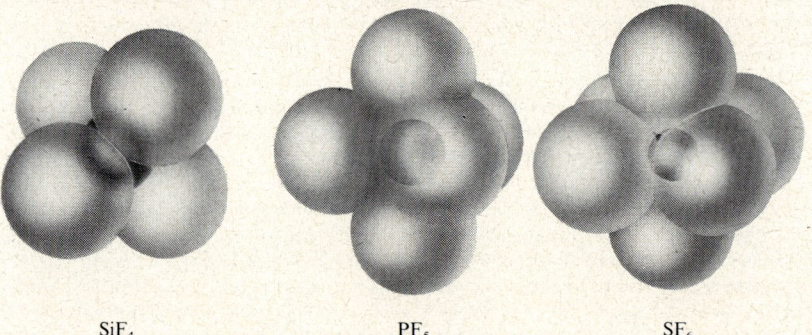

SiF_4 PF_5 SF_6

Abb. 11.5. Molekeln von Siliciumtetrafluorid, Phosphorpentafluorid und Schwefelhexafluorid. Die Substanzen sind leicht flüchtig.

---

[1] Aluminiumtrifluorid, Siliciumtetrafluorid und Schwefelhexafluorid unter 1 atm Druck sublimieren, ohne zu schmelzen. Die als Siedepunkte dieser drei Substanzen angegebenen Temperaturen sind die Sublimationspunkte, an denen der Dampfdruck des Kristalls 1 atm erreicht.

Im Grenzfall sind es sehr feste kovalente Bindungen, die den ganzen Kristall zusammenhalten, wie im Diamant, der einen Sublimationspunkt von 4600 K bei 1 atm und einen noch höher liegenden Schmelzpunkt aufweist.

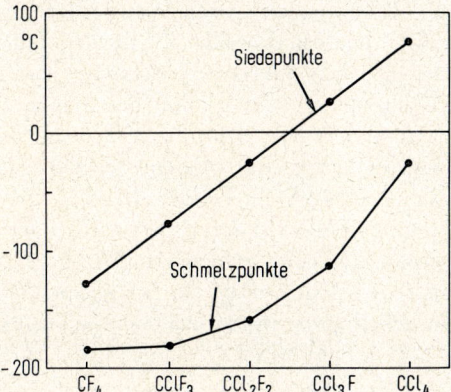

Abb. 11.6. Einfluß der molekularen Symmetrie auf den Schmelzpunkt.

Einfluß der molekularen Symmetrie auf den Schmelzpunkt. Wie die bisherigen Ausführungen gezeigt haben, bestimmen mehrere verschiedene Faktoren die Lage der Schmelzpunkte und Siedepunkte von Substanzen. Einer davon ist die Symmetrie der Molekeln, die einen deutlichen Einfluß auf den Schmelzpunkt, jedoch nicht auf den Siedepunkt hat: je größer die Symmetrie der Molekel, desto höher liegt der Schmelzpunkt der Substanz. Viele organische Verbindungen zeigen ein solches Verhalten. Ein treffendes Beispiel bietet die Reihe der tetraedrischen Molekeln CF_4, CF_3Cl, CF_2Cl_2, $CFCl_3$, CCl_4 (Abb. 11.6). Die Siedepunkte der Substanzen zeigen eine nahezu lineare Abhängigkeit von der Anzahl der Chloratome in der Molekel. Die Schmelzpunkte weichen dagegen in bezeichnender Weise davon ab.
Die Ursache hierfür liegt in folgendem. Wegen der Regellosigkeit der molekularen Anordnung spielt im gasförmigen und flüssigen Zustand die Symmetrie der Molekeln keine Rolle. Im Kristall dagegen besteht ein entscheidender Unterschied: eine Molekel CF_2Cl_2 paßt nur in zwei verschiedenen Lagen in ihren Platz im Kristallgitter (sie unterscheiden sich durch Drehung um 180° um eine bestimmte Achse), eine Molekel CF_3Cl oder $CFCl_3$ hat drei Möglichkeiten des Einbaus (sie unterscheiden sich durch Drehung um 120° um die Verbindungslinie zwischen Kohlenstoffatom und Chlor- bzw. Fluoratom) und eine Molekel CF_4 oder CCl_4 paßt in zwölf verschiedenen Lagen ins Kristallgitter. Beim Schmelzpunkt besteht Gleichgewicht zwischen Kristall und Schmelze. Das bedeutet, daß pro Zeiteinheit ebenso viele Molekeln aus dem Kristall in die Schmelze übertreten wie aus der Schmelze in den Kristall. Die Wahrscheinlichkeit, durch die thermische Anregung aus dem Kristall losgebrochen zu werden, ist für Molekeln hoher wie geringer Symmetrie die gleiche, die Wahrscheinlichkeit, auf den Kristall in der für den Einbau erforderlichen, richtigen Lage aufzutreffen, ist dagegen für eine Molekel hoher Symmetrie größer als für eine Molekel niedriger Symmetrie. So bestehen für eine Molekel CF_4 zwölf verschiedene Möglichkeiten der Ausrichtung, die beim Auftreffen auf den

Kristall zum Einbau führen können, für eine Molekel CF_2Cl_2 dagegen bestehen nur zwei solcher Möglichkeiten. Deshalb kristallieren Substanzen mit Molekeln hoher Symmetrie leichter, d.h. sie haben einen höheren Schmelzpunkt. Bezogen auf CF_2Cl_2 (Symmetriezahl 2, d.h. zwei Möglichkeiten der Orientierung im Kristall), bewirkt dieser Effekt eine Erhöhung des Schmelzpunkts um ungefähr 14° für CF_3Cl und $CFCl_3$ (Symmetriezahl 3) und um ungefähr 57° für CF_4 und CCl_4 (Symmetriezahl 12).

Bei manchen Substanzen überwiegt der entgegengerichtete Effekt eines elektrischen Dipolmoments den Einfluß der Symmetrie auf den Schmelzpunkt. Dieser Effekt ist daran erkenntlich, daß er sich nicht nur auf den Schmelzpunkt, sondern auch auf den Siedepunkt auswirkt. Als ein Beispiel von vielen sei Dichlormethan, CH_2Cl_2, genannt, das mit 0,34 εÅ ein beträchtliches elektrisches Dipolmoment aufweist. Sein Schmelzpunkt liegt mit 176 K nicht etwa 57° unter dem Mittel derjenigen der beiden homologen Molekeln höherer Symmetrie, CH_4 (Fp. 90,6 K) und CCl_4 (Fp. 250 K), sondern 6° höher als dieses Mittel. Daß die Schmelzpunktserhöhung auf das elektrische Dipolmoment zurückzuführen ist, ist aus dem Siedepunkt von CH_2Cl_2 ersichtlich, der mit 313 K um 82° über dem Mittel derjenigen von CH_4 (111,6 K) und CCl_4 (350,0 K) liegt.

11.5. Chemisches Gleichgewicht in Gasen

Wie die Betrachtungen in Abschnitt 11.1 gezeigt haben, ist eine von selbst ablaufende Zustandsänderung eines Systems bei konstantem Druck und konstanter Temperatur von einer Abnahme der freien Enthalpie G begleitet; ΔG ist also negativ.

In vielen Fällen setzt eine chemische Reaktion ein, läuft eine gewisse Zeit und kommt dann zum Stillstand, noch bevor einer der Ausgangsstoffe aufgebraucht ist: man sagt, die Reaktion hat den Gleichgewichtszustand erreicht. Als ein interessantes Beispiel mag die Reaktion zwischen Stickstoffdioxid, NO_2, und Distickstofftetroxid, N_2O_4, dienen. Das Gas, das sich beim Erhitzen von Kupfer mit konzentrierter Salpetersäure bildet, weist bei hoher Temperatur und niedrigem Druck eine der Formel NO_2 entsprechende Dichte auf, bei niedriger Temperatur und hohem Druck dagegen nähert sich die Dichte dem Wert, der der Formel N_2O_4 entspricht. Bei hoher Temperatur ist das Gas dunkelrot, beim Abkühlen hellt es sich auf; die Kristalle, die sich bei der Kondensation des Gases bilden, sind farblos. Die Farbänderung des Gases und die Änderung seiner anderen Eigenschaften lassen sich damit erklären, daß das Gas als Gemisch zweier Molekelsorten NO_2 und N_2O_4 vorliegt, die sich entsprechend der Reaktionsgleichung

$$\underset{\text{farblos}}{N_2O_4} \rightleftharpoons \underset{\text{rot}}{2\,NO_2} \tag{11.21}$$

miteinander im Gleichgewicht befinden.

Die experimentelle Nachprüfung hat ergeben, daß die Mengen von Stickstoffdioxid und Distickstofftetroxid im Gasgemisch einer einfachen Gleichung gehorchen:

$$\frac{[NO_2]^2}{[N_2O_4]} = K \tag{11.22}$$

In dieser sogenannten *Gleichgewichtsbeziehung* der Reaktion erscheint im Zähler die Konzentration der Substanz, die auf der rechten Seite der chemischen Umsatzgleichung (Gleichung 11.21) steht, und zwar mit dem Exponenten 2, der in der Umsatzgleichung als Koeffizient auftritt. Im Nenner der Gleichgewichtsbeziehung erscheint die Konzentration der Substanz, die in der Umsatzgleichung auf der linken Seite steht; ihr Exponent ist 1, denn in der Umsatzgleichung ist der Koeffizient der Substanz 1. Eckige Klammern um eine chemische Formel geben die Konzentration der betreffenden Substanz an, und zwar in Mol pro Liter.

Die Größe K heißt die *Gleichgewichtskonstante* der Reaktion, hier der Dissoziation von Distickstofftetroxid zu Stickstoffdioxid. Die Gleichgewichtskonstante hängt nicht vom Druck ab, auch nicht von dem Konzentrationsverhältnis der beteiligten Substanzen, wohl aber von der Temperatur.

Die allgemeine Formulierung der Gleichgewichtsbeziehung. In allgemeiner Form kann die Umsatzgleichung einer beliebigen chemischen Reaktion angegeben werden als

$$aA + bB + \ldots \rightleftharpoons dD + eE + \ldots \tag{11.23}$$

Hier bezeichnen die Großbuchstaben A, B, D, E verschiedene Molekelsorten, und die Kleinbuchstaben a, b, d, e sind die zahlenmäßigen Koeffizienten, die angeben, wieviele Molekeln der betreffenden Sorte sich am Umsatz beteiligen.

Die Gleichgewichtsbeziehung dieser Reaktion ist gegeben durch

$$\frac{[D]^d [E]^e \ldots}{[A]^a [B]^b \ldots} = K \tag{11.24}$$

wobei K die Gleichgewichtskonstante der Reaktion darstellt.

Es hat sich eingebürgert, für eine Reaktion gemäß Gleichung 11.23 die Konzentrationen wie in Gleichung 11.24 einzusetzen, nämlich: *die Konzentrationen der Reaktionsprodukte erscheinen im Zähler, die der Ausgangsstoffe im Nenner*, alle zu den entsprechenden Potenzen erhoben. Diese Vereinbarung wird allgemein eingehalten.

Für Gase wird die Gleichgewichtskonstante oft unter Benutzung von Partialdrucken an Stelle von Konzentrationen angegeben:

$$\frac{P^d{}_D P^e{}_E \ldots}{P^a{}_A P^b{}_B \ldots} = K_P \tag{11.25}$$

In seinem zahlenmäßigen Wert unterscheidet sich K_p von K, es sei denn, daß die Reaktion ohne Änderung der Gesamtzahl von Molekeln abläuft.

Die Gültigkeit der Gleichgewichtsbeziehung mit konstantem Wert von K bei konstanter Temperatur ergibt sich als Folge der Gesetze der Thermodynamik unter der Voraussetzung, daß die Ausgangsstoffe oder Produkte entweder Gase sind, die den idealen Gasgesetzen gehorchen, oder gelöste Stoffe in verdünnter Lösung. In Gasen unter hohem Druck und in konzentrierten Lösungen machen sich Abweichungen von der Gleichgewichtsbeziehung bemerkbar, die in ihrer Größe den Abweichungen von den idealen Gasgesetzen vergleichbar sind. Solchen Abweichungen kann mit der Einführung von *Aktivitätskoeffizienten* Rechnung getragen werden, wie für Ionen in Lösung in Kapitel 13 gezeigt werden soll.

Beispiele der Anwendung der allgemeinen Gleichgewichtsbeziehung werden uns in späteren Kapiteln begegnen. Mit dieser einfachen Gleichung kann der Chemiker viele wichtige Fragen beantworten, die seine Arbeit ihm stellt.

Thermodynamische Ableitung der Gleichgewichtsbeziehung. Nehmen wir zunächst an, jeder der Ausgangsstoffe und Produkte in Gleichung 11.23 habe einen Partialdruck von 1 atm. Die Änderung der freien Enthalpie im Zuge der Reaktion ist dann der Unterschied der freien Enthalpien der Produkte und Ausgangsstoffe:

$$\Delta G^0 = dG^0(\text{D}) + eG^0(\text{E}) + \ldots - aG^0(\text{A}) - bG^0(\text{B}) - \ldots \quad (11.26)$$

Wir wollen nun eine für beliebige Partialdrucke P_A, P_B, ... gültige Beziehung für ΔG aufstellen. Wie uns die Ableitung von Gleichung 11.11 gezeigt hat, unterscheidet sich die freie Enthalpie eines Mols eines idealen Gases beim Partialdruck P_A (in atm) von der beim Partialdruck von 1 atm um

$$G(P_A) - G^0(\text{A bei 1 atm}) = RT \ln P_A$$

Für a mol der Substanz A beträgt der Unterschied

$$a[G(P_A) - G^0(\text{A bei 1 atm})] = RT \ln P^a_A$$

Mit dieser Gleichung und den analogen Beziehungen für die anderen beteiligten Substanzen erhalten wir

$$\Delta G - \Delta G^0 = RT \ln \frac{P^d_D \, P^e_E \ldots}{P^a_A \, P^b_B \ldots} \quad (11.27)$$

Im Gleichgewicht ist ΔG gleich null, entsprechend dem Fehlen einer Kraft, die die Reaktion in die eine oder die andere Richtung treiben würde. Als Gleichgewichtsbedingung erhalten wir damit

$$-\Delta G^0 = RT \ln \frac{P^d_D \, P^e_E \ldots}{P^a_A \, P^b_B \ldots} \quad (11.28)$$

Diese Gleichung können wir umformen:

$$\frac{P^d_D \, P^e_E \ldots}{P^a_A \, P^b_B \ldots} = \exp \frac{-\Delta G^0}{RT} = K_P \quad (11.29)$$

Gleichung 11.29 verknüpft die Gleichgewichtskonstante einer Reaktion mit der Änderung der auf die Normalzustände bezogenen freien Enthalpie im Zuge der Reaktion. Ihre Anwendung soll später in diesem Kapitel erläutert werden.

Beziehungen zum Boltzmannschen Verteilungssatz. Angesichts der Beziehung $\Delta G^0 = \Delta H^0 - T\Delta S^0$ können wir Gleichung 11.29 in der folgenden Form schreiben

$$K_P = \exp \frac{\Delta S^0}{R} \exp \frac{-\Delta H^0}{RT} \quad (11.30)$$

Ein Vergleich mit dem Boltzmannschen Verteilungssatz legt es nahe, den Faktor $\exp(\Delta S^0/R)$ als das Verhältnis der Anzahlen zugänglicher Quantenzustände für die Produkte und Ausgangsstoffe anzusehen, den Faktor $\exp(-\Delta H^0/RT)$ dagegen als das Verhältnis der Boltzmannschen Exponentialfaktoren für die Produkte und Ausgangsstoffe.

Aufgabe 11.6. Jodwasserstoff, HI, ist keine sehr stabile Substanz. In reiner Form ist das Gas farblos, aber wenn es im Laboratorium hergestellt wird, weist es gewöhnlich einen violetten Stich auf, der die Anwesenheit von freiem Jod verrät. In der Tat zersetzt sich Jodwasserstoff in merklichem Ausmaß gemäß
$$2\,\text{HI(g)} \rightleftharpoons \text{H}_2(\text{g}) + \text{I}_2(\text{g})$$

11.5. Chemisches Gleichgewicht in Gasen

Für die Gleichgewichtskonstante dieser Zersetzungsreaktion wird auf Grund von experimentellen Messungen ein Wert von 0,00271 bei 100 °C angegeben. Zu welchem Grad zersetzt sich Jodwasserstoff bei dieser Temperatur?

Lösung. In der Fragestellung erscheint der Wert der Gleichgewichtskonstanten ohne Angabe einer Dimension. Wir wollen zunächst den Ausdruck für die Gleichgewichtskonstante anschreiben:

$$K = \frac{[H_2][I_2]}{[HI]^2} = 0{,}00271$$

Jede der Konzentrationen $[H_2]$, $[I_2]$ und $[HI]$ hat die Dimension Mol pro Liter.
Damit erhält in diesem Fall K die Dimension einer reinen Zahl:

$$\text{Dimension von } K = \frac{(\text{mol l}^{-1})(\text{mol l}^{-1})}{(\text{mol l}^{-1})^2} = 1$$

Wenn Jodwasserstoff zerfällt, bildet er ebensoviele Jodmolekeln wie Wasserstoffmolekeln. Die Konzentrationen von Jod und Wasserstoff, die im Gas durch Zerfall von etwas Jodwasserstoff entstanden sind, sind deshalb einander gleich. Der Einfachheit halber schreiben wir x für die Konzentrationen von Jod und Wasserstoff:

$[I_2] = [H_2] = x$

Damit ergibt sich

$$\frac{x^2}{[HI]^2} = 0{,}00271$$

oder $\quad x^2 = 0{,}00271 \, [HI]^2$
$\quad\quad x = (0{,}00271)^{1/2}[HI] = 0{,}0521 \, [HI]$

Durch Lösen dieser Gleichung haben wir ermittelt, daß die molare Konzentration von Wasserstoff im Gleichgewichtszustand bei 100 °C, der sich durch Zerfall einer hinreichenden Menge von Jodwasserstoff einstellt, 0,052 mal so groß ist wie die von Jodwasserstoff. Ebenso ist die Konzentration von Jod 0,052 mal so groß wie die von Jodwasserstoff. Die Fragestellung unserer Aufgabe gilt dem Bruchteil oder Prozentsatz des ursprünglich anwesenden Jods, der sich zu Wasserstoff und Jod zersetzt. Wie die Umsatzgleichung zeigt, entsteht beim Zerfall von zwei Molekeln Jodwasserstoff nur je eine Molekel Wasserstoff und Jod. Folglich müssen ursprünglich 10,4% mehr Molekeln HI vorhanden gewesen sein als im Gleichgewicht. Der Zersetzungsgrad von Jodwasserstoff im Gleichgewicht ist daher 0,104/1,104 = 0,094 oder 9,4%.

Aufgabe 11.7. Die Gleichgewichtskonstante für die Bildung von Ammoniak aus den Elementen

$$N_2 + 3\,H_2 \rightleftharpoons 2\,NH_3 \tag{11.31}$$

beträgt bei 500 °C für Partialdrücke in Atmosphären $1{,}50 \cdot 10^{-5}$ atm^{-2}. Welcher Bruchteil einer stöchiometrischen Mischung von Stickstoff und Wasserstoff kann sich zu Ammoniak umsetzen, wenn der Gesamtdruck auf 1 atm gehalten wird? Wie groß kann der Umsatz werden, wenn der Gesamtdruck auf 500 atm gesteigert wird?

Lösung. Die Gleichgewichtsbeziehung für die Reaktion lautet

$$\frac{P^2_{NH_3}}{P_{N_2} P^3_{H_2}} = 1{,}50 \cdot 10^{-5} \text{ atm}^{-2}$$

Wir gehen von einer stöchiometrischen Mischung aus, die entsprechend der Reaktionsgleichung 3 mol Wasserstoff auf 1 mol Stickstoff enthält. Damit ist
$P_{H_2} = 3\,P_{N_2}$

Der Gesamtdruck ist gleich der Summe der Partialdrucke der drei Gase:

$\quad\quad P_{N_2} + P_{H_2} + P_{NH_3} = P_{gesamt}$

Nennen wir $\quad x = P_{NH_3}$
so ist $\quad\quad P_{N_2} + P_{H_2} = P_{gesamt} - x$
und $\quad\quad P_{N_2} = {}^1/_4 (P_{gesamt} - x)$
$\quad\quad\quad P_{H_2} = {}^3/_4 (P_{gesamt} - x)$

Daraus folgt $\dfrac{x^2}{\dfrac{27}{256}(P_{\text{gesamt}}-x)^4} = 1{,}50 \cdot 10^{-5}\,\text{atm}^{-2}$

$$\dfrac{x^2}{(P_{\text{gesamt}}-x)^4} = 1{,}58 \cdot 10^{-6}\,\text{atm}^{-2}$$

$$x = 1{,}26 \cdot 10^{-3}\,\text{atm}^{-1}\,(P_{\text{gesamt}}-x)^2$$

Wir können diese quadratische Gleichung unmittelbar lösen. Für kleine Gesamtdrucke ist jedoch offenbar x klein im Vergleich zu P_{gesamt} und darf daher in erster Näherung auf der rechten Seite der Gleichung neben P_{gesamt} vernachlässigt werden. Damit erhalten wir

$$x \cong 0{,}00126\,\text{atm}^{-1}\,P^2_{\text{gesamt}}$$

Für einen Gesamtdruck von 1 atm ist demnach $x = P_{\text{NH}_3} \cong 0{,}00126$ atm. Da zwei Molekeln Ammoniak aus vier Molekeln der Ausgangsstoffe entstehen, hat sich hiernach nur 0,25% des Gasgemisches zu Ammoniak umgesetzt.
Für einen Gesamtdruck von 500 atm liefert die Näherung $x = P_{\text{NH}_3} \cong 0{,}00126 \cdot 500^2 = 315$ atm, also einen Wert von x, der neben $P_{\text{gesamt}} = 500$ atm nicht mehr vernachlässigt werden darf. Die Lösung der quadratischen Gleichung ergibt $P_{\text{NH}_3} = 152$ atm, was zu $P_{\text{N}_2} = 87$ atm und $P_{\text{H}_2} = 261$ atm führt. Hieraus können wir ausrechnen, daß sich unter diesem Gesamtdruck 46,6% der ursprünglichen Mischung zu Ammoniak umgesetzt hat.

Das wichtigste großtechnische Verfahren zur Erzeugung von Ammoniak ist das *Haber-Bosch-Verfahren*, das von der direkten Vereinigung von Stickstoff und Wasserstoff unter Druck von mehreren hundert Atmosphären in Gegenwart eines Katalysators (gewöhnlich Eisen mit Zusätzen von Molybdän oder anderen Metallen zur Erhöhung der katalytischen Aktivität) Gebrauch macht. Da die Reaktion 11.31 exotherm ist, ist die Gleichgewichtsausbeute an Ammoniak bei hoher Temperatur geringer als bei niedriger (siehe Abschnitt 11.8). Bei niedriger Temperatur reagieren die Gase aber nur äußerst langsam, und erst die Entwicklung von Katalysatoren, die die Reaktionsgeschwindigkeit bei 500 °C hinreichend beschleunigen, schuf die Vorbedingungen für die Übersetzung der Reaktion in ein wirtschaftliches Verfahren. Wie die obige Rechnung zeigt, ist bei dieser Temperatur die Ausbeute bei 1 atm Gesamtdruck unbefriedigend, bei 500 atm dagegen zufriedenstellend.

11.6. Temperaturabhängigkeit der Gleichgewichtslage

Zur Bestimmung der Temperaturabhängigkeit der Gleichgewichtskonstanten schreiben wir Gleichung 11.28 in der Form

$$\ln K_P = -\dfrac{-\Delta G^0}{RT} \tag{11.32}$$

Differenzieren nach T bei konstantem Druck liefert

$$\dfrac{d\ln K_P}{dT} = \dfrac{1}{R}\left[\dfrac{\Delta G^0}{T^2} - \dfrac{1}{T}\left(\dfrac{\partial \Delta G^0}{\partial T}\right)_P\right] \tag{11.33}$$

Der zweite Hauptsatz der Thermodynamik verlangt

$$\left(\dfrac{\partial \Delta G^0}{\partial T}\right)_P = -\Delta S^0 = \dfrac{\Delta G^0 - \Delta H^0}{T} \tag{11.34}$$

(vgl. Gleichung 11.7). Durch Einsetzen dieses Werts in Gleichung 11.33 erhält man die sogenannte *van't Hoffsche Gleichung*[1])

$$\frac{d \ln K_P}{dT} = \frac{\Delta H^0}{RT^2} \tag{11.35}$$

Innerhalb eines nicht zu weiten Temperaturbereichs kann ΔH^0 als konstant angesehen werden. Bei der Bildung von gasförmigem Ammoniak aus den Elementen (Gleichung 11.31) zum Beispiel ändert sich ΔH^0 bei einer Temperaturerhöhung von 800 auf 900 K nur von $-107{,}3$ auf $-108{,}9$ kJ mol^{-1}. Integration von Gleichung 11.35 mit konstantem ΔH^0 liefert

$$\ln \frac{K_P(T_2)}{K_P(T_1)} = \frac{\Delta H^0}{R} \left(\frac{1}{T_1} - \frac{1}{T_2} \right) \tag{11.36}$$

Das nachstehende Beispiel erläutert die Anwendung dieser Gleichung.

Aufgabe 11.8. Um wieviel könnte die Ammoniakausbeute beim Haber-Bosch-Verfahren durch Senken der Temperatur um 10° auf 490 °C gesteigert werden?

Lösung. Durch Einsetzen der Werte $\Delta H^\circ = -107{,}3$ kJ mol^{-1}, $T_1 = 773$ K und $T_2 = 763$ K in Gleichung 11.36 erhalten wir

$$\ln \frac{K_P(T_2)}{K_P(T_1)} = 0{,}219$$

$$\frac{K_P(490\,°\text{C})}{K_P(500\,°\text{C})} = 3{,}2$$

Da K_P bei 500 °C $1{,}50 \cdot 10^{-5}$ atm^{-2} beträgt, liefert diese Gleichung für 490 °C $K_P = 4{,}80 \cdot 10^{-5}$ atm^{-2}. Wiederholen der Rechnung in Aufgabe 11.7 weiter oben mit diesem K_P-Wert führt zu einer Ammoniakausbeute von 57,3%, die also um 10,7% größer ist als die bei der 10° höheren Temperatur. Bezogen auf die Ausbeute bei 500 °C stellt das eine Steigerung um 23% dar.

Bestimmung der Normalwerte der thermodynamischen Größen von Substanzen.
Die auf den Normalzustand bezogene freie Enthalpie einer gegebenen Substanz bei beliebiger Temperatur T kann mit Hilfe von Gleichung 11.29 und Bestimmung der Gleichgewichtskonstanten einer Reaktion ermittelt werden, von deren anderen Reaktionspartnern die freie Enthalpie im Normalzustand bekannt ist. Es ist üblich, G^0 sowie H^0 bei jeder Temperatur für alle Elemente in deren Normalzustand gleich null zu setzen; hierbei wird als Normalzustand bei niedriger Temperatur die jeweils stabile kristalline Modifikation, oberhalb des Schmelzpunkts die Flüssigkeit und oberhalb des normalen Siedepunkts das Gas unter 1 atm Druck angesehen.

Aus dem Verhältnis der experimentell bestimmten Gleichgewichtskonstanten bei zwei verschiedenen Temperaturen kann ΔH^0 mit Gleichung 11.35 oder 11.36 ermittelt werden, und aus ΔH^0 und ΔG^0 läßt sich ΔS^0 berechnen. Mit solchen sowie den in Kapitel 15 zu erörternden Methoden sind die thermodynamischen Eigenschaften von Tausenden von Substanzen ermittelt und tabelliert worden.

---

1 Sie wurde erstmalig 1884 von J.H. van't Hoff erhalten mit Hilfe von Gleichung 11.34 (der Gibbs-Helmholtz-Gleichung), die wenige Jahre zuvor J. Willard Gibbs und H. L. F. Helmholtz (1821–1894) unabhängig voneinander aufgestellt hatten.

11.7. Gleichgewicht in heterogenen Systemen

Die Gleichgewichtsbeziehungen in heterogenen Systemen, die aus mehr als einer Phase bestehen, stehen in enger Verbindung mit denen in homogenen Systemen. Für sie gelten zwei wichtige Grundregeln:

1. *Die Aktivität einer Substanz in einem System, das sich im Gleichgewicht befindet, ist in jeder Phase des Systems, in der die Substanz als Bestandteil auftritt, die gleiche.* So ist in dem System Eis/Wasser/Wasserdampf bei 0 °C die Aktivität des Wassers in allen drei Phasen gleich. Aktivitäten werden im allgemeinen als Konzentrationen oder als Partialdrucke angegeben. In unserem Fall sind der Dampfdruck von Eis und der Dampfdruck von Wasser gleich dem Partialdruck des Wasserdampfs in der Gasphase. Enthält das System außerdem etwas Äther als zweite flüssige Phase, so löst sich im Äther so viel Wasser, daß der Partialdruck des Wassers der ätherischen Pase ebenfalls den gleichen Wert annimmt.

2. *Bildet eine Substanz in einem System eine reine Flüssigkeit oder eine reine kristalline Phase, so ist ihre Aktivität bei konstanter Temperatur konstant.* Zum Beispiel ist die Aktivität des Wassers in jedem System von -10 °C, das Eis enthält, die gleiche: sie ist gleich dem Dampfdruck von Eis bei dieser Temperatur.

Da die Aktivität einer reinen, flüssigen oder kristallinen Phase bei konstanter Temperatur konstant ist, kann sie in die Gleichgewichtskonstante einer Reaktion, an der die Substanz teilnimmt, einbezogen werden.

Betrachten wir die Zersetzung von Silberoxid

$$2\,Ag_2O(f) \rightleftharpoons 4\,Ag(f) + O_2(g)$$

Wir können die Gleichgewichtskonstante schreiben als

$$\frac{P_{O_2}\,P^4_{Ag}}{P^2_{Ag_2O}} = K$$

Da nun P_{Ag} und P_{Ag_2O} konstant sind, können wir die Gleichung vereinfachen zu $P_{O_2} = K$ (wobei die neue Konstante K natürlich einen anderen Wert hat als die vorige in der Gleichung weiter oben). Daraus geht hervor, daß bei konstanter Temperatur der Partialdruck des Sauerstoffs im Gleichgewicht mit Silber und Silberoxid konstant ist. Bei 400 °C zum Beispiel hat die Konstante der Zersetzung von Silberoxid einen Wert von 0,145 atm. Bei dieser Temperatur würde sich also Silberoxid zersetzen, so lange wie der Partialdruck von Sauerstoff im Gas, unter dem sich das Oxid befindet, weniger als 0,145 atm beträgt. Da der Partialdruck von Sauerstoff in Luft bei 0,21 atm liegt, verbindet sich fein verteiltes Silber bei 400 °C mit dem Sauerstoff der Luft zum Oxid. Bei 426 °C erreicht der Dissoziationsdruck des Oxids 0,21 atm; bei dieser oder höheren Temperaturen wird folglich Silber an der Luft nicht mehr oxidiert.

Die Dampfdruckgleichung, mit der wir uns in Abschnitt 11.2 beschäftigt haben, stellt einen einfachen Fall eines Gleichgewichts in einem heterogenen System dar.

11.8. Das Le Châteliersche Prinzip

Das *Le Châteliersche Prinzip* ist ein interessantes und wichtiges allgemeines Prinzip, das qualitative Aussagen über das Gleichgewicht liefert. Es ist nach dem französischen Chemiker Henry Louis Le Châtelier (1850–1936) benannt und kann wie folgt gefaßt werden: *Verändert man die Bedingungen in einem System, das sich anfänglich im Gleichgewicht befindet, so verschiebt sich das Gleichgewicht nach Möglichkeit in der Richtung, die es den ursprünglichen Bedingungen wieder annähert.*

Aus der Gleichgewichtsbeziehung 11.29 für konstante Temperatur können wir ersehen, daß eine Erhöhung des Partialdrucks eines der Ausgangsstoffe, A oder B, die Gleichgewichtslage in der Richtung verschiebt, in der sich der Partialdruck dieses Ausgangsstoffs verringert und damit seinem ursprünglichen Wert wieder nähert. (Die anderen Partialdrucke ändern sich dabei entsprechend.) Umgekehrt verursacht eine Erhöhung des Partialdrucks eines der Produkte, D oder E, eine Reaktion in entgegengesetzter Richtung, wobei sich der Partialdruck dieses Stoffs verringert und seinem Anfangswert wieder nähert.

Eine Veränderung des Gesamtdrucks in einem System mit druckabhängiger Gleichgewichtslage verschiebt das Gleichgewicht in der Richtung, in der sich der Gesamtdruck wieder verringert. Wir haben weiter oben gesehen, daß eine Druckerhöhung das Ammoniakgleichgewicht zu Gunsten des Produkts, NH_3, verschiebt; eine solche Verschiebung verringert den Druck, weil $2 NH_3(g)$ nur halb so viel Raum einnimmt wie $N_2(g) + 3 H_2(g)$. Die Reaktion $H_2(g) + I_2(g) \rightleftharpoons 2 HI(g)$ dagegen ist ein Beispiel für Vorgänge, deren Gleichgewichtslage vom Druck nicht abhängt. Das Auftreten solcher invarianter Systeme zwingt uns zu der Einschränkung „nach Möglichkeit" in unserer Formulierung des Le Châtelierschen Prinzips.

Wie die van't Hoffsche Gleichung 11.35 erkennen läßt, hängt die Richtung, in der eine Temperaturerhöhung das Gleichgewicht verschiebt, vom Vorzeichen von ΔH^0 ab. Würde das System rasch erhitzt und dann sofort isoliert, so verschöbe sich das Gleichgewicht in der Richtung, in der Wärmeenergie verbraucht wird, so daß sich die Temperatur verringern und dem Anfangswert wieder etwas nähern würde. Folglich treibt eine Temperaturerhöhung eine endotherme Reaktion durch Erhöhung der Gleichgewichtskonstanten zu vollständigerem Ablauf, eine exotherme Reaktion dagegen durch Erniedrigung der Gleichgewichtskonstanten zurück, d. h. in Richtung der Rückbildung der Ausgangsstoffe.

Betrachten wir zum Beispiel das Gleichgewichtsgemisch von NO_2 und N_2O_4 bei Zimmertemperatur. Wärme wird aufgenommen, wenn eine Molekel N_2O_4 zu zwei Molekeln NO_2 zerfällt:

$$N_2O_4(g) \rightarrow 2 NO_2(g) \qquad \Delta H^0 = 63 \text{ J mol}^{-1}$$

Eine Erhöhung der Temperatur des Gemischs um ein paar Grad würde nach dem Le Châtelierschen Prinzip die Gleichgewichtslage in der Richtung verschieben, in der sich das System der ursprünglichen Temperatur wieder nähert. In unserem Fall sollte sich das System abkühlen, also einen Teil der zugeführten Wärmeenergie verbrauchen. Diesen Effekt erzielt der Zerfall einiger weiterer Molekeln N_2O_4. Die Gleichgewichtskonstante würde sich somit in Übereinstimmung mit der Feststellung weiter oben verkleinern, was einem höheren Zersetzungsgrad von N_2O_4 entspricht.

Das Le Châteliersche Prinzip ist von weitreichender praktischer Bedeutung. Zum Beispiel ist die Bildung von Ammoniak aus Stickstoff und Wasserstoff, wie oben erwähnt, ein exothermer Vorgang, und die größtmögliche Ammoniakausbeute wird deshalb

dadurch erreicht, daß die Temperatur so niedrig wie möglich gehalten wird. Daß das Verfahren technisch gangbar wurde, verdanken wir der Entwicklung von Katalysatoren, mit denen sich auch bei niedriger Temperatur eine hinreichend hohe Reaktionsgeschwindigkeit erzielen läßt.
Die Reaktion
$$N_2(g) + O_2(g) \rightleftharpoons 2\,NO(g)$$
dagegen ist endotherm (pro Mol NO werden 90 kJ aufgenommen), und deshalb wird zum Fixieren von atmosphärischem Stickstoff in Form von Stickstoffoxid eine sehr hohe Temperatur benötigt. Die im großtechnischen Verfahren (vgl. Abschnitt 8.4) benutzte Temperatur des elektrischen Lichtbogens liegt bei 2000 °C. Das Gas wird von dieser Temperatur so rasch wie möglich abgekühlt („abgeschreckt"), um der Rückreaktion keine Zeit zu geben, das System der veränderten Gleichgewichtslage wieder anzupassen. Da die Reaktionsgeschwindigkeit bei tiefer Temperatur sehr gering ist, kann das Hochtemperatur-Gleichgewicht auf diese Weise „eingefroren" werden.

11.9. Die Phasenregel – eine Methode zur Einteilung von Gleichgewichtssystemen jeder Art

Bisher haben wir einige Beispiele für Systeme im Gleichgewicht herausgegriffen. Dazu zählten die Gleichgewichte zwischen einem Kristall oder einer Flüssigkeit mit deren Dampf, zwischen einem Kristall, seiner Schmelze und seinem Dampf am Schmelzpunkt sowie zwischen Silberoxid, metallischem Silber und Sauerstoff.
Die Systeme scheinen wenig miteinander gemein zu haben. J. Willard Gibbs fand jedoch im Zuge seiner frühen Studien der Thermodynamik *eine allgemeingültige Gesetzmäßigkeit, die von allen Gleichgewichtssystemen befolgt wird*. Man nennt sie die *Phasenregel*.
Die Phasenregel gibt eine Beziehung zwischen der Anzahl der unabhängigen Bestandteile, der Anzahl der Phasen und der Anzahl der Freiheitsgrade des Systems im Gleichgewicht an. Die unabhängigen Bestandteile (kurz Bestandteile genannt) sind die Substanzen, aus denen das System aufgebaut werden kann. Den Begriff Phase haben wir bereits definiert (siehe Abschnitt 1.5). So besitzt ein System, das aus Eis, Wasser und Wasserdampf besteht, drei Phasen, jedoch nur einen Bestandteil (die Substanz H_2O, Wasser), da aus jeder der drei Phasen die beiden anderen hergestellt werden können. Die Anzahl der Freiheitsgrade gibt die Anzahl der Größen an, die unabhängig voneinander verändert werden können. Dabei kann es sich handeln um Veränderungen der Temperatur und des Drucks sowie der Zusammensetzung einer gasförmigen, flüssigen oder festen Lösung, die eine Phase des Systems bildet.
Das Wesen der Phasenregel sei an einigen einfachen Beispielen erläutert. In Abbildung 11.7 ist ein System dargestellt, das aus der Substanz Wasser besteht, die in einem Zylinder mit beweglichem Kolben eingeschlossen ist. Mit Hilfe des Kolbens kann der Druck verändert werden. Das System befindet sich in einem Thermostaten, dessen Temperatur ebenfalls verändert werden kann. Ist nur eine Phase anwesend, so können Druck und Temperatur innerhalb weiter Grenzen willkürlich gewählt werden: die Anzahl der Freiheitsgrade beträgt 2. Flüssiges Wasser zum Beispiel ist zwischen seinem Gefrierpunkt und seinem Siedepunkt unter jedem beliebigen Druck existenzfähig. Befinden sich dagegen

11.9. Die Phasenregel – eine Methode zur Einteilung von Gleichgewichtssystemen jeder Art

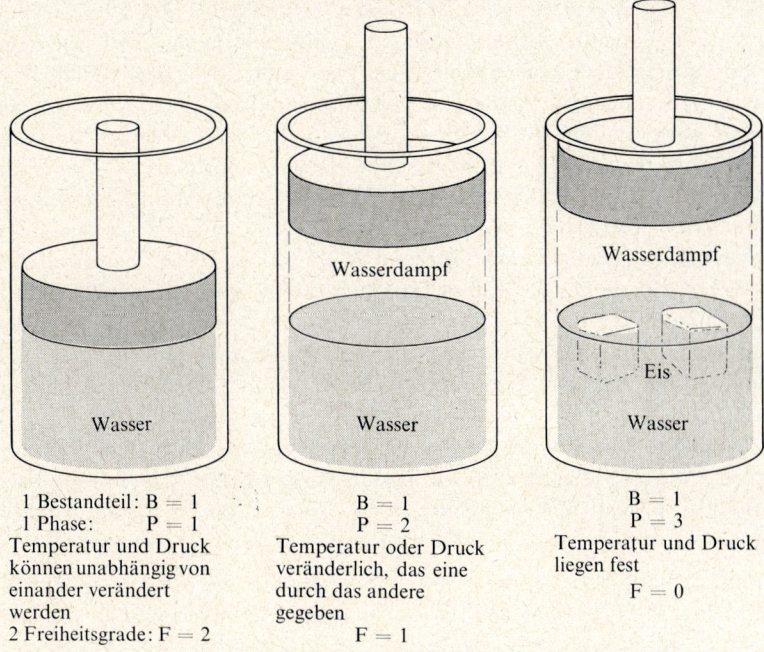

Abb. 11.7. Ein einfaches System zur Erläuterung der Phasenregel.

zwei Phasen in unserem System, so ist der Druck durch die Temperatur gegeben und umgekehrt. Die Anzahl der Freiheitsgrade vermindert sich auf 1. So hat reiner Wasserdampf im Gleichgewicht mit flüssigem Wasser bei jeder vorgegebenen Temperatur einen ganz bestimmten Druck, den Dampfdruck des Wassers bei dieser Temperatur. Wenn man die Temperatur des Thermostaten konstant hält und den Kolben tiefer in den Zylinder preßt, verursacht man damit keine Drucksteigerung, sondern nur eine Zunahme der flüssigen Phase auf Kosten der gasförmigen. Erst wenn die Gasphase ganz verschwunden ist, läßt sich bei konstanter Temperatur der Druck steigern. Befinden sich drei Phasen miteinander im Gleichgewicht, Eis, Wasser und Wasserdampf, so sind damit Temperatur und Druck genau festgelegt: das System besitzt keinen Freiheitsgrad mehr. Dieser Tripelpunkt von Eis, Wasser und Wasserdampf liegt bei $+0{,}0099$ °C und $0{,}0060$ atm.

In diesem einfachen System, das sich aus nur einem Bestandteil aufbaut, ist die Summe von Phasen und Freiheitsgraden stets gleich 3. Gibbs fand, daß *in jedem System, das sich im Gleichgewicht befindet, die Summe von Phasen und Freiheitsgraden stets um 2 größer ist als die Anzahl der Bestandteile*:

Anzahl der Phasen + Freiheitsgrade = Anzahl der Bestandteile + 2

oder, abgekürzt:

$$P + F = B + 2$$

Das ist die Phasenregel.

Wir wollen sie auf ein anderes Problem anwenden, auf die Frage, ob sich jemals vier Phasen miteinander im Gleichgewicht befinden können. Die Phasenregel zeigt, daß das der Fall sein kann, sofern das System mindestens zwei Bestandteile besitzt. Sind es nur zwei Bestandteile, so können die vier Phasen nur bei einem ganz bestimmten Druck und einer ganz bestimmten Temperatur nebeneinander bestehen. Fügen wir zum Beispiel dem Wasser in unserem System etwas Natriumchlorid als zweiten Bestandteil zu ($B = 2$), so kann nun die Temperatur durch Änderung der Salzkonzentration in der Lösung innerhalb gewisser Grenzen verändert werden, so lange als Phasen nur Eis, flüssige Lösung und Wasserdampf auftreten ($P = 3$). Das System hat dann einen Freiheitsgrad ($F = 1$). Wenn wir die Temperatur weiter senken, beginnt schließlich Natriumchlorid-Dihydrat, $NaCl \cdot 2H_2O$, als vierte Phase auszukristallisieren. Nun liegen die Temperatur, die Zusammensetzung der flüssigen Phase und der Druck fest (—21,2 °C; 22,42 g NaCl pro 100 g Lösung; Dampfdruck von Eis bei dieser Temperatur, nämlich 0,00091 atm). Das System hat jetzt keinen Freiheitsgrad mehr ($F = 0$), in Einklang mit der Phasenregel für $B = 2$ und $P = 4$. Das System hat noch einen weiteren Fixpunkt, und zwar treten bei diesem die vier Phasen Wasserdampf, Salzlösung, $NaCl \cdot 2H_2O$(f) und NaCl(f) nebeneinander auf. Hier ist die Temperatur 15 °C, die Konzentration der Lösung 26,3 g NaCl pro 100 g Lösung und der Druck 0,0055 atm.

Wir können die Phasenregel mittels einer Betrachtung der freien Enthalpie des Systems herleiten. Um Allgemeingültigkeit zu erreichen, lassen wir zu, daß jede der P Phasen eine (feste, flüssige oder gasförmige) Lösung aller B Bestandteile ist. Die Zusammensetzung einer jeden Phase ist dann durch Angabe der Molenbrüche $x_1, x_2, \ldots x_B$ der Bestandteile festgelegt. Da die Summe der Molenbrüche definitionsgemäß 1 ist, ist die Zusammensetzung der betreffenden Phase durch $B - 1$ Werte eindeutig bestimmt. Der Zustand des Systems ist demnach vollständig beschrieben durch $P(B - 1)$ Variable der Zusammensetzung und zwei weitere Variable, nämlich Temperatur und Druck:

$$\text{Gesamtzahl von Variablen} = PB - P + 2$$

Der Gleichgewichtszustand des Systems bei gegebener Temperatur und gegebenem Druck ist der Zustand geringster freier Enthalpie. Betrachten wir nun eine kleine Veränderung des Systems im Gleichgewichtszustand, etwa die Überführung einer differentiellen Menge des ersten Bestandteils von der ersten in die zweite Phase. Die freie Enthalpie, die ja ihr Minimum einnimmt, verändert sich bei dieser differentiellen Änderung der Zusammensetzung nicht. Hieraus ergibt sich eine Nebenbedingung für die Zusammensetzung der ersten wie der zweiten Phase: die Änderung der freien Enthalpie der ersten Phase bei Entnahme einer kleinen Menge des ersten Bestandteils muß mit umgekehrtem Vorzeichen der Änderung der freien Enthalpie der zweiten Phase bei Zusatz derselben Menge gleich sein. (Oder, was auf dasselbe hinausläuft, die Änderung der freien Enthalpie bei Entnahme der gleichen Menge des ersten Bestandteils ist in der ersten und zweiten Phase die gleiche.) Analoge Nebenbedingungen hinsichtlich des ersten Bestandteils schränken die Zusammensetzung der dritten und aller weiteren Phasen ein. Pro Bestandteil ergeben sich $P - 1$ Nebenbedingungen, so daß insgesamt

$$\text{Anzahl von Nebenbedingungen} = BP - B$$

Die Anzahl der Freiheitsgrade, F, ist die Gesamtzahl der Variablen abzüglich der Anzahl der Nebenbedingungen:

$$F = PB - P + 2 - PB + B$$

oder

$$P + F = B + 2$$

Diese Betrachtung folgt im wesentlichen den Gedankengängen, die Gibbs 1876 zur Entdeckung der Phasenregel führten.

11.10. Die Bedingungen, unter denen eine Reaktion vollständig abläuft

Eine Reaktion wie etwa die Bildung von Jodwasserstoff

$$H_2(g) + I_2(g) \rightleftharpoons 2\,HI(g)$$

läuft nicht vollständig bis zu Ende, d.h., bis alle Ausgangsstoffe verbraucht sind. Das Verhältnis der Konzentrationen aller drei Substanzen muß der Gleichgewichtsbeziehung entsprechen, deshalb läßt sich selbst unter den vorteilhaftesten Bedingungen kein vollständiger Umsatz erzielen.
Andere Reaktionen, insbesondere solche in heterogenen Systemen, können dagegen fortschreiten, bis einer der Ausgangsstoffe restlos aufgebraucht ist. Falls beispielsweise in dem in Abbildung 11.7 gezeigten System der Druck den Dampfdruck von Wasser übersteigt, wird der Wasserdampf fortfahren, sich zu kondensieren, bis die Dampfphase schließlich vollkommen verschwunden ist. In ähnlicher Weise wird die Reaktion

$$Ag_2O(f) \rightleftharpoons 2\,Ag(f) + 1/2\,O_2(g)$$

bis zum vollständigen Zerfall des Oxids nach rechts fortschreiten, sofern der Partialdruck des Sauerstoffs unterhalb des Zersetzungsdrucks bleibt. Andererseits wird die Reaktion vollständig nach links fortschreiten, also bis das Silber restlos oxidiert ist, wenn der Partialdruck oberhalb des Zersetzungsdrucks bleibt. Allgemein läßt sich sagen, daß ein vollständiger Umsatz erreicht wird, wenn der Anfangszustand und die Anzahl der Freiheitsgrade nicht mit der Phasenregel in Einklang stehen.
Unter welchen Bedingungen eine gegebene Reaktion bis zum vollständigen Umsatz der Ausgangsstoffe vorangetrieben werden kann – oder jedenfalls bis zu einem für den jeweiligen Zweck hinreichenden, nahezu vollständigen Umsatz – läßt sich gewöhnlich auf Grund einer Betrachtung des Reaktionsgleichgewichts feststellen. Unter üblichen Bedingungen (konstante Temperatur, konstanter Druck) hängt die Gleichgewichtslage vom ΔG^0-Wert ab. Hat ΔH^0 einen hohen negativen Wert (hochgradig exotherme Reaktion), der den von $T\Delta S^0$ bei weitem überwiegt, so wird die Reaktion bis zu einem nahezu vollständigen Umsatz fortschreiten. Für andere Reaktionen, bei denen ΔH^0 dem Absolutwert nach klein gegenüber $T\Delta S^0$ ist, hängt die Gleichgewichtslage hauptsächlich von der Entropieänderung ab.
Für einige typische Reaktionen sind Werte von ΔH^0, ΔG^0, $-T\Delta S^0$ und ΔS^0 bei 298 K in Tafel 11.6 angegeben. Es fällt auf, daß ΔS^0 klein ist für Reaktionen, an denen nur feste (kristalline) Substanzen als Ausgangsstoffe und Produkte beteiligt sind. Bei solchen Reaktionen hängt die Gleichgewichtslage also im wesentlichen von ΔH^0 ab, dessen

Tafel 11.6. Werte von $\Delta H°$, $\Delta G°$, $-T\Delta S°$ und $\Delta S°$ für einige Reaktionen bei 298 K.

Reaktion	$\Delta H°$ kJ mol^{-1}	$\Delta G°$ kJ mol^{-1}	$-T\Delta S°$ kJ mol^{-1}	$\Delta S°$ J grad^{-1}mol^{-1}
Si(f) + C(f) $\rightleftarrows$ SiC(f)	−86,4	−84,0	2,4	−8
4B(f) + C(f) $\rightleftarrows$ B$_4$C(f)	−38,9	−38,3	0,6	−2
Na(f) + $^1/_2$Br$_2$(fl) $\rightleftarrows$ NaBr(c)	−361,4	−349,3	12,1	−41
$^1/_2$Cl$_2$(g) + $^1/_2$F$_2$(g) $\rightleftarrows$ ClF(g)	−50,8	−52,3	−1,5	5
$^1/_2$H$_2$(g) + $^1/_2$F$_2$(g) $\rightleftarrows$ HF(g)	−271,1	−273,2	−2,1	7
C(f) + O$_2$(g) $\rightleftarrows$ CO$_2$(g)	−393,5	−394,4	−0,9	3
CH$_4$(g) $\rightleftarrows$ C(f) + 2 H$_2$(g)	74,9	50,8	−24,1	81
NH$_3$(g) $\rightleftarrows$ $^1/_2$N$_2$(g) + $^3/_2$H$_2$(g)	45,9	16,4	−29,5	99
2 H$_2$O(g) $\rightleftarrows$ 2 H$_2$(g) + O$_2$(g)	483,7	457,2	−26,5	89
2 OF$_2$(g) $\rightleftarrows$ O$_2$(g) + 2 F$_2$(g)	29,4	2,2	−27,2	91
$^2/_3$H$_2$O(fl) $\rightleftarrows$ $^2/_3$H$_2$(g) + $^1/_3$O$_2$(g)	190,6	158,1	−32,4	109
2 ClO$_2$(g) $\rightleftarrows$ Cl$_2$(g) + 2O$_2$(g)	−209,2	−244,6	−35,4	119
$^2/_3$HNO$_3$(g) $\rightleftarrows$ $^1/_3$H$_2$(g) + $^1/_3$N$_2$(g) + O$_2$(g)	89,5	49,3	−40,2	135
CF$_4$(g) $\rightleftarrows$ C(f) + 2 F$_2$(g)	922,6	877,9	−44,7	150
SiF$_4$(g) $\rightleftarrows$ Si(f) + 2 F$_2$(g)	1614,9	1572,6	−42,4	142
$^1/_2$SF$_6$(g) $\rightleftarrows$ $^1/_2$S(f) + $^3/_2$F$_2$(g)	610,4	558,5	−51,9	174
2 Ag$_2$O(f) $\rightleftarrows$ 4 Ag(f) + O$_2$(g)	61,2	21,6	−39,6	133

Wert in vielen Fällen auf Grund der Elektronegativitätsdifferenzen der an den Bindungen beteiligten Atome oder der Bindungsenergien abgeschätzt werden kann.

Wie sich die Beteiligung einer flüssigen Substanz auswirkt, kommt in der dritten Reaktion in der Tafel zum Ausdruck. Die Schmelzentropie von Br$_2$(f) am Schmelzpunkt (266 K) beträgt 40 J grad^{-1}mol^{-1} und ist bei 298 K noch etwas größer; die zusätzliche Entropie von 1/2 Br$_2$(fl) trägt also mehr als zur Hälfte zum $\Delta S°$-Wert der Reaktion bei.

Bei den nächsten drei Reaktionen ist die Anzahl Gasmolekeln bei den Ausgangsstoffen und Produkten die gleiche. Hier bleibt ΔS^0 gering, und die Gleichgewichtslage wird hauptsächlich von ΔH^0 bestimmt.

Bei den elf weiteren Reaktionen sind die Reaktionsrichtung und die Koeffizienten so gewählt, daß die Anzahl Gasmolekeln jeweils bei den Produkten um eins größer ist als bei den Ausgangsstoffen. Zu diesem Reaktionstyp gehört die Sublimation eines Kristalls:

$$A(f) \rightleftarrows A(g)$$

Typische Normalwerte der Sublimationsentropie bei 298 K sind 103 J grad^{-1}mol^{-1} für P$_4$ und 117 J grad^{-1}mol^{-1} für I$_2$. Die entsprechenden Verdampfungsentropien liegen bei 85 J grad^{-1}mol^{-1}, dem Wert der Troutonschen Konstanten. Den Unterschied zwischen beiden macht die Schmelzentropie aus, deren Werte im Bereich von etwa 10 J grad^{-1}mol^{-1} für einatomige Molekeln (sowie für Molekeln, die im Kristall rotieren können) und bis zu 50 oder sogar 100 J grad^{-1}mol^{-1} für Molekeln komplizierteren Aufbaus liegen.

Der Zuwachs der Normalentropie bei der Bildung einer Gasmolekel liegt bei den elf Reaktionen in Tafel 11.6 im Bereich von 81 bis 174 J grad^{-1}mol^{-1}. Für Reaktionen mit kleinem ΔH^0-Wert bestimmt ΔS^0 die Richtung, in der die Reaktion spontan abläuft; hier ist das die Richtung, in der sich die Anzahl Gasmolekeln erhöht. Selbst im Fall eines ungünstigen ΔH^0-Werts kann die Reaktion durch Temperaturerhöhung und damit durch Vergrößerung des $T\Delta S^0$-Terms in diese Richtung gezwungen werden. Zum Beispiel können wir Tafel 11.6 entnehmen, daß bei 298 K der ΔG^0-Wert des Zerfalls von Silberoxid positiv ist; bei doppelt so hoher Temperatur dagegen ist er negativ, da nun der Entropieterm überwiegt.

Auf Gleichgewichte von Ionen in wäßriger Lösung kommen wir in Kapitel 13 zu sprechen.

11.11. Tabellierte Werte thermodynamischer Größen von Substanzen

Im Laufe der letzten achtzig Jahre haben sich zahllose Chemiker mit der Bestimmung thermodynamischer Eigenschaften von Substanzen befaßt. Schon in den Jahren vor 1900 sind viele Bildungsenthalpien und spezifische Wärmen bestimmt worden, und in neuerer Zeit hat man solche Messungen mit erhöhter Genauigkeit durchgeführt und auf weite Temperaturbereiche ausgedehnt. Weiterhin zu nennen sind Untersuchungen chemischer Gleichgewichte zur Bestimmung von ΔG^0 sowie von ΔH^0 (aus dem Temperaturkoeffizienten von ΔG^0) und $T\Delta S^0$ als deren Differenz. Für viele Substanzen ist die absolute Entropie aus Messungen der Molwärme mit Hilfe des dritten Hauptsatzes der Thermodynamik ermittelt worden. Für kleinere Molekeln hat außerdem die Auswertung von Spektren und Beugungsaufnahmen zu Werten für die Entropie und Molwärme geführt. Ausführliche Tabellen thermodynamischer Daten sind zu finden im Landolt-Börnstein, *Zahlenwerte und Funktionen aus Physik, Chemie, Astronomie, Geophysik und Technik*, 6. Auflage, Band II, Teil 4 (1961) sowie im Circular No. 500 des U.S. Bureau of Standards, *Selected Values of Chemical Thermodynamic Properties* (1952). Kleinere Tabellen sind in Handbüchern der Chemie und verwandter Gebiete angegeben.

Eine Tabelle mit einer Auswahl von Werten von ΔH_B^0, ΔG_B^0, S^0 und C_P ist diesem Buch als Anhang XV beigegeben. Außerdem können ΔH_B^0-Werte verschiedenen Tafeln im Text entnommen werden. Die Anwendung solcher Tabellen ist in den Übungsaufgaben erläutert.

Übungsaufgaben

11.1. Die Enthalpie von Hg(f) am Schmelzpunkt, 234,29 K, berechnet durch Integration über experimentell bestimmte C_P-Werte von $H(0\text{ K}) = 0$ an, beträgt 5,228 kJ mol^{-1}. Die mit dem dritten Hauptsatz ermittelte absolute Entropie bei dieser Temperatur beträgt 59,5 J grad^{-1} mol^{-1}, die Schmelzenthalpie 2,295 kJ mol^{-1}. Geben Sie die Werte von H, S und G von flüssigem Quecksilber am Schmelzpunkt an.

11.2. Ist ΔG für die Reaktion S_8(rhombisch) → S_8(monoklin) positiv oder negativ a) bei 90 °C, b) bei 95,4 °C (Gleichgewichtstemperatur), c) bei 100 °C?

11.3. Eine Substanz kommt in zwei kristallinen Modifikationen α und β vor, von denen die erste unterhalb, die zweite oberhalb der Temperatur T_U stabil ist. Ist die molare Enthalpie bei der Temperatur T_U größer für α oder für β? Ist die molare Entropie bei dieser Temperatur größer für α oder für β?

11. Chemisches Gleichgewicht

11.4. Graues Zinn ist unterhalb von 18 °C stabil, weißes Zinn oberhalb dieser Temperatur. Die Molwärmen der beiden Modifikationen gehorchen in guter Näherung der Debyeschen Theorie. Ist die Debyesche charakteristische Temperatur θ höher für graues Zinn oder für weißes? Wie sind Sie zu Ihrer Antwort gelangt?

11.5. Die mit dem dritten Hauptsatz berechnete Entropie bei 18 °C beträgt 44,2 J grad^{-1} mol^{-1} für Sn(grau) und 53,7 J grad^{-1} mol^{-1} für Sn(weiß). Wie groß ist ΔH für die Reaktion Sn(grau) $\rightarrow$ Sn(weiß) bei dieser Temperatur?

11.6. Der Gefrierpunkt von Wasser nimmt nahezu linear mit wachsendem Druck ab. Das Ausmaß der Abnahme läßt sich mit Hilfe thermodynamischer Gleichungen aus anderen Daten von Eis und Wasser berechnen.
a) Berechnen Sie ΔG für die Reaktion $H_2O(f) \rightarrow H_2O(fl)$ bei 0 °C und 100 atm (gleich 10,1 325 MN m^{-2}) mit Hilfe von Gleichung 11.8., in der zuvor G durch ΔG und V durch ΔV ersetzt worden ist. ΔV hat den Wert 1,45 cm^3 mol^{-1}.
b) Berechnen Sie mit Gleichung 11.7, wie weit die Temperatur gesenkt werden muß, damit ΔG wieder gleich null wird; nehmen Sie dabei an, daß ΔS den gleichen Wert hat wie bei 1 atm (22,0 J grad^{-1} mol^{-1}).
[Lösung: a) 14,6 J mol^{-1}; b) $-0,66$ °C.]

11.7. Welche Beziehung besteht zwischen Volumen und Entropie einerseits und dem Quotienten einer kleinen Temperaturänderung δT und der sie begleitenden kleinen Druckänderung δP andererseits unter Bedingungen, unter denen die freie Enthalpie des Systems konstant bleibt? Der Quotient kann angegeben werden als $(\partial T/\partial P)_G$. [Lösung: $(\partial T/\partial P)_G = V/S$.]

11.8. Nach dem Le Châtelierschen Prinzip sollte eine Druckerhöhung den Schmelzpunkt einer Substanz erhöhen, sofern das Volumen der Flüssigkeit größer ist als das des Kristalls, und erniedrigen, falls die Volumina sich umgekehrt verhalten. Jedoch zeigt das Ergebnis der vorigen Aufgabe, daß ΔT (anwendbar auf den Schmelzvorgang) dasselbe Vorzeichen hat wie $\Delta V/\Delta S$. Erklären Sie diesen scheinbaren Widerspruch.

11.9. Unter Normaldruck liegt die Temperatur der Umwandlung S_8(rhombisch) $\rightarrow$ S_8(monoklin) bei 95,4 °C. Bei dieser Temperatur betragen der ΔH-Wert der Umwandlung 0,39 kJ mol^{-1} und die Dichten von rhombischem und monoklinem Schwefel 2,04 bzw. 1,93 g cm^{-3}. Wo liegt die Umwandlungstemperatur unter 100 atm Druck?

11.10. Wie die Erfahrung lehrt, weist bei den meisten Substanzen mit zwei kristallinen Modifikationen die bei hoher Temperatur stabile Modifikation die geringere Dichte auf. Können Sie eine mögliche Erklärung für diese Beobachtung vorschlagen? (Denken Sie an die Anzahl van der Waalsscher Berührungsstellen im Zusammenhang mit der Debyeschen Funktion für die Molwärme.)

11.11. Kohlenstofftetrachlorid (ebenso wie Kohlenstofftetrafluorid) tritt in zwei kristallinen Formen auf. Die Umwandlung von der einen zur anderen erfolgt bei 225,5 K, und zwar mit einer Umwandlungsentropie von 20 J grad^{-1} mol^{-1}. Die Schmelzentropie beträgt 10 J grad^{-1} mol^{-1} (Fp. 250,3 K). Dagegen weist CCl_2F_2 nur eine Kristallform auf, deren Schmelzpunkt bei 118 °C liegt und deren Schmelzentropie 35 J grad^{-1} mol^{-1} beträgt. Erörtern Sie diese Tatsachen im Zusammenhang mit den vermutlichen Kristallstrukturen.

11.12. Die normale Bildungsenthalpie von $GeCl_4$(fl) beträgt -544 kJ mol^{-1}.
a) Wie groß ist die Bildungsenthalpie von $GeCl_4$(g)? Der Siedepunkt unter dem Druck, bei dem der Dampf das Normalvolumen einnimmt, liegt bei 74 °C.
b) Wie groß ist die entsprechende Bindungsenergie der Ge—Cl-Bindung?
(Lösung: 332 kJ mol^{-1}.)

11.13. Die Substanz $CHCl_2F$(fl) hat eine Dichte von 1,426 g cm^{-3} und einen Brechungsindex von 1,372 (bezogen auf Natrium-D-Linien). Berechnen Sie aus diesen Angaben einen Wert für die elektronische Polarisierbarkeit der Molekel (Gleichung 11.19) und vergleichen Sie das Ergebnis mit der Summe der atomaren Polarisierbarkeiten gemäß Tafel 11.5. (Lösung: 6,51 Å^3.)

Übungsaufgaben

11.14. Wasser hat bei 25 °C einen Brechungsindex von 1,333 (bezogen auf Natrium-D-Linien). Berechnen Sie hieraus die elektronische Polarisierbarkeit der Wassermolekel und vergleichen Sie Ihr Ergebnis mit der Angabe in Tafel 11.4. Berechnen Sie weiterhin den Brechungsindex von Eis bei 0 °C und von Wasserdampf bei 100 °C und 1 atm.

11.15. Die Wechselwirkungsenergie zweier Molekeln sei $V = -Ar^{-6} + Br^{-n}$, wobei das Verhältnis B/A festgelegt ist durch den Gleichgewichtsabstand r_0, bei dem V seinen Minimalwert annimmt. Bestimmen Sie das Verhältnis B/A durch Differenzieren von V nach r und Nullsetzen der Ableitung. Mit welchem Faktor muß für $r = r_0$ die van der Waalssche Anziehungsenergie, $-A_0^{-6}$, multipliziert werden, um die Gesamtenergie der Wechselwirkung der beiden Molekeln zu ergeben? (Lösung: $B/A = 6r_0^{n-6}/n$; Faktor $1-6/n$.)

11.16. Im Kristall von Zinntetrajodid berührt jedes Jodatom die drei anderen derselben Molekel und neun weitere anderer Molekeln. Der Abstand ist 4,29 Å zwischen den Atomen derselben Molekel und 4,21 Å zwischen denen verschiedener Molekeln. Der Kristall hat eine Dichte von 4,473 g cm^{-3} und einen Brechungsindex von 2,106.
a) Berechnen Sie die elektronische Polarisierbarkeit der Molekel.
b) Berechnen Sie den Beitrag der van der Waalsschen Anziehung und Abstoßung zur Sublimationsenthalpie. Gehen Sie dabei von der Annahme aus, daß jedem Jodatom ein Viertel der molekularen Polarisierbarkeit zugeschrieben werden kann, und benutzen Sie den in der vorigen Aufgabe angegebenen Ausdruck für die Wechselwirkungsenergie mit $n = 12$ im Exponenten des Abstoßungsterms. (Der tatsächliche, experimentell bestimmte Wert der Sublimationsenthalpie beträgt 137 kJ mol^{-1}; zu ihm tragen nicht nur die van der Waalssche Energie, sondern auch die $P\Delta V$-Energie und der Unterschied in der Rotations- und Schwingungsenergie zwischen Flüssigkeit und Gas bei.)
(Lösung: a) 29,6 Å^3; b) 124 kJ mol^{-1}.)

11.17. Die Substanz HI(g) ist oberhalb Zimmertemperatur teilweise zu H$_2$(g) und I$_2$(g) dissoziiert und weist daher eine schwache violette Farbe auf. Beim Erhitzen des Gases unter konstantem Druck vertieft sich die Farbe. Welches Vorzeichen hat ΔH für die Reaktion 2 HI(g) → H$_2$(g) + I$_2$(g)?

11.18. Der Wert von K für die eben genannte Reaktion beträgt 0,00271 bei 100 °C (vgl. Aufgabe 11.6 im Text). Zu welchem Grad würde sich HI zersetzen, wenn es nach Mischen mit einer gleichen Molzahl N$_2$ bei Zimmertemperatur auf 100 °C erhitzt würde? Wie groß wäre der Zersetzungsgrad, wenn hierbei H$_2$ statt N$_2$ zugemischt worden wäre?

11.19. Die Werte von ΔH_B, ΔG_B und $S°$ von I$_2$(g) bei 25 °C betragen 62,2 bzw. 19,4 kJ mol^{-1} und 260,6 J grad^{-1} mol^{-1}. Berechnen Sie mit Hilfe der Angaben in Anhang XV den Wert von K für die Reaktion
2 HI(g) ⇌ H$_2$(g) + I$_2$(g)
bei dieser Temperatur. Zu welchem Grad zersetzt sich HI(g) bei dieser Temperatur zu gasförmigen Produkten? (Lösung: 0,00114.)

11.20. Berechnen Sie den Dampfdruck von I$_2$(f) bei 25 °C mit Hilfe der Angaben in der vorigen Aufgabe und in Anhang XV.

11.21. Um welchen Bruchteil ihres Wertes erhöht sich die Gleichgewichtskonstante der Reaktion
2 HI(g) ⇌ H$_2$(g) + I$_2$(g)
bei einer Temperaturerhöhung von 25 °C auf 26 °C? (Vgl. Gleichung 11.34; der $\Delta H°$-Wert bei 25 °C kann aus Angaben in Übungsaufgabe 11.18 und Anhang XV erhalten werden.) (Lösung: 0,0141.)

11.22. Ermitteln Sie aus den in Übungsaufgaben 11.18 und 11.19 erscheinenden Werten von K bei 25 und 100 °C den $\Delta H°$-Wert der Reaktion unter der Annahme, daß dieser im betrachteten Temperaturbereich als konstant angesehen werden kann (siehe Gleichung 11.35). (Das Ergebnis entspricht fast genau dem Wert bei der mittleren Temperatur, 62,5 °C, der sich aus dem Wert bei 25 °C und der Korrektur gemäß ΔC_P ergibt.)

11.23. Ein 1-Liter-Kolben enthält 17,55 g Schwefel. Bei 750 K ist keine kondensierte Phase vorhanden, und der Druck beträgt 0,237 atm, was darauf schließen läßt, daß der Schwefel fast ausschließlich als $S_8(g)$ vorliegt. Beim Erhitzen auf 885 K steigt der Druck auf 0,73 atm. Wie groß sind bei dieser Temperatur die Partialdrucke von S_8 und S_2 und die Konstante K des Gleichgewichts $S_8(g) \rightleftharpoons 4\,S_2(g)$? (Vernachlässigen Sie die Korrektur, die rechtmäßig wegen der Anwesenheit von $S_6(g)$ anzubringen wäre.) (Lösung: $K = 0{,}99$ atm^3.)

11.24. Im obigen Versuch steigt beim Erhitzen auf 900 K der Druck auf 0,824 atm. Wie groß ist K bei dieser Temperatur? Was für ein Wert von ΔH° ergibt sich aus der Änderung von K bei der Temperaturerhöhung von 885 K auf 900 K?

11.25. Messungen des Gleichgewichts $H_2S(g) \rightleftharpoons H_2(g) + 1/2\,S_2(g)$ bei hohen Temperaturen mit ähnlichen Methoden wie in den beiden vorigen Aufgaben haben folgende Werte von K geliefert:

$T = 1000$ K $K = 0{,}00752$ atm$^{1/2}$
      1200   0,0452
      1400   0,164
      1600   0,423

Berechnen Sie $R \ln K$ und tragen Sie die Werte gegen $1/T$ auf. Ermitteln Sie den Anstieg der durch die Punkte gelegten Geraden und mit ihm einen Wert für die Enthalpieänderung der Reaktion.

11.26. Die Messung des Dampfdrucks von Al(fl) bei 2353 und 2593 K ergibt Werte von 0,132 bzw. 0,526 atm. Berechnen Sie hieraus einen Näherungswert von ΔH für die Reaktion Al(fl) $\to$ Al(g).

11.27. Eine Flüssigkeit mit regulärem Verhalten, die bei 350 K siedet (wie etwa CCl_4; vgl. Tafel 11.3), weist am Siedepunkt eine Verdampfungsentropie von 85,7 J grad^{-1} mol^{-1} auf. Schätzen Sie auf Grund dieser Angaben für solche regulären Flüssigkeiten mit Kp. 350 K den Dampfdruck bei 250, 300, 400 und 450 K und stellen Sie die Ergebnisse in einem Diagramm dar. Sie werden feststellen, daß auf solche Weise eine Kurvenschar erhalten werden kann, mit deren Hilfe sich näherungsweise für Flüssigkeiten mit regulärem Verhalten die Abhängigkeit des Dampfdrucks von der Temperatur voraussagen läßt, sofern der Dampfdruck bei einer Temperatur bekannt ist.

11.28. Die Messung der elektromotorischen Kraft einer elektrochemischen Zelle (siehe Kapitel 15) hat für die Reaktion
$Hg_2Cl_2(f) \to 2\,Hg(fl) + Cl_2(g)$
bei 25 °C einen ΔG°-Wert von 210,7 kJ mol^{-1} geliefert. Wie sieht für diese Reaktion die Gleichgewichtsbeziehung aus? Welchen Wert hat K_P bei 25 °C? Wie groß ist bei dieser Temperatur der Partialdruck von $Cl_2(g)$ im Gleichgewicht mit einer Mischung von Kalomelkristallen (Hg_2Cl_2) und flüssigem Quecksilber?

11.29. Schätzen Sie den Partialdruck von $Cl_2(g)$ im Gleichgewicht mit Kalomelkristallen und flüssigem Quecksilber bei 100 °C auf Grund von Angaben in Anhang XV.

Kapitel 12

Wasser

Wasser ist eine der wichtigsten von allen chemischen Substanzen. Es ist ein Hauptbestandteil unseres Körpers und der Natur, die uns umgibt. Seine physikalischen Eigenschaften unterscheiden sich auffallend von denen anderer Substanzen. Diese Besonderheiten spielen für das Wesen der physikalischen und biologischen Welt eine entscheidende Rolle.

12.1. Die Zusammensetzung des Wassers

Die Naturphilosophen des Altertums hielten Wasser für ein Element. Henry Cavendish zeigte 1781, daß Wasser bei der Verbrennung von Wasserstoff an der Luft entsteht. Lavoisier war der erste, der erkannte, daß Wasser eine Verbindung der beiden Elemente Wasserstoff und Sauerstoff ist.
Die Formel für Wasser ist H_2O. Sehr sorgfältige Bestimmungen der Gewichtsmengen, mit denen Wasserstoff und Sauerstoff an der Verbindung beteiligt sind, ergaben ein Gewichtsverhältnis von $2,016 : 16,000$. Zu diesem Ergebnis führte sowohl die Wägung der Mengen Wasserstoff und Sauerstoff, die bei der Elektrolyse von Wasser entstehen, als auch die Wägung der Mengen Wasserstoff und Sauerstoff, die miteinander vollständig zu Wasser reagieren.

Reinigung von Wasser durch Destillation. Gewöhnliches Wasser ist nicht rein. Es enthält fast immer Salze, Gase und gelegentlich organische Stoffe gelöst. Für die Verwendung zu chemischen Zwecken wird Wasser im allgemeinen durch Destillation von gelösten Stoffen befreit. Als Material für Gefäße und Rohrleitungen für destilliertes Wasser eignet sich reines Zinn. Weniger geeignet ist Glas, weil seine alkalischen Bestandteile sich langsam in Wasser lösen. Zur Herstellung besonders reinen Wassers dienen aus Quarz geblasene Apparaturen und Gefäße.
Die Verunreinigung, von der reines Wasser am schwierigsten freizuhalten ist, ist Kohlenstoffdioxid, das aus der Luft begierig aufgenommen wird.

Enthärtung und Entsalzung von Wasser. Elektrolytische Verunreinigungen – das heißt Stoffe, die in Ionen dissoziiert sind – lassen sich aus Wasser in einem billigen und sehr interessanten Verfahren entfernen, durch Ionenaustausch. Ein Ionenaustauscher ist eine Riesenmolekel, so groß, daß sie dem Auge sichtbar ist.

12. Wasser

Im Diamantkristall (Kapitel 6) hatten wir bereits eine solche Riesenmolekel kennengelernt. Einige anorganische Kristalle komplizierter Zusammensetzung, die *Zeolithe* (Kapitel 18), haben einen verwandten Aufbau. Sie können zur Enthärtung von Wasser eingesetzt werden. „Hartes" Wasser enthält Calcium-, Magnesium- und Eisen-Ionen, die unerwünscht sind, weil sie mit gewöhnlichen Seifen Niederschläge bilden. Zeolithe können diese störenden Ionen aus dem Wasser entfernen und durch Natrium-Ionen ersetzen. Sie wirken als Kationenaustauscher.

Ein Zeolith ist ein Alumosilicat von einer Formel wie $Na_2Al_2Si_4O_{12}$ (siehe Kapitel 18.) Er besteht aus einem starren Kristallgerüst aus Aluminium-, Silicium- und Sauerstoffatom, in dessen miteinander verbundenen Hohlräumen sich Natrium-Ionen befinden. Die Natrium-Ionen haben eine gewisse Bewegungsfreiheit. Wenn hartes Wasser über den Zeolithen fließt, können sie aus den Hohlräumen austreten, in die an ihrer Stelle Calcium-, Magnesium- und Eisen-Ionen wandern. Wenn auf diese Weise der größte Teil der Natrium-Ionen ausgetauscht ist, wird der Zeolith mit konzentrierter Sole regeneriert. Nun läuft der Kationenaustausch in umgekehrter Richtung ab: Na^+ ersetzt Ca^{2+} und die anderen Kationen in den Hohlräumen des Zeolithen.

Wir können die Enthärtung in eine Reaktionsgleichung fassen:

$$2\,Na^+Z^-(f) + Ca^{2+} \rightarrow Ca^{2+}(Z^-)_2(f) + 2\,Na^+$$

Z^- bezeichnet dabei einen kleinen Bruchteil des kristallinen Gerüsts, der gerade eine negative Ladung trägt. Strömt konzentrierte Sole über den Zeolithen, so kehrt sich die Reaktion um:

$$2\,Na^+ + Ca^{2+}(Z^-)_2(f) \rightarrow 2\,Na^+Z^-(f) + Ca^{2+}$$

Riesenmolekeln wie die Zeolithe, die wie große Sandkörner aussehen, sind deshalb für ein solches Verfahren besonders geeignet, weil sie zu groß sind, um vom Wasser mitgerissen zu werden. Sie bleiben im Reaktionsgefäß zurück, wenn das Wasser abfließt.

Durch ein ähnliches Verfahren kann Wasser von positiven und negativen Ionen befreit werden (Abb. 12.1). Das Wasser wird durch zwei Säulen (Kolonnen) geleitet. Die erste Säule (A) enthält einen synthetischen organischen Kationenaustauscher, eine Riesenmolekel, in deren porösem Netzwerk aus Kohlenwasserstoffketten saure Gruppen verankert sind. In der Abbildung sind diese als Sulfonsäuregruppen, $-SO_3^-H^+$, eingezeichnet:

$$\text{R}-\overset{\overset{\displaystyle :\!O\!:}{\|}}{\underset{\underset{\displaystyle :\!O\!:}{\|}}{S}}-\ddot{\underset{..}{O}}:^- \quad H^+$$

Dabei gibt R einen Teil des Netzwerks an, von dem Kohlenstoffatome in Abbildung 12.1 gezeigt sind.

Für die Reaktionen, die sich abspielen, wenn eine salzhaltige Lösung durch die erste Säule fließt, können wir schreiben:

$$(RSO_3)^-H^+(f) + Na^+ \rightarrow (RSO_3)^-Na^+(f) + H^+$$
$$2\,(RSO_3^-)\,2\,H^+(f) + Ca^{2+} \rightarrow (RSO_3)_2^-Ca^{2+}(f) + 2\,H^+$$

Natrium-Ionen und Calcium-Ionen werden also aus der Lösung entfernt, im Austausch gegen Wasserstoff-Ionen, die aus dem Ionenaustauscher stammen. Die Salzlösung (Na^+, Cl^- usw.) wird zur Säure (H^+, Cl^- usw.).

12.1. Die Zusammensetzung des Wassers

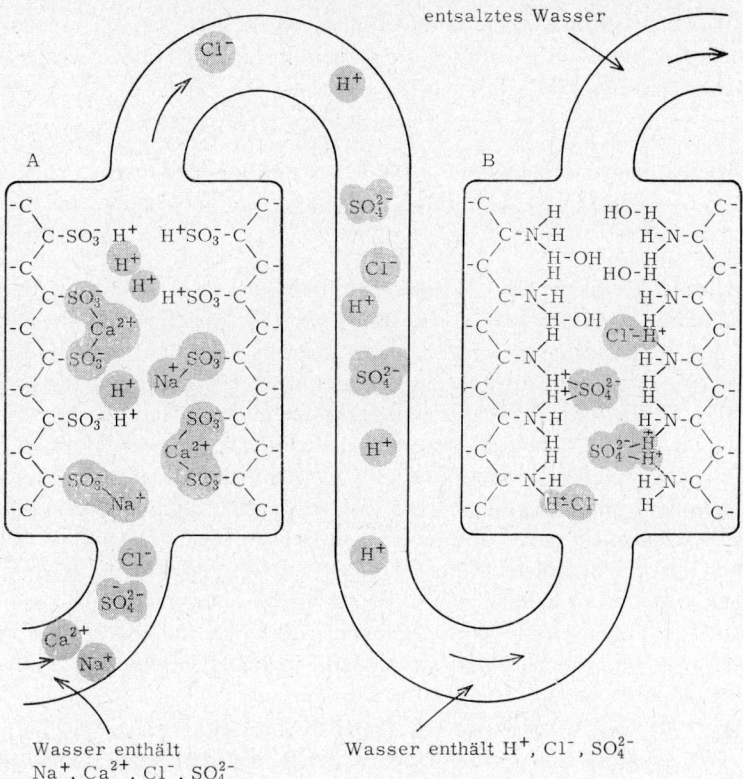

Abb. 12.1. Entfernen von Ionen aus Wasser durch Kationenaustauscher und Anionenaustauscher

Anschließend fließt die Lösung durch die zweite Säule (B), die einen Anionenaustauscher enthält, eine Riesenmolekel mit basischen Gruppen. In unserer Abbildung sind es Aminogruppen, R—NH$_2$:

$$\text{R-}\overset{\overset{\displaystyle H}{|}}{\underset{\underset{\displaystyle H}{|}}{N}}:$$

Diese Gruppen sind basisch und können Säuren binden, wobei sich das Wasserstoff-Ion der Säure an das einsame Elektronenpaar des Stickstoffatoms anlagert, so daß ein substituiertes Ammonium-Ion, RNH$_3^+$, entsteht:

$$RNH_2(f) + H^+ + Cl^- \rightarrow ((RNH_3)^+Cl^-(f)$$
$$2\,RNH_2(f) + 2\,H^+ + SO_4^{2-} \rightarrow (RNH_3)_2^+(SO_4)^{2-}(f)$$

Das Wasser, das aus der zweiten Säule abläuft, ist praktisch frei von Fremdionen und kann im Laboratorium oder für technische Zwecke an Stelle von destilliertem Wasser verwendet werden.

Den Kationenaustauscher in der Säule A regeneriert man mit verdünnter Schwefelsäure oder Salzsäure. Dabei werden die aufgenommenen Kationen wieder durch Wasserstoff-Ionen verdrängt:

$$(RSO_3)^-Na^+(f) + H^+ \rightarrow (RSO_3)^-H^+(f) + Na^+$$

Ähnlich regeneriert man die Säule B mit verdünnter Lauge:

$$(RNH_3)^+Cl^-(f) + OH^- \rightarrow RNH_2(f) + Cl^- + H_2O$$

Andere Methoden der Wasserenthärtung. Wasser kann auch durch chemische Behandlung enthärtet werden. Im technischen Gebrauch ist die Verwendung von organischen Ionenaustauscherharzen zur Entsalzung in der oben beschriebenen Weise im wesentlichen auf Industrieanlagen beschränkt, die sehr reines Wasser benötigen, zum Beispiel als Speisewasser für Hochdruckkessel und zur Herstellung pharmazeutischer Produkte. Das Zeolith-Verfahren ist gelegentlich in großem Maßstab betrieben worden, etwa zur Stadtwasserversorgung, bleibt aber meistens auf kleine Anlagen für den Haushalt oder einen Gebäudekomplex beschränkt. Stadtwasser wird in der Regel mit Chemikalien behandelt, steht dann in großen Becken zur Sedimentation ab und wird schließlich durch Sandschichten filtriert. Das Abstehen gibt suspendierten Feststoffen und von den zugesetzten Chemikalien erzeugten Niederschlägen sowie einigen Mikroorganismen Zeit, sich abzusetzen. Mikroorganismen, die noch nach der Filtration im Wasser verblieben sind, können durch Behandlung mit Chlor, Chlorkalk, Natrium- oder Calciumhypochlorit oder Ozon abgetötet werden.

Die Härte von Wasser wird größtenteils von Calcium-, Eisen(II)- und Magnesium-Ionen verursacht, die mit gewöhnlichen Seifen unlösliche Verbindungen bilden. Härte wird meist in Härtegraden angegeben: ein deutscher Härtegrad entspricht 10 mg CaO pro Liter Wasser. In der angelsächsischen Literatur erfolgt die Angabe gewöhnlich in ppm (parts per million): 1 ppm ist ein Tausendstel Gewichtsprozent, hier gerechnet als Calciumcarbonat. Für den Hausgebrauch gilt Wasser von weniger als 5° Härte als erstrebenswert, von 5 bis 10° Härte als annehmbar.

Grundwasser in kalksteinreichen Gegenden kann Calcium-Ionen und Hydrogencarbonat-Ionen (Bicarbonat-Ionen), HCO_3^-, in erheblichen Mengen enthalten. Calciumcarbonat ist zwar unlöslich, aber Calciumhydrogencarbonat, $Ca(HCO_3)_2$, löst sich verhältnismäßig leicht. Solches Wasser hat, wie man sagt, *vorübergehende (temporäre) Härte*, denn zur Enthärtung genügt einfaches Kochen, das das überschüssige Kohlenstoffdioxid austreibt und Calciumcarbonat zur Abscheidung bringt:

$$Ca^{2+} + 2\,HCO_3^- \rightarrow CaCO_3(f) + H_2O + CO_2(g)$$

In großem Maßstab, wie etwa zur Stadtwasserversorgung, ist dieses Verfahren der Enthärtung aber wegen des hohen Brennstoffverbrauchs unwirtschaftlich. Statt dessen entfernt man die temporäre Härte durch Zusatz von gelöschtem Kalk (Calciumhydroxid):

$$Ca^{2+} + 2\,HCO_3^- + Ca(OH)_2 \rightarrow 2\,CaCO_3(f) + 2\,H_2O$$

Falls es sich bei den Anionen im Wasser um Chlorid- und Sulfat-Ionen statt der Hydrogencarbonat-Ionen handelt, läßt sich die Härte durch Kochen nicht beseitigen, und man spricht dann von *bleibender (permanenter) Härte*. Zur Enthärtung behandelt man solches Wasser mit Soda (Natriumcarbonat):

$$Ca^{2+} + CO_3^{2-} \rightarrow CaCO_3(f)$$

Die Natrium-Ionen des Sodas verbleiben im Wasser, zusammen mit den von vornherein anwesenden Sulfat- und Chlorid-Ionen.

Beim Enthärten mit Kalk oder Soda wird der Zusatz so reichlich bemessen, daß gleichzeitig auch die Magnesium- und Eisen-Ionen als Hydroxide ausgefällt werden. Verschiedentlich setzt man außer dem Enthärtungsmittel eine kleine Menge Aluminiumsulfat (Alaun) oder Eisen(III)-sulfat als Koagulationsmittel zu. Mit basischen Agentien bilden diese Substanzen voluminöse, gelartige Niederschläge von Aluminium- bzw. Eisen(III)-oxidhydrat, die die feineren, vom Enthärtungsmittel erzeugten Niederschläge einfangen und abzuscheiden helfen. Die gelartigen Oxidhydratniederschläge neigen weiterhin dazu, Farbkörper und andere Verunreinigungen zu adsorbieren[1] und damit zu entfernen.

In Dampfkesseln scheidet sich beim Betrieb mit unbehandeltem, hartem Wasser ein Belag von Calciumsulfat als sogenannter *Kesselstein* ab. Dies kann verhindert werden durch Zusatz von Soda, das Calcium als schlammigen Niederschlag von Calciumcarbonat ausfällt und damit die Kesselsteinbildung unterbindet. Auch Trinatriumphosphat, Na_3PO_4, das Calcium als Hydroxylapatit, $Ca_5(PO_4)_3OH$, ausfällt, erfüllt den gleichen Zweck. In beiden Fällen wird der ausgefällte Schlamm von Zeit zu Zeit aus dem Kessel ausgeschwemmt. Dieses Vorgehen ist bei primitiven Niederdruckkesseln möglich, moderne Hochdruckkessel erfordern jedoch vollkommen entsalztes und gründlich gereinigtes Speisewasser.

12.2. Die Wassermolekel

Viele Eigenschaften der Wassermolekel sind uns von der Auswertung des Bandenspektrums her bekannt, das durch Emissions- oder Absorptionsvorgänge an den Molekeln in der Gasphase zustandekommt. Der O—H-Kernabstand beträgt 0,9584 Å (dieser Wert, bezeichnet mit r_e, entspricht dem Minimum der elektronischen und Kernwechselwirkungsenergie) und der H—O—H-Bindungswinkel 104,54°. Die Wellenzahlen der Molekularschwingungen liegen bei 3657, 3756 und 1595 cm^{-1} (die Frequenzen in Hz ergeben sich hieraus durch Multiplizieren mit c in cm s^{-1}). Die Schwingung niedrigster Frequenz ist die Deformationsschwingung, bei der der Bindungswinkel zu- und abnimmt, ohne daß die Bindungsabstände sich dabei wesentlich ändern. Die anderen beiden Frequenzen gehören zu der unsymmetrischen und der symmetrischen Valenzschwingung.

---

1 Man bezeichnet es als *Adsorption*, wenn ein Festkörper Molekeln eines Gases, einer Flüssigkeit, einer gelösten Substanz oder irgendwelche andere Teilchen an seiner Oberfläche festhält, und als *Absorption*, wenn eine Flüssigkeit oder ein Festkörper Molekeln unter Bildung einer Lösung oder einer Verbindung aufnimmt. Der gelegentlich benutzte Ausdruck *Sorption* umfaßt beide Erscheinungen. Zum Beispiel *adsorbiert* die Wand eines erhitzten Glasgefäßes beim Abkühlen Luftfeuchtigkeit, wobei sie sich mit einer sehr dünnen Wasserhaut überzieht; dagegen *absorbiert* ein wasserentziehendes Mittel, wie konzentrierte Schwefelsäure, Wasser unter Bildung von Hydraten.

Die Molekel weist ein elektrisches Dipolmoment von 0,387 εÅ aus, das einem partiellen Ionencharakter der beiden O—H-Bindungen von 33% entspricht (vgl. Abschnitt 6.9).

12.3. Die Eigenschaften von Wasser

Die elektrolytische Dissoziation von Wasser. Eine saure Lösung enthält Wasserstoff-Ionen, H^+ (genauer gesagt, Hydronium-Ionen, H_3O^+). Eine basische Lösung enthält Hydroxid-Ionen, OH^-. Vor Jahren fragten sich die Chemiker: „Gibt es diese Ionen auch in reinem, neutralem Wasser?" Versuche haben es bestätigt: auch reines Wasser enthält Wasserstoff-Ionen und Hydroxid-Ionen, wenn auch in sehr geringer Konzentration.

Reines Wasser enthält Wasserstoff-Ionen und Hydroxid-Ionen, beide in einer Konzentration von $1 \cdot 10^{-7}$ Mol pro Liter. Die Ionen stammen aus der elektrolytischen Dissoziation von Wasser:

$$H_2O \rightleftharpoons H^+ + OH^-$$

Der Zusatz einer kleinen Menge Säure zu reinem Wasser erhöht die Konzentration der Wasserstoff-Ionen. Gleichzeitig vermindert sich die Konzentration der Hydroxid-Ionen, aber sie sinkt nicht auf null ab. Saure Lösungen enthalten Wasserstoff-Ionen in hoher und Hydroxid-Ionen in sehr geringer Konzentration. Welche Beziehung die Konzentrationen der beiden Ionen miteinander verknüpft, besprechen wir in Kapitel 14.

Die physikalischen Eigenschaften des Wassers. Wasser ist eine klare, durchsichtige Flüssigkeit. In dünnen Schichten ist es farblos, dicke Schichten zeigen eine blaugrüne Farbe.

Mit den physikalischen Eigenschaften des Wassers sind viele physikalische Konstanten und Maßeinheiten definiert. Der Gefrierpunkt des (mit Luft von 1 atm gesättigten) Wassers ist der Nullpunkt der Celsius-Temperaturskala, der Siedepunkt des Wassers unter einer Atmosphäre Druck ist gleich 100 °C. Die Masseneinheit des metrischen Systems ist so gewählt, daß 1 cm³ Wasser von 4 °C (bei dieser Temperatur hat Wasser seine größte Dichte) 1 Gramm wiegt. (Eine ähnliche Beziehung besteht im englischen Maßsystem: 1 Kubikfuß Wasser wiegt annähernd 1000 Unzen.)

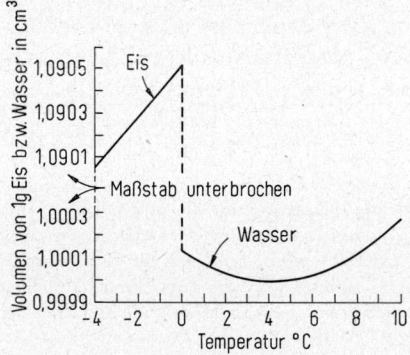

Abb. 12.2. Temperaturabhängigkeit des Volumens von Eis und Wasser.

12.3. Die Eigenschaften von Wasser

Fast alle Substanzen ziehen sich beim Abkühlen zusammen; ihre Dichte wächst also mit sinkender Temperatur. Wasser zeigt die sehr ungewöhnliche Eigenschaft, daß seine Dichte ein Maximum durchläuft, und zwar bei 4 °C. Kühlt man es unter diese Temperatur ab, so nimmt sein Volumen wieder etwas zu (Abb. 12.2).

Verwandt damit ist die ebenfalls ungewöhnliche Erscheinung, daß Wasser sich beim Gefrieren ausdehnt.

Die abnormen Schmelzpunkte und Siedepunkte von Fluorwasserstoff, Wasser und Ammoniak. Die Schmelzpunkte und Siedepunkte der Hydride einiger Nichtmetalle sind in Abbildung 12.3 aufgeführt. Die Reihe CH_4, SiH_4, GeH_4, SnH_4 zeigt ein normales Verhalten, die anderen Reihen weichen davon ab. Die Kurven durch die Punkte für H_2Te, H_2Se und H_2S entsprechen den Erwartungen, aber wenn wir sie extrapolieren, führen sie zu Werten von ungefähr -100 °C und -80 °C für den Schmelzpunkt und den Siedepunkt des Wassers. Der tatsächliche Schmelzpunkt liegt um 100°, der Siedepunkt um 180° höher als zu erwarten wäre, wenn sich das Wasser normal verhielte. Ähnliche, jedoch kleinere Abweichungen zeigen Fluorwasserstoff und Ammoniak.

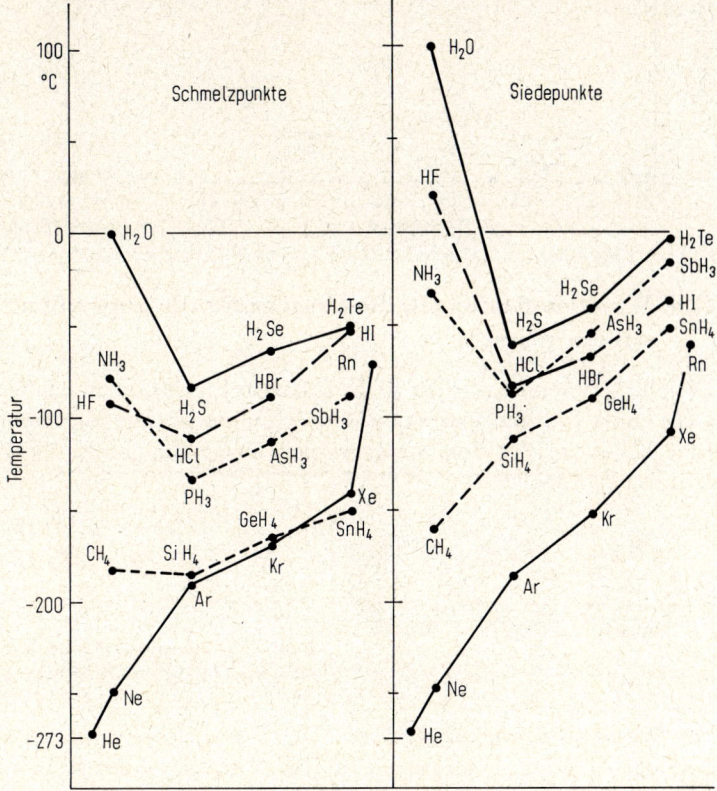

Abb. 12.3. Schmelzpunkte und Siedepunkte der Hydride einiger Nichtmetalle. Die Werte für Fluorwasserstoff, Wasser und Ammoniak sind wegen Bildung von Wasserstoffbrücken unnormal hoch.

Dielektrizitätskonstanten. Wasser und einige andere Flüssigkeiten weisen auffallend hohe Dielektrizitätskonstanten auf. Die von Wasser beträgt 78,5 bei 298 K, die von flüssiger Blausäure (Cyanwasserstoff) sogar 110. Für viele Flüssigkeiten entspricht die Dielektrizitätskonstante ungefähr der in Abbildung 12.4 unten eingezeichneten Linie, die bei einem elektrischen Dipolmoment der Gasmolekel von 0,4 εÅ den Wert 10 erreicht. Die Dielektrizitätskonstanten von Wasser, HF(fl), H_2O_2(fl), HCN(fl) und Formamid, $HCONH_2$, sind viel größer, und auch die von NH_3(fl) und CH_3OH(fl) sowie anderer, nicht angeführter Alkohole liegen oberhalb der eingezeichneten Linie.

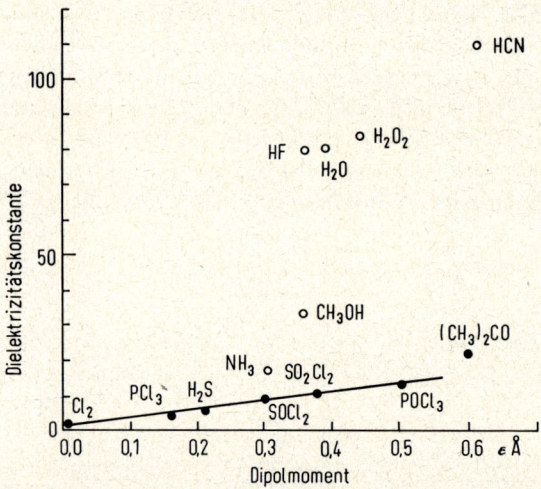

Abb. 12.4. Dielektrizitätskonstanten einiger Flüssigkeiten bei 298 K in Auftragung gegen das elektrische Dipolmoment der Molekeln.

12.4. Wasserstoffbrücken, die Ursache für die ungewöhnlichen Eigenschaften des Wassers

Die oben erwähnten, aus der Reihe fallenden Eigenschaften des Wassers haben ihre Ursache darin, daß die Wassermolekeln sich untereinander ungewöhnlich stark anziehen. Eine besondere Art von Struktur spielt dabei eine Rolle, die Bildung sogenannter *Wasserstoffbrücken*.

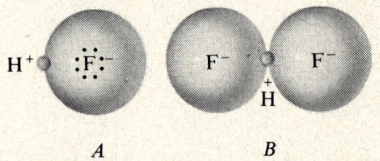

Abb. 12.5. Fluorwasserstoffmolekel (A) und Wasserstoffdifluorid-Ion (B) mit Wasserstoffbrücke.

Die Wasserstoffbrückenbindung. Das Wasserstoff-Ion ist ein nackter Kern mit der Ladung +1. Hätte Fluorwasserstoff, HF, eine reine Ionenstruktur, (Abb. 12.5, *A*) so könnte die Ladung des Wasserstoff-Ions ein anderes negatives Fluorid-Ion kräftig anziehen und damit die Bildung eines Ions [F⁻H⁺F⁻]⁻ oder HF_2^- herbeiführen (Abb.

12.4. Wasserstoffbrücken, die Ursache für die ungewöhnlichen Eigenschaften des Wassers

12.5, *B*). Dieser Fall tritt auch tatsächlich ein: das Ion HF_2^-, das *Wasserstoffdifluorid-Ion*, ist stabil und kommt in beträchtlicher Konzentration in sauren Lösungen von Fluoriden und Salzen wie Kaliumhydrogendifluorid, KHF_2, vor. Die Bindung, die dieses komplexe Ion zusammenhält, nennt man *Wasserstoffbrückenbindung*. Sie ist schwächer als gewöhnliche Ionenbindungen oder kovalente Bindungen, aber stärker als die gewöhnliche van der Waalssche intermolekulare Anziehung.

Auch zwischen Fluorwasserstoffmolekeln bilden sich Wasserstoffbrücken aus. Die gasförmige Substanz ist deswegen zu großen Teilen polymerisiert zu H_2F_2, H_3F_3, H_4F_4, H_5F_5 und H_6F_6. Vor allem das letztgenannte Polymere scheint sehr stabil zu sein, wahrscheinlich weil es durch Ringschluß eine zusätzliche Wasserstoffbrücke bilden kann (Abb. 12.6).

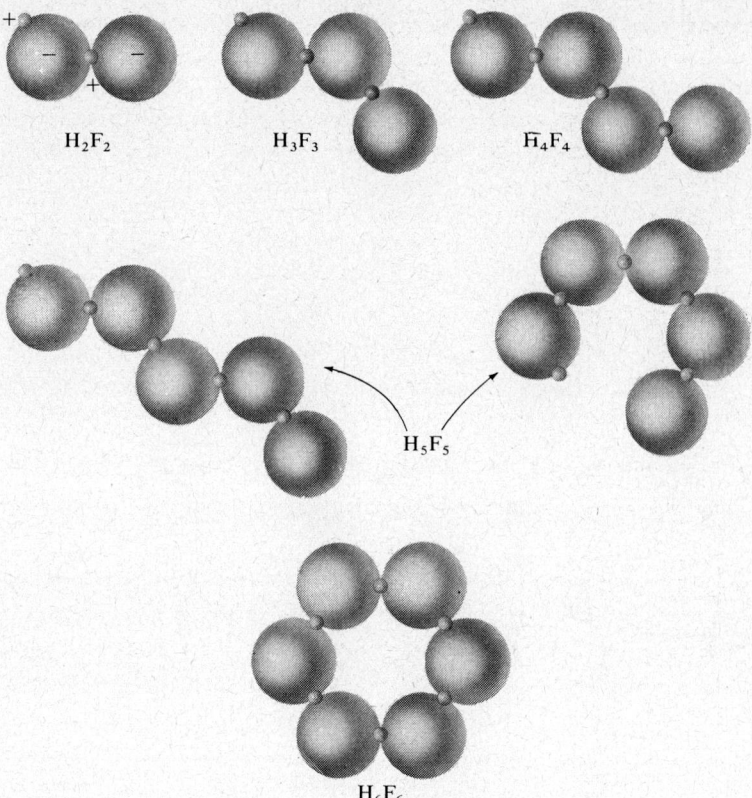

Abb. 12.6. Einige Polymere von Fluorwasserstoff.

In einer Wasserstoffbrücke hängt das Wasserstoff-Ion im allgemeinen an einem der beiden elektronegativen Atome, die es zusammenhält, fester als an dem anderen. Die Struktur des Dimeren von Fluorwasserstoff können wir mit der Schreibweise

$F^-\!\!-\!\!H^+ \cdots F^-\!\!-\!\!H^+$

andeuten, in der die punktierte Linie die Wasserstoffbrückenbindung bezeichnet.
Die Wasserstoffbrückenbindung ist elektrostatischen Ursprungs. Deshalb können nur die am stärksten elektronegativen Atome Wasserstoffbrücken ausbilden, nämlich Fluor, Sauerstoff und Stickstoff. Gewöhnlich nähert sich ein einsames Elektronenpaar des elektronegativen Atoms dem Wasserstoff-Ion. Besonders zur Bildung von Wasserstoffbrücken befähigt ist das Wasser, weil jede seiner Molekeln zwei Wasserstoffatome und zwei einsame Elektronenpaare enthält und daher vier Brücken ausbilden kann. Die tetraedrische räumliche Anordnung der gemeinsamen und einsamen Elektronenpaare führt zu der charakteristischen Kristallstruktur von Eis (Abb. 12.7). Jede Molekel hat nur vier nächste Nachbarn, die Struktur ist also sehr aufgelockert. Deshalb ist Eis eine Substanz von ungewöhnlich niedriger Dichte. Schmilzt der Eiskristall, so bricht die tetraedrische Struktur teilweise zusammen, und die Wassermolekeln können sich dichter zusammenlagern. Wasser hat daher eine größere Dichte als Eis. Viele der Wasserstoffbrücken bleiben jedoch auch im Wasser von 0 °C erhalten, das zum großen Teil aus Aggregaten mit der aufgelockerten Tetraederstruktur besteht. Beim Erwärmen baut die thermische Anregung die Aggregate langsam ab, was in einer zunächst weiter zuneh-

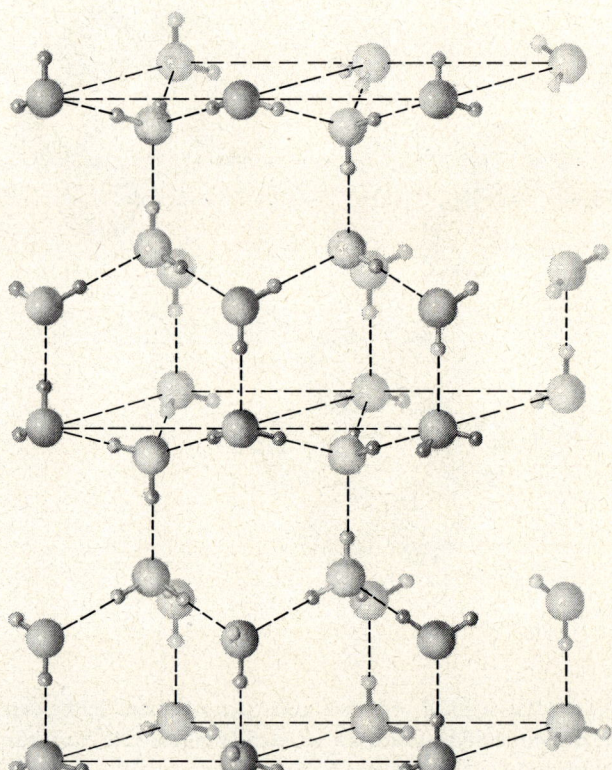

Abb. 12.7. Ausschnitt aus einem Eiskristall. Sauerstoffatome sind schematisch als kleine und Wasserstoffatome als noch kleinere Kugeln gezeigt. Die Wasserstoffbrücken und die offene Struktur, der Eis seine geringe Dichte verdankt, sind deutlich zu erkennen.

menden Dichte der Flüssigkeit zum Ausdruck kommt. Erst oberhalb 4 °C beginnt die übliche Ausdehnung auf Grund wachsender Molekularbewegung diesen Effekt zu überwiegen. Damit nimmt dann die Dichte des Wassers wie die anderer Substanzen mit steigender Temperatur ab.

Auch die ungewöhnlich hohe Dielektrizitätskonstante, die Wasser zu einem so hervorragenden Lösungsmittel für Elektrolyte macht, geht auf die Bildung von Wasserstoffbrücken zurück. Zwei einzelne Molekeln mit elektrischem Dipolmoment können weniger zur Neutralisierung eines angelegten elektrischen Felds beitragen als ein Aggregat der beiden mit verdoppeltem Dipolmoment. Zu den wenigen Substanzen mit Dielektrizitätskonstanten über 40 und damit zu den einzigen guten Lösungsmitteln für Elektrolyte zählen Wasser, flüssiger Fluorwasserstoff, Wasserstoffperoxid, Formamid ($HCONH_2$) und flüssige wasserfreie Blausäure (HCN). Sie alle sind wegen der Ausbildung von Wasserstoffbrücken teilweise polymerisiert.

Der Gesamtabstand O—H$\cdots$O in Eis beträgt 2,76 Å. Nach Ausweis von Neutronenbeugungsaufnahmen an Deuteriumoxid (schwerem Wasser) entfallen hiervon 1,00 Å auf den Abstand O—H und 1,76 Å auf den Abstand H$\cdots$O. In einigen Substanzen mit stärkeren Wasserstoffbrücken ist der Abstand O—H$\cdots$O kleiner, bis herab zu 2,40 Å, und das Wasserstoffatom scheint sich dann etwa halbwegs zwischen den beiden Sauerstoffatomen aufzuhalten.

Die Sublimationswärme von Eis beträgt 51 kJ mol^{-1}. Mit den in Abschnitt 11.4 angegebenen Methoden können wir abschätzen, daß die elektronischen van der Waalsschen Kräfte hierzu nur etwa 11 kJ mol^{-1} beitragen, so daß etwa 40 kJ mol^{-1} als die Energie der beiden Wasserstoffbrückenbindungen pro Molekel anzusehen ist. Wir können hieraus entnehmen, daß die Energie der H$\cdots$O-Wasserstoffbrücke in Eis mit 20 kJ mol^{-1} nur 4,3% der Energie der kovalenten O—H-Bindung ausmacht. Nichtsdestoweniger ist die Wasserstoffbrückenbindung stark genug, die Eigenschaften von Wasser und anderen Substanzen in wichtigen Punkten zu beeinflussen.

Im Dampf von Methanol, CH_3OH, befindet sich das Monomere im Gleichgewicht mit einem Tetrameren, $(CH_3OH)_4$, der Struktur

$$\begin{array}{c} H_3C\diagdown\quad\quad\diagup CH_3 \\ O\text{-}H\cdots O \\ H\quad\quad H \\ \vdots\quad\quad\vdots \\ O\cdots H\text{-}O \\ H_3C\diagup\quad\quad\diagdown CH_3 \end{array}$$

Aus der Bildungsenthalpie ergibt sich für die Energie der Wasserstoffbrückenbindung ein Wert von 26 kJ mol^{-1}, also etwas mehr als im Fall von Eis.

Gewöhnlich beläuft sich die Energie der Wasserstoffbrückenbindung (in kJ mol^{-1}) auf das 15- bis 20-fache der Elektronegativitätsdifferenz zwischen Wasserstoff und dem anderen beteiligten Atom. Diese Faustregel liefert 28 bis 38 kJ mol^{-1} für F—H$\cdots$F (gefunden 28 in $(HF)_6$), 21 bis 28 kJ mol^{-1} für O—H$\cdots$O (gefunden 28 im Dimeren von Essigsäure) und 13 bis 18 kJ mol^{-1} für N—H$\cdots$N (gefunden 12 bis 20 in verschiedenen Substanzen). Für Wasserstoffbrücken zwischen Atomen verschiedener Art, etwa N—H$\cdots$O gelten entsprechende Mittelwerte.

12.5. Die Entropie von Eis

Die Entropie von $H_2O(g)$ kann aus Strukturkonstanten der Molekel (Trägheitsmoment und Schwingungsfrequenzen) sowie aus experimentell ermittelten Werten von $\Delta G°$ und $\Delta H°$ für die Bildung aus $H_2(g)$ und $O_2(g)$ und den für diese Elementarsubstanzen bekannten Entropien berechnet werden. Die auf diesen beiden Wegen für $S°$ bei 273 K erhaltenen Werte stimmen miteinander überein, sind aber um 3,40 J grad^{-1} mol^{-1} größer als das auf Grund von Messungen der Molwärme von Eis berechnete Integral

$$\int_{0\,K}^{273\,K} C_P \, d\ln T.$$

Aus diesem Vergleich geht hervor, daß Eis bei einer Temperatur nahe dem absoluten Nullpunkt noch eine Restentropie von etwa 3,40 J grad^{-1} mol^{-1} aufweist, die man einer Unordnung der Ausrichtung der Molekeln im Kristall zuschreibt, ähnlich wie im Fall der NNO-Molekeln im Kristall von Distickstoffmonoxid (vgl. Abschnitt 10.9).

Für die Restentropie läßt sich eine einfache Theorie aufstellen. Wir gehen von der Annahme aus, jede Wassermolekel richte sich so aus, daß ihre beiden Wasserstoffatome ungefähr in Richtung von zwei der vier umgebenden Sauerstoffatome weisen, daß sich jeweils nur ein Wasserstoffatom auf der Verbindungslinie zweier benachbarter Sauerstoffatome befindet und daß unter normalen Bedingungen die Wechselwirkungen von nicht benachbarten Molekeln keine der vielen möglichen, diese Bedingungen erfüllenden Konfigurationen gegenüber anderen wesentlich stabilisiert. Wir nehmen also an, der Eiskristall könne in vielen verschiedenen Konfigurationen existieren, von denen jede bestimmten Ausrichtungen der Wassermolekeln entspricht. Der Kristall kann von einer Konfiguration zur anderen überwechseln entweder durch Rotation einiger Wassermolekeln oder durch Verschiebung einiger Wasserstoffkerne entlang ihrer Wasserstoffbrücken um 0,76 Å vom Platz 1,00 Å vom einen Sauerstoffatom zum entsprechenden Platz in gleicher Entfernung vom anderen. Die Protonen werden dazu neigen, solche Sprünge in Gruppen auszuführen, so daß jedem Sauerstoffatom zwei Protonen verbleiben, denn Eis ist Wasser so ähnlich, daß es $(OH)^-$ und $(H_3O)^+$-Ionen sicher nur in sehr geringer Konzentration enthält. Wahrscheinlich spielen beide Vorgänge eine Rolle, sowohl die Rotation von Molekeln als auch die Verschiebung von Wasserstoffkernen. Aus dem Befund, daß Eis oberhalb von 200 K eine Dielektrizitätskonstante von derselben Größenordnung wie Wasser besitzt, dürfen wir jedenfalls auf eine erhebliche Freiheit der Ausrichtung der Molekeln schließen; unter dem stabilisierenden Einfluß des elektrischen Felds wechselt der Kristall von einer unpolarisierten zu einer polarisierten Konfiguration über, die ebenfalls die genannten Bedingungen erfüllt.

Beim Abkühlen auf sehr tiefe Temperatur wird der Eiskristall in einer seiner vielen möglichen Konfigurationen eingefroren, nimmt aber keine eindeutig festgelegte Konfiguration mit vollkommener Ordnung der Ausrichtung der Molekeln an, jedenfalls nicht innerhalb einer vernünftigen Zeitspanne. Der Kristall behält folglich eine Restentropie von $k \ln W$, wobei k die Boltzmann-Konstante und W die Anzahl der Konfigurationen angibt, die der Kristall annehmen kann.

Wir wollen nun W berechnen. Ein Mol Eis enthält $2N$ Wasserstoffkerne. Hätte jeder

Kern die Wahl zwischen zwei Plätzen entlang der O—O-Achse seiner Wasserstoffbrücke, auf der Seite des einen oder des anderen Sauerstoffatoms, so wären 2^{2N} Konfigurationen möglich. Viele von diesen lassen sich aber ausschließen durch die Bedingung, daß jedes Sauerstoffatom zwei Wasserstoffatome tragen soll. Betrachten wir ein beliebig herausgegriffenes Sauerstoffatom und die vier es umgebenden Wasserstoffatome. Für eine solche OH_4-Gruppe bestehen insgesamt sechzehn Anordnungsmöglichkeiten: eine mit allen vier Wasserstoffkernen am Sauerstoffatom, entsprechend dem Ion $(H_4O)^{2+}$, vier entsprechend $(H_3O)^+$, sechs entsprechend H_2O, vier entsprechend $(OH)^-$ und eine entsprechend O^{2-}. Die zulässigen Anordnungen, bei denen sich zwei Wasserstoffkerne in fester Bindung dicht beim Sauerstoffatom befinden, machen also sechs Sechzehntel oder drei Achtel der insgesamt möglichen Anordnungen aus. Von diesen sind wiederum nur drei Achtel hinsichtlich der Stellung am nächsten Sauerstoffatom zulässig, und so fort. Damit ergibt sich für die Anzahl W der zulässigen Konfigurationen $2^{2N}(3/8)^N = (3/2)^N$. Mit dieser Rechnung erhalten wir für die Restentropie von Eis $k \ln (3/2)^N = R \ln 3/2 = 3{,}33 \text{ J grad}^{-1}\text{mol}^{-1}$, in guter Übereinstimmung mit dem experimentell gefundenen Wert[1]).

12.6. Die Bedeutung von Wasser als elektrolytisches Lösungsmittel

Salze sind in den meisten Lösungsmitteln unlöslich. Benzin, Benzol, Schwefelkohlenstoff, Tetrachlorkohlenstoff, Alkohol, Äther – alle diese Substanzen sind „gute Lösungsmittel" für Fette, Gummi und organische Materialien ganz allgemein, aber sie lösen in der Regel keine Salze.

Wasser zeigt ein so gutes Lösungsvermögen für Salze, weil es eine *sehr hohe Dielektrizitätskonstante* (rund 80 bei Zimmertemperatur) besitzt und seine Molekeln dazu neigen, sich mit Ionen zu *hydratisierten Ionen* zu verbinden. Beide Eigenarten gehen auf das große elektrische Dipolmoment der Wassermolekel zurück.

Die gegenseitige Anziehung oder Abstoßung von elektrischen Ladungen ist der Dielektrizitätskonstanten des umgebenden Mediums umgekehrt proportional. Zwei elektrische Ladungen entgegengesetzten Vorzeichens ziehen sich also in Wasser nur mit 1/80 der Kraft an als an der Luft (oder im Vakuum). Es leuchtet deshalb ein, daß die Ionen eines Natriumchloridkristalls in Wasser erheblich leichter abdissoziieren können als an der Luft, da die elektrostatische Kraft, die das Ion zur Kristalloberfläche zurückzieht, in Wasser nur 1/80 so stark ist wie an der Luft. Darum ist es nicht verwunderlich, daß die thermische Anregung bei Zimmertemperatur zwar nicht ausreicht, die Ionen in die Luft abdissoziieren zu lassen, wohl aber die verhältnismäßig schwache Anziehungskraft am Kristall in Wasser überwinden kann und es damit Ionen in großer Zahl gestattet, in das wäßrige Medium abzuwandern.

Hydratation von Ionen. Verwandt hiermit ist eine Erscheinung, die die gelösten Ionen stabilisiert, nämlich die Bildung von *Hydrathüllen*. Jedes negative Ion zieht die positiven

---

[1] Die Rechnung ist nur annähernd richtig. Ein sorgfältiges Abzählen der zulässigen Anordnungen führt zu $R \ln 1{,}5068$ für die Restentropie von Eis.

Seiten der benachbarten Wassermolekeln an und trachtet danach, einige Wassermolekeln an sich zu heften. Die positiven Ionen, die meist kleiner sind als die negativen, zeigen diese Erscheinung in noch stärkerem Maß: jedes Kation zieht die negativen Seiten der umgebenden Wassermolekeln an und fesselt einige von ihnen an sich; es bildet eine Hydrathülle, die beachtliche Stabilität besitzen kann, vor allem bei zweiwertigen und dreiwertigen Ionen.

Die Anzahl Wassermolekeln, die ein Kation bildet *(Liganz* oder *Koordinationszahl)*, hängt von der Größe des Kations ab. Ein kleines Kation wie Be^{2+} bildet ein Tetrahydrat $Be(OH_2)_4^{2+}$. Etwas größere Ionen wie Mg^{2+} und Al^{3+} bilden Hexahydrate $Mg(OH_2)_6^{2+}$ bzw. $Al(OH_2)_6^{3+}$ (siehe Abb. 12.8)[1].

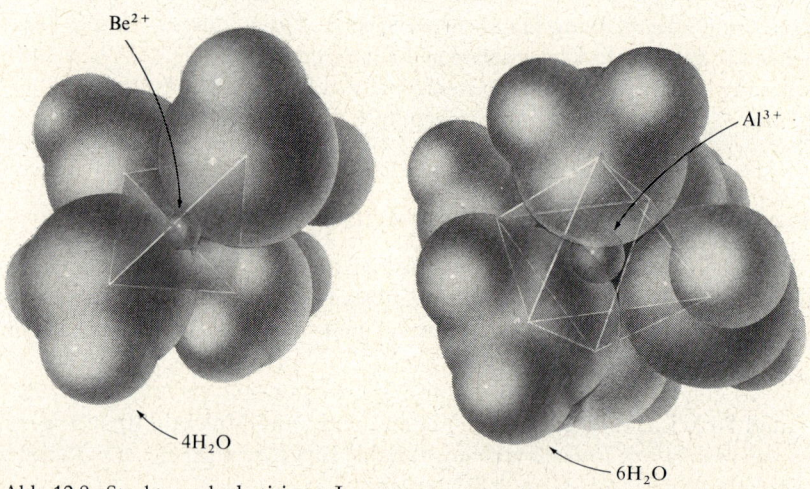

Abb. 12.8. Strukturen hydratisierter Ionen.

Die Anziehungskräfte zwischen Kationen und Wassermolekeln sind so stark, daß in manchen Fällen Kationen beim Einbau in einen Kristall eine Hülle von Wassermolekeln zurückbehalten (Hydratwasser). An zweiwertigen und dreiwertigen Ionen ist diese Erscheinung ausgeprägter als an einwertigen. Der tetraedrische Komplex $Be(H_2O)_4^{2+}$ tritt in verschiedenen Salzen, wie $BeCO_3 \cdot 4H_2O$, $BeCl_2 \cdot 4H_2O$ und $BeSO_4 \cdot 4H_2O$, und zweifellos auch in Lösungen auf. Die nachstehend angegebenen Salze enthalten größere Ionen mit sechs Wassermolekeln in oktaedrischer Anordnung:

$MgCl_2 \cdot 6H_2O$ $AlCl_3 \cdot 6H_2O$
$Mg(ClO_3)_2 \cdot 6H_2O$ $KAl(SO_4)_2 \cdot 12H_2O$
$Mg(ClO_4)_2 \cdot 6H_2O$ $Fe(NH_4)_2(SO_4)_2 \cdot 6H_2O$
$MgSiF_6 \cdot 6H_2O$ $Fe(NO_3)_2 \cdot 6H_2O$
$NiSnCl_6 \cdot 6H_2O$ $FeCl_3 \cdot 6H_2O$

---

1 Hier ist Wasser als OH_2, nicht als H_2O geschrieben. Damit soll angedeutet werden, daß das Sauerstoffatom der Wassermolekel dem Metall-Ion zugekehrt ist, während die Wasserstoffatome auf der anderen Seite stehen. Die übliche Schreibweise ist $Be(H_2O)_4^{2+}$ usw.

12.6. Die Bedeutung von Wasser als elektrolytisches Lösungsmittel

In einem Kristall wie $FeSO_4 \cdot 7H_2O$ haften sechs der Wassermolekeln am Eisen-Ion und bilden den Komplex $Fe(OH_2)_6^{2+}$, die siebente Wassermolekel nimmt eine andere Stellung in der Nähe des Sulfat-Ions ein. In den Alaunen, wie $KAl(SO_4)_2 \cdot 12H_2O$, umgeben sechs der zwölf Wassermolekeln das Aluminium-Ion, die anderen sechs liegen in der Nähe des Alkalimetall-Ions.

Daneben gibt es Kristalle, in denen die Kationen einen Teil oder alle Wassermolekeln verloren haben. Magnesiumsulfat zum Beispiel bildet die drei kristallinen Phasen $MgSO_4 \cdot 7H_2O$, $MgSO_4 \cdot H_2O$ und $MgSO_4$.

Einschlußverbindungen (Clathrate). Die Argononen, einfache Kohlenwasserstoffe und viele andere Substanzen vermögen kristalline Hydrate zu bilden. Xenon zum Beispiel

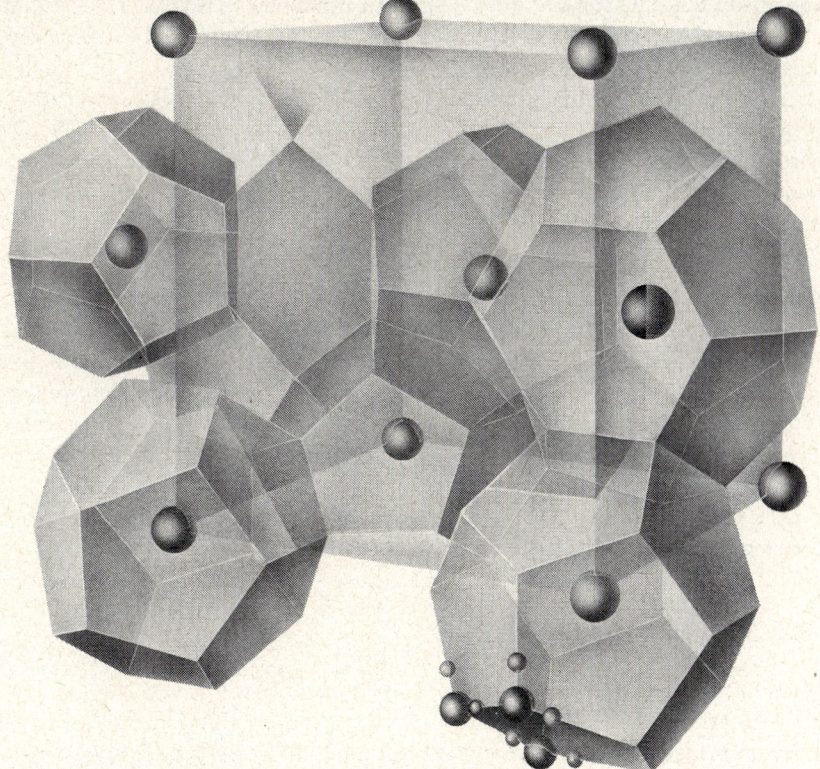

Abb. 12.9. Die Struktur von Xenon-Hydrat, einem typischen Einschlußkristall. Die Xenonatome besetzen die Hohlräume (8 pro Elementarzelle) in einem durch Wasserstoffbrücken zusammengehaltenen Raumnetz von Wassermolekeln (46 pro Elementarzelle). Der Abstand O—H···O beträgt wie in Eis 2,76 Å. Zwei der Xenonatome in der kubischen Elementarzelle befinden sich in den Lagen 0 0 0 und 1/2 1/2 1/2 am Mittelpunkt von nahezu regelmäßigen pentagonalen Dodekaedern, die anderen sechs in den Lagen 0 1/4 1/2, 0 3/4 1/2, 1/2 0 1/4, 1/2 0 3/4, 1/4 1/2 0 und 3/4 1/2 0 stehen im Mittelpunkt von Tetrakaidekaedern. Jeder der letzteren (von denen einer im rechten Teil der Abbildung umrissen ist) hat 24 von Wassermolekeln besetzte Ecken und zwei hexagonale und zwölf pentagonale Flächen.

bildet das Hydrat Xe · $5^3/_4 H_2O$, das bei etwa 2 °C und 1 atm Partialdruck von Xenon stabil ist. Methan bildet ein ähnliches Hydrat, $CH_4 \cdot 5^3/_4 H_2O$. Wie Röntgenuntersuchungen gezeigt haben, bestehen solche Kristalle aus einem durch Wasserstoffbrücken zusammengehaltenen Gerüst von Wassermolekeln, in dem die Edelgasatome oder anderen Molekeln eingelagert sind. Das Gerüst ähnelt der Eisstruktur insofern, als jede Wassermolekel von vier anderen in tetraedrischer Anordnung und im Abstand von 2,76 Å umgeben ist, es ist aber offener gebaut und enthält Hohlräume (pentagonale Dodekaeder und andere Polyeder mit fünf- oder sechseckigen Flächen), in denen die Fremdatome Platz finden. Solche Kristalle nennt man Einschlußkristalle oder Clathrate.

Die Struktur des Xenonhydrats ist in Abbildung 12.9 angegeben, die der Hydrate von Argon, Krypton, Methan, Chlor, Brom, Schwefelwasserstoff und verschiedener anderer Substanzen ist analog. Die kubische Einheitszelle hat eine Kantenlänge von etwa 12 Å und enthält 46 Wassermolekeln. Chloroformhydrat, $CHCl_3 \cdot 17 H_2O$, ist etwas komplizierter gebaut: die Chloroformmolekel ist umgeben von einem sechzehnseitigen Polyeder aus 28 Wassermolekeln.

Es kommen auch Einschlußverbindungen vor, deren mit Wasserstoffbrücken zusammengehaltenes Gerüst von organischen Molekeln wie Harnstoff, $(H_2N)_2CO$, gebildet wird. Insbesondere Harnstoff vermag, geradkettige Alkane röhrenförmig einzuschließen, eine Erscheinung, die zur Trennung geradkettiger von verzweigten Alkanen ausgenutzt werden kann.

Andere elektrolytische Lösungsmittel. Es gibt außer Wasser noch einige andere ionisierende Lösungsmittel, die Elektrolyte unter Bildung von Lösungen hoher elektrischer Leitfähigkeit aufzulösen vermögen. Hierzu zählen Wasserstoffperoxid, Fluorwasserstoff, flüssiges Ammoniak und Blausäure. Sie zeichnen sich alle, ebenso wie Wasser, durch hohe Dielektrizitätskonstanten aus. Flüssigkeiten mit niedriger Dielektrizitätskonstante, wie Benzol oder Schwefelkohlenstoff, wirken nicht als ionisierende Lösungsmittel.

Flüssigkeiten mit hoher Dielektrizitätskonstante bezeichnet man gelegentlich als *polare* (genauer *dipolare*) Flüssigkeiten.

12.7. Schweres Wasser

Nach der Entdeckung der schweren Sauerstoffisotope, ^{17}O und ^{18}O, im Jahr 1929 und des Deuteriums, $D = {}^2H$, im Jahr 1932 lag es auf der Hand, daß gewöhnliches Wasser aus verschiedenen Molekelsorten bestehen muß, die verschiedene Kombinationen dieser Isotope darstellen. Da diese verschiedenen Molekeln in allen Eigenschaften mit Ausnahme ihrer Masse fast genau übereinstimmen, ist die Dichte einer Wasserprobe dem durchschnittlichen Molekulargewicht der in ihr vertretenen Molekeln proportional. Besteht die Probe zum Beispiel aus D_2O-Molekeln, so ist ihr Molekulargewicht 20 statt 18, und ihre Dichte ist dann über 10% größer als die von gewöhnlichem Wasser. Diese bestimmte Form von Wasser wird als *schweres Wasser* bezeichnet, kann auch *Deuteriumoxid* genannt werden.

Noch schwereres Wasser kann man herstellen, indem man das Isotop ^{18}O abtrennt und mit Deuterium vereinigt. Die Dichte dieses Wassers ist rund 20% größer als die von gewöhnlichem Wasser.

Tatsächlich gibt es noch schwereres Wasser. Das Isotop T = ^{3}H, Tritium genannt, ist radioaktiv und hat eine Halbwertszeit von 12,4 Jahren. Das Molekulargewicht von gewöhnlichem Tritiumoxid ist 22, aber das des Oxids von Tritium und ^{18}O ist 24, und seine Dichte wäre demnach über 30% größer als die von gewöhnlichem Wasser.

Die Bindungsabstände r_e und Bindungswinkel in den verschiedenen Sorten von Wassermolekeln sind nahezu die gleichen (innerhalb von 0,001 Å bzw. 0,1°). Die Schwingungsfrequenzen von D_2O liegen um ungefähr $2^{-1/2}$ = 0,707 niedriger als die von H_2O. Die Translations-, Rotations- und Schwingungsentropie ist größer für D_2O als für H_2O. Bei gewöhnlicher Temperatur rührt ein erheblicher Anteil am Unterschied, der zwischen Protium- und Deuteriumverbindungen bezüglich der ΔH-Werte ihrer Reaktionen besteht, von der Energie der Nullpunktsschwingung, $1/2\ h\nu$, her.

Die Dichte von D_2O bei 20 °C beträgt 1,1059 g cm^{-3}, der Gefrierpunkt liegt bei 3,82 °C, der Siedepunkt bei 101,42 °C und die Temperatur der größten Dichte bei 11,6 °C.

12.8. Abweichung des Wassers und einiger anderer Flüssigkeiten von der Hildebrandschen Regel

Viele Substanzen, die aus mehratomigen Molekeln bestehen, weisen normale Werte der Verdampfungsentropie auf (vgl. Tafel 11.6). Man sieht das als ein Zeichen dafür an, daß die Molekeln im flüssigen Zustand verschiedene Ausrichtungen mit fast der gleichen Leichtigkeit annehmen können wie im Gaszustand, in dem keine Hinderung besteht. Für Molekeln, deren Gestalt erheblich von der Kugelform abweicht, erweist sich jedoch die Verdampfungsentropie als größer als der Hildebrandsche Wert von 85 J grad^{-1} mol^{-1}. Zwei Beispiele hierfür, nämlich Dicyan, :N≡C—C≡N:, und Acetylen, H—C≡C—H, sind in Tafel 12.1 angegeben. Die Verdampfungsentropie von Acetylen liegt um 10,5 J grad^{-1} mol^{-1} über dem Normalwert. Schreibt man diesen Überschuß der Beschränkung

Tafel 12.1. Verdampfungsentropien von Substanzen, die der Hildebrandschen Regel nicht gehorchen.

Substanz	Siedepunkt bei 1 atm	Siedepunkt für Dampf mit Normalvolumen	Verdampfungswärme	Verdampfungsentropie für Dampf mit Normalvolumen
H_2O	373,2 K	383 K	40,7 kJ mol^{-1}	106 J grad^{-1} mol^{-1}
H_2O_2	423	435	54,4	125
CH_3OH	338	344	35,3	103
C_2H_5OH	352	358	38,6	108
$(CH_2OH)_2$	470	489	56,9	116
HNO_3	353	360	39,5	110
NH_3	240	237	23,4	99
C_2N_2	252	250	23,4	94
C_2H_2	189	184	17,6	96

der Ausrichtungsfreiheit der stabförmigen Molekeln durch deren Nachbarn in der Flüssigkeit zu, so ergibt sich für die Achse der Molekel im Durchschnitt eine Beschränkung auf einen Raumwinkel von 30% des Werts 4π, der vollkommener Ausrichtungsfreiheit entspricht.

Substanzen, deren Molekeln Wasserstoffbrücken bilden, weisen hohe Verdampfungsentropien auf. Für Wasser, Wasserstoffperoxid, Methanol, Äthanol, Äthylenglykol und Salpetersäure übersteigt die Verdampfungsentropie den Hildebrandschen Wert um 17 bis 40 J grad^{-1} mol^{-1} (siehe Tafel 12.1). Dies entspricht einer Beschränkung der Ausrichtungsfreiheit um einen Faktor von 0,08 bis 0,01; der Raumwinkel, auf den die Wasserstoffbrücken in der Flüssigkeit die Ausrichtung der Molekeln beschränken, beträgt also nur 8% bis 1% des Werts für vollkommen unbehinderte Ausrichtung.

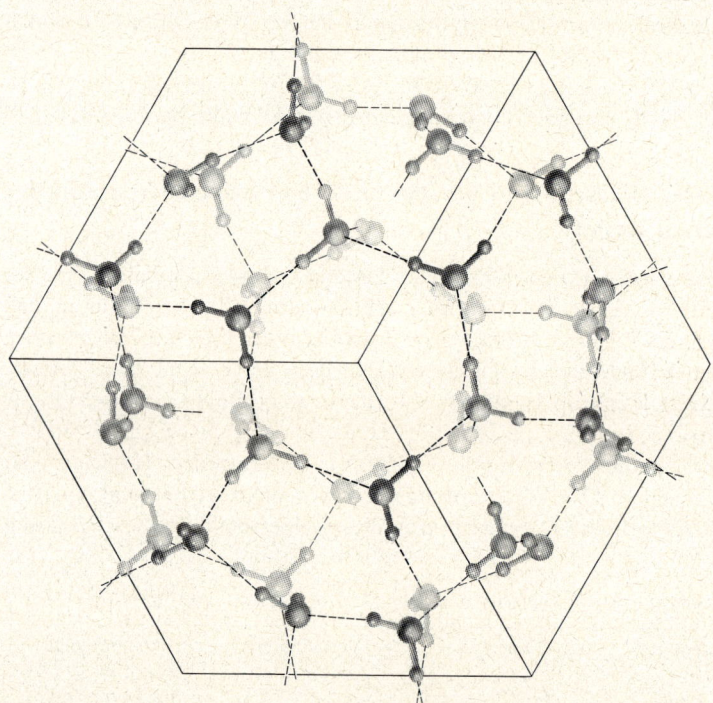

Abb. 12.10. Die Struktur von Eis II, betrachtet in Richtung der hexagonalen Achse. Die Struktur ist kompakter als die von Eis I. Jede Wassermolekel hat vier nächste Nachbarn im Abstand von etwa 2,8 Å, mit denen sie durch gewinkelte Wasserstoffbrücken verbunden ist, sowie einen etwas weiter entfernten Nachbarn im Abstand von 3,24 Å.

12.9. Eis hoher Dichte

Unter Druck wird die offene Struktur von gewöhnlichem Eis (Eis I) instabil, und verschiedene andere Strukturen höherer Dichte treten in Erscheinung. Zu ihnen gehört Eis II, dessen Aufbau in Abbildung 12.10 gezeigt ist. Die bei hohen Drücken auftretenden Eisphasen sind in Abbildung 12.11 angegeben. Auch in den dichten Eisphasen bildet jede Wassermolekel Wasserstoffbrücken mit vier Nachbarn, aber diese liegen in den Ecken nicht eines regelmäßigen Tetraeders wie in Eis I, sondern eines erheblich verzerrten (mit Ausnahme von Eis VII und Eis VIII). Die Verzerrung gestattet es einem oder mehreren zusätzlichen Nachbarn, sich bis auf fast den gleichen Abstand wie die vier mit Wasserstoffbrücken gebundenen anzunähern, und damit erhöht sich die Pakkungsdichte. Die Verzerrung der regelmäßigen Tetraederstruktur kommt durch Biegen von Wasserstoffbrückenbindungen zustande; dies erfordert zusätzliche Energie, und die dichteren Formen von Eis sind deshalb bei niedrigem Druck gegenüber Eis I instabil. Unter hohem Druck wird diese zusätzliche Energie mehr als aufgewogen durch den Gewinn bei der Kompression von Eis I zu den dichteren Formen, so daß diese stabil sind. Weiterhin wird die zusätzliche Energie zu einem gewissen Grad ausgeglichen durch die erhöhte van der Waalssche Anziehung in den dichteren Phassen, die auf die Verkürzung der Atomabstände zurückgeht (Gleichung 11.17).

Ein wesentlicher Unterschied zwischen den Eisstrukturen in Abbildung 12.7 und 12.10 besteht darin, daß jede Wassermolekel in Eis II auf eine ganz bestimmte Ausrichtung im Kristall festgelegt ist, während die Molekel in Eis I die Wahl zwischen sechs Ausrichtungen hat, die die Ausbildung von Wasserstoffbrücken mit den vier Nachbarn gestatten Diese Vielzahl der Ausrichtungsmöglichkeiten in Eis I trägt 3,37 J grad^{-1} mol^{-1} zur Entropie des Kristalls bei (siehe Abschnitt 12.5).

Die Entropie der Unordnung von Eis I kommt unmittelbar bei der Umwandlung Eis II → Eis I zum Ausdruck, bei der ein Entropiezuwachs von 3,2 J grad^{-1} mol^{-1} zu beobachten ist. In Eis I, III, V, VI und VII besteht Unordnung der Ausrichtung der Wassermolekeln, in Eis II, VIII und IX dagegen Ordnung. Der Ordnungs- bzw. Unordnungszustand hat auf viele Eigenschaften der verschiedenen Eisphasen erheblichen Einfluß.

Der Aufbau von Eis III, V und VI gleicht dem von Eis II darin, daß jede Wassermolekel vier gewinkelte Wasserstoffbrücken mit Nachbarn ausbildet und sich von weiteren Molekeln in geringerem Abstand befindet als in Eis I, in dem der Abstand zwischen den nächsten nicht durch Wasserstoffbrücken verbundenen Nachbarn 4,51 Å beträgt. Eis Ic, das bei allen Temperaturen und Drücken etwas weniger stabil ist als Eis I, ist eine kubische Abart des letzteren: die Sauerstoffatome nehmen die gleiche Lage zueinander ein wie die Kohlenstoffatome im Diamant. Eis VII (mit ungeordneter Protonenlage) und Eis VIII (mit geordneter) bestehen aus zwei sich gegenseitig durchdringenden Eis-Ic-Gerüsten, von denen jedes einen separaten Satz von Wasserstoffbrücken aufweist. Die beiden Gerüste sind stramm ineinander gepaßt, und die van der Waalssche Abstoßung der Atome streckt die Wasserstoffbrückenbindungen auf 2,95 Å.

Eis IX ist die Tieftemperaturmodifikation von Eis III, und zwar mit geordneter Protonenlage[1].

Einige Eigenschaften der verschiedenen Formen von Eis sind in Tafel 12.2 angegeben.

---

1 Die Bezeichnung Eis IV war von P. W. Bridgman, der 1912 das Zustandsdiagramm von H_2O und 1935 das von D_2O untersuchte, einer Phase zugewiesen worden, deren Existenzbereich in Abbildung 12.11 in das Eis-V-Feld fallen würde. Spätere Forscher hatten Schwierigkeiten, diese Phase für Röntgenuntersuchungen herzustellen.

Tafel 12.2. Eigenschaften der Modifikationen von Eis.

Modifikation	Dichte	$H° - H°(I)$	$S° - S°(I)$	durchschnittliche Länge der Wasserstoffbrückenbindungen (1 atm, 110 K)[1]	Abweichung der Winkel zwischen Wasserstoffbrückenbindungen vom Tetraederwert (109,5 °)[2]
	(1 atm, 110 K)	(1 atm, 0 °C)	(1 atm, 0 °C)		
I	0,94 g cm^{-3}	0,00 kJ mol^{-1}	0,00 J grad^{-1} mol^{-1}	2,75 Å	0°
Ic	0,94	0,08	<0,1	2,75	0
II	1,18	0,04	−3,22	2,80	17
III	1,15	1,00	1,09	2,78	16
IX	1,16	0,40	−2,29	2,77	16
V	1,23	1,30	0,84	2,80	18
VI	1,31	1,72	0,79	2,81	23
VII	1,50	3,85	0,46	2,95	0
VIII	1,50	2,76	−3,43	2,95	0
H$_2$O(fl)	1,00 (0 °C)	6,02	22,1	2,84 (0 °C)	

1 Die Werte bei 0 °C sind um 0,01 Å größer.
2 Wurzel aus mittlerem Quadrat der Abweichungen.

Die Struktur von flüssigem Wasser. Die Enthalpieänderung $\Delta H° = 6{,}0$ kJ mol^{-1} bei der Umwandlung Eis I → H$_2$O(fl) kann dem Abbruch einiger Wasserstoffbrücken zugeschrieben werden, oder aber deren Deformierung (wie z.B. in Eis II). Wahrscheinlich spielen in flüssigem Wasser beide Vorgänge eine Rolle. Das Röntgenbeugungsdiagramm von flüssigem Wasser bei 4 °C stimmt weitgehend überein mit dem für ein Gemenge von Kristalliten von 50% Eis I, 35% Eis II und 17% Eis III berechneten. Man kann sich von der Struktur des flüssigen Wassers etwa folgendes Bild machen: die Lage einer jeden Wassermolekel zu ihren Nachbarn wechselt hin und her zwischen der für Eis I typischen Konfiguration (vier tetraedrisch ausgerichtete, spannungsfreie Wasserstoffbrücken) und denen von Eis II und Eis III (vier gewinkelte Wasserstoffbrücken sowie Nachbarn ohne Brückenbindung in etwa 3,5 und 4,5 Å Abstand, wie in Eis I und II) und gelegentlich einer Struktur mit nur drei Wasserstoffbrücken. Die Dichte von flüssigem Wasser liegt zwischen der von Eis I und denen von Eis II und Eis III.

12.10. Das Zustandsdiagramm von Wasser

Das experimentell ermittelte Zustandsdiagramm der Substanz Wasser ist in Abbildung 12.11 angegeben. Aus ihm sind die Temperatur- und Druckbereiche ersichtlich, in denen flüssiges Wasser und die verschiedenen festen Eisphasen beständig sind. Nach der Phasenregel (Abschnitt 11.9) hat ein System mit nur einem Bestandteil, etwa der Substanz Wasser, zwei Freiheitsgrade, sofern nur eine Phase anwesend ist; Temperatur und Druck können dann also willkürlich verändert werden. Dies ist der Fall im Inneren der Felder der einzelnen Phasen in Abbildung 12.11. Beim Erscheinen einer zweiten Phase verringert sich die Zahl der Freiheitsgrade auf 1. Dies trifft zu entlang der Kurven, die die

Phasenfelder in der Abbildung begrenzen und sich auf das Gleichgewicht zweier Phasen beziehen. Tritt eine dritte Phase auf, so bleibt kein Freiheitsgrad mehr übrig, und Druck und Temperatur sind beide festgelegt. In Zustandsdiagrammen entspricht das den sogenannten Tripelpunkten, an denen sich drei Gleichgewichtskurven treffen, also drei Phasenfelder berühren.

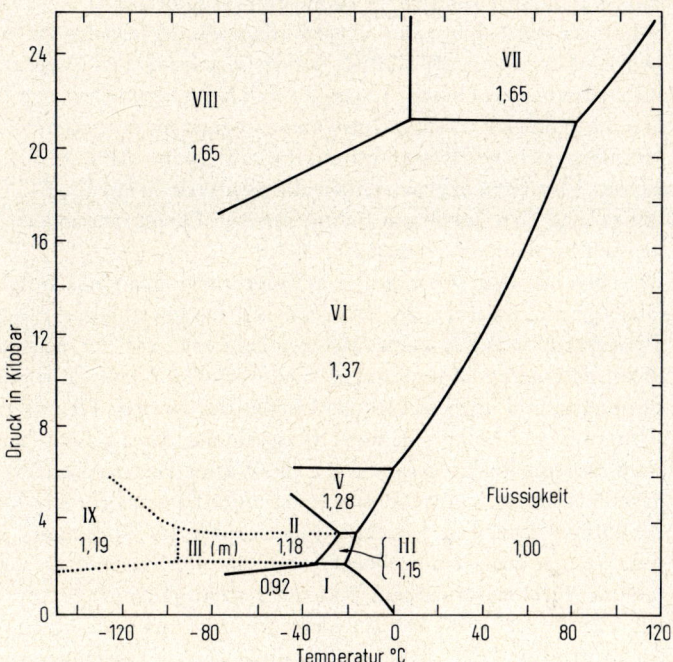

Abb. 12.11. Zustandsdiagramm von Wasser mit Stabilitätsbereichen der Modifikationen von Eis (römische Zahlen) und der Flüssigkeit. Für die verschiedenen Phasen sind jeweils Näherungswerte für die Dichte (in g cm^{-3}) an der Niederdruckgrenze des Stabilitätsbereichs eingetragen. III(m) bezeichnet metastabiles, unterkühltes Eis III im Stabilitätsbereich von Eis II. Der Druck ist in Kilobar angegeben.

Aus den Gleichgewichtskurven in Abbildung 12.11 können mit Hilfe der verallgemeinerten Clausius-Clapeyron-Gleichung thermodynamische Aussagen über die Phasen erhalten werden. Die Gleichung besagt, daß entlang der Gleichgewichtskurve zwischen zwei Phasen A und B der Anstieg dP/dT der Kurve an jeder Stelle gegeben ist durch

$$\frac{dP}{dT} = \frac{\Delta S^\circ}{\Delta V} \qquad (12.1)$$

wobei $\Delta S = S_B - S_A$ den Entropieunterschied und $\Delta V = V_B - V_A$ den Unterschied der Molvolumina der beiden Phasen angibt. (Vergleiche Gleichung 11.15, die sich auf Gleichgewicht zwischen einem idealen Dampf und der kondensierten Phase bezieht; $\Delta S = \Delta H/T$, $\Delta V \cong V(g) = RT/P$.) Sofern die Gleichgewichtskurve bekannt ist, läßt sich also durch Messung des Dichteunterschieds der beiden Phasen deren Entropieunterschied ermitteln. Damit ist gleichzeitig auch der Enthalpieunterschied ΔH der

Phasen gegeben, denn für eine reversible Umwandlung unter konstantem Druck gilt $\Delta H = T\Delta S$. Auf diese Weise kann folglich ΔH ohne Rückgriff auf kalorimetrische Messungen bestimmt werden. Schließlich läßt sich der Energieunterschied zwischen den Phasen mittels der Beziehung $\Delta E = \Delta H - P\Delta V$ berechnen. Bei den verschiedenen Eisphasen hat dieser Energieunterschied mit der beim Biegen der Wasserstoffbrücken aufzuwendenden Energie zu tun (vgl. Abschnitt 12.9).

Sofern die Enthalpie einer Phasenumwandlung bekannt ist, wie etwa beim Schmelzen von Eis I zu flüssigem Wasser, liefert Gleichung 12.1 Auskunft über den Dichteunterschied der beiden Phasen. So erhöht sich beim Schmelzen von Eis I die Dichte ($\Delta V < 0$), und die Schmelzkurve hat damit einen negativen Anstieg dP/dT, d. h. der Schmelzpunkt erniedrigt sich bei Erhöhung des Drucks (siehe Abb. 12.11). Die Schmelzkurven der dichten Eisphasen dagegen haben alle positiven Anstieg ($dP/dT > 0$), was zum Ausdruck bringt, daß sich bei ihrem Schmelzen die Dichte verringert, wie das bei den weitaus meisten Substanzen der Fall ist.

Die eben aus dem Anstieg der Schmelzkurve gezogene Folgerung trifft allgemein für Gleichgewichtskurven zu. Bei jeder Gleichgewichtskurve liegt auf der Seite höherer Temperatur stets die Phase höherer Entropie, auf der Seite höheren Drucks stets die Phase geringeren Molvolumens. Diese beiden Aussagen stehen mit Gleichung 12.1 in Beziehung und ergeben sich als Folgen des zweiten Hauptsatzes der Thermodynamik. Weiterhin sind beide Aussagen Beispiele für das La Châteliersche Prinzip: Erwärmen eines Systems fördert Reaktionen, die Wärme verbrauchen (wobei sich die Entropie des Systems erhöht), und Komprimieren eines Systems fördert Reaktionen, bei denen sich der Druck verringert (durch Verkleinerung des Volumens). Beispiele von Phasenumwandlungen unter einer Vielzahl von thermodynamischen Gegebenheiten sind in Abbildung 12.11 zu erkennen. Nur zwei seien genannt: für die Umwandlung Eis VI → Eis VIII ist ΔV groß und ΔS klein, für die Umwandlung Eis VIII → Eis VII dagegen ist ΔS groß und ΔV nahezu null; diese Zusammenhänge prägen sich deutlich im Anstieg der entsprechenden Gleichgewichtskurven aus.

Übungsaufgaben

12.1. Stellen Sie die chemische Reaktionsgleichung für Enthärtung von Wasser mittels eines Zeolithen und für dessen Regenerierung auf.

12.2. Stellen Sie die chemischen Reaktionsgleichungen für die Entsalzung von Wasser im Ionenaustauschverfahren auf. Können Sie sich denken, welcher Vorteile wegen dieses Verfahren zur Darstellung von ziemlich reinem Wasser häufig der Destillation vorgezogen wird? Wie können Sie am einfachsten feststellen, wann die Austauscher in den Säulen A und B in Abbildung 12.1 erschöpft sind und regeneriert werden müssen?

12.3. Schätzen Sie mit Hilfe von Abbildung 12.3 ab, welche Schmelzpunkte und Siedepunkte von Fluorwasserstoff, Wasser und Ammoniak zu erwarten wären, sofern diese Substanzen keine Wasserstoffbrücken ausbilden würden. Wie würden sich Ihrer Ansicht nach die Dichten von Eis und Wasser zueinander verhalten, wenn es keine Wasserstoffbrücken gäbe?

12.4. Die Auswertung des Bandenspektrums von OH(g) liefert für den Kernabstand r_e den Wert 0,9706 Å und für die Wellenzahl der Valenzschwingung 3735 cm^{-1}. Wie groß ist die Energie der Nullpunktschwingung (Energie der Molekel im Zustand $v = 0$, relativ zum Minimum der Potentialkurve der elektronischen Energie; siehe Abschnitt 10.13 und 10.14)? Welche Werte der Wellenzahl und der Nullpunktsenergie würden Sie für OD berechnen?

12.5. Die gegenseitige elektrostatische Energie zweier elektrischer Ladungen ε_1 und ε_2 im Abstand r beträgt $V = \varepsilon_1\varepsilon_2/r$ (wobei ε_1 und ε_2 in Stoney, r in Meter und V in Joule angegeben sind). Durch Differenzieren nach r und Multiplizieren der Ableitung mit δr erhält man die elektrostatische Energie der Wechselwirkung der Ladung ε_1 mit den Ladungen ε_2 im Abstand $r + \delta r$ und $-\varepsilon_2$ im Abstand r. Offensichtlich ist das die Energie der Wechselwirkung der Ladung ε_1 mit einem elektrischen Dipol mit dem Dipolmoment $\mu = \varepsilon_2\delta r$, der sich im Abstand r befindet und ε_1 seine negative Seite zukehrt. Berechnen Sie diese Wechselwirkungsenergie. (Lösung: $V(\varepsilon_1, \mu = \varepsilon_2\delta r) = [\mathrm{d}V(\varepsilon_1,\varepsilon_2)/\mathrm{d}r]\delta r = -\varepsilon_1\varepsilon_2\delta r/r^2 = -\varepsilon_1\mu/r^2$.)

12.6. Berechnen Sie mit dem in der vorigen Aufgabe angegebenen Verfahren die gegenseitige elektrostatische Energie zweier Dipole μ_1 und μ_2, die im Abstand r voneinander entlang einer gemeinsamen Achse so ausgerichtet sind, daß die negative Seite des einen der positiven Seite des anderen zugekehrt ist. [Lösung: $V(\mu_1,\mu_2) = -2\mu_1\mu_2/r^3$.]

12.7. Berechnen Sie mit Hilfe des in der vorigen Aufgabe abgeleiteten Ausdrucks die gegenseitige elektrostatische Energie der beiden HF-Dipole in der Molekel HF···HF. Der Fluor—Fluor-Abstand beträgt 2,55 Å und das Dipolmoment von HF 0,398 εÅ. (Lösung: $-26,5$ kJ mol^{-1}.)

12.8. Einander analoge Kalium- und Ammoniumsalze sind in der Regel isomorph. Eine Ausnahme ist Ammoniumfluorid, das hexagonale Kristalle mit einer eisähnlichen Struktur bildet, in der Ammonium-Ionen und Fluorid-Ionen abwechselnd die Sauerstoffplätze einnehmen (vgl. Abb. 12.7), während KF(f) mit Kochsalzgitter kristallisiert. Wie erklären Sie diese Abweichung vom Verhalten der anderen Salze?

12.9. Die Dichte von Ammoniumfluorid beträgt 1,009 g cm^{-3}. Wie groß ist die Länge N—H···F der Wasserstoffbrücken in diesem Kristall? (Denken Sie daran, daß der hexagonale Kristall mit eisähnlicher Struktur das gleiche Molvolumen aufweist wie ein kubischer Kristall mit diamantähnlicher Struktur und mit abwechselnder Besetzung der Kohlenstoffplätze durch NH$^+$ und F$^-$ im gleichen Bindungsabstand.) (Lösung: 2,71 Å.)

12.10. Ammoniumfluorid zählt zu den sehr wenigen Substanzen, die in Eis in nennenswertem Ausmaß löslich sind (d.h. eine kristalline Lösung mit Eis bilden können). Können Sie diese ungewöhnliche Eigenschaft erklären?

Kapitel 13

Die Eigenschaften von Lösungen

Eine der bemerkenswertesten Eigenschaften von Wasser ist seine Fähigkeit, Substanzen aufzulösen, *wäßrige Lösungen* zu bilden. Lösungen, wäßrige und nichtwäßrige, spielen eine wichtige Rolle, bei Lebensvorgängen wie in der Technik.
Das Weltmeer ist eine wäßrige Lösung, die Tausende von Bestandteilen enthält, Ionen der Metalle und Nichtmetalle, mehratomige anorganische Ionen und viele verschiedene organische Substanzen. Das Meer war die Wiege alles pflanzlichen und tierischen Lebens. Das Meerwasser lieferte den Organismen die Ionen und Molekeln, die sie zum Leben und Wachsen brauchten. Im Laufe der Zeit entwickelten sich Lebewesen, die den unerläßlichen Vorrat an Ionen und Molekeln als wäßrige Lösung mit sich führen konnten, als Gewebsflüssigkeit, als Blutplasma und als Interzellularflüssigkeit. Sie waren damit nicht mehr an das Meer gebunden und konnten sich auf das feste Land und in die Luft begeben.
Die Eigenschaften von Lösungen sind sehr gründlich untersucht worden. Dabei hat man festgestellt, daß sie sich zum großen Teil auf wenige, einfache Gesetze zurückführen lassen. Mit diesen Gesetzen und einigen Angaben über verschiedene Systeme befassen wir uns in den nächsten Abschnitten.

13.1. Arten von Lösungen. Begriffe und Definitionen

Eine Lösung ist in Kapitel 1 definiert worden als eine homogene Materiesorte, deren Zusammensetzung nicht festliegt.
Meistens handelt es sich bei Lösungen um Flüssigkeiten. Selterswasser zum Beispiel ist eine *flüssige Lösung* von Kohlenstoffdioxid in Wasser. Luft ist eine *gasförmige Lösung* (Gasgemisch) von Stickstoff, Sauerstoff, Kohlenstoffdioxid, Wasserdampf und Argononen. Münzsilber ist eine *feste Lösung* oder *kristalline Lösung* (Mischkristall) von Silber und Kupfer; ihre Kristallstruktur gleicht der von Kupfer (siehe Kapitel 2): die Atome sind in derselben, regelmäßigen Weise in kubisch dichtester Kugelpackung angeordnet, aber die Kupfer- und Silberatome sind weitgehend willkürlich auf die Gitterplätze verteilt.
Den Hauptbestandteil einer Lösung bezeichnet man häufig als *Lösungsmittel*, die anderen Bestandteile dann als *gelöste Stoffe*.
Die Konzentration eines gelösten Stoffs kann in verschiedener Weise angegeben werden, in Gewichtsprozent (Gramm pro 100 g Lösung), in Gramm pro 100 g Lösungsmittel oder in Gramm pro Liter Lösung (Gewichtskonzentration). Gebräuchlicher beim che-

mischen Arbeiten ist die Angabe in Grammformelgewichten pro Liter Lösung (Formalität), Mol pro Liter Lösung (Molarität) oder Grammäquivalent pro Liter Lösung (Normalität)[1]. Statt auf 1 Liter Lösung werden die Angaben gelegentlich auf 1000 g Lösungsmittel bezogen (Gewichts-Formalität, Gewichts-Molarität oder Molalität, und Gewichts-Normalität).

Aufgabe 13.1. 64,11 g $Mg(NO_3)_2 \cdot 6H_2O$ werden in Wasser aufgelöst und die Lösung mit Wasser auf 1 Liter verdünnt. Geben Sie die Konzentration der Lösung an.

Lösung. Das Formelgewicht von $Mg(NO_3)_2 \cdot 6H_2O$ ist 256,43. Daher ist die Lösung 64,11/256,43 = 0,25 F (0,25 formal) an dieser Substanz. Das Salz ist in der Lösung vollständig dissoziiert in Magnesium-Ionen Mg^{2+} und Nitrat-Ionen NO_3^-. Die Lösung ist 0,25 M (0,25 molar) an Mg^{2+} und 0,50 M an NO_3^-. Sie ist gleichzeitig 0,50 N (0,50 normal) an beiden Ionen.

Es ist wichtig zu wissen, daß man eine genau 1 M Lösung nicht herstellen kann, indem man ein Mol der Substanz in einem Liter des Lösungsmittels löst, denn im allgemeinen ist das Volumen der Lösung von dem des Lösungsmittels verschieden. Es ist auch nicht gleich der Summe der Volumina der Bestandteile: zum Beispiel nimmt eine Lösung von 1 Liter Alkohol und 1 Liter Wasser nur 1,93 Liter ein; es tritt eine Volumenkontraktion um 3,5% ein. Die Dichte einer Lösung läßt sich in keinem Fall mit Sicherheit voraussagen. Experimentelle Werte für die Dichten der wichtigsten Lösungen kann man in Handbüchern nachschlagen.

13.2. Löslichkeit

Ein abgeschlossenes System befindet sich im *Gleichgewicht*, wenn seine Eigenschaften, insbesondere die Verteilung seiner Bestandteile auf die Phasen, sich zeitlich nicht mehr ändern.

Enthält das im Gleichgewicht befindliche System ein Lösung und als andere Phase einen Bestandteil der Lösung als reine Substanz, so bezeichnet man die Lösung als *gesättigt* an dem Bestandteil und die Konzentration des Bestandteils in der Lösung als dessen *Löslichkeit*.

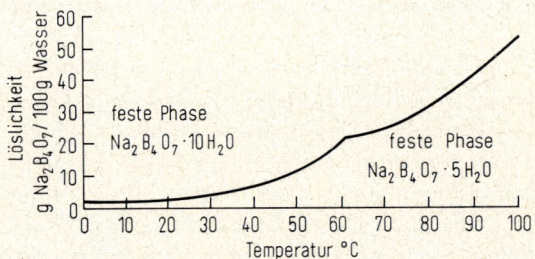

Abb. 13.1. Löslichkeit von Natriumtetraborat in Wasser.

---

1 Molarität und Normalität werden häufig auch mit kleinen Buchstaben, m und n, angegeben. Der Begriff der Formalität, der um 1920 in Amerika eingeführt wurde, ist bisher in Deutschland wenig üblich; die Unterscheidung zwischen Molarität einerseits und Formalität andererseits hat den Vorteil, daß die erstere enger definiert und speziellen Teilchensorten vorbehalten werden kann: zum Beispiel sind nach dieser Definition im Fall einer Substanz AB, die in 1F Lösung nur zu einem Viertel in A und B dissoziiert, die Konzentrationen von A und B je 0,25 M, die von (undissoziiertem) AB 0,75 M.

Hierfür ein Beispiel: bei 0 °C befindet sich eine Lösung, die auf 100 g Wasser 1,3 g wasserfreies Natriumtetraborat, $Na_2B_4O_7$, enthält, im Gleichgewicht mit der festen Phase $Na_2B_4O_7 \cdot 10 H_2O$, Natriumtetraborat-dekahydrat. Auch bei längerem Stehen ändert sich die Zusammensetzung der Lösung nicht. Die Löslichkeit von $Na_2B_4O_7 \cdot 10 H_2O$ in Wasser beträgt also 1,3 g $Na_2B_4O_7$ (bzw. 2,5 g $Na_2B_4O_7 \cdot 10 H_2O$) auf 100 g Wasser

Wechsel in der festen Phase. Die Löslichkeit von $Na_2B_4O_7 \cdot 10 H_2O$ nimmt mit steigender Temperatur rasch zu. Bei 60 °C beträgt sie 20,3 g $Na_2B_4O_7$ auf 100 g Wasser (Abb. 13.1). Erwärmen wir das System auf 70 °C und halten es für einige Zeit auf dieser Temperatur, so setzt ein neuer Vorgang ein: eine dritte Phase tritt auf, eine kristalline Phase der Zusammensetzung $Na_2B_4O_7 \cdot 5 H_2O$. Die andere kristalline Phase verschwindet. Bei dieser Temperatur ist die Löslichkeit des Pentahydrats geringer als die des Dekahydrats. Eine in bezug auf das Dekahydrat gesättigte Lösung ist in bezug auf das Pentahydrat übersättigt und scheidet Kristalle des Pentahydrats ab[1]. Nun löst sich der instabile Bodenkörper fortlaufend auf und der stabile kristallisiert aus, bis die instabile Phase ganz verschwunden ist[2].

In unserem Fall ist das Dekahydrat unter 61 °C weniger löslich als das Pentahydrat und deshalb in diesem Bereich die stabile Phase. Bei 61 °C schneiden sich die Löslichkeitskurven beider Hydrate, und über 61 °C ist das Pentahydrat in Berührung mit der Lösung stabil.

Bei dem Wechsel in der festen Phase muß es sich nicht unbedingt um einen Wechsel in der Solvatation[3] handeln. Zum Beispiel ist in geeigneten Lösungsmitteln bei Temperaturen unter 95,5 °C rhombischer Schwefel weniger löslich als monokliner. 95,5 °C ist die Umwandlungstemperatur zwischen beiden Modifikationen. Oberhalb dieser Temperatur ist die monokline Modifikation weniger löslich als die rhombische. Die Thermodynamik verlangt, daß die Temperatur, bei der sich die Löslichkeitskurven schneiden, mit

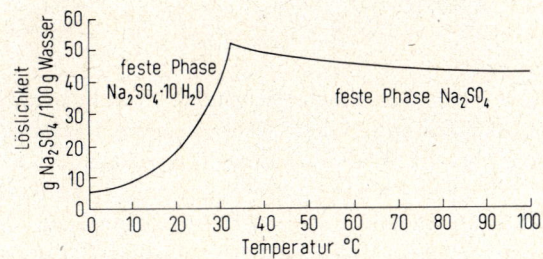

Abb. 13.2. Löslichkeit von Natriumsulfat in Wasser.

---

1 Manchmal setzt die Kristallisation erst ein, wenn man „impft", das heißt, wenn man kleine Kriställchen der Substanz zufügt, die als Keime für die Kristallisation wirken.
2 Das dritte Hydrat des Natriumtetraborats, Kernit, $Na_2B_4O_7 \cdot 4 H_2O$, ist löslicher als die beiden anderen.
3 Mit Solvatation bezeichnet man die Anlagerung von Molekeln des Lösungsmittels (*solvens*). Die Hydratation ist also ein Spezialfall der Solvatation.

der Temperatur übereinstimmt, bei der sich die Dampfdruckkurven beider Modifikationen schneiden. Sie ist also von der Art des Lösungsmittels unabhängig.

Die Temperaturabhängigkeit der Löslichkeit. Die Löslichkeit einer Substanz kann mit steigender Temperatur zunehmen oder abnehmen. Ein interessantes Verhalten zeigt Natriumsulfat (Abb. 13.2). Die Löslichkeit von $Na_2SO_4 \cdot 10 H_2O$ (stabil unter 32,4 °C) wächst mit steigender Temperatur sehr schnell (von 5 g Na_2SO_4 auf 100 g Wasser bei 0 °C bis 55 g bei 32,4 °C). Oberhalb 32,4 °C ist Na_2SO_4 als Bodenkörper stabil. Die Löslichkeit dieser Phase sinkt mit steigender Temperatur (von 55 g auf 100 g Wasser bei 32,4 °C bis auf 42 g bei 100 °C).
Die meisten Salze zeigen ein Anwachsen der Löslichkeit mit steigender Temperatur. Bei einer ganzen Reihe, wie NaCl, K_2CrO_4 usw., hängt die Löslichkeit kaum von der Temperatur ab. Bei wenigen, wie Na_2SO_4, $FeSO_4 \cdot H_2O$ und $Na_2CO_3 \cdot H_2O$, sinkt die Löslichkeit mit steigender Temperatur ab (Abb. 13.3 und 13.4).

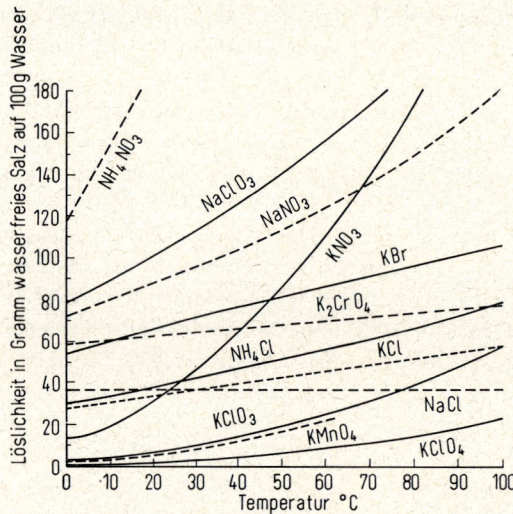

Abb. 13.3. Löslichkeitskurven einiger Salze in Wasser.

Die thermodynamische Behandlung von Gleichgewichten in Kapitel 11 ist auch auf die Löslichkeit anwendbar. Wenn die partielle molare Lösungsenthalpie positiv ist, wächst die Löslichkeit mit steigender Temperatur, und wenn sie negativ ist, verringert sich die Löslichkeit mit steigender Temperatur. (Die partielle molare Lösungsenthalpie ist die Enthalpieänderung beim Auflösen von einem Mol der kristallinen Substanz in einer sehr großen Menge nahezu gesättigter Lösung bei konstanter Temperatur und konstantem Druck.) Diese Aussage steht natürlich mit dem Le Châtelierschen Prinzip in Einklang.
Entsprechend den positiven Temperaturkoeffizienten ihrer Löslichkeit zeigen die meisten Salze positive Lösungsenthalpien in Wasser. So betragen die Werte für $Na_2SO_4 \cdot 10 H_2O$ und NaCl 79 bzw. 5,4 kJ pro Grammformelgewicht, der für Na_2SO_4 dagegen —23 kJ pro Grammformelgewicht.

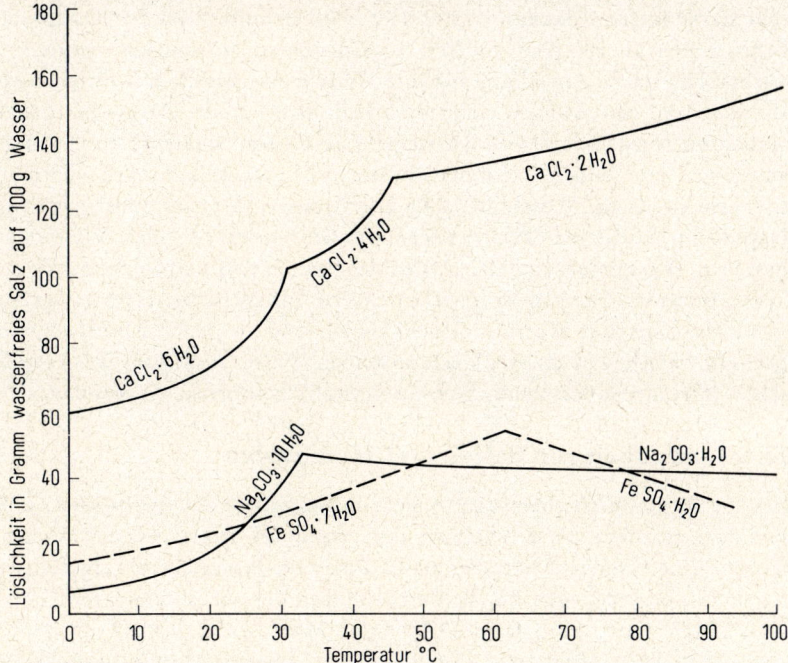

Abb. 13.4. Löslichkeitskurven einiger Salze, die zwei oder drei verschiedene Hydrate bilden.

13.3. Löslichkeit und Verwandtschaft zwischen Lösungsmittel und gelöstem Stoff

Hinsichtlich ihrer Löslichkeit in verschiedenen Lösungsmitteln unterscheiden sich chemische Substanzen in hohem Grade. Ein paar allgemeine Regeln über die Löslichkeit lassen sich aufstellen, sie beziehen sich jedoch in der Hauptsache auf organische Verbindungen.

Eine dieser Regeln besagt, daß *Substanzen sich am leichtesten in Lösungsmitteln lösen, die ihnen chemisch ähnlich sind*. So löst sich der Kohlenwasserstoff Naphthalin, $C_{10}H_8$, leicht in Benzin, einem Gemisch von Kohlenwasserstoffen. In Äthanol, C_2H_5OH, dessen Molekeln aus einer kurzen Kohlenwasserstoffkette mit einer Hydroxylgruppe bestehen, ist die Löslichkeit etwas geringer, und in Wasser, das von Kohlenwasserstoffen sehr verschieden ist, löst sich Naphthalin kaum. Andererseits ist Borsäure, $B(OH)_3$, eine Hydroxylverbindung, mäßig löslich in Wasser wie in Alkohol, also in Verbindungen, die ihrerseits Hydroxylgruppen tragen, ist dagegen in Benzin unlöslich. Auch untereinander zeigen die drei Lösungsmittel die gleiche Erscheinung: sowohl Wasser als auch Benzin sind mit Alkohol mischbar (löslich in Alkohol), lösen sich dagegen ineinander nur äußerst wenig. Die Erklärung liegt in folgendem: Kohlenwasserstoffketten ziehen sich untereinander nur schwach an, schwächer als die meisten anderen Substanzen vergleichbaren Moleklargewichts, wie die niedrigen Siedepunkte und Schmelzpunkte der Kohlenwasserstoffe zeigen. Zwischen Hydroxylgruppen und zwischen Wassermolekeln wirken dagegen sehr starke intermolekulare Kräfte. Der Schmelzpunkt und der Siedepunkt des Wassers liegen höher als die aller anderen vergleichbaren Substanzen niedrigen Molekulargewichts. Die starke Anziehung hat ihre Ursache im partiellen Ionencharakter der O—H-Bindung, der den Atomen elektrische Ladungen erteilt. Die positiv geladenen Wasserstoffatome werden dann von den negativ geladenen Sauerstoffatomen anderer Molekeln angezogen und bilden mit ihnen Wasserstoffbrückenbindungen, die die Molekeln zusammenhalten (vgl. Abschnitt 12.4). Die Anwesenheit von Substanzen wie Benzin oder Naphthalin würde die Wassermolekeln daran hindern, so viele Wasserstoffbrücken wie in reinem Wasser auszubilden. Das ist der Grund, daß sich solche Stoffe in Wasser kaum lösen. Borsäure dagegen ist löslich, denn sie enthält selbst Hydroxylgruppen, die Wasserstoffbrücken mit Wassermolekeln bilden und so das Aufbrechen von Wasserstoffbrücken zwischen Wassermolekeln in reinen Wasser (und von Wasserstoffbrücken zwischen Borsäuremolekeln im Borsäurekristall) kompensieren können.

13.4. Löslichkeit von Salzen und Hydroxiden

Für die anorganisch-chemische Arbeit, insbesondere für die qualitative Analyse, ist es von Nutzen, über die Löslichkeit der häufigsten Substanzen in Wasser Bescheid zu wissen. Eine Übersicht hierüber geben Ihnen die anschließend aufgeführten Erfahrungsregeln. Sie beziehen sich auf die Verbindungen der gebräuchlichsten Kationen Na^+, K^+, NH_4^+, Mg^{2+} Ca^{2+}, Sr^{2+}, Ba^{2+}, Al^{3+}, Cr^{3+}, Mn^{2+}, Fe^{2+}, Fe^{3+}, Co^{2+}, Ni^{2+}, Cu^{2+}, Zn^{2+}, Ag^+, Cd^{2+}, Sn^{2+}, Hg_2^{2+} und Pb^{2+}. „Löslich" bezeichnet eine Löslichkeit von mehr als 1 g in 100 ml Wasser (das entspricht einer Größenordnung von 0,1 M bezüglich des Kations) und „unlöslich" eine Löslichkeit von weniger als 0,1 g in 100 ml (Größenordnung von 0,01 M). Substanzen, deren Löslichkeit innerhalb oder in der Nähe dieser Grenzen liegt, sind als „wenig löslich" aufgeführt.

Gruppe der im wesentlichen wasserlöslichen Substanzen.

Alle *Nitrate* sind löslich.
Alle *Acetate* sind löslich.
Alle *Chloride*, *Bromide* und *Jodide* mit Ausnahme derjenigen von Silber, einwertigem Quecksilber und Blei sind löslich. $PbCl_2$ und $PbBr_2$ sind in kaltem Wasser wenig (1 g auf 100 ml bei 20 °C), in warmem Wasser besser löslich (3 g bzw. 5 g auf 100 ml bei 100 °C).
Alle *Sulfate* mit Ausnahme derjenigen von Barium, Strontium und Blei sind löslich. $CaSO_4$, Ag_2SO_4 und Hg_2SO_4 sind wenig löslich.
Alle *Natrium-*, *Kalium-* und *Ammoniumsalze* sind löslich, mit Ausnahme von $NaSb(OH)_6$ (Natriumantimonat), K_2PtCl_6 und $(NH_4)_2PtCl_6$ (Kalium- und Ammoniumhexachloroplatinat) sowie $K_3Co(NO_2)_6$ und $(NH_4)_3Co(NO_2)_6$ (Kalium- und Ammoniumhexanitritocobaltat). Kaliumperchlorat, $KClO_4$, ist in kaltem Wasser wenig löslich.

Gruppe der im wesentlichen wasserunlöslichen Substanzen.

Alle *Hydroxide* sind unlöslich, mit Ausnahme derjenigen der Alkalimetalle sowie Ammonium- und Bariumhydroxyd. $Ca(OH)_2$ und $Sr(OH)_2$ sind wenig löslich.
Alle neutralen *Carbonate* und *Phosphate* sind unlöslich, ausgenommen die der Alkali-

metalle und von Ammonium. Viele Hydrogencarbonate und Hydrogenphosphate wie $Ca(HCO_3)_2$ und $Ca(H_2PO_4)_2$ sind löslich.
Alle *Sulfide* sind unlöslich, ausgenommen die der Alkalimetalle, der Erdalkalimetalle und Ammoniumsulfid[1].

13.5. Das Löslichkeitsprodukt

In vielen Fällen ändert ein Zusatz anderer Substanzen (in geringer Konzentration) wenig an der Löslichkeit einer Substanz. Zum Beispiel hat die Anwesenheit eines Nichtelektrolyten wie Zucker oder Jod in der Regel nur geringen Einfluß auf die Löslichkeit eines Salzes in Wasser, und umgekehrt beeinflußt ein Salz wie Natriumnitrat die Löslichkeit von Jod in Wasser kaum. Die Löslichkeit eines Salzes wird durch Gegenwart eines anderen Salzes, das mit dem ersten keine Ionen gemeinsam hat, nicht wesentlich verändert; in den meisten Fälle wächst die Löslichkeit ein wenig, weil elektrostatische Wechselwirkungskräfte zwischen den Ionen in Lösung deren Aktivität etwas verringern (vgl. dazu Abschnitt 13.11).
In manchen Fällen allerdings verändert sich die Löslichkeit einer Substanz bei Zusatz anderer Substanzen erheblich. So löst sich Jod in einer Lösung, die Jodid-Ionen enthält, wesentlich besser als in reinem Wasser. Kaliumperchlorat löst sich in Lösungen, die andere Kalium- oder Perchloratsalze enthalten, in wesentlich geringerem Umfang als in reinem Wasser. Das *Anwachsen* der Löslichkeit im ersten Fall geht auf die *Bildung eines Komplexes*, des Trijodid-Ions, I_3^-, zurück (siehe Kapitel 19). Die *Herabsetzung* der Löslichkeit durch ein anderes Salz, das mit dem ersten *ein Ion gemeinsam hat*, soll uns nun beschäftigen.
In einer gesättigten Lösung eines Salzes, etwa von Kaliumperchlorat, ist das Produkt der Ionenkonzentrationen bei vorgegebener Temperatur konstant:

$$[K^+][ClO_4^-] = K_{LP} \qquad \text{(in gesättigter Lösung)}$$

Die Konstante K_{LP} heißt Löslichkeitsprodukt des Salzes.
Die Konstanz des Löslichkeitsprodukts folgt aus der Gleichgewichtsbeziehung

$$\frac{[K^+][ClO_4^-]}{[KClO_4]} = K \qquad (13.1)$$

für die Dissoziation des Salzes

$$KClO_4 \rightleftharpoons K^+ + ClO_4^-$$

Dann und nur dann, wenn sich die Lösung im Gleichgewicht mit reinem, kristallinem $KClO_4$ befindet, ist $[KClO_4]$ konstant und kann in die Gleichgewichtskonstante einbezogen werden. *Das Löslichkeitsprodukt ist nur für gesättigte Lösungen eines Salzes definiert.* In Lösungen, die nicht gesättigt sind, kann das Ionenprodukt $[K^+] \cdot [ClO_4^-]$ selbstverständlich jeden beliebigen Wert annehmen, da K_{LP} nur einen Höchstwert darstellt, den das Ionenprodukt nicht überschreiten kann.
Kaliumperchlorat löst sich bei 0 °C zu 7,5 g l^{-1} in Wasser. Die Ionenkonzentration $[K^+]$ und $[ClO_4^-]$ sind folglich beide $7,5/138,56 = 0,054\ M$ (138,56 ist das Molekulargewicht

---
[1] Die Sulfide von Aluminium und Chrom hydrolysieren in Wasser unter Bildung eines Niederschlags von Aluminium- bzw. Chromoxidhydrat.

von KClO$_4$). K_{LP} beträgt also $(0{,}054\ M)^2 = 29{,}0 \cdot 10^{-4}\ \text{mol}^2\text{l}^{-2}$. Aus diesem Wert läßt sich die Löslichkeit von Kaliumperchlorat in Lösungen anderer Kaliumsalze und anderer Perchlorate berechnen. Auf jeden Fall ist die Löslichkeit in solchen Lösungen geringer als in reinem Wasser, weil eines der Ionen, K$^+$ oder ClO$_4^-$, ja bereits in der Lösung anwesend ist (*common ion effect*).

Wählen wir als Beispiel eine Lösung, die ursprünglich 0,2 F an KCl ist. Die anfänglichen Konzentrationen der Ionen betragen:

$$[\text{K}^+] = [\text{Cl}^-] = 0{,}200\ M$$

Nun sättigen wir die Lösung mit KClO$_4$. x sei die Anzahl Mol KClO$_4$, die sich pro Liter lösen; dann sind die Endkonzentrationen der Ionen:

$$[\text{K}^+] = 0{,}200\ M + x$$
$$[\text{Cl}^-] = 0{,}200\ M$$
$$[\text{ClO}_4^-] = x$$

Anwendung des Löslichkeitsprodukts führt zu der Gleichung

$$[\text{K}^+][\text{ClO}_4^-] = (0{,}200 + x)x\ \text{mol}^2\text{l}^{-2} = K_{LP} = 29{,}0 \cdot 10^{-4}\ \text{mol}^2\text{l}^{-2}$$

Auflösung nach x ergibt

$$x = 0{,}014\ M$$

Demnach ist $[\text{K}^+] = 0{,}214\ M$ und $[\text{ClO}_4^-] = 0{,}014\ M$. Die Löslichkeit von KClO$_4$ in 0,2 F KCl beträgt also nur 0,014 Grammformelgewicht pro Liter, ungefähr ein Viertel derjenigen in reinem Wasser.

Löslichkeitsprodukte einer Reihe von Salzen sind in Tafel 13.1 angegeben.

Die Zuverlässigkeit solcher Berechnungen hängt im wesentlichen von der Gesamtkonzentration aller Ionen in der Lösung ab. In sehr verdünnten Lösungen (0,001 F) sind die Ergebnisse auf etwa 4% genau. In konzentrierteren Lösungen macht es sich bemerkbar, daß die Aktivitäten der Ionen erheblich hinter deren Konzentrationen zurückbleiben; die wirklichen Löslichkeiten der Salze übersteigen dann im allgemeinen die berechneten, und zwar für einwertige Ionen (wie K$^+$, Cl$^-$) in 0,01 F Lösung um etwa 10%, in 0,1 F Lösung um etwa 20%.

Aufgabe 13.2. Die Löslichkeit von Quecksilber(I)-chlorid (Kalomel), Hg$_2$Cl$_2$, in Wasser beträgt $3{,}0 \cdot 10^{-5}$ g in 100 ml. Wie groß ist das Löslichkeitsprodukt? Welches Volumen einer 0,01 F NaCl-Lösung löst die gleiche Menge Quecksilber(I)-chlorid wie ein Liter reines Wasser?

Lösung. Die Löslichkeit beträgt $3{,}0 \cdot 10^{-4}$ l^{-1} oder $3{,}0 \cdot 10^{-4}/472{,}1 = 0{,}64 \cdot 10^{-6}$ Grammformelgewicht pro Liter. (472,1 ist das Formelgewicht von Hg$_2$Cl$_2$.) Das Quecksilber(I)-Ion ist Hg$_2^{2+}$ (siehe Kapitel 21), und die Molekel Hg$_2$Cl$_2$ dissoziiert zu einem Hg$_2^{2+}$-Ion und zwei Cl$^-$-Ionen. Die Ionenkonzentrationen betragen folglich
[Hg$_2^{2+}$] = $0{,}64 \cdot 10^{-6}$ mol l^{-1}
[Cl$^-$] = $1{,}28 \cdot 10^{-6}$ mol l^{-1}
Damit ist das Löslichkeitsprodukt
K_{LP} = [Hg$_2^{2+}$][Cl$^-$]^2 = $1{,}0 \cdot 10^{-18}$ mol^3 l^{-3}
In einen Liter reinem Wasser lösen sich $0{,}64 \cdot 10^{-6}$ Grammformelgewicht Kalomel. In 0,01 F NaCl ist [Cl$^-$] = 0,01 M. Wird die Lösung mit Kalomel gesättigt, so stellt sich eine Quecksilber(I)-Ionenkonzentration gemäß der Gleichung ein:
[Hg$_2^{2+}$] $(0{,}01\ M)^2 = K_{LP} = 1{,}0 \cdot 10^{-18}$ mol^3 l^{-3}

Tafel 13.1. Löslichkeitsprodukte bei Zimmertemperatur (18 bis 25 °C).

Halogenide	K_{LP}	Halogenide	K_{LP}
AgCl	$1{,}6 \times 10^{-10}$ mol² l⁻²	Hg_2I_2[1]	1×10^{-28} mol³ l⁻³
AgBr	5×10^{-13}	MgF_2	6×10^{-9}
AgI	1×10^{-16}	PbF_2	$3{,}2 \times 10^{-8}$
BaF_2	$1{,}7 \times 10^{-6}$ mol³ l⁻³	$PbCl_2$	$1{,}7 \times 10^{-5}$
CaF_2	$3{,}4 \times 10^{-11}$	$PbBr_2$	$6{,}3 \times 10^{-6}$
CuCl	1×10^{-7} mol² l⁻²	PbI_2	9×10^{-9}
CuBr	1×10^{-8}	SrF_2	3×10^{-9}
CuI	1×10^{-12}	TlCl	$2{,}0 \times 10^{-4}$ mol² l⁻²
Hg_2Cl_2[1]	1×10^{-18} mol³ l⁻³	TlBr	4×10^{-6}
Hg_2Br_2[1]	5×10^{-23}	TlI	6×10^{-8}

Carbonate	K_{LP}	Carbonate	K_{LP}
Ag_2CO_3	8×10^{-12} mol³ l⁻³	$FeCO_3$	2×10^{-11} mol² l⁻²
$BaCO_3$	5×10^{-9} mol² l⁻²	$MnCO_3$	9×10^{-11}
$CaCO_3$	$4{,}8 \times 10^{-9}$	$PbCO_3$	1×10^{-13}
$CuCO_3$	1×10^{-10}	$SrCO_3$	1×10^{-9}

Chromate	K_{LP}	Chromate	K_{LP}
Ag_2CrO_4	1×10^{-12} mol³ l⁻³	$PbCrO_4$	2×10^{-14} mol² l⁻²
$BaCrO_4$	2×10^{-10} mol² l⁻²	$SrCrO_4$	$3{,}6 \times 10^{-5}$

Hydroxide	K_{LP}	Hydroxide	K_{LP}
$Al(OH)_3$	1×10^{-33} mol⁴ l⁻⁴	$Fe(OH)_3$	1×10^{-38} mol⁴ l⁻⁴
$Ca(OH)_2$	8×10^{-6} mol³ l⁻³	$Mg(OH)_2$	6×10^{-12} mol³ l⁻³
$Cd(OH)_2$	1×10^{-14}	$Mn(OH)_2$	1×10^{-14}
$Co(OH)_2$	2×10^{-16}	$Ni(OH)_2$	1×10^{-14}
$Cr(OH)_3$	1×10^{-30} mol⁴ l⁻⁴	$Pb(OH)_2$	1×10^{-16}
$Cu(OH)_2$	6×10^{-20} mol³ l⁻³	$Sn(OH)_2$	1×10^{-26}
$Fe(OH)_2$	1×10^{-15}	$Zn(OH)_2$	1×10^{-15}

Sulfate	K_{LP}	Sulfate	K_{LP}
Ag_2SO_4	$1{,}2 \times 10^{-5}$ mol³ l⁻³	Hg_2SO_4[1]	6×10^{-7} mol² l⁻²
$BaSO_4$	1×10^{-10} mol² l⁻²	$PbSO_4$	2×10^{-8}
$CaSO_4 \cdot 2H_2O$	$2{,}4 \times 10^{-5}$	$SrSO_4$	$2{,}8 \times 10^{-7}$

Sulfide	K_{LP}	Sulfide	K_{LP}
HgS	10^{-54} mol² l⁻²	ZnS	10^{-24} mol² l⁻²
CuS	10^{-40}	FeS	10^{-22}
CdS	10^{-28}	CoS[2]	10^{-21}
PbS	10^{-28}	NiS[2]	10^{-21}
SnS	10^{-28}	MnS[3]	10^{-16}

1 In das Löslichkeitsprodukt von Quecksilber(II)-salzen geht die Konzentration $[Hg_2^{2+}]$ ein.
2 CoS und NiS sind anscheinend dimorph. Die weniger löslichen Modifikationen (mit K_{LP} etwa 10^{-27} mol² l⁻²) sind aus saurer Lösung nicht leicht auszufällen.
3 MnS ist dimorph. Der Tabellenwert gilt für die gewöhnliche, fleischfarbene Modifikation. Für die grüne Modifikation ist $K_{LP} = 10^{-22}$ mol² l⁻².

Damit ist
[Hg_2^{2+}] = $1,0 \cdot 10^{-14}$ mol l^{-1}

In 0,01 F NaCl löst sich Kalomel also um den Faktor $1,0 \cdot 10^{-14}/0,64 \cdot 10^{-6} = 1,6 \cdot 10^{-8}$ weniger als in reinem Wasser, und ein Volumen von $0,64 \cdot 10^8$ l (also 64 Millionen Liter) wäre erforderlich, die gleiche Menge von 0,003 g Kalomel aufzulösen, die sich in 1 l reinem Wasser lösen.

13.6. Löslichkeit von Gasen in Flüssigkeiten: das Henrysche Gesetz

Luft ist in Wasser etwas löslich: bei Zimmertemperatur (20 °C) löst 1 Liter Wasser 19,0 ml Luft von 1 atm Druck. (Mit steigender Temperatur nimmt die Löslichkeit ab.) Wird der Druck verdoppelt, so verdoppelt sich auch die Löslichkeit. Die Proportionalität zwischen der Löslichkeit von Gasen und ihrem Druck bringt das *Henrysche Gesetz*[1] zum Ausdruck. Es besagt: *Bei konstanter Temperatur ist im Gleichgewicht zwischen Gasphase und Lösung der Partialdruck eines Bestandteils in der Gasphase seiner Konzentration in der Lösung proportional.* Das Gesetz gilt für niedrige Konzentrationen. Gleichbedeutend ist die Aussage: *die Löslichkeit eines Gases in einer Flüssigkeit ist dem Partialdruck des Gases proportional.*

Aufgabe 13.3. Bei 0 °C beträgt die Löslichkeit von Luftstickstoff[2] in Wasser 23,54 ml l^{-1}, die von Sauerstoff 48,89 ml l^{-1}. Luft besteht aus 79 Volumenprozent Stickstoff und 21 Volumenprozent Sauerstoff. Welche Zusammensetzung hat die in Wasser gelöste Luft?

Lösung. Die Löslichkeiten von Stickstoff und Sauerstoff bei ihren Partialdrucken von 0,79 bzw. 0,21 atm sind $0,79 \cdot 23,54 = 18,60$ ml l^{-1} und $0,21 \cdot 48,89 = 10,27$ ml l^{-1}. Die gelöste Luft besteht also aus

$$\frac{18,60}{18,60 + 10,27} \cdot 100 = 64,4\% \text{ Stickstoff und}$$

$$\frac{10,27}{18,60 + 10,27} \cdot 100 = 35,6\% \text{ Sauerstoff}$$

Die Löslichkeit der meisten Gase in Wasser liegt in der gleichen Größenordnung wie die der Luft. Ausnahmen bilden die Gase, die chemisch mit Wasser reagieren oder großenteils elektrolytisch dissoziieren wie CO_2 (Löslichkeit 1713 ml l^{-1} bei 0 °C), H_2S (4670 ml l^{-1}), sowie SO_2 und NH_3, die äußerst leicht löslich sind.

Die Verteilung eines gelösten Stoffs zwischen zwei Lösungsmitteln. Wird eine wäßrige Jodlösung mit Chloroform geschüttelt, so tritt der größte Teil des Jods in die Chloroformphase über. Das Verhältnis der Jodkonzentrationen in beiden Phasen, der sogenannte *Verteilungskoeffizient* des Jods, ist im Bereich kleiner Konzentrationen konstant *(Nernstscher Verteilungssatz)*. Für die Verteilung von Jod zwischen Chloroform und Wasser beträgt er bei Zimmertemperatur 250. Ob nun eine verdünnte Lösung von Jod in Chloroform mit Wasser oder eine verdünnte Lösung von Jod in Wasser mit Chloroform geschüttelt wird, stets ist nach Einstellung des Gleichgewichts die Jodkonzentration im Chloroform 250mal so groß wie im Wasser.

---

1 Aufgestellt von dem englischen Chemiker William Henry (1775–1836).
2 98,8% N_2 und 1,2% Ar.

Ziehen wir die oben besprochenen Gleichgewichte heran, so sehen wir, daß der Verteilungskoeffizient eines gelösten Stoffes zwischen zwei Lösungsmitteln gleich dem Verhältnis seiner Löslichkeiten in den beiden Lösungsmitteln ist, jedenfalls sofern es sich um geringe Löslichkeiten handelt.

Das Ausschütteln einer Lösung mit einem mit ihr nicht mischbaren Lösungsmittel ist ein Verfahren, das für die organische Chemie große Bedeutung gewonnen hat, besonders für die Chemie der Naturstoffe, denn häufig ist es auf diesem Weg möglich, einen von vielen gelösten Stoffen aus der Lösung abzutrennen. In der anorganischen Chemie dient das Verfahren einem anderen Zweck. Man kann mit seiner Hilfe die Konzentration bestimmter Teilchensorten erfassen. So vereinigt sich Jod mit Jodid-Ionen zu Trijodid-Ionen, $I_2 + I^- \rightarrow I_3^-$; die Konzentration molekularen Jods, I_2, in einer Lösung, die I_2 und I_3^- enthält, findet man, wenn man mit Chloroform ausschüttelt, die Konzentration des I_2 im Chloroform analytisch bestimmt und durch den Verteilungskoeffizienten teilt. (Das Trijodid-Ion ist in Chloroform nicht löslich.)

13.7. Der Gefrierpunkt und der Siedepunkt von Lösungen

Es ist allgemein bekannt, daß der Gefrierpunkt einer Lösung tiefer liegt als der des reinen Lösungsmittels. Zum Beispiel setzt man im Winter dem Kühlwasser von Autos einen löslichen Stoff wie Glykol oder Glycerin zu, um ein Einfrieren zu verhindern. Auch die Wirkung einer Kältemischung aus Eis und Kochsalz, zum Beispiel für die Herstellung von Speiseeis, beruht auf dieser Erscheinung: das Salz löst sich im Schmelzwasser des Eises zu einer Lösung, die bei einer Temperatur unter dem Gefrierpunkt reinen Wassers mit Eis im Gleichgewicht steht.

Wir wollen uns ansehen, was geschieht, wenn einer Kochsalzlösung (beispielsweise $1\,F$ NaCl) mit irgendeinem Kühlmittel, etwa mit festem Kohlenstoffdioxid, Wärme entzogen wird. Die Temperatur fällt bis eben unter den Gefrierpunkt der Lösung, $-3{,}4$ °C. Dann beginnt Eis sich abzuscheiden, und die Temperatur steigt wieder auf genau den Gefrierpunkt an. Mit zunehmender Abscheidung von Eis steigt jedoch die Salzkonzentration der Lösung langsam an. Damit erniedrigt sich der Gefrierpunkt. Wenn die Hälfte des Wassers gefroren ist, hat sich die Konzentration der Lösung auf $2\,F$ erhöht. Die Temperatur beträgt nun $-6{,}9$ °C. Sie sinkt mit weiterer Abscheidung von Eis bis auf $-21{,}1$ °C ab. Jetzt hat die Lösung ihre Sättigungskonzentration erreicht, und neben Eis kristallisiert nun auch Kochsalz als $NaCl \cdot 2H_2O$ aus. Diese Temperatur, bei der sich drei Phasen (Wasser, $NaCl \cdot 2H_2O$ und Lösung) miteinander im Gleichgewicht befinden, wird als *eutektische Temperatur* bezeichnet. Die Temperatur bleibt bei weiterem Entziehen von Wärme konstant, und der Rest der Lösung erstarrt ohne Änderung seiner Zusammensetzung zu einem *eutektischen Gemenge* der beiden festen Phasen. Versuche haben gezeigt, daß die Gefrierpunktserniedrigung einer verdünnten Lösung der Konzentration des gelösten Stoffs proportional ist. 1883 machte der französische Chemiker F. M. Raoult eine interessante Entdeckung: *Die molare Gefrierpunktserniedrigung im gleichen Lösungsmittel ist für verschiedene Stoffe die gleiche.* So sind die Gefrierpunkte $0{,}1\,M$ wäßriger Lösungen von

Wasserstoffperoxid	H_2O_2	—0,186 °C
Methanol	CH_3OH	—0,181 °C
Äthanol	C_2H_5OH	—0,183 °C
Glucose	$C_6H_{12}O_6$	—0,186 °C
Rohrzucker	$C_{12}H_{22}O_{11}$	—0,188 °C

Die *molare Gefrierpunktserniedrigung (kryoskopische Konstante)* für Wasser beträgt demnach 1,86 °C. Der Gefrierpunkt einer wäßrigen Lösung, die c Mole des gelösten Stoffs in 1000 g Wasser enthält, ist $-1,86 \cdot c$ in Grad Celsius. Die Konstanten für einige andere Lösungsmittel sind in Tafel 13.2 angegeben.

Tafel 13.2. Gefrierpunkt und molare Gefrierpunktserniedrigung von Lösungsmitteln.

Lösungsmittel	Gefrierpunkt	Molare[1]) Gefrierpunkts-erniedrigung
Benzol	5,6 °C	4,90 °
Essigsäure	17	3,90
Phenol	40	7,27
Campher	180	40

[1] Gewichtsmolar, bezogen auf 1000 g Lösungsmittel.

Molekulargewichtsbestimmung durch Messung der Gefrierpunktserniedrigung. Die Messung der Gefrierpunktserniedrigung ist zur Bestimmung des Molekulargewichts eines gelösten Stoffs sehr geeignet. Für organische Substanzen ist Campher mit seiner hohen Konstante als Lösungsmittel besonders vorteilhaft.

Aufgabe 13.4. Messung des Gefrierpunkts einer Lösung von 0,244 g Benzoesäure in 20 g Benzol ergibt 5,232 °C, die des Gefrierpunktes von reinem Benzol 5,478 °C. Welches Molekulargewicht hat die Benzoesäure in Lösung?

Lösung. Die Lösung enthält $\frac{0,244 \text{g} \cdot 1000 \text{g}}{20 \text{g}} = 12,2$ g Benzoesäure auf 1000 g Lösungsmittel. Die Anzahl Mol pro 1000 g Lösungsmittel ergibt sich aus der beobachteten Gefrierpunktserniedrigung von 0,246 °C·

$$\frac{0,246}{4,90} = 0,0502$$

Das Molekulargewicht beträgt demnach $\frac{12,2}{0,0502} = 243$

Das Formelgewicht für Benzoesäure, C_6H_5COOH, ist 122,05. Offensichtlich lagert sich die Substanz in Benzol zu Doppelmolekeln, $(C_6H_5COOH)_2$, zusammen.

Beweis für die elektrolytische Dissoziation. Einer der zugkräftigsten Beweisgründe, die der schwedische Chemiker Svante Arrhenius 1887 als Stütze seiner Theorie der elektrolytischen Dissoziation anführte, war die Tatsache, daß die Gefrierpunktserniedrigung einer Salzlösung erheblich größer ist als der für undissoziierte Molekeln berechnete Wert, und zwar ist sie in sehr verdünnten Lösungen für Salze wie NaCl oder $MgSO_4$ gerade doppelt so groß, für Salze wie Na_2SO_4 oder $CaCl_2$ gerade dreimal so groß, usw.

Tafel 13.3. Siedepunkt und molare Siedepunktserhöhung von Lösungsmitteln.

Lösungsmittel	Siedepunkt	Molare Siedepunktserhöhung
Wasser	100 °C	0,52 °
Äthanol	78,5	1,19
Äthyläther	34,5	2,11
Benzol	79,6	2,65

Siedepunktserhöhung. Der Siedepunkt einer Lösung ist höher als der des reinen Lösungsmittels. Die Temperaturdifferenz ist proportional der molaren Konzentration des gelösten Stoffs. Tafel 13.3 zeigt die *molaren Siedepunktserhöhungen (ebullioskopischen Konstanten)* einiger wichtiger Lösungsmittel.

Aus der Siedepunktserhöhung einer Lösung kann das Molekulargewicht des gelösten Stoffs auf gleiche Weise wie aus der Gefrierpunktserniedrigung berechnet werden.

13.8. Der Dampfdruck von Lösungen: das Raoultsche Gesetz

Raoult fand 1887 bei Versuchen, daß der Partialdruck des Dampfs eines Lösungsmittels im Gleichgewicht mit einer verdünnten Lösung dem Molenbruch des Lösungsmittels in der Lösung proportional ist. Wir können diese Aussage, das *Raoultsche Gesetz*, in die Gleichung fassen

$$P = P_0 x \tag{13.2}$$

Darin ist P der Partialdruck des Lösungsmittels über der Lösung, P_0 der Dampfdruck des reinen Lösungsmittels und x der Molenbruch des Lösungsmittels in der Lösung.

Molekulargewichtsbestimmung durch Messung des Dampfdrucks. Das Raoultsche Gesetz erlaubt, das Molekulargewicht eines gelösten Stoffs aus Messung des Dampfdrucks über der Lösung und über dem reinen Lösungsmittel unmittelbar zu berechnen. Die nächste Aufgabe gibt hierfür ein Beispiel.

Aufgabe 13.5. Wir haben 10 g einer unbekannten, nichtflüchtigen Substanz in 100 g Benzol, C_6H_6, gelöst. Wir lassen einen Luftstrom durch die Lösung perlen. Der Gewichtsverlust der Lösung (infolge Sättigung der Luft mit Benzoldampf), bestimmt durch Wägung, beträgt 1,205 g. Das gleiche Luftvolumen, durchgeleitet durch reines Benzol bei derselben Temperatur und für die gleiche Zeitdauer, verursacht einen Gewichtsverlust von 1,273 g. Welches Molekulargewicht hat der gelöste Stoff?

Lösung. Der Gewichtsverlust infolge Verdampfens von Benzol ist dem Dampfdruck des Benzols proportional. Der Molenbruch des Benzols in der Lösung beträgt deshalb 1,205 g/1,273 g = 0,947, der Molenbruch des gelösten Stoffs 1,000 − 0,947 = 0,053. Benzol hat das Molekulargewicht 78, enthält also in 100 g 100/78 mol. x sei das Molekulargewicht des gelösten Stoffs. Dann enthält die Lösung $10/x$ mol des gelösten Stoffs (10 g)

$$\frac{10/x}{100/78} = \frac{0,053}{0,947}$$

oder $\quad x = \dfrac{78}{100} \cdot \dfrac{0,947}{0,053} \cdot 10 = 139$

139 ist das Molekulargewicht des gelösten Stoffs.

402 13. Die Eigenschaften von Lösungen

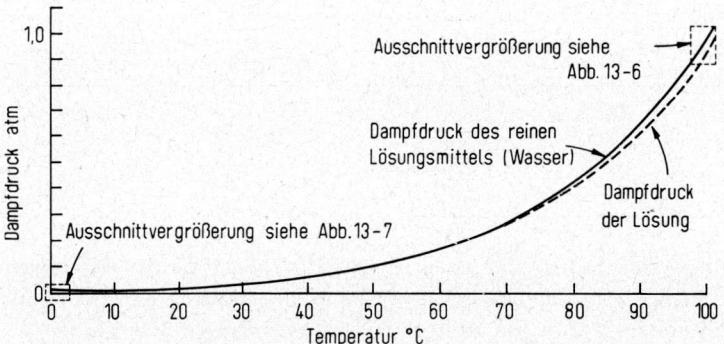

Abb. 13.5. Dampfdruck von Wasser und von einer wässrigen Lösung zwischen 0° und 100 °C.

Die Ableitung der Gefrierpunktserniedrigung und der Siedepunktserhöhung aus dem Raoultschen Gesetz. Die Gesetze der Gefrierpunktserniedrigung und der Siedepunktserhöhung folgen aus dem Raoultschen Gesetz. Betrachten wir zunächst die Siedepunktserhöhung. Die obere, ausgezogene Kurve in Abbildung 13.5 gibt den Dampfdruck des reinen Lösungsmittels in Abhängigkeit von der Temperatur an. Die Temperatur, bei der der Dampfdruck 1 atm erreicht, ist der Siedepunkt des reinen Lösungsmittels. Die untere, gestrichelte Kurve gibt den Dampfdruck der Lösung eines nicht flüchtigen Stoffs an. Das Raoultsche Gesetz verlangt, daß diese Kurve unter der Kurve für das reine Lösungsmittel liegt, und zwar in einem Abstand, der der molaren Konzentration des gelösten Stoffs proportional ist. Bei gleicher Konzentration ist die Kurve für jeden nicht flüchtigen gelösten Stoff die gleiche. Die Kurve schneidet die Linie für 1 atm bei

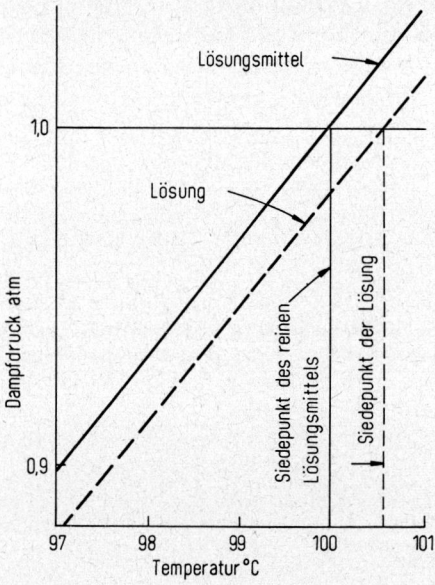

Abb. 13.6. Dampfdruck von Wasser und von einer wässrigen Lösung in der Nähe des Siedepunkts und Siedepunktserhöhung der Lösung.

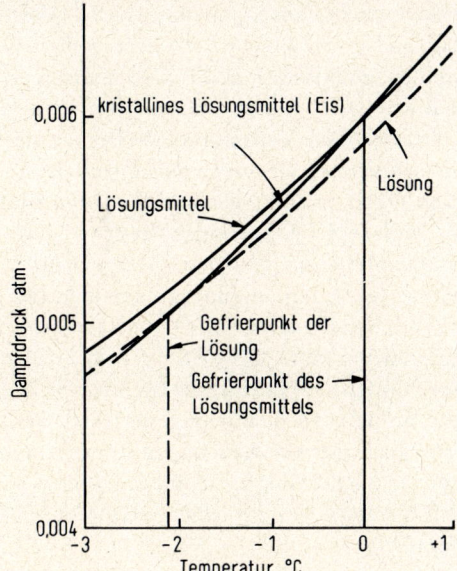

Abb. 13.7. Dampfdruck von Wasser, Eis und einer wässrigen Lösung in der Nähe des Gefrierpunkts und Gefrierpunktserniedrigung der Lösung.

einer Temperatur, die über dem Siedepunkt des reinen Lösungsmittels liegt. Diese Temperatur ist der Siedepunkt der Lösung. Die Differenz der Siedepunkte ist für verdünnte Lösungen der Konzentration des gelösten Stoffs proportional (Abb. 13.6), wie es das Gesetz der Siedepunktserhöhung zum Ausdruck bringt.

Zum Gesetz der Gefrierpunktserniedrigung führt ein ähnlicher Gedankengang. Abbildung 13.7 zeigt die Dampfdruckkurven für den flüssigen und kristallinen Zustand des reinen Lösungsmittels, die sich im Gefrierpunkt des reinen Lösungsmittels schneiden. Bei höherer Temperatur haben die Kristalle einen größeren Dampfdruck als die Flüssigkeit, sind also ihr gegenüber instabil, bei niedrigerer Temperatur gilt das Umgekehrte. Die Dampfdruckkurve für die Lösung liegt unter der für das reine Lösungsmittel. Sie schneidet die Kurve für das kristalline Lösungsmittel bei einer Temperatur unterhalb des Gefrierpunkts des reinen Lösungsmittels. Diese Temperatur ist der Gefrierpunkt der Lösung. Auch hier ist nach dem Raoultschen Gesetz der Abstand der Dampfdruckkurven für Lösungsmittel und Lösung und damit die Differenz der Gefrierpunkte der molaren Konzentration des gelösten Stoffs proportional.

Es sei ausdrücklich darauf hingewiesen, daß wir stillschweigend vorausgesetzt haben, daß am Gefrierpunkt nur reines Lösungsmittel als feste Phase auftritt. Falls eine feste Lösung sich ausscheidet, was hier und da der Fall ist, gilt das Gesetz der Gefrierpunktserniedrigung nicht.

13.9. Der osmotische Druck von Lösungen

Bringt man rote Blutkörperchen in reines Wasser, so quellen sie auf und schwellen immer mehr an, bis sie platzen. Die Zellwand ist für Wasser durchlässig, für einige der gelösten Bestandteile (Hämoglobin und andere Proteine) in der Zelle jedoch nicht. Das

System strebt danach, Gleichgewicht (gleichen Dampfdruck) beider Flüssigkeiten innerhalb und außerhalb der Zelle herzustellen. Da die gelösten Stoffe nicht herausdiffundieren können, muß Wasser in die Zelle eindringen. Wären die Zellwände stark genug, so würde sich ein Gleichgewicht einstellen bei einem bestimmten hydrostatischen Druck in der Zelle, der dem Verdünnungsbestreben des Zellinhalts die Waage hält. Diesen Druck bezeichnet man als *osmotischen Druck* der Lösung.

Eine Wand wie die Zellwand der roten Blutkörperchen, mit winzigen Löchern, die nur die Molekeln des Lösungsmittels, nicht die des gelösten Stoffs durchlassen, nennt man eine *semipermeable Membran*. Geeignet für Messungen osmotischer Drucke ist eine semipermeable Membran, die man herstellt, indem man in den Poren eines unglasierten Tongefäßes Kupfersulfat, $CuSO_4$, und Kaliumhexacyanoferrat(II), $K_4Fe(CN)_6$, gegeneinander diffundieren läßt. Wo beide gelösten Salze aufeinandertreffen, entsteht eine Membran aus Kupferhexacyanoferrat(II), $Cu_2Fe(CN)_6$, die die gewünschten Eigenschaften besitzt und im porösen Ton genügend festen Halt findet, hohen Drucken zu widerstehen. Sie ermöglicht genaue Messungen bis weit über 250 atm. Für niedrige osmotische Drucke können auch Cellophanmembranen verwendet werden.

Wie Versuche gezeigt haben, gehorcht der osmotische Druck einer verdünnten Lösung der Gleichung

$$\pi V = n_1 RT \tag{13.3}$$

Darin ist n_1 die Molzahl des gelösten Stoffs (für den die Membran undurchlässig ist) im Volumen V der Lösung, π der osmotische Druck, R die Gaskonstante und T die absolute Temperatur. Diese Beziehung entdeckte 1887 van't Hoff. Die Analogie zwischen dieser Gleichung und der idealen Gasgleichung fällt sofort auf. Van't Hoff hat auf die Ähnlichkeit hingewiesen, die im Verhalten eines gelösten Stoffs und eines Gases besteht.

Die Messung des osmotischen Drucks kann zur Bestimmung des Molekulargewichts herangezogen werden. Für anorganische und einfach gebaute organische Substanzen bringt dieses Vorgehen keine Vorteile gegenüber anderen Methoden wie zum Beispiel der Messung der Gefrierpunktserniedrigung. Es ist indessen wertvoll für Substanzen sehr hohen Molekulargewichts. Adair bestimmte auf diesem Wege 1925 zum erstenmal einen zuverlässigen Wert für das Molekulargewicht des Hämoglobins, 68000. Inzwischen haben Messungen mit der Ultrazentrifuge seinen Wert bestätigt.

Aufgabe 13.6. a) Die Analyse von getrocknetem, wasserfreiem Pferdehämoglobin, einem Protein in den roten Blutkörperchen von Pferden, ergibt einen Eisengehalt von 0,328 Gewichtsprozent. Wie groß ist das kleinstmögliche Molekulargewicht des Pferdehämoglobins?
b) Adair ermittelte bei einem seiner Versuche, daß eine Lösung von 80 g Pferdehämoglobin pro Liter bei 4 °C einen osmotischen Druck $\pi = 0,026$ atm aufweist. Wie groß ist das Molekulargewicht?

Lösung. a) Die kleinstmögliche Molekel würde ein Eisenatom (Atomgewicht 55,85) enthalten. Ihr Molekulargewicht wäre demnach $55,85/0,00328 = 17027$. Das wahre Molekulargewicht kann dieses oder ein ganzzahliges Vielfaches sein.
b) Gleichung 13.3 ergibt mit $\pi = 0,026$ atm, $V = 1$ l, $R = 0,082$ l atm grad^{-1} mol^{-1} und $T = 277$ K

$$n_1 = \frac{0,026}{0,082 \cdot 277} = 0,001145$$

Für das Molekulargewicht folgt hieraus $80/0{,}001145 \simeq 70000$.
Die Eisenalalyse ist nach Maßgabe der im Resultat angegebenen Stellen offenbar genauer als die Messung des osmotischen Drucks. Aus der letzteren schließen wir, daß die Molekel vier Eisenatome enthalten muß. Als besseren Wert für das Molekulargewicht erhalten wir damit $4 \cdot 17027 \simeq 68100$.

13.10. Das Entweichungsbestreben und das chemische Potential

Die verschiedenen, in den vorigen Abschnitten beschriebenen Regeln und Gesetze, denen das Verhalten von Lösungen gehorcht, sind unabhängig voneinander aufgefunden worden. Sie stehen jedoch miteinander und mit dem zweiten Hauptsatz der Thermodynamik in enger Beziehung, wie die folgenden Gedankengänge zeigen sollen.
Ein System befindet sich mit seiner Umgebung (dem Teil des Weltalls, der mit dem System im Wärmeaustausch steht) dann im thermischen Gleichgewicht, wenn die Überführung einer differentiellen Wärmemenge zur Umgebung oder umgekehrt keine Veränderung der Gesamtentropie mit sich bringt. Man kann sagen, das *Entweichungsbestreben* (auch *Fugazität* genannt) von Wärme aus dem System in die Umgebung sei im thermischen Gleichgewicht ebenso groß wie das Entweichungsbestreben in umgekehrter Richtung, aus der Umgebung in das System. Die Temperatur stellt sozusagen eine Potentialfunktion des Entweichungsbestrebens von Wärme dar. In dieser Sprechweise haben zwei Systeme die gleiche Temperatur, wenn sie das gleiche Entweichungsbestreben von Wärme aufweisen.
In ähnlicher Weise können wir vom Entweichungsbestreben (der Fugazität) eines Bestandteils einer Phase sprechen, also vom Bestreben des Bestandteils, die betreffende Phase zu verlassen. Ist das Entweichungsbestreben eines Bestandteils in zwei Phasen das gleiche, so befinden sich die Phasen hinsichtlich des Bestandteils miteinander im Gleichgewicht. Ist das Entweichungsbestreben nicht das gleiche und befinden sich die Phasen miteinander in Berührung, so wird ein Stoffübergang des Bestandteils von der Phase mit größerem zu der mit kleinerem Entweichungsbestreben stattfinden.
Das Entweichungsbestreben des i'ten Bestandteils einer Phase steht in Beziehung zum sogenannten *chemischen Potential* des Bestandteils in der Phase, für das man μ_i schreibt. Wie wir weiter unten sehen werden, ist das chemische Potential so definiert, daß man die freie Enthalpie G_{gesamt} der gesamten Phase erhält, wenn man die chemischen Potentiale aller Bestaldteile mit deren Molzahlen multipliziert und dann summiert:

$$G_{gesamt} = \sum_i n_i \mu_i \tag{13.4}$$

Die molare freie Enthalpie der Phase ist dann

$$G = \sum_i x_i \mu_i \tag{13.5}$$

wobei x_i den Molenbruch des i'ten Bestandteils angibt.
Für eine reine Substanz, die als ideales Gas vorliegt, ergibt sich für das chemische Potential mit Gleichung 11.11

$$\mu(\text{Gas}) = \mu^\circ(T) + RT \ln P \tag{13.6}$$

[Die Größe unter dem Logarithmus, die ja die Dimension einer reinen Zahl haben muß, ist als $P/(1\text{ atm})$ aufzufassen. Damit ist $\mu°(T)$ das chemische Potential bei 1 atm.] Für ein ideales Gasgemisch ist das chemische Potential des i'ten Bestandteils

$$\mu_i(\text{Gas}) = \mu°_i(T) + RT \ln P_i \tag{13.7}$$

Die Bedingung für Gleichgewicht zwischen verschiedenen Aggregatzuständen einer reinen Substanz ist, daß alle Phasen die gleiche molare freie Enthalpie besitzen. Das ist gleichbedeutend mit der Forderung, daß alle Phasen das gleiche chemische Potential haben müssen. Zum Beispiel haben Wasserdampf, flüssiges Wasser und Eis am Tripelpunkt das gleiche chemische Potential, das seinerseits durch Gleichung 13.6 mit dem Dampfdruck am Tripelpunkt (0,00603 atm) zusammenhängt. In Systemen mit mehreren Bestandteilen muß im Gleichgewicht das chemische Potential eines jeden Bestandteils in allen Phasen den gleichen Wert haben.

Betrachten wir nun ein binäres System mit den beiden Komponenten A und B. Für eine hinreichend verdünnte Lösung von A in B ist das chemische Potential von A gegeben durch

$$\mu_A(x_A) = \mu°_A(T) + RT \ln x_A \tag{13.8}$$

oder

$$\mu_A(c_A) = \mu°_A(T) + RT \ln c_A \tag{13.9}$$

wobei c_A die Konzentration von A angibt. Der Vergleich von 13.9 mit 13.7 für Gleichgewicht zwischen Lösung und Gas, d. h. mit μ_i (Gas) = $\mu_A(c_A)$, zeigt, daß für eine solche Lösung die Löslichkeit dem Partialdruck proportional ist; das Henrysche Gesetz ist also erfüllt. Manche Lösungen (ideale Lösungen genannt) befolgen Gleichung 13.8 in guter Näherung für alle Werte von x_A, während andere erhebliche Abweichungen vom idealen Verhalten aufweisen, sogar schon bei geringen Konzentrationen. Solche Abweichungen sind vor allem bei Elektrolytlösungen anzutreffen (siehe Abschnitt 13.11).

Von Gleichung 13.8 ausgehend, können ferner das Raoultsche Gesetz, van't Hoffs Beziehung für den osmotischen Druck und andere für verdünnte (ideale) Lösungen geltende Gesetze abgeleitet werden. Alle diese Gesetze sind durch thermodynamische Beziehungen mit dem Henryschen Gesetz verknüpft und gelten innerhalb desselben Konzentrationsbereichs wie jenes.

Das chemische Potential und die partielle molare freie Enthalpie. Wir wollen uns nun dem Gleichgewicht einer reinen Substanz A mit einer Lösung von A und B zuwenden. Die Lösung möge aus n_A mol A und n_B mol B bestehen, und n_A und n_B sollen beide sehr große Zahlen sein. Bei der Überführung von einem Mol A von der reinen Substanz in die Lösung verringert sich die freie Enthalpie der reinen Phase um G_A, nämlich um den Wert der molaren freien Enthalpie von A in der Phase. Gleichzeitig erhöht sich die freie Enthalpie der Lösung (die wegen ihrer großen Molzahl ihre Zusammensetzung praktisch nicht verändert) um

$$G_A = \left(\frac{\partial G_{\text{gesamt}}}{\partial n_A}\right)_{P, T, n_B} \tag{13.10.}$$

Hier ist G_{gesamt} die freie Enthalpie der gesamten Lösung, für $n = n_A + n_B$ mol gleich nG, wobei G die molare freie Enthalpie bei der betreffenden Zusammensetzung angibt.

Die Größe G_A nennt man die *partielle molare freie Enthalpie* des Bestandteils A in der Lösung. Wie ersichtlich, genügt sie der früher in diesem Abschnitt gegebenen Definition des chemischen Potentials.

Die Gibbs-Duhem-Gleichung. Die Gibbs-Duhem-Gleichung – benannt nach J. Willard Gibbs, der sie 1878 zuerst ableitete, und dem französischen Chemiker Pierre Duhem, der sie 1887 wiederentdeckte – ist eine wichtige thermodynamische Beziehung, die wie folgt erhalten werden kann. Unser System bestehe aus einer großen Menge einer Lösung von A (Molenbruch x_A) und B (Molenbruch $x_B = 1 - x_A$) mit der molaren freien Enthalpie G. Nun fügen wir der Lösung x_A mol A zu. Dabei erhöht sich die freie Enthalpie des Systems um $x_A G_A$. Anschließend fügen wir der Lösung $1 - x_A$ mol B zu, wobei sich die freie Enthalpie um $(1 - x_A) G_B$ erhöht. Insgesamt hat sich die Lösungsmenge um 1 mol vergrößert, und ihre freie Enthalpie ist folglich um G gewachsen. Wie diese Betrachtung zeigt, besteht zwischen der molaren freien Enthalpie einer binären Lösung und den partiellen molaren freien Enthalpien der Bestandteile die Beziehung

$$G = x_A G_A + (1 - x_A) G_B \tag{13.11}$$

Nun möge die Lösung aus $n = n_A + n_B$ mol A und B bestehen. Ihre gesamte freie Enthalpie ist dann $G_{gesamt} = nG$. Mit Gleichung 13.8 und $n_A = nx_A$ erhalten wir

$$G_{gesamt} = n_A G_A + n_B G_B$$

Wir differenzieren beide Seiten nach n_A bei konstantem P, T und n_B. Gemäß Gleichung 13.10 ist die Ableitung der linken Seite gerade gleich G_A. Damit ergibt sich

$$G_A = G_A + n_A \frac{\partial G_A}{\partial n_A} + n_B \frac{\partial G_B}{\partial n_A}$$

Hieraus folgt nach Umrechnung von Molzahlen n_A und n_B auf Molenbrüche x_A und x_B

$$x_A \frac{\partial G_A}{\partial x_A} + (1 - x_A) \frac{\partial G_B}{\partial x_A} = 0 \tag{13.12}$$

In dieser Gleichung kann G_A durch μ_A und G_B durch μ_B ersetzt werden. Wie aus Gleichung 13.7 hervorgeht, können weiterhin die partiellen Ableitungen von μ_A und μ_B nach x_A durch die von $\ln P_A$ und $\ln P_B$ nach x_A ersetzt werden (der gemeinsame Faktor RT kann hierbei weggekürzt werden). Auf diese Weise gelangen wir zu der Gibbs-Duhem-Gleichung:

$$x_A \left(\frac{\partial \ln P_A}{\partial x_A} \right)_{P,T} = -x_B \left(\frac{\partial \ln P_B}{\partial x_A} \right)_{P,T}$$

oder

$$\frac{x_A}{P_A} \left(\frac{\partial P_A}{\partial x_A} \right)_{P,T} = -\frac{x_B}{P_B} \left(\frac{\partial P_B}{\partial x_A} \right)_{P,T} \tag{13.13}$$

Die experimentell gefundenen Partialdrucke der beiden Bestandteile über einer Lösung von 1,2-Dibromäthan und 1,2-Dibrompropan zeigt Abbildung 13.8. Für beide Bestandteile entspricht die Abhängigkeit des Partialdrucks von der Zusammensetzung einer Geraden: P_A und P_B sind x_A beziehungsweise x_B proportional. Laut Gleichung 13.13 bedingt die Proportionalität von P_A und x_A im gesamten Bereich $0 \leq x_A \leq 1$ die Pro-

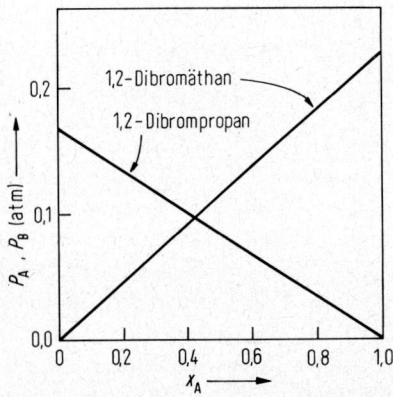

Abb. 13.8. Partialdrucke der beiden Komponenten einer praktisch idealen Lösung (Meßwerte bei 85 °C).

portionalität von P_B und x_B im gesamten Bereich. Hier haben wir also ein Beispiel einer idealen Lösung vor uns.

Als Beispiel einer nicht idealen Lösung zeigt Abbildung 13.9 das Verhalten des aus Essigsäure und Benzol bestehenden Systems. Nach Gleichung 13.13 sollten sich am Schnittpunkt der beiden Kurven (also bei $P_A = P_B$) deren Anstiege wie $-x_B/x_A$ verhalten. Nachmessen in der Abbildung zeigt, daß diese Forderung recht gut erfüllt ist. Allgemeiner sollen für jeden Wert von x_A die Anstiege im Verhältnis $-x_B P_A / x_A P_B$ zueinander stehen. Die Kenntnis der einen Kurve im gesamten Bereich genügt also, die andere im gesamten Bereich zu konstruieren (bis auf einen konstanten Faktor, der durch den Dampfdruck des betreffenden Bestandteils in reiner Form festgelegt ist).

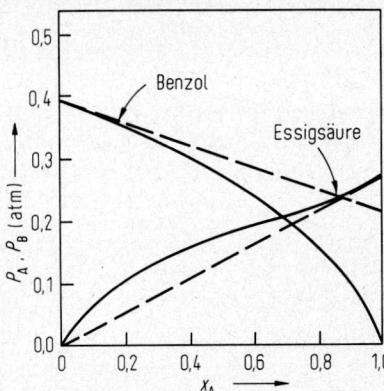

Abb. 13.9. Partialdrucke der beiden Komponenten einer nicht idealen Lösung (Meßwerte bei 80 °C).

Falls für kleine Werte von x_A dieses P_A proportional ist (also das Henrysche Gesetz gilt), können wir schreiben $P_A = \text{konst.} \cdot x_A$ und somit $P_A/x_A = \text{konst.}$ Damit wird die linke Seite von Gleichung 13.13 gleich 1, so daß

$$\frac{dP_B}{P_B} = d \ln P_B = \frac{-dx_A}{1-x_A} = d \ln (1-x_A)$$

(Hier sind konstanter Druck und konstante Temperatur vorausgesetzt und demgemäß gewöhnliche statt partieller Differentiale verwendet.) Nach Integration erhalten wir

$$P_B = P°_B(1 - x_A) \tag{13.14}$$

Das ist das Raoultsche Gesetz. Wir haben also bestätigt, daß sich unter Voraussetzung der Gültigkeit des zweiten Hauptsatzes der Thermodynamik das Raoultsche Gesetz aus dem Henryschen Gesetz ergibt. Das gleiche läßt sich hinsichtlich der van't Hoffschen Beziehung für den osmotischen Druck zeigen.

Laut Gleichung 13.14 entspricht P_B nahe $x_B = 1$ einer Geraden, deren Verlängerung die Achse $P_B = 0$ am Ursprungspunkt $x_B = 0$ schneiden sollte. Wie die gestrichelten Linien in Abbildung 13.9 erkennen lassen, trifft das für Essigsäure zu, nicht aber für Benzol. Das scheinbare Versagen der Theorie in diesem Fall könnte uns dazu verleiten, an der Gültigkeit der thermodynamischen Gesetze zu zweifeln (und vielleicht die Suche nach einem *perpetuum mobile* wieder aufzunehmen). In Wirklichkeit liegen die Dinge jedoch anders. Die Angaben im Diagramm stammen nämlich aus einer alten Ausgabe des Landolt-Börnstein und beruhen auf einer unzutreffenden Berechnung der Molenbrüche. Heute wissen wir, daß Essigsäure gelöst in Benzol in Form von Doppelmolekeln, $(CH_3COOH)_2$, vorliegt, und ihrem Molenbruch ist deshalb ein Molekulargewicht zugrundezulegen, das doppelt so groß ist wie das von CH_3COOH. Diese und ähnliche Abweichungen (bei der Siedepunktserhöhung und Gefrierpunktserniedrigung) waren es, die zur Entdeckung der Doppelmolekeln von Carbonsäuren geführt haben.

13.11. Die Eigenschaften von Elektrolytlösungen

Innerhalb der zwei oder drei Jahrzehnte, die auf Arrhenius' Entdeckung der elektrolytischen Dissoziation folgten, konnte die auf seinen Vorstellungen aufbauende Theorie durch Messungen des Dampfdrucks und anderer Eigenschaften von Elektrolytlösungen bestätigt werden. Im einzelnen stellte sich heraus, daß für mäßig verdünnte wäßrige Lösungen von Salzen wie NaCl die Dampfdruckerniedrigung, Siedepunktserhöhung und Gefrierpunktserniedrigung jeweils zwischen den theoretischen Werten für undissoziierte NaCl-Molekeln einerseits und den doppelt so großen für $Na^+(aq) + Cl^-(aq)$ andererseits fallen. Versuche, die Ergebnisse mit der Annahme eines Dissoziationsgleichgewichts von Molekeln und Ionen

$$NaCl(aq) \rightleftharpoons Na^+(aq) + Cl^-(aq)$$

zu erklären, blieben erfolglos: mit keinem Wert einer Gleichgewichtskonstante ließ sich die Theorie mit dem beobachteten Verhalten in Einklang bringen. Darüber hinaus zeigte es sich, daß die Absorptionsspektren farbiger Salze wie Kupfersulfat in Lösung über weite Konzentrationsbereiche die gleichen bleiben, und zwar über Bereiche, in denen sich die anderen Eigenschaften so verändern, daß praktisch vollständige Dissoziation auf der einen Seite und sehr geringe auf der anderen vorzuliegen scheint. Um 1904 tauchte dann der Gedanke auf, die meisten Salze seien zwar auch in konzentrierter Lösung vollständig dissoziiert, jedoch könnten die thermodynamischen Eigenschaften der Ionen stark von deren elektrostatischen Wechselwirkungskräften beeinflußt sein. Im Jahr 1913 wandte der englische Forscher S. R. Milner mit mäßigem Erfolg den Boltz-

mannschen Verteilungssatz auf dieses Problem an. Einen allgemeineren und dabei verhältnismäßig einfachen Ansatz fanden dann 1923 P. Debye und E. Hückel.
Für ein Salz wie NaCl in Lösung stehen die chemischen Potentiale μ^+ und μ^- des Kations bzw. des Anions in folgender Beziehung zu den Konzentrationen:

$$\mu^+ = \mu^{+\circ} + RT \ln \gamma^+ c^+ \qquad (13.15a)$$

und

$$\mu^- = \mu^{-\circ} + RT \ln \gamma^- c^- \qquad (13.15b)$$

Hier sind c^+ und c^- die Konzentrationen des Kations bzw. des Anions und γ^+ und γ^- deren *Aktivitätskoeffizienten*, nämlich Korrekturfaktoren, mit denen die Gültigkeit der Gleichungen herbeigeführt wird. Da Effekte der Kationen und Anionen nicht getrennt beobachtet werden können, macht man vom mittleren Aktivitätskoeffizienten $\gamma^\pm$ Gebrauch, der als das geometrische Mittel definiert ist:

$$\gamma^\pm = (\gamma^+ \gamma^-)^{1/2}$$

Die gegenseitige Anziehung von Ladungen umgekehrten Vorzeichens führt dazu, daß jedes Ion in der Lösung vorwiegend von Ionen entgegengesetzten Ladungssinns (der sogenannten Debye-Hückelschen Ionenwolke) umgeben ist. Am Beispiel des Natriumchloridkristalls ist ersichtlich, wie das ohne Verletzung der Elektroneutralität möglich ist. Es zeigt sich, daß die elektrischen Kräfte die freie Enthalpie der Lösung um so stärker verringern, je höher die Konzentration ist, und folglich nimmt $\gamma^\pm$ mit wachsendem c ab. Meßwerte des mittleren Aktivitätskoeffizienten für einige Elektrolyte zeigt Abbildung 13.10. Wie ersichtlich, sind die Aktivitätskoeffizienten der 1,1-wertigen Elektrolyte (HCl, HNO$_3$, KCl und andere, nicht aufgeführte) einander sehr ähnlich, während die 2,2-wertigen Elektrolyte (CuSO$_4$, CdSO$_4$ und andere, nicht aufgeführte) vom idealen Verhalten ($\gamma^\pm = 1$) erheblich stärker abweichen, wie ja angesichts ihrer viermal so grossen elektrostatischen Wechselwirkungskräfte zu erwarten ist.

Die Debye-Hückel-Theorie ist eine interessante Entwicklung, aber zu kompliziert für eine Darstellung im Rahmen dieses Buchs. In ihrer einfachsten Form liefert die Theorie die folgenden sogenannten *Grenzgesetze*:

$$\ln \gamma^\pm = -1{,}172\, c^{1/2} \qquad \text{(für 1,1-wertige Elektrolyte)} \qquad (13.16)$$
$$\ln \gamma^\pm = -9{,}378\, c^{1/2} \qquad \text{(für 2,2-wertige Elektrolyte)} \qquad (13.17)$$

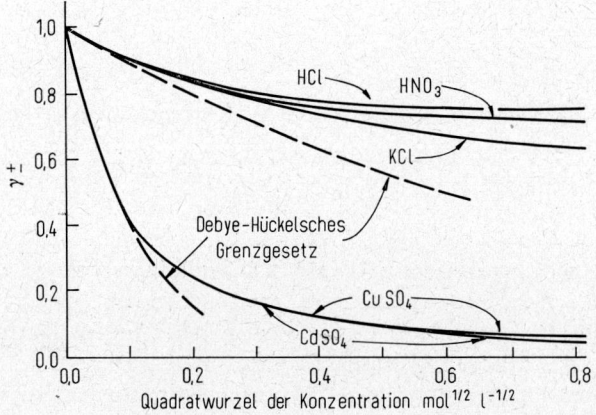

Abb. 13.10. Mittlerer Aktivitätskoeffizient $\gamma_\pm$ einiger 1,1-wertiger und 2,2-wertiger Elektrolyte (bei 25 °C).

Wie in Abbildung 13.10 zu erkennen ist, stimmen die theoretischen Kurven bei niedriger Konzentration gut mit den experimentellen Werten überein.
In allgemeiner Form lautet das Debye-Hückelsche Grenzgesetz für 25 °C

$$\ln \gamma^{\pm} = -1{,}172 \, |z_+ z_-| \, I^{1/2} \tag{13.18}$$

wobei

$$I = \tfrac{1}{2} \sum_i c_i z_i^2 \tag{13.19}$$

Hier ist z_i die elektrochemische Wertigkeit des i'ten Ions (z. B. für Na_2SO_4 $z_+ = +1$ und $z_- = -2$), $|z_+ z_-|$ ist der Absolutwert des Produkts von z_+ und z_-, und I, definiert durch Gleichung 13.19, ist die sogenannte *Ionenstärke* der Lösung.

Aufgabe 13.7. Das Löslichkeitsprodukt von AgCl beträgt $1{,}6 \cdot 10^{-10} \text{mol}^2 l^{-2}$. Berechnen Sie die Löslichkeit von AgCl in einer 0,25 F $MgSO_4$-Lösung.

Lösung. Es steht zu erwarten, daß die Anwesenheit des Fremdsalzes die Löslichkeit erhöht, da sich mit Erhöhung der Ionenstärke die Aktivitätskoeffizienten verkleinern, die Aktivitäten γ^+ $[Ag^+]$ und γ^- $[Cl^-]$ der Ionen also kleiner werden als die Konzentrationen. Die Gleichung für das Löslichkeitsprodukt lautet

$\gamma^+ [Ag^+] \, \gamma^- [Cl^-] = (\gamma^{\pm})^2 [Ag^+][Cl^-] = 1{,}6 \cdot 10^{-10} \text{mol}^2 l^{-2}$

Zur Berechnung von $\gamma^{\pm}$ benötigen wir zunächst den Wert der Ionenstärke, der für 0,25 F $MgSO_4$ gemäß Gleichung 13.19 gerade 1 beträgt. Gleichung 13.18 liefert dann für Ag^+Cl^- (mit $|z_+ z_-| = 1$) $\ln \gamma^{\pm} = -1{,}172$. Damit ist $\log \gamma^{\pm} = -1{,}172/2{,}303 = -0{,}509$ und $\gamma^{\pm} = 0{,}31$. Nach Einsetzen dieses Werts und mit $[Ag^+] = [Cl^-] = x$ lautet die obige Gleichung

$(0{,}31)^2 x^2 = 1{,}6 \cdot 10^{-10} \text{mol}^2 l^{-2}$
$x^2 = 16{,}65 \cdot 10^{-10} \text{mol}^2 l^{-2}$
$x = 4{,}1 \cdot 10^{-5} \text{mol} \, l^{-1}$

Die Löslichkeit von Silberchlorid ist also in einer 0,25 F $MgSO_4$-Lösung rund dreimal so groß wie in reinem Wasser, und zwar wegen der Verringerung der Aktivität der Silber-Ionen und Chlorid-Ionen infolge der elektrostatischen Anziehung, die die Sulfat-Ionen und Magnesium-Ionen umgekehrten Ladungssinns auf sie ausüben.

Das effektive Ionenvolumen in wäßriger Lösung. Wird 12,04 g $MgSO_4$(f) (das ist 0,1 Grammformelgewicht) in 1 l Wasser gelöst, so verringert sich das Volumen der Flüssigkeit auf 0,99982 l. Die Lösung nimmt also 0,18 ml weniger Raum ein als das in ihr enthaltene reine Wasser, 4,73 ml weniger als das zusammengerechnete Volumen des Wassers und des kristallinen Magnesiumsulfats (dessen Molvolumen 45,3 ml ausmacht). Die Summe der effektiven Molvolumina von Mg^{2+}(aq) und SO_4^{2-}(aq) in sehr verdünnter Lösung beträgt $-6{,}4$ ml mol^{-1} und damit 51,7 ml mol^{-1} weniger als das Molvolumen von $MgSO_4$(f).

Wir können mit gutem Grund annehmen, daß die Ionen Mg^{2+} und SO_4^{2-} selbst etwa den gleichen Raumbedarf in wäßriger Lösung wie im Kristall haben. Die Kontraktion des Molvolumens um 51,7 ml mol^{-1} schreiben wir einer Umordnung der Wassermolekeln zu, die infolge der Anziehungskräfte, die die Ionen auf sie ausüben, in deren Nähe eine dichter gepackte Struktur annehmen als in gewöhnlichem Wasser. Diese Volumenverringerung wird auch Elektrostriktion genannt.

Die Summe der Molvolumina von Na⁺(aq) und Cl⁻(aq) in verdünnter Lösung beträgt 16,6 ml mol⁻¹ und ist damit 10,4 ml mol⁻¹ kleiner als das Molvolumen von NaCl(f). Für dieses 1,1-wertige Salz ist die Volumenkontraktion also nur rund ein Fünftel so groß wie die für das 2,2-wertige.

Eis II hat eine Dichte von 1,18 g cm⁻³, und die Volumenkontraktion bei der Umwandlung von flüssigem Wasser zu Eis II beläuft sich auf 2,75 ml mol⁻¹. Das Verhalten der Lösungen von Natriumchlorid und Magnesiumsulfat ließe sich demnach mit der Annahme erklären, daß jedes einwertige Ion zwei und jedes zweiwertige Ion neun Wassermolekeln in seiner Umgebung gegenüber den benachbarten Wassermolekeln der Struktur von Eis II entsprechend umordnet.

Tafel 13.4. Molvolumina von Ionen in wäßriger Lösung (in ml mol⁻¹)[1].

H_3O^+	8,4	Li^+	−10,6	Be^{2+}	−38	F^-	7,5
OH^-	4,4	Na^+	−8,3	Mg^{2+}	−36	Cl^-	27,7
NH_4^+	10,3	K^+	−0,9	Ca^{2+}	−35	Br^-	34,6
		Rb^+	5,1	Sr^{2+}	−32	I^-	46,3
		Cs^+	11,5	Ba^{2+}	−28		
NO_3^-	38	CO_3^{2-}	18	Mn^{2+}	−40	Al^{3+}	−70
ClO_3^-	48	SO_3^{2-}	28	Fe^{2+}	−42	Fe^{3+}	−64
ClO_4^-	54	SO_4^{2-}	34	Co^{2+}	−42		
				Ni^{2+}	−42		
				Cu^{2+}	−38		
				Zn^{2+}	−38		

1 Scheinbares Molvolumen in sehr verdünnter Lösung bei 20 °C.

Messungen der Dichte von Elektrolytlösungen liefern nur die Summe der Molvolumina der beteiligten Ionen. Die in Tafel 13.4 angegebenen Werte für einzelne Ionen ergeben sich unter der Annahme, daß H_3O^+(aq) ein um 4 ml mol⁻¹ größeres Molvolumen besitzt als OH^-(aq), eine Annahme, die sich auf eine Schätzung auf Grund der van der Waalsschen Radien der Atome stützt.

Die Molvolumina von H_3O^+(aq) und OH^-(aq) sollten im Mittel so groß sein wie das um die Elektrostriktion verringerte Molvolumen von H_2O. Angesichts des Werts von 18 ml mol⁻¹ für das Molvolumen des Wassers macht demnach für diese Ionen die Elektrostriktion im Mittel −11,6 ml mol⁻¹ aus.

Thermodynamische Eigenschaften von Ionengleichgewichten. Wie wir früher gesehen hatten, wird die Dissoziation einer Gasmolekel zu zwei Bruchstücken durch den Entropieterm $-T\Delta S$ der freien Enthalpie ΔG begünstigt (siehe Tafel 11.6). Für Elektrolytlösungen könnten wir ein ähnliches Verhalten erwarten. Nach diesem Analogieschluß sollte die Reaktion

$$H_2O(aq) \rightleftharpoons H^+(aq) + OH^-(aq)$$

einen positiven ΔS-Wert aufweisen. In Wirklichkeit erhöht sich die Gleichgewichtskonstante der Dissoziation auf das Zehnfache, von $1 \cdot 10^{-14}$ auf $1 \cdot 10^{-13}$ mol² l⁻² bei einer

Temperaturerhöhung von 25 auf 61 °C. Aus diesem Anstieg von K ergibt sich $\Delta H° = 55{,}9$ kJ mol^{-1}, und der Wert von K bei 25 °C entspricht $\Delta G° = 79{,}9$ kJ mol^{-1}. Als Differenz erhalten wir $T\Delta S° = -24$ kJ mol^{-1} und damit $\Delta S° = -80$ J grad^{-1} mol^{-1}, im Gegensatz zu dem ähnlichen Wert mit umgekehrtem Vorzeichen, den man angesichts der Angaben in Tafel 11.6 hätte erwarten mögen. (Eigentlich wäre der zu erwartende Wert etwas kleiner, weil der Normalzustand von gelösten Stoffen mit 1 mol l^{-1} ein stärker kondensierter ist als der von Gasen mit 1 mol pro 24 l unter 1 atm Druck.)

Daß die Dissoziationsentropie negativ ist, läßt sich darauf zurückführen, daß die elektrostatische Anziehung, die die Ionen auf die Wassermoleküln ausüben und die die eben erörterte Volumenkontraktion bewirkt, dem gebundenen Wasser eine starrere Ausrichtung auferlegt und damit die Entropie verringert. Am Schmelzpunkt ist die Entropie von Wasser 22 J grad^{-1} mol^{-1} höher als die von Eis. Würden die beiden Ionen sechs Wassermoleküln stark genug beeinflussen, ihnen eine so starre Anordnung wie in Eis aufzuzwingen, so käme damit ein negativer $\Delta S°$-Wert in Höhe des experimentell gefundenen zustande.

Die Hydratationsenthalpie von Ionen. Experimentell läßt sich jeweils die Summe der Hydratationsenthalpien einer elektrisch neutralen Kombination von Ionen bestimmen (Na$^+$ + Cl$^-$, Mg^{2+} + 2 Cl$^-$ usw.). Zum Beispiel kann die Summe der Hydratationsenthalpien gemäß Na$^+$(g) + Cl$^-$(g) → Na$^+$(aq) + Cl$^-$(aq) auf folgende Weise erhalten werden. Man bestimmt die Normalenthalpie der Bildung von Na$^+$(aq) + Cl$^-$(aq) als die Summe der Normalenthalpie der Bildung von NaCl(f) und dessen Lösungsenthalpie in einer großen Wassermenge; andererseits bestimmt man die Normalenthalpie der Bildung von

Tafel 13.5. Hydratationsenthalpien von Ionen[1].

Ion	ΔH	r	$r - R$
NH$_4^+$	-336 kJ mol^{-1}	2,04 Å	
H$_3$O$^+$	-335	2,03	
OH$^-$	-335	2,05	
Li$^+$	-534	1,28	0,68 Å
Na$^+$	-426	1,61	0,66
K$^+$	-341	2,01	0,68
Rb$^+$	-316	2,17	0,69
Cs$^+$	-284	2,42	0,73
F$^-$	-498	1,38	0,02
Cl$^-$	-363	1,89	0,08
Br$^-$	-328	2,09	0,14
I$^-$	-288	2,38	0,22
Be^{2+}	-2512	1,09	0,78
Mg^{2+}	-1963	1,40	0,75
Ca^{2+}	-1633	1,68	0,69
Sr^{2+}	-1486	1,85	0,72
Ba^{2+}	-1344	2,04	0,69
Al^{3+}	-4718	1,31	0,71

1 ΔH für die Reaktion A$^\pm$(g) → A$^\pm$(aq).

Na⁺(g) als die Summe der Sublimationsenthalpie von Na(f) und der Ionisierungsenthalpie von Na(g), sowie die Normalenthalpie von Cl⁻(g) als die Summe der halben Dissoziationsenthalpie von Cl_2(g) und der Enthalpie der Anlagerung eines Elektrons an Cl(g). Die Hydratationsenthalpie der beiden Ionen ergibt sich dann als die Differenz der Enthalpien von Na⁺(aq) + Cl⁻(aq) einerseits und Na⁺(g) und Cl⁻(g) andererseits.

Tabellierten Werten für einzelne Ionen liegt gewöhnlich eine willkürliche Normierung zugrunde, bei der die Bildungsenthalpie von H⁺(aq) = 0 gesetzt wird. Die Werte in Tafel 13.5 beruhen auf einer anderen Basis, nämlich der Annahme gleicher Hydratationsenthalpien von H_3O^+ und OH^-.

Die in der Tafel angegebenen Werte von r sind die effektiven Radien der Ionen in wäßriger Lösung, berechnet mit einer 1920 von Max Born angegebenen Methode. Nach dieser ist r der Radius einer Kugel, die die Ionenladung trägt und gerade so groß ist, daß die Differenz der Energien des elektrischen Felds im Vakuum (Dielektrizitätskonstante 1) und in einem homogenen, die Kugel umgebenden Medium mit Dielektrizitätskonstante 80 (dem makroskopischen Wert für Wasser) der Hydratationsenthalpie gleich ist. Die Energie, die benötigt wird, eine differentielle Ladung dq auf die Oberfläche der Kugel zu bringen, ist $q \mathrm{d}q/rD$. Die gesamte Energie, die zum Aufbau der Ladung von 0 bis auf $z\varepsilon$ (ε = Elektronenladung in Stoney) erforderlich ist, ist demnach

$$\int_0^{z\varepsilon} \frac{q\mathrm{d}q}{rD} = \frac{z^2\varepsilon^2}{2rD}$$

und damit $z^2\varepsilon^2/160r$ für Wasser und $z^2\varepsilon^2/2r$ für Vakuum. (Die Energie der Neuordnung von Ladungen innerhalb der Kugel ist von der Dielektrizitätskonstanten im Außenraum unabhängig, jedenfalls im kugelsymmetrischen Fall.) Die Hydratationsenthalpie beträgt demnach $-z^2\varepsilon^2(1/2 - 1/160)/r$. Bei Angabe von r in Å und ΔH in kJ mol⁻¹ ergibt sich hieraus für den effektiven Radius $r = 686\, z^2/\Delta H$.

Es ist interessant, daß für die fünf Alkali-Ionen, die fünf Erdalkali-Ionen und das Aluminium-Ion die Werte von r innerhalb von $\pm$ 0,04 Å mit der Formel $R + 0,69$ Å übereinstimmen, wobei R den Kristallradius angibt (vgl. Tafel 6.2). Für die Halogenid-Ionen liegt r zwischen $R + 0,02$ Å und $R + 0,22$ Å.

13.12. Kolloidale Lösungen

Um 1860 fand Thomas Graham (1805–1869), daß gewisse Substanzen wie Leim, Gelatine, Eiweiß, Stärke usw. in Lösung außerordentlich langsam diffundieren, etwa um den Faktor 100 langsamer als gewöhnliche gelöste Substanzen (Kochsalz, Zucker usw.). Außerdem stellte er fest, daß sie im Gegensatz zu gewöhnlichen gelösten Substanzen nicht durch Membranen wie Pergamentpapier oder aus Kollodium wandern können. Füllt man einen Sack aus Kollodium mit einer Lösung von Zucker und Leim und hängt ihn in fließendes Wasser, so diffundiert der Zucker schnell aus dem Sack in das Wasser, der Leim dagegen bleibt zurück. Eine solche *Dialyse* ist ein brauchbares Verfahren, Substanzen der beiden Klassen zu trennen.

Graham glaubte an einen grundlegenden Unterschied zwischen den gewöhnlichen, leicht kristallisierbaren Substanzen *(Kristalloiden)* und den langsam diffundierenden Substanzen, die von einer Membran zurückgehalten werden. Diese nannte er *Kolloide* (nach dem griechischen κόλλα, Leim). Wir wissen heute, daß es zwischen beiden Klassen von Substanzen keine scharfe Grenze gibt. Die Unterschiede in der Diffusionsgeschwindigkeit und in der Fähigkeit, durch Membranen zu wandern, haben ihre Ursache in der Größe der Molekeln. Viele Substanzen hohen Molekulargewichts hat man inzwischen zur Kristallisation bringen können. Trotzdem hat man aus Gründen der Zweckmäßigkeit die Bezeichnung „Kolloide" für hochmolekulare Substanzen beibehalten.

Einige Kolloide bestehen aus gut definierten Molekeln mit konstantem Molekulargewicht und ausgeprägter Molekelform, die eine Kristallisation möglich macht. Hierzu zählen viele Proteine, deren Molekulargewicht von 10000 bis zu mehreren Hunderttausend reicht.

Die Bezeichnungen *Sol* und *Gel* gehen auf Graham zurück. Ein Sol ist eine kolloidale Lösung (eine flüssige Phase, in der ein Feststoff dispergiert, d.h. sehr fein verteilt ist), und ein Gel ist eine solche Dispersion, die sich durch Ausbildung einer hinreichend starren Struktur verfestigt hat. Zum Beispiel ist eine Lösung von Gelatine in Wasser ein Sol bei hoher und ein Gel bei niedriger Temperatur. Ein *Hydrosol* ist eine Dispersion in Wasser, ein *Aerosol* eine Dispersion eines Feststoffs in Luft.

Anorganische Sole kann man herstellen, indem man eine unter gewöhnlichen Bedingungen unlösliche feste Substanz wie Gold, Eisen(III)-oxid, Diarsentrisulfid usw. in Wasser dispergiert. Goldsole kann man erhalten durch Zusatz eines Reduktionsmittels zu einer verdünnten Lösung von Goldchlorid. Sie waren bereits den Alchemisten des siebzehnten Jahrhunderts bekannt und erregten das Interesse von Michael Faraday, nicht zuletzt wegen ihrer auffallend schönen Farben – rubinrot, tiefblau, meergrün usw. –, die durch Beugung von Licht an dispergierten Goldteilchen in Größe der Wellenlängen des Lichts zustande kommen. Sole verdanken ihre Stabilität der Anwesenheit von elektrischen Ladungen an der Oberfläche der Teilchen. Im Fall von Goldsolen ist die Ladung negativ. Faraday stellte fest, daß bei Zusatz von etwas Salz die Farbe eines rubinroten Goldsols nach blau umschlägt. Der Farbwechsel kommt dadurch zustande, daß kleinere Teilchen sich zu größeren zusammenlagern, an denen Licht größerer Wellenlänge gestreut wird. Bei weiterem Salzzusatz koagulieren die Teilchen. Die Koagulation rührt davon her, daß sich kleine Ionen entgegengesetzten Ladungssinns (Na^+, Mg^{2+}, Al^{3+} usw.) an der negativ geladenen Oberfläche der Goldteilchen anlagern, deren Ladung teilweise neutralisieren und damit die gegenseitige Abstoßung der Goldteilchen so weit herabsetzen, daß sie ausflocken können. Die Koagulationswirkung der Kationen ist ungefähr der sechsten Potenz der Ladung proportional: ein Aluminiumsalz hat bei einer 700mal kleineren Konzentration etwa die gleiche Koagulationswirkung wie ein Natriumsalz.

Unter einer *Emulsion* versteht man eine kolloidale Dispersion einer Flüssigkeit in einer anderen. Die bekanntesten Emulsionen sind die von Öl in Wasser und von Wasser in Öl. Emulsionen lassen sich durch bestimmte Zusätze stabilisieren, etwa von Seife, Proteinen, Leim oder Kohlenhydraten. Typisch für viele als Stabilisatoren wirkende Substanzen ist, daß ihre Molekeln auf der einen Seite eine öllösliche, auf der anderen eine wasserlösliche Gruppe tragen. Bei der öllöslichen Gruppe mag es sich zum Beispiel um eine Alkylgruppe handeln, bei der wasserlöslichen um eine ionisationsfähige Gruppe (Carboxylgruppe, Aminogruppe usw.) oder eine zur Bildung von Wasserstoffbrücken befähigte

Gruppe wie —OH. Von sogenannten Emulgatoren, wie zum Beispiel Seifen, macht man zur Dispersion von Fetten und Ölen in Wasser Gebrauch.

Übungsaufgaben

13.1. Eine Lösung enthält 10,00 g wasserfreies Kupfersulfat, $CuSO_4$, in 1000 ml Lösung. Wie groß ist ihre formale Konzentration?

13.2. Eine bei 20 °C gesättigte Kochsalzlösung enthält 35,1 g NaCl pro 100 g Wasser. Wie groß ist ihre Gewichtsformalität? Die Dichte beträgt 1,197 g ml^{-1}. Wie groß ist die formale Konzentration?

13.3. Eine 2-molale HCl-Lösung wird mit einer 2-molalen NaOH-Lösung neutralisiert. Wie groß ist die Molalität (Gewichtsmolarität) der entstandenen NaCl-Lösung?

13.4. Berechnen Sie die Molenbrüche aller Komponenten in den folgenden Lösungen:
a) 2,000 g Chloroform, $CHCl_3$, in 10,00 g Tetrachlorkohlenstoff, CCl_4,
b) 1,000 g Essigsäure, $C_2H_4O_2$, in 20,00 g Benzol unter Berücksichtigung der Tatsache, daß Essigsäure in Benzol als Dimeres, $(C_2H_4O_2)_2$, vorliegt.

13.5. Die Dichte von mit konstanter Zusammensetzung siedender Salzsäure ist 1,10 g ml^{-1}. Die Säure enthält 20,24 Gewichts-% HCl. Berechnen Sie die Gewichtsmolarität, die Volumenmolarität und den Molenbruch von HCl in dieser Lösung.

13.6. Natriumperchlorat ist in Wasser äußerst leicht löslich. Was geschieht, wenn eine Lösung von 70 g $NaClO_4$ in 100 ml Wasser bei 20 °C mit einer Lösung von 40 g KCl in 100 ml Wasser gemischt wird? (Vgl. Abb. 13.3.)

13.7. Machen Sie qualitative Aussagen über die Löslichkeit von
a) Äthyläther, $C_2H_5OC_2H_5$, in Wasser, in Alkohol und in Benzol,
b) Chlorwasserstoff in Wasser und in Benzin,
c) Eis in flüssigem Fluorwasserstoff und in gekühltem Benzin,
d) Natriumtetraborat in Wasser, in Äther und in Tetrachlorkohlenstoff,
e) Jodoform, HCI_3, in Wasser und in Tetrachlorkohlenstoff,
f) Decan, $C_{10}H_{22}$, in Wasser und in Benzin.

13.8. Kochsalz hat eine Dichte von 2,16 g ml^{-1}, seine gesättigte wäßrige Lösung, die 366,0 g NaCl pro kg Wasser enthält, eine Dichte von 1,197 g ml^{-1} und eine Lösung von 333,0 g NaCl pro kg Wasser eine Dichte von 1,180 g ml^{-1}. Wird sich bei Steigerung des Drucks die Löslichkeit erhöhen oder vermindern? Geben Sie Ihre Rechnungen an.

13.9. Suchen Sie mit Hilfe der Abbildungen 13.2, 13.3 und 13.4 je drei Salze aus, bei deren Auflösen in nahezu gesättigter Lösung Wärme aufgenommen bzw. abgegeben wird.

13.10. Wird beim Lösen von $Na_2CO_3 \cdot 10 H_2O$ in einer nahezu gesättigten Lösung bei 30 °C Wärme aufgenommen oder abgegeben? Wird beim Lösen von $Na_2CO_3 \cdot H_2O$ in derselben Lösung bei 30 °C Wärme aufgenommen oder abgegeben?

13.11. Was wissen Sie über die Lösungswärme von Kochsalz? (Vgl. Abb. 13.3.)

13.12. Kaliumhydrogensulfat ist in 100 g Wasser bei 20 °C zu 51,4 g löslich, bei 40 °C zu 67,3 °C. Erwärmt sich eine Lösung oder kühlt sie sich ab, wenn Sie ihr weiteres Kaliumhydrogensulfat zugeben und umrühren?

13.13. Schätzen Sie, wieviel Äthanol (C_2H_5OH) dem Kühlwasser eines Kraftfahrzeugs pro Liter zugegeben werden muß, um es vor dem Einfrieren bis zu 10 °C unter null zu schützen.

13.14. Eine Lösung von 1 g Aluminiumbromid in 100 g Benzol zeigt gegenüber reinem Benzol eine Gefrierpunktserniedrigung von 0,099°. Wie lauten das Molekulargewicht und die richtige Molekularformel der Substanz in der Lösung?

13.15. Die Löslichkeit von Stickstoff unter 1 atm Partialdruck in Wasser von 0 °C beträgt 23,54 ml l^{-1}, die von Sauerstoff 48,89 ml l^{-1}. Berechnen Sie, um wieviel sich die Gefrierpunkte von mit Luft gesättigtem und von luftfreiem Wasser unterscheiden.

13.16. Eine wäßrige Lösung von Amygdalin (einem Glykosid, das in Mandeln vorkommt), die 96 g im Liter enthält, zeigt bei 0 °C einen osmotischen Druck von 4,74 atm. Wie groß ist das Molekulargewicht der Substanz?

13.17. Eine 3%ige wäßrige Lösung von Gummi arabicum (einfachste Formel $C_{12}H_{22}O_{11}$) zeigt bei 25 °C einen osmotischen Druck von 0,0272 atm. Wie groß sind das mittlere Molekulargewicht und der Polymerisationsgrad des gelösten Stoffs?

13.18. Eine Lösung, die 2,30 g Glycerin in 100 ml Wasser enthält, hat einen Gefrierpunkt von —0,465 °C. Wie groß ist ungefähr das Molekulargewicht des gelösten Glycerins? Die Formel von Glycerin lautet $C_3H_5(OH)_3$. Glauben Sie, daß Glycerin mit Wasser mischbar ist?

13.19. Durch Auflösen von 0,412 g Naphthalin ($C_{10}H_8$) in 10,0 g Campher erniedrigt sich dessen Gefrierpunkt um 13,0°. Wie groß ist die molare Gefrierpunktserniedrigung, die diesem Befund entspricht? (Lösung: 40,4°.) Können Sie sich denken, warum gerade Campher so gern für Molekulargewichtsbestimmungen herangezogen wird?

13.20. 1,00 g einer unbekannten Substanz, gelöst in 8,55 g Campher, ruft eine Gefrierpunktserniedrigung um 9,5° hervor. Berechnen Sie das Molekulargewicht der Substanz unter Benutzung der in der vorigen Aufgabe ermittelten molaren Gefrierpunktserniedrigung.

13.21 Obwohl Äthylenglykol bei —17 °C gefriert, schützt es beim Zusatz zum Kühlwasser eines Kraftfahrzeugs den Kühler vor dem Einfrieren sogar bei noch niedrigerer Temperatur. Wie ist das möglich?

13.22. Zusatz von Alkohol zu Wasser erniedrigt nicht nur dessen Gefrierpunkt, sondern auch den Siedepunkt. Womit können Sie das erklären?

13.23. Wie groß ist der osmotische Druck einer Lösung von 17,5 g Rohrzucker ($C_{12}H_{22}O_{11}$) in 150 ml Lösung bei 17 °C? (Lösung: 8,1 atm.)

13.24. Bekanntlich wirken Zellwände als osmotische Membranen. Können Sie auf diese Weise erklären, warum mit Essig und Salz angemachter Salat nach ein paar Stunden schlaff und welk wird?

13.25. Warum platzen rote Blutkörperchen, wenn sie in destilliertes Wasser gebracht werden?

13.26. Das Löslichkeitsprodukt von $PbCl_2$ beträgt $1,7 \cdot 10^{-5}$ mol^3 l^{-3}. Wie groß ist die Löslichkeit des Salzes in Wasser und in einer 0,05 F NaCl-Lösung?

13.27. Die Löslichkeit von Ag_2CrO_4 beträgt 0,0030 g in 100 ml. Berechnen Sie daraus das Löslichkeitsprodukt sowie die Löslichkeit in 0,01 F $AgNO_3$ und in 0,01 F K_2CrO_4.

13.28. Die Löslichkeitsprodukte der Silberhalogenide haben folgende Werte:
AgCl $1,6 \cdot 10^{-10}$ mol^2 l^{-2}
AgBr $5,0 \cdot 10^{-13}$
AgI $1,0 \cdot 10^{-16}$
Was geschieht, wenn ein Niederschlag von Silberchlorid längere Zeit unter einer Lösung von Natriumjodid steht? Was geschieht, wenn ein Niederschlag von Silberjodid längere Zeit unter einer Lösung von Natriumchlorid steht?

13.29. Die Löslichkeitsprodukte von AgCl und Ag_2CrO_4 betragen $1,6 \cdot 10^{-10}$ mol^2 l^{-2} bzw. $1,0 \cdot 10^{-12}$ mol^3 l^{-3}. Welcher Niederschlag fällt aus, wenn ein Tropfen Silbernitratlösung in eine Lösung fällt, die 0,1 F an NaCl und 0,1 F an Na_2CrO_4 ist? Wann beginnt bei weiterem Zulauf von Silbernitratlösung das andere Salz sich abzuscheiden? Schlagen Sie die Farbe von Ag_2CrO_4 in einem Handbuch nach. Können Sie unter Verwendung dieser Angaben eine Methode zur quantitativen Bestimmung von Ag^+ oder Cl^- vorschlagen?

13.30. Berechnen Sie den mittleren Aktivitätskoeffizienten von Ag^+ und I^- in $0,1 F$ $MgSO_4$ mit Hilfe des Debye-Hückelschen Grenzgesetzes. Berechnen Sie die Löslichkeit von Silberjodid ($K_{LP} = 1,0 \cdot 10^{-16} mol^2 \, l^{-2}$) in dieser Lösung und vergleichen Sie sie mit der in reinem Wasser.

13.31. Die Löslichkeit unpolarer Gase in einem Lösungsmittel hängt zu einem guten Teil von der Lösungsenthalpie ab, die ihrerseits der elektronischen Polarisierbarkeit der Molekel des gelösten Stoffs in großen Zügen proportional ist. Die Löslichkeit in Wasser bei 20 °C und 1 atm Druck, angegeben in Milliliter Gas pro Liter Wasser, beträgt 7 für He, 13 für Ne, 46 für Ar, 70 für Kr und 119 für Xe. Tragen Sie diese Werte in einem Diagramm gegen die Polarisierbarkeit (siehe Tafel 11.4) auf und benutzen Sie die Darstellung zur Voraussage der Löslichkeit von $H_2(g)$ und $CH_4(g)$ in Wasser.

13.32. CsI(f), dessen Struktur in Abbildung 6.19 dargestellt ist, hat eine Dichte von $4,510 g cm^{-3}$. Wie groß ist sein Molvolumen? Vergleichen Sie das Ergebnis mit der Summe der effektiven Molvolumina von $Cs^+(aq)$ und $I^-(aq)$ nach Tafel 13.4. Es ist zu erwarten, daß die Elektrostriktion bei großen Ionen geringer ist als bei kleinen.

13.33. Stellen Sie für LiF(f), dessen Dichte $1,392 g cm^{-3}$ beträgt, die gleiche Berechnung wie in der vorigen Aufgabe an. Wie groß ist die mittlere Volumenkontraktion durch Elektrostriktion für $Li^+(aq)$ und $F^-(aq)$, vorausgesetzt, daß die Ionen selbst das gleiche Volumen in der Lösung wie im Kristall einnehmen?

13.34. a) Berechnen Sie die Absolutentropien von $Li^+(g)$ und $F^-(g)$ bei 25 °C und 1 atm mit Gleichung 10.7 unter Annahme der Gültigkeit der idealen Gasgesetze.
b) Wiederholen Sie die Berechnung in a) für den Druck, bei dem die Konzentration $1 \, mol \, l^{-1}$ beträgt. (Lösung: 106,33 bzw. $118,90 \, J \, grad^{-1} \, mol^{-1}$.)

13.35. Die aus der Molwärme durch Integration berechnete Absolutentropie von LiF(f) bei 25 °C und 1 atm beträgt $35,86 \, J \, grad^{-1} \, mol^{-1}$. Die Enthalpie der Auflösung von LiF(f) in einer großen Menge nahezu gesättigter Lösung (Konzentration $0,10 M$) beträgt $4,56 \, kJ \, mol^{-1}$.
a) Wie groß ist die Änderung ΔG der freien Enthalpie bei diesem Auflösungsvorgang?
b) Wie groß ist der zugehörige Wert von ΔS?
c) Die Entropie, die man durch Zurechnen dieses ΔS-Werts zur Absolutentropie von LiF(f) erhält, kann als die Entropie von $Li^+(aq)$ und $F^-(aq)$ in $0,10 M$ Lösung angesehen werden. Berechnen Sie aus ihr die Entropie bei der Bezugskonzentration $1 M$ unter Voraussetzung idealen Verhaltens der Lösung. (Lösung: $12,9 \, J \, grad^{-1} \, mol^{-1}$.)

13.36. Unter der Voraussetzung idealen Verhaltens in Gas und Lösung besteht theoretisch weder zwischen $Li^+(g)$ und $Li^+(aq)$ noch zwischen $F^-(g)$ und $F^-(aq)$ bei gleicher Konzentration von $1 \, mol \, l^{-1}$ ein Unterschied in der Translationsentropie. Die Lösungsentropie von $-212 \, J \, grad^{-1} \, mol^{-1}$ für die beiden Ionen kann zu einem kleinen Teil der Wechselwirkung zwischen Ionen in Lösung zugeschrieben werden (vgl. Abschnitt 13.11), geht aber hauptsächlich auf den Entropieverlust der fest von den Ionen gebundenen Wassermolekeln zurück, die um jedes Ion einen „Eisberg" bilden. Schätzen Sie mittels der Schmelzentropie von Eis, die $22,0 \, J \, grad^{-1} \, mol^{-1}$ beträgt, wieviele Wassermolekeln ungefähr jeder solche Eisberg enthält.

13.37. Wiederholen Sie die Berechnungen der drei vorigen Aufgaben für Caesiumjodid an Stelle von Lithiumfluorid. Die absolute Normalentropie von CsJ(f), berechnet mit dem dritten Hauptsatz, ist $130 \, J \, grad^{-1} \, mol^{-1}$, die Lösungsenthalpie $-63 \, kJ \, mol^{-1}$ und die Löslichkeit in Wasser $0,35 \, mol \, l^{-1}$ bei 25 °C. Es steht zu erwarten, daß für die großen Ionen Cs^+ und I^- die Eisberge erheblich kleiner sind als für die kleinen Ionen Li^+ und F^-.

Kapitel 14

Säuren und Basen

Eine Säure kann definiert werden als eine wasserstoffhaltige Substanz, die beim Auflösen in Wasser unter Abspaltung von Wasserstoff-Ionen dissoziiert, und eine Base als eine Substanz, die Hydroxid-Ionen enthält oder Hydroxylgruppen, die in wäßriger Lösung als Hydroxid-Ionen abdissoziieren. Saure Lösungen haben einen charakteristischen, scharfen Geschmack, der auf die Hydronium-Ionen, H_3O^+, zurückgeht, und basische Lösungen schmecken alkalisch wegen der in ihnen enthaltenen Hydroxid-Ionen, OH^-. Nach einer anderen, allgemeineren Definition gilt als Säure eine Substanz, die Protonen abgeben kann (Protonendonor), und als Base eine Substanz, die Protonen aufnehmen kann (Protonenacceptor).

Die gewöhnlichen Mineralsäuren (Salzsäure, Salpetersäure) sind in Lösung praktisch vollständig dissoziiert, schicken also jedes ihrer Wasserstoffatome als Wasserstoff-Ion in die Lösung. Andere Säuren wie Essigsäure sind dagegen nur zu einem geringen Teil dissoziiert. Säuren wie Essigsäure heißen schwache Säuren. Eine Essigsäurelösung der Konzentration 1 F schmeckt nicht annähernd so scharf wie Salzsäure der gleichen Konzentration und reagiert auch viel weniger heftig mit unedlen Metallen wie Zink. Die Ursache dafür ist, daß die wäßrige Essigsäure viele undissoziierte Molekeln $HC_2H_3O_2$ und nur eine verhältnismäßig geringe Anzahl von Ionen H_3O^+ und $C_2H_3O_2^-$ enthält. In der Lösung besteht ein Gleichgewicht

$$HC_2H_3O_2 + H_2O \rightleftharpoons H_3O^+ + C_2H_3O_2^-$$

Wollen wir das Verhalten von Essigsäure verstehen lernen, müssen wir die Gleichgewichtsbeziehung für diese Dissoziationsreaktion formulieren. Mit Hilfe der Gleichgewichtsbeziehung lassen sich die Eigenschaften von Essigsäurelösungen verschiedener Konzentration voraussagen.

In gleicher Weise können wir die Grundsätze des chemischen Gleichgewichts auf schwache Basen, etwa auf wäßriges Ammoniak, sowie auf Salze schwacher Säuren und Salze schwacher Basen anwenden. Außerdem liefert das chemische Gleichgewicht den Schlüssel zum Verständnis des Verhaltens von Indikatoren, mit denen man feststellen kann, ob eine Lösung sauer, neutral oder basisch ist. Ferner ergibt sich aus den Gesetzen des chemischen Gleichgewichts eine Beziehung zwischen den Konzentrationen von Hydronium-Ionen und Hydroxid-Ionen in derselben Lösung.

14.1. Hydronium-Ionenkonzentration (Wasserstoff-Ionenkonzentration)

Wie wir bei der Erörterung von Wasser in Kapitel 12 gesehen haben, besteht reines Wasser nicht einfach aus H_2O-Molekeln, sondern enthält vielmehr Hydronium-Ionen und Hydroxid-Ionen in Konzentrationen von ungefähr $1 \cdot 10^{-7}$ mol l^{-1} (bei 25 °C). Die Ionen entstehen durch *Selbst-Protolyse* von Wasser, das heißt, durch Reaktion zweier Wassermolekeln, von denen die eine als Säure und die andere als Base auftritt:

$$2\,H_2O \rightleftharpoons H_3O^+ + OH^-$$

(Die Reaktion wird auch als Dissoziation des Wassers bezeichnet.)
Eine Molekel, die wie die Wassermolekel sowohl Protonen abgeben als auch Protonen anlagern kann, nennt man *amphiprotisch* (nach dem griechischen ἀμφί, beide). Nur amphiprotische Molekeln oder Ionen sind zur Selbst-Protolyse befähigt.

Daß reines Wasser Hydronium-Ionen und Hydroxid-Ionen enthält, ist mit Hilfe von Messungen seiner elektrischen Leitfähigkeit festgestellt worden. Den Mechanismus des elektrischen Stromtransports in Lösungen haben wir in Abschnitt 6.8 kennengelernt. Nach diesem Bild wird elektrische Ladung im Inneren der Lösung transportiert durch Überführung von Kationen in Richtung von der Anode zur Kathode und Überführung von Anionen in umgekehrter Richtung. Enthielte reines Wasser keine Ionen, so besäße es keinerlei elektrische Leitfähigkeit. Bei Versuchen, Wasser so weitgehend wie möglich durch vielfach wiederholtes Destillieren zu reinigen, stellte es sich heraus, daß die elektrische Leitfähigkeit einem sehr kleinen Grenzwert zustrebt, der etwa sieben Größenordnungen kleiner ist als die Leitfähigkeit einer 1 F Salzsäure oder Natronlauge. Hieraus ist zu schließen, daß die Selbst-Protolyse Hydronium-Ionen und Hydroxid-Ionen in einer Konzentration von rund 10^{-7} Mol pro Liter liefert. Nach genaueren Messungen beträgt die Konzentration von H_3O^+ und OH^- in reinem Wasser $1{,}00 \cdot 10^{-7}\,M$ bei 25 °C[1].

Obwohl es das Hydronium-Ion, H_3O^+, ist, das in Wasser auftritt und dem wäßrige Säuren ihre Säureeigenschaften verdanken, hat es sich eingebürgert, das Symbol H^+ statt H_3O^+ zu verwenden und von Wasserstoff-Ionen statt Hydronium-Ionen zu sprechen. In späteren Abschnitten dieses Kapitels wollen wir dieser Gewohnheit folgen, abgesehen von Gelegenheiten, bei denen die Behandlung auf der Donor-Acceptor-Theorie (Brønsted-Lowry-Theorie) aufbaut. Das Symbol H^+ erscheint also mit zwei verschiedenen Bedeutungen: im Rahmen der Brønsted-Lowry-Theorie stellt es das unhydratisierte Proton dar, sonst bezeichnet es das Hydronium-Ion, H_3O^+. Im Zusammenhang mit der Brønsted-Lowry-Theorie wollen wir von H^+ als Proton sprechen, und wo H^+ für H_3O^+ benutzt wird, nennen wir es Wasserstoff-Ion.

Die pH-Skala. Statt seine Wasserstoff-Ionenkonzentration von $1{,}00 \cdot 10^{-7}\,M$ zu nennen, sagt man von reinem Wasser gewöhnlich, es habe pH 7. *Das pH ist definiert als der*

---

[1] Das Ausmaß der Selbst-Protolyse hängt in gewissem Grade von der Temperatur ab. Bei 0 °C betragen $[H_3O^+]$ und $[OH^-]$ $0{,}83 \cdot 10^{-7}\,M$, bei 100 °C $6{,}9 \cdot 10^{-7}\,M$. Wenn Lösungen einer starken Säure und einer starken Base miteinander vermischt werden, wird eine erhebliche Wärmemenge freigesetzt, die von der Neutralisationsreaktion herrührt. Die Dissoziation von Wasser als die umgekehrte Reaktion verbraucht also Wärme. Nach dem Le Châtelierschen Prinzip sollte eine Temperaturerhöhung das Dissoziationsgleichgewicht in der Richtung verschieben, in der das System sich der ursprünglichen Temperatur wieder nähert, also in Richtung der Reaktion, die Wärme verbraucht. Hier ist das die Richtung der Dissoziation von Wasser zu Hydronium-Ionen und Hydroxid-Ionen. Das Le Châteliersche Prinzip verlangt demnach, daß der Dissoziationsgrad mit steigender Temperatur zunimmt – in Übereinstimmung mit dem experimentellen Befund.

negative dekadische Logarithmus der Wasserstoff-Ionenaktivität (die der Wasserstoff-Ionenkonzentration ungefähr gleich ist):

$$\mathrm{pH} = -\log[\mathrm{H}^+]$$

oder

$$[\mathrm{H}^+] = 10^{-\mathrm{pH}} = \mathrm{antilog}(-\mathrm{pH})$$

Dieser Definition gemäß hat eine Lösung, die ein Mol Wasserstoff-Ionen pro Liter enthält, deren Konzentration von H^+ also $10^{-0}\,M$ beträgt, den pH-Wert null. Eine Lösung mit einem Zehntel dieser Wasserstoff-Ionenkonzentration, also mit 0,1 Mol Wasserstoff-Ionen pro Liter, entsprechend $[\mathrm{H}^+] = 10^{-1}\,M$, hat pH 1. Die Beziehung zwischen Wasserstoff-Ionenkonzentration und pH ist in der Beschriftung auf der linken Seite von Abbildung 14.1 erkenntlich.

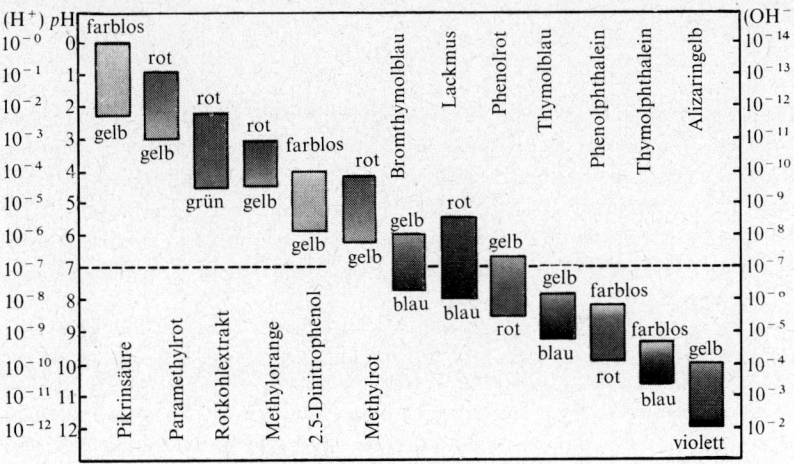

Abb. 14.1. Farbumschläge von Indikatoren.

In den Naturwissenschaften und der Medizin ist es üblich, die Säurestärke einer Lösung in pH-Einheiten anzugeben. So sagt man „das pH der Lösung ist 3" statt „die Wasserstoff-Ionenkonzentration der Lösung ist 10^{-3}". Der praktische Wert der pH-Skala, die die unbequeme Angabe von Potenzen vermeidet, liegt auf der Hand.

Chemische Reaktionen bei biologischen Vorgängen sind in der Regel empfindlich vom pH abhängig. Bei technischen Verfahren, die von solchen Vorgängen Gebrauch machen, etwa bei der Vergärung, ist deshalb eine genaue Kontrolle des pH-Werts der Rohstoffe und des Reaktionsmediums von großer Wichtigkeit. Es ist daher nicht weiter erstaunlich, daß ein Biochemiker den Ausdruck pH eingeführt hat, nämlich der Däne S. P. L. Sørensen im Zuge seiner Arbeiten über Vorgänge bei der Bierbrauerei.

Aufgabe 14.1. Welche pH hat eine Lösung mit $[\mathrm{H}^+] = 0,0200\,M$?

Lösung. Der Logarithmus von 0,0200, also von $2 \cdot 10^{-2}$, ist $0,301 - 2 = -1,699$. Der pH-Wert der Lösung ist der negative dekadische Logarithmus der Wasserstoffionenkonzentration, in diesem Fall also 1,699.

Aufgabe 14.2. Wie groß ist die Wasserstoff-Ionenkonzentration einer Lösung mit pH 4,30?

Lösung. Für eine Lösung mit pH 4,30 ist log H$^+$ = —4,30 = 0,70 — 5. Der Antilogarithmus von 0,70 ist 5,0, der von —5 ist 10^{-5}. Die Wasserstoff-Ionenkonzentration der Lösung ist daher $5,0 \cdot 10^{-5} M$.

14.2. Das Gleichgewicht von Wasserstoff-Ionen und Hydroxid-Ionen in wäßriger Lösung

Die Umsatzgleichung für die Selbst-Protolyse von Wasser lautet

$$2\,H_2O \rightleftharpoons H_3O^+ + OH^-$$

Den Entwicklungen im vorigen Kapitel gemäß lautet die zugehörige Gleichgewichtsbeziehung

$$\frac{[H_3O^+]\,[OH^-]}{[H_2O]^2} = K$$

In dieser Gleichung bezeichnet [H$_2$O] die Aktivität (Konzentration) von Wasser in der Lösung. (Wegen der Bedeutung der Aktivität, vgl. Abschnitt 11.7 und 13.11.) Da die Wasseraktivität in verdünnter wäßriger Lösung kaum von der von reinem Wasser abweicht, also praktisch konstant bleibt, verzichtet man gewöhnlich darauf, sie in der Gleichgewichtsbeziehung für verdünnte Lösungen ausdrücklich anzuführen. Wir können also das Produkt von K und [H$_2$O]^2 als eine neue Konstante K_W auffassen und damit schreiben

$$[H_3O^+]\,[OH^-] = K_W$$

Diese Gleichung besagt, daß das Produkt der Hydronium-Ionen- und Hydroxid-Ionenkonzentration in Wasser und in verdünnten wäßrigen Lösungen bei gegebener Temperatur konstant ist. Bei 25 °C hat K_W den Wert $1,00 \cdot 10^{-14}$ mol² l^{-2}. *In reinem Wasser betragen die Konzentrationen von H_3O^+ und OH^- bei 25 °C je $1,00 \cdot 10^{-7}$ mol l^{-1}, und in verdünnten wäßrigen Lösungen mit saurem oder basischem Charakter ist das Produkt der Konzentrationen dieser beiden Ionen bei 25 °C $1,00 \cdot 10^{-14}$ mol² l^{-2}.*

Eine neutrale Lösung enthält demgemäß sowohl Wasserstoff-Ionen (Hydronium-Ionen) als auch Hydroxid-Ionen, und zwar in gleicher Konzentration von $1,00 \cdot 10^{-7} M$. Eine schwach saure Lösung, etwa mit zehn mal so vielen Wasserstoff-Ionen (Konzentration $10^{-6} M$, pH 6) enthält ebenfalls Hydroxid-Ionen, und zwar ein Zehntel so viele wie reines Wasser. Eine Lösung mit hundert mal so vielen Wasserstoff-Ionen (Konzentration $10^{-5} M$, pH 5) enthält nur ein Hundertstel so viele Hydroxid-Ionen wie reines Wasser usw. In einer Lösung, die 1 Grammäquivalent einer starken Säure enthält, ist die Wasserstoff-Ionenkonzentration $1 M$ und das pH 0; selbst eine so stark saure Lösung enthält noch Hydroxid-Ionen, und zwar in einer Konzentration von $10^{-14} M$. Obwohl 10^{-14} eine sehr kleine Zahl ist, entspricht die Konzentration doch noch einer großen Anzahl von Hydroxid-Ionen in einer makroskopischen Menge der Lösung: die Avogadrosche Zahl ist $0,602 \cdot 10^{24}$, und somit entspricht eine Konzentration von 10^{-14} Mol pro Liter der Anwesenheit von $0,602 \cdot 10^{10}$ Ionen in einem Liter oder 6,02 Millionen Ionen in einem Milliliter.

14.3. Indikatoren

Mit Indikatoren wie Lackmus läßt sich feststellen, ob eine Lösung sauer, neutral oder basisch ist. Die Farbe, die ein der Lösung zugesetzter Indikator annimmt, hängt vom pH ab. Der Farbumschlag eines Indikators bei Änderung des pH ist nicht scharf, sondern erstreckt sich über einen Bereich von ein bis zwei pH-Einheiten. Die Ursache hierfür ist in dem chemischen Gleichgewicht zu suchen, das zwischen den beiden verschiedenfarbigen Formen des Indikators besteht. Die Farbe hängt vom pH ab, weil das Wasserstoff-Ion an diesem Gleichgewicht beteiligt ist.

Wir können etwa für die rote Form des Lackmus HInd schreiben und für die blaue Form Ind$^-$. Zwischen beiden besteht das Dissoziationsgleichgewicht

$$\text{HInd} \rightleftharpoons \text{H}^+ + \text{Ind}^-$$
$$\text{rot} \qquad\qquad \text{blau}$$
$$\text{saure Form} \quad \text{alkalische Form}$$

In alkalischen Lösungen, in denen [H$^+$] sehr klein ist, liegt das Gleichgewicht weit auf der rechten Seite: der Indikator liegt fast vollständig in der dissoziierten Form vor (blau im Fall von Lackmus). In sauren Lösungen mit großem [H$^+$] ist das Gleichgewicht weit nach links verschoben, und der Indikator nimmt fast vollständig die undissoziierte (rote) Form an.

Wir wollen das Konzentrationsverhältnis beider Formen als Funktion des pH berechnen. Die Gleichgewichtsbeziehung für die obige Reaktion ist

$$\frac{[\text{H}^+][\text{Ind}^-]}{[\text{HInd}]} = K_{\text{Ind}}$$

Hierbei ist K_{Ind} die *Gleichgewichtskonstante für den Indikator*. Wir formen um zu

$$\frac{[\text{HInd}]}{[\text{Ind}^-]} = \frac{[\text{H}^+]}{K_{\text{Ind}}}$$

Diese Gleichung zeigt, in welcher Weise das Verhältnis der Konzentrationen beider Formen von [H$^+$] abhängt. Wenn beide Formen in gleicher Konzentration vorliegen, hat [HInd]/[Ind$^-$] den Wert 1; folglich ist dann [H$^+$] = K_{Ind}. *Die Indikatorkonstante K_{Ind} ist also gleich der Wasserstoff-Ionenkonzentration, bei der der Farbumschlag zur Hälfte eingetreten ist.* Den zugehörigen pH-Wert bezeichnet man als pK des Indikators.

Erniedrigen wir nun das pH um eine Einheit, so verzehnfacht sich [H$^+$], und das Verhältnis [HInd]/[Ind$^-$] wird 10. Bei einem pH, das um 1 kleiner ist als der pK-Wert des Indikators, überwiegt also die saure Form des Indikators die basische um den Faktor 10; 91% des Indikators liegen in saurer und 9% in basischer Form vor. Innerhalb von zwei pH-Einheiten wechselt der Indikator von 91% saurer zu 91% basischer Form. Bei den meisten Indikatoren erstreckt sich der für das Auge erkennbare Umschlagsbereich über 1,2 bis 1,8 pH-Einheiten.

Die Indikatoren unterscheiden sich in ihren pK-Werten. Reines Wasser von pH 7 reagiert neutral gegen Lackmus (pK 6,8), sauer gegen Phenolphthalein (pK 8,8) und basisch gegen Methylorange (pK 3,7).

Eine Karte, die die Farbumschläge und Umschlagsbereiche verschiedener Indikatoren angibt, ist in Abbildung 14.1 wiedergegeben. Man kann das pH einer Lösung ungefähr ermitteln, indem man durch Ausprobieren feststellt, gegen welchen Indikator die Lö-

424   14. Säuren und Basen

sung neutral reagiert. Es gibt auch Indikatorpapiere, die mit Mischungen von Indikatoren gefärbt sind und mehrere Farbumschläge zeigen. Mit ihrer Hilfe kann das pH einer Lösung im Bereich zwischen 1 und 13 mit einer Genauigkeit von etwa einer Einheit bestimmt werden.

Für die Titration einer schwachen Säure oder schwachen Base muß ein geeigneter Indikator sorgfältig ausgewählt werden. Wie man dabei vorgeht, beschreiben wir in Abschnitt 14.6.

Wie sein Gleichgewicht zeigt, benimmt sich ein Indikator wie eine schwache organische Säure. Die Gleichgewichtsbeziehung für einen Indikator ist die gleiche wie für eine gewöhnliche schwache Säure.

Durch Vergleich mit farbigen Eichlösungen oder Karten kann das pH einer Lösung mit Hilfe von Indikatoren mit einer Genauigkeit von etwa 0,1 pH-Einheiten abgeschätzt werden. Eine befriedigendere allgemeine Methode der pH-Bestimmung beruht auf der Messung der elektrischen Potentialdifferenz einer Zelle, in der sich Wasserstoff-Ionen an einer Elektrodenreaktion beteiligen. Moderne pH-Meßgeräte mit Glaselektroden gestatten Messungen mit einer Genauigkeit von annähernd 0,01 Einheiten im pH-Bereich zwischen 0 und 14 (siehe Abb. 14.2).

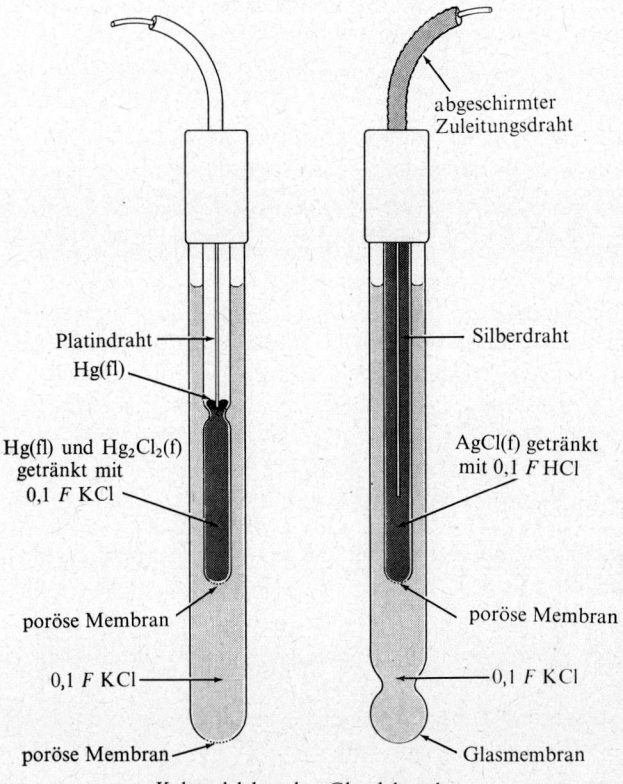

Abb. 14.2. Glaselektrode (rechts) und Vergleichselektrode (links) eines pH-Meßgeräts. Die Glasmembran der Glaselektrode ist aus Spezialglas gefertigt, das eine effektive Durchlässigkeit für Wasserstoff-Ionen aufweist. Das Potential dieser Elektrode spricht auf die Wasserstoff-Ionenkonzentration an der Außenseite der Glasmembran an.

Die Konstruktion einer Glaselektrode ist in Abbildung 14.2 auf der rechten Seite gezeigt. Die Ag-AgCl-Elektrode stellt einen reversiblen elektrischen Kontakt zwischen dem Verbindungsdraht und der KCl-Lösung her. Der äußere Glasmantel besteht am unteren Ende aus einem besonderen Glas, das elektrischen Strom leitet, und zwar beruht die Leitfähigkeit auf Transport von Protonen, die im Glas sozusagen von Sauerstoffatom zu Sauerstoffatom weitergereicht werden. Für andere Ionen ist das Glas undurchlässig. Die auf der linken Seite gezeigte Quecksilber-Kalomel-Elektrode stellt einen weiteren reversiblen elektrischen Kontakt mit der Lösung her, der von deren Wasserstoff-Ionenkonzentration unabhängig ist. Zur Messung des pH einer Lösung taucht man beide Elektroden mit ihren Unterenden in die Lösung ein und liest die entwickelte elektromotorische Kraft auf einem elektronischen Voltmeter ab. Da der Stromtransport in der Anordnung hervorgerufen wird von der Wanderung von Wasserstoff-Ionen von einer Lösung zu einer anderen mit verschiedener Wasserstoff-Ionenkonzentration (von der einen zur anderen Seite der Glasmembran) und da die Wasserstoff-Ionenaktivität bei den anderen Schritten des Stromtransports nicht ins Gewicht fällt, zeigt die elektromotorische Kraft das pH der Lösung an, in die die Elektroden eintauchen. Die elektromotorische Kraft ändert sich linear mit dem pH, und zwar bei 25 °C um 0,059 Volt pro pH-Einheit (siehe Abschnitt 15.7).

14.4. Das Äquivalentgewicht von Säuren und Basen

Eine Salzsäurelösung, die ein Grammformelgewicht Chlorwasserstoff, HCl, pro Liter enthält, hat die Konzentration 1 F bezüglich ihrer Wasserstoff-Ionen. In ähnlicher Weise hat eine Lösung, die 0,5 Grammformelgewicht Schwefelsäure, H_2SO_4, pro Liter enthält, die Konzentration 1 F bezüglich dissoziationsfähigen Wasserstoffs. In beiden Fällen wird zur Neutralisation[1] mit Natronlauge ein gleiches Volumen einer Lösung von einem Grammformelgewicht NaOH pro Liter benötigt. In beiden Fällen ist also das Gewicht der Säure pro Liter einem Grammformelgewicht Alkali äquivalent.

Das Grammformelgewicht einer Säure, geteilt durch die Zahl Wasserstoff-Ionen in der Formel, die bei der betrachteten Reaktion ersetzt werden können, wird als *Äquivalentgewicht* der Säure bezeichnet. In gleicher Weise ist das Äquivalentgewicht einer Base deren Grammformelgewicht, geteilt durch die in der Formel vorkommende Zahl von Hydroxylgruppen, die bei der betrachteten Reaktion ersetzt werden können.

Ein Äquivalentgewicht (oder kurz Äquivalent) einer Säure neutralisiert ein Äquivalentgewicht (Äquivalent) einer Base. Es sei ausdrücklich bemerkt, daß das Äquivalentgewicht einer mehrwertigen Säure nicht ein für allemal festlegt; für H_3PO_4 zum Beispiel mag es ein, ein halbes oder ein Drittel Grammformelgewicht betragen, je nachdem ob ein, zwei oder drei Wasserstoffatome der Molekel sich an der betrachteten Reaktion beteiligen.

Die *Normalität* der Lösung einer Säure oder Base gibt die Anzahl Äquivalente der Säure oder Base pro Liter an; eine Lösung der Konzentration 1 N enthält also 1 Äquivalent

---

1 Die Bedeutung des Begriffs Neutralisation im Fall schwacher Säuren oder Basen soll später in diesem Kapitel erläutert werden.

pro Liter Lösung. Mit Hilfe von Indikatoren wie Lackmus kann man das Verhältnis der Volumina von sauren und basischen Lösungen feststellen, die einander äquivalent sind, und kann auf diese Weise die unbekannte Normalität der einen Lösung ermitteln, wenn die der anderen bekannt ist. Hierzu benutzt man geeichte Pipetten und kalibrierte Büretten. Eine solche *azidimetrische Titration* zur Ermittlung des Säure- oder Basengehalts (des *Titers*) einer unbekannten Lösung ist eines der grundlegenden Verfahren der quantitativen chemischen Maßanalyse.

Aufgabe 14.3. Eine Titration ergibt, daß die Neutralisation von 25,00 ml einer Lösung von Natriumhydroxid 20,00 ml einer $0,100 N$ Säure erfordert. Wie groß ist die Normalität der Lauge? Wieviel Gramm NaOH enthält sie pro Liter?

Lösung. Die unbekannte Normalität x der Lauge erhalten wir durch Lösen der Gleichung, die die Äquivalenz der beiden Lösungsmengen zum Ausdruck bringt:
$$25{,}0 \text{ ml} \cdot x = 20{,}0 \text{ ml} \cdot 0{,}100 N$$
$$x = \frac{20{,}0 \text{ ml} \cdot 0{,}100 N}{25{,}0 \text{ ml}} = 0{,}080 N$$

Das Gewicht von NaOH pro Liter ist das Äquivalentgewicht multipliziert mit 0,080, also $40{,}0 \cdot 0{,}080 = 3{,}20$ g.

Für solche Rechnungen ist es vorteilhaft, sich die folgende Beziehung einzuprägen:
$V_1 N_1 = V_2 N_2$
Hier sind V_1 und V_2 diejenigen Volumina der Lösungen mit Normalität N_1 bzw. N_2, die einander äquivalent sind, also gleiche Mengen ersetzbarer Wasserstoffatome bzw. Hydroxylgruppen enthalten. Bei der Lösung der obigen Aufgabe haben wir mit dieser Gleichung begonnen: $25{,}0$ ml $\cdot x$ entspricht $V_1 N_1$, und $20{,}0$ ml $\cdot 0{,}100 N$ entspricht $V_2 N_2$.

14.5. Schwache Säuren und schwache Basen

Dissoziation einer schwachen Säure. Eine $0{,}1 N$ Lösung einer starken Säure, etwa Salzsäure, ist $0{,}1 M$ an Wasserstoff-Ionen, da eine solche Säure – außer in sehr konzentrierter Lösung – praktisch vollständig in Ionen dissoziiert ist. Eine $0{,}1 N$ Lösung von Essigsäure dagegen enthält Wasserstoff-Ionen in erheblich geringerer Konzentration. Das kann man am Farbumschlag von entsprechenden Indikatoren, an der Geschwindigkeit, mit der Metall angegriffen wird, oder einfach am Geschmack feststellen. Essigsäure ist eine schwache Säure. Ihre Molekeln halten die Protonen so fest, daß nur ein Teil von ihnen auf Wassermolekeln übergeht und Hydronium-Ionen bildet. Es besteht ein Gleichgewicht
$$HC_2H_3O_2 + H_2O \rightleftharpoons H_3O^+ + C_2H_3O_2^-$$
oder unter Vernachlässigung der Hydratation des Protons
$$HC_2H_3O_2 \rightleftharpoons H^+ + C_2H_3O_2^-$$
Die entsprechende Gleichgewichtsbeziehung lautet
$$\frac{[H^+][C_2H_3O_2^-]}{[HC_2H_3O_2]} = K$$
Ganz allgemein gilt für das Gleichgewicht zwischen einer Säure HA und ihren Ionen H^+ und A^-
$$\frac{[H^+][A^-]}{[HA]} = K_S$$

14.5. Schwache Säuren und schwache Basen

Die für die betreffende Säure charakteristische Konstante K_S heißt *Säurekonstante* oder *Dissoziationskonstante*.

Der Wert der Säurekonstanten läßt sich experimentell aus der Messung des pH in einer Lösung der Säure ermitteln. Tabellen mit Konstanten der wichtigsten Säuren finden Sie später in diesem Kapitel.

Aufgabe 14.4. Als pH einer $0,1 N$ Essigsäure wird experimentell 2,874 gefunden. Wie groß ist die Säurekonstante?

Lösung. Die Dissoziation von Essigsäure in reinem Wasser liefert Wasserstoff-Ionen und Acetat-Ionen in gleicher Menge. Da die Anzahl der Wasserstoff-Ionen, die aus der Dissoziation von Wasser stammen, neben den Wasserstoff-Ionen aus der Essigsäure vernachlässigt werden kann, ist
$[H^+] = [C_2H_3O_2^-] = \text{antilog}(-2{,}874) = 1{,}34 \cdot 10^{-3} M$
Die Konzentration $[HC_2H_3O_2]$ ist demnach $0{,}100 - 0{,}001 = 0{,}099 M$. Damit hat die Säurekonstante den Wert

$$K_S = \frac{(1{,}34 \cdot 10^{-3})^2}{0{,}099} = 1{,}80 \cdot 10^{-5} \text{ mol l}^{-1}$$

Die Wasserstoff-Ionenkonzentration einer $1 N$ Lösung einer schwachen Säure (sofern sie keine Elektrolyte enthält, die mit ihr oder ihren Ionen reagieren) ist etwa gleich der Quadratwurzel aus der Säurekonstanten, wie die folgende Aufgabe erkennen läßt.

Aufgabe 14.5. Blausäure, HCN, besitzt die Säurekonstante $K_S = 4 \cdot 10^{-10}$ mol l^{-1}. Wie groß ist $[H^+]$ in einer $1 N$ Lösung von HCN?

Lösung. Wir setzen $x = [H^+]$. Dann ist $[CN^-] = x$ und $[HCN] = 1-x$ (unter Vernachlässigung der geringen Menge von Wasserstoff-Ionen aus der Dissoziation des Wassers). Die Gleichgewichtsbeziehung lautet somit

$$\frac{x^2}{1-x} = K_S = 4 \cdot 10^{-10} \text{ mol l}^{-1}$$

Wir wissen, daß x viel kleiner als 1 sein wird, weil die Säure kaum dissoziiert ist. Folglich können wir x neben 1 im Nenner vernachlässigen und erhalten
$x^2 = 4 \cdot 10^{-10}$ mol^2 l^{-2}
$x = 2 \cdot 10^{-5}$ mol l$^{-1} = [H^+]$.
$[H^+]$ ist damit 200mal so groß wie in reinem Wasser. Die Vernachlässigung der Dissoziation von Wasser war also auch hier gerechtfertigt.

Säurekonstanten der einzelnen Dissoziationsstufen einer mehrwertigen Säure. Eine mehrwertige Säure besitzt mehrere Säurekonstanten, die den einzelnen Stufen der Dissoziation entsprechen. Für Phosphorsäure, H_3PO_4, zum Beispiel gibt es drei Gleichgewichtsbeziehungen:

$$H_3PO_4 \rightleftharpoons H^+ + H_2PO_4^-$$

$$K_1 = \frac{[H^+][H_2PO_4^-]}{[H_3PO_4]} = 7{,}5 \cdot 10^{-3} \text{ mol l}^{-1} = K_{H_3PO_4}$$

$$H_2PO_4^- \rightleftharpoons H^+ + HPO_4^{2-}$$

$$K_2 = \frac{[H^+][HPO_4^{2-}]}{[H_2PO_4^-]} = 6{,}2 \cdot 10^{-8} \text{ mol l}^{-1} = K_{H_2PO_4^-}$$

$$HPO_4^{2-} \rightleftharpoons H^+ + PO_4^{3-}$$

$$K_3 = \frac{[H^+][PO_4^{2-}]}{[HPO_4^{2-}]} = 10^{-12}\,\text{mol}\,l^{-1} = K_{HPO_4^{2-}}$$

Alle drei Konstanten haben also die Dimension einer Konzentration, mol l^{-1}.

Das Verhältnis zweier aufeinanderfolgender Dissoziationskonstanten für eine mehrwertige Säure liegt meistens wie in diesem Fall bei 10^{-5}. Phosphorsäure ist, wie die Werte zeigen, hinsichtlich der Dissoziation in erster Stufe eine mäßig starke Säure – erheblich stärker als Essigsäure. Hinsichtlich der zweiten und dritten Stufe ist sie schwach bzw. sehr schwach.

Dissoziation einer schwachen Base. Eine schwache Base dissoziiert teilweise und spaltet dabei Hydroxid-Ionen ab:

$$MOH \rightleftharpoons M^+ + OH^-$$

Die zugehörige Gleichgewichtsbeziehung lautet

$$\frac{[M^+][OH^-]}{[MOH]} = K_B$$

Die Konstante K_B heißt *Basenkonstante* oder *Dissoziationskonstante* der Base.

Die einzige gebräuchliche schwache Base ist wäßriges Ammoniak. Seine Basenkonstante ist

$$\frac{[NH_4^+][OH^-]}{[NH_3]} = K_{NH_3} = 1{,}81 \cdot 10^{-5}\,\text{mol}\,l^{-1} \text{ (bei 25 °C)}[1]$$

Die Hydroxide der Alkalimetalle und Erdalkalimetalle sind durchweg starke Basen.

Aufgabe 14.6. Welches pH hat eine $0{,}1\,F$ Lösung von Ammoniak?

Lösung. Wir gehen von der obigen Gleichgewichtsbeziehung aus. Da bei der Reaktion die Ionen NH_4^+ und OH^- in gleicher Zahl entstehen und die Zahl der von der Wasserdissoziation gelieferten OH^--Ionen daneben vernachlässigt werden kann, ist $[NH_4^+] = [OH^-] = x$. $[NH_3]$ ist dann $0{,}1 - x$. Damit erhalten wir

$$\frac{x^2}{0{,}1-x} = 1{,}81 \cdot 10^{-5}\,\text{mol}\,l^{-1}$$

und daraus

$$x = [OH^-] = [NH_4^+] = 1{,}34 \cdot 10^{-3}\,\text{mol}\,l^{-1}$$

Die Lösung ist also nur schwach alkalisch; ihre Konzentration an Hydroxid-Ionen ist die gleiche wie in einer $0{,}00134\,F$ Natronlauge.

Aus dem Dissoziationsgleichgewicht des Wassers $[H^+][OH^-] = 1{,}00 \cdot 10^{-14}\,\text{mol}^2\,l^{-2}$ und der berechneten Konzentration der Hydroxid-Ionen folgt

$$[H^+] = \frac{1{,}00 \cdot 10^{-14}\,\text{mol}^2\,l^{-2}}{1{,}34 \cdot 10^{-3}\,\text{mol}\,l^{-1}} = 7{,}46 \cdot 10^{-12}\,\text{mol}\,l^{-1}$$

Das zugehörige pH beträgt 11,13.

---

[1] Die Wasserkonzentration, die nach dem Massenwirkungsgesetz im Nenner auftreten müßte, wird als konstant angesehen und in die Basenkonstante einbezogen. Die Gegenwart von Zwischenprodukten der Reaktion, $NH_3 \cdot H_2O$ oder NH_4OH, ist für die Gleichgewichtsbedingung ohne Belang, da $[NH_3 \cdot H_2O]/[NH_3]$ ebenfalls konstant ist.

14.6. Die Titration schwacher Säuren und schwacher Basen. Hydrolyse von Salzen

Viele der Fragen, die uns die Chemie von Lösungen stellt, lassen sich mit Hilfe der Gleichgewichtsbeziehungen für Säuren und Basen beantworten. Wie die Gleichungen auf die Titration schwacher Säuren und Basen, die Hydrolyse von Salzen und das Verhalten von gepufferten Lösungen angewandt werden können, sollen die nächsten Abschnitte zeigen.

Beim Arbeiten mit solchen Fragen sollte man sich nicht angewöhnen, Zahlen nach einmal aufgestelltem Rezept in Gleichungen einzusetzen, sondern sollte sich vielmehr Rechenschaft ablegen über die chemischen Reaktionen und Gleichgewichte im betrachteten System und über das Größenverhältnis der Konzentrationen der verschiedenen Teilchensorten. Jedes gelöste Problem sollte uns zu einem tieferen Verständnis der Chemie von Lösungen verhelfen. Als Ziel ist eine so gründliche Beherrschung des Fachs anzustreben, daß wir die Konzentrationen der verschiedenen Ionen- und Molekelsorten größenordnungsmäßig angeben können, ohne erst die Gleichgewichtsbeziehungen lösen zu müssen.

14.6. Die Titration schwacher Säuren und schwacher Basen. Hydrolyse von Salzen

In einem Liter Lösung einer starken Säure der Konzentration $0{,}2\,N$ ist $[H^+] = 0{.}2\,M$ und $pH = 0{,}7$. Wird eine starke Base zugesetzt, etwa $0{,}2\,N$ Natronlauge, so vermindert sich die Konzentration der Wasserstoff-Ionen, weil sie durch Hydroxid-Ionen neutralisiert werden. Sie sind 990 ml starke Base zugesetzt worden, so befinden sich noch $0{,}2 \cdot 10/1000 = 0{,}002$ mol nicht neutralisierter Säure im Gefäß. Da das Gesamtvolumen fast zwei Liter beträgt, ist dann $[H^+] = 0{,}001\,M$ und $pH = 3$. Setzt man weitere 9 ml

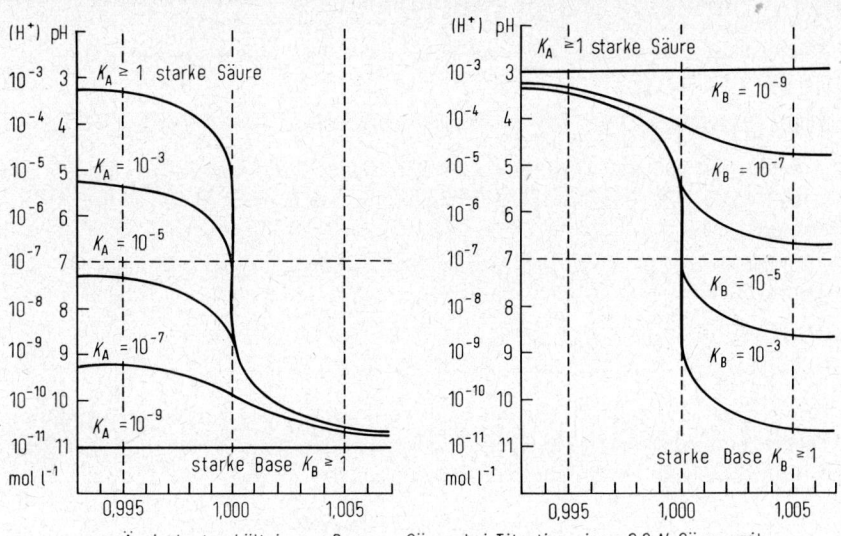

Abb. 14.3. Säure-Base-Titrationskurven.

zu, die die Neutralisation bis auf 0,1% vervollständigen, so wird [H$^+$] = 0,0001 M und pH = 4. Bei pH 5 ist die Neutralisation bis auf 0,01% und bei pH 6 bis auf 0,001% erreicht. pH 7 entspricht vollständiger Neutralisation: die Menge zugesetzter starker Base ist der Menge ursprünglich vorhandener starker Säure genau äquivalent. Ein sehr kleiner Überschuß von Base läßt das pH über 7 anwachsen.

Hieraus geht hervor, daß man bei der Titration einer starken Säure mit einer starken Base und umgekehrt die genauesten Ergebnisse mit einem Indikator von pK 7 (K_{Ind} = 10^{-7} mol l^{-1}) erhält, etwa mit Lackmus oder Bromthymolblau. Die Titrationskurve, die wir eben ausgerechnet haben und die in Abbildung 14.3 aufgetragen ist, zeigt indessen, daß in diesem Fall der pK des Indikators verhältnismäßig wenig ins Gewicht fällt: jeder Indikator, dessen pK zwischen 4 (Methylorange) und 10 (Thymolphthalein) liegt, liefert Ergebnisse innerhalb 0,2% Fehlergrenze.

Bei der Titration einer schwachen Säure (mit einer starken Base) oder einer schwachen Base (mit einer starken Säure) muß der Indikator sorgfältig ausgesucht werden. Wir wollen die Titration einer 0,2 N Essigsäure mit 0,2 N Natronlauge untersuchen. Essigsäure ist eine ziemlich schwache Säure (K_S = 1,80 · 10^{-5} mol l^{-1}). Fügt man der Säure eine äquimolare Menge Lauge zu, so erhält man eine Lösung gleicher Zusammensetzung wie eine 0,1 F Lösung des Salzes Natriumacetat, NaC$_2$H$_3$O$_2$. Die Lösung eines solchen Salzes reagiert indessen nicht neutral (pH 7), sondern alkalisch, wie die folgende Überlegung, die auf der Brønsted-Lowry-Theorie aufbaut, verständlich macht.

In wäßriger Lösung ist das Salz NaC$_2$H$_3$O$_2$ vollständig dissoziiert in die Ionen Na$^+$ und C$_2$H$_3$O$_2^-$. Das Na$^+$-Ion besitzt keine Protonen und kann deshalb nicht als Säure fungieren. Das Acetat-Ion, C$_2$H$_3$O$_2^-$, dagegen ist eine Base, nämlich die konjugierte Base der Säure HC$_2$H$_3$O$_2$, und kann ein Proton von einer Säure wie Wasser übernehmen:

$$H_2O + C_2H_3O_2^- \rightleftharpoons HC_2H_3O_2 + OH^-$$

Das Ausmaß dieser Reaktion hängt ab vom Wert ihrer Gleichgewichtskonstanten:

$$\frac{[HC_2H_3O_2][OH^-]}{[H_2O][C_2H_3O_2^-]} = K'_B$$

Wir können sagen, die wäßrige Lösung des Neutralsalzes Natriumacetat reagiert alkalisch, weist also ein pH über 7 auf, weil in ihr das Acetat-Ion als Base (d. h., als Protonenacceptor) fungiert.

Da die Wasseraktivität als praktisch konstant angesehen werden kann, können wir die obige Gleichgewichtsbeziehung schreiben als

$$\frac{[HC_2H_3O_2][OH^-]}{[C_2H_3O_2^-]} = K'_B[H_2O] = K_B$$

Die Konstante K'_B oder K_B der Base steht in direkter Beziehung zur Säurekonstanten K'_S bzw. K_S der konjugierten Säure. Definitionsgemäß sind die Konstanten für eine beliebige Säure HA und deren konjugierte Base A$^-$:

$$K'_S = \frac{[H_3O^+][A^-]}{[HA][H_2O]} \quad \text{und} \quad K'_B = \frac{[HA][OH^-]}{[H_2O][A^-]}$$

oder in der gewöhnlich benutzten, einfacheren Schreibweise, die die Wasseraktivität in

14.6. Die Titration schwacher Säuren und schwacher Basen. Hydrolyse von Salzen

die Konstanten einbezieht und die Hydratation des Protons außer acht läßt (vgl. Abschnitt 14.5):

$$K_S = \frac{[H^+][A^-]}{[HA]} \quad \text{und} \quad K_B = \frac{[HA][OH^-]}{[A^-]}$$

Durch Multiplizieren der letzten beiden Gleichungen erhalten wir

$$K_S K_B = \frac{[H^+][A^-]}{[HA]} \frac{[HA][OH^-]}{[A^-]} = [H^+][OH^-]$$

Der Ausdruck auf der rechten Seite ist gerade die Konstante der Selbst-Protolyse von Wasser, hat also den Wert $1{,}00 \cdot 10^{-14}\,\mathrm{mol^2\,l^{-2}}$. Für die Konstanten eines konjugierten Säure-Base-Paars ergibt sich somit

$$K_B = \frac{K_W}{K_S} = \frac{1{,}00 \cdot 10^{-14}\,\mathrm{mol^2\,l^{-2}}}{K_S}$$

(Die strengere Rechnung mit den Konstanten K'_B, K'_S und $K'_W = [H_3O^+][OH^-]/[H_2O]^2$, die die Konstanz der Wasseraktivität nicht voraussetzt, führt zu dem gleichwertigen Ergebnis $K'_B = K'_W/K'_S$.)

Für Essigsäure hat die Konstante K_S den Wert $1{,}80 \cdot 10^{-5}\,\mathrm{mol\,l^{-1}}$ (siehe Abschnitt 14.5). Damit ergibt sich für die Basenkonstante des Acetat-Ions $K_B = 1{,}00 \cdot 10^{-14}\,\mathrm{mol^2\,l^{-2}}/1{,}80 \cdot 10^{-5}\,\mathrm{mol\,l^{-1}} = 5{,}56 \cdot 10^{-10}\,\mathrm{mol\,l^{-1}}$.

Wir wollen nun die Konzentrationen in einer $0{,}1\,F$ Natriumacetatlösung berechnen. Die Gesamtkonzentration an Acetat-Ionen und durch Hydrolyse gebildeter Essigsäuremolekeln ist $0{,}1\,M$:

$$[C_2H_3O_2^-] + [HC_2H_3O_2] = 0{,}1\,M$$

Acetat-Ionen bilden bei der Hydrolyse gleichviele Hydroxid-Ionen und Essigsäuremolekeln, deren Konzentration wir x nennen:

$$[HC_2H_3O_2] = [OH^-] = x$$

(Die Anzahl der aus der Dissoziation von Wasser stammenden Hydroxid-Ionen ist vergleichsweise klein und kann hier vernachlässigt werden.) Aus den beiden obigen Gleichungen folgt

$$[C_2H_3O_2^-] = 0{,}1\,M - x$$

Durch Einsetzen der entsprechenden Werte in die Gleichung für die Basenkonstante K_B des Acetat-Ions erhalten wir

$$\frac{x^2}{0{,}1 - x} = 5{,}56 \cdot 10^{-10}\,\mathrm{mol\,l^{-1}}$$

Aufgelöst nach x ergibt sich

$$x = 0{,}75 \cdot 10^{-5}\,M$$

Folglich ist

$$[OH^-] = 0{,}75 \cdot 10^{-5}\,M \quad \text{und} \quad [H^+] = 1{,}34 \cdot 10^{-9}\,M$$

Das pH einer $0{,}1\,F$ Lösung von Natriumacetat ist demnach 8,87. Aus Abbildung 14.1

können wir ablesen, daß Phenolphthalein mit pK 9 sich als Indikator für die Titration einer ziemlich schwachen Säure wie Essigsäure am besten eignet.

In ganz ähnlicher Weise läßt sich die vollständige Titrationskurve berechnen, die das pH der Lösung in Abhängigkeit von der Menge zugesetzter starker Base zeigt. Die Gestalt der Kurve ist in Abbildung 14.3 angegeben (die Kurve für $K_S = 10^{-5}$ mol l^{-1}). Für pH 7 läßt die Kurve einen Säureüberschuß von 1% erkennen. Verwendung von Lackmus als Indikator würde demnach zu einem Titrationsfehler von 1% führen.

Für die Titration einer schwachen Base, etwa für wäßriges Ammoniak, eignet sich Methylorange (pK 3,8) als Indikator.

Mit geeigneten Indikatoren können in der Mischung einer starken und einer schwachen Säure (bzw. einer starken und einer schwachen Base) beide Bestandteile nebeneinander titriert werden. Handelt es sich zum Beispiel um eine Mischung von Natronlauge und Ammoniak, so titriert man mit starker Säure bis zum pH 11,1, dem pH von 0,1 F wäßrigem Ammoniak; die starke Base ist dann bereits bis auf 1% neutralisiert (vgl. Abb. 14.3). Mit Alizaringelb (pK 11) als Indikator kann also die Menge der starken Base bestimmt werden, ohne daß die schwache Base dabei stört. Die Menge beider Basen erhält man aus einer zweiten Titration gegen Methylorange. Die Menge des Ammoniaks ergibt sich aus der Differenz.

Die Säureeigenschaften hydratisierter Kationen von Metallen, die nicht zu den Alkali- und Erdalkalimetallen gehören. Die Metallsalze starker Säuren, wie FeCl$_3$, CuSO$_4$ und KAl(SO$_4$)$_2 \cdot$ 12 H$_2$O (Alaun), reagieren in Lösung sauer. Ihr saurer Geschmack ist dafür bezeichnend.

Wie wir in Kapitel 12 gesehen hatten, liegt das Aluminium-Ion in wäßriger Lösung in hydratisierter Form entsprechend der Formel Al(H$_2$O)$_6^{3+}$ vor, und zwar sind die sechs Wassermolekeln in oktaedrischer Anordnung um das Aluminium-Ion gelagert. Die Hydrolyse von Aluminiumsalzen kann wiedergegeben werden durch die Gleichungen

$$\text{Al(H}_2\text{O)}_6^{3+} + \text{H}_2\text{O} \rightleftharpoons \text{H}_3\text{O}^+ + \text{Al(H}_2\text{O)}_5\text{OH}^{2+}$$
$$\text{Al(H}_2\text{O)}_5\text{OH}^{2+} + \text{H}_2\text{O} \rightleftharpoons \text{H}_3\text{O}^+ + \text{Al(H}_2\text{O)}_4(\text{OH})_2^+$$
$$\text{Al(H}_2\text{O)}_4(\text{OH})_2^+ + \text{H}_2\text{O} \rightleftharpoons \text{H}_3\text{O}^+ + \text{Al(H}_2\text{O)}_3(\text{OH})_3$$
$$\rightleftharpoons \text{Al(OH)}_3(\text{f}) + 3\,\text{H}_2\text{O} + \text{H}_3\text{O}^+$$

Bei der Hydrolyse verliert das hydratisierte Aluminium-Ion Protonen und bildet eine Folge von Hydroxokomplexen, die in Lösung bleiben. Der neutrale Komplex schließlich verliert sein Hydratwasser ganz oder teilweise und fällt als unlösliches Aluminiumoxidhydrat, Al$_2$O$_3$(H$_2$O)$_n$, aus. Der Niederschlag bildet sich bei einem pH über 3.

Die Protolyse von hydratisierten Eisen(III)-Ionen ist derart stark, daß die Farbe der Hydroxokomplexe die des Eisen(III)-Ions, Fe(H$_2$O)$_6^{3+}$, in den meisten Fällen überdeckt. Das Eisen(III)-Ion ist fast farblos; es scheint die schwach violette Farbe zu besitzen, die Kristalle von Eisenalaun, KFe(SO$_4$)$_2 \cdot$ 12 H$_2$O, und Eisen(III)-nitrat, Fe(NO$_3$)$_3 \cdot$ 9 H$_2$O sowie mit Salpetersäure oder Perchlorsäure stark angesäuerte Lösungen von Eisen(III)-salzen zeigen. Sonst wiegt in Eisen(III)-Salzlösungen die gelbbraune Farbe der Hydroxokomplexe Fe(H$_2$O)$_5$OH^{2+} und Fe(H$_2$O)$_4$(OH)$_2^+$ oder sogar die rotbraune Farbe von kolloidalen Teilchen hydratisierten Eisen(III)-oxidhydrats vor.

14.7. Gepufferte Lösungen

Sehr kleine Mengen einer starken Säure oder einer starken Base reichen aus, die Konzentration der Wasserstoff-Ionen in Wasser im schwach sauren, neutralen oder schwach alkalischen Gebiet erheblich zu verändern. Der Zusatz eines Tropfens konzentrierter Säure zu einem Liter reinem Wasser macht dies deutlich sauer; die Wasserstoff-Ionenkonzentration steigt um einen Faktor von rund 5000. Fügt man nun zwei Tropfen konzentrierter Alkalilauge zu, so wird die Lösung basisch, und die Wasserstoff-Ionenkonzentration vermindert sich um einen Faktor von über einer Million. Gleichwohl gibt es Lösungen, deren Wasserstoff-Ionenkonzentration sich bei Zusatz auch größerer Mengen starker Säure oder starker Base nur recht wenig ändert. Man bezeichnet solche Lösungen als *gepuffert*.

Blut und viele andere physiologische Lösungen sind gepuffert: das pH von Blut weicht bei Zusatz von Säure oder Base nur wenig von seinem natürlichen Wert (etwa 7,4) ab. Im Blut wirken gewisse Substanzen als Puffer, darunter vor allem die Serumproteine (siehe Kapitel 24), die basische und saure Gruppen enthalten, die sich mit zugesetzter Säure oder Base vereinigen können.

Ein Puffer kann zum Beispiel aus Phosphaten hergestellt werden. Dazu löst man 0,2 Grammformelgewicht Phosphorsäure und 0,3 Grammformelgewicht Natriumhydroxid in einem Liter Wasser auf. Ein Tropfen konzentrierter Säure, der in reinem Wasser die Wasserstoff-Ionenkonzentration um den Faktor 5000 steigert (von 10^{-7} auf $5 \cdot 10^{-4} M$), erhöht die Wasserstoff-Ionenkonzentration in der Pufferlösung nur um knapp 1% (von $1,00 \cdot 10^{-7}$ auf $1,01 \cdot 10^{-7} M$).

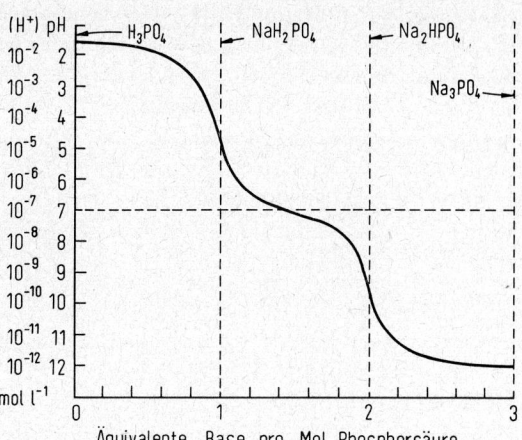

Abb. 14.4. Titrationskurve der Titration von Phosphorsäure mit einer starken Base.

Bei dem Phosphatpuffer handelt es sich um zur Hälfte neutralisierte Phosphorsäure. Seine Hauptbestandteile und deren Konzentrationen sind: Na^+, $0,3 M$; HPO_4^{2-}, $0,1 M$; $H_2PO_4^-$, $0,1 M$; H^+, ungefähr $10^{-7} M$. Aus der Titrationskurve (Abb. 14.4) geht hervor, daß eine solche Lösung gut puffert. Um ihr pH von 7 auf 6,5 zu senken oder auf 7,5 zu erhöhen (also die Wasserstoff- bzw. Hydroxid-Ionenkonzentrationen zu verdreifachen), sind pro Liter ungefähr ein Zwanzigstel Äquivalent starker Säure oder starker Base erforderlich. Die gleiche Menge riefe in reinem Wasser eine pH-Änderung um 5,7 Einheiten hervor (Änderung von [H$^+$] um den Faktor 500000). Solche Phosphatpuffer, die sich am bequemsten durch Auflösen der gut kristallisierenden Salze KH_2PO_4 und $Na_2HPO_4 \cdot 2H_2O$ im entsprechenden Mengenverhältnis herstellen lassen, werden häufig zum Puffern im neutralen Bereich verwendet (pH 5,3 bis 8,0)[1]. Andere brauchbare Puffer enthalten Natriumcitrat und Salzsäure (pH 1 bis 3,5), Essigsäure und Natriumacetat (pH 3,6 bis 5,6) oder Borsäure und Natriumhydroxid (pH 7,8 bis 10,0) sowie Glycin und Natriumhydroxid (pH 8,5 bis 13).

Das Verhalten eines Puffers läßt sich aus der Gleichgewichtsbeziehung für die Säuredissoziation verstehen. Wählen wir als Beispiel Essigsäure und Natriumacetat. Die Lösung enthält $HC_2H_3O_2$ und $C_2H_3O_2^-$ in gleichen oder vergleichbaren Konzentrationen. Die Gleichgewichtsbeziehung

$$\frac{[H^+]\,[C_2H_3O_2^-]}{[HC_2H_3O_2]} = K_S$$

kann umgeformt werden zu

$$[H^+] = \frac{[HC_2H_3O_2]}{[C_2H_3O_2^-]}\,K_S$$

Diese Form läßt die Abhängigkeit des pH von der Zusammensetzung des Puffers erkennen. In einer äquimolaren Mischung von $HC_2H_3O_2$ und $NaC_2H_3O_2$ ist $[C_2H_3O_2^-]$ gleich $[HC_2H_3O_2]$; damit wird $[H^+]$ gerade gleich K_S, also gleich $1{,}80 \cdot 10^{-5} M$, was einem pH von 4,7 entspricht. Enthält der Puffer $HC_2H_3O_2$ und $NaC_2H_3O_2$ im Verhältnis 5:1, so ist $[H^+] = 5K_S$ und pH $= 4{,}0$. Eine Mischung im Verhältnis 1:5 führt zu $[H^+] = \frac{1}{5}K_S$ und pH $= 5{,}4$. Durch Wahl des richtigen Mengenverhältnisses von Säure und Salz kann in diesem Bereich jeder gewünschte pH-Wert eingestellt werden.

Die Wirksamkeit eines Puffers hängt von den Konzentrationen der Puffersubstanzen ab, wie die Gleichgewichtsbeziehung erkennen läßt. Wird der Puffer auf das Zehnfache verdünnt, so kann man pro Liter nur ein Zehntel der Menge an Säure oder Base zusetzen, ohne vom pH mehr als gewünscht abzuweichen.

Für den Phosphatpuffer im Gebiet von pH 7 ist die entscheidende Gleichgewichtskonstante die der Reaktion

$$H_2PO_4^- \rightleftharpoons HPO_4^{2-} + H^+$$

Ihr Wert beträgt $6{,}2 \cdot 10^{-8}$ mol l^{-1}. Für eine Lösung mit $[H_2PO_4^-] = [HPO_4^{2-}]$ sollten wir erwarten, daß $[H^+]$ genau diesen Wert annimmt. Das ist indessen nur der Fall, wenn die Pufferlösung sehr verdünnt ist. In Salzlösungen einer Konzentration wie $0{,}1\,F$ machen sich Abweichungen bemerkbar, weil die Aktivität der Ionen durch Gegenwart anderer Ionen beeinflußt wird. Deshalb stimmen die aus Gleichgewichtskonstanten berechneten pH-Werte für Pufferlösungen nicht genau mit denen überein, die in Tabellen aufgeführt sind.

---

[1] Ein konzentrierter, neutraler Puffer, der im Liter je 0,5 Grammformelgewicht beider Salze enthält, kann im Laboratorium zur Neutralisierung von Säuren oder Basen dienen, die auf die Haut gelangt sind.

14.8. Die Stärke der Sauerstoffsäuren

Sauerstoffsäuren bestehen aus einem Zentralatom, an dem Sauerstoffatome O und Hydroxylgruppen OH hängen (HClO$_4$ = ClO$_3$OH, H$_2$SO$_4$ = SO$_2$(OH)$_2$ usw.). In ihrer Stärke weisen sie große Unterschiede auf. So ist Perchlorsäure, HClO$_4$, eine sehr starke Säure, Borsäure, H$_3$BO$_3$, dagegen eine sehr schwache Säure. Oft ist es von Nutzen, die Stärken solcher Säuren ungefähr abschätzen zu können. Zum Glück gibt es dafür einige einfache Regeln, die man sich leicht einprägen kann.

Die Regeln für die Stärke der Sauerstoffsäuren. Die Stärken der Sauerstoffsäuren lassen sich an Hand folgender Faustregeln abschätzen:

Regel 1: Die Säurekonstanten aufeinanderfolgender Dissoziationsstufen K_1, K_2, K_3 ... stehen zueinander im Verhältnis $1 \cdot 10^{-5} : 10^{-10} : ...$

Typische Beispiele für diese Gesetzmäßigkeit liefern Phosphorsäure

$$K_{H_3PO_4} = 7{,}5 \cdot 10^{-3} \text{ mol l}^{-1}$$
$$K_{H_2PO_4^-} = 6{,}2 \cdot 10^{-8}$$
$$K_{HPO_4^{2-}} = 1 \cdot 10^{-12}$$

und schweflige Säure

$$K_{H_2SO_3} = 1{,}2 \cdot 10^{-2} \text{ mol l}^{-1}$$
$$K_{HSO_3^-} = 1 \cdot 10^{-7}$$

Die Regel gilt in guter Näherung für alle Sauerstoffsäuren.

Regel 2. Der Wert der ersten Dissoziationskonstanten wird bestimmt von der Zahl m in der allgemeinen Formel der Säure $XO_m(OH)_n$: ist $m = 0$ (die Säure enthält dann nicht mehr Sauerstoffatome als Wasserstoffatome, wie etwa in Borsäure, B(OH)$_3$), so ist die Säure sehr schwach; der Wert von K_1 liegt bei oder unter 10^{-7} mol l^{-1}. Für $m = 1$ ist die Säure schwach; K_1 liegt bei 10^{-2} mol l^{-1}. Säuren mit $m = 2$ ($K_1 \approx 10^3$ mol l^{-1}) und $m = 3$ ($K_1 \approx 10^8$ mol l^{-1}) sind stark.

Es fällt auf, daß auch hier der Faktor 10^5 auftritt. Wie weit man sich auf diese Regel verlassen kann, zeigt das Studium des Zahlenmaterials der Tabellen weiter unten.

Die zweite Regel läßt sich mit folgender Überlegung deuten. Die Anziehungskräfte zwischen H$^+$ und ClO$^-$, die auf die Bildung von ClOH (hypochlorige Säure) hinwirken, sind die Kräfte der O—H-Bindung. Die Kräfte zwischen einem H$^+$-Ion und einem ClO$_2^-$-Ion, die darauf abzielen, daß das H$^+$-Ion sich an eins der beiden Sauerstoffatome anlagert und ClOOH (chlorige Säure) bildet, müssen sich auf die beiden energetisch gleichwertigen Sauerstoffatome im ClO$_2^-$-Ion verteilen; es liegt daher nahe, anzunehmen, daß die Kräfte zwischen einem der beiden Sauerstoffatome und dem H$^+$-Ion geringer sind als die der O—H-Bindung. Wir dürfen also erwarten, daß chlorige Säure, HClO$_2$, (eine Säure der zweiten Klasse) stärker dissoziiert ist als hypochlorige Säure. Für eine Säure der dritten Klasse verteilen sich die Anziehungskräfte auf drei Sauerstoffatome, sie wird deshalb noch stärker dissoziiert sein.

Mit Hilfe der beiden oben angeführten Regeln können wir geeignete Indikatoren für Titrationen auswählen, ohne auf Tabellen für Säurekonstanten zurückgreifen zu müssen.

Aufgabe 14.7. Welche Reaktion gegen Lackmus erwarten Sie von den Lösungen folgender Salze: NaClO, NaClO$_2$, NaClO$_3$, NaClO$_4$?

Lösung. Die zugehörigen Säuren sind entsprechend der Regel 2 sehr schwach, schwach, stark bzw. sehr stark. Die Lösungen von NaClO und NaClO$_2$ werden also infolge von Hydrolyse basisch reagieren, die der beiden anderen Salze neutral.

Aufgabe 14.8. Welcher Indikator ist für die Titration von Perjodsäure, H$_5$IO$_6$, geeignet?

Lösung. Die Säure hat ein überzähliges Sauerstoffatom, gehört also wie Phosphorsäure in die zweite Klasse. Aus den Abbildungen 14.4 und 14.1 ersehen wir, daß wir mit Methylorange das erste oder mit Phenolphthalein die ersten beiden Wasserstoffatome titrieren können.

Experimentell bestimmte Säurekonstanten. Experimentell bestimmte Werte der Säurekonstanten einer Reihe von Säuren sind in der nachstehenden Aufstellung angegeben.

Erste Klasse: sehr schwache Säuren X(OH)$_n$ oder H$_n$XO$_n$ (K_1 ungefähr 10^{-7} mol l^{-1} oder weniger)

		K_1
Hypochlorige Säure	HClO	$3,2 \cdot 10^{-8}$ mol l^{-1}
Hypobromige Säure	HBrO	$2 \cdot 10^{-9}$
Hypojodige Säure	HIO	$1 \cdot 10^{-11}$
Kieselsäure	H$_4$SiO$_4$	$1 \cdot 10^{-10}$
Germaniumsäure	H$_4$GeO$_4$	$3 \cdot 10^{-9}$
Borsäure	H$_3$BO$_3$	$5,8 \cdot 10^{-10}$
Arsenige Säure	H$_3$AsO$_3$	$6 \cdot 10^{-10}$
Antimon(III)-säure	H$_3$SbO$_3$	$1 \cdot 10^{-11}$

Zweite Klasse: schwache Säuren XO(OH)$_n$ oder H$_n$XO$_{n+1}$ (K_1 ungefähr 10^{-2} mol l^{-1})

		K_1
Chlorige Säure	HClO$_2$	$1,1 \cdot 10^{-2}$ mol l^{-1}
Schweflige Säure	H$_2$SO$_3$	$1,2 \cdot 10^{-2}$
Selenige Säure	H$_2$SeO$_3$	$0,3 \cdot 10^{-2}$
Phosphorsäure	H$_3$PO$_4$	$0,75 \cdot 10^{-2}$
Phosphorige Säure*)	H$_2$HPO$_3$	$1,6 \cdot 10^{-2}$
Hypophosphorige Säure*)	HH$_2$PO$_2$	$1 \cdot 10^{-2}$
Arsensäure	H$_3$AsO$_4$	$0,5 \cdot 10^{-2}$
Perjodsäure	H$_5$IO$_6$	$1 \cdot 10^{-3}$
Salpetrige Säure	HNO$_2$	$0,45 \cdot 10^{-3}$
Essigsäure	HC$_2$H$_3$O$_2$	$1,80 \cdot 10^{-5}$
Kohlensäure[1]	H$_2$CO$_3$	$0,45 \cdot 10^{-6}$

---

* Bekanntlich haben phosphorige Säure und hypophosphorige Säure die Strukturen

$$\begin{array}{c} O \diagdown \diagup OH \\ P \\ H \diagup \diagdown OH \end{array} \quad \text{bzw.} \quad \begin{array}{c} O \diagdown \diagup OH \\ P \\ H \diagup \diagdown H \end{array}$$

Die direkt an das Phosphoratom gebundenen Wasserstoffatome zählen für die Berechnung von m im Sinne der Regel 2 nicht mit.

1 Der niedrige Wert für Kohlensäure ist zum Teil dadurch bedingt, daß nur ein Teil des im Wasser gelösten CO$_2$ zu H$_2$CO$_3$ reagiert, während der andere als CO$_2$ gelöst bleibt. Die Säurekonstante für die Teilchensorte H$_2$CO$_3$ beträgt etwa $2 \cdot 10^{-4}$ mol l^{-1}.

Dritte Klasse: starke Säuren $XO_2(OH)_n$ oder H_nXO_{n+2} (K_1 etwa 10^3, K_2 etwa 10^{-2} mol l^{-1})

Chlorsäure	$HClO_3$	K_1 groß	
Schwefelsäure	H_2SO_4	groß	$K_2 = 1,2 \cdot 10^{-2}$ mol l^{-1}
Selensäure	H_2SeO_4	groß	$1 \cdot 10^{-2}$

Vierte Klasse: sehr starke Säuren $XO_3(OH)_n$ oder H_nXO_{n+3} (K_1 etwa 10^8 mol l^{-1})

Perchlorsäure	$HClO_4$	K_1 sehr groß
Permangansäure	$HMnO_4$	sehr groß

Andere Säuren. Für die Stärken anderer als der oben aufgeführten Säuren bestehen keine Regeln, die leicht zu merken sind. HCl, HBr und HI sind stark, aber HF ist schwach ($K_S = 6,7 \cdot 10^{-4}$ mol l^{-1}). Die Homologen des Wassers sind schwache Säuren; ihre Säurekonstanten sind

Schwefelwasserstoff	H_2S	$K_1 = 1,1 \cdot 10^{-7}$ mol l^{-1}	$K_2 = 1,0 \cdot 10^{-14}$ mol l^{-1}
Selenwasserstoff	H_2Se	$1,7 \cdot 10^{-4}$	$1 \cdot 10^{-12}$
Tellurwasserstoff	H_2Te	$2,3 \cdot 10^{-3}$	$1 \cdot 10^{-11}$

Die Hydride NH_3, PH_3 usw. wirken als Basen. Sie neigen mehr dazu, Protonen anzulagern als Protonen abzugeben.

Die Säurestärken von Sauerstoffsäuren, die kein Zentralatom besitzen, lassen sich durch eine sinngemäße Anwendung der Regeln abschätzen:

Sehr schwache Säuren ($K_1 = 10^{-7}$ mol l^{-1} oder weniger)

Wasserstoffperoxid	HO—OH	$K_1 = 2,4 \cdot 10^{-12}$ mol l^{-1}	
Hyposalpetrige Säure	HON—NOH	$9 \cdot 10^{-8}$	$K_2 = 1 \cdot 10^{-11}$

Schwache Säuren (K_1 etwa 10^{-2} mol l^{-1})   mol l^{-1}

Oxalsäure	HOOC—COOH	$K_1 = 5,9 \cdot 10^{-2}$	$K_2 = 6,4 \cdot 10^{-5}$

Schwer einordnen lassen sich die folgenden Säuren:

Blausäure	HCN	$K_1 = 4 \cdot 10^{-10}$ mol l^{-1}
Cyansäure	HOCN	stark
Rhodanwasserstoffsäure	HSCN	stark
Stickstoffwasserstoffsäure	HN_3	$1,8 \cdot 10^{-5}$

Säurestärke und Kondensation. Es fällt auf, daß die Neigung von Sauerstoffsäuren, zu größeren Molekeln zu kondensieren, mit ihrer Säurestärke in Beziehung steht. Sehr starke Säuren wie $HClO_4$ und $HMnO_4$ kondensieren nur sehr schwer, und ihre Kondensationsprodukte, Cl_2O_7 und Mn_2O_7, sind sehr unbeständig. Weniger starke Säuren wie H_2SO_4 bilden Kondensationsprodukte wie $H_2S_2O_7$ (Dischwefelsäure) bei starkem Erhitzen, doch sind die Produkte in wäßriger Lösung instabil. Phosphorsäure bildet Diphosphat-Ionen und andere kondensierte Ionen auch in wäßriger Lösung, sie hydrolysieren jedoch leicht zu Orthophosphat-Ionen. Ähnlich verhalten sich die anderen schwachen Säuren. Sehr schwache Sauerstoffsäuren wie Kieselsäure (Kapitel 18) und Borsäure kondensieren leicht zu sehr beständigen Substanzen.

Für diesen Zusammenhang gibt es eine einleuchtende Erklärung: die undissoziierte Säure enthält Sauerstoffatome, die an das Zentralatom einerseits und an Wasserstoffatome andererseits gebunden sind; in der kondensierten Säure ist ein Sauerstoffatom statt dessen an zwei Zentralatome gebunden:

$$\begin{array}{c} H\text{-}\ddot{O}: \quad :\ddot{O}\text{-}H \\ \diagdown Si \diagup \\ H\text{-}\ddot{O}: \quad :\ddot{O}\text{-}H \end{array}$$

$$\begin{array}{cc} H\text{-}\ddot{O}: \quad\quad :\ddot{O}: \quad\quad :\ddot{O}\text{-}H \\ \diagdown Si\diagup \quad \diagdown Si\diagup \\ H\text{-}\ddot{O}: \;\; :\ddot{O}\text{-}H \quad H\text{-}\ddot{O}: \;\; :\ddot{O}\text{-}H \end{array}$$

Es überrascht daher nicht, daß hohe Stabilität der undissoziierten Säure (entsprechend geringer Säurestärke) verbunden ist mit hoher Stabilität der kondensierten Molekel.

14.9. Die Auflösung von Carbonaten in Säure. Hartes Wasser

Die neutralen Metallcarbonate außer den Alkalicarbonaten und Ammoniumcarbonat lösen sich kaum in Wasser. In Säure lösen sie sich jedoch bekanntlich leicht, und zwar zum Teil, weil bei der Reaktion Kohlenstoffdioxid entsteht, das aus der Lösung entweicht, denn damit vermindert sich die Konzentration der Carbonat-Ionen. Außerdem liegt der größte Teil des Carbonats in saurer Lösung als HCO_3^-, H_2CO_3 und als gelöstes CO_2 vor, und nur wenig als CO_3^{2-}. Nur die Konzentration des letzteren geht in das Löslichkeitsprodukt des neutralen Carbonats ein. Deshalb kann eine saure Lösung mehr Carbonat aufnehmen als eine neutrale oder basische Lösung, ohne daß das Produkt der Ionenkonzentrationen das Löslichkeitsprodukt erreicht.

Auf diesem Vorgang beruht die Auflösung von Kalkstein in saurem Grundwasser. Die Verhältnisse sollen nun quantitativ diskutiert werden.

Quantitative Behandlung der Löslichkeit von Carbonaten. Das Löslichkeitsprodukt von $CaCO_3$ beträgt $4{,}8 \cdot 10^{-9}$ mol² l⁻² (siehe Tafel 13.1). In Lösungen, die so basisch sind, daß praktisch alles Carbonat als CO_3^{2-} vorliegt, lösen sich also $7 \cdot 10^{-5}$ mol oder $0{,}001$ g $CaCO_3$ im Liter.

In Wasser von pH 7 überwiegt HCO_3^- bei weitem gegenüber CO_3^{2-}. Die Gleigewichtsbeziehung

$$\frac{[H^+][CO_3^{2-}]}{[HCO_3^-]} = K_{HCO_3^-} = 4{,}7 \cdot 10^{-11}\text{ mol l}^{-1}$$

führt zu
$$\frac{[CO_3^{2-}]}{[HCO_3^-]} = \frac{4{,}7 \cdot 10^{-11}\text{ mol l}^{-1}}{[H^+]}$$

und
$$[CO_3^{2-}]/[HCO_3^-] = 4{,}7 \cdot 10^{-4} \quad \text{für } [H^+] = 10^{-7}\ M$$

Außerdem ist gemäß $K_{H_2CO_3} = 4{,}3 \cdot 10^{-7}$ mol l⁻¹ das Verhältnis $[HCO_3^-]/[H_2CO_3]$ bei pH 7[1]) gleich 4,3. In neutraler Lösung liegt demnach das anwesende Carbonat zu

---

[1] Hier ist zwischen H_2CO_3 und gelöstem CO_2 nicht unterschieden (vgl. Fußnote zu Seite 436). Berücksichtigung des Gleichgewichts zwischen diesen beiden Teilchensorten ändert an der Berechnung nichts.

19% als H_2CO_3[1)], zu 81% als HCO_3^- und nur zu 0,038% als CO_3^{2-} vor. Die Gesamtkonzentration an Carbonat ist also 2600mal so groß wie die von CO_3^{2-}. Wir können die Gleichgewichtsbedingung

$$[Ca^{2+}]\,[CO_3^{2-}] = 4{,}8 \cdot 10^{-9}\,mol^2 l^{-2}$$

folglich ersetzen durch

$$[Ca^{2+}]\,[Gesamtcarbonat] = 4{,}8 \cdot 10^{-9}\,mol^2 l^{-2} \cdot 2600$$
$$= 1{,}25 \cdot 10^{-5}\,mol^2 l^{-2} \qquad \text{(bei pH 7)}$$

Befanden sich anfangs weder Calcium-Ionen noch Carbonat-Ionen in der Lösung, so stellen sich beim Sättigen mit Calciumcarbonat Konzentrationen von Ca^{2+} und Gesamtcarbonat von $(1{,}25 \cdot 10^{-5})^{1/2} = 0{,}0035\,mol\,l^{-1}$ ein. Die Löslichkeit ist also 51mal so groß wie in alkalischer Lösung. In sauren Lösungen liegt sie noch wesentlich höher.

Einige natürliche Wässer enthalten große Mengen Kohlenstoffdioxid gelöst und reagieren deshalb sauer. Erhitzt man sie, dann entweicht ein Teil des Kohlenstoffdioxids, und die Wasserstoff-Ionenkonzentration sinkt erheblich ab. Obwohl der Gesamtgehalt an Carbonat dabei abnimmt, kann die Konzentration von CO_3^{2-} erheblich wachsen, weil HCO_3^- infolge der pH-Änderung dissoziiert. Das kann dazu führen, daß das Produkt $[Ca^{2+}]\,[CO_3^{2-}]$ das Löslichkeitsprodukt erreicht, so daß $CaCO_3$ sich ausscheidet. Man spricht von *vorübergehender (temporärer) Härte* eines Wassers, wenn sich gelöstes Calcium auf solche Weise durch Kochen ausfällen läßt. In der Praxis entfernt man vorübergehende Härte durch Zusatz von Calciumhydroxid, $Ca(OH)_2$, das die Säure neutralisiert und nahezu alles Calcium als Carbonat fällt (vgl. Abschnitt 12.1).

Die Löslichkeiten von Salzen anderer schwacher Säuren, etwa von Phosphaten, Acetaten, Sulfiden usw., hängen ebenfalls von pH ab.

14.10. Die Fällung von Sulfiden

Im Trennungsgang für Kationen in der qualitativen anorganischen Analyse spielt die Fällung der Sulfide eine große Rolle. Etwa 15 der 23 oder 24 häufigsten Kationen, auf die in der Regel geprüft wird, werden als Sulfide ausgefällt. Aus zwei Gründen eignet sich die Sulfidfällung besonders gut zur Trennung von Kationen: die Löslichkeitsprodukte der Sulfide überstreichen einen sehr weiten Bereich, und die Konzentration von S^{2-} kann innerhalb sehr weiter Grenzen durch Änderung des pH verändert werden.

Die Löslichkeitsprodukte einer Reihe von Sulfiden sind in Tafel 13.1 aufgeführt.
Die Säurekonstanten für H_2S sind

$$K_{H_2S} = \frac{[H^+]\,[HS^-]}{[H_2S]} = 1{,}1 \cdot 10^{-7}\,mol\,l^{-1}$$

$$K_{HS^-} = \frac{[H^+]\,[S^{2-}]}{[HS^-]} = 1{,}0 \cdot 10^{-14}\,mol\,l^{-1}$$

Wir erhalten daraus

$$\frac{[H^+]^2\,[S^{2-}]}{[H_2S]} = 1{,}1 \cdot 10^{-21}\,mol^2 l^{-2}$$

oder $\qquad [S^{2-}] = \dfrac{1{,}1 \cdot 10^{-21}\,[H_2S]}{[H^+]^2}\,M$

Im Trennungsgang der qualitativen Analyse sättigt man zur Fällung bestimmter Sulfide eine Lösung, deren Wasserstoff-Ionenkonzentration man ungefähr auf einen vorgegebenen Wert eingestellt hat, mit Schwefelwasserstoff. In der gesättigten Lösung (P_{H_2S} = 1 atm) hat [H$_2$S] etwa den Wert 0,1 M. Eingesetzt in die vorige Gleichung ergibt sich daraus

$$[S^{2-}] = \frac{1{,}1 \cdot 10^{-22}}{[H^+]^2} M \qquad \text{(Lösung gesättigt an H}_2\text{S)}$$

Durch Änderung des pH von 0 ([H$^+$] = 1M) bis 12 ([H$^+$] = $10^{-12} M$) hat man es in der Hand, die Sulfid-Ionenkonzentration innerhalb des gesamten Bereichs von 10^{-22} bis über 1 M zu verändern.

Bei einem der üblichen Verfahren werden die Metalle der Schwefelwasserstoffgruppe aus 0,3 N Säure gefällt. An Hand der Löslichkeitsprodukte wollen wir voraussagen, welche Metalle unter diesen Bedingungen als Sulfide ausfallen. Für [H$^+$] = 0,3 M ist [S^{2-}] = $10^{-21} M$. 0,5 bis 1,0 mg Metall in 100 ml Lösung (entsprechend einer Konzentration [M^{2+}] $\approx 10^{-4} M$ bei einem Atomgewicht von 50 bis 100) ist die größte Menge, die sich der Erfassung bei der qualitativen Analyse entziehen darf. Bei einer Sulfid-Ionenkonzentration von $10^{-21} M$ sollten alle diejenigen Metall-Ionen M^{2+} bis auf einen Rest von höchstens 0,5 bis 1 mg pro 100 ml Lösung als Sulfide MS ausfallen, deren Löslichkeitsprodukt K_{LP} = [M^{2+}] [S^{2-}] bei oder unter 10^{-25} mol^{2}l^{-2} liegt. Gemäß unserer Tafel sind das Hg^{2+}, Cu^{2+}, Cd^{2+}, Pb^{2+} und Sn^{2+}, während Zn^{2+}, Fe^{2+}, Co^{2+}, Ni^{2+} und Mn^{2+} in Lösung bleiben müßten. Die Voraussage ist richtig: zur Schwefelwasserstoffgruppe gehören die Ionen Hg^{2+}, Cu^{2+}, Cd^{2+}, Pb^{2+}, Sn^{2+}, Sn^{4+}, As^{3+}, As^{5+}, Sb^{3+}, Sb^{5+} und Bi^{3+}. Entsprechend den Löslichkeitsprodukten der Sulfide SnS$_2$, As$_2$S$_3$, As$_2$S$_5$, Sb$_2$S$_3$, Sb$_2$S$_5$ und Bi$_2$S$_3$ fallen auch diese in die Schwefelwasserstoffgruppe.

Nach der Fällung mit Schwefelwasserstoff filtriert man den Niederschlag ab und macht das Filtrat mit Ammoniak neutral oder basisch. [H$^+$] ist nun kleiner als $10^{-7} M$, [S^{2-}] größer als $10^{-8} M$. Unter solchen Bedingungen fallen alle Sulfide MS mit Löslichkeitsprodukten unter 10^{-12} mol^{2}l^{-2} aus. In diese Gruppe gehören die Ionen Zn^{2+}, Fe^{2+}, Co^{2+}, Ni^{2+} und Mn^{2+}.

14.11. Nichtwäßrige amphiprotische Lösungsmittel

In Abschnitt 14.1 haben wir die Selbst-Protolyse von Wasser als einer amphiprotischen Substanz betrachtet. Außer Wasser kann jedes andere Lösungsmittel, dessen Molekeln ein oder mehrere Protonen sowie ein oder mehrere einsame Elektronenpaare tragen, als amphiprotisches Lösungsmittel fungieren. Eine Molekel eines solchen Lösungsmittels kann einerseits einer hinreichend starken Base ein Proton übertragen, andererseits einer hinreichend starken Säure ein Proton entziehen. Zum Beispiel reagiert Perchlorsäure beim Lösen in reiner Schwefelsäure gemäß

$$HClO_4 + H_2SO_4 \rightleftharpoons H_3SO_4^+ + ClO_4^-$$

wobei Schwefelsäure als Base auftritt.

Wie sich ein gelöster Stoff in einem amphiprotischen Lösungsmittel voraussichtlich verhalten wird, kann der Vergleich der Säurekonstanten der beiden in wäßriger Lösung zeigen. So ist Perchlorsäure in Wasser rund 10^5mal so stark wie Schwefelsäure, und es ist vorauszusehen, daß seine so viel stärker ausgeprägte Neigung, Protonen abzugeben, auch in Schwefelsäure als Lösungsmittel zum Ausdruck kommt.

Phosphorsäure andererseits ist in wäßriger Lösung eine schwächere Säure als Schwefelsäure und benimmt sich erwartungsgemäß gelöst in Schwefelsäure wie eine Base:

$$H_2SO_4 + H_3PO_4 \rightleftharpoons H_4PO_4^+ + HSO_4^-$$

Schwefelsäure selbst unterliegt der Selbst-Protolyse

$$2\,H_2SO_4 \rightleftharpoons H_3SO_4^+ + HSO_4^-$$

Die Gleichgewichtskonstanten der Selbst-Protolyse von Schwefelsäure und einigen anderen amphiprotischen Lösungsmitteln, berechnet aus Leitfähigkeitsmessungen am Lösungsmittel sowie an Lösungen, sind in Tafel 14.1 angegeben.

Tafel 14.1. Selbstprotolysekonstanten.

Lösungsmittel	Selbstprotolysekonstante[1]		
H_2O	$[H_3O^+][OH^-]$	=	$1{,}0 \cdot 10^{-14}$ mol² l⁻²
NH_3	$[NH_4^+][NH_2^-]$	=	$1 \cdot 10^{-23}$
H_2SO_4	$[H_3SO_4^+][HSO_4^-]$	=	$2 \cdot 10^{-4}$
HCOOH (Ameisensäure)	$[HC(OH)_2^+][HCOO^-]$	=	$6 \cdot 10^{-7}$
CH_3COOH (Essigsäure)	$[CH_3C(OH)_2^+][CH_3COO^-]$	=	$1 \cdot 10^{-13}$
CH_3OH (Methanol)	$[CH_3OH_2^+][CH_3O^-]$	=	$2 \cdot 10^{-17}$
C_2H_5OH (Äthanol)	$[C_2H_5OH_2^+][C_2H_5O^-]$	=	$3 \cdot 10^{-20}$

1 Der Wert für Ammoniak ist bezogen auf $-33\,°C$, alle anderen auf $25\,°C$. Der Wert für Wasser bei $100\,°C$ beträgt $0{,}5 \cdot 10^{-12}$ mol² l⁻².

Die Säure-Base-Theorie von Lewis. Einen Säure-Base-Begriff, der noch allgemeiner ist als die Protonen-Donor-Acceptor-Vorstellung, ist von G. N. Lewis eingeführt worden. Nach Lewis gilt als Base jede Teilchensorte mit einsamem Elektronenpaar, wie zum Beispiel NH_3:

$$:N\begin{smallmatrix}H\\-H\\H\end{smallmatrix}$$

und als Säure jede Teilchensorte mit der Fähigkeit, sich an ein solches Elektronenpaar anzulagern, etwa H^+ unter Bildung von NH_4^+ oder BF_3 unter Bildung von F_3B-NH_3. Diese Fassung des Säure-Base-Begriffs vermag viele Erscheinungen zu erklären, zum Beispiel den Befund, daß außer Wasserstoff-Ionen noch andere Substanzen die Farbe von Indikatoren beeinflussen, sowie die Salzbildung durch Reaktion saurer mit basischen Oxiden.

Übungsaufgaben

14.1. Welche der folgenden Oxide sind Anhydride von Säuren, und welche sind Anhydride von Basen? Stellen Sie für jedes von ihnen die Umsatzgleichung für die Reaktion mit Wasser auf.

P_4O_6 N_2O_5 Na_2O Mn_2O_7
Cl_2O B_2O_3 I_2O_5 SO_2
Cl_2O_7 CO_2 SO_3

14. Säuren und Basen

14.2. Geben Sie die Normalität der Lösung einer starken Säure an, von der 25,00 ml durch 28,65 ml einer 0,1063 N NaOH-Lösung genau neutralisiert werden.

14.3. Der giftige Bazillus *Botulinus* wächst in Gemüsekonserven nur bei einem pH über 4,5. Es ist vorgeschlagen worden, beim Selbsteinmachen von Gemüse (z.B. Bohnen) ohne Druckkocher etwas Salzsäure zuzusetzen, ungefähr 50 ml 0,5 N auf ein Literglas. Berechnen Sie welches pH eine solche Lösung ungefähr haben würde. Nehmen Sie dabei an, daß die Lösung anfangs neutral war, und vernachlässigen Sie die Pufferwirkung der organischen Substanzen. Berechnen Sie, wieviel Teelöffel Natriumbicarbonat die Neutralisierung der Säure vor Genuß des Gemüses erfordert. Ein Teelöffel Natriumbicarbonat entspricht etwa 4 g.

14.4. Geben Sie das pH (abgerundet auf ganzzahligen Wert) an von
1 N HCl   0,1 N HCl,   10 N HCl,   0,1 N NaOH,   10 N NaOH.

14.5. Berechnen Sie die Wasserstoff-Ionenkonzentration in
a) 1 F $HC_2H_3O_2$, $K = 1,8 \cdot 10^{-5}$ mol l^{-1}
b) 0,06 F HNO_2, $K = 0,45 \cdot 10^{-3}$
c) 0,004 F NH_3 $K = 1,8 \cdot 10^{-5}$
d) 0,1 F HF $K = 6,7 \cdot 10^{-4}$
Welches pH haben diese Lösungen?

14.6. Berechnen Sie die Konzentrationen der verschiedenen Teilchensorten in einer durch Vermischen gleicher Volumina von 1 N NaOH und 0,5 N NH_3 hergestellten Lösung.

14.7. Berechnen Sie das pH einer Lösung, die HNO_2 und HCl in Konzentrationen von je 0,1 F enthält.

14.8. Berechnen Sie die Konzentrationen der verschiedenen Teilchensorten in den Lösungen von
a) 0,1 F H_2Se ($K_1 = 1,7 \cdot 10^{-4}$ mol l^{-1} $K_2 = 1 \cdot 10^{-11}$ mol l^{-1})
b) 0,01 F H_2CO_3 ($K_1 = 4,5 \cdot 10^{-7}$ $K_2 = 6 \cdot 10^{-11}$)
c) 1 F H_2CrO_4 ($K_1 = 0,18$ $K_2 = 3,2 \cdot 10^{-7}$)
d) 0,5 F H_3PO_4 ($K_1 = 7,5 \cdot 10^{-3}$ $K_2 = 0,6 \cdot 10^{-7}$ $K_3 = 1 \cdot 10^{-12}$)
e) 1 F H_2SO_4 ($K_2 = 1,20 \cdot 10^{-2}$)
f) 0,01 F H_2SO_4

14.9. Berechnen Sie das pH von Lösungen der Zusammensetzung
a) 0,1 F an NH_4Cl und 0,1 F an NH_3
b) 0,05 F an NH_4Cl und 0,15 F an NH_3
c) 1,0 F an $HC_2H_3O_2$ und 0,3 F an $NaC_2H_3O_2$
d) hergestellt durch Mischung von 10 ml 1 F $HC_2H_3O_2$ mit 90 ml 0,05 F NaOH

14.10. Berechnen Sie das pH von Lösungen, die wie folgt hergestellt sind:
a) aus 10 ml 1 F HCN und 10 ml 1 F NaOH
b) aus 10 ml 1 F NH_3 und 10 ml 1 F HCl
c) aus 10 ml 1 F NH_3 und 10 ml 1 F NH_4Cl

14.11. Berechnen Sie die Konzentrationen der verschiedenen Teilchensorten in
a) 0,4 F NH_4Cl
b) 0,1 F $NH_4C_2H_3O_2$
c) 0,1 F $NaHCO_3$
d) 0,1 F Na_2CO_3

14.12. Berechnen Sie die Konzentrationen der verschiedenen Teilchensorten in Lösungen der Zusammensetzung
a) 0,3 F an HCl und 0,1 F an H_2S
b) gepuffert auf pH 4 und 0,1 F an H_2S
c) 0,2 F an KHS
d) 0,2 F an K_2S

Übungsaufgaben 443

14.13. Borsäure dissoziiert nur in erster Stufe. In 0,1 M H_3BO_3 ist $[H^+] = 1,05 \cdot 10^{-5} M$. Berechnen Sie die Dissoziationskonstante von Borsäure.

14.14. Ein Heilmittel für Magengeschwür enthält 2,1 g $Al(OH)_3$ auf 100 ml. Laut Etikett kann sich das Präparat „mit dem 16-fachen seines eigenen Volumens an $N/10$ HCl vereinigen". Um welchen Faktor ist diese Angabe falsch?

14.15. Welche der folgenden Salze lösen sich mit saurer, welche mit alkalischer und welche mit neutraler Reaktion? Geben Sie die Umsatzgleichungen der Reaktionen an, die H^+ bzw. OH^- liefern.

NaCl	$(NH_4)_2SO_4$	$CuSO_4 \cdot 5 H_2O$
NaCN	$NaHSO_4$	$FeCl_2$
Na_3PO_4	NaH_2PO_4	$KAlSO_4 \cdot 12 H_2O$
NH_4Cl	Na_2HPO_4	$Zn(ClO_4)_2$
NH_4CN	$KClO_4$	BaO

14.16. Wieviel Essigsäure ist ungefähr erforderlich, um einen Liter 0,1 F Natriumacetatlösung auf pH 7 zu bringen?

14.17. Welche Indikatoren würden Sie für die Titration folgender Säuren wählen?
HNO_2 $K_S = 4,5 \cdot 10^{-4}$ mol l^{-1}
H_2S (erstes Wasserstoffatom) $1,1 \cdot 10^{-7}$
HCN $4 \cdot 10^{-10}$
Mit welchen Indikatoren können Sie Salzsäure und Essigsäure nebeneinander in einer Lösung bestimmen, die beide Säuren enthält?

14.18. In welchem Gewichtsverhältnis stehen die Mengen von KH_2PO_4 und $Na_2HPO_4 \cdot 2H_2O$ zueinander, die beim Auflösen in Wasser einen Puffer von pH 6,0 ergeben?

14.19. Das Kohlenstoffdioxid, das bei der Oxidation von Substanzen in den Geweben entsteht, wird vom Blut in die Lungen abgeführt. Welcher Anteil des Kohlenstoffdioxids liegt bei einem pH von 7,4 im Blut als Hydrogencarbonat-Ion, HCO_3^-, vor?

14.20. Die erste Dissoziationskonstante von H_2S beträgt $1,1 \cdot 10^{-7}$ mol l^{-1}. Wie groß ist das Verhältnis $[H_2S]/[HS^-]$ bei pH 8? Wenn eine saure Lösung 0,1 F H_2S (unter 1 atm Druck) löst, wie groß ist dann die Löslichkeit von H_2S bei pH 8?

14.21. Würde Wasser gelöst in flüssigem H_2S als Säure oder als Base auftreten? Würde H_2Se als Säure oder Base auftreten?

14.22. Cyanwasserstoff, $H-C\equiv N:$, ist amphiprotisch. Geben Sie seine konjugierte Säure und konjugierte Base an.

14.23. Was für eine Reaktion ist zu erwarten, wenn HCN in reiner Schwefelsäure gelöst wird?

14.24. Wie groß sind die Konzentrationen des Kations $H_3SO_4^+$ und des Anions HSO_4^- in reiner Schwefelsäure (vgl. Tafel 14.1)? (Lösung: je 0,014 mol l^{-1}.)

14.25. Wie groß sind die Konzentrationen des Kations $H_2C_2H_3O_2^+$ und des Anions $C_2H_3O_2^-$ in Eisessig (reiner Essigsäure)?

14.26. Die elektrische Leitfähigkeit von 0,0001 F Natriumacetat ist rund 300mal so groß wie die von Eisessig. Berechnen Sie aus dieser Angabe einen Näherungswert für Gleichgewichtskonstante der Selbst-Protolyse von Essigsäure. Warum ist der Wert nicht genau?

14.27. Ein genauer Wert für die Konstante der Selbst-Protolyse kann aus Messungen der elektrischen Leitfähigkeit von Eisessig sowie von 0,0001 F $NaC_2H_3O_2$, 0,0001 F $HClO_4$ und 0,0001 F $NaClO_4$ in Eisessig berechnet werden. Können Sie den Gang der Rechnung angeben?

14.28. Beschreiben Sie die Reaktion $F^- + BF_3 \rightarrow BF_4^-$ im Rahmen von Lewis' Säure-Base-Theorie.

14. Säuren und Basen

14.29. Erklären Sie, warum Metallhydroxide wie zum Beispiel Eisen(III)-hydroxid, $Fe(OH)_3$, in saurem Medium viel löslicher sind als in basischem.

14.30. Berechnen Sie die Löslichkeit von Silberacetat a) in basischer Lösung, b) in einer Lösung mit pH 5,0, c) in einer Lösung mit pH 3,5 mit Hilfe des Löslichkeitsprodukts, $[Ag^+][C_2H_3O_2^-] = 3,6 \cdot 10^{-3} \, mol^2 \, l^{-2}$, und der Säurekonstanten von Essigsäure.

14.31. Wie lautet die Formel der Säure von Xenon, die bei der Hydrolyse von Xenontetrafluorid entsteht? Stellen Sie die Reaktionsgleichung für die Hydrolyse auf. Die Säure wird als schwach bezeichnet. Was für einen Wert würden Sie für ihre Säurekonstante voraussagen? (Lösung: kleiner als $10^{-7} \, mol \, l^{-1}$.)

14.32. Schon vor langer Zeit war man zu der Ansicht gelangt, Xenon mit Oxidationszahl $+8$ müsse eine Xenonsäure der Formel H_4XeO_6 bilden können. Die Darstellung der Säure gelang jedoch erst 1963, und Angaben über ihre Säurekonstanten liegen bisher nicht vor. Glauben Sie, daß es sich um eine starke oder eine schwache Säure handelt? Schätzen Sie die Werte der Säurekonstanten für die vier Dissoziationsstufen der Säure.

Kapitel 15

Oxidations-Reduktions-Reaktionen. Elektrolyse

Die Theorie der Dissoziation von Elektrolyten (Salzen, Säuren, Basen) in wäßriger Lösung unter Bildung von elektrisch geladenen Atomen oder Atomgruppen, sogenannte Kationen und Anionen, verdanken wir der Arbeit von Svante Arrhenius in den Jahren von 1884 bis 1887, wie wir in Abschnitt 6.8 erwähnt hatten. Einige typische Eigenschaften von Elektrolytlösungen haben wir in Abschnitt 13.11 kennengelernt. Das nachstehende Kapitel handelt großenteils von den Erscheinungen, die ein elektrischer Stromfluß in Salzschmelzen und Elektrolytlösungen hervorruft. Es wird sich zeigen, daß die Vorgänge der Elektronenübertragung, die sich an den Elektroden abspielen, als Oxidation oder Reduktion von Atomen oder Atomgruppen aufgefaßt werden können, während es andererseits oft vorteilhaft ist, chemische Reaktionen eines bestimmten Typs, die sogenannten Oxidations-Reduktions-Reaktionen (auch kurz Redox-Reaktionen genannt), als aus zwei Elektrodenreaktionen bestehend anzusehen.

15.1. Die elektrolytische Zersetzung eines geschmolzenen Salzes

Die Entdeckung der Ionen verdanken wir Versuchen über die Einwirkung des elektrischen Stroms auf chemische Substanzen. Solche Untersuchungen wurden zu Beginn des neunzehnten Jahrhunderts angestellt und besonders von Michael Faraday in den Jahren um 1830 mit Erfolg fortgesetzt.

Die Elektrolyse von geschmolzenem Natriumchlorid. Natriumchlorid schmilzt bei 801 °C. Die Schmelze leitet ebenso wie andere geschmolzene Salze den elektrischen Strom. Während des Stromdurchgangs tritt eine chemische Reaktion ein: das Salz zersetzt sich. Tauchen zwei Elektroden (Kohlestäbe) in einen Tiegel mit geschmolzenem Natriumchlorid und wird eine elektrische Spannung (Batterie, Generator, Lichtnetz) angelegt, so bildet sich an der negativen Elektrode, der Kathode, metallisches Natrium, an der positiven Elektrode, der Anode, gasförmiges Chlor. Eine solche elektrochemische Zersetzung einer Substanz bezeichnet man als Elektrolyse.

Der Mechanismus der Ionenleitung. Geschmolzenes Natriumchlorid besteht ebenso wie kristallines aus Natrium-Ionen und Chlorid-Ionen in gleicher Zahl. Diese Ionen sind sehr beständig und verlieren oder binden Elektronen nur schwer. Während die Ionen im Kristall von ihren Nachbarn fest auf ihrem Platz gehalten werden, können sie sich in der Schmelze ziemlich frei bewegen.

446   15. Oxidations-Reduktions-Reaktionen. Elektrolyse

Eine elektrische Stromquelle preßt Elektronen in die Kathode und saugt Elektronen aus der Anode ab. In einem Metall oder einem Halbleiter wie Graphit können sich die Elektronen frei bewegen, nicht aber in einer salzartigen Substanz. Salzkristalle sind Isolatoren, und die Leitfähigkeit von Salzschmelzen ist keine Elektronenleitfähigkeit (wie die

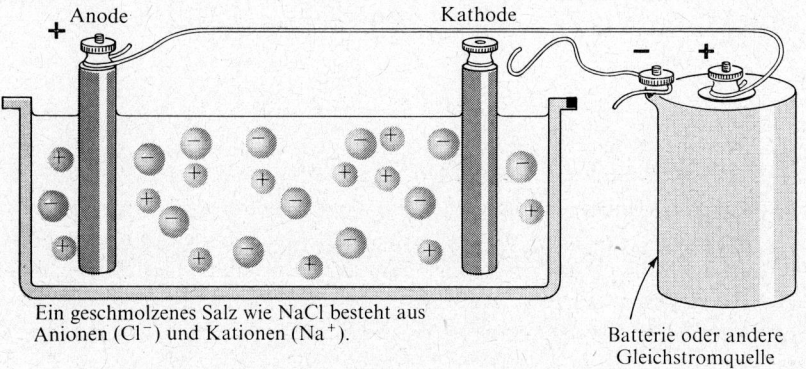

Abb. 15.1. Elektrolyse von geschmolzenem Natriumchlorid.

metallische Leitfähigkeit), sondern beruht auf einem anderen Mechanismus. Diese sogenannte Ionenleitfähigkeit oder elektrolytische Leitfähigkeit kommt durch die Wanderung der Ionen in der Schmelze zustande. Die Kationen Na$^+$ werden von der negativ geladenen Elektrode angezogen und bewegen sich auf sie zu, die Anionen Cl$^-$ werden von der positiv geladenen Elektrode angezogen und bewegen sich auf diese zu (Abb. 15.1).

Die Elektrodenreaktionen. Wir kennen jetzt den Mechanismus des Stromtransports in der Flüssigkeit. Nun müssen wir untersuchen, wie der Strom von den Elektroden in die Flüssigkeit übertritt, das heißt, wir müssen uns mit den Elektrodenreaktionen befassen.
An der Kathode spielt sich folgender Vorgang ab: Natrium-Ionen, die von der Kathode angezogen worden sind, vereinigen sich mit von der Kathode gelieferten Elektronen zu neutralen Natriumatomen. Sie bilden also metallisches Natrium. Die Gleichung für die Kathodenreaktion lautet:

$$Na^+ + e^- \rightarrow Na \tag{15.1}$$

Das Symbol e^- bezeichnet ein Elektron (das in diesem Fall aus der Kathode stammt). Ganz ähnlich geben an der Anode Chlorid-Ionen ihr überzähliges Elektron an die Anode ab und werden zu Chloratomen, die sich zu Chlorgasmolekeln vereinigen. Die Gleichung für die Anodenreaktion lautet

$$2\,Cl^- \rightarrow Cl_2 + 2\,e^- \tag{15.2}$$

Die Gesamtreaktion. Der gesamte Vorgang der Stromleitung in diesem System setzt sich demnach aus folgenden Schritten zusammen:
1. Ein Elektron wird von der Stromquelle in die Kathode gepumpt.
2. Das Elektron springt von der Kathode auf ein benachbartes Natrium-Ion über und verwandelt es in ein Atom metallischen Natriums.
3. Die wandernden Ionen transportieren die Ladung des Elektrons durch die Flüssigkeit.
4. Ein Chlorid-Ion gibt sein überzähliges Elektron an die Anode ab und bildet eine halbe Chlorgasmolekel.
5. Das Elektron wird von der Stromquelle aus der Anode abgesaugt.

Die Gesamtreaktion der elektrolytischen Zersetzung ist die Summe der beiden Elektrodenreaktionen. Da in Gleichung 15.2 zwei Elektronen auftreten, müssen wir Gleichung 15.1 verdoppeln:

$$\begin{array}{l} 2\,Na^+ + 2\,e^- \rightarrow 2\,Na \\ 2\,Cl^- \rightarrow Cl_2 + 2\,e^- \\ \hline 2\,Na^+ + 2\,Cl^- \underset{elektr.}{\rightarrow} 2\,Na + Cl_2 \end{array} \tag{15.3}$$

oder

$$2\,NaCl \underset{elektr.}{\rightarrow} 2\,Na + Cl_2 \tag{15.4}$$

Die Gleichungen 15.3 und 15.4 sind einander äquivalent; sie stellen beide die Zersetzung von Natriumchlorid in seine elementaren Bestandteile dar. Die Abkürzung „elektr."

(für elektrolytisch) unter dem Pfeil soll deutlich machen, daß die Reaktion bei Durchleiten eines elektrischen Stroms eintritt.

Ionenleitung in Kristallen. Metalle verdanken ihre Fähigkeit, elektrischen Strom zu leiten, der Beweglichkeit von Elektronen, die im Kristall von einem Atom zum anderen übergehen können. Die Leitfähigkeit nimmt mit steigender Temperatur ab, denn die von der Wärmebewegung hervorgerufene Störung der regelmäßigen Atomanordnung führt zu einer Streuung der Elektronen. Halbmetalle und andere Halbleiter sind ebenfalls Elektronenleiter, haben aber eine geringere Leitfähigkeit, und zwar mit positivem statt negativem Temperaturkoeffizienten. Außerdem weisen verschiedene kristalline Substanzen eine hohe Ionenleitfähigkeit auf; auch hier ist der Temperaturkoeffizient positiv.

Die Beziehung zwischen der Stromdichte I (in Ampere), der Spannung E (in Volt) und dem Widerstand R (in Ohm) eines Stromleiters ist durch das Ohmsche Gesetz gegeben: $E = IR$. Für ein leitendes Material, etwa in Form eines Drahts, mit Querschnitt Q (in cm^2) und Länge l (in cm) ist der spezifische Widerstand ρ (in Ω cm) gegeben durch $\rho = RQ/l$. Der Reziprokwert des spezifischen Widerstands ist die spezifische Leitfähigkeit, $\sigma = \rho^{-1}$, gewöhnlich in $\Omega^{-1}\text{cm}^{-1}$ angegeben; die spezifische Leitfähigkeit eines Materials ist definiert als der Strom in Ampere, der in einem Potentialgefälle von 1 Volt pro Zentimeter durch den Einheitsquerschnitt von 1 cm^2 des Materials fließt.

Die spezifische Leitfähigkeit (auch kurz Leitfähigkeit genannt) von Metallen bei 20 °C liegt im Bereich von etwa $1 \cdot 10^4 \Omega^{-1}\text{cm}^{-1}$ für verhältnismäßig schlechte Leiter wie Barium ($\sigma = 1{,}7 \cdot 10^4$) und Gadolinium ($\sigma = 0{,}7 \cdot 10^4$) bis zu $0{,}7 \cdot 10^6 \Omega^{-1}\text{cm}^{-1}$ für Silber, den besten Leiter.

Für Ionenkristalle wie Natriumchlorid kann das Anwachsen der Leitfähigkeit mit steigender Temperatur durch eine Exponentialfunktion wiedergegeben werden:

$$\sigma(T) = \sigma_0 \exp(E^*/RT) \tag{15.5}$$

In dieser Gleichung kann E^* als die Anregungsenergie angesehen werden, die aufgebracht werden muß, um ein Natriumatom von seinem normalen Platz im Kristall zu lösen. Sie beträgt 190 kJ mol^{-1}. Die Leitfähigkeit bleibt äußerst gering: selbst bei 800 °C, nur ein Grad unter dem Schmelzpunkt, erreicht sie lediglich $1 \cdot 10^{-4} \Omega^{-1}\text{cm}^{-1}$.

Ein Beispiel eines Kristalls hoher Ionenleitfähigkeit ist in Silberjodid zu finden, dessen Leitfähigkeit bei 555 °C, 3° unter dem Schmelzpunkt, einen Wert von 2,5 $\Omega^{-1}\text{cm}^{-1}$ erreicht. Am Schmelzpunkt weist der Kristall eine höhere Leitfähigkeit auf als die Schmelze.

Die hohe Leitfähigkeit des Silberjodidkristalls läßt sich mit dessen Struktur erklären. In der Elementarzelle des kubischen Kristalls besetzen die Jodid-Ionen die vier Plätze 0 0 0, 0 1/2 1/2, 1/2 0 1/2 und 1/2 1/2 0, die dichtester Kugelpackung entsprechen. Die Silber-Ionen haben die Wahl zwischen den Plätzen 1/2 1/2 1/2 usw. in oktaedrischer Anordnung um die Jodid-Ionen, was der Kochsalzstruktur entsprechen würde, den Plätzen 1/4 1/4 1/4 usw. in tetraedrischer Anordnung, entsprechend der Struktur von Zinkblende, und den Lagen halbwegs zwischen benachbarten Jodid-Ionen (Liganz 2 des Silbers, wie im Ion AgI_2^-). Wie Röntgendiagramme zeigen, sind die Silber-Ionen tatsächlich auf alle diese Plätze verteilt. Sie können sich fast unbehindert von einem Platz zu einem benachbarten, unbesetzten begeben. Die Potentialschwelle, die bei dieser Bewegung überwunden werden muß, ist gering: aus der Messung des Temperaturkoeffizienten der Leitfähigkeit ergibt sich eine Anregungsenergie E^* von nur 5,1 kJ mol^{-1}.

15.2. Die Elektrolyse einer wäßrigen Salzlösung

Reines Wasser hat zwar nur eine geringe elektrische Leitfähigkeit ($4{,}4 \cdot 10^{-4} \Omega^{-1} \text{cm}^{-1}$ bei 20 °C), aber Lösungen von Salzen sowie von Säuren und Basen sind gute Leiter. Wie wir sehen werden, spielen sich bei der Elektrolyse chemische Reaktionen an den Elektroden ab.

Fließt ein elektrischer Strom durch eine wäßrige Elektrolytlösung, so laufen Vorgänge ab, die denen in einer Salzschmelze (vgl. vorigen Abschnitt) weitgehend analog sind. Im einzelnen sind die fünf Schritte:

1. Die Stromquelle pumpt Elektronen in die Kathode.
2. Elektronen springen von der Kathode auf benachbarte Ionen oder Molekeln über und verursachen damit die Kathodenreaktion.
3. Die in der Lösung wandernden Ionen transportieren die Ladungen in der flüssigen Phase.
4. Elektronen springen von Ionen oder Molekeln in der Lösung auf die Anode über und verursachen die Anodenreaktion.
5. Die Stromquelle saugt Elektronen aus der Anode ab.

Wir wollen eine verdünnte Natriumchloridlösung betrachten (Abb. 15.2). Der Vorgang der Stromleitung durch eine solche Lösung (Schritt 3) ist dem im geschmolzenen Natriumchlorid weitgehend ähnlich. Hier sind es gelöste Natrium-Ionen und gelöste Chlorid-Ionen, die sich zur Kathode bzw. zur Anode hin bewegen. Die Wanderung der Ionen bewirkt einen Transport negativer elektrischer Ladung von der Kathode fort in Richtung zur Anode.

Die Elektrodenreaktionen in einer verdünnten Salzlösung unterscheiden sich dagegen grundlegend von denen in einer Salzschmelze. Bei der Elektrolyse einer verdünnten Salzlösung entsteht Wasserstoff an der Kathode und Sauerstoff an der Anode, nicht Natrium und Chlor wie bei Elektrolyse der Salzschmelze.

Für eine verdünnte Salzlösung ist die *Kathodenreaktion*

$$2\,e^- + 2\,H_2O \rightarrow H_2 + 2\,OH^- \tag{15.6a}$$

Zwei Elektronen der Kathode reagieren mit zwei Wassermolekeln unter Bildung einer Wasserstoffmolekel und zweier Hydroxid-Ionen. Der molekulare Wasserstoff perlt in Gasbläschen an die Oberfläche (nachdem die Lösung in der Nähe der Kathode sich an Wasserstoff gesättigt hat), die Hydroxid-Ionen verbleiben in der Lösung.

Die *Anodenreaktion* folgt der Gleichung

$$2\,H_2O \rightarrow O_2 + 4\,H^+ + 4\,e^- \tag{15.6b}$$

Zwei Wassermolekeln geben vier Elektronen an die Anode ab und bilden dabei eine Sauerstoffmolekel und vier Wasserstoff-Ionen.

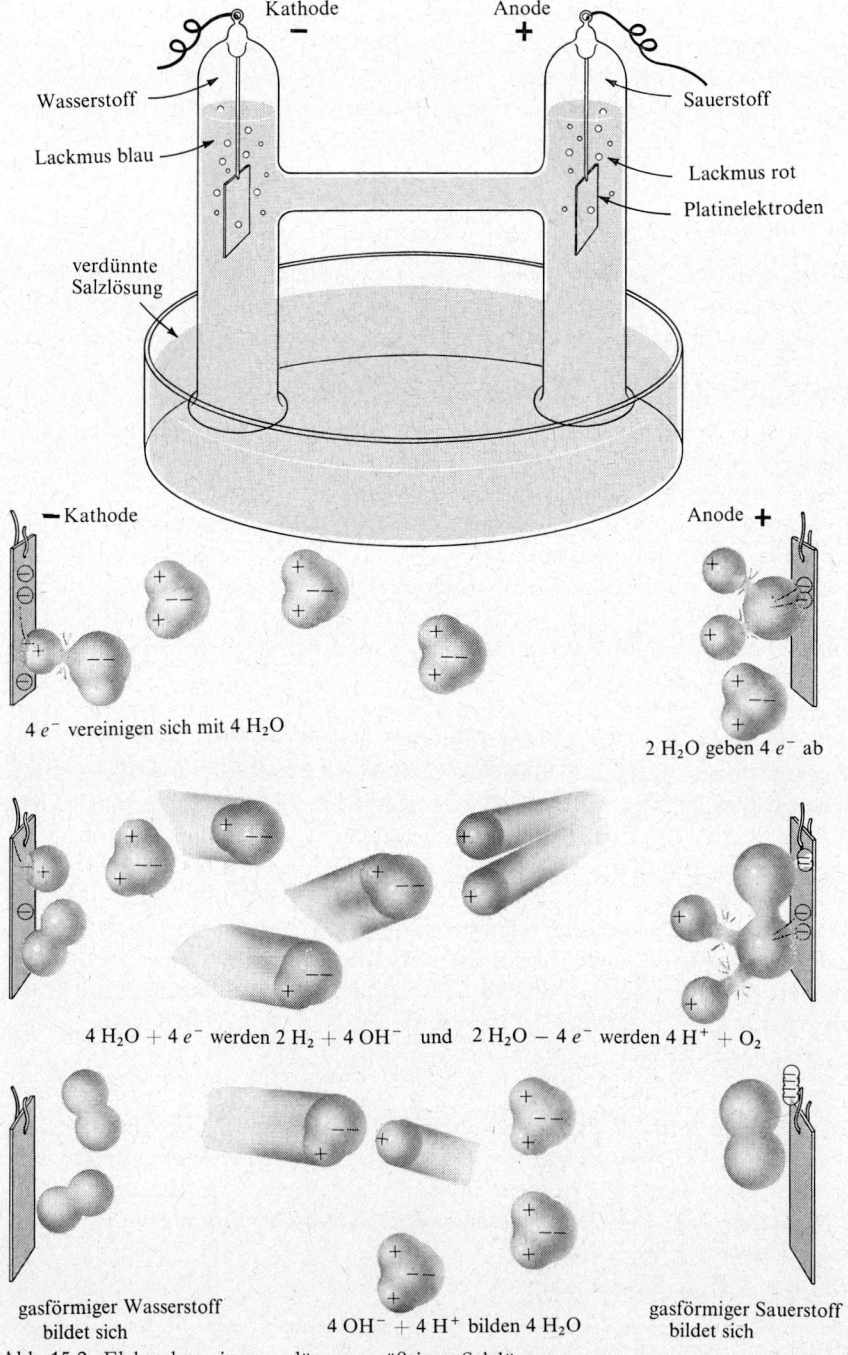

Abb. 15.2. Elektrolyse einer verdünnten wäßrigen Salzlösung.

Diese Elektrodenreaktionen können, ebenso wie andere chemische Reaktionen, ihrerseits stufenweise ablaufen. Mit dem, was wir eben über die Anodenreaktion gesagt haben, wollen wir nur deren Gesamtablauf wiedergeben, ohne uns auf die Reihenfolge der Ereignisse im einzelnen festzulegen.

Die *Gesamtreaktion* der Elektrolyse erhalten wir, indem wir Gleichung 15.6a mit zwei multiplizieren und zu Gleichung 15.6b addieren. Sie lautet

$$6\,H_2O \xrightarrow{\text{elektr.}} \underset{\text{Kathode}}{2\,H_2} + \underset{\text{Anode}}{O_2} + \underset{\text{Anode}}{4\,H^+} + \underset{\text{Kathode}}{4\,OH^-} \tag{15.7}$$

Wie ersichtlich, wird im Zuge der Elektrolyse die Lösung nahe der Anode wegen der Bildung von Wasserstoff-Ionen sauer und nahe der Kathode wegen der Bildung von Hydroxid-Ionen alkalisch. Man könnte diese Reaktionen also zur Darstellung von Säuren oder Basen, etwa von Salzsäure und Natronlauge ausnutzen.

Im Laufe der Zeit werden die an der Anode gebildeten H^+-Ionen und die an der Kathode gebildeten HO^--Ionen zueinander diffundieren und sich zu Wasser vereinigen:

$$H^+ + OH^- \to H_2O$$

Insbesondere wird diese Vereinigung gefördert durch Rühren der Lösung während der Elektrolyse. Läuft die Neutralisation der Wasserstoff-Ionen und Hydroxid-Ionen vollständig ab, so ist die Gesamtreaktion der Elektrolyse

$$2\,H_2O \xrightarrow{\text{elektr.}} \underset{\text{Kathode}}{2\,H_2} + \underset{\text{Anode}}{O_2} \tag{15.8}$$

Bei der Behandlung der Elektrodenreaktion haben wir keinen Gebrauch davon gemacht, daß es sich bei dem Elektrolyt um Natriumchlorid handelt. *Tatsächlich sind die Elektrodenreaktionen für die meisten verdünnten wäßrigen Lösungen und auch für reines Wasser die gleichen.* Taucht man Elektroden in reines Wasser und legt eine Potentialdifferenz an, so setzen die Elektrodenreaktionen 15.6a und 15.6b ein. Sehr schnell häufen sich jedoch Hydroxid-Ionen an der Kathode und Wasserstoff-Ionen an der Anode in so hoher Konzentration an, daß das durch sie bewirkte Gegenpotential die Reaktionen praktisch zum Erliegen bringt. Auch in reinem Wasser gibt es einige wenige Ionen (Wasserstoff-Ionen und Hydroxid-Ionen). Sie wandern langsam zu den Elektroden und neutralisieren dort die durch die Elektrodenreaktionen gebildeten Ionen entgegengesetzten Vorzeichens (OH^- bzw. H^+). Daß die Elektrolyse reinen Wassers nur so langsam fortschreitet, liegt daran, daß die wenigen vorhandenen Ionen nur eine sehr geringe Strommenge durch den Raum zwischen den beiden Elektroden transportieren können.

In den Gleichungen 15.6a und 15.6b treten Wassermolekeln als die Teilchen auf, die an den Elektroden zersetzt werden. Für neutrale Salzlösungen entspricht das wahrscheinlich dem tatsächlichen Ablauf. In sauren Lösungen, in denen Wasserstoff-Ionen in hoher Konzentration vorliegen, kann die Kathodenreaktion dagegen einfach gemäß

$$2\,H^+ + 2\,e^- \to H_2$$

verlaufen, und in alkalischen Lösungen, in denen die Hydroxid-Ionen in hoher Konzentration vorliegen, die Anodenreaktion

$$4\,OH^- \to O_2 + 2\,H_2O + 4\,e^-$$

In einer Elektrolytlösung sind mehr Ionen anwesend als in reinem Wasser. Demgemäß kann in einer Elektrolytlösung ein stärkerer Strom zwischen den Elektroden transportiert werden. In einer Natriumchloridlösung wandern unter dem Einfluß des Stroms Natrium-Ionen in den Bereich der Kathode, wo ihre positiven elektrischen Ladungen die negativen Ladungen der Hydroxid-Ionen kompensieren, die durch die Kathodenreaktion entstanden sind. Gleichzeitig wandern Chlorid-Ionen in den Bereich der Anode und kompensieren dort die Ladungen der durch die Anodenreaktion gebildeten Wasserstoff-Ionen.

Die Entstehung von Hydroxid-Ionen an der Kathode und von Wasserstoff-Ionen an der Anode während der Elektrolyse läßt sich mittels Lackmus oder eines ähnlichen Indikators nachweisen.

Die Elektrolyse verdünnter wäßriger Lösungen anderer Elektrolyte ist der von Natriumchlorid weitgehend ähnlich. Auch hier entstehen gasförmiger Wasserstoff und gasförmiger Sauerstoff an den Elektroden. Konzentrierte Elektrolytlösungen können sich anders verhalten. Konzentrierte Sole (Natriumchloridlösung) liefert bei der Elektrolyse an der Anode Chlor neben Sauerstoff. Dies wird verständlich, wenn man bedenkt, daß sich bei der Elektrolyse von konzentrierter Sole ja Chlorid-Ionen in großer Zahl in unmittelbarer Nähe der Anode befinden; einige von ihnen geben Elektronen an die Anode ab und bilden Chlormolekeln.

15.3. Oxidations-Reduktions-Reaktionen

Wie die Anwendung der Regeln für die Zuweisung von Oxidationszahlen (siehe Abschnitt 6.14) zeigt, entspricht die Anodenreaktion, bei der das Chlorid-Ion ein Elektron an die Anode abgibt, einer Erhöhung der Oxidationszahl des Chlors von -1 auf 0. Eine Erhöhung der Oxidationszahl wird allgemein als Oxidation bezeichnet. Die Anodenreaktion ist demnach eine Oxidation. In ähnlicher Weise ist die Kathodenreaktion 15.1, bei der die Aufnahme eines von der Kathode gelieferten Elektrons die Oxidationszahl des Natriums von $+1$ auf 0 verringert, als eine Reduktion anzusehen.

Eine Oxidation kann somit als Elektronenentzug und eine Reduktion als Elektronenzufuhr angesprochen werden. Bei gewöhnlichen Oxidations-Reduktions-Reaktionen spielen sich beide Vorgänge gleichzeitig ab und beruhen vielfach auf einem direkten Elektronenübergang von den Atomen, die oxidiert werden, zu denen, die reduziert werden.

Beim Aufstellen von Umsatzgleichungen für Oxidations-Reduktions-Reaktionen empfiehlt es sich, zuerst die Gleichungen für die beiden (möglicherweise hypothetischen) Elektrodenreaktionen getrennt aufzustellen und auszugleichen und sie dann so zu addieren, daß die Elektronen in der Summe verschwinden.

Als ersten Schritt beim Aufstellen der Umsatzgleichung überzeuge man sich, daß man die Ausgangsstoffe und Reaktionsprodukte richtig erkannt hat. Dann stellt man fest, welche Reaktionspartner als Reduktionsmittel und welche als Oxidationsmittel auftreten. Hiernach ist es ein leichtes, die beiden Umsatzgleichungen für die Elektronenaufnahme und -abgabe aufzustellen und richtig miteinander zu kombinieren. Dieses Vorgehen soll in den nachstehenden Beispielen erläutert werden.

Aufgabe 15.1. Das Oxidationsmittel Permanganat-Ion, MnO_4^-, wird in saurer Lösung zu Mangan(II)-Ion, Mn^{2+}, reduziert. Eisen(II)-Ion, Fe^{2+}, kann diese Reduktion bewirken. Stellen Sie die

15.3. Oxidations-Reduktions-Reaktionen

Gleichung für die Reaktion zwischen Permanganat-Ion und Eisen(II)-Ion in saurer Lösung auf.

Lösung. Die Oxidationszahl des Mangans im Permanganat-Ion ist $+7$, gemäß $[\mathrm{Mn^{+7}(O^{-2})_4}]^-$, die von Mangan(II)-Ion $+2$. Folglich sind fünf Elektronen an der Reduktion des Permanganat-Ions beteiligt. Die Elektronenreaktion lautet

$$[\mathrm{Mn^{+7}(O^{-2})_4}]^- + 5e^- + \text{andere Ausgangsstoffe} \to \mathrm{Mn^{2+}} + \text{andere Produkte} \tag{15.9}$$

Bei Reaktionen in wäßriger Lösung können Wasser, Wasserstoff-Ionen und Hydroxid-Ionen als andere Ausgangsstoffe oder Produkte auftreten. In saurer Lösung zum Beispiel können sowohl Wasser als auch Wasserstoff-Ionen bei der Reaktion verbraucht werden oder entstehen. Hydroxid-Ionen dagegen liegen in saurer Lösung in so geringer Konzentration vor, daß sie als Ausgangsstoffe kaum in Frage kommen. In der Gleichung für unsere Reaktion können also Wasserstoff-Ionen und Wasser auftreten.

Reaktion 15.9 ist elektrisch nicht ausgeglichen: links stehen 6 negative Ladungen, rechts 2 positive Ladungen. Das einzige weitere Ion, das sich an der Reaktion beteiligen kann, ist das Wasserstoff-Ion. Für die Erhaltung der elektrischen Ladung brauchen wir acht Wasserstoff-Ionen:

$$\mathrm{MnO_4^-} + 5e^- + 8\mathrm{H^+} \to \mathrm{Mn^{2+}} + \text{andere Produkte} \tag{15.10}$$

Sauerstoff und Wasserstoff stehen auf der linken Seite der Gleichung, nicht aber auf der rechten. Wir genügen dem Gesetz der Erhaltung der Atome, wenn wir rechts für „andere Produkte" $4\mathrm{H_2O}$ einsetzen:

$$\mathrm{MnO_4^-} + 5e^- + 8\mathrm{H^+} \to \mathrm{Mn^{2+}} + 4\mathrm{H_2O} \tag{15.11}$$

Wir prüfen diese Gleichung in drei Punkten: *richtige Änderung der Oxidationszahl* (fünf Elektronen werden verbraucht für die Änderung der Oxidationszahl von Mangan um -5 von $\mathrm{Mn^{+7}}$ zu $\mathrm{Mn^{+2}}$), *Erhaltung der elektrischen Ladung* (von $-1 -5 +8$ zu $+2$) und *Erhaltung der Atome*, und überzeugen uns, daß sie stimmt.

Nun stellen wir die Elektronenreaktionsgleichung für die Oxidation des Eisen(II)-Ions auf:

$$\mathrm{Fe^{2+}} \to \mathrm{Fe^{3+}} + e^- \tag{15.12}$$

Auch diese Gleichung stimmt in allen drei Punkten.

Die Gleichung für die Oxidations-Reduktions-Reaktion erhalten wir, indem wir die beiden Elektronenreaktionen so miteinander kombinieren, daß die von der einen gelieferte Anzahl Elektronen in der anderen gerade verbraucht wird. Das erreichen wir offensichtlich, wenn wir Gleichung 15.12 mit fünf multiplizieren und zu Gleichung 15.11 addieren:

$$\begin{array}{r} 5\mathrm{Fe^{2+}} \to 5\mathrm{Fe^{3+}} + 5e^- \\ \mathrm{MnO_4^-} + 5e^- + 8\mathrm{H^+} \to \mathrm{Mn^{2+}} + 4\mathrm{H_2O} \\ \hline \mathrm{MnO_4^-} + 5\mathrm{Fe^{2+}} + 8\mathrm{H^+} \to \mathrm{Mn^{2+}} + 5\mathrm{Fe^{3+}} + 4\mathrm{H_2O} \end{array}$$

Um uns zu vergewissern, daß uns kein Fehler unterlaufen ist, prüfen wir auch diese endgültige Gleichung in allen drei oben genannten Punkten.

Dieser Vorschrift Schritt für Schritt zu folgen ist nicht immer notwendig. Manchmal ist eine Gleichung so einfach, daß man sie unmittelbar hinschreiben und sich von ihrer Richtigkeit mit einem Blick überzeugen kann. Ein Beispiel hierfür ist die Reduktion von Silber-Ionen mit metallischem Zink:

$$\mathrm{Zn(f)} + 2\mathrm{Ag^+(aq)} \to 2\mathrm{Ag(f)} + \mathrm{Zn^{2+}(aq)}$$

In manchen Fällen, etwa beim spontanen Zerfall einer Substanz, bestimmen die äußeren Bedingungen den Ablauf der Reaktion. So zerfällt Ammoniumnitrit zu Stickstoff und Wasser:

$$\mathrm{NH_4NO_2} \to \mathrm{N_2} + 2\mathrm{H_2O}$$

Hier oxidiert $\mathrm{N^{+3}}$ (aus $\mathrm{NO_2^-}$) das $\mathrm{N^{-3}}$ (aus $\mathrm{NH_4^+}$), wobei beide sich in $\mathrm{N^0}$ (in $\mathrm{N_2}$) verwandeln.

Oxidations- und Reduktions-Äquivalente. Die *Oxidationskapazität* oder *Reduktionskapazität* eines Oxidationsmittels bzw. Reduktionsmittels ist gleich der Anzahl Elektronen, die es bei der Reaktion aufnimmt oder abgibt. Eine Oxidations-Reduktions-Gleichung ist ausgeglichen, wenn die in ihr auftretenden Mengen des Oxidationsmittels und des Reduktionsmittels die gleiche Kapazität haben.

Ein *Oxidationsäquivalent* oder *Reduktionsäquivalent* einer Substanz ist diejenige Menge, die ein Elektron (ein Mol Elektronen) aufnimmt bzw. abgibt. So ist ein Grammoxidationsäquivalent (ein Oxidationsäquivalent in Gramm) Kaliumpermanganat in saurer Lösung (vgl. Gleichung 15.11) ein Fünftel des Grammformelgewichts, während ein Grammreduktionsäquivalent Eisen(II)-Ionen gerade gleich einem Grammatom Eisen ist.

Äquivalente Gewichtsmengen von Oxidationsmitteln und Reduktionsmitteln reagieren gerade vollständig miteinander, weil sie definitionsgemäß die gleiche Anzahl Elektronen aufnehmen wie abgeben.

Normallösungen von Oxidationsmitteln und Reduktionsmitteln. *Eine Lösung eines Oxidationsmittels oder Reduktionsmittels, die genau ein Grammäquivalent in einem Liter Lösung enthält, bezeichnet man als* 1 *normal* (1 N). Ganz allgemein gibt die *Normalität* einer Lösung die Anzahl Grammäquivalente im Liter an.

Wie sich aus dieser Definition ergibt, reagieren gleiche Volumina von Lösungen gleicher Normalität eines Oxidationsmittels und eines Reduktionsmittels vollständig miteinander.

Aufgabe 15.2. Geben Sie die Normalität (definiert für den Gebrauch als Oxidationsmittel in saurer Lösung) einer Permanganatlösung an, die hergestellt worden ist durch Auflösen von einem Zehntel Grammformelgewicht Kaliumpermanganat ($^1/_{10}$ · 158,03 g) in Wasser und Verdünnen auf ein Gesamtvolumen von einem Liter.

Lösung. Bei der Reduktion eines Permanganat-Ions in saurer Lösung werden fünf Elektronen aufgenommen (vgl. Gleichung 15.11). Ein Formelgewicht entspricht also fünf Äquivalenten. Die Lösung ist demnach 0,5 N.

Für die Angabe der Normalität müssen die Verwendungsbedingungen des Reagens bekannt sein. So wird Permanganatlösung auch als Oxidationsmittel in neutraler oder basischer Lösung eingesetzt, wobei es nur um drei Stufen zu Mangandioxid, MnO_2 reduziert wird. Im Mangandioxid hat Mangan die Oxidationszahl $+4$. Für diesen Verwendungszweck wäre die obige Lösung 0,3 N.

15.4. Quantitative Gesetze der Elektrolyse

Michael Faraday berichtete 1832 und 1833 über zwei Gesetze, die Grundgesetze der Elektrolyse, die er experimentell gefunden hatte:
1. *Das Gewicht einer durch eine Kathodenreaktion oder Anodenreaktion gebildeten Substanz ist der durch die Zelle geleiteten elektrischen Strommenge genau proportional.*
2. *Die Gewichtsmengen verschiedener, durch die gleiche Strommenge erzeugter Substanzen sind deren Äquivalentgewichten proportional.*

Heute kennen wir die Ursache dieser Gesetzmäßigkeiten: die Elektrizität ist aus einzelnen Teilchen, den Elektronen, aufgebaut. Ein Maß für eine Elektrizitätsmenge ist die Anzahl Elektronen, aus denen sie besteht. Gleichzeitig ist die Zahl der in einer Elektrodenreaktion entstehenden Molekeln einer Substanz der Zahl der beteiligten Elektronen proportional. Deshalb muß die gebildete Substanzmenge der Elektrizitätsmenge proportional sein. In den Proportionalitätsfaktor geht das Molekulargewicht oder das chemische Äquivalentgewicht der Substanz ein.

Wenn wir die Elektrodenreaktionen kennen, können wir die Substanzmenge berechnen, die von einer gegebenen Strommenge gebildet wird. Die Ladung von einem Mol Elektronen ist 96490 C. Diese Ladungsmenge nennt man ein *Faraday*: $1\,F = 1\,\text{Faraday} = 96490\,C$. Es hat sich eingebürgert, das Faraday als positive Elektrizitätsmenge dieser Größe zu definieren. Die quantitative Berechnung der Gewichtsverhältnisse bei elektrochemischen Reaktionen unterscheidet sich von dem Vorgehen bei gewöhnlichen chemischen Reaktionen nur darin, daß für ein Mol Elektronen ein Faraday eingesetzt wird.

Aufgabe 15.3. Wie lange muß ein Strom von 10 Ampere durch eine Zelle mit geschmolzenem Natriumchlorid geleitet werden, damit sich an der Kathode 23 g metallisches Natrium abscheiden? Wieviel Chlor entsteht währenddessen an der Anode?

Lösung. Die Kathodenreaktion ist
$$Na^+ + e^- \rightarrow Na$$
Folglich scheidet sich ein Mol Natrium ab, wenn ein Mol Elektronen durch die Zelle fließt. Ein Mol Elektronen ist ein Faraday, und ein Mol Natriumatome ist ein Grammatom Natrium, 23,00 g. Die benötigte Strommenge beträgt also 96490 Coulomb. 1 Coulomb = 1 Amperesekunde; bei einer Stromstärke von 10 Ampere fließen 96490 Coulomb in 9649 Sekunden durch die Zelle. Die Lösung lautet demnach 9649 Sekunden.
Die Anodenreaktion ist
$$2\,Cl^- \rightarrow Cl_2 + 2\,e^-$$
Um ein Mol Chlorgas, Cl_2, zu erzeugen, müssen also zwei Faraday durch die Zelle fließen. Ein Faraday erzeugt ein halbes Mol Chlorgas oder ein Grammatom Chlor, 35,46 g.

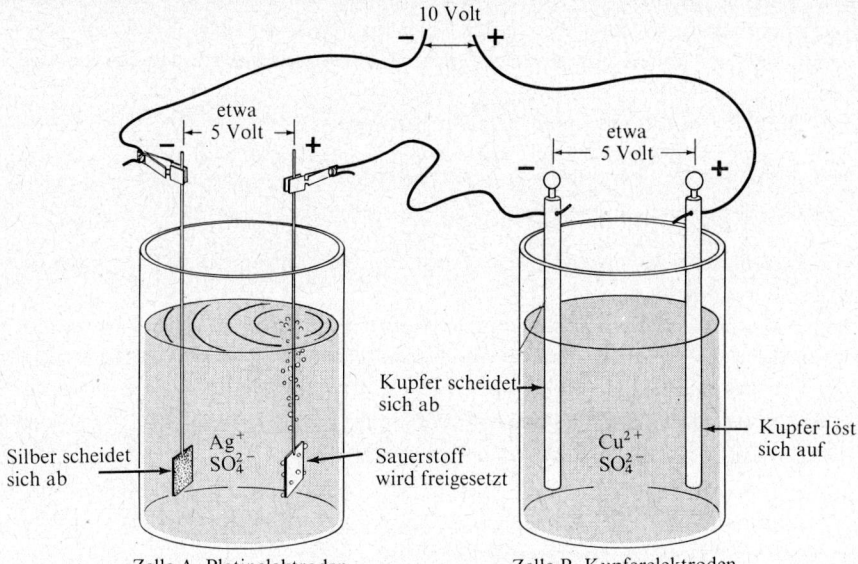

Abb. 15.3. Zwei hintereinandergeschaltete elektrolytische Zellen.

456   15. Oxidations-Reduktions-Reaktionen. Elektrolyse

Aufgabe 15.4. Zwei Zellen sind hintereinander geschaltet, d. h. der Strom fließt erst durch die eine, dann durch die andere Zelle (Abb. 15.3). Zelle A enthält eine wäßrige Lösung von Silbersulfat, Ag_2SO_4, und ist mit Platinelektroden versehen (Platin beteiligt sich nicht an der Reaktion). Zelle B enthält eine Kupfersulfatlösung und Kupferelektroden. Wir lassen einen Strom durch die Zellen fließen, bis sich an der Anode von Zelle A 1,6 g Sauerstoff entwickelt hat. Was ist während dieser Zeit an den anderen Elektroden geschehen?

Lösung. Die Anodenreaktion in Zelle A ist
$$2 H_2O \rightarrow O_2(g) + 4 H^+ + 4 e^-$$
Folglich werden 32 g Sauerstoff (ein Mol) Sauerstoff von 4 Faraday freigesetzt. Zur Entwicklung der angegebenen 1,6 g Sauerstoff sind demnach 0,2 Faraday erforderlich.
An der Kathode von Zelle A läuft die Reaktion ab.
$$Ag^+ + e^- \rightarrow Ag(f)$$
1 Faraday würde 1 Grammatom Silber, 107,880 g, an der Elektrode abscheiden. 0,2 Faraday scheiden also 21,576 g Silber ab.
Die Reaktion an der Kathode von Zelle B ist
$$Cu^{2+} + 2 e^- \rightarrow Cu(f)$$
2 Faraday Elektrizität würden demgemäß 1 Grammatom Kupfer, 63,57 g, abscheiden, 0,2 Faraday scheiden folglich 6,357 g Kupfer ab.
Die gleiche Menge Kupfer, 6,357 g, geht an der Anode von Zelle B in Lösung, da durch beide Elektroden die gleiche Strommenge fließt und die Anodenreaktion die Umkehrung der Kathodenreaktion ist:
$$Cu(f) \rightarrow Cu^{2+} + 2 e^-$$
Beachten Sie, daß die von der Batterie gelieferte Spannung (10 Volt in der Abbildung) sich auf die beiden hintereinandergeschalteten Zellen verteilt. Wie sich die Spannung verteilt (ob zum Beispiel gleichmäßig, wie in der Abbildung, oder in anderer Weise), hängt von der Beschaffenheit der Zellen ab.

15.5. Die elektrochemische Spannungsreihe der Elemente

Legt man ein Stück eines Metalls in eine Lösung, die Ionen eines anderen metallischen Elements enthält, so löst sich in einer Reihe von Fälle das erste Metall auf, während das zweite sich als Metall abscheidet. Wenn man zum Beispiel einen Zinkstreifen in die Lösung eines Kupfersalzes hängt, scheidet sich eine Schicht metallischen Kupfers auf dem Zink ab; gleichzeitig geht Zink in Lösung:

$$Zn(f) \rightarrow Zn^{2+} + 2 e^-$$
$$\underline{Cu^{2+} + 2 e^- \rightarrow Cu(f)}$$
$$Zn(f) + Cu^{2+} \rightarrow Zn^{2+} + Cu(f)$$

Andererseits scheidet sich auf einem Kupferstreifen, der in der Lösung eines Zinksalzes hängt, kein Zink ab.
Streng genommen ist es nicht richtig, daß Zink Kupfer aus Lösungen verdrängt, Kupfer Zink jedoch nicht. Taucht man ein Stück metallischen Kupfers in eine Lösung, die Zink-Ionen in erheblicher Menge (zum Beispiel 1 M) enthält und völlig frei von Kupfer-Ionen ist, so wird anfänglich die Reaktion
$$Cu(f) + Zn^{2+} \rightarrow Cu^{2+} + Zn(f)$$
ablaufen. Sie kommt jedoch zum Stillstand, sobald eine winzige Menge von Kupfer-Ionen entstanden ist. Taucht man umgekehrt metallisches Zink in eine 1-molare Lösung eines Kupfer(II)-salzes, so läuft die Reaktion
$$Zn(f) + Cu^{2+} \rightarrow Zn^{2+} + Cu(f)$$

15.5. Die elektrochemische Spannungsreihe der Elemente

(die Rückreaktion der vorigen Reaktion) fast vollständig ab, solange bis die Konzentration der Kupfer-Ionen verschwindend gering geworden ist. Die Thermodynamik verlangt, daß dasselbe Verhältnis der Konzentrationen von Cu^{2+}-Ionen und Zn^{2+}-Ionen im Gleichgewicht mit festem Kupfer und Zink sich einstellt, unabhängig davon, ob man von Cu und Zn^{2+} ausgeht oder von Zn und Cu^{2+}. Mit der Aussage „Zink verdrängt Kupfer aus Lösungen" ist gemeint, daß im Gleichgewicht das Verhältnis der Konzentrationen von Kupfer-Ionen zu Zink-Ionen einen sehr kleinen Wert annimmt.

Auf Grund von Versuchen dieser Art können die metallischen Elemente entsprechend ihrem Vermögen, Ionen anderer Metalle zu reduzieren in eine Reihe eingeordnet werden (Tafel 15.1). Das Metall mit dem stärksten Reduktionsvermögen führt die Reihe an. Es vermag die Ionen aller anderen Metalle zu reduzieren.

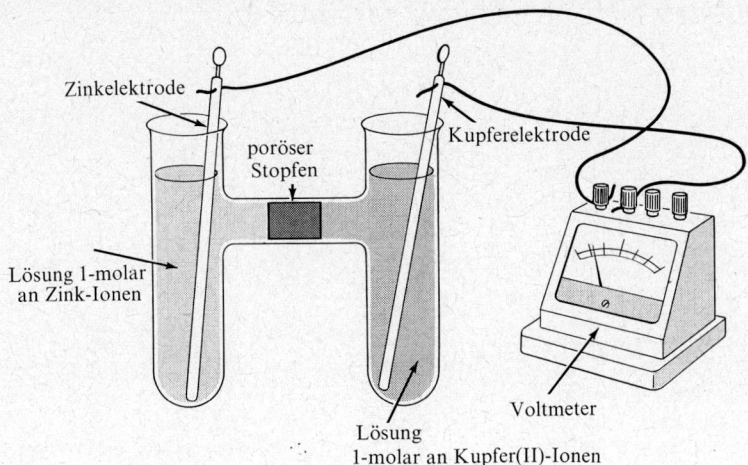

Abb. 15.4. Ein Kupfer-Zink-Element.

Man nennt diese Reihenfolge der Elemente die *elektrochemische Spannungsreihe*, denn für das Bestreben eines Metalls, Ionen eines anderen Metalls zu reduzieren, ist die von einer entsprechend zusammengesetzen elektrochemischen Zelle erzeugte Spannung ein Maß. (Die von der Zelle gelieferte Spannung wird auch *elektromotorische Kraft* genannt.) Die in Tabellen angegebenen Zellspannungen beziehen sich in der Regel auf Zellen, in denen alle Ionen mit der molaren Aktivität 1 vorliegen (die Aktivität ist die mit dem Aktivitätskoeffizienten multiplizierte Konzentration; siehe Abschnitt 13.11). Eine Zelle wie in Abbildung 15.4 würde die Spannung zwischen den Elektroden zeigen, an denen die Elektrodenreaktionen

$$Zn(f) \rightleftharpoons Zn^{2+}(aq, a = 1) + 2e^-$$

und

$$Cu^{2+}(aq, a = 1) + 2e^- \rightleftharpoons Cu(f)$$

ablaufen. Ihre Spannung beträgt etwa 1,107 V, entsprechend der Differenz der betref-

Tafel 15.1. Oxidations-Reduktions-Normalpotentiale (Redox-Normalpotentiale) und Gleichgewichtskonstanten. (Die Werte beziehen sich auf 25 °C und die Normalkonzentration 1 M in wäßriger Lösung bzw. den Partialdruck 1 atm bei Gasen.)

	$E°$	K
$Li \rightleftarrows Li^+ + e^-$	3,05 V	$4 \cdot 10^{50}$
$Cs \rightleftarrows Cs^+ + e^-$	2,92	$1 \cdot 10^{49}$
$Rb \rightleftarrows Rb^+ + e^-$	2,92	$1 \cdot 10^{49}$
$K \rightleftarrows K^+ + e^-$	2,92	$1 \cdot 10^{49}$
$1/2\,Ba \rightleftarrows 1/2\,Ba^{2+} + e^-$	2,90	$5 \cdot 10^{48}$
$1/2\,Sr \rightleftarrows 1/2\,Sr^{2+} + e^-$	2,89	$4 \cdot 10^{48}$
$1/2\,Ca \rightleftarrows 1/2\,Ca^{2+} + e^-$	2,87	$2 \cdot 10^{48}$
$Na \rightleftarrows Na^+ + e^-$	2,712	$4,0 \cdot 10^{45}$
$1/3\,Al + 4/3\,OH^- \rightleftarrows 1/3\,Al(OH)_4^- + e^-$	2,35	$3 \cdot 10^{39}$
$1/2\,Mg \rightleftarrows 1/2\,Mg^{2+} + e^-$	2,34	$2 \cdot 10^{39}$
$1/2\,Be \rightleftarrows 1/2\,Be^{2+} + e^-$	1,85	$1 \cdot 10^{31}$
$1/3\,Al \rightleftarrows 1/3\,Al^{3+} + e^-$	1,67	$1 \cdot 10^{28}$
$1/2\,Zn + 2\,OH^- \rightleftarrows 1/2\,Zn(OH)_4^{2-} + e^-$	1,216	$2,7 \cdot 10^{20}$
$1/2\,Mn \rightleftarrows 1/2\,Mn^{2+} + e^-$	1,18	$7 \cdot 10^{19}$
$1/2\,Zn + 2\,NH_3 \rightleftarrows 1/2\,Zn(NH_3)_4^{2+} + e^-$	1,03	$2 \cdot 10^{17}$
$Co(CN)_6^{4-} \rightleftarrows Co(CN)_6^{3-} + e^-$	0,83	$1 \cdot 10^{14}$
$1/2\,Zn \rightleftarrows 1/2\,Zn^{2+} + e^-$	0,762	$6,5 \cdot 10^{12}$
$1/3\,Cr \rightleftarrows 1/3\,Cr^{3+} + e^-$	0,74	$3 \cdot 10^{12}$
$1/2\,H_2C_2O_4(aq) \rightleftarrows CO_2 + H^+ + e^-$	0,49	$2 \cdot 10^8$
$1/2\,Fe \rightleftarrows 1/2\,Fe^{2+} + e^-$	0,440	$2,5 \cdot 10^7$
$1/2\,Cd \rightleftarrows 1/2\,Cd^{2+} + e^-$	0,402	$5,7 \cdot 10^6$
$1/2\,Co \rightleftarrows 1/2\,Co^{2+} + e^-$	0,277	$4,5 \cdot 10^4$
$1/2\,Ni \rightleftarrows 1/2\,Ni^{2+} + e^-$	0,250	$1,6 \cdot 10^4$
$I^- + Cu \rightleftarrows CuI(f) + e^-$	0,187	$1,4 \cdot 10^3$
$1/2\,Sn \rightleftarrows 1/2\,Sn^{2+} + e^-$	0,136	$1,9 \cdot 10^2$
$1/2\,Pb \rightleftarrows 1/2\,Pb^{2+} + e^-$	0,126	$1,3 \cdot 10^2$
$1/2\,H_2 \rightleftarrows H^+ + e^-$	0,000	1
$1/2\,H_2S \rightleftarrows 1/2\,S + H^+ + e^-$	$-0,141$	$4,3 \cdot 10^{-3}$

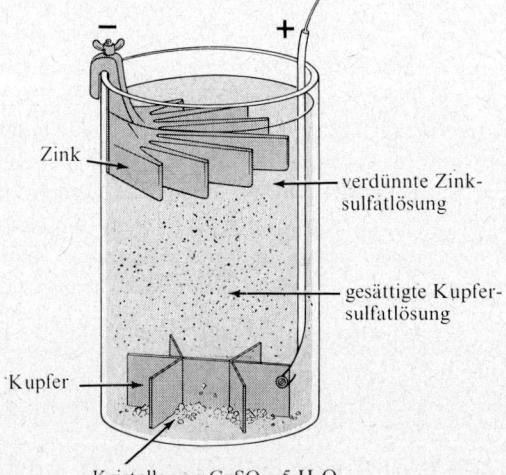

Abb. 15.5. Das Daniell-Element.

15.6. Gleichgewichtskonstanten von Oxidations-Reduktions-Paaren

	$E°$	K
$Cu^+ \rightleftarrows Cu^{2+} + e^-$	−0,153 V	$2{,}7 \cdot 10^{-3}$
$1/2\,H_2O + 1/2\,H_2SO_3 \rightleftarrows 1/2\,SO_4^{2-} + 2\,H^+ + e^-$	−0,17	$1 \cdot 10^{-3}$
$1/2\,Cu \rightleftarrows 1/2\,Cu^{2+} + e^-$	−0,345	$1{,}6 \cdot 10^{-6}$
$Fe(CN)_6^{4-} \rightleftarrows Fe(CN)_6^{3-} + e^-$	−0,36	$9 \cdot 10^{-7}$
$I^- \rightleftarrows 1/2\,I_2(f) + e^-$	−0,53	$1 \cdot 10^{-9}$
$MnO_4^{2-} \rightleftarrows MnO_4^- + e^-$	−0,54	$1 \cdot 10^{-9}$
$4/3\,OH^- + 1/3\,MnO_2 \rightleftarrows 1/3\,MnO_4^- + 2/3\,H_2O + e^-$	−0,57	$3 \cdot 10^{-10}$
$1/2\,H_2O \rightleftarrows 1/2\,O_2 + H^+ + e^-$	−0,682	$3{,}5 \cdot 10^{-12}$
$Fe^{2+} \rightleftarrows Fe^{3+} + e^-$	−0,771	$1{,}1 \cdot 10^{-13}$
$Hg \rightleftarrows 1/2\,Hg_2^{2+} + e^-$	−0,799	$3{,}7 \cdot 10^{-14}$
$Ag \rightleftarrows Ag^+ + e^-$	−0,800	$3{,}5 \cdot 10^{-14}$
$H_2O + NO_2 \rightleftarrows NO_3^- + 2\,H^+ + e^-$	−0,81	$3 \cdot 10^{-14}$
$1/2\,Hg \rightleftarrows 1/2\,Hg^{2+} + e^-$	−0,854	$4{,}5 \cdot 10^{-15}$
$1/2\,Hg_2^{2+} \rightleftarrows Hg^{2+} + e^-$	−0,910	$5{,}0 \cdot 10^{-16}$
$1/2\,HNO_2 + 1/2\,H_2O \rightleftarrows 1/2\,NO_3^- + 3/2\,H^+ + e^-$	−0,94	$2 \cdot 10^{-16}$
$NO + H_2O \rightleftarrows HNO_2 + H^+ + e^-$	−0,99	$2 \cdot 10^{-17}$
$1/2\,ClO_3^- + 1/2\,H_2O \rightleftarrows 1/2\,ClO_4^- + H^+ + e^-$	−1,00	$2 \cdot 10^{-17}$
$Br^- \rightleftarrows 1/2\,Br_2(fl) + e^-$	−1,065	$1{,}3 \cdot 10^{-18}$
$H_2O + 1/2\,Mn^{2+} \rightleftarrows 1/2\,MnO_2 + 2\,H^+ + e^-$	−1,23	$2 \cdot 10^{-21}$
$Cl^- \rightleftarrows 1/2\,Cl_2 + e^-$	−1,358	$1{,}5 \cdot 10^{-23}$
$7/6\,H_2O + 1/3\,Cr^{3+} \rightleftarrows 1/6\,Cr_2O_7^{2-} + 7/3\,H^+ + e^-$	−1,36	$1 \cdot 10^{-23}$
$1/2\,H_2O + 1/6\,Cl^- \rightleftarrows 1/6\,ClO_3^- + H^+ + e^-$	−1,45	$4 \cdot 10^{-25}$
$1/3\,Au \rightleftarrows 1/3\,Au^{3+} + e^-$	−1,50	$6 \cdot 10^{-26}$
$4/5\,H_2O + 1/5\,Mn^{2+} \rightleftarrows 1/5\,MnO_4^- + 8/5\,H^+ + e^-$	−1,52	$3 \cdot 10^{-26}$
$1/2\,Cl_2 + H_2O \rightleftarrows HClO + H^+ + e^-$	−1,63	$4 \cdot 10^{-28}$
$H_2O \rightleftarrows 1/2\,H_2O_2 + H^+ + e^-$	−1,77	$2 \cdot 10^{-30}$
$Co^{2+} \rightleftarrows Co^{3+} + e^-$	−1,84	$1 \cdot 10^{-31}$
$F^- \rightleftarrows 1/2\,F_2 + e^-$	−2,65	$4 \cdot 10^{-44}$

fenden $E°$-Werte in der Tabelle[1]). Zellen dieser Art finden in begrenztem Umfang praktische Verwendung (Daniell-Element). Eine Anordnung für einen solchen Zweck, die die Schwerkraft ausnutzt, ist in Abbildung 15.5 angegeben.
Als Bezugspunkt für die Spannungsreihe dient die sogenannte *Normal-Wasserstoffelektrode*. Sie besteht aus einem Platinblech in saurer Lösung der Wasserstoff-Ionenaktivität 1, über das gasförmiger Wasserstoff unter 1 atm Druck perlt (Abb. 15.6). Für einige weitere nichtmetallische Elemente lassen sich Elektroden ähnlicher Art konstruieren. Einige dieser Elemente und verschiedene andere Oxidations-Reduktions-Paare sind in Tafel 15.1 aufgeführt.

15.6. Gleichgewichtskonstanten von Oxidations-Reduktions-Paaren

Die in Abbildung 15.6 gezeigte elektrochemische Zelle wird gewöhnlich in folgender Weise angegeben:

$$Zn(f) \mid Zn^{2+}(a = 1) \mid H^+(a = 1) \mid H_2(1\,atm)$$

---

[1] Eine kleine Korrektur in Höhe einiger Millivolt muß wegen der Potentialdifferenz an der Berührungsstelle der beiden Lösungen im Verbindungsrohr angebracht werden.

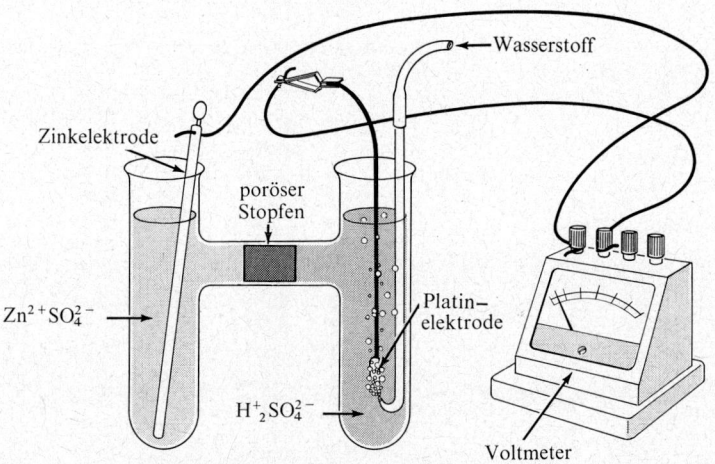

Zinkelektrode gegen Wasserstoffelektrode
Abb. 15.6. Eine Zelle mit Wasserstoffelektrode.

Die senkrechten Linien zeigen dabei Berührungsstellen zwischen verschiedenen Phasen an. Als elektromotorische Kraft (EMK) wird die Potentialdifferenz $E = E(\text{links}) - E(\text{rechts})$ angegeben. In unserem speziellen Fall ist $E(\text{rechts})$ null, denn als rechte Halbzelle ist ja hier die Bezugselektrode gewählt, für die definitionsgemäß $E° = 0$ ist. Die EMK hat also den Wert $E(\text{links})$. Laut Tafel 15.1 beträgt $E(\text{links})$ 0,762 V. Die EMK der Zelle beläuft sich also auf 0,762 V. Der positive Wert der EMK zeigt an, daß der Elektronendruck an der linken Elektrode höher ist als an der rechten.

Lassen wir zwei Mole Elektronen ($2F$) durch den Draht von der linken zur rechten Elektrode fließen, wobei sich die entsprechenden Elektrodenreaktionen abspielen, so verändert sich das System gemäß der Gleichung

$$\text{Zn(f)} + 2\,\text{H}^+(a = 1) \rightarrow \text{Zn}^{2+}(a = 1) + \text{H}_2(1\,\text{atm})$$

Der elektrische Strom kann im Prinzip vollständig zur Arbeitsleistung ausgenutzt werden und liefert dann die Arbeit $E \cdot 2F$ (oder, allgemeiner ausgedrückt, nEF, wobei n die Anzahl der an den Elektrodenreaktionen teilnehmenden Elektronen angibt). Wie wir in Kapitel 10 festgestellt haben, ist die von einem System reversibel bei konstantem Druck und konstanter Temperatur geleistete Arbeit der Abnahme $-\Delta G$ der freien Enthalpie gleich. Wir können deshalb schreiben

$$nEF = -\Delta G \qquad (15.13)$$

Befinden sich alle Ausgangsstoffe und Produkte der Reaktionen im Normalzustand, so beträgt die Abnahme der freien Enthalpie $-\Delta G°$. Folglich ist

$$nE°F = -\Delta G° \qquad (15.14)$$

Andererseits besteht, wie wir gesehen haben, zwischen $-\Delta G°$ und der Gleichgewichtskonstanten K der Reaktion die Beziehung

$$-\Delta G° = RT \ln K \qquad (15.15)$$

(vgl. Gleichung 11.28 und 11.29), wofür wir schreiben können

$$K = \exp(-\Delta G°/RT) \tag{15.16}$$

oder

$$K = \exp(nE°F) \tag{15.17}$$

Die Gleichgewichtskonstanten (und Änderungen der freien Enthalpie) vieler Reaktionen sind mit Hilfe von Messungen der EMK elektrochemischer Zellen bestimmt worden. Eine für viele an sich mögliche Halbzellen noch ungelöste Schwierigkeit besteht darin, eine Elektrode zu finden, an deren Oberfläche die Halbzellenreaktion (Elektronenreaktion) sich reversibel abspielen kann. Für viele Halbzellen kann eine mit fein verteiltem Platin (Platinschwarz) überzogene Platinelektrode diesen Zweck erfüllen.

In Tafel 15.1 sind die Elektronenreaktionen durchweg so geschrieben, daß jeweils ein Elektron als Produkt auftritt. Dies vereinfacht die Benutzung der Tabelle, denn unter dieser Voraussetzung liefert der Quotient der K-Werte zweier Paare die Gleichgewichtskonstante der Oxidations-Reduktions-Reaktion, die aus der Kombination der Paare besteht (das heißt, deren Umsatzgleichung durch Abziehen der Umsatzgleichung des einen von der des anderen Paars zustande kommt). Für manche Zwecke ist es wünschenswert, die Umsatzgleichung durch Multiplizieren mit einem geeigneten Faktor von Brüchen zu befreien. Im Fall einer solchen Multiplikation mit einem Faktor n ist die Gleichgewichtskonstante zur n'ten Potenz zu erheben.

Viele Fragen über chemische Reaktionen können mit Hilfe einer Tabelle der Oxidations-Reduktions-Normalpotentiale beantwortet werden. Insbesondere kann vorausgesagt werden, ob und in welchem Ausmaß ein bestimmtes Oxidationsmittel und ein bestimmtes Reduktionsmittel unter gegebenen Bedingungen nennenswert miteinander reagieren können. Ob allerdings die Reaktion unter den gegebenen Bedingungen mit merklicher Geschwindigkeit ablaufen wird, geht daraus noch nicht hervor. *Die Tabelle gibt nur über die Lage chemischer Gleichgewichte Auskunft, nicht über die Geschwindigkeit, mit der sich das Gleichgewicht einstellt.* Deshalb erweist sich die Tabelle vor allem dann als wertvoll, wenn es gilt, das Ausmaß einer Reaktion vorauszuberechnen, von der bekannt ist, daß sie wirklich abläuft. Auch wenn es sich darum handelt festzustellen, ob der Versuch sich überhaupt lohnt, eine Reaktion durch Verändern der Bedingungen in Gang zu bringen, leistet die Tabelle gute Dienste.

Wie groß die mit einem solchen Vorgehen erzielte Vereinfachung ist, läßt sich an Hand von Tafel 15.1 zeigen. Die Tafel enthält nur 56 Eintragungen, die sich auf 56 verschiedene Elektronenreaktionen beziehen. Je zwei beliebige Elektronenreaktionen können zu einer Oxidations-Reduktions-Gleichung kombiniert werden. Insgesamt lassen sich 1540 (nämlich 56 · 55/2) Oxidations-Reduktions-Reaktionen aus den 56 Elektronenreaktionen zusammenstellen. Aus den 56 Zahlenangaben der Tafel können die Werte für die Gleichgewichtskonstanten der 1540 Oxidations-Reduktions-Reaktionen berechnet werden. Die kleine Tafel gestattet also für jede einzelne dieser 1540 Reaktionen die Voraussage, in welcher Richtung sie unter gegebenen Bedingungen verlaufen wird.

Eine umfangreichere Tabelle ähnlicher Art im Buch *The Oxidation States of the Elements and Their Potentials in Aqueous Solutions* von W. M. Latimer nimmt acht Seiten ein. Die Zahlenangaben auf diesen acht Seiten erlauben die Berechnung der Gleichgewichtskonstanten von rund 85000 Reaktionen. Eine Tabelle mit diesen 85000 Gleichgewichtskonstanten würde in einem Buch gleicher Seitengröße etwa 1750 Seiten beanspruchen. Schließlich ist nicht zu vergessen, daß 85000 statt nur etwa 400 Versuche zur Ermittlung der Gleichgewichtskonstanten erforderlich gewesen wären, wenn diese voneinander unabhängig wären und einzeln hätten bestimmt werden müssen.

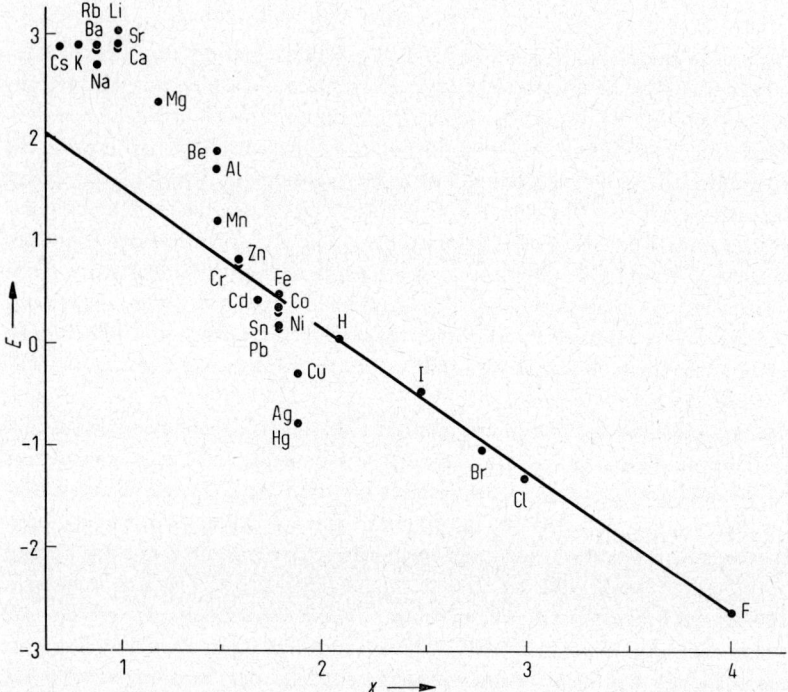

Abb. 15.7. Beziehung zwischen Normalpotential und Elektronegativität für einige Elementarsubstanzen.

Elektrodenpotentiale und Elektronegativität. Zwischen den Elektroden-Normalpotentialen und den Elektronegativitätswerten der Elemente besteht in großen Zügen eine allgemeine Beziehung, die in Abbildung 15.7 zum Ausdruck gebracht ist. Es zeigt sich, daß die Punkte für Chlor, Brom und Jod innerhalb der Fehlergrenze der Elektronegativitätswerte ($\pm$ 0,05 Einheiten) auf die Gerade fallen, die die Punkte von Wasserstoff und Fluor verbindet. Der Beitrag des Entropieterms zur Änderung der freien Enthalpie im Normalzustand (die $E°$ bestimmt) ist aber für Oxidations-Reduktions-Paare verschiedener Art nicht die gleiche, und eine genaue Beziehung zwischen Normalpotential und Elektronegativität ist daher nicht zu erwarten.

Die nachstehenden Beispiele erläutern einige Anwendungsmöglichkeiten der Zahlenangaben in Tafel 15.1.

15.6. Gleichgewichtskonstanten von Oxidations-Reduktions-Paaren

Aufgabe 15.5. Wird es beim Mischen von Lösungen von Eisen(II)-sulfat und Quecksilber(II)-sulfat zu einer Reaktion kommen?

Lösung. Das Paar Eisen(II)/Eisen(III) hat das Potential $-0{,}771$ V und das Paar Quecksilber(I)/Quecksilber(II) das Potential $-0{,}910$ V. Das zweite Paar stellt also das stärkere Oxidationsmittel. Deshalb wird die Reaktion
$$2\,Fe^{2+} + 2\,Hg^{2+} \rightarrow 2\,Fe^{3+} + Hg_2^{2+}$$
eintreten und ziemlich vollständig ablaufen.

Aufgabe 15.6. Bei der Herstellung von Kaliumpermanganat wird eine Lösung, die Manganat-Ionen enthält, durch Chlor oxidiert. Könnten statt dessen auch Brom oder Jod verwendet werden?

Lösung. In der Tabelle finden wir folgende Werte für E^0 und K:

	E^0	K
$MnO_4^{2-} \rightleftharpoons MnO_4^- + e^-$	$-0{,}54$	$1 \cdot 10^{-9}$
$Cl^- \rightleftharpoons {}^1/_2\,Cl_2 + e^-$	$-1{,}358$	$2 \cdot 10^{-23}$
$Br^- \rightleftharpoons {}^1/_2\,Br_2(fl) + e^-$	$-1{,}065$	$1 \cdot 10^{-18}$
$I^- \rightleftharpoons {}^1/_2\,I_2(f) + e^-$	$-0{,}535$	$1 \cdot 10^{-9}$

Die Werte für Jodid/Jod und für Manganat/Permanganat liegen so dicht beisammen, daß Jod als Oxidationsmittel nicht sehr wirksam sein kann (die Reaktion würde nur unvollständig ablaufen). Die Reaktion mit Brom dagegen würde praktisch vollständig verlaufen. Brom könnte also Chlor ersetzen. Es ist jedoch zehnmal so teuer; deshalb wird Chlor vorgezogen.

Aufgabe 15.7. Was für eine Zusammensetzung stellt sich im Gleichgewicht ein, wenn gleiche Volumina von $0{,}2\ F\ K_4Co(CN)_6$ und $0{,}2\ F\ K_3Fe(CN)_6$ miteinander vermischt werden?

Lösung. Aus Tafel 15.1 entnehmen wir

	E^0	K
$Co(CN)_6^{4-} \rightleftharpoons Co(CN)_6^{3-} + e^-$	$0{,}83$ V	$1 \cdot 10^{14}$
$Fe(CN)_6^{4-} \rightleftharpoons Fe(CN)_6^{3-} + e^-$	$-0{,}36$ V	$9 \cdot 10^{-7}$

Die Gleichgewichtsbeziehungen für die beiden Elektronenreaktionen lauten demnach

$$\frac{[Co(CN)_6^{3-}][e^-]}{[Co(CN)_6^{4-}]} = 1 \cdot 10^{14}$$

$$\frac{[Fe(CN)_6^{3-}][e^-]}{[Fe(CN)_6^{4-}]} = 9 \cdot 10^{-7}$$

Teilen der ersten Beziehung durch die zweite liefert die Gleichgewichtsbeziehung für die Gesamtreaktion:

$$\frac{[Co(CN)_6^{3-}][Fe(CN)_6^{4-}]}{[Co(CN)_6^{4-}][Fe(CN)_6^{3-}]} = \frac{1 \cdot 10^{14}}{9 \cdot 10^{-7}} = 1 \cdot 10^{20}$$

Unter den in der Aufgabe angegebenen Bedingungen müssen die Konzentrationen der beiden Ausgangsstoffe einander gleich sein und ebenso die Konzentrationen der beiden Reaktionsprodukte. Wir können deshalb schreiben

$$x = [Co(CN)_6^{4-}] = [Fe(CN)_6^{3-}]$$
$$0{,}1\ F - x = [Co(CN)_6^{3-}] = [Fe(CN)_6^{4-}]$$

Damit ergibt sich

$$\frac{(0{,}1\ F - x)^2}{x^2} = 1 \cdot 10^{20}$$

$$x^2 = 1 \cdot 10^{20}(0{,}1\ F - x)^2 \cong 1 \cdot 10^{-22}\ mol^2\,l^{-2}$$
$$x = 1 \cdot 10^{-11}\ mol\,l^{-1}$$

Die Reaktion verläuft also praktisch vollständig, und zwar übersteigt im Gleichgewicht die Konzentration der Produkte die der Ausgangsstoffe um einen Faktor 10^{10}.

15. Oxidations-Reduktions-Reaktionen. Elektrolyse

Aufgabe 15.8. Was für Produkte sind beim Mischen gleicher Volumina von $0,2\,F$ $K_3Fe(CN)_6$ und $0,2\,F$ $FeSO_4$ zu erwarten?

Lösung. Wir verfahren wie in der vorigen Aufgabe:

	E^0	K
$Fe(CN)_6^{4-} \rightleftharpoons Fe(CN)_6^{3-} + e^-$	$-0,36$ V	$9 \cdot 10^{-7}$
$Fe^{2+} \rightleftharpoons Fe^{3+} + e^-$	$-0,771$ V	$1,1 \cdot 10^{-13}$

$$\frac{[Fe(CN)_6^{3-}]\,[Fe^{2+}]}{[Fe(CN)_6^{4-}]\,[Fe^{3+}]} = \frac{9 \cdot 10^{-7}}{1,1 \cdot 10^{-13}} = 8 \cdot 10^6$$

Hieraus ist zu ersehen, daß die Reaktion fast vollständig ablaufen sollte: das Hexacyanoferrat(II)-Ion ist ein stärkeres Reduktionsmittel als das Eisen(II)-Ion. Es sei $x = [Fe^{3+}] = [Fe(CN)_6^{4-}]$ und $0,1\,F - x = [Fe(CN)_6^{3-}] = [Fe^{2+}]$. Die Gleichgewichtsbeziehung liefert dann

$$x^2 = \frac{(0,1\,F - x)^2}{8 \cdot 10^6} = 12 \cdot 10^{-10} \text{ mol}^2\,l^{-2}$$

$$x = 3 \cdot 10^{-5} \text{ mol}\,l^{-1}$$

Nach dieser Rechnung würde die Endkonzentration der Ausgangsstoffe (Hexacyanoferrat(III)- und Eisen(II)-Ionen) je nur $3 \cdot 10^{-5}$ mol l^{-1} betragen, die der Produkte (Hexacyanoferrat(II)- und Eisen(III)-Ionen) dagegen nahezu 0,1 mol l^{-1}. In Wirklichkeit bilden aber die Produkte in einer Folgereaktion einen Niederschlag von Eisen(III)-hexacyanoferrat(II), der in Anwesenheit von Kalium-Ionen wie hier die Zusammensetzung $KFeFe(CN)_6 \cdot H_2O$ aufweist, und die Konzentrationen der Ausgangsstoffe sinken damit noch weiter ab.

15.7. Die Konzentrationsabhängigkeit der elektromotorischen Kraft elektrochemischer Zellen

Die elektromotorische Kraft E einer Zelle ist mit der Änderung ΔG der freien Enthalpie bei der Zellreaktion verknüpft durch die Beziehung $-\Delta G = nFE$ (siehe Gleichung 15.13). Das Normalpotential E° entspricht einer Zelle, in der die Ausgangsstoffe und Produkte mit Aktivität 1 vorliegen. Im Fall der in Abbildung 15.6 gezeigten Zelle

$$Zn(f) \mid Zn^{2+} \mid H^+ \mid H_2$$

zum Beispiel würde dies bedeuten, daß $a(Zn^{2+}) = 1$ mol l^{-1}, $a(H^+) = 1$ mol l^{-1} und $P(H_2) = 1$ atm. Die Änderung der freien Enthalpie bei einer Erhöhung oder Erniedrigung der Aktivität von a_1 auf a_2 beläuft sich auf $RT \ln(a_2/a_1)$. Der Unterschied ΔE zwischen den elektromotorischen Kräften zweier Zellen, in denen die Aktivität eines Ausgangsstoffs oder Produkts im einen Fall a_1 und im anderen a_2 beträgt, ist folglich

$$\Delta E = \pm \frac{RT}{nF} \ln \frac{a_1}{a_2} \qquad (15.18)$$

Bei 25 °C entspricht dies

$$\Delta E = \pm \frac{0,0592\,V}{n} \log \frac{a_1}{a_2} \qquad (15.19)$$

Ob das positive oder negative Vorzeichen zu wählen ist, hängt davon ab, in welcher Weise die Substanz mit Aktivität a_1 bzw. a_2 an der Zellreaktion teilnimmt (Ausgangsstoff oder Produkt, rechte oder linke Halbzelle).

Für die Wasserstoffelektrode ergibt sich aus diesen Ausführungen eine Änderung der EMK um 0,0592 V pro Änderung der Wasserstoff-Ionenaktivität um eine Zehnerpotenz, also um eine pH-Einheit. Auf dieser Abhängigkeit der EMK vom pH beruht das pH-Meter (Abschnitt 14.3).

Aufgabe 15.9. Um wieviel ändert sich die EMK einer Zelle, an der eine Wasserstoffelektrode beteiligt ist, wenn der Druck des $H_2(g)$ von 1 atm auf 0,1 atm erniedrigt wird?

Lösung. Die Elektronenreaktion, so geschrieben, daß ein Elektron freigesetzt wird, lautet $H^+ \rightleftharpoons 1/2\,H_2 + e^-$. Für H_2 ist demnach $n = 2$ zu setzen. Damit ergibt sich

$$\Delta E = \pm \frac{0{,}0592\text{ V}}{2} \log \frac{P_2}{P_1}$$

Die EMK ändert sich also um 0,0296 V pro Änderung des Wasserstoffdrucks um eine Zehnerpotenz. Das Vorzeichen von ΔE bei Verringerung von $P(H_2)$ ist das gleiche wie bei Erhöhung von $a(H^+)$.

15.8. Galvanische Elemente und Akkumulatoren

Galvanische Elemente und *Akkumulatoren* erzeugen elektrischen Strom aus chemischen Reaktionen.

Galvanische Elemente sind Zellen, in denen eine Oxidations-Reduktions-Reaktion so abläuft, daß ihre treibende Kraft ein elektrisches Potential erzeugt. Hierzu sind das Oxidationsmittel und das Reduktionsmittel getrennt voneinander untergebracht. Das Oxidationsmittel entzieht der einen Elektrode Elektronen, das Reduktionsmittel gibt Elektronen an die andere Elektrode ab, während im Inneren der Zelle Ionen den Strom transportieren.

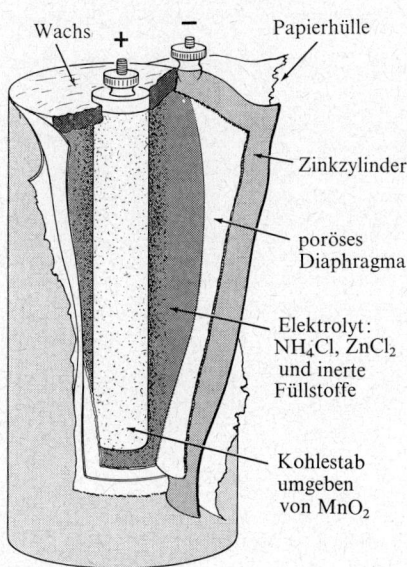

Abb. 15.8. Das Trockenelement.

Akkumulatoren sind nach dem gleichen Prinzip gebaut, sie können jedoch – im Gegensatz zu Elementen – in ihren Anfangszustand zurückversetzt, das heißt, wieder aufgeladen werden, indem man an ihre Elektroden von außen eine Spannung anlegt, die die Oxidations-Reduktions-Reaktion umkehrt.

Das Trockenelement. Ein galvanisches Element, das *Daniell-Element*, ist uns schon in Abschnitt 15.5 begegnet. Es ist ein „nasses" Element, das flüssigen Elektrolyt enthält. Weite Verbreitung hat das Leclanché-Element, das üblichste „*Trockenelement*", gefunden (Abb. 15.8). Es besteht aus einem Zinkzylinder, der als Elektrolyt eine Paste aus Ammoniumchlorid, NH_4Cl, etwas Zinkchlorid, $ZnCl_2$, Wasser und Kieselgur oder anderen Füllstoff enthält. Das Trockenelement ist nicht wirklich trocken: die als Elektrolyt dienende Paste muß feucht sein. Der Zinkzylinder stellt den negativen Pol dar. Die mittlere Elektrode, der positive Pol, ist ein von Braunstein (Mangandioxid) umgebener Kohlestab. Die Elektrodenreaktionen sind

$$Zn \rightarrow Zn^{2+} + 2e^-$$
$$2NH_4^+ + 2MnO_2 + 2e^- \rightarrow 2MnO(OH) + 2NH_3$$

(Die Zink-Ionen vereinigen sich zum Teil mit Ammoniak zum Komplex-Ion $Zn(NH_3)_4^{2+}$.) Das Element liefert eine Spannung von etwa 1,48 V.

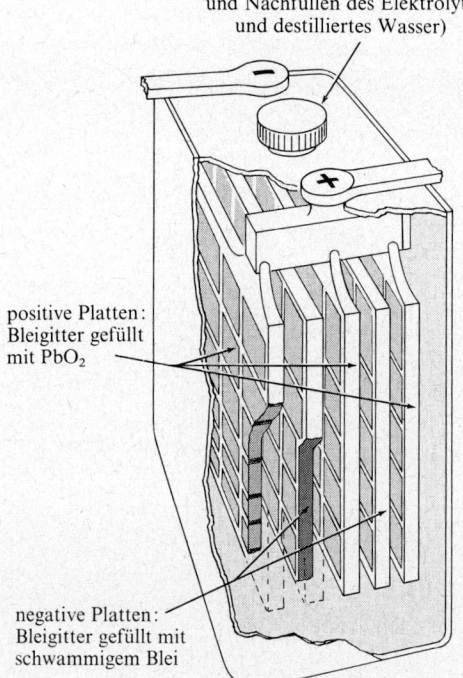

Abb. 15.9. Der Bleiakkumulator.

Der Bleiakkumulator. Der gebräuchlichste Akkumulator ist der *Bleiakkumulator* (Abb. 15.9). Als Elektrolyt dient eine Mischung von Schwefelsäure und Wasser von etwa 1,290 g cm^{-3} Dichte (38 Gewichtsprozent H_2SO_4) im aufgeladenen Zustand der Zelle. Die Platten sind Gitter aus einer Bleilegierung. In die Maschen der negativen Platten ist schwammiges Blei eingefüllt, in die Maschen der positiven Platten Bleidioxid, PbO_2. Im Zuge der chemischen Reaktion in der Zelle wirkt das schwammige Blei als das Reduktionsmittel, das Bleidioxid als das Oxidationsmittel. Die Elektrodenreaktionen bei Stromentnahme sind

$$Pb + SO_4^{2-} \rightarrow PbSO_4 + 2\,e^-$$
$$PbO_2 + SO_4^{2-} + 4\,H^+ + 2\,e^- \rightarrow PbSO_4 + 2\,H_2O$$

Beide Reaktionen liefern unlösliches Bleisulfat, $PbSO_4$, als Produkt, das an den Platten haften bleibt. Bei der Entladung wird Schwefelsäure verbraucht, und die Dichte des Elektrolyten sinkt demgemäß ab. Der Ladungszustand des Akkumulators kann deshalb mit Hilfe eines Pyknometers geprüft werden, das die Dichte des Elektrolyten anzeigt.

Zur Aufladung legt man an die Pole von außen eine elektrische Spannung an, die die oben angegebenen Elektrodenreaktionen umkehrt. Die aufgeladene Zelle liefert eine Spannung von etwas über 2 Volt. Eine 6-Volt-Batterie besteht aus drei hintereinandergeschalteten Zellen, eine 12-Volt-Batterie aus sechs solchen Zellen.

Es ist interessant, daß in beiden Platten der Zelle dasselbe Element seine Oxidationszahl ändert: das Oxidationsmittel ist PbO_2, in dem Blei mit der Oxidationszahl $+4$ auftritt, die sich bei der Entladung auf $+2$ erniedrigt, und das Reduktionsmittel ist Pb mit Oxidationszahl 0, die sich bei der Entladung auf $+2$ erhöht.

15.9. Elektrolytische Darstellung von Elementen

Viele Metalle und einige Nichtmetalle werden durch elektrolytische Verfahren gewonnen. Wasserstoff und Sauerstoff werden durch Elektrolyse von Wasser dargestellt, dem ein Elektrolyt zugesetzt ist. Die Alkalimetalle und Erdalkalimetalle, Magnesium, Aluminium und viele andere Metalle werden entweder für bestimmte Zwecke oder ausschließlich durch elektrolytische Reaktion aus ihren Verbindungen erhalten.

Die Darstellung von Natrium und Chlor. Der Erfolg vieler elektrochemischer Verfahren hängt von einer sinnvollen Konstruktion der Zelle ab, die die Reinheit der Produkte sicherstellt. Das sieht man deutlich am Beispiel einer Zelle, die zur Darstellung von metallischem Natrium und elementarem Chlor aus Natriumchlorid dient.

Die Natriumchloridschmelze (zur Erniedrigung des Schmelzpunkts setzt man gewöhnlich Natriumcarbonat zu) befindet sich in einem geschlossenen Gefäß (Abb. 15.10). Die Graphitanode und die Eisenkathode, die in die Schmelze tauchen, sind durch ein Eisendrahtnetz voneinander getrennt. Auf der einen Seite des Drahtnetzes, über der Anode, leitet ein Rohr das gebildete Chlor ab; auf der anderen Seite, über der Kathode, fängt ein anderes Rohr das metallische Natrium auf, das leichter ist als der Elektrolyt und durch die Schmelze nach oben steigt, und leitet es in einen Vorratsbehälter.

Nur ein kleiner Teil (einige Prozent) der Chlorproduktion wird von diesem Verfahren geliefert. Der überwiegende Teil fällt bei der Erzeugung von Natronlauge und Wasserstoff durch Elektrolyse konzentrierter Sole an.

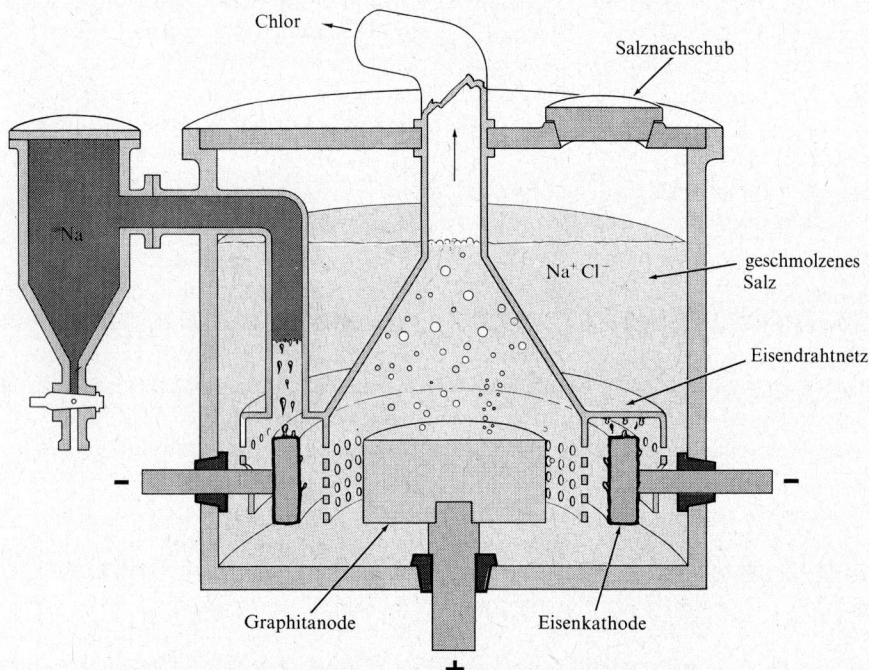

Abb. 15.10. Die elektrolytische Darstellung von Natrium und Chlor.

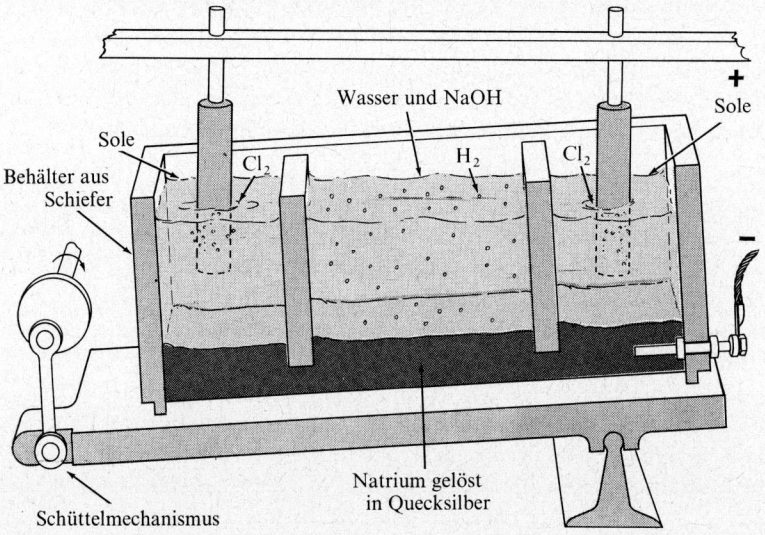

Abb. 15.11. Castner-Kellner-Zelle für die elektrolytische Darstellung von Chlor und Natronlauge.

Bei der Elektrolyse konzentrierter Sole bilden sich Chlor an der Anode und Hydroxid-Ionen an der Kathode:

$$2\,Cl^- \rightarrow Cl_2 + 2\,e^-$$
$$2\,H_2O + 2\,e^- \rightarrow H_2 + 2\,OH^-$$

Wird die Sole zwischen Graphitelektroden ohne weitere Maßnahmen elektrolysiert, so muß anschließend die gebildete Lauge von dem noch unzersetzten Salz in der Lösung durch Kristallisation getrennt werden. Das Castner-Kellner-Verfahren vermeidet diesen umständlichen Schritt. Die Zelle ist aus Schiefer und besteht aus drei Abteilungen, deren Trennwände nicht ganz bis zum Boden der Zelle reichen (Abb. 15.11). Sie tauchen in Quecksilber, das den Boden der Zelle bedeckt. In der mittleren Abteilung befindet sich verdünnte Natronlauge, in den beiden äußeren Abteilungen die Sole. Die Sole wird zwischen Graphitanoden und dem Quecksilber, das als Kathode dient, elektrolysiert. Die Anodenreaktion liefert Chlor entsprechend der oben angegebenen Gleichung. Die Kathodenreaktion ist hier

$$e^- + Na^+ \rightarrow Na\,(Amalgam)$$

[„Na(Amalgam)" bezeichnet eine Lösung von Natrium in Quecksilber. Legierungen von Quecksilber mit anderen Metallen heißen Amalgame.] Während der Elektrolyse wird die Zelle geschüttelt, so daß das Amalgam hin und her fließt. In der mittleren Abteilung reagiert es mit Wasser:

$$2\,Na\,(Amalgam) + 2\,H_2O \rightarrow H_2(g) + 2\,NaOH(aq)$$

Auf diese Weise entsteht reine Natronlauge.

In der Praxis arbeitet man meist mit zusätzlichen Eisenkathoden in der mittleren Abteilung, mit denen man ein Potential anlegt, das die Zersetzung des Amalgams beschleunigt. In diesem Stromkreis ist das Amalgam die Anode. Die Elektrodenreaktionen sind:

Anodenreaktion $\quad Na\,(Amalgam) \rightarrow Na^+ + e^-$
Kathodenreaktion $\quad 2\,H_2O + 2\,e^- \rightarrow H_2(g) + 2\,OH^-$

Die elektrolytische Darstellung von Aluminium. Alles technisch hergestellte Aluminium stammt aus einem Elektrolyseverfahren, das 1886 der junge Amerikaner Charles M. Hall (1863–1914) und gleichzeitig, unabhängig von ihm der junge Franzoge P. L. T. Héroult (ebenfalls 1863–1914) erfanden. Ein mit Kohle ausgekleideter Eisenbehälter, der gleichzeitig als Kathode dient, nimmt den Elektrolyten auf (Abb. 15.12). Der Elektrolyt besteht aus einer Lösung von Aluminiumoxid, Al_2O_3, in Kryolith, Na_3AlF_6 (oder in einer Mischung von AlF_3 und NaF, der manchmal zur Verringerung des Schmelzpunkts auch CaF_2 zugesetzt wird). Das Aluminiumoxid wird aus dem Erz *Bauxit* in besonderen Aufbereitungsverfahren gewonnen (siehe weiter unten). Die Anoden der Zelle bestehen aus Kohle. Die Stromwärme reicht aus, den Elektrolyten flüssig zu halten (bei etwa 1000 °C). Das metallische Aluminium sinkt zu Boden und wird abgezapft. Die Kathodenreaktion ist

$$Al^{3+} + 3\,e^- \rightarrow Al$$

An der Anode entsteht Kohlenstoffdioxid gemäß

$$C + 2\,O^{2-} \rightarrow CO_2 + 4\,e^-$$

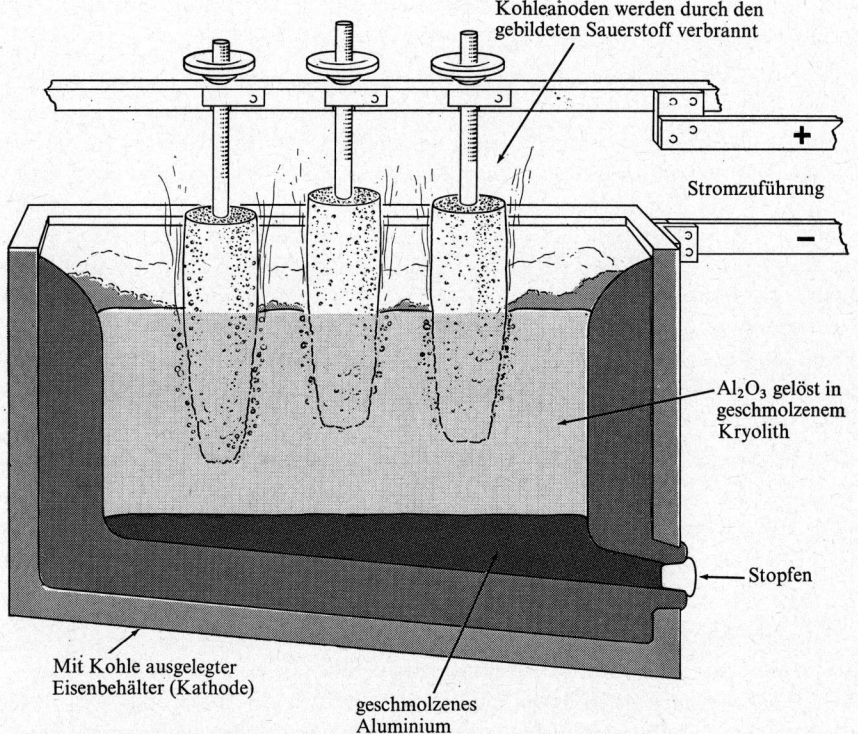

Abb. 15.12. Die elektrolytische Darstellung von Aluminium.

Die Zelle arbeitet mit etwa 5 Volt Potentialdifferenz zwischen den Elektroden.
Bauxit ist ein gemischtes Aluminiummineral (AlO(OH), Al(OH)$_3$), das etwas Eisenoxid enthält. Gereinigt wird es mit Natronlauge, die hydratisiertes Aluminiumoxid (als Aluminat-Ion, Al(OH)$_4^-$) löst, nicht aber das Eisenoxid:

$$Al(OH)_3 + OH^- \rightarrow Al(OH)_4^-$$

Die Lösung wird filtriert und dann mit Kohlenstoffdioxid angesäuert, wobei sich die obige Reaktion unter Bildung von Hydrogencarbonat-Ionen, HCO$_3^-$, umkehrt:

$$Al(OH)_4^- + CO_2 \rightarrow HCO_3^- + Al(OH)_3$$

Das so gefällte Aluminiumhydroxid wird bei hoher Temperatur entwässert und liefert ein Oxid, dessen Reinheit den Anforderungen des Elektrolyseverfahrens genügt.
Die Weltproduktion an Aluminium aus diesem Verfahren beläuft sich auf mehrere Millionen Tonnen pro Jahr.

Die elektrolytische Raffination von Metallen. Eine ganze Reihe von Metallen wird nach ihrer chemischen oder elektrochemischen Gewinnung aus Erzen durch Elektrolyse weiter gereinigt (raffiniert).

Zur Darstellung von metallischem Kupfer kann ein Kupfererz mit Schwefelsäure ausgezogen und das Metall aus der Kupfersulfatlösung elektrolytisch abgeschieden werden. Die meisten Kupfererze werden jedoch durch chemische Reduktion auf Rohkupfer verarbeitet. Aus diesem Rohkupfer gießt man etwa 2 bis 4 cm dicke Anodenplatten für die elektrolytische Raffination. Bei dieser wird ein Kupfersulfatbad benutzt, in dem die Rohkupferanoden mit Kathoden abwechseln, die aus dünnen, mit Graphit überzogenen Blechen aus reinem Kupfer bestehen. Von dem Graphitbelag läßt sich das abgeschiedene Feinkupfer abstreifen. Fließt Strom durch die Zelle, so geht Rohkupfer aus den Anoden in Lösung, und reines Kupfer scheidet sich an den Kathoden ab. Metalle wie Gold, Silber und Platin, die in der elektrochemischen Spannungsreihe unter dem Kupfer stehen, bleiben ungelöst und sinken als „Anodenschlamm" zu Boden; unedlere Metalle wie Eisen verbleiben in Lösung. Der Anodenschlamm wird auf Edelmetalle aufgearbeitet.

15.10. Die Reduktion von Erzen. Metallurgie

Metalle werden aus Erzen gewonnen. Ein Erz ist ein Mineral oder ein natürlich vorkommendes Material, aus dem sich wirtschaftlich ein oder mehrere Metalle gewinnen lassen.
Bei Metallen benutzt man den Ausdruck *Gewinnung* speziell für die Aufarbeitung eines Erzes zum Metall. Unter *Raffination* versteht man die Reinigung des aus dem Erz gewonnenen Rohmetalls. Die *Metallurgie* ist die Wissenschaft und Kunst der Metallgewinnung und Raffination und der Anpassung der Metalle an ihren Verwendungszweck.
Zur Gewinnung von Metallen sind viele sehr verschiedene Verfahren im Gebrauch. Am einfachsten sind die Verfahren bei Metallen, die in der Natur in elementarer Form vorkommen. In manchen Lagerstätten können Körnchen („Nuggets") von Gold oder Platin mit der Hand ausgelesen werden. Aus alluvialen Seifen, in denen die Körnchen mit leichterem Material wie Sand und Kies untermischt sind, werden sie in einem Schwemmverfahren abgetrennt.
Eine goldhaltige Quarzader kann ausgebeutet werden, indem man den Quarz in einer Mühle pulvert und anschließend mit Quecksilber auszieht. Das Gold löst sich im Quecksilber. Quarz und Quecksilber lassen sich wegen des großen Unterschieds in der Dichte leicht voneinander trennen. Anschließend destilliert man aus dem Amalgam das Quecksilber ab und erhält das Gold als Rückstand.
Bei chemischen Verfahren zur Metallgewinnung handelt es sich gewöhnlich um die Reduktion einer Metallverbindung, meistens eines Oxids und Sulfids, zum freien Metall. Das wichtigste Reduktionsmittel hierfür ist Kohlenstoff, gewöhnlich in Form von Koks. Als Beispiel sei die Reduktion von Eisenoxid mit Koks im Hochofen genannt (siehe Kapitel 20). In einzelnen Fällen verwendet man andere Reduktionsmittel. So wird zur Gewinnung von Antimon aus Grauspießglanz, Sb_2S_3, das Mineral mit Eisen erhitzt:

$$Sb_2S_3 + 3\,Fe \rightarrow 3\,FeS + 2\,Sb$$

Ob eine bestimmte Reaktion zur Gewinnung eines Metalls herangezogen werden kann oder nicht, hängt von der freien Enthalpie der Ausgangsstoffe und Reaktionsprodukte ab. In manchen Fällen, vor allem bei Reaktionen, die den Ausgangsstoffen ähnliche Produkte liefern, ändert sich die freie Enthalpie um nahezu den gleichen Betrag wie die Enthalpie. Eine solche Reaktion ist zum Beispiel die eben genannte Umsetzung von Grauspießglanz mit Eisen. Ob eine Reaktion dieser Art exotherm oder endotherm ist, läßt sich an Hand der Elektronegativitätswerte einigermaßen zuverlässig voraussagen. Bei der Reaktion von Grauspießglanz mit Eisen müssen sechs Sb—S-Bindungen gelöst und sechs Fe—S-Bindungen geknüpft werden. Die Elektronegativität beträgt 1,9 Einheiten für Sb, 2,5 für S und 1,8 für Fe. Die Bindungsenergie einer jeden Metall-Schwefel-Bindung beläuft sich auf $100(x_A - x_B)^2$ kJ mol^{-1}, also auf $100(2,5-1,9)^2 = 36$ kJ mol^{-1} für die Sb—S-Bindung und $100(2,5-1,8)^2 = 49$ kJ mol^{-1} für die Fe—S-Bindung. Hieraus ist zu schließen, daß die angeschriebene Reaktion exotherm und wahrscheinlich auch exergon (d.h. begleitet von Verringerung der freien Enthalpie) ablaufen wird.

Eine solche Betrachtung führt darauf hinaus, daß alle Elemente, die stärker elektropositiv sind als Antimon, zu dessen Gewinnung aus Grauspießglanz herangezogen werden könnten. Wie ein Blick auf Tafel 15.1 lehrt, trifft dies für viele Metalle zu. Für technische Zwecke wählt man Eisen, weil es das billigste Metall ist.

Kohlenstoff ist für Metalloxide ein kräftigeres Reduktionsmittel, als es seine Elektronegativität von 2,5 Einheiten vermuten ließe, und zwar zum einen wegen der ungewöhnlichen Stabilität (niedrigen Enthalpie) des entstehenden CO, die auf die hohe Festigkeit von Mehrfachbindungen zwischen den Elementen der ersten Reihe des Periodensystems zurückgeht, zum anderen wegen der erheblichen Entropie des gasförmigen Produkts. Kohlenstoff ist damit in der Lage, Oxide auch von Metallen geringerer Elektronegativität, bis herab zu 1,6 Einheiten, zu reduzieren.

Die Metallurgie des Kupfers. Kupfer kommt in der Natur gediegen (d.h. in elementarer Form) vor. Zu den wichtigsten Kupfererzen zählen *Rotkupfererz*, Cu_2O, *Kupferglanz*, Cu_2S, *Kupferkies*, $CuFeS_2$, *Malachit*, $Cu_2CO_3(OH)_2$ und *Azurit* (Kupferlasur), $Cu_3(CO_3)_2(OH)_2$. Polierter Malachit, ein schönes, leuchtend grünes Mineral, wird gelegentlich zu Schmuckstücken verarbeitet.

Ein Erz, das gediegenes Kupfer führt, wird gemahlen und zur Entfernung der Gangart gewaschen. (Mit Gangart bezeichnet man Gestein und Erde, die das Mineral begleiten.) Anschließend wird das Kupfer geschmolzen und in Barren gegossen. Oxidische und carbonatische Erze können mit Schwefelsäure ausgezogen werden. Dabei entsteht eine Kupfersulfatlösung, aus der das Metall elektrolytisch abgeschieden wird. Reiche oxidische und carbonatische Erze lassen sich durch Erhitzen mit Koks und einem geeigneten Flußmittel reduzieren. Das Flußmittel, zum Beispiel Kalkstein, hat die Aufgabe, sich mit den Silicatmineralen der Gangart zu einer Schlacke zu verbinden, die bei der Temperatur des Ofens flüssig ist und leicht von den Metallen abgetrennt werden kann.

Zur Aufarbeitung sulfidischer Erze bedient man sich eines komplizierten Verfahrens. Arme Erze werden zunächst angereichert, zum Beispiel durch *Flotation*. Hierbei wird das Erz fein gemahlen und mit einer Mischung von Wasser und einem geeigneten Öl behandelt. Das Öl benetzt die sulfidischen Minerale, das Wasser dagegen die Gangart. Nun wird Luft durchgeblasen. Dabei entsteht ein Schaum, der das Öl und die sulfidischen Minerale enthält, während die silicatischen Minerale zu Boden sinken. Durch Abschöpfen des Schaums läßt sich eine Anreicherung erzielen.

Ein auf diese Weise angereichertes oder ein von vornherein reiches sulfidisches Erz wird im Ofen im Luftstrom geröstet, wobei Schwefel als Schwefeldioxid entweicht. Eine Mischung von Cu_2S, FeS, FeO, SiO_2 und anderen Substanzen bleibt dabei zurück. Dieses geröstete Erz wird nun mit Kalkstein als Flußmittel im Ofen erhitzt. Eisenoxid und Siliciumdioxid verbinden sich mit dem Kalkstein zu einer Schlacke, während sich eine Verbindung von Kupfer(I)-sulfid und Eisensulfid, der *Kupferstein*, bildet und unter der Schlacke in geschmolzenem Zustand abgezogen werden kann. Der Kupferstein wird anschließend mit Quarzzuschlägen in einem Konverter geschmolzen. Preßluft, die durch die Schmelze geblasen wird, führt das Eisensulfid und einen Teil des Kupfer(I)-sulfids in die entsprechenden Oxide über. Das Eisenoxid verbindet sich mit den Zuschlägen zu einer Schlacke. Kupfer(I)-sulfid und Kupfer(I)-oxid reagieren miteinander zu Kupfer und Schwefeldioxid:

$$Cu_2S + FeS + SiO_2 + 3\,O_2 \rightarrow Cu_2O + FeSiO_3 + 2\,SO_2$$
$$Cu_2S + 2\,Cu_2O \rightarrow 6\,Cu + SO_2$$

Daneben entsteht beim Durchblasen der Luft auch etwas Kupferoxid. Man reduziert es durch Umrühren der Metallschmelze mit Stangen aus frischem, feuchtem Holz. So gewonnenes *Blasenkupfer* ist an seinem charakteristischen Aussehen leicht zu erkennen. Es enthält noch etwa 1% Eisen, Gold, Silber und andere Verunreinigungen. Im allgemeinen wird es elektrolytisch raffiniert (vgl. Abschnitt 15.9).

Die Metallurgie von Silber und Gold. Silber kommt gediegen vor, außerdem als *Silberglanz* (Argentit), Ag_2S, und als *Hornsilber* (Kerargyrit), $AgCl$. Zur Ausbeutung dieser Erze hat die *Cyanidlaugerei* weite Verbreitung gefunden. Hierbei wird das gestoßene Erz etwa zwei Wochen mit einer Lösung von Natriumcyanid, $NaCN$, behandelt. Zur Oxidation des elementaren Silbers muß für reichlichen Zutritt von Luft gesorgt werden. Bei den Reaktionen entsteht das lösliche Komplex-Ion $Ag(CN)_2^-$ in folgender Weise

$$4\,Ag + 8\,CN^- + O_2 + 2\,H_2O \rightarrow 4\,Ag(CN)_2^- + 4\,OH^-$$
$$AgCl + 2\,CN^- \rightarrow Ag(CN)_2^- + Cl^-$$
$$Ag_2S + 4\,CN^- \rightarrow 2\,Ag(CN)_2^- + S^{2-}$$

Aus der Cyanidlösung wird das Silber durch Reduktion mit metallischem Zink gefällt:

$$Zn + 2\,Ag(CN)_2^- \rightarrow 2\,Ag + Zn(CN)_4^{2-}$$

Erze, die gediegenes Silber führen, werden nach dem *Amalgamationsverfahren* ausgebeutet. Das Silber wird aus dem Erz mit Quecksilber herausgelöst. Anschließend wird das flüssige Amalgam von der Gangart getrennt und destilliert. Das Quecksilber geht über und sammelt sich in der Vorlage, während das Silber zurückbleibt.

Silber fällt als Nebenprodukt bei der Raffination von Kupfer und Blei an. Der Anodenschlamm, der sich bei der elektrolytischen Raffination von Kupfer bildet, kann mit einfachen chemischen Mitteln auf Silber und Gold verarbeitet werden. Die geringe Beimengung von Silber in Blei wird in einem sinnreichen Verfahren, dem sogenannten *Parkes-Verfahren,* abgetrennt. Hierbei wird eine kleine Menge Zink (ungefähr 1%) in das geschmolzene Blei eingerührt. Flüssiges Zink ist in flüssigem Blei nicht löslich. Die Löslichkeit von Silber in geschmolzenem Zink ist etwa 3000mal so groß wie die in geschmolzenem Blei. Folglich löst sich der größte Teil des Silbers im Zink. Die Zink-Silber-Phase steigt nach oben, erstarrt beim Abkühlen zu einer Kruste und wird abgehoben. Das Zink kann vom Silber abdestilliert werden. Auch zur Abtrennung von Gold aus Blei wird dieses Verfahren verwendet.

Zur Gewinnung von Gold aus seinen Erzen, zum Beispiel aus goldhaltigem Quarz, pulvert man das Erz und wäscht es auf Kupferplatten, die mit einer Amalgamschicht überzogen sind. Das Gold löst sich im Amalgam. Darauf wird das Amalgam abgekratzt und durch Destillation getrennt. Das gewaschene Erz kann anschließend noch mit Cyanidlösung behandelt werden. Aus der Cyanidlösung scheidet man das Gold elektrolytisch ab oder fällt es mit Zink aus:

$$4\,Au + 8\,CN^- + O_2 + 2\,H_2O \rightarrow 4\,Au(CN)_2^- + 4\,OH^-$$
$$2\,Au(CN)_2^- + Zn \rightarrow 2\,Au + Zn(CN)_4^{2-}$$

Die Metallurgie von Zink, Cadmium und Quecksilber. Das wichtigste Zinkerz ist die *Zinkblende*, ZnS. Ferner kommt Zink vor als *Rotzinkerz*, ZnO; *Galmei*, $ZnCO_3$; *Willemit*, Zn_2SiO_4; *Kieselgalmei*, $Zn_2SiO_3(OH)_2$, und als *Franklinit*, Fe_2ZnO_4.

Viele Zinkerze werden vor der Verarbeitung durch Flotation aufbereitet. Sulfidische und carbonatische Erze überführt man durch Rösten ins Oxid:

$$2\,ZnS + 3\,O_2 \rightarrow 2\,ZnO + 2\,SO_2$$
$$ZnCO_3 \rightarrow ZnO + CO_2$$

Das Zinkoxid wird im Gemisch mit Koks in feuerfesten Tonretorten so hoch erhitzt, daß das Zink abdestilliert:

$$ZnO + C \rightarrow Zn(g) + CO(g)$$

Der Zinkdampf kondensiert in tönernen Vorlagen, und zwar zunächst als Zinkstaub, der noch etwas Zinkoxid enthält. Wenn die Vorlage sich erhitzt hat, kondensiert der Dampf zu einer Flüssigkeit, die direkt am Ofen zu Barren gegossen wird. Das Rohzink dieser Barren enthält noch geringe Mengen von Cadmium, Eisen, Blei und Arsen. Es läßt sich durch erneute, sorgfältige Destillation reinigen.

Zinkoxid kann auch elektrolytisch reduziert werden. Es löst sich in Schwefelsäure. Als Kathoden für die Elektrolyse werden Aluminiumbleche verwendet. Das Zink scheidet sich in einer Reinheit von etwa 99,95% ab. Es wird von den Kathoden abgestreift und in Barren gegossen. Für manche Zwecke, zum Beispiel für die Herstellung von Messing, ist eine so hohe Reinheit erforderlich. Die Schwefelsäure, die zur Auflösung des Zinkoxids dient, wird zurückgewonnen (vgl. die Reaktionsgleichungen) und dem Verfahren wieder zugeführt.

Auflösung des Zinkoxids	$ZnO + 2\,H^+ \rightarrow Zn^{2+} + H_2O$
Kathodenreaktion	$Zn^{2+} + 2\,e^- \rightarrow Zn$
Anodenreaktion	$H_2O \rightarrow {}^1/_2\,O_2 + 2\,H^+ + 2\,e^-$
Gesamtreaktion	$ZnO \rightarrow Zn + {}^1/_2\,O_2$

Cadmium, das zu etwa 1% in vielen Zinkerzen vorkommt, fällt hauptsächlich bei deren Aufarbeitung sowie bei der Raffination von Zink an. Das Sulfiderz des Cadmiums, CdS, heißt *Greenockit*. Cadmium ist flüchtiger als Zink und reichert sich deshalb bei der Reduktion von cadmiumhaltigen Zinkoxid in den ersten Fraktionen des überdestillierten Zinkstaubs an.

Quecksilber kommt in der Natur gediegen vor, und zwar als reines Quecksilber in kleinen Tröpfchen und als kristallines Silberamalgam. Sein wichtigstes Erz ist das rote Mineral *Zinnober*, HgS. Zur Gewinnung von Quecksilber wird Zinnober einfach in einer Retorte im Luftstrom erhitzt. Dabei entsteht Quecksilberdampf, der sich in einer Vorlage kondensiert:

$$HgS + O_2 \rightarrow Hg(g) + SO_2(g)$$

Die Metallurgie von Zinn und Blei. Das wichtigste Zinnerz ist der *Zinnstein* (Kassiterit), SnO_2. Die größten Lagerstätten befinden sich in Bolivien, auf der malayischen Halbinsel, in Indonesien und in Thailand. Das rohe Erz wird zerkleinert und gewaschen. Dabei trennt sich die leichtere Gangart vom schwereren Zinnstein. Anschließend wird das Erz geröstet, um die Sulfide von Eisen und Kupfer in Sulfate überzuführen, die mit Wasser ausgelaugt werden können. Schließlich reduziert man das gereinigte Erz mit Kohle im Flammofen. Das so gewonnene Rohzinn wird bei mäßiger Temperatur erneut geschmolzen. Dabei fließt reines Zinn von den höher schmelzenden Verunreinigungen, insbesondere Verbindungen von Eisen und Arsen, ab. Gelegentlich wird Zinn auch elektrolytisch raffiniert.

Das wichtigste Bleierz ist der *Bleiglanz*, PbS. Bleiglanz tritt oft in Form wundervoller kubischer Kristalle auf. Die größten Lagerstätten liegen in den Vereinigten Staaten, Spanien und Mexiko. Das Erz wird zunächst geröstet, bis es sich zum Teil zu Bleioxid, PbO, und Bleisulfat, $PbSO_4$, umgesetzt hat. Nun wird die Luftzufuhr abgestellt und die Temperatur des Ofens gesteigert. Dabei entsteht metallisches Blei durch die Reaktionen

$$PbS + 2\,PbO \rightarrow 3\,Pb + SO_2$$
$$PbS + PbSO_4 \rightarrow 2\,Pb + 2\,SO_2$$

In geringerem Umfang stellt man Blei auch durch Erhitzen von Bleiglanz mit Eisenschrott dar:

$$PbS + Fe \rightarrow Pb + FeS$$

Ein häufiger Begleiter des Bleis ist das Silber. Es wird nach dem vorhin beschriebenen Parkes-Verfahren entfernt. Für besondere Zwecke wird Blei elektrolytisch raffiniert.

Reduktion von Metalloxiden oder -halogeniden mittels stark elektropositiver Metalle. Einige Metalle, darunter Titan, Zirconium, Hafnium, Lanthan und die Lanthanone, lassen sich am besten durch Reaktion ihrer Oxide oder Halogenide mit einem stärker elektropositiven Metall gewinnen. Natrium, Kalium, Calcium und Aluminium werden häufig für solche Zwecke herangezogen. So kann man metallisches Titan durch Reduktion von Titantetrachlorid mit Calcium erhalten:

$$TiCl_4 + 2\,Ca \rightarrow Ti + 2\,CaCl_2$$

Titan, Zirconium und Hafnium werden durch Zersetzung ihrer Tetrajodide an einem heißen Draht gereinigt. Zunächst wird das Rohmetall mit Jod im Vakuum erhitzt, wobei sich das gasförmige Tetrajodid bildet:

$$Zr + 2\,I_2 \rightarrow ZrI_4$$

Das Gas wird dann über ein heißes Drahtgitter geleitet, an dem es sich zersetzt

$$ZrI_4 \rightarrow Zr + 2I_2$$

wobei das Metall in reiner Form am Draht „aufwächst".

Die Gewinnung eines Metalls durch Reduktion seines Oxids mit Aluminium ist als *aluminothermisches Verfahren* (Goldschmidt-Verfahren) bekannt. Zum Beispiel kann man metallisches Chrom durch Zünden einer Mischung von gepulvertem Chrom(III)-oxid mit Aluminiumpulver erhalten:

$$Cr_2O_3 + 2\,Al \rightarrow Al_2O_3 + 2\,Cr$$

Bei der Reaktion wird so viel Wärme freigesetzt, daß das Chrom in geschmolzenem Zustand anfällt. Das aluminothermische Verfahren ist eine bequeme Methode zur Erzeugung kleiner Mengen geschmolzenen Metalls, etwa von Eisen beim Schweißen.

Übungsaufgaben

15.1. Einem Bleiakkumulator wird eine Stunde lang ein Strom von 10 A entnommen. Wieviel $PbSO_4$ bildet sich dabei a) aus Pb an den negativen Platten und b) aus PbO_2 an den positiven Platten?

15.2. Schreiben Sie den Elementen in den folgenden Verbindungen Oxidationszahlen zu:
Natriumperoxid, Na_2O_2 Natriumoxid, Na_2O
Permanganat-Ion, MnO_4^- Peroxysulfat-Ion, SO_5^{2-}
Kupfer(I)-oxid, Cu_2O Kupferoxid, CuO
Eisen(II)-oxid, FeO Eisen(III)-oxid, Fe_2O_3
Magneteisenstein, Fe_3O_4 Borax, $Na_2B_4O_7 \cdot 10\,H_2O$
Granat, $Ca_3Al_2Si_3O_{12}$ Topas, $Al_2SiO_4F_2$
Natriumhydrid, NaH Ammoniak, NH_3
Salpetersäure, HNO_3 Bleisulfid, PbS
Bleisulfat, $PbSO_4$ Phosphor, P_4
Kaliumchromat, K_2CrO_4 Salpetrige Säure, HNO_2
Siliciumdioxid, SiO_2 Ammoniumnitrit, NH_4NO_2
Ammoniumchlorid, NH_4Cl

15.3. Die folgenden Umsatzgleichungen von Oxidations-Reduktions-Reaktionen sind zu vervollständigen und auszugleichen:
$Cl_2 + I^- \rightarrow I_2 + Cl^-$
$Sn + I_2 \rightarrow SnI_4$
$KClO_3 \rightarrow KClO_4 + KCl$
$MnO_2 + H^+ + Cl^- \rightarrow Mn^{2+} + Cl_2$
$ClO_4^- + Sn^{2+} \rightarrow Cl^- + Sn^{4+}$

15.4. Geben Sie die Elektrodenreaktionen an, die sich abspielen bei der elektrolytischen Darstellung von a) metallischem Magnesium aus geschmolzenem Magnesiumchlorid, b) Perchlorat-Ionen, ClO_4^-, aus Chlorat-Ionen, ClO_3^-, in wäßriger Lösung, c) Permanganat-Ionen, MnO_4^-, aus Manganat-Ionen, MnO_4^{2-}, in wäßriger Lösung, d) Fluor aus Fluorid-Ionen in einem geschmolzenen Salz. Geben Sie bei jeder Reaktion an, ob sie an der Anode oder der Kathode erfolgt.

15.5. Wieviel Gramm einer 3%igen Wasserstoffperoxidlösung sind zur Oxidation von 2,00 g Bleisulfid, PbS, zu Bleisulfat, $PbSO_4$, erforderlich?

15.6. Würden Sie erwarten, daß Zink Cadmium-Ionen reduziert, daß Eisen Quecksilber(II)-Ionen reduziert, daß Zink Blei-Ionen reduziert, daß Kalium Magnesium-Ionen reduziert? (Benutzen Sie die elektrochemische Spannungsreihe.)

15.7. Welche Metall-Ionen kann Gold reduzieren?

15.8. Was geschieht, wenn ein großes Stück Blei in eine Lösung getaucht wird, die Zinn(II)-Ionen enthält? (Sehen Sie sich dazu die Potentialwerte in Tafel 15.1 an.)

15.9. Was geschieht, wenn Chlorgas in eine Lösung eingeleitet wird, die Fluorid-Ionen und Bromid-Ionen enthält? Was geschicht, wenn Fluor in eine Lösung eingeleitet wird, die Bromid-Ionen und Jodid-Ionen enthält?

15.10. Die Normalenthalpie der Bildung von $MgCl_2$(f) beträgt -642 kJ mol^{-1} (vgl. Tafel 18.4). Die nach dem dritten Hauptsatz berechneten Entropien von Mg(f), Cl_2(g) und $MgCl_2$(f) bei 25 °C belaufen sich auf 32,5, 33,9 bzw. 89,5 J grad^{-1} mol^{-1}. Die Löslichkeit von $MgCl_2$ in Wasser liegt bei 0,6 mol l^{-1}. Berechnen Sie die EMK einer elektrochemischen Zelle mit metallischem Magnesium als der einen Elektrode, einer gesättigten wäßrigen Lösung von Magnesiumchlorid als Elektrolyten und einem von Chlorgas unter 1 atm Druck umspülten Platinblech als der anderen Elektrode.

15.11. Beantworten Sie die nachstehenden Fragen für die folgende elektrochemische Zelle:
$$Hg(fl),\ Hg_2Cl(f)\ |\ Cl_2^-(1\,F)\ |\ Cl_2(g,\ 1\,atm)$$
Die wäßrige Phase (1 F KCl gelöst in Wasser) ist in der Nachbarschaft der Mischung von Kalomelkristallen und flüssigem Quecksilber mit Hg_2Cl_2 gesättigt. An beiden Enden der Zelle befinden sich Platinelektroden.
a) Wie lautet die Gleichung für den Umsatz, der beim Durchgang von einem Faraday durch die Zelle stattfindet?
b) Die Zelle liefert bei 25 °C eine EMK von $-1,091$ V. Wie groß ist die Änderung der freien Enthalpie im Normalzustand bei der Reaktion bei dieser Temperatur?

15.12. Erklären Sie, auf welche Weise Messungen mit der in der vorigen Aufgabe beschriebenen Zelle dazu benutzt werden können, die Normalenthalpie und die Entropie der Bildung von Hg_2Cl_2(f) bei 25 °C zu ermitteln.

Kapitel 16

Die Geschwindigkeit chemischer Reaktionen

16.1. Was bestimmt die Geschwindigkeit einer chemischen Reaktion?

Zwei Fragen gilt es in erster Linie zu beantworten, wenn es sich darum handelt, festzustellen, ob eine ins Auge gefaßte neue Reaktion – etwa die Synthese einer benötigten Substanz – sich als chemisches Verfahren verwirklichen läßt. „Liegen die Stabilitäten der Ausgangsstoffe und der Reaktionsprodukte so, daß die Reaktion überhaupt ablaufen kann?" Auf diese erste Frage gibt die Thermodynamik Antwort, mit der wir uns in Kapitel 10 und 11 befaßt haben. Ebenso wichtig ist die zweite Frage, die uns in diesem Kapitel beschäftigt: „Unter welchen Bedingungen wird die Reaktion mit einer Geschwindigkeit ablaufen, die für praktische Zwecke groß genug ist?"

Jede chemische Reaktion braucht für ihren Ablauf eine gewisse Zeit. Manche Reaktionen sind äußerst schnell, andere wieder sehr langsam. Reaktionen zwischen Ionen in Lösung ohne Änderung der Oxidationsstufe verlaufen fast ausnahmslos in außerordentlich kurzer Zeit. Die Neutralisation einer Säure mit einer Base zum Beispiel geht so schnell vor sich, wie die Lösungen vermischt werden können. Wasserstoff-Ionen und Hydroxid-Ionen reagieren bei nahezu jedem Zusammenstoß miteinander, und da die Häufigkeit der Zusammenstöße sehr groß ist, verläuft die Reaktion unverzüglich. Die Bildung eines Niederschlags, zum Beispiel von Silberchlorid beim Mischen von Lösungen, die Silber-Ionen bzw. Chlorid-Ionen enthalten, mag einige Sekunden erfordern, bis die Ionen sich vollständig zu den Kriställchen des Niederschlags zusammengelagert haben:

$$Ag^+(aq) + Cl^-(aq) \rightarrow AgCl(f)$$

Demgegenüber gehören einige Oxidations-Reduktions-Vorgänge zu den langsamen Reaktionen. Die Oxidation von Zinn(II)-Ionen durch Eisen(III)-Ionen zum Beispiel

$$2 Fe^{3} + Sn^{2+} \rightarrow 2 Fe^{2+} + Sn^{4+}$$

tritt nicht bei jedem Zusammenstoß zwischen einem Zinn(II)-Ion und Eisen(III)-Ionen ein. Die Ionen müssen so zusammenstoßen, daß Elektronen von Ion zu Ion überspringen können. Zusammenstöße dieser Art können selten sein.

Ein Beispiel für eine bei Zimmertemperatur äußerst langsame Reaktion ist die zwischen Wasserstoff und Sauerstoff:

$$2 H_2 + O_2 \rightarrow 2 H_2O$$

Eine Mischung von Wasserstoff und Sauerstoff kann jahrelang aufbewahrt werden, ohne daß sich ihre Zusammensetzung merklich ändert.

Die Geschwindigkeit einer Reaktion wird von den verschiedensten Faktoren bestimmt.

Sie hängt nicht nur von der Zusammensetzung der reagierenden Substanzen ab, sondern auch von deren physikalischem Zustand, von der Innigkeit der Vermischung, von Temperatur und Druck, von den Konzentrationen der Reaktionsteilnehmer, von besonderen physikalischen Bedingungen wie Bestrahlung mit sichtbarem oder ultraviolettem Licht, Röntgenstrahlen, Neutronen oder anderen Wellen bzw. Teilchen sowie von der Gegenwart anderer Substanzen, die die Reaktion beeinflussen, ohne selbst durch sie verändert zu werden.

Homogene und heterogene Reaktionen. Eine Reaktion, die in einem homogenen System (d.h. einem System, das nur aus einer Phase besteht) abläuft, wird als *homogene Reaktion* bezeichnet. Die wichtigsten homogenen Reaktionen sind die Reaktionen in Gasen (zum Beispiel die Bildung von Stickstoffoxid im elektrischen Lichtbogen $N_2 + O_2 \rightleftharpoons 2NO$) und die Reaktionen in flüssigen Lösungen. Welchen Einfluß Temperatur, Druck und die Konzentrationen der Reaktionsteilnehmer auf die Geschwindigkeit solcher Reaktionen ausüben, besprechen wir später in diesem Kapitel.

Eine *heterogene Reaktion* ist eine Reaktion, an der mehrere Phasen beteiligt sind. Als Beispiel sei die Oxidation von Kohlenstoff durch Kaliumperchlorat genannt:

$$KClO_4(f) + 2C(f) \rightarrow KCl(f) + 2CO_2(g)$$

Diese und ähnliche Reaktionen laufen beim Abbrennen von Perchlorat-Treibsätzen ab. (Die Treibsätze, die als Starthilfe für Flugzeuge und als Antrieb für Raketen dienen, bestehen aus einer innigen Mischung von sehr feinem Ruß und Kaliumperchlorat, die in einem Kunststoff eingebettet ist.) Ein anderes Beispiel ist die Auflösung von Zink in einer Säure:

$$Zn(f) + 2H^+(aq) \rightarrow Zn^{2+}(aq) + H_2(g)$$

Hier sind drei Phasen an der Reaktion beteiligt: die feste Phase Zink, die Lösung und die vom Wasserstoff gebildete Gasphase.

Die Geschwindigkeit heterogener Reaktionen. Eine heterogene Reaktion spielt sich an der *Grenzfläche* zwischen den beteiligten Phasen ab. Man kann sie beschleunigen, indem man die Grenzfläche vergrößert. So reagiert feiner Zinkstaub schneller als grobe Zinkkörner, und die Brenngeschwindigkeit der Treibsätze läßt sich steigern, indem man das kristalline Kaliumperchlorat feiner zermahlt.

Es kommt vor, daß die Reaktion sich verlangsamt, weil die Nachbarschaft der Grenzfläche an einem der Ausgangsstoffe verarmt. In diesem Fall beschleunigt *Durchmischung* (z.B. Rühren) die Reaktion, weil dadurch neuer Nachschub von Molekeln des Ausgangsstoffs in die Reaktionszone gelangt.

Katalysatoren können heterogene Reaktionen ebenso wie homogene beschleunigen. Zum Beispiel steigert der Zusatz einer geringen Menge von Kupfer(II)-Ionen die Geschwindigkeit, mit der Zink sich in Säure auflöst, und Mangandioxid fördert die Entwicklung von Sauerstoff aus Kaliumchlorat.

Die *Temperatur* beeinflußt die Geschwindigkeit nahezu aller chemischen Reaktionen in hohem Maße. In fast allen Fällen wächst die Reaktionsgeschwindigkeit mit steigender Temperatur.

In gewissen Fällen läßt sich die Reaktionsgeschwindigkeit mit besonderen Kunstgriffen steigern. Reduktionsreaktionen mit Zinkkörnern laufen schneller ab, wenn die Körner vorher oberflächlich mit etwas Quecksilber amalgamiert worden sind.

Die Auflösung von Zink in Säure wird behindert durch Wasserstoffbläschen, die an der Zinkoberfläche haften und die Säure nicht herantreten lassen. Dies läßt sich dadurch umgehen, daß man ein Blech aus einem Metall wie Kupfer oder Platin, das nicht angegriffen wird, in die Säure hängt und mit dem Zink elektrisch leitend verbindet. Die Reaktion wird damit in zwei getrennte Elektronenreaktionen zerlegt: der Wasserstoff entwickelt sich an der Oberfläche des Kupferblechs bzw. Platinblechs, während an der Oberfläche des Zinks nur Zink-Ionen in Lösung gehen:

$$2\,H^+ + 2\,e^- \rightarrow H_2(g) \qquad \text{an der Kupferoberfläche}$$
$$Zn \rightarrow Zn^{2+} + 2\,e^- \qquad \text{an der Zinkoberfläche}$$

Die Elektronen fließen vom Zinkblech durch die leitende Verbindung in das Kupferblech, während die Elektroneutralität in den verschiedenen Bereichen der Lösung durch Ionenwanderung aufrechterhalten wird.

Homogene Reaktionen. In der Praxis laufen chemische Reaktionen in den meisten Fällen unter Bedingungen ab, die so verwickelt sind, daß es Schwierigkeiten bereitet, den Einfluß einzelner Größen herauszuschälen und zu den Gesetzmäßigkeiten vorzudringen, die die Geschwindigkeit der Reaktion beherrschen. Mit Fortschreiten der Reaktion vermindert sich die Menge der Ausgangsstoffe, und neue Substanzen, die Reaktionsprodukte, entstehen. Die Temperatur des Systems ändert sich, weil die Reaktion Wärme liefert oder verbraucht. Noch andere Vorgänge können den Ablauf einer Reaktion in unübersichtlicher Weise beeinflussen. Wenn zum Beispiel ein Tropfen einer Kaliumpermanganatlösung in eine schwefelsaure Lösung von Wasserstoffperoxid fällt, setzt eine merkliche Reaktion im allgemeinen erst nach einigen Minuten ein. Dann aber erhöht sich die Reaktionsgeschwindigkeit und kann schließlich so groß werden, daß weitere Permanganatlösung beim Zufließen augenblicklich entfärbt wird. Hier beschleunigt die starke katalytische Wirkung der Reduktionsprodukte des Permanganat-Ions die Reaktion: zu Anfang, solange sich praktisch noch keine Reaktionsprodukte gebildet haben, läuft die Reaktion langsam, steigert dann aber schnell ihre Geschwindigkeit, je mehr die Konzentration der Reaktionsprodukte anwächst.

Die *Explosion* einer Gasmischung, etwa von Knallgas (Wasserstoff und Sauerstoff) und die *Detonation* eines Sprengstoffs wie Glycerintrinitrat (Nitroglycerin) sind interessante chemische Reaktionen. Die Erfassung der Reaktionsgeschwindigkeit stößt jedoch wegen der großen Veränderungen von Druck und Temperatur, die die Reaktion begleiten, auf besondere Schwierigkeiten.

Wie schnell eine chemische Reaktion ablaufen kann, zeigt die Fortpflanzungsgeschwindigkeit einer Detonationsfront in Glycerintrinitrat oder ähnlichen Sprengstoffen. Sie beträgt ungefähr 6000 m pro Sekunde. Ein paar Gramm eines solchen Sprengstoffs können sich also in weniger als einer Millionstel Sekunde vollständig zersetzen. Eine andere sehr schnelle Reaktion ist die Spaltung der Kerne schwerer Atome. Bei der Detonation einer Atombombe spalten sich die Kerne mehrerer Kilogramm ^{235}U oder ^{239}Pu innerhalb weniger Millionstel Sekunden (siehe Kapitel 26).

Um ein besseres Verständnis für den Einfluß der verschiedenen Faktoren auf die Geschwindigkeit von Reaktionen zu gewinnen, bemüht man sich bei wissenschaftlichen Untersuchungen im allgemeinen darum, die Reaktionsbedingungen möglichst einfach zu halten. Homogene Reaktionen (in der Gasphase oder in flüssigen Lösungen), die bei konstanter Temperatur ablaufen, können wir heute weitgehend durchschauen. Bei Versuchen dieser Art läßt man die Reaktion in einem *Thermostaten* ablaufen, der das System auf konstanter Temperatur hält.

16.2. Geschwindigkeit einer Reaktion erster Ordnung bei konstanter Temperatur

Betrachten wir eine Substanz A, deren Molekeln die Eigenschaft haben, von selbst in kleinere Molekeln B, C, ... zu zerfallen:

$$A \rightarrow B + C + \ldots$$

und zwar mit einer Geschwindigkeit, die von anderen etwa anwesenden Molekeln nicht beeinflußt wird. Von einer solchen, sogenannten *unimolekularen Reaktion* dürfen wir erwarten, daß die *Anzahl Molekeln, die in der Zeiteinheit zerfällt, zu jeder Zeit der Anzahl der gerade vorhandenen Molekeln A proportional ist*. Halten wir das Volumen des Systems konstant, so sinkt die Konzentration von A, die wir als [A] bezeichnen wollen (in mol l^{-1}), im gleichen Verhältnis wie die Anzahl der Molekeln. Der Ausdruck für die Geschwindigkeit der zeitlichen Konzentrationsabnahme von A ist $-d[A]/dt$, und der unimolekulare Zerfall gehorcht demnach der Gleichung

$$-\frac{d[A]}{dt} = k[A] \tag{16.1}$$

Eine solche Gleichung wird als *differentielle Geschwindigkeitsgleichung* oder *differentielles Zeitgesetz* der Reaktion bezeichnet. Den Proportionalitätsfaktor k nennt man die *Reaktionsgeschwindigkeitskonstante erster Ordnung*, und eine Reaktion, die diesem Zeitgesetz folgt, heißt *Reaktion erster Ordnung*. Die Ordnung einer Reaktion ist gegeben durch die Summe aller Exponenten der Konzentrationen, die im Zeitgesetz (auf der rechten Seite der Geschwindigkeitsgleichung) auftreten.

Die Reaktionsgeschwindigkeitskonstante erster Ordnung hat die Dimension einer reziproken Zeit. Ihr Wert möge zum Beispiel 0,001 s^{-1} betragen. Die Gleichung sagt dann, daß in jeder Sekunde ein Tausendstel der anwesenden Molekeln zerfällt. Nehmen wir an, daß anfangs (zur Zeit $t = 0$) 1 000 000 000 Molekeln pro Milliliter im Reaktionsgefäß anwesend waren. In der ersten Sekunde zerfallen davon 0,1% oder 1 000 000, so daß nach einer Sekunde ($t = 1$ s) noch 999 000 000 übrigbleiben. In der nächsten Sekunde zerfallen 999 000 Molekeln, es verbleiben 998 001 000[1]. Nach einer gewissen Zeit (rund 693 Sekunden) hat sich die Hälfte der Molekeln zersetzt. Es bleiben nun nur noch 500 000 000 Molekeln pro Milliliter, die nicht zerfallen sind. Von diesen zersetzen sich

---

1 Die Reaktion hält sich nicht genau an diese Zahlen. Gleichung 16.1 gibt die *durchschnittliche* Reaktionsgeschwindigkeit an, von der kleinere Abweichungen infolge statistischer Schwankungen zu erwarten sind.

500000 in der nächsten Sekunde, 499500 in der übernächsten, und so fort, bis sich nach weiteren 693 Sekunden die Anzahl der unzersetzten Molekeln pro Milliliter wieder auf die Hälfte, auf 250000000 verringert hat. Jeweils in 693 Sekunden zerfällt die Hälfte der Molekeln, die zu Beginn dieses Zeitraums anwesend waren.

Diese Beziehung zwischen der Konzentration des Ausgangsstoffs und der Zeit bringen die Kurven in Abbildung 16.1 zum Ausdruck. In gleichen Zeiträumen verringert sich die Höhe jeder Kurve stets um den gleichen Bruchteil, und der negative Anstieg der Kurven ist, wie Gleichung 16.1 verlangt, an jeder Stelle der Höhe der Kurve proportional.

Die algebraische Gleichung, die diesem Verhalten entspricht, lautet

$$[A] = [A]_0 \, e^{-kt} \tag{16.2}$$

wobei $[A]_0$ die Konzentration zur Zeit $t = 0$ angibt. Die Gleichung kann durch Integration von Gleichung 16.1 erhalten werden und ist dieser gleichwertig. Sie wird als *integrierte Form der Geschwindigkeitsgleichung* einer Reaktion erster Ordnung bezeichnet und sagt aus, daß die Konzentration $[A]$ des Ausgangsstoffs zu jeder Zeit t gleich der Konzentration $[A]_0$ zur Zeit $t = 0$ multipliziert mit dem Exponentialfaktor e^{-kt} ist. Wie eine solche Funktion aussieht, zeigt die Abbildung 16.1.

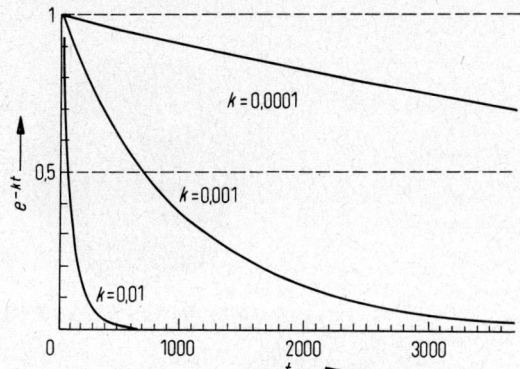

Abb. 16.1. Zeitliche Abnahme der Konzentration einer Substanz, die gemäß einer Reaktion erster Ordnung zerfällt. Die drei Kurven entsprechen den drei eingezeichneten Geschwindigkeitskonstanten.

Ob ein Vorgang als Reaktion erster Ordnung abläuft, können wir prüfen, indem wir die Zerfallgeschwindigkeit (Konzentrationsänderung in kurzer Zeit) bei verschiedenen Konzentrationen des Ausgangsstoffs messen und mit Gleichung 16.1 vergleichen, oder indem wir die Konzentration des Ausgangsstoffs über lange Zeit verfolgen und mit Gleichung 16.2 vergleichen.

Beispiele für Reaktionen erster Ordnung. Reaktionen erster Ordnung sind verhältnismäßig selten. Zu ihnen zählt eine sehr wichtige Reaktionsart, der *radioaktive Zerfall*. Die Kerne von Radium und allen anderen radioaktiven Elementen zerfallen unabhängig von anderen anwesenden Atomen; die Zerfallsreaktion gehorcht deshalb Gleichung 16.1. Die Zeit, in der eine in Reaktion erster Ordnung zerfallende Substanz zur Hälfte verschwindet, bezeichnet man als deren *Halbwertszeit*. Sie ist 693 (genauer $1000 \cdot \ln 2$) mal so groß wie die Zeit, in der 0,1% zerfällt. Die Halbwertszeit des Radiums beträgt 1622 Jahre. In einer Radiumprobe zerfällt also in $1622/693 = 2^1/_3$ Jahren 0,1% der Radiumkerne.

Eine typische Gasreaktion erster Ordnung ist die Zersetzung von Azomethan, $CH_3-N=N-CH_3$, zu Äthan und Stickstoff[1]:

$$CH_3NNCH_3 \rightarrow C_2H_6 + N_2$$

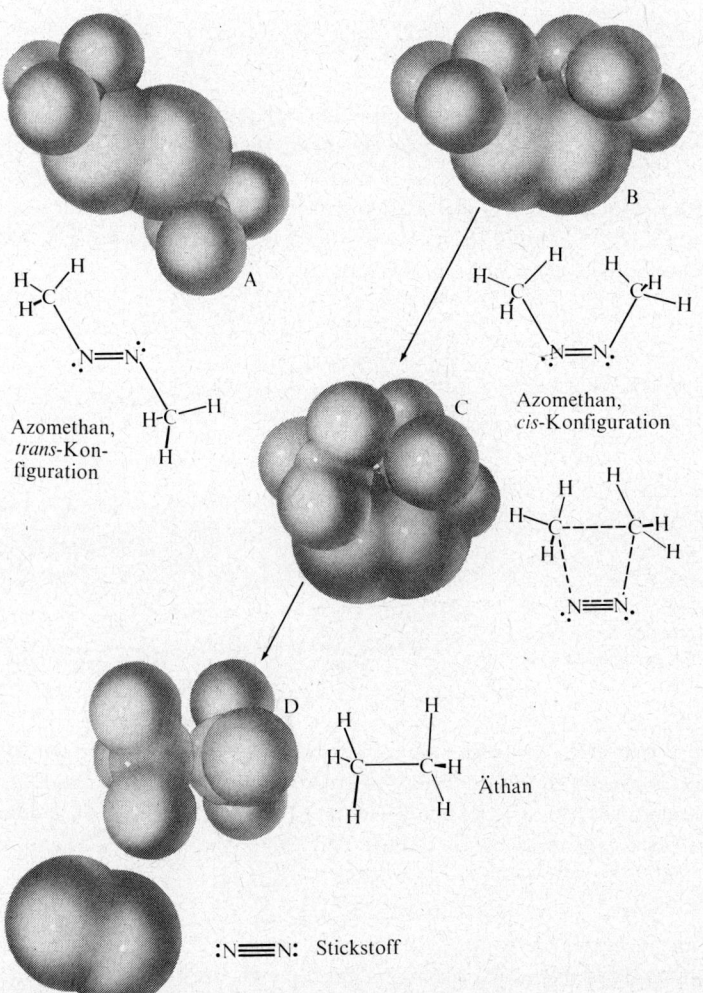

Abb. 16.2. Der monomolekulare Zerfall von Azomethan in Stickstoff und Äthan.

---

1 Daneben entstehen aus Azomethan auch andere Produkte.

Den molekularen Mechanismus dieser Reaktion erläutert die Abbildung 16.2. Die meisten Azomethanmolekeln tragen die Methylgruppen an einander abgekehrten Seiten der $N=N$-Achse; sie haben *trans*-Konfiguration (A). Ein paar Molekeln haben *cis*-Konfiguration, sie tragen die Methylgruppen auf derselben Seite der $N=N$-Achse (B). Die Modifikationen können ineinander übergehen. Wenn eine Molekel mit *cis*-Konfiguration sehr heftig mit einer anderen zusammenstößt, kann sie so stark in Schwingung geraten, daß die beiden Kohlenstoffatome sich nahekommen (C). In dieser Stellung neigen die beiden N—C-Bindungen dazu aufzubrechen, wobei statt ihrer eine C—C-Bindung und eine weitere N—N-Bindung entstehen. In der Abbildung ist diese Tendenz durch gestrichelte Linien angedeutet. Aus dieser Konfiguration (C) kann die Molekel entweder in die gewöhnliche *cis*-Konfiguration (B) zurückkehren oder ihre C—N-Bindungen aufbrechen und in zwei Molekeln zerfallen (D).

Zwei weitere Reaktionen erster Ordnung sind die Zersetzung von Distickstoffpentoxid, N_2O_5, zu Stickstoffdioxid und Sauerstoff und die Zersetzung von Dimethyläther, CH_3—O—CH_3, zu Methan, Kohlenstoffmonoxid und Wasserstoff:

$$2 N_2O_5 \rightarrow 4 NO_2 + O_2$$
$$CH_3OCH_3 \rightarrow CH_4 + CO + H_2$$

In der Reaktionsgleichung für den Zerfall von Distickstoffpentoxid treten zwei Molekeln N_2O_5 als Ausgangsstoffe auf. Trotzdem verläuft der Vorgang als Reaktion erster Ordnung, nicht zweiter Ordnung. *Die Ordnung einer Reaktion läßt sich aus der stöchiometrischen Gleichung für die Gesamtreaktion nicht ablesen.* Hier zum Beispiel verläuft die Reaktion in Stufen. Die erste Stufe ist eine Zerfallsreaktion erster Ordnung, wahrscheinlich:

$$N_2O_5 \rightarrow NO_3 + NO_2$$

Ihr folgen andere, schnellere Reaktionen wie

$$2 NO_3 \rightarrow 2 NO_2 + O_2$$

die die Reaktionsprodukte der ersten Stufe verbrauchen, sobald sie entstehen. Die Reaktion der ersten Stufe bestimmt als langsamste Reaktion die Geschwindigkeit der Gesamtreaktion. Darum ist die Gesamtreaktion, ebenso wie die der ersten Stufe, eine Reaktion erster Ordnung.

Der Ablauf von Gasreaktionen, in denen die Molzahl der Reaktionsprodukte größer oder kleiner ist als die der Ausgangsstoffe, läßt sich bequem verfolgen, indem man bei konstanter Temperatur und konstantem Volumen (Reaktionsgefäß im Thermostaten) die Druckänderung mißt. Hierfür gibt die folgende Aufgabe ein Beispiel

Aufgabe 16.1. Das Reaktionsgefäß wird mit Dimethyläther, CH_3OCH_3, gefüllt. Der Anfangsdruck der reinen Substanz beträgt bei der Temperatur des Thermostaten 300 Torr. Nach 10 Sekunden ist der Druck auf 308,1 Torr gestiegen. In welcher Zeit steigt er auf 600 Torr? Wie lange braucht er, um von 600 auf 608,1 Torr anzuwachsen?

Lösung. Wir wollen die zweite Frage zuerst beantworten. Die Umsatzgleichung der Reaktion ist $CH_3OCH_3 \rightarrow CH_4 + CO + H_2$

Die Molzahl verdreifacht sich also beim Zerfall. Somit beträgt der Enddruck 900 Torr. Bei einem Druck von 600 Torr ist folglich die Hälfte des Äthers zerfallen ($P_{\text{Äther}} = 150$, $P_{CH_4} = 150$, $P_{CO} = 150$, $P_{H_2} = 150$). Da nun nur noch halb so viel Äther vorhanden ist, beträgt der Umsatz nur noch die Hälfte des anfänglichen. Um jetzt um 8,1 Torr anzuwachsen, braucht der Druck deshalb doppelt so lange wie zu Anfang, nämlich 20 Sekunden.

Nun zur ersten Frage. Der Partialdruck eines Gases bei konstanter Temperatur ist seiner Konzentration proportional. Gemäß Gleichung 16.1 können wir also setzen:

$$-\frac{dP_{\text{Äther}}}{dt} = kP_{\text{Äther}}$$

Wenn der Gesamtdruck um 8,1 Torr steigt, sinkt der Partialdruck des Äthers um 4,05 Torr. In unserem Fall sinkt $P_{\text{Äther}}$ also anfangs um 4,05 Torr in 10 Sekunden oder um 0,405 Torr pro Sekunde:

$$-\frac{dP_{\text{Äther}}}{dt} = 0{,}405 \text{ Torr s}^{-1} \qquad (t = 0)$$

und damit ist

$$k = \frac{0{,}405 \text{ Torr s}^{-1}}{300 \text{ Torr}} = 0{,}00135 \text{ s}^{-1}$$

Der Gesamtdruck erreicht 600 Torr, wenn $P_{\text{Äther}}$ auf 150 Torr, auf die Hälfte des Ausgangswertes, abgesunken ist. Aus Gleichung 16.2 folgt
$P = P_0 e^{-kt}$
Für unsere Frage ist $P/P_0 = 1/2$, also
$e^{-kt} = 1/2 \qquad \text{oder} \qquad e^{kt} = 2,$
oder, logarithmiert:
$kt = \ln 2 = 2{,}303 \log 2 = 2{,}303 \cdot 0{,}301 = 0{,}693$
Wir kennen $k = 0{,}00135$ s^{-1}. Damit ist
$t = 0{,}693/0{,}00135 \text{ s}^{-1} = 513 \text{ s}$

Zum gleichen Ergebnis können wir auch auf einem anderen Weg gelangen. Wir benutzen dazu die im Text erwähnte Aussage, daß die Halbwertszeit 693mal so groß ist wie die Zeit, während der 0,1% zerfällt. (Der Beweis ist in der Ableitung im vorigen Absatz enthalten, die zeigt, daß $e^{-kt} = 1/2$ für $x = 0{,}693$.) In 10 Sekunden vermindert sich der Partialdruck des Äthers von 300 Torr um 4,05 Torr, also um 1,35%. 0,1% des Äthers würden demnach in 0,741 Sekunden zerfallen. Die Halbwertszeit des Äthers beträgt folglich $693 \cdot 0{,}741 = 513$ s, wie auch die vorige Rechnung ergeben hatte.

Aufgabe 16.2. $^{226}_{88}$Ra hat eine Halbwertszeit von 1622 Jahren. Welchen Wert hat seine Zerfallskonstante? Wie groß ist der Bruchteil, der in einem Jahr zerfällt?

Lösung. Dem Gedankengang im vorigen Absatz folgend können wir schreiben

$$k = \frac{0{,}693}{1622 \text{ Jahre}} = 0{,}000427 \text{ Jahr}^{-1}$$

Die Zerfallskonstante hat also einen Wert von $4{,}27 \cdot 10^{-4}$ Jahr^{-1}.
Durch Reihenentwicklung der Exponentialfunktion in Gleichung 16.2 erhalten wir
$e^{-kt} = 1 - kt + 1/2 k^2 t^2 - \ldots$

Für kleine Werte von kt kann die Entwicklung nach dem zweiten, linearen Glied abgebrochen werden. Es zeigt sich dann, daß pro Zeiteinheit der Bruchteil k der Substanz zerfällt. In einem Jahr zerfällt also der Bruchteil $4{,}27 \cdot 10^{-4}$ oder 0,0427% des Radiums.

Aufgabe 16.3. Wie in Abschnitt 26.6 erwähnt, kann das Alter eines Stücks Holz durch Messung der von seinem Gehalt an Kohlenstoff-14 ausgehenden Radioaktivität ermittelt werden. ^{14}C hat eine Halbwertszeit von 5760 Jahren. An frischem Holz registriert ein Geiger-Zählrohr den Einfall von 15,3 β-Strahlen pro Minute und Gramm Kohlenstoff als die von ^{14}C hervorgerufene Radioaktivität. Am Holz von Bäumen, die in der vulkanischen Asche vom Ausbruch des Mt. Mazama im südlichen Oregon (im Nordwesten der Vereinigten Staaten) begraben waren, registriert das Zählrohr nur 6,90 β-Strahlen pro Minute und Gramm Kohlenstoff. Wann hat der Ausbruch des Vulkans stattgefunden?

Lösung. Mit dem in der vorigen Aufgabe benutzten Ansatz finden wir für k den Wert

$$k = \frac{0{,}693}{5760 \text{ Jahre}} = 1{,}204 \cdot 10^{-4} \text{ Jahr}^{-1}$$

Der Bruchteil von ^{14}C, der bis heute noch nicht zerfallen ist, beträgt $6{,}90/15{,}3 = 0{,}451$. Folglich ist

$$e^{-kt} = 0{,}451$$

und damit

$$kt = -\ln 0{,}451 = -2{,}303 \log 0{,}451 = 2{,}303 \cdot 0{,}347 = 0{,}799$$
$$t = 0{,}799/k = 0{,}799/(1{,}204 \cdot 10^{-4} \text{ Jahr}^{-1}) \cong 6640 \text{ Jahre}$$

Der Ausbruch des Mt. Mazama hat also vor etwa 6640 Jahren stattgefunden.

Aufgabe 16.4. Gerippe, die Vertretern einer vorgeschichtlichen Menschenrasse zugeschrieben werden, denen man den Namen *Zinjanthropus* (Ost-Afrika-Mensch) gegeben hat, sind im Olduvai-Canyon in Tanganyika in Begleitung von kaliumhaltiger vulkanischer Asche gefunden worden. Der Gehalt der Asche an Argon-40 ist massenspektrographisch bestimmt worden und beläuft sich auf 0,078% des Gehalts an Kalium-40. (^{40}K ist ein radioaktives Kaliumisotop mit einer Halbwertszeit von $15 \cdot 10^8$ Jahren, das zu 0,011% in natürlichem Kalium vertreten ist.) Dieses ^{40}Ar muß seit der Ablagerung der Asche bei einem Vulkanausbruch aus β-Zerfall von ^{40}K entstanden sein, denn früher anwesendes ^{40}Ar wäre aus der geschmolzenen Lava beim Ausbruch des Vulkans abgedampft. Wie alt sind die Gerippe?

Lösung. Die Zerfallskonstante k von ^{40}K beträgt $0{,}693/(15 \cdot 10^8 \text{ Jahre}) = 4{,}6 \cdot 10^{-10} \text{ Jahre}^{-1}$. Die für den Zerfall eines Bruchteils von 0,078% des ^{40}K erforderliche Zeit t ist gegeben durch

$$kt = 7{,}8 \cdot 10^{-4}$$
$$t = 7{,}8 \cdot 10^{-4}/k = 7{,}8 \cdot 10^{-4}/(4{,}6 \cdot 10^{-10} \text{ Jahr}^{-1}) = 1{,}7 \cdot 10^{6} \text{ Jahre}$$

Nach dieser Rechnung hat sich die Asche vor rund 1 700 000 Jahren abgelagert. Die in ihrer Begleitung gefundenen Gerippe sind vermutlich gleichen Alters.

16.3. Reaktionen höherer Ordnung

Spielt sich eine Reaktion beim Zusammenstoß zweier Molekeln A und B ab, so dürfte ihre Geschwindigkeit der Anzahl solcher Zusammenstöße proportional sein. Die Anzahl der Zusammenstöße pro Volumeneinheit ist, wie sich aus einfachen kinetischen Überlegungen ergibt, den Konzentrationen beider Substanzen A und B proportional. Das differentielle Zeitgesetz einer solchen *Reaktion zweiter Ordnung* lautet somit

$$\text{Reaktionsgeschwindigkeit} = -\frac{d[A]}{dt} = -\frac{d[B]}{dt} = k[A][B] \tag{16.3a}$$

Hierbei sind $-d[A]/dt$ und $-d[B]/dt$ die Geschwindigkeiten der Konzentrationsabnahme von A bzw. B. Angesichts der Stöchiometrie A + B → Produkte sind die beiden Geschwindigkeiten einander gleich. Der Proportionalitätsfaktor k ist die *Reaktionsgeschwindigkeitskonstante zweiter Ordnung*.

Es muß auch an dieser Stelle betont werden, daß die stöchiometrische Umsatzgleichung für die Gesamtreaktion keine Auskunft über die Ordnung der Reaktion gibt. So könnte man von der Oxidation von Jodid-Ionen durch Persulfat-Ionen

$$S_2O_8^{2-} + 2I^- \to 2SO_4^{2-} + I_2$$

vermuten, daß es sich um eine Reaktion dritter Ordnung handle, deren Reaktionsgeschwindigkeit proportional $[S_2O_8^{2-}] \cdot [I^-]^2$ sei. In Wirklichkeit verläuft der Vorgang jedoch als Reaktion zweiter Ordnung mit einer Geschwindigkeit, die proportional $[S_2O_8^{2-}] \cdot [I^-]$ ist. Der langsamste, geschwindigkeitsbestimmende Schritt ist hier die Reaktion zwischen einem Persulfat-Ion und *einem* Jodid-Ion,

$$S_2O_8^{2-} + I^- \rightarrow \text{Produkte}$$

(wahrscheinlich entsteht dabei Hypojodid, IO^-). Anschließend reagieren die Produkte sofort mit einem zweiten Jodid-Ion weiter.

Für Gasreaktionen ist es in der Regel bequemer, die Konzentration als Partialdrucke anzugeben. So können wir für die Geschwindigkeit einer Gasreaktion zweiter Ordnung schreiben

$$\text{Reaktionsgeschwindigkeit} = -\frac{dP_A}{dt} = -\frac{dP_B}{dt} = kP_AP_B \qquad (16.3b)$$

Das Zeitgesetz zweiter Ordnung kann integriert werden. Wir wollen den Fall betrachten, daß die beiden Ausgangsstoffe in gleicher Konzentration (bzw. mit gleichem Partialdruck) vorliegen oder miteinander identisch sind (wie etwa im Fall des Stickstoffdioxids, dessen Reaktion $2NO_2 \rightarrow N_2O_4$ ein bimolekularer Vorgang ist). Es sei

$$x = [A] = [B] \qquad \text{(oder } x = P_A = P_B\text{)}$$

Das differentielle Zeitgesetz lautet damit

$$-\frac{dx}{dt} = kx^2$$

und kann wie folgt umgeformt und integriert werden:

$$-\frac{dx}{x^2} = k\,dt$$

$$\frac{1}{x} + \text{Integrationskonstante} = kt$$

Es erweist sich als praktisch, die Integrationskonstante in der Form $-1/c$ anzugeben:

$$\frac{1}{x} - \frac{1}{c} = kt$$

Diese Gleichung kann wie folgt umgeordnet und nach x aufgelöst werden:

$$\frac{1}{x} = kt + \frac{1}{c} = \frac{ckt + 1}{c}$$

$$x = \frac{c}{ckt + 1} \qquad (16.4)$$

Durch Einsetzen von $t = 0$ ersehen wir, daß für die Konstante c der Anfangswert von x einzusetzen ist.

Ganz allgemein können wir formulieren: eine Reaktion, deren geschwindigkeitsbestimmender Schritt

$$aA + bB + cC \rightarrow \text{Produkte}$$

ist (die Reaktion von a Molekeln der Substanz A mit b Molekeln der Substanz B und c Molekeln der Substanz C), läuft ab mit der Geschwindigkeit

$$\text{Reaktionsgeschwindigkeit} = -\frac{d[A]}{dt} = k[A]^a[B]^b[C]^c \qquad (16.5)$$

In diesem Ausdruck erscheinen die Konzentrationen von A, B und C mit den Exponenten a, b bzw. c. Die Ordnung der Reaktion ist folglich $a + b + c$.
Die Gleichung 16.5 gilt für Gase bei normalen oder niedrigen Drucken und für gelöste Substanzen im Bereich niedriger Konzentrationen.

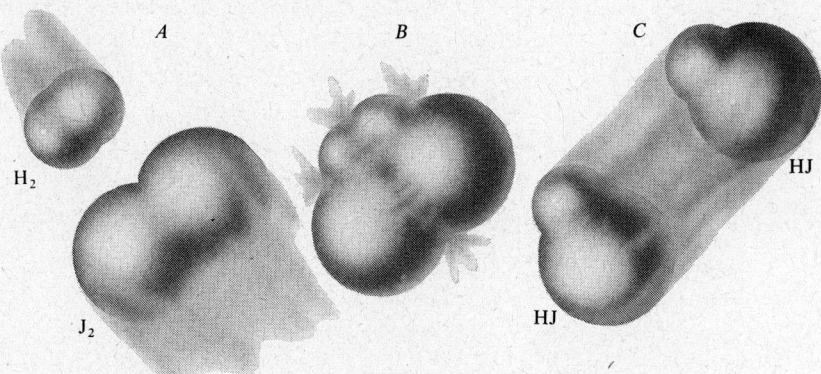

Abb. 16.3. Der Mechanismus der Jodwasserstoffbildung aus Wasserstoff und Jod.

Aufgabe 16.5. Wasserstoff und Jod gehen miteinander eine bimolekulare Reaktion ein:
$H_2(g) + I_2(g) \rightarrow 2\,HI(g)$
deren Mechanismus in Abbildung 16.3 veranschaulicht ist[1]. Bei einer bestimmten Temperatur und einem bestimmten Druck setzt sich von dem in geringer Menge anwesenden Ausgangsstoff pro Minute 1% um. Wielange Zeit würde die Reaktion von 1% dieses Ausgangsstoffs bei der gleichen Temperatur in Anspruch nehmen, wenn das Volumen der Gasmenge verdoppelt würde?

Lösung. Da nur ein geringer Umsatz betrachtet wird, fällt wegen der vergleichsweise geringen Konzentrationen der Produkte die Rückreaktion $2\,HI(g) \rightarrow H_2(g) + I_2(g)$ nicht ins Gewicht und kann vernachlässigt werden. Damit ist Gleichung 16.3b anwendbar, so daß

---

1 Nach neueren Ergebnissen ist der Mechanismus der Reaktion ein anderer, und zwar sind die Reaktionsschritte:
$$I_2 \rightleftharpoons 2\,I \quad \text{(schnell)}$$
$$H_2 + 2\,I \rightarrow 2\,HI \quad \text{(langsam)}$$
Für den termolekularen, zweiten Schritt lautet das Zeitgesetz
$$\frac{d[HI]}{dt} = k[H_2][I]^2$$
Gemäß dem Dissoziationsgleichgewicht des ersten Schritts ist jedoch
$$[I]^2 = K[I_2]$$
und damit
$$\frac{d[HI]}{dt} = kK[H_2][I_2] = \text{konst.}\,[H_2][I_2]$$
Ausgedrückt als Funktion von $[H_2]$ und $[I_2]$ ergibt sich also ein Zeitgesetz zweiter Ordnung, das sich nicht von dem des lange für richtig gehaltenen bimolekularen Vorgangs $H_2 + I_2 \rightarrow 2\,HI$ unterscheidet. Dies ist ein warnendes Beispiel, das zeigt, wie leicht die Form eines Zeitgesetzes zu Fehlschlüssen bezüglich des Mechanismus verleiten kann. (Anm. d. Üb.)

$$-\frac{1}{P_A}\frac{dP_A}{dt} = kP_B$$

Die Relativgeschwindigkeit (d.h. Geschwindigkeit ausgedrückt in Bruchteilen der anwesenden Menge, die pro Zeiteinheit reagieren) des Verschwindens von A ist demnach P_B proportional. Mit Verdoppelung des Gasvolumens wird P_B und damit die Geschwindigkeit auf die Hälfte verringert. Die Reaktion eines gleichen Bruchteils dauert damit doppelt so lange.

Aufgabe 16.6. In welchem Zeitraum reagieren die beiden Ausgangsstoffe je zur Hälfte, wenn sie in gleicher Konzentration anwesend sind?

Lösung. Wir setzen in Gleichung 16.4 $x = c/2$ und lösen nach t auf:

$$\left.\begin{array}{r}\dfrac{c}{2} = \dfrac{c}{ckt+1}\\ ckt+1 = 2\\ ckt = 1\\[6pt] t = \dfrac{1}{ck}\end{array}\right\} \quad \text{für } x = x_0/2$$

Wie wir sehen, hängt die Halbwertzeit der Ausgangsstoffe nicht nur von der Reaktionsgeschwindigkeitskonstanten k ab, sondern ist außerdem der Anfangskonzentration (oder dem Anfangsdruck) c umgekehrt proportional.

16.4. Reaktionsmechanismus. Temperaturabhängigkeit der Reaktionsgeschwindigkeit

Die Erfahrung des täglichen Lebens lehrt uns, daß Temperatursteigerung den Ablauf chemischer Reaktionen beschleunigt, und zwar verdoppelt sich bei Zimmertemperatur die Geschwindigkeit vieler Reaktionen ungefähr bei einer Temperaturerhöhung um 10°. Das ist eine sehr brauchbare Faustregel. Sie gilt indessen nur als grobe Näherung. Reaktionsgeschwindigkeiten großer Molekeln, zum Beispiel von Proteinen, können sehr große Temperaturkoeffizienten aufweisen; die Geschwindigkeit der Denaturierung von Eieralbumin (die beim Kochen von Eiern abläuft) steigt etwa auf das Fünfzigfache bei einer Temperaturerhöhung um 10°.

Zu einem tieferen Verständnis dieses Punkts führt eine Betrachtung des Mechanismus von Reaktionen. Für die Reaktion

$$H_2(g) + I_2(g) \rightarrow 2\,HI(g)$$

bei vorgegebener Temperatur T können wir das Zeitgesetz angeben in der Form

$$-\frac{dP_{H_2}}{dt} = -\frac{dP_{I_2}}{dt} = kP_{H_2}P_{I_2}$$

Die Geschwindigkeitskonstante k hängt einerseits von der Anzahl der Zusammenstöße unter den Normalbedingungen $P_{H_2} = P_{I_2} = 1$ atm ab (vgl. Abb. 16.3[1]), die mit Hilfe der kinetischen Gastheorie unter gewissen Annahmen über die Größe der Molekeln berechnet werden kann. Andererseits führt aber nur ein kleiner Bruchteil der Zusammen-

---

[1] Vgl. jedoch Fußnote zu Seite 489.

16.4. Reaktionsmechanismus. Temperaturabhängigkeit der Reaktionsgeschwindigkeit

stöße zur Reaktion: wenn die Molekeln mit zu geringer Relativgeschwindigkeit zusammenstoßen, lassen ihre van der Waalsschen Abstoßungskräfte sie elastisch voneinander abprallen.

Aktivierungsenergie. Um miteinander zu reagieren, müssen die beiden Molekeln eine Konfiguration durchlaufen (B in Abb. 16.3), die ein Mittelding zwischen der Anfangs- und der Endkonfiguration (A bzw. C) darstellt[1]. Ein solcher Zwischenzustand wird als *aktivierter Komplex* bezeichnet. In unserem Fall kann seine Struktur angegeben werden als

$$\begin{pmatrix} \text{Resonanz von} & \begin{matrix} H\text{---}I \\ \vdots\;\;\;\vdots \\ H\text{---}I \end{matrix} & \begin{matrix} H & I \\ | & | \\ H & I \end{matrix} \text{ und } \begin{matrix} H\text{---}I \\ H\text{---}I \end{matrix} \end{pmatrix}.$$

Im allgemeinen hat der aktivierte Komplex eine höhere Energie (Enthalpie) als die Ausgangsstoffe. Die Energiedifferenz zwischen dem aktivierten Komplex und den Ausgangsstoffen wird *Aktivierungsenergie* genannt und sei hier mit E_a bezeichnet. In Anlehnung an den Boltzmannschen Verteilungssatz können wir annehmen, daß der Bruchteil von Zusammenstößen mit mindestens dieser Energie etwas mit dem Boltzmannschen Exponentialfaktor zu tun hat (vgl. Abschnitt 9.6) und setzen demgemäß an

$$k = A \exp\left(-\frac{E_a}{RT}\right) \tag{16.6}$$

und

$$\ln k = -\frac{E_a}{RT} + \ln A \tag{16.7}$$

Hierbei ist E_a die Aktivierungsenergie pro Mol und A ein Häufigkeitsfaktor, der neben anderen Effekten die Häufigkeit der Zusammenstöße sowie die Wahrscheinlichkeit zum Ausdruck bringt, daß der Zerfall des aktivierten Komplexes zu den Reaktionsprodukten führt und nicht rückläufig die Ausgangsstoffe wieder entstehen läßt.

Die in A vertretenen Faktoren hängen zwar in gewissem Grade von der Temperatur ab, aber in guter Näherung kann A trotzdem als konstant angesehen werden. Nach Gleichung 16.7 ist dann $\ln k$ eine lineare Funktion von $1/T$ mit Anstieg $-E_a/R$:

$$\frac{d(\ln k)}{d(1/T)} = -\frac{E_a}{R} \tag{16.8}$$

Experimentell ermittelte Werte von $\ln k$ für die Reaktion von H_2 mit I_2 im Temperaturbereich von 550 bis 800 K sind in Abbildung 16.4 gegen die reziproke Temperatur aufgetragen. Differenzieren von Gleichung 16.7 nach T liefert für die Temperaturabhängigkeit der Geschwindigkeitskonstanten k

$$\frac{d\ln k}{dT} = \frac{E_a}{RT^2} \tag{16.9}$$

---

[1] Vgl. jedoch Fußnote zu Seite 489.

Gleichungen 16.6 bis 16.9 werden als *Arrhenius-Gleichungen* bezeichnet. Sie sind 1889 von dem Schweden Svante Arrhenius aufgestellt worden, demselben, der auch die Existenz von Ionen in Elektrolytlösungen entdeckt hat.

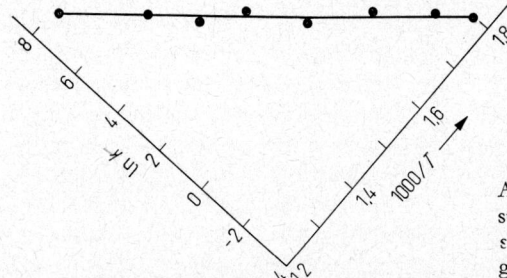

Abb. 16.4. Meßwerte der Geschwindigkeitskonstanten k (in $l\ mol^{-1} s^{-1}$) der Reaktion von Wasserstoff und Jod in logarithmischer Auftragung gegen die reziproke Temperatur.

Aufgabe 16.7. Die nach Ergebnissen von Messungen der Geschwindigkeit der Reaktion von H_2 und I_2 in Abbildung 16.4 aufgezeichnete Gerade hat eine Neigung von $-21,6$, gemessen in den an den Koordinaten angegebenen Einheiten. Wie groß ist die Aktivierungsenergie der Reaktion?

Lösung. Bei Benutzung einer $1/T$- anstelle einer $1000°/T$-Skala für die x-Achse wäre der Anstieg der Geraden

$$\frac{d \ln k}{d(1/T)} = -21,6 \cdot 1000° = 21\,600 \text{ grad}$$

Nach Gleichung 16.8 ist dann

$$-\frac{E_a}{R} = -21\,600 \text{ grad}$$

und damit

$$E_a = 21\,600 \text{ grad} \cdot R = 21\,600 \text{ grad} \cdot 8{,}315 \text{ J grad}^{-1} \text{ mol}^{-1} = 180 \text{ kJ mol}^{-1}$$

Die Aktivierungsenergie der Reaktion beträgt nach dieser Rechnung 180 kJ mol^{-1}.

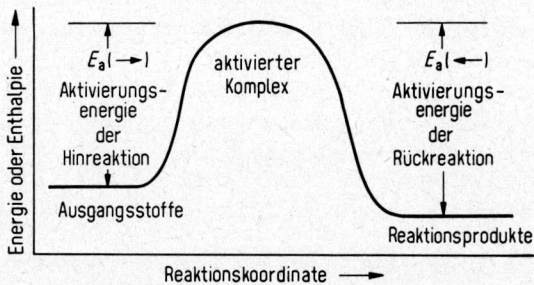

Abb. 16.5. Schematische Darstellung der Energieänderung im Zuge einer chemischen Reaktion. Der Gipfelpunkt der Kurve entspricht dem aktivierten Komplex der Reaktion.

Aktivierungsenergie der Rückreaktion. Eine schematische Darstellung der Energieänderung im Zuge einer Reaktion zeigt Abbildung 16.5. Zur Bildung des aktivierten Komplexes aus den Ausgangsstoffen wird die Aktivierungsenergie E_a benötigt. Wie eine genauere Betrachtung zeigt, ist der Unterschied zwischen den Aktivierungsenergien der Hin- und der Rückreaktion dem Unterschied zwischen den Enthalpien der Ausgangsstoffe und der Produkte gleich. Für die Reaktion $H_2 + I_2 \rightleftharpoons 2 HI$ beträgt dieser Enthalpieunterschied 10 kJ mol^{-1} (vgl. Tafel 7.9). Für die Rückreaktion $2HI \to H_2 + I_2$ ist demnach die Aktivierungsenergie $180 + 10 = 190$ kJ mol^{-1}.

Der Zusammenhang zwischen Aktivierungsenergie und Bindungsenergie. Aktivierungsenergien lassen sich in vielen Fällen auf Grund von Bindungsenergien voraussagen (vgl. Tafel VIII.1).
Für die Vereinigung von zwei Atomen zu einer Molekel, zum Beispiel

$$I + I \to I_2$$

ist die Aktivierungsenergie null. Die Reaktion kann ohne Rücksicht auf deren Relativgeschwindigkeit bei jedem Zusammentreffen von zwei Atomen entgegengesetzten Spins erfolgen, vorausgesetzt, die freiwerdende Bindungsenergie kann schnell genug abgeführt werden, etwa als kinetische Energie durch Zusammenstoß mit einem dritten Teilchen oder durch Abgabe an die Gefäßwand. Die Aktivierungsenergie der Rückreaktion, also der Dissoziation einer zweiatomigen Molekel, ist gerade der Bindungsenergie (Bindungsenthalpie) gleich. Für die Dissoziation von I_2 beträgt diese 151 kJ mol^{-1} (siehe Tafel VIII.1).
Für Reaktionen, bei denen zwei Bindungen gelöst und zwei andere neu gebildet werden, zum Beispiel für

$$H_2 + I_2 \to 2HI$$

und die entsprechende Rückreaktion

$$2HI \to H_2 + I_2$$

läßt sich aus der Erfahrung eine Faustregel aufstellen: die Aktivierungsenergie der exothermen Reaktion (der ersten im Fall der beiden oben angegebenen) beläuft sich auf ungefähr 30% der Summe der Bindungsenergien der beiden Bindungen, die aufgebrochen werden müssen (H—H und I—I in unserem Fall).
Bei exothermen Reaktionen, bei denen eine Bindung gelöst und eine andere neu gebildet wird, etwa

oder
$$F + H_2 \to HF + H$$
$$D + H_2 \to HD + H$$

beträgt die Aktivierungsenergie in der Regel etwa 8% der Bindungsenergie der zu lösenden Bindung.

16.5. Katalyse

Die Untersuchung der Faktoren, die die Geschwindigkeit chemischer Reaktionen bestimmen, hat mit der steten, mächtigen Entwicklung der chemischen Industrie immer mehr an Bedeutung gewonnen. Als ein Beispiel sei ein modernes technisches Verfahren zur Darstellung von Toluol genannt, einer Substanz, die als Lösungsmittel und zur Herstellung anderer Verbindungen wie etwa des Sprengstoffs Trinitrotoluol dient. Methylcyclohexan, C_7H_{14}, das in großen Mengen im Erdöl vorkommt, zersetzt sich bei hoher Temperatur und unter geringem Druck zu Toluol, C_7H_8, und Wasserstoff. Die Reaktion läuft jedoch so langsam, daß sie für praktische Zwecke nicht in Frage kam, bis man ent-

deckte, daß eine bestimmte Mischung von Oxiden die Reaktion hinreichend beschleunigt. Viele Beispiele für Katalysen (Beschleunigung eines Vorgangs durch einen Katalysator) haben wir schon angeführt, weitere werden uns in späteren Kapiteln begegnen.
Man nimmt an, daß der Katalysator die Reaktion beschleunigt, indem er die Molekeln der Reaktionspartner zusammenbringt und sie in Lagen festhält, die die Reaktion begünstigen. Leider weiß man über das Wesen der Katalyse noch so wenig Bescheid, daß man bei der Suche nach geeigneten Katalysatoren weitgehend darauf angewiesen ist, empirisch vorzugehen, also darauf, Substanzen der Reihe nach auf ihre Wirksamkeit zu prüfen.

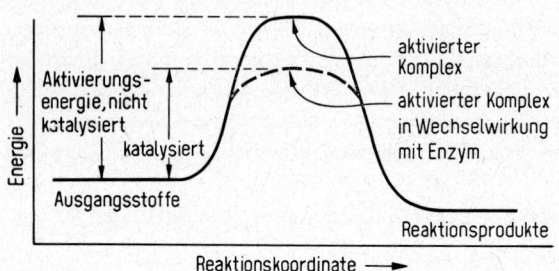

Abb. 16.6. Schematische Darstellung der möglichen Wirkungsweise eines Katalysators. Durch Senkung der Aktivierungsenergie wird die Geschwindigkeit der Reaktion wie auch der Rückreaktion gesteigert.

Katalyse und Aktivierungsenergie. In einigen Fällen liegen Anhaltspunkte dafür vor, daß der Katalysator auf Grund seiner Struktur mit dem aktivierten Komplex in starker, mit den Ausgangsstoffen und Produkten dagegen nur in schwacher Wechselwirkung steht. Die starke Wechselwirkung mit dem aktivierten Komplex verringert die Aktivierungsenergie, wie in Abbildung 16.6 angedeutet ist, und erhöht damit die Reaktionsgeschwindigkeit.

16.6. Kinetik von Enzymreaktionen

Die meisten chemischen Reaktionen bei Lebensvorgängen im menschlichen Körper und anderen Organismen werden von bestimmten Proteinmolekeln katalysiert, die wir Enzyme nennen (siehe Abschnitt 24.5). Den Ausgangsstoff, dessen Reaktion vom Enzym katalysiert wird, bezeichnet man gewöhnlich als Substrat. Viele solche Enzymreaktionen gehorchen einem einfachen Zeitgesetz, der sogenannten Michaelis-Menten-Gleichung (Gleichung 16.12).
Wir wollen voraussetzen, die Reaktion erfolge durch Vereinigung des Enzyms E mit dem Substrat S zu einem Komplex ES, der beim Zerfall entweder E und S zurückliefert oder E und Reaktionsprodukte P bildet:

$$E + S \underset{}{\overset{K}{\rightleftharpoons}} ES \overset{k}{\rightarrow} E + P$$

Ist die Reaktionsgeschwindigkeitskonstante k klein, so erreicht die Konzentration von ES annähernd den Gleichgewichtswert entsprechend

$$\frac{[ES]}{[E][S]} = K \tag{16.10}$$

16.6. Kinetik von Enzymreaktionen

Die Reaktionsgeschwindigkeit ist [ES] und damit [E][S] proportional:

$$-\frac{d[S]}{dt} = k[ES] = kK[E][S] \tag{16.11}$$

Die Gesamtkonzentration des Enzyms ist $[E]_{gesamt} = [E] + [ES]$. Mit Gleichung 16.10 folgt hieraus

$$[E] = \frac{[E]_{gesamt}}{K[S]+1}$$

Einsetzen dieses Ausdrucks in Gleichung 16.11 ergibt

$$\text{Reaktionsgeschwindigkeit} = -\frac{d[S]}{dt} = \frac{k[S][E]_{gesamt}}{[S]+1/K} \tag{16.12}$$

Dieser Gleichung zufolge ist die Reaktionsgeschwindigkeit proportional [S], nämlich $kK[S][E]_{gesamt}$, wenn [S] klein gegenüber $1/K$ ist; ist dagegen [S] groß genug, die Bindungskapazität des Enzyms größtenteils abzusättigen, so wird die Reaktionsgeschwindigkeit von [S] unabhängig und beträgt einfach $k[E]_{gesamt}$. Einige mit Gleichung 16.12 berechneten Kurven sind in Abbildung 16.7 angegeben.

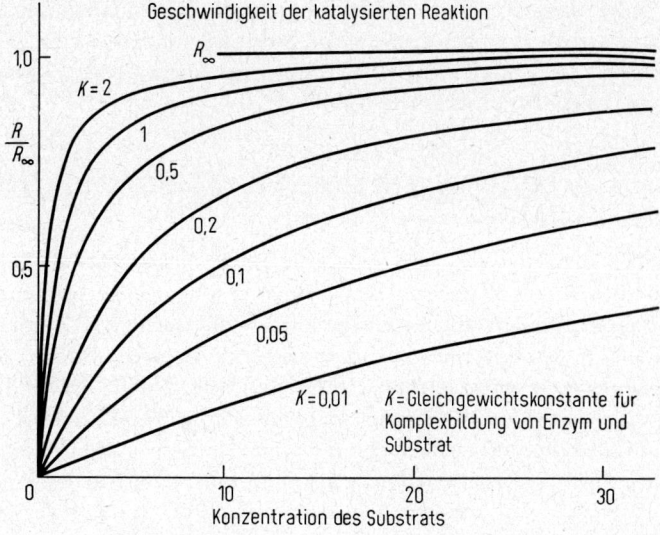

Abb. 16.7. Theoretische Reaktionsgeschwindigkeit R/R_∞ einer katalytischen Reaktion in Abhängigkeit von der Substratkonzentration mit der Gleichgewichtskonstanten K des Enzym-Substrat-Komplexes als Parameter. (R_∞ = Grenzwert der Reaktionsgeschwindigkeit bei sehr hoher Substratkonzentration bzw. Gleichgewichtskonstanten.)

Interessant ist ein Vergleich der Kurve für $K = 0,5$ mit den experimentellen Ergebnissen in Abbildung 16.8, die von Messungen der Wachstumsgeschwindigkeit einer Abart des roten Brotschimmels stammen; in der Abbildung ist die Geschwindigkeit, mit der der Schimmel durch das Innere eines eine Nährlösung enthaltenden Gefäßes wächst, aufgetragen als Funktion der Konzentration der Nährsubstanz, hier *para*-Aminobenzoesäure. Die Ähnlichkeit in der Form der beiden Kurven deutet darauf hin, daß ein Gleichgewicht entsprechend Gleichung 16.10 die Wachstumsgeschwindigkeit des Organismus bestimmt.

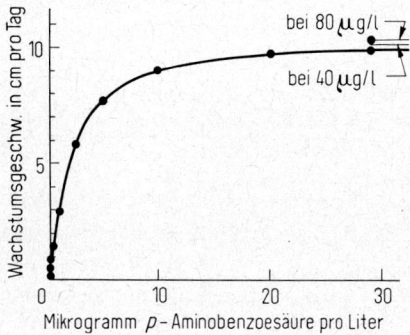

Abb. 16.8. Beobachtete Wachstumsgeschwindigkeit einer Mutation von *Neurospora*, die *p*-Aminobenzoesäure zum Wachstum benötigt, in Abhängigkeit von der Konzentration dieser Substanz in der Nährlösung. (Nach Tatum und Beadle, 1942.)

Es ist möglich, daß die Reaktionsgeschwindigkeit bestimmt wird von einem Gleichgewicht nicht zwischen Enzym und Substrat, sondern zwischen einem Apoenzym (einem Protein ohne enzymatische Wirkung) und einem Coenzym (vielfach einem Vitamin), die zusammen das aktive Enzym bilden:

$$A + C \rightleftharpoons E$$

$$\frac{[E]}{[A][C]} = K' \tag{16.13}$$

Man überzeugt sich leicht, daß die Reaktionsgeschwindigkeit von der Konzentration des Coenzyms in gleicher Weise abhängt wie von der des Substrats.
Bei vielen Krankheiten sind Zusammenhänge mit Genmutationen gefunden worden, die die Wirksamkeit eines wichtigen Enzyms im menschlichen Körper herabsetzen. Eine Möglichkeit einer solchen Veränderung besteht in der Bildung eines abgewandelten Apoenzyms, dessen Gleichgewichtskonstante K' für die Vereinigung mit dem Coenzym erheblich geringer ist. Zu den Krankheiten dieser Art zählt die sogenannte Cystathioninurie, die am Auftreten von Cystathionin, einem Derivat der Aminosäure Methionin (siehe Tafel 24.1), im Urin des Patienten erkenntlich ist. Sie verursacht geistige Minderentwicklung und ist von unerfreulichen physischen Nebenerscheinungen begleitet. In den enzymatischen Stoffwechsel von Cystathionin greift Adermin (Vitamin B_6) als Coenzym ein, das der Körper im Normalfall in Mengen in der Größenordnung von 1 mg pro Tag mit der Nahrung erhält. Wie sich herausgestellt hat, führt eine Einnahme eines Hundertfachen dieser Menge zum Verschwinden des Cystathionins im Urin und mildert andere Symptome der Krankheit, vermutlich durch Verschieben des Gleichung 16.13 entsprechenden Gleichgewichts in Richtung der Bildung des aktiven Enzyms. Dieses Beispiel zeigt uns, wie das Prinzip chemischer Gleichgewichte und Reaktionsgeschwindigkeiten bei der Behandlung von Krankheiten angewandt werden kann.

16.7. Kettenreaktionen

Bei einer eingehenden Untersuchung der Reaktion

$$H_2(g) + Br_2(g) \rightarrow 2\,HBr(g)$$

zu Anfang des Jahrhunderts stellte es sich heraus, daß die Reaktionsgeschwindigkeit nicht dem Produkt $[H_2][Br_2]$ proportional ist, wie man nach Gleichung 16.3 hätte erwarten können. Vielmehr erwies sie sich im Anfangsstadium, solange [HBr] noch nicht ins Gewicht fällt, als dem Ausdruck $[H_2][Br_2]^{1/2}$ proportional:

$$-\frac{d[H_2]}{dt} = -\frac{d[Br_2]}{dt} = k[H_2][Br_2]^{1/2}$$

Zur Erklärung dieses Befunds nahm man an, daß die Reaktion eine Folge von Schritten durchläuft. Der erste Schritt besteht in der Dissoziation einer Brommolekel:

$$Br_2 \rightarrow 2\,Br$$

Ihm folgt eine Reihe sich wiederholender Schritte, eine sogenannte *Kette*:

$$Br + H_2 \rightarrow HBr + H$$
$$H + Br_2 \rightarrow HBr + Br$$
$$Br + H_2 \rightarrow HBr + H$$
$$H + Br_2 \rightarrow HBr + Br$$
$$\ldots$$

Abgebrochen wird die Kette schließlich durch die Reaktion

$$2\,Br \rightarrow Br_2$$

Explosionen. Ein Gemisch von Wasserstoff und Chlor explodiert bei Zündung. Beim Umsatz $H_2 + Cl_2 \rightarrow 2\,HCl$, der wie bei der Reaktion von H_2 mit Br_2 auf einem Kettenmechanismus beruht, wird so viel Wärme freigesetzt, daß unter Umständen nur wenig davon an die Umgebung abströmen kann und sich die Temperatur des reagierenden Gases dann erheblich erhöht. Hierdurch wächst die Reaktionsgeschwindigkeit und mit ihr die Geschwindigkeit des weiteren Temperaturanstiegs. Auf diese Weise kommt eine überaus schnelle Reaktion in Gang, die als *thermische Explosion* bezeichnet wird.

Die Explosion von Knallgas (Wasserstoff und Sauerstoff) ist anderer Art und beruht auf einer sogenannten *Kettenverzweigung*. Eine anfängliche Reaktion eines Sauerstoff- oder Wasserstoffatoms löst zwei Folgeschritte aus, diesen wiederum folgen drei, dann fünf und so fort[1]:

$$O + H_2 \rightarrow OH + H$$
$$OH + H_2 \rightarrow H_2O + O \qquad H + O_2 \rightarrow OH + O$$
$$O + H_2 \rightarrow OH + H \qquad OH + H_2 \rightarrow H_2O + O \qquad O + H_2 \rightarrow OH + H$$
$$\ldots$$

Wichtige Kettenreaktionen, die sich unter Umständen zu Explosionen auswachsen können, sind die Reaktionen der Spaltung und Verschmelzung von Atomkernen (siehe Abschnitt 26.10).

---

1 Außer den hier angegebenen finden weitere Reaktionen statt, bei denen das Radikal HO_2 auftritt.

16. Die Geschwindigkeit chemischer Reaktionen

Zündung und Selbstzündung. Brennstoffe wie Öl, Benzin usw. können beliebig lange mit Luft in Berührung stehen, ohne Feuer zu fangen. Wenn die Verbrennung aber einmal eingesetzt hat, kann sie äußerst rasch fortschreiten. In solchen Fällen ist die Reaktionsgeschwindigkeit bei Zimmertemperatur unmeßbar gering. Einen Brennstoff entzünden heißt einen Anteil bis auf eine Temperatur erhitzen, bei der die Reaktion rasch abläuft; dann erzeugt die exotherme Reaktion Wärme genug, um weitere Anteile des Brennstoffs über die Zündtemperatur zu erhitzen, so daß die Reaktion von selbst fortschreitet.

Die Oxidation ölgetränkter Lappen oder anderer brennbarer Materialien kann schon bei Zimmertemperatur so rasch ablaufen, daß die Reaktionswärme die Temperatur etwas steigert. Damit erhöhen sich die Reaktionsgeschwindigkeit und die Wärmeerzeugung (allerdings auch die Wärmeabgabe an die Umgebung wegen der größeren Temperaturdifferenz). Dies kann dazu führen, daß schließlich das Material Feuer fängt. Einen solchen Vorgang nennt man *Selbstentzündung*.

Übungsaufgaben

16.1. Der Zerfall von N_2O_5 ist ein unimolekularer Vorgang. Um was für einen Faktor wird sich die relative Zerfallsgeschwindigkeit (pro Zeiteinheit zerfallender Prozentsatz) erhöhen, wenn das Gas bei gleichbleibender Temperatur auf die Hälfte seines Volumens komprimiert wird?

16.2. Bei einer Untersuchung der Gasreaktion zweiter Ordnung
$$2\,NO_2 \rightarrow 2\,NO + O_2$$
stieg der Druck anfangs (von reinem NO_2 ausgehend) in 12 Sekunden von 100 auf 101 Torr. Wie lange wird er brauchen, um von 125 auf 126 zu steigen?

16.3. Azomethan zersetzt sich in einer Reaktion erster Ordnung gemäß
$$CH_3NNCH_3 \rightarrow C_2H_6 + N_2$$
Die Reaktion läuft bei konstanter Temperatur, 287 °C; der Anfangsdruck (reines Azomethan) beträgt 160 Torr. a) Wie groß ist der Enddruck? b) Welcher Bruchteil des Azomethans hat sich zersetzt, wenn der Druck nach 100 Sekunden 161,6 Torr erreicht hat? c) Berechnen Sie k (in s^{-1}) für 287 °C aus den angegebenen Daten unter Benutzung der Gleichung
$$-\frac{dP_{Az}}{dt} = k P_{Az} \qquad (P_{Az} = \text{Partialdruck des Azomethans})$$
d) In welcher Zeit zerfällt die Hälfte des Azomethans? e) In welcher Zeit würde bei einem Anfangsdruck von 80 Torr und gleicher Temperatur die Hälfte des Azomethans zerfallen?

16.4. Die Reduktion von Eisen(III)-Ionen mit Zinn(II)-Ionen verläuft, wie A. A. Noyes nachwies, als Reaktion dritter Ordnung gemäß
$$2\,Fe^{3+} + Sn^{2+} \rightarrow 2\,Fe^{2+} + Sn^{4+}$$
Bei einer bestimmten Konzentration wird 1% der Eisen-Ionen in 10 Sekunden reduziert. a) In welcher Zeit wird 1% der Eisen-Ionen reduziert, wenn $[Sn^{2+}]$ verdoppelt wird? b) wenn $[Fe^{3+}]$ verdoppelt wird? c) In welcher Zeit etwa wird bei den ursprünglichen Konzentrationsverhältnissen 1% der Eisen-Ionen reduziert, wenn die Temperatur um 30° gesteigert wird?

16.5. Ramsperger gibt als Werte für die Reaktionsgeschwindigkeitskonstante erster Ordnung des Zerfalls von Azomethan $1{,}00 \cdot 10^{-4}\ s^{-1}$ bei 287,3 °C und $20{,}8 \cdot 10^{-4}\ s^{-1}$ bei 327,4 °C an. a) Berechnen Sie daraus den Faktor, um den die Reaktionsgeschwindigkeit bei jeder Temperaturerhöhung um 10° wächst. b) Sagen Sie einen Wert für die Reaktionsgeschwindigkeitskonstante bei 20 °C voraus. c) Berechnen Sie, in welcher Zeit bei 20 °C und bei 327,4 °C 1% des Azomethans zerfällt.

16.6. Die Halbwertszeit von Radium beträgt 1622 Jahre. Wie groß ist die Reaktionsgeschwindigkeitskonstante des Zerfalls? Welcher Bruchteil zerfällt in einem Tag?

16.7. Die Halbwertszeit von ^{11}C, einem künstlich hergestellten radioaktiven Isotop, das für biologische Forschungen verwendet wird, beträgt 20 min. Welcher Bruchteil ist nach drei Stunden noch übrig?

16.8. Eine Probe enthält ursprünglich die gleiche Anzahl von Atomen ^{11}C (Halbwertszeit 20 min) und ^{14}C (Halbwertszeit 5760 Jahre). Wie groß ist anfangs das Verhältnis der Radioaktivitäten (das heißt, der Zerfallsakte pro Zeiteinheit) von ^{11}C und ^{14}C in der Probe? Wie groß ist es nach 6 Stunden? nach 12 Stunden?

16.9. Wie lange etwa dauert es, bis ein Grammatom Radium so weit zerfallen ist, daß nur noch ein oder zwei Atome übriggeblieben sind?

16.10. 1 Mikrogramm ^{239}Pu sendet pro Minute 140 000 α-Teilchen aus. (Die Zahl entspricht der Anzahl der Zerfallsakte, da bei jedem Zerfall ein α-Teilchen abgestrahlt wird.) Berechnen Sie daraus die Halbwertszeit des Isotops.

16.11. Autoreifen altern infolge von Oxidation und anderen Reaktionen des Gummis. Um welchen Faktor ließe sich das Altern lagernder Reifen verzögern, wenn die Temperatur des Lagerraums um 10° gesenkt wird?

16.12. Ozon zersetzt sich gemäß $2O_3 \rightarrow 3O_2$. Bei einer Messung stieg bei einer bestimmten Temperatur der Druck von anfänglich 1,000 atm in einer Minute auf 1,012 atm. In welcher Zeit würde der Druck bei einer um 15° höheren Temperatur von 1,000 auf 1,012 atm steigen?

16.13. Wie löst Licht die Reaktion zwischen Wasserstoff und Chlor aus? Würde Licht der Wellenlänge 1000 Å, das Wasserstoffmolekeln in Atome spaltet, die Reaktion in Gang setzen?

16.14. Welche molekularen Vorgänge verhindern, daß ein einziges Lichtquant alles Chlor und allen Wasserstoff in einem Reaktionsgefäß miteinander abreagieren läßt?

16.15. Wir wissen, daß Katalysatoren im Körper die Reaktion von Kohlenhydraten (Zuckern) wie $C_6H_{12}O_6$ mit Sauerstoff zu Kohlenstoffdioxid und Wasser herbeiführen. In Pflanzen bewirkt die Anwesenheit von Chlorophyll den photochemischen Umsatz von Kohlenstoffdioxid und Wasser zu Zuckern und Sauerstoff. Steht das im Widerspruch zu der Aussage, daß Katalysatoren nur die Geschwindigkeit einer Reaktion, nicht aber deren Gleichgewichtslage beeinflussen können? Warum nicht?

16.16. Die Reaktion $CF_3 + H_2 \rightarrow CF_3H + H$ ist zweiter Ordnung und hat bei 400 K eine Geschwindigkeitskonstante von $4,5 \cdot 10^3$ s^{-1} mol^{-1} l. Wie sieht die Elektronenstruktur des Radikals CF_3 aus? Wie lange würde es dauern, bis von einer kleinen Menge dieses Radikals, die bei 400 K in Wasserstoff unter 1 atm Druck eingeführt wird, die Hälfte zu Methylfluorid reagiert hat?

16.17. Bei einer Untersuchung der Reaktion $Kr^+ + H_2 \rightarrow KrH^+ + H$ stellten die amerikanischen Chemiker D. P. Stevenson und D. O. Schissler durch massenspektrographische Analyse der Gaszusammensetzung fest, daß jeder Zusammenstoß zur Reaktion führt und die Aktivierungsenergie der Reaktion null ist. a) Was für eine Elektronenstruktur würden Sie KrH^+ zuschreiben? b) Ist die Reaktion exotherm oder endotherm? c) Geben Sie einen Mindestwert für die Bindungsenergie von Kr^+ und H in KrH^+ an. (Lösung: 435 kJ mol^{-1}.)

16.18. Stevenson und Schissler fanden weiterhin, daß die Reaktion $HCl^+ + HCl \rightarrow H_2Cl^+ + Cl$ keine Aktivierungsenergie aufweist und daher exotherm sein muß. Was für eine Elektronenstruktur hat H_2Cl^+? Welchen Wert würden Sie für den Bindungswinkel H—Cl—H voraussagen? Können Sie einen Grund dafür angeben, warum die Reaktion exotherm ist? (Wie würde sich die Elektronegativität von Cl^+ von der von Cl unterscheiden?)

16.19. Äthylchlorid im Dampfzustand zersetzt sich beim Erhitzen gemäß $C_2H_5Cl \rightarrow C_2H_4 + HCl$. Die Reaktion erweist sich als erster Ordnung, und für ihre Geschwindigkeitskonstante gilt $k = A \exp(-E_a/RT)$, wobei $A = 1,6 \cdot 10^{14}$ s^{-1} und $E_a = 249$ kJ mol^{-1}. Wie groß ist k bei 700 K?

Ein wie großer Prozentsatz von Äthylchlorid würde sich bei dieser Temperatur in 10 Minuten zersetzen? Bei welcher Temperatur verläuft die Reaktion doppelt so schnell? (Lösung: $4{,}2 \cdot 10^{-5}\,\text{s}^{-1}$; 2,5%; 712 K.)

16.20. Ein denkbarer Mechanismus für die in der vorigen Aufgabe angegebene Reaktion besteht aus einer Spaltung der Kohlenstoff-Chlor-Bindung unter Bildung der Radikale C_2H_5 und Cl als erstem Schritt, gefolgt von einer Kette anderer Schritte, bei denen die Endprodukte entstehen. Die Forscher, die die Reaktion untersucht hatten, folgerten jedoch, daß die Höhe der von ihnen ermittelten Aktivierungsenergie diesen Mechanismus ausschließt. Auf was für einen Gedankengang stützt sich diese Schlußfolgerung? Was für eine Aktivierungsenergie sollte man von dem genannten Reaktionsmechanismus erwarten?

16.21. Was für eine Struktur würden Sie einer aktivierten Äthylchloridmolekel zuschreiben, deren Zerfall unmittelbar zu Äthylen und Chlorwasserstoff führen würde? Wie hoch schätzen Sie die Aktivierungsenergie eines solchen Zerfalls? (Vgl. Abschnitt 16.4 und Tafel VIII.1.) (Lösung: etwa 220 kJ mol^{-1}.)

16.22. Ein Enzym im menschlichen Körper vermag, die Geschwindigkeit einer chemischen Reaktion auf das Millionenfache zu steigern. Wie hoch muß die Bindungsenergie der Bindung von Enzym und aktiviertem Komplex sein, einen solchen Effekt erklären zu können? (Lösung: 36 kJ mol^{-1}).

Kapitel 17

Struktur und Eigenschaften von Metallen und Legierungen

Etwa achtzig der über hundert Elementarsubstanzen können als Metalle bezeichnet werden. Unter einem Metall versteht man eine Substanz, die hohe elektrische Leitfähigkeit, hohe Wärmeleitfähigkeit und charakteristischen „metallischen" Glanz besitzt, deren Verformbarkeit es gestattet, sie in Bleche auszuwalzen oder zu hämmern und zu Drähten zu ziehen, und deren elektrische Leitfähigkeit mit steigender Temperatur abnimmt[1].

17.1. Die metallischen Elemente

Zu den Metallen zählen von der ersten kurzen Periode des Periodensystems die Elemente Lithium und Beryllium, von der zweiten kurzen Periode Natrium, Magnesium und Aluminium, von der ersten langen Periode die dreizehn Elemente von Kalium bis Gallium, von der zweiten langen Periode die vierzehn Elemente von Rubidium bis Zinn, von der sehr langen Periode die neunundzwanzig Elemente von Caesium bis Wismut (einschließlich der vierzehn Lanthanone) sowie die achtzehn Elemente von Francium bis Khurchatovium.

Die elementaren Metalle und ihre Legierungen sind wegen ihrer besonderen Eigenschaften für den Menschen unentbehrlich geworden. Unsere heutige Zivilisation gründet sich auf Eisen und Stahl. Wir haben gelernt, wertvolle legierte Stähle herzustellen, die Vanadium, Chrom, Mangan, Kobalt, Nickel, Molybdän, Wolfram und andere Metalle neben dem Hauptbestandteil Eisen enthalten. Ihre Bedeutung beruht in erster Linie auf ihrer Härte und Festigkeit. Sie sind hart und fest, weil in ihnen sehr feste Bindungen zwischen den Atomen bestehen. Deshalb ist es für uns besonders wichtig, das Wesen der Kräfte kennenzulernen, die die Atome in Metallen und Legierungen zusammenhalten.

17.2. Die Struktur der Metalle

In einem Nichtmetall oder Halbmetall bestimmt die kovalente Wertigkeit eines Atoms die Anzahl seiner nächsten Nachbarn. Das Jodatom zum Beispiel ist einwertig und hat

---

[1] In einigen Grenzfällen bereitet es Schwierigkeiten zu entscheiden, ob ein Element als Metall, als Halbmetall oder als Nichtmetall gelten soll. Das Element Zinn zum Beispiel tritt in zwei Modifikationen auf, von denen die eine, das gewöhnliche, weiße Zinn, metallisch ist, während die andere, das graue Zinn, die Eigenschaften eines Halbmetalls besitzt. Antimon, das nächste Element im Periodensystem, existiert in nur einer kristallinen Modifikation und besitzt metallischen Glanz, weist aber die elektrischen Eigenschaften eines Halbmetalls auf und ist spröde, keineswegs geschmeidig. Wir wollen Zinn zu den Metallen rechnen, Antimon dagegen zu den Halbmetallen.

deshalb im Jodkristall nur ein anderes Jodatom in nächster Nähe: der Kristall besteht, ebenso wie flüssiges Jod und Joddampf, aus zweiatomigen Molekeln. In den Molekeln S_8, aus denen sich der Schwefelkristall aufbaut, besitzt das zweiwertige Schwefelatom zwei nächste Nachbarn, von denen jeder eine der beiden kovalenten Bindungen in Anspruch nimmt. Im Diamant ist das vierwertige Kohlenstoffatom von vier anderen als nächsten Nachbarn umgeben. Dagegen haben das Kaliumatom im metallischen Kalium, das Calciumatom im metallischen Calcium und das Titanatom im metallischen Titan mit einem, zwei bzw. vier Elektronen in der Außenschale nicht einen, zwei bzw. vier nächste Nachbarn, sondern acht oder zwölf. Die große Zahl nächster Nachbarn eines Atoms, die oft erheblich größer ist als die Anzahl von dessen Valenzelektronen, ist für die Struktur der Übergangsmetalle charakteristisch.

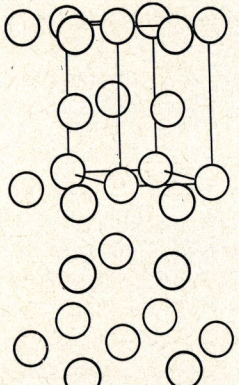 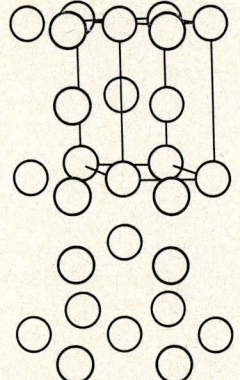

Abb. 17.1. Stereoskopische Ansicht der hexagonal dichtesten Kugelpackung. Viele Metalle kristallisieren mit dieser Struktur.

Die meisten Metalle kristallisieren mit einer Anordnung, in der sich jedes Atom mit so vielen anderen umgibt, wie der verfügbare Platz erlaubt. Kugeln gleicher Größe können auf zwei verschiedene Weisen so dicht wie möglich gepackt werden; die Raumerfüllung ist in beiden Fällen die gleiche. Eine der beiden Strukturen, die kubisch dichteste Kugelpackung, haben wir in Kapitel 2 beschrieben. Wie die andere Struktur aussieht, die hexagonal dichteste Kugelpackung, geht aus Abbildung 17.1 hervor. Wie in der kubisch dichtesten Packung ist jedes Atom von zwölf Nachbarn umgeben, jedoch ist deren Anordnung etwas anders. Rund fünfzig Metalle kristallisieren mit einer dieser beiden Strukturen oder auch mit beiden.

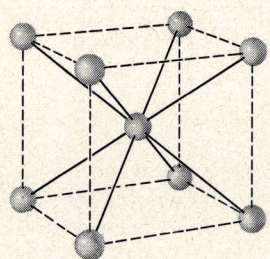

Abb. 17.2. Die Atomanordnung in α-Eisen (raumzentrierte Anordnung).

Eine andere häufige Struktur, die etwa zwanzig Metalle aufweisen, ist die kubisch raumzentrierte Anordnung (Abb. 17.2). Hier besitzt jedes Atom acht nächste Nachbarn und sechs etwas entferntere in einem um 15% größeren Abstand. Es ist schwer zu sagen, ob bei dieser Anordnung jedem Atom die Koordinationszahl 8 oder 14 zugeschrieben werden soll.

Das periodische Verhalten, das in den Eigenschaften der Elemente zum Ausdruck kommt, wenn sie als Funktionen der Ordnungszahl aufgetragen werden, zeigt sich besonders deutlich in den experimentellen Werten für die Atomradien der Metalle (Abb. 17.3). Für die Metalle, die in kubisch oder hexagonal dichtester Packung kristallisieren, ist als Radius die Hälfte des direkt bestimmten Atomabstands eingesetzt. Für andere Metalle ist eine kleine Korrektur angebracht worden: an Metallen wie Eisen, die sowohl in dichtester Packung als auch mit kubisch raumzentrierter Packung kristallisieren können, hat sich gezeigt, daß der Atomabstand in der raumzentrierten Packung um etwa 3% geringer ist als in der dichtesten Packung; mit einer Korrektur von 3% an den Atomabständen in kubisch raumzentrierter Anordnung erhält man also Werte, die mit denen für die Koordinationszahl 12 (dichteste Packung) verglichen werden können.

Es steht zu erwarten, daß große Festigkeit der Bindungen sich unter anderem in kurzen Atomabständen ausprägt. Deshalb überrascht es nicht, daß in Abbildung 17.3 die größten Atomabstände gerade zu den weichen Metallen wie Kalium gehören, die kleinsten Atomabstände dagegen zu den harten und festen Metallen wie Chrom, Eisen und Nickel.

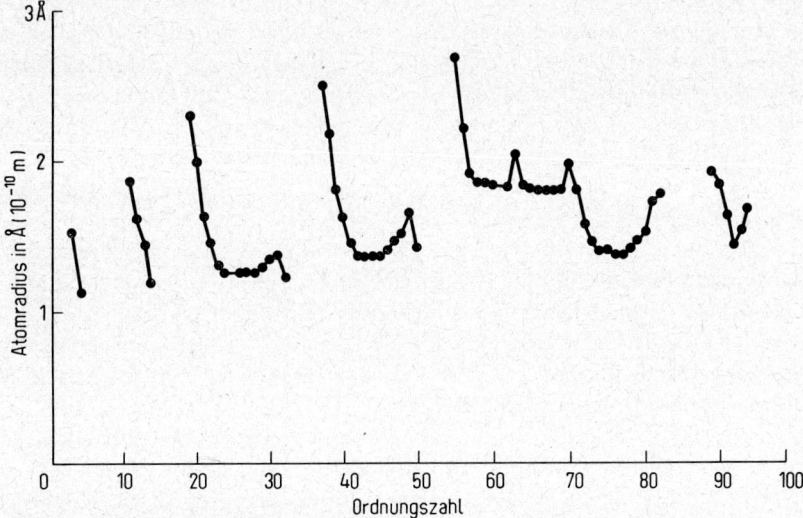

Abb. 17.3. Die Atomradien der Metalle, aufgetragen gegen die Ordnungszahl.

17.3. Das Wesen der Übergangsmetalle

Die langen Perioden des Periodensystems können aufgefaßt werden als kurze Perioden, in die zehn zusätzliche Elemente eingeschoben sind. Die ersten drei Elemente der langen

Periode zwischen Argon und Krypton, die Metalle Kalium, Calcium und Scandium, weisen große Ähnlichkeit mit ihren Homologen in der vorangehenden kurzen Periode, Natrium, Magnesium bzw. Aluminium, auf. Ebenso sind die letzten vier Elemente der Periode, nämlich Germanium, Arsen, Selen und Brom, ihren leichteren Homologen Silicium, Phosphor, Schwefel und Chlor ähnlich. Die restlichen Elemente der langen Periode – Titan, Vanadium, Chrom, Mangan, Eisen, Kobalt, Nickel, Kupfer, Zink und Gallium – besitzen keine Homologen in vorangehenden Perioden: keins von ihnen zeigt in seinen Eigenschaften Ähnlichkeiten mit irgendeinem leichteren Element. Es liegt demnach nahe, von einer Einfügung von zehn Elementen in die Mitte der Periode zu sprechen. Die zehn Elemente werden als *Übergangselemente* bezeichnet.

Das Einschieben der zehn Übergangselemente steht in Beziehung zu dem Einbau von zehn zusätzlichen Elektronen in die M-Schale. Die fünf $3d$-Orbitale werden mit je einem Elektronenpaar besetzt. Aus einer Schale von acht Elektronen wie im Argon wird damit eine Schale von achtzehn Elektronen. Es liegt eine gewisse Willkür in der Entscheidung, welche Elemente als Übergangselemente bezeichnet werden sollen, weil Titan in Gruppe IVb und Germanium in Gruppe IVa dem Silicium in etwa gleichem Maße ähnlich sind. Aus Gründen der Zweckmäßigkeit wählen wir die zehn Elemente von Titan in Gruppe IVb bis Gallium in Gruppe IIIb und werden auch in den weiteren Perioden deren Homologe zu den Übergangselementen rechnen[1].

Die chemischen Eigenschaften der Übergangselemente ändern sich mit der Ordnungszahl nicht in der gleichen, auffallenden Weise wie die der anderen Elemente. In der Reihe Kalium, Calcium, Scandium nehmen die Elemente in fast allen ihren Salzen die höchstmögliche Oxidationsstufe entsprechend ihrer Stellung im Periodensystem ein: Kalium tritt auf mit der Oxidationszahl $+1$, Calcium mit $+2$ und Scandium mit $+3$. So sind zum Beispiel die Formeln der Sulfate K_2SO_4, $CaSO_4$ und $Sc_2(SO_4)_3$. Titan, das vierte Element, neigt zur Bildung von Salzen, in denen es eine Oxidationszahl annimmt, die unter dem Höchstwert $+4$ liegt. Verbindungen wie Titandioxid, TiO_2, und Titantetrachlorid, $TiCl_4$, treten zwar auf, die meisten Verbindungen jedoch entsprechen den niedrigeren Oxidationsstufen $+2$ bzw. $+3$. Das gleiche Bestreben kommt bei den nächsten Elementen zum Ausdruck. Die Verbindungen von Vanadium, Chrom und Mangan, in denen die Metalle mit den höchstmöglichen Oxidationszahlen $+5$, $+6$ bzw. $+7$ vorliegen, sind starke Oxidationsmittel und werden leicht reduziert zu Verbindungen, in denen die Oxidationszahl der Metalle $+2$ oder $+3$ beträgt. Auch für die folgenden Elemente Eisen, Kobalt, Nickel, Kupfer und Zink spielen die Oxidationszahlen $+2$ oder $+3$ eine wichtige Rolle.

Ein auffälliges Merkmal der meisten Verbindungen von Übergangsmetallen ist ihre Farbe, während die gewöhnlichen Salze anderer Metalle im allgemeinen farblos sind. Fast alle Verbindungen von Vanadium, Chrom, Mangan, Eisen, Kobalt, Nickel und Kupfer sind intensiv farbig. Die Farbe hängt außer von der Ordnungszahl des Metalls

---

1 Verschiedentlich werden die zehn Elemente von Scandium bis Zink als die Übergangselemente der ersten langen Periode erklärt. Jedoch sind Scandium und das ihm homologe Yttrium in ihren physikalischen und chemischen Eigenschaften dem Aluminium sehr ähnlich, Gallium und Indium dagegen durchaus nicht. Deshalb erscheint es angebracht, Scandium und Yttrium mit Aluminium einzuordnen und Gallium und Indium zu den Übergangselementen zu zählen.

auch von dessen Oxidationsstufe und in gewissem Grade von dem Nichtmetall oder Anion ab, das als Verbindungspartner des Metalls auftritt. Offenbar hängt die Farbe mit der Elektronenbesetzung der M-Schale (bzw. bei Elementen anderer Perioden jeweils der zweitäußersten Schale) zusammen: farbige Verbindungen treten auf, wenn die M-Schale mehr als acht, aber weniger als achtzehn Elektronen (vollständige Besetzung) enthält. Ist die M-Schale des Metallatoms vollständig besetzt, so sind die Verbindungen im allgemeinen farblos. Hierzu gehören die Verbindungen des positiv zweiwertigen Zinks ($ZnSO_4$ usw.) und des positiv einwertigen Kupfers ($CuCl$ usw.). Eine andere, für unvollständige Innenschalen charakteristische Eigenschaft ist der Paramagnetismus (das Bestreben, sich in ein starkes Magnetfeld zu schieben). Fast alle Verbindungen der Übergangselemente, in denen diese mit Oxidationszahlen auftreten, die auf unvollständige Innenschalen schließen lassen, sind deutlich paramagnetisch.

17.4. Der metallische Zustand

Die charakteristische Härte und Festigkeit der Übergangsmetalle und ihrer Legierungen ist den besonders festen Bindungen zwischen den Atomen im metallischen Zustand zu verdanken. Ein Verständnis der Kräfte, die die Atome in Metallen und Legierungen zusammenhalten, ist deshalb von besonderer Bedeutung.
Betrachten wir zunächst die ersten sechs Metalle der ersten langen Periode: Kalium, Calcium, Scandium, Titan, Vanadium und Chrom. Kalium, das erste von ihnen, ist ein weiches Leichtmetall von niedrigem Schmelzpunkt. Calcium, das zweite, ist erheblich härter und dichter und hat einen viel höheren Schmelzpunkt. Scandium, das dritte, ist noch härter und dichter und schmilzt bei noch höherer Temperatur. Den gleichen Gang der Eigenschaften finden wir, wenn wir zu Titan, Vanadium und Chrom weitergehen. Die stetige Veränderung der Eigenschaften kann mit der Abnahme der Atomabstände vom Kalium bis zum Chrom in Verbindung gebracht werden. Die Abnahme des Atomabstands kommt deutlich zum Ausdruck in der sogenannten „idealen Dichte", der Größe 50/Volumen des Grammatoms. Die ideale Dichte ist dem Volumen eines Grammatoms des Metalls umgekehrt proportional; es ist die Dichte, die das Metall haben würde, wenn es statt seines Atomgewichts das Atomgewicht 50 annehmen würde, ohne gleichzeitig seine Kristallstruktur und seinen Atomabstand zu verändern. Sie ist ein Maß für den Reziprokwert der dritten Potenz des Atomabstands im Metall. Die ideale Dichte steigt, wie Abbildung 17.4 zeigt, von ungefähr 1 für Kalium bis auf 7 für Chrom stetig an. Viele andere Eigenschaften, darunter Härte und Zugfestigkeit, zeigen in der Reihe der sechs Metalle eine ähnliche Zunahme.
Für den Wandel in den Eigenschaften liefert die Elektronenstruktur der Metalle eine einfache Erklärung. Das Kaliumatom besitzt außerhalb seiner vollständigen Argonschale nur *ein* Elektron. Es könnte dieses eine Elektron zur Ausbildung einer kovalenten Einfachbindung mit einem anderen Kaliumatom benutzen. Tatsächlich treten zweiatomige Molekeln K_2 neben einatomigen Molekeln K im Kaliumdampf auf. Im Kristall des metallischen Kaliums jedoch ist jedes Kaliumatom von mehreren Nachbarn in gleichem Abstand umgeben. Seine eine kovalente Bindung vermag alle diese Nachbarn festzuhalten, weil sie die Erscheinung der Resonanz zeigt: sie kann zwischen den Nachbarn

hin- und herwechseln. Das Calciumatom im metallischen Calcium verfügt über *zwei* Valenzelektronen zur Ausbildung von Bindungen mit seinen Nachbarn. Hier ist es die Resonanz von zwei Bindungen, die alle Nachbarn am Calciumatom festhält. Die Festigkeit der Bindungen ist deshalb doppelt so groß wie im Fall des Kaliums. Ähnlich besitzt Scandium, das nächste Element der Reihe, *drei* Valenzelektronen, und die Festigkeit der Bindungen ist deshalb dreimal so groß wie beim Kalium. So wächst die Bindungsfestigkeit und mit ihr Härte, Festigkeit, Schmelzpunkt und andere Eigenschaften der Metalle bis zum Chrom, das über *sechs* Valenzelektronen verfügt und sechsmal so starke Bindungen aufweist.

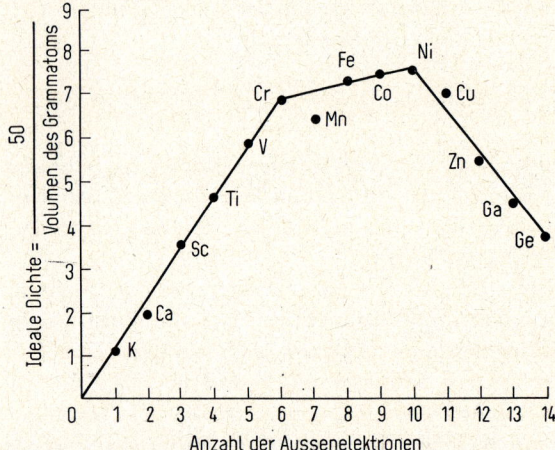

Abb. 17.4. Die ideale Dichte der Metalle der ersten langen Periode. Die ideale Dichte ist definiert als diejenige Dichte, die das Metall haben würde, wenn es das Atomgewicht 50 besäße.

Über das Chrom hinaus setzt sich das Anwachsen nicht in gleicher Weise fort. Vielmehr sind Festigkeit, Härte und andere Eigenschaften bei den fünf Übergangselementen Chrom, Mangan, Eisen, Kobalt und Nickel im wesentlichen die gleichen. Das kommt auch in der geringen Änderung der idealen Dichte zum Ausdruck (siehe Abb. 17.4; der auffallend niedrige Wert für Mangan geht auf dessen ungewöhnliche Kristallstruktur zurück, die bei keinem anderen Element auftritt). Wir können schließen, daß die „metallische Wertigkeit" – definiert als die Anzahl Elektronen, die das Atom für die Bildung metallischer Bindungen zur Verfügung stellt – bei diesen Elementen nicht weiter anwächst, sondern auf dem Höchstwert 6 stehenbleibt. Vom Nickel an sinkt sie dann in der Reihenfolge Kupfer, Zink, Gallium und Germanium wieder ab, wie im raschen Abfall der idealen Dichte gemäß Abbildung 17.4 und der entsprechenden Verringerung von Härte, Schmelzpunkt und anderen verwandten Größen zum Ausdruck kommt.

In diesem Zusammenhang ist ein Vergleich der metallischen Wertigkeit mit den Oxidationszahlen der Metalle in anderen Verbindungen interessant. Die metallische Wertigkeit des Chroms beträgt 6; das entspricht der Oxidationszahl +6, die das Chrom in Chromaten und Dichromaten annimmt, während es in den meisten seiner Salze nur mit der geringeren Oxidationszahl +3 auftritt. Ebenso besitzen Mangan, Eisen, Kobalt und Nickel die metallische Wertigkeit 6, während fast alle ihre Verbindungen den

Oxidationszahlen +2 oder +3 entsprechen. *Die wertvollen physikalischen Eigenschaften der Übergangsmetalle sind eine Auswirkung ihrer hohen metallischen Wertigkeit.*

Unsynchronisierte Resonanz von Bindungen in Metallen. Wie bereits erwähnt, kann jedes Atom in metallischem Kalium vermöge seines einen Valenzelektrons eine kovalente Bindung eingehen, die aber nicht das Atom mit einem einzelnen Nachbarn verbindet, sondern sich vielmehr in Resonanz zwischen mehreren Lagen befindet. In schematischer Veranschaulichung können wir für vier Kaliumatome in einer quadratischen Anordnung zwei Valenzstrukturen anschreiben:

```
K   K         K — K
|   |
K   K         K — K
  I             II
```

Die Resonanz zwischen diesen beiden Strukturen ist der zwischen den beiden Kekulé-Strukturen der Benzolmolekel analog. Sie würde das Metall gegenüber einem aus K_2-Molekeln mit je einer festliegenden kovalenten Bindung bestehenden Kristall stabilisieren.

Bei der Resonanz zwischen den Strukturen I und II wechseln die beiden Bindungen ihre Lage gleichzeitig: die Resonanz ist „synchronisiert". Es kommen aber noch weitere Strukturen in Frage, die durch unsynchronisierte Resonanz und damit durch Übergang eines Elektrons von einem Atom zum anderen zustandekommen:

```
K+  K       K   K+      K-— K       K — K-
|            |            |           |
K — K-      K-— K       K   K+      K+   K
  III         IV          V           VI
```

Resonanz zwischen allen sechs Strukturen statt zwischen nur den Strukturen I und II würde zu einer stärkeren Stabilisierung führen. Außerdem liefert eine solche unsynchronisierte Resonanz eine einfache Erklärung für die auffälligen Eigenheiten der Metalle, nämlich für die hohe elektrische Leitfähigkeit und deren negativen Temperaturkoeffizienten.

Hierzu wollen wir das Verhalten einer Kette von Kaliumatomen im Metall betrachten, etwa

K — K   K — K   K+   K — K-— K   K — K   K — K

In Gegenwart eines elektrischen Felds, erzeugt von einer Kathode zur Linken und Anode zur Rechten, würden die Bindungen dazu neigen, sich derart zu verschieben, daß die positive Ladung auf die Kathode und die negative Ladung auf die Anode zu wandert:

K — K   K+   K — K   K — K   K — K-— K   K — K
K+   K — K   K — K   K — K   K — K   K — K-— K

usw.

Die unsynchronisierte Resonanz der Bindungen entspricht einem Transport elektrischer Ladung (Elektronen) und bewirkt die hohe elektrische Leitfähigkeit. Eine solche Leitfähigkeit ist von der Struktur der Metalle bedingt und ist deshalb am höchsten bei sehr niedriger Temperatur, bei der die Atome ihre regelmäßige Anordnung im Gitter weitgehend einhalten. Bei höheren Temperaturen beeinträchtigt die thermische Oszillation der Atome die Regelmäßigkeit der Anordnung und stört damit die Resonanz der Bindungen, was eine Verringerung der Leitfähigkeit zur Folge hat. Der Temperaturkoeffizient der Leitfähigkeit ist somit negativ.

Das Metallorbital. In der Valenzstruktur

$$\begin{array}{cc} K^+ & K \\ & | \\ K & \!\!\!-\!\!\! & K^- \end{array}$$

hat ein Atom, K^-, ein zweites Valenzelektron aufgenommen, das es ihm gestattet, zwei kovalente Bindungen statt nur einer einzugehen. Das Atom betätigt nun also zwei Orbitale, eins mehr als das neutrale (kovalent einwertige) Kaliumatom. Ohne das zusätzliche Orbital, das *Metallorbital* genannt wird, könnte die unsynchronisierte Bindungsresonanz, die für die Metalle so typisch ist, nicht zustandekommen. *Die Existenz eines zusätzlichen, im neutralen Atom nicht von einem Elektron oder Elektronenpaar besetzten Orbitals, des Metallorbitals, ist das charakteristische Merkmal der Metallstruktur.*

Kalium weist in seiner Außenschale neun einigermaßen stabile Orbitale auf: ein $4s$-, drei $4p$- und fünf $3d$-Orbitale. Nur ein Orbital (ein *spd*-Hybrid) fungiert im kovalent einwertigen Atom als Bindungsorbital, und alle anderen stehen somit zum Dienst als Metallorbitale bereit. Kalium ist deshalb ein Metall. Anders liegen die Verhältnisse beim Diamant. Hier sind die vier stabilen Orbitale der Valenzschale (die tetraedrischen Bindungsorbitale, Hyvride des $2s$- und der drei $2p$-Orbitale; siehe Kapitel 6) alle mit Bindungselektronen besetzt. Ein Metallorbital steht nicht zur Verfügung, und Diamant ist deshalb kein Metall.

17.5. Metallische Wertigkeit

Im vorigen Abschnitt hatten wir erwähnt, daß bei den Elementen Kalium, Calcium, Scandium, Titan, Vanadium und Chrom, den physikalischen Eigenschaften nach zu urteilen, alle Elektronen außerhalb der Argon-Schale sich am Eingehen von Bindungen beteiligen, und daß die metallische Wertigkeit dieser Elemente damit 1, 2, 3, 4, 5 bzw. 6 beträgt.

Bei den Übergangselementen stehen neun stabile Außenorbitale zur Verfügung (ein $4s$-, drei $4p$- und fünf $3d$-Orbitale in der hier betrachteten Reihe von Titan bis Gallium). Selbst wenn man eines von diesen als Metallorbital reserviert, könnte man erwarten, die metallische Wertigkeit würde weiter ansteigen auf 7 für Mangan und 8 für Eisen. Wie schon erwähnt, zeigen aber die physikalischen Eigenschaften der Elemente an, daß die metallische Wertigkeit auf dem Höchstwert 6 bei Mangan, Eisen, Cobalt und Nickel stehenbleibt und dann beginnend mit Kupfer wieder abfällt. Der Höchstwert 6 entspricht der Anzahl guter Bindungsorbitale, die durch Hybridisierung der s-, p- und d-Orbitale gebildet werden können. Der Abfall der metallischen Wertigkeit vom Kupfer an hängt damit zusammen, daß nur eine begrenzte Anzahl von Orbitalen zur Verfügung steht, wie am Beispiel von Zinn gezeigt werden soll.

17.5. Metallische Wertigkeit

Zinn, das Element 50, hat außerhalb der Krypton-Schale vierzehn Elektronen und neun stabile Orbitale (4d, 5s, 5p). Von diesen sind die fünf 4d-Orbitale die stabilsten und sind mit je einem einsamen Elektronenpaar besetzt. Die restlichen vier Elektronen können ungepaart die vier tetraedrischen 5s5p^3-Hybridorbitale einnehmen und können sich am Eingehen von vier tetraedrisch ausgerichteten Bindungen beteiligen. Tatsächlich hat graues Zinn, die eine der beiden allotropen Modifikationen des Elements, eine Struktur wie Diamant. Die Zinnatome in grauem Zinn sind vierwertig wie die Kohlenstoffatome im Diamant. Über ein Metallorbital verfügen sie nicht, und graues Zinn ist demgemäß kein Metall, vielmehr nur ein Halbmetall.

Würde das Zinnatom eines seiner Orbitale als Metallorbital zur Verfügung halten, so wäre es nunmehr zweiwertig statt vierwertig:

	5s	5p	5p	5p		
graues Zinn:	↑	↑	↑	↑	kein Metallorbital	vierwertig
weißes Zinn:	↑↓	↑	↑	Metallorbital	ein Metallorbital	zweiwertig

Weißes Zinn, die häufigere der beiden allotropen Modifikationen, zeigt die Eigenschaften eines Metalls. Die Länge der experimentell bestimmten Bindungsabstände läßt für diese Modifikation des Zinns auf eine metallische Wertigkeit von etwa 2,5 schließen.

Wie die Wertigkeit von 2,5 zustandekommt, läßt sich in folgender Weise erklären. Die magnetischen Eigenschaften der Elemente der Eisengruppe und ihrer Legierungen deuten darauf hin, daß die Anzahl von Metallorbitalen pro Atom nicht 1, sondern nur 0,72 beträgt (vgl. hierzu die Diskussion der magnetischen Eigenschaften am Ende dieses Abschnitts). Eine einleuchtende Erklärung für das Auftreten eines solchen Bruchteils als metallische Wertigkeit liefert die Annahme, daß das Metall zu 28% aus M$^-$, 44% aus M und 28% aus M$^+$ besteht. Die Ionen M$^-$ benötigen kein Metallorbital, denn sie würden ohnehin kein weiteres Elektron akzeptieren (M^{2-} wäre gemäß dem Elektroneutralitätsprinzip instabil; vgl. Abschnitt 6.12). Die Struktur von weißem Zinn kann demnach wie folgt veranschaulicht werden:

	5s	5p	5p	5p	Beitrag zur Wertigkeit
28% Sn$^+$	↑	↑	↑	Metallorbital	3 · 0,28 = 0,84
44% Sn	↑↓	↑	↑	Metallorbital	2 · 0,44 = 0,88
28% Sn$^-$	↑↓	↑	↑	↑	3 · 0,28 = 0,84
				effektive metallische Wertigkeit	2,56

Die gleiche Überlegung führt für die Elemente von Kupfer bis Germanium zu den metallischen Wertigkeiten

Cu	Zn	Ga	Ge
5,56	4,56	3,56	2,56

Kupfer, Zink und Gallium sind Metalle mit Eigenschaften, die mit diesen Wertigkeiten verträglich sind. Germanium liegt unter Normaldruck als Halbmetall mit Diamantstruktur und Wertigkeit 4 vor. Unter hohem Druck verwandelt es sich in eine andere

Modifikation mit erheblich höherer elektrischer Leitfähigkeit und Dichte entsprechend der Struktur von weißem Zinn und Wertigkeit 2,56.

Ferromagnetismus und metallische Wertigkeit. Eisen, Kobalt und Nickel sind ferromagnetisch (d.h. stark „magnetisch" im landläufigen Sinne). Der Ferromagnetismus geht auf den Spin ungepaarter Elektronen zurück. Beim Eisen entspricht er der Anwesenheit von 2,2 Elektronen mit ungepaarten Spins pro Atom. Legierungen von Eisen mit geringen Mengen Kobalt sind stärker ferromagnetisch als reines Eisen. Der Ferromagnetismus erreicht ein Maximum bei einem Kobaltgehalt von etwa 28% und sinkt dann ab, bis er beim reinen Kobalt nur mehr 1,7 ungepaarten Elektronen pro Atom entspricht.

Daß gerade eine Legierung von 72% Eisen und 28% Kobalt am stärksten ferromagnetisch ist, läßt sich mit folgender Überlegung verständlich machen. In dieser Legierung haben die Atome im Durchschnitt die Ordnungszahl 26,28, weisen also durchschnittlich 8,28 Elektronen außerhalb ihrer Argon-Schalen auf. Die Außenelektronen können sich auf neun Orbitale verteilen, nämlich fünf $3d$-, ein $4s$- und drei $4p$-Orbitale. Ständen aber alle neun Orbitale den Elektronen unbeschränkt zur Verfügung (sechs als Bindungsorbitale und die restlichen für die zum Ferromagnetismus beitragenden Elektronen), so sollte die durchschnittliche Anzahl ungepaarter Elektronen mit dem Kobaltgehalt der Legierung weiter anwachsen und ihr Maximum erst beim reinen Kobalt erreichen, das neun Elektronen außerhalb seiner Argon-Schale trägt. In Wirklichkeit wird aber der stärkste Ferromagnetismus bei 28% Kobaltgehalt (8,28 Elektronen außerhalb der Argon-Schale) erreicht, weil nur 8,28 der neun Orbitale verfügbar sind. Der Rest von 0,72 entspricht der Existenz von einem Metallorbital bei 72% der Atome, wie bereits weiter oben erörtert worden ist.

Aufgabe 17.1. Der Feromagnetismus von Nickel-Kupfer-Legierungen nimmt mit wachsendem Kupfergehalt ab, und zwar von einer Stärke bei reinem Nickel, die der Anwesenheit von 0,6 ungepaarten Elektronen pro Atom entspricht, bis auf null bei 56% Kupfergehalt. Wie ist dieser Befund zu deuten?

Lösung. In diesen Legierungen stehen den Elektronen außerhalb der Argon-Schale 8,28 Orbitale zur Verfügung. Bei einer Zusammensetzung von 44% Nickel und 56% Kupfer beträgt die durchschnittliche Anzahl solcher Elektronen pro Atom 10,56. Sechs von diesen sind Bindungselektronen und besetzen sechs Orbitale. Den restlichen 4,56 Elektronen verbleiben 2,28 Orbitale. Auf jedes Orbital entfallen also zwei Elektronen. Die Elektronen sind damit alle gepaart. Da keine ungepaarten Elektronen in dieser Legierung auftreten, ist sie nicht ferromagnetisch.

Aufgabe 17.2. Wie hoch ist die metallische Wertigkeit von Zink?

Lösung. Zink weist außerhalb seiner Argon-Schale 12 Elektronen auf, denen 8,28 Orbitale zur Verfügung stehen. Wir besetzen zunächst diese 8,28 Orbitale mit je einem Elektron mit positivem Spin. Es verbleiben $12 - 8,28 = 3,72$ Elektronen, die negativen Spin haben müssen und auf 3,72 Orbitale zu verteilen sind. Pro Atom sind also 3,72 Orbitale von Elektronenpaaren besetzt, die restlichen $8,28 - 3,72 = 4,56$ von ungepaarten Elektronen. Diese 4,56 Elektronen können sich an Bindungen beteiligen. Die metallische Wertigkeit von Zink ist damit 4,56, wie wir bereits weiter oben angegeben hatten.

17.6. Die Theorie frei beweglicher Elektronen in Metallen

Eine Theorie des Metallzustands, die die Valenzelektronen als frei beweglich in einem Feld von Metall-Kationen ansieht, ist von dem holländischen Physiker Hendrik Antoon Lorentz aufgestellt und später von Wolfgang Pauli in quantenmechanische Form gefaßt worden. Die Dichte der Energieniveaus für ein Teilchen im Kasten ist durch Gleichung 9.18 gegeben. Nach dem Pauli-Prinzip kann jedes Orbital von zwei Elektronen (entgegengesetzten Spins) besetzt werden. Die Dichte $\rho(E)$ der Elektronenzustände für freie Elektronen in einem Metall ist nach dieser Überlegung doppelt so groß wie der Ausdruck in Gleichung 9.18:

$$\rho(E) = \frac{8\pi 2^{1/2} m^{3/2} V E^{1/2}}{h^3} \tag{17.1}$$

Am absoluten Nullpunkt der Temperatur füllen die Elektronen die niedrigsten verfügbaren Spin-Orbital-Niveaus, besetzen also die Niveaus unterhalb einer gewissen Energie (unterhalb der sogenannten Fermi-Oberfläche) vollständig und ausschließlich, wie in Abbildung 17.5 veranschaulicht ist. Bei höherer Temperatur werden einige Elektronen durch Anregung auf höhere Niveaus gehoben und lassen ein „Loch" (ein ungepaart zurückbleibendes Elektron) im verlassenen Orbital zurück. Das Ausmaß der Anregung ist proportional kT.

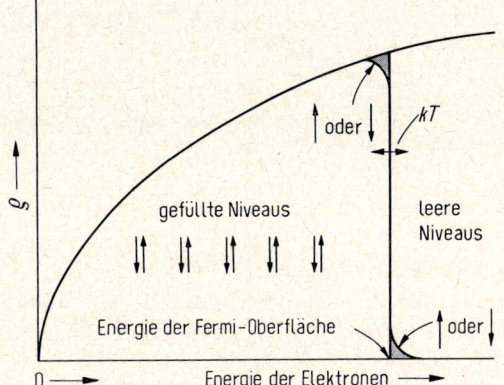

Abb. 17.5. Besetzungsdichte $\varrho(E)$ der Spin-Bahn-Niveaus freier Elektronen als Funktion der Energie E. Die Kurve und die senkrechte Linie (die Fermi-Oberfläche) schließen die bei $T = 0$ K gefüllten Niveaus ein. Die schattierten Flächen geben die Abweichung infolge Anregung bei einer höheren Temperatur an.

Die Energie an der Fermi-Oberfläche läßt sich mit Hilfe von Gleichung 9.17 berechnen und beträgt für ein Metall mit z Valenzelektronen und Molvolumen V

$$E_{\max} = \frac{h^2 (3zN)^{2/3}}{8m(\pi V)^{2/3}} \tag{17.2}$$

Bei Anwendung des Boltzmannschen Verteilungssatzes auf diese Vorstellung findet man, daß der elektronische Beitrag zur Molwärme bei niedriger Temperatur proportional T ist:

$$C_V(\text{elektronisch}) = R \frac{\pi^2 kT}{2 E_{\max}} \tag{17.3}$$

Dieser Wert von C_V(elektronisch) entspricht der Annahme des Gleichverteilungswerts $^3/_2 R$ durch den Bruchteil $\pi^2 kT/3E_{max}$ von einem Mol Elektronen.

Die Molwärme von Metallen. Für Metalle mit normalem Verhalten gehorcht die Molwärme bei niedriger Temperatur der Beziehung

$$C_V = \gamma T + aT^3 \qquad (17.4)$$

Der erste Term stellt den elektronischen Beitrag dar, der zweite den Beitrag der Debyeschen Molwärme, und zwar ist a proportional θ^{-3} (siehe Abschnitt 10.16). Die Größe C_V/T ist eine lineare Funktion von T^2, deren Gerade den Anstieg a hat und die Ordinate bei γ schneidet:

$$\frac{C_V}{T} = \gamma + aT^2 \qquad (17.5)$$

Meßwerte für eine Chrom-Eisen-Legierung sind in Abbildung 17.6 angegeben. Aus dem Ordinatenschnittpunkt ergibt sich $\gamma = 0{,}0131$ J grad^{-2} mol^{-1}.

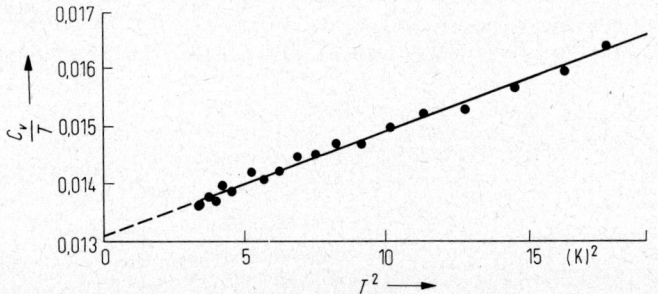

Abb. 17.6. Meßwerte von C_V/T (in J grad^{-1} mol^{-1}) einer Chrom-Eisen-Legierung, aufgetragen gegen T^2.

Wie ersichtlich, ist bei Metallen bei sehr niedrigen Temperaturen der hauptsächliche Beitrag zur Molwärme der elektronische.

Die Theorie frei beweglicher Elektronen ist nur eine recht grobe Näherung. Eine verfeinerte Theorie des Metallzustands (die Energieband-Theorie) führt zu einer Verteilungsfunktion der Elektronenniveaus, die anders aussieht als die in Abbildung 17.5

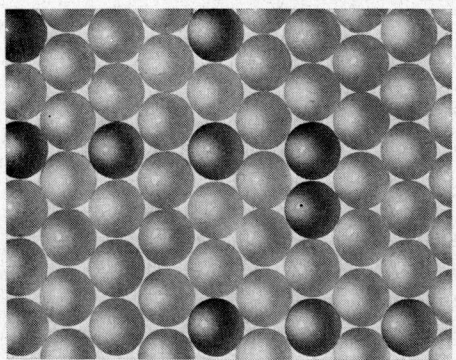

Abb. 17.7. Eine Gold-Kupfer-Legierung. Die Legierung setzt sich aus kleinen Kristalliten zusammen, von denen jeder aus einem regelmäßigen Gitter von Atomen beider Arten besteht. Die Verteilung der Goldatome und Kupferatome auf die Gitterplätze ist jedoch im wesentlichen regellos.

gezeigte. Experimentell ermittelte Werte des Koeffizienten γ, der von der Dichte der Elektronenniveaus an der Fermi-Oberfläche abhängt, sind meist mit der Theorie frei beweglicher Elektronen nicht vereinbar, dagegen in guter Übereinstimmung mit der verfeinerten Theorie.

17.7. Legierungen

Eine *Legierung* ist ein metallisches Material, das aus mindestens zwei Elementen besteht. Legierungen können homogen oder inhomogen sein, das heißt, sie können aus einer Phase oder aus einem Gemenge von mehreren Phasen bestehen. Münzgold zum Beispiel ist eine homogene Legierung. Ein gewöhnliches Stückchen Münzgold besteht aus kleinen Kristalliten, von denen jeder eine feste Lösung (Mischkristall) von Kupfer und Gold darstellt. Die Struktur dieser Mischkristalle ist in Abbildung 17.7 veranschaulicht. Ein anderes Beispiel für eine homogene Legierung ist die äußerst harte, metallische Substanz Tantalcarbid, TaC. In diesem Fall handelt es sich um eine Verbindung, die dieselbe Struktur wie Natriumchlorid aufweist (vgl. Abb. 6.18). Jedes Tantalatom hat zwölf andere Tantalatome als Nachbarn. Außerdem befinden sich Kohlenstoffatome, die verhältnismäßig klein sind, in den Zwischenräumen zwischen den Tantalatomen und halten diese zusammen. Jedes Kohlenstoffatom unterhält Bindungen mit den sechs Tantalatomen, die es umgeben. Die Bindungen sind 2/3-Bindungen, das heißt, vier kovalente Bindungen befinden sich in Resonanz zwischen den sechs verschiedenen Lagen am Kohlenstoffatom. Jedes Tantalatom ist nicht nur an die benachbarten Kohlenstoffatome gebunden, sondern auch an die es umgebenden zwölf anderen Tantalatome. Die große Anzahl von Bindungen – neun Valenzelektronen pro TaC gegenüber nur fünf pro Ta in metallischem Tantal bei nahezu gleichem Volumen – macht es verständlich, daß die Verbindung wesentlich härter ist als Tantal selbst.

Das binäre System Arsen/Blei. Das Zustandsdiagramm für das binäre System Arsen/Blei ist in Abbildung 17.8 angegeben. Als senkrechte Koordinate im Diagramm ist die Temperatur (in °C) aufgetragen, als waagerechte Koordinate die Zusammensetzung des Systems, und zwar oben in Gewichtsprozent Blei und unten in Atomprozent Blei. Das Diagramm gilt für 1 atm Druck. Aus ihm gehen die Temperaturen und Zusammensetzungen hervor, bei denen die verschiedenen Phasen stabil sind.
Im Bereich von Temperatur und Zusammensetzung oberhalb der Linien AB und BC tritt nur eine Phase auf, die geschmolzene Legierung. Im Gebiet innerhalb des Dreiecks ADB liegen zwei Phasen vor, eine flüssige Phase und eine feste Phase, die aus Arsenkristallen besteht. Ebenso beschreibt das Dreieck BEC einen Bereich, in dem zwei Phasen auftreten, eine flüssige Phase und kristallines Blei. Im Bereich unter der waagerechten Linie DBE besteht die Legierung aus zwei festen Phasen, aus kristallinem Blei und kristallinem Arsen; sie setzt sich aus kleinen Kristalliten der beiden Elemente zusammen.
Wir wollen nun die Phasenregel auf eine Legierung im Einphasengebiet oberhalb der Linie ABC anwenden. Für zwei Bestandteile und nur eine Phase, wie in diesem Fall, verlangt die Phasenregel drei Freiheitsgrade. Die drei Größen, die in unserem System

514   17. Struktur und Eigenschaften von Metallen und Legierungen

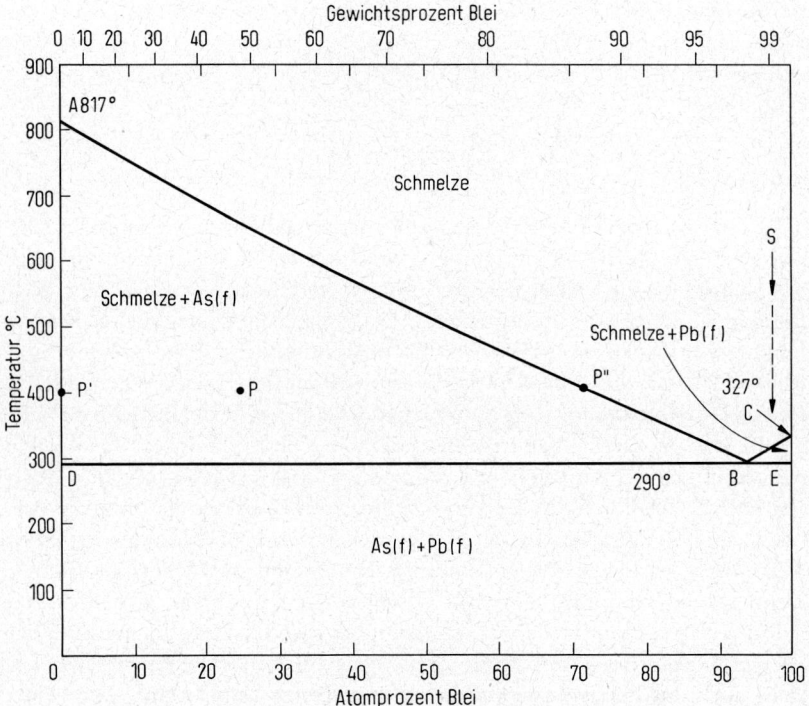

Abb. 17.8. Zustandsdiagramm für das binäre System Arsen/Blei.

unabhängig voneinander verändert werden können, sind der Druck (der im Diagramm willkürlich mit 1 atm vorgegeben ist, aber verändert werden kann) sowie Temperatur und Zusammensetzung der Schmelze, die beide innerhalb der Grenzen des Einphasengebiets willkürlich gewählt werden können.

Eine Legierung, deren Temperatur und Zusammensetzung einem Punkt im Zweiphasengebiet ADB entspricht – zum Beispiel dem Punkt P mit 35 Atomprozent Blei und 400 °C –, hat laut Aussage der Phasenregel nur zwei Freiheitsgrade. Das System besteht aus einer festen Phase, kristallinem Arsen, und einer flüssigen Mischphase, der Schmelze. Die Zusammensetzung der beiden Phasen ist durch die Schnittpunkte der Linie für die Temperatur (400 °C) mit den Begrenzungslinien des Zweiphasenbereichs gegeben. In unserem Fall entsprechen die Zusammensetzungen den beiden Punkten P′ (kristallines Arsen) und P″ (Schmelze mit etwa 72 Atomprozent Blei). Wir können zum Beispiel innerhalb des Zweiphasengebiets Druck und Temperatur willkürlich vorgeben; damit ist jedoch die Zusammensetzung der Schmelze festgelegt.

Bei willkürlich festgesetztem Druck (1 atm) können nur unter ganz bestimmten Bedingungen drei Phasen nebeneinander bestehen (Punkt B). In einem System mit zwei Bestandteilen läßt die Phasenregel für drei Phasen nur einen Freiheitsgrad zu, den wir mit der Festsetzung des Drucks verbraucht haben. Die Zusammensetzung der beiden festen Phasen, reines kristallines Arsen und reines kristallines Blei, liegt sowieso fest.

Mit beiden festen Phasen gleichzeitig kann eine Schmelze unter 1 atm Druck – entsprechend Punkt B im Diagramm – nur dann im Gleichgewicht stehen, wenn ihre Zusammensetzung 93 Atomprozent Blei und die Temperatur 290 °C beträgt. Ein solcher Punkt im Zustandsdiagramm wird als *eutektischer Punkt* bezeichnet. Eine Legierung entsprechender Zusammensetzung heißt *eutektische Legierung*. Das Wort „eutektisch" (aus dem Griechischen) heißt „leicht schmelzend": wie das Diagramm zeigt, schmilzt eine eutektische Legierung bei 290 °C, während Legierungen anderer Zusammensetzung erst bei höherer Temperatur vollständig verflüssigt werden können. Eine Schmelze eutektischer Zusammensetzung erstarrt beim Abkühlen bei 290 °C vollständig zu einer feinkörnigen Mischung von Kristalliten reinen Arsens und reinen Bleis, einem sogenannten *Eutektikum*. Die eutektische Legierung besitzt also einen scharfen Schmelzpunkt (Gefrierpunkt) bei 290 °C.

Die Linien im Zustandsdiagramm stellen Grenzen zwischen den Existenzbereichen verschiedener Phasen oder Phasenmischungen dar. Eine Linie wie AB, an der von der Schmelze ausgehend zum ersten Mal eine feste Phase auftritt, heißt *Gefrierpunktskurve* oder *Solidus-Kurve*, und eine Linie wie DB, bei der von einem festen Material ausgehend zum ersten Mal eine flüssige Phase auftritt, heißt *Schmelzpunktskurve* oder *Liquidus-Kurve*. Die Lage solcher Grenzlinien kann mit verschiedenen experimentellen Methoden ermittelt werden, zu denen die thermische Analyse gehört, die in Abschnitt 17.8 besprochen werden soll.

Wird eine Arsen-Blei-Schmelze der eutektischen Zusammensetzung abgekühlt, so sinkt ihre Temperatur stetig ab, bis die eutektische Temperatur von 290 °C erreicht ist. Dann kristallisiert die Schmelze zum festen Eutektikum, wobei die Temperatur konstant bleibt, bis die Kristallisation vollständig beendet ist. Das Eutektikum hat also einen konstanten Schmelzpunkt (Gefrierpunkt), ebenso wie jeder der beiden reinen Elementarbestandteile.

Entsprechend dem allgemeinen Prinzip der Gefrierpunktserniedrigung (vgl. Abschnitt 13.7) liegt der eutektische Schmelzpunkt niedriger als die Schmelzpunkte der reinen Bestandteile. Noch verstärken läßt sich dieser Effekt durch Zusatz weiterer Bestandteile. Eine Legierung von 50 Gewichtsprozent Wismut (Fp. 271 °C), 27% Blei (Fp. 327,5°), 13% Zinn (Fp. 232°) und 10% Cadmium (Fp. 321°) schmilzt bei 70 °C *(Woodsches Metall)*. Werden der Legierung noch 18% ihres Gewichts an Indium (Fp. 155°) zugesetzt, so verringert sich der Schmelzpunkt auf 47 °C.

An Hand des Zustandsdiagramms für das System Arsen/Blei können wir jetzt die folgende Erscheinung erklären. Bei der Herstellung von Schrotkugeln aus Blei setzt man eine geringe Menge Arsen zu (etwa 0,5 Gewichtsprozent), um die Härte des Materials zu steigern und die Eigenschaften der Schmelze zu verbessern. Zur Herstellung der Schrotkugeln wird die geschmolzene Legierung durch ein Sieb gegossen. Die kleinen Tröpfchen erstarren, während sie in einem Turm herabfallen. Unten fängt ein Wassertank die verfestigten Kügelchen auf. Verwendete man reines Blei, so würden die fallenden Tröpfchen nach Abkühlung auf 327 °C ziemlich plötzlich erstarren. Ein fallender Tropfen ist im allgemeinen nicht kugelförmig; seine Gestalt ändert sich periodisch und gleicht, wie die Beobachtung von Wassertropfen zeigt, bald einem abgeplatteten, bald einem gestreckten Ellipsoid. Deshalb ist für Schrot aus reinem Blei keine Kugelgestalt zu erwarten. Dagegen beginnt eine Legierung, die 0,5 Gewichtsprozent Arsen enthält (Pfeil S im Diagramm 17.8), nach Abkühlung auf 320 °C zu erstarren. Im Laufe der weiteren Abkühlung bis zur eutektischen Temperatur, 290 °C, scheidet die Schmelze kleine Kristalle von reinem Blei ab. Während dieser Zeit besteht der Tropfen aus einem Brei von Bleikristallen und flüssiger Legierung. Die Oberflächenspannung der Flüssigkeit bewirkt, daß ein solcher zäher Brei eine annähernd kugelförmige Gestalt annimmt.

Das binäre System Blei/Zinn. Das Zustandsdiagramm für die Legierungen des Systems Blei/Zinn ist in Abbildung 17.9 angegeben. Das System hat große Ähnlichkeit mit dem System Arsen/Blei, abgesehen von einer geringen Löslichkeit von Blei in kristallinem Zinn und einer erheblichen Löslichkeit von Zinn in kristallinem Blei. Die mit α bezeichnete Phase ist eine feste Lösung von Zinn in Blei. Die Löslichkeit des Zinns beträgt bei der eutektischen Temperatur 19,5 Gewichtsprozent; sie sinkt bis zu 2% bei Zimmertemperatur. Die β-Phase ist eine feste Lösung von Blei in Zinn. Hier beträgt die Löslichkeit bei der eutektischen Temperatur 2%; bei Zimmertemperatur ist sie äußerst gering. Die eutektische Zusammensetzung liegt bei etwa 62 Gewichtsprozent Zinn und 38 Gewichtsprozent Blei.

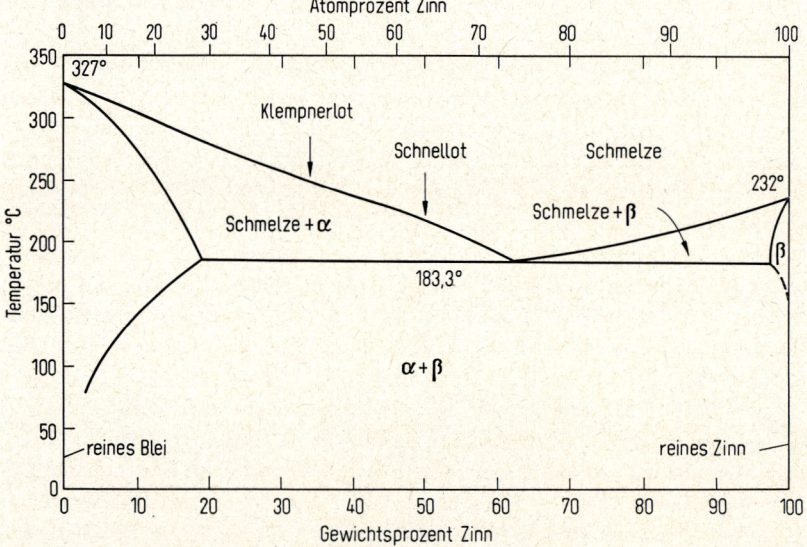

Abb. 17.9. Zustandsdiagramm für das binäre System Blei/Zinn.

Die Zusammensetzung von Klempnerlot und von Weichlot ist im Diagramm eingezeichnet. Die Eigenschaften dieser Legierungen lassen sich an Hand des Zustandsdiagramms verstehen. Beim Klempnerlot kommt es vor allem darauf an, daß sich eine Verbindung gut durch Aufstreichen herstellen läßt. Während das Lot sich abkühlt, bildet es einen Brei aus Kristallen der α-Phase und der flüssigen Legierung. Die mechanischen Eigenschaften des Breis sind für die Ausführung der Lötung günstig. Als Brei liegt die

Legierung während des ganzen Wegs durch die Zone im Phasendiagramm vor, in der α-Phase und Schmelze nebeneinander beständig sind. Für Klempnerlot entspricht das einem Temperaturbereich von etwa 70°, von 250 °C bis zur eutektischen Temperatur, die bei 183 °C liegt. Weichlot wird dagegen für Arbeiten an elektrischen Geräten und Anlagen vorgezogen, weil es den niedrigsten Schmelzpunkt aufweist und deshalb am wenigsten leicht Schäden durch Überhitzung etwa von Transistoren hervorruft.

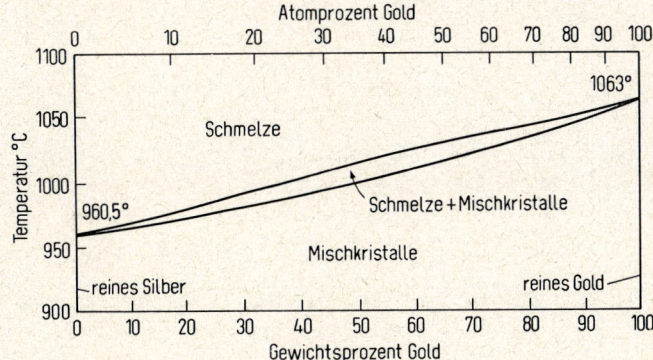

Abb. 17.10. Zustandsdiagramm für das ninäre System Silber/Gold. Die beiden Metalle bilden miteinander eine unbegrenzte Reihe von Mischkristallen.

Das binäre System Silber/Gold. Die Metalle Silber und Gold sind im flüssigen wie auch im kristallinen Zustand unbegrenzt ineinander löslich. Eine feste Silber-Gold-Legierung besteht aus einer einzigen Phase, aus homogenen Mischkristallen. Die Struktur der Kristalle entspricht der kubisch dichtesten Kugelpackung, ebenso wie beim Kupfer (Kapitel 2). Die Goldatome und Silberatome verteilen sich im wesentlichen willkürlich auf die Gitterplätze (vgl. Abb. 17.7). Das Zustandsdiagramm des Systems Silber/Gold (Abb. 17.10) ist charakteristisch für Systeme mit unbegrenzter Mischkristallbildung. Zusatz einer kleinen Menge Gold zu reinem Silber verursacht nicht eine Erniedrigung des Erstarrungspunkts, sondern eine Erhöhung.

Legierungen von Silber und Gold, die häufig auch etwas Kupfer enthalten, werden zu Schmuckgegenständen und Zahnplomben verarbeitet und zum Löten von Gold verwendet.

Das binäre System Silber/Strontium. Das Zustandsdiagramm eines etwas komplizierteren binären Systems, des Systems Silber/Strontium, ist in Abbildung 17.11 wiedergegeben. Wie aus dem Zustandsdiagramm hervorgeht, treten vier intermetallische Verbindungen mit den Formeln Ag_5Sr, Ag_5Sr_3, $AgSr$ und Ag_2Sr_3 auf. Diese Verbindungen und die reinen Bestandteile bilden miteinander eine Reihe von Eutektika. So ist die Legierung mit 25 Gewichtsprozent Strontium eine eutektische Mischung der beiden Verbindungen Ag_5Sr und Ag_5Sr_3.

Einige binäre Systeme zeigen ein noch wesentlich komplizierteres Verhalten. Ein Dutzend verschiedene Phasen können auftreten, und deren Zusammensetzung kann infolge Bildung von Mischkristallen schwanken. Das Verhalten von Legierungen, die sich aus drei, vier oder noch mehr Bestandteilen aufbauen, ist naturgemäß noch schwerer zu überblicken.

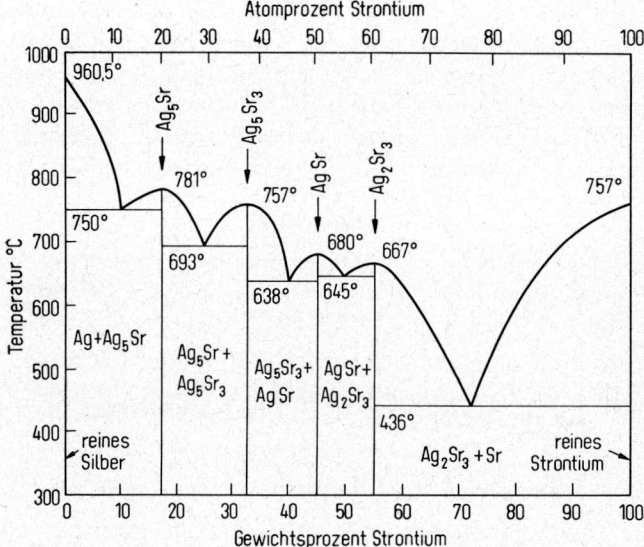

Abb. 17.11. Zustandsdiagramm für das binäre System Silber–Strontium. Aus dem Diagramm ist das Auftreten von vier intermetallischen Verbindungen zu ersehen.

Die Formeln von intermetallischen Verbindungen wie etwa Ag_5Sr lassen sich offensichtlich nicht in einfacher Weise mit den gewöhnlichen Wertigkeiten der Elemente in Beziehung setzen. Zur Beschreibung der Verbindung Ag_5Sr können wir sagen, daß das Strontiumatom seine beiden Valenzelektronen zur Ausbildung von Bindungen mit benachbarten Silberatomen benutzt, während die Silberatome ihre restlichen Valenzelektronen zur Ausbildung von Bindungen untereinander verwenden. Bei der Entwicklung einer Valenztheorie, die Struktur und Eigenschaften von intermetallischen Verbindungen und Legierungen im allgemeinen erklären soll, sind gewisse Fortschritte erzielt worden. Dennoch sind die theoretischen Vorstellungen auf diesem speziellen Gebiet der Chemie von einer endgültigen Fassung noch weit entfernt.

17.8. Experimentelle Methoden zur Untersuchung von Metallen und Legierungen

Zur Untersuchung der in Legierungen auftretenden Phasen ist vor rund hundert Jahren die sogenannte *Metallographie* eingeführt worden. Bei einer metallographischen Untersuchung wird die Oberfläche einer Probe des Metalls geschliffen und poliert, gelegentlich auch mit geeigneten Reagentien (etwa mit Salpetersäure oder Pikrinsäure) geätzt, um die Korngrenzen besser sichtbar zu machen und die Unterscheidung zwischen verschiedenen Phasen zu erleichtern; sie wird dann unter dem Mikroskop in auffallendem Licht gemustert. Auf diese Weise können die Größe und Form der Kristallite untersucht und das Auftreten von Kristalliten mehrerer verschiedener Phasen selbst in Legierungen, die bei Betrachtung mit dem bloßen Auge homogen zu sein scheinen, erkannt werden. Die polierte und geätzte Oberfläche einer Kupferprobe ist in Abbildung 2.2 gezeigt, und mikroskopische Aufnahmen von Legierungen, in denen verschiedene Phasen auszumachen sind, finden sich in Kapitel 20.

17.8. Experimentelle Methoden zur Untersuchung von Metallen und Legierungen

In jüngerer Zeit ist zur Untersuchung von Metallen und Legierungen vielfach das Elektronenmikroskop herangezogen worden. Für elektronenmikroskopische Studien benötigt man einen äußerst dünnen Film des Metalls, zu dessen Herstellung man manchmal eine Folie oberflächlich mit Säure behandelt, bis sich Löcher bilden: in unmittelbarer Nachbarschaft der Löcher ist dann die Folie gewöhnlich dünn genug, um den Elektronenstrahl durchtreten zu lassen. Weiterhin kann die Struktur einzelner Kristallite durch Auswertung der Beugungsfiguren aufgeklärt werden, die beim Durchgang eines Elektronenstrahls durch das Kristallgitter zustandekommen. Zum Beispiel läßt sich das Fortschreiten von Strukturänderungen, gegebenenfalls bei erhöhter Temperatur, auf diese Weise verfolgen.

Solche Verfahren zur Untersuchung von Phasenumwandlungen stellen zwar überaus feine Werkzeuge dar, sind aber langwierig und in ihrer Handhabung kompliziert. In der sogenannten *Thermoanalyse* dagegen steht ein einfaches und leicht anzuwendendes Verfahren zur Verfügung, das seit über einem Jahrhundert in Gebrauch ist. Typisch für Phasenumwandlungen ist die Aufnahme oder Abgabe der Umwandlungswärme. Welche Rolle die Umwandlungswärme bei der Thermoanalyse spielt, soll an einem einfachen Beispiel erläutert werden.

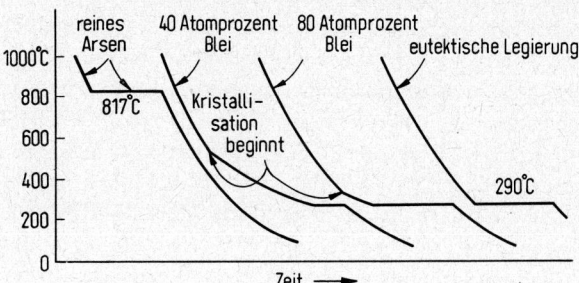

Abb. 17.12. Abkühlungskurven von Proben verschiedener Arsen/Blei-Legierungen.

Proben von Arsen-Blei-Legierungen (vgl. das Zustandsdiagramm in Abb. 17.8) verschiedener Zusammensetzung, die sich von reinem Arsen bis zu reinem Blei erstreckt, werden zur Untersuchung hergestellt. Die Proben werden im Tiegel in einem Ofen bis oberhalb ihres Schmelzpunkts erhitzt und kühlen sich dann durch Wärmeabstrahlung an den Ofen und von diesem an die Umgebung ab, wenn die Heizung abgeschaltet worden ist. In die geschmolzene Probe wird ein Thermoelement eingetaucht, mit dessen Hilfe die Temperatur beim Abkühlen laufend registriert werden kann. So erhaltene Temperatur-Zeit-Kurven nennt man *Abkühlungskurven*. Besteht die Probe aus reinem Arsen, so zeigt die Temperatur ein Verhalten entsprechend der ersten Kurve in Abbildung 17.12: die Temperatur sinkt stetig bis zum Schmelzpunkt (Gefrierpunkt), 817 °C, bei dem die Kurve einen Knick aufweist und für eine Weile horizontal verläuft. Während dieser „Haltezeit" erstarrt das Arsen, und die freigesetzte Kristallisationswärme kompensiert den Wärmeverlust an die Umgebung. Nach vollständiger Kristallisation der Probe fällt die Temperatur wieder weiter ab.

Die zweite Kurve in Abbildung 17.12 entspricht dem Verhalten einer Legierung mit 40 Atomprozent Blei. Diese Abkühlungskurve zeigt zuerst einen steileren Temperaturabfall und dann eine abrupte Verringerung der Neigung am Punkt, an dem Arsen aus der Schmelze auszukristallisieren beginnt. Trotz der Kristallisation sinkt die Temperatur weiter, weil sich mit dem Abscheiden von Arsen die Zusammensetzung der Schmelze ändert und der Schmelzpunkt sich damit fortlaufend erniedrigt. Die Kurve fällt mit verringerter Neigung bis zu einer Temperatur von 290 °C ab, bei der sie eine Haltezeit (horizontales Kurvenstück) aufweist. Während dieser Haltezeit bei der eutektischen Temperatur kristallisieren Arsen und Blei gleichzeitig unter Bildung von zwei verschiedenen Festphasen.

Als nächste ist die Abkühlungskurve einer Legierung mit 80 Gewichtsprozent Blei gezeigt. Hier beginnt die Kristallisation von Arsen erst bei niedrigerer Temperatur (das heißt, die Liquidus-Temperatur ist niedriger), und die Haltezeit ist entsprechend der größeren Menge der als eutektischer Mischung auskristallisierenden beiden Phasen länger.

Die nächste Kurve ist die Abkühlungskurve der eutektischen Legierung, die 93 Atomprozent Blei enthält (entsprechend der Zusammensetzung am Punkt B in Abb. 17.8). Qualitativ gleicht sie der Abkühlungskurve einer reinen Substanz.

Legierungen einer Zusammensetzung, die zwischen der eutektischen und reinem Blei liegt, weisen wiederum Abkühlungskurven derselben Art auf wie die bereits gezeigten von Legierungen auf der anderen Seite des Eutektikums.

Die Thermoanalyse in einer verbesserten, empfindlicheren Form beruht auf der Messung der Temperaturdifferenz zwischen zwei gleichzeitig sich abkühlenden Metall- oder Legierungsproben. Diese sogenannte *differentielle Thermoanalyse* sei an folgendem Beispiel erläutert. Es liege eine Eisen-Kobalt-Legierung vor, von der man vermutet, daß die Umwandlung zwischen der ferromagnetischen α-Phase und der paramagnetischen β-Phase (die dasselbe raumzentrierte Kristallgitter wie die α-Phase aufweist) bei einer Temperatur zwischen 700 und 900 °C stattfindet[1]. Eine Probe der Legierung und eine Probe eines ähnlichen Metalls, das im fraglichen Temperaturbereich keine Phasenumwandlung aufweist, etwa Kupfer, werden so bemessen, daß sie etwa gleiche Wärmekapazität besitzen. Beide Proben werden mit Thermoelementen versehen, und zwar werden diese so geschaltet, daß sie die Temperaturdifferenz zwischen den Proben als Funktion der Temperatur der ersten Probe registrieren. Die beiden Proben werden im Ofen auf 1000 °C erhitzt, dann wird der Ofen abgeschaltet und die Messung während des Abkühlens der Proben durchgeführt. Eine Neigungsänderung der Kurve für die Temperaturdifferenz zeigt den Umwandlungspunkt an, dessen Temperatur auf diese Weise recht genau bestimmt werden kann (auf etwa 0,1 bis 1°).

Eine andere wichtige und fruchtbare Methode zum Studium von Legierungen besteht in der Herstellung und röntgenographischen Untersuchung von Proben verschiedener Zusammensetzung. (Insbesondere macht man hierbei von Pulveraufnahmen Gebrauch, die das Beugungsdiagramm einer großen Zahl von Kriställchen regelloser Ausrichtung anzeigen.) Durch Analyse der Beugungsdiagramme kann die Anzahl auftretender Phasen

---

1 Diese Umwandlung, bei der die Kristallstruktur unverändert bleibt und sich nur die gegenseitige Ausrichtung der magnetischen Momente der Atome verändert, erstreckt sich über einen endlichen Temperaturbereich, über rund 1°. Einen solchen Vorgang nennt man *Umwandlung zweiter Ordnung*.

17.8. Experimentelle Methoden zur Untersuchung von Metallen und Legierungen

ermittelt werden. Zum Beispiel treten im Fall des Systems Silber/Strontium, dessen Zustandsdiagramm in Abbildung 17.11 gezeigt worden war, charakteristische Beugungsdiagramme bei sechs verschiedenen Zusammensetzungen auf, nämlich bei reinem Silber, reinem Strontium und den vier im Zustandsdiagramm durch Pfeile gekennzeichneten Zusammensetzungen. Bei Legierungen anderer, dazwischenfallender Zusammensetzung besteht das Beugungsdiagramm aus den Linien von zwei dieser sechs Phasen, und zwar ist die relative Intensität der Linien dem Anteil der betreffenden Phase an der Legierung proportional. Weiterhin ist es vielfach möglich, mit Hilfe des Beugungsdiagramms die Kristallstruktur zu ermitteln und damit die Zusammensetzung der betreffenden Phase sicherzustellen. Auf diese Weise ist zum Beispiel die Verbindung Ag_5Sr identifiziert worden.

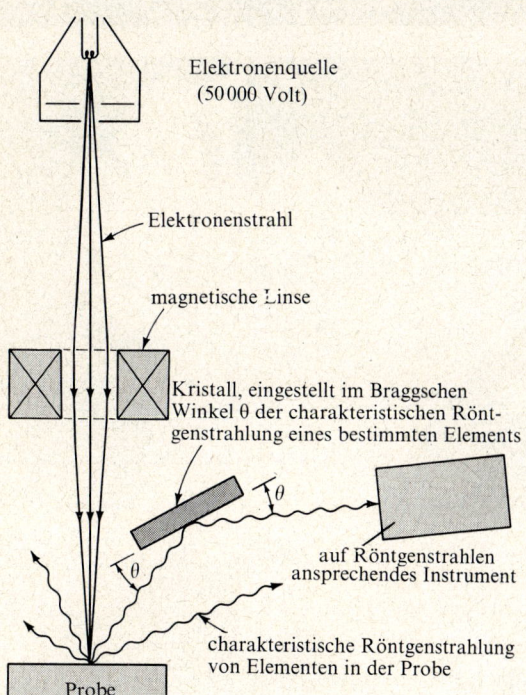

Abb. 17.13. Schematische Darstellung einer Apparatur zur Elektronenstrahl-röntgenspektrometrischen Untersuchung von Mikroproben.

Röntgenmikroanalyse. Wie die vorstehenden Ausführungen gezeigt haben, kann bei der Untersuchung von Legierungen die Zusammensetzung der Phasen ermittelt werden durch chemische Analyse von Proben, die nach Ausweis metallographischer Methoden homogen sind, oder durch Bestimmung des Zustandsdiagramms mit Hilfe von Proben verschiedener Zusammensetzung. In den letzten Jahren hat sich eine weitere Methode, die Elektronenbestrahlung von Mikroproben mit Röntgenspektrometrie kombiniert, bei der Untersuchung von heterogenen Feststoffen wie Gesteinen und Legierungen als besonders wertvoll erwiesen. Das Verfahren erlaubt es, eine vollständige chemische

Ce

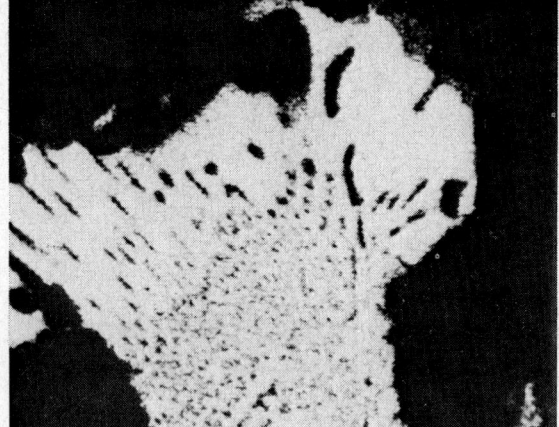

Mg

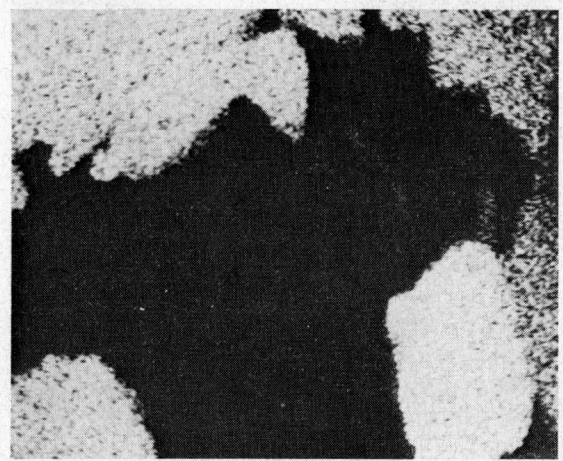

Fe

Abb. 17.14. Analyse einer mehrphasigen Legierung durch Elektronenstrahl-röntgenspektrometrische Untersuchung einer Mikroprobe. Die drei Aufnahmen zeigen die von der charakteristischen Röntgenstralung von Eisen, Magnesium bzw. Cer auf dem Schirm des Oszilloskops erzeugten Abbildungen desselben Ausschnitts der Probenoberfläche (Ausmaß 150 μm im Quadrat). (Applied Research Laboratories, Sunland, California.)

17.8. Experimentelle Methoden zur Untersuchung von Metallen und Legierungen

Analyse an einer winzigen Probe vorzunehmen, ohne diese dabei zu zerstören. Ein durch Hochspannung erzeugter Elektronenstrahl (ähnlich wie im Elektronenmikroskop) wird auf etwa 1 μm der polierten Oberfläche der Analysensubstanz fokussiert (Abb. 17.13). Die auftreffenden Elektronen erzeugen Röntgenstrahlen in der gleichen Weise wie an der Antikathode einer Röntgenröhre, und zwar sendet jede Atomart die Röntgenstrahlung der für sie charakteristischen Wellenlänge aus (vgl. Abschnitt 4.1). Die Wellenlängen können mit einem Kristallspektrometer ähnlich dem Braggschen Röntgenspektrometer (Abb. 3.23) ermittelt werden. Auf Grund der aufgefundenen Wellenlängen ist es möglich, die am beschossenen Fleck der Oberfläche anwesenden Elemente zu identifizieren, und die Auswertung der relativen Intensitäten der Röntgenstrahlen gestattet es bei entsprechender Kalibrierung, die Mengen der betreffenden Elemente quantitativ zu ermitteln. Schließlich kann man mit dem Elektronenstrahl bei Messung der Intensität der Strahlung eines vorgegebenen Elements die Oberfläche der Probe rasterartig abtasten (wie eine Fernsehkamera ein Bild abtastet) und dabei die gemessene Intensität auf dem Schirm eines synchron mit dem Elektronenstrahl betriebenen Oszilloskops sichtbar machen. Auf diese Weise kommt ein Bild der räumlichen Verteilung des betreffenden Elements zustande (siehe Abb. 17.14): helle und dunkle Zonen auf dem Schirm des Oszilloskops entsprechen Zonen in der Probe, in denen das Element stark bzw. schwach vertreten ist. Auf diese Weise hat sich bei vielen dem Anschein nach homogenen Materialien herausgestellt, daß sie in Wirklichkeit in kleinstem Maßstab chemisch inhomogen sind, nämlich aus mehreren Phasen verschiedener Zusammensetzung bestehen oder aus einer Phase, deren Zusammensetzung sich von Ort zu Ort ändert.

Als ein Beispiel aus der Natur, das den Wert dieses Verfahrens einer chemischen Analyse mittels Elektronenbeschuß einer Mikroprobe für die Untersuchung von Metallen und Legierungen erläutert, sei die Aufklärung der inneren Struktur von Eisenmeteoriten

Abb. 17.15. Polierte Oberfläche eines Eisen-Nickel-Meteoriten (etwa 40% der natürlichen Größe, der Meteorit ist etwa 25 cm lang) mit großen, parallel angeordneten Kristalliten (Widmannstättensche Figuren). (Griffith-Observatorium.)

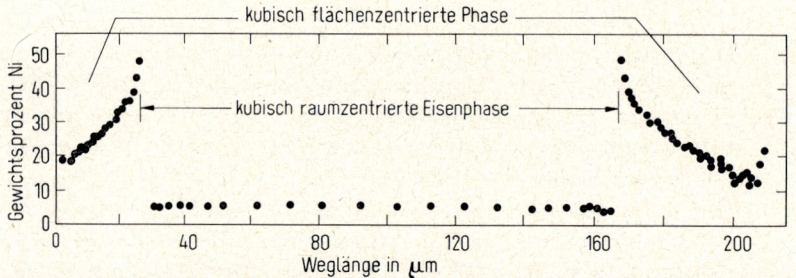

Abb. 17.16. Profil der chemischen Zusammensetzung längs des Wegs durch eine ausgeschiedene Lamelle in einem Eisenmeteoriten, aufgenommen durch Elektronenstrahl-röntgenspektrometrische Untersuchung einer Mikroprobe. (Aus Geochimica et Geophysica Acta, *31*, 1002, 1967 mit Genehmigung von Pergamon Press.)

genannt (siehe Abb. 17.15). Solche Meteoriten bestehen aus einem Nickel-Eisen-Mischkristall, aus dem sich beim Abkühlen von der hohen Bildungstemperatur Lamellen von nahezu reinem Eisen abgesondert haben. Der Nickel-Eisen-Mischkristall weist ein kubisch-flächenzentriertes Gitter auf, das nahezu reine Eisen der Lamellen dagegen ein kubisch-raumzentriertes. Der Nickelgehalt einer Eisenlamelle und des angrenzenden Nickel-Eisen-Mutterkristalls, wie ihn der Elektronenbeschuß beim Überstreichen der Lamelle sichtbar macht, ist in Abbildung 17.16 dargestellt. Erkenntlich sind von der Lamelle fortweisende Gradienten der Nickelkonzentration. Die Gradienten kommen durch Nickel zustande, das von der Lamelle bei deren Übergang zum kubisch-raumzentrierten Gitter ausgeschieden worden ist: die Diffusion der Nickelatome war nicht rasch genug, den Nickelgehalt dieser Phase während des Abkühlens der Legierung auszugleichen. Auf Grund dieser „eingefrorenen" Konzentrationsgradienten läßt sich die Geschwindigkeit berechnen, mit der die Abkühlung stattgefunden hat, und aus dieser wiederum kann man auf die Größe des Himmelskörpers schließen, von dem der Meteorit herrührt.

17.9. Einlagerungsmischkristalle und Substitutionsmischkristalle

Zwei deutlich voneinander verschiedene Arten von Mischkristallen (festen Lösungen) sind erkenntlich: die Einlagerungsmischkristalle und die Substitutionsmischkristalle[1]. In *Einlagerungsmischkristallen* befinden sich Atome des einen Bestandteils eingestreut in Lücken zwischen den Gitterplätzen, die von Atomen des anderen Bestandteils besetzt sind. In der Regel wird dadurch das Gitter etwas aufgeweitet. In den meisten Fällen übt jedoch der Zuwachs an Masse durch Aufnahme der Fremdatome einen stärkeren Einfluß aus als die Aufweitung des Gitters; dann ist die Dichte des Einlagerungsmischkristalls größer als die Dichte der reinen Substanz ohne eingelagerte Fremdatome. In *Substitutionsmischkristallen* dagegen vertreten Atome des einen Bestandteils Atome des anderen auf Gitterstellen.

---

1 Von manchen wird der Ausdruck „feste Lösung" auf Einlagerungsmischkristalle beschränkt, während Substitutionsmischkristalle als Mischkristalle im engeren Sinne gelten.

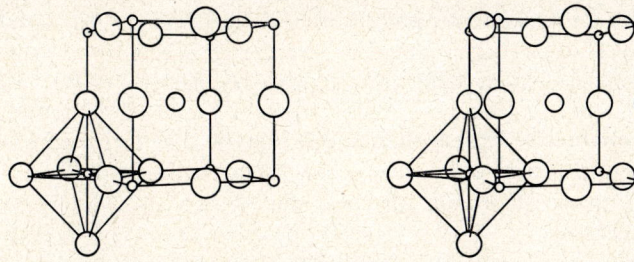

Abb. 17.17. Stereoskopische Ansicht der Struktur von Martensit, eines in Stahl auftretenden Eisencarbids. Die Eisenatome (große Kugeln) bilden ein (etwas verzerrtes) kubisch raumzentriertes Gitter, die Kohlenstoffatome nehmen die Mittelpunkte der horizontalen, von je vier Eisenatomen gebildeten Quadrate ein. Nicht alle Gitterplätze sind von Kohlenstoffatomen besetzt.

Martensit zum Beispiel, eine feste Lösung von Kohlenstoff in Eisen, ist ein Einlagerungsmischkristall. Eine idealisierte Struktur, die der Gegenwart von einem Kohlenstoffatom für je zwei Eisenatome entspricht, ist in Abbildung 17.17 gezeigt. Wie aus der Abbildung hervorgeht, sind die Eisenatome fast genauso angeordnet wie im α-Eisen, nämlich in einem raumzentrierten Gitter. Die Kohlenstoffatome liegen in den Mittelpunkten der waagerechten Flächen der Elementarzelle. Weil sie nur dort, nicht aber in den senkrechten Flächen der Elementarzelle auftreten, ist die Symmetrie des Gitters nur noch tetragonal, nicht mehr kubisch. Die senkrechte Kante der in der Abbildung gezeigten Elementarzelle ist um etwa 3% länger als die beiden waagerechten. Sind weniger Kohlenstoffatome anwesend, so bleiben einige Zwischengitterplätze unbesetzt. Wird die Zahl der Kohlenstoffatome sehr viel kleiner als die Zahl der Zwischengitterplätze, so besetzen diese regellos waagerechte und senkrechte Flächen; damit wird die Symmetrie des Mischkristalls wieder kubisch.

Während Einlagerungsmischkristalle gewöhnlich dann auftreten, wenn eine Substanz mit kleinen Atomen sich in einer Substanz mit großen Atomen löst – der kovalente Radius von Kohlenstoff beträgt 0,77 Å, der metallische Radius von Eisen 1,26 Å –, sind Mischkristalle von Substanzen annähernd gleicher Atomgröße meistens Substitutionsmischkristalle. Eisen und Nickel zum Beispiel bilden Mischkristalle, in denen die Eisenatome und Nickelatome ungeordnet auf die Gitterstellen des raumzentrierten Gitters (bei 0 bis etwa 25 Atomprozent Ni) oder des flächenzentrierten Gitters (bei etwa 25 bis 100 Atomprozent Ni) verteilt sind. Die Unordnung infolge des Unterschieds in der Größe der Atome macht sich in erhöhtem elektrischen Widerstand bemerkbar: Mischkristalle leiten den elektrischen Strom nicht so gut wie die reinen Metalle.

17.10. Physikalische Metallurgie

In neuerer Zeit ist ein spezieller Zweig der Metallurgie, der auch als *physikalische Metallurgie* bezeichnet wird, mehr und mehr in den Vordergrund gerückt. Die physikalische Metallurgie versucht, die physikalischen Eigenschaften wie Zugfestigkeit, Härte, Dehnbarkeit, elektrische Leitfähigkeit, Wärmeleitfähigkeit und Molwärme von reinen Metallen sowie Legierungen von deren Atom- und Elektronenstruktur her zu erklären.

526   17. Struktur und Eigenschaften von Metallen und Legierungen

Eines der Endziele der physikalischen Metallurgie ist das Vermögen, für jeden beliebigen Zweck Legierungen mit den geforderten speziellen Eigenschaften auf theoretischer Grundlage „nach Maß" entwerfen zu können.

Mechanische Eigenschaften der Metalle. Die meisten Metalle sind geschmeidig. Ein Metall zerbricht unter dem Schlag eines Hammers nicht in Stücke, sondern es plattet sich ab. Kristalle von Metallen müssen sich also verformen können, ohne dabei zu brechen.

Wird ein Natriumchloridkristall so verformt, daß die Ionen sich um ungefähr einen Ionendurchmesser relativ zueinander verschieben, so kommen Natrium-Ionen neben Natrium-Ionen und Chlorid-Ionen neben Chlorid-Ionen zu liegen, und die Abstoßungskräfte zwischen Ionen gleichen Vorzeichens verursachen einen Bruch des Kristalls. In einem Metall dagegen sind alle Atome einander gleich, und jedes Atom kann mit jedem anderen Bindungen eingehen. Auch eine Verformung des Kristalls beeinträchtigt die Resonanz der Bindungen zwischen den verschiedenen Lagen nicht. Deshalb behält der Kristall eines Metalls auch bei Verformung seine Festigkeit.

Ändert der Kristall eines Metalls seine Form, so tritt in seinem Inneren eine Verschiebung an sogenannten *Gleitebenen* ein. Im Zink zum Beispiel, das mit hexagonal dich-

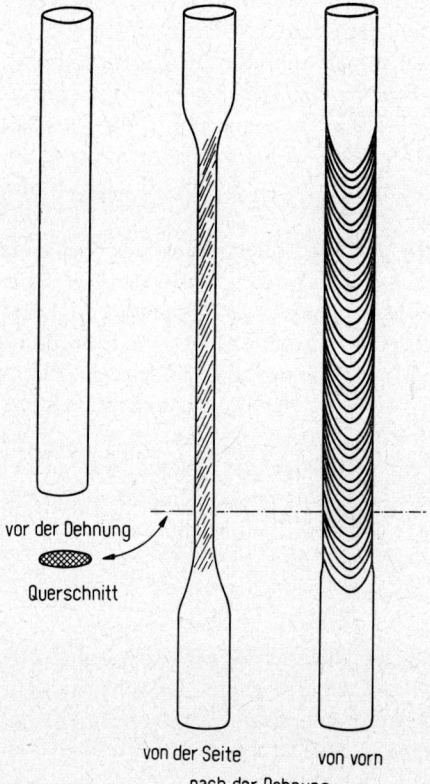

Abb. 17.18. Bei Zugbeanspruchung verformt sich ein stabförmiger Zink-Einkristall durch Verschiebung längs der Gleitebenen zu einem Band.

tester Packung kristallisiert (Abb. 17.1), beträgt der Abstand zwischen benachbarten Zinkatomen derselben hexagonalen Schicht 2,66 Å, während der Abstand zwischen Atomen, die benachbarten Schichten angehören, mit 2,91 Å etwas größer ist, als der ideal dichtesten Packung entspricht. Wir dürfen deshalb annehmen, daß eine hexagonale Schicht auf der anderen gleiten kann. Stellt man einen Zink-Einkristall in Form eines runden Stabes so her, daß die hexagonalen Atomschichten in einem Winkel zur Querschnittsebene des Stabs liegen, und dehnt man den Stab durch Zug an beiden Enden, so verformt er sich durch Verschiebung längs der hexagonalen Gleitebenen zu einem Band (Abb. 17.18). Mikrophotographien von Metallen, die auf Zug beansprucht worden sind, lassen oft solche Gleitebenen erkennen.

Die Verschiebung längs einer Gleitebene besteht nicht in einer gleichzeitigen Verlagerung aller Atome der einen Schicht relativ zur benachbarten Schicht, sondern die Atome rutschen eines nach dem anderen. Der Kristall weist Lücken auf, Gitterplätze, die nicht von Atomen besetzt sind. Das Atom auf der einen Seite einer solchen *Fehlstelle* kann wandern und die Lücke besetzen. Es hinterläßt dabei eine Lücke an der Stelle, an der es sich vorher befunden hat. Man kann den Vorgang auch als Wanderung der Fehlstelle in entgegengesetzter Richtung auffassen. Ist die Fehlstelle quer durch den ganzen Kristalliten gewandert, so hat sich eine ganze Atomreihe in Richtung der Zugkraft um einen Atomdurchmesser verschoben. Mit verschiedenen Arten von Fehlordnungen in der Kristallstruktur, sogenannten *Versetzungen*, wollen wir uns jetzt weiter beschäftigen.

Fehlstellen. Eine mögliche Fehlordnung in der Kristallstruktur ist eine *Fehlstelle*: an einem Gitterplatz, der normalerweise besetzt ist, fehlt das Atom, und die benachbarten Atome haben sich ein wenig in Richtung zum freien Platz hin verschoben. Fehlstellen bilden sich durch thermische Anregung in einem Ausmaß, das der Boltzmannschen Verteilungsfunktion entspricht. (Die Anzahl Fehlstellen in einem gegebenen Volumen des Metalls ist dabei ungefähr der Anzahl Atome in einem gleich großen Volumen Dampf gleich, der sich mit dem festen Metall im Gleichgewicht befindet.) In größerer Anzahl können Fehlstellen auch durch Beschießen des Metalls mit Teilchen hoher Energie oder mit Röntgenstrahlen erzeugt werden.

Atome auf Zwischengitterplätzen. Eine andere mögliche Fehlordnung in der Kristallstruktur, die ebenfalls auf einen Platz im Gitter beschränkt ist, besteht im Auftreten eines Atoms an einer Gitterstelle, die im idealen Kristall unbesetzt bleibt. Bei dem zusätzlichen Atom mag es sich um ein Fremdatom handeln, und zwar zumeist um ein Atom, das kleiner ist als die des Metalls. In Eisen zum Beispiel können Wasserstoff, Kohlenstoff, Stickstoff oder Sauerstoff sich an Zwischengitterplätzen einlagern. Größere Fremdatome vermögen Atome des Metalls an deren Gitterplätzen zu vertreten.

Es hat sich gezeigt, daß Verunreinigungen schon in sehr geringer Menge ein Metall spröde machen können. Kupfer zum Beispiel, das Schwefel oder Arsen enthält, ist ziemlich spröde. Fremdatome können Sprödigkeit unter anderem dadurch hervorrufen, daß sie die Wanderung von Fehlordnungen durch den Kristall behindern: stößt eine Fehlordnung auf ein Schwefelatom oder ein anderes Fremdatom im Kupferkristall, so kann sie ihren Weg nicht in gleicher Weise fortsetzen. Die Verschiebung längs der Gleitebene kann damit zum Stillstand kommen.

528   17. Struktur und Eigenschaften von Metallen und Legierungen

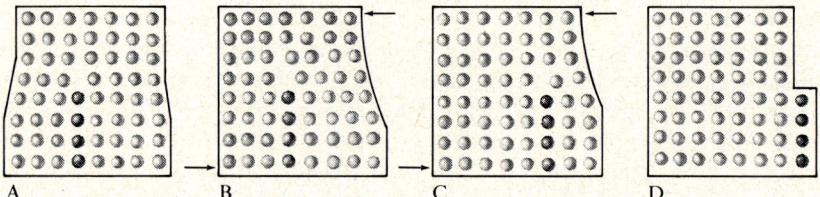

Abb. 17.19. Wanderung einer Stufenversetzung. (A) Eine Stufenversetzung in einem Metall. Die dunklen Kugeln stellen eine zusätzliche, unvollständige Atomschicht dar. (B) Der Kristall unter Beanspruchung. (C) Die Versetzung ist nach rechts ausgewandert. Andere Atome (wiederum als dunkle Kugeln gezeigt) bilden nun die unvollständige Schicht. (D) Die Versetzung hat die Korngrenze erreicht und bildet dort eine Stufe. Durch die Wanderung der Versetzung hat sich der obere Teil des Kristalls relativ zum unteren nach links verschoben.

Versetzungen. Die wichtigsten, jedenfalls für die physikalischen Eigenschaften von Kristallen ausschlaggebendsten Arten von Fehlordnungen sind die sogenannten *Versetzungen*. Die Leichtigkeit, mit der Versetzungen durch den Kristall wandern, bestimmen weitgehend die Spanne von dessen elastischer und plastischer Verformbarkeit und die Biege- bzw. Streckgrenze, das heißt, die Kraft, deren Ausübung gerade ausreicht, den Bruch des Kristalls herbeizuführen. Eine Art von Versetzung, die man *Stufenversetzung* nennt, ist in Abbildung 17.19 erläutert. Bei einer Stufenversetzung fehlt sozusagen ein Teil einer Atomschicht im Kristall.

Eine *Schraubenversetzung* ist in Abbildung 17.20 gezeigt. Sie weist eine Achse auf, die entweder linkshändig oder rechtshändig sein kann. Ein Kristall mit einer Schraubenversetzung besteht nicht aus vielen, einander parallelen Atomschichten, vielmehr aus einer einzigen Atomschicht, die wie eine Wendeltreppe um die Schraubenachse angeordnet ist.

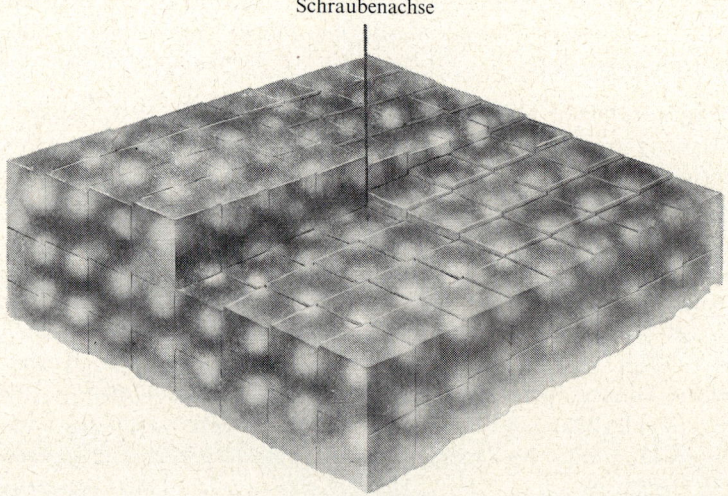

Abb. 17.20. Eine an einer Kristallfläche eines Metalls heraustretende Schraubenversetzung.

Die Wanderung einer Versetzung durch den Kristall beruht auf einer Folge von Einzelvorgängen, bei denen jeweils ein einziges Atom von seinem Gitterplatz auf einen benachbarten springt. Die hierzu erforderliche Aktivierungsenergie kann gering genug sein, eine hohe Geschwindigkeit des Vorgangs zu gewährleisten, und auf diese Weise kommt die plastische (d.h. bleibende) Verformung von Metallen unter Beanspruchung zustande.

Viele der mechanischen Eigenschaften von Metallen lassen sich auf Grund der Wanderung von Versetzungen verstehen. Ein Metallstück biegt sich unter entsprechender Beanspruchung. Hört die Beanspruchung auf, so nimmt das Metallstück entweder seine ursprüngliche Form wieder an oder bleibt verbogen. Im ersten Fall sind die Versetzungen nicht oder nur in reversibler Weise gewandert, das heißt, die Beanspruchung hat sie nicht über irgendwelche Fremdeinschlüsse hinweggetrieben und hat nicht zu viele von ihnen miteinander zusammentreffen lassen. Im zweiten Fall sind Versetzungen irreversibel gewandert, so daß sie bei Aufhören der Beanspruchung nicht mehr in ihre ursprüngliche Lage zurückkehren können. Ist die Beanspruchung sehr stark, so kann sie die Versetzungen so weit treiben, daß sich viele von ihnen vor einem Hindernis anstauen, etwa vor einem Fremdeinschluß oder einer Korngrenze zwischen verschiedenen Kristalliten. Im Raum einer solchen Anstauung von Versetzungen sind die Bindungen dann besonders starken Spannungen ausgesetzt, die schließlich einen Bruch des Materials auslösen können.

Die Korngrenzen zwischen Kristalliten können die Wanderung von Versetzungen behindern und damit die plastische Verformbarkeit des Metalls verringern und seine Härte erhöhen. Hämmert man ein Stück Kupfer längere Zeit, so spalten sich nach und nach die großen Kristallite in kleinere. Nun können die Korngrenzen zwischen den einzelnen Kristalliten das Fließen des Metalls dadurch behindern, daß die Wanderung der Gleitebenen an ihnen zum Stehen kommt. Auf diese Weise kommt die Härtung von Kupfer und anderen Metallen durch *Kaltbearbeitung*, zum Beispiel durch kaltes Hämmern, zustande. Anwärmen des Metalls bis auf eine Temperatur, bei der Rekristallisation eintritt (d.h. kleine, Spannungen ausgesetzte Kristallite wachsen zu großen, spannungsfreien zusammen), stellt dessen plastische Verformbarkeit wieder her. Einen solchen Arbeitsgang nennt man *Anlassen*. Die Rekristallisationstemperatur ist gewöhnlich etwa ein Drittel bis halb so hoch wie der Schmelzpunkt des Metalls (bei Angabe als absolute Temperaturen).

Reines Aluminium ist ein weiches, geschmeidiges Metall. Manche Verwendungszwecke erfordern jedoch eine größere Festigkeit und Zähigkeit. Hierzu können dem Aluminium geringe Mengen anderer Metalle, etwa Kupfer und Magnesium, zugesetzt werden. Eine gebräuchliche Aluminiumlegierung enthält etwa 4% Kupfer und 0,5% Magnesium. Es entstehen harte, spröde Kristalle der intermetallischen Verbindung $MgCu_2$. Diese winzigen Kristalle sind im Gefüge des Aluminium fein verteilt und blockieren dessen Gleitebenen so gründlich, daß die mechanischen Eigenschaften der Legierung die des reinen Metalls bei weitem übertreffen.

17. Struktur und Eigenschaften von Metallen und Legierungen

Übungsaufgaben

17.1. Aluminium kristallisiert mit kubisch dichtester Kugelpackung. Wieviele nächste Nachbarn hat jedes Atom? Geben Sie auf Grund seiner Stellung im Periodensystem die metallische Wertigkeit von Aluminium an. Würden Sie für Aluminium oder für Magnesium die größere Zugfestigkeit voraussagen? Aus welchem Grund?

17.2. Welche Vorstellungen machen Sie sich von den metallischen Wertigkeiten der Elemente Rubidium, Strontium und Yttrium? Können Sie den Gang von Härte, Dichte, Festigkeit und Schmelzpunkt in der Reihe dieser Elemente voraussagen?

17.3. Vergleichen Sie die metallischen Wertigkeiten von Natrium, Magnesium und Aluminium mit den Oxidationszahlen dieser Elemente in ihren häufigsten Verbindungen.

17.4. Beschreiben Sie die Struktur von Tantalcarbid, TaC. Können Sie erklären, warum die Verbindung eine soviel größere Festigkeit und Härte aufweist als Tantal selbst?

17.5. Definieren Sie die Begriffe Legierung, intermetallische Verbindung, Phase, Freiheitsgrad, Eutektikum, Tripelpunkt.

17.6. Wie lautet die Phasenregel? Nennen Sie ein Beispiel für ihre Anwendung.

17.7. Cadmium (Fp. 321 °C) und Wismut (Fp. 271 °C) bilden weder Mischkristalle noch intermetallisch Verbindungen miteinander. Ihr eutektischer Punkt liegt bei 61 Gewichtsprozent Wismut und 146 °C. Skizzieren Sie das Zustandsdiagramm und zeichnen Sie in jede Zone die anwesenden Phasen ein.

17.8. Beschreiben Sie die Struktur einer Legierung, die bei Abkühlung einer Schmelze von 92 Atomprozent Silber und 8 Atomprozent Strontium entsteht (vgl. Abb. 17.11).

17.9. Beschreiben Sie die Legierung, die beim Abkühlen einer Schmelze von je 50 Atomprozent Silber und Strontium entsteht. Ist die Legierung homogen oder heterogen? Weist sie einen scharfen Schmelzpunkt auf, oder dehnt sich der Schmelzvorgang über einen Temperaturbereich aus?

17.10. Geben Sie die niedrigste Temperatur an, bei der eine Silber-Strontium-Legierung flüssig bleiben kann. Welche Zusammensetzung hat diese Legierung? Ist sie in festem Zustand homogen oder heterogen? Weist sie einen scharfen Schmelzpunkt auf?

17.11. Warum schmilzt eine Ag-Sr-Legierung mit 75 Atomprozent Sr bei einer niedrigeren Temperatur als reines Strontium?

17.12. Wie Abbildung 17.11 ersehen läßt, beginnt eine Silber-Strontium-Legierung mit 1 Atomprozent Strontiumgehalt bei einer Temperatur zu erstarren, die 11° unter dem Gefrierpunkt von reinem Silber liegt. Wie groß ist die molare Gefrierpunktserniedrigung von Silber (vgl. Abschnitt 13.7)? Das Zustandsdiagramm des Systems Silber/Silicium ähnelt dem in Abbildung 17.9 gezeigten; im kristallinen Zustand ist keiner der beiden Bestandteile im anderen löslich. Bei welcher Temperatur würde eine Ag-Si-Legierung mit 1 Atomprozent Siliciumgehalt beginnen zu erstarren? (Lösung: 11° unterhalb des Gefrierpunkts von Silber.)

17.13. Die kristalline Verbindung von Silber und Strontium mit etwa 15% Sr hat nach Ausweis von röntgenographischen Untersuchungen eine hexagonale Struktur. Zwei Kanten der Elementarzelle sind 5,67 Å lang und stehen zueinander im Winkel von 120°; die dritte Kante ist 4,62 Å lang und steht senkrecht zu den anderen. a) Wie groß ist das Volumen der Elementarzelle? (Lösung: 128,7 Å^3.) b) Wie groß ist das Volumen von einem Mol von Elementarzellen? (Lösung: 76,85 cm^3.) c) Die Dichte der Verbindung ist experimentell bestimmt worden und beträgt 8,16 g cm^{-3}. Wie groß ist die Masse von einem Mol von Elementarzellen? (Lösung: 627 g.) d) Welche Formelgewichte kann die Verbindung haben? e) Wieviele Strontiumatome treten in der Formel auf? f) Wieviele Silberatome treten in der Formel auf?

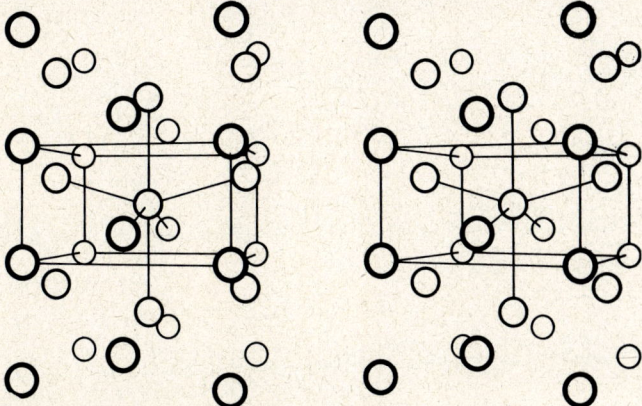

Abb. 17.21. Stereoskopische Ansicht der Struktur von weißem Zinn (siehe Übungsaufgabe 17.14).

17.14. Weißes Zinn hat eine tetragonale Struktur. Die Maße der Elementarzelle sind $a = b = 5{,}819$ Å, $c = 3{,}175$ Å; sie enthält 4 Sn in den Lagen 0 0 0, 1/2 0 1/4, 0 1/2 3/4, 1/2 1/2 1/2. a) Was für eine Dichte des Metalls ergibt sich aus diesen Angaben? b) Jedes Atom hat zwei Nachbarn im Abstand von 3,175 Å und vier weitere in einem etwas geringeren Abstand. Wie groß ist der letztere (vgl. Abb. 17.21)? c) Eine hypothetische Alternativstruktur ist das gewöhnliche kubische Gitter (Abb. 2.6), bei dem a den Durchschnittswert der im weißen Zinn vorliegenden Bindungsabstände annehmen würde. Welche Dichte würde sich hieraus ergeben? Können Sie eine Erklärung vorschlagen, warum diese Struktur gegenüber weißem Zinn nicht stabil ist?

17.15. Die Bildungsenthalpie der intermetallischen Verbindung $Mg_2Sn(f)$, die Flußspatstruktur aufweist (vgl. Abb. 18.3), für Bildung aus Mg(f) und Sn(grau) beträgt -74 kJ mol^{-1}, die von $Mg_2Si(f)$ dagegen -80 kJ mol^{-1}. Beachten Sie, daß es sich in beiden Fällen um Verbindungen mit normalen Valenzen handelt. Wie groß sind die Elektronegativitätsdifferenzen, die diesen Bildungsenthalpien entsprechen? (Lösung: etwa 0,45 Einheiten.)

17.16. Die Bildungsenthalpien der intermetallischen Verbindungen $Ba_2Sn(f)$ und $BaSn_3(f)$ belaufen sich auf -379 bzw. -189 kJ mol^{-1} für Bildung aus Ba(f) und Sn(grau). Erörtern Sie diese Werte im Zusammenhang mit der Anzahl von Bindungen zwischen ungleichen Atomen und mit der Elektronegativitätsdifferenz.

Kapitel 18

Lithium, Beryllium, Bor und Silicium und ihre Homologen

In diesem Kapitel wollen wir uns mit den Metallen und Halbmetallen der Gruppen Ia, IIa, IIIa und IVa des Periodensystems und ihren Verbindungen beschäftigen[1]). Die Alkalimetalle, die Vertreter der Gruppe Ia, sind die am stärksten elektropositiven Metalle, die „metallischsten" aller Elemente. Viele ihrer Verbindungen sind uns bereits in früheren Kapiteln begegnet. Die Erdalkalimetalle, in Gruppe IIa, sind ebenfalls stark elektropositiv.

Bor, Silicium und Germanium sind Halbmetalle, stehen also bezüglich ihrer Eigenschaften zwischen den Metallen und Nichtmetallen. Zum Beispiel liegt die elektrische Leitfähigkeit von Bor mit $1 \cdot 10^{-6} \Omega^{-1} cm^{-1}$ im Bereich zwischen den Werten für Metalle und Nichtmetalle (z. B. $4 \cdot 10^5 \Omega^{-1} cm^{-1}$ für Aluminium und $2 \cdot 10^{-13} \Omega^{-1} cm^{-1}$ für Diamant). Bor, Silicium und Germanium neigen dementsprechend mehr dazu, Sauerstoffsäuren zu bilden, als in Salzen als Kationen aufzutreten.

Silicium, dessen Name sich vom lateinischen *silex*, Kiesel, ableitet, ist das zweite Element in Gruppe IVa und damit ein Homologes des Kohlenstoffs. Wie Kohlenstoff in der organischen Welt spielt Silicium in der anorganischen Welt die wichtigste Rolle. Die meisten Gesteine, aus denen die Erdkruste sich zusammensetzt, bestehen aus Silicatmineralen, deren wichtigster elementarer Bestandteil Silicium ist.

Die Bedeutung des Kohlenstoffs in der organischen Chemie beruht auf seiner Fähigkeit zur Ausbildung von Kohlenstoff-Kohlenstoff-Bindungen, die die Bildung großer, kompliziert gebauter Molekeln mit den verschiedenartigsten Eigenschaften ermöglicht. Die Bedeutung des Siliciums in der anorganischen Welt beruht auf einer anderen Eigenschaft. Nur wenige Verbindungen sind bekannt, in denen Siliciumatome durch kovalente Bindungen miteinander verknüpft sind, und diese wenigen sind verhältnismäßig unwichtig. Der charakteristische Wesenszug der Silicatminerale dagegen besteht im Auftreten von Ketten oder komplizierten Strukturen (Bänder, Schichten, Raumnetze), in denen die Siliciumatome nicht unmittelbar, sondern durch Sauerstoffatome miteinander verbunden sind. Auf das Wesen dieser Strukturen gehen wir in späteren Abschnitten dieses Kapitels näher ein.

18.1. Die Elektronenstrukturen von Lithium, Beryllium, Bor und Silicium und ihren Homologen

Die Elektronenstrukturen der Elemente der Gruppen Ia, IIa, IIIa und IVa sind in Tafel 5.5 angegeben. Die Verteilung der Elektronen auf die Orbitale in dieser Tafel ist die

---

1 Kohlenstoffverbindungen werden in Kapitel 7, 8, 23 und 24 besprochen.

gleiche wie im Energieniveaudiagramm in Abbildung 5.11, mit folgender Ausnahme: nach Ausweis des Spektrums von Lanthan befindet sich im Lanthanatom im Grundzustand ein Elektron in einem 5d-Orbital statt in einem 4f-Orbital, wie das Energieniveaudiagramm angibt.

Die Russell-Saunders-Symbole für die Elemente im Grundzustand sind $^2S_{1/2}$ für Lithium und seine Homologen, $^1S_0$ für Beryllium und seine Homologen, $^2P_{1/2}$ für Bor und seine Homologen und $^3P_0$ für Kohlenstoff und seine Homologen.

Die Elemente der Gruppe Ia besitzen ein Elektron mehr als das ihnen vorangehende Argonon, die der Gruppe IIa besitzen zwei und die der Gruppe IIIa drei Elektronen mehr. Die äußerste Schale der betreffenden Argononenatome ist ein Elektronenoktett, bestehend aus zwei Elektronen in dem s-Orbital und sechs Elektronen in den drei p-Orbitalen der Schale. Das eine bzw. die zwei oder drei Elektronen, die sich bei den metallischen Elementen außerhalb der Argononenschale befinden, werden leicht entfernt, wobei sich die Kationen Li^+, Na^+, K^+, Rb^+, Cs^+, Be^{2+}, Mg^{2+}, Ca^{2+}, Sr^{2+}, Ba^{2+}, Al^{3+}, Sc^{3+}, Y^{3+} und La^{3+} bilden. Alle diese Elemente treten jeweils nur in einer hauptsächlichen Klasse von Verbindungen auf, und zwar mit den Oxidationszahlen +1 für die Elemente der Gruppe Ia, +2 für die der Gruppe IIa und +3 für die der Gruppe IIIa. Das Halbmetall Bor bildet ebenfalls Verbindungen, in denen es mit Oxidationszahl +3 auftritt, aber das Kation B^{3+} ist nicht stabil.

Während in der Reihenfolge der Elemente (nach wachsender Ordnungszahl geordnet) Kohlenstoff neben Bor und Silicium neben Aluminium steht, sind die späteren Elemente der Gruppe IVa des Periodensystems, also Germanium, Zinn und Blei, von den entsprechenden Elementen der Gruppe IIIa, nämlich Scandium, Yttrium und Lanthan, weit getrennt. Zwischen Germanium und Scandium stehen die zehn Übergangselemente der Eisen-Reihe, zwischen Zinn und Yttrium die zehn Übergangselemente der Palladium-Reihe und zwischen Blei und Lanthan die zehn Übergangselemente der Platin-Reihe sowie die vierzehn Lanthanone[1]).

Die Elemente der Gruppe IV besitzen vier Valenzelektronen, die die s- und p-Orbitale der Außenschale einnehmen. Die höchste Oxidationszahl, die diese Elemente annehmen können, ist +4. Silicium tritt in allen seinen Verbindungen mit dieser Oxidationszahl auf. Germanium, Zinn und Blei bilden zwei Klassen von Verbindungen, die den Oxidationszahlen +4 und +2 entsprechen. Beim Blei ist die letztere vorherrschend.

18.2. Verhältnis der Ionenradien.
Liganz und deren Einfluß auf die Eigenschaften von Substanzen

Manche Eigenschaften von Substanzen stehen mit der Größe der vertretenen Atome in Beziehung. Eine Untersuchung dieser Zusammenhänge ist aufschlußreich. Viele der Substanzen, die uns in späteren Abschnitten dieses Kapitels und in den folgenden Kapiteln begegnen werden, sind Verbindungen eines Metalls mit einem Nichtmetall, also eines

---

1 Über die Einteilung der Gruppen des Periodensystems ist eine vollständige Einigkeit bisher nicht erreicht worden. Nach unserer Einteilung erscheinen in den langen Perioden die Übergangselemente als Elemente zwischen den Gruppen IIIa und IVa, nach einer anderen, etwa gleich weit verbreiteten Einteilung erscheinen sie als Elemente zwischen den Gruppen IIa und IIIa.

18.2. Verhältnis der Ionenradien. Liganz und deren Einfluß auf die Eigenschaften von Substanzen

Elements schwacher mit einem starker Elektronegativität. In solchen Fällen ist der Ionencharakter der Bindungen gewöhnlich so ausgeprägt, daß man die Substanzen als aus Kationen und Anionen bestehend ansehen darf. Selbst bei Substanzen mit erheblich kovalentem Charakter der Bindungen kann eine solche Erörterung von Nutzen sein. Betrachten wir zum Beispiel noch einmal die Fluoride der Elemente in der zweiten kurzen Periode des Periodensystems (vgl. Abschnitt 11.4). Die Formeln, Schmelzpunkte, Siedepunkte, Schmelzwärmen und Verdampfungs- bzw. Sublimationswärmen sind nachstehend zusammengestellt:

	NaF	MgF$_2$	AlF$_3$	SiF$_4$	PF$_5$	SF$_6$
Schmelzpunkt	995	1263	>1257	−90	−94	−51 °C
Siedepunkt	1704	2227	1257[1]	−95[1]	−85	−64[1] °C
Schmelzwärme	33	58	—	7	12,8	5 kJ mol^{-1}
Verdampfungswärme	209	272	322[2]	19[3]	17,1	17,1 kJ mol^{-1}

1 Sublimationstemperatur der kristallinen Substanz unter 1 atm Druck.
2 Sublimationswärme der kristallinen Substanz.
3 Verdampfungswärme bei 1,74 atm Druck.

Die ersten drei Substanzen sind bei Zimmertemperatur kristallin und weisen hohe Schmelz- und Siedepunkte sowie hohe Schmelz- und Verdampfungswärmen auf. Dagegen liegen die anderen drei Substanzen bei Zimmertemperatur als Gase vor und haben niedrige Schmelz- und Siedepunkte sowie niedrige Schmelz- und Verdampfungswärmen. Für die abrupte Änderung der Eigenschaften, die zwischen AlF$_3$ und SiF$_4$ eintritt, kann uns die Änderung der Oxidationszahl, der Zusammensetzung (d.h. Anzahl Fluoratome pro Atom des anderen Elements) oder der Elektronegativitätsdifferenz keine einfache, einleuchtende Erklärung liefern. Wohl aber ergibt sich eine solche Erklärung aus einer Betrachtung der Größenverhältnisse der beteiligten Atome.

Abbildung 18.1 zeigt verschiedene Konfigurationen, in denen sich mehrere große Anionen, etwa Fluorid-Ionen, um ein Kation anordnen können. Für jede dieser Anordnungen ist das Verhältnis der Radien von Kation und Anion (das *Radiusverhältnis*) angegeben,

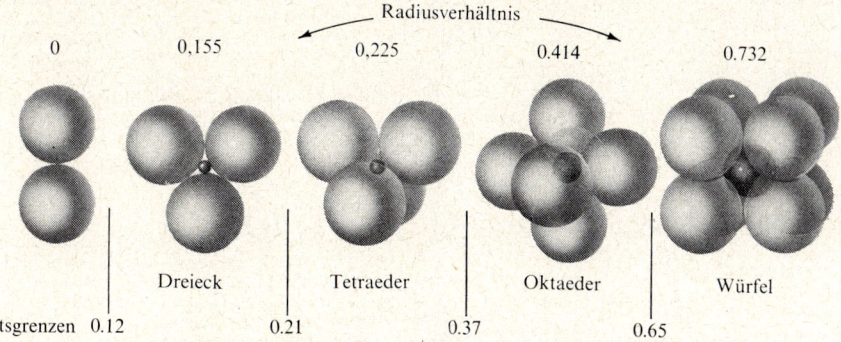

Abb. 18.1. Lineare, dreieckige, tetraedrische, oktaedrische und kubische Anordnung von Anionen um ein zentrales Kation.

das der dichtesten Kugelpackung entspricht, also der Packung, in der die Anionen sowohl miteinander, als auch mit den Kationen in Berührung stehen.

Zum Beispiel stehen im Fall der ebenen Dreieckskonfiguration MX_3 die Abstände $r_M + r_X$ und $2r_X$ im Verhältnis $1 : \sqrt{3}$, so daß $r_M/r_X = 2/\sqrt{3} - 1 = 0{,}155$. In ähnlicher Weise ergibt sich das Verhältnis 0,225 für Liganz (Koordinationszahl) 4 (tetraedrische Anordnung der Anionen um das Kation), 0,414 für Liganz 6 (oktaedrische Anordnung) und 0,645 für Liganz 8 (kubische Anordnung).

Von Substanzen mit der allgemeinen Formel MX_2 bildet Siliciumdioxid (Radiusverhältnis 0,29) Kristalle mit tetraedrischer Anordnung von vier Sauerstoff-Ionen um jedes Silicium-Ion (vgl. Abb. 18.7), Magnesiumfluorid und Zinndioxid (Radiusverhältnis 0,48 bzw. 0,51) bilden Kristalle mit oktaedrischer Anordnung von sechs Anionen um jedes Kation (Rutilstruktur, Abb. 18.2) und Calciumfluorid (Radiusverhältnis 0,73) bildet Kristalle mit kubischer Anordnung von acht Anionen um jedes Kation (Flußspatstruktur, Abb. 18.3). Die Liganz (Koordinationszahl) nimmt mit wachsendem Radiusverhältnis zu, wie in Abbildung 18.1 angedeutet ist.

Daß die Stabilität mit wachsender Liganz zunimmt (also die Energie sich erniedrigt), ist leicht einzusehen. Betrachten wir zu diesem Zweck eine Ionenverbindung M^+X^-. Der Abstand $M^+—X^-$ sei r. Die Energie der elektrostatischen Wechselwirkung der

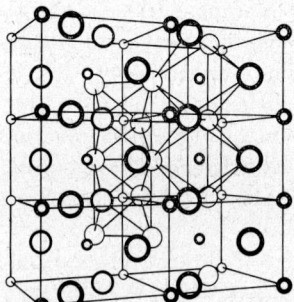
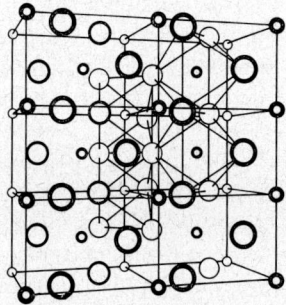

Abb. 18.2. Stereoskopische Ansicht der Struktur von Magnesiumfluorid, einer Substanz mit hohem Schmelzpunkt und Siedepunkt. Dieser Strukturtyp wird gewöhnlich als Rutilstruktur bezeichnet nach einem anderen Vertretet dem Mineral Rutil, TiO_2.

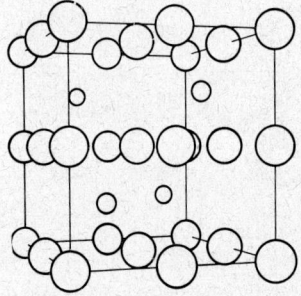
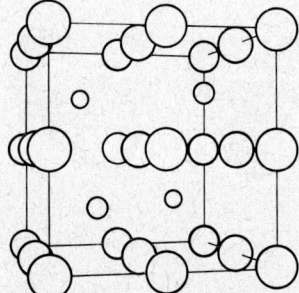

Abb. 18.3. Stereoskopische Ansicht der Struktur von Flußspat, CaF_2.

18.2. Verhältnis der Ionenradien. Liganz und deren Einfluß auf die Eigenschaften von Substanzen

elektrischen Ladungen $+e$ und $-e$ in einer zweiatomigen Molekel beträgt $-e^2/r$, für zwei solche Molekeln also $-2e^2/r$. Erhöhen wir nun die Liganz von 1 auf 2 durch Bildung einer quadratischen Anordnung

$$\begin{array}{ccc} M^+ & — & X^- \\ | & & | \\ X^- & — & M^+ \end{array}$$

ohne dabei den Abstand M^+—X^- zu verändern, so liefert jede der vier M^+—X^--Wechselwirkungen einen Beitrag $-e^2/r$ und jede der beiden diagonalen, abstoßenden Wechselwirkungen einen Beitrag $e^2/\sqrt{2}\,r$. Insgesamt beträgt die elektrostatische Energie der quadratischen Anordnung damit $(-4 + \sqrt{2})e^2/r = -2{,}59\, e^2/r$. Hinsichtlich der elektrostatischen Wechselwirkung ist folglich die quadratische Anordnung um 29% stabiler als zwei getrennte, zweiatomige Molekeln.

Ähnliche Rechnungen ergeben, daß bei festgehaltenem Abstand von Kation und Anion die Rutilstruktur (Liganz 6) 8% stabiler ist als die Quarzstruktur (Liganz 4) und die Flußspatstruktur (Liganz 8) wiederum 5% stabiler als die Rutilstruktur.

Ist jedoch das Radiusverhältnis kleiner als der für die betreffende Struktur bei dichtester Packung in Abbildung 18.1 angegebene Wert, so kommen die Anionen miteinander in Berührung, und der Abstand zwischen Kation und Anion wird länger als der Berührungsabstand. Damit wird die Struktur schließlich gegenüber derjenigen mit der nächstkleineren Liganz instabil. Die Bereiche der Radiusverhältnisse, innerhalb deren die betreffenden Strukturen im allgemeinen stabil sind, sind ebenfalls in Abbildung 18.1 angegeben.

Germaniumoxid ist ein interessantes Beispiel. Sein Radiusverhältnis beträgt 0,53 Å/1,40 Å = 0,38 (vgl. Tafel 6.2) und liegt damit dem Wert 0,37 sehr nahe, der die Grenze zwischen den Stabilitätsbereichen der tetraedrischen und oktaedrischen Anordnung angibt. Tatsächlich ist GeO_2 dimorph: die eine kristalline Modifikation hat Quarzstruktur (Liganz 4), die andere Rutilstruktur (Liganz 6).

Wir können nun auf die Frage der Schmelzpunkte und Siedepunkte der Fluoride der Elemente in der zweiten Reihe des Periodensystems zurückkommen. Die Ionenradien der Kationen und die Radiusverhältnisse betragen:

	NaF	MgF_2	AlF_3	SiF_4	PF_5	SF_6
Radius des Kations	0,95 Å	0,65 Å	0,50 Å	0,41 Å	0,34 Å	0,29 Å
Radiusverhältnis	0,70	0,48	0,37	0,30	0,25	0,21
zu erwartende Liganz des Kations	6 oder 8	6	4 oder 6	4	4	4 oder 3

(Der Radius von F^- ist 1,36 Å.) Für Siliciumtetrafluorid zeigt sich, daß die zu erwartende Liganz 4 gerade der Formel SiF_4 der Substanz entspricht. Wir können deshalb schließen, daß die Substanz im kristallinen wie im flüssigen und gasförmigen Zustand aus SiF_4-Molekeln besteht. Die Kristallstruktur, die durch Röntgenbeugungsaufnahmen ermittelt worden ist, ist in Abbildung 18.4 gezeigt. Der Kristall besteht aus einem Aggregat von tetraedrischen SiF_4-Molekeln, das nur von van der Waalsschen Kräften (siehe Abschnitt 11.4) zusammengehalten wird. Deshalb sind die Schmelzwärme und Verdampfungswärme gering, und die Substanz schmilzt und verdampft (bzw. sublimiert unter 1 atm

Druck) schon bei niedriger Temperatur. Bei PF_5 und SF_6 ist die zu erwartende Liganz kleiner als die Anzahl Fluoratome in der Formel. In den Molekeln treten folglich Spannungen auf: die Fluoratome berühren sich und sind zusammengestaucht, die P—F- bzw. S—F-Bindungen dagegen sind gestreckt. Die Kristalle bestehen aber wie im Fall von SiF_4 aus Molekeln, die nur von van der Waalsschen Kräften zusammengehalten werden, und die Schmelz- und Siedepunkte sowie die Schmelz- und Verdampfungswärmen unterscheiden sich nur wenig von denen von Siliciumtetrafluorid.

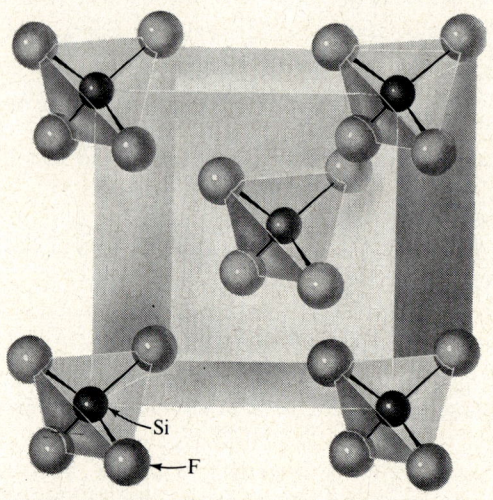

Abb. 18.4. Die Struktur von Siliciumtetrafluorid, einer Substanz, die molekulare Kristalle bildet. Die tetraedrischen SiF_4-Molekeln nehmen eine kubisch raumzentrierte Anordnung ein.

Im Unterschied hierzu steht für Aluminium in AlF_3 eine Liganz 4 oder 6 zu erwarten, und die röntgenographische Untersuchung der Kristallstruktur bestätigt die Liganz 6: jedes Aluminiumatom ist von sechs Fluoratomen in oktaedrischer Anordnung umgeben, jedes Fluoratom von zwei Aluminiumatomen[1]. MgF_2 kristallisiert mit Rutilstruktur (Abb. 18.2) mit Liganz 6 für Magnesium, wie erwartet; hier ist jedes Fluoratom von drei Magnesiumatomen umgeben. NaF schließlich kristallisiert mit Kochsalzstruktur, in der Natrium und Fluor beide mit Liganz 6 auftreten.

Beim Schmelzen und Verdampfen dieser drei Substanzen müssen nicht lediglich wie im Fall von SiF_4 die schwachen van der Waalsschen Anziehungskräfte überwunden werden, sondern es handelt sich darum, einige Al—F-, Mg—F- bzw. Na—F-Bindungen aufzubrechen. Deshalb sind die Schmelz- und Verdampfungswärmen groß und die Schmelz- und Siedepunkte hoch.

Bei den obigen Gedankengängen hatten wir uns auf das Größenverhältnis der Kationen und Anionen gestützt. Eine gleiche Betrachtung könnte man statt dessen ausgehend von

---

1 Daß die Liganz von Aluminium im Kristall 6 und nicht 4 ist, macht die folgende Betrachtung verständlich. Bei einer Liganz 4 für Aluminium würde die Zusammensetzung AlF_3 die Nachbarschaft von durchschnittlich 4/3 Aluminiumatomen an jedem Fluoratom verlangen. Einige Fluoratome müßten also an ein Aluminiumatom, andere dagegen an zwei Aluminiumatome gebunden sein. Es ist einzusehen, daß eine solche Struktur weniger stabil wäre als die mit Liganz 6 für Aluminium.

den kovalenten Radien und van der Waalsschen Radien der Atome (vgl. Abschnitt 6.13) anstellen. Der van der Waalssche Radius des Fluoratoms ist mit 1,35 Å (siehe Tafel 6.7) fast genau so groß wie der Radius des Fluorid-Ions mit 1,36 Å, und die Summen der kovalenten Radien für die Fluoride unterscheiden sich ebenfalls nur wenig von den Summen der betreffenden Ionenradien.

Die elektrostatische Valenzregel. Die Vorstellung des Kristalls bzw. der Molekel als eines Aggregats von Kationen und Anionen gestattet es uns, die Bindungen in einfacher und brauchbarer Weise zu beschreiben. Die Festigkeit einer jeden Bindung, die das Kation eingeht, kann definiert werden als die durch die Liganz geteilte elektrische Ladung des Kations. Im Kristall von AlF_3 zum Beispiel, in dem Al^{3+} mit Liganz 6 auftritt (von sechs F^--Ionen umgeben ist), hat nach dieser Definition jede der sechs vom Aluminium-Ion ausgehenden Bindungen die Festigkeit $3/6 = 1/2$. In der SiF_4-Molekel hat jede der vier Bindungen am Si die Festigkeit $4/4 = 1$.

Die sogenannte elektrostatische Valenzregel besagt: *die stabilsten Strukturen von Kristallen und Molekeln sind diejenigen, in denen die Summe der Bindungsfestigkeiten aller von einem jeden Anion ausgehenden Bindungen gerade der negativen Ladung des Anions gleich ist.*

Zum Beispiel unterhält jedes F^--Ion im Kristall von AlF_3 zwei Bindungen der Festigkeit $1/2$ zu Al^{3+}-Ionen, in der SiF_4-Molekel eine Bindung der Festigkeit 1 zum Si-Atom. In beiden Fällen ist die Summe der Bindungsfestigkeiten gerade der negativen elektrischen Ladung des Fluorid-Ions gleich[1]).

Wie die verschiedenen Ausführungen in diesem Abschnitt gezeigt haben und wie in den nachstehenden Beispielen weiter erläutert werden soll, lassen sich viele Eigenschaften von Substanzen mit Hilfe von Überlegungen erklären, die von dem Größenverhältnis der beteiligten Ionen oder Atome ausgehen. Die anorganische Strukturchemie ist jedoch noch ein neues Gebiet der Theorie; sie ist von Exaktheit noch weit entfernt. Es lohnt sich zu versuchen, einige Eigenschaften der in diesem und späteren Kapiteln genannten Substanzen auf deren Struktur zurückzuführen, aber lassen Sie sich dabei durch Fehlschläge nicht entmutigen. Die Schuld mag nicht bei Ihnen liegen, sondern bei den Chemikern unserer und früherer Generationen, die es noch nicht verstanden haben, die anorganische Strukturchemie zu einer wirklich leistungsfähigen Theorie auszubauen. Sollten Sie sich entschließen, Chemiker zu werden, so mag es vielleicht gerade Ihnen gelingen, einen entscheidenden Beitrag zur Lösung dieses Problems zu leisten.

Aufgabe 18.1. Magnesiumoxid und Natriumfluorid haben die gleiche Kristallstruktur (Kochsalzstruktur, Liganz 6), aber sehr verschiedene Schmelzpunkte, nämlich 2800 °C für MgO und 995 °C für NaF. Geben Sie eine Erklärung an.

Lösung. Die Na^+—F^--Bindungen in NaF haben die Festigkeit $1/6$, die Mg^{2+}—O^{2-}-Bindungen in MgO dagegen die Festigkeit $1/3$, sind also doppelt so stark. Angesichts der Ähnlichkeit der Kristallstruktur dürfen wir annehmen, daß in beiden Fällen beim Schmelzen etwa der gleiche Bruchteil von Bindungen gelöst werden muß. Der Abbruch der stärkeren Bindungen in MgO sollte dann eine höhere Temperatur erfordern als für die schwächeren in NaF benötigt wird. Damit erklärt sich der höhere Schmelzpunkt von MgO.

---

1 Solchen Betrachtungen können ebenso gut kovalente Bindungen mit partiellem Ionencharakter zugrundegelegt werden.

Aufgabe 18.2. Die Härte der Minerale Periklas, MgO, und Villaumit, NaF, ist 5,8 bzw. 3,5 auf der Mohs-Skala (Abschnitt 7.1). Erklären Sie diesen erheblichen Unterschied.

Lösung. Wie die vorige Aufgabe gezeigt hat, sind die Bindungen in MgO fester als die in NaF. Bei der Ritzprobe, mit der die Mohssche Härte ermittelt wird, werden einige Bindungen gebrochen, und von zwei Kristallen gleicher Struktur dürfen wir erwarten, daß das Ritzen etwa gleich viele Bindungen in Mitleidenschaft zieht. Von den beiden Kristallen sollte folglich der mit den festeren Bindungen der härtere sein.

Aufgabe 18.3. Die Mohsschen Härten der Kristalle von NaF, NaCl und KCl, die alle die gleiche Struktur und die gleichen Ionenbindungen aufweisen, sind 3,5, 2,5 bzw. 2,0. Wie erklären Sie dieses Verhalten?

Lösung. Die Bindungsfestigkeit (Verhältnis von Kationenladung zu Liganz) ist in allen drei Fällen die gleiche, aber die elektrostatischen Kräfte nehmen in der Reihenfolge NaF, NaCl, KCl wegen des zunehmenden Bindungsabstands (Abstand zwischen Kation und Anion) ab, und zwar betragen die Abstände für die drei Kristalle 2,31 Å, 2,76 Å und 3,14 Å (Summe der Ionenradien, vgl. Tafel 6.2). Deshalb nimmt auch die Härte der Kristalle in dieser Reihenfolge ab.

Angaben Mohsscher Härte sind verläßlich innerhalb von etwa ±0,3 Einheiten. Bezeichnenderweise liefert für die hier genannten drei Substanzen die empirische Beziehung $19/(r_+ + r_-)^2$ die Werte 3,56, 2,50 und 1,93. Die Form des Ausdrucks, mit dem Quadrat des Abstands im Nenner, kann mit einer Überlegung gerechtfertigt werden, die sich auf das Coulombsche Gesetz stützt.

Aufgabe 18.4. Der Siedepunkt (bzw. Sublimationspunkt) von AlF_3 ist mit 1257 °C erheblich niedriger als die von NaF und MgF_2, die bei 1704 bzw. 2227 °C liegen. Im Gegensatz hierzu sollten aber sowohl die höhere Ladung des Kations als auch der geringere Ionenabstand (Bindungsabstand) in AlF_3 auf eine Erhöhung des Siedepunktes hinwirken. Womit erklären Sie diese Abweichung?

Lösung. Wie wir früher erwähnt hatten, liegt das Radiusverhältnis von Al^{3+} und F^- mit 0,38 etwa im Bereich des Übergangs zwischen Liganz 6 und 4, und im AlF_3-Kristall ist die Liganz 6 bevorzugt, weil mit ihr alle Fluorid-Ionen die gleiche Bindungskonfiguration annehmen können. Aluminiumchlorid liegt in der Gasphase in Form von Molekeln Al_2Cl_6 vor, deren Struktur zwei Tetraedern mit einer gemeinsamen Kante entspricht:

```
    Cl      Cl      Cl
      \    /  \    /
       Al      Al
      /    \  /    \
    Cl      Cl      Cl
```

Es ist anzunehmen, daß Aluminiumfluorid ebenfalls Dimere Al_2F_6 einer solchen Struktur bildet, und die hohe Stabilität dieser Molekeln in der Gasphase kann den im Vergleich mit MgF_2 und NaF niedrigen Siedepunkt erklären.

18.3. Die Alkalimetalle und ihre Verbindungen

Die Elemente der ersten Gruppe des Periodensystems, Lithium, Natrium, Kalium, Rubidium und Caesium[1], sind weiche, silberweiße Leichtmetalle von großer chemischer Reaktionsfreudigkeit und zeichnen sich durch hohe elektrische Leitfähigkeit aus. Einige ihrer physikalischen Eigenschaften zeigt Tafel 18.1. Wie aus der Tafel hervorgeht, liegen die Schmelzpunkte niedrig, in vier der fünf Fälle unterhalb des Siedepunkts von Wasser.

---

1 Das sechste Alkalimetall, Francium, Fr, Ordnungszahl 87, ist bisher nur in winzigen Mengen isoliert worden. Genauere Angaben über seine Eigenschaften wurden nicht veröffentlicht.

Tafel 18.1. Einige Eigenschaften der Alkalimetalle.

	Ordnungs-zahl	Schmelz-punkt	Siede-punkt	Dichte	Metall-radius[1]	Ionen-radius[2]	Bindungs-energie[3]
Li	3	186 °C	1336 °C	0,530 g cm^{-3}	1,55 Å	0,60 Å	115 kJ mol^{-1}
Na	11	97,5	800	0,963	1,90	0,95	75
K	19	62,3	760	0,857	2,35	1,33	51
Rb	37	38,5	700	1,594	2,48	1,48	48
Cs	55	28,5	670	1,992	2,67	1,69	45

1 Für Liganz 12.
2 Für das einwertige Kation (z. B. Na$^+$) mit Liganz 6, wie im NaCl-Kristall.
3 Bindungsenergie von M_2(g).

Lithium, Natrium und Kalium sind leichter als Wasser. Die Dämpfe der Alkalimetalle sind vorwiegend einatomig, enthalten aber in geringer Konzentration auch zweiatomige Molekeln wie Li_2, in denen eine kovalente Bindung die beiden Atome zusammenhält. Dargestellt werden die Alkalimetalle durch Elektrolyse der geschmolzenen Hydroxide oder der geschmolzenen Chloride (siehe Kapitel 15). Wegen ihrer Reaktionsfreudigkeit müssen die Metalle unter inerter Atmosphäre oder unter Petroleum aufbewahrt werden. Sie sind wichtige Reagentien im Laboratorium und haben auch Eingang in die Industrie gefunden (vor allem Natrium), zum Beispiel bei der Herstellung von organischen Chemikalien, Farben und von Bleitetraäthyl (einem Bestandteil des „Bleibenzins"). Natrium wird benutzt zur Füllung von Natriumdampflampen und wegen seiner hohen Wärmeleitfähigkeit zur Wärmeableitung an Ventilen von Flugzeugmotoren. Eine Natrium-Kalium-Legierung dient als Wärmeüberträger in Kernreaktoren. Caesium zeichnet sich durch ein besonders großes Elektronenemissionsvermögen aus und wird deshalb zur Herstellung von Photozellen und Elektronenröhren herangezogen.

Natriumverbindungen lassen sich leicht an der gelben Farbe erkennen, die sie einer Flamme erteilen. Lithium verursacht eine karminrote Färbung, Kalium, Rubidium und Caesium eine violette Färbung. Zum Erkennen dieser Elemente in Gegenwart von Natrium kann man einen Blaufilter aus Kobaltglas verwenden.

Die Entdeckung der Alkalimetalle. Den Alchemisten waren viele Natrium- und Kaliumverbindungen bekannt. Die Metalle selbst sind zuerst von Sir Humphry Davy im Jahr 1807 durch Elektrolyse ihrer Hydroxide erhalten worden. Daß Lithiumverbindungen ein neues Element enthalten, entdeckte 1817 der schwedische Chemiker Johan August Arfwedson. Das Metall wurde 1855 erstmalig isoliert. Rubidium und Caesium entdeckte 1860 der deutsche Chemiker Robert Wilhelm Bunsen (1811–1899) mit Hilfe des Spektroskops. Bunsen und der Physiker Kirchhoff hatten das Spektroskop gerade im Jahr zuvor erfunden, und Caesium war das erste Element, das mit seiner Hilfe aufgefunden worden ist. Das Spektrum von Caesium enthält zwei intensive Linien im blauen Bereich das von Rubidium zwei intensive Linien im fernen Rot.

Lithiumverbindungen. Lithium kommt vor in den Mineralen *Spodumen*, $LiAlSi_2O_6$; *Amblygonit*, $LiAlPO_4F$; und *Lepidolith*, $K_2Li_3Al_5Si_6O_{20}F_4$[1]. Lithiumchlorid, LiCl, wird

---
1 Nur Spezialisten bemühen sich, komplizierte Formeln wie die von Lepidolith auswendig zu lernen.

dargestellt, indem man ein lithiumhaltiges Mineral mit Bariumchlorid, $BaCl_2$, schmilzt und den Schmelzkuchen mit Wasser auszieht. Lithiumchlorid wird zur Darstellung anderer Lithiumverbindungen verwendet.

Lithiumverbindungen finden zur Herstellung von Gläsern und von Glasuren für Prozellan und Steingut Verwendung.

Natriumverbindungen. Die wichtigste Natriumverbindung ist Natriumchlorid (Kochsalz), NaCl. Es kristallisiert in farblosen Würfeln, die bei 801 °C schmelzen, und hat einen charakteristischen, salzigen Geschmack. Es kommt vor im Meerwasser (zu 3%), in festen Ablagerungen (Steinsalz) und in konzentrierten Salzlösungen (Solen). Viele Millionen Tonnen werden Jahr für Jahr gewonnen. Verwendet wird es hauptsächlich zur Darstellung anderer Verbindungen von Natrium und Chlor sowie von metallischem Natrium und Chlorgas. Blutplasma und andere Körperflüssigkeiten enthalten etwa 0,9 g Natriumchlorid pro 100 ml.

Natriumhydroxid (Ätznatron), NaOH, ist eine feste, weiße, hygroskopische (wasseranziehende) Masse, die sich leicht in Wasser löst. Seine Lösungen fassen sich glatt und seifig an und wirken stark ätzend auf die Haut. (Daher der Name „Ätznatron".) Hergestellt wird Natriumhydroxid entweder durch Elektrolyse von Natriumchloridlösung (Kapitel 13) oder durch Einwirkung von Calciumhydroxid, $Ca(OH)_2$, auf Natriumcarbonat, Na_2CO_3 (Kaustifizieren):

$$Na_2CO_3 + Ca(OH)_2 \rightarrow CaCO_3 + 2\,NaOH$$

Calciumcarbonat ist unlöslich und fällt bei der Reaktion aus, während Natriumhydroxid in Lösung bleibt. Natriumhydroxid ist ein wichtiges Reagens im Laboratorium und hat große Bedeutung für die chemische Industrie. Es wird gebraucht zur Herstellung von Seife, beim Raffinieren von Erdöl und zur Herstellung von Papier, Textilien, Kunstseide, Cellulosefilmen und vielen anderen Produkten.

Die wäßrige Lösung von Natriumhydroxid heißt *Natronlauge*.

Kaliumverbindungen. Kaliumchlorid, KCl, bildet farblose kubische Kristalle, die denen von Natriumchlorid ähnlich sehen. In sehr ausgedehnten Lagerstätten kommt Kaliumchlorid *(Sylvin)* zusammen mit anderen Salzen bei Staßfurt in Deutschland und bei Carlsbad in New Mexico vor. Außerdem wird Kaliumchlorid aus dem Bett des ausgetrockneten Searles See in der Mohave-Wüste in Californien gewonnen.

Kaliumhydroxid, KOH, ist eine wichtige, stark alkalische Substanz mit Eigenschaften, die denen von Natriumhydroxid ähnlich sind. Seine wäßrige Lösung heißt *Kalilauge*. Wichtige Kaliumsalze, die ebenfalls mit den entsprechenden Natriumverbindungen Ähnlichkeit haben, sind Kaliumsulfat, K_2SO_4, Kaliumcarbonat, K_2CO_3, und Kaliumhydrogencarbonat, $KHCO_3$.

Kaliumhydrogentartrat (Weinstein), $KHC_4H_4O_6$, ist ein Bestandteil von Traubensaft. Weinsteinkristalle können sich in mit Weintrauben hergestellten Konfitüren abscheiden. Die Substanz selbst wird zur Herstellung von Backpulvern benutzt.

Verwendet werden Kaliumverbindungen hauptsächlich für Kunstdünger. Pflanzen enthalten in ihrer Zellflüssigkeit erhebliche Mengen Kalium, das sie aus dem Boden anreichern, und benötigen zum Wachstum eine ständige Zufuhr von Kaliumsalzen. Verarmt der Boden an Kalium, so muß er mit einem Kunstdünger behandelt werden, der Kaliumsulfat oder ein anderes Kaliumsalz enthält.

Die Verbindungen des Rubidiums und Caesiums sind denen des Kaliums außerordentlich ähnlich, haben aber keine nennenswerte praktische Bedeutung erlangt.

Tafel 18.2. Normal-Bildungsenthalpien von Alkalimetallverbindungen bei 25 °C (in kJ mol^{-1}).

	M = Li	Na	K	Rb	Cs
M(g)	155	109	90	86	79
M$^+$(g)	681	611	515	495	461
M$^+$(aq)[1]	−278	−240	−251	−246	−248
M$_2$(g)	199	142	129	124	113
M$_2$O(f)	−596	−416	−361	−330	−318
MH(g)	128	125	126	138	121
MH(f)	−90	−57	−57	−59	−84
MF(f)	−612	−569	−563	−549	−531
MCl(f)	−409	−411	−436	−431	−433
MBr(f)	−350	−360	−392	−389	−395
MI(f)	−271	−288	−328	−328	−337
M$_2$S(f)		−373	−418	−348	−339
M$_2$Se(f)	−381	−264	−332		

1   Bezogen auf den willkürlich festgelegten Wert 0 für H$^+$(aq).

Bildungsenthalpien von Verbindungen der Alkalimetalle. Die Bildungsenthalpien einiger Verbindungen der Alkalimetalle sind in Tafel 18.2 aufgeführt. Mit umgekehrtem Vorzeichen geben sie die Wärme an, die bei der Bildung der betreffenden Verbindung aus den Elementen in deren Normalzustand freigesetzt wird.

Die geringe Elektroneutralität der Alkalimetalle (0,7 bis 1,0 Einheiten) wirkt sich in den hohen Werten für die Bildungswärmen ihrer Verbindungen mit Nichtmetallen aus. Diese Bildungswärmen (530 bis 610 kJ mol^{-1} für Fluoride, 410 bis 435 kJ mol^{-1} für Chloride usw.) stehen recht gut in Einklang mit den entsprechenden Werten, die man mit Hilfe der Elektroneutralitätsbeziehung in Gleichung 6.1 erhält.

Der Unterschied zwischen den Bildungsenthalpien von MH(g) und MH(f) gibt die Sublimationswärme des kristallinen Metallhydrids MH an. Für die Alkalihydride ist diese Energie groß, für LiH zum Beispiel 128 −(−90) = 218 kJ mol^{-1}. Das ist erheblich mehr als die van der Waalssche Anziehungsenergie zwischen LiH-Molekeln, und wir müssen deshalb schließen, daß es sich nicht um Molekelkristalle handelt, sondern um Ionenkristalle ähnlich denen der Alkalihalogenide. Röntgenbeugungsaufnahmen bestätigen, daß die Alkalihydride das Hydrid-Ion, H$^-$, enthalten; sie kristallisieren mit Kochsalzstruktur, M$^+$ und H$^-$ treten also beide mit Liganz 6 auf. Bei der Elektrolyse der geschmolzenen Hydride entwickelt sich molekularer Wasserstoff an der Anode.

18.4. Die Erdalkalimetalle und ihre Verbindungen

Die Metalle der Gruppe IIa des Periodensystems, Beryllium, Magnesium, Calcium, Strontium, Barium und Radium, werden als *Erdalkalimetalle* bezeichnet. Einige ihrer Eigenschaften sind in Tafel 18.3 angeführt. Die Metalle sind wesentlich härter und weniger reaktionsfreudig als die Alkalimetalle. In der Zusammensetzung ihrer Verbindungen stimmen alle Erdalkalimetalle miteinander überein. Alle Metalle der Gruppe bilden neben anderen Verbindungen Oxide, Hydroxide, Carbonate und Sulfate der allgemeinen Formeln MO, M(OH)$_2$, MCO$_3$ bzw. MSO$_4$ (M = Be, Mg, Ca, Sr, Ba oder Ra). Bildungsenthalpien sind in Tafel 18.4 angegeben.

Tafel 18.3. Einige Eigenschaften der Erdalkalimetalle.

	Ordnungszahl	Atomgewicht	Schmelzpunkt[1]	Dichte	Metallradius	Ionenradius[2]
Be	4	9,0122	1350 °C	1,86 g cm^{-3}	1,12 Å	0,31 Å
Mg	12	24,312	651	1,75	1,60	0,65
Ca	20	40,08	810	1,55	1,97	0,99
Sr	38	87,62	800	2,60	2,15	1,13
Ba	56	137,34	850	3,61	2,22	1,35
Ra	88	226,04	960	(4,45)[3]	(2,46)[3]	

1 Die Siedepunkte sind nicht genau bekannt; sie liegen etwa 600° höher als die Schmelzpunkte.
2 Für die zweiwertigen Kationen mit Liganz 6.   3 Geschätzt.

Tafel 18.4. Normal-Bildungsenthalpien von Erdalkalimetallverbindungen bei 25 °C (in kJ mol^{-1}).

	M = Be	Mg	Ca	Sr	Ba
M(g)	321	150	193	164	176
M$^+$(g)	1226	894	789	719	684
M^{2+}(g)	2989	2351	1940	1790	1656
M^{2+}(aq)[1]	−389	−462	−543	−546	−538
MO(f)	−611	−602	−636	−590	−558
MF$_2$(f)		−1102	−1215	−1215	−1200
MCl$_2$(f)	−512	−642	−795	−828	−860
MBr$_2$(f)	−370	−518	−675	−716	−755
MI$_2$(f)	−212	−360	−535	−567	−602
MS(f)	−234	−347	−482	−473	−485
MSe(f)			−313	−329	−310
MTe(f)		−209			
MH$_2$(f)			−195	−177	−172

1 Bezogen auf den willkürlich festgelegten Wert 0 für H$^+$(aq).

Anmerkung zur Familie der Erdalkalimetalle. Der Name „Erde" ist von den frühen Alchemisten vielen nichtmetallischen Substanzen verliehen worden (z.B. „Tonerde" für Aluminiumoxid). Magnesiumoxid und Calciumoxid wurden wegen ihrer alkalischen Reaktion als „alkalische Erden" oder „Erdalkalien" bezeichnet. Die Metalle selbst (Magnesium, Calcium, Strontium und Barium) sind erstmalig 1808 von Humphry Davy isoliert worden. Beryllium wurde 1789 im Mineral Beryll, Be$_3$Al$_2$ Si$_6$O$_{18}$, entdeckt und 1828 isoliert.

Beryllium. Beryllium ist ein leichtes, silberweißes Metall. Es kann durch Elektrolyse einer geschmolzenen Mischung von Berylliumchlorid, $BeCl_2$, und Natriumchlorid dargestellt werden. Aus dem Metall stellt man Fenster für Röntgenröhren her. (Röntgenstrahlen durchdringen Elemente um so besser, je niedriger deren Ordnungszahl ist, und von den leichtesten Elementen hat das Metall Beryllium die besten mechanischen Eigenschaften.) Außerdem wird es zur Herstellung besonderer Legierungen verwendet. Ein Zusatz von 2% Beryllium zu Kupfer liefert eine harte, für Federn gut geeignete Legierung.

Das häufigste Berylliumerz ist der *Beryll*, $Be_3Al_2Si_6O_{18}$. Der *Smaragd* ist ein Beryllkristall, dem Spuren von Chrom eine grüne Färbung geben. *Aquamarin* ist eine blaugrüne Abart des Beryll.

Die Berylliumverbindungen haben kaum Bedeutung, mit Ausnahme von Berylliumoxid, BeO, das in Kernreaktoren bei der Herstellung von Plutonium aus Uran als Neutronenreflektor benutzt wird (Kapitel 26).

Berylliumverbindungen sind äußerst giftig. Schon das Einatmen von Staub des gepulverten Metalls oder seines Oxids kann schwere gesundheitliche Schäden hervorrufen.

Magnesium. Metallisches Magnesium wird dargestellt durch Elektrolyse von geschmolzenem Magnesiumchlorid oder durch Reduktion des Oxids mit Kohle oder Ferrosilicium (einer Eisen-Silicium-Legierung). Abgesehen von Calcium und den Alkalimetallen ist Magnesium das leichteste Metall. Es findet Verwendung für Leichtmetallegierungen wie *Magnalium* (10% Magnesium, 90% Aluminium).

Magnesium reagiert mit kochendem Wasser unter Bildung von Magnesiumhydroxid, $Mg(OH)_2$, einer basischen Substanz:

$$Mg + 2H_2O \rightarrow Mg(OH)_2 + H_2$$

Das Metall verbrennt an der Luft mit heller, weißer Flamme zu Magnesiumoxid, MgO, früher *Magnesia* genannt:

$$2Mg + O_2 \rightarrow 2MgO$$

Blitzlichtpulver ist eine Mischung von Magnesiumpulver und einem Oxidationsmittel.

Eine Aufschlämmung von Magnesiumoxid in Wasser („Magnesiamilch") dient in der Medizin zur Neutralisation überschüssiger Magensäure und als mildes Abführmittel. Magnesiumsulfat, *Bittersalz*, $MgSO_4 \cdot 7H_2O$, ist ein kräftiges Abführmittel.

Magnesiumcarbonat, $MgCO_3$, kommt in der Natur als *Magnesit (Talkspat, Bitterspat)* vor. Es wird als basisches Futter für Kupferkonverter und Siemens-Martin-Öfen (vgl. Kapitel 20) verwendet.

Calcium. Metallisches Calcium wird durch Elektrolyse von geschmolzenem Calciumchlorid, $CaCl_2$, dargestellt. Das Metall ist silberweiß und etwas härter als Blei. An der Luft verbrennt es nach Zündung zu einem Gemisch von Calciumoxid, CaO, und Calciumnitrid, Ca_3N_2. Mit kaltem Wasser reagiert Calcium zu Calciumhydroxid, $Ca(OH)_2$. Landläufig bezeichnet man Calciumoxid als *gebrannten Kalk* und Calciumhydroxid als *gelöschten Kalk*.

Calcium wird für vielerlei Zwecke gebraucht, als Desoxidationsmittel für Eisen, Stahl, Kupfer und Kupferlegierungen, als Bestandteil von Bleilegierungen (z.B. für Lagermetalle und Kabelmäntel) und Aluminiumlegierungen sowie als Reduktionsmittel für die Darstellung anderer Metalle aus ihren Oxiden.

Die wichtigste Calciumverbindung ist Calciumcarbonat, $CaCO_3$, mit dem wir uns bereits in Abschnitt 8.5 befaßt haben. Auch die Verwendung von Calciumphosphatverbindungen als Kunstdünger ist schon an früherer Stelle erwähnt worden.

Calciumsulfat kommt in der Natur als *Gips*, $CaSO_4 \cdot 2H_2O$, vor. Gips ist eine weiße Substanz, die zu „Stuckgips" verarbeitet wird. Erhitzt man natürlichen Gips auf etwas über 100 °C, so verliert er Dreiviertel seines Kristallwassers und bildet ein Pulver der Zusammensetzung $CaSO_4 \cdot 1/2 H_2O$. Mischt man diesen teilweise entwässerten, sogenannten Stuckgips mit Wasser, so lösen sich die Kriställchen auf und rekristallisieren als Dihydrat in langen Nadeln, die miteinander zu einer festen Masse verwachsen. Die Masse behält die Form bei, die man dem nassen Pulver gegeben hatte. Wird der natürliche Gips zu stark erhitzt („totgebrannt"), so gibt er all sein Kristallwasser ab und verliert die Fähigkeit, mit Wasser zu einer festen Masse zu erstarren. In der Natur kommt wasserfreies Calciumsulfat als *Anhydrit* vor.

Strontium. Die wichtigsten Strontiumminerale sind Strontiumsulfat *(Cölestin)*, $SrSO_4$, und Strontiumcarbonat *(Strontianit)*, $SrCO_3$.

Strontiumnitrat, $Sr(NO_3)_2$, wird durch Auflösen von Strontiumcarbonat in Salpetersäure hergestellt. Im Gemisch mit Kohle und Schwefel dient es als Rotfeuer für Feuerwerkskörper und Signalpatronen. Auch Strontiumchlorat, $Sr(ClO_3)_2$, wird hierzu benutzt.

Die anderen Strontiumverbindungen haben Ähnlichkeit mit den entsprechenden Verbindungen des Calciums. Metallisches Strontium hat keine praktische Anwendung gefunden.

Barium. Metallisches Barium wird in der Elektroindustrie bei der Herstellung von Elektronen- und Radioröhren als Gitter und vakuumverbesserndes Gasadsorbens verwendet. Die wichtigsten Bariumverbindungen sind Bariumsulfat, $BaSO_4$, das sich nur spurenweise in Wasser und verdünnten Säuren löst, und Bariumchlorid, $BaCl_2 \cdot 2H_2O$, das in Wasser löslich ist. Bariumsulfat kommt in der Natur als *Schwerspat (Baryt)* vor.

Wie die anderen Elemente mit hoher Ordnungszahl absorbiert Barium Röntgenstrahlen sehr stark. Ein Brei von Bariumsulfat und Wasser wird als „Kontrastbrei" für Röntgenaufnahmen und Durchleuchtungen der Verdauungsorgane eingegeben. Die Löslichkeit des Sulfats ist so gering, daß es nicht wie die meisten Bariumverbindungen giftig wirkt.

Bariumnitrat $Ba(NO_3)_2$, und Bariumchlorat, $Ba(ClO_3)_2$, dienen als Grünfeuer für Feuerwerkskörper.

Radium. Radiumverbindungen sind in ihren Eigenschaften den Bariumverbindungen sehr ähnlich. Für praktische Zwecke wichtig sind Radium und seine Verbindungen nur wegen der Radioaktivität des Elements, die in Kapitel 26 näher behandelt werden soll.

18.5. Bor

Elementares Bor kann durch Erhitzen von Kaliumtetrafluoroborat, KBF_4, mit Natrium in einem mit Magnesiumoxid ausgelegten Tiegel dargestellt werden:

$$KBF_4 + 3\,Na \rightarrow KF + 3\,NaF + B$$

oder durch Erhitzen von Boroxid, B_2O_3, mit gepulvertem Magnesium:

$$B_2O_3 + 3\,Mg \rightarrow 3\,MgO + 2\,B$$

Bor bildet gleißende, durchsichtige Kristalle, die dem Diamant an Härte nahekommen. Einige Eigenschaften des Elements sind in Tafel 18.5 angegeben.

Tafel 18.5. Einige physikalische Eigenschaften der Elemente der Gruppen IIIa und IVa.

	Ordnungszahl	Atomgewicht	Dichte	Schmelzpunkt	Atomradius[1]	Ionenradius[2]
B	5	10,811	2,54 g cm^{-3}	2300 °C	0,80 Å	0,20 Å
Al	13	26,9815	2,71	600	1,43	0,50
Sc	21	44,956	3,18	1200	1,62	0,81
Y	39	88,905	4,51	1490	1,80	0,93
La	57	138,91	6,17	826	1,87	1,15
C[3]	6	12,01115	3,52	3500	0,77	—
Si	14	28,086	2,36	1440	1,17	0,41
Ge	32	72,59	5,35	959	1,22	0,53
Sn	50	118,69	7,30	232	1,62	0,71
Pb	82	207,19	11,40	327	1,75	0,84

1 Radius für kovalente Einfachbindungen bei B, C, Si und Ge. Metallradius mit Liganz 12 für alle anderen.   2 Vgl. Abschnitt 6.8.   3 Diamant.

Bor bildet mit Kohlenstoff die Verbindung Borcarbid, B_4C. Borcarbid gehört zu den härtesten Substanzen, die wir kennen, und wird vielfach als Schleifmittel und zur Herstellung von Mörsern und Pistillen zum Zerreiben sehr harter Materialien verwendet. Die kubische Modifikation von Bornitrid, BN, hat eine diamantähnliche Tetraederstruktur und weist etwa die gleiche Härte auf.

Borsäure, H_3BO_3, kommt in vulkanischen Dampfquellen *(Fumarolen)* in Mittelitalien natürlich vor. Sie ist eine weiße, kristalline Substanz, die mit Wasserdampf flüchtig ist. Borsäure kann durch Behandeln von Borax mit einer Säure gewonnen werden.

Die wichtigsten Vorkommen von Borverbindungen sind die Lager von Polyboratmineralien wie *Borax* (Natriumtetraborat-dekahydrat, $Na_2B_4O_7 \cdot 10\,H_2O$), *Kernit* (Natriumtetraborat-tetrahydrat, $Na_2B_4O_7 \cdot 4\,H_2O$, das bei Zusatz von Wasser in Borax übergeht) und *Colemanit* (Calciumhexaborat-pentahydrat, $Ca_2B_6O_{11} \cdot 5\,H_2O$). Die größten Lagerstätten befinden sich in Californien.

Borax wird verwendet bei der Herstellung bestimmter Emaillen und Gläser (zum Beispiel enthält Pyrex-Glas etwa 12% B_2O_3, Jenaer Glas etwa 4,6%), für die Enthärtung von Wasser, als Reinigungsmittel im Haushalt und als Flußmittel beim Schweißen von Metallen. Die zuletzt aufgeführte Anwendung beruht auf der Fähigkeit von geschmolzenem Borax, Metalloxide unter Bildung von Boraten aufzulösen.

Die Bildungsenthalpien von Borverbindungen. Die Bildungsenthalpien einiger Verbindungen von Bor, Aluminium, Scandium, Yttrium und Lanthan sind in Tafel 18.6 angegeben. Wie aus der Tafel hervorgeht, wächst die Bildungswärme homologer Verbindungen in der Reihenfolge B, Al, Sc, Y, La, in Übereinstimmung mit der Abnahme der Elektronegativität in dieser Reihenfolge.

Tafel 18.6. Normal-Bildungsenthalpien von Verbindungen von Bor, Aluminium und deren Homologen bei 25 °C (in kJ mol^{-1}).

	M = B	Al	Sc	Y	La
M(g)	407	314	389	431	368
M$^+$(g)	1213	897	1028	1067	916
M^{2+}(g)	3646	2720	2278	2269	2025
M^{3+}(g)	7312	5468	4674	4252	3881
M^{3+}(aq)[1]		−525	−623	−703	−737
M$_2$O$_3$(f)	−1264	−1670			−1916
MF$_3$	−1110(g)	−1301(f)			
MCl$_3$	−418(fl)	−695(f)	−924(f)	−982(f)	−1103(f)
MBr$_3$	−221(fl)	−526(f)	−751(f)		
MI$_3$(f)		−315		−599	−700
M$_2$S$_3$(f)	−238	−509			−1284

1 Bezogen auf den willkürlich festgelegten Wert 0 für H$^+$(aq).

18.6. Die Borane. Verbindungen mit Elektronenmangel

Magnesiumborid, Mg$_3$B$_2$, reagiert mit Wasser unter Bildung einer Verbindung von Bor und Wasserstoff. Einfache Valenzbetrachtungen würden uns dazu verleiten, die Bildung von Bortrihydrid, BH$_3$, zu erwarten. In Wirklichkeit entsteht aber Diboran, B$_2$H$_6$:

$$Mg_3B_2 + 6\,H_2O \rightarrow 3\,Mg(OH)_2 + B_2H_6(g)$$

Diboran ist unter Normalbedingungen ein Gas (Fp. −165,5 °C, Kp −92,5 °C).
Viele andere Borane — Verbindungen von Bor mit Wasserstoff — sind uns bekannt. Am gründlichsten untersucht worden sind die Verbindungen mit den Formeln B$_4$H$_{10}$, B$_5$H$_9$, B$_5$H$_{10}$ und B$_{10}$H$_{14}$. Sie werden in gewissem Umfang als Raketentreibstoffe verwendet.
Die B$_2$H$_6$-Molekel hat die Struktur

$$\begin{array}{c} H\quad H\quad H \\ \diagdown\;|\;\diagup \\ B—B \\ \diagup\;|\;\diagdown \\ H\quad H\quad H \end{array}$$

Die beiden Boratome haben die Liganz 5 und zwei der Wasserstoffatome die Liganz 2. Die Bindungsabstände betragen für die B—B-Bindung 1,77 Å und für die B—H-Bindungen der brückenbildenden und der äußeren Wasserstoffatome 1,33 bzw. 1,19 Å. Diese Werte deuten darauf hin, daß es sich um bruchteilartige Bindungen handelt, das heißt, um Bindungen, auf die weniger als ein Elektronenpaar entfällt. Die Molekel enthält sechs Paare von Valenzelektronen und neun Bindungen, so daß im Durchschnitt jede Bindung zwei Drittel einer Einfachbindung ausmacht. Den Bindungsabständen nach zu schließen befinden sich die sechs Elektronenpaare zwischen den neun Lagen in solcher Weise in Resonanz, daß auf die fünf inneren Bindungen etwa fünf und auf die vier äußeren etwa sieben Valenzelektronen entfallen.

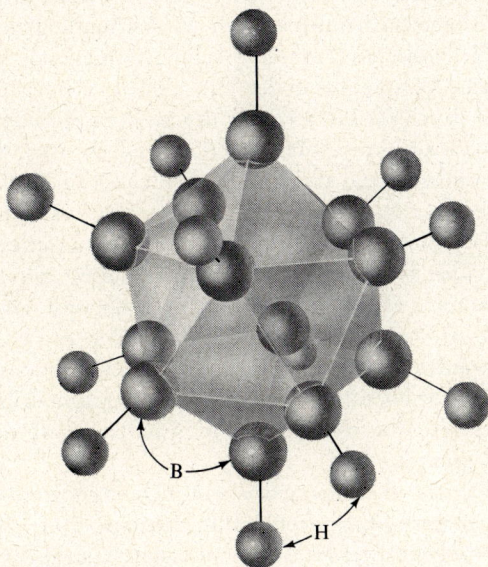

Abb. 18.5. Die Struktur des ikosaedrischen Dodecaboran-Anions $B_{12}H_{12}^{2-}$.

Es treten auch einige Boran-Ionen auf, zum Beispiel $B_4H_{10}^{2-}$ in $Na_2B_4H_{10}$ und $B_{12}H_{12}^{2-}$ in $K_2B_{12}H_{12}$. Das Ion $B_{12}H_{12}^{2-}$ hat eine interessante Struktur: die zwölf Boratome nehmen die Eckplätze eines regelmäßigen Ikosaeders ein (siehe Abb. 18.5), und jedes von ihnen geht sechs Bindungen ein, fünf mit benachbarten Boratomen und die sechste, vom Mittelpunkt der Molekel fort nach außen gerichtete mit einem Wasserstoffatom. Nach den Bindungsabständen zu schließen beträgt der Bindungsgrad etwa 0,5 für die 30 B—B-Bindungen und etwa 0,83 für die 12 B—H-Bindungen.

$B_{10}H_{14}$ und verschiedene andere Borane weisen ebenfalls eine ikosaedrische Struktur auf, und zwar sind bei ihnen einige der Eckplätze nicht von Boratomen besetzt, während

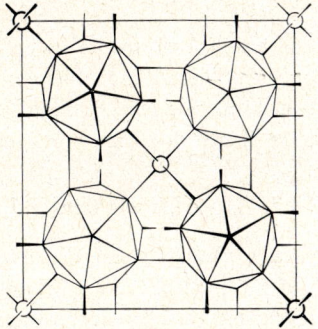

Abb. 18.6. Die Struktur von tetragonalem Bor, in Richtung der c-Achse gesehen. Die Abbildung zeigt eine Elementarzelle. Zwei der vier ikosaedrischen B_{12}-Gruppen (dünn eingezeichnet) haben ihre Mittelpunkte in der Ebene $z = 1/4$, die anderen beiden (kräftig eingezeichnet) in der Ebene $z = 3/4$. Die zwischen den Gruppen liegenden Boratome (dünne Kreise) besetzen die Stellungen 0 0 0 und 1/2 1/2 1/2. Alle Bindungen außerhalb der Ikosaeder sind eingetragen, mit Ausnahme nur derjenigen, die parallel zur c-Achse von den gezeigten Ikosaedern zu den ihnen entsprechenden in den benachbarten Elementarzellen zum Beschauer hin und von ihm fort führen. (Entnommen aus *The Nature of the Chemical Bond* von Linus Pauling, Cornell University Press, 1939, 1940 und 1960 mit Genehmigung des Verlags.)

andererseits brückenbildende Wasserstoffatome wie in Diboran auftreten. Der B_{12}-Ikosaeder findet sich weiterhin in elementarem Bor (Abb. 18.6) sowie im harten Borcarbid, B_4C.

Substanzen dieser Art können als *Substanzen mit Elektronenmangel* bezeichnet werden. Allgemein handelt es sich um Verbindungen, in denen einige oder alle Atome in der Valenzschale über mehr stabile Orbitale als Valenzelektronen verfügen. Das Boratom zum Beispiel hat in der Valenzschale vier Orbitale und nur drei Valenzelektronen.

Typisch für die Struktur der meisten Substanzen mit Elektronenmangel ist, daß einige oder alle ihrer Atome eine Liganz aufweisen, die nicht nur die Anzahl Valenzelektronen, sondern sogar die Anzahl stabiler Orbitale übersteigt. So haben die meisten Boratome in der tetragonalen Modifikation von kristallinem Bor die Liganz 6. Auch Lithium und Beryllium, die vier stabile Orbitale und nur ein bzw. zwei Valenzelektronen aufweisen, haben Strukturen, in denen die Atome mit Liganz 8 oder 12 auftreten. Alle Metalle können als Substanzen mit Elektronenmangel gelten.

Eine weitere Verallgemeinerung mag es verdienen, als Strukturprinzip bezeichnet zu werden: Atome mit Elektronenmangel können in Nachbaratomen eine Erhöhung der Liganz über die Anzahl verfügbarer Orbitale hinaus bewirken. So haben in den Boranen einige Wasserstoffatome in Nachbarschaft der Boratome mit Elektronenmangel die Liganz 2.

Der B—B-Bindungsabstand in tetragonalem Bor ist mit 1,80 Å um 0,18 Å größer als der normale Einfachbindungsabstand von 1,62 Å. Wir können sagen, in tetragonalem Bor benutze jedes Atom mit Liganz 6 seine drei Elektronen zur Bildung von sechs Halb-Bindungen statt von drei gewöhnlichen Elektronenpaar-Bindungen.

Brückenbildende Methylgruppen. In manchen Substanzen bewirkt ein Atom mit Elektronenmangel eine Erhöhung der Liganz eines benachbarten Kohlenstoffatoms von 4 auf 5. Ein Beispiel hierfür bietet das Dimere von Trimethylaluminium mit der Struktur

$$\begin{array}{c} H\;H \\ H\!-\!C\!-\!H \\ H_3C\diagdown\;\;\;\;\diagup CH_3 \\ Al\!-\!\!-\!\!-\!Al \\ H_3C\diagup\;\;\;\;\diagdown CH_3 \\ H\!-\!C\!-\!H \\ H\;H \end{array}$$

Der Elektronenmangel der Aluminiumatome hat deren Liganz sowie die Liganz der brückenbildenden Kohlenstoffatome auf 5 erhöht. Ein anderes Beispiel ist Dimethylberyllium, das ein langkettiges, lineares Polymeres bildet, in dem jedes Berylliumatom tetraedrisch von vier brückenbildenden Methylgruppen umgeben ist.

18.7. Aluminium und seine Homologen

Einige physikalische Eigenschaften von Aluminium und seinen Homologen sind in Tafel 18.5 angegeben. Aluminium ist nur etwa ein Drittel so schwer wie Eisen, dabei erreichen verschiedene seiner Legierungen, etwa Duralumin (siehe weiter unten) die gleiche Festigkeit wie Flußstahl. Die glückliche Vereinigung von Leichtigkeit, Festigkeit und niedrigem Preis hat den Aluminiumlegierungen ihre so weite Verbreitung verschafft. Aluminium wird auch an Stelle von Kupfer für elektrische Leitungen benutzt; seine elektrische Leitfähigkeit beträgt etwa 80% derjenigen von Kupfer[1]. Die Metallurgie von Aluminium haben wir bereits in Kapitel 15 besprochen.

Metallisches Aluminium ist recht reaktionsfähig (vgl. die Stellung des Elements in der elektrochemischen Spannungsreihe) und verbrennt schnell bei starkem Erhitzen an der Luft oder unter Sauerstoff. Aluminiumstaub bildet mit Luft ein explosives Gemisch. Unter üblichen Bedingungen indessen überzieht sich Aluminium schnell mit einer dünnen, festen Oxidhaut, die es gegen weiteren Angriff schützt.

Einige Aluminiumlegierungen haben große Bedeutung erlangt. *Duralumin* oder *Dural* ist eine Legierung von etwa 94,3% Aluminium, 4% Kupfer, 0,5% Mangan, 0,5% Magnesium und 0,7% Silicium, die reines Aluminium an Festigkeit und Zähigkeit übertrifft. Es ist allerdings weniger korrosionsbeständig. Deshalb schützt man es häufig durch einen Überzug aus reinem Aluminium. Sogenannte Alclad-Platten sind durch beiderseitiges Aufbringen von Reinaluminium-Schichten auf eine Dural-Platte hergestellt.

Aluminiumoxid (Tonerde), Al_2O_3, kommt in der Natur als *Korund* vor. Korund und unreiner Korund *(Schmirgel)* sind sehr hart und werden als Schleifmittel verwendet. Reiner Korund ist farblos. Die Edelsteine *Rubin* (rot) und *Saphier* (meist blau) sind durchsichtige Korundkristalle, die geringe Mengen anderer Metalloxide (Chrom(III)-oxid, Titanoxid) enthalten. Rubine und Saphire können künstlich hergestellt werden, indem man Aluminiumoxid mit kleinen Zugaben anderer Oxide schmilzt (Fp. 2050 °C) und die Schmelze so abkühlt, daß große Kristalle entstehen. Solche synthetischen Edelsteine sind von den natürlichen einzig und allein dadurch zu unterscheiden, daß sie charakteristische, runde, mikroskopisch kleine Luftbläschen enthalten. Sie werden zu Schmuckstücken, zu Lagern („Steinen") für Uhren und andere Präzisionsinstrumente und zu Ziehdüsen für das Ziehen von Drähten verarbeitet. Sehr fein verteiltes („aktiviertes") Aluminiumoxid dient als Dehydrationsmittel und als Katalysator. Fein verteiltes und hoch erhitztes („gesintertes") Aluminiumoxid wird als elektrischer Isolierstoff verwendet.

Aluminiumsulfat, $Al_2(SO_4)_3 \cdot 18\,H_2O$, kann durch Auflösen von Aluminiumhydroxid oder Bauxit in Schwefelsäure hergestellt werden:

$$2\,Al(OH)_3 + 3\,H_2SO_4 + 12\,H_2O \rightarrow Al_2(SO_4)_3 \cdot 18\,H_2O$$

Anwendung findet es in der Wasserreinigung und als Beize beim Färben oder Bedrucken von Stoffen. (Eine *Beize* ist eine Substanz, die den Farbstoff auf dem Gewerbe fixiert.) In beiden Fällen beruht die Wirkung des Aluminiumsulfats darauf, daß es einen schleimigen Niederschlag von Aluminiumoxidhydrat, $Al_2O_3 \cdot x\,H_2O$, bildet, wenn es in großen Mengen neutralen oder schwach alkalischen Wassers aufgelöst wird, wobei sich die oben angegebene Auflösungsreaktion umkehrt. In der Färberei trägt der Niederschlag

---

[1] Die (spezifische) Leitfähigkeit bezieht sich auf einen Draht mit Querschnitt einer Flächeneinheit. Die Dichte von Aluminium ist aber nur 30% derjenigen von Kupfer. Daher leitet ein Aluminiumdraht desselben Gewichts wie ein Kupferdraht 2,7mal so viel Elektrizität wie jener bei gleichem Überführungsverlust.

dazu bei, den Farbstoff an das Gewebe zu binden. Bei der Wasserreinigung adsorbiert er gelöste und suspendierte Verunreinigungen und reißt sie mit, wenn er sich am Boden des Behälters absetzt.

Eine Lösung, die Aluminiumsulfat und Kaliumsulfat enthält, bildet beim Eindunsten schöne, oktaedrische Kristalle von *Alaun*, $KAl(SO_4)_2 \cdot 12 H_2O$. Ähnliche Kristalle von *Ammoniumalaun*, $NH_4Al(SO_4)_2 \cdot 12 H_2O$, bilden sich aus ammoniumsulfathaltiger Lösung. Die Alaune werden wie Aluminiumsulfat verwendet als Beizen in der Färberei, zur Wasserreinigung sowie als Füllstoff und zum Leimen von Papier (durch Ausfällen von Aluminiumhydroxid in den Maschen der Cellulosefasern).

Aluminiumchlorid, $AlCl_3$, wird durch Einwirkung von trockenem Chlor oder Chlorwasserstoff auf Aluminium dargestellt:

$$2 Al + 3 Cl_2 \rightarrow 2 AlCl_3$$
$$2 Al + 6 HCl \rightarrow 2 AlCl_3 + 3 H_2$$

Das wasserfreie Salz hat Bedeutung für viele technische Verfahren, darunter ein Crackverfahren zur Benzinherstellung.

Scandium, Yttrium, Lanthan und die Lanthanone. Scandium, Yttrium und Lanthan[1], die Homologen von Bor und Aluminium, bilden farblose Verbindungen, die den Aluminiumverbindungen ähnlich sind. Ihre Oxide haben die Formeln Sc_2O_3, Y_2O_3 und La_2O_3. Die Elemente und ihre Verbindungen haben bisher keine praktische Bedeutung erlangt.

Scandium, Yttrium und Lanthan kommen in der Natur gewöhnlich mit den vierzehn Elementen der Lanthanone (Metalle der seltenen Erden) – von Cer (Ordnungszahl 58) bis Lutetium (Ordnungszahl 71) – gemeinsam vor[2]). Alle diese Elemente außer Promethium, das künstlich hergestellt wird, finden sich nur in geringen Mengen hauptsächlich im *Monazitsand*, einem Gemisch von Phosphaten der Lanthanone und Thoriumphosphat.

Die Metalle selbst sind stark elektropositiv und folglich schwierig darzustellen. Ein Verfahren hierzu ist die Elektrolyse einer geschmolzenen Mischung von Oxiden und Fluoriden. *Mischmetall*, eine Legierung von etwa 70% Cer, geringen Mengen der anderen Metalle der Lanthanone und Eisen, ist stark pyrophor, das heißt, es schlägt beim Reiben Funken; es eignet sich daher für Reibzünder in Feuerzeugen und Gasanzündern. In den meisten ihrer Verbindungen liegen die Elemente positiv dreiwertig vor. Sie bilden Salze wie $La(NO_3)_3 \cdot 6 H_2O$. Cer tritt in einer Reihe wohldefinierter Salze positiv vierwertig auf. Diese Oxidationsstufe entspricht seiner Ordnungszahl, die um 4 größer ist als die des Xenons. Von Praseodym, Neodym und Terbium sind Dioxide bekannt, jedoch keine Salze der Oxidationsstufe +4. Europium bildet neben Europium(III)-salzen auch Europium(II)-salze. Das Europium(II)-Ion ist beständig. Ytterbium und Samarium zeigen eine etwas geringere Neigung, positiv zweiwertig aufzutreten.

---

1 Actinium, das schwerste Element der Gruppe IIIa, ist radioaktiv und kommt in geringen Mengen in Uranerzen vor.
2 Oft wird auch Lanthan zu den Elementen der seltenen Erden (Lanthanone) gerechnet. Wir wollen aus Gründen der besseren Übersicht Lanthan als Mitglied der Gruppe IIIa und nur die anderen 14 Elemente als Angehörige der Lanthanon-Gruppe ansehen.

Die Ionen verschiedener Metalle dieser Gruppe haben charakteristische Farben. Ein besonderes Glas, aus dem Schutzbrillen für Glasbläser hergestellt werden, enthält Ionen der Lanthanone.

Viele Verbindungen von Metallen der Lanthanone sind stark paramagnetisch. Von kristallinen Gadoliniumverbindungen, insbesondere Gadoliniumsulfat-octahydrat, $Gd_2(SO_4)_3 \cdot 8H_2O$, macht die magnetische Methode zur Erzielung äußerst tiefer Temperaturen Gebrauch.

Cermonosulfid, CeS, Thoriummonosulfid, ThS, und andere verwandte Sulfide haben sich für feuerfeste Auskleidungen bewährt. Der Schmelzpunkt von Cermonosulfid liegt bei 2450 °C.

18.8. Silicium und seine einfacheren Verbindungen

Elementares Silicium und Siliciumlegierungen. Silicium ist ein sprödes, stahlgraues Halbmetall. Einige seiner physikalischen Eigenschaften sind in Tafel 18.5 angegeben. Bildungsenthalpien von Siliciumverbindungen gehen aus Tafel 18.7 hervor. Dargestellt werden kann elementares Silicium durch Reduktion von Siliciumtetrachlorid mit Natrium:

$$SiCl_4 + 4\,Na \rightarrow Si + 4\,NaCl$$

Tafel 18.7. Normal-Bildungsenthalpien von Verbindungen von Silicium, Germanium, Zinn und Blei bei 25 °C (in kJ mol^{-1}).

	M = Si	Ge	Sn[1]	Pb
M(g)	368	328	301	194
MO	−113(g)	−95(g)	−286(f)	−219(f)
MO$_2$(f)	−859	−537	−581	−277
MH$_4$(g)	−62			
MF$_2$(f)				−663
MF$_4$	−1548(g)			−930(f)
MCl$_2$(f)			−350	−359
MCl$_4$(fl)	−640	−544	−545	
MBr$_2$(f)			−266	−277
MBr$_4$	−398(fl)		−406(f)	
MI$_2$(f)			−144	−175
MI$_4$(f)	−132			
MS(f)			−78	−94

1 Bezogen auf weißes Zinn als Normalzustand. Der Wert für graues Zinn beträgt 2,5 kJ mol^{-1}.

Die Kristallstruktur des Elements ist die gleiche wie beim Diamant: jedes Siliciumatom bildet vier kovalente Bindungen zu vier benachbarten Atomen aus, die es tetraederförmig umgeben. Elementares Silicium wird für Transistoren verwendet (siehe Abschnitt 18.15), hauptsächlich für Betrieb bei erhöhter Temperatur.

Silicium kann auch durch Reduktion von Siliciumdioxid, SiO_2, mit Kohle im elektrischen Ofen gewonnen werden; es ist dann mit Kohlenstoff verunreinigt. *Ferrosilicium*, eine Legierung von Eisen und Silicium, wird durch Reduktion einer Mischung von Eisenoxid und Siliciumdioxid mit Kohle erhalten.

Ferrosilicium, dessen Zusammensetzung ungefähr der Formel FeSi entspricht, wird zu säurebeständigen Stählen und anderen Eisenlegierungen weiterverarbeitet. *Duriron*, ein säurefester Stahl, der im chemischen Laboratorium und in der Industrie verwendet wird, enthält etwa 15% Silicium. Ein kohlenstoffarmer Stahl mit wenigen Prozent Siliciumgehalt ist hergestellt worden, der eine besonders hohe magnetische Permeabilität besitzt und sich vorzüglich als Material für Kerne von Transformatorwicklungen eignet.

Silicide. Viele Metalle verbinden sich mit Silicium zu *Siliciden*. Hierzu zählen die Verbindungen Mg_2Si, Fe_2Si, $FeSi$, $CoSi$, $NiSi$, $CaSi_2$, $Cu_{15}Si_4$ und $CoSi_2$. Calciumsilicid, $CaSi_2$, wird durch Erhitzen eines Gemenges von gebranntem Kalk, Siliciumdioxid und Kohle im elektrischen Ofen dargestellt. Es ist ein kräftiges Reduktionsmittel, das bei der Stahlerzeugung dem geschmolzenen Eisen zur Entfernung von Sauerstoff (Desoxidation) zugesetzt wird.

Siliciumcarbid. Siliciumcarbid, SiC *(Carborundum)*, wird durch Erhitzen von Kohle und Sand in einem elektrischen Spezialofen hergestellt:

$$SiO_2 + 3\,C \rightarrow SiC + 2\,CO$$

Die Struktur dieser Substanz ist der des Diamants ähnlich, nur wechseln Siliciumatome und Kohlenstoffatome im Kristallgitter ab; jedes Kohlenstoffatom ist von einem Tetraeder von Siliciumatomen umgeben und jedes Siliciumatom von einem Tetraeder von Kohlenstoffatomen. Die kovalenten Bindungen zwischen allen Atomen des Gitters verleihen dem Siliciumcarbid eine sehr große Härte. Es wird als Schleifmittel verwendet.

18.9. Siliciumdioxid

Siliciumdioxid, SiO_2, tritt in der Natur in drei verschiedenen Kristallformen auf: als *Quarz* (hexagonal), als *Cristobalit* (kubisch) und als *Tridymit* (hexagonal). Von diesen Mineralen ist Quarz das häufigste. Quarz kommt in vielen Ablagerungen in Form wohlausgebildeter Kristalle vor, außerdem als kristalliner Bestandteil mancher Gesteine, zum Beispiel Granit. Reiner Quarz ist eine harte, wasserklare Substanz. Seine Kristalle treten in zwei spiegelbildlichen Formen auf, als *Linksquarz* und *Rechtsquarz*, die an der Ausbildung ihrer Kristallflächen erkannt werden können und die Ebene polarisierten Lichts links bzw. rechts drehen.

Abarten von Quarz *(Bergkristall, Amethyst* u.a.) werden zu Schmucksteinen verarbeitet. Die Struktur von Quarz steht in enger Beziehung zu der von Kieselsäure, H_4SiO_4. In der Kieselsäure hat das Siliciumatom die Liganz 4; es ist umgeben von einem Tetraeder von vier Sauerstoffatomen, an denen noch je ein Wasserstoffatom hängt. Kieselsäure, eine sehr schwache Säure, neigt dazu, unter Austritt von Wasser zu kondensieren. Wenn jede der vier Hydroxylgruppen der Kieselsäuremolekel mit der Hydroxylgruppe einer Nachbarmolekel unter Wasseraustritt kondensiert, bildet sich eine Struktur, bei der jedes Siliciumatom mit vier benachbarten Siliciumatomen durch Sauerstoffbrücken verbunden ist. Der Vorgang führt zu einem Kondensationsprodukt der Formel SiO_2, da jedes Siliciumatom von vier Sauerstoffatomen umgeben ist und jedes Sauerstoffatom zwei Siliciumatome als Nachbarn hat. Wir können die Kristalle von Quarz und anderen

Modifikationen von Siliciumdioxid als Gebäude aus SiO$_4$-Tetraedern auffassen, in denen jedes Sauerstoffatom gleichzeitig als Eckstein von zwei Tetraedern dient. Um einen Quarzkristall zu zerbrechen, müssen einige Silicium-Sauerstoff-Bindungen aufgebrochen werden. Die Härte des Quarzes erklärt sich also aus seiner Struktur.

Auch Cristobalit und Tridymit setzen sich aus SiO$_4$-Tetraedern zusammen, die Sauerstoffatome miteinander gemeinsam haben, doch ist die räumliche Anordnung der Tetraeder anders als beim Quarz. Die Struktur von Tridymit ähnelt der von gewöhnlichem Eis (siehe Abb. 12.7), und zwar nehmen die Siliciumatome die Plätze ein, die im Eis von Sauerstoffatomen besetzt sind. Die Struktur von Cristobalit gleicht der von kubischem Eis. Seit 1956 sind noch drei weitere kristalline Modifikationen von Siliciumdioxid entdeckt worden, die die Namen Keatit, Coesit und Stischowit (bzw. Stishovit) erhalten haben. Keatit und Coesit enthalten verzerrte SiO$_4$-Tetraeder, deren Bindungswinkel vom Normalwert 109°28' abweichen. Coesit wurde zuerst im Laboratorium beim Behandeln von Siliciumdioxid mit hohem Druck (etwa 30000 atm) und später auch am Meteor-Krater in Arizona (im Südwesten der Vereinigten Staaten) und an anderen Einschlagstellen großer Meteorite gefunden. Stischowit wurde erstmals 1961 durch Anwendung von Drucken von etwa 120000 atm erzeugt. In seinem Kristallgitter (mit der gleichen Struktur wie Rutil, TiO$_2$; siehe Abb. 18.2) ist jedes Siliciumatom oktaedrisch von sechs Sauerstoffatomen umgeben. Das Auftreten von Coesit und Stischowit in Gesteinen in der Nähe eines Kraters deutet darauf hin daß dieser durch Auftreffen eines Meteoriten entstanden ist.

Quarzglas. Schmilzt man irgendeine der Siliciumdioxidmodifikationen (Schmelzpunkt etwa 1600 °C) ein und kühlt die Schmelze ab, so setzt beim ursprünglichen Schmelzpunkt in der Regel keine Kristallisation ein. Vielmehr wird die Schmelze mit sinkender Temperatur immer zäher und – etwa bei 1500 °C – schließlich so steif, daß sie nicht mehr als flüssig bezeichnet werden kann. Die erstarrte Schmelze ist nicht kristallin; ihr Zustand ist der einer *unterkühlten Flüssigkeit* oder eines *Glases*. Quarzglas zeigt keins der für Kristalle charakteristischen Merkmale: es spaltet nicht, bildet keine Kristallflächen aus und hat keine unterschiedlichen Eigenschaften in den verschiedenen Richtungen des Raums. Die Ursache dafür liegt in der Anordnung der Atome, aus denen es sich zusammensetzt. Die Atome lagern sich nicht zu einem vollkommen regelmäßigen Kristallgitter zusammen, sondern behalten im wesentlichen die regellose Lage zueinander bei, die sie in der Schmelze eingenommen hatten.

Die Struktur von Quarzglas hat in einigen Grundzügen große Ähnlichkeit mit der von Quarz und den anderen kristallinen Formen von Siliciumdioxid. Nahezu jedes Siliciumatom ist wie in den kristallinen Modifikationen von einem Tetraeder von vier Sauerstoffatomen umgeben, und nahezu jedes Sauerstoffatom ist wie in den kristallinen Modifikationen gleichzeitig Bestandteil von zwei Tetraedern. Aber die Anordnung der Tetraeder im Glas ist nicht regelmäßig wie in den kristallinen Formen. Ein sehr kleiner Bezirk im Glas wird eine quarzähnliche Struktur aufweisen, ein benachbarter Bezirk eine dem Cristobalit oder Tridymit ähnliche Struktur, ebenso wie auch im geschmolzenen Siliciumdioxid bei Temperaturen oberhalb der Schmelzpunkte der kristallinen Formen eine gewisse Ähnlichkeit mit der Struktur der Kristalle nicht verlorengeht.

Aus Quarzglas werden Glasapparaturen für das chemische Laboratorium und für wissenschaftliche Zwecke hergestellt. Da der thermische Ausdehnungskoeffizient von Quarzglas sehr gering ist, zeichnen sich Quarzgefäße durch große Widerstandsfähigkeit gegen plötzliches Erhitzen oder Abkühlen aus. Quarz ist durchlässig für ultraviolettes Licht. Deshalb verwendet man Quarzglas für Quecksilberdampflampen zur Erzeugung von ultraviolettem Licht und für optische Geräte, die für Arbeiten in diesem Spektralbereich benutzt werden.
Auf gewöhnliches Glas kommen wir in Abschnitt 18.12 zu sprechen.

Kryptokristallines Siliciumdioxid. Als kryptokristallin bezeichnet man Minerale, deren Kristallite so klein sind, daß sie selbst unter dem Mikroskop nicht auszumachen sind. Siliciumdioxid, manchmal in teilweise hydratisiertem Zustand, kommt in einer ganzen Reihe von kryptokristallinen Modifikationen vor, von denen viele als Halbedelsteine bekannt sind. Voneinander unterscheiden sich diese Abarten hauptsächlich in Farbe und Zeichnung, die in den meisten Fällen auf Verunreinigungen zurückgehen. Die bekanntesten solchen Steine sind *Chalcedon* (mit wachsartigem Glanz, durchsichtig oder durchscheinend, weiß, grau, blau, braun oder schwarz), *Carneol* (ein klarer, roter oder rotbrauner Chalcedon), *Chrysopras* (ein apfelgrüner Chalcedon, dessen Farbe von zweiwertigem Nickel herrührt), *Achat* (ein bunter Chalcedon mit gebänderter oder wolkiger Zeichnung), *Onyx* (Achat mit ebenen Schichten), *Sardonyx* (Onyx mit einigen Carneol-Schichten), *Feuerstein* (dem Chalcedon ähnlich, aber stumpf in Farbe und undurchsichtig, meist grau, rauchbraun oder schwarzbraun) und *Jaspis* (noch stumpffarbiger und lichtundurchlässiger als Feuerstein, gewöhnlich rostrot von Eisen(III)-oxid, sonst gelb, blaugrau oder schwarzbraun).
Diese Steine sind Abarten von Quarz. Dagegen ist Opal eine kryptokristalline, geringfügig hydratisierte Abart von Cristobalit. Die leuchtenden Farben des Opals kommen durch Braggsche Interferenz von sichtbarem Licht an etwa 3000 Å großen, rundlichen Cristobalit-Kristalliten zustande, die sich in dichtester Packung zusammengelagert und mit einem silicatischen Zement von anderem Brechungsindex verkittet haben.

18.10. Natriumsilicat und andere Silicate

Kieselsäure, H_4SiO_4 (Orthokieselsäure), ist nicht durch Auflösen von Siliciumdioxid in Wasser erhältlich. Jedoch können das wasserlösliche Natriumsalz und Kaliumsalz der Kieselsäure durch Kochen von Siliciumdioxid mit Natronlauge oder Kalilauge, in denen es sich langsam auflöst, hergestellt werden. Eine konzentrierte Lösung von Natriumsilicat wird unter dem Namen *Wasserglas* gehandelt und zur Feuerschutzimprägnierung von Holz und Stoffen, als Klebstoff und zum Einlegen von Eiern verwendet. Die Lösung enthält nicht ausschließlich Natriumorthosilicat, Na_4SiO_4, sondern eine Mischung von Natriumsalzen verschiedener kondensierter Kieselsäuren wie $H_6Si_2O_7$, $H_4Si_3O_8$ und $(H_2SiO_3)_x$.
Setzt man einer Natriumsilicatlösung Säure – zum Beispiel Salzsäure – zu, so bildet sich ein gelatinöser Niederschlag von kondensierten Kieselsäuren ($SiO_2 \cdot xH_2O$). Wenn man diesen Niederschlag teilweise entwässert, geht er in eine poröse Masse, das soge-

nannte *Kieselgel* (Silicagel) über. Kieselgel adsorbiert Wasser und andere Molekeln sehr gut und eignet sich als Trockenmittel und Entfärber.

Abgesehen von den Alkalisilicaten sind fast alle Silicate unlöslich in Wasser. Viele von ihnen kommen als Erze und Minerale in der Natur vor.

18.11. Silicatminerale

Die meisten Minerale, aus denen Gesteine und Böden sich zusammensetzen, sind Silicate, die gewöhnlich auch Aluminium enthalten. Viele dieser Minerale haben komplizierte Formeln, entsprechend den kompliziert gebauten kondensierten Kieselsäuren, von denen sie sich ableiten. Wir können die Silicatminerale einteilen in drei große Gruppen: die Minerale mit *Raumnetzstruktur* (harte Minerale, die in ihren Eigenschaften Ähnlichkeit mit Quarz aufweisen), die Minerale mit *Schichtstruktur* (zum Beispiel Glimmer) und die Minerale mit *Faserstruktur* (zum Beispiel Asbest).

Die Silicate mit Raumnetzstruktur. Viele Silicate haben tetraedrische Raumnetzstrukturen, in denen einige SiO_4-Tetraeder durch AlO_4-Tetraeder ersetzt sind. In ihrer Struktur erinnern diese Minerale an Quarz, doch enthalten sie zusätzliche Ionen – gewöhnlich Alkali- oder Erdalkali-Ionen – in den größeren Maschen des Raumnetzes. Gewöhnlicher *Feldspat*, $KAlSi_3O_8$ (Orthoklas), sei als Beispiel für ein tetraedrisches Alumosilicatmineral genannt. Das tetraedrische Raumnetz $(AlSi_3O_8^-)_x$ erstreckt sich durch den ganzen Kristall und verleiht ihm eine Härte, die der von Quarz nur wenig nachsteht. Zu den Alumosilicatmineralen mit tetraedrischer Raumnetzstruktur zählen weiterhin

Kaliophilit	$KAlSiO_4$	Analcim	$NaAlSi_2O_6 \cdot H_2O$
Leucit	$KAlSi_2O_6$	Natrolith	$Na_2Al_2Si_3O_{10} \cdot 2H_2O$
Albit	$NaAlSi_3O_8$	Chabasit	$CaAl_2Si_4O_{12} \cdot 6H_2O$
Kalkfeldspat	$CaAl_2Si_2O_8$	Sodalith	$Na_4Al_3Si_3O_{12}Cl$

Es ist ein charakteristisches Merkmal der Minerale mit tetraedrischer Raumnetzstruktur, daß sie gerade doppelt so viele Sauerstoffatome enthalten wie Siliciumatome und Aluminiumatome zusammen. Manche der Minerale haben eine weitmaschige Struktur mit Gängen, in denen Ionen sich bewegen können. Zu dieser Gruppe gehören die *Zeolithe*, die für die Enthärtung von Wasser benutzt werden. Wenn hartes Wasser über Körnchen eines Zeoliths läuft, dringen die Kationen Ca^{2+} und Fe^{3+} in das Mineral ein und verdrängen dort eine äquivalente Menge Natrium-Ionen (siehe Abschnitt 12.1).

Die meisten Zeolithe enthalten in den Gängen und Hohlräumen des Alumosilicat-Raumnetzes neben Alkali-Ionen und Erdalkali-Ionen auch Wassermolekeln. Erhitzt man einen Kristall eines solchen Minerals – zum Beispiel *Chabasit*, $CaAl_2Si_4O_{12} \cdot 6H_2O$ –, so verliert er sein Wasser. Der Kristall bricht dabei aber nicht zusammen, sondern behält seine ursprüngliche Form und Größe im wesentlichen bei. Die Plätze der Wassermolekeln in den Maschen des Raumnetzes bleiben frei. Entwässerter Chabasit zeigt eine große Anziehungskraft für Wassermolekeln und Molekeln anderer Dämpfe und kann als Trockenmittel oder Adsorbens verwendet werden. Eine Struktur dieser Art hat auch Kieselgel, das wir oben als Trockenmittel genannt haben.

Zeolithe können nur Molekeln aufnehmen, die durch die Öffnungen zwischen den Hohlräumen im Kristallgitter passen. Sie können deshalb verwendet werden, um kleine von großen oder geradkettige von verzweigten Molekeln zu trennen („Molekularsiebe").

Einige der wichtigen Minerale im Boden sind Alumosilicate, die als Kationenaustauscher wirken und auf Grund dieser Eigenschaft eine große Rolle für die Ernährung der Pflanzen spielen.

Ein interessantes Raumnetz-Mineral ist der *Lasurstein (Lapis lazuli)*, ein Mineral von wundervoller blauer Farbe. Zu Pulver zerstoßen liefert es den Farbstoff *Ultramarin*. Lasurstein hat die Formel $Na_8Al_6Si_6O_{24}(S_x)$. Er besteht aus einem Alumosilicat-Raumnetz mit eingelagerten Natrium-Ionen (von denen ein Teil die Ladung des Raumnetzes neutralisiert) und Anionen S_x^{2-}, zum Beispiel S_2^{2-} und S_3^{2-}. Die Polysulfid-Ionen rufen die blaue Farbe hervor. Zu Beginn des achtzehnten Jahrhunderts entdeckte man, daß man Ultramarin durch Zusammenschmelzen einer geeigneten Natriumalumosilicatmischung mit Schwefel künstlich erzeugen kann. Ähnliche beständige Farbstoffe verschiedener Farben können hergestellt werden, indem man Selen an Stelle von Schwefel und andere Kationen an Stelle von Natrium einführt.

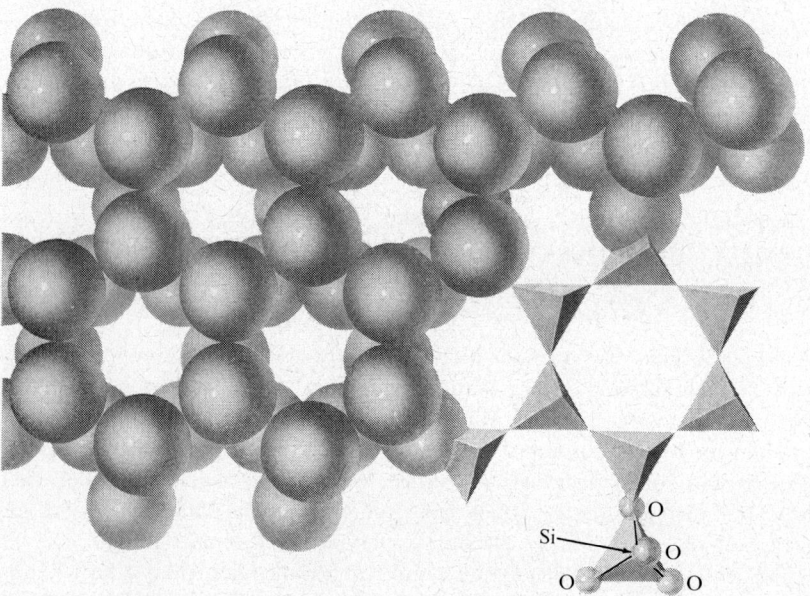

Abb. 18.7. Abschnitt aus einer unendlichen Schicht von Silicat-Tetraedern, wie sie in Talk und anderen Mineralen mit Schichtstruktur auftritt.

Minerale mit Schichtstruktur. Durch eine Kondensationsreaktion, an der sich nur drei der vier Hydroxylgruppen der Kieselsäuremolekel beteiligen, gelangt man zu einer Polykieselsäure der Zusammensetzung $(H_2Si_2O_5)_x$, die eine endlose Schicht bildet (Abb. 18.7). Eine ähnliche Schichtstruktur weist das Mineral *Hydrargillit*, $Al(OH)_3$, auf; hier besteht die Schicht aus AlO_6-Oktaedern (Abb. 18.8). Komplizierter gebaute Schichten,

Abb. 18.8. Kristallstruktur von Aluminiumhydroxid, Al(OH)$_3$. Die Substanz kristallisiert in Schichten, die sich aus Oktaedern aufbauen. Jedes Oktaeder besteht aus sechs Sauerstoffatomen (bzw. Hydroxid-Ionen), in deren Mitte ein Aluminiumatom liegt. Jedes Sauerstoffatom gehört zwei Oktaedern gleichzeitig an.

in denen sowohl Tetraeder als auch Oktaeder vertreten sind, liegen in anderen Mineralen mit Schichtstruktur vor, zum Beispiel in *Talk*, *Kaolinit* (Ton) und *Glimmer*.
In Talk, Mg$_3$Si$_4$O$_{10}$(OH)$_2$, und Kaolinit, Al$_2$Si$_2$O$_5$(OH)$_4$, sind die Schichten in sich elektroneutral und liegen im Kristall locker aufeinander. Sie können sich leicht gegeneinander verschieben. Davon rühren die charakteristischen Eigenschaften dieser Minerale her, ihre Weichheit, leichte Spaltbarkeit und ihr seifiger Griff. Im Glimmer, KAl$_3$Si$_3$O$_{10}$(OH)$_2$, sind die Alumosilicatschichten negativ elektrisch geladen. Die Ladung muß durch Einlagerung positiver Ionen, gewöhnlich Kalium-Ionen, zwischen den Schichten neutralisiert werden. Die elektrostatischen Kräfte zwischen den positiv geladenen Ionen und den negativ geladenen Schichten verleihen dem Glimmer eine Härte, die die von Kaolinit und Talk wesentlich übertrifft. Trotzdem äußert sich die Schichtstruktur noch deutlich in der hervorragenden Spaltbarkeit längs der Schichtebenen, die es gestattet, das Mineral zu äußerst dünnen Blättchen zu verarbeiten. Aus Glimmerblättchen werden Fenster für Öfen hergestellt. Außerdem eignen sie sich als elektrisches Isolationsmaterial für Maschinen und Geräte.
Zu den Mineralen mit Schichtstruktur gehören einige wichtige Bodenbestandteile. Zu nennen ist vor allem der *Montmorillonit*, dessen Zusammensetzung ungefähr der Formel AlSi$_2$O$_5$(OH) · xH$_2$O entspricht. Er hat auch in die Industrie Eingang gefunden, und zwar als Katalysator für die Umwandlung langkettiger Kohlenwasserstoffe in verzweigte (zur Gewinnung von Benzin hoher Octanzahl) und für andere Sonderzwecke.

Minerale mit Faserstruktur. Die Minerale mit Faserstruktur enthalten sehr lange Silicat-Ionen, die aus Ketten oder Röllchen von kondensierten Silicat-Tetraedern bestehen. Parallel zu den Ketten beziehungsweise Röllchen lassen sich die Kristalle leicht spalten, jedoch nicht in Ebenen, die diese schneiden. Die Minerale dieser Gruppe zeigen daher eine außergewöhnliche Eigenschaft: sie lassen sich in Fasern auftrennen. Die wichtigsten Vertreter dieser Gruppe, *Tremolit*, $Ca_2Mg_5Si_8O_{22}(OH)_2$, ein Mineral mit Kettenstruktur, und *Chrysotil*, $Mg_6Si_4O_{11}(OH)_6 \cdot H_2O$, ein Mineral mit Röllchenstruktur, bezeichnet man als *Asbest*. Südafrikanische Ablagerungen führen die Minerale in Schichtdicken von mehreren Zentimetern. Sie werden zu Fasern aufgearbeitet, die dann zu Garnen, Filzen und Platten als Wärmeisolationsmaterial und für feuerfeste Konstruktionen versponnen oder verfilzt werden.

18.12. Glas

Zu den technisch wichtigen Silicatmaterialien zählen Glas, Glasuren, Emaillen und Zement.

Gewöhnliches Glas ist eine unterkühlte Schmelze, die aus Silicaten besteht. Es wird durch Zusammenschmelzen eines Gemenges von Natriumcarbonat (oder Natriumsulfat), Kalkstein und Sand hergestellt. Gewöhnlich setzt man etwas Glasbruch entsprechender Zusammensetzung als Flußmittel zu. Nachdem die Gasentwicklung aufgehört hat, wird die klare Schmelze in Formen gegossen oder in Preßformen mit Stempeln gepreßt (Preßglas). Zur Herstellung hohler Gegenstände wie Flaschen und Kolben wird ein Klumpen des zähflüssigen Materials durch Druckluft aus einem Rohr aufgeblasen, manchmal in eine Form hinein. Zur Herstellung von „Spiegelglas" wird flüssiges Glas auf einen ebenen Tisch gegossen, dünn ausgewalzt und auf beiden Seiten glattgeschliffen und poliert.

Sicherheitsglas besteht aus einer Schicht eines festen, zähen Kunststoffs, die zwischen zwei Glasschichten eingelagert ist.

Gewöhnliches Glas (Weichglas) enthält ungefähr 10% Natrium, 5% Calcium und 1% Aluminium neben Sauerstoff und Silicium. Es besteht aus einem tetraedrischen Alumosilicat-Raumnetz, in das Natrium-Ionen, Calcium-Ionen und einige kleinere komplexe Anionen eingebettet sind. Es beginnt bei schwacher Rotglut zu erweichen und wird erst bei wesentlich höherer Temperatur leichtflüssig. Dazwischen liegt ein weiter Temperaturbereich, in dem es bequem bearbeitet werden kann.

Ähnlich wie Kieselsäure kondensiert auch Borsäure leicht zu hochmolekularen Polysäuren. Boratgläser gleichen in ihren Eigenschaften den Silicatgläsern weitgehend. *Pyrex-Glas*, aus dem Glasgeräte für das Laboratorium und feuerfeste Küchengeräte hergestellt werden, ist ein Boroalumosilicat, das nur etwa 4% Alkali- und Erdalkali-Ionen enthält. Im Gegensatz zu Weichglas ist es gegen Wasser beständig. Es hat außerdem einen geringeren thermischen Ausdehnungskoeffizienten und verträgt daher plötzliches Erhitzen und Abkühlen. Ähnlich in Zusammensetzung und Eigenschaften ist das bereits früher von Schott entwickelte *Jenaer Geräteglas*. Es ist ebenfalls ein Boroalumosilicat, das neben Natrium (etwa 6%) auch Barium (etwa 4%) und geringe Mengen von Calcium und Magnesium enthält.

Glasuren auf Porzellan und *Emaillen* auf eisernen Küchengeräten, Badewannen usw. bestehen aus leicht schmelzbaren Gläsern, deren Farbstoffe oder weiße Füllstoffe wie Titandioxid oder Zinndioxid zugesetzt sind.

18.13. Zement

Portlandzement ist ein feinpulveriges Alumosilicat, das nach Anrühren mit Wasser zu einer festen Masse erstarrt. Zu seiner Herstellung werden im allgemeinen kalkhaltige und tonhaltige Gesteine zu feinem Pulver zermahlen, mit Wasser zu einem Brei angerührt und in einem mit Gas, Öl oder Kohlenstaub beheizten Drehofen gebrannt. In der heißen Zone des Ofens, wo die Temperatur ungefähr 1500 °C beträgt, sintert das Alumosilicatgemisch zu kleinen, rundlichen Brocken, dem sogenannten „Klinker", zusammen. Der Klinker wird in einer Kugelmühle (einem rotierenden, mit Stahlkugeln gefüllten Zylinder) zu einem feinen Pulver, dem Portlandzement, vermahlen.

Vor dem Anrühren mit Wasser besteht Portlandzement aus einer Mischung von Calciumsilicaten, vor allem Ca_2SiO_4 und Ca_3SiO_5, und Calciumaluminat, $Ca_3Al_2O_6$. Unter Einwirkung von Wasser hydrolysiert das Calciumaluminat zu Calciumhydroxid und Aluminiumhydroxid, die mit den Calciumsilicaten zu Calciumalumosilicaten weiterreagieren, deren Kristalle sich verfilzen.

Gewöhnlicher *Mörtel* zum Mauern wird durch Mischen von Sand mit gelöschtem Kalk hergestellt (vgl. Abschnitt 8.5). Er erhärtet langsam durch Reaktion mit Kohlendioxid aus der Luft, wobei Calciumcarbonat entsteht. Einen festeren Mörtel gibt eine Mischung von Sand mit Portlandzement ab. Zement für Bauten kann weitgehend gestreckt werden durch Zumischen von Sand, Kies oder Steinschlag. Material dieser Art heißt *Beton*. Beton ist ein hervorragendes Baumaterial. Es braucht zum Erhärten kein Kohlendioxid aus der Luft, erhärtet also auch unter Wasser und in sehr großen Baustücken.

18.14. Silicone

Wenn wir uns die Mannigfaltigkeit vor Augen halten, die in den Strukturen der Silicatminerale und in ihren Merkmalen und nützlichen Eigenschaften zum Ausdruck kommt, dürfen wir erwarten, daß die Chemiker auch durch Synthese zu vielen neuen und wertvollen Siliciumverbindungen gelangt sind. Dies ist in den letzten Jahren tatsächlich geschehen. Viele Siliciumverbindungen aus der Klasse der *Silicone* haben sich als besonders brauchbar erwiesen.

Die einfachsten Silicone sind die Methylsilicone. Es gibt Methylsilicone in Form von Ölen, Harzen und Elastomeren (gummiartigen Substanzen). Methylsiliconöl besteht aus langgestreckten Molekeln, von denen jede eine Silicium-Sauerstoff-Kette darstellt, an deren Siliciumatomen Methylgruppen hängen:

$$\begin{array}{c} H_3C \\ \diagdown \\ Si \\ \diagup \\ H_3C \end{array} \!\!\!\begin{array}{c} \\ O \\ \\ \end{array}\!\!\! \begin{array}{c} \\ \diagdown \\ Si \\ \diagup \\ CH_3 \end{array}\!\!\!\begin{array}{c} \\ O \\ \\ \end{array}\!\!\!\begin{array}{c} \\ \diagdown \\ Si \\ \diagup \\ CH_3 \end{array}\!\!\!\begin{array}{c} \\ O \\ \\ \end{array}\!\!\!\begin{array}{c} \\ \diagdown \\ Si \\ \diagup \\ CH_3 \end{array}\!\!\!\begin{array}{c} CH_3 \\ \diagup \\ \\ \diagdown \\ CH_3 \end{array}$$

Ein typisches *Siliconöl* für Schmierzwecke oder als Flüssigkeit in hydraulischen Systemen besteht aus Molekeln mit durchschnittlich etwa 10 Siliciumatomen pro Molekel.

Die Siliconöle zeichnen sich besonders aus durch ihren geringen Temperaturkoeffizienten der Viskosität, durch ihre hohe thermische Widerstandsfähigkeit und dadurch, daß sie Metalle und die meisten anderen Materialien nicht angreifen. Ein typisches Siliconöl erhöht seine Viskosität etwa um den Faktor sieben, wenn es von $+40$ °C auf -40 °C abgekühlt wird; ein Kohlenwasserstofföl dagegen, das bei $+40$ °C die gleiche Viskosität besitzt wie das Siliconöl, erhöht seine Viskosität bei gleicher Abkühlung etwa um den Faktor 1800.

Durch Polymerisation von Siliconen zu vernetzten Molekeln kann man *Siliconharze* herstellen, die sich vorzüglich als Material für elektrische Isolationen eignen. Sie haben ausgezeichnete dielektrische Eigenschaften und halten Arbeitstemperaturen aus, bei denen das gewöhnliche organische Isolationsmaterial sich schnell zersetzt. Die Verwendung von Siliconharzen gestattet den Betrieb elektrischer Maschinen mit höherer Belastung.

Silicone können zu Molekeln polymerisiert werden, die 2000 und mehr Einheiten $(CH_3)_2SiO$ enthalten. Vermahlt man das Silicon mit einem anorganischen Füllstoff – wie Zinkoxid oder Ruß, die auch als Kautschukfüllstoffe verwendet werden – und „vulkanisiert" es durch Erhitzen, so bilden sich Brücken zwischen benachbarten Molekeln aus, die das Material zu einem unlöslichen, unschmelzbaren dreidimensionalen Netzwerk verbinden.

Es können auch Silicone synthetisiert werden, die statt der Methylgruppen Äthylgruppen oder andere organische Gruppen tragen.

Mit Hilfe von Methylchlorsilanen können Materialien mit einem wasserabweisenden Film überzogen werden. Ein Stück Baumwollgewebe, das für ein paar Sekunden dem Dampf von Trimethylchlorsilan, $(CH_3)_3SiCl$, ausgesetzt wird, überzieht sich mit einer Schicht von Trimethylsilylgruppen, die durch Reaktion der Hydroxylgruppen der Cellulose mit dem Chlorsilan entstehen:

$$(CH_3)_3SiCl + HOR \rightarrow (CH_3)_3SiOR + HCl$$

Die außenliegenden Methylgruppen stoßen Wasser ab, wie ein Kohlenwasserstoff-Film, zum Beispiel ein Schmieröl, es tun würde. Papier, Wolle, Seide, Glas, Porzellan und andere Materialien lassen sich so behandeln. Insbesondere für Isolatoren aus keramischen Materialien hat sich eine solche Oberflächenbehandlung bewährt.

18.15. Germanium

Germanium ist ein ziemlich seltenes Element, das in seinen chemischen Eigenschaften dem Silicium gleicht. In den meisten seiner Verbindungen nimmt es die Oxidationsstufe $+4$ ein. Als Beispiele seien genannt Germaniumtetrachlorid, $GeCl_4$, eine farblose Flüssigkeit, die bei 83 °C siedet, und Germaniumdioxid, GeO_2, eine farblose, kristalline Substanz, die bei 1086 °C schmilzt.

Die Verbindungen von Germanium haben bisher keine nennenswerte praktische Bedeutung erlangt. Das Element selbst, ein sprödes, graues Halbmetall, wird heutzutage in erheblichem Umfang bei der Herstellung elektronischer Geräte verwendet.

Die elektrischen Eigenschaften eines Einkristalls von Germanium (oder auch Silicium) können durch Einführen von Spuren anderer Elemente („Dotieren") drastisch verändert werden. Wie im folgenden näher erläutert werden soll, beruht hierauf die Wirkungsweise von Halbleiter-Flächengleichrichtern, Transistoren und bestimmten Typen von zusammengefaßten Schaltelementen *(integrated circuits)*.

Bei sehr niedriger Temperatur ist die elektrische Leitfähigkeit von reinstem Germanium verschwindend gering. Der Kristall besteht wie Diamant aus Atomen mit der Liganz 4 und einem Elektronenpaar pro Bindung. In schematischer, zweidimensionaler Darstellung können wir ihn uns vorstellen als ein Netzwerk

$$
\begin{array}{cccc}
| & | & | & | \\
-Ge-Ge-Ge-Ge- \\
| & | & | & | \\
-Ge-Ge-Ge-Ge- \\
| & | & | & | \\
-Ge-Ge-Ge-Ge- \\
| & | & | & |
\end{array}
$$

Die Elektronen bleiben auf die Bindungsbezirke beschränkt und können sich in einem angelegten elektrischen Feld nicht frei bewegen. Bei höherer Temperatur kann ein Elektron durch Anregung auf ein höheres Orbital gehoben werden (etwa ein $5s$-Orbital) und läßt dann ein einzelnes Elektron in der Bindung zurück, zu der eigentlich zwei gehören:

$$
\begin{array}{cccc}
| & | & | & | \\
-Ge\!\!-\!\!-Ge\!\!-\!\!-Ge\!\!-\!\!-Ge- \\
| & | & | & | \\
-Ge^{+}\!\cdot\!\!^{-}Ge^{+}\!\!-\!\!Ge\cdot\!\!^{-}\!\!-Ge- \\
| & | & | & | \\
-Ge\!\!-\!\!-Ge\!\!-\!\!-Ge\!\!-\!\!-Ge- \\
| & | & | & |
\end{array}
$$

Den nur von dem einen, hinterbliebenen Elektron besetzten Bindungsraum zwischen den positiv geladenen Germaniumatomen, $Ge^{+}\!\cdot\!^{-}Ge^{+}$, nennt man Elektronenfehlstelle oder *Loch*. Das Loch kann zur elektrischen Leitfähigkeit beitragen, indem es sich von einem Elektron, das von einer benachbarten Bindung herüberspringt, füllen läßt. Die nachstehende Folge von Schritten soll diesen Mechanismus erläutern:

$$
\begin{array}{l}
-Ge^{+}\!\cdot\!^{-}Ge^{+}\!\!-\!\!Ge\!\!-\!\!\!-\!\!Ge\!\!-\!\!\!-\!\!Ge\!\!-\!\!\!- \\
-Ge\!\!-\!\!\!-\!\!Ge^{+}\!\cdot\!^{-}Ge^{+}\!\!-\!\!Ge\!\!-\!\!\!-\!\!Ge\!\!-\!\!\!- \\
-Ge\!\!-\!\!\!-\!\!Ge\!\!-\!\!\!-\!\!Ge^{+}\!\cdot\!^{-}Ge^{+}\!\!-\!\!Ge\!\!-\!\!\!- \\
-Ge\!\!-\!\!\!-\!\!Ge\!\!-\!\!\!-\!\!Ge\!\!-\!\!\!-\!\!Ge^{+}\!\cdot\!^{-}Ge^{+}\!\!-\!\!\!-
\end{array}
$$

Das angeregte Elektron trägt ebenfalls zur Leitfähigkeit bei, und zwar wandert es in einem angelegten elektrischen Feld in entgegengesetzter Richtung wie das Loch.

Ein Germaniumkristall, der mit ein paar Arsenatomen dotiert ist, verfügt über zusätzliche Elektronen in Anregungsorbitalen, denn jedes Arsenatom steuert über die vier für die tetraedrischen Bindungen benötigten Elektronen hinaus noch ein fünftes bei. Ein solcher Kristall zeigt eine höhere Leitfähigkeit als reines Germanium. Eine solche, von negativen Elektronen bewirkte Leitfähigkeit nennt man n-Leitfähigkeit.

Wird der Germaniumkristall dagegen mit ein paar Aluminiumatomen dotiert, die nur je drei Valenzelektronen einbringen, so tritt für jedes Aluminiumatom ein Loch im Satz der Elektronenpaarbindungen auf. Der Kristall besitzt nun p-Leitfähigkeit (bewirkt von positiven Löchern; natürlich wandern die Löcher in entgegengesetzter Richtung wie die Elektronen, die von benachbarten Bindungen her in sie hineinspringen).

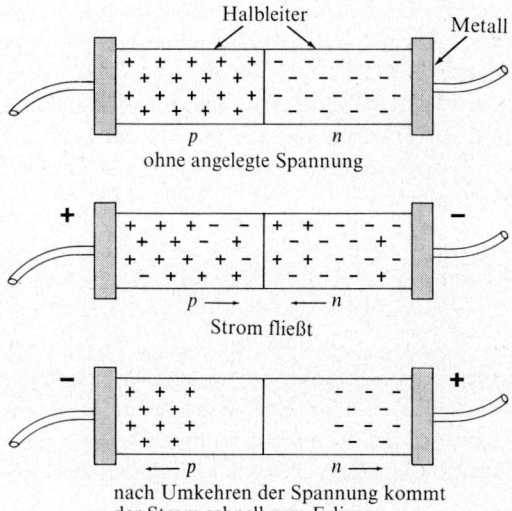

Abb. 18.9. Schematische Darstellung eines *p-n*-Flächengleichrichters.

Einen *p-n*-Flächengleichrichter erhält man durch Zusammenfügen eines *p*-Kristalls und eines *n*-Kristalls, wie in Abbildung 18.9 gezeigt ist. Die beiden Kristalle sind an den einander abgewandten Seiten mit Metallplatten versehen, die die Pole zur Stromzufuhr tragen. Sowohl die Löcher als auch die Elektronen wandern ohne ernstliches Hindernis durch die Kontaktfläche und zu den Metallplatten, erlauben also einen stetigen Stromfluß, wenn das angelegte Feld so gerichtet ist, daß Löcher und Elektronen in ihren Kristallen jeweils zur Kontaktfläche hin wandern. Wird die Feldrichtung aber umgekehrt, so wandern Löcher und Elektronen beide von der Kontaktfläche fort (siehe unterstes Bild in Abb. 18.9). Ein Mechanismus zur schnellen Erzeugung neuer Löcher und Elektronen an der Kontaktfläche fehlt. Hierzu müßte genug Energie verfügbar sein, Elektronen von Bindungsorbitalen (im Fall des Germaniums die tetraedrischen $4s4p^3$-Hybridbindungsorbitale) auf angeregte Orbitale (etwa 5s-Orbitale) zu heben, ein Vorgang, dessen Geschwindigkeit von der Temperatur abhängt (vgl. den Arrheniusschen Exponentialfaktor, Abschnitt 16.4). Das Gebiet beiderseits der Kontaktfläche verarmt also an Stromträgern, und der Strom hört auf zu fließen.

Einen *n-p-n*-Transistor kann man herstellen, indem man einen *p*-Kristall zwischen zwei *n*-Kristalle einbaut und zwei Stromkreise so schaltet, daß die angelegte Spannung im einen den Nachschub von Stromträgern für den anderen steigert bzw. drosselt. Auf diese Weise kann ein Stromfluß in einem Stromkreis einen proportionalen, aber stärkeren Stromfluß in einem zweiten Stromkreis auslösen.

18.16. Zinn

Zinn ist ein silberweißes, sehr geschmeidiges Metall, das sich leicht zu dünnen Folien aushämmern oder auswalzen läßt (Stanniol). Gewöhnliches, *weißes Zinn* besitzt metallische Eigenschaften. Bei Temperaturen unter 18 °C wandelt es sich in eine allotrope, nichtmetallische Modifikation, in *graues Zinn* um. Graues Zinn hat Diamantstruktur. (Die Angaben physikalischer Eigenschaften in Tafel 18.5 beziehen sich auf weißes Zinn.) Bei sehr tiefen Temperaturen, um −50 °C, erreicht die Umwandlungsgeschwindigkeit merkliche Werte. Es kann vorkommen, daß Gegenstände aus metallischem Zinn zu einem Pulver von grauem Zinn zerfallen („Zinnpest").

In großem Umfang wird Zinn zur Erzeugung von Schutzüberzügen auf Eisenblech herangezogen (Weißblech), zum Beispiel für die Herstellung von Konservendosen. Die Überzüge werden entweder durch Eintauchen des gereinigten Eisenblechs in geschmolzenes Zinn oder durch elektrolytische Abscheidung aufgebracht. Außer Eisen werden auch Kupfer und andere Metalle gelegentlich verzinnt.

Die wichtigsten Zinnlegierungen sind *Bronze* (Zinn und Kupfer), *Weichlot* (etwa 50% Zinn und 50% Blei), *Weißmetall* (75% Zinn und 25% Blei) und *Britanniametall* (Zinn mit geringen Zusätzen von Antimon und Kupfer).

Lagermetalle, die für Oberflächen in Gleitlagern verwendet werden, sind zumeist Legierungen von Zinn, Blei, Antimon und Kupfer. Sie enthalten kleine, harte Kristallite von Verbindungen wie SnSb eingebettet in einem weichen Träger aus Zinn oder Blei. Die guten Lagereigenschaften gehen auf die Ausrichtung der Kristallflächen der harten Kristallite in der Lageroberfläche zurück.

Zinn vermag aus verdünnten Säuren Wasserstoff freizusetzen. An feuchter Luft läuft es jedoch nicht an. Mit warmer Salzsäure bildet es Zinn(II)-chlorid, $SnCl_2$, und Wasserstoff:

$$Sn + 2\,HCl \rightarrow SnCl_2 + H_2$$

Mit heißer konzentrierter Schwefelsäure entsteht Zinn(II)-sulfat, $SnSO_4$, und Schwefeldioxid:

$$Sn + 2\,H_2SO_4 \rightarrow SnSO_4 + SO_2 + 2\,H_2O$$

Mit kalter, verdünnter Salpetersäure bildet sich Zinn(II)-nitrat. Heiße konzentrierte Salpetersäure oxidiert Zinn zu einer hydratisierten Zinnsäure, $H_2SnO_3 \cdot xH_2O$.

Zinnverbindungen. Zinn(II)-chlorid, $SnCl_2$, entsteht beim Auflösen von Zinn in Salzsäure und kann durch Eindunsten der Lösung in farblosen Kristallen von $SnCl_2 \cdot H_2O$ erhalten werden. In neutraler Lösung hydrolysiert es und bildet einen Niederschlag von Zinnhydroxychlorid, $Sn(OH)Cl$. In Gegenwart überschüssiger Säure tritt keine Hydrolyse ein. Zinn(II)-chloridlösungen werden im Zeugdruck als Beize gebraucht.

Das Zinn(II)-Ion ist ein wirksames Reduktionsmittel. Es wird leicht zu Zinn(IV)-chlorid, $SnCl_4$, oder – in Gegenwart überschüssiger Chlorid-Ionen – zum komplexen Hexachlorostannat(IV)-Ion, $SnCl_6^{2-}$, oxidiert.

Zinn(IV)-chlorid, $SnCl_4$, ist eine farblose Flüssigkeit, die bei 114 °C siedet und an feuchter Luft stark raucht. Sie hydrolysiert dabei zu Salzsäure und Zinnsäure, $H_2Sn(OH)_6$. Natriumstannat, $Na_2Sn(OH)_6$, enthält das oktaedrische Hexahydroxostannat(IV)-Ion (Stannat-Ion), $Sn(OH)_6^{2-}$. Dieser Komplex ist ähnlich gebaut wie der Hexachlorokomplex. Natriumstannat wird verwendet als Beize, zum Beschweren von Seide sowie zum Imprägnieren von Baumwollstoffen, die dadurch feuerfest werden. Hierzu tränkt man das Gewebe mit einer Natriumstannatlösung, trocknet es und behandelt es anschließend mit Ammoniumsulfatlösung; dabei scheidet sich hydratisierte Zinnsäure in den Fasern ab.

Zinn(II)-hydroxid, $Zn(OH)_2$, fällt bei Zusatz verdünnter Natronlauge zu einer Zinn(II)-chloridlösung aus. In überschüssiger Lauge löst sich der Niederschlag leicht unter Bildung von Stannit-Ionen, $Sn(OH)_3^-$ (Trihydroxostannat(II)-Ionen).

Zinn(II)-sulfid, SnS, fällt als dunkelbrauner Niederschlag aus, wenn Schwefelwasserstoff oder Sulfid-Ionen auf eine Zinn(II)-salzlösung einwirken. Unter gleichen Bedingungen fällt aus der Lösung einer Zinn(IV)-verbindung gelbes Zinn(IV)-sulfid, SnS_2, aus. Zinn(IV)-sulfid löst sich in Lösungen von Ammoniumsulfid oder Natriumsulfid unter Bildung von Thiostannat-Ionen, SnS_4^{4-}, auf. Zinn(II)-sulfid dagegen löst sich in Sulfidlösungen nur, wenn Polysulfide anwesend sind, die es zu Thiostannat-Ionen oxidieren können. Von diesen Eigenschaften macht der Trennungsgang der qualitativen Analyse Gebrauch.

18.17. Blei

Blei ist ein weiches, mattgraues Metall von hoher Dichte und geringer Zugfestigkeit. Es wird zur Herstellung von Lettern, als Umkleidung für elektrische Kabel und als Legierungsbestandteil verwendet. Die organische Bleiverbindung Bleitetraäthyl, $Pb(C_2H_5)_4$, wird Benzin als Antiklopfmittel zugesetzt (Bleibenzin).

Blei überzieht sich an der Luft mit einer dünnen Oxidhaut, die sich langsam in ein basisches Carbonat verwandelt. Hartes Wasser ruft die Ausbildung einer ähnlichen Haut hervor, die es davor bewahrt, lösliche Bleiverbindungen aufzunehmen. Weiches Wasser dagegen löst merkliche Mengen von Blei. Die Giftigkeit der Bleiverbindungen schließt daher die Verwendung von Bleirohren für Trinkwasserleitungen aus.

Blei bildet mehrere Oxide. Die wichtigsten sind Bleimonoxid, PbO (Bleiglätte), Mennige, Pb_3O_4 und Bleidioxid, PbO_2. Bleimonoxid wird durch Erhitzen von Blei an der Luft hergestellt. Es fällt als gelbes Pulver oder als rötlichgelbe kristalline Substanz an und wird zur Herstellung von Bleiglas und von anderen Bleiverbindungen verwendet. Mennige wird durch Erhitzen von Blei im Sauerstoffstrom gewonnen. Es ist ein leuchtend rotes Pulver. Es wird als Rostschutzanstrich für Eisenkonstruktionen sowie in der Glasherstellung benutzt. Bleidioxid, eine braune Substanz, ist durch Oxidation einer Lösung von Natriumplumbit, $Na_2Pb(OH)_4$ (Natriumtetrahydroxoplumbat(II)) mit Hypochlorit oder durch anodische Oxidation von Bleisulfat erhältlich. Es löst sich in Alkalilauge unter Bildung von Plumbat-Ionen (Hexahydroxoplumbat(IV)-Ionen), $Pb(OH)_6^{2-}$. Bleidioxid wird hauptsächlich für Bleiakkumulatoren gebraucht.

Bleinitrat, $Pb(NO_3)_2$, ist eine weiße, kristalline Substanz, die beim Auflösen von Blei, Bleimonoxid oder Bleicarbonat in Salpetersäure entsteht.

Bleicarbonat, $PbCO_3$, kommt in der Natur als *Cerussit* (Weißbleierz) vor. Es fällt als Niederschlag aus, wenn eine Bleinitratlösung mit einer Lösung versetzt wird, die Hydrogencarbonat-Ionen, HCO_3^-, enthält. Ist die Carbonatlösung basischer, so scheidet sich ein basischer Bleicarbonat, $Pb_3(OH)_2(CO_3)_2$, ab. Dieses basische Salz, das sogenannte *Bleiweiß*, ist eine häufig verwendete Anstrichfarbe. Zur Herstellung von Bleiweiß sind mehrere Verfahren entwickelt worden; man oxidiert metallisches Blei mit Sauerstoff aus der Luft und wandelt es mit Essig oder Essigsäure in ein basisches Acetat um, das mit Kohlenstoffdioxid zerlegt wird.

Bleichromat, $PbCrO_4$, dient ebenfalls als Farbe *(Chromgelb)*.
Bleisulfat, $PbSO_4$, ist eine weiße, nahezu unlösliche Substanz. Das Ausfallen von Bleisulfat wird als analytischer Nachweis für Blei-Ionen bzw. für Sulfat-Ionen benutzt.

Übungsaufgaben

18.1. Ziehen Sie Parallelen zwischen den Eigenschaften der Elemente der Gruppen Ia, IIa, IIIa und IVa und ihren Elektronegativitäten (Tafel 6.4). Bei welchem Elektronegativitätswert liegt die Grenze zwischen Metallen und Halbmetallen?

18.2. Berylliumhydroxid ist in Wasser praktisch unlöslich, löst sich aber sowohl in Säuren, als auch in Alkalilaugen. Können Sie sich denken, was für ein Produkt bei der Reaktion mit Natriumhydroxid entsteht? Erörtern Sie die Eigenschaften von Berylliumhydroxid im Zusammenhang mit der Stellung von Beryllium im Periodensystem und auf der Elektronegativitätsskala.

18.3. Beschreiben Sie die Elektronenstruktur von Kaliumtetrafluoroborat, KBF_4. In wäßrigen Lösungen der Substanz tritt das Ion BF_4^- auf.

18.4. Wie sieht die Elektronenstruktur des Aluminiumatoms aus? Kann sie den Befund erklären, daß Aluminium in fast allen seinen Verbindungen mit der Oxidationszahl +3 auftritt?

18.5. Eine der kristallinen Modifikationen von Siliciumcarbid hat ein kubisches Kristallgitter mit $a = 4,358$ Å und 4 C in den Lagen 0 0 0, 0 1/2 1/2, 1/2 0 1/2, 1/2 1/2 0 sowie 4 Si in den Lagen 1/4 1/4 1/4, 1/4 3/4 3/4, 3/4 1/4 3/4, 3/4 3/4 1/4. Was für nächste Nachbarn haben die Kohlenstoffatome? Was für nächste Nachbarn haben die Siliciumatome? Wie groß sind die jeweiligen Abstände? Wie groß sind die Bindungswinkel? Können Sie erklären, warum Siliciumcarbid so hart ist?

18.6. Berechnen Sie einen Wert für die Bildungsenthalpie von SiC(f) unter Benutzung der Elektronegativitätswerte der beiden Elemente. Die experimentell bestimmte Bildungsenthalpie beträgt -111 kJ mol^{-1}. (Lösung: -96 kJ mol^{-1}.)

18.7. Die Verbindung AlP hat eine tetraedrische Struktur ähnlich der von SiC. Halten Sie es für möglich, daß diese Substanz als Ersatz für Germanium zur Herstellung von *p-n*-Flächengleichrichtern verwendet werden könnte? Wie müßte man AlP dotieren, um *p*-leitende und *n*-leitende Kristalle zu erhalten?

18.8. Das Trichlorid von Bor schmilzt bei -107 °C und verdampft bei 12,5 °C, das seines Homologen Lanthan dagegen schmilzt bei 870 °C und hat einen sehr hohen Siedepunkt. Womit erklärt sich dieser große Unterschied im physikalischen Verhalten?

18.9. Wenn Sie BaF_2 eine Kristallstruktur zuschreiben sollten, würden Sie angesichts der Ionenradien die MgF_2-Struktur oder die CaF_2-Struktur für wahrscheinlicher halten?

18.10. In Lithiumdampf befinden sich Molekeln Li und Li_2 miteinander im Gleichgewicht. Wie sieht die Elektronenstruktur von Li_2 aus? Berechnen Sie die Bindungsenergie der Li—Li-Bindung aus den in Tafel 18.2 angegebenen Bildungsenthalpien.

18.11. Wie groß ist die Bindungsenergie der Li—H-Bindung in LiH(g)? (Vgl. Tafel 18.2.)

18.12. Bei der Elektrolyse von flüssigem NaH entwickelt sich Wasserstoff an der Anode. Erklären Sie diesen Befund auf Grund der Elektronenstruktur der Substanz. Wieviel Wasserstoff (in Volumeneinheiten unter Normalbedingungen) entsteht pro Faraday?

18.13. Glauben Sie, metallisches Lanthan ließe sich aus Lanthanoxid durch Reaktion mit Aluminiumpulver gewinnen? (Vgl. Tafel 18.6.)

18.14. Warum gilt die Anwesenheit von Coesit oder Stischowit in der Nähe eines Kraters als Bestätigung, daß dieser durch Einschlag eines Meteoriten entstanden ist? Inwiefern hat Ihre Antwort etwas mit dem Le Châtelierschen Prinzip zu tun?

18.15. Berechnen Sie Werte für die Elektronegativität der fünf Alkalimetalle mittels der von Mulliken aufgestellten Beziehung (siehe Übungsaufgabe 7.19). Hierzu können die Ionisierungsenthalpien aus Tafel 18.2 entnommen und die (experimentell nicht ermittelten) Elektronenaffinitäten der Metallatome als klein vernachlässigt werden. (Lösung: 0,99, 0,95, 0,80, 0,77 und 0,72 Einheiten.)

18.16. Berechnen Sie mit Hilfe der Angaben in Tafel 18.4 für alle Erdalkalimetalle die Enthalpie der Abspaltung des ersten und des zweiten Elektrons. In welchem Verhältnis stehen bei den verschiedenen Erdalkalimetallen die beiden Ionisierungsenthalpien zueinander? Können Sie eine einfache Erklärung dafür vorschlagen, warum das Verhältnis sich dem Wert 2 nähert?

18.17. Berechnen Sie für die in Übungsaufgabe 18.15 benutzte Methode die Konstante, durch die die erste Ionisierungsenergie der fünf Erdalkalimetalle geteilt werden muß, um eine mit den Werten in Tafel 6.4 übereinstimmende Summe von deren Elektronegativitäten zu ergeben. Geben Sie die entsprechenden Elektronegativitäten an. (Lösung: 591 kJ mol^{-1}; 1,53, 1,26, 1,01, 0,94 und 0,86 Einheiten.)

18.18. Wird der partielle kovalente Charakter der Bindungen in Rechnung gestellt, so ergibt sich für die Metallatome in den Verbindungen der Erdalkalimetalle eine effektive Ladung von etwa +1. Bei der Anwendung der Mullikenschen Methode zur Berechnung der Elektronegativität sollte man deshalb annehmen können, diese sei proportional der Summe der ersten und zweiten Ionisierungsenergie. Berechnen Sie mit Hilfe der Ergebnisse von Übungsaufgabe 18.16 die entsprechende Konstante im Nenner im Mullikenschen Ausdruck sowie die sich mit ihr ergebenden Elektronegativitätswerte. (Lösung: 1736 kJ mol^{-1}; 1,54, 1,27, 1,01, 0,94 und 0,85 Einheiten.) Können Sie die gute Übereinstimmung mit den Ergebnissen der vorigen Aufgabe erklären?

18.19. Berechnen Sie die Elektronegativitäten der Erdalkalimetalle aus den Bildungsenthalpien von deren Dichloriden (Tafel 18.4) unter der Annahme, daß die Elektronegativität von Chlor 3,00 Einheiten beträgt und daß die Bildungsenthalpie einer Verbindung für Bildung aus den Elementen in deren Normalzustand durch Gleichung 6.1 richtig wiedergegeben wird. (Lösung: 1,37, 1,18, 0,97, 0,93 und 0,89 Einheiten.)

18.20. Berechnen Sie mit Angaben aus Tafel 18.6 die Elektronegativitäten von B, Al, Sc, Y und La mit der in Übungsaufgabe 18.18 benutzten Methode. Wegen Unterschieden in den elektronischen Wechselwirkungen in Atomen mit verschiedener Anzahl von Valanzelektronen und verschiedenen Russell-Saunders-Zuständen ist hierbei eine andere Konstante in die Mullikensche Beziehung einzusetzen, und zwar 1577 kJ mol^{-1}. (Lösung: 2,06, 1,53, 1,20, 1,17 und 1,15 Einheiten.)

18.21. Berechnen Sie die Elektronegativitäten der Elemente in Gruppe III mit der in Übungsaufgabe 18.19 benutzten Methode aus den Angaben in Tafel 18.6 über die Trichloride. (Lösung: 1,84, 1,45, 1,21, 1,16 und 1,05 Einheiten.)

18.22. Schreiben Sie Si_2Cl_6 und Si_2Cl_6O Elektronenstrukturen zu. Erwarten Sie von diesen Molekeln ein von null verschiedenes elektrisches Dipolmoment?

Kapitel 19

Anorganische Komplexe und die Chemie der Übergangsmetalle

19.1. Anorganische Komplexe

Als *anorganische Komplexe* bezeichnet man anorganische Molekeln, die aus mehreren verschiedenen Atomen bestehen, von denen mindestens eines ein Metallatom ist. Als ein Beispiel sei Nickeltetracarbonyl, $Ni(CO)_4$, genannt. Anorganische Komplexe, die elektrische Ladungen tragen, heißen *Komplex-Ionen*. Zu den bekanntesten Komplex-Ionen zählen das Hexacyanoferrat(II)-Ion, $Fe(CN)_6^{4-}$, das Hexacyanoferrat(III)-Ion, $Fe(CN)_6^{3-}$, das Hexaquoaluminium-Ion, $Al(H_2O)_6^{3+}$, und das tiefblaue Tetramminkupfer(II)-Ion, $Cu(NH_3)_4^{2+}$, das sich beim Zusatz von Ammoniak zu Lösungen von Kupfer(II)-salzen bildet. Komplex-Ionen spielen bei Trennverfahren der qualitativen und quantitativen chemischen Analyse sowie bei manchen großtechnischen Verfahren eine wichtige Rolle. Wie die eben angeführten Beispiele erkennen lassen, bestehen die am häufigsten auftretenden Komplex-Ionen aus einem Metall-Ion und mehreren anionischen oder neutralen Gruppen, den sogenannten *Liganden*. In anionischen Komplexen wie etwa $Fe(CN)_6^{4-}$ überwiegt die negative elektrische Ladung der anionischen Liganden die positive des Metall-Ions. Hier nennt der Name des Komplex-Ions zuerst die anionischen Liganden, mit Endung —*o* und vorangestelltem griechischen Zahlwort zur Bezeichnung ihrer Anzahl – zum Beispiel Hexacyano-, Hexachloro-, Tetrahydroxo- – und gibt dann das Metall mit seinem lateinischen Namen, der Endung -*at* und, falls nötig, seiner Wertigkeit an – zum Beispiel -ferrat(II), -cobaltat(III), -antimonat(V). Bei kationischen Komplexen, deren Liganden gewöhnlich neutrale Molekeln sind, ist die Bezeichnungsweise die gleiche, nur wird der deutsche Name des Metalls benutzt, und die Endung -*at* kommt in Fortfall. Für H_2O und NH_3 als Liganden sind die Bezeichnungen -*aquo* bzw. -*ammin* in Gebrauch. Andere spezielle Namen und Bezeichnungsweisen für komplizierter gebaute Komplexe werden uns später in diesem Kapitel begegnen.

Die Komplexbildung macht einen wichtigen Teil der Chemie der Übergangsmetalle aus. Daß gerade die Übergangsmetalle zum Eingehen stabiler Komplexe besonders befähigt sind, beruht auf ihrem Vermögen, neben *s*- und *p*-Orbitalen auch *d*-Orbitale zur Ausbildung von Bindungen heranziehen zu können. Dies soll im nächsten Abschnitt erörtert werden.

19.2. Tetraedrische, oktaedrische und quadratische Bindungsorbitale

Die Übergangsmetalle tragen in ihren Außenschalen Elektronen, die *d*-, *s*- und *p*-Orbitale einnehmen. Bei den Elementen von Kalium bis Krypton zum Beispiel können die Außenelektronen die fünf 3d-Orbitale, das 4s-Orbital und die drei 4p-Orbitale besetzen. Bei den höheren Übergangsmetallen stehen die entsprechenden Orbitale mit um 1 bzw. 2 höherer Hauptquantenzahl zur Verfügung.

Die verschiedenen Übergangsmetalle unterscheiden sich in der Anzahl von d-Orbitalen, die sie zur Hybridbildung mit dem s-Orbital und den p-Orbitalen der Valenzschale zur Ausbildung von Bindungsorbitalen benutzen können. Von der Anzahl verfügbarer d-Orbitale wiederum hängt die Art der Bindungen ab, die das Metallatom eingeht. Ist kein d-Orbital verfügbar, so können tetraedrische sp^3-Bindungsorbitale der in Kapitel 6 beschriebenen Art gebildet werden. Hierfür liefert das Zink-Ion, Zn^{2+}, ein Beispiel. Das Zink-Ion besitzt zehn Elektronen außerhalb seiner Argon-Schale. Die zehn Elektronen können in Paaren die fünf 3d-Orbitale besetzen und geben dann dem 4s- und den drei 4p-Orbitalen die Möglichkeit zur Bildung von vier tetraedrischen Hybridbindungsorbitalen. Tatsächlich zeigt es sich, daß positiv zweiwertiges Zink mit der Liganz 4 auftritt und dabei Komplexe bildet, in denen es sich mit vier Atomen oder Atomgruppen in tetraedrischer Anordnung umgibt. Zu solchen Komplexen, die uns weiter unten und in späteren Kapiteln noch näher beschäftigen werden, gehören $Zn(NH_3)_4^{2+}$, $Zn(OH)_4^{2-}$ und $Zn(CN)_4^{2-}$.

Oktaedrische Orbitale. Das Eisen(II)-Ion, Fe^{2+}, weist außerhalb seiner Argon-Schale sechs Elektronen auf. Diese Elektronen können in Paaren drei der fünf 3d-Orbitale einnehmen. Dem Ion ständen dann noch zwei 3d-Orbitale zur Ausbildung von sechs Hybridbindungsorbitalen mit dem 4s- und den drei 4p-Orbitalen zur Verfügung. Es zeigt sich, daß diese sechs d^2sp^3-Hybridbindungsorbitale mit den Maxima ihrer Elektronendichten in die sechs oktaedrischen Richtungen des Raumes weisen (also in den Richtungen $+x$, $-x$, $+y$, $-y$, $+z$ und $-z$ in einem rechtwinkligen Carthesischen Koordinatensystem). Es ist deshalb zu erwarten, daß Eisen(II) diese Orbitale zur Bildung oktaedrischer Komplexe benutzt. In der Tat bestätigen Röntgenbeugungsaufnahmen, daß Hexacyanoferrat(II)-kristalle oktaedrisch gebaut sind. Weitere Beispiele für oktaedrische Komplexe werden uns in späteren Abschnitten dieses Kapitels begegnen.

Nach der ersten Hundschen Regel (siehe Abschnitt 5.3) sollte ein freies Eisen(II)-Ion diejenige Elektronenstruktur bevorzugen, in der vier der 3d-Orbitale von je einem Elektron – alle mit parallelen Spins – besetzt sind und das fünfte von einem Elektronenpaar. Ein Ion mit solcher Elektronenstruktur würde ein magnetisches Moment aufweisen, das vier ungepaarten Elektronen mit parallelen Spins entspricht. Wie die Erfahrung lehrt, besitzt das Hexaquoeisen(II)-Ion, $Fe(H_2O)_6^{2+}$, ein magnetisches Moment dieser Größe, das Hexacyanoferrat(II)-Ion dagegen kein magnetisches Moment. Dieser Befund spricht dafür, daß die Bindungen in den beiden Komplexen verschiedenen Charakter haben: im Hexaquoeisen(II)-Ion kommen die Bindungen, die starken Ionencharakter aufweisen, mittels des 4s- und der drei 4p-Orbitale zustande, im Hexacyanoferrat(II)-Ion dagegen handelt es sich um kovalente d^2sp^3-Bindungen. In vielen Fällen gestattet die Untersuchung der magnetischen Eigenschaften eines Komplexes es zu entscheiden, welche Art von Orbitalen das Metallatom betätigt. Auf diese Weise hat man festgestellt, daß Komplexe von Metallen mit stark elektronegativen Liganden in der Regel hochgradigen Ionencharakter aufweisen (Bindungen ohne Beteiligung der d-Orbitale), Komplexe mit weniger stark elektronegativen Liganden dagegen kovalenten Charakter (mit Beteiligung von d-Orbitalen an den Hybridbindungsorbitalen).

Quadratische Bindungsorbitale. Im Nickel(II)-Ion befinden sich acht Elektronen außerhalb der Argon-Schale. Diesen Elektronen stehen zwei Möglichkeiten offen, sich auf die fünf $3d$-Orbitale zu verteilen: es können entweder drei Elektronenpaare drei der $3d$-Orbitale und zwei ungepaarte Elektronen (mit parallelen Spins) die beiden restlichen besetzen, oder vier Elektronenpaare können vier $3d$-Orbitale einnehmen und das fünfte zur Ausbildung von Bindungen freilassen. Komplexe von Nickel(II) mit der ersten dieser beiden Strukturen sollten ein magnetisches Moment aufweisen, also paramagnetisch sein, Komplexe von Nickel(II) mit der zweiten Struktur dagegen nicht.

Die Untersuchung der magnetischen Eigenschaften verschiedener Nickel(II)-komplexe hat ergeben, daß einige von ihnen, darunter das Hexaquonickel-Ion, paramagnetisch sind und folglich keine Bindungen enthalten sollten, an denen $3d$-Orbitale beteiligt sind, daß andere Komplexe dagegen, darunter das Tetracyanoniccolat(II)-Ion, Ni(CN)$_4^{2-}$, kein magnetisches Moment besitzen und deshalb Bindungen mit Beteiligung von $3d$-Orbitalen aufweisen dürften.

Bei den Bindungsorbitalen, die durch Hybridisierung von einem $3d$- und einem $4s$-Orbital mit den $3p$-Orbitalen zustandekommen, handelt es sich um vier Orbitale, die in einer Ebene liegen und in Richtung der vier Ecken eines Quadrats weisen. (Nur zwei der drei $3p$-Orbitale beteiligen sich an dieser Hybridisierung.) Wie röntgenographische Untersuchungen ergeben haben, bilden Nickel, Palladium und Platin im positiv zweiwertigen Zustand solche ebenen quadratischen Komplexe.

Die Entdeckung oktaedrischer und quadratischer Komplexe. Die Vorstellung von der Koordination von Ionen oder Atomgruppen in ganz bestimmter geometrischer Anordnung um ein Zentralatom wurde zu Beginn unseres Jahrhunderts von dem Schweizer Chemiker Alfred Werner (1866–1919) entwickelt. Er konnte damit das Auftreten und die Eigenschaften von Verbindungen wie K$_2$SnCl$_6$, Co(NH$_3$)$_6$I$_3$ usw. erklären. Früher hatte man solchen Verbindungen Formeln wie SnCl$_4 \cdot$ 2KCl und CoI$_3 \cdot$ 6NH$_3$ zugeschrieben und sie als „Molekelverbindungen" nicht näher bekannter Art bezeichnet. Werner zeigte, daß die Eigenschaften vieler Komplexe von Übergangsmetallen verständlich werden, wenn man dem Metallatom die Liganz 6 zuschreibt und annimmt, daß die sechs angelagerten Gruppen (Liganden) die sechs Ecken eines regelmäßigen Oktaeders besetzen, dessen Mittelpunkt das Zentralatom einnimmt.

Eine wichtige Erscheinung, die Werner so erklären konnte, ist das Auftreten von *Isomeren anorganischer Komplexe*. Zum Beispiel gibt es zwei Komplexe der Formel Co(NH$_3$)$_4$Cl$_2^+$, einen violetten und einen grünen. Werner identifizierte die beiden Komplexe mit der *cis*-Konfiguration und der *trans*-Konfiguration, die in Abbildung 19.1 angegeben sind. In der *cis*-Form stehen die Chlorid-Ionen in benachbarten, in der *trans*-Form in einander gegenüberliegenden Ecken des Oktaeders. Werner schrieb dem violetten Komplex *cis*-Konfiguration zu, weil er sich leicht aus dem Komplex Co(NH$_3$)$_4$CO$_3^+$ darstellen läßt, für den aus räumlichen Gründen allein die *cis*-Konfiguration in Frage kommt. Werner entdeckte weiterhin die quadratische Koordination und identifizierte deren *cis*- und *trans*-Isomere.

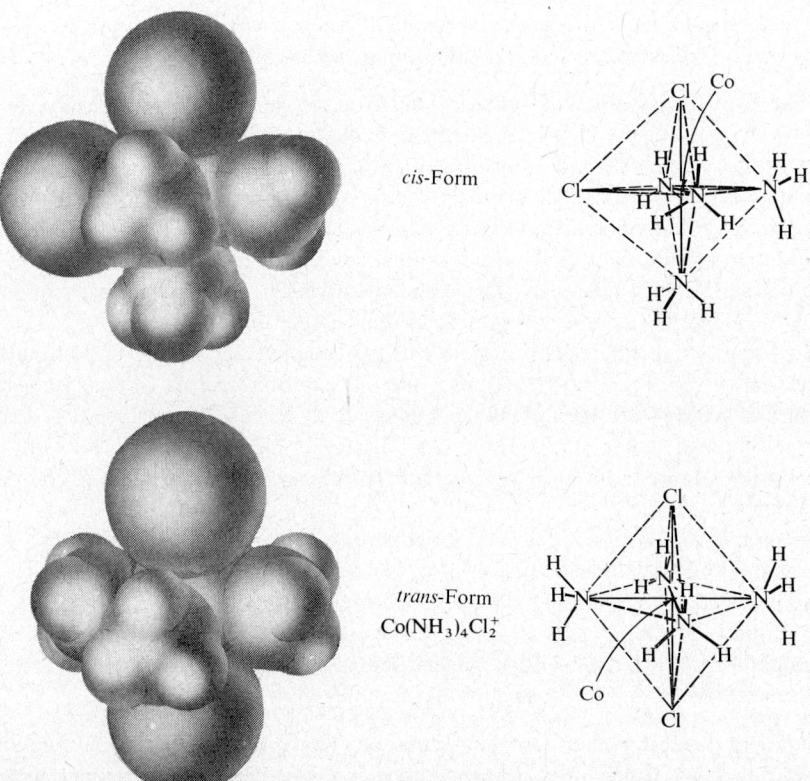

Abb. 19.1. *Cis*- und *trans*-Isomere des Dichlorotetramminkobalt(III)-Ions, Co(NH$_3$)$_4$Cl$_2^+$. In der *cis*-Form besetzen die beiden Chloratome benachbarte Ecken des Koordinationsoktaeders, in der *trans*-Form gegenüberliegende Ecken.

In neuerer Zeit haben Röntgenbeugungsaufnahmen, Messungen der magnetischen Suszeptibilität, Aufnahmen von magnetischen Kernresonanzspektren, Mößbauer-Spektroskopie und andere moderne Verfahren viel zur Aufklärung der Struktur von Komplexen beigetragen. Aus den Erkenntnissen über die Anordnung der Atome in den Komplexen in Verbindung mit deren chemischen Eigenschaften zeichnet sich ein einigermaßen klares Bild dieses speziellen Gebiets der Chemie ab.

Elektronenkonfigurationen an Atomen mit einsamen Elektronenpaaren. Wie Untersuchungen der Molekularstruktur zeigen, scheinen einsame Elektronenpaare in den meisten Fälle Eckplätze der Koordinationspolyeder einzunehmen, derart, daß die räumliche Anordnung der Orbitale weitgehend die gleiche ist wie in analogen Molekeln, die an Stelle des einsamen Elektronenpaars eine Bindung aufweisen.

Molekeln wie NH$_3$ und PCl$_3$ zum Beispiel haben eine trigonale Pyramidenstruktur. Eine solche Struktur können wir auffassen als Anordnung von drei Bindungen, die ungefähr in Richtung von drei Ecken eines Tetraeders weisen, dessen vierte Ecke das einsame

Elektronenpaar einnimmt. In ähnlicher Weise kann man die Struktur der Wassermolekel als eine Konfiguration mit zwei Bindungen ansehen, die ungefähr in Richtung von zwei Tetraederecken zeigen, während die anderen beiden Ecken von den einsamen Elektronenpaaren besetzt sind.

Die Bindungswinkel weichen in solchen Fällen allerdings um ein paar Grad vom idealen Tetraederwinkel ab. Die Ursache hierfür ist darin zu suchen, daß beim Auftreten einsamer Elektronenpaare im s-Orbital die Bindungen einen stärkeren p-Charakter aufweisen, als das bei den tetraedrischen Bindungsorbitalen der Fall ist.

Von Molekeln, in denen das Zentralatom von fünf Bindungen und einem einsamen Elektronenpaar umgeben ist, dürfen wir eine oktaedrische Anordnung erwarten, bei der die Bindungen in Richtung der fünf Ecken einer Pyramide mit quadratischer Basis weisen und das einsame Elektronenpaar die sechste Ecke des entsprechenden Oktaeders einnimmt. Die BrF_5-Molekel zum Beispiel hat einen solchen Bau. Bei ihr liegt das Bromatom etwa 0,15 Å unterhalb der Basis der Pyramide, und die F—Br—F-Bindungswinkel (zwischen dem Fluoratom am Gipfel und denen der Basis) betragen damit ungefähr 86°. Das einsame Elektronenpaar beansprucht also etwas mehr Platz am Bromatom als die gemeinsamen Elektronenpaare. Ähnlich liegen die Verhältnisse bei Ammoniak, Wasser und anderen verwandten Molekeln: auch bei diesen nimmt jedes einsame Elektronenpaar einen größeren Raumwinkel ein als ein gemeinsames Paar.

Die PCl_5-Molekel, in der sich in der Außenschale des Phosphoratoms fünf gemeinsame Elektronenpaare befinden, hat den Bau einer trigonalen Doppelpyramide. Die Molekel von $TeCl_4$ ist ähnlich gebaut, nur weist sie ein einsames Elektronenpaar an Stelle einer der Bindungen auf. Das einsame Elektronenpaar befindet sich in einer der Äquatorialstellungen, nicht an einer der beiden Polstellungen. Auch die Struktur von Bromtrifluorid, BrF_3, kann auf die Konfiguration einer trigonalen Doppelpyramide zurückgeführt werden: die drei Fluoratome liegen in einer Ebene mit dem Bromatom und bilden mit diesem zwei Bindungswinkel von 86°; man kann sagen, die Bindungen in der Molekel weisen in Richtung der beiden Polstellungen und einer der drei Äquatorialstellungen, während die anderen beiden Äquatorialstellungen von einsamen Elektronenpaaren besetzt sind.

19.3. Ammoniakkomplexe

Lösungen von Kupfer(II)-salzen sind blau: sie absorbieren bevorzugt gelbes und rotes Licht, filtern also aus weißem Licht den gelben und roten Spektralbereich heraus, so daß vorwiegend blaues Licht durchtritt. Absorbiert wird das Licht von hydratisierten Kupfer(II)-Ionen, wahrscheinlich $Cu(H_2O)_4^{2+}$. Kristalline hydratisierte Kupfer(II)-salze wie $CuSO_4 \cdot 5H_2O$ sind blau, ebenso wie die wäßrige Lösung, während wasserfreies $CuSO_4$ weiß ist[1].

Zusatz weniger Tropfen Natronlauge zu einer Kupfer(II)-salzlösung fällt einen blauen Niederschlag von Kupfer(II)-hydroxid, $Cu(OH)_2$. Der Niederschlag bildet sich, wenn

---

1 Im Kristall $CuSO_4 \cdot 5H_2O$ liegen vier Wassermolekeln dicht um das Kupfer-Ion, die fünfte befindet sich weiter entfernt.

das Produkt der Ionenkonzentrationen $[Cu^{2+}] \cdot [OH^-]^2$ das Löslichkeitsprodukt des Hydroxids erreicht. (Der Einfachheit halber verwenden wir, wie allgemein üblich, das Symbol Cu^{2+} auch für das hydratisierte Ion $Cu(H_2O)_4^{2+}$.) Zusatz weiterer Natronlauge bewirkt keine Veränderung mehr, abgesehen vom Ausfallen weiterer Hydroxids.
Setzt man der Lösung an Stelle von Natronlauge Ammoniak zu, so bildet sich zunächst ebenfalls ein Niederschlag von $Cu(OH)_2$. Bei Zusatz weiteren Ammoniaks dagegen löst sich der Niederschlag auf. Dabei nimmt die Lösung eine blaue Färbung an, die viel tiefer und kräftiger als die ursprüngliche ist[1].
Die Steigerung der Konzentration von Hydroxid-Ionen kann für die Auflösung des Niederschlags ebensowenig verantwortlich gemacht werden wie die Ammonium-Ionen, denn weder Natronlauge noch Ammoniumsalze rufen die Erscheinung hervor. Als Möglichkeit bleibt, daß undissoziiertes Ammoniak mit dem Kupfer(II)-Ion reagiert. Tatsächlich hat man festgestellt, daß es sich bei der neuen Teilchensorte, die sich mit überschüssigem Ammoniak bildet, um den *Tetramminkupfer(II)-komplex* $Cu(NH_3)_4^{2+}$ handelt. Er gleicht im Aufbau dem hydratisierten Kupfer(II)-Ion, nur nehmen vier Ammoniakmolekeln die Plätze der Wassermolekeln ein. (Der Ausdruck „Ammin" bezeichnet eine angelagerte Ammoniakmolekel.)
Salze dieses Komplex-Ions kann man aus ammoniakalischer Lösung auskristallisieren lassen. Am bekanntesten von ihnen ist das Tetramminkupfer(II)-sulfatmonohydrat, $Cu(NH_3)_4SO_4 \cdot H_2O$. Es hat die gleiche tiefblaue Farbe wie die Lösung.
Folgende Überlegung läßt die Auflösung des Niederschlags von Kupfer(II)-hydroxid im Überschuß von Ammoniak verständlich werden. Ein Hydroxidniederschlag bildet sich, weil die Konzentrationen von Kupfer(II)-Ionen und Hydroxid-Ionen größere Werte annehmen, als das Löslichkeitsprodukt des Kupfer(II)-hydroxids zuläßt. Gäbe es für das Kupfer eine Möglichkeit, sich in der Lösung aufzuhalten, ohne das Löslichkeitsprodukt des Hydroxids zu überschreiten, so würde die Niederschlagsbildung ausbleiben. In Gegenwart von Ammoniak liegt Kupfer in der Lösung im wesentlichen als Amminkomplex $Cu(NH_3)_4^{2+}$ vor, nicht als (hydratisiertes) Kupfer(II)-Ion, denn der Amminkomplex ist erheblich stabiler als das hydratisierte Ion. Die Reaktion, die zur Bildung des Amminkomplexes führt, ist

$$Cu^{2+} + 4\,NH_3 \rightleftharpoons Cu(NH_3)_4^{2+}$$

Aus der Gleichung geht hervor, daß Zusatz von Ammoniak das Gleichgewicht nach rechts verschiebt. Je mehr Ammoniak der Lösung zugesetzt wird, desto mehr Kupfer-Ionen setzen sich zum Amminkomplex um. Wenn genügend Ammoniak anwesend ist, kann eine große Menge Kupfer als Amminkomplex in der Lösung auftreten, ohne daß gleichzeitig die Konzentration der Kupfer(II)-Ionen den kritischen Wert erreicht, der dem Löslichkeitsprodukt des Kupfer(II)-hydroxids entspricht. Zusatz von Ammoniak zu einer Lösung, die mit ausgefälltem Kupfer(II)-hydroxid in Berührung steht, wandelt Kupfer(II)-Ionen in der Lösung zu Amminkomplexen um. Damit sinkt das Produkt $[Cu^{2+}] \cdot [OH^-]^2$ unter den Wert des Löslichkeitsprodukts für $Cu(OH)_2$ ab. Deshalb löst

---

[1] „tief" bezieht sich nur auf die Farbschattierung, nicht auf die Farbintensität. Tiefblau spielt ins Indigo hinüber.

sich – je nach Menge des zugesetzten Ammoniaks – der Hydroxidniederschlag teilweise oder vollständig auf.

Von einer solchen *Auflösung einer schwer löslichen Substanz infolge von Komplexbildung eines ihrer Ionen* macht man häufig Gebrauch. Wir bringen später in diesem Kapitel eine Reihe von Beispielen.

Das Nickel-Ion bildet zwei ziemlich stabile Amminkomplexe. Bei Zusatz von wenig Ammoniak zur Lösung eines Nickelsalzes (Nickelsalzlösungen sind hellgrün gefärbt) fällt ein blaßgrüner Niederschlag von Nickelhydroxid, $Ni(OH)_2$, aus. Ammoniak im Überschuß löst den Niederschlag auf und färbt die Lösung blau. Bei weiterem Ammoniakzusatz schlägt die Farbe in ein lichtes Blauviolett um.

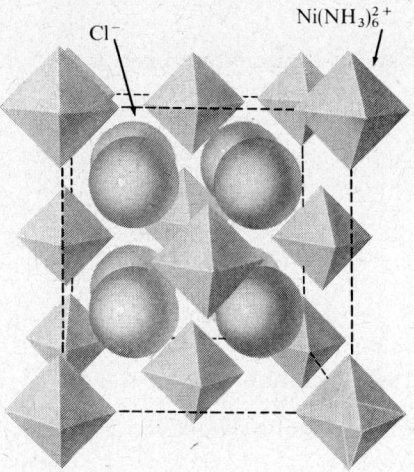

Abb. 19.2. Kristallstruktur von Hexamminnickelchlorid, $Ni(NH_3)_6Cl_2$. Der Kristall enthält als Baugruppen oktaedrische Hexamminnickel-Ionen und Chlorid-Ionen.

Der blauviolette Komplex kann als *Hexamminnickel-Ion*, $Ni(NH_3)_6^{2+}$, identifiziert werden: seine Farbe ist die gleiche wie die von $Ni(NH_3)_6Cl_2$ und anderen Kristallen, die sechs Ammoniakmolekeln pro Nickel-Ion enthalten. Röntgenaufnahmen haben gezeigt, daß in diesen Kristallen oktaedrische Komplexe als Baugruppen auftreten, die aus einem Nickel-Ion bestehen, das von sechs Ammoniakmolekeln in den Ecken eines regelmäßigen Oktaeders umgeben ist. Die Struktur des kristallinen $Ni(NH_3)_6Cl_2$ zeigt Abbildung 19.2.

Bei dem blauen Komplex handelt es sich wahrscheinlich um das Diaquotetramminnickel-Ion, $Ni(NH_3)_4(H_2O)_2^{2+}$. Eingehende Untersuchungen der Farbänderung mit steigender Ammoniakkonzentration deuten darauf hin, daß die Ammoniakmolekeln eine nach der anderen eingebaut werden, das heißt, daß alle Komplexe $Ni(H_2O)_6^{2+}$, $Ni(H_2O)_5(NH_3)^{2+}$, $Ni(H_2O)_4(NH_3)_2^{2+}$, $Ni(H_2O)_3(NH_3)_3^{2+}$, $Ni(H_2O)_2(NH_3)_4^{2+}$, $Ni(H_2O)(NH_3)_5^{2+}$ und $Ni(NH_3)_6^{2+}$ auftreten.

Eine ganze Reihe von Metall-Ionen bildet Amminkomplexe, die so stabil sind, daß die Hydroxide sich in Ammoniak lösen. Bei anderen, wie Aluminium und Eisen, ist das nicht der Fall. Die Formeln der stabilen Komplexe sind in einer Übersicht weiter unten zusammengestellt. Besondere Gesetzmäßigkeiten hisichtlich der Zusammensetzung und

Stabilität der Komplexe sind nicht erkenntlich, außer, daß meistens die positiv einwertigen Ionen zwei, die positiv zweiwertigen Ionen vier und die positiv dreiwertigen Ionen sechs Ammoniakmolekeln anlagern.

Wegen der hohen Stabilität des *Diamminsilberkomplexes*, $Ag(NH_3)_2^+$, löst sich ausgefälltes Silberchlorid bei Zusatz von Ammoniak wieder auf. Die Komplexbildung verringert die Silber-Ionenkonzentration, $[Ag^+]$, soweit, daß das Löslichkeitsprodukt von AgCl nicht erreicht wird. Die Bildung eines Niederschlags mit Chlorid-Ionen, der in Ammoniak löslich ist, dient als Nachweis von Silber-Ionen.

Allgemein zerfallen Amminkomplexe beim Zusatz von Säuren, und zwar weil diese Ammoniak in Ammonium-Ionen überführen, etwa gemäß

$$Ag(NH_3)_2^+ + Cl^- + 2H^+ \rightarrow AgCl + 2NH_4^+$$

Stabile Amminkomplexe

$Cu(NH_3)_2^+$	$Cu(NH_3)_4^{2+}$	$Co(NH_3)_6^{3+}$	Anmerkungen: 1. Der Hexamminkobalt(II)-komplex wird an der Luft leicht zum Hexamminkobalt(III)-komplex oxidiert. 2. Der Amminkomplex des dreiwertigen Chroms bildet sich nur langsam. Beim Kochen zerfällt er, wobei sich Chromhydroxid abscheidet.
$Ag(NH_3)_2^+$	$Zn(NH_3)_4^{2+}$	$Cr(NH_3)_6^{3+}$	
$Au(NH_3)_2^+$	$Cd(NH_3)_4^{2+}$		
	$Hg(NH_3)_2^{2+}$		
	$Hg(NH_3)_4^{2+}$		
	$Ni(NH_3)_4^{2+}$		
	$Ni(NH_3)_6^{2+}$		
	$Co(NH_3)_6^{2+}$		

19.4. Cyanokomplexe

Eine andere wichtige Klasse von Komplex-Ionen umfaßt die Komplexe, die sich aus Metall-Ionen und Cyanid-Ionen bilden. Die bekanntesten Cyanokomplexe sind nachstehend angegeben.

Cyanokomplexe

$Cu(CN)_2^-$	$Zn(CN)_4^{2-}$	$Fe(CN)_6^{3-}$	$Au(CN)_4^-$
$Ag(CN)_2^-$	$Cd(CN)_4^{2-}$	$Co(CN)_6^{3-}$	$Mn(CN)_6^{4-}$
$Au(CN)_2^-$	$Hg(CN)_4^{2-}$		$Fe(CN)_6^{4-}$
			$Co(CN)_6^{4-}$

Einige dieser Komplexe sind äußerst stabil. Die Stabilität des *Dicyanoargentat-Ions*, $Ag(CN)_2^-$, zum Beispiel ist so groß, daß bei Zusatz von Jodid kein Silberjodid ausfällt, obwohl das Löslichkeitsprodukt des Silberjodids sehr klein ist. Das *Hexacyanoferrat(II)-Ion*, $Fe(CN)_6^{4-}$, das *Hexacyanoferrat(III)-Ion*, $Fe(CN)_6^{3-}$ und das *Hexacyanocobaltat(III)-Ion*, $Co(CN)_6^{3-}$, sind so beständig, daß starke Säuren sie nicht in nennenswertem Umfang zersetzen. Die anderen Cyanokomplexe werden durch starke Säuren unter Bildung von Blausäure, HCN, zerstört.

Die Beständigkeit des Hexacyanoferrat(II)-komplexes geht auch aus dem altbekannten Herstellungsverfahren für Kaliumhexacyanoferrat(II) (gelbes Blutlaugensalz), $K_4Fe(CN)_6$, hervor: das Komplexsalz bildet sich bei kräftigem Erhitzen von stickstoffhaltigem organischem Material (wie eingetrocknetes Blut) mit Eisenfeile und Kaliumcarbonat.

Der *Hexacyanocobaltat(II)-komplex*, $Co(CN)_6^{4-}$, ist, ebenso wie der Amminkomplex des zweiwertigen Kobalts, ein sehr starkes Reduktionsmittel. Er vermag Wasser unter Wasserstoffbildung zu zersetzen. Bei der Reaktion verwandelt er sich in den Komplex des dreiwertigen Kobalts.

Cyanidlösungen werden unter anderem in der elektrolytischen (galvanischen) Vergoldung, Versilberung und zur Herstellung von Überzügen aus anderen Metallen wie Zink und Cadmium verwendet. Die Konzentration freier Metall-Ionen ist in diesen Lösungen sehr gering. Das begünstigt die Abscheidung des Metalls in gleichmäßiger, feinkristalliner Schicht. Auch von anderen komplexbildenden Anionen (Tartrat, Citrat, Chlorid, Hydroxid) macht man für den gleichen Zweck Gebrauch.

19.5. Halogenokomplexe und andere Komplex-Ionen

Fast alle Anionen können mit Metall-Ionen Komplexe bilden. So reagiert Zinn(IV)-chlorid, $SnCl_4$, mit Chlorid-Ionen zu dem beständigen *Hexachlorostannat(IV)-Ion*, $SnCl_6^{2-}$, das mit vielen Kationen kristalline Salze bildet. Solche Komplexe behandeln wir in diesem Abschnitt.

Viele Chlorokomplexe sind bekannt. Einige typische Vertreter sind:

$CuCl_2(H_2O)_2$, $CuCl_3(H_2O)^-$, $CuCl_4^{2-}$
$AgCl_2^-$, $AuCl_2^-$
$HgCl_4^{2-}$
$CdCl_4^{2-}$, $CdCl_6^{4-}$
$SnCl_6^{2-}$
$PtCl_6^{2-}$
$AuCl_4^-$

Die Chlorocuprat(II)-komplexe verraten sich in stark salzsaurer Lösung durch ihre grüne Farbe. Kristalle von $CuCl_2 \cdot 2H_2O$ sind hellgrün; Röntgenaufnahmen lassen erkennen, daß sie aus komplexen Molekeln $CuCl_2(H_2O)_2$ bestehen. Für das Ion $CuCl_3(H_2O)^-$ schreibt man gewöhnlich $CuCl_3^-$; sehr wahrscheinlich enthält es jedoch die angegebene Wassermolekel. Außerdem scheint in Lösungen auch das Ion $Cu(H_2O)_3Cl^+$ aufzutreten.

Die Stabilität des *Tetrachloroaurat(III)-Ions*, $AuCl_4^-$, verdankt das Gold die Eigenschaft, sich in Königswasser – einer Mischung von Salpetersäure und Salzsäure – aufzulösen, während jede einzelne der beiden Säuren es nicht merklich angreift. Die Salpetersäure besorgt die Oxidation des Golds von Au^0 zu Au^{+3}, die Chlorid-Ionen der Salzsäure fördern die Reaktion, indem sie mit den Gold(III)-Ionen den stabilen Chlorokomplex bilden:

$$Au + 6H^+ + 4Cl^- + 3NO_3^- \rightarrow AuCl_4^- + 3NO_2 + 3H_2O$$

Auf gleiche Weise löst Königswasser Platin auf. Dabei entsteht der *Hexachloroplatinat(IV)-komplex*, $PtCl_6^{2-}$.

Die Bromo- und Jodkomplexe gleichen den Chlorokomplexen weitgehend und haben in der Regel eine analoge Zusammensetzung.

Das Fluorid-Ion ist ein kräftigerer Komplexbildner als die anderen Halogenid-Ionen. Wichtige Fluorokomplexe sind das *Tetrafluoroborat-Ion*, BF_4^-, das *Hexafluorosilicat-Ion*, SiF_6^{2-}, das *Hexafluoroaluminat-Ion*, AlF_6^{3-}, und das *Hexafluoroferrat(III)-Ion*, FeF_6^{3-}.

Von großer praktischer Bedeutung ist das von Thiosulfat- mit Silber-Ionen gebildete *Dithiosulfatoargentat-Ion*, $Ag(S_2O_3)_2^{3-}$:

$$\left[\begin{array}{c}\ddot{\text{:}\ddot{O}\text{:}}\quad\quad\ddot{\text{:}\ddot{O}\text{:}}\\ \|\quad\quad\quad\|\\ \text{:}\ddot{O}\text{-}\ddot{S}\text{-}\ddot{S}\text{-Ag-}\ddot{S}\text{-}\ddot{S}\text{-}\ddot{O}\text{:}\\ \|\quad\quad\quad\|\\ \ddot{\text{:}\ddot{O}\text{:}}\quad\quad\ddot{\text{:}\ddot{O}\text{:}}\end{array}\right]^{3-}$$

Wegen der hohen Stabilität dieses Komplexes lösen sich Silberchlorid und Silberbromid in Thiosulfatlösungen auf. Darauf beruht die Verwendung von Natriumthiosulfat als „Fixiersalz" in der Photographie. Nach dem Entwickeln eines photographischen Films oder Papiers wird Silberhalogenid, das nicht reduziert worden ist, mit Fixiersalzlösung aus der Emulsion herausgelöst. Bliebe Silberhalogenid in der Emulsion zurück, so würde das Papier oder der Film im Licht nachdunkeln.

Der bekannteste Nitritokomplex ist das *Hexanitritocobaltat(III)-Ion*, $Co(NO_2)_6^{3-}$. *Kaliumhexanitritocobaltat(III)*, $K_3Co(NO_2)_6$, zählt zu den wenigen schwer löslichen Kaliumsalzen. Es fällt bei Zugabe von Natriumhexanitritocobaltat(III) zu einer Kaliumsalzlösung aus. Die Reaktion wird zur Prüfung auf Kalium benutzt.

Setzt man der Lösung eines Eisen(III)-salzes ein Rhodanid zu, so färbt sich die Lösung intensiv rot. Die Reaktion dient als Nachweis von Eisen(III)-Ionen. Für die Rotfärbung scheint eine ganze Reihe von Komplexen mit den Zusammensetzungen von $Fe(H_2O)_5NCS^{2+}$ bis $Fe(NCS)_6^{3-}$ verantwortlich zu sein. Auch mit Azid-Ionen, NNN^-, reagieren Eisen(III)-Ionen unter Rotfärbung.

Komplexe des dreiwertigen Chroms und dreiwertigen Kobalts. Dreiwertiges Chrom und Kobalt verbinden sich mit Cyanid-, Nitrit-, Chlorid-, Sulfat- und Oxalat-Ionen, mit Wasser, Ammoniak sowie mit vielen anderen Ionen und Molekeln zu Komplexen der verschiedensten Farben. Die Farben der einander analogen Chromkomplexe und Kobaltkomplexe stimmen meist annähernd überein. Die meisten der Komplexe sind beständig. Ihre Bildung und ihre Zersetzung verlaufen langsam. Typische Vertreter sind die Glieder der Reihen

$$\underset{\text{gelb}}{Cr(NH_3)_6^{3+}} \quad \underset{\text{purpur}}{Cr(NH_3)_5Cl^{2+}} \quad \underset{\text{grün}}{Cr(NH_3)_4Cl_2^{+}} \quad \underset{\text{violett}}{Cr(NH_3)_3Cl_3} \quad \underset{\text{orangerot}}{Cr(NH_3)_2Cl_4^{-}}$$

und

$$\underset{\text{gelb}}{Co(NH_3)_6^{3+}} \quad \underset{\text{rosenrot}}{Co(NH_3)_5H_2O^{3+}} \quad \ldots \quad \underset{\text{purpur}}{Co(H_2O)_6^{3+}}$$

Gewisse Atomgruppen, zum Beispiel das Oxalat-Ion, $C_2O_4^{2-}$, und das Carbonat-Ion, CO_3^{2-}, können zwei der sechs Koordinationsplätze in den oktaedrischen Komplexen besetzen. Beispiele hierfür sind $Co(NH_3)_4CO_3^+$ und $Co(C_2O_4)_3^{3-}$.

Die erstaunlichen Farbumschläge, die Chrom(III)-salzlösungen oft zeigen, haben ihre Ursache in Reaktionen dieser Komplexe. Lösungen, die Chrom(III)-Ionen, $Cr(H_2O)_6^{3+}$, enthalten, sind purpurfarben. Beim Erhitzen färben sie sich grün, weil sich Komplexe wie $Cr(H_2O)_4Cl_2^+$ oder $Cr(H_2O)_5SO_4^+$ bilden. Bei Zimmertemperatur hydrolysieren die grünen Komplexe langsam, und die Lösung nimmt wieder die ursprüngliche purpurne Farbe an.

19.6. Hydroxokomplexe

Bei Zusatz von Natronlauge zur Lösung eines Zinksalzes fällt ein Niederschlag von Zinkhydroxid aus:

$$Zn^{2+} + 2\,OH^- \rightleftharpoons Zn(OH)_2$$

Natürlich löst sich das Hydroxid in Säuren. Außerdem löst es sich aber im Überschuß von Alkali. Wenn durch Zugabe weiterer Natronlauge die Hydroxid-Ionenkonzentration auf 0,1 M bis 1 M gesteigert wird, löst sich der Niederschlag wieder auf.
Es liegt nahe, diese Erscheinung mit der Bildung eines Komplexes zu erklären, und zwar entsteht hier das Zinkat-Ion, $Zn(OH)_4^{2-}$, gemäß

$$Zn(OH)_2 + 2\,OH^- \rightleftharpoons Zn(OH)_4^{2-}$$

Das Ion ist ähnlich gebaut wie die anderen Zinkkomplexe, zum Beispiel $Zn(H_2O)_4^{2+}$, $Zn(NH_3)_4^{2+}$ und $Zn(CN)_4^{2-}$; Hydroxid-Ionen nehmen die Plätze der Wassermolekeln, Ammoniakmolekeln bzw. Cyanid-Ionen ein. Neben dem Zinkat-Ion bildet sich in gewissem Umfang das Ion $Zn(H_2O)(OH)_3^-$.
Als Hydrolyseprodukt von Zinksalzen tritt bekanntlich das Kation $Zn(H_2O)_3OH^+$ auf. In Zinksalzlösungen von verschiedenem pH findet man demnach folgende Teilchensorten:

in saurer Lösung $\quad\quad\begin{cases} Zn(H_2O)_4^{2+} \\ Zn(H_2O)_3OH^+ \end{cases}$

in neutraler Lösung $\quad Zn(H_2O)_2(OH)_2 \rightleftharpoons Zn(OH)_2(f)$

in alkalischer Lösung $\begin{cases} Zn(H_2O)(OH)_3^- \\ Zn(OH)_4^{2-} \end{cases}$

Jeder Komplex wandelt sich durch Verlust eines Protons aus einer der vier Wassermolekeln des hydratisierten Zink(II)-Ions in den nächsten um. Alle diese Komplexe mit Ausnahme von $Zn(H_2O)_4^{2+}$ und $Zn(OH)_4^{2-}$ sind amphiprotisch (amphoter).
Ein Hydroxid, das sich wie Zinkhydroxid sowohl mit Säuren als auch mit Basen zu Salzen vereinigen kann, nennt man *amphiprotisch* (oder *amphoter*).

Die bekanntesten amphoteren Hydroxide und deren Anionen sind

$Zn(OH)_2$	$Zn(OH)_4^{2-}$	Zinkat-Ion (Tetrahydroxozinkat-Ion)
$Al(OH)_3$	$Al(OH_2)_2(OH)_4^-$	Aluminat-Ion (Diaquotetrahydroxoaluminat-Ion)
$Cr(OH)_3$	$Cr(OH_2)_2(OH)_4^-$	Chromit-Ion (Diaquotetrahydroxochromat(III)-Ion)
$Pb(OH)_2$	$Pb(OH)_3^-$	Plubit-Ion (Trihydroxoplumbat(II)-Ion)
$Sn(OH)_2$	$Sn(OH)_3^-$	Stannit-Ion (Trihydroxostannat(II)-Ion)

Außerdem bilden die folgenden Hydroxide mit Hydroxid-Ionen komplexe Anionen und zeigen damit saure Eigenschaften:

$Sn(OH)_4$	$Sn(OH)_6^{2-}$	Stannat-Ion (Hexahydroxostannat(IV)-Ion)
$As(OH)_3$	$As(OH)_4^-$	Arsenit-Ion (Tetrahydroxoarsenat(III)-Ion)
$Sb(OH)_3$	$Sb(OH)_4^-$	Antimonit-Ion (Tetrahydroxoantimonat(III)-Ion)
$Sb(OH)_5$	$Sb(OH)_6^-$	Antimonat-Ion (Hexahydroxoantimonat(V)-Ion)

Alle angeführten Hydroxide sind in mäßig konzentrierter Alkalilauge löslich, weil sie in hinreichendem Ausmaß komplexe Hydroxo-Anionen bilden. Die sauren Eigenschaften anderer häufiger Hydroxide sind weniger stark ausgeprägt: $Cu(OH)_2$ und $Co(OH)_2$ lösen sich in konzentrierter Alkalilauge nur wenig, $Cd(OH)_2$, $Fe(OH)_3$, $Mn(OH)_2$ und $Ni(OH)_2$ sind praktisch unlöslich. Hierauf beruht die übliche analytische Methode zur Abtrennung der Ionen Al^{3+}, Cr^{3+} und Zn^{2+} von Fe^{3+}, Mn^{2+}, Co^{2+} und Ni^{2+} durch Natronlauge.

19.7. Sulfidkomplexe

Schwefel, der im Periodensystem unmittelbar unter dem Sauerstoff steht, gleicht diesem in vielen seiner Eigenschaften. Dazu zählt auch die Fähigkeit, sich mit anderen Atomen zu Komplexen vereinigen zu können. Von vielen Elementen gibt es *Thiosäuren*, die den Sauerstoffsäuren analog sind. Als Beispiel sei die *Thiophosphorsäure*, H_3PS_4, genannt, deren Formel genau der Formel der Phosphorsäure, H_3PO_4, entspricht. Der Thiophosphorsäure kommt keine besondere Bedeutung zu; sie ist unbeständig und hydrolysiert in Wasser zu Phosphorsäure und Schwefelwasserstoff:

$$H_3PS_4 + 4 H_2O \rightarrow H_3PO_4 + 4 H_2S$$

Dagegen sind andere Thiosäuren, zum Beispiel die *Thioarsensäure*, H_3AsS_4, beständig und für die analytische Chemie und einzelne technische Verfahren wichtig.
Alle folgenden Arsensäuren sind bekannt:

$$H_3AsO_4, \quad H_3AsO_3S, \quad H_3AsO_2S_2, \quad H_3AsOS_3, \quad H_3AsS_4.$$

Die Struktur aller fünf Anionen AsO_4^{3-}, AsO_3S^{3-}, $AsO_2S_2^{3-}$, $AsOS_3^{3-}$ und AsS_4^{3-} ist die gleiche: vier Atome, Sauerstoff oder Schwefel umgeben in tetraedrischer Anordnung das Arsenatom.

Eine Reihe von Metallsulfiden löst sich in Natriumsulfid- oder Ammoniumsulfidlösungen auf, weil sich komplexe Thio-Anionen bilden. Die wichtigsten Vertreter dieser Gruppe sind HgS, As_2S_3, Sb_2S_3, As_2S_5, Sb_2S_5 und SnS_2:

$$HgS + S^{2-} \rightleftharpoons HgS_2^{2-}$$
$$As_2S_3 + 3 S^{2-} \rightleftharpoons 2 AsS_3^{3-}$$
$$Sb_2S_3 + 3 S^{2-} \rightleftharpoons 2 SbS_3^{3-}$$
$$As_2S_5 + 3 S^{2-} \rightleftharpoons 2 AsS_4^{3-}$$
$$Sb_2S_5 + 3 S^{2-} \rightleftharpoons 2 SbS_4^{3-}$$
$$SnS_2 + S^{2-} \rightleftharpoons SnS_3^{2-}$$

Quecksilber(II)-sulfid löst sich in einer Lösung von Natriumsulfid und Natriumhydroxid (das Hydroxid drängt die Hydrolyse des Sulfids zurück, die die Sulfid-Ionenkonzentration verringern würde), aber nicht in einer Lösung von Ammoniumsulfid und Ammoniak (in der die Sulfid-Ionenkonzentration geringer ist). Die anderen aufgezählten Sulfide lösen sich in beiden Lösungen. CuS, Ag_2S, Bi_2S_3, CdS, PbS, ZnS, CoS, NiS, FeS, MnS und SnS sind in Sulfidlösungen unlöslich, aber die meisten von ihnen bilden komplexe Sulfide beim Schmelzen mit Na_2S oder K_2S. SnS wird von Na_2S oder $(NH_4)_2S$ nicht gelöst, wohl aber von Lösungen, die neben Sulfid noch Disulfid, Na_2S_2 oder $(NH_4)_2S_2$, oder Peroxid enthalten. Das Disulfid-Ion, S_2^{2-}, oder das Peroxid oxidiert das Zinn von Sn^{+2} zu Sn^{+4} und bewirkt Bildung von Thiostannat:

$$SnS + S_2^{2-} \rightleftharpoons SnS_3^{2-}$$

Gewöhnlich benutzt man im Trennungsgang der qualitativen Analyse eine Lösung von Na_2S und Na_2S_2 zur Auftrennung der Schwefelwasserstoffällung in die Kupfergruppe (PbS, Bi_2S_3, CuS, CdS) und die Zinngruppe (HgS, As_2S_3, As_2S_5, Sb_2S_3, Sb_2S_5, SnS, SnS_2). Das Reagens löst nur die Sulfide der Zinngruppe.

19.8. Quantitative Behandlung der Komplexbildung

Die quantitative Theorie des chemischen Gleichgewichts, die in früheren Kapiteln behandelt worden ist, läßt sich in einfacher Weise auf Fragen der Komplexbildung anwenden. Von den vielen Anwendungsmöglichkeiten seien einige an Beispielen erläutert.

Aufgabe 19.1. Zu einer Kupfer(II)-salzlösung wird Ammoniak zugefügt, bis der anfänglich gebildete Niederschlag sich zum Teil wieder aufgelöst hat. (Das gibt sich durch die tiefblaue Farbe der Lösung zu erkennen.) Welche Wirkung würde der Zusatz von etwas Ammoniumchlorid zu dieser Lösung haben?

Lösung. Wäßriges Ammoniak ist eine schwache Base. Zusatz von NH_4Cl erhöht die Konzentration von NH_4^+ und verschiebt das Gleichgewicht

$$NH_3 + H_2O \rightleftharpoons NH_4^+ + OH^-$$

nach links. Damit entsteht mehr NH_3, und die Hydroxid-Ionenkonzentration nimmt ab. Der Niederschlag $Cu(OH)_2$ steht mit der Lösung im Gleichgewicht entsprechend der Reaktion

$$Cu(OH)_2(f) + 4\,NH_3 \rightleftharpoons Cu(NH_3)_4^{2+} + 2\,OH^-$$

Sowohl die Steigerung von $[NH_3]$ als auch die Verringerung von $[OH^-]$ durch Zugabe von Ammoniumchlorid verlagern das Gleichgewicht nach rechts. Folglich löst sich weiteres Hydroxid auf.

Tafel 19.1. Ammoniakkonzentrationen, bei denen sich 50% des Metall-Ions zum Komplex umwandelt.

Metall-Ion	Komplex-Ion	Ammoniakkonzentration
Cu^+	$Cu(NH_3)_2^+$	$5 \cdot 10^{-6}$ M
Ag^+	$Ag(NH_3)_2^+$	$2 \cdot 10^{-4}$
Zn^{2+}	$Zn(NH_3)_4^{2+}$	$5 \cdot 10^{-3}$
Cd^{2+}	$Cd(NH_3)_4^{2+}$	$5 \cdot 10^{-2}$
	$Cd(NH_3)_6^{2+}$	10
Hg^{2+}	$Hg(NH_3)_2^{2+}$	$2 \cdot 10^{-9}$
	$Hg(NH_3)_4^{2+}$	$2 \cdot 10^{-1}$
Cu^{2+}	$Cu(NH_3)_4^{2+}$	$5 \cdot 10^{-4}$
Ni^{2+}	$Ni(NH_3)_4^{2+}$	$5 \cdot 10^{-2}$
	$Ni(NH_3)_6^{2+}$	$5 \cdot 10^{-1}$
Co^{2+}	$Co(NH_3)_6^{2+}$	$1 \cdot 10^{-1}$
Co^{3+}	$Co(NH_3)_6^{3+}$	$1 \cdot 10^{-6}$

Die Tafeln im Text geben die Gleichgewichtskonstanten oder entsprechende Konstanten für die Bildungsreaktionen verschiedener Komplexe an. Für Berechnungen können diese Konstanten nur mit Vorsicht benutzt werden. Man sollte annehmen, daß für die Reaktion

$$Cu^{2+} + 4\,NH_3 \rightleftharpoons Cu(NH_3)_4^{2+}$$

die Gleichgewichtsbedingung gilt

$$K = \frac{[Cu(NH_3)_4^{2+}]}{[Cu^{2+}]\,[NH_3]^4}$$

Tafel 19.2. Anionenkonzentrationen, bei denen sich 50% des Metall-Ions zum Komplex umwandelt.

Metall-Ion	Komplex-Ion	Anionenkonzentration
Cu^+	$Cu(CN)_2^-$	$1 \cdot 10^{-8}$ M
	$CuCl_2^-$	$4 \cdot 10^{-3}$
Ag^+	$Ag(CN)_2^-$	$3 \cdot 10^{-11}$
	$AgCl_2^-$	$3 \cdot 10^{-3}$
	$Ag(NO_2)_2^-$	$4 \cdot 10^{-2}$
	$Ag(S_2O_3)_2^{3-}$	$3 \cdot 10^{-7}$
Zn^{2+}	$Zn(CN)_4^{2-}$	$1 \cdot 10^{-4}$
Cd^{2+}	$Cd(CN)_4^{2-}$	$6 \cdot 10^{-5}$
	CdI_4^{2-}	$3 \cdot 10^{-2}$
Hg^{2+}	$Hg(CN)_4^{2-}$	$5 \cdot 10^{-11}$
	$HgCl_4^{2-}$	$9 \cdot 10^{-5}$
	$HgBr_4^{2-}$	$4 \cdot 10^{-6}$
	HgI_4^{2-}	$1 \cdot 10^{-8}$
	$Hg(SCN)_4^{2-}$	$3 \cdot 10^{-6}$

und daß demgemäß das Konzentrationsverhältnis $[Cu(NH_3)_4^{2+}]/[Cu^{2+}]$ der vierten Potenz der Ammoniakkonzentration proportional ist. Diese Beziehung gilt indessen nur als grobe Näherung, denn in Wirklichkeit ist der Ablauf der Reaktion verwickelter: die Ammoniakmolekeln lagern sich eine nach der anderen an das Kupfer-Ion an (und ersetzen dabei Wassermolekeln). Für eine genaue Behandlung müßten wir die Gleichgewichte jeder einzelnen Stufe der Reaktion berücksichtigen:

$$Cu(H_2O)_4^{2+} + NH_3 \rightleftharpoons Cu(H_2O)_3(NH_3)^{2+} + H_2O$$
$$Cu(H_2O)_3(NH_3)^{2+} + NH_3 \rightleftharpoons Cu(H_2O)_2(NH_3)_2^{2+} + H_2O$$
$$Cu(H_2O)_2(NH_3)_2^{2+} + NH_3 \rightleftharpoons Cu(H_2O)(NH_3)_3^{2+} + H_2O$$
$$Cu(H_2O)(NH_3)_3^{2+} + NH_3 \rightleftharpoons Cu(NH_3)_4^{2+} + H_2O$$

Das Auftreten der Zwischenstufen bewirkt, daß sich die Komplexbildung über einen breiteren Bereich der Ammoniakkonzentration erstreckt, als es sonst der Fall wäre. Bildete sich der Komplex in einem Schritt, so müßte sich die Umwandlung von 1% auf 99% vervollständigen, während $[NH_3]$ um den Faktor 10 gesteigert wird. Messungen des Farbumschlags zeigen jedoch, daß hierzu eine Steigerung der Ammoniakkonzentration um den Faktor 10000 erforderlich ist.

19.9. Koordinativ mehrwertige Komplexbildner

Die analytische Chemie und einige Verfahren der chemischen Industrie machen ausgiebig von Komplexbildnern Gebrauch, die sich mit mehr als einem ihrer Atome an ein zentrales Metallatom anheften können. Die Komplexe, die von solchen *koordinativ mehrwertigen* Komplexbildnern gebildet werden, heißen auch *Chelate* (nach dem griechischen χηλή, Klaue).

Ein typischer Chelatbildner ist Tri(aminoäthyl)amin (Kurzformel tren)

```
      /CH_2-CH_2-NH_2
   N-CH_2-CH_2-NH_2
      \CH_2-CH_2-NH_2
```

19.9. Koordinativ mehrwertige Komplexbildner

Alle vier Stickstoffatome der Molekel können koordinative Bindungen mit einem Metallatom eingehen. So bildet zum Beispiel Zn^{2+} einen Komplex mit Tri(aminoäthyl)amin, in dem alle vier Stickstoffatome ihr einsames Elektronenpaar zur Bildung einer Bindung mit dem Zinkatom benutzen. Sie lagern sich dabei in ungefähr tetraedrischer Anordnung um das Zinkatom. Die Stabilitätskonstante (Gleichgewichtskonstante der Komplexbildung), $[Zn(tren)^{2+}]/[Zn^{2+}][tren]$, des Komplexes von Zink mit Tri(aminoäthyl)amin ist mit $4{,}5 \cdot 10^{14}\,mol^{-1}\,l$ zahlenmäßig 400000mal so groß wie die Konstante $[Zn(NH_3)_4{}^{2+}]/[Zn^{2+}][NH_3]^4$ (in $mol^{-4}\,l^4$) der Komplexbildung von Zn^{2+} mit vier Ammoniakmolekeln. Daß die Stabilitätskonstante des $Zn(tren)^{2+}$-komplexes einen so hohen Wert hat, geht hauptsächlich auf einen Entropieeffekt zurück: die vier Stickstoffatome können sich nicht in der Lösung frei und unabhängig voneinander bewegen, sondern sind aneinander in gerade etwa dem Abstand gebunden, den sie im Komplex einnehmen müssen.

Ein anderer, wohlbekannter Chelatbildner, der viele Metall-Ionen komplex zu binden vermag, ist Äthylendiamintetraessigsäure (EDTA, auch *Komplexon* oder *Versene* genannt):

$$\begin{array}{c}
\ddot{N}\diagdown CH_2COOH \\
H_2C\diagup\phantom{\ddot{N}}\diagdown CH_2COOH \\
| \\
H_2C\diagdown\phantom{\ddot{N}}\diagup CH_2COOH \\
\ddot{N}\diagup CH_2COOH
\end{array}$$

Das EDTA-Anion trägt eine vierfache negative elektrische Ladung. Sowohl die vier Carboxylgruppen, als auch die beiden Sauerstoffatome können mit einem Metallatom Bindungen eingehen, das Anion ist also koordinativ sechswertig. In den überaus stabilen Komplexen, die es mit vielen Metall-Ionen zu bilden vermag, lagern sich die beiden Stickstoffatome und vier Sauerstoffatome, von jeder Carboxylgruppe eines, in annähernd oktaedrischer Anordnung um das Zentralatom an. Die Struktur des Komplexes mit dreiwertigem Kobalt, die mittels Röntgenbeugungsaufnahmen von Kristallen des Komplexes ermittelt worden ist, zeigt Abbildung 19.3.

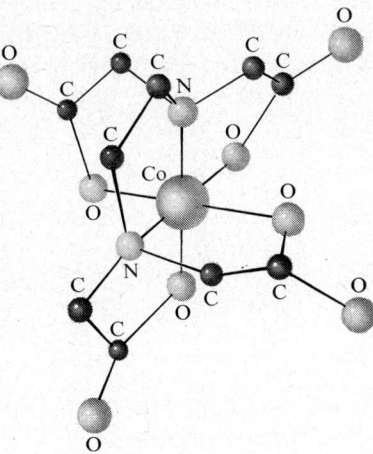

Abb. 19.3. Die Struktur des Komplexes von dreiwertigem Kobalt mit dem EDTA-Anion.

584   19. Anorganische Komplexe und die Chemie der Übergangsmetalle

EDTA wird in der analytischen Chemie sowie in der chemischen Industrie verwendet. Bei einer Reihe von technischen Verfahren, zum Beispiel bei der Färberei und der Herstellung von Seifen und Waschmitteln, können Schwermetall-Ionen schon in äußerst geringer Konzentration die gewünschten Reaktionen stören. EDTA und andere starke Chelatbildner können die Metall-Ionen unschädlich machen („maskieren"), indem sie sie in Komplexe überführen, deren Verhalten weniger unverträglich ist.

19.10. Die Struktur und Stabilität von Metallcarbonylen und anderen kovalenten Komplexen der Übergangsmetalle

Die Frage nach den Faktoren, die die Stabilität der Komplexe von Übergangsmetallen bestimmen, hat der Forschung lange Zeit viel Kopfzerbrechen verursacht. Warum bildet ausgerechnet die Cyanogruppe so leicht und gern Komplexe mit diesen Elementen, während doch das Kohlenstoffatom in anderen Gruppen, etwa der Methylgruppe, keine Bindungen mit ihnen eingeht? Warum bilden gerade die Übergangsmetalle, nicht aber andere Metalle wie Beryllium, Aluminium usw. Cyanokomplexe? Diese Fragen sind nicht die einzigen. Zum Beispiel hat das Eisenatom im Hexacyanoferrat(II)-Ion, $Fe(CH)_6^{4-}$, formell eine Ladung −4, jedenfalls unter der herkömmlichen Annahme, daß es sechs kovalente Bindungen mit den sechs Liganden bildet; wie ist eine so hohe elektronegative Ladung in einer stabilen Verbindung vereinbar mit dem bekannten Bestreben der Metalle, unter Abgabe von Elektronen positive Ionen zu bilden?

Zu einleuchtenden Antworten auf solche und andere Fragen hinsichtlich der Cyano- und Carbonylkomplexe der Übergangsmetalle gelangt man mit der Vorstellung, daß diese Liganden mit den Atomen der Übergangsmetalle Doppelbindungen eingehen. Nickeltetracarbonyl, $Ni(CO)_4$, ist eine leichtflüchtige Flüssigkeit (Fp. −25 °C, Kp. 43 °C) und spielt bei der Reindarstellung von Nickel eine wichtige Rolle (siehe Abschnitt 20.6). Wie aus dem Elektronenbeugungsdiagramm des Gases hervorgeht, hat die Molekel tetraedrischen Bau mit Bindungsabständen von 1,82 Å für Ni—C und 1,16 Å für C—O. Diese Abstände lassen auf einen hohen Doppelbindungscharakter der Ni—C-Bindung und einen merklichen Dreifachbindungscharakter der C—O-Bindung schließen[1]. Im Hinblick auf das Elektroneutralitätsprinzip liegt es nahe, der Molekel die folgenden Resonanzstrukturen A und B zuzuschreiben (und zuzüglich die durch den partiellen Ionencharakter der Ni—C-Bindungen zustandekommenden Strukturen):

$$\begin{array}{cc}
\text{A} & \text{B (vier solche Strukturen)}
\end{array}$$

---

[1] Vgl. Abschnitt 6.12. Für NiH(g) wird ein Bindungsabstand von 1,47 Å gefunden, woraus sich 1,17 Å für den Einfachbindungsradius von Ni ergibt.

In diesen fünf Strukturen betätigt das Nickelatom alle neun $3d^54s4p^3$-Orbitale, und zwar entweder für Bindungen oder zur Aufnahme eines einsamen Elektronenpaars. Die Elektronegativitätsdifferenz zwischen C und Ni beträgt 0,6 Einheiten und entspricht damit einem Ionencharakter von 9% (siehe Tafel 6.5). Demnach erhält das Nickelatom in der Struktur A die Ladung $-0{,}72$, in den Strukturen B die Ladung $+0{,}37$. Elektroneutralität käme zustande, wenn die Strukturen B einen rund doppelt so großen Beitrag liefern würden wie die Struktur A.

Eisen bildet das Pentacarbonyl $Fe(CO)_5$ (Fp. -21 °C, Kp. 103 °C). Es hat die Struktur einer trigonalen Doppelpyramide. Der Bindungsabstand Fe—C beträgt 1,84 Å, und die vorwiegende Elektronenstruktur ist

$$\begin{array}{c} O \\ \underset{O}{\overset{O}{C}}\!\!\diagdown\underset{\diagup}{C} \\ C\!=\!Fe\!=\!CO \\ \underset{O}{\overset{O}{C}}\!\!\diagup\underset{\diagdown}{\overset{\|}{C}} \\ O \end{array}$$

Chromhexacarbonyl ist eine kristalline Substanz, ist weniger stabil als die Nickel- und Eisencarbonyle und zerfällt bei etwa 110 °C. Sein Cr—C-Bindungsabstand von 1,92 Å ist verträglich mit der Elektronenstruktur

$$\begin{array}{c} O\ \ O \\ \underset{O}{\overset{}{C}}\diagdown\overset{\|}{C}\diagup C\overset{}{} \\ Cr \\ \underset{}{\overset{}{C}}\diagup\overset{\|}{C}\diagdown C\overset{}{} \\ O\ \ O \end{array}$$

Die Übergangsmetalle bilden eine ganze Reihe weiterer Carbonylverbindungen. Zu diesen zählen zum Beispiel die Moleküln $Co(CO)_3NO$ und $Fe(CO)_2(NO)_2$, die mit Nickeltetracarbonyl isoelektronisch sind und den gleichen Bau aufweisen. In ihnen betragen die Bindungsabstände 1,83 Å für Co—C, 1,84 Å für Fe—C, 1,76 Å für Co—N, 1,77 Å für Fe—N, 1,15 Å für C—O und 1,11 Å für N—O. Ähnliche Tetraederstrukturen findet man weiterhin bei den isoelektronischen Kobalt- und Eisencarbonylhydriden $HCo(CO)_4$ und $H_2Fe(CO)_4$, deren Bindungsabstände von 1,81 Å für Co—C und Fe—C und 1,15 Å für C—O darauf schließen lassen, daß die Bindungen ähnlichen Charakter haben wie im Nickeltetracarbonyl. Anzeichen sprechen dafür, daß die Wasserstoffatome mit kovalenten Bindungen an die Metallatome gebunden sind. Die Formeln aller dieser Substanzen entsprechen Strukturen, in denen alle neun Außenorbitale des Metallatoms von gemeinsamen oder einsamen Elektronenpaaren besetzt sind.

Die Cyanokomplexe der Übergangselemente. Die Struktur des Hexacyanoferrat(II)-Ions wird gewöhnlich mit Einfachbindungen vom Eisenatom zu jedem der sechs Kohlenstoffatome angegeben:

$$\left[\begin{array}{c} N\ \ \ N \\ C\diagdown\ \diagup C \\ NC\!-\!Fe\!-\!CN \\ C\diagup\ \diagdown C \\ N\ \ \ N \end{array}\right]^{4-}$$

Sie überrascht insofern, als sie dem Eisenatom eine Ladung −4 verleiht, das doch bekanntlich dazu neigt, wie im Eisen(II)-Ion eine positive statt einer negativen Ladung anzunehmen. Im Anklang an die vorangegangene Behandlung der Carbonylkomplexe schreiben wir dem Komplex eine Struktur mit einigen Eisen-Kohlenstoff-Doppelbindungen zu:

$$\left[\begin{array}{c} :\ddot{N}:^- \\ \parallel \\ C \\ {}^-:\ddot{N}\equiv C - \overset{\displaystyle C\equiv N:}{\underset{\displaystyle C}{\overset{\displaystyle \parallel}{Fe}}} = C = \ddot{N}:^- \\ \overset{\displaystyle C}{\underset{\displaystyle \parallel}{}} \\ :\ddot{N}:^- \end{array}\right]^{4-}$$

In dieser Struktur erhält das Eisenatom formell die Ladung −1 (bei Verteilung der Bindungselektronen zu gleichen Teilen auf die an den betreffenden Bindungen beteiligten Atome). Korrigieren wir diesen Wert durch Berücksichtigung des partiellen Ionencharakters der Eisen-Kohlenstoff-Bindung, der gemäß der Elektronegativitätsdifferenz 12% ausmacht, so ergibt sich eine Ladung von +0,08. Die Struktur steht also mit dem Elektroneutralitätsprinzip sehr gut in Einklang.

19.11. Mehrkernige Komplexe

Außer den im ersten Teil dieses Kapitels behandelten Komplexen einfachen Baus bilden die Übergangsmetalle weitere, in denen mehr als ein Metallatom auftritt. Kobalt(III) zum Beispiel bildet viele oktaedrische Komplexe, nicht nur einkernige wie das gelbe Ion $Co(NH_3)_6^{3+}$ und das purpurrote Ion $Co(NH_3)_5Cl^{2+}$, sondern auch zweikernige, darunter $(NH_3)_5CoNH_2Co(NH_3)_5^{5+}$, ein leuchtend blaues Ion. In ihm sind beide Kobaltatome oktaedrisch von sechs Liganden umgeben, nämlich von fünf Ammoniakmolekeln und einer NH_2-Gruppe, die beiden Oktaedern gemeinsam angehört. In salzsaurer Lösung reagiert das Ion mit H^+ und Cl^- unter Bildung des Hexammin- und des Pentamminchloro-Komplexes, die wir oben erwähnt hatten. Auch die OH-Gruppe kann als Bindeglied zwischen zwei Koordinationsoktaedern fungieren.

Vanadium, Niob, Molybdän und Wolfram bilden viele merkernige Komplexe, darunter auch solche, in denen sie zusammen mit anderen Metallen auftreten. Als Beispiel hierfür sei das Enneamolybdatomanganat(IV)-Ion, $MnMo_9O_{32}^{6-}$, genannt, das sich beim Erhitzen von Mangan(II)-Ionen und einem Molybdat mit einem Oxidationsmittel, etwa mit Persulfat, $S_2O_5^{2-}$, in angesäuerter wäßriger Lösung bildet[1]. Seine Struktur ist in Abbildung 19.4 erläutert. Das zentrale Manganatom ist von einem Oktaeder von sechs Sauerstoffatomen umgeben, von denen jedes gleichzeitig drei weiteren Oktaedern von Sauerstoffatomen angehört, die je ein Molybdänatom umgeben. Das Ion hat einen propellerartigen Bau, entweder mit Rechtsdrall oder mit Linksdrall.

In manchen mehrkernigen Komplexen der Übergangsmetalle sind die Metallatome direkt aneinander gebunden. Ein Beispiel hierfür bietet ein gelbes Chlorid des Molybdäns mit

---

1 Ennea (griechisch, ἐννέα) heißt neun.

19.11. Mehrkernige Komplexe

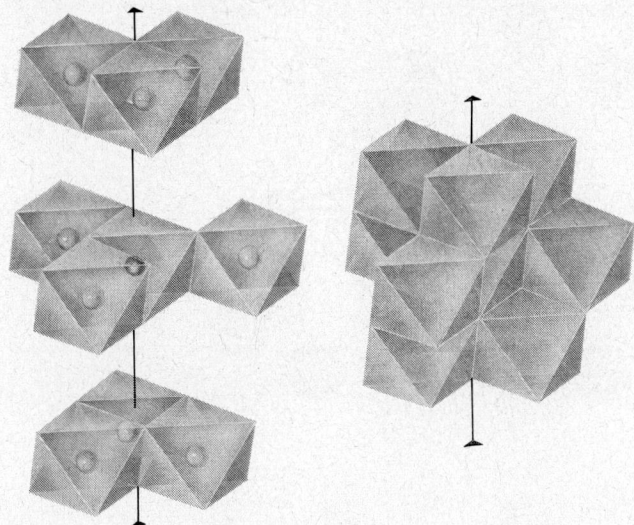

Abb. 19.4. Die Struktur des Anions $MnMo_9O_{32}^{6-}$. Die Anordnung besteht aus Oktaedern von Sauerstoffatomen mit jeweils einem Metallatom im Mittelpunkt. Links: eine Ansicht des in drei Schichten von Oktaedern zerlegten Ions; das Manganatom ist als dunkle Kugel gezeigt, die Molybdänatome als helle Kugeln. Rechts: das Sauerstoffgerüst des gesamten Ions (Metallatome nicht eingezeichnet), das durch Zusammenfügen der Oktaederschichten mittels zwölf gemeinsamer Sauerstoffatome zustande kommt.

der Zusammensetzung $MoCl_2$. C. W. Blomstrand, der die Substanz 1859 entdeckte, wies auf die Eigenart hin, daß in wäßriger Lösung bei Zusatz von Silbernitrat nur ein Drittel des Chlors als Silberchlorid ausfällt. Röntgenographische Untersuchungen erwiesen dann, daß die Substanz das Komplex-Ion $Mo_6Cl_8^{4+}$ mit der in Abbildung 19.5 gezeigten Struktur enthält. Die sechs Molybdänatome bilden einen Oktaeder, in dem jedes von ihnen mit vier anderen durch Einfachbindungen verbunden ist. (Der Mo—Mo-Bindungsabstand ist mit 2,63 Å etwas kleiner als im Metall mit 2,73 Å bei Liganz 8.) Außerdem ist jedes Molybdänatom des Oktaeders mit vier brückenbildenden Chloratomen verknüpft. Weiterhin kann der kationische Komplex sechs Anionen anlagern, etwa Chlorid- oder Hydroxid-Ionen, und zwar in Lagen auf den sechs vom Mittelpunkt durch die Metallatome nach außen führenden Achsen. $MoBr_2$, WCl_2 und WBr_2 enthalten ebenfalls mehrkernige Komplexe dieses Typs.

Zu den mehrkernigen Komplexen zählen viele Metallcarbonyle und verwandte Verbindungen. Ein typischer Vertreter ist Dikobalthexacarbonyldiphenylacetylen, $Co_2(CO)_6C_2(C_6H_5)_2$, dessen mit Röntgenmethoden aufgeklärte Struktur in Abbildung 19.6 gezeigt ist. An Stelle der Kohlenstoff—Kohlenstoff-Dreifachbindung sind eine Kohlenstoff—Kohlenstoff- und vier Kohlenstoff—Kobalt-Einfachbindungen getreten. Jedes der beiden Kobaltatome unterhält eine Einfachbindung mit dem anderen Kobaltatom, je eine Einfachbindung mit den beiden Acetylen-Kohlenstoffatomen und je eine Doppelbindung mit den Kohlenstoffatomen der drei es umgebenden Carbonylgruppen. Alle neun Außenelektronen und Orbitale beteiligen sich also an Bindungen. In manchen

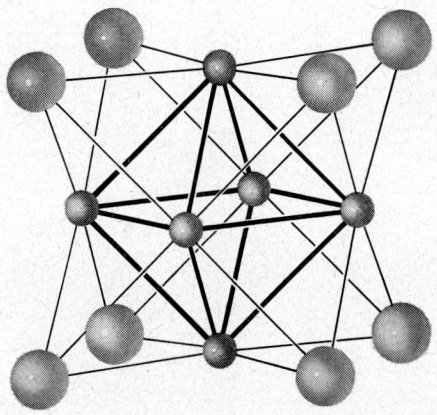

Abb. 19.5. Die Struktur des Komplex-Ions $Mo_6Cl_8^{4+}$.

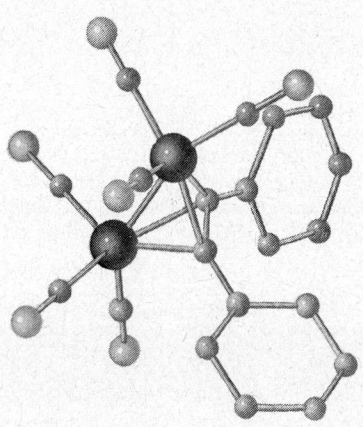

Abb. 19.6. Die Struktur von Dikobalthexacarbonyldiphenylacetylen, $Co_2(CO)_6C_2(C_6H_5)_2$. Die Atome von Kobalt sind als große, die von Kohlenstoff als kleine und die von Sauerstoff als mittelgroße Kugeln angegeben.

mehrkernigen Komplexen treten auch brückenbildende Carbonylgruppen auf, in denen das Kohlenstoffatom außer der Doppelbindung mit seinem Sauerstoffatom zwei Einfachbindungen mit zwei Metallatomen eingeht.

Übungsaufgaben

19.1. Was geschieht, wenn Sie zu drei Lösungen eines Kupfer(II)-salzes a) NH_3, b) NaOH und c) NH_4Cl zufügen? Stellen Sie die entsprechenden Reaktionsgleichungen auf.

19.2. Zu drei Proben einer Lösung, die Ni^{2+} und Al^{3+} enthält, wird a) NaOH, b) NH_3 und c) NaOH + NH_3 zugesetzt. Welche Reaktionen spielen sich ab?

19.3. Löst sich Silberjodid besser in einer $1\ F$ NH_3-Lösung oder in einer Lösung, die $1\ F$ an NH_3 und $1\ F$ an NH_4I ist? (Hier spielen zwei einander entgegengerichtete Effekte eine Rolle: einerseits die Verschiebung des Dissoziationsgleichgewichts des Ammoniaks, andererseits die Erhöhung der Jodid-Ionenkonzentration; vgl. Abschnitt 19.8 und 13.5. Welcher Effekt überwiegt?)

19.4. Stellen Sie die Gleichung für die wesentlichste chemische Reaktion beim Fixieren eines photographischen Films auf.

19.5. Wie lautet die Umsatzgleichung für die Auflösung von Platin in Königswasser? Erklären Sie, warum sich Platin in Königswasser auflöst, nicht aber in Salzsäure oder Salpetersäure allein.

19.6. Ist Natriumcyanid ein wirksamer und befriedigender Ersatz für Natriumthiosulfat als photographisches Fixiermittel? (Vergleichen Sie die Angaben in Tafel 19.2.)

19.7. Unter den gebräuchlichen Anionen ist das Perchlorat-Ion im allgemeinen der schwächste Komplexbildner. Welche Lösung ist saurer, $0,2\ F\ Zn(ClO_4)_2$ oder $0,2\ F\ ZnCl_2$?

19.8. Wie viele Strukturisomere des oktaedrischen Komplexes $Co(NH_3)_3Cl_3$ gibt es?

19.9. Wie viele Isomere des tetraedrischen Komplexes $Zn(NH_3)_2Cl_2$ und wie viele Isomere des ebenen, quadratischen Komplexes $Pt(NH_3)_2Cl_2$ können auftreten?

19.10. Das Hexafluorosilicat-Ion, SiF_6^{2-}, hat Oktaederstruktur. Welche Orbitale des Siliciumatoms sind von einsamen Elektronenpaaren besetzt? Welche sind von Bindungselektronenpaaren besetzt? Was für eine Ladung ergibt sich für das Siliciumatom und jedes der Fluoratome unter Berücksichtigung der Elektronegativitäten?

19.11. Die Verbindungen K_2SiF_6, K_2SnF_6 und K_2SnCl_6 sind bekannt, nicht aber K_2SiCl_6. Können Sie das erklären?

19.12. Die wäßrige Lösung von Eisen(III)-nitrat, $Fe(NO_3)_3 \cdot 6H_2O$, dessen Kristalle violett sind, ist gelb. Bei Zusatz eines gleichen Volumens konzentrierter Salpetersäure schlägt die Farbe der Lösung in ein blasses violett um. Auf was für eine Reaktion führen Sie den Farbumschlag zurück?

19.13. Ein 10000-Liter-Tank ist mit einer Lösung gefüllt, die pro Liter 1 mg Zink-Ionen enthält. Wieviel Tri(aminoäthyl)amin (siehe Abschnitt 19.9) müßte der Lösung zugesetzt werden, um deren Zn^{2+}-Konzentration auf $1\ ng\ l^{-1}$ herabzusetzen?

Kapitel 20

Eisen, Kobalt, Nickel und die Platinmetalle

In diesem und den beiden nächsten Kapiteln wollen wir uns weiter mit der Chemie der Übergangsmetalle befassen, also der Elemente, die den Mittelteil des Periodensystems einnehmen. Nicht nur sind die Elemente selbst und ihre Verbindungen von großer praktischer Bedeutung, sie zeigen auch in ihrem chemischen Verhalten eine große Vielfalt von interessanten Zügen.

Wir wollen bei der Besprechung der Übergangsmetalle mit Eisen, Kobalt, Nickel und den Platinmetallen beginnen, also mit den Elementen, die im Periodensystem in der Mitte des Bereichs der Übergangsmetalle stehen. Das nächste Kapitel ist den weiter rechts stehenden Elementen gewidmet, nämlich Kupfer, Zink und Gallium und ihren Homologen, und in Kapitel 22 wenden wir uns dann der Chemie von Titan, Vanadium, Chrom und Mangan und der anderen Elemente in den Gruppen IVb, Vb, VIb und VIIb des Periodensystems zu.

20.1. Die Elektronenstrukturen und Oxidationszustände von Eisen, Kobalt, Nickel und den Platinmetallen

Die Elektronenstrukturen von Eisen, Kobalt, Nickel und den Platinmetallen gemäß dem Energieniveaudiagramm in Abbildung 5.11 sind in Tafel 5.5 angegeben. Wie ersichtlich, befinden sich bei allen diesen Elementen zwei Elektronen in der äußersten Schale, und zwar im 4s-Orbital bei Eisen, Kobalt und Nickel, im 5s-Orbital bei Ruthenium, Rhodium und Palladium und im 6s-Orbital bei Osmium, Iridium und Platin. Die zweitäußerste Schale bleibt unvollständig, denn ihre 3d-, 4d- bzw. 5d-Orbitale enthalten nur sechs bis acht Elektronen statt der vollständigen Besetzung von zehn.

Die Russell-Saunders-Symbole für die Atome im Grundzustand sind $^5D_4$ für Eisen und seine Homologen, $^4F_{9/2}$ für Kobalt und seine Homologen und $^3F_4$ für Nickel und seine Homologen.

Man könnte erwarten, die beiden äußersten Elektronen ließen sich leicht unter Bildung eines positiv zweiwertigen Ions abstreifen. Eisen, Kobalt und Nickel treten in der Tat vielfach in Form von Verbindungen des positiv zweiwertigen Metall-Ions auf, können aber auch eine oder mehrere höhere Oxidationsstufen einnehmen. Die Platinmetalle bilden kovalente Verbindungen, in denen verschiedene Oxidationszustände im Bereich von +2 bis +8 vertreten sind.

Eisen kann mit den Oxidationsstufen +2, +3 und +6 auftreten. Mit seiner höchsten Oxidationsstufe liegt es allerdings nur in wenigen Verbindungen vor, zum Beispiel im

Kaliumferrat, K_2FeO_4. Den Oxidationsstufen +2 und +3 entsprechen das Eisen(II)-Ion, Fe^{2+}, und das Eisen(III)-Ion Fe^{3+}. Im Eisen(II)-Ion befinden sich sechs Elektronen in der unvollständigen 3d-Teilschale, im Eisen(III)-Ion fünf. Die magnetischen Eigenschaften der Verbindungen von Eisen und anderen Übergangselementen rühren davon her, daß die 3d-Teilschale nicht vollständig mit Elektronen angefüllt ist. Zum Beispiel können sich im Eisen(III)-Ion alle fünf 3d-Elektronen bezüglich ihres Spins parallel einstellen, denn die 3d-Teilschale stellt fünf 3d-Orbitale zur Verfügung, und das Pauli-Prinzip gestattet die parallele Einstellung der Spins unter der Voraussetzung, daß kein Orbital mit mehr als einem Elektron besetzt ist.

Das Eisen(II)-Ion wird durch Sauerstoff aus der Luft oder andere Oxidationsmittel leicht zum Eisen(III)-Ion oxidiert. Beide Ionen bilden Komplexe, zum Beispiel das Hexacyanoferrat(II)-Ion, $Fe(CN)_6^{4-}$, und das Hexacyanoferrat(III)-Ion, $Fe(CN)_6^{3-}$, jedoch keine Komplexe mit Ammoniak.

Auch von Kobalt sind Verbindungen der Oxidationsstufen +2 und +3 bekannt. Das Kobalt(II)-Ion, Co^{2+}, ist beständiger als das Kobalt(III)-Ion, Co^{3+}, dessen Oxidationskraft hinreicht, um Wasser unter Bildung von molekularem Sauerstoff zu oxidieren.

Tafel 20.1. Normal-Bildungsenthalpien von Verbindungen von Eisen, Kobalt und Nickel bei 25 °C (in kJ mol^{-1}).

	M = Fe	Co	Ni
M(f)	0	0	0
M(g)	416	425	430
M$^+$(g)	1174	1188	1173
M^{2+}(g)	2659	2863	2937
M^{2+}(aq)	−88	−67	−64
M^{3+}(g)	5678		
M^{3+}(aq)	−48		
MO(f)	−267[1]	−239	−240
M$_2$O$_3$(f)	−823		
M$_3$O$_4$(f)	−1120	−854	
MF$_2$(f)		−665	−667
MF$_2$(aq)	−744	−726	−718
MF$_3$	−1017(aq)	−782(f)	
MCl$_2$(f)	−341	−326	−316
MCl$_3$(f)	−405		
MBr$_2$(f)	−251	−232	−227
MI$_2$(f)	−125	−102	−86
MS(f)	−95	−85	−73
M$_2$S$_3$(f)		−213	
MS$_2$(f)	−178 (Schwefelkies)		
	−154 (Blätterkies)		
MSe(f)	−69	−42	−42
MTe(f)	−78	−38	−38
M$_3$C(f)	21	40	46
MP(f)	−117	−146	

1 Für $Fe_{0,95}O$.

Andererseits sind die kovalenten Kobalt(III)-komplexe wie Co(CN)$_6^{3-}$ (Hexacyanocobalt(III)-Ion) sehr beständig, die Kobalt(II)-komplexe wie Co(CN)$_6^{4-}$ (Hexacyanocobalt(II)-Ion) dagegen unbeständig und starke Reduktionsmittel.

Nickel bildet nur eine Reihe von Salzen. Sie enthalten das Nickel(II)-Ion, Ni^{2+}. Einige wenige Verbindungen, in denen Nickel mit höherer Oxidationszahl auftritt, sind bekannt. Von diesen ist vor allem Nickel(IV)-oxid, NiO$_2$, zu nennen.

Einige Bildungsenthalpien sind in Tafel 20.1 aufgeführt. In ihnen kommt die große Ähnlichkeit der drei Metalle zum Ausdruck. Der auffallendste Unterschied besteht mit 266 kJ mol^{-1} zwischen den Werten für Fe$_3$O$_4$ und Co$_3$O$_4$. Er kann zurückgeführt werden auf das verhältnismäßig geringe Vermögen von Kobalt(III), stabile Bindungen starken Ionencharakters einzugehen.

Wie in Kapitel 17 schon erwähnt wurde, sind Eisen, Kobalt und Nickel in den Metallen und ihren Legierungen sechswertig. Wegen der hohen metallischen Wertigkeit sind die Bindungen besonders fest. Deshalb zeichnen sich die drei Metalle und ihre Legierungen durch Härte und Festigkeit aus.

Einige physikalische Eigenschaften von Eisen, Kobalt und Nickel zeigt Tafel 20.2.

Tafel 20.2. Einige physikalische Eigenschaften von Eisen, Kobalt und Nickel.

	Ordnungszahl	Atomgewicht	Dichte	Schmelzpunkt	Siedepunkt	Metallradius[1]	Sublimationswärme bei 25 °C
Fe	26	55,847	7,86 g cm^{-3}	1535 °C	3000 °C	1,26 Å	405 kJ mol^{-1}
Co	27	58,9332	8,93	1480	2900	1,25	439
Ni	28	58,71	8,89	1452	2900	1,24	425

1 Für Liganz 12.

20.2. Eisen

Reines Eisen ist ein glänzendes, silberweißes Metall, das an feuchter Luft oder in Wasser, das Sauerstoff gelöst enthält, schnell anläuft („rostet"). Es ist ziemlich weich und geschmeidig, außerdem stark magnetisch (ferromagnetisch). Sein Schmelzpunkt liegt bei 1535 °C, sein Siedepunkt bei 3000 °C. Gewöhnliches Eisen (α-Eisen) kristallisiert mit kubisch raumzentrierter Struktur (Abb. 17.2: jedes Atom liegt im Mittelpunkt eines Würfels, dessen acht Ecken von den benachbarten Atomen besetzt sind). Bei 912 °C wandelt sich α-Eisen in eine allotrope Form um, in γ-Eisen mit kubisch flächenzentrierter Struktur (derselben Struktur, mit der auch Kupfer kristallisiert, vgl. Abb. 2.3 und 2.4). Bei 1400 °C wandelt sich Eisen erneut um. δ-Eisen, das oberhalb 1400° beständig ist, unterscheidet sich in seiner Gitterstruktur nicht vom α-Eisen.

Reines Eisen, das nur etwa 0,01% Verunreinigungen enthält, kann durch elektrolytische Reduktion von Eisensalzen dargestellt werden. Es wird nur in sehr geringem Umfang für praktische Zwecke verwendet.

Geringe Mengen Kohlenstoff verfestigen metallisches Eisen in hohem Grade. Außerdem lassen sich die mechanischen und chemischen Eigenschaften des Eisens durch Zusatz von mäßigen Mengen anderer Metalle wesentlich verbessern. Vor allem die anderen Übergangsmetalle spielen als Legierungsbestandteile eine wichtige Rolle. Auf Gußeisen, Schweißeisen und Stahl kommen wir später in diesem Kapitel zurück.

Eisenerze. Die wichtigsten Erze des Eisens sind die Oxide *Roteisenstein*, Fe_2O_3, und *Magneteisenstein*, Fe_3O_4, sowie das Carbonat *Spateisenstein*, $FeCO_3$. Auch Oxidhydrate des dreiwertigen Eisens wie *Brauneisenstein* haben für die Eisengewinnung Bedeutung. Aus dem Sulfid *Eisenkies*, FeS_2 (Schwefelkies, Pyrit), wird Schwefeloxid erzeugt, jedoch bereitet die Verhüttung des unreinen Eisenoxids, das beim Rösten hinterbleibt (Kiesabbrände), wegen des Schwefelgehalts einige Schwierigkeiten.

Verhüttung von Eisen. Die Eisenerze werden im allgemeinen zunächst geröstet, um Wasser zu entfernen, Carbonate zu zersetzen und Sulfide zu oxidieren. Anschließend wird das geröstete Erz im *Hochofen* (Abb. 20.1) mit Koks reduziert. Erzen, die als Gangart Kalkstein oder Magnesiumcarbonat, enthalten, mischt man saure „Zuschläge" zu, etwa Tonschiefer oder Quarzsand, deren überschüssige Kieselsäure sich mit der basischen Gangart zu einer leichtflüssigen *Schlacke* verbindet. Erzen, die Silicat im Überschuß enthalten, setzt man Kalkstein als Zuschlag zu. Das Gemisch von Erz, Zuschlägen und Koks wird von oben in den Hochofen eingefüllt. Von unten wird durch sogenannte *Windformen* vorgeheizte Luft eingeblasen. Während die festen Stoffe langsam im Hochofen herabsacken, setzen sie sich vollständig um zu Gasen, die oben aus dem Ofen entweichen, und zu zwei flüssigen Phasen, geschmolzenem Eisen und geschmolzener Schlacke, die unten abgezapft werden. Die heißesten Teile des Hochofens werden wassergekühlt, um einem Abschmelzen der Auskleidung vorzubeugen.

Die wichtigsten Reaktionen, die sich im Hochofen abspielen, sind die Verbrennung von Koks zu Kohlenstoffmonoxid, die Reduktion von Eisenoxid durch Kohlenstoffmonoxid und die Vereinigung von sauren und basischen Oxiden (Gangart und Zuschläge) zu Schlacke:

$$2\,C(f) + O_2(g) \rightarrow 2\,CO(g) \qquad \Delta H° = -221 \text{ kJ mol}^{-1}$$
$$3\,CO(g) + Fe_2O_3(g) \rightarrow 2\,Fe(f) + 3\,CO_2(g) \qquad \Delta H° = -27 \text{ kJ mol}^{-1}$$
$$CaCO_3(f) \rightarrow CaO(f) + CO_2(g) \qquad \Delta H° = 178 \text{ kJ mol}^{-1}$$
$$CaO(f) + SiO_2(f) \rightarrow CaSiO_3(f) \qquad \Delta H° = -89 \text{ kJ mol}^{-1}$$

Die $\Delta H°$-Werte beziehen sich auf 298 K. Die dritte Reaktion ist zwar endotherm, aber da ein Gas entsteht, ist der mit ihr verbundene Entropiezuwachs groß (vgl. Abschnitt 11.10): $\Delta S° = 161$ J grad^{-1} mol^{-1} bei 298 K. Wegen des Beitrags $-T\Delta S°$ zu $\Delta G°$ ist diese Größe bei der im Hochofen herrschenden Temperatur (etwa 1500 K) negativ.

Die Schlacke ist ein glasiges Silicatgemisch komplizierter Zusammensetzung, das in die Gleichung vereinfachend als Calciummetasilicat, $CaSiO_3$, eingesetzt worden ist.

Die oben aus dem Ofen entweichenden heißen *Gichtgase*, die noch etwas Kohlenstoffmonoxid enthalten, werden vom Flugstaub befreit, mit Luft gemischt und in großen, mit feuerfesten Steinen ausgekleideten Kammern (Winderhitzern) verbrannt. Wenn die brennenden Gichtgase eine Kammer aufgeheizt haben, werden sie durch eine andere Kammer geleitet, während die heiße erste Kammer zum Vorwärmen der Gebläseluft für den Hochofen benutzt wird.

Einsparungen an Koks bei der Eisenverhüttung lassen sich erzielen durch Steigerung des Sauerstoffgehalts der zugeführten Luft bis auf etwa 23,5%. In diesem Fall wird der Luft außerdem Dampf zugemischt, um ein Überhitzen des Hochofens zu vermeiden.

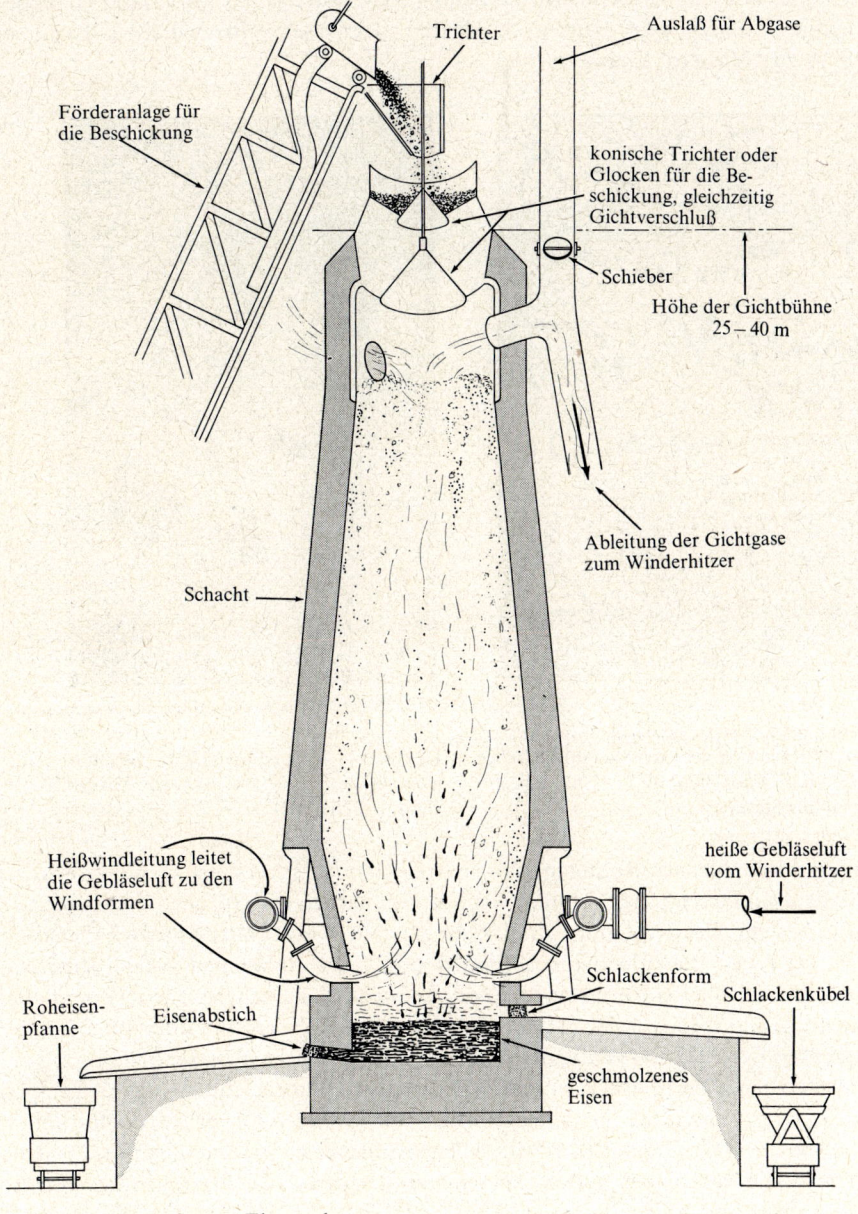

Abb. 20.1. Hochofen zur Eisenverhüttung

Roheisen (Gußeisen). Das geschmolzene Eisen, das aus dem Hochofen abgelassen wird, stand im unteren Teil des Ofens mit Koks in Berührung. Es enthält daher einige Prozent Kohlenstoff (gewöhnlich 3 bis 4%), außerdem geringere Mengen von Silicium, Mangan, Phosphor und Schwefel. Die Verunreinigungen setzen den Schmelzpunkt des Eisens von 1535 °C (Schmelzpunkt des reinen Eisens) auf etwa 1200 °C herab. Das flüssige Roheisen wird meist in Sandbetten oder eiserne Rinnen (Kokillen) gegossen wo es zu „Masseln" erstarrt.

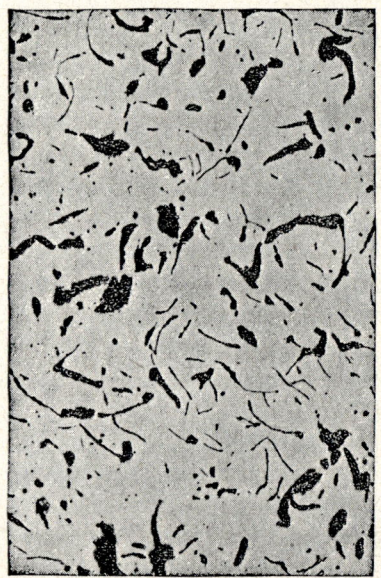
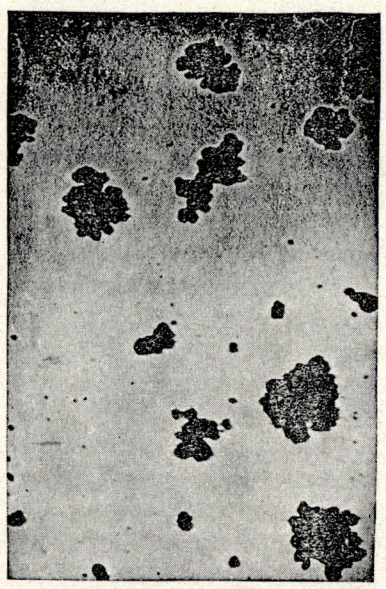

Abb. 20.2. Mikrophotographie von grauem Roheisen (ungeätzt). Vom hellen Untergrund, Ferrit, heben sich schwarze Graphitblättchen ab. Lineare Vergrößerung 1 : 100. (Malleable Founders Society.)

Abb. 20.3. Mikrophotographie von Temperguß (ungeätzt). Gegenüber dem grauen Roheisen (Abb. 20.2) haben sich die Graphitteilchen zusammengeballt. Lineare Vergrößerung 1 : 100. (Malleable Founders Society.)

Wird geschmolzenes Roheisen plötzlich abgekühlt, so erstarrt es zu *weißem Roheisen* (weißem Gußeisen), das größtenteils aus der harten und spröden Substanz *Cementit*, Fe_3C, besteht. Bei langsamer Abkühlung entsteht *graues Roheisen* (graues Gußeisen), das sich aus reinen Eisenkristalliten (Ferrit) und Graphitblättchen zusammensetzt (Abb. 20.2). Beide Roheisensorten sind spröde, das weiße Roheisen, weil sein Hauptbestandteil Cementit eine spröde Substanz ist, und das graue Roheisen, weil die im zäheren Ferrit verteilten weichen Graphitblättchen dessen Festigkeit herabsetzen.
Roheisen geeigneter Zusammensetzung kann durch Wärmebehandlung mit Temperkohle in *Temperguß* überführt werden, der zäher und weniger spröde als graues und weißes Roheisen ist. Die Graphitblättchen ballen sich dabei zu größeren, runden Teilchen zusammen, die wegen ihres geringeren Gesamtquerschnitts die Festigkeit des Ferrits weniger herabsetzen als die Blättchen (Abb. 20.3).

Roheisen ist von allen Eisensorten die billigste, doch ist seine Verwendbarkeit wegen seiner geringen Festigkeit beschränkt. Der größte Teil des Roheisens wird zu Stahl weiterverarbeitet, ein geringer Teil zu Schweißeisen.

Schweißeisen. Schweißeisen ist nahezu reines Eisen. Es enthält nur 0,1 bis 0,2% Kohlenstoff und insgesamt höchstens 0,5% Verunreinigungen. Zur Herstellung von Schweißeisen wird Roheisen auf einem Bett von Eisenoxid im *Siemens-Martin-Ofen* geschmolzen (Abb. 20.4, vgl. auch den nächsten Abschnitt), dessen Dach die Flamme verbrennender Gase auf die Roheisenbeschickung reflektiert. Dabei oxidiert das Eisenoxid den gelösten Kohlenstoff zu Kohlenstoffmonoxid, während Schwefel, Silicium und Phosphor ebenfalls oxidiert werden und in die Schlacke übergehen. Mit Entfernung der Verunreinigungen steigt der Schmelzpunkt des Eisens, und die Masse wird zähflüssig. Sie wird nach Beendigung des „Frischens" aus dem Ofen herausgenommen und mit Dampfhämmern bearbeitet, um die Schlacke auszutreiben.

Schweißeisen ist fest und zäh. Es läßt sich leicht schweißen und schmieden. Früher wurde es vielfach zu Ketten, Drähten und ähnlichen Gegenständen verarbeitet, die heute meist aus Stählen niedrigen Kohlenstoffgehalts (Schmiedeeisen) gefertigt werden.

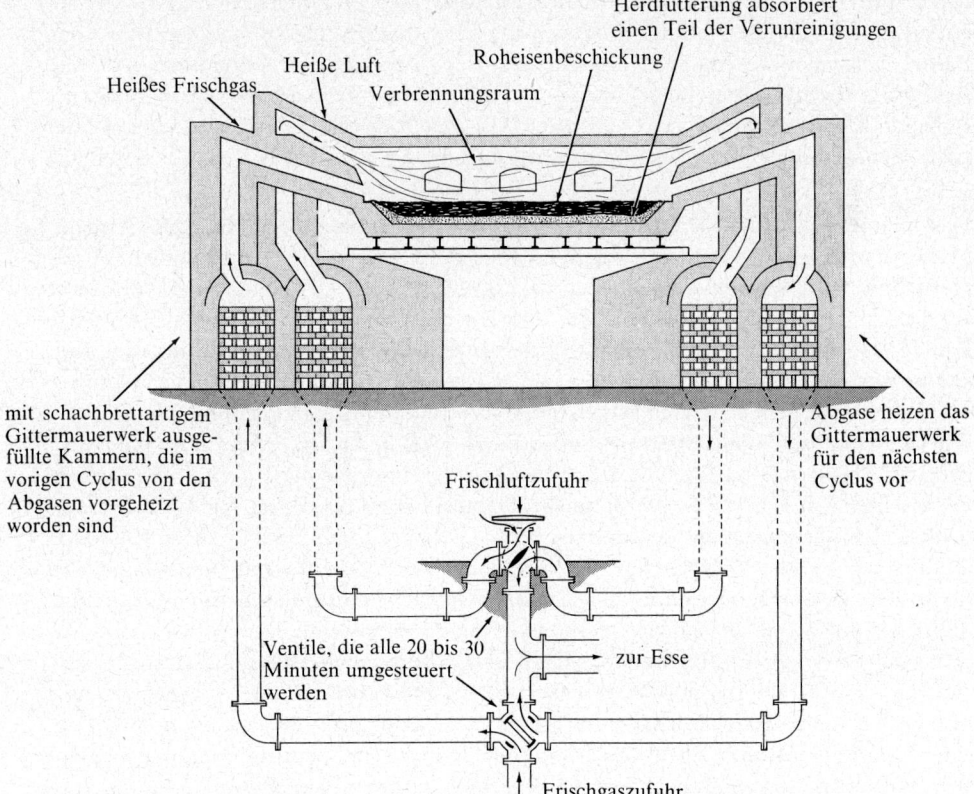

Abb. 20.4. Siemens-Martin-Ofen für die Herstellung von Schweißeisen und Stahl.

20.3. Stahl

Stähle sind gereinigte Legierungen von Eisen und Kohlenstoff (bis 1,7 Gewichts-%), die bei der Erzeugung in geschmolzenem Zustand anfallen. Legierte Stähle enthalten außer Eisen und Kohlenstoff noch andere Elemente. Die meisten Stahlsorten sind frei von Phosphor, Schwefel und Silicium und enthalten zwischen 0,1 und 1,5% Kohlenstoff. Stähle niedrigen Kohlenstoffgehalts (unter 0,2%) sind geschmeidig und können geschmiedet und geschweißt werden. Früher wurden sie als *Schmiedeeisen* bezeichnet. Sie werden in großem Umfang an Stelle von Schweißeisen verwendet. Durch Abschrecken (plötzliches Abkühlen) aus rotglühendem Zustand werden sie nicht gehärtet. Stähle mittleren Kohlenstoffgehalts (0,2 bis 0,6%) dienen zur Herstellung von Eisenbahnschienen und Stahlkonstruktionsteilen (Eisenträger, Brückenbogen usw.). Auch sie lassen sich schmieden und schweißen. Aus Stählen hohen Kohlenstoffgehalts (0,75 bis 1,5%) werden Rasierklingen, medizinische Instrumente, Bohrer und andere Werkzeuge gefertigt. Stähle, deren Kohlenstoffgehalt 0,5% übersteigt, können gehärtet und vergütet werden (vgl. weiter unten).

Stahl wird hauptsächlich im Siemens-Martin-Verfahren, im Windfrischverfahren (Bessemer-Verfahren und Thomas-Gilchrist-Verfahren) und im Sauerstoff-Aufblas-Verfahren erzeugt. Für diese Verfahren können Öfen mit basischem Futter oder mit saurem Futter verwendet werden. Mit basischem Futter (meistens mit gebranntem Dolomit, also einer Mischung von Calciumoxid und Magnesiumoxid) arbeitet man, wenn das Roheisen Elemente wie Phosphor enthält, die saure Oxide bilden, und mit saurem Futter (silicatischem Futter), wenn das Roheisen Elemente enthält, die basische Oxide bilden.

Das Siemens-Martin-Verfahren. Die Regenerativfeuerung, auf der das Siemens-Martin-Verfahren beruht, wurde um 1860 von Karl Wilhelm Siemens erfunden und zur Herstellung von Schweißeisen aus Schrott eingeführt. Die Anwendung des Verfahrens auf die Stahlerzeugung gelang 1865 den Brüdern Emile und Pierre Martin in Frankreich. Beim Siemens-Martin-Verfahren wird Roheisen zusammen mit Schrott und etwas Roteisenstein in einem Ofen eingeschmolzen. Die Heizung des Ofens übernehmen brennende Gase (hauptsächlich Generatorgas aus unvollständiger Verbrennung von Kohle). Der Gasstrom und der Luftstrom werden durch zwei heiße, mit einem schachbrettartigen Gittermauerwerk ausgefüllte Kammern geleitet und auf diese Weise vorgewärmt. Sie vereinigen sich im Ofen, verbrennen dort und heizen das Eisen von oben her. Die heißen Abgase strömen auf der anderen Seite des Ofens durch zwei ähnliche Kammern und wärmen sie vor. Von Zeit zu Zeit wird die Strömungsrichtung der Gase umgekehrt (Abb. 20.4). Das Eisenoxid und überschüssige Luft im brennenden Gasgemisch oxidieren den Kohlenstoff und andere Verunreinigungen im geschmolzenen Eisen. Ein Arbeitsgang dauert etwa acht Stunden. Die Zusammensetzung der Schmelze wird durch Analysen laufend überwacht. Wenn nahezu aller Kohlenstoff oxidiert worden ist, setzt man der Schmelze den gewünschten Prozentsatz an Kohlenstoff in Form von Koks oder einer stark kohlenstoffhaltigen Legierung (gewöhnlich Ferromangan oder Spiegeleisen; vgl. Abschnitt 22.7) zu. Dann wird der geschmolzene Stahl abgelassen und in Formen gegossen. Da es möglich ist, die Austreibung der Verunreinigungen während des Arbeitsgangs analytisch genau zu verfolgen, kann in diesem Verfahren Stahl von sehr gleichmäßiger Güte erzeugt werden.

Das Windfrischverfahren. Das Windfrischverfahren zur Stahlerzeugung wurde 1852 von dem Amerikaner William Kelly und unabhängig von ihm 1855 von dem Engländer Henry Bessemer erfunden. Bessemer arbeitete mit saurem (silicatischem) Futter *(Bessemer-Verfahren)*. Da hierbei Phosphor aus dem Eisen nicht entfernt wird, blieb das Verfahren zunächst auf phosphorarme Eisensorten beschränkt, bis 1878 den Engländern Thomas und Gilchrist die Auskleidung des Konverters mit einem basischen Futter aus gebranntem Dolomit gelang *(Thomas-Gilchrist-Verfahren)*.

Beim Windfrischverfahren wird geschmolzenes Roheisen in einen birnenförmigen *Konverter* (Abb. 20.5) eingegossen. Von unten her strömt durch eine große Zahl feiner Luftkanäle Druckluft („Wind") in den Konverter ein. Im geschmolzenen Eisen oxidiert sie Silicium, Mangan und andere Verunreinigungen und schließlich auch den Kohlenstoff. In ungefähr zehn Minuten ist die Reaktion vollständig abgelaufen, was an der Farbe der

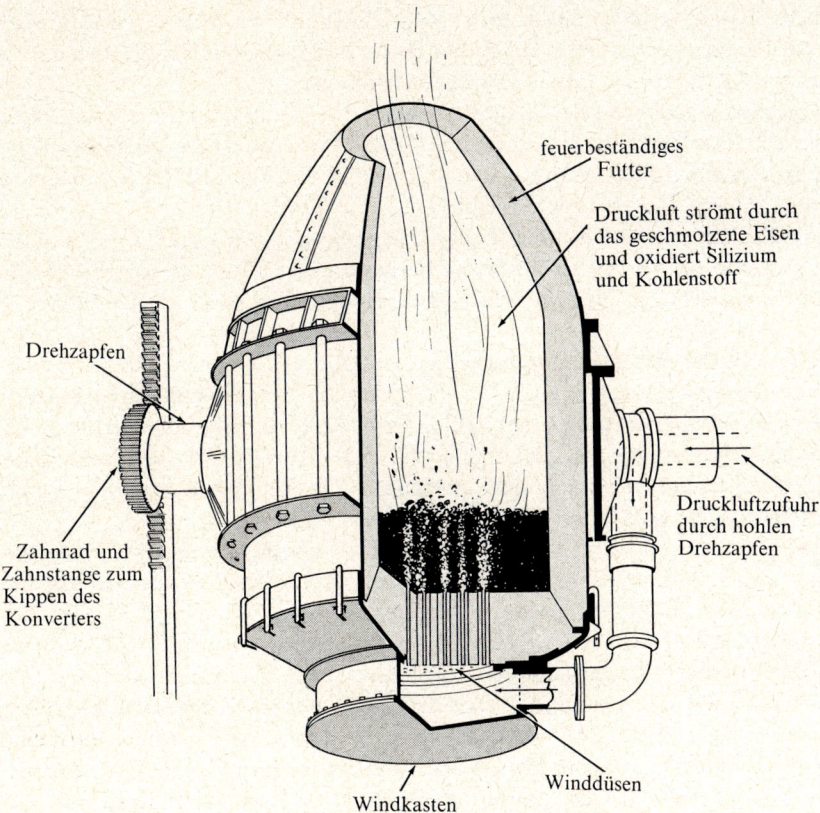

Abb. 20.5. Bessemer-Konverter zur Erzeugung von Stahl aus Roheisen.

Kohlenstoffoxidflamme, die oben aus dem Konverter schlägt, zu erkennen ist. Nun wird eine kohlenstoffreiche Legierung zugesetzt und der Stahl durch Kippen des Konverters ausgegossen.

Das Windfrischverfahren ist billig, liefert aber nicht so hochwertigen Stahl wie das Siemens-Martin-Verfahren.

Das Sauerstoff-Aufblas-Verfahren. In den Jahren seit 1955 hat ein neues Verfahren, das Sauerstoff-Aufblas-Verfahren, sich einen ständig wachsenden Anteil an der Stahlproduktion erobern können. Bei diesem Verfahren wird das Eisen in einem Konverter aufgearbeitet, der dem Bessemer-Konverter (Abb. 20.5) ähnlich sieht, aber keine Winddüsen am Boden aufweist. Zur Oxidation von Kohlenstoff und Phosphor wird nahezu reiner Sauerstoff (99,5%) auf die Oberfläche des geschmolzenen Metalls mit einer langen, wassergekühlten, sogenannten Sauerstofflanze aus Kupferrohr aufgeblasen. Ein Arbeitsgang liefert 50 bis 250 Tonnen Stahl und benötigt etwa 40 bis 50 Minuten. Der erzeugte Stahl ist von hoher Qualität.

Härten, Vergüten und Cementieren von Stahl. Wenn kohlenstoffreicher Stahl auf helle Rotglut erhitzt und dann langsam abgekühlt wird, ist er verhältnismäßig weich. Wird er dagegen plötzlich abgekühlt durch Eintauchen in Wasser, Öl oder Quecksilber, so wird er härter als Glas und spröde anstatt zäh.

Um dem abgeschreckten Stahl die gewünschte Zähigkeit zu verleihen, wird er „angelassen", das heißt, nach dem Abschrecken wieder auf eine geeignete Temperatur erwärmt. Oft wird das Anlassen so durchgeführt, daß eine sehr harte Schneide auf weicherem, zäheren Material hinterbleibt.

Ähnlichkeit mit der Härtung hat das *Vergüten*, das aber kein Härten, sondern nur eine Erhöhung der Festigkeit des Stahls bezweckt. Auch beim Vergüten wird der Stahl erhitzt, abgeschreckt und anschließend angelassen, und zwar auf eine höhere Temperatur als beim Härten.

Wie weit das Anlassen fortgeschritten ist, läßt sich ungefähr abschätzen an Hand der Interferenzfarben der dünnen Oxidhaut, mit der sich die polierte Stahloberfläche beim Erwärmen überzieht. Eine strohgelbe Farbe (230 °C) zeigt eine für Rasierklingen etwa richtige Verfassung an, gelbbraun (250 °C) die geeignete für Taschenmesser, braun (260 °C) für Scheren und Meißel, purpurrot (270 °C) für Schlachtermesser, blau (290 °C) für Uhrfedern und blauschwarz (320 °C) für Sägen.

Die Veränderung der Eigenschaften des Stahls beim Abschrecken und beim Anlassen beruhen auf Umwandlungen zwischen den verschiedenen Phasen, die das System Eisen-Kohlenstoff zu bilden vermag. In γ-Eisen, der oberhalb 912 °C stabilen Modifikation, ist Kohlenstoff löslich. Wird ein über diese Temperatur erhitzter Stahl abgeschreckt, so entsteht eine feste Lösung von Kohlenstoff in α-Eisen, die *Martensit* genannt wird. Martensit ist sehr hart und spröde und überträgt diese Eigenschaften auf gehärteten, kohlenstoffreichen Stahl. Martensit ist nicht stabil, doch ist die Geschwindigkeit der Umwandlung in stabilere Phasen bei Zimmertemperatur unmerklich gering. Daher behält gehärteter Stahl, der Martensit enthält, seine Härte, solange er nicht erneut erhitzt wird.

 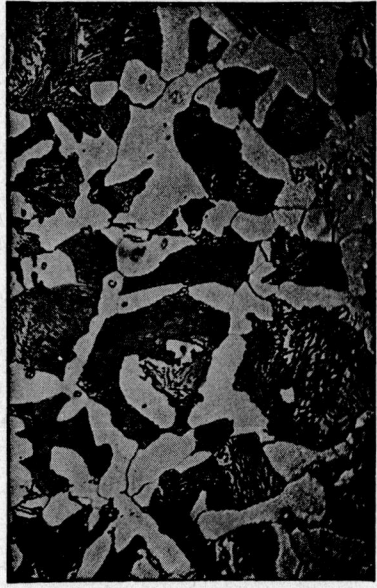

Abb. 20.6. Mikrophotographie von Perlit. Lamellen von Ferrit und Cementit sind deutlich sichtbar. Lineare Vergrößerung 1 : 1000. (Dr. D. S. Clark.)

Abb. 20.7. Mikrophotographie eines untereutektoiden Stahls, Kohlenstoffgehalt 0,38%. Der Stahl besteht aus einem mikrokristallinen Gefüge von Perlit und Ferrit. Lineare Vergrößerung 1 : 500. (Dr. D. S. Clark.)

Beim Anlassen von gehärtetem Stahl durch mäßiges Erwärmen wird die Umwandlungsgeschwindigkeit des Martensits gesteigert. Eine Reihe verwickelter Phasenumwandlungen spielt sich ab, aus denen schließlich ein Gemisch aus Kristalliten von Ferrit und Cementit, also von α-Eisen und dem harten Carbid Fe_3C hervorgeht. Stahl von 0,9% Kohlenstoffgehalt (eutektoider Stahl) wandelt sich beim Anlassen in *Perlit* um, in dem äußerst dünne Schichten von Ferrit und Cementit miteinander abwechseln (Abb. 20.6). Perlit ist fest und zäh. Stähle von weniger als 0,9% Kohlenstoffgehalt (untereutektoide Stähle) bilden beim Anlassen ein mikrokristallines Gefüge aus Perlit und Kristalliten von Ferrit aus (Abb. 20.7). Stähle von über 0,9% Kohlenstoffgehalt (übereutektoide Stähle) liefern beim Anlassen ein Gefüge von Perlit und Cementit.

Gegenstände aus Stahl, die schlagfest und verschleißfest sein sollen, müssen zäh sein und gleichzeitig eine harte Oberfläche besitzen. Man erreicht das mit der sogenannten Einsatzhärtung. Die Gegenstände werden aus Stahl niedrigen oder mittleren Kohlenstoffgehalts hergestellt und anschließend mit Holzkohlepulver oder Natriumcyanid unter Luftabschluß erhitzt, bis eine dünne Oberflächenschicht sich in kohlenstoffreichen Stahl verwandelt hat, der durch geeignete Wärmebehandlung gehärtet werden kann. Bei einigen legierten Stählen erreicht man eine Oberflächenhärtung auf andere Weise: die Werkstücke werden in einer Ammoniakatmosphäre erhitzt; dabei bildet sich eine oberflächliche Schicht von sehr harten Metallnitriden *(Nitrierhärtung)*.

Legierte Stähle. Als legierte Stähle bezeichnet man Stähle, die neben Eisen erhebliche Mengen anderer Metalle enthalten. Sie zeichnen sich durch wertvolle Eigenschaften aus und sind für viele technische Zwecke unentbehrlich. Manganstahl (12 bis 14% Mn) ist außerordentlich hart und dient zur Herstellung von Panzerschränken, Mahlanlagen und Reibmaschinen. Nickelstähle finden für viele Sonderzwecke Verwendung. Chrom-Vanadium-Stahl (5 bis 10% Cr, 0,15% V) ist zäh und elastisch. Aus ihm werden Achsen, Rahmen und andere Kraftfahrzeugteile hergestellt. Rostfreie Stähle enthalten gewöhnlich Chrom (eine häufige Zusammensetzung ist 18% Cr, 8% Ni). Aus Molybdän- und Wolframstählen werden Schneidwerkzeuge für hohe Arbeitsgeschwindigkeiten gefertigt.

20.4. Eisenverbindungen

Eisen ist ein reaktionsfreudiges Metall. In verdünnten Säuren löst es sich unter Wasserstoffentwicklung leicht auf. An der Luft verbrennt es zu Eisen(II)-Eisen(III)-oxid, Fe_3O_4 (Hammerschlag). Auch durch Behandeln von Eisen mit überhitztem Wasserdampf kann dieses Oxid erzeugt werden. Ein Verfahren, Eisen vor dem Verrosten zu schützen, besteht darin, das Metall mit einer haftenden Schicht dieses Oxids zu überziehen.

Eisen wird *passiv*, wenn man es in hochkonzentrierte Salpetersäure taucht. Passives Eisen entwickelt aus verdünnten Säuren keinen Wasserstoff. Durch Kratzen oder einen harten Schlag gegen das Metall wird jedoch die Passivierung an der Berührungsstelle wieder aufgehoben. Die entstandene aktive Zone breitet sich dann über das ganze Metallstück aus. Die Passivierung beruht auf der Bildung einer oxidischen Schutzschicht; sie bricht zusammen, wenn die Schutzschicht verletzt wird. Auch andere Oxidationsmittel, zum Beispiel Chromat-Ionen, wirken passivierend: Rasierklingen bleiben unter Kaliumchromatlösung länger scharf als an der Luft.

Von feuchter Luft wird Eisen angegriffen. Es bildet dabei eine lockere Rostschicht, die aus teilweise hydratisiertem Eisen(III)-oxid besteht.

Eisen(II)-verbindungen. Die meisten Verbindungen des positiv zweiwertigen Eisens sind grün. Fast alle Eisen(II)-salze werden leicht durch Sauerstoff aus der Luft zu den entsprechenden Eisen(III)-salzen oxidiert.

Eisen(II)-sulfat, $FeSO_4 \cdot 7H_2O$, wird durch Auflösen von Eisen in Schwefelsäure oder durch selbständige Oxidation von Eisenkies an der Luft dargestellt. Die grünen Kristalle der Substanz verwittern und überziehen sich an feuchter Luft mit einem durch Oxidation entstehenden braunen Belag von basischem Eisen(III)-sulfat. Eisen(II)-sulfat wird in der Färberei und zur Herstellung von Tinte verwendet. Eisengallustinte ist eine Mischung von Galläpfelextrakt und Eisen(II)-sulfatlösung. Bei der Oxidation an der Luft entsteht daraus ein feiner, schwarzer, unlöslicher Farbstoff.

Eisen(II)-chlorid, $FeCl_2 \cdot 4H_2O$, wird durch Auflösen von Eisen in Salzsäure hergestellt. Es ist ein blaßgrünes Salz. Eisen(II)-hydroxid, $Fe(OH)_2$, fällt als nahezu weißer Niederschlag aus, wenn eine Eisen(II)-salzlösung mit Alkali versetzt wird. Oxidation durch Sauerstoff aus der Luft färbt den Niederschlag schnell schmutzig grün und schließlich braun. Eisen(II)-sulfid, FeS, ist eine schwarze Verbindung, die beim Erhitzen von Eisenfeile mit Schwefel entsteht. Sie dient zur Erzeugung von Schwefelwasserstoff. Außerdem fällt Eisen(II)-sulfid als schwarzer Niederschlag beim Einleiten von Schwefelwasserstoff in eine ammoniakalische Eisen(II)-salzlösung aus.

Eisen(II)-carbonat, $FeCO_3$, kommt als Mineral in der Natur vor. Es fällt als weißer Niederschlag aus, wenn Carbonat-Ionen mit Eisen(II)-Ionen in Abwesenheit von gelöstem Sauerstoff reagieren. Ebenso wie Calciumcarbonat löst sich Eisen(II)-carbonat in saurem Wasser infolge Bildung von Bicarbonat. Hartes Wasser enthält oft Eisen(II)-Ionen und Eisen(III)-Ionen.

Eisen(III)-verbindungen. Das Hexaquoeisen(III)-Ion, $Fe(H_2O)_6^{3+}$, ist blaßviolett. Eisen(III)-salzlösungen sind jedoch gewöhnlich gelb oder braun, weil das Eisen(III)-Ion sehr leicht Protonen verliert und Hydroxokomplexe bildet. Eisen(III)-nitrat, $Fe(NO_3)_3 \cdot 6H_2O$, tritt in blaßvioletten, zerfließlichen Kristallen auf. Wasserfreies Eisen(III)-sulfat, $Fe_2(SO_4)_3$, kann als weißes Pulver durch Eindampfen einer Eisen(III)-sulfatlösung gewonnen werden. Ein sehr gut kristallisierendes Eisen(III)-salz ist der Eisenalaun, $KFe(SO_4)_2 \cdot 12H_2O$; seine oktaedrischen Kristalle sind blaßviolett.

Eisen(III)-chlorid, $FeCl_3 \cdot 6H_2O$, wird durch Oxidation von Eisen(II)-chlorid mit Chlor in wäßriger Lösung und anschließendes Eindampfen in Form gelber, zerfließlicher Kristalle erhalten. Lösungen von Eisen(III)-chlorid sind intensiver gefärbt als die von Eisen(III)-nitrat oder -sulfat, weil das Eisen(III)-Ion mit Chlorid-Ionen Komplexe bildet. Wasserfreies Eisen(III)-chlorid, Fe_2Cl_6, kann durch Überleiten von Chlor über erhitztes Eisenpulver dargestellt werden.

Die Reduktion von Eisen(III)-Ionen zu Eisen(II)-Ionen in Lösung gelingt durch Behandlung mit metallischem Eisen, Schwefelwasserstoff oder Zinn(II)-Ionen.

Eisen(III)-hydroxid, $Fe(OH)_3$, fällt als brauner Niederschlag aus, wenn eine Eisen(III)-salzlösung mit Alkali versetzt wird. Bei starkem Erhitzen wandelt sich das Hydroxid in Eisen(III)-oxid, Fe_2O_3, um. Das Oxid kommt auch in der Natur vor (Roteisenstein, Rötel). Es findet zur Herstellung von Anstrichfarben Verwendung (Venetianischrot).

Komplexe Cyanoferrate. Bei Zusatz von Cyanid-Ionen zu einer Lösung, die Eisen(II)-Ionen oder Eisen(III)-Ionen enthält, bildet sich ein Niederschlag, der sich im Überschuß des Cyanids unter Bildung von Komplexen löst. *Kaliumhexacyanoferrat(II)*, $K_4Fe(CN)_6 \cdot 3H_2O$, „gelbes Blutlaugensalz", wird gewonnen durch Erhitzen von organischem Material, zum Beispiel von getrocknetem Tierblut, mit Eisenfeile und Kaliumcarbonat. Die entstehende Masse wird mit warmem Wasser ausgelaugt, aus dem sich beim Eindunsten das Komplexsalz in gelben Kristallen abscheidet. *Kaliumhexacyanoferrat(III)*, $K_3Fe(CN)_6$, „rotes Blutlaugensalz", wird in Form roter Kristalle durch Oxidation des Eisen(II)-komplexsalzes erhalten. Die beiden Salze enthalten die komplexen Anionen $Fe(CN)_6^{3-}$ bzw. $Fe(CN)_6^{4-}$. Aus ihnen lassen sich die Cyanoferrate anderer Metalle leicht herstellen. Mit der Struktur der Cyanoferrat-Anionen haben wir uns bereits in Abschnitt 19.10 beschäftigt.

Versetzt man die Lösung eines Hexacyanoferrats(III) mit Eisen(II)-Ionen oder die Lösung eines Hexacyanoferrats(II) mit Eisen(III)-Ionen, so fällt ein leuchtend blauer, farbkräftiger Niederschlag von *Berlinerblau* (auch Preußischblau) bzw. *Turnbulls Blau* aus.

Die Niederschläge haben ungefähr die Zusammensetzung $KFeFe(CN)_6 \cdot H_2O$. Sie finden als Farben Verwendung. Mit Eisen(II)-Ionen bildet Hexacyanoferrat(II) einen weißen Niederschlag von $K_2FeFe(CN)_6$. Dagegen bildet sich bei der Reaktion von Eisen(III)-Ionen mit Hexacyanoferrat(III)-Ionen kein Niederschlag; die Lösung färbt sich lediglich braun.

20.5. Kobalt

Kobalt kommt in der Natur vor als *Speiskobalt*, $CoAs_2$ (Smaltit), und *Kobaltglanz*, CoAsS (Kobaltit, gewöhnlich in Begleitung von Nickel. Das Metall wird aus dem Oxid, Co_2O_3, durch Reduktion mit Kohle oder durch aluminothermische Reduktion gewonnen.
Kobalt ist ein silberweißes, etwas rötlich schimmerndes Metall. Es ist weniger reaktionsfreudig als Eisen. Mit verdünnten Säuren entwickelt es langsam Wasserstoff. Hauptsächlich wird es zur Herstellung von besonderen Legierungen verwendet, zum Beispiel von Alnico, einer stark ferromagnetischen Legierung aus Aluminium, Nickel, Kobalt und Eisen, aus der Dauermagnete hergestellt werden.
Das Kobalt(II)-Ion, $Co(H_2O)_6^{2+}$, in Lösungen und hydratisierten Salzen ist rosafarben. Kobalt(II)-chlorid, $CoCl_2 \cdot 6 H_2O$, bildet rote Kristalle, die beim Entwässern zu einem tiefblauen Pulver zerfallen. Eine mit verdünnter Kobalt(II)-chloridlösung geschriebene Schrift ist nahezu unsichtbar, sie wird jedoch blau, wenn man das Papier erwärmt und das Salz damit entwässert. Kobalt(II)-oxid ist eine schwarze Substanz, die sich in geschmolzenem Glas löst und ihm eine blaue Farbe verleiht (Kobaltglas).
Das Kobalt(III)-Ion ist instabil. Versuche, Kobalt(II)-Ionen zu oxidieren, führen fast immer zur Bildung eines Niederschlags von Kobalt(III)-hydroxid, $Co(OH)_3$. Dagegen sind die kovalenten Komplexe des positiv dreiwertigen Kobalts sehr beständig. Die wichtigsten von ihnen sind Kaliumhexanitritocobaltat(III), $K_3Co(NO_2)_6$, und Kaliumhexacyanocobaltat(III), $K_3Co(CN)_6$.

20.6. Nickel

In gediegenem Zustand kommt Nickel zusammen mit Eisen in Meteoriten vor. Die wichtigsten Nickelerze sind *Rotnickelkies*, NiAs, *Gelbnickelkies*, NiS, und *Eisennickelkies*, (Ni,Fe)S.
Metallisches Nickel wird in Form von Legierungen mit Eisen und anderen Elementen durch Rösten der Erze und Reduktion mit Kohlenstoff gewonnen. Zur Reinigung von Nickel hat sich das Mond-Verfahren bewährt, das auf der Bildung und Zersetzung von Nickeltetracarbonyl, $Ni(CO)_4$, beruht. Bei diesem Verfahren wird das geröstete Erz mit Wasserstoff unter solchen Bedingungen behandelt, daß nur das Nickeloxid, nicht das Eisenoxid zum Metall reduziert wird. Anschließend wird Kohlenstoffmonoxid bei gewöhnlicher Temperatur durch das Gut geblasen und verbindet sich dabei mit dem Nickel zu gasförmigem Nickeltetracarbonyl:

$$Ni + 4 CO \rightarrow Ni(CO)_4$$

Das Abgas wird durch eine auf 150 °C geheizte Kammer geleitet, in der sich das Carbonyl zersetzt und metallisches Nickel abscheidet. Das freigesetzte Kohlenstoffmonoxid wird dem Verfahren wieder zugeführt.

Nickel ist ein weißes, etwas gelb schimmerndes Metall. Es dient hauptsächlich zur Herstellung von Legierungen, vor allem für Münzzwecke (z.B. 75% Cu, 25% Ni), für Gebrauchsgegenstände (Neusilber) und als Bestandteil von legierten Stählen. Eisengegenstände können durch Elektrolyse in ammoniakalischer Lösung vernickelt werden. Metallisches Nickel ist noch weniger reaktionsfreudig als Kobalt. Aus Säuren verdrängt es Wasserstoff nur sehr langsam.

Die hydratisierten Nickelsalze wie Nickelsulfat, $NiSO_4 \cdot 6H_2O$, und Nickelchlorid, $NiCl_2 \cdot 6H_2O$, sind grün. Nickel(II)-hydroxid, $Ni(OH)_2$, fällt als apfelgrüner Niederschlag aus, wenn eine Nickelsalzlösung mit Alkali versetzt wird. Beim Erhitzen geht es in grünes, unlösliches Nickel(II)-oxid, NiO, über. In wäßrigem Ammoniak löst sich Nickel(II)-hydroxid unter Bildung von Komplexen wie $Ni(NH_3)_4(H_2O)_2^{2+}$ und $Ni(NH_3)_6^{2+}$.

In alkalischer Lösung kann Nickel(II)-hydroxid zu einem Nickel(IV)-oxidhydrat, $NiO_2 \cdot xH_2O$, oxidiert werden. Hierauf beruht die Wirkungsweise des *Edison-Akkumulators*: von den Platten des Akkumulators sind die einen mit Nickel(IV)-oxidhydrat, die anderen mit metallischem Eisen überzogen; bei der Entladung entstehen daraus Nickel(II)-hydroxid und Eisen(II)-hydroxid. Als Elektrolyt dient Natronlauge.

20.7. Die Platinmetalle

Die Homologen der Elemente Eisen, Kobalt und Nickel sind die *Platinmetalle* – Ruthenium, Rhodium, Palladium, Osmium, Iridium und Platin. Einige Eigenschaften dieser Elemente gibt Tafel 20.3 an.

Alle sechs Elemente sind Edelmetalle. In der Natur kommen sie in Form von Legierungen vor, die hauptsächlich aus Platin bestehen.

Tafel 20.3. Einige physikalische Eigenschaften der Platinmetalle.

	Ordnungszahl	Atomgewicht	Dichte	Schmelzpunkt	Sublimationswärme bei 25 °C
Ru	44	101,07	12,36 g cm^{-3}	2450 °C	670 kJ mol^{-1}
Rh	45	102,905	12,48	1985	577
Pd	46	106,4	12,09	1555	390
Os	76	190,2	22,69	2700	732
Ir	77	192,2	22,82	2440	690
Pt	78	195,09	21,60	1755	509

Ruthenium und *Osmium* sind stahlgrau, die anderen vier haben eine hellere Farbe. Ruthenium kann zu RuO_2 und sogar zu RuO_4, in dem es positiv achtwertig auftritt, oxidiert werden. Osmium vereinigt sich mit Sauerstoff zu Osmiumtetroxid, OsO_4 („Osmiumsäure"), einer weißen, kristallinen Substanz, die bei 40 °C schmilzt und bei etwa 100 °C siedet. Osmiumtetroxid hat einen stechenden Geruch, ähnlich wie Chlor, und ist äußerst giftig. Wäßrige Lösungen des Oxids werden in der Mikroskopie verwendet. (Sie färben Gewebe schwarz, weil das organische Material das Oxid zum Metall reduziert. Gleichzeitig härten sie das Material, ohne es zu verzerren.)

Ruthenium und Osmium treten in ihren Verbindungen mit verschiedenen Oxidationsstufen auf: $RuCl_3$, K_2RuO_4, Os_2O_3, $OsCl_4$, K_2OsO_4.

Rhodium und *Iridium* sind sehr reaktionsträge Metalle. Selbst von Königswasser (einer Mischung von konzentrierter Salpetersäure und konzentrierter Salzsäure) werden sie nicht angegriffen. Eine Iridium-Platin-Legierung zeichnet sich durch große Härte aus. Sie dient zur Herstellung von Spitzen für Goldfedern und Schneiden von ärztlichen Instrumenten und wissenschaftlichen Geräten. Typische Verbindungen sind Rh_2O_3, K_3RhCl_6, Ir_2O_3, K_3IrCl_6 und K_2IrCl_6.

Palladium ist das einzige der sechs Platinmetalle, das von Salpetersäure angegriffen wird. Metallisches Palladium zeigt ein ungewöhnlich gutes Aufnahmevermögen für Wasserstoff. Bei 1000 °C entspricht die Absorption ungefähr der Zusammensetzung $PdH_{0,6}$. Die wichtigsten Palladiumverbindungen sind die Salze der Tetrachloropalladium(II)-säure, H_2PdCl_4, und der Hexachloropalladium(IV)-säure, H_2PdCl_6. Das Tetrachloropalladinat(II)-Ion, $PdCl_4^{2-}$, ist planar gebaut: alle fünf Atome liegen in einer Ebene, die vier Chloratome in den Ecken eines Quadrats und das Palladiumatom in dessen Mittelpunkt. Das Hexachloropalladinat(IV)-Ion, $PdCl_6^{2-}$, ist ein oktaedrischer, kovalenter Komplex.

Platin ist das wichtigste Metall der Gruppe. Es ist ein grauweißes, sehr geschmeidiges Metall. Es kann bei Rotglut geschweißt und mit einem Knallgasgebläse geschmolzen werden. Wegen seiner hohen chemischen Widerstandsfähigkeit dient es zur Herstellung von Teilen für elektrische Geräte, von Tiegeln und anderen Laboratoriumsgeräten. Platin wird von Chlor angegriffen. Es löst sich in Königswasser. Außerdem reagiert es mit geschmolzenem Alkali (zum Beispiel Kaliumhydroxid), jedoch nicht mit Alkalicarbonaten.

Die wichtigsten Platinverbindungen sind die Salze der Tetrachloroplatin(II)-säure, H_2PtCl_4, und der Hexachloroplatin(IV)-säure, H_2PtCl_6. In ihrer Struktur gleichen sie den analogen Palladiumverbindungen. Palladium wie auch Platin bilden eine große Zahl kovalenter Komplexe, zum Beispiel Amminkomplexe wie $Pt(NH_3)_4^{2+}$ usw.

Durch starkes Erhitzen von Ammoniumhexachloroplatinat(IV), $(NH_4)_2PtCl_6$, erhält man metallisches Platin in fein verteilter Form *(Platinschwamm)*. Bei Reduktion von Hexachloroplatin(IV)-säure mit Zink oder organischen Reduktionsmitteln fällt metallisches Platin als feines Pulver aus *(Platinmohr, Platinschwarz)*. In so feiner Verteilung besitzt Platin eine hervorragende katalytische Aktivität, von der auch in technischen Verfahren, zum Beispiel der Oxidation von Schwefeldioxid zu Schwefeltrioxid, Gebrauch gemacht wird. An Platinmohr entzünden sich Mischungen von Leuchtgas und Luft und von Wasserstoff und Luft: bei der schnellen chemischen Vereinigung der Gase an der Metalloberfläche wird so viel Reaktionswärme frei, daß die Entzündungstemperatur des Gasgemischs überschritten wird.

Übungsaufgaben

20.1. Vergleichen Sie die Stabilität des freien Kobalt(III)-Ions, Co^{3+}, mit der seines Cyanokomplexes, $Co(CN)_6^{3-}$. Erklären Sie den Stabilitätsunterschied an Hand der Elektronenstrukturen der beiden Ionen. Was für Hybridorbitale beteiligen sich an den Bindungen? Wie viele Elektronen mit ungepaarten Spins treten auf a) im freien Ion, b) im Komplex-Ion?

20.2. Welche Oxidationsstufen nimmt Eisen in Roteisenstein, in Magneteisenstein und in Eisenspat ein?

20.3. Sagen Sie voraus, welche von beiden wäßrigen Lösungen das niedrigere pH aufweist, Eisen(III)-nitrat oder Eisen(III)-chlorid?

20.4. Zeichnen Sie die Elektronenstruktur von Nickeltetracarbonyl auf und erörtern Sie die Anordnung der Elektronen am Nickelatom im Vergleich mit der Struktur von Krypton. Eisen und Chrom bilden Carbonyle $Fe(CO)_5$ bzw. $Cr(CO)_6$. Erläutern Sie deren Elektronenstruktur.

20.5. Berechnen Sie Werte für die Elektronegativität von zweiwertigem Eisen, Kobalt und Nickel mit Gleichung 6.1 unter Benutzung der in Tafel 20.1 angegebenen Bildungsenthalpien von $FeCl_2(f)$, $FeBr_2(f)$ und $FeI_2(f)$ und der analogen Kobalt- und Nickelsalze. Setzen Sie dabei für Chlor, Brom und Jod die Elektronegativitätswerte 3,00, 2,80 bzw. 2,50 ein. (Lösung: Durchschnittswerte 1,71, 1,76 bzw. 1,79 Einheiten.)

20.6. Berechnen Sie in gleicher Weise wie in der vorigen Aufgabe die Elektronegativität von Eisen(III) aus der Bildungsenthalpie von $FeCl_3(f)$. (Lösung: 1,88 Einheiten.)

20.7. Schätzen Sie die Bildungsenthalpie von $NiCl_3(f)$ unter der Annahme, daß die Abhängigkeit der Elektronegativität von der Oxidationszahl für Nickel die gleiche ist wie für Eisen.

20.8. Aus Messungen der Molwärme ergeben sich unter Benutzung des dritten Hauptsatzes der Thermodynamik die nachstehenden Werte für die molare Normalentropie in J grad^{-1} mol^{-1} bei 298 K: 27,15 für Fe(f), 255,06 für S_8(f), 67,36 für FeS(f). Wie groß ist bei dieser Temperatur $\Delta S°$ für die Bildung von FeS(f) aus den Elementen? (Lösung: 8,33 J grad^{-1} mol^{-1}.)

20.9. Berechnen Sie $\Delta H°$ und $\Delta G°$ für die Bildung von FeS(f) aus den Elementen bei 298 K mit Hilfe von Tafel 20.1 und des Ergebnisses der vorigen Aufgabe. (Lösung: —95 kJ mol^{-1}; —97 kJ mol^{-1}.) Glauben Sie, daß Eisen(II)-sulfid durch Erhitzen von Eisen mit Schwefel erhalten werden kann?

20.10. Die Normalentropien von Cementit, Fe_3C(f), und Graphit, C(f), bei 298 K betragen 107,5 bzw. 5,69 J grad^{-1} mol^{-1}. Erläutern Sie mit dieser Aussage sowie mit Angaben aus Tafel 20.1 und Übungsaufgabe 20.8 die in Abschnitt 20.3 getroffene Feststellung, daß bei schnellem Abkühlen einer kohlenstoffhaltigen Eisenschmelze weißes Gußeisen (größtenteils Cementit), bei langsamem Abkühlen dagegen graues Gußeisen (Eisen und Graphit) entsteht. Wie groß ist $\Delta G°$ für den Zerfall von Cementit zu Ferrit und Graphit bei 298 K?

20.11. Setzen Sie als grobe Näherung voraus, daß für die Reaktion $Fe_3C(f) \rightleftharpoons 3Fe(f) + C(f)$ die Werte von $\Delta H°$ und $\Delta S°$ bei 298 K, die sich aus der vorigen Aufgabe ergeben, als temperaturunabhängig angesehen werden können. Welche Temperatur erhält man mit dieser Näherung als die untere Grenze des Stabilitätsbereichs von Cementit? (Lösung: 1031 K.)

20.12. Die Molwärmen von Cementit, Eisen und Graphit bei 298 K betragen 105,86, 25,64 bzw. 8,65 J grad^{-1} mol^{-1}. Berechnen Sie $\Delta H°$, $\Delta S°$ und $\Delta G°$ für die Zersetzung von Cementit bei 1031 K unter der Annahme, der Unterschied zwischen den Molwärmen von Cementit und dessen Zerfallsprodukten sei im Bereich von 298 bis 1031 K konstant. (Lösung: 36 kJ mol^{-1}, 33,5 J grad^{-1} mol^{-1}, 1,3 kJ mol^{-1}.) Ist laut dieser Rechnung Cementit bei 1031 K stabil?

20.13. Benutzen Sie die Ergebnisse der vorigen Aufgabe zur Berechnung eines genaueren Werts für die Grenztemperatur der Stabilität von Cementit unter der Annahme, daß $\Delta H°$ und $\Delta S°$ innerhalb eines engen Temperaturbereichs um 1031 K als konstant angesehen werden können. (Lösung: 1070 K.)

Kapitel 21

Kupfer, Zink und Gallium und ihre Homologen

Im vorigen Kapitel haben wir unsere Betrachtung der Chemie der Übergangsmetalle begonnen mit der Untersuchung von Eisen, Kobalt und Nickel und deren Homologen, der Platinmetalle. Anschließend wollen wir uns nun den im Periodensystem weiter rechts stehenden Übergangselementen zuwenden.
Die drei Metalle Kupfer, Silber und Gold gehören zur Gruppe Ib des Periodensystems. Alle drei Elemente bilden wie die Alkalimetalle (Gruppe Ia) Verbindungen, die der Oxidationsstufe +1 entsprechen. Abgesehen hiervon zeigen sie jedoch wenig Ähnlichkeit mit den Alkalimetallen. Die Alkalimetalle sind sehr weiche, chemisch sehr reaktionsfreudige Leichtmetalle, die Elemente der Kupfergruppe dagegen viel härtere Schwermetalle und so reaktionsträge, daß sie in der Natur gediegen vorkommen und durch Reduktion ihrer Verbindungen leicht gewonnen werden können – in manchen Fällen genügt es, die Verbindung nur zu erhitzen. In ähnlicher Weise unterscheiden sich die Metalle Zink, Cadmium und Quecksilber (Gruppe IIb) erheblich von den Erdalkalimetallen (Gruppe IIa) sowie Gallium und seine Homologen (Gruppe IIIb) von den Elementen der Gruppe IIIa. Im Zuge der Besprechung von Silberverbindungen wollen wir in diesem Kapitel auch auf die chemischen Grundlagen der Photographie einschließlich der Farbphotographie eingehen (Abschnitt 21.5).

21.1. Die Elektronenstrukturen und Oxidationszustände von Kupfer, Zink und Gallium und ihren Homologen

Die Elektronenstrukturen von Kupfer, Silber und Gold sowie von Zink und Gallium und deren Homologen sind in Tafel 5.5 angegeben.
Wie aus der Tafel hervorgeht, trägt Kupfer ein Außenelektron, und zwar im 4s-Orbital der N-Schale. Zink hat zwei Außenelektronen, beide im 4s-Orbital, und Gallium hat drei Außenelektronen, zwei im 4s- und das dritte in einem der 4p-Orbitale. Die Homologen dieser Elemente weisen ebenfalls ein bzw. zwei oder drei Elektronen in der äußersten Schale auf. Bei allen diesen Elementen enthält die zweitäußerste Schale – die M-Schale bei Kupfer, Zink und Gallium, die N-Schale bei Silber, Cadmium und Indium und die O-Schale bei Gold, Quecksilber und Thallium – achtzehn Elektronen und wird *Achtzehnerschale* genannt.
Die Russell-Saunders-Symbole für die Atome im Grundzustand sind $^2S_{1/2}$ für Kupfer und seine Homologen, $^1S_0$ für Zink und seine Homologen und $^2P_{1/2}$ für Gallium und seine Homologen.

Die Elektronen in der äußersten Schale sind nur locker gebunden und können leicht abgestreift werden. Die hinterbleibenden Ionen Cu^+, Zn^{2+}, Ga^{3+} usw. besitzen eine Außenschale von achtzehn Elektronen und werden auch als Achtzehnerschalen-Ionen bezeichnet. Der Oxidationszustand, der der Bildung des Achtzehnerschalen-Ions oder der Verwendung der Außenelektronen zu Elektronenpaarbindungen mit anderen Atomen entspricht, ist +1 für Kupfer, Silber und Gold, +2 für Zink, Cadmium und Quecksilber und +3 für Gallium, Indium und Thallium.

Diese Oxidationszustände spielen bei den genannten Elementen durchweg eine Rolle, sind aber keineswegs die einzig wichtigen. Das Kupfer(I)-Ion ist nicht beständig, und in seinen Verbindungen mit Ausnahme der unlöslichen ist Kupfer(I) bestrebt, sich oxidieren zu lassen. Das Kupfer(II)-Ion, Cu^{2+} (hydratisiert zu $Cu(H_2O)_4^{2+}$) tritt in vielen Kupfersalzen auf, und die hauptsächlichen Kupferverbindungen sind die von Kupfer(II). Im Kupfer(II)-Ion hat das Atom zwei Elektronen verloren, besitzt also nur noch siebzehn Elektronen in seiner M-Schale. Tatsächlich sind die $3d$- und $4s$-Elektronen in Kupfer mit etwa der gleichen Energie gebunden; es mag Ihnen aufgefallen sein, daß die Elektronenstrukturen für Kupfer in Tafel 5.5 und im Energieniveaudiagramm in Abbildung 5.11 nicht übereinstimmen, denn in diesem Diagramm erscheint Kupfer mit zwei $4s$- und nur neun $3d$-Elektronen.

Das positiv einwertige Silber-Ion, Ag^+, ist stabil und bildet eine Vielzahl von Salzen. Die Herstellung einiger weniger Verbindungen, die Silber im positiv zweiwertigen oder dreiwertigen Zustand enthalten, ist ebenfalls gelungen. Diese Verbindungen sind überaus kräftige Oxidationsmittel. Der stabile Oxidationszustand +1 beim Silber entspricht der in Tafel 5.5 angegebenen Elektronenkonfiguration des Elements. Das Ion Ag^+ ist ein Achtzehnerschalen-Ion.

Weder das Gold(I)-Ion, Au^+, noch das Gold(III)-Ion, Au^{3+}, sind in wäßriger Lösung beständig. Stabile Gold(I)- und Gold(III)-verbindungen, zum Beispiel die Komplex-Ionen $AuCl_2^-$ und $AuCl_4^-$, enthalten kovalente Bindungen.

Das chemische Verhalten der Elemente Zink und Cadmium ist verhältnismäßig übersichtlich, da sie in Verbindungen nur mit der Oxidationszahl +2 auftreten. Dieser Oxidationszustand steht mit der in Tafel 5.5 angegebenen Elektronenstruktur in enger Beziehung; er entspricht dem Verlust der beiden äußersten Elektronen oder deren Verwendung zu Elektronenpaarbindungen. Die Ionen Zn^{2+} und Cd^{2+} sind Achtzehnerschalen-Ionen.

Quecksilber bildet ebenfalls Verbindungen, in denen es den Oxidationszustand +2 vertritt. Das Quecksilber(II)-Ion, Hg^{2+}, ist ein Achtzehnerschalen-Ion. Außerdem tritt Quecksilber in einer Reihe von Verbindungen mit der Oxidationszahl +1 auf. Auf die Elektronenstruktur dieser Quecksilber(I)-verbindungen kommen wir in Abschnitt 21.10 zurück.

21.2. Die Eigenschaften von Kupfer, Silber und Gold

Kupfer ist rötliches, zähes Metall von mäßig hohem Schmelzpunkt (siehe Tafel 21.1). In reinem Zustand ist es ein ausgezeichneter Leiter für Wärme und Elektrizität. Es wird in großem Umfang als elektrischer Leiter verwendet. Reines Kupfer, das erwärmt worden

Tafel 21.1. Einige physikalische Eigenschaften von Kupfer, Silber und Gold.

	Ordnungszahl	Atomgewicht	Dichte	Schmelzpunkt	Siedepunkt	Metallradius	Farbe
Cu	29	63,54	8,97 g cm^{-3}	1083 °C	2310 °C	1,28 Å	rot
Ag	47	107,870	10,54	960,5	1950	1,44	weiß
Au	79	196,967	19,42	1063	2600	1,44	gelb

ist, bleibt auch nach dem Abkühlen verhältnismäßig weich und läßt sich zu Drähten ausziehen und durch Hämmern verformen. Eine solche „Kaltbearbeitung" härtet das Metall, weil dadurch Kristallite zu kleineren zerbrochen werden und die Korngrenzen zwischen den Kristalliten der Verformung Widerstand leisten. Durch erneutes Erwärmen, das den kleinen Kristalliten Gelegenheit gibt, sich wieder zu größeren zusammenzulagern, wird das Metall enthärtet.

Silber ist ein weiches, weißes Metall. Es ist dichter als Kupfer und schmilzt bei niedrigerer Temperatur. Es wird zur Herstellung von Münzen, Schmuckgegenständen, Tafelbesteck und als Zahnfüllung benutzt.

Gold ist ein weiches Metall von hoher Dichte. Es ist gelbglänzend; sehr dünne Bleche erscheinen blau oder grün. Wegen seiner schönen Farbe und seines lebhaften Glanzes, die vermöge seiner chemischen Widerstandsfähigkeit an der Luft nicht leiden, ist es ein begehrtes Material zur Herstellung von Schmuckgegenständen. Außerdem dient es zur Herstellung von Münzen, Zahnfüllungen sowie wissenschaftlichen und technischen Geräten. Gold ist das geschmeidigste aller Metalle; es kann zu Folien von nur 1/100000 cm Dicke ausgehämmert und zu Drähten von 1/5000 cm Durchmesser gezogen werden.

Legierungen von Kupfer, Silber und Gold. Die Übergangsmetalle werden sehr häufig in Form von Legierungen verarbeitet. Legierungen sind oft weitaus fester, härter und zäher als die Metalle, aus denen sie bestehen.

Messing ist eine Legierung von Kupfer und Zink, *Bronze* eine Legierung von Kupfer und Zinn, und *Aluminiumbronze* eine Legierung von Kupfer und Aluminium. Sie zeichnen sich durch wertvolle Eigenschaften aus. Außerdem ist Kupfer ein Bestandteil anderer wichtiger Legierungen, zum Beispiel Münzsilber, Münzgold und Beryllium-Kupfer.

Tafelsilber für Bestecke (mit Stempel „800") besteht aus 80% Silber und 20% Kupfer. Englisches und amerikanisches „Sterling-Silber" enthalten 7,5% bzw. 10% Kupfer.

Gold wird oft mit Silber, Kupfer, Palladium oder anderen Metallen legiert. Gewöhnlich gibt man den Goldgehalt der Legierungen in *Karat* an. Ein Karat ist ein Teil Gold auf 24 Teile der Legierung. Reines Gold hat also 24 Karat. Daneben ist, wie beim Silber, die Gehaltsangabe in Teilen von 1000 im Gebrauch. Für Schmuckgegenstände wird meist Gold von 14 Karat (585) oder von 8 Karat (333) verarbeitet. Englisches und amerikanisches Münzgold sind Legierungen von 22 bzw. 21,6 Karat. Die Farbe von Goldlegierungen ist je nach Art und Menge der anderen Bestandteile verschieden. Viele Schmuckstücke werden aus dem hellen *Weißgold* gefertigt, einer Legierung von Gold und Nickel.

21.3. Kupferverbindungen

Bildungsenthalpien von einigen der hauptsächlichsten Verbindungen von Kupfer (sowie von Silber und Gold) sind in Tafel 21.2 aufgeführt. Wie ersichtlich, neigt Kupfer dazu, in seinen Verbindungen mit den stärker elektronegativen der Nichtmetalle in zweiwertigem Zustand aufzutreten. So ist zum Beispiel die Reaktionswärme der Bildung von Kupfer-(II)-chlorid aus Kupfer(I)-chlorid und Chlor positiv:

$$CuCl(f) + 1/2\,Cl_2(g) \rightleftharpoons CuCl_2(f) + 71\,kJ\,mol^{-1}$$

Von den Verbindungen mit Schwefel und Jod, deren Bindungen nur geringen Ionencharakter aufweisen (Elektronegativität von Kupfer beträgt 1,9, von Schwefel und Jod 2,5 Einheiten), sind dagegen die des Kupfer(I) die stabileren.

Kupfer(II)-verbindungen. Das *Tetraquokupfer(II)-Ion*, $Cu(H_2O)_4^{2+}$, tritt in wäßrigen Lösungen von Kupfer(II)-salzen und in einigen hydratisierten Kristallen auf. Es hat eine blaßblaue Farbe. Das wichtigste Kupfer(II)-salz ist *Kupfer(II)-sulfat*, das aus

Tafel 21.2. Normal-Bindungsenthalpien von Verbindungen von Kupfer, Silber und Gold bei 25 °C (in $kJ\,mol^{-1}$).

	M = Cu	Ag	Au
M(f)	0	0	0
M(g)	341	289	344
M^+(g)	1091	1026	1241
M^+(aq)	52	106	
M^{2+}(g)	3055	3105	
M^{2+}(aq)	64		
M_2O(f)	−167	−31	
MO(g)	146		
MO(f)	−155		
M_2O_3(f)			81
MH(g)	297	283	
M_2F(f)		−211	
MF(f)		−203	
MF_2(f)	−531	−370	
MCl(g)	134	97	
MCl(f)	−135	−127	−35
MCl_2(f)	−206		
MCl_3(f)			−118
MCl_4^-(aq)			−326
MBr(g)	159		
MBr(f)	−105	−99	−18
MBr_2(f)	−139		
MBr_3(f)			−54
MI(g)	259		
MI(f)	−68	−62	1
MI_2(f)	−7		
M_2S(f)	−79	−32	
MS(f)	−49		

wäßriger Lösung in blauen Kristallen der Zusammensetzung $CuSO_4 \cdot 5 H_2O$ kristallisiert. Kupfer steht in der elektrochemischen Spannungsreihe unter dem Wasserstoff (siehe Kapitel 15). Metallisches Kupfer kann demnach aus verdünnten Säuren keinen Wasserstoff verdrängen und sich in Säuren nur lösen, wenn ein Oxidationsmittel zugegen ist. Konzentrierte Schwefelsäure ist allerdings selbst ein Oxidationsmittel und kann daher das Metall auflösen. Auch verdünnte Schwefelsäure greift Kupfer in Gegenwart von Luft langsam an:

$$Cu + 2 H_2SO_4 + 3 H_2O \rightarrow CuSO_4 \cdot 5 H_2O + SO_2$$

oder

$$2 Cu + 2 H_2SO_4 + O_2 + 3 H_2O \rightarrow 2 CuSO_4 \cdot 5 H_2O$$

Kupfersulfat, das auch unter der alten Bezeichnung „Kupfervitriol" bekannt ist, wird verwendet zur Herstellung von Bädern für elektrolytische Verkupferung, in der Färberei und Druckerei sowie als Ausgangsstoff zur Herstellung anderer Kupferverbindungen.

Kupfer(II)-chlorid, $CuCl_2$, ein gelbes Salz, kann unmittelbar aus den Elementen hergestellt werden. Das hydratisierte Salz, $CuCl_2 \cdot 2 H_2O$, hat blaugrüne Farbe. Die salzsaure Lösung ist grün. Das Salz ist blaugrün, weil es als Komplex

$$\begin{array}{c} OH_2 \\ | \\ Cl-Cu-Cl \\ | \\ OH_2 \end{array}$$

vorliegt, in dem die Chloratome kovalent an das Kupferatom gebunden sind. Die grüne Lösung enthält die Komplex-Ionen $CuCl_3(H_2O)^-$ und $CuCl_4^{2-}$. Alle diese Komplexe haben ebenen Aufbau: das Kupferatom liegt im Mittelpunkt eines Quadrats, dessen vier Ecken die anderen Atomgruppen einnehmen. Den gleichen, ebenen Bau zeigen auch andere Kupferkomplexe, darunter der tiefblaue Amminkomplex $Cu(NH_3)_4^{2+}$.

Kupfer(II)-bromid, $CuBr_2$, ist eine schwarze Masse, die bei der Reaktion von Kupfer mit Brom oder beim Auflösen von Kupfer(II)-oxid, CuO, in Bromwasserstoffsäure entsteht. Kupfer(II)-jodid ist interessanterweise instabil; fügt man eine Kupfer(II)-salzlösung einer Jodidlösung zu, so spielt sich eine Oxidations-Reduktions-Reaktion ab, die zum Ausfallen von Kupfer(I)-jodid führt:

$$2 Cu^{2+} + 4 I^- \rightleftharpoons 2 CuI(f) + I_2$$

Die Reaktion kommt wegen der außergewöhnlichen Stabilität des Kupfer(I)-jodids zustande, auf die wir später in diesem Abschnitt noch eingehen. Von der Reaktion macht ein analytisches Verfahren zur quantitativen Bestimmung von Kupfer Gebrauch; die Menge des freigesetzten Jods wird dabei durch Titration mit Natriumthiosulfatlösung ermittelt.

Kupfer(II)-hydroxid, $Cu(OH)_2$, fällt als blaßblauer, voluminöser Niederschlag aus, wenn eine Kupfer(II)-salzlösung mit Alkali oder wäßrigem Ammoniak versetzt wird. In überschüssigem Ammoniak löst es sich leicht und bildet den tiefblauen Komplex $Cu(NH_3)_4^{2+}$. Kupfer(II)-hydroxid ist etwas amphiprotisch und löst sich merklich in sehr konzentrierter Alkalilauge unter Bildung des Hydroxokomplexes $Cu(OH)_4^{2-}$.

Mit dem Tartrat-Ion, $C_4H_4O_6^{2-}$, dem Anion der Weinsäure, bildet das Kupfer(II)-Ion in alkalischer Lösung einen Komplex, der zum Nachweis organischer Reduktionsmittel, zum Beispiel gewisser Zucker, benutzt wird *(Fehlingsche Lösung)*. Infolge der Stabilität des Komplexes, $Cu(C_4H_4O_6)_2^{2-}$, bleibt die Konzentration von Cu^{2+} in der Lösung so gering, daß sich kein Niederschlag von $Cu(OH)_2$ bildet. Die organischen Reduktionsmittel reduzieren das Kupfer zum einwertigen Zustand und bewirken damit das Ausfallen eines ziegelroten Niederschlags von Kupfer(I)-oxid, Cu_2O. Fehlingsche Lösung wurde früher zum Nachweis von Zucker im Urin bei der Diagnose von Zuckerkrankheit benutzt.

Kupfer(I)-verbindungen. Kupfer(I)-Ionen, Cu^+, sind in wäßriger Lösung so unbeständig, daß sie zu metallischem Kupfer und Kupfer(II)-Ionen disproportionieren:

$$2\,Cu^+ \rightarrow Cu + Cu^{2+}$$

Es gibt nur sehr wenige Kupfer(I)-salze von Sauerstoffsäuren. Beständige Kupfer(I)-verbindungen sind entweder unlösliche Kristalle, die kovalente Bindungen enthalten, oder kovalente Komplexe.

Wird einer Lösung von Kupfer(II)-chlorid in konzentrierter Salzsäure metallisches Kupfer zugegeben, so entfärbt sich die Lösung. Bei der Reaktion entstehen Komplex-Ionen des einwertigen Kupfers, zum Beispiel $CuCl_2^-$:

$$CuCl_4^{2-} + Cu \rightarrow 2\,CuCl_2^-$$

Der Komplex enthält zwei kovalente Bindungen. Seine Elektronenstruktur ist

$$:\!\ddot{C}l\text{-}Cu\text{-}\ddot{C}l\!:^-$$

Daneben treten andere Kupfer(I)-komplexe wie $CuCl_3^{2-}$ und $CuCl_4^{3-}$ auf.

Wenn die Lösung mit Wasser verdünnt wird, fällt ein farbloser Niederschlag von *Kupfer(I)-chlorid*, CuCl, aus. Auch der Niederschlag enthält kovalente Bindungen. Jedes Kupferatom ist an vier benachbarte Chloratome und jedes Chloratom an vier benachbarte Kupferatome gebunden. Zu den gemeinsamen Elektronenpaaren, die die Bindungen bewirken, steuert jedes Chloratom sieben und jedes Kupferatom ein Elektron bei. Die Kristallstruktur, die sogenannte Zinkblendenstruktur, ist der von Diamant ähnlich (Abb. 21.3); anstatt mit Kohlenstoffatomen ist jeder zweite Gitterplatz mit Kupferatomen besetzt, während die Chloratome die dazwischenliegenden Plätze einnehmen.

Kupfer(I)-bromid, CuBr, und *Kupfer(I)-jodid*, CuI, sind ebenfalls farblose, unlösliche Substanzen. Die kovalenten Bindungen zwischen Kupfer und Jod im Kupfer(I)-jodid sind so stark, daß daneben Kupfer(II)-jodid vergleichsweise unbeständig ist.

Andere stabile Kupfer(I)-verbindungen sind die unlöslichen Substanzen Kupfer(I)-oxid, Cu_2O (rot), Kupfer(I)-sulfid, Cu_2S (schwarz), Kupfer(I)-cyanid, CuCN (weiß) und Kupfer(I)-rhodanid, CuSCN (weiß).

21.4. Silberverbindungen

Silberoxid, Ag_2O, fällt als dunkelbrauner Niederschlag aus, wenn eine Silbernitratlösung mit Natronlauge versetzt wird. In Wasser löst es sich in geringem Maße mit schwach alkalischer Reaktion:

$$Ag_2O + H_2O \rightarrow 2\,Ag^+ + 2\,OH^-$$

Silberoxid wird in der anorganischen Chemie verwendet, um ein lösliches Chlorid, Bromid oder Jodid in das entsprechende Hydroxid überzuführen. Zum Beispiel kann eine Lösung von Caesiumchlorid auf diese Weise in eine Lösung von Caesiumhydroxid verwandelt werden:

$$2\,Cs^+ + 2\,Cl^- + Ag_2O + H_2O \rightarrow 2\,AgCl + 2\,Cs^+ + 2\,OH^-$$

Die Reaktion läuft im Sinne des Pfeils, weil Silberchlorid viel weniger löslich ist als Silberoxid.

Die *Silberhalogenide*, AgF, AgCl, AgBr und AgI, können durch Auflösen von Silberoxid in den entsprechenden Halogenwasserstoffsäuren dargestellt werden. Silberfluorid ist in Wasser sehr leicht löslich, die anderen Silberhalogenide sind praktisch unlöslich. Silberchlorid, Silberbromid und Silberjodid fallen als klumpige Niederschläge aus, wenn Lösungen von Silbersalzen mit Halogenidlösungen vermischt werden. Die Niederschläge sind weiß, blaßgelb bzw. gelb. Im Licht färben sie sich langsam schwarz, weil die Substanzen photochemisch zersetzt werden. Silberchlorid und Silberbromid lösen sich in wäßrigem Ammoniak unter Bildung des Silberdiamminkomplexes $Ag(NH_3)_2^+$ (Kapitel 19). Silberjodid ist in wäßrigem Ammoniak unlöslich. Die Reaktionen dienen zum Nachweis von Silber-Ionen und Halogenid-Ionen in der qualitativen Analyse.

Andere Silberkomplexe wie $Ag(CN)_2^-$ und $Ag(S_2O_3)^{3-}$ sind in Kapitel 19 bereits erwähnt worden.

Silbernitrat, $AgNO_3$, ist ein farbloses, lösliches Salz. Es wird hergestellt durch Auflösen von Silber in konzentrierter Salpetersäure. Silbernitrat ist ein ausgezeichnetes Mittel zum Ausätzen von Wundstellen und Warzen *(Höllenstein)*. Organische Materialien wie Haut oder Tuch können Silbernitrat leicht reduzieren und werden dabei durch metallisches Silber schwarz gefärbt. Darauf beruht die Verwendung von Silbernitrat zur Herstellung unauslöschlicher Tinte.

Silber-Ionen sind ein hervorragendes Antiseptikum. Die Medizin macht von einer Reihe von Silberverbindungen wegen ihrer keimtötenden Wirkung Gebrauch.

21.5. Photochemie und Photographie

Viele chemische Reaktionen werden durch Licht ausgelöst. Zum Beispiel geht das Ausbleichen von Tuch an der Sonne auf eine vom Sonnenlicht verursachte Zerstörung von Farbstoffmolekeln zurück. Vorgänge dieser Art bezeichnet man als *photochemische Reaktionen*. Eine besonders wichtige solche Reaktion ist die Bildung von Kohlenhydraten und Sauerstoff aus Kohlenstoffdioxid und Wasser, die sich in den Blättern von Pflanzen abspielt, wo sie von Chlorophyll, einem grünen Pflanzenfarbstoff, photochemisch katalysiert wird.

Ein Gesetz der Photochemie besagt: *Nur Licht, das absorbiert wird, ist photochemisch wirksam* (Grotthus, 1818). Auf sichtbares Licht kann ein System also nur dann photochemisch reagieren, wenn es eine farbige Substanz enthält. Bei der natürlichen Photosynthese von Kohlenhydraten ist die farbige Substanz das grüne Chlorophyll.

Das zweite Gesetz der Photochemie (formuliert 1912 von Einstein) besagt: *Eine Molekel einer der reagierenden Substanzen kann durch Absorption eines Lichtquants angeregt und zur Reaktion gebracht werden.* In manchen Systemen – etwa in mit lichtechten Farbstoffen gefärbten Materialien – ist die Zahl der absorbierten Lichtquanten viel größer als die der zerfallenden Molekeln. Das Ausbleichen im Licht ist in einem solchen Fall ein sehr langsamer und photochemisch wenig wirksamer Vorgang. In einigen anderen, einfachen Systemen verursacht die Absorption eines Lichtquants gerade die Reaktion einer Molekel.

Außerdem gibt es Systeme, in denen die Absorption eines Lichtquants eine *Kettenreaktion* auslöst. Hierzu gehört zum Beispiel die photochemische Reaktion von Wasserstoff und Chlor. Ein Gemisch von Wasserstoff und Chlor reagiert bei Zimmertemperatur im Dunkeln nicht. Wird es aber mit blauem Licht bestrahlt, so setzt die Reaktion augenblicklich ein. Wasserstoff ist für alles sichtbare Licht durchlässig. Der photochemisch wirksame Bestandteil ist Chlor, das seine gelbgrüne Farbe einer starken Absorption von blauem Licht verdankt. Die Absorption eines Quants blauen Lichts seitens einer Chlormolekel bewirkt deren Spaltung in zwei Chloratome:

$$Cl_2 + h\nu \rightarrow 2\,Cl$$

Die so gebildeten Chloratome lösen eine Kette von Reaktionsschritten aus (vgl. Abschnitt 16.7):

$$Cl + H_2 \rightarrow HCl + H$$
$$H + Cl_2 \rightarrow HCl + Cl$$
$$\ldots$$

Die Bestrahlung des Wasserstoff-Chlor-Gemischs mit blauem Licht kann eine Explosion zur Folge haben. Abgebrochen wird die Reaktionskette durch Rekombination der Chloratome zu Chlormolekeln. Die Rekombination erfolgt beim Zusammenstoß zweier Chloratome an der Gefäßwand oder in Gegenwart eines dritten Stoßpartners.

Eine photochemische Reaktion, der biologisch und geophysikalisch große Bedeutung zukommt, ist die Bildung von Ozon aus Sauerstoff. Sauerstoff ist praktisch durchlässig für Licht des sichtbaren Spektralbereichs und des nahen Ultravioletts; im fernen Ultraviolett, zwischen 1600 und 2400 Å, absorbiert er jedoch stark. Jedes Lichtquant, das absorbiert wird, spaltet eine Sauerstoffmolekel in zwei Sauerstoffatome:

$$O_2 + h\nu \rightarrow 2\,O$$

Der Spaltung schließt sich eine Reaktion an, die keine Absorption eines Lichtquants erfordert:

$$O + O_2 \rightarrow O_3$$

Es entstehen also zwei Ozonmolekeln, O_3, pro absorbiertes Lichtquant. Andererseits können auch Ozonmolekeln zerfallen, entweder in einer photochemischen Reaktion oder durch Reaktion mit Sauerstoffatomen gemäß

$$O_3 + O \rightarrow 2\,O_2$$

Die photochemische Bildung von Ozon und dessen Zerfallsreaktionen führen zu einem photochemischen Gleichgewicht, das eine kleine Ozonkonzentration im bestrahlten Sauerstoff aufrechterhält. Die „Ozonschicht", in der sich in der Erdatmosphäre der größte Teil des Ozons befindet, liegt in ungefähr 24 km Höhe.

Geophysikalisch und biologisch wichtig ist die Ozonschicht, weil sie aus dem Sonnenlicht das Licht des nahen ultravioletten Wellenbereichs (von 2400 bis 3600 Å) fast vollständig herausfiltert. Die photochemische Reaktion, die das bewirkt, ist

$$O_3 + h\nu \to O + O_2$$

Ultraviolettes Licht dieser Wellenlänge zerstört photochemisch viele lebensnotwendige organische Molekeln, und wenn die Ozonschicht es nicht abfinge, bevor es die Erdoberfläche erreicht, wäre Leben in seiner heutigen Form undenkbar.

Als ein weiteres interessantes Beispiel eines photochemischen Vorgangs sei die Anfertigung von Blaupausen genannt. Zur Herstellung von Blaupauspapier wird Papier mit einer Lösung von Kaliumhexacyanoferrat(III) und Eisen(III)-citrat getränkt. Unter Einwirkung von Licht reduziert das Citrat-Ion das Eisen(III)-Ion zum Eisen(II)-Ion, das mit dem Hexacyanoferrat(III)-Ion die unlösliche blaue Verbindung $KFeFe(CN)_6 \cdot H_2O$ (Berlinerblau) bildet. Die Anteile der Substanzen, die unverändert geblieben sind, werden anschließend mit Wasser wieder ausgewaschen.

Photographie. Ein photographischer Film besteht aus einer dünnen Folie aus Zelluloid oder Celluloseacetat, die mit einer Gelatineschicht überzogen ist, in der winzige Körnchen von Silberbromid suspendiert sind. Diese Schicht bezeichnet man als *photographische Emulsion*. Die Silberhalogenide sind lichtempfindlich; sie können sich photochemisch zersetzen. Die Gelatine steigert die Empfindlichkeit, anscheinend wegen ihres Schwefelgehalts.

Wenn der Film für kurze Zeit dem Licht ausgesetzt wird, zersetzen sich einige der Silberbromidkörnchen geringfügig, möglicherweise unter Bildung einer Spur von Silbersulfid an der Oberfläche des Korns. Nun kann der Film *entwickelt* werden. Als *Entwickler* dient eine alkalische Lösung eines organischen Reduktionsmittels, etwa Hydrochinon. Die Körnchen, die durch die photochemische Reaktion empfindlich gemacht worden sind, reduziert der Entwickler vollständig zu metallischem Silber, während er die anderen Körnchen nicht angreift. Der entwickelte Film gibt also das Muster des Lichts wieder, das ihn im Augenblick der Belichtung getroffen hat. Den Film nennt man ein *Negativ*, weil er dort am dunkelsten ist (am meisten metallisches Silber enthält), wo er am stärksten belichtet worden ist.

Als nächstes werden aus dem entwickelten Film die Silberhalogenidkörnchen, die nicht reduziert worden sind, durch Behandlung mit einem *Fixierbad* entfernt. Als Fixierbad wird eine Lösung von Natriumthiosulfat, $Na_2S_2O_3 \cdot 5H_2O$ („Fixiersalz"), verwendet. Die Thiosulfat-Ionen bilden mit Silber einen löslichen Komplex:

$$AgBr + 2S_2O_3^{2-} \to Ag(S_2O_3)_2^{3-} + Br^-$$

Nach dem Fixieren wird das Negativ gewaschen. Aus einem schon mehrfach gebrauchten Fixierbad, das erhebliche Mengen des Silberkomplexes gelöst enthält, sollte das Negativ nicht unmittelbar in Wasser überführt werden, weil dann in der Emulsion unlösliches Silberthiosulfat ausfallen kann:

$$2Ag(S_2O_3)_2^{3-} \rightleftharpoons Ag_2S_2O_3(f) + 3S_2O_3^{2-}$$

Da rechts drei Ionen stehen und links nur zwei, verschiebt eine Verdünnung das Gleichgewicht nach rechts.

Zur Herstellung eines *Abzugs* legt man das Negativ auf die lichtempfindliche, silberhalogenidhaltige Emulsion eines Photopapiers und belichtet. Das Licht durchstrahlt das Negativ und ruft auf dem Papier ein positives Abbild hervor, das wie beim Film durch Entwickeln sichtbar gemacht und anschließend fixiert und gewaschen wird. Sepiatönung erzielt man durch Überführen des Silbers in Silbersulfid. Gold- bzw. Platintöne kommen zustande, wenn diese Metalle an Stelle von Silber verwendet werden. Noch vieler anderer, sehr interessanter chemischer Verfahren bedient sich die Photographie, vor allem für die Wiedergabe von Farben.

Chemie der Farbphotographie. Die elektromagnetischen Wellen von Licht verschiedener Farbe unterscheiden sich in ihren Wellenlängen. Das Spektrum des sichtbaren Lichts reicht von knapp 4000 Å (violett) bis fast 8000 Å (rot). Die Farbfolge im sichtbaren Spektralbereich ist in den beiden obersten Abbildungen der Farbtafel 21.1 wiedergegeben.

Weißes Licht enthält alle Wellenlängen des sichtbaren Bereichs. Viele Substanzen absorbieren aus ursprünglich weißem Licht, das durch sie hindurchtritt, Anteile von bestimmten Wellenlängen. Die dritte Abbildung der Abb. 21.1 zeigt das Spektrum des Sonnenlichts. Es besteht aus einem Untergrund von weißem Licht, das von den sehr heißen Gasen in der Sonne ausgeht. Von dem Untergrund heben sich einige dunkle Linien ab *(Fraunhofersche Linien)*, die davon herrühren, daß Atome in den kühleren Oberflächenschichten der Sonne gewisse Wellenlängen absorbieren. Genau an der Stelle der hellen, gelben Linien im Emmissionsspektrum des Natriums treten im Sonnenspektrum dunkle Linien auf, die Absorptionslinien des Natriums.

Molekeln und Komplex-Ionen in Lösung oder als Bausteine von festen Stoffen zeigen in einzelnen Fällen ein scharfes Linienspektrum, meistens aber ziemlich breite Absorptionsbanden wie im Fall des Permanganat-Ions (Abb. 21.1, ziemlich unten). Das Permanganat-Ion absorbiert Licht im grünen Bereich des Spektrums und läßt die blauvioletten und die roten Anteile durch. Die Überlagerung von blauviolett und rot erscheint dem Auge rotviolett. Wir sagen daher, das Permanganat-Ion sei rotviolett.

Rotviolett wird als *Komplementärfarbe* von Grün bezeichnet und umgekehrt, weil sich beide Farben zu weißem Licht ergänzen. Zu jeder Farbe gehört eine entsprechende Komplementärfarbe.

Das menschliche Auge vermag nicht genau zwischen einzelnen Wellenlängen des sichtbaren Spektralbereichs zu unterscheiden. Es reagiert vielmehr auf drei verschiedene Spektralbereiche in verschiedener Weise. Alle Farben, die das menschliche Auge auseinanderhalten kann, können aus drei Grundfarben zusammengesetzt werden. Als Grundfarben können wir wählen 1. Rot-Grün (was dem Auge als Gelb erscheint), die Komplementärfarbe von Blauviolett; 2. Blau-Rot (Rotviolett), die Komplementärfarbe von Grün, und 3. Blau-Grün, die Komplementärfarbe von Rot. Auf einem System von drei sogenannten *Primärfarben* wie diesen muß jedes Verfahren der Farbwiedergabe aufbauen.

Ein wichtiges modernes Verfahren auf dem Gebiet der Farbphotographie ist das von den Kodak-Werken entwickelte *Kodachrome-Verfahren* (Abb. 21.2). Der Film besteht aus einem Celluloseacetatträger, auf dem mehrere Emulsionsschichten liegen. Die oberste Schicht ist eine gewöhnliche, gegen blaues und violettes Licht empfindliche photographische Emulsion. Die zweite Emulsionsschicht ist außer gegen blaues und violettes

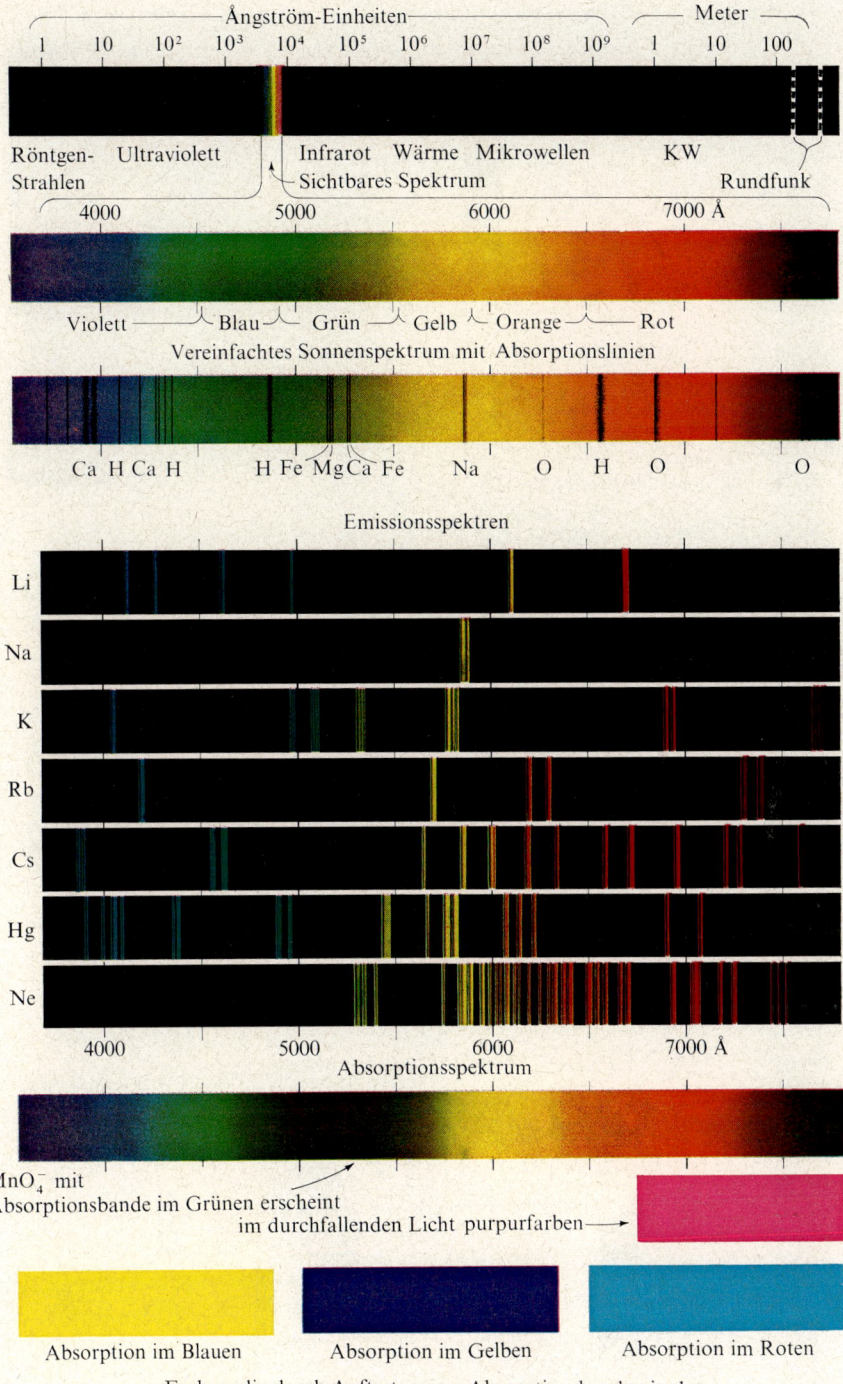

Abb. 21.1. Emissions- und Absorptionsspektren.

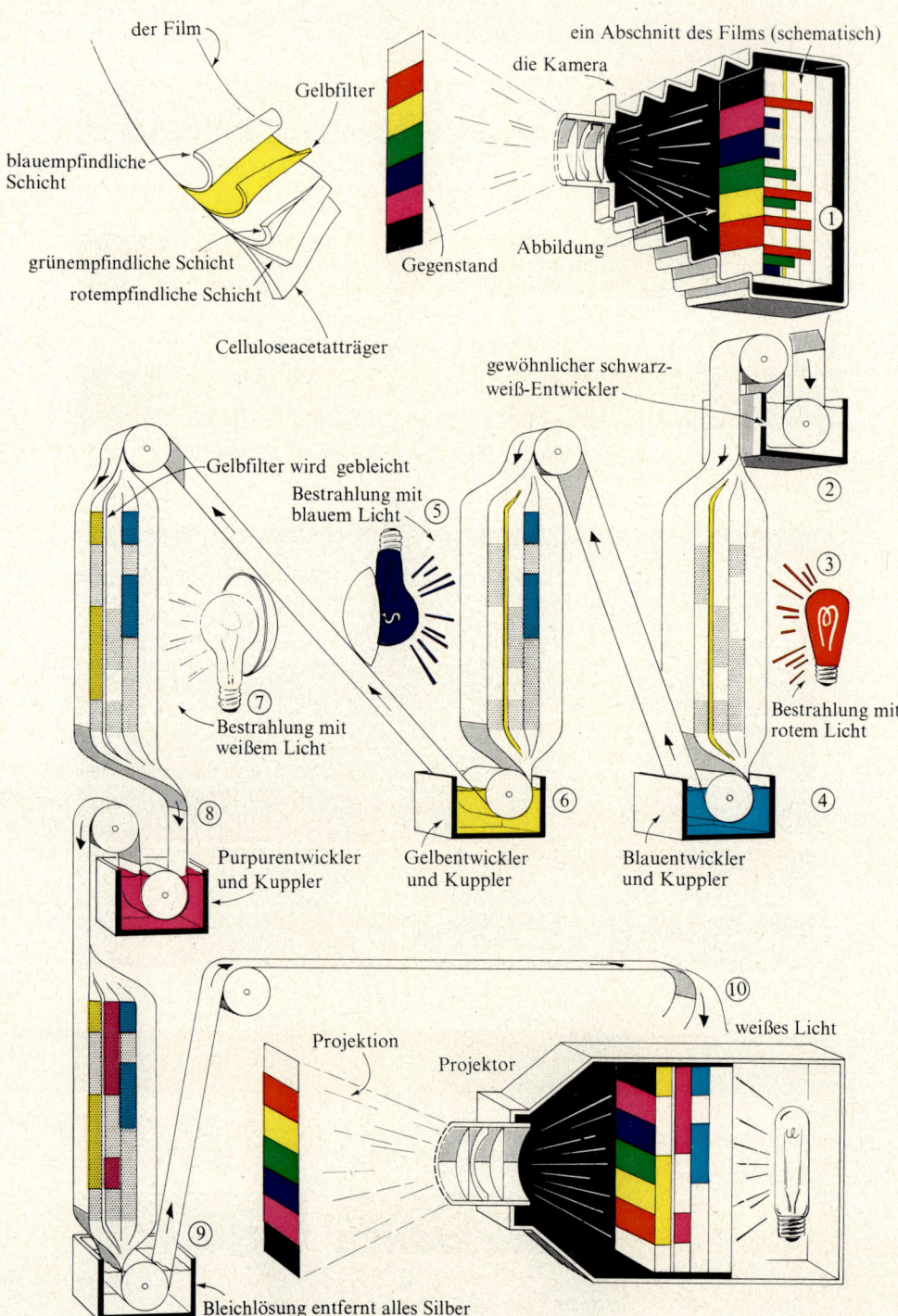

Abb. 21.2. Das Kodachrome-Verfahren der Farbphotographie.

auch gegen grünes Licht empfindlich, die dritte gegen blaues, violettes und rotes, jedoch nicht gegen grünes Licht. Während eine gewöhnliche Emulsion nur gegen blaues und violettes Licht empfindlich ist, läßt sich die Empfindlichkeit einer Schicht gegen bestimmte weitere Farbtöne durch Zusatz von Farbstoffen (Sensibilisatoren) zur Emulsion erreichen, die Licht entsprechender Wellenlängen absorbieren und die dabei aufgenommene Energie auf die Silberbromidkörner übertragen. Zwischen der obersten und der zweiten Emulsionsschicht liegt ein Gelbfilter, dessen gelber Farbstoff während der Belichtung das Durchdringen von blauem und violettem Licht zu den unteren Lagen verhindert. Wenn ein solcher Film belichtet wird, so belichtet demnach blaues Licht ausschließlich die oberste, blauempfindliche, grünes Licht die mittlere, grünempfindliche, und rotes Licht nur die unterste, rotempfindliche Schicht.

Abbildung 21.2 zeigt schematisch die Vorgänge bei der Belichtung und Entwicklung eines Kodachrome-Films. Entwickelt wird der Film in mehreren Stufen. Zuerst wird der Film mit einem gewöhnlichen Schwarz-Weiß-Entwickler behandelt, der die durch spurenweise photochemische Zersetzung empfindlich gemachten Silberbromidkörnchen in allen drei Schichten zu metallischem Silber reduziert (Vorgang 2). Wo rotes Licht den Film getroffen hat, findet sich jetzt in der rotempfindlichen Schicht metallisches Silber, usw. Nach dem Waschen mit Wasser wird der Film von der Rückseite her mit rotem Licht bestrahlt (Vorgang 3), das die bisher noch unveränderten Silberbromidkörnchen an den Stellen der rotempfindlichen Schicht, wo bei der Belichtung kein rotes Licht den Film getroffen hat, gegen Reduktion bei einer zweiten Entwicklung empfindlich macht. Nun läuft der Film durch einen besonderen Blauentwickler und Kuppler, der das eben photochemisch empfindlich gemachte Silberbromid reduziert. Der Entwickler enthält eine „Farbkomponente", die zunächst farblos ist, jedoch bei der Entwicklung mit den Oxidationsprodukten des Entwicklers – also nur in Nachbarschaft von Silberbromid, nicht von metallischem Silber – einen blaugrünen Farbstoff bildet („kuppelt") (Vorgang 4). An den Stellen, an denen bereits der erste Entwickler das Silberbromid zum Metall reduziert hat, tritt keine Kupplung ein, weil dort kein Silberbromid mehr vorhanden ist, das den Entwickler oxidieren könnte. Der Film enthält also jetzt in der rotempfindlichen Schicht einen blauen Farbstoff überall dort, wo bei der Belichtung kein rotes Licht aufgetroffen ist. Als nächstes wird der Film von vorn mit blauem Licht bestrahlt (Vorgang 5). Das blaue Licht wirkt photochemisch auf die noch unveränderten Silberbromidkörnchen der blauempfindlichen Schicht. Zur grünempfindlichen Schicht dringt es wegen des dazwischenliegenden Gelbfilters nicht durch. Nun läuft der Film durch einen Gelbentwickler und Kuppler (Vorgang 6), der einen gelben Farbstoff in der blauempfindlichen Schicht überall dort erzeugt, wo bei der Belichtung kein blaues Licht den Film getroffen hat. Anschließend wird der Film mit weißem Licht bestrahlt (Vorgang 7), das photochemisch auf das nocht nicht entwickelte Silberbromid der grünempfindlichen Schicht einwirkt. Das Gelbfilter wird gebleicht. Dann entwickelt ein Purpurentwickler und Kuppler die mittlere, grünempfindliche Emulsion (Vorgang 8). Schließlich löst eine Bleichlösung das metallische Silber aus allen drei Emulsionen (Vorgang 9). Es hinterbleiben nur der blaue, der gelbe und der purpurne Farbstoff in den drei Emulsionsschichten, und zwar so verteilt, daß jede Stelle des Films im durchscheinenden Licht den gleichen Farbeindruck erweckt wie das Licht, dem sie bei der Belichtung ausgesetzt wurde. Die Projektion liefert also ein farbgetreues Abbild des photographierten Gegenstands (Vorgang 10).

Das *Agfacolor-Verfahren* beruht auf dem gleichen Prinzip, nur sind die verschiedenen Farbkomponenten bereits von Anfang an den einzelnen Schichten zugesetzt. Daher ist es möglich, in einem einzigen Arbeitsgang – Weißbelichtung und Farbentwicklung – alle drei Schichten zu entwickeln. Das gleiche gilt auch für den *Ektachrome*-Film der Kodak-Werke.

21.6. Goldverbindungen

Kaliumdicyanoaurat(I), $KAu(CN)_2$, das Kaliumsalz der *Dicyanogold(I)-säure* mit dem Anion

$$[:N\equiv C-Au-C\equiv N:]^-$$

ist eine typische Gold(I)-verbindung. Das *Dichloroaurat(I)-Anion*, $AuCl_2^-$, hat ähnlichen Aufbau, und die Goldhalogenide AuCl, AuBr und AuI gleichen den entsprechenden Silberhalogeniden.

Gold löst sich in Königswasser (einer Mischung von konzentrierter Salpetersäure und konzentrierter Salzsäure) auf. Dabei entsteht *Tetrachlorogold(III)-säure*, $HAuCl_4$. Das Anion der Säure, $AuCl_4^-$, ist ein Komplex-Ion mit ebenem quadratischem Aufbau:

$$\begin{bmatrix} :\ddot{C}l: \\ :\ddot{C}l-Au-\ddot{C}l: \\ :\ddot{C}l: \end{bmatrix}^-$$

Tetrachlorogold(III)-säure kann in Form gelber Kristalle erhalten werden. Sie bildet mit Basen Salze. Beim Erhitzen geht sie über in *Gold(III)-chlorid*, $AuCl_3$, dann unter Abgabe von Chlor in ein Gold(I)-gold(III)-chlorid, Au_2Cl_4, in *Gold(I)-chlorid*, AuCl, und schließlich unter Verlust des letzten Chlors in metallisches Gold.

21.7. Farbe und gemischte Oxidationsstufen

Sehr häufig zeichnen sich Substanzen, die ein Element in zwei verschiedenen Oxidationsstufen enthalten, durch tiefe, intensive Farbe aus. Hierfür bieten die Goldhalogenide ein treffendes Beispiel. Gold(I)-gold(III)-chlorid, Au_2Cl_4, ist tiefschwarz; dagegen sind Gold(I)-chlorid und Gold(III)-chlorid nur gelb. Auch das Caesiumbromoaurat $Cs_2^+[AuBr_2]^-[AuBr_4]^-$ ist tiefschwarz, während sowohl $CsAuBr_2$ als auch $CsAuBr_4$ eine sehr viel hellere Farbe zeigen. Schwarzer Glimmer (Biotit) und schwarzer Turmalin enthalten Eisen(II)-Ionen und Eisen(III)-Ionen nebeneinander. Berlinerblau ist ein Eisen(III)-hexacyanoferrat(II); demgegenüber sind Eisen(II)-hexacyanoferrat(II) weiß und Eisen(III)-hexacyanoferrat(III) blaßgelb. Setzt man einer hellgrünen, salzsauren Lösung von Kupfer(II)-chlorid metallisches Kupfer zu, so entsteht vorübergehend eine schwarzbraune Färbung, bis sich der farblose Kupfer(I)-chlorokomplex vollständig gebildet hat.

Eine theoretische Erklärung dieser Erscheinungen ist bisher nicht gelungen. Wahrscheinlich hängt die sehr starke Lichtabsorption mit dem Übergang von Elektronen zwischen den Atomen des Elements zusammen, das mit zwei verschiedenen Oxidationsstufen vertreten ist.

21.8. Eigenschaften und Verwendung von Zink, Cadmium und Quecksilber

Zink ist ein bläulichweißes, mäßig hartes Metall. Bei Zimmertemperatur ist es spröde, wird jedoch zwischen 100° und 150 °C geschmeidig. Oberhalb 150 °C wird es wieder spröde. Zink ist ein reaktionsfreudiges Metall. In der elektrochemischen Spannungsreihe steht es über dem Wasserstoff. Es setzt daher Wasserstoff auch aus verdünnten Säuren frei. An feuchter Luft wird Zink oxidiert. Es überzieht sich dabei mit einer fest haftenden Haut aus basischem Zinkcarbonat, $Zn_2CO_3(OH)_2$, die das Metall vor weiterem Angriff schützt. Dieser Eigenschaft wegen werden eiserne Gegenstände (Dachrinnen usw.) verzinkt, um sie vor dem Verrosten zu schützen. Nach Reinigung der Oberfläche mit dem Sandstrahlgebläse oder durch Beizen mit Schwefelsäure wird das Eisenblech oder der Eisendraht in geschmolzenes Zink getaucht. Das Eisen überzieht sich dabei mit einer dünnen, fest haftenden Zinkschicht *(Feuerverzinkung)*. Auch durch Elektrolyse kann eine gut haftende Zinkschicht auf Eisen erzeugt werden *(Galvanisieren)*.

Zink wird in gewissem Umfang als reines Metall verarbeitet, zum Beispiel zu Kannen, Eimern, Wannen usw. sowie zu Elektroden für Trockenelemente und andere elektrische Zellen. Außerdem ist es ein Bestandteil vieler Legierungen, von denen Messing – die Legierung mit Kupfer – die wichtigste ist.

Cadmium ist ein bläulichweißes Metall von gefälligem Aussehen. Es wird in wachsendem Umfang als Schutzüberzug für Eisen und Stahl verwendet. Der Cadmiumüberzug wird durch Elektrolyse in einem Bad aufgebracht, das komplexe Tetracyanocadmiat-Ionen, $Cd(CN)_4^{2-}$, enthält. Außerdem dient Cadmium zur Herstellung von Legierungen, zum Beispiel von *Woodschem Metall* und ähnlichen niedrigschmelzenden Legierungen, die als Auslöser in automatische Feuerlöscher eingebaut werden. Woodsches Metall schmilzt bei 65,5 °C. Es besteht aus 50% Bi, 25% Pb, 12,5% Sn und 12,5% Cd.

Die Verbindungen der Elemente der Zinkgruppe sind im allgemeinen sehr giftig. Mit Cadmium überzogene Gefäße dürfen daher nicht in der Küche verwendet werden. Einatmen der Dämpfe von Zink, Cadmium und Quecksilber führt zu schweren gesundheitlichen Schäden.

Quecksilber ist als einziges Metall bei Zimmertemperatur flüssig (Caesium schmilzt bei 28,5° und Gallium bei 29,8 °C). Es steht in der elektrochemischen Spannungsreihe unter dem Wasserstoff und ist wenig reaktionsfreudig. Weil es chemisch widerstandsfähig,

Tafel 21.3. Einige physikalische Eigenschaften von Zink, Cadmium und Quecksilber.

	Ordnungszahl	Atomgewicht	Dichte	Schmelzpunkt	Siedepunkt	Metallradius	Farbe	Sublimationswärme bei 25 °C
Zn	30	65,37	$7,14 \, g \, cm^{-3}$	419,4 °C	907 °C	1,38 Å	bläulichweiß	131 kJ mol^{-1}
Cd	48	112,40	8,64	320,9	767	1,54	bläulichweiß	113
Hg	80	200,59	13,55	−38,89	356,9	1,57	silberweiß	61

flüssig, sehr dicht und ein guter elektrischer Leiter ist, findet es in großem Ausmaß für Thermometer, Barometer und viele wissenschaftliche Apparate Verwendung. Quecksilberlegierungen heißen *Amalgame*. Amalgame von Silber, Gold und Zinn werden zur Herstellung von Zahnfüllungen benutzt.

Die niedrigen Schmelzpunkte und geringen Sublimationswärmen von Zink und seinen Homologen (siehe Tafel 21.3) werden der Tatsache zugeschrieben, daß die Gasatome im Grundzustand ausschließlich vollständig mit Elektronen besetzte Teilschalen aufweisen (Russell-Saunders-Symbol $^1S_0$) und deshalb über keine ungepaarten Elektronen verfügen, die chemische Bindungen zustandebringen könnten. Der niedrigste angeregte Zustand des Zinkatoms, ^3P, ist um 385 kJ mol^{-1} weniger stabil als der Grundzustand. In ihm treten zwei ungepaarte Elektronen auf ($4s4p$), was Zweiwertigkeit entspricht.

21.9. Verbindungen von Zink und Cadmium

Die Bildungsenthalpien einiger Verbindungen von Zink, Cadmium und Quecksilber zeigt Tafel 21.4. Auffallend ist die große Ähnlichkeit von Zink und Cadmium, während Quecksilber sich von seinen beiden leichteren Homologen erheblich unterscheidet.

Das *Zink-Ion*, $Zn(H_2O)_4^{2+}$, ist ein farbloses Ion. Es entsteht beim Auflösen von Zink in Säuren. Für den menschlichen Organismus und für Bakterien ist es giftig. Zinkver-

Tafel 21.4. Normal-Bildungsenthalpien von Verbindungen von Zink, Cadmium und Quecksilber bei 25 °C (in kJ mol^{-1}).

	M = Zn	Cd	Hg
M	0(f)	0(f)	0(fl)
M(g)	130	113	61
M$^+$(g)	1043	987	1076
M^{2+}(g)	2782	2624	2885
M^{2+}(aq)	−152	−72	
M$_2$O(f)			−91
MO(f)	−348	−255	−91
MH(g)	228	262	243
MF(g)			58
MF$_2$(f)		−690	
MCl(g)	4	19	79
M$_2$Cl$_2$(f)			−265
MCl$_2$(f)	−416	−389	−230
MBr(g)		50	96
M$_2$Br$_2$(f)			−209
MBr$_2$(f)	−327	−314	−169
MI(g)	63	82	138
M$_2$I$_2$(f)			−121
MI$_2$(f)	−209	−201	−105
MS(g)	−59		13
MS(f)	−203	−144	−58
MSe(g)		7	67
MSe(f)	−142		−21
MTe(g)	126		
MTe(f)	−126	−102	

bindungen eignen sich daher als Desinfektionsmittel. Das Zink-Ion neigt zur Bildung von Komplexen mit vier Liganden, zum Beispiel $Zn(NH_3)_4^{2+}$, $Zn(CN)_4^{2-}$ und $Zn(OH)_4^{2-}$. Bei Zusatz von Ammoniak oder Alkalilauge zu einer Zinksalzlösung fällt ein weißer Niederschlag von *Zinkhydroxid*, $Zn(OH)_2$, aus. In überschüssigem Ammoniak löst sich der Niederschlag unter Bildung des Amminkomplexes, in überschüssiger Alkalilauge unter Bildung von *Zinkat-Ionen*, $Zn(OH)_4^{2-}$. Zinkhydroxid ist also amphiprotisch.

Zinksulfat, $ZnSO_4 \cdot 7H_2O$, ist ein Desinfektionsmittel. Außerdem wird es in der Zeugfärberei gebraucht und zu *Lithopon* verarbeitet. Lithopon, ein Gemisch von Bariumsulfat und Zinksulfid, das aus Bariumsulfid und Zinksulfat gewonnen wird:

$$Ba^{2+}S^{2-} + Zn^{2+}SO_4^{2-} \rightarrow BaSO_4 + ZnS$$

ist eine beliebte weiße Anstrichfarbe.

Zinkoxid, ZnO, ist ein weißes Pulver (bei hoher Temperatur ist es gelb). Es bildet sich bei der Verbrennung von Zinkdampf und beim Rösten von Zinkerzen. Es wird verwendet als Malerfarbe *(Zinkweiß)*, als Kautschukfüllstoff bei der Herstellung von Autoreifen, Isolierband und anderen Artikeln, sowie als Antiseptikum *(Zinksalbe)*.

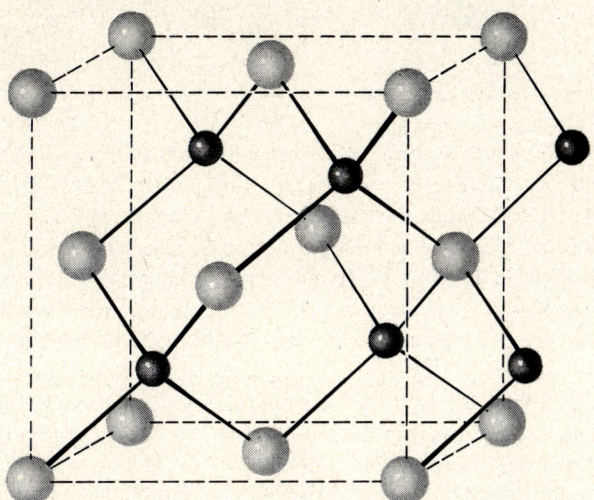

Abb. 21.3. Die Struktur von Zinkblende, der kubischen Modifikation von ZnS.

Zinksulfid, ZnS, ist als einziges unter den Sulfiden der häufigeren Schwermetalle weiß. Es tritt in natürlichen Vorkommen als *Zinkblende* (Sphalerit) und *Wurtzit* auf. Zinkblende weist kubische (tetraedrische) Symmetrie auf. In der Elementarzelle befinden sich 4 Zn in den Lagen 0 0 0, 0 1/2 1/2, 1/2 0 1/2 und 1/2 1/2 0 sowie 4 S in den Lagen 1/4 1/4 1/4, 1/4 3/4 3/4, 3/4 1/4 3/4 und 3/4 3/4 1/4 (Abb. 21.3). Jedes Atom ist von vier Atomen der anderen Sorte umgeben. Die Kantenlänge der Elementarzelle beträgt 5,40 Å, was einem Zn—S-Bindungsabstand von 2,34 Å entspricht. Wurtzit dagegen ist hexagonal und hat die in Abbildung 21.4 gezeigte Struktur, die der von Zinkblende nahe verwandt ist. Die beiden Strukturen verhalten sich zueinander etwa wie die kubische zur hexagonalen dichtesten Kugelpackung. Der Bindungsabstand ist in beiden Kristallen der gleiche.

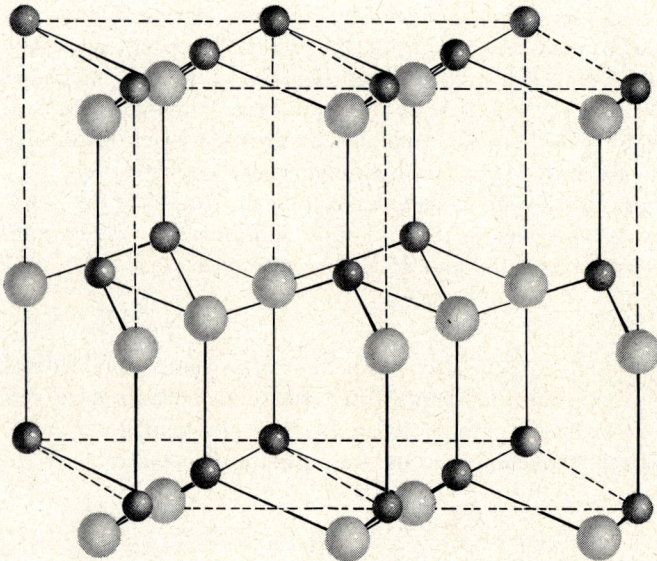

Abb. 21.4. Die Struktur von Wurtzit, der hexagonalen Modifikation von ZnS.

Viele binäre Verbindungen kristallisieren mit der Zinkblenden- oder der Wurtzitstruktur. Im Fall der Berylliumverbindungen BeO, BeS, BeSe und BeTe ist die Ursache für das Auftreten dieser Strukturen mit Liganz 4 statt der NaCl- oder CsCl-Struktur (Liganz 6 bzw. 8) im kleinen Durchmesser des Beryllium-Ions zu suchen (vgl. Abschnitt 6.8). Bei vielen anderen Verbindungen, die überwiegend kovalenten Charakter haben, ist die tetraedrische Struktur eine Folge der räumlichen Anordnung der sp^3-Bindungsorbitale, die die beteiligten Atome zur Bindung benutzen. Zu dieser Klasse von Substanzen zählen CuF, CuCl, CuBr, CuI, ZnO, ZnS, ZnSe, ZnTe, GaN, GaP, GaAs und GaSb sowie viele der analogen Verbindungen der schwereren Homologen dieser Metalle.

Die Cadmiumverbindungen sind den analogen Zinkverbindungen weitgehend ähnlich. Auch das *Cadmium-Ion*, $Cd(H_2O)_4^{2+}$, ist farblos und bildet Komplexe wie $Cd(NH_3)_4^{2+}$ und $Cd(CN)_4^{2-}$. Es gibt jedoch keinen stabilen Hydroxokomplex des Cadmiums. Deshalb löst sich *Cadmiumhydroxid*, $Cd(OH)_2$, im Überschuß von Alkalilauge nicht auf. Wohl aber löst sich das Hydroxid in wäßrigem Ammoniak und in Lösungen, die Cyanid-Ionen enthalten. *Cadmiumoxid*, CdO, entsteht als braunes Pulver beim Erhitzen des Hydroxids oder beim Verbrennen des Metalls. *Cadmiumsulfid*, CdS, fällt als hellgelber Niederschlag aus, wenn Schwefelwasserstoff in eine Lösung eingeleitet wird, die Cadmium-Ionen enthält. Es dient als Malerfarbe *(Cadmiumgelb)*.

21.10. Quecksilberverbindungen

Die Verbindungen des positiv zweiwertigen Quecksilbers weichen in ihren Eigenschaften von den Verbindungen des Zinks und Cadmiums ab. Das liegt zum Teil an der starken Vorliebe des *Quecksilber(II)-Ions*, Hg^{2+}, kovalente Bindungen einzugehen. So ist das kristalline, kovalente Quecksilber(II)-sulfid, HgS, wesentlich weniger löslich als Zinksulfid und Cadmiumsulfid.

Quecksilber(II)-nitrat, $Hg(NO_3)_2$ oder $Hg(NO_3)_2 \cdot 1/2\,H_2O$, wird durch Auflösen von Quecksilber in heißer, konzentrierter Salpetersäure dargestellt:

$$Hg + 4\,HNO_3 \rightarrow Hg(NO_3)_2 + 2\,NO_2 + 2\,H_2O$$

Falls nicht genügend Säure anwesend ist, hydrolysiert es beim Verdünnen, wobei basische Quecksilber(II)-nitrate wie $HgNO_3OH$ als weißer Niederschlag ausfallen.

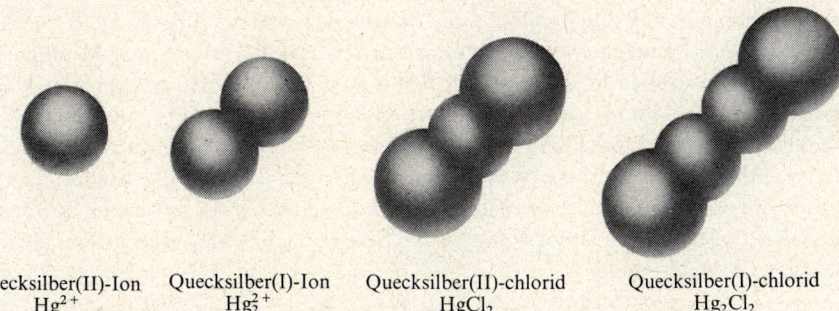

Quecksilber(II)-Ion Quecksilber(I)-Ion Quecksilber(II)-chlorid Quecksilber(I)-chlorid
Hg^{2+} Hg_2^{2+} $HgCl_2$ Hg_2Cl_2

Abb. 21.5. Die Struktur des Quecksilber(II)-Ions, des Quecksilber(I)-Ions und der Molekeln von Quecksilber(II)-chlorid und Quecksilber(I)-chlorid. Im Quecksilber(I)-Ion und den beiden Molekeln sind die Atome mit kovalenten Bindungen verknüpft.

Quecksilber(II)-chlorid, $HgCl_2$ *(Sublimat)*, ist eine weiße kristalline Substanz. Gewöhnlich stellt man es her, indem man Quecksilber in heißer, konzentrierter Schwefelsäure löst und das getrocknete Quecksilber(II)-sulfat mit Natriumchlorid erhitzt; dabei sublimiert das flüchtige Quecksilber(II)-chlorid:

$$Hg + 2\,H_2SO_4 \rightarrow HgSO_4 + SO_2 + 2\,H_2O$$
$$HgSO_4 + 2\,NaCl \rightarrow Na_2SO_4 + HgCl_2$$

Eine verdünnte Lösung von Quecksilber(II)-chlorid (etwa 0,1%) dient als Antiseptikum und Desinfektionsmittel. Jedes andere, einigermaßen lösliche Quecksilber(II)-salz würde den gleichen Zweck erfüllen, wenn das Quecksilber(II)-Ion nicht so leicht hydrolysieren und basische Salze abscheiden würde. Beim Quecksilber(II)-chlorid ist das nur in sehr geringem Ausmaß der Fall, denn seine Lösung enthält Quecksilber(II)-Ionen nur in sehr niedriger Konzentration. In der Hauptsache liegt das Quecksilber in Form undissoziierter, kovalenter Molekeln $HgCl_2$ vor. Die Elektronenstruktur dieser linear gebauten Molekeln

$$:\!\ddot{\underset{..}{Cl}}\!-\!Hg\!-\!\ddot{\underset{..}{Cl}}\!:$$

ist der des Dichlorogold(I)-komplexes, $AuCl_2^-$, analog (Abb. 21.5). Die Stabilität dieser Molekeln ist die Ursache dafür, daß Quecksilber(II)-chlorid sich so leicht sublimieren läßt (Fp. 275 °C, Kp. 301 °C).

Quecksilber(II)-chlorid wirkt ebenso wie andere lösliche Quecksilbersalze als starkes Gift, wenn es in den Körper gelangt. Das Quecksilber(II)-Ion geht sehr feste Bindungen mit Proteinen ein. Im menschlichen Körper schädigt es vor allem die Gewebe der Niere und nimmt dieser die Fähigkeit, Abfallstoffe aus dem Blut zu entfernen. Hühnereiweiß und Milch wirken als Gegenmittel; ihre Proteine fällen das Quecksilber im Magen. Mit wäßrigem Ammoniak bildet Quecksilber(II)-chlorid einen weißen Niederschlag, $HgNH_2Cl$:

$$HgCl_2 + 2\,NH_3 \rightarrow HgNH_2Cl(f) + NH_4^+ + Cl^-$$

Quecksilber(II)-sulfid, HgS, fällt als schwarzer Niederschlag aus, wenn Schwefelwasserstoff in die Lösung eines Quecksilber(II)-salzes eingeleitet wird. Auch durch Verreiben einer Mischung von Quecksilber und Schwefel in einem Mörser kann es dargestellt werden. Beim Erhitzen wandelt sich das schwarze Sulfid in eine rote Modifikation um. Beide Modifikationen kommen in der Natur vor, die schwarze in geringen Mengen als *Quecksilbermohr (Metacinnabarit)*, die rote, häufigere als *Zinnober (Cinnabarit)*. Von allen Metallsulfiden ist Quecksilber(II)-sulfid am wenigsten löslich. Selbst kochende konzentrierte Salpetersäure vermag es nicht zu lösen, wohl aber Königswasser; bei gemeinsamer Einwirkung oxidiert die Salpetersäure den sulfidischen Schwefel zu elementarem Schwefel, während die Chlorid-Ionen der Salzsäure mit dem Quecksilber den stabilen Komplex $HgCl_4^{2-}$ bilden.

$$3\,HgS + 12\,HCl + 2\,NHO_3 \rightarrow 3\,HgCl_4^{2-} + 6\,H^+ + 3/8\,S_8 + 2\,NO + 4\,H_2O$$

Quecksilber(II)-oxid, HgO, entsteht als gelber Niederschlag beim Zusatz von Alkalilauge zu einer Lösung von Quecksilber(II)-nitrat, und als rotes Pulver beim Erhitzen von trockenem Quecksilber(II)-nitrat oder bei langsamem Erhitzen von Quecksilber an der Luft. Die rote und die gelbe Form unterscheiden sich nur in der Kristallgröße. Es ist häufig zu beobachten, daß rote Kristalle – etwa Kaliumdichromat oder Kaliumhexacyanoferrat(III) – beim Zerreiben ein gelbes Pulver liefern. Bei kräftigem Erhitzen gibt Quecksilber(II)-oxid Sauerstoff ab.

Quecksilber(II)-fulminat, $Hg(CNO)_2$ *(Knallquecksilber)*, wird dargestellt, indem man Quecksilber in Salpetersäure auflöst und Äthanol, C_2H_5OH, zusetzt. Es ist eine äußerst unbeständige Substanz, die auf Schlag und beim Erwärmen detoniert. Sie wird als Initialzünder und zur Anfertigung von Sprengkapseln verwendet.

Quecksilber(I)-nitrat, $Hg_2(NO_3)_2$, entsteht bei der Reduktion einer Quecksilber(II)-nitratlösung mit Quecksilber:

$$Hg^{2+} + Hg \rightarrow Hg_2^{2+}$$

In der Lösung tritt das Quecksilber(I)-Ion, Hg_2^{2+}, auf, ein farbloses Ion von ungewöhnlicher Struktur: es besteht aus zwei Quecksilber(II)-Ionen und zwei Elektronen, die zwischen ihnen eine kovalente Bindung herstellen (Abb. 21.5):

$$2\,Hg^{2+} + 2\,e^- \rightarrow [Hg\!-\!Hg]^{2+}$$

Quecksilber(I)-chlorid, Hg_2Cl_2, ist eine unlösliche, weiße, kristalline Substanz, die bei Zusatz einer Chloridlösung zu einer Quecksilber(I)-nitratlösung ausfällt:

$$Hg_2^{2+} + 2\,Cl^- \rightarrow Hg_2Cl_2(f)$$

Die Molekel hat linearen Aufbau und enthält kovalente Bindungen (Abb. 21.5):

$$:\!\ddot{C}l\text{-}Hg\text{-}Hg\text{-}\ddot{C}l\!:$$

Beim Übergießen mit wäßrigem Ammoniak färbt sich Quecksilber(I)-chlorid schwarz. Daher rührt die alte Bezeichnung *Kalomel* (nach dem griechischen καλός, schön, und μέλας, schwarz). Die Schwarzfärbung, die zum Nachweis von Quecksilber(I)-Ionen in der qualitativen Analyse benutzt wird, beruht auf einer Disproportionierung, die zur Bildung von fein verteiltem Quecksilber (schwarz) und Quecksilber(II)-amidochlorid führt:

$$Hg_2Cl_2 + 2\,NH_3 \rightarrow Hg + HgNH_2Cl + NH_4^+ + Cl^-$$

Quecksilber(I)-sulfid, Hg_2S, ist instabil. Sobald es aus Sulfid-Ionen und Quecksilber(I)-Ionen als schwarzbrauner Niederschlag entsteht, zersetzt es sich zu Quecksilber und Quecksilber(II)-sulfid:

$$Hg_2^{2+} + S^{2-} \rightarrow Hg_2S \rightarrow Hg + HgS$$

21.11. Gallium, Indium und Thallium

Die Elemente der Gruppe IIIb, Gallium, Indium und Thallium, sind selten und haben kaum praktische Bedeutung. In ihren wichtigsten Verbindungen nehmen sie die Oxidationsstufe +3 ein. Thallium bildet daneben Verbindungen mit der Oxidationsstufe +1. Gallium ist zwischen 29° und 1700 °C flüssig. Es dient zur Füllung von Quarzthermometern, die bis zu Temperaturen von über 1200 °C benutzt werden können.

Übungsaufgaben

21.1. Geben Sie die Elektronenstruktur der Ionen Ag^+ und Cu^{2+} an.

21.2. In welcher Form liegt Kupfer in einer Kupfer(II)-sulfatlösung vor? In einer stark salzsauren Lösung? In ammoniakalischer Lösung? In einer Kaliumcyanidlösung?

21.3. Unter welchen Bedingungen kann verdünnte Schwefelsäure Kupfer auflösen? Stellen Sie die Umsatzgleichung für die Reaktion auf.

21.4. Stellen Sie die Reaktionsgleichung für die Bildung von Tetrachlorogold(III)-säure durch Auflösen von Gold in Königswasser auf. Nehmen Sie an, daß dabei Stickstoffoxid, NO, entsteht.

21.5. Bei Zusatz gelöster Jodid-Ionen zu einer Lösung, die Kupfer(II)-Ionen enthält, bildet sich freies Jod, und ein Niederschlag von Kupfer(I)-jodid fällt aus. Stellen Sie die Umsatzgleichung für diese Reaktion auf, und zwar für den Fall, daß Jodid im Überschuß anwesend ist, so daß sich Trijodid-Ionen bilden.

21.6. Worauf führt man die dunkle Farbe von schwarzem Glimmer und schwarzem Turmalin zurück?

21.7. Erörtern Sie die in Tafel 21.2 aufgeführten Bildungsenthalpien der Monohalogenide unter der Voraussetzung, daß Gleichung 6.1 für die Bildung von Verbindungen im Normalzustand aus den Elementen in deren Normalzustand als zutreffend angesehen werden kann. Sollte hiernach Silber eine etwas höhere Elektronegativität zugeschrieben werden als Kupfer? Eine wieviel höhere?

21.8. Geben Sie die Elektronenstrukturen des Quecksilber(I)-Ions, des Quecksilber(II)-Ions und der Molekeln von Quecksilber(I)-chlorid und Quecksilber(II)-chlorid an. Vergleichen Sie die Anzahl Elektronen, die jedes Quecksilberatom umgeben, mit der im nächststehenden Argonon. Was für Hybridorbitale beteiligen sich an den Bindungen?

21.9. Stellen Sie die Umsatzgleichung für die Reaktion von Zink mit Salzsäure auf. Glauben Sie, daß Zink sich in konzentrierter Natronlauge auflöst? Falls Sie diese Frage bejaht haben, stellen Sie die Umsatzgleichung der Reaktion auf.

21.10. Auf Grund des Elektroneutralitätsprinzips ist zu schließen, daß es sich bei den Bindungen zwischen Gold und Kohlenstoff im Au(CN)$_2^-$-Ion um Doppelbindungen handelt. Wie sieht die Elektronenstruktur des Goldatoms in diesem Komplex aus? Welche Orbitale sind von einsamen und welche von gemeinsamen Elektronenpaaren besetzt?

21.11. Geben Sie die Elektronenstruktur des Zinkat-Ions, Zn(OH)$_4^{2-}$, an.

21.12. Erörtern Sie einige der in Tafel 21.3 angegebenen Bildungsenthalpien im Hinblick auf die Elektronegativitäten der beteiligten Elemente.

21.13. Können Sie die niedrigen Schmelzpunkte und Siedepunkte von Zink, Cadmium und Quecksilber in einleuchtender Weise mit deren Elektronenstrukturen erklären?

21.14. Die Dissoziationsenergie der Sauerstoffmolekel beträgt 494 kJ mol^{-1}. Berechnen Sie die Wellenlänge des langwelligsten Lichtquants, dessen Energie zur Dissoziation der Molekel ausreicht. Vergleichen Sie Ihr Ergebnis mit der Aussage in Abschnitt 21.5, daß ultraviolettes Licht mit Wellenlängen unterhalb 2400 Å die Dissoziation bewirken kann.

21.15. Berechnen Sie auf Grund der Bildungsenthalpien von Ozon und atomarem Sauerstoff in Tafel 7.1 den Höchstwert der Wellenlänge eines Lichtquants, dessen Energie bei Absorption durch eine Ozonmolekel ausreichen würde, diese in eine Sauerstoffmolekel und ein Sauerstoffatom zu spalten. (Lösung: 11180 Å.)

21.16. Im Dezember 1962 erschien eine Ankündigung, Xenondifluorid, XeF$_2$, sei mittels einer photochemischen Reaktion erzeugt worden. Allem Anschein nach dürfte der erste Schritt bei einer solchen Reaktion die durch Absorption eines Lichtquants ausgelöste Spaltung einer Fluormolekel in zwei Fluoratome sein. Messungen der Bindungsenergie der Fluormolekel liefern Werte von etwa 160 kJ mol^{-1}. Wo liegt die Höchstgrenze der Wellenlänge von Licht, das bei Absorption durch die Fluormolekel in der Lage sein sollte, diese photochemische Reaktion zu bewirken?

21.17. Nehmen Sie an, Sie wollten die Elektronegativitätstafel 6.4 dadurch verfeinern, daß Sie für jedes Element je nach dessen Oxidationszustand mehrere verschiedene Werte einführen. Wie groß wäre der Unterschied zwischen den Werten für Kupfer(I) und Kupfer(II), der sich mit Gleichung 6.1 auf Grund der Normalenthalpien von Substanzen wie CuCl(f) und CuCl$_2$(f) ergäbe?

21.18. Kupfer und Zink bilden stabile Verbindungen im positiv zweiwertigen Zustand. Allgemein haben die Bildungsenthalpien der Zink(II)-verbindungen höhere Negativwerte als die entsprechenden Kupfer(II)-verbindungen (siehe Tafel 21.2 und 21.4). Andererseits sind von Kupfer(I) viele stabile Verbindungen bekannt, die analogen Zinkverbindungen aber existieren nicht. Mit welchem Unterschied der atomaren Eigenschaften von Kupfer und Zink erklären Sie diesen Befund?

Kapitel 22

Titan, Vanadium, Chrom und Mangan und ihre Homologen

Mit diesem Kapitel wollen wir unsere Betrachtung der Übergangselemente abschließen. In ihm behandeln wir die Chemie von Chrom und Mangan und ihren Homologen, also der Elemente der Gruppen VIb und VIIb des Periodensystems, sowie der vorangehenden Elemente Titan und Vanadium und deren Homologen, der Gruppen IVb und Vb. Diese Elemente sind nicht so wichtig wie manche anderen Übergangsmetalle, vor allem Eisen und Nickel, und sind auch nicht derart eingehend untersucht worden. Gleichwohl zeigt ihr chemisches Verhalten viele interessante Züge und eignet sich gut dazu, in früheren Kapiteln entwickelte allgemeine Grundlagen und Gesetzmäßigkeiten weiter zu erläutern.

22.1. Die Elektronenstrukturen von Titan, Vanadium, Chrom und Mangan und ihren Homologen

Die Elektronenstrukturen der Elemente in den Gruppen IVb, Vb, VIb und VIIb gemäß dem Energieniveaudiagramm 5.11 sind in Tafel 5.5 angegeben. Bei allen diesen Elementen befinden sich entweder ein oder zwei Elektronen in der äußersten Schale, und zwar in einem s-Orbital. Außerdem tragen die Elemente zwei, drei, vier oder fünf Elektronen in den d-Orbitalen ihrer zweitäußersten Schale. Wie in Abbildung 5.11 angegeben, nimmt man von den schwersten Elementen dieser Gruppen – Thorium, Protactinium, Uran und Neptunium – an, daß ihre zusätzlichen zwei bis fünf Elektronen nicht in der $6d$-Teilschale, sondern statt dessen in der $5f$-Teilschale untergebracht sind.

Die Russell-Saunders-Symbole für die Atome im Grundzustand sind $^3F_2$ für Titan und seine Homologen, $^4F_{3/2}$ für Vanadium und Tantal, $^6D_{1/2}$ für Niob, $^7S_3$ für Chrom und Molybdän, $^5D_0$ für Wolfram und $^6S_{5/2}$ für Mangan und seine Homologen.

Der Oxidationszustand +2, der dem Verlust von zwei Elektronen entspricht, ist bei allen den genannten Elementen von Bedeutung, insbesondere bei denen der ersten langen Periode, die vielfach in Form der Ionen Ti^{2+}, V^{2+}, Cr^{2+} und Mn^{2+} auftreten. Aber noch mehrere andere Oxidationszustände, bei denen weitere Elektronen fehlen oder sich an Bindungselektronenpaaren beteiligen, sind in den Verbindungen dieser Elemente vertreten. Der höchste Oxidationszustand ist derjenige, bei dem über die Elektronen der äußersten Schale hinaus alle Elektronen der d-Orbitale der zweitäußersten Schale abgegeben oder zur Bildung von Bindungspaaren verwendet werden. Er entspricht also bei den Elementen Titan, Vanadium, Chrom und Mangan der Oxidationszahl +4, +5, +6 bzw. +7.

Bildungsenthalpien einiger Verbindungen der Metalle sind angegeben in Tafel 22.2 für Titan und seine Homologen, in Tafel 22.3 für Vanadium und seine Homologen, in Tafel 22.5 für Chrom und seine Homologen und in Tafel 22.6 für Mangan und Rhenium. Innerhalb jeder der homologen Reihen kommt eine Zunahme der Stabilität der höheren Oxidationszustände mit wachsender Ordnungszahl zum Ausdruck. Viele der Bildungsenthalpien stehen in gutem Einklang mit den Elektronegativitäten der Elemente; es zeigen sich aber auch einige bisher ungeklärte Abweichungen, zum Beispiel bei den unverhältnismäßig hohen Bildungswärmen einiger Uranverbindungen.

22.2. Titan, Zirconium, Hafnium und Thorium

In der Gruppe IVb des Periodensystems stehen die Elemente Titan, Zirconium, Hafnium und Thorium. Einige Eigenschaften der Elementarsubstanzen sind in Tafel 22.1 angegeben.

Tafel 22.1. Einige Eigenschaften von Titan, Vanadium, Chrom, Mangan und ihren Homologen.

	Ordnungszahl	Atomgewicht	Dichte	Schmelzpunkt	Siedepunkt	Metallradius[1]
Titan	22	47,90	4,44 g cm^{-3}	1800 °C	3000 °C	1,47 Å
Vanadium	23	50,942	6,06	1700	3000	1,34
Chrom	24	51,996	7,22	1920	2330	1,27
Mangan	25	54,9380	7,26	1260	2150	1,26
Zirconium	40	91,22	6,53	1860		1,60
Niob	41	92,906	8,21	2500		1,46
Molybdän	42	95,94	10,27	2620	4700	1,39
Hafnium	72	178,49	13,17	2200		1,36
Tantal	73	180,948	16,76	2850		1,46
Wolfram	74	183,85	19,36	3382	6000	1,39
Rhenium	75	186,2	21,10	3167		1,37
Thorium	90	232,038	11,75	1850	3500	1,80
Uran	92	238,03	18,97	1690		1,52

1 Für Liganz 12.

Titan kommt in der Natur vor als *Rutil*, TiO_2, und als *Titaneisen*, $FeTiO_3$ (Ilmenit). In seinen Verbindungen tritt es mit den Oxidationsstufen +2, +3 und +4 auf. Reines Titandioxid ist blendend weiß. Als Pulver hat es ein großes Lichtstreuungsvermögen, das es zu einer begehrten Mineralfarbe macht. Titandioxid wird verarbeitet zu Spezialfarben und Gesichtspudern. Aus Kristallen von Titandioxid (Rutil), die durch Beimengung anderer Oxide gefärbt sind, werden Gemmen geschnitten. *Titantetrachlorid*, $TiCl_4$, ist eine molekulare, bei Zimmertemperatur flüssige Substanz. Versprüht man sie an der Luft, so hydrolysiert sie zu Salzsäure und feinen Teilchen von Titandioxid. Sie wird daher gelegentlich zum Einnebeln benutzt:

$$TiCl_4 + 2\,H_2O \rightarrow TiO_2 + 4\,HCl$$

Metallisches Titan ist sehr fest, leicht (Dichte 4,44 g cm^{-3}) und außerordentlich beständig gegen Wärme (Fp. 1800 °C) und Korrosion. Seit 1950 wird es in großtechnischem

Maßstab erzeugt und hat sich viele Anwendungsgebiete erobern können, die ein festes Leichtmetall von hohem Schmelzpunkt erfordern. Zum Beispiel wird es in großem Umfang im Flugzeugbau für Tragflächenteile verwendet, die mit heißen Abgasen in Berührung kommen oder durch Reibung hoch erhitzt werden. Die Entwicklung von Titan als Konstruktionsmaterial hat das Überschallflugzeug möglich gemacht.

Tafel 22.2. Normal-Bildungsenthalpien von Verbindungen von Titan, Zirconium, Hafnium und Thorium bei 25 °C (in kJ mol^{-1}).

	M = Ti	Zr	Hf	Th
M(f)	0	0	0	0
M(g)	472	611	703	572
MO(f)	−519			
M_2O_3(f)	−1520			
MO_2(f)	−945	−1094	−1113	−1222
MF_2(f)	−828	−962		
MF_3(f)	−1318	−1464		
MF_4(f)	−1548	−1862		−1996
MCl(f)	510			
MCl_2(f)	−477	−607		
MCl_3(f)	−690	−870		
MCl_4	−761(g)	−975(f)		−1192(f)
MBr_2(f)	−397	−502		
MBr_3(f)	−552	−728		
MBr_4(f)	−649	−803		−950
MI_2(f)	−255	−377		
MI_3(f)	−335	−536		
MI_4(f)	−424	−544		−548
M_2S_3(f)				−1096
MN(f)	−338	−365		
MC(f)	−185	−188		

Tafel 22.3. Normal-Bildungsenthalpien von Verbindungen von Vanadium, Niob und Tantal bei 25 °C (in kJ mol^{-1}).

	M = V	Nb	Ta
M(f)	0	0	0
M(g)	515	772	782
MO(g)	230		
MO(f)	−418		
M_2O_3(f)	−1238		
MO_2(f)	−715	−812	
M_2O_5(f)	−1561	−1937	−2092
MCl_2(f)	−427		
MCl_3(f)	−598		
MCl_4(f)	−577		
$MOCl_3$(f)	−720	−887	
MBr_5(f)		−556	−598
MN(f)	−172		−243

Zirconium kommt in der Natur hauptsächlich vor als Zirkon, $ZrSiO_4$. Zirconkristalle treten mit den verschiedensten Farben auf; sie sind weiß, blau, grün oder rot. Wegen ihrer Schönheit und Härte (7,5) gelten sie als Halbedelsteine. In den meisten seiner Verbindungen nimmt Zirconium die Oxidationsstufe +4 ein, nur in wenigen die Stufen +2 und +3.

Hafnium ist dem Zirconium sehr ähnlich. Natürliche Zirconiumminerale enthalten gewöhnlich einige Prozent Hafnium. Das Element wurde erst 1923 entdeckt und hat bisher keine nennenswerte Bedeutung erlangt.

Thorium kommt in der Natur vor als *Thorit*, ThO_2, und im *Monazitsand*, einem Gemisch von Phosphaten von Thorium und Lanthanonen (siehe Abschnitt 18.7). Hauptsächlich wird Thorium zur Herstellung von Welsbach-Glühstrümpfen für Gaslampen verarbeitet: ein aus Ramiefaser gestricktes Gewebe wird mit einer Lösung von Thoriumnitrat, $Th(NO_3)_4$, und Cernitrat, $Ce(NO_3)_4$, getränkt und anschließend verbrannt; dabei hinterbleibt ein Skelett aus Thoriumdioxid und Cerdioxid, ThO_2 und CeO_2, das ein leuchtend weißes Licht ausstrahlt, wenn es hoch erhitzt wird. Außerdem findet Thoriumdioxid Verwendung zur Herstellung von Tiegeln für chemische Arbeiten, die Temperaturen bis zu 2300 °C widerstehen. Der Atomkern des Thoriums kann gespalten werden; es ist deshalb durchaus möglich, daß das Element sich in der Zukunft als wichtiger Atombrennstoff erweisen wird (vgl. Kapitel 26).

22.3. Vanadium, Niob, Tantal und Protactinium

Vanadium ist das wichtigste Element der Gruppe Vb. Seine bedeutendsten Erze sind *Vanadinit*, $Pb_5(VO_4)_3Cl$, und *Carnotit*, $K(UO_2)VO_4 \cdot 3/2 H_2O$. (Carnotit ist gleichzeitig ein wichtiges Uranerz.)

Metallisches Vanadium wird vor allem zur Herstellung von Spezialstählen verwendet. Vanadinstahl ist äußerst zäh und fest. Er wird zu Kurbelwellen für Auto- und Flugzeugmotoren und zu anderen stark beanspruchten Maschinenteilen verarbeitet.

Interessant sind die chemischen Eigenschaften des Vanadiums. Das Element tritt mit den Oxidationsstufen +2, +3, +4 und +5 auf. Die Hydroxide des positiv zweiwertigen und dreiwertigen Vanadiums sind basisch, die der höheren Oxidationsstufen amphiprotisch. Auffällig ist die Vielfalt der Farben der Vanadiumverbindungen. Das Vanadium(II)-Ion, V^{2+}, ist tief violett; Vanadium(III)-verbindungen wie *Kaliumvanadiumalaun*, $KV(SO_4)_2 \cdot 12 H_2O$, sind grün; das dunkelgrüne *Vanadiumdioxid*, VO_2, löst sich in Säuren und bildet dabei blaue *Vanadyl-Ionen*, VO^{2+}. *Vanadium(V)-oxid*, V_2O_5, eine orangefarbene Substanz, dient als Katalysator im Kontaktverfahren zur Herstellung von Schwefelsäure und wird gewonnen aus *Ammoniummetavanadat*, NH_4VO_3, einer Substanz, die sich aus Lösungen in gelben Kristallen abscheidet.

Niob und *Tantal* treten gewöhnlich gemeinschaftlich auf in den Mineralen *Niobit* (Columbit), $FeNb_2O_6$, und *Tantalit*, $FeTa_2O_6$. Niob wird einigen legierten Stählen zugesetzt. *Tantalcarbid*, TaC, ist eine außerordentlich harte Substanz, die zur Herstellung von Schneiden für Schnellarbeitsstähle dient.

Protactinium ist ein radioaktives Element (siehe Kapitel 26), das in Spuren in allen Uranerzen auftritt.

22.4. Supraleitung

Im Jahr 1908 gelang es Heike Kammerlingh Onnes (1853–1926), einem holländischen Physiker, Helium zu verflüssigen. Der Siedepunkt von Helium unter Normaldruck liegt bei 4,6 K. Indem er flüssiges Helium unter vermindertem Druck verdampfen ließ, konnte Kammerlingh Onnes die Temperatur bis auf 1,15 K herabsetzen. Bei der Untersuchung der Eigenschaften von Substanzen im Bereich derartig niedriger Temperaturen entdeckte er, daß Quecksilber bei etwa 4,1 K eine Phasenumwandlung durchläuft und dabei Eigenschaften annimmt, die sich von denen des Metalls bei höherer Temperatur deutlich unterscheiden. Die auffallendste Änderung ist die des elektrischen Widerstands, der abrupt bis auf einen unmeßbar kleinen Wert abfällt. Ein Material in einem solchen Zustand nennt man *supraleitend*.

Tafel 22.4. Kritische Supraleitungstemperaturen von Elementen.

IIIa	IVb	Vb	VIb	VIIb	VIII	IIb	IIIb	IVa
Al 1,18 K								
Sc	Ti 0,4	V 5,2				Zn 0,86	Ga 1,09	
Y	Zr 0,54	Nb 9,2	Mo 0,9	Tc 8,2	Ru 0,5	Cd 0,55	In 3,40	Sn 3,72
La 0,6	Hf 0,8	Ta 4,4	W 1,0	Re 1,70	Os 0,7	Hg 4,15	Tl 2,38	Pb 7,21

Viele metallische Elemente werden bei sehr niedrigen Temperaturen supraleitend, wie Tafel 22.4 anzeigt, in der die sogenannten Sprungtemperaturen der Umwandlung in den supraleitenden Zustand aufgeführt sind. Die höchsten Sprungtemperaturen sind die von Niob und Technetium mit 9,2 bzw. 8,2 K.

Auch viele Legierungen sind supraleitend. Die höchste bisher aufgefundene Sprungtemperatur liegt bei 21 K, gerade über dem Siedepunkt von Wasserstoff unter Normaldruck, und gehört einer Legierung der Zusammensetzung $Nb_3Al_{0,75}Ge_{0,25}$ an. Drähte aus einer solchen Legierung, gekühlt mit flüssigem Wasserstoff, könnten für die Wicklungen von Elektromotoren oder Generatoren verwendet werden und würden Materialeinsparungen möglich machen und Energieverluste herabsetzen. Gegenwärtig sind andere, mit flüssigem Helium gekühlte Legierungen für solche und ähnliche Zwecke in begrenztem Umfang im Gebrauch (z. B. für Schaltelemente schnellster elektronischer Rechenmaschinen).

Theoretische Vorstellungen über die Supraleitung schreiben den Effekt einer Wechselwirkung der Leitungselektronen an der Fermi-Oberfläche (siehe Abschnitt 17.6) mit den Phononen (Quanten der Gittereigenschwingungen, d.h. von Schallwellen) gleicher Wellenlänge im Metall zu. Diese Wechselwirkung erniedrigt die Enthalpie des supraleitenden Zustands und erzeugt an der Fermi-Oberfläche eine kleine Lücke: einige Energieniveaus, die von Elektronen besetzt sind, werden stabilisiert, während die Energie der benachbarten, unbesetzten erhöht wird. Wegen des Auftretens dieser Lücke tragen die Elektronen nicht mehr zur Wärmekapazität bei, das heißt, im supraleitenden Material ist der Koeffizient γ in Gleichung 17.4 null (vgl. Abschnitt 17.6). Gleichzeitig erhöht sich der Koeffizient a des T^3-Terms, wie in Abbildung 22.1 zum Ausdruck kommt[1]. Dem größeren Wert von a im supraleitenden Zustand entspricht eine niedrigere Debyesche charakteristische Temperatur θ und damit eine geringere Kraftkonstante der Valenzschwingung der Bindungen. Tatsächlich stellt es sich heraus, daß Metalle sich im supraleitenden Zustand leichter verformen lassen als im Normalzustand.

Das Verhalten einiger thermodynamischer Größen in Supraleitern soll weiter unten in Aufgabe 22.1 erläutert werden.

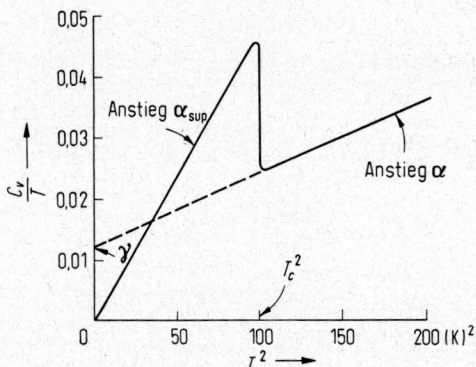

Abb. 22.1. Meßwerte von C_P/T eines typischen Metalls in Auftragung gegen T^2 im supraleitenden und nicht supraleitenden Zustand ($T^2 < 100$ bzw. > 100).

Die Metalle, die bei gewöhnlicher Temperatur die beste elektrische Leitfähigkeit aufweisen – Li, Be, Cu und ihre Homologen – sind oberhalb von 0,2 K keine Supraleiter. Dieser Befund stützt die Theorie der Wechselwirkung von Elektronen und Photonen zur Erklärung der Supraleitung insofern, als der normale elektrische Widerstand von Metallen auf Streuung der Elektronenwellen durch Phononen zurückgeführt wird; nach dieser Vorstellung ist ein niedriger Normalwiderstand ein Zeichen geringer Wechselwirkung von Elektronen und Phononen und sollte damit eine geringe Stabilität des supraleitenden Zustands zur Folge haben.

Aufgabe 22.1. Erörtern Sie das Verhalten der Entropie und Enthalpie des Metalls, dessen Temperaturabhängigkeit der Molwärme in Abbildung 22.1 dargestellt ist.

Lösung. Die Molwärme eines Metalls bei niedriger Temperatur gehorcht der Beziehung $C_P = \gamma T + aT^3$. Aus Abbildung 22.1 ergeben sich für den Normalzustand, oberhalb der Sprungtemperatur $T_S = 10$ K, die Werte $\gamma = 0,012$ J grad^{-2} mol^{-1} und $a = 0,00012$ J grad^{-4} mol^{-1}; für den supraleitenden Zustand dagegen, unterhalb von 10 K, finden wir $a_{sup} = 0,00048$ J grad^{-4} mol^{-1}.

Die Umwandlung bei der Sprungtemperatur ist nicht mit einer Umwandlungswärme verbunden. Angesichts des dritten Hauptsatzes der Thermodynamik sollte bei dieser Temperatur

---

[1] Bei den meisten Supraleitern weicht die Temperaturabhängigkeit der Molwärme etwas von der in Abbildung 22.1 gezeigten linearen Beziehung ab.

die Entropie des Metalls im supraleitenden und im Normalzustand die gleiche sein. Für den Normalzustand ergibt sich (unter Voraussetzung der Gültigkeit der Beziehung $C_P = \gamma T + aT^3$ in diesem Bereich) die Entropie $\int_0^{T_S} C_P\, dT/T = \gamma T_S + aT_s^3/3 = 0{,}16$ J grad^{-1} mol^{-1}.

Für den supraleitenden Zustand liefert die entsprechende Integration $a_{\sup} T_s^3/3 = 0{,}16$ J grad^{-1} mol^{-1}, in Übereinstimmung mit dem dritten Hauptsatz.

Als Enthalpiedifferenz $H(T_S) - H(0\,\text{K})$ erhalten wir für den Normalzustand $\int_0^{T_s}(\gamma T + aT^3)\, dT = \gamma T_s^2/2 + aT_s^4/4 = 0{,}90$ J mol^{-1} und für den supraleitenden Zustand $a_{\sup} T_s^4/4 = 1{,}20$ J mol^{-1}. Da sich die Umwandlung ohne Aufnahme oder Abgabe einer Umwandlungswärme vollzieht, muß die Enthalpie am Umwandlungspunkt für beide Zustände die gleiche sein. Dies erfordert $H_{\sup}(0\,\text{K}) - H(0\,\text{K}) = -0{,}30$ J mol^{-1}. Am absoluten Nullpunkt ist somit der supraleitende Zustand um 0,30 J mol^{-1} stabiler als der nicht supraleitende, eine Erscheinung, die auf die Wechselwirkung von Elektronen mit Phononen zurückgeht.

22.5. Chrom

Eine Übersicht über die wichtigsten Oxidationsstufen des Chroms gibt die nachstehende Zusammenstellung:

+6	CrO_3	Chrom(VI)-oxid
	CrO_4^{2-}	Chromat-Ion
	$Cr_2O_7^{2-}$	Dichromat-Ion
+3	Cr_2O_3	Chrom(III)-oxid
	Cr^{3+}	Chrom(III)-Ion
+2	Cr^{2+}	Chrom(II)-Ion
0	Cr	metallisches Chrom

Die höchste Oxidationszahl, +6, entspricht der Stellung des Elements im Periodensystem.

Das wichtigste Chromerz ist der *Chromeisenstein* $FeCr_2O_4$. Das Element Chrom war den Alchimisten noch nicht bekannt; es wurde 1798 im Bleichromat $PbCrO_4$, entdeckt, das als *Rotbleierz* natürlich vorkommt.

Metallisches Chrom kann durch Reduktion von Chrom(III)-oxid mit Aluminiumpulver gewonnen werden (siehe Abschnitt 15.10), oder aber durch elektrolytische Reduktion einer seiner Verbindungen, gewöhnlich von Chromsäure in wäßriger Lösung.

Chrom ist ein Metall von silberweißer, etwas blaustichiger Farbe. Es ist äußerst fest und schmilzt erst bei 1830 °C. Wegen seines hohen Schmelzpunkts widersteht es dem Angriff heißer Pulvergase; deshalb werden die Rohre schwerer Geschütze innen gelegentlich verchromt.

Chrom ist elektropositiver als Eisen. Es geht jedoch leicht in einen „passiven" (reaktionsträgen) Zustand über, weil es sich mit einer dünnen Oxidhaut bedeckt, die es vor weiterem chemischen Angriff schützt. Dieses Vorzugs und der schönen Farbe wegen verchromt man viele Gebrauchsgegenstände aus Stahl oder Messing, wie Fahrradlenkstangen, Wasserhähne usw.

Ferrochrom, eine Chrom-Eisen-Legierung mit hohem Chromgehalt, die zur Herstellung von Spezialstählen Verwendung findet, wird durch Reduktion von Chromeisenstein im elektrischen Ofen gewonnen. Chrom ist ein begehrter Bestandteil von Legierungen, von denen besonders die Chromstähle wegen ihrer vorzüglichen Härte, Zähigkeit und Festigkeit große Bedeutung erlangt haben. Diese Eigenschaften lassen sich auf die hohe metallische Wertigkeit (6) von Chrom und auf die Wechselwirkungen zwischen Atomen verschiedener Sorten zurückführen, die ganz allgemein Legierungen größere Härte und Festigkeit verleihen, als die Metalle im elementaren Zustand sie besitzen. Chromstähle werden für die Herstellung von Geldschränken, Panzerplatten und Geschoßen verwendet. *Rostfreier Stahl* enthält 14 bis 18% Chrom (und meistens etwa 8% Nickel).

Chrom in seinem höchsten Oxidationszustand, +6, bildet kein basisches Hydroxid, sondern ein saures Oxid. *Chrom(VI)-oxid,* CrO_3 ist eine rote Substanz, die sich in Wasser auflöst und dabei *Dichromsäure*, $H_2Cr_2O_7$, bildet:

$$2\,CrO_3 + H_2O \rightarrow H_2Cr_2O_7 \rightleftharpoons 2\,H^+ + Cr_2O_7^{2-}$$

Die Salze der Dichromsäure heißen *Dichromate*. Sie enthalten das Dichromat-Ion, $Cr_2O_7^{2-}$. Daneben bildet sechswertiges Chrom eine andere, wichtige Reihe von Salzen, die *Chromate* mit dem Chromat-Ion, CrO_4^{2-}.

Chromate und Dichromate werden nach einem Verfahren dargestellt, das ganz allgemein für die Gewinnung von Salzen saurer Oxide Bedeutung hat, nämlich durch die *Alkalihydroxid-* oder *Alkalicarbonatschmelze*. Das Carbonat wirkt als basisches Oxid, denn bei stärkerem Erhitzen gibt es Kohlenstoffdioxid ab. Für die Herstellung der Chromate und Dichromate gibt man Kaliumcarbonat den Vorzug, weil Kaliumchromat und Kaliumdichromat aus wäßriger Lösung gut kristallisieren und durch Umkristallisieren leicht gereinigt werden können, während die Natriumsalze zerfließlich sind und sich deshalb schwer reinigen lassen.

Ein Gemenge von gepulvertem Chromeisenstein und Kaliumcarbonat bildet bei kräftigem Erhitzen an der Luft langsam *Kaliumchromat,* K_2CrO_4. Der Sauerstoff der Luft oxidiert das Chrom von Cr^{+3} zu Cr^{+6} und gleichzeitig das Eisen von Fe^{+2} zu Fe^{+3}:

$$4\,FeCr_2O_4 + 8\,K_2CO_3 + 7\,O_2 \rightarrow 2\,Fe_2O_3 + 8\,K_2CrO_4 + 8\,CO_2$$

Die Oxidation kann durch Zusatz eines Oxidationsmittels, zum Beispiel Kaliumnitrat, KNO_3, oder Kaliumchlorat, $KClO_3$, unterstützt werden.

Die Lösungen der Chromate sind ebenso wie die kristallinen Salze gelb gefärbt. Setzt man einer Lösung, die Chromat-Ionen, CrO_4^{2-}, enthält eine Säure zu (z. B. Schwefelsäure), so schlägt die Farbe von gelb nach orangerot um. Es bilden sich Dichromat-Ionen, $Cr_2O_7^{2-}$, gemäß

$$2\,\underset{\text{gelb}}{CrO_4^{2-}} + 2\,H^+ \rightleftharpoons \underset{\text{orangerot}}{Cr_2O_7^{2-}} + H_2O$$

Durch Zufügen einer Base kann die Reaktion wieder umgekehrt werden. Am Umschlagspunkt liegen in der Lösung vergleichbare Mengen von Chromat-Ionen und Dichromat-Ionen im chemischen Gleichgewicht miteinander vor[1]).

Das Chromat-Ion ist tetraederförmig gebaut. Bei der Bildung des Dichromat-Ions reagiert ein Sauerstoff-Ion, O^{2-}, des Tetraeders mit zwei Wasserstoff-Ionen und bildet Wasser; an seine Stelle tritt ein Sauerstoff-Ion, das einem anderen Chromattetraeder angehört.

Chromate ebenso wie Dichromate sind starke Oxidationsmittel. In saurer Lösung wird das Chrom leicht von Cr^{+6} zu Cr^{+3} reduziert. *Kaliumdichromat,* $K_2Cr_2O_7$, ist eine sehr leicht kristallisierende, leuchtend rote Substanz, die als Reagens und in der Industrie in erheblichem Umfang Verwendung findet. Eine Lösung von Kaliumdichromat oder Chrom(VI)-oxid in konzentrierter Schwefelsäure ist ein äußerst starkes Oxidationsmittel, das im Laboratorium zur Reinigung und Entfettung von Glasgeräten dient („Chromschwefelsäure"). Große Mengen von *Natriumdichromat,* $Na_2Cr_2O_7 \cdot 2H_2O$, verbraucht die Gerberei zur Herstellung von „Chromleder". Das Chrom geht mit dem Protein des Leders eine unlösliche Verbindung ein.

Bleichromat, $PbCrO_4$, ist eine leuchtend gelbe, praktisch unlösliche Substanz, die als Farbe benutzt wird („Chromgelb").

Chrom(III)-verbindungen. Ammoniumdichromat, $(NH_4)_2Cr_2O_7$, ein rotes, dem Kaliumdichromat ähnliches Salz, verbrennt beim Erhitzen zu einem grünen Pulver, *Chrom(III)-oxid,* Cr_2O_3:

$$(NH_4)_2Cr_2O_7 \rightarrow N_2 + 4H_2O + Cr_2O_3$$

Bei dieser Reaktion reduzieren die Ammonium-Ionen das Dichromat-Ion. Auch durch Erhitzen von Natriumdichromat mit Schwefel läßt sich Chrom(III)-oxid darstellen:

$$Na_2Cr_2O_7 + 1/8\,S_8 \rightarrow Na_2SO_4 + Cr_2O_3$$

Das gleichzeitig entstehende Natriumsulfat kann mit Wasser ausgezogen werden. Chrom(III)-oxid ist eine äußerst beständige Substanz. Es wird von Säuren nicht angegriffen und hat einen sehr hohen Schmelzpunkt. Es wird als Farbe verwendet („Chromgrün", z.B. in der grünen Farbe von Banknoten).

Reduktion von Dichromaten in wäßriger Lösung liefert *Chrom(III)-Ionen,* Cr^{3+} (eigentlich $Cr(H_2O)_6^{3+}$). Sie haben eine violette Farbe. Die Formeln der Chrom(III)-salze sind denen der entsprechenden Aluminiumverbindungen analog. *Chromalaun,* $KCr(SO_4)_2 \cdot 12H_2O$, kristallisiert in großen, violetten Oktaedern.

Chrom(III)-chlorid, $CrCl_3 \cdot 6H_2O$, bildet mehrere Arten von Kristallen, die sich in ihrer Farbe unterscheiden. Die Kristalle sind grün oder violett, und ihre Lösungen weisen ähnliche Färbungen auf. Die Farbunterschiede gehen auf die Bildung mehrerer stabiler Komplex-Ionen zurück:

$Cr(H_2O)_6^{3+}$ violett
$Cr(H_2O)_5Cl^{2+}$ hellgrün
$Cr(H_2O)_4Cl_2^{+}$ dunkelgrün

(siehe Abb. 22.2). In jedem dieser Komplexe umgeben sechs Gruppen (Wassermolekeln

---

1 Außerdem treten Ionen $HCrO_4^-$ auf: $H^+ + CrO_4^{2-} \rightleftharpoons HCrO_4^-$.

oder Chlorid-Ionen) das Chromatom. Das Chrom(III)-Ion wird von starken Oxidationsmitteln, etwa von Natriumperoxid in alkalischer Lösung, zum Chromat- oder Dichromat-Ion oxidiert.

Chrom(III)-hydroxid, $Cr(OH)_3$, fällt als blasser, graugrüner, flockiger Niederschlag aus, wenn eine Chrom(III)-salzlösung mit Ammoniak oder Natronlauge versetzt wird. Im Überschuß von Natronlauge löst sich der Niederschlag unter Bildung von leuchtend grünen *Chromit-Anionen*, $Cr(OH)_4^-$, wieder auf:

$$Cr(OH)_3 + OH^- \rightarrow Cr(OH)_4^-$$

Chrom(III)-Ionen lassen sich durch Zink in saurer Lösung oder durch andere starke Reduktionsmittel zu Chrom(II)-Ionen, Cr^{2+} bzw. $[Cr(H_2O)_6]^{2+}$, reduzieren. Chrom(II)-Ionen sind blau. Chrom(II)-salze und ihre Lösungen sind sehr starke Reduktionsmittel; sie müssen vor Zutritt von Luft geschützt werden.

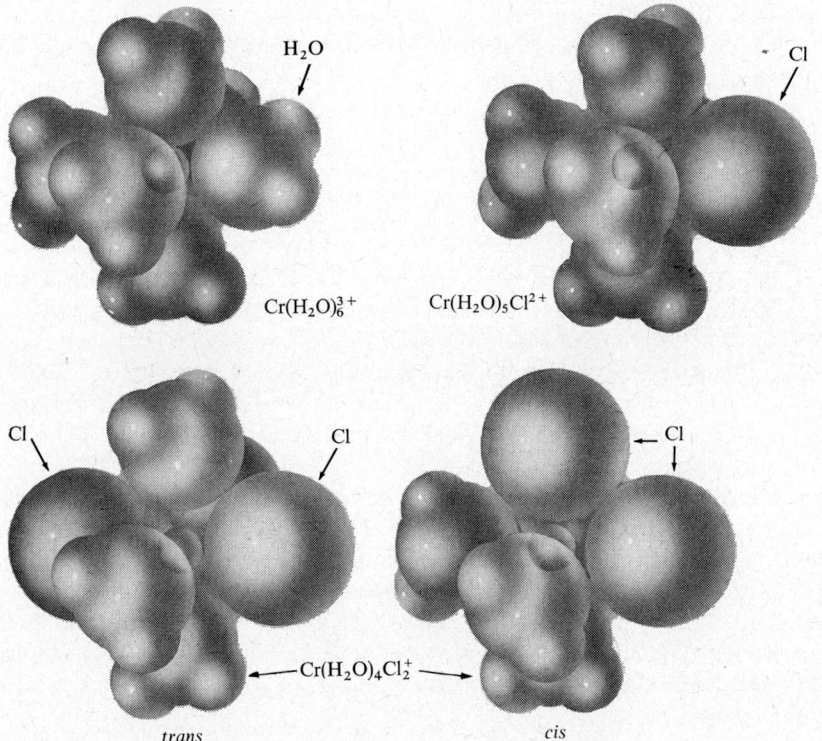

Abb. 22.2. Oktaedrische Komplex-Ionen von Chrom(III).

22.6. Die Homologen des Chroms

Die drei schwereren Elemente der Gruppe VIb, Molybdän, Wolfram und Uran, haben sämtlich große Bedeutung für spezielle Anwendungszwecke erlangt.

Molybdän. Das wichtigste Molybdänerz ist der *Molybdänglanz*, MoS$_2$, der vor allem in einer großen Lagerstätte bei Climax in Colorado (Vereinigte Staaten) auftritt. Das Erz bildet glänzende, schwarze Plättchen, die Graphit sehr ähnlich sehen.

Molybdän ist ein silberweißes, glänzendes Metall. Verwendet wird es zur Herstellung von Haltestäben für Gitter in Radioröhren und für andere Spezialzwecke. Außerdem ist es ein wichtiger Bestandteil mancher legierter Stähle.

Molybdän bildet Verbindungen, in denen es mit den Oxidationszahlen +6, +5, +4, +3 und +2 auftritt. Viele Molybdänverbindungen neigen dazu, zu großen Molekeln zu kondensieren. Das erschwert die Übersicht über das chemische Verhalten dieses Elements.

Molybdän(VI)-oxid, MoO$_3$, ist eine gelblichweiße Substanz, die beim Rösten von Molybdänglanz entsteht. In Alkali löst es sich unter Bildung von (kondensierten) Molybdaten. *Ammoniummolybdat*, (NH$_4$)$_6$Mo$_7$O$_{24}$ · 4H$_2$O, dient als Fällungsreagens auf Orthophosphorsäure; der Niederschlag hat die Zusammensetzung (NH$_4$)$_3$PMo$_{12}$O$_{40}$ · 18H$_2$O.

Tafel 22.5. Normal-Bildungsenthalpien von Verbindungen von Chrom, Molybdän, Wolfram und Uran bei 25 °C (in kJ mol^{-1}).

	M = Cr	Mo	W	U
M(f)	0	0	0	0
M(g)	397	659	837	523
M^{2+}(aq)	−139			
M^{3+}(aq)	−256			−515
M$_2$O$_3$(f)	−1141			
MO$_2$(f)		−544	−570	−1084
MO$_3$(f)	−579	−745	−840	−1218
MO$_4$$^{2-}$(aq)	−863	−1064	−1115	
MF$_2$(f)	−757			
MF$_3$(f)	−1110			−1494
MF$_4$(f)				−1854
MF$_5$(f)				−2042
MF$_6$(g)			−1741	−2113
MCl$_2$(f)	−396	−184	−159	
MCl$_3$(f)	−563	−272		−891
MCl$_4$	−435(g)	−331(f)	−297(f)	−1051(f)
MCl$_5$(f)		−380	−351	−1097
MCl$_6$(f)		−377	−413	−1140
MBr$_2$(f)		−121	−79	
MBr$_3$(f)		−172		−712
MBr$_4$(f)		−188	−146	−823
MBr$_5$(f)		−213	−176	
MBr$_6$(f)			−184	
MI$_2$(f)	−227	−50	−4	
MI$_3$(f)		−63		−480
MI$_4$(f)		−75	0	−531
MI$_5$(f)		−75	113	
MS$_2$(f)		−232	−194	
MS$_3$(f)		−256		
MN(f)	−125			−355
MC(f)			−38	

Wolfram. Die wichtigsten Erze des Wolframs sind *Scheelit*, $CaWO_4$, und *Wolframit*, $(Fe,Mn)WO_4$[1].

Wolfram ist ein festes Schwermetall von sehr hohem Schmelzpunkt (3370 °C). Verwendet wird es zur Herstellung von Glühfäden für elektrische Glühbirnen, von Kontaktspitzen für Zündkerzen, von Antikathoden für Röntgenröhren und als Legierungsbestandteil. Wolframstahl behält seine Härte auch bei Rotglut; man benutzt ihn vor allem zur Herstellung von „Schnelldrehstählen" für die Metallbearbeitung.

In seinen Verbindungen tritt Wolfram mit den Oxidationszahlen $+6$ (in den Wolframaten, zu denen auch die oben genannten Erze zählen), $+5$, $+4$, $+3$ und $+2$ auf. *Wolframcarbid*, WC, ist eine ganz außerordentlich harte Verbindung, aus der Schneiden für Schnellarbeitsstähle hergestellt werden.

Uran. Uran ist das seltenste Metall der Chromgruppe. In seinen bedeutendsten Lagerstätten kommt es vor als *Pechblende*, U_3O_8, und als *Carnotit*, $K_2U_2V_2O_{12} \cdot 3H_2O$. In seinen wichtigsten Verbindungen ist es positiv sechswertig (z.B. Natriumdiuranat, $Na_2U_2O(OH)_{12}$; Uranylnitrat, $UO_2(NO_3)_2 \cdot 6H_2O$ usw.).

Vor 1942 hatte man dem Uran keinerlei große praktische Bedeutung zugemessen – es war lediglich dazu benutzt worden, Gläsern und Glasuren einen gelblich grünen Farbton zu verleihen. Im Jahr 1942 jedoch, genau hundert Jahre nachdem das Metall zum ersten Male isoliert worden war, wurde Uran mit einem Schlag eins der wichtigsten von allen Elementen; 1942 war das Jahr der Entdeckung, daß aus Uran Atomenergie gewonnen werden kann, mit der dem Menschen Kräfte kaum vorstellbarer Gewalt in die Hand gegeben sind.

Kernspaltung. Natürliches Uran besteht aus zwei Isotopen, nämlich zu $99,3\%$ aus ^{238}U und zu $0,7\%$ aus ^{235}U[2]. Wird ein Kern von ^{235}U von einem Neutron getroffen, so vereinigt es sich mit diesem zu einem instabilen Kern ^{236}U, der augenblicklich spontan in zwei große Bruchstücke und mehrere Neutronen zerfällt. Die beiden Bruchstücke sind ihrerseits Atomkerne, und die Summe ihrer Ordnungszahlen beträgt 92, wie die Ordnungszahl von Uran.

Bei einer solchen Kernspaltung wird eine sehr große Energiemenge freigesetzt – etwa $20 \cdot 10^{12}$ J pro Grammatom zerfallenden Urans (235 g Uran)[3]. Das ist ungefähr das 2 500 000fache der Wärme, die beim Verbrennen einer gleichen Gewichtsmenge Kohle anfällt, und etwa das 12 000 000fache der Energie der Explosion einer gleichen Gewichtsmenge Nitroglycerin. Eine Tonne Uran (Vorkriegspreis 15 000 bis 20 000 Reichsmark) könnte die gleiche Energie liefern wie 2 500 000 Tonnen Kohle, und eines Tages mag die Verwendung von Uran und anderen spaltbaren Elementen an Stelle von Kohle die harte und schwere, aber heute noch unumgängliche Arbeit des Kohlenbergbaus überflüssig machen.

---

1 Die Formel $(Fe,Mn)WO_4$ bezeichnet Mischkristalle von $FeWO_4$ und $MnWO_4$ von nicht näher festgelegtem Mengenverhältnis der Bestandteile.
2 Ein drittes Isotop, ^{231}U, ist in Spuren anwesend ($0,006\%$).
3 Diese Energiemenge wiegt gemäß der Einstein-Beziehung $E = mc^2$ etwa 0,25 g (E = Energie, m = Masse, c = Lichtgeschwindigkeit). Die Spaltprodukte sind um 0,25 g leichter als das zerfallene Grammatom Uran.

Auch das schwerere Uranisotop, ^{238}U, kann gespalten werden, aber nur auf einem indirekten Weg, der über die Transurane führt. Mit diesen Elementen werden wir uns in Kapitel 26 befassen.

22.7. Mangan

Die nachstehende Tafel gibt eine Übersicht über die wichtigsten Oxidationsstufen des Mangans:

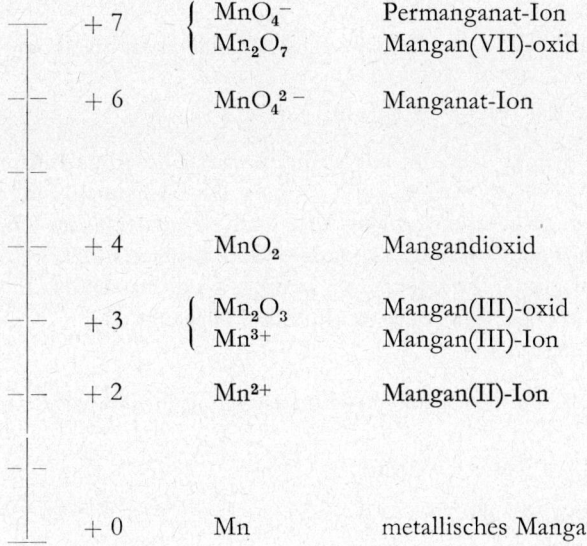

+7	MnO_4^-	Permanganat-Ion
	Mn_2O_7	Mangan(VII)-oxid
+6	MnO_4^{2-}	Manganat-Ion
+4	MnO_2	Mangandioxid
+3	Mn_2O_3	Mangan(III)-oxid
	Mn^{3+}	Mangan(III)-Ion
+2	Mn^{2+}	Mangan(II)-Ion
+0	Mn	metallisches Mangan

Die höchste Oxidationszahl, +7, entspricht der Stellung des Elements im Periodensystem (Gruppe VIIb).

Das häufigste Manganerz ist der *Braunstein*, MnO_2. Er kommt in schwarzen, massiven Klumpen und als sehr feines schwarzes Pulver vor. Andere, weniger wichtige Erze sind *Braunit*, Mn_2O_3 (etwas silicathaltig), *Manganit*, MnO(OH), und *Manganspat*, $MnCO_3$. Unreines Mangan kann durch Erhitzen von Mangandioxid mit Kohle gewonnen werden:

$$MnO_2 + 2\,C \rightarrow Mn + 2\,CO$$

Außerdem wird Mangan aluminothermisch dargestellt:

$$3\,MnO_2 + 4\,Al \rightarrow 2\,Al_2O_3 + 3\,Mn$$

Zur Herstellung von Manganstählen verwendet man an Stelle reinen Mangans Eisenlegierungen mit hohem Mangangehalt, die durch Reduktion gemischter Oxide von Eisen und Mangan mit Koks im Hochofen (siehe Kapitel 20) dargestellt werden können. Die Legierungen heißen *Ferromangan* (70–80% Mn, 20–30% Fe) und *Spiegeleisen* (10 bis 30% Mn, 70–90% Fe).

Mangan ist ein Metall von silbergrauer, etwas rotstichiger Farbe. Es ist reaktionsfreudig und vermag Wasser auch bei niedriger Temperatur unter Wasserstoffentwicklung zu zersetzen. Hauptsächlich wird es zur Herstellung legierter Stähle verwendet.

Mangandioxid, MnO_2, ist die einzige wichtige Verbindung des positiv vierwertigen Mangans. Es wird für viele Zwecke gebraucht, meistens als Oxidationsmittel ($Mn^{+4} \rightarrow Mn^{+2}$) oder als Reduktionsmittel ($Mn^{+4} \rightarrow Mn^{+6}$, oder $Mn^{+4} \rightarrow Mn^{+7}$).
Mangandioxid oxidiert Salzsäure zu freiem Chlor:

$$MnO_2 + 2\,Cl^- + 4\,H^+ \rightarrow Cl_2 + Mn^{2+} + 2\,H_2O$$

Von der Reaktion macht man zur Darstellung von Chlor Gebrauch. Auch die Verwendung von Mangandioxid in Trockenelementen (Abschnitt 15.8) beruht auf der Wirkung als Oxidationsmittel.
Beim Erhitzen mit Kaliumhydroxid an der Luft wird Mangandioxid zu *Kaliummanganat*, K_2MnO_4, oxidiert.

$$2\,MnO_2 + 4\,KOH + O_2 \rightarrow 2\,K_2MnO_4 + 2\,H_2O$$

Kaliummanganat ist ein grünes Salz, das mit wenig Wasser eine grüne Lösung bildet, die Kalium-Ionen und *Manganat-Ionen*, MnO_4^{2-}, enthält. Die Manganate sind die einzigen Verbindungen des positiv sechswertigen Mangans. Sie sind kräftige Oxidationsmittel und werden in geringem Umfang als Desinfektionsmittel benutzt.
Das Manganat-Ion kann zum *Permanganat-Ion*, MnO_4^-, oxidiert werden, in dem das Mangan als Mn^{+7} vorliegt. Die Elektronenreaktion des Vorgangs ist

$$MnO_4^{2-} \rightarrow MnO_4^- + e^-$$

In der Praxis führt man die Oxidation elektrolytisch (durch anodische Oxidation) oder mit Chlor durch:

$$2\,MnO_4^{2-} + Cl_2 \rightarrow 2\,MnO_4^- + 2\,Cl^-$$

Tafel 22.6. Normal-Bildungsenthalpien von Verbindungen von Mangan und Rhenium bei 25 °C (in kJ mol^{-1})[1].

Mn(f)	0	MnO_2(f)	−521	Re(f)	0
Mn(g)	281	MnF_2(f)	−795	Re(g)	791
Mn^{2+}(aq)	−219	$MnCl_2$(f)	−482	ReO_3(f)	−347
Mn^{3+}(aq)	−100	$MnBr_2$(f)	−379	Re_2O_7(f)	−1245
MnO(g)	140	MnI_2(f)	−248	ReF_6(g)	−1142
MnO(f)	−385	MnS(f)	−204	ReS_2(f)	−185
Mn_2O_3(f)	−956	MnSe(f)	−117	$ReAs_2$(f)	4
$KMnO_4$(f)	−813	$MnCO_3$(f)	−895		

1 Werte für Technetiumverbindungen sind bisher nicht erhältlich.

Außerdem können Permanganate durch Disproportionierung von Manganaten hergestellt werden. Das Manganat-Ion ist nur in alkalischer Lösung, nicht in neutraler oder saurer Lösung beständig. Beim Ansäuern einer Manganatlösung – Einleiten von Kohlenstoffdioxid reicht bereits aus – bilden sich Permanganat-Ionen und Mangandioxid, das ausfällt:

$$3\,\underset{\text{grün}}{MnO_4^{2-}} + 4\,H^+ \rightarrow 2\,\underset{\text{rotviolett}}{MnO_4^-} + MnO_2 + 2\,H_2O$$

Setzt man der intensiv rotviolett gefärbten Lösung und dem braunen oder schwarzen Niederschlag eine Base zu, so entsteht wieder eine klare, grüne Lösung. Die Reaktion ist also umkehrbar.

Die Reaktion bietet ein weiteres Beispiel für das Le Châteliersche Prinzip: Durch Zusatz von Wasserstoff-Ionen, die auf der linken Seite der Umsatzgleichung auftreten, verschiebt sich das Gleichgewicht nach rechts.

Kaliumpermanganat, $KMnO_4$, ist von allen Manganverbindungen die wichtigste. Es bildet tiefpurpurrote Prismen, die sich leicht in Wasser lösen und der Lösung die für das Permanganat-Ion charakteristische, intensiv dunkelrotviolette Färbung verleihen. Die Substanz ist ein kräftiges Oxidationsmittel. Sie ist ein wichtiges Reagens, vor allem in der analytischen Chemie. Außerdem verwendet man sie als Desinfektionsmittel.

Bei Reduktion in saurer Lösung nimmt das Permanganat-Ion fünf Elektronen auf und bildet ein Mangan(II)-Ion:

$$MnO_4^- + 5\,e^- + 8\,H^+ \rightarrow Mn^{2+} + 4\,H_2O$$

In neutraler oder basischer Lösung werden drei Elektronen aufgenommen. Dabei entsteht ein Niederschlag von Mangandioxid:

$$MnO_4^- + 3\,e^- + 2\,H_2O \rightarrow MnO_2 + 4\,OH^-$$

In sehr stark basischer Lösung kann die Reduktion nach Aufnahme eines Elektrons beim Manganat-Ion stehenbleiben:

$$MnO_4^- + e^- \rightarrow MnO_4^{2-}$$

Permangansäure, $HMnO_4$, ist eine starke, sehr unbeständige Säure. Ihr Anhydrid, *Mangan(VII)-oxid*, Mn_2O_7, läßt sich durch Behandeln von Kaliumpermanganat mit konzentrierter Schwefelsäure darstellen:

$$2\,KMnO_4 + H_2SO_4 \rightarrow K_2SO_4 + Mn_2O_7 + H_2O$$

Mangan(VII)-oxid ist eine unbeständige, dunkelbraune, ölige Flüssigkeit.

Das *Mangan(III)-Ion*, Mn^{3+}, ist ein kräftiges Oxidationsmittel. Seine Salze haben keine besondere Bedeutung. Beständig sind das unlösliche Oxid, Mn_2O_3, und dessen Hydrat, $MnO(OH)$. Werden Mangen(II)-Ionen in Gegenwart von Luft als Hydroxid, $Mn(OH)_2$, gefällt, so oxidiert der Sauerstoff der Luft den weißen Niederschlag schnell zu der braunen Mangan(III)-verbindung $MnO(OH)$:

$$Mn^{2+} + 2\,OH^- \rightarrow Mn(OH)_2$$
$$4\,\underset{\text{weiß}}{Mn(OH)_2} + O_2 \rightarrow 4\,\underset{\text{braun}}{MnO(OH)} + 2\,H_2O$$

Das beständige Kation des Mangans ist das *Mangan(II)-Ion*, Mn^{2+} bzw. $Mn(H_2O)_6^{2+}$. Das hydratisierte Ion ist blaß rosa. Es bildet Salze wie $Mn(NO_3)_2 \cdot 6\,H_2O$, $MnSO_4 \cdot 7\,H_2O$ und $MnCl_2 \cdot 4\,H_2O$. Die Salze zeigen, ebenso wie das Mineral Manganspat, durchweg blaß rosa oder rötliche Farbe. Manganspat ist mit Kalkspat isomorph.

Mit Schwefelwasserstoff bilden Mangan(II)-Ionen einen fleischfarbenen Niederschlag von *Mangansulfid*, MnS:

$$Mn^{2+} + H_2S \rightarrow MnS + 2\,H^+$$

22.8. Säurebildende und basenbildende Oxide und Hydroxide

Chrom und Mangan bieten ein treffendes Beispiel für eine allgemeine Regel über die sauren und basischen Eigenschaften von Metalloxiden und Hydroxiden:
1. *Die Oxide der höheren Wertigkeitsstufen eines Elements neigen zur Bildung von Säuren.*
2. *Die niedrigeren Oxide eines Elements neigen zur Bildung von Basen.*
3. *Die Oxide mittlerer Wertigkeitsstufen können amphiprotische Eigenschaften zeigen, das heißt, sowohl Säuren als auch Basen bilden.*

Das höchste Oxid des Chroms, Chrom(VI)-oxid, CrO_3, ist sauer; es bildet Chromate und Dichromate. Das niedrigste Oxid, CrO, ist basisch; es bildet Chrom(II)-Ionen, Cr^{2+}, und deren Salze. Chrom(III)-hydroxid, $Cr(OH)_3$, ist als Vertreter einer mittleren Oxidationsstufe amphiprotisch; mit Säuren bildet es Salze des Chrom(III)-Ions, zum Beispiel Chrom(III)-sulfat, $Cr_2(SO_4)_3$, in starken Basen dagegen löst es sich unter Bildung von Chromit-Ionen, $Cr(OH)_4^-$.

In gleicher Weise sind die beiden höchsten Oxidationsstufen des Mangans, +7 und +6, vertreten durch die Anionen MnO_4^- und MnO_4^{2-}, die beiden niedrigsten Oxidationsstufen durch die Kationen Mn^{2+} und Mn^{3+}. Die mittlere Stufe, +4, ist wenig beständig (außer in der Verbindung MnO_2) und zeigt schwach amphiprotische Eigenschaften.

Es ist eine gute Übung, sich zu vergewissern, daß die oben angegebenen Regeln auch von den Oxiden anderer Elemente befolgt werden.

22.9. Die Homologen des Mangans

Technetium. Es gibt kein stabiles Isotop des Elements 43. Winzige Mengen sind von Segré und seinen Mitarbeitern künstlich hergestellt worden, die das Element Technetium nannten (Symbol Tc).

Rhenium. Das Element 75 wurde 1925 von den deutschen Chemikern Walter Noddack und Ida Tacke aufgefunden und Rhenium genannt. Die wichtigste Rheniumverbindung ist Kaliumperrhenat, $KReO_4$, eine farblose Substanz. In anderen Verbindungen tritt Rhenium in allen Oxidationsstufen von +7 bis −1 auf. Beispiele sind Re_2O_7, ReO_3, $ReCl_5$, ReO_2, Re_2O_3, $Re(OH)_2$.

Neptunium. Neptunium, das Element 93, wurde erstmalig 1940 von E. M. McMillan und P. H. Abelson an der Universität von Californien hergestellt. Sie ließen ^{238}U mit einem Neutron reagieren; dabei entstand ^{239}U, das durch Emission eines Elektrons aus dem Kern (verbunden mit Erhöhung der Ordnungszahl um 1) Neptunium lieferte:

$$^{238}_{92}U + ^{1}_{0}n \rightarrow ^{239}_{92}U$$
$$^{239}_{92}U \rightarrow e^- + ^{239}_{93}Np$$

Neptunium ist ein wichtiges Zwischenprodukt bei der Plutoniumherstellung (Kapitel 26).

Übungsaufgaben

22.1. Erörtern Sie die Oxidationszustände von Titan, Vanadium, Chrom und Mangan an Hand der Elektronenstrukturen der Elemente. Welche Elektronen werden bei der Bildung positiv zweiwertiger Ionen abgegeben? Welche Elektronen bestimmen den höchsten Oxidationszustand?

22.2. Welches Reduktionsprodukt entsteht a) bei der Reduktion von Permanganat in saurer Lösung? b) bei der Reduktion von Permanganat in basischer Lösung? c) bei der Reduktion von Dichromat in saurer Lösung? Stellen Sie für alle drei Fälle die Gleichungen für die Elektronenreaktionen auf.

22.3. Stellen Sie die Umsatzgleichung auf für die Reduktion von Dichromat-Ionen durch a) Schwefeldioxid, b) Äthanol (der Alkohol, C_2H_5OH, wird dabei zum Aldehyd, C_2H_4O, oxidiert), c) Jodid-Ionen (es entsteht Jod).

22.4. Stellen Sie die Umsatzgleichung für die chemische Reaktion auf, die sich beim Schmelzen einer Mischung von Chromeisenstein ($FeCr_2O_4$), Kaliumcarbonat und Kaliumchlorat abspielt. (Kaliumchlorat wandelt sich dabei zu Kaliumchlorid um.)

22.5. Stellen Sie die Umsatzgleichungen für die Darstellung von Kaliummanganat und Kaliumpermanganat aus Mangandioxid, Kaliumhydroxid, Luft und Kohlenstoffdioxid auf.

22.6. Welche chemische Reaktion spielt sich ab, wenn die violette Farbe einer Lösung von Chromalaun bei Zusatz von Salzsäure in Grün umschlägt?

22.7. Die beiden wichtigsten Oxidationsstufen des Urans sind +4 und +6. Von welcher der beiden erwarten Sie stärker saure Eigenschaften?

22.8. Schreiben Sie dem Hexaquokomplex des Chrom(III)-Ions eine Elektronenstruktur zu. Welche Orbitale benutzt das Chromatom zur Bildung von Bindungen? Wieviele $3d$-Orbitale sind von einsamen Elektronenpaaren besetzt? Wie groß sind die Ladungen, die sich gemäß den Elektronegativitätsdifferenzen für die einzelnen Atome ergeben?

22.9. Welcher Eigenschaft der Elemente schreiben Sie die stetige Abnahme (Vergrößerung des Negativwerts) der Bildungsenthalpien von homologen Verbindungen von links nach rechts innerhalb der Reihen in Tafel 22.2, 22.3 und 22.5 zu? Erläutern Sie Ihre Antwort an Hand einer Reihe von drei oder vier Werten.

22.10. Vergleichen Sie die in Tafel 22.2 aufgeführten Bildungsenthalpien der kristallinen Dijodide, Trijodide und Tetrajodide von Titan und Zirconium mit den Werten, die sich bei Benutzung von Gleichung 6.1 ergeben.

22.11. Stellen Sie denselben Vergleich für die Bromide von Titan und Zirconium an.

22.12. Welche Schlüsse hinsichtlich der Abhängigkeit der Elektronegativität von der Oxidationszahl ziehen Sie für Titan und Zirconium aus den Ergebnissen der beiden vorigen Aufgaben?

22.13. Setzen Sie das Ergebnis der vorigen Aufgabe als auch für Thorium gültig voraus und benutzen Sie die Angaben für $ThBr_4(f)$ und $ThI_4(f)$ zur Voraussage von Näherungswerten für die Normal-Bildungsenthalpien von $ThBr_2(f)$, $ThBr_3(f)$, $ThI_2(f)$ und $ThI_3(f)$.

22.14. Die WCl_6-Molekel hat die Gestalt eines regelmäßigen Oktaeders. Der W—Cl-Bindungsabstand beträgt 2,25 Å. Wie groß ist der Abstand zwischen benachbarten Chloratomen? (Lösung: 3,18 Å). Vergleichen Sie dieses Ergebnis mit dem van der Waalsschen Radius von Chrom im Hinblick auf die Aussage in Abschnitt 6.13, daß der effektive Radius geringer ist für Richtungen, die mit Bindungen kleine Winkel bilden.

22.15. Die Molekel $CrCl_2O_2$ ist tetraedrisch gebaut. Ihre Bindungsabstände betragen 2,12 Å für Cr—Cl und 1,57 Å für Cr—O. Erläutern Sie die Elektronenstruktur. Der Radius von Chrom für Einfachbindungen dürfte bei 1,19 Å liegen. Zu was für Aussagen über den Charakter der Bindungen in der Molekel gelangt man auf Grund der Bindungsabstände?

22. Titan, Vanadium, Chrom und Mangan und ihre Homologen

22.16. Die Flüchtigkeit von $CrCl_2O_2$ (Fp. -96 °C, Kp. 117 °C) zeigt an, daß die Molekel höchstens ein kleines elektrisches Dipolmoment besitzt. Berechnen Sie den partiellen Doppelbindungs- bzw. Dreifachbindungscharakter, den die Chrom—Chlor- und Chrom—Sauerstoff-Bindungen aufweisen müßten, damit die elektrischen Ladungen aller Atome verschwinden.

22.17. Der Bindungswinkel Cl—Cr—Cl in $CrCl_2O_2$ beträgt $114°$. Wie groß ist der Abstand zwischen den Chloratomen? (Lösung: $3,56$ Å.) Vergleichen Sie das Ergebnis mit dem van der Waalsschen Radius von Chlor.

22.18. Was für einen Bau und welche Abmessungen würden Sie für die Molekel $CrCl_6$ voraussagen? (Lösung: Abstände $2,12$ Å für Cr—Cl, $3,00$ Å zwischen Cl-Atomen.) Obwohl $MoCl_6$ und WCl_6 und viele Chrom(VI)-verbindungen als stabil bekannt sind, ist $CrCl_6$ bisher nicht hergestellt worden. Können Sie eine Erklärung vorschlagen, warum die Molekel anscheinend nicht stabil ist?

Kapitel 23

Organische Chemie

23.1. Wesen und Gesichtskreis der organischen Chemie

Die organische Chemie ist die Chemie der Kohlenstoffverbindungen. Sie ist außerordentlich umfangreich: über eine Million verschiedener organischer Verbindungen sind in der chemischen Literatur beschrieben. Viele von ihnen sind aus Organismen isoliert worden, viele andere haben Chemiker im Laboratorium synthetisiert.

Natürliche Vorkommen, Herstellungsverfahren, Zusammensetzung, Struktur, Eigenschaften und Verwendungszwecke einiger organischer Verbindungen – Kohlenwasserstoffe, Alkohole, Chlorderivate von Kohlenwasserstoffen und organische Säuren – haben uns bereits in Kapitel 7 beschäftigt. Wir wollen dieses Thema nun wieder aufgreifen und unser Augenmerk dabei hauptsächlich auf Naturstoffe, vor allem auf wertvolle Produkte pflanzlicher Herkunft, sowie auf synthetische Erzeugnisse von praktischer Bedeutung richten. Auf verschiedene wichtige Fachgebiete, die zur organischen Chemie gehören, können wir im Rahmen dieses Buches nicht eingehen; dazu zählen die Verfahren zur Isolierung und Reinigung von Naturstoffen sowie zur Analyse, Strukturbestimmung und Synthese organischer Substanzen, soweit sie nicht schon in Kapitel 7 besprochen worden sind.

Im wesentlichen sind es zwei Wege, auf denen der organische Chemiker vorgeht. Der eine Weg beginnt mit der Untersuchung eines natürlichen Materials, einer Pflanze zum Beispiel, von dem bekannt ist, daß es besondere Eigenschaften besitzt. Nehmen wir an, es handele sich um eine Pflanze, die Eingeborene tropischer Gebiete zur Heilung von Malaria benutzen. Der Chemiker wird in einem solchen Fall zunächst mit einem Lösungsmittel wie Alkohol oder Äther einen Extrakt aus der Pflanze herstellen und mit verschiedenen Trennverfahren den Extrakt in Fraktionen zerlegen. Nach jeder Fraktionierung untersucht er, in welcher der Fraktionen der Wirkstoff noch enthalten ist. Auf diese Weise mag es ihm schließlich gelingen, den Wirkstoff rein und in kristalliner Form zu isolieren. Nun wird er versuchen, die Substanz zu analysieren und ihr Molekulargewicht zu bestimmen. Damit erhält er Aufschluß darüber, aus welchen Atomen sich eine Molekel der Substanz zusammensetzt. Als nächstes untersucht er die chemischen Eigenschaften der Substanz; er spaltet die Molekeln der Substanz in kleinere Molekeln, die er mit denen bereits bekannter Substanzen zu identifizieren sucht. Auf diese Weise versucht er, die Molekularstruktur der Substanz zu ermitteln. Wenn ihm das gelungen ist, wird er versuchen, die Substanz zu synthetisieren. Vielleicht macht er ein geeignetes Verfahren zur Synthese ausfindig, das weniger Kosten verursacht als die Isolierung des

Naturprodukts. Dann wird man dazu übergehen, den Wirkstoff in größeren Mengen künstlich herzustellen.

Der andere Weg, den der organische Chemiker beschreitet, besteht in der Synthese und Untersuchung einer großen Zahl organischer Verbindungen und im ständigen Bemühen, die empirischen Befunde durch Theorien miteinander in Beziehung zu setzen. Oft geben Kenntnisse über Struktur und Eigenschaften natürlich vorkommender Substanzen wertvolle Anhaltspunkte dafür, bei welchen Verbindungsklassen sich die Untersuchung zu lohnen verspricht. Das Endziel dieser Arbeitsrichtung ist es, ein lückenloses Verständnis dafür zu gewinnen, wie die Molekularstruktur die physikalischen, chemischen und auch physiologischen Eigenschaften organischer Substanzen bestimmt. Was die physikalischen und chemischen Eigenschaften betrifft, hat die chemische Forschung heute schon beachtliche Fortschritte erzielt. Dagegen ist man beim Versuch, die Zusammenhänge zwischen Molekularstruktur und physiologischer Wirksamkeit zu klären, über erste Ansätze bisher nicht hinausgekommen. Diese Frage ist eine der größten und wichtigsten, vor die sich die kommenden Forschergenerationen gestellt sehen.

23.2. Erdöl und die Kohlenwasserstoffe

Eine der wichtigsten Quellen organischer Verbindungen ist das *Erdöl* (Rohöl), eine dunkelfarbene, zähe Flüssigkeit, die hauptsächlich aus einem Gemisch verschiedener Kohlenwasserstoffe (Verbindungen von Kohlenstoff und Wasserstoff; siehe Abschnit 7.2) besteht. Es wird aus unterirdischen Vorkommen gefördert, die mit Bohrtürmen angezapft werden. Erdöl ist eins der verbreitetsten Massengüter: seine Jahresproduktion übersteigt eine Milliarde Tonnen. Ein großer Teil davon wird unmittelbar als Brennstoff verbraucht, aber ein sehr erheblicher Teil wird in Fraktionen aufgetrennt oder als Ausgangsstoff für die Herstellung anderer Produkte verwendet.

Die Erdölraffination. Eine Reihe von Produkten von großer praktischer Bedeutung erhält man aus Rohöl durch *Raffination*. Hierbei wird das Rohöl durch Destillationen in Fraktionen zerlegt und zur Veredelung, insbesondere zur Entfernung unerwünschter Bestandteile (z.B. Schwefelverbindungen) chemischer Behandlung unterworfen. Zu den Fraktionen zählt der schon in Abschnitt 7.2 erwähnte Petroläther, ein leichtflüchtiges Pentan-Hexan-Heptan-Gemisch (C_5H_{12} bis C_7H_{16}), das als Lösungsmittel und als Trockenreinigungsmittel für Kleidungsstücke benutzt wird. Benzin, die hauptsächlich aus Heptan bis Nonan (C_7H_{16} bis C_9H_{20}) bestehende Fraktion, dient vor allem als Treibstoff für Benzinmotoren. Petroleum (Leuchtpetroleum), die Decan bis Hexadecan ($C_{10}H_{22}$ bis $C_{16}H_{34}$) enthaltende Fraktion wird ebenfalls als Treibstoff verwendet. Treiböl schließlich besteht aus noch schwerflüchtigeren Kohlenwasserstoffen.

Als Destillationsrückstand hinterbleibt *Bitumen*, eine schwarze, teerartige Masse, die mit Gestein gemischt als *Asphalt* im Straßenbau, zur Herstellung von Dachbelag, als Binder bei der Herstellung von Briketts aus Kohlenstaub und als Brennstoff verwendet wird. Natürliches Asphalt, das in Lagerstätten auf Trinidad, in den Vereinigten Staaten (Texas, Oklahoma) usw. auftritt, hat sehr ähnliche Zusammensetzung und Eigenschaften und ist vermutlich durch langsame, natürliche Destillation von Ölansammlungen entstanden.

23.2. Erdöl und die Kohlenwasserstoffe

Erdöl hält man ebenso wie Kohle für ein Produkt der Zersetzung organischer Stoffe, die von Pflanzen stammen, die vor vielen Millionen Jahren auf unserer Erde gewachsen sind. (Schätzungen lauten auf 250 Millionen Jahre.)

Kracken und Polymerisation. Um dem ständig anwachsenden Benzinbedarf zu genügen, ist man zu Verfahren übergegangen, die die Benzinausbeute bei der Erdölaufarbeitung erhöhen. Das einfache „Kracken" besteht in der Anwendung hoher Temperatur zum Aufbrechen der großen Molekeln in kleinere. Zum Beispiel kann eine Molekel $C_{12}H_{26}$ beim Bruch je eine Molekel C_6H_{14} (Hexan) und C_6H_{12} (Hexen, mit einer Doppelbindung) liefern. Heute sind verschiedene recht komplizierte Krackverfahren im Gebrauch. Bei einigen von ihnen wird flüssiges Rohöl unter etwa 50 atm Druck, vielfach in Gegenwart von Katalysatoren wie Aluminiumchlorid, $AlCl_3$, auf Temperaturen um 500 °C erhitzt. Andere arbeiten in der Dampfphase mit Katalysatoren wie etwa Zirconiumdioxid auf Ton.

In umgekehrter Weise kann man Benzinkohlenwasserstoffe erhalten durch *Polymerisation* leichterer ungesättigter Kohlenwasserstoffe. Zum Beispiel können zwei Molekeln Äthylen, C_2H_4, miteinander reagieren und Buten, C_4H_8 (CH_3—CH=CH—CH_3), bilden. Schließlich fällt Benzin ebenfalls an bei der Hydrierung (Behandlung mit Wasserstoff) von Öl und Kohle. Viele organische Chemikalien werden in großen Mengen aus diesen wertvollen Rohstoffen hergestellt.

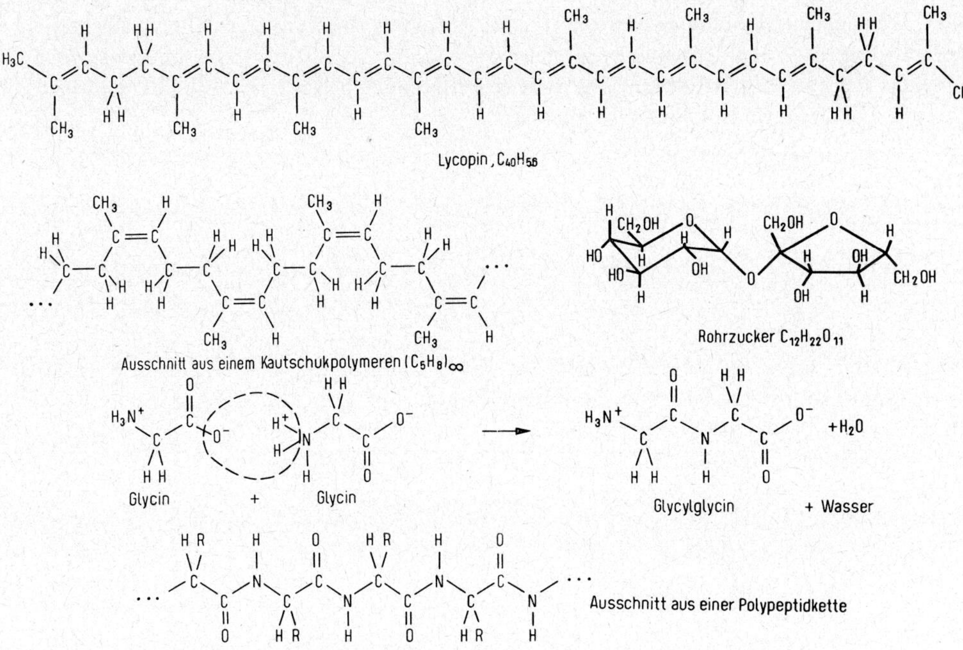

Abb. 23.1. Strukturformeln einiger organischer Molekeln.

Kohlenwasserstoffe mit mehreren Doppelbindungen. Die Struktur und Eigenschaften von Äthylen, dessen Molekel eine Doppelbindung aufweist, haben wir schon in Abschnitt 7.3 erörtert. Unter den wichtigen Naturstoffen befinden sich einige Kohlenwasserstoffe, die mehrere Doppelbindungen enthalten. So ist zum Beispiel der rote Farbstoff der Tomate, das *Lycopin*, ein ungesättigter Kohlenwasserstoff der Formel $C_{40}H_{56}$. Seine Struktur ist in Abbildung 23.1 angegeben.

Die Lycopinmolekel enthält dreizehn Doppelbindungen. Elf davon sind in besonderer Weise über die Molekel verteilt: entlang der Kohlenstoffkette wechseln Doppelbindungen mit Einfachbindungen ab. Dieses strukturelle Merkmal findet sich bei einer Reihe ungesättigter organischer Verbindungen, die man als Systeme mit *konjugierten Doppelbindungen* bezeichnet. Die konjugierten Doppelbindungen verleihen der Molekel besondere Eigenschaften, zum Beispiel die Fähigkeit, Licht im sichtbaren Spektralbereich zu absorbieren; die Substanzen sind deshalb farbig.

Neben Lycopin gibt es eine Anzahl Isomere der Formel $C_{40}H_{56}$, darunter das α-Carotin und das β-Carotin. Es handelt sich um gelbe und rote Substanzen, die in Butter, Milch, grünblättrigem Gemüse, Eiern, Lebertran, Karotten, Tomaten und anderen Gemüsepflanzen und Früchten auftreten. Für den menschlichen Körper sind sie wichtig, weil er aus ihnen Vitamin A aufbauen kann (siehe Kapitel 24).

Polycyclische Substanzen. Viele wichtige Stoffe zählen zu den sogenannten *polycyclischen Substanzen*, in deren Molekeln mehrere miteinander verschmolzene Ringe von Atomen auftreten. Naphthalin, Anthracen und Phenanthren sind Vertreter polycyclischer aromatischer Kohlenwasserstoffe (siehe Abschnitt 7.4). Ein typischer polycyclischer aliphatischer Kohlenwasserstoff ist *Pinen*, $C_{10}H_{16}$, der Hauptbestandteil des *Terpentinöls*. Terpentinöl wird durch Destillation zähflüssiger Harze von Nadelbäumen gewonnen. Die Struktur der Pinenmolekel ist

Eine andere interessante bicyclische Substanz ist *Campher*. Man erhält ihn aus dem Holz des Campherbaums durch Wasserdampfdestillation. Vor einiger Zeit wurde ein Verfahren zur Synthese von Campher entdeckt, das vom Pinen ausgeht. Die Camphermolekel hat annähernd kugelförmige Gestalt; sie bildet eine Art Käfig:

Campher hat die Formel $C_{10}H_{16}O$, seine Molekeln enthalten also ein Sauerstoffatom. Wird dieses durch zwei Wasserstoffatome ersetzt, so entsteht ein Kohlenwasserstoff, das *Camphan*, $C_{10}H_{18}$. Campher wird in der Medizin sowie zur Herstellung bestimmter Kunststoffe verwendet. Gewöhnliches *Zelluloid* besteht aus Nitrocellulose, der als Weichmacher etwas Campher zugefügt worden ist.

Kautschuk. Kautschuk ist eine organische Substanz, die in der Hauptsache aus dem Saft des Gummibaums, *Hevea brasiliensis*, gewonnen wird. Die Kautschukmolekeln sind langkettige Polymere von *Isopren*, C_5H_8. Isopren hat die Struktur

$$\begin{array}{c} H H \\ | | \\ H-C C \\ \diagdown \diagup C-H \\ C \\ \diagup \diagdown \\ H_3C H \end{array}$$

Die Struktur des Kautschuk-Polymeren, das in der Pflanze gebildet wird, ist in Abbildung 23.1 wiedergegeben.

Kautschuk verdankt seine charakteristischen Eigenschaften der Tatsache, daß er aus sehr langgestreckten Molekeln besteht, die regellos miteinander verschlungen sind. Die Molekeln sind so gebaut, daß sie keine Neigung zeigen, sich Seite an Seite regelmäßig anzuordnen, das heißt, zu kristallisieren, vielmehr ziehen sie ihren ungeordneten Zustand vor.

Die Kautschukmolekeln enthalten eine große Zahl von Doppelbindungen, und zwar eine in jedem Isoprenbaustein. Im natürlichen Kautschuk nimmt die Kohlenstoffkette an der Doppelbindung *cis*-Konfiguration ein (vgl. die Strukturformel in Abb. 23.1). *Guttapercha* ist eine Substanz ebenfalls pflanzlichen Ursprungs, die aus Molekeln gleicher Art besteht, jedoch mit *trans*-Konfiguration an der Doppelbindung. Wegen dieses Unterschieds in der Atomanordnung kristallisiert Guttapercha leichter als Kautschuk.

Gewöhnlicher, nicht vulkanisierter Kautschuk ist klebrig. Da zwischen seinen Molekeln kein Zusammenhalt besteht, heftet er sich an jedes Material, mit dem er in Berührung kommt. Die Klebrigkeit wird durch *Vulkanisation* beseitigt. Hierzu erhitzt man den Kautschuk mit Schwefel. Die Schwefelmolekeln S_8 öffnen sich während der Vulkanisation, reagieren mit den Doppelbindungen der Kautschukmolekeln und bilden Schwefelbrücken zwischen den einzelnen Kautschukmolekeln aus. Die Schwefelbrücken verwandeln die Anhäufung einzelner Kautschukmolekeln in ein großes, räumliches Netzwerk, das sich durch die gesamte Kautschukprobe erstreckt. Vulkanisation mit wenig Schwefel führt zu weichen Produkten, die zu Gummibändern oder (mit Füllstoffen wie Ruß oder Zinkoxid) zu Kraftfahrzeugreifen verarbeitet werden. Setzt man Schwefel in größerer Menge zu, so entsteht ein wesentlich härteres Produkt (Hartgummi).

Heute sind eine Reihe von Stoffen unter dem Namen „synthetischer Kautschuk" im Gebrauch. Genaugenommen handelt es sich nicht um synthetische Kautschuke, denn in Zusammensetzung und Struktur stimmen die Kunststoffe mit dem Naturprodukt nicht überein. Vielmehr sind die Kunststoffe Materialien, deren Eigenschaften denen des Kautschuks ähnlich sind und die an seiner Stelle verwendet werden können. Die Substanz *Chloropren*, C_4H_5Cl, der Baustein eines synthetischen Kautschuks (Chloroprenkautschuk), unterscheidet sich in ihrer Struktur

```
    H   H
    |   |
H-C     C
   \\ / \\
    C   C-H
    |   |
    Cl  H
```

von Isopren, dem Baustein des Naturkautschuks, nur dadurch, daß ein Chloratom den Platz einer Methylgruppe einnimmt. Chloroprenkautschuk und andere synthetische Kautschuke sind in ihren Eigenschaften für manche Zwecke dem Naturkautschuk überlegen und haben sich viele Anwendungsgebiete erobert.

23.3. Alkohole und Phenole

Die aliphatischen Alkohole leiten sich von den aliphatischen Kohlenwasserstoffen durch Ersatz eines Wasserstoffatoms durch eine Hydroxylgruppe, —OH, ab. Die beiden einfachsten Alkohole, Methanol (Methylalkohol) und Äthanol (Äthylalkohol) sind uns schon in Abschnitt 7.6 begegnet. Die Schmelzpunkte, Siedepunkte und Dichten verschiedener Alkohole zeigt Tafel 23.1.

Tafel 23.1. Physikalische Eigenschaften einiger Alkohole und Phenole.

	Schmelzpunkt	Siedepunkt	Dichte im flüssigen Zustand
Methanol, CH_3OH	$-97,8\,°C$	$64,7\,°C$	$0,796\ \mathrm{g\ cm^{-3}}$
Äthanol, C_2H_5OH	$-117,3$	$78,5$	$0,789$
n-Propanol, $CH_3(CH_2)_2OH$	-127	$97,2$	$0,804$
iso-Propanol, $CH_3CHOHCH_3$	-89	$82,3$	$0,785$
n-Butanol, $CH_3(CH_2)_3OH$	-89	$117,7$	$0,810$
sec-Butanol, $CH_3CHOHCH_2CH_3$	-89	100	$0,808$
tert-Butanol, $(CH_3)_3COH$	25	83	$0,789$
1-Pentanol, $CH_3(CH_2)_4OH$	-78	138	$0,814$
Äthylenglycol, CH_2OHCH_2OH	-17	197	$1,116$
1,2-Propandiol, $CH_2OHCHOHCH_3$		189	$1,040$
1,3-Propandiol, $CH_2OHCH_2CH_2OH$		214	$1,053$
Glycerin, $CH_2OHCHOHCH_2OH$	$17,9$	290	$1,260$
Benzylalkohol, $C_6H_5CH_2OH$	$-15,3$	205	$1,050$
Phenol, C_6H_5OH	41	182	$1,072$[1]
o-Kresol, $CH_3C_6H_4OH$	30	192	$1,047$[1]
m-Kresol, $CH_3C_6H_5OH$	11	203	$1,034$
p-Kresol, $CH_3C_6H_5OH$	36	203	$1,035$[1]

1 Dichte der kristallinen Substanz.

Einige der schwereren Alkohole werden aus Olefinen hergestellt, die als Nebenprodukte bei der Raffination von Erdöl anfallen. Zum Beispiel kann in Gegenwart eines Katalysators bei hoher Temperatur und unter hohem Druck in der Dampfphase Wasser an Propen, $CH_2{=}CH{-}CH_3$, angelagert werden:

$$CH_2{=}CH{-}CH_3 + H_2O \longrightarrow CH_3{-}\underset{\underset{OH}{|}}{CH}{-}CH_3$$

Dabei entsteht *Isopropanol* (Isopropylalkohol), auch *2-Propanol* genannt. (Die Zahl 2 gibt an, daß der Substituent am zweiten Kohlenstoffatom der Kette hängt.) Einen solchen Alkohol mit der allgemeinen Strukturformel

$$\begin{array}{c} R \diagdown \;\; \diagup OH \\ C \\ R \diagup \;\; \diagdown H \end{array}$$

das heißt, mit zwei (gleichen oder verschiedenen) organischen Gruppen R, die mit C—C-Bindungen am Alkohol-Kohlenstoffatom hängen, nennt man *sekundären Alkohol*. Dagegen haben *primäre Alkohole* die allgemeine Formel

$$\begin{array}{c} R \diagdown \;\; \diagup OH \\ C \\ H \diagup \;\; \diagdown H \end{array}$$

Zu ihnen zählen zum Beispiel Äthanol und 1-Propanol, $CH_3CH_2CH_2OH$. *Tertiäre Alkohole* tragen drei organische Gruppen:

$$\begin{array}{c} R \diagdown \;\; \diagup OH \\ C \\ R \diagup \;\; \diagdown R \end{array}$$

Ihr einfachster Vertreter ist *tert*. Butanol, $(CH_3)_3COH$. Die verschiedenen Propyl- und Butylalkohole werden als Lösungsmittel, insbesondere als flüchtige Bestandteile von Lacken usw. benutzt.

Wegen ihrer Fähigkeit, mittels ihrer Hydroxylgruppen Wasserstoffbrücken zu bilden, weisen die Alkohole höhere Schmelzpunkte und Siedepunkte auf und sind in Wasser besser löslich als andere organische Verbindungen vergleichbaren Molekulargewichts. Die niedrigeren Alkohole einschließlich *tert*. Butanol sind mit Wasser unbegrenzt mischbar. Die anderen Butylalkohole sind in Wasser nur begrenzt löslich, allem Anschein nach weil ihre weniger kompakten C_4H_9-Gruppen sich in die Wasserstruktur nicht so gut einpassen können wie die tertiären Butylgruppen. (Vgl. hierzu die Bemerkungen über kristalline Hydrate, Abschnitt 12.6.)

Mehrwertige Alkohole. Es gibt auch Alkohole, die mehrere Hydroxylgruppen an verschiedenen Kohlenstoffatomen tragen. Sie heißen *mehrwertige* Alkohole. Ihr einfachster Vertreter ist *Äthylenglykol*[1] *(Äthandiol)*:

$$\begin{array}{c} CH_2OH \\ | \\ CH_2OH \end{array}$$

das als Lösungsmittel und als Frostschutzmittel für Kühlwasser in Kraftfahrzeugen verwendet wird. *Glycerin (Propantriol)* ist ein dreiwertiger Alkohol der Struktur

$$\begin{array}{c} H \\ | \\ H-C-OH \\ | \\ H-C-OH \\ | \\ H-C-OH \\ | \\ H \end{array}$$

---

1 *Glykole* sind ganz allgemein zweiwertige Alkohole mit Hydroxylgruppen an benachbarten Kohlenstoffatomen, z.B. Propylenglykol (1,2-Propantriol), CH_3-CHOH-CH_2OH. Der einfachste Vertreter, Äthylenglykol, wird jedoch auch kurz Glykol genannt.

Glycerin ist eine viskose Flüssigkeit, die als Frostschutzmittel, als feuchtigkeitserhaltendes Mittel in Tabak, Zahnpaste usw. sowie in großem Umfang zur Herstellung von Sprengstoffen verwendet wird. Glycerin reagiert mit einer Mischung von Salpetersäure und Schwefelsäure unter Bildung von *Glycerintrinitrat* (landläufig mit dem inkorrekten Namen *Nitroglycerin* bezeichnet):

$$\begin{array}{l}CH_2OH \\ CHOH \\ CH_2OH\end{array} + 3\ HONO_2 \xrightarrow{H_2SO_4} \begin{array}{l}CH_2ONO_2 \\ CHONO_2 \\ CH_2ONO_2\end{array} + 3\ H_2O$$

Glycerintrinitrat, ein brisanter und tückischer Sprengstoff in Form einer viskosen Flüssigkeit, war in den Jahrzehnten um 1860 trotz zahlloser tödlicher Unfälle für Sprengungen und im Bergbau allgemein im Gebrauch. Im Jahr 1867 entdeckte dann der Schwede Alfred Nobel (1833–1896), ein technischer Chemiker, daß die Gefahren der Handhabung von Glycerintrinitrat sich durch Beimischen von Adsorptionsmitteln wie Kieselgur weitgehend beseitigen lassen. Das auf diese Weise erhaltene Material ist als *Dynamit* bekannt. Nobel erfand weiterhin 1876 die *Sprenggelatine*, ein wirkungsvolles Detonationsmittel, das man durch Tränken von Cellulosenitrat (Schießbaumwolle) in Glycerintrinitrat erhält. 1889 entwickelte er *Ballistit*, ein knetbares Material aus Cellulosenitrat und Glycerintrinitrat von so abgestimmter Zusammensetzung, daß es glatt und rasch abbrennt, ohne zu detonieren.

Die aromatischen Alkohole. *Benzylalkohol*, C_6H_5—CH_2OH, ist ein aromatischer Alkohol. In ihm hängt die Hydroxylgruppe an einem Alkyl-Kohlenstoffatom, das seinerseits an einen Benzolring gebunden ist. In ihren Eigenschaften sind Benzylalkohol und aromatische Alkohole ganz allgemein den aliphatischen Alkoholen ähnlich.

Die Phenole. Verbindungen, in denen ein oder mehrere Hydroxylgruppen unmittelbar an Kohlenstoffatome eines Benzolrings (oder eines anderen aromatischen Ringsystems wie z.B. das des Naphthalins) gebunden sind, heißen *Phenole*, nach dem einfachsten Vertreter dieser Klasse, dem *Phenol* (Hydroxybenzol), C_6H_5OH. Vom Toluol leiten sich drei isomere *Kresole* mit Hydroxyl- und Methylgruppen in *ortho-*, *meta-* zw. *para-*Stellung ab (1-Hydroxy-2-methylbenzol, 1-Hydroxy-3-methylbenzol und 1-Hydroxy-4-methylbenzol):

o-Kresol *m*-Kresol *p*-Kresol

Phenol und die Kresole fallen bei der Aufarbeitung von Steinkohlen- und Braunkohlenteer an. Verwendet werden sie als Desinfektionsmittel („Carbolsäure" ist Phenol) und zur Herstellung von Kunstharzen.

In ihren Eigenschaften unterscheiden sich die Phenole von den aliphatischen und aromatischen Alkoholen in charakteristischer, mit der Theorie der Resonanz erklärbarer Weise. Der größte Unterschied besteht in der Säurestärke: während die Alkohole (in wäßriger Lösung) Säurekonstanten um $1 \cdot 10^{-16}$ mol l^{-1} aufweisen, sind die Phenole mit Säurekonstanten von etwa $1 \cdot 10^{-10}$ mol l^{-1} rund eine Million mal so starke Säuren. Die Säurekonstante ist die Gleichgewichtskonstante des Dissoziationsgleichgewichts

$$ROH \rightleftharpoons RO^- + H^+$$

Im Fall eines Alkohols wie Methanol hat das Anion RO$^-$ die Elektronenstruktur H$_3$C—Ö:$^-$. Im Fall von Phenol dagegen kann man dem Phenolat-Anion eine Hybridstruktur zuschreiben, zu der eine ganze Reihe von einzelnen Bindungsstrukturen beitragen:

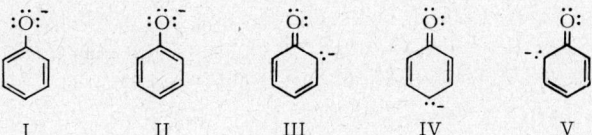

I II III IV V

Die Resonanzenergie dieser fünf Strukturen stabilisiert das Phenolat-Ion stärker als die Resonanz der beiden Kekulé-Strukturen die undissoziierte Phenolmolekel stabilisiert. (In der letzteren liefern die weiteren drei Strukturen, die auf Ladungstrennung beruhen, nur einen geringfügigen Beitrag.) Die zusätzliche Stabilisierung des Anions erhöht die Säurekonstante. Der beobachtete Faktor von 10^6 entspricht dem durchaus vernünftigen Wert von 33 kJ mol^{-1} für die zusätzliche Resonanzenergie des Phenolat-Ions.

23.4. Aldehyde und Ketone

Die Alkohole und Äther vertreten die niedrigste Oxidationsstufe bei der Oxidation von Kohlenwasserstoffen. Weitere Oxidation führt zu Substanzen, die als *Aldehyde* und *Ketone* bezeichnet werden. Die Aldehyde haben die allgemeine Formel

$$R-C\overset{H}{\underset{\parallel}{}}\!\!\!\!\!\!\!\!\!\!\!\!_{Ö:}$$

die Ketone dagegen

$$\underset{R}{\overset{R}{\diagdown}}C=\ddot{O}:$$

Die Gruppe

$$\diagup\!\!\!\!\!C=O$$

bezeichnet man als *Carbonylgruppe*. Zu den Aldehyden zählt *Formaldehyd*

$$\underset{H}{\overset{H}{\diagdown}}C=\ddot{O}:$$

der durch Überleiten von Methanoldampf und Luft über einen heißen Metallkatalysator hergestellt werden kann:

$$2CH_3OH + O_2 \rightarrow 2HCHO + 2H_2O$$

Formaldehyd ist ein Gas mit scharfem, die Schleimhäute reizenden Geruch. Er wird als Desinfektionsmittel und Antiseptikum gebraucht, außerdem zur Herstellung von Kunstharzen, in der Kunstseidenfabrikation sowie beim Gerben von Leder.

Acetaldehyd, CH_3CHO, ist dem Formaldehyd ähnlich und kann durch Oxidation von Äthanol hergestellt werden.

Die Ketone sind hervorragende Lösungsmittel für organische Verbindungen und werden als solche in großem Umfang in der chemischen Industrie benutzt. Das einfachste und wichtigste Keton ist *Aceton*, $(CH_3)_2CO$ (also Dimethylketon), ein ausgezeichnetes Lösungsmittel für Nitrocellulose.

Acrolein, $CH_2=CHCHO$, ist der einfachste ungesättigte Aldehyd. Acrolein ist eine Flüssigkeit mit dem charakteristischen, beißenden Geruch von verbranntem Fett. Es entsteht beim Erhitzen von Fett oder Öl über 300 °C und kann durch Erhitzen von Glycerin mit einem wasserentziehenden Mittel dargestellt werden:

$$C_3H_5(OH)_3 \xrightarrow{KHSO_4} CH_2CHCHO + 2\,H_2O$$

Viele der höheren Aldehyde und Ketone haben einen angenehmen Geruch, vor allem die aromatischen Aldehyde, von denen einige als Aromastoffe verwendet werden. Zu diesen zählt *Vanillin*, der Aromastoff der Vanilleschote mit der Struktur

[Strukturformel von Vanillin mit OCH_3, OH und $HC=O$ am Benzolring]

Vanillin ist also ein Aldehyd und gleichzeitig ein Phenol und ein aromatischer Äther.

Tafel 23.2. Physikalische Eigenschaften einiger Aldehyde und Ketone.

	Schmelzpunkt	Siedepunkt	Dichte im flüssigen Zustand
Formaldehyd, HCHO	−92 °C	−21 °C	0,82 g cm^{-3}
Acetaldehyd, CH_3CHO	−124	21	0,782
Propionaldehyd, CH_3CH_2CHO	−81	49	0,807
n-Butyraldehyd, $CH_3(CH_2)_2CHO$	−98	76	0,817
iso-Butyraldehyd, $(CH_3)_2CHCHO$	−66	62	0,794
Glyoxal, OHCCHO	15	50	1,14
Acrolein, $CH_2=CHCHO$	−88	53	0,841
Benzaldehyd, C_6H_5CHO	−26	180	1,050
Aceton, CH_3COCH_3	−95	57	0,792
Methyläthylketon, $CH_3COCH_2CH_3$	−86	80	0,805
Methyl-n-propylketon, $CH_3CO(CH_2)_2CH_3$	−79	102	0,812
Diäthylketon, $CH_3CH_2COCH_2CH_3$	−42	103	0,815
Diacetyl, $CH_3COCOCH_3$		88	0,978
Acetylaceton, $CH_3COCH_2COCH_3$	−23	137	0,976
Acetophenon, $CH_3COC_6H_5$	20	202	1,026
Benzophenon, $C_6H_5COC_6H_5$	49	306	1,098[1]

1 Dichte der kristallinen Substanz.

Als Beispiel eines besonders kräftig duftenden Ketons sei *Muscon* genannt, das aus Abscheidungen der Duftdrüsen des Moschusochsen gewonnen und für Parfüms verwendet wird. Seine Molekel, die einen ungewöhnlich großen, 15-gliedrigen Ring von Kohlenstoffatomen enthält, hat die Struktur

$$H_3C-CH-CH_2-C=O$$
$$\quad\;\;\llcorner(CH_2)_{12}\lrcorner$$

Einige physikalische Eigenschaften verschiedener Aldehyde und Ketone sind in Tafel 23.2 angegeben.

23.5. Die organischen Säuren und ihre Ester

Essigsäure, CH_3COOH, war schon in Abschnitt 7.6 als Beispiel einer organischen Säure genannt worden. Die einfachste organische Säure ist *Ameisensäure*, HCOOH, die durch Destillation des Safts zerriebener Ameisen erhalten werden kann. Ihre Salze heißen *Formiate* (nach dem lateinischen Namen *acidum formicicum*, von *formica*, Ameise).
Eine Übersicht über die Eigenschaften einiger der wichtigeren organischen Säuren zeigt Tafel 23.3. Wie ersichtlich, liegt bei den Monocarbonsäuren die Säurekonstante im Bereich von $2 \cdot 10^{-4}$ bis $1 \cdot 10^{-5}$ mol l^{-1} (pK 3,7 bis 5). Daß die Hydroxylgruppen in den Carbonsäuren eine größere Säurestärke zeigen als in den Alkoholen, kann die Theorie der Resonanz verständlich machen, und zwar ist die Erklärung ähnlich wie im Fall der Phenole (vgl. Abschnitt 23.3). Carbonsäuren dissoziieren gemäß

$$RCOOH \rightleftharpoons RCOO^- + H^+$$

Tafel 23.3. Eigenschaften einiger Carbonsäuren.

	Schmelzpunkt	Siedepunkt	Dichte im flüssigen Zustand	pK_s
Ameisensäure, HCOOH	8 °C	101 °C	1,226 g cm^{-3}	3,77
Essigsäure, CH_3COOH	17	118	1,049	4,76
Propionsäure, CH_3CH_2COOH	−22	141	0,992	4,88
Buttersäure, $CH_3(CH_2)_2COOH$	−6	164	0,959	4,82
iso-Buttersäure, $(CH_3)_2CHCOOH$	−47	154	0,949	4,85
Valeriansäure, $CH_3(CH_2)_3COOH$	−35	187	0,942	4,81
Capronsäure, $CH_3(CH_2)_4COOH$	−1	205	0,945	4,81
Palmitinsäure, $CH_3(CH_2)_{14}COOH$	64	380	0,853	
Stearinsäure, $CH_3(CH_2)_{16}COOH$	69	383	0,847	
Acrylsäure, $CH_2=CHCOOH$	12	142	1,062	4,26
Ölsäure, $CH_3(CH_2)_7CH=CH(CH_2)_7COOH$	14	300	0,895	
Milchsäure, $CH_3CHOHCOOH$	18		1,248	3,87
Oxalsäure, HOOCCOOH	189			1,46[1]
Malonsäure, $HOOCCH_2COOH$	136		1,631[2]	2,80[1]
Bernsteinsäure, $HOOC(CH_2)_2COOH$	185		1,564[2]	4,17[1]
Benzoesäure, C_6H_5COOH	122	249	1,266[2]	4,17
Salicylsäure, o-HOC$_6$H$_4$COOH	159		1,443[2]	3,00

1 Für die erste Dissoziationsstufe.   2 Dichte der kristallinen Substanz.

Dem Anion RCOO⁻ können zwei Elektronenstrukturen zugewiesen werden:

$$\text{A} \qquad \text{B}$$

Die beiden Strukturen sind einander äquivalent und tragen deshalb zu gleichen Teilen zur Hybridstruktur bei, die das Anion im Normalfall annimmt. Entsprechend einer solchen vollständigen Resonanz zweier Valenzstrukturen erfährt das Anion die größtmögliche Resonanzstabilisierung. Für die undissoziierte Säure dagegen sind die beiden Valenzstrukturen

$$\text{A}' \qquad \text{B}'$$

Hier ist die Struktur B' wegen der mit ihr verbundenen Trennung elektrischer Ladung weniger stabil als die Struktur A'. Infolgedessen ist die Säure im Normalzustand ein Resonanzhybrid vorwiegend der Struktur A' mit nur einem geringen Beitrag der Struktur B' und somit einer nur schwachen Resonanzstabilisierung. Wie diese Überlegung zeigt, ist das Anion gegenüber der undissoziierten Säure durch seine stärkere Resonanz stabilisiert. Diese Stabilisierung verschiebt das Dissoziationsgleichgewicht zu Gunsten des Ions und erhöht damit die Säurestärke. Die Erhöhung der Säurekonstanten von $1 \cdot 10^{-16}$ mol l⁻¹ (für Alkohole) bis auf $1 \cdot 10^{-4}$ mol l⁻¹ entspricht einer Resonanzstabilisierung des Säureanions gegenüber der undissoziierten Säure um etwa 67 kJ mol⁻¹.

Ameisensäure und Essigsäure sind die ersten beiden Glieder einer Reihe von Carbonsäuren, der sogenannten *Fettsäuren*. Die nächsten beiden Glieder der Reihe sind *Propionsäure*, CH_3CH_2COOH, und *Buttersäure*, $CH_3CH_2CH_2COOH$. Der Geruch ranziger Butter rührt im wesentlichen von Buttersäure her.

Einige der wichtigsten in der Natur vorkommenden organischen Säuren tragen die Carboxylgruppe am Ende einer langen Kohlenwasserstoffkette. Hierzu zählen *Palmitinsäure*, $CH_3(CH_2)_{14}COOH$, und *Stearinsäure*, $CH_3(CH_2)_{16}COOH$. Der Stearinsäure ähnlich ist die *Ölsäure*, $CH_3(CH_2)_7CH=CH(CH_3)_7COOH$, nur enthält diese an einer Stelle der Kette eine Doppelbindung zwischen zwei Kohlenstoffatomen.

Oxalsäure, $(COOH)_2$, ist eine giftige Substanz, die in einigen Pflanzen vorkommt. Ihre Molekeln bestehen aus zwei aneinander gebundenen Carboxylgruppen:

Milchsäure enthält außer der Carboxylgruppe eine Hydroxylgruppe:

ist also eine Hydroxypropionsäure. Sie entsteht, wenn Milch sauer wird und wenn Kohl vergärt. Ihr verdanken saure Milch und Sauerkraut den sauren Geschmack. Die

Salze der Milchsäure heißen *Lactate*. *Weinsäure* ist eine Dihydroxydicarboxylsäure der Struktur

$$\begin{array}{c} \text{H} \\ | \\ \text{HO-C-COOH} \\ | \\ \text{HO-C-COOH} \\ | \\ \text{H} \end{array}$$

Ihre Salze heißen *Tartrate*. *Citronensäure* ist eine Hydroxytricarboxylsäure der Struktur

$$\begin{array}{c} \text{H} \\ | \\ \text{H-C-COOH} \\ | \\ \text{HO-C-COOH} \\ | \\ \text{H-C-COOH} \\ | \\ \text{H} \end{array}$$

Sie tritt in Citrusfrüchten auf. Ihre Salze heißen *Citrate*.
Benzoesäure, C_6H_5COOH, ist die einfachste aromatische Säure. Sie wird in der Medizin als Antiseptikum verwendet. *Salicylsäure* ist das *ortho*-Hydroxyderivat der Benzoesäure mit der Formel $o\text{-}HOC_6H_4COOH$ und wird ebenfalls in der Medizin benutzt.
Ester nennt man die Produkte der Reaktion von Säuren mit Alkoholen oder Phenolen. Zum Beispiel reagieren Äthanol und Essigsäure miteinander unter Austritt von Wasser zu Essigsäureäthylester *(Äthylacetat)*:

$$C_2H_5OH + CH_3COOH \rightarrow H_2O + CH_3COOC_2H_5$$

Essigsäureäthylester (kurz Essigester genannt) ist eine leichtflüchtige Flüssigkeit von angenehmem, an Früchte erinnerndem Geruch. Er wird in großem Umfang als Lösungsmittel, vor allem für Lacke, benutzt.
Viele Ester sind wohlriechend. Aus ihnen werden Parfüms und Geschmacksessenzen hergestellt. Der Geschmack und Geruch von Früchten und der Duft von Blumen geht in der Hauptsache auf Ester zurück. Die Butyl- und Amylester der Essigsäure, $CH_3COO(CH_2)_3CH_3$ und $CH_3COO(CH_2)_4CH_3$, haben den charakteristischen Geruch von Bananen, Buttersäuremethylester, $CH_3(CH_2)_2COOCH_3$, den von Ananas und Buttersäureamylester, $CH_3(CH_2)_2COO(CH_2)_4CH_3$, den von Aprikosen. Salicylsäuremethylester, $o\text{-}HOC_6H_4COOCH_3$, ist das Öl von Wintergrün.
Aspirin, das wohlbekannte und weit verbreitete schmerzlindernde und Fiebermittel, ist ein Acetat der Salicylsäure. Seine Strukturformel ist

$$\begin{array}{c} \text{COOH} \\ | \\ \text{O}\diagdown\text{CH}_3 \\ \text{C} \\ \parallel \\ \text{O} \end{array}$$

Sein chemischer Name ist Acetylsalicylsäure.
Die natürlichen *Fette* und *Öle* sind ebenfalls Ester, und zwar im wesentlichen Ester des dreiwertigen Alkohols Glycerin. Tierisches Fett besteht in erster Linie aus Glycerinestern der Palmitinsäure und Stearinsäure. Ölsäureglycerinester tritt im Olivenöl, im Waltran und im Fett von Kaltblütern auf. Bei gewöhnlicher Temperatur sind diese Fette flüssig, während die Ester der Palmitinsäure und Stearinsäure als feste Fette vorliegen.

23.6. Amine und andere organische Stickstoffverbindungen

Ersetzt man im Ammoniak, NH_3, ein oder mehrere Wasserstoffatome durch organische Gruppen, so erhält man *Amine*. Die leichteren Amine wie *Methylamin*, CH_3NH_2, *Dimethylamin*, $(CH_3)_2NH$, und *Trimethylamin*, $(CH_3)_3N$, sind Gase.

Anilin, $C_6H_5NH_2$, ist das Amin des Benzols. Es ist eine farblose, ölige Flüssigkeit, die sich bei längerem Stehen dunkel färbt, weil es in Spuren zu stark gefärbten Substanzen oxidiert wird. Anilin ist ein wichtiger Ausgangsstoff zur Herstellung von Farbstoffen und anderen Chemikalien.

Viele Substanzen, die in pflanzlichen und tierischen Geweben auftreten, sind Stickstoffverbindungen. Von besonderer Bedeutung sind die Proteine und Nucleinsäuren, auf die wir im nächsten Kapitel zu sprechen kommen. Der Proteinstoffwechsel im menschlichen Körper liefert als Endprodukt hauptsächlich *Harnstoff*, $(NH_2)_2CO$, die vorwiegende Stickstoffverbindung im Urin.

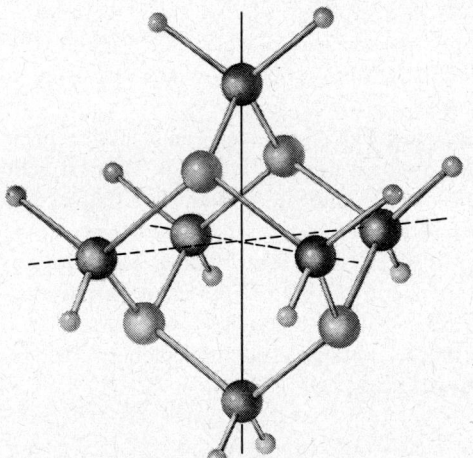

Abb. 23.2. Die Molekularstruktur von Hexamethylentetramin, $C_6H_{12}N_4$ (bestimmt durch Röntgenbeugungsaufnahmen an Kristallen und Elektronenbeugungsaufnahmen des Dampfs).

Hexamethylentetramin, $C_6H_{12}N_4$, entsteht bei der Kondensation von Formaldehyd und Ammoniak in wäßriger Lösung:

$$6\,CH_2O + 4\,NH_3 \rightarrow C_6H_{12}N_4 + 6\,H_2O \tag{23.1}$$

Die Substanz bildet farblose, kubische Kristalle, die bei 280 °C sublimieren. Hexamethylentetramin war die erste organische Verbindung, an der eine ins Einzelne gehende Bestimmung der Molekularstruktur durchgeführt wurde (von R. G. Dickinson und A. L. Raymond im Jahr 1922). Die Molekel hat tetragonale Symmetrie und eine polycyclische Struktur mit vier sechsatomigen Ringen (siehe Abb. 23.2). Keiner der Bindungswinkel weicht um mehr als 1° vom Tetraederwert ab. Die C—N- und C—H-Bindungsabstände entsprechen mit 1,47 bzw. 1,10 Å den Normalwerten für Einfachbindungen. Der hohe Schmelzpunkt von über 280 °C, der Sublimationstemperatur, läßt sich auf die ungewöhnlich hohe Symmetriezahl 12 zurückführen. Der Kohlenwasserstoff Adamantan, $C_{10}H_{16}$ oder $(CH_2)_6(CH)_4$, hat den gleichen Bau, nur daß die Stickstoffatome durch CH-Gruppen ersetzt sind; sein Schmelzpunkt liegt bei 268 °C, verglichen zum Beispiel mit -30 °C für n-Decan, $C_{10}H_{22}$.

Vor der Entdeckung unserer heutigen Antibiotika wurde Hexamethylentetramin zur Behandlung von Nieren- und Blasenentzündungen verwendet. Hierbei verabreichte man abwechselnd Dosen von Hexamethylentetramin und Natriumdihydrogenphosphat, dessen Aufgabe es war, das pH des Harns soweit herabzusetzen, daß wegen Verringerung der NH_3-Konzentration (Bildung von NH_4^+) das Gleichgewicht der Reaktion 23.1 nach links verschoben und damit bakterientötender Formaldehyd freigesetzt wurde.

Heterocyclische Stickstoffverbindungen. Purine und Pyrimidine. Heterocyclische Verbindungen sind Ringverbindungen, in denen außer Kohlenstoffatomen mindestens ein anderes Atom – gewöhnlich Stickstoff, Sauerstoff oder Schwefel – im Ring auftritt. Ein Beispiel ist *Pyridin*, C_5H_5N, eine farblose, übelriechende Flüssigkeit, die mit anderen Produkten bei der Verkokung von Kohle anfällt. Die Elektronenstruktur von Pyridin kann als Hybrid einer Reihe von Valenzstrukturen aufgefaßt werden:

Die Resonanzstabilisierung des Pyridins gegenüber den einzelnen Kekulé-Strukturen beläuft sich auf 180 kJ mol^{-1}. Pyridin ist eine Base: in saurer Lösung lagert es ein Proton an das einsame Elektronenpaar des Stickstoffatoms an und bildet das Pyridinium-Ion, $C_5H_5NH^+$.

Sechsgliedrige Ringe können mehr als ein Stickstoffatom enthalten. Ein wichtiges Beispiel hierfür ist *Pyrimidin*, $C_4H_4N_2$, eine farblose Substanz, die bei 22 °C schmilzt und bei 124 °C verdampft. Die beiden Stickstoffatome im Ring befinden sich in *meta*-Stellung. Die Elektronenstruktur ist ein Hybrid von

und anderen Valenzstrukturen ähnlich den für Pyridin gezeigten. Wegen des partiellen Doppelbindungscharakters aller Bindungen im Ring haben die Pyridin- und die Pyrimidinmolekel ebenen Bau.

Die Derivate des Pyrimidins heißen Pyrimidine. Zu ihnen zählen drei Substanzen, Thymin, Uracil und Cytosin, die für die Chemie von Vererbungsvorgängen von besonderer Bedeutung sind. Auf dieses Thema kommen wir im nächsten Kapitel zurück.

Die *Barbitursäure* und ihre Abkömmlinge, unter ihnen mehrere wichtige Schlaf- und Beruhigungsmittel, sind den Pyrimidinen nahe verwandt. Die Strukturformeln von Barbitursäure und zwei ihrer Derivate sind nachstehend angegeben; in den Formeln ist die Verteilung der Wasserstoffatome auf die Sauerstoff- und Stickstoffatome ungewiß, und jeweils nur eine der verschiedenen Valenzstrukturen ist angeführt. Auf was für einem Mechanismus die physiologische Wirkung dieser Drogen beruht, ist unbekannt.

Barbitursäure   Veronal

Luminal

Eine weitere wichtige Klasse von heterocyclischen Stickstoffverbindungen sind die Purine, die Abkömmlinge von *Purin*, $C_5H_4N_4$, einer farblosen, kristallinen Substanz, die bei 217 °C schmilzt. Die Purinmolekel hat ebenen Bau. Ihre Elektronenstruktur ist ein Hybrid von

und mehreren anderen Valenzstrukturen.

Zwei Purine, nämlich Adenin und Guanin, spielen in der Chemie von Vererbungsvorgängen eine wichtige Rolle, wie im nächsten Kapitel gezeigt werden soll.

Coffein, ein in Kaffee und Tee auftretender Reizstoff, ist ein Purin. Coffein ist eine farblose und geruchlose, bei 236 °C schmelzende Substanz mit der Strukturformel (nur eine der verschiedenen Valenzstrukturen ist angegeben):

Alkaloide. Alkaloide sind basische (alkaliähnliche) Substanzen pflanzlichen Ursprungs, die mindestens ein Stickstoffatom enthalten, gewöhnlich in einem heterocyclischen Ring.

Die meisten Alkaloide sind physiologische Wirkstoffe, und viele von ihnen werden in der Medizin verwendet. Ein Beispiel ist *Cocain*, ein starkes Lokalanästhetikum und Anregungsmittel, das aus den Blättern der Kokapflanze gewonnen wird. Seine Formel ist

$$\begin{array}{c} CH_2\text{-}CH\text{---}CH\text{---}C{\overset{O}{\underset{O\text{-}CH_3}{}}}\\ |\quad\quad\quad\quad|\\ \quad NCH_3\ CH\text{---}O\\ |\quad\quad\quad\quad|\quad\quad C\text{---}\phi\\ CH_2\text{-}CH\text{---}CH_2\ O \end{array}$$

Nicotin, $C_{10}H_{14}N_2$, das hauptsächliche Alkaloid der Tabakpflanze, hat die Formel

Nicotin ist ein starkes Gift und wird als Insektizid verwendet. In geringen Dosen wirkt es anregend und erhöht den Blutdruck. Es ist anzunehmen, daß die Verringerung der Lebenserwartung von Zigarettenrauchern zum Teil auf eingeatmetes Nicotin zurückgeht, das in den Blutkreislauf aufgenommen wird, zum größeren Teil aber auf krebserzeugende Kohlenwasserstoffe und andere schädliche Bestandteile des Rauchs.

23.7. Kohlenhydrate, Zucker, Polysaccharide

Kohlenhydrate sind Substanzen der allgemeinen Formel $C_x(H_2O)_y$. Sie sind in der Natur sehr verbreitet. Die einfacheren Kohlenhydrate nennt man *Zucker*, die aus sehr großen Molekeln bestehenden Kohlenhydrate nennt man *Polysaccharide*.
Ein wohlbekannter, einfacher Zucker ist die D-*Glucose*, $C_6H_{12}O_6$ (auch *Dextrose* oder *Traubenzucker* genannt). Sie tritt in vielen Früchten auf. Auch Tierblut enthält D-Glucose. Meistens wird ihre Struktur

$$\begin{array}{c} H_2C\text{---}CH\text{-}CH\text{-}CH\text{-}CH\text{-}CH\\ |\quad\ |\quad\ |\quad\ |\quad\ |\quad\ \|\\ OH\ OH\ OH\ OH\ OH\ O \end{array}$$

geschrieben. In dieser Form trägt die Molekel fünf Hydroxylgruppen und eine Aldehydgruppe. Die D-Glucose tritt jedoch gewöhnlich, wie auch die meisten anderen Zucker, mit einer Ringstruktur auf:

Beide Formen, die „offene" und die Ringstruktur, lagern sich leicht ineinander um. (Die räumliche Anordnung der Bindungen an den Kohlenstoffatomen ist in den Formeln nicht berücksichtigt.)
Viele andere einfache Kohlenhydrate kommen in der Natur vor. Zu ihnen gehören *Fructose* (Fruchtzucker, *Maltose* (Malzzucker) und *Lactose* (Milchzucker).
Gewöhnlicher „Zucker" *(Rohrzucker, Saccharose)*, der aus Zuckerrohr oder Zuckerrüben gewonnen wird, hat die Formel $C_{12}H_{22}O_{11}$. Seine Molekeln weisen einen kompli-

zierten Bau auf: sie bestehen aus zwei Ringen, von denen jeder ein Sauerstoffatom enthält, und die durch eine Sauerstoffbrücke miteinander verbunden sind (siehe Abb. 23.1). Die Molekel ist eine Kombination von Glucose und Fructose.

Zu den wichtigsten Polysacchariden zählen *Stärke*, *Glykogen* und *Cellulose*. Für alle drei Verbindungen lautet die Formel $(C_6H_{10}O_5)_x$. Stärke kommt in Pflanzen vor, vor allem in den Samen oder Knollen. Sie ist ein wichtiger Bestandteil unserer Nahrung. Glykogen ist im Blut und in den inneren Organen der Tiere enthalten, insbesondere in der Leber. Glykogen dient im Tierkörper als leicht zugängliche Nahrungsreserve: wenn die Glucosekonzentration im Blut absinkt, hydrolysiert Glykogen und liefert rasch Glucose nach. Cellulose ist ein sehr beständiges Polysaccharid, das als Gerüstsubstanz in Pflanzen auftritt und deren Zellwände bildet. Wie Stärke und Glykogen besteht Cellulose aus langgestreckten Molekeln, die sich aus ringförmigen Bausteinen zusammensetzen, die wie die beiden Ringe im Rohrzucker (Abb. 23.1) durch Sauerstoffatome miteinander verbunden sind.

Die Zucker lösen sich leicht in Wasser und liegen in festem Zustand in Form recht harter Kristalle vor. Man macht dafür die vielen Hydroxylgruppen der Molekeln verantwortlich, die mit Wassermolekeln oder (in den Kristallen) miteinander Wasserstoffbrücken ausbilden können.

23.8. Fasern und Kunststoffe

Seide und Wolle sind Proteinfasern. Sie bestehen aus langen Polypeptidketten (vgl. Kapitel 24). Baumwolle und Leinen sind Polysaccharide (Kohlenhydrate) der Zusammensetzung $(C_6H_{10}O_5)_x$. Sie bestehen aus langkettigen Molekeln, die sich aus Kohlenstoffatomen, Wasserstoffatomen und Sauerstoffatomen aufbauen und keine Stickstoffatome enthalten.

In den letzten Jahren ist es gelungen, durch Synthese langkettiger Molekeln im Laboratorium Fasern künstlich herzustellen. Eine solche Faser von ausgezeichneten Eigenschaften ist *Nylon*. Sie wird hergestellt durch Kondensation von Adipinsäure mit 1,6-Diaminohexan. Die Strukturen dieser beiden Substanzen sind

Adipinsäure   1,6-Diaminohexan

Adipinsäure besteht aus einer Kette von vier Methylengruppen, die an jedem Ende eine Carboxylgruppe trägt. 1,6-Diaminohexan besteht aus einer ähnlichen Kette von sechs Methylengruppen, die an jedem Ende eine Aminogruppe trägt. Eine Molekel Adipinsäure kann mit einer Molekel des Diamins unter Austritt von Wasser reagieren:

Wiederholt sich dieser Vorgang mehrmals, so entsteht schließlich eine sehr lange Molekel, in der Adipinsäure-Bausteine und Diaminohexan-Bausteine miteinander abwechseln. Nylon ist ein faseriges Material, in dem solche langgestreckte Molekeln annähernd parallel ausgerichtet vorliegen.

Ähnlichen Aufbau zeigt eine in Deutschland entwickelte Faser aus langkettigen Molekeln, die sich aus Bausteinen —NH—$(CH_2)_5$—CO— zusammensetzen *(Perlon)*. Sie entsteht durch Polymerisation von ε-Caprolactam, das aus Cyclohexanon gewonnen wird:

$$\begin{array}{c} H_2C\text{-}CH_2 \\ H_2C \quad\quad C=O \\ H_2C\text{-}CH_2 \end{array} + H_2NOH \rightarrow \begin{array}{c} H_2C\text{-}CH_2 \\ H_2C \quad\quad C=NOH \\ H_2C\text{-}CH_2 \end{array} \rightarrow \begin{array}{c} H_2C\text{-}CH_2\text{-}NH \\ H_2C \quad\quad\quad\quad | \\ H_2C\text{-}CH_2\text{-}CO \end{array}$$

Cyclohexanon   Hydroxylamin   Cyclohexanonoxim   ε-Caprolactam

Durch andere Polykondensationsreaktionen oder Polymerisationsreaktionen können weitere Kunstfasern und Kunststoffe hergestellt werden. *Thermoplastische Kunststoffe*, die beim Erwärmen erweichen und in Formen gepreßt werden können, bestehen gewöhnlich aus einem Aggregat langkettiger Molekeln. Die *härtbaren Kunststoffe* unterscheiden sich von den thermoplastischen dadurch, daß ihre Molekeln noch einige Gruppen tragen, die einer weiteren Kondensation fähig sind. Wird ein solches Material in Formen gepreßt und erwärmt, so reagieren die Gruppen benachbarter Molekeln miteinander und verbinden alle Molekeln zu einem großen, räumlichen Netzwerk. Nun kann der Kunststoff nicht mehr verformt werden.

Die große Anzahl von Substanzen, die als Ausgangsstoffe zur Verfügung stehen, hat dazu beigetragen, daß es den Chemikern gelungen ist, Kunstfasern und Kunststoffe herzustellen, die für viele Zwecke den natürlichen Materialien überlegen sind. Die Chemie der Kunststoffe, der Synthese von Riesenmolekeln, ist in rascher Entwicklung begriffen, und wir dürfen für die kommenden Jahre auf weitere große Fortschritte hoffen.

Kapitel 24

Biochemie

Die Biochemie befaßt sich mit der chemischen Zusammensetzung und Struktur des menschlichen Körpers und anderer lebender Organismen, mit den chemischen Reaktionen, die sich in ihnen abspielen, und mit den Wirkstoffen und anderen Substanzen, die auf sie einen Einfluß ausüben.
Während des vergangenen Jahrhunderts hat sich die Biochemie zu einem sehr bedeutenden Zweig der Naturwissenschaften entwickelt. Der beschränkte Raum dieses Kapitels erlaubt nicht, eine allgemeine Übersicht über das interessante Gebiet zu geben. Wir müssen uns mit einer kurzen, einführenden Besprechung einiger Grundzüge begnügen.

24.1. Worin besteht Leben?

Nach allen Vorstellungen, die wir uns über die Lebensvorgänge machen, spielen chemische Reaktionen für das Leben eine wichtige Rolle. Worin unterscheidet sich ein lebender Organismus[1], zum Beispiel ein Mensch, ein Tier oder eine Pflanze, von einem unbelebten Gegenstand, etwa einem Stück Granit? Offensichtlich haben die Pflanze oder das Tier mehrere Eigenschaften, die dem Stein fehlen. Pflanzen und Tiere besitzen allgemein die *Fähigkeit, sich zu reproduzieren*, das heißt, Nachkommen zu erzeugen, die ihnen so ähnlich sind, daß sie zur gleichen Art von lebenden Organismen gerechnet werden müssen. Der Vorgang der Reproduktion ist an chemische Reaktionen gebunden, die während des Wachstums der Nachkommen ablaufen müssen. Die Zeit des Wachstums kann sich über die ganze Lebenszeit des Organismus erstrecken, oder auch nur über einen kleinen Teil davon.
Pflanzen und Tiere haben allgemein die Fähigkeit, gewisse Materialien – die Nahrung – in sich aufzunehmen, sie chemischen Reaktionen zu unterwerfen (bei denen gewöhnlich Energie freigesetzt wird), und einige der Reaktionsprodukte auszuscheiden. Diese Verwertung aufgenommener Nahrung durch chemische Reaktion bezeichnet man als *Stoffwechsel*.
Die meisten Pflanzen und Tiere haben die Fähigkeit, *auf Reize ihrer Umwelt zu reagieren*. So gibt es Pflanzen, die in der Richtung wachsen, aus der das Licht sie trifft, und ein Tier wird sich im allgemeinen dorthin wenden, wo es genießbare Nahrung wittert.

---

1 Der Begriff *Organismus* umfaßt alles, was lebt oder jemals gelebt hat. Man kann also von lebenden Organismen und toten Organismen sprechen.

Um die Schwierigkeiten aufzuzeigen, die sich bei der Abgrenzung zwischen belebter und unbelebter Materie ergeben, wollen wir die einfachsten Materiearten näher betrachten, die als belebt bezeichnet worden sind. Es handelt sich um die Pflanzenviren, zu denen zum Beispiel das Tomaten Bushy Stunt Virus gehört. Ein solches Virus kann sich reproduzieren, wenn es sich in geeigneter Umgebung befindet. Bringt man eine einzelne Molekel (die einen in sich abgeschlossenen Organismus darstellt) des Tomaten Bushy Stunt Virus auf ein Blatt einer Tomatenstaude, so veranlaßt sie die Stoffe in den Zellen des Blatts, sich großenteils in Abbilder ihrer selbst zu verwandeln. Allerdings scheint die Fähigkeit, sich zu reproduzieren, das einzige Merkmal eines lebenden Organismus zu sein, das das Virus besitzt. Sind die Teilchen einmal gebildet, wachsen sie nicht weiter. Sie nehmen keine Nahrung auf und kennen keinen Stoffwechsel. Soweit elektronenmikroskopische Aufnahmen und Ergebnisse anderer Untersuchungsmethoden erkennen lassen, sind die einzelnen Virusmolekeln einander völlig gleich und zeigen keine zeitliche Veränderung: sie altern nicht. Auch scheinen die Teilchen kein Mittel zur Fortbewegung zu besitzen und auf Reize von außen nicht so zu reagieren, wie wir es von größeren lebenden Organismen her kennen.

Sollen wir in Anbetracht all dieser Tatsachen das Virus als lebenden Organismus bezeichnen oder nicht? In dieser Frage sind sich die Wissenschaftler heute nicht einig. Vielleicht handelt es sich dabei gar nicht um ein echtes, wissenschaftliches Problem, sondern nur um die Definition von Begriffen. Definieren wir als lebenden Organismus ein materielles Gebilde, das die Fähigkeit besitzt, sich zu reproduzieren, so werden wir auch die Pflanzenviren zu den lebenden Organismen zählen. Verlangen wir dagegen von einem lebenden Organismus, daß er auch einen Stoffwechsel zeigt, so werden wir die Pflanzenviren als bloße Molekeln bezeichnen (mit Molekulargewichten in der Größenordnung von 10 000 000), die auf Grund ihrer Struktur in geeigneter Umgebung chemische Reaktionen katalysieren, aus denen Molekeln hervorgehen, die ihnen vollkommen gleichen.

24.2. Die chemische Struktur lebender Organismen

Die chemische Untersuchung von Pflanzenviren hat ergeben, daß sie aus Stoffen bestehen, die man *Proteine* und *Nucleinsäuren* nennt und mit denen wir uns im nächsten Kapitel befassen wollen. Die großen Virusteilchen oder -molekeln mit einem Molekulargewicht in der Größenordnung von 10 000 000 können als Gebilde aus kleineren Molekeln, die auf bestimmte Art miteinander verknüpft sind, aufgefaßt werden.

Viele Mikroorganismen wie Schimmelpilze und Bakterien sind *Einzeller*, das heißt, sie bestehen aus einer einzigen *Zelle*. Manche dieser Zellen sind ungefähr 10 000 Å (10^{-4} cm) groß, andere wieder sind wesentlich größer, bis zu 1 mm und noch mehr. Die Zellen haben eine wohlausgebildete Struktur. Sie bestehen aus einer *Zellwand*, die mehrere hundert Ångström dick ist und halbflüssiges Material, das sogenannte *Cytoplasma*, und oft noch weitere, unter dem Mikroskop erkennbare Strukturen einschließt. Höhere Pflanzen und Tiere bestehen großenteils aus Zellverbänden. In einem Organismus sind häufig Zellen vieler verschiedener Arten vertreten. Die Muskeln, die Wände der Blutgefäße und Lymphgefäße, die Sehnen, Bindegewebe, Nerven, die Haut und andere

Teile des menschlichen Körpers setzen sich aus Zellen zusammen, die miteinander zu einem gut ausgebildeten Gebäude verbunden sind. Darüber hinaus enthält der Körper viele Zellen, die nicht in diesem Gerüst verankert sind, sondern in den Körperflüssigkeiten herumschwimmen. Unter ihnen sind die *roten Blutkörperchen* die zahlreichsten. Die roten Blutkörperchen des Menschen sind flache, runde Scheibchen von etwa 75000 Å Durchmesser und 20000 Å Dicke. Beim erwachsenen Menschen treten sie in sehr großer Zahl auf. Ein Kubikmillimeter Blut enthält rund fünf Millionen rote Blutkörperchen, und ein Mensch hat ungefähr fünf Liter, also fünf Millionen Kubikmillimeter Blut. Er beherbergt folglich etwa $25 \cdot 10^{12}$ rote Blutkörperchen in seinem Körper. Von den anderen Zellen sind einige klein wie die roten Blutkörperchen, andere wieder größer: eine einzelne Nervenzelle kann etwa 10000 Å Durchmesser haben und einen Meter lang sein, zum Beispiel wenn sie von einem Zeh bis zum Rückenmark reicht. Insgesamt enthält der menschliche Körper ungefähr $5 \cdot 10^{14}$ Zellen; er ist sehr hoch „organisiert".

Der menschliche Körper besteht nicht aus Zellen allein, sondern außerdem aus *Knochen*, die von knochenbildenden Zellen der Knochenhäute aus ihren Absonderungen aufgebaut worden sind. Die Knochen setzen sich zusammen aus anorganischen Bestandteilen, Calciumhydroxyphosphat, $Ca_5(PO_4)_3OH$, und Calciumcarbonat, sowie einem organischen Bestandteil, dem Protein *Kollagen*. Außerdem enthält der Körper die Körperflüssigkeiten Blut und Lymphe sowie andere Flüssigkeiten wie Speichel und Verdauungssäfte, die von besonderen Organen ausgeschieden werden. Sie setzen sich aus vielen verschiedenen chemischen Substanzen zusammen.

Ausschlaggebend für die Struktur der Zellen ist das Gerüstmaterial, aus dem die Zellwände bestehen, in manchen Fällen auch ein verstärkendes Gerüst im Inneren der Zelle. In Pflanzen ist das Kohlenhydrat Cellulose (vgl. das vorige Kapitel) der wichtigste Bestandteil der Zellwände. In Tierkörpern stellen Proteine das Gerüstmaterial. Darüber hinaus besteht auch der Zelleninhalt großenteils aus Proteinen. Ein rotes Blutkörperchen zum Beispiel besitzt eine dünne Membran, die ein Medium einschließt, das zu 60% aus Wasser, zu 5% aus verschiedenen Stoffen und zu 35% aus *Hämoglobin* besteht. Hämoglobin ist ein eisenhaltiges Protein mit einem Molekulargewicht von 68000, das sich reversibel mit Sauerstoff verbinden kann. Diese Eigenschaft verleiht dem Blut die Fähigkeit, in der Lunge eine große Menge Sauerstoff aufzunehmen und ihn den Geweben zuzuführen, wo er zur Oxidation von Nährstoffen und Körperbestandteilen gebraucht wird. Wir hatten zu Anfang dieses Abschnitts schon erwähnt, daß die einfachsten Arten von Materie, die sich reproduzieren können, nämlich die Viren, zum großen Teil aus Proteinen bestehen. Das gleiche trifft auch für die am höchsten organisierten Lebewesen zu.

24.3. Aminosäuren und Proteine

Die Proteine können mit Recht als die wichtigsten von allen in Pflanzen und Tieren vertretenen Substanzen bezeichnet werden. Proteine kommen entweder als einzelne Molekeln vor, gewöhnlich von hohem Molekulargewicht zwischen etwa 10000 und vielen Millionen, oder als netzartige Gerüstsubstanz der Zellen. Der menschliche Körper enthält viele Tausende verschiedener Proteine, die auf Grund ihrer besonderen Struktur in der Lage sind, ganz bestimmte Aufgaben zu erfüllen.

Neben Kohlenstoff, Wasserstoff und Sauerstoff enthalten alle Proteine Stickstoff, und zwar rund 16%, außerdem häufig andere Elemente wie Schwefel, Phosphor, Eisen (jede Hämoglobinmolekel besitzt vier Eisenatome) und Kupfer.

Aminosäuren. Werden Proteine in saurer oder basischer Lösung erhitzt, so hydrolysieren sie unter Bildung von *Aminosäuren*. Aminosäuren sind Carbonsäuren, in denen ein Wasserstoffatom durch eine Aminogruppe, —NH_2, ersetzt ist. Bei den Hydrolyseprodukten der Proteine handelt es sich um α-Aminosäuren, also um Verbindungen, die die Aminogruppen an dem der Carboxylgruppe benachbarten Kohlenstoffatom tragen.

Tafel 24.1. Die wichtigsten, in Proteinen vorkommenden Aminosäuren.

Monoaminomonocarbonsäuren

Glycin (Glykokoll, Aminoessigsäure)	-R =	-H
Alanin (α-Aminopropionsäure)		-CH_3
Serin (Hydroxyalanin, α-Amino-β-hydroxypropionsäure)		-CH_2OH
Threonin (α-Amino-β-hydroxybuttersäure)		-CH(CH₃)(OH)
Methionin (α-Amino-γ-methylmercaptobuttersäure)		CH_2-CH_2-S-CH_3
Valin (α-Amino-isovaleriansäure)		-CH(CH₃)₂
Leucin (α-Amino-isocapronsäure)		-CH_2-CH(CH₃)₂
Isoleucin (α-Amino-β-methylvaleriansäure)		-CH(CH₂-CH₃)(CH₃)
Phenylalanin (α-Amino-β-phenylpropionsäure)		-CH_2-C₆H₅
Tyrosin (α-Amino-β-(parahydroxyphenyl)propionsäure)		-CH_2-C₆H₄-OH
Cystein (α-Amino-β-mercaptopropionsäure)		-CH_2-SH

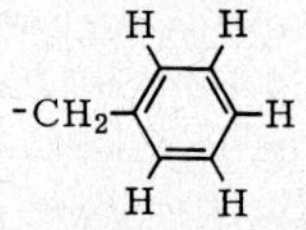

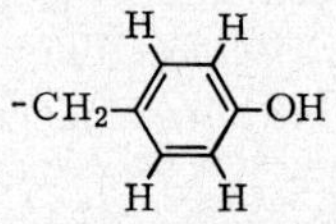

Monoaminodicarbonsäuren

Asparaginsäure (Aminobernsteinsäure)	-CH_2-COOH
Glutaminsäure (α-Aminoglutarsäure)	-CH_2-CH_2-COOH
Hydroxyglutaminsäure (α-Amino-β-hydroxyglutarsäure)	-CH(CH₂-COOH)(OH)

24.3. Aminosäuren und Proteine   671

Die einfachste α-Aminosäure ist *Glycin*, $CH_2(NH_2)COOH$, auch Glykokoll genannt. In den anderen natürlichen Aminosäuren ist ein Wasserstoffatom am α-Kohlenstoffatom durch andere Atomgruppen R ersetzt; ihre allgemeine Formel lautet also $RCH(NH_2)COOH$.

Die basischen Eigenschaften der Aminogruppe und die sauren Eigenschaften der Carboxylgruppe sind so ausgeprägt, daß in wäßriger Lösung ein Proton von der Carboxylgruppe zur Aminogruppe übergeht. Die Carboxylgruppe wird damit zum Carboxyl-Ion, die Aminogruppe zu einem substituierten Ammonium-Ion. Die Struktur von Glycin und anderen Aminosäuren in wäßriger Lösung ist also

$$H-\overset{H}{\underset{H}{N^+}}-\underset{R}{\overset{H}{C}}-\overset{O}{\underset{}{C}}-O^-$$

Diaminomonocarbonsäuren

Arginin (α-Amino-δ-guanidinvaleriansäure) $-CH_2-CH_2-CH_2-NH-C\begin{smallmatrix}NH\\NH_2\end{smallmatrix}$

Lysin (α,ε-Diaminocapronsäure) $-CH_2-CH_2-CH_2-CH_2-NH_2$

Diaminodicarbonsäuren
Cystin (Di-β-thio-α-aminopropionsäure) $-CH_2-S-S-CH_2-$

Aminosäuren mit heterocyclischen Gruppen
Histidin (α-Amino-β-imidazolpropionsäure) $-CH_2-C\begin{smallmatrix}CH-NH\\\|\diagdown\\N\diagup CH\end{smallmatrix}$

Prolin (2-Pyrrolidincarbonsäure)[1]

Hydroxyprolin (4-Hydroxy-2-pyrrolidincarbonsäure)[1]

Tryptophan (α-Amino-β-indolylpropionsäure)

Aminosäuren mit Amidgruppen

Asparagin (Aminobernsteinsäuremonoamid) $-CH_2-C\begin{smallmatrix}O\\\diagdown NH_2\end{smallmatrix}$

Glutamin (α-Aminoglutarsäuremonoamid) $-CH_2-CH_2-C\begin{smallmatrix}O\\\diagdown NH_2\end{smallmatrix}$

---

1 Für Prolin und Hydroxyprolin sind die vollständigen Formeln angegeben, nicht wie bei den anderen Aminosäuren nur die Formeln für die Gruppe R.

Auch in tierischen und pflanzlichen Flüssigkeiten, deren pH gewöhnlich bei 7 liegt, zeigen die Molekeln meist eine solche innere Salzbildung der Aminogruppe mit der Carboxylgruppe.

Als wichtige Bestandteile von Proteinen sind dreiundzwanzig Aminosäuren erkannt worden. Ihre Namen und die Formeln der charakteristischen Gruppe R sind in Tafel 24.1 aufgeführt. Manche von ihnen haben eine zusätzliche Carboxylgruppe oder eine zusätzliche Aminogruppe. Es tritt eine doppelte Aminosäure auf, das *Cystin*, das mit einer einfachen Aminosäure, dem *Cystein*, in enger Beziehung steht. Vier der Aminosäuren enthalten heterocyclische Gruppen, also Ringe aus Kohlenstoffatomen und einem oder mehreren anderen Atomen, in diesem Fall Stickstoffatomen. Zwei Aminosäuren der Tafel, *Asparagin* und *Glutamin*, stehen zwei anderen, *Asparaginsäure* und *Glutaminsäure*, nahe; sie unterscheiden sich nur dadurch, daß sie an Stelle der zusätzlichen Carboxylgruppe eine Amidgruppe

tragen.

Proteine sind unentbehrliche Bestandteile der menschlichen Nahrung. Die Verdauungssäfte des Magens und Darms spalten sie in kleinere Molekeln auf, wahrscheinlich in der Hauptsache in die Aminosäuren selbst. Die kleinen Molekeln können durch die Magenwände und Darmwände in das Blut übergehen, das sie zu den Geweben bringt. Dort dienen sie als Bausteine für den Aufbau körpereigener Proteine. Bei manchen Krankheiten, die eine regelrechte Verdauung der Nahrung unmöglich machen, kann der Patient durch unmittelbare Einspritzung von Aminosäurelösungen ins Blut ernährt werden. Aminosäurelösungen für diesen Zweck werden gewöhnlich durch Hydrolyse von Proteinen hergestellt.

In den Proteinen des menschlichen Körpers sind alle in Tafel 24.1 aufgeführten Aminosäuren vertreten, aber nicht alle von ihnen sind unentbehrliche Bestandteile der Nahrung. Versuche haben gezeigt, daß die Zufuhr von neun der Aminosäuren für den Menschen lebensnotwendig ist. Die neun „*lebenswichtigen*" *Aminosäuren* sind Histidin, Lysin, Tryptophan, Phenylalanin, Leucin, Isoleucin, Threonin, Methionin und Valin. Die anderen scheint der menschliche Körper selbst aufbauen zu können. Einige Organismen, die wir als „einfacher" als der menschliche Körper anzusehen gewohnt sind, leisten in dieser Hinsicht mehr: sie können alle Aminosäuren aus anorganischen Bestandteilen aufbauen. Hierzu zählt *Neurospora*, ein roter Brotschimmel. Entwicklungsmäßig ist es für den Organismus von Vorteil, sich vom Ballast der chemischen Maschinerie (Enzymen) zur Erzeugung solcher lebensnotwendiger Substanzen zu befreien, die ebenso gut aus der Nahrung bezogen werden können.

Vom Gesichtspunkt der menschlichen Ernährung aus können die Proteine eingeteilt werden in *hochwertige Proteine*, die alle lebenswichtigen Aminosäuren enthalten, und *geringwertige Proteine*, denen eine oder mehrere lebenswichtige Aminosäuren fehlen. Nach diesem Maßstab ist *Casein*, das wesentlichste Protein der Milch, ein hochwertiges Protein, *Gelatine* dagegen ein geringwertiges Protein. (Gelatine wird durch Kochen von Knochen, Haut und Sehnen gewonnen; sie entsteht dabei durch partielle Hydrolyse des unlöslichen Proteins Kollagen.) Gelatine enthält kein Tryptophan, kein Valin und wenig oder kein Threonin.

Rechtshändige und linkshändige Aminosäuremolekeln. Wie wir in Abschnitt 6.3 erwähnt hatten, treten manche Substanzen in zwei isomeren (enantiomeren) Formen auf, die einander spiegelbildlich gleichen und die mit den vorangestellten Buchstaben L- (laevo-) und D- (dextro-) gekennzeichnet werden. Solche Enantiomere, die sich nur in der räumlichen Anordnung der vier Gruppen am α-Kohlenstoffatom unterscheiden, gibt es von allen Aminosäuren außer Glycin. Zur Erläuterung zeigt Abbildung 24.1 die beiden Enantiomere von Alanin, der Aminosäure mit einer Methylgruppe, —CH_3, als der Gruppe R.

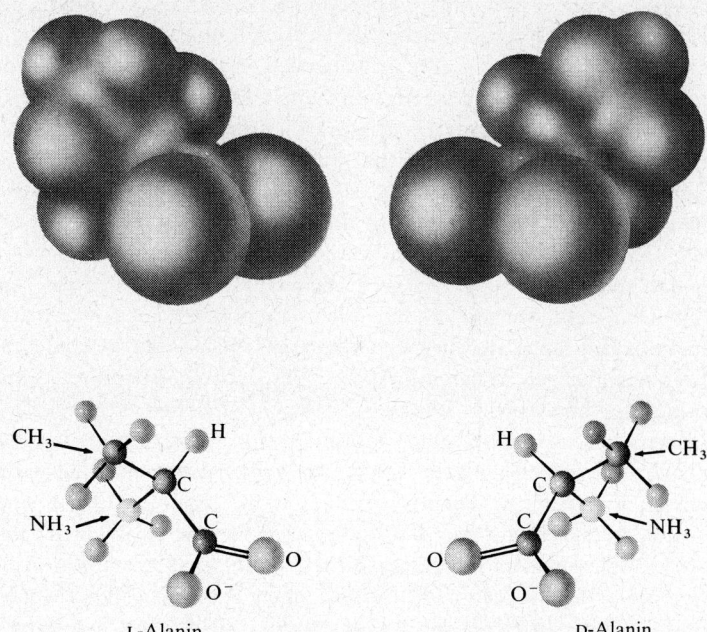

Abb. 24.1. Die beiden optischen Isomeren der Aminosäure Alanin.

Es ist eine sehr erstaunliche Tatsache, daß von den beiden Enantiomeren von allen Aminosäuren in pflanzlichen und tierischen Proteinen jeweils immer nur das eine auftritt, und daß alle diese natürlich vorkommenden Enantiomere in der räumlichen Anordnung der vier Gruppen am α-Kohlenstoffatom – Carboxyl-Ion, Wasserstoffatom, Ammonium-Ion und Gruppe R – miteinander übereinstimmen. Diese Anordnung nennt man L-Konfiguration. *Alle Proteine bestehen ausschließlich aus L-Aminosäuren.*

Das ist in der Tat eine sehr rätselhafte Erscheinung. Niemand weiß, warum wir aus Molekeln von L-Aminosäuren aufgebaut sind und nicht aus Molekeln von D-Aminosäuren. Alle Proteine, die bisher untersucht worden sind, Proteine von Pflanzen und von Tieren, von höheren Organismen und von sehr einfachen Organismen, von Bakterien,

Pilzen, sogar von Viren erwiesen sich als ausschließlich aus L-Aminosäuren bestehend[1]). Nun haben rechtshändige und linkshändige Molekeln genau die gleichen Eigenschaften, was die physikalischen Konstanten und das Verhalten gegenüber gewöhnlichen Substanzen anlangt. Sie unterscheiden sich nur in ihrem Verhalten gegenüber anderen rechtshändigen und linkshändigen Molekeln. Die Erde könnte ebensogut mit Organismen bevölkert sein, die aus D-Aminosäuren anstatt aus L-Aminosäuren aufgebaut wären. Ein Mann, der plötzlich in sein genaues Spiegelbild verwandelt worden wäre, würde zuerst keine besondere Veränderung an sich bemerken, außer daß er mit der linken Hand schriebe statt mit der rechten, daß sein Scheitel auf der anderen Kopfseite säße, daß sein Herz auf der rechten Seite der Brust klopfe und so fort. Er könnte Wasser trinken, könnte Luft einatmen und den Sauerstoff der Luft im Körper verbrauchen, könnte Kohlenstoffdioxid ausatmen und andere körperliche Funktionen ausüben genau wie je zuvor – solange er nur kein gewöhnliches Essen ißt. Nähme er gewöhnliche pflanzliche oder tierische Kost zu sich, so müßte er feststellen, daß er sie nicht verdauen kann[2]). Er könnte nur am Leben erhalten werden mit einer Diät, die im chemischen Laboratorium synthetisierte D-Aminosäuren enthält. Er könnte niemals Kinder haben, es sei denn, er fände eine Frau, die wie er in ihr genaues Spiegelbild verwandelt worden wäre. Wie wir sehen, besteht die Möglichkeit, daß die Erde mit zwei voneinander vollkommen unabhängigen Lebensformen hätte bevölkert werden können, mit zweierlei Arten von Pflanzen, Tieren und menschlichen Wesen, von denen die einen der anderen Nahrung nicht hätten essen noch mit ihnen gemeinsame Nachkommen hätten zeugen können.

Niemand weiß, warum die lebenden Organismen aus L-Aminosäuren aufgebaut sind. Es sprechen keine stichhaltigen Gründe dagegen, daß proteinähnliche Molekeln nicht auch aus gleichen Mengen linkshändiger und rechtshändiger Aminosäuremolekeln zusammengesetzt werden könnten. Vielleicht sind Proteinmolekeln, die nur aus Aminosäuren von ein und derselben Konfiguration bestehen, für den Aufbau lebender Organismen besonders geeignet – aber wir wissen keinen Grund dafür anzugeben[3]). Auch wissen wir nicht zu sagen, warum sich die lebenden Organismen gerade auf das L-System und nicht auf das D-System verlegt haben. Es ist die Vermutung geäußert worden, daß der erste lebende Organismus zufällig gerade ein paar Molekeln mit L-Konfiguration aus dem Angebot gleicher Mengen beider Konfigurationen herausgegriffen hat und daß alle nachfolgenden Lebensformen, die sich aus ihm entwickelt haben, die Einstellung auf L-Aminosäuren von ihm geerbt haben. Vielleicht läßt sich eine bessere Erklärung finden, aber ich weiß Ihnen keine zu nennen.

Die Primärstruktur der Proteine. Während der letzten hundert Jahre hat sich die Forschung sehr eingehend um die Aufklärung der Struktur von Proteinen bemüht.

---

1 In einigen wenigen einfach gebauten Peptiden in Organismen sind D-Aminosäurereste aufgefunden worden.
2 Alice: „Spiegelmilch ist vielleicht nicht gut." Aus *Through the Looking-Glass* von Lewis Caroll (Charles Lutwidge Dodgson), 1872.
3 Ein möglicher Grund ist die erhebliche gegenseitige räumliche Behinderung der Seitenketten an der α-Helix (vgl. Abb. 24.2), die sich im Fall eines Aufbaus aus einer Mischung von D- und L-Aminosäuren ergeben würde.

Diese Frage ist von weitreichender Bedeutung. Wenn sie einmal gelöst ist, werden wir das Wesen physiologischer Reaktionen wesentlich besser als heute verstehen können. Wahrscheinlich kann die Kenntnis der Struktur von Proteinmolekeln auch für das Anpacken medizinischer Probleme eine wertvolle Hilfe bieten, etwa für die Bekämpfung von Krebs, Herzkrankheiten und anderen Leiden.

In den Jahren zwischen 1900 und 1910 konnte der deutsche Chemiker Emil Fischer (1852–1919) zeigen, daß aller Wahrscheinlichkeit nach die Aminosäuren in den Proteinen zu langen Ketten miteinander verbunden sind, den sogenannten *Polypeptidketten*. Zwei Molekeln Glycin zum Beispiel können unter Austritt von Wasser zu einer Doppelmolekel Glycylglycin (Abb. 23.1) kondensiert werden. Die Bindung, die dabei zustande kommt, nennt man *Peptidbindung*. Die Kondensation und die damit verbundene Ausbildung von Peptidbindungen kann fortgesetzt werden und führt schließlich zu einer langen Kette, die viele Aminosäuren als Bausteine enthält (Abb. 23.1).

Zur Bestimmung der Anzahl von Polypeptidketten in einem Protein sind chemische Methoden entwickelt worden. Die Methoden machen Gebrauch von einem Reagens (Fluordinitrobenzol), das mit der freien α-Aminogruppe des Aminosäurebausteins am einen Ende der Kette einen farbigen Komplex bildet. Anschließend wird das Protein durch Hydrolyse in die Aminosäuren (einschließlich der endständigen Aminosäuren mit den farbigen Komplexen), aus denen es aufgebaut ist, zerlegt. Die Aminosäuren mit den farbigen Komplexen können dann abgetrennt und identifiziert werden. Zum Beispiel besteht die Molekel des Hämoglobins, das in den roten Blutkörperchen im menschlichen Blut der meisten Erwachsenen auftritt (Hämoglobin A) aus vier Polypeptidketten, je zwei verschiedener Art, die α-Ketten und β-Ketten genannt werden. Die α-Ketten beginnen ihre Reihenfolge von Aminosäuren mit Val-Leu-..., die β-Ketten mit Val-His-Leu-... (Bei der Beschreibung von Proteinstrukturen ist es üblich, die Aminosäuren zur Abkürzung mit ihren drei ersten Buchstaben zu bezeichnen.) Wie sich aus dem Verhalten in der Ultrazentrifuge, aus Röntgenbeugungsaufnahmen und auf Grund von anderen Untersuchungen ergeben hat, weist die Hämoglobinmolekel eine ungefähr kugelförmige Gestalt mit einem Durchmesser von etwa 40 Å auf. Die Polypeptidketten sind folglich nicht gestreckt, sondern müssen vielfach gefaltet sein, damit eine kugelförmige Molekel zustandekommen kann.

Die Reihenfolge der Aminosäurebausteine in den Polypeptidketten eines Proteins (dessen sogenannte *Primärstruktur*) ist zuerst für Insulin aufgeklärt worden. Insulin hat ein Molekulargewicht von rund 12000 und besteht aus vier Polypeptidketten, von denen zwei aus je 21, die anderen beiden aus je 30 Aminosäurebausteinen zusammengesetzt sind. In den Jahren von 1945 bis 1952 gelang es dem englischen Biochemiker F. Sanger (geboren 1918) und seinen Mitarbeitern, die Reihenfolgen der Aminosäuren in den kurzen und langen Ketten zu ermitteln. Innerhalb der Molekel sind die vier Ketten durch Schwefel-Schwefel-Brücken miteinander verbunden. Die Brücken werden von Cystinbausteinen (siehe Tafel 24.1) gestellt, die zur Hälfte der einen, zur Hälfte der anderen Kette angehören. Seitdem sind mit der von Sanger entwickelten Methode die Reihenfolgen der Aminosäuren in den α- und β-Ketten des Hämoglobins A sowie in vielen anderen Proteinen bestimmt worden. In den β-Ketten des Hämoglobins A mit 146 Aminosäurebausteinen ist die Reihenfolge, gerechnet vom Kettenende mit freier

Aminogruppe (N-Terminus) zu dem mit freier Carboxylgruppe (C-Terminus): Val-His-Leu-Thr-Pro-Glu-Glu-Lys-Ser-Ala-Val-Thr-Ala-Leu-Try-Gly-Lys-Val-AspNH$_2$-Val-Asp-Glu-Val-Gly-Gly-Glu-Ala-Leu-Gly-Arg-Leu-Leu-Val-Val-Tyr-Pro-Try-Thr-GluNH$_2$-Arg- Phe- Phe-Glu- Ser-Phe-Gly-Asp- Leu- Ser-Thr- Pro- Asp -Ala -Val- Met - Gly-AspNH$_2$-Pro-Lys-Val-Lys-Ala-His-Gly-Lys-Lys-Val-Leu-Gly-Ala-Phe-Ser-Asp-Gly-Leu-Ala-His-Leu-Asp-Asp-Leu-Lys-Gly-Thr-Phe-Ala-Thr-Leu-Ser-Glu-Leu-His-Cys-Asp-Lys-Leu- His-Val-Asp-Pro-Glu-AspNH$_2$-Phe-Arg-Leu-Leu-Gly-AspNH$_2$-Val-Leu-Val-Cys-Val-Leu-Ala-His-His-Phe-Gly-Lys-Glu-Phe-Thr-Pro-Pro-Val-GluNH$_2$ Ala-Ala-Tyr-GluNH$_2$-Lys-Val-Val-Ala-Gly-Val-Ala-Asp N H$_2$-Ala-Leu-Ala-His-Lys-Thr-His. Die α-Ketten mit 141 Bausteinen weisen eine ähnliche Reihenfolge auf: etwa 75 Aminosäuren besetzen im wesentlichen die gleichen Plätze. Der Vergleich von Gorilla-Hämoglobin mit menschlichem Hämoglobin zeigt, daß der einzige Unterschied im Ersatz einzelner Aminosäuren durch andere besteht, nämlich von je zwei Aminosäuren in den α-Ketten und je einer in den β-Ketten. Pferde-Hämoglobin und menschliches Hämoglobin unterscheiden sich anscheinend durch 18 solche Substitutionen pro Kette. Diese und viele ähnliche Befunde legen ein deutliches, unabhängiges Zeugnis für die Richtigkeit der Abstammungslehre ab.

Die Denaturierung von Proteinen. Proteine wie Insulin und Hämoglobin zeichnen sich durch ganz spezielle Eigenschaften aus, auf denen ihr Wert für den Organismus beruht. Insulin ist ein Hormon, das in die Oxidation von Zuckern im Körper eingreift. Hämoglobin kann sich reversibel mit Sauerstoff verbinden; es kann damit Sauerstoffmolekeln in den Lungen aufnehmen und in den Geweben wieder abgeben. Diese deutlich ausgeprägten Eigenschaften zeigen, daß Proteinmolekeln eine wohldefinierte Struktur haben müssen.
Ein Protein, das noch dieselben charakteristischen Eigenschaften wie im lebenden Organismus besitzt, wird als *natives Protein* bezeichnet. Hämoglobin, wie es im roten Blutkörperchen vorliegt oder in einer sorgfältig bereiteten Hämoglobinlösung, in der es noch Sauerstoff binden kann, heißt natives Hämoglobin. Viele Proteine verlieren ihre charakteristischen Eigenschaften sehr leicht. Man nennt sie dann *denaturierte Proteine*. Hämoglobin läßt sich sehr einfach denaturieren: es genügt, seine Lösung auf 65 °C zu erwärmen. Es ballt sich dann zusammen („koaguliert") zu Klumpen von ziegelrotem, unlöslichem, denaturiertem Hämoglobin. Durch Erwärmen auf etwa die gleiche Temperatur werden auch die meisten anderen Proteine denaturiert. „Eiweiß" (Eiklar) zum Beispiel ist eine Lösung, die in der Hauptsache aus dem Protein *Eieralbumin* besteht. Eieralbumin ist ein lösliches Protein mit einem Molekulargewicht von etwa 43000. Wird seine Lösung für einige Zeit auf über 65° erhitzt, so wird es denaturiert und ballt sich zu unlöslichen Klumpen zusammen. Beim Kochen von Eiern läuft dieser Vorgang ab.
Man nimmt an, daß die Polypeptidketten, die im nativen Protein in ganz bestimmter Weise zusammengefaltet sind, sich bei der Denaturierung entfalten. Im unlöslichen, denaturierten Hämoglobin oder Eieralbumin haben sich die entfalteten Polypeptidketten verschiedener Molekeln miteinander verschlungen und können sich nicht mehr voneinander lösen. Deshalb ist das denaturierte Protein unlöslich. Auch manche Chemi-

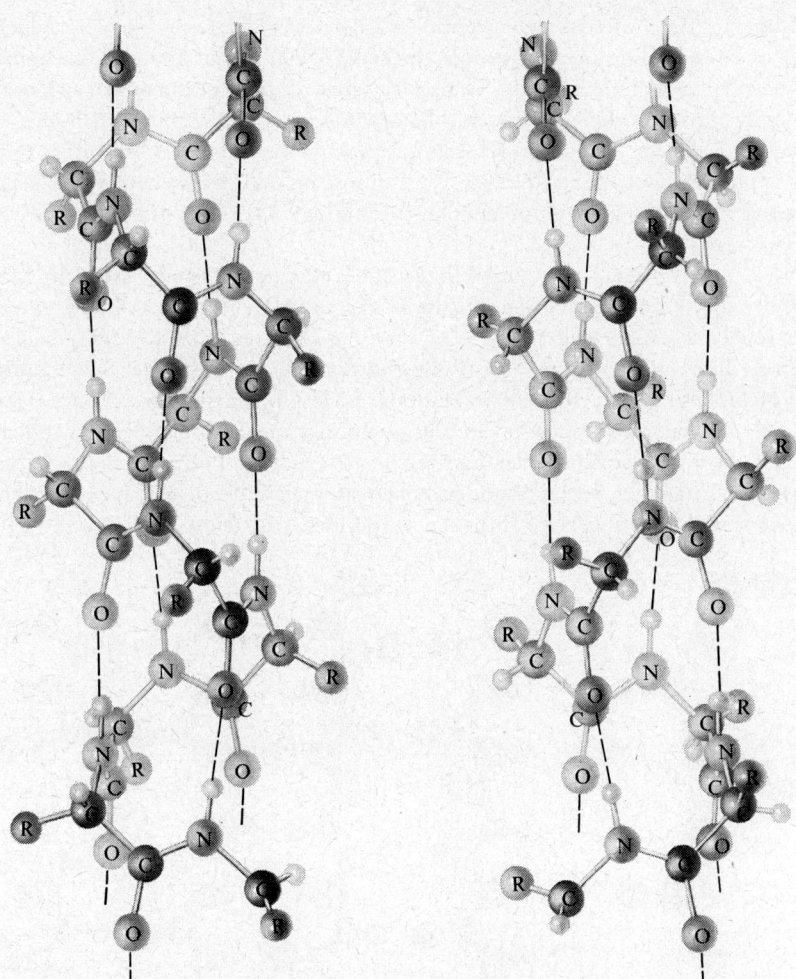

Abb. 24.2. Zwei mögliche Formen der α-Helix. Die linke Helix ist linkshändig, die rechte rechtshändig; beide sind aus *L*-Aminosäuren aufgebaut. Die Seitenketten der verschiedenen Bausteine sind mit ® bezeichnet. Die rechtshändige Polypeptidhelix tritt in vielen Proteinen auf.

kalien, darunter starke Säuren, starke Laugen und Alkohol sind wirksame Denaturierungsmittel.

Die Sekundärstruktur von Proteinen. Die regelmäßige Art der räumlichen Anordnung der Polypeptidketten eines Proteins wird als dessen *Sekundärstruktur* bezeichnet. In den letzten Jahren sind bei der Aufklärung von Sekundärstrukturen viele Fortschritte erzielt worden, vor allem mit Hilfe von Röntgenbeugungsaufnahmen.

In der Hauptsache treten Sekundärstrukturen der in Abbildung 24.2 gezeigten Art auf. Die Polypeptidkette ordnet sich schraubenförmig an, sie bildet eine sogenannte *Helix*.

Ungefähr 3,6 Aminosäurebausteine entfallen auf einen Gang der Helix (Schraube), also etwa 18 Bausteine auf fünf Gänge. Jeder Baustein ist mit anderen Bausteinen im vorangehenden und im folgenden Gang der Helix durch Wasserstoffbrücken zwischen den N—H-Gruppen und den Sauerstoffatomen der C=O-Gruppen verbunden. Die Seitenketten R der verschiedenen Bausteine hängen außen an der Helix, radial zu deren Achse. Für sie steht genügend Platz zur Verfügung, so daß die Reihenfolge der Bausteine keinen Beschränkungen räumlicher Art unterliegt. Diese Konfiguration wird als α-*Helix* bezeichnet.

Viele Faserproteine, darunter Fingernägel, Haare, Horn und Muskeln, setzen sich aus Polypeptidketten zusammen, die die Konfiguration der α-Helix besitzen und annähernd parallel zueinander liegen, mit der Achse der Helix in Längsrichtung der Faser. In manchen dieser Proteine sind die Polypeptidketten, die auch hier die Konfiguration der α-Helix besitzen, wie bei einem Seil oder Kabel umeinandergeschlagen. Haar und Horn kann auf mehr als das Doppelte der gewöhnlichen Länge gedehnt werden. Dabei brechen die Wasserstoffbrücken der α-Helix auf, weil die Polypeptidkette gezwungen wird, sich zu strecken. Seidenfasern bestehen aus gestreckten Polypeptidketten, die untereinander durch Wasserstoffbrücken verbunden sind (siehe Abb. 24.3).

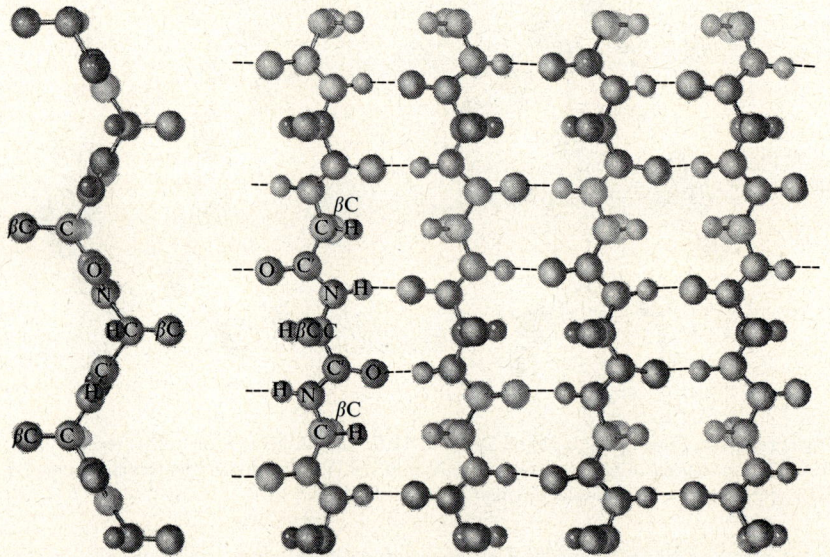

Abb. 24.3. Ansicht einer gefalteten Schicht aus antiparallelen Ketten, einer Struktur, die in Seidenfasern auftritt.

Tertiär- und Quaternärstruktur. In den Jahren von 1946 bis 1960 gelang es J. D. Kendrew, einem englischen Forscher, und seinen Mitarbeitern, eine vollständige Bestimmung der Struktur von *Myoglobin*, einem kugelförmigen Protein, durchzuführen. Myoglobin ist ein Protein, das in Muskeln auftritt und dem Hämoglobin recht ähnlich ist, dessen Molekeln (mit Molekulargewicht um 17000) aber nur aus einer Polypeptidkette bestehen. Nach Ausweis von Röntgenbeugungsaufnahmen an Myoglobinkristallen bildet die Polypeptidkette der Molekel nicht eine einzelne Helix, sondern vielmehr acht kurze Segmente mit α-Helix-Konfiguration, die durch Kettenstücke ohne Helixstruktur miteinander verbunden sind. Diesen Wesenszug der Polypeptidstruktur, der sich auf die gegenseitige räumliche Anordnung von Kettensegmenten mit regulärer (d.h. sich wiederholender) Struktur (Sekundärstruktur) bezieht, nennt man *Tertiärstruktur* des Proteins. Wie die Sekundärstruktur ist auch die Tertiärstruktur von der Reihenfolge der Aminosäuren (Primärstruktur) bedingt.

Die Untersuchung des Hämoglobins mit Röntgenmethoden, die der englische Wissenschaftler Max Perutz und seine Mitarbeiter durchführten, hat gezeigt, daß dessen Molekel aus vier Baugruppen zusammengesetzt ist, von denen jede aus einer Polypeptidkette besteht und der Myoglobinmolekel sehr ähnlich ist. Eine solche Zusammenlagerung von mehreren Polypeptidketten innerhalb einer Molekel bezeichnet man als *Quaternärstruktur* des Proteins.

24.4. Nucleinsäuren. Die Chemie der Vererbungsvorgänge

Einer der erstaunlichsten und interessantesten Wesenszüge unserer Welt ist die Existenz von Menschen und anderen Lebewesen, die in der Lage sind, Nachkommen zu zeugen, denen sie viele ihrer charakteristischen Merkmale übertragen. Die Frage nach dem Mechanismus, vermöge dessen ein Kind sich so weitgehend zum Ebenbild seiner Eltern entwickelt, ist über ein Jahrhundert lang eingehend untersucht worden, und besonders die letzten Jahre haben uns in raschen Schritten ihrer Beantwortung nähergebracht.

Im Jahr 1866 entwickelte der Mönch Gregor Johann Mendel (1822–1884) eine einfache Theorie der Vererbung, die auf Versuchen aufbaute, die er mit Erbsen im Garten des Augustinerklosters zu Brünn in Mähren angestellt hatte. Mendel fand, daß sich seine Versuchsergebnisse mit der Annahme erklären ließen, daß jede Tochterpflanze von jedem ihrer beiden Eltern einen Erbfaktor (heute *Gen* genannt) für jedes erbliche Merkmal erhält. Von den Genen weiß man heute, daß sie aneinandergereiht in langen, größeren Strukturen auftreten, den Chromosomen, die im Zellkern sichtbar sind.

Gene, die an derselben Stelle in einem Chromosom auftreten können, nennt man *Allele* oder *allelomorphische Gene*. Mendel kreuzte zum Beispiel zwei Sorten von Erbsenpflanzen, von denen die eine glatte und runde, die andere runzlige Samen trug. Bei der Tochtergeneration waren die Samen durchweg glatt und rund. Bei der Enkelgeneration, die aus Selbstbefruchtung von Pflanzen der Tochtergeneration hervorgegangen war, zeigte es sich jedoch, daß rund drei Viertel der Pflanzen glatte und die restlichen runzlige Samen aufwiesen. Mendel erklärte diesen und viele andere ähnliche Befunde auf folgende Weise. Die Erbsen der ersten Sorte trugen nach Mendel zwei Allele für glatte Samen, die der zweiten Sorte zwei Allele für runzlige Samen. Bei der Kreuzung erhalten nun die Tochterpflanzen je eins dieser Allele (eins von jedem Elternteil). Nach Mendels Hypothese ist das Gen für glatte Samen *dominant* und das für runzlige Samen *rezessiv*, und der Besitz von je einem von ihnen bewirkt deshalb die Erzeugung von glatten Samen (wie sie auch beim Besitz von zwei Genen für glatte Samen auftreten würden). Die aus Selbstbefruchtung der Tochtergeneration hervorgegangene Enkelgeneration erbt nun willkürlich von jedem Elternteil ein Gen für glatte oder ein Gen für runzlige

Samen. Nach den Gesetzen der Wahrscheinlichkeit sollte dann rund ein Viertel der Pflanzen der Enkelgeneration das Genpaar RR aufweisen, etwa die Hälfte die Paare Rr oder rR und das restliche Viertel das Paar rr (wobei R das dominante und r das rezessive Gen bezeichnet). Die Homozygoten (mit einem Paar gleichartiger Gene) RR tragen glatte Samen, die Heterozygoten (mit einem Paar ungleichartiger Gene) Rr und rR tragen wegen des vorherrschenden Einflusses des dominanten Gens R ebenfalls glatte Samen, und nur die Homozygoten rr weisen runzlige Samen auf.

Die Theorie erfuhr eine weitreichende Entwicklung in den Jahren nach 1910 auf Grund von Arbeiten an der Fruchtfliege, *Drosophila*, mit denen es Thomas Hunt Morgan und seinen Mitarbeitern (besonders A. H. Sturtevant, Calvin Bridges und H. J. Muller) unter anderem gelang, für viele Gene die Reihenfolge zu ermitteln, in der sie in den Chromosomen dieses Organismus auftreten. Weitere Fortschritte verdanken wir den Untersuchungen anderer Forscher (vor allem von G. W. Beadle und E. L. Tatum) am roten Brotschimmel, *Neurospora*, sowie den Arbeiten von J. Lederberg und anderen über die Genetik von Bakterien.

Ein geeignetes Beispiel zur Erläuterung der Beziehungen zwischen Genen und Proteinmolekeln bieten die verschiedenen Arten von Hämoglobin, die in den roten Blutkörperchen in menschlichem Blut aufgefunden worden sind. Wie man 1949 entdeckte, unterscheidet sich das Hämoglobin in den roten Blutkörperchen von Patienten, die an der sogenannten Sichelzellenanämie leiden, vom Hämoglobin gesunder Menschen. Der Unterschied zwischen diesem Hämoglobin S der Patienten und dem normalen Hämoglobin A ist nicht groß: die beiden α-Ketten sind in beiden Hämoglobinmolekeln die gleichen, und die beiden β-Ketten im Hämoglobin S unterscheiden sich von denen im Hämoglobin A nur in einem Aminosäurebaustein. In den β-Ketten des Hämoglobins A ist die sechste Aminosäure vom Aminoende her Glutaminsäure (vgl. die Aminosäurenfolge auf Seite 676), in denen des Hämoglobins S dagegen Valin. Alle anderen Aminosäurebausteine sind in beiden Molekeln die gleichen.

Das abnorme Hämoglobin in den roten Blutkörperchen der Patienten mit Sichelzellenanämie verursacht eine schwere Krankheit. Wie Untersuchungen erwiesen haben, tragen die beiden Eltern eines Patienten mit dieser Krankheit in ihren roten Blutkörperchen eine Mischung von je 50 Prozent Hämoglobin A und Hämoglobin S. Im Durchschnitt sind ein Viertel der aus solchen Ehen hervorgegangenen Kinder Sichelzellenhomozygoten mit Genpaar SS und leiden an Sichelzellenanämie. Offenbar erfüllen die beiden Gene A und S ihre Aufgaben im wesentlichen unabhängig voneinander; in Heterozygoten mit Genpaaren AS erzeugt jedes der beiden Gene seine eigene Hämoglobinsorte, und die roten Blutkörperchen enthalten somit eine Mischung von Hämoglobin A und Hämoglobin S.

Vor rund 25 Jahren erhielt man die ersten Anhaltspunkte dafür, daß Gene Molekeln von *Deoxyribonucleinsäure* (gewöhnlich abkürzend als DNS bezeichnet[1]) sind. Inzwischen sind die chemische Natur von DNS und ihre Molekularstruktur geklärt worden. Die Kenntnis dieser Struktur erlaubt es weitgehend, Einsicht in den Mechanismus zu gewinnen, mittels dessen die Genmolekeln sich reproduzieren. Dieses Reproduktionsver-

---

[1] DNA *(deoxyribonucleic acid)* in der angelsächsischen Literatur.

24.4. Nucleinsäuren. Die Chemie der Vererbungsvorgänge

mögen der Gene ermöglicht es dem Organismus einerseits, an seine Nachkommen Duplikate der Gene zu übertragen, andererseits beruht auf ihr die Fähigkeit lebender Organismen, durch Zellteilung zu wachsen und dabei in jeder der ständig zunehmenden Zahl von Zellen stets einen vollständigen Satz von Genen aufrechtzuerhalten.

DNS besteht aus mehreren hundert Bausteinen, sogenannten Nucleotiden, die durch chemische Bindungen zu einer langen, unverzweigten Kette verbunden sind, die man Polynucleotidkette oder Nucleinsäure nennt. Jedes Nucleotid setzt sich aus drei Teilen zusammen, aus je einer Molekel Phosphorsäure, eines Zuckers und einer Stickstoffbase. Die Zucker- und Phosphorsäuremolekeln sind miteinander zu einer langen Kette kondensiert:

Deoxyribose ist eine Pentose (d.h. ein Zucker der Formel $C_5H_{10}O_5$), die ein Sauerstoffatom verloren hat und somit die Formel $C_5H_{10}O_4$ aufweist. Ihre Strukturformel ist

In DNS kondensieren die beiden Hydroxylgruppen an den Kohlenstoffatomen 3' und 5' mit Hydroxylgruppen von zwei Phosphorsäuremolekeln, $OP(OH)_3$, und bilden so die oben gezeigte Polynucleotidkette, während das Stickstoffatom der Stickstoffbase die Hydroxylgruppe am Kohlenstoffatom 1' ersetzt.

Bei den Stickstoffbasen, die in DNS auftreten, handelt es sich um die beiden Purine *Adenin* und *Guanin* und die beiden Pyrimidine *Thymin* und *Cytosin*. In den Formeln in Abbildung 24.4 sind die Wasserstoffatome, an deren Stelle in DNS Kohlenstoffatome des Deoxyriboserings treten, mit Sternchen gekennzeichnet, und die Lage der Doppelbindungen entspricht in allen Molekeln lediglich einer der mehreren Valenzstrukturen. Die Molekeln sind eben gebaut, da alle Bindungen in den Purin- und Pyrimidinringen einen gewissen Doppelbindungscharakter aufweisen.

Chemische Analysen von DNS aus Zellkernen ergaben, daß die beiden Purine Adenin und Guanin zwar je nach der Pflanzen- oder Tierart, von der die Zelle stammt, in verschiedenen Mengenverhältnissen auftreten, daß das Molverhältnis von Adenin zu Thymin und von Guanin zu Cytosin aber stets 1:1 beträgt. Im menschlichen Sperma zum Beispiel sind Adenin und Thymin zu je 31% und Guanin und Cytosin zu je 19% (Molprozent der Stickstoffbasen) vertreten.

Dieser Befund fand seine Erklärung erst mit der Aufklärung der Struktur von DNS. Aufbauend auf den hervorragenden, von M. H. F. Wilkins aufgenommenen Röntgenbeugungsdiagrammen von DNS entwarfen der amerikanische Biologe J. D. Watson und der englische Biophysiker F. H. C. Crick das folgende Bild der DNS-Struktur. Die DNS-Molekel besteht nach dieser Vorstellung aus zwei wie Stränge eines Seils umeinandergeschlagenen Ketten mit Helixkonfiguration, die so angeordnet sind, daß in Abständen von jeweils 3,3 Å (gemessen entlang der Achse der Doppelhelix) die eine Kette eine Adenin- oder Guanineinheit, die andere eine Thymin- oder Cytosineinheit trägt; die Stickstoffbasen treten in komplementären Paaren auf, entweder als ein Adenin-Thymin-Paar oder als ein Guanin-Cytosin-Paar. Die Ursache dieser komplementären Paarung macht Abbildung 24.4 verständlich, die erkennen läßt, daß Adenin und Thymin miteinander zwei Wasserstoffbrücken bilden können, Guanin und Cytosin dagegen drei.

Nach der These von Watson und Crick treten die vier Basen Adenin, Thymin, Guanin und Cytosin, die mit ihren Anfangsbuchstaben A, T, G und C bezeichnet werden können, in einer der beiden Polynucleotidketten des Gens in einer charakteristischen Reihenfolge auf, in der anderen Kette in der entsprechenden komplementären Reihen-

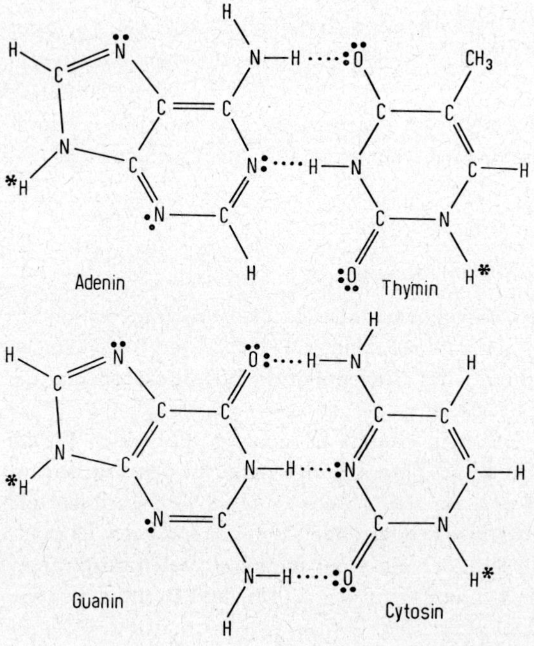

Abb. 24.4. Spezifische Bindung von Adenin an Thymin und von Cytosin an Guanin durch Ausbildung von Wasserstoffbrücken.

24.4. Nucleinsäuren. Die Chemie der Vererbungsvorgänge

folge. Auf jeder Stufe der Doppelhelix tritt wie eine Leitersprosse eins der vier Stickstoffbasenpaare —A===T—, —T===A—, —G≡≡≡C— oder —C≡≡≡G— auf. (Die doppelten und dreifachen gestrichelten Linien geben zwei bzw. drei Wasserstoffbrückenbindungen entsprechend Abbildung 24.4 an.)

Die Reihenfolge der Stickstoffbasen im Gen stellt einen Code dar, in dem die wesentliche Natur des Organismus festgelegt ist, die diesem mit der Vererbung des Gens übertragen worden ist. Man nimmt an, daß die Basenfolge in einem Gen in der Regel die Reihenfolge der Aminosäurebausteine in den Polypeptidketten der Proteine bestimmt, die unter dem Einfluß des Gens in der Zelle synthetisiert werden, wie wir weiter unten noch näher besprechen wollen.

DNS kontrolliert nicht nur die Erzeugung anderer Molekeln, sondern reproduziert sich außerdem selbst. Der von Watson und Crick postulierte Mechanismus der Reproduktion von DNS-Molekeln bei der Zellteilung ist wie folgt. Eine Doppelhelix von

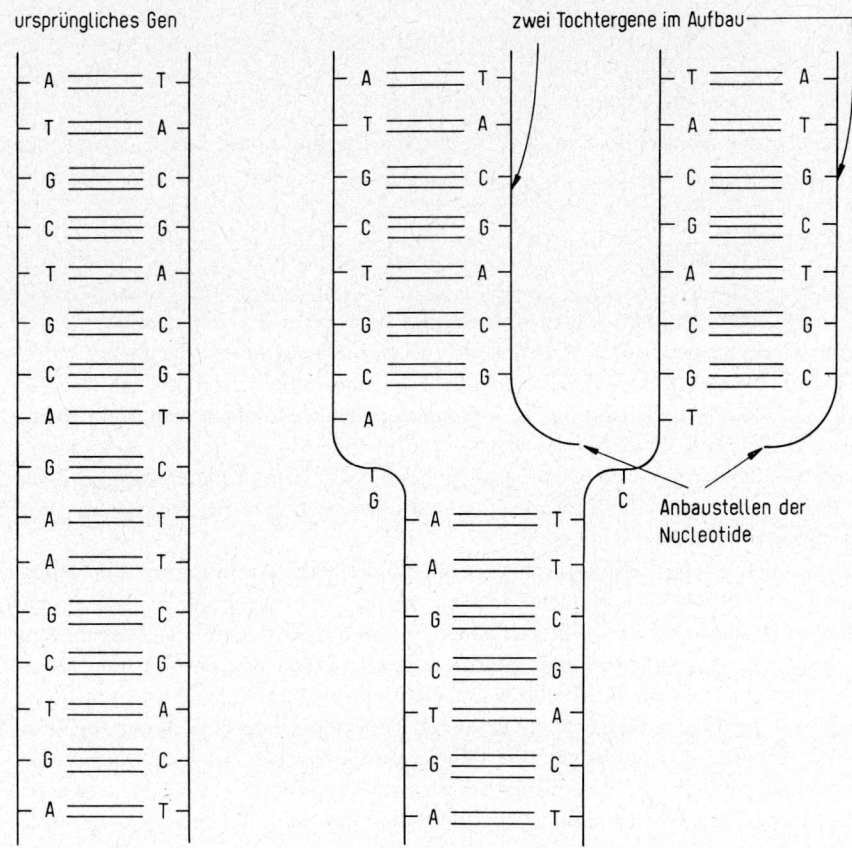

Abb. 24.5. Der hypothetische Mechanismus der Reproduktion von Genen durch Aufbau von komplementären Polynucleotidketten an den beiden ursprünglichen, einander komplementären Ketten. Die Helixkonfiguration der Ketten ist in dieser schematischen Darstellung nicht berücksichtigt.

komplementären Polynucleotiden beginnt sich in ihre beiden Stränge aufzuspalten. Gleichzeitig werden neue Polynucleotidketten synthetisiert, wobei die alten als Schablonen dienen. Da eine neue Kette, die an einer alten gebildet wird, dieser wiederum komplementär ist, gleicht sie der anderen, abgespaltenen alten Kette vollständig (siehe Abb. 24.5). Auf diese Weise kommen schließlich zwei einander sowie der ursprünglichen vollkommen gleiche Doppelhelixmolekeln zustande, die beide aus je einer alten und einer neu erzeugten Kette bestehen. Daß die DNS-Molekeln der ersten Tochtergeneration tatsächlich halb aus alten und halb aus neuen Bausteinen bestehen, hat sich durch Versuche an Bakterienkulturen mit Markierung von Atomen nachweisen lassen (mit ^{15}N als Tracer; vgl. Abschnitt 26.5).

Der Mechanismus der Proteinsynthese beruht auf der Übertragung der Information, die in einer der Ketten der DNS-Helix gespeichert ist, an eine Molekel von Ribonucleinsäure (RNS), und zwar dadurch, daß letztere der DNS-Kette komplementär gestaltet wird. RNS enthält den Zucker Ribose

an Stelle der Deoxyribose in DNS, sowie die Pyrimidinbase Uracil (bezeichnet mit U)

an Stelle von Thymin. Uracil unterscheidet sich von Thymin lediglich durch Ersatz einer Methylgruppe durch Wasserstoff (vgl. Abb. 24.4) und hat die gleiche Fähigkeit wie Thymin, Wasserstoffbrücken zu bilden (zwei mit Adenin). Jedes Gen, also jede DNS-Molekel, kann als Schablone zur Erzeugung vieler Molekeln von RNS dienen, sogenannter Boten-RNS *(Messenger-RNS)*, von denen jede die im Gen gespeicherte Information mitsichträgt und weiterreichen kann. Mit Hilfe anderer Molekeln, vor allem von Enzymen, wird diese Information dann dazu benutzt, die Synthese der Polypeptidketten von Proteinen zu steuern.

Es hat sich gezeigt, daß jeweils drei Nucleotide eine Aminosäure zum Einbau in die Kette auswählen. Wir können das Gen ansehen als eine Folge von dreibuchstabigen Worten *(Codons* genannt), die mit einem aus vier Buchstaben bestehenden Alphabet A, T, G, C (beziehungsweise dem gleichwertigen Alphabet A, U, G, C im Fall von RNS) gebildet sind. Das für die β-Ketten des Hämoglobins mit ihren 146 Aminosäurebausteinen verantwortliche Gen braucht demnach 146 Codons oder 438 Buchstaben – außerdem einige weitere, die die Signale für Beginn und Ende der Synthese übermitteln. Wahrscheinlich erzeugt jede RNS-Molekel Zehntausende von β-Ketten; ein ausgereiftes rotes Blutkörperchen enthält rund 100 000 000 Hämoglobinmolekeln.

Der genetische Code ist anscheinend in allen Organismen im wesentlichen derselbe und entspricht der Darstellung in Tafel 24.2. Da mit einem Alphabet mit vier Buchstaben 64 dreibuchstabige Worte gebildet werden können, der Code aber nur 20 Aminosäuren

Tafel 24.2. Der genetische Code.

zweiter Buchstabe

	U	C	A	G	
U	UUU ⎤ Phe UUC ⎦ UUA ⎤ Leu UUG ⎦	UCU ⎤ UCC ⎥ Ser UCA ⎥ UCG ⎦	UAU ⎤ Tyr UAC ⎦ UAA 1) UAG 1)	UGU ⎤ Cys UGC ⎦ UGA 1) UGG Trp	U C A G
C	CUU ⎤ CUC ⎥ Leu CUA ⎥ CUG ⎦	CCU ⎤ CCC ⎥ Pro CCA ⎥ CCG ⎦	CAU ⎤ His CAC ⎦ CAA ⎤ Gln CAG ⎦	CGU ⎤ CGC ⎥ Arg CGA ⎥ CGG ⎦	U C A G
A	AUU ⎤ AUC ⎥ Ile AUA ⎦ AUG Met	ACU ⎤ ACC ⎥ Thr ACA ⎥ ACG ⎦	AAU ⎤ Asn AAC ⎦ AAA ⎤ Lys AAG ⎦	AGU ⎤ Ser AGC ⎦ AGA ⎤ Arg AGG ⎦	U C A G
G	GUU ⎤ GUC ⎥ Val GUA ⎥ GUG ⎦	GCU ⎤ GCC ⎥ Ala GCA ⎥ GCG ⎦	GAU ⎤ Asp GAC ⎦ GAA ⎤ Glu GAG ⎦	GGU ⎤ GGC ⎥ Gly GGA ⎥ GGG ⎦	U C A G

erster Buchstabe (links) — dritter Buchstabe (rechts)

1 Kann als Signal zur Beendigung des Kettenbaus dienen.

auszusuchen hat, ist eine gewisse Redundanz vorhanden. Sie erstreckt sich hauptsächlich auf den dritten Buchstaben.

Wie der Code entschlüsselt worden ist, mag am Beispiel eines Versuchs erläutert werden. In Gegenwart von synthetischer RNS, die lediglich Uracil als Base enthält (also der Buchstabenfolge U-U-U-U-... entspricht), erzeugt eine aus Bakterienzellen gewonnene Enzymlösung beim Zusatz zu einer Lösung aller zwanzig Aminosäuren eine Polypeptidkette, die ausschließlich aus Phenylalaninbausteinen besteht. Damit ist erwiesen, daß UUU das (oder jedenfalls ein) Codon für Phenylalanin sein muß, wie auch in Tafel 24.2 angegeben ist. Ein großer Teil dieser Arbeit am genetischen Code ist das Verdienst der amerikanischen Forscher M. W. Nirenberg, H. G. Khorana und R. H. Holley und ihrer Mitarbeiter, die dabei von A. Kornberg und S. Ochoa entdeckte Enzyme verwendeten.

24.5. Stoffwechselvorgänge. Enzyme und ihre Tätigkeit

Die chemischen Reaktionen, die sich in einem lebenden Organismus abspielen, nennt man *Stoffwechselvorgänge*. Es handelt sich dabei um viele ganz verschiedenartige Reaktionen. Wir wollen einmal untersuchen, was mit der aufgenommenen Nahrung geschieht. Die Nahrung kann hochmolekulare Kohlenhydrate enthalten, vor allem Stärke. Die Stärke wird bei der Verdauung zu einfachen Zuckern abgebaut, die dann durch die Magenwände und Darmwände ins Blut übertreten können. In der Leber baut der Körper aus den Zuckern Glykogen (tierische Stärke) auf, das wie Stärke die Formel $(C_6H_{10}O_5)_x$ besitzt. Glykogen und andere Polysaccharide stellen eine der wichtigsten Energiequellen für den tierischen Organismus dar. Sie verbinden sich mit Sauerstoff unter Bildung von Kohlenstoffdioxid und Wasser; dabei wird Energie freigesetzt, die der Körper benötigt, um Arbeit zu leisten und um die Körpertemperatur aufrechtzuerhalten.

Wir haben früher schon erwähnt, daß die Proteine der Nahrung im Magen und Darm zu einfachen Peptiden oder einzelnen Aminosäuren aufgespalten werden. Die Spaltprodukte können durch die Wände ins Blut übergehen und dienen als Bausteine für den Aufbau der besonderen Proteine, die der Körper braucht. Gleichzeitig werden auch körpereigene Proteine ständig abgebaut. Die roten Blutkörperchen zum Beispiel haben eine Lebensdauer von wenigen Wochen. Nach Ablauf dieser Zeit werden sie zerstört und durch neu aufgebaute Zellen ersetzt. Den Stickstoff der abgebauten Proteinmolekeln scheidet der Körper im Harn als Harnstoff, $CO(NH_2)_2$, aus.

Auch die Fette werden bei der Verdauung zu einfacheren Bruchstücken abgebaut, die dann dem Körper als Energiequelle und als Konstruktionsmaterial zur Verfügung stehen.

Einige der chemischen Reaktionen, die sich im Körper abspielen, können wir im Laboratorium in Bechergläsern oder Kolben nachmachen. Wir können zum Beispiel ein Protein im Laboratorium in Aminosäuren zerlegen, indem wir starke Säure zusetzen und längere Zeit kochen. Wir können auch Zucker zu Kohlenstoffdioxid und Wasser oxidieren: wenn wir ein Stückchen Zucker mit etwas Zigarettenasche oder einem ähnlichen festen Material einreiben, können wir es mit einem Streichholz in Brand setzen; es verbrennt dann an der Luft zu Kohlenstoffdioxid und Wasser:

$$C_{12}H_{22}O_{11} + 12\,O_2 \rightarrow 12\,CO_2 + 11\,H_2O$$

Allerdings gelingt es nicht, diese Reaktionen im Laboratorium bei der Temperatur ablaufen zu lassen, die im menschlichen Körper herrscht, es sei denn in Gegenwart bestimmter, aus Tieren oder Pflanzen gewonnener Substanzen, sogenannter *Enzyme*. Enzyme sind Proteine, die bestimmte Reaktionen zu katalysieren vermögen. So enthält der Speichel ein besonderes Protein, das Enzym *Speichelamylase (Ptyalin)*, das den Abbau von Stärke zu dem Zucker Maltose, $C_{12}H_{22}O_{11}$, katalysiert:

$$\underset{\text{Stärke}}{(C_6H_{10}O_5)_x} + \frac{x}{2} H_2O \rightarrow \frac{x}{2} \underset{\text{Maltose}}{C_{12}H_{22}O_{11}}$$

Beim Kauen mischt sich der Speichel mit der Nahrung – einer Kartoffel zum Beispiel – und während diese in den Magen gelangt, beginnt die Speichelamylase, die Stärke abzubauen.

Ein anderes Enzym erfüllt im Magen eine ähnliche Aufgabe. Es ist das *Pepsin*, ein wirksamer Katalysator für die Hydrolyse von Proteinen zu Aminosäuren, also für die Aufspaltung von Peptidbindungen unter Einbau von Wasser und Bildung einer Aminogruppe und einer Carboxylgruppe. Die Wirksamkeit von Pepsin ist am größten in mäßig saurer Lösung. Tatsächlich ist der Magensaft auch ziemlich stark sauer: sein pH ist etwa 0,8, liegt also noch etwas unter dem einer 0,1 F Salzsäure.

Der Magen enthält noch weitere Enzyme, das *Labferment (Chymosin)*, das zur Verdauung von Milch beiträgt, und die *Lipase*, die den Abbau von Fetten katalysiert. Eine Reihe weiterer Enzyme beteiligt sich an der Fortsetzung der Verdauung von Polysacchariden, Proteinen und Fetten im Darm. Sie finden sich in den Säften des Darms und der Bauchspeicheldrüse und in der Galle.

Auch die chemischen Reaktionen, die im Blut und in den Zellen des Körpers ablaufen, werden allgemein durch Enzyme katalysiert. Die Oxidation eines Zuckers zum Beispiel ist sehr kompliziert und läuft über mehrere Stufen, wobei anscheinend jede der einzelnen Teilreaktionen von einem besonderen Enzym katalysiert wird. Man hat die Zahl der verschiedenen Enzyme im menschlichen Körper auf zwanzigtausend bis dreißigtausend geschätzt – jedes von ihnen ist so gebaut, daß es eine ganz bestimmte, für den Körper wichtige Reaktion zu katalysieren vermag.

In den letzten Jahren ist es bei vielen Enzymen gelungen, sie zu isolieren und zu reinigen, bei einer ganzen Reihe sogar, sie in kristalliner Form zu erhalten. Auf die Aufklärung des Mechanismus, auf dem die katalytische Wirksamkeit der Enzyme beruht, hat die Forschung viel Mühe verwandt. Das ist eine der wichtigsten Fragen, vor die wir uns in der Biochemie gestellt sehen.

Wärmewerte von Nahrungsmitteln. Der Körper braucht Energie zur Leistung von Arbeit und zur Erzeugung von Wärme, um die Körpertemperatur aufrechtzuerhalten. Diesen Energiebedarf zu decken, ist eine wichtige Aufgabe der Nahrung. Hierzu „verbrennt" der Körper die Nahrungsstoffe, das heißt, er oxidiert sie mit Sauerstoff, der aus der Luft stammt und vom Hämoglobin in der Lunge aufgenommen und den Geweben zugeführt wird. Als Endprodukte der Oxidation treten Wasser und Kohlenstoffdioxid auf, zu denen der größte Teil des Wasserstoffs und des Kohlenstoffs der Nahrung verbrannt wird.

Verbrennungswärmen (Wärmewerte) von Nahrungsmitteln und ihre Beziehungen zum menschlichen Nahrungsbedarf sind sehr eingehend untersucht worden. Ein gesunder Mensch mittlerer Größe, der mäßige körperliche Arbeit zu leisten hat, braucht pro Tag etwa 3000 kcal in seiner Nahrung. Ungefähr 90% davon macht der Körper durch Verdauung und Stoffwechsel als Energie und Wärme nutzbar.

In der Hauptsache sind Fette und Kohlenhydrate die Energielieferanten in der Nahrung. Reines Fett hat einen Wärmewert (Verbrennungswärme) von etwa 9000 kcal pro Kilogramm, reine Kohlenhydrate (Zucker) etwa 4100 kcal pro Kilogramm. Die Wärmewerte der Lebensmittel werden wie die Verbrennungswärmen von Brennstoffen in einer Kalorimeterbombe gemessen (siehe Abschnitt 6.11). Die Proteine, der dritte Hauptbestandteil der Nahrung, werden in erster Linie für Wachstum und Erneuerung der Zellen benötigt. Ein Erwachsener mittlerer Größe braucht täglich etwa 50 g an Proteinen. Die Nahrung enthält im allgemeinen ungefähr die doppelte Menge, also etwa 100 g, mit einem Wärmewert von rund 400 kcal (der Wärmewert von Proteinen beträgt etwa 4400 kcal kg^{-1}). Die übrigen 2600 kcal des täglichen Bedarfs müssen also durch Fette und Kohlenhydrate gedeckt werden.

24.6. Vitamine

Der menschliche Körper ist, wie wir bereits erwähnt haben, zur Aufrechterhaltung der Gesundheit auf eine Nahrung angewiesen, in der die neun lebenswichtigen Aminosäuren vertreten sind. Doch reicht die Zufuhr von Proteinen, die diese neun Aminosäuren enthalten, und von Kohlenhydraten und Fetten in genügender Menge noch nicht aus. Der Körper braucht eine Reihe weiterer Substanzen, und zwar anorganische wie auch organische.

Von den anorganischen Stoffen, deren Zufuhr mit der Nahrung für die Gesundheit unerläßlich ist, seien Natrium-Ionen, Chlorid-Ionen, Kalium-Ionen, Calcium-Ionen, Magnesium-Ionen, Jodid-Ionen, Phosphor (der in Form von Phosphat aufgenommen werden kann) und einige Übergangsmetalle angeführt. Eisen braucht der Körper für die Synthese von Hämoglobin und von einigen anderen Proteinen, die im Körper als Enzyme dienen. Enthält die Nahrung nicht genug Eisen, so tritt Anämie auf. Auch Kupfer wird benötigt; es scheint bei der Synthese von Hämoglobin und anderen eisenhaltigen Verbindungen im Körper eine Rolle zu spielen.

Die organischen Verbindungen, die über die lebenswichtigen Aminosäuren hinaus dem Körper zugeführt werden müssen, heißen *Vitamine*. Soweit bisher bekannt, braucht der Mensch mindestens dreizehn Vitamine: Vitamin A, B_1 (Thiamin), B_2 (Riboflavin), B_6 (Pyridoxin), B_{12}, C (Ascorbinsäure), D, K, Nicotinsäureamid, Pantothensäure, Inosit, *p*-Aminobenzoesäure und Biotin.

Schon seit über einem Jahrhundert weiß man, daß bestimmte Krankheiten bei mangelhafter oder einseitiger Ernährung auftreten, und daß dies durch bestimmte Zusätze zur Kost verhindert werden kann. Zitronensaft zum Beispiel verhütet das Auftreten von Skorbut. Trotzdem gelang es erst in neuerer Zeit, die für die Gesundheit wichtigen Nahrungsfaktoren als chemische Substanzen zu identifizieren. In den letzten Jahren hat man bei der Isolierung dieser Substanzen und bei der Aufklärung ihrer Struktur rasch Fortschritte gemacht. Viele Vitamine werden heute bereits synthetisch hergestellt und Nahrungsmitteln zugesetzt. Es macht zwar im allgemeinen keine Schwierigkeiten, eine Nahrung zu bekommen, die alle lebensnotwendigen Stoffe in genügender Menge enthält, doch scheint es gewöhnlich trotzdem geraten, die Nahrung künstlich mit Vitaminen anzureichern.

Vitamin A hat die Formel $C_{20}H_{29}OH$ und die Struktur

Es ist eine gelbe, ölige Substanz, die in der Butter und in Fischölen vorkommt. Mangel an Vitaminen A in der Nahrung ruft Schuppenbildung der Haut und an den Augen hervor. Gleichzeitig sinkt die Widerstandsfähigkeit von Haut und Augen gegen Infektionen. Außerdem vermindert sich die Fähigkeit, bei schlechter Beleuchtung zu sehen (Nachtblindheit). Für unser Sehen sind zwei Mechanismen verantwortlich; der eine hat seinen Sitz in den Zapfen der Netzhaut der Augen, die in der Nachbarschaft der *Fovea centralis* (dem zentralen Sehgrübchen) besonders angehäuft sind, der andere in den Stäbchen der Netzhaut. Das Farbensehen, das bei normaler Lichtintensität das gewöhnliche Sehen darstellt, wird durch die Netzhautzapfen vermittelt. Am Nachtsehen, das bei sehr geringer Lichtintensität wirksam ist, sind die Stäbchen beteiligt; es ist nicht mit der Wahrnehmung von Farben verbunden. Man hat festgestellt, daß ein bestimmtes Protein, der *Sehpurpur*, für das Sehen bei Dunkelheit eine Rolle spielt. Der Sehpurpur kommt in den Stäbchen vor. Die prosthetische Gruppe der Sehpurpurmolekel ist das Vitamin A. Daher führt ein Mangel an diesem Vitamin zu einem Nachlassen des Sehvermögens im Dunkeln.

Ein Protein, das wie der Sehpurpur außer den Aminosäurebausteinen eine charakteristische Gruppe trägt, wird als *konjugiertes Protein* (oder *Proteid*) bezeichnet. Die charakteristische Gruppe im konjugierten Protein heißt *prosthetische Gruppe* (nach dem griechischen πρόσθεσις, das Hinzufügen). Ein anderes Beispiel für ein konjugiertes Protein ist das Hämoglobin: jede Hämoglobinmolekel besteht aus einem gewöhnlichen Protein, dem Globin, und vier prosthetischen Gruppen, den Hämingruppen. Die Formel der Hämingruppe ist $C_{34}H_{32}O_4N_4Fe$.

Zur Verhütung der Symptome, die bei Mangel an Vitamin A in Erscheinung treten, ist es nicht erforderlich, das Vitamin selbst mit der Nahrung zuzuführen. Der Körper kann bestimmte Kohlenwasserstoffe, die *Carotine* mit der Formel $C_{40}H_{56}$ und Strukturen, die der von Lycopin (siehe Abb. 23.1) ähnlich sind, in Vitamin A umwandeln. Man bezeichnet diese Substanzen zusammenfassend als *Provitamin A*. Es handelt sich um rote und gelbe Verbindungen, die in Karotten, Tomaten und anderen Gemüsen und Früchten sowie in Butter, Milch und Eiern auftreten.

Thiamin, *Vitamin B_1* (früher Aneurin genannt), hat (als Hydrochlorid) die folgende Struktur:

Ungenügende Zufuhr von Thiamin mit der Nahrung verursacht die Krankheit Beri-Beri, eine Nervenkrankheit, die in früheren Jahren im fernen Osten sehr verbreitet war. Kurz vor der letzten Jahrhundertwende fand der holländische Arzt Ch. Eijkman (1858 bis 1930) auf Java, daß Beri-Beri bei Ernährung mit poliertem Reis auftritt und durch Zusatz von Extrakten der beim Polieren anfallenden Reiskleie zur Kost geheilt werden kann. 1911 äußerte der polnische Gelehrte Casimir Funk die Annahme, daß Beri-Beri und ähnliche Krankheiten auf die unzureichende Zufuhr einer Substanz zurückgehen, die in gewöhnlicher Nahrung in genügender Menge vorhanden ist. Er versuchte, die Substanz zu isolieren, deren Fehlen Beri-Beri hervorruft. Er prägte für Substanzen dieser

Art den Namen „Vitamine", weil er sie für Amine hielt. Die Aufklärung der Struktur des Vitamins B_1 gelang 1936 R. R. Williams, E. R. Buchman und ihren Mitarbeitern. Thiamin scheint bei den Stoffwechselvorgängen in den Körperzellen eine bedeutende Rolle zu spielen, die jedoch bisher nicht einwandfrei geklärt worden ist. Es besteht Grund zur Annahme, daß Thiamin als prosthetische Gruppe eines Enzyms wirkt, das an der Oxidation von Kohlenhydraten beteiligt ist. Das Vitamin kommt vor in Kartoffeln, Kleie, Milch, Eiern, Gemüsen und Fleisch.

Riboflavin, Vitamin B_2 (früher Lactoflavin genannt), hat die Struktur

$$\begin{array}{c}\text{Struktur Riboflavin}\\ H_2C-CHOH-CHOH-CHOH-CH_2OH\end{array}$$

Es scheint für das Wachstum und den Gesundheitszustand der Haut wichtig zu sein. Man kennt Riboflavin als Bruchstück der prosthetischen Gruppe eines Enzyms, des sogenannten *gelben Ferments*, das die Oxidation von Glucose und gewissen anderen Substanzen im Körper katalysiert.

Pyridoxin, Vitamin B_6 (früher Adermin genannt), hat die Struktur

$$\text{Struktur Pyridoxin}$$

Es kommt vor in Hefe, in der Leber, in Reiskleie und anderer pflanzlicher und tierischer Nahrung. Außerdem wird es synthetisch hergestellt. Es fördert das Wachstum und verhindert Hautentzündungen (Dermatitis).

Vitamin B_{12} spielt bei der Bildung der roten Blutkörperchen im Körper eine Rolle. Es wird zur Behandlung von perniziöser Anämie eingesetzt. In seiner physiologischen Wirksamkeit übertrifft es wohl alle anderen bekannten Substanzen: eine Tagesdosis von einem Mikrogramm (10^{-6} g) Vitamin B_{12} reicht für die Behandlung aus. Das Vitamin kann aus den Geweben der Leber isoliert werden. Es wird auch von Pilzen und anderen Mikroorganismen erzeugt. Die Struktur des Vitamins B_{12} konnte erst 1955 von D. Crowfoot-Hodgkin und A. Todd aufgeklärt werden. Die kompliziert gebaute Verbindung hat ein Molekulargewicht von rund 1360 und enthält ein Kobaltatom pro Molekel. Vitamin B_{12} ist die einzige Kobaltverbindung, die im menschlichen Körper aufgefunden worden ist.

Ascorbinsäure, Vitamin C, ist ein wasserlösliches Vitamin, dem große Bedeutung zukommt. Seine Struktur ist:

$$\begin{array}{c}HO-C=C-OH\\ O=C\diagdown_O\diagup CH-CH-CH_2-OH\\ OH\end{array}$$

Mangel an Vitamin C führt zum Skorbut, einer Krankheit, für die Abmagern, allgemeine Schwäche, Blutungen des Zahnfleischs und der Haut, Zahnausfall und andere Symptome charakteristisch sind. Die gesunde Entwicklung der Zähne scheint von einer hinreichenden Zufuhr von Vitamin C abzuhängen. Mangel an Vitamin C scheint Anfälligkeit gegen eine ganze Reihe von Krankheiten zur Folge zu haben.

Vitamin C kommt in vielen Nahrungsmitteln vor, besonders im Saft von Citrusfrüchten, schwarzen Johannisbeeren und Tomaten, in Spinat und vielen frischen, grünen Gemüsen. Der Tagesbedarf an Vitamin C beträgt ungefähr 60 mg. Größere Dosen von 1000 bis 5000 mg pro Tag scheinen sich gegen Schnupfen zur Vorbeugung und Linderung zu bewähren.

Vitamin D braucht der Körper zur Verhütung von Rachitis, einer Krankheit, die mit Mißbildung von Knochen und ungenügender Zahnentwicklung verbunden ist. Mehrere Substanzen wirken antirachitisch. Im Fischlebertran kommt Vitamin D_3 vor. Es hat die Struktur

Zur Aufrechterhaltung der Gesundheit genügt die Zufuhr einer äußerst geringen Menge von Vitamin D, ungefähr 0,01 mg pro Tag. Das Vitamin ist fettlöslich. Es tritt auf in Lebertran, Eigelb, Milch und in sehr geringen Mengen in anderen Nahrungsmitteln. Korn, Hefe und Milch können durch Bestrahlung mit ultraviolettem Licht an Vitamin D angereichert werden. Die Bestrahlung verwandelt eine fettlösliche Substanz (ein *Lipoid*) in der Nahrung, das *Ergosterin*, in das Vitamin D_2 *(Calciferol)*. In ihrer Struktur unterscheiden sich Vitamin D_2 und D_3 nur wenig voneinander.

Während die meisten Vitamine ohne Schaden in größeren Mengen genossen werden können, führt ein Überdosis von Vitamin D zu Schädigungen.

Vitamin E ist zur Aufrechterhaltung der Gesundheit nicht unerläßlich, doch scheint es für Fortpflanzung und Milchbildung bei Tieren erforderlich zu sein. Pantothensäure, Inosit, *p*-Aminobenzoesäure und Biotin werden im Körper für normales Wachstum gebraucht. Vitamin K trägt zum Gerinnen des Bluts bei und hemmt damit Blutungen.

Es ist bemerkenswert, daß viele „einfachere" Organismen nicht so viele Substanzen für ein gesundes Wachstum benötigen wie der Mensch. Wir hatten schon angeführt, daß die *Neurospora* (roter Brotschimmel) alle in Proteinen auftretenden Aminosäuren synthetisieren kann, während dem Menschen neun von ihnen mit der Nahrung zugeführt werden müssen. Auch andere Substanzen, die der Mensch als Vitamine benötigt, kann die *Neurospora* synthetisieren. Die einzige wachstumfördernde Substanz, die dieser Organismus braucht, ist Biotin. Der Vitaminbedarf von Ratten übersteigt den von *Neurospora*, ist jedoch geringer als beim Menschen. Ascorbinsäure (Vitamin C) zum Beispiel benötigt die Ratte nicht. Sie kann dieses Vitamin, das einen wichtigen Bestandteil des Tiergewebes bildet, synthetisieren.

24.7. Hormone

Eine andere Gruppe von Substanzen, die für die Vorgänge im menschlichen und tierischen Körper eine wichtige Rolle spielen, sind die *Hormone*. Sie übermitteln Signale von einem Teil des Körpers zum anderen. Ihren Weg nehmen sie durch den Blutkreislauf. Die Hormone steuern eine Reihe verschiedener physiologischer Vorgänge. Bekommt zum Beispiel ein Mensch ganz plötzlich einen Schreck, so sondern die Nebennieren *Adrenalin* ab. Adrenalin hat die Struktur

$$\underset{\underset{OH}{HO}}{\bigcirc}\!\!-\!\!\underset{\underset{}{CH_2}}{\overset{\overset{OH}{|}}{CH}}\!\!-\!\!\overset{NH}{\underset{CH_3}{|}}$$

Gelangt das Adrenalin ins Blut, so beschleunigt es den Herzschlag und veranlaßt die Blutgefäße, sich zusammenzuziehen. Dadurch steigt der Blutdruck. Gleichzeitig veranlaßt es die Leber, Glucose abzugeben, und macht damit eine Energiereserve unmittelbar verfügbar.

Thyroxin, eine Ausscheidung der Schilddrüse, ist an der Steuerung des Stoffwechsels beteiligt. *Insulin* wird von der Bauchspeicheldrüse abgeschieden und lenkt die Verbrennung von Kohlenhydraten. Beide Hormone sind Proteide. Die prosthetische Gruppe des Thyroxins enthält Jod. Man kennt viele weitere Hormone. Bei einigen von ihnen handelt es sich um Proteide, bei anderen um einfacher gebaute Substanzen.

Es hat sich herausgestellt, daß Schilddrüsenerkrankungen wie Kropf ihre Ursache in ungenügender Bildung von Thyroxin haben können. Zur Heilung fügt man der Nahrung Jodid-Ionen zu. Die Zuckerkrankheit *(Diabetes mellitus)*, die am Auftreten von Zucker im Urin kenntlich ist und auf unzureichende Erzeugung von Insulin im Körper zurückgeht, wird seit einiger Zeit durch Einspritzungen von Insulin behandelt, das aus Bauchspeicheldrüsen von Tieren gewonnen wird. Die Hormone *Cortison* und *ACTH* (adrenocorticotropes Hormon) haben eine starke therapeutische Wirksamkeit gegen Arthritis und einige andere Krankheiten gezeigt.

24.8. Chemie und Medizin

Von ältesten Zeiten an sind Krankheiten mit Arzneimitteln bekämpft worden. Zuerst fanden Naturstoffe Verwendung, die aus Blättern, Stengeln oder Wurzeln von Pflanzen gewonnen wurden. Im Mittelalter wurden von den Alchimisten eine große Zahl von Substanzen entdeckt und hergestellt. Viele Gelehrte, von denen Theophrastus Paracelsus (1493–1541) der bedeutendste war, prüften die neuen Substanzen auf ihre physiologische Wirksamkeit und zogen viele von ihnen für medizinische Zwecke heran. So benutzte man zum Beispiel sowohl Quecksilber(II)-chlorid, $HgCl_2$, als auch Quecksilber(I)-chlorid, Hg_2Cl_2, in der Medizin, das erste als Antiseptikum, das zweite für den inneren Gebrauch als Abführmittel und allgemeines Heilmittel.

Am Anfang unserer gegenwärtigen Epoche der *Chemotherapie*, der Behandlung von Krankheiten mit chemischen Substanzen, standen die Arbeiten von Paul Ehrlich (1854–1915). Zu Beginn unseres Jahrhunderts wußte man, daß gewisse organische Arsenverbindungen parasitische Mikroorganismen (Protozoën), die bestimmte Krankheiten hervorrufen, abtöten können. Ehrlich stellte sich die Aufgabe, eine möglichst große Zahl von Arsenverbindungen zu synthetisieren. in dem Bemühen, eine dabei zu finden, die gleichzeitig toxisch (giftig) für die Protozoën im menschlichen Körper und nicht toxisch für den menschlichen Wirtsorganismus sei. Nach vielen erfolglosen Versuchen synthetisierte er eine Verbindung, die er *Salvarsan* nannte, ein geradkettiges Hochpolymeres der Formel

$$\left(\begin{array}{c} \text{OH} \\ \diagup \\ \diagdown \text{NH}_2 \\ -\text{As}- \end{array} \right)_n$$

Salvarsan hat sich als äußerst wertvoll erwiesen. Hauptsächlich wird es zu Behandlung von Syphilis verwendet; es greift den Erreger dieser Krankheit, *Spirochaeta pallida*, an. Auch bei der Bekämpfung einiger anderer Krankheiten hat es sich bewährt. Erst kürzlich ist es für die Behandlung der Syphilis vom Penicillin, auf das wir später zu sprechen kommen, verdrängt worden.

Seit Ehrlichs Zeit sind in der Entwicklung neuer chemotherapeutischer Mittel große Fortschritte erzielt worden. Noch vor dreißig Jahren standen die Infektionskrankheiten als Todesursache an erster Stelle. Heute hält man die meisten dieser Krankheiten fest unter Kontrolle mit chemotherapeutischen Mitteln, von denen einige im Laboratorium synthetisiert, andere aus Mikroorganismen gewonnen werden. Nur wenige Infektionskrankheiten, hauptsächlich gewisse Viruskrankheiten, stellen auch jetzt noch eine ernste Gefahr für die menschliche Gesundheit dar, und wir dürfen zuversichtlich hoffen, daß in den nächsten Jahren auch gegen diese Krankheiten chemotherapeutische Mittel gefunden werden.

Unseren heutigen Zeitabschnitt rascher Fortschritte leitete der deutsche Arzt Gerhard Domagk (1895–1964) mit der Entdeckung der Wirksamkeit der *Sulfonamide* ein. Domagk entdeckte 1935, daß ein Derivat des *Sulfanilamids*, hergestellt von den Chemikern Klarer und Mietzsch, mit Erfolg zur Bekämpfung von Streptokokkeninfektionen herangezogen werden kann *(Prontosil)*. Bald darauf fanden andere Forscher, daß das Sulfanilamid selbst ebenso wirksam gegen Streptokokken ist und in Form von Tabletten eingenommen werden kann. Die Struktur des Sulfanilamids geht aus Tafel 24.3 hervor. Sulfanilamid wirkt gegen hämolytische Streptokokkeninfektionen und Meningokokkeninfektionen. Sobald der Wert des Sulfanilamids erkannt worden war, machten sich Chemiker in aller Welt daran, Hunderte von verwandten Substanzen zu synthetisieren und auf ihre bakteriostatische Wirksamkeit zu prüfen. Einige der neuen Substanzen erwiesen sich als geeignet. Sie finden jetzt in der medizinischen Praxis in weitem Umfang Anwendung. *Sulfapyridin* hat sich für die Bekämpfung von kruppöser Lungenentzündung und anderen Pneumokokkeninfektionen sowie von Gonorrhoe bewährt. *Sulfathiazol* wirkt außer gegen diese Krankheiten auch gegen Staphylokokkeninfektionen, besonders in Karbunkeln und Furunkeln. Diese und alle anderen Sulfonamide sind Derivate des Sulfanilamids: ein Wasserstoffatom der Amidgruppe (der NH_2-Gruppe, die am Schwefelatom hängt) im Sulfanilamid ist durch eine andere Gruppe ersetzt (Tafel 24.3).

Tafel 24.3. Strukturformeln von Sulfonamiden und Penicillin.

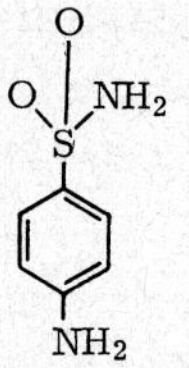

Sulfanilamid 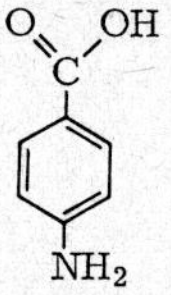   p-Aminobenzoesäure

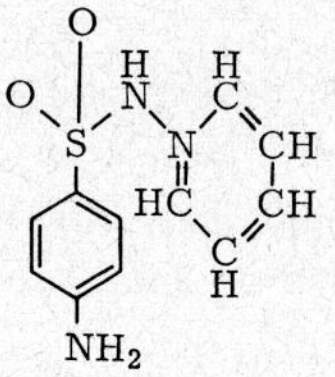

Sulfapyridin 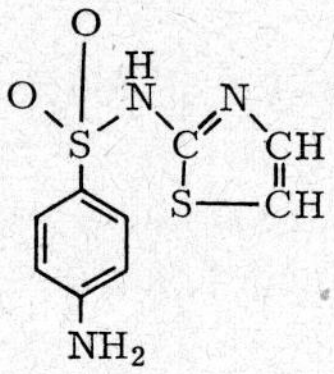   Sulfathiazol

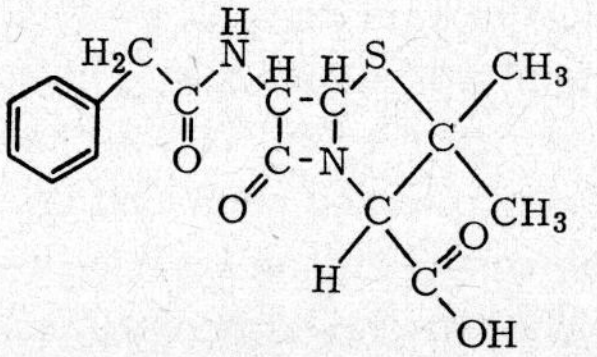

Penicillin G

Ein bedeutender Schritt vorwärts wurde mit der Einführung der *Antibiotika* in die Medizin getan. Im Jahre 1929 beobachtete Professor Alexander Fleming (1881–1955), der als Bakteriologe an der Universität London tätig war, an seinen Bakterienkulturen, daß die Bakterien in unmittelbarer Nachbarschaft einer Stelle, an der sich zufällig Schimmelpilze entwickelt hatten, nicht wachsen konnten. Er schloß daraus, daß wahrscheinlich der Schimmelpilz eine chemische Substanz von bakteriostatischer Wirkung erzeugt, und stellte über das Wesen dieser Substanz einige einleitende Versuche an. Der große Erfolg bei der Verwendung der Sulfonamide in der Medizin führte zehn Jahre später Professor Howard Florey und Dr. E. B. Chain von der Universität Oxford dazu, alle gegen Bakterien wirkenden Substanzen, über die Angaben zu finden waren, eingehend zu prüfen, ob sie sich in ähnlicher Weise zur Behandlung von Krankheiten heranziehen ließen. Als er die Flüssigkeit untersuchte, in der der seinerzeit von Fleming beobachtete Pilz *Penicillium notatum* wuchs, fand er eine ungewöhnlich große bakteriostatische Wirksamkeit. Kaum zwei Jahre später (1941) wurde das neue Antibiotikum *Penicillin* schon zur Behandlung von Patienten eingesetzt. Den gemeinsamen Anstrengungen vieler Forscher in England und den Vereinigten Staaten sind die raschen Fortschritte zu verdanken, die in der Aufklärung der Struktur des Penicillins, der Entwicklung von Verfahren zur Herstellung in großen Mengen und der Feststellung der Krankheiten, gegen die das Mittel wirkt, in den folgenden zwei oder drei Jahren erzielt wurden. Innerhalb weniger Jahre ist das neue Antibiotikum zum wertvollsten aller Arzneimittel geworden. Es zeichnet sich durch hervorragende Wirksamkeit gegen eine große Zahl von Krankheiten aus.

Die Struktur des Penicillins geht aus Tafel 24.3 hervor. Die Substanz ist synthetisiert worden, doch fehlt bisher noch ein billiges Verfahren zur synthetischen Herstellung. Um den großen Bedarf an Penicillin zu decken, der heute besteht, ist man darauf angewiesen, Pilzkulturen in einem geeigneten Medium zu züchten und daraus das Penicillin zu extrahieren. Vorbedingung hierfür war es, Pilzstämme aufzufinden, die das Penicillin in großen Mengen liefern, und ein für das Wachstum der Kulturen besonders gut geeignetes Medium zu ermitteln.

Es ist bemerkenswert, daß verschiedene Pilzstämme etwas unterschiedliche Penicilline liefern. Die Strukturformel in Tafel 24.3 ist die des Benzylpenicillins (Penicillin G), das heute hergestellt und verwendet wird.

Der sensationelle Erfolg des Penicillins als chemotherapeutisches Mittel führte zu einer Suche nach anderen antibiotisch wirksamen Produkten lebender Organismen. *Streptomycin*, das von dem Strahlenpilz *Actinomyces griseus* erzeugt wird, erwies sich als geeignet für die Behandlung von Krankheiten, bei denen mit Penicillin keine großen Erfolge erzielt worden waren. Daneben haben sich noch einige andere bakteriostatische Mittel bewährt.

Von großer Bedeutung sind die in den Jahren seit 1947 entdeckten Substanzen, die auch gegen Virusinfektionen wirksam sind. Penicillin, Streptomycin und die Sulfonamide greifen Bakterien an, jedoch keine Viren. Die kürzlich aufgefundenen Substanzen *Chloromycetin* und *Aureomycin* – Stoffwechselprodukte der Strahlenpilze *Streptomyces venezuelae* bzw. *Streptomyces aureofaciens* – können auch bei bestimmten Virusinfektionen mit Erfolg angewendet werden.

Beziehungen zwischen der Molekularstruktur der Substanzen und ihrer physiologischen Wirksamkeit. Bisher kennt niemand die Beziehungen zwischen der Molekularstruktur der Substanzen und ihrer physiologischen Wirksamkeit. Wir kennen zwar die Strukturformeln vieler Arzneimittel, Vitamine und Hormone. Einige davon sind in den vorigen Abschnitten angeführt worden. Es ist jedoch wahrscheinlich, daß die meisten dieser Substanzen ihre physiologische Wirkung ausüben, indem sie auf die Proteine des menschlichen Körpers oder der Bakterien oder Viren, die sie vernichten, einwirken oder sich mit ihnen verbinden. Über die Struktur dieser Proteine weiß man jedoch bisher nur wenig.

Vor einiger Zeit wurde eine Vermutung über den Mechanismus der bakteriostatischen Wirkung von Sulfonamiden geäußert, die im wesentlichen richtig zu sein scheint. Man hatte festgestellt, daß Sulfanilamid und andere Sulfonamide in Konzentrationen, in denen sie unter gewöhnlichen Umständen das Wachstum von Bakterienkulturen unterbinden, ihre Wirksamkeit bei Zusatz von etwas *p*-Aminobenzoesäure verlieren. Die Menge *p*-Aminobenzoesäure, die den Bakterien eine Vermehrung gerade wieder gestattete, stellte sich als ungefähr proportional dem Überschuß des Sulfonamids über die bakteriostatisch wirkende Mindestdosis heraus. Für diese Konkurrenz zwischen dem Sulfonamid und der *p*-Aminobenzoesäure gibt es eine einleuchtende Deutung. Wir wollen annehmen, daß die Bakterien etwas *p*-Aminobenzoesäure für ihr Wachstum brauchen; *p*-Aminobenzoesäure soll also ein Vitamin für die Bakterien darstellen. Wahrscheinlich vereinigt sie sich mit einem Protein des Bakteriums zu einem lebenswichtigen Enzym, und zwar dient sie vermutlich als prosthetische Gruppe. Es ist gut möglich, daß das Bakterium ein Protein erzeugt, dessen Molekeln an einer Stelle eine Vertiefung aufweisen, in die die Molekel der *p*-Aminobenzoesäure gerade hineinpaßt. Die Sulfanilamidmolekel gleicht der *p*-Aminobenzoesäuremolekel weitgehend (siehe Tafel 24.3): beide enthalten einen Benzolring, an dem eine Aminogruppe, —NH_2, und gegenüber eine andere Gruppe hängen. Es ist deshalb durchaus denkbar, daß die Sulfanilamidmolekel in die Vertiefung des Proteins paßt, sich dort festsetzt und damit die *p*-Aminobenzoesäuremolekel daran hindert, ihren gewöhnlichen Platz einzunehmen. Nehmen wir weiter an, daß die Verbindung von Protein und Sulfanilamid enzymatisch nicht wirksam ist, so ergibt sich ein geschlossenes Bild für die Wirkungsweise des Sulfanilamids. Da auch die Derivate des Sulfanilamids, die am Schwefelatom verschiedene andere Gruppen tragen, bakteriostatische Wirksamkeit besitzen, dagegen am Benzolkern oder an der Aminogruppe substituierte Verbindungen unwirksam sind, nimmt man an, daß das Protein dicht am Benzolring und an der Aminogruppe, nicht aber am anderen Teil der Molekel anliegt.

Kapitel 25

Die Chemie der Elementarteilchen

In neuerer Zeit hat sich unsere Kenntnis der Welt, in der wir leben, erheblich erweitert. Wir haben gelernt, daß Atome aus Elektronen und Kernen bestehen, die Kerne ihrerseits aus Protonen und Neutronen. Über das Elektron, das Proton und das Neutron hinaus sind noch mehrere weitere Teilchen entdeckt worden, die als grundlegende Bausteine, als *Elementarteilchen* gelten.

Der Forschungszweig, der das Wesen und Reaktionsverhalten der Elementarteilchen zu ergründen sucht, ist zur Zeit in stürmischer Entwicklung begriffen. Bisher waren es in erster Linie Physiker, die sich mit solchen Fragen befaßt haben. Jedoch sind die Reaktionen, bei denen Elementarteilchen entstehen, zerfallen und sich ineinander umwandeln, in ihren Grundzügen chemischen Reaktionen nicht unähnlich, und wir können mit einer gewissen Berechtigung von der Erforschung solcher Reaktionen sowie der Elementarteilchen selbst als einer Chemie der Elementarteilchen sprechen.

In den nachstehenden Ausführungen werden wir 34 Teilchen als Elementarteilchen nennen. Zu ihnen zählen sechs (das Lichtquant, das Graviton, zwei Neutrinos und zwei Antineutrinos), die sich nur mit Lichtgeschwindigkeit bewegen können, während die 28 anderen auf geringere Geschwindigkeiten beschränkt sind. Wie die Relativitätstheorie es verlangt, besitzen die Teilchen, die sich mit Lichtgeschwindigkeit bewegen, keine Ruhmasse, die anderen dagegen eine endliche Ruhmasse.

Ein großer Teil unserer Kenntnis der Elementarteilchen rührt von Entdeckungen innerhalb der letzten zehn Jahre her. Die Forschung ist hier auf viele völlig unerwartete Erscheinungen gestoßen, deren Verständnis einen Wandel in unserem Weltbild herbeiführt. So wie die in früheren Kapiteln genannten Entdeckungen auf dem Gebiet der Atom- und Molekularstruktur und der im nächsten Kapitel behandelten Kernphysik und -chemie einen tiefgreifenden Einfluß auf unser heutiges tägliches Leben ausüben, wie sie das Wesen unserer Zivilisation verändert und vor allem unsere Methoden der Kriegführung umgewälzt haben, so dürfen wir erwarten, daß die neuen Erkenntnisse auf dem Gebiet der Elementarteilchen eines Tages mit gleicher Macht in unser Leben eingreifen werden.

25.1. Die Einteilung der Elementarteilchen

Im gegenwärtigen Stadium unserer Kenntnis der Elementarteilchen erscheint es zweckmäßig, die 34 Teilchen wie folgt in Gruppen zu ordnen:

   acht Baryonen (das Proton, das Neutron und sechs schwerere Teilchen),

acht Antibaryonen,
acht Mersonen und Antimesonen,
acht Leptonen und Antileptonen,
das Lichtquant (Photon),
das Graviton.

Die meisten Elementarteilchen können als Bestandteile entweder von *Materie* oder von *Antimaterie* aufgefaßt werden. Die Existenz dieser beiden entgegengesetzten Arten von Materie war auf Grund relativistischer quantenmechanischer Betrachtungen schon 1928 vorausgesagt worden, und zwar von P. A. M. Dirac, dem englischen theoretischen Physiker, dem als erstem die Entwicklung einer mit der Relativitätstheorie verträglichen Quantenmechanik gelang. Seine Voraussagen sind inzwischen eingehend experimentell bestätigt worden. Jedes Teilchen mit elektrischer Ladung hat ein Gegenstück, das ihm in manchen Eigenschaften vollkommen gleicht, in anderen sich entgegengesetzt verhält: Masse und Spin sind für die beiden die gleichen, aber die elektrische Ladung hat entgegengesetztes Vorzeichen. Das Elektron zum Beispiel, ein Bestandteil der gewöhnlichen Materie, hat zum Antiteilchen (Antielektron) das Positron. Die beiden Teilchen tragen Ladungen entgegengesetzten Vorzeichens, $-e$ und $+e$, stimmen aber überein in ihrer Masse und ihrem Spin, der mit seiner Quantenzahl 1/2 zwei Einstellungen des Teilchens in einem Magnetfeld gestattet. Zu einigen ungeladenen Teilchen existieren Antiteilchen, andere sind ihre eigenen Antiteilchen. Wo immer ein Teilchen und ein ihm entsprechendes Antiteilchen miteinander in Berührung kommen, vernichten die beiden sich gegenseitig: ihre Massen verwandeln sich vollständig in Lichtwellen sehr hoher Energie oder in einigen Fällen in kleinere Teilchen von sehr hoher Geschwindigkeit. Die Strahlungsenergie, die bei der gegenseitigen vollständigen Vernichtung von Teilchen und ihren Antiteilchen freigesetzt wird, gehorcht der Einsteinschen Beziehung $E = mc^2$. Diejenigen ungeladenen Teilchen, die ihre eigenen Antiteilchen sind, sind äußerst kurzlebig.

Antimaterie tritt auf unserer Erde nur für kurze Augenblicke auf. Teilchen von Antimaterie können, wie wir im nächsten Abschnitt sehen werden, bei Zusammenstößen entstehen und werden anschließend schnell wieder zerstört durch Reaktionen mit Teilchen gewöhnlicher Materie, die ihnen in den Weg kommen.

Es ist durchaus möglich, daß manche Teile unseres Weltalls, vielleicht einige ferne Spiralnebel, aus Antimaterie bestehen. Das Anti-Wasserstoffatom einer solchen Welt besteht aus einem Antiproton, um das sich ein Positron bewegt. Beim Zusammenstoß eines solchen Nebels mit einem aus gewöhnlicher Materie bestehenden würde eine ungeheure Menge von Strahlungsenergie ausgesandt, deren Auftreten durchaus von unserer Erde aus beobachtet werden könnte.

Fermionen und Bosonen. Entsprechend der Größe ihrer Spins können die Elementarteilchen in zwei Klassen eingeteilt werden. In Kapitel 3 hatten wir das Elektron als Teilchen mit Spin 1/2 bezeichnet: es besitzt einen Drehimpuls, der durch die Spinquantenzahl 1/2 gekennzeichnet ist und sich zu einem Magnetfeld entweder parallel oder antiparallel einstellen kann, das heißt, mit einer Komponente in Feldrichtung von entweder $+1/2$ oder $-1/2$ (gemessen in Bohrschen Einheiten $h/2\pi$). Weiterhin hatten wir in

Kapitel 5 gelernt, daß zwei Elektronen dasselbe Orbital nur dann besetzen können, wenn sie entgegengesetzte Spins haben, nämlich daß das Pauli-Prinzip es ihnen verbietet, einen in jeder Beziehung identischen Quantenzustand anzunehmen, was bei gleicher Spinrichtung im selben Orbital der Fall wäre.

Teilchen mit Spin 1/2 nennt man Fermionen, zu Ehren des Physikers Enrico Fermi. In Übereinstimmung mit dem Pauli-Prinzip können zwei einander gleiche Fermionen sich nicht in demselben Quantenzustand befinden.

Die Baryonen, Antibaryonen, Leptonen und Antileptonen sind durchweg Fermionen mit Spin 1/2. Der Theorie nach würden ganz allgemein Teilchen mit halbzahligem Spin, 3/2, 5/2 usw. zu den Fermionen rechnen.

Teilchen mit ganzzahligem Spin – 0, 1, 2 usw. – heißen Bosonen, benannt nach dem indischen Physiker S. N. Bose. Zwischen Bosonen bestehen Wechselwirkungen, die es ihnen erlauben, zu zweit oder in größerer Zahl einen in jeder Beziehung identischen Quantenzustand einzunehmen. Das Lichtquant, das Graviton und die Mesonen sind Bosonen. Der Spin der Mesonen ist 0, der des Lichtquants ist 1, und vom Graviton, dem Quant der Schwerkraft, erwartet man einen Spin 2.

Das Lichtquant oder Photon wird heute allgemein zu den Elementarteilchen gezählt. Wir haben uns mit seinem Wesen und Verhalten schon in Kapitel 3 befaßt. Als Symbol für das Lichtquant benutzt man neuerdings den griechischen Buchstaben γ (Gamma), der ursprünglich für die radioaktive γ-Strahlung eingeführt worden war.

Der Wert 1 für den Spin des Lichtquants hängt mit der Polarisation von Licht zusammen, auf die wir in Abschnitt 6.3 kurz eingegangen sind. Rechts-zirkular und links-zirkular polarisiertes Licht entspricht der Komponente $+1$ bzw. -1 des Spin in der Fortpflanzungsrichtung des Lichts.

Ein schwingender elektrischer Dipol, etwa ein um einen positiv geladenen Kern umlaufendes negativ geladenes Elektron, vermag Lichtquanten auszusenden oder zu absorbieren. In ähnlicher Weise könnte man sich vorstellen, daß ein System von zwei Massen, die wie etwa die Erde und der Mond um einen gemeinsamen Schwerpunkt kreisen, Schwerkraftquanten aussendet. Solche Schwerkraftquanten nennt man Gravitonen. Über den Nachweis von Schwerkraftwellen sind erst 1969 die ersten Berichte erschienen, und die Existenz von Gravitonen, der Quanten der Schwerkraftwellen, hat bisher noch nicht experimentell bestätigt werden können.

25.2. Die Entdeckung der Elementarteilchen

Vom *Elektron* ist schon an vielen Stellen dieses Buchs die Rede gewesen. 1897 von J. J. Thomson entdeckt, ist es von allen Elementarteilchen das erste, das uns bekannt geworden ist. Es ist ein Bestandteil gewöhnlicher Materie und läßt sich leicht von dem jeweiligen Atomkern trennen, als dessen Begleiter es normalerweise auftritt.

Das *Proton*, der Kern des gewöhnlichen Wasserstoffatoms, wurde 1886 von dem deutschen Physiker Eugen Goldstein in den positiven Strahlen einer Entladungsröhre beobachtet. Über die Art der Strahlen bestand zunächst keine Klarheit. 1898 bestimmte der deutsche Physiker Wilhelm Wien das Verhältnis von Ladung zu Masse der Teilchen. Genauere Messungen der gleichen Art führte 1906 J. J. Thomson aus. Sie bestätigten das Auftreten von Protonen als unabhängige Teilchen in einer Röhre, die Wasserstoff unter geringem Druck enthält.

Als nächstes der Elementarteilchen (vom Lichtquant abgesehen) wurde das *Positron* (das Antielektron) entdeckt, und zwar im Jahr 1932 von Carl D. Anderson (geb. 1905). Positronen wurden bei der Untersuchung der Teilchen gefunden, die durch Einwirkung von Höhenstrahlung auf Materie entstehen. Sie gleichen den Elektronen vollkommen, bis auf ihre Ladung, die $+e$ statt $-e$ beträgt.

Der Masse des Elektrons entspricht gemäß der Einsteinschen Beziehung $E = mc^2$ eine Energie von 510976 Elektronenvolt (0,511 MeV). Die „Zerstrahlung" eines Elektron-Positron-Paars liefert also eine Energie von 1,022 MeV. Diese könnte zum Beispiel die Form von zwei Lichtquanten von je 0,511 MeV und entsprechender Wellenlänge von 0,02426 Å annehmen.

Trifft ein schnelles Elektron auf die Antikathode einer Röntgenröhre auf, so wird es schlagartig abgebremst, und ein großer Teil seiner Energie verwandelt sich in ein Röntgen-Lichtquant. Falls die kinetische Energie des Elektrons 1,022 MeV übersteigt, kann aus diesem Anteil ein Elektron-Positron-Paar entstehen. Auf solche Weise können mit Hilfe von Teilchen, denen in einem Teilchenbeschleuniger eine sehr hohe kinetische Energie erteilt worden ist, Elektron-Positron-Paare künstlich erzeugt werden. (Auf Teilchenbeschleuniger kommen wir später in diesem Abschnitt zurück.) Die von Anderson erstmalig beobachteten Positronen waren beim Auftreffen von Höhenstrahlung (siehe weiter unten) auf Teilchen gewöhnlicher Materie entstanden.

Über die Entdeckung des Neutrons haben wir schon in Abschnitt 4.2 berichtet.

Die Existenz des *Antiprotons* ist 1955 von Segrè, Chamberlain, Wiegand und Ypsilantis mit Hilfe eines Teilchenbeschleunigers (des Synchrotrons in Berkeley, Californien) bestätigt worden, das Teilchen mit einer Energie von 6 GeV zu liefern vermag. Die Masse des Proton-Antiproton-Paars ist 1836 mal so groß wie die des Elektron-Positron-Paars, so daß eine Energie von $1836 \cdot 1{,}022$ MeV = 1867 MeV zur Erzeugung dieses Paars schwererer Teilchen erforderlich ist[1]. Das Antiproton hat eine negative elektrische Ladung, die gleiche Masse wie das Proton und wie dieses einen Spin 1/2.

Die Entdeckung der weiteren Elementarteilchen soll in späteren Abschnitten beschrieben werden.

Höhenstrahlung. Die sogenannte *Höhenstrahlung* (kosmische Strahlung) besteht aus Teilchen sehr hoher Energie, die die Erde aus dem interstellaren Raum oder anderen Teilen des Weltalls erreichen oder in der Erdatmosphäre durch Einwirkung von Strahlen aus dem Weltraum erzeugt worden sind. Die Entdeckung, daß eine ionisierende Strahlung an der Erdoberfläche aus dem Weltraum kommt, verdanken wir dem österreichischen Physiker Victor Heß (1883–1964). Er führte in den Jahren 1911 und 1912

---

[1] Dies ist die Mindestenergie, die zur Erzeugung eines Proton-Antiproton-Paars beim Zusammenstoß von zwei einander ähnlichen Teilchen, die mit gleicher Geschwindigkeit auf Gegenkurs frontal zusammentreffen, benötigt wird. Einem Teilchen, das auf ein ruhendes Ziel auftrifft, muß zur Erzeugung des Paars eine viel höhere Energie erteilt werden, fast 6 GeV. Aus diesem Grund befindet sich jetzt ein Beschleuniger mit Vorratskreisbahn und Richtungswechselanlage im Bau, der es gestatten soll, zwei Teilchenstrahlen gegeneinander zu schießen.

Ionisierungsmessungen bei Ballonfahrten bis zu 5000 m Höhe durch. Außer dem Positron sind noch viele weitere Elementarteilchen bei der Untersuchung der Höhenstrahlung entdeckt worden.

Die Höhenstrahlung, die in die äußere Erdatmosphäre einfällt, besteht aus außerordentlich schnellen Protonen und Kernen schwererer Atome. Die Höhenstrahlung, die die Erdoberfläche erreicht, besteht zum größten Teil aus Mesonen, Positronen, Elektronen und Photonen, die aus den Reaktionen der schnellen Protonen und anderer Kerne mit Atomkernen in der Erdatmosphäre entstehen.

Einige von der Höhenstrahlung hervorgerufene Erscheinungen lassen sich nur unter der Annahme verstehen, daß Teilchen mit Energien im Bereich von 10^{15} bis 10^{20} eV auftreten. Die großen Teilchenbeschleuniger (siehe weiter unten), die in den letzten Jahren gebaut worden sind oder sich noch im Bau befinden, liefern Teilchen mit Energien im Bereich von 10^6 bis 10^{12} eV. Bisher ist kein Verfahren bekannt, Teilchen so stark zu beschleunigen, daß ihre Energie auch nur annähernd die Energie der schnellsten Teilchen in der Höhenstrahlung erreicht. Die Untersuchung der Höhenstrahlung wird darum wahrscheinlich auch weiterhin Aufschlüsse über den Aufbau der Welt liefern, die auf keinem anderen Weg erhalten werden können.

Teilchenbeschleuniger. In neuerer Zeit sind bei der künstlichen Beschleunigung von Teilchen große Fortschritte erzielt worden. Grundsätzlich beruhen die Verfahren darauf, geladene Teilchen eine große Potentialdifferenz durchfallen zu lassen und ihnen damit eine hohe Geschwindigkeit zu erteilen. Anfangs benutzte man Linearbeschleuniger. Verschiedene Forscher bauten Transformatoren, die bis zu 3 Millionen Volt lieferten, um mit der Hochspannung in Vakuumröhren Protonen, Deuteronen und Heliumkerne zu beschleunigen. 1931 entwickelte R. J. van de Graaff, ein amerikanischer Physiker, einen Gleichspannungsgenerator, in dem elektrische Ladung auf einem Band aus isolierendem Stoff zu einem großen, isolierten Konduktor gefahren wird und diesen auf ein hohes Potential bringt. Van-de-Graaff-Generatoren (Bandgeneratoren) für Potentialdifferenzen bis zu 15 Millionen Volt sind gebaut und betrieben worden.

Im Jahr 1929 erfand der amerikanische Physiker Ernest Orlando Lawrence (1901–1958) das *Cyclotron*. Im Cyclotron werden positive Ionen (Protonen, Deuteronen oder andere leichte Kerne) wiederholt durch eine Potentialdifferenz von mehreren Tausend Volt beschleunigt. Das Cyclotron ist ein Zirkularbeschleuniger: ein starker Magnet, zwischen dessen Polschuhen die Apparatur liegt, zwingt den geladenen Teilchen eine annähernd kreisförmige Bahn auf (siehe Abb. 25.1). Mit einem Cyclotron können Teilchen bis auf etwa 100 MeV beschleunigt werden. Von hier an wächst aber mit zunehmender Geschwindigkeit die relativistische Masse der Teilchen so rasch, daß diese gegenüber der Phasenänderung des Wechselstroms zurückzubleiben beginnen, was eine weitere Beschleunigung unmöglich macht.

Dieser Erscheinung trägt ein verbesserter Zirkularbeschleuniger Rechnung, nämlich das 1945 unabhängig von V. Veksler in Rußland und E. M. McMillan in den Vereinigten Staaten entworfene Synchrotron. Im Synchrotron, in dem nach Einschießen eines Teilchenstrahls die Frequenz des elektrischen Wechselfelds der relativistischen Massenvergrößerung angepaßt wird, sind Teilchen bis auf etwa 100 GeV beschleunigt worden.

25. Die Chemie der Elementarteilchen

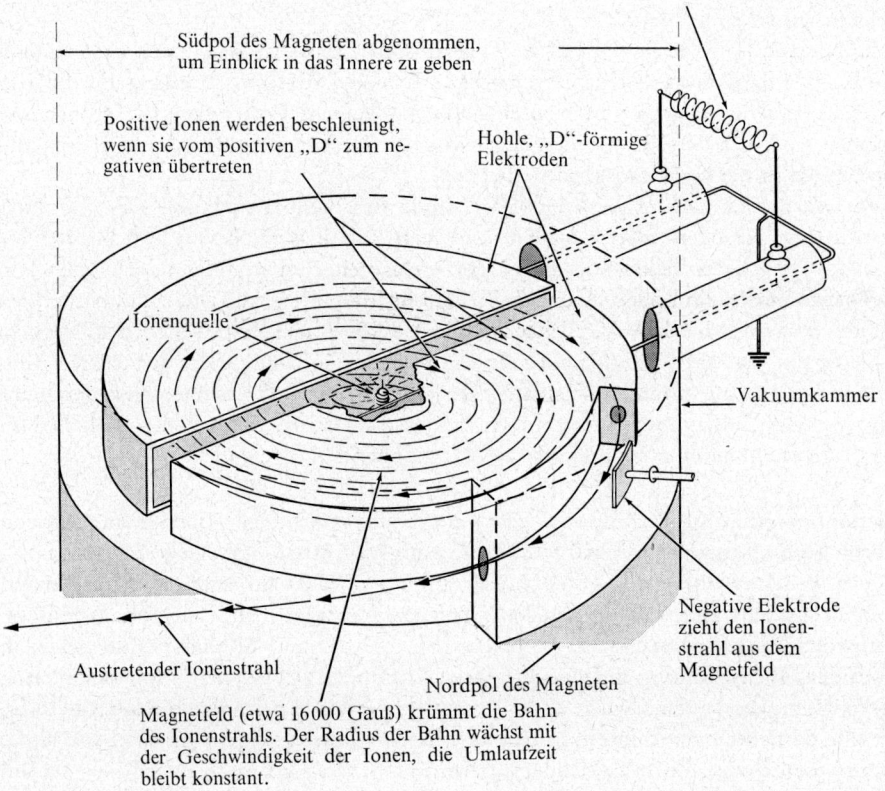

Abb. 25.1. Arbeitsweise des Cyclotrons.

Es bestehen Pläne, in internationaler Zusammenarbeit einen Riesenbeschleuniger zu bauen, mit dem Teilchenenergien im Bereich von 300 bis 1000 GeV erreicht werden können.

Die Reaktionen von Teilchen lassen sich aus Beobachtung von deren Flugbahnen in einer Nebelkammer oder Blasenkammer rekonstruieren. Die 1911 von dem englischen Physiker C. T. R. Wilson (1869–1959) erfundene *Nebelkammer* ist eine Kammer, die mit Wasserdampf übersättigte Luft enthält. Die Übersättigung erreicht man, indem man die Kammer zunächst mit wasserdampfgesättigter Luft füllt und dann ihr Volumen durch Herausziehen eines Kolbens plötzlich vergrößert, wobei die Luft sich abkühlt. Fliegen energiereiche, geladene Teilchen durch die Kammer, so erzeugen sie auf ihrem Weg Ionen, die als Keime für die Kondensation von Nebeltröpfchen aus der übersättigten Luft wirken. Auf diese Weise gelingt es, die Flugbahnen der Teilchen als Kondensstreifen sichtbar zu machen. Elektrisch neutrale Teilchen hinterlassen keine Kondensstreifen, doch ist ihre Anwesenheit häufig am Erscheinen von Flugbahnen zu erkennen, die sternartig von einem gemeinsamen Ursprungsort ausgehen und von energiereichen

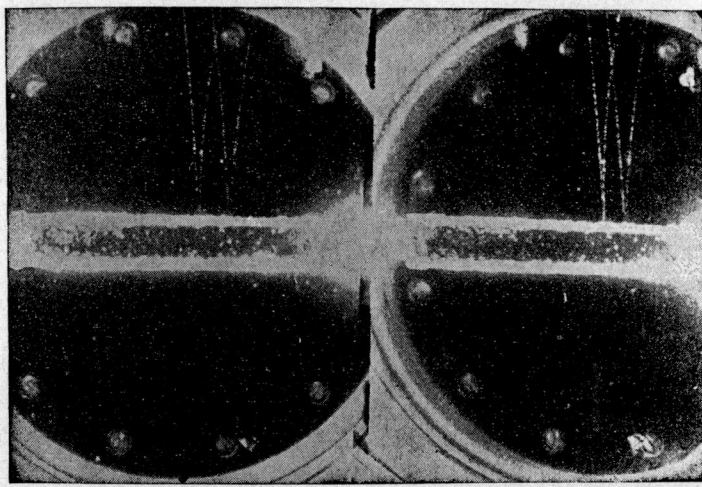

Abb. 25.2. Bild und Spiegelbild von zwei Elektron-Positron-Paaren, die in einer Nebelkammer an einem Bleikern in einer 1 cm dicken Bleiplatte aus einem aus Höhenstrahlung stammenden Lichtquant entstanden sind. Infolge der Einwirkung eines angelegten Magnetfelds sind die Flugbahnen der Elektronen und der Positronen in entgegengesetztem Sinn gekrümmt. Die Aufnahme stammt von Carl D. Anderson, dem Entdecker des Positrons, aus der Zeit um 1934.

geladenen Teilchen stammen, die das Neutralteilchen im Zuge einer Reaktion erzeugt hat. In neuerer Zeit hat die 1952 von dem amerikanischen Physiker D. A. Glaser erfundene *Blasenkammer* weite Verbreitung erlangt. Sie enthält eine Flüssigkeit bei einer Temperatur gerade über deren Siedepunkt. Die von energiereichen Teilchen auf deren Weg durch die Kammer erzeugten Ionen wirken als Keime für die Bildung von Dampfbläschen, die die Flugbahnen kenntlich machen.

Eine Nebelkammeraufnahme und eine Blasenkammeraufnahme sind in Abbildung 25.2 und 25.3 wiedergegeben.

Ein weiteres Gerät zum Sichtbarmachen von Flugbahnen energiereicher Teilchen steht uns in der *Funkenkammer* zur Verfügung, die mit einem Gas gefüllt und mit einer Anordnung von Metallplatten versehen ist, die gegeneinander so aufgeladen werden können, daß ein Funke zwischen benachbarten Platten überspringt. Der Funke, dessen Bahn photographiert wird, wählt seinen Weg entlang der Ionenspuren, die energiereiche Teilchen hinterlassen haben. Die für das 1962 angestellte Neutrino-Experiment benutzte Funkenkammer war $3{,}00 \times 1{,}80 \times 1{,}20$ m groß, mit Neon gefüllt und mit 90 quadratischen Aluminiumplatten von 1,20 m Kantenlänge und 2,5 cm Dicke im Abstand von 1,25 cm ausgestattet.

25.3. Die Kernkräfte. Starke Wechselwirkungen

Mit der Entdeckung des Neutrons im Jahr 1932 setzte sich die Erkenntnis durch, daß Atomkerne als Aggregate von Protonen und Neutronen angesprochen werden können, und zwar als Gebilde, deren elektrische Ladung von ihrer Protonenzahl und deren Massenzahl von ihrer Nucleonenzahl (d. h. der Gesamtzahl von Protonen und Neutro-

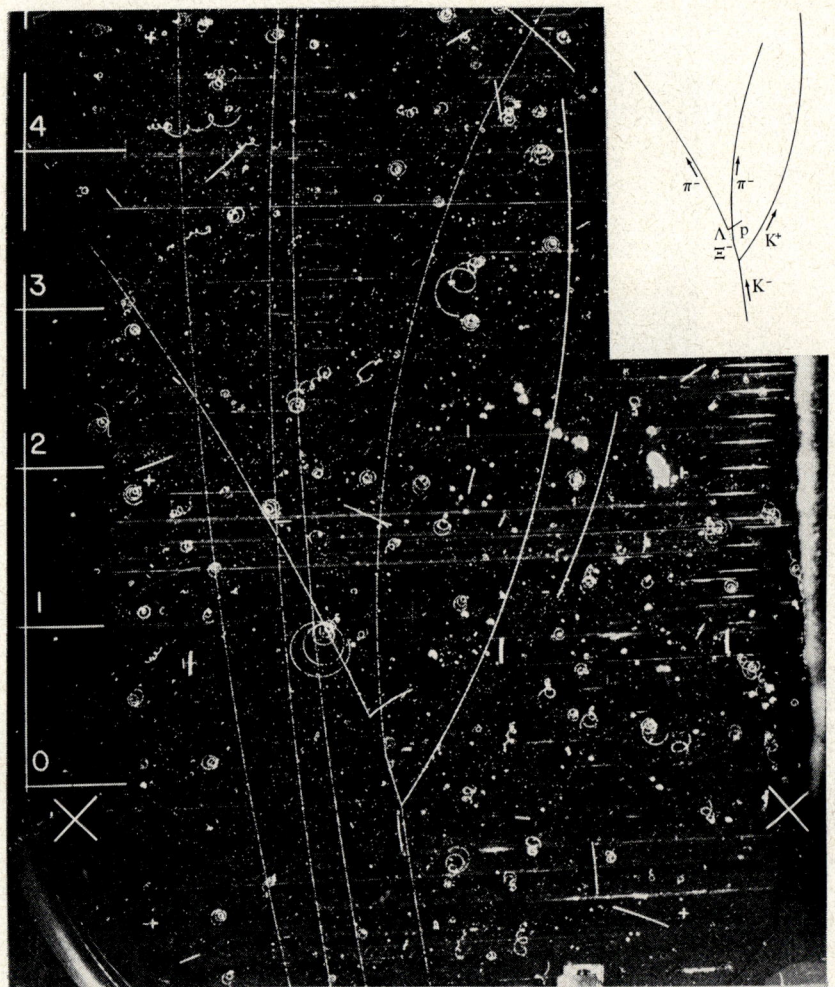

Abb. 25.3. Ein in der mit flüssigem Wasserstoff gefüllten 72-Zoll-Blasenkammer der Universität von Californien registrierter Vorgang (L. W. Alvarez und Mitarbeiter). Das einfallende Teilchen ist ein negatives Kaon aus einem Kaonenstrahl. Bei seinem Auftreffen auf ein Proton entsteht ein positives Kaon und ein negatives Xion. Das negative Xion zerfällt anschließend unter Bildung eines Lambda-Teilchens und eines negativen Pions. Das Lambda-Teilchen als Neutralteilchen hinterläßt keine sichtbare Spur. Bei seinem Zerfall entsteht ein Proton und ein negatives Pion.

nen) bestimmt ist. Natürlich erhob sich sofort die Frage, was für Kräfte die Neutronen und Protonen zusammenhalten. Wären lediglich elektrostatische Kräfte zwischen den Nucleonen wirksam, so müßten die schwereren Kerne wegen der gegenseitigen elektrostatischen Abstoßung ihrer Protonen auseinanderbrechen.

Es lag auf der Hand, daß die Kernkraft, die die Nucleonen zusammenhält, eine starke und auf kurzen Abstand beschränkte Kraft sein muß: auf nahe Entfernung muß sie

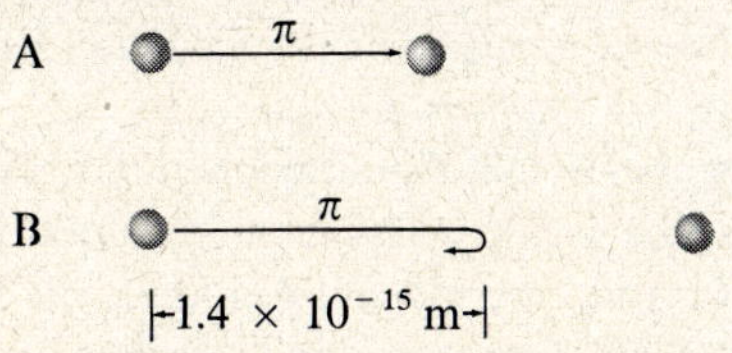

25.3. Die Kernsäfte. Starke Wechselwirkungen

```
A  ●———π———→●

B  ●———π——↩        ●
      |–1,4 × 10⁻¹⁵ m–|
```

Abb. 25.4. Reichweite der Kernkräfte. (Nucleonen und Pion-Botenteilchen)

stärker, auf weite Entfernung dagegen schwächer sein als die elektrostatische Abstoßung der Protonen. Sorgfältige Untersuchungen der Größe schwererer Kerne und der Streuung von Nucleonen aneinander ergaben, daß Nucleonen im Abstand von weniger als 1,4 fm sich gegenseitig mit ungefähr konstanter Kraft anziehen und daß diese Anziehungskraft im Gegensatz zur elektrostatischen Abstoßung der Protonen rasch verschwindet, wenn sich der Abstand auf mehr als 1,4 fm vergrößert.

Das Konzept einer Beeinflussung, deren Wirkung Abstände überbrückt, ist nicht vollauf befriedigend. Um es zu ersetzen, hat die Physik eine *Quantentheorie von Kraftfeldern* entwickelt, in der das Feld im jeweiligen Abstand von seiner Quelle identifiziert wird mit „Boten" oder Feldquanten, die von der Quelle ausgehend den betrachteten Punkt erreichen. Im Fall der elektrostatischen Anziehung und Abstoßung sind es Lichtquanten, die die Botenrolle spielen, und im Fall der Schwerkraft sind es die hypothetischen Gravitonen. Im Jahr 1935 schlug in diesem Zusammenhang der japanische theoretische Physiker Hideki Yukawa (geboren 1907) eine mögliche Antwort auf die Frage nach dem Mechanismus der Kernkraft, die die Nucleonen zusammenhält, vor. Yukawa wies darauf hin, daß zwar Boten wie das Lichtquant und das Graviton, die keine Ruhmasse besitzen, den Einfluß eines Felds bis ins Unendliche tragen können, daß Boten mit endlicher Ruhmasse aber auf einen endlichen Abstand von ihrem Ausgangsort beschränkt bleiben sollten. Er äußerte den Gedanken, die Träger der Kernkraft könnten solche Boten mit endlicher Ruhmasse sein, und berechnete, daß entsprechend dem beobachteten Wirkungsbereich von 1,4 fm die Ruhmasse der Boten etwa 274 Elektronenmassen betragen müßte. Solche Teilchen, die der Masse nach zwischen Elektronen und Nucleonen stehen, werden *Mesonen* genannt (nach dem griechischen ἐν μέσῳ, in der Mitte).

Zur Erläuterung wollen wir das gegenseitige Verhalten von zwei Nucleonen in geringem Abstand voneinander betrachten (siehe Abb. 25.4). Das eine Nucleon erzeugt ein Botenteilchen (ein Meson) und sendet es mit einer Geschwindigkeit aus, die der Lichtgeschwindigkeit nahekommt. Ist der Abstand der Nucleonen kleiner als $1,4 \cdot 10^{-15}$ m (Figur A in Abb. 25.4), so erreicht das Botenteilchen das andere Nucleon und wird in dessen Nachbarschaft zerstört. Auf diesem Vorgang der Erzeugung und Zerstörung von Botenteilchen beruht die gegenseitige Anziehung der Nucleonen. Ist dagegen der Abstand der Nucleonen größer als $1,4 \cdot 10^{-15}$ m (Figur B in Abb. 25.4), so kann das Botenteilchen das andere Nucleon nicht erreichen, ist zur Umkehr gezwungen und verschwindet. Über den größeren Abstand kann sich die Wechselwirkung der Nucleonen also nicht erstrecken. Warum der Aktionsbereich des Botenteilchens beschränkt ist, kann mit einer Betrachtung verständlich gemacht werden, die auf der Unschärfebeziehung aufbaut.

Hierzu wollen wir die folgende Reaktion betrachten:

$$p^+ \rightleftharpoons p^+ + \pi^°$$

wobei $\pi^°$ ein Botenteilchen darstellt, ein *Pion*, wie die für die Kernkräfte in der Hauptsache verantwortlichen Mesonen genannt werden. Diese Reaktion, bei der aus einem Proton, p^+, ein Proton und ein Pion entstehen, verstößt gegen das Energie-Massen-Erhaltungsgesetz, und bis zur Aufstellung der Unschärfebeziehung wäre ein solcher Vorgang niemals in Betracht gezogen worden.

Angesichts der Unschärfebeziehung liegen jedoch solche Reaktionen, die das Energie-Massen-Erhaltungsprinzip verletzen, im Bereich des Möglichen, vorausgesetzt, die Reaktionsdauer bleibt innerhalb der von der Unschärfebeziehung gegebenen Zeitspanne Δt. In unserem Fall interessiert die Zeit Δt, die ein mit nahezu der Geschwindigkeit des Lichts fliegendes Teilchen benötigt, eine Strecke von $1{,}4 \cdot 10^{-15}$ m zurückzulegen. Mit der Lichtgeschwindigkeit $c = 3 \cdot 10^8$ m s^{-1} ergibt sich $\Delta t = 1{,}4 \cdot 10^{-15}$ m/($3 \cdot 10^8$ m s^{-1}) $= 0{,}467 \cdot 10^{-23}$ s. Die zugehörige Energie ΔE können wir mit der Beziehung $\Delta E \cdot \Delta t = \hbar$ (Gleichung 3.20) berechnen: $\Delta E = \hbar/\Delta t = 1{,}05 \cdot 10^{-34}$ J s/$0{,}467 \cdot 10^{-23}$ s $= 2{,}25 \cdot 10^{-11}$ J. Ihr entspricht gemäß der Einsteinschen Beziehung $E = mc^2$ die Masse $m = \Delta E/c^2 = 2{,}25 \cdot 10^{-11}$ J/($3 \cdot 10^8$ m s^{-1})$^2 = 2{,}50 \cdot 10^{-25}$ g. Dies ist das 274fache der Elektronenmasse. Yukawas Vorschlag lief also darauf hinaus, den geringen Wirkungsbereich der Kernkraft mit der Annahme zu erklären, die Träger der Wechselwirkung seien Teilchen mit einer Masse, die 274mal so groß ist wie die Elektronenmasse. Keinerlei solche Teilchen waren zur damaligen Zeit bekannt.

Im Jahr 1936 entdeckten dann Anderson und Neddermeyer und unabhängig von ihnen Street und Stevenson bei Untersuchungen von Höhenstrahlung Teilchen mit einer Masse von 207 Elektronemassen und mit entweder positiver oder negativer elektrischer Ladung. Diese Teilchen, die wir heute *Müonen* nennen, wurden anfangs für die „Yukawa-Teilchen" gehalten. Aber als Träger der Kernkraft sollten diese mit Nucleonen in starke Wechselwirkung treten, die in Nachbarschaft eines Nucleons zum Zerfall innerhalb von etwa 10^{-23} Sekunden führen sollte. Von den Müonen dagegen stellte sich heraus, daß sie im freien Raum mit einer Halbwertszeit von etwa 10^{-6} Sekunden spontan zerfallen und daß sich ihre Zerfallsgeschwindigkeit kaum ändert, wenn sie feste Substanzen durchdringen und damit in den Einfluß von Nucleonen gelangen. Die Müonen kamen damit als Yukawa-Teilchen nicht mehr in Frage.

Mit dem letztgenannten, entscheidenden Versuchsergebnis im Jahr 1945 sahen sich die Kernphysiker erneut vor die Frage gestellt, wie denn die Kernkräfte zu erklären seien. Die Ungewißheit währte aber nicht lange, denn bald darauf wurden Mesonen mit starker Wechselwirkung, die sogenannten *Pionen*, entdeckt. Untersuchungen von Höhenstrahlung mit Hilfe von Stapeln photographischer Platten zur Erfassung der Flugbahnen geladener Teilchen, die der englische Physiker C. F. Powell (geboren 1903) und seine Mitarbeiter 1947 anstellten, führten zur Entdeckung von drei neuen Elementarteilchen, dem positiven, dem neutralen und dem negativen Pion. Die Massen von π^+ und π^- betragen 273,3, die von $\pi^°$ 264,3 Elektronenmassen, und alle drei zeigen die von Yukawa vorausgesagte starke Wechselwirkung mit Nucleonen. Heute steht außer Zweifel, daß Pionen mit den zwischen den Nucleonen im Atomkern wirksamen Kräften zu tun haben. Dies ist für neutrale wie auch für geladenen Pionen experimentell nachgewiesen worden.

Die Gleichungen für die auf geladenen Pionen beruhenden Kräfte lauten

$$p^+ \rightleftharpoons n + \pi^+$$
$$n \rightleftharpoons p^+ + \pi^-$$

Außer den Pionen spielen wahrscheinlich noch andere Teilchen, insbesondere ϱ- und Ω-Teilchen (siehe Abschnitt 25.10), bei den Kernkräften eine Rolle.

25.4. Die Struktur der Nucleonen

Das Proton und das Neutron sind einander in ihren Eigenschaften sehr ähnlich, mit der Ausnahme, daß das Proton eine positive elektrische Ladung trägt, das Neutron aber elektrisch neutral ist. Die Masse des Neutrons ist nur um etwa 0,1% größer als die des Protons, und beide Teilchen haben einen Spin 1/2. Angesichts dieses Sachverhalts ist vor einigen Jahren der Gedanke aufgetaucht, das Proton und das Neutron seien lediglich zwei verschiedene Zustände eines einzigen Teilchens, des Nucleons.

Wie wir in Kapitel 3 ausgeführt hatten, kann ein Elektron in einem Atom seinen Spin relativ zu einem Magnetfeld oder zu seinem Bahndrehimpulsvektor in zwei verschiedenen Ausrichtungen einstellen, die mit $+1/2$ und $-1/2$ gekennzeichnet werden und das Auftreten eines Dubletts verursachen. Das Dublett ist eine Folge des Werts 1/2 der Spinquantenzahl. Angesichts dieser Verhältnisse lag die Annahme nahe, das Proton und das Neutron könnten ein *Dublett elektrischer Ladung* darstellen. Nach dieser Vorstellung besitzt das Nucleon eine intrinsische elektrische Ladung $+1/2$ (in Einheiten e) und einen Ladungsvektor der Größe 1/2 der zwei verschiedene Ausrichtungen einnehmen kann (nicht im gewöhnlichen dreidimensionalen Raum, sondern in einem nicht näher definierten Koordinatensystem) und damit zur Gesamtladung einen Beitrag von entweder $+1/2$ oder $-1/2$ liefert. Im ersten Fall ist das Nucleon ein Proton, im zweiten ein Neutron. Das Proton und das Neutron stellen hiernach die beiden Zustände des Ladungsdubletts eines Nucleons mit intrinsischer Ladung $+1/2$ und Ladungsvektor 1/2 dar. In ähnlicher Weise sind das Antiproton und das Antineutron die beiden Zustände des entsprechenden Teilchens der Antimaterie, des Antinucleons mit intrinsischer Ladung $-1/2$ und Ladungsvektor 1/2.

Experimentelle Ergebnisse, die diese Vorstellung vom Proton und Neutron stützen, erzielten 1961 Robert Hofstadter und Mitarbeiter an der Stanford-Universität (in Kalifornien) und eine Gruppe von Wissenschaftlern an der Cornell-Universität (im Staat New York), und zwar konnten aus Messungen der Streuung von schnellen Elektronen an Protonen und Neutronen Schlüsse über die Ladungsverteilung innerhalb der Nucleonen gezogen werden.

Nach diesen Arbeiten kann man das Proton wie das Neutron als Teilchen mit einem zentralen Ball positiver Ladung beschreiben, die etwas geringer als $0{,}5e$ ist und sich über einen Radius von etwa 0,3 fm erstreckt. Der Ball ist von einer Schale mit etwa 1,0 fm Radius umgeben, die im Fall des Protons eine positive Ladung von $+0{,}5\,e$, im Fall des Neutrons eine negative Ladung von $-0{,}5e$ aufweist. Außerdem sind das Proton und das Neutron von einem Saum positiver Elektrizität umgeben, die etwa $0{,}15\,e$ ausmacht und sich bis auf etwa 1,5 fm vom Mittelpunkt erstreckt.

Es liegt nahe anzunehmen, daß der Saum kurzlebige Mesonen darstellt, auf denen der Mechanismus der starken Wechselwirkung zwischen Nucleonen beruht. Abgesehen von der es umgebenden Mesonenwolke kann das Nucleon in seinen beiden Erscheinungsformen, dem Proton und dem Neutron, als ein Gebilde angesprochen werden, das aus einem zentralen Ball positiver Ladung $+1/2\,e$ und einer Schale der Ladung $+1/2\,e$ im Fall des Protons und $-1/2\,e$ im Fall des Neutrons besteht, wobei der zentrale Ball der intrinsischen Ladung und die Schale dem Ladungsvektor entspricht.

Diese Ergebnisse hinsichtlich der Struktur des Nucleons eröffnen die Aussicht auf große neue Erkenntnisse über den grundlegenden Aufbau unserer Welt.

Mehrere andere Ladungsdubletts, die den beiden Erscheinungsformen eines Ladungsvektors 1/2 (auch *isotoper Spin* genannt) entsprechen, sind bekannt. Wie aus den Tafeln in den nächsten Abschnitten hervorgeht, treten außerdem verschiedene Ladungstripletts auf, nämlich Gruppen von drei Teilchen, die einander bis auf ihre elektrische Ladung von $+1$, 0 und -1 sehr ähnlich sind. Die Ladungstripletts können als die drei Zustände eines einzigen Teilchens mit Ladungsvektor 1 angesehen werden, der je nach Ausrichtung einen Beitrag $+1$, 0 oder -1 zur Gesamtladung liefert. Die drei Pionen π^+, π° und π^- zum Beispiel stellen ein solches Ladungstriplett dar (siehe Abschnitt 25.9).

25.5. Leptonen und Antileptonen

Wir wollen bei der Eingliederung der Elementarteilchen mit den Leptonen und Antileptonen beginnen. Acht solche Teilchen sind bekannt. Einige ihrer Eigenschaften zeigt Tafel 25.1. Mit Ausnahme des Müons und des Antimüons handelt es sich um stabile Teilchen. Der Name Lepton rührt von griechischen λεπτός, leicht, her.

Als erstes der Teilchen, die schwerer als Elektronen, aber leichter als Protonen sind, ist das Müon, μ^-, entdeckt worden. Es tritt in der Höhenstrahlung auf und entsteht bei der Reaktion
$$\bar{\pi}^- \rightarrow \mu^- + \bar{\nu}'$$

Tafel 25.1. Leptonen und Antileptonen[1].

	elektrische Ladung			Masse	Seltsamkeit (Xenizität)	Spin
	$+1$	0	-1			
Elektron			e^-	0,511 MeV	0	$1/2$
Müon			μ^-	105,66	0	$1/2$
Elektron-Neutrino		ν		0	0	$1/2$ R[2]
Müon-Neutrino		ν'		0	0	$1/2$ R[2]
Positron	$\bar{e}^+$			0,511	0	$1/2$
Antimüon	$\bar{\mu}^+$			105,66	0	$1/2$
Elektron-Antineutrino		$\bar{\nu}$		0	0	$1/2$ L[2]
Müon-Antineutrino		$\bar{\nu}'$		0	0	$1/2$ L[2]

1 Die Leptonenzahl ist $+1$ für das Elektron, das Müon und die Neutrinos, -1 für das Positron, das Antimüon und die Antineutrinos und 0 für alle anderen Elementarteilchen.
2 Der Spin der Neutrinos entspricht einer Schraube mit Linksgewinde, der der Antineutrinos einer Schraube mit Rechtsgewinde.

Das positive Müon (Antimüon, $\bar{\mu}^+$) entsteht durch eine analoge Reaktion aus dem positiven Pion. Das positive und das negative Pion kommen in der Höhenstrahlung vor. Beide zerfallen rasch (mit einer Halbwertszeit von etwa $2{,}56 \cdot 10^{-8}$ s) unter Bildung von Müonen. Das Müon und das Antimüon ihrerseits zerfallen und liefern dabei ein Elektron bzw. Positron, ein Neutrino und ein Antineutrino:

$$\mu^- \rightarrow e^- + \nu + \bar{\nu}$$
$$\bar{\mu}^+ \rightarrow \bar{e}^+ + \nu + \bar{\nu}$$

Das Müon und das Antimüon spielen bei den zwischen Nucleonen wirksamen Kernkräften keine Rolle, und über ihr Wesen ist nichts Näheres bekannt. Vielleicht stellen sie einen angeregten Zustand des Elektrons und des Positrons dar. Ein eindrucksvolles Zeichen ihrer nahen Verwandtschaft mit dem Elektron und Positron ist die Ähnlichkeit der magnetischen Momente. Gemäß Messungen der magnetischen Resonanz hat für das Elektron die Komponente des magnetischen Moments in Richtung eines Magnetfelds einen Wert von $\pm$ 1,00116 Bohrschen Magnetonen. (Die Abweichung vom Wert 1 wird dem Photonenfeld zugeschrieben, das das Elektron umgibt.) Für das Proton und das Neutron, die einen komplizierten Bau aufweisen (vgl. Abschnitt 25.4), besteht zwischen dem magnetischen Moment und dem Bohrschen Magneton keine einfache Beziehung. Beim Müon aber findet man für die Komponente des magnetischen Moments in Feldrichtung einen Wert von $\pm$ $(1{,}0015 \pm 0{,}0002)$ Bohrschen Müonmagnetonen. (Das Bohrsche Müonmagneton ist das mit dem Verhältnis der Massen von Elektron und Müon multiplizierte Bohrsche Magneton.) Die Übereinstimmung mit dem Zahlenwert für das Elektron deutet auf eine große Ähnlichkeit im Bau des Müons und des Elektrons hin. Daß die Werte von 1 kaum abweichen, läßt darauf schließen, daß beide Teilchen viel einfacher gebaut sind als das Proton und das Neutron.

1962 veröffentlichte P. A. M. Dirac eine Theorie des Müons, die dieses Teilchen als einen angeregten Schwingungszustand des Elektrons anspricht. Die von der Theorie geforderte Schwingung ist kugelsymmetrisch: sie besteht in einem pulsierenden An- und Abschwellen der elektrischen Ladungskugel, als die das Teilchen erscheint.

Neutrinos und Antineutrinos. Schwache Wechselwirkungen. Das Neutrino ist ein ungeladenes Teilchen ohne Ruhmasse und mit Spin 1/2. Abgesehen vom letzteren ähnelt es dem Lichtquant (mit Spin 1). Die Existenz des Neutrinos war 1927 von W. Pauli postuliert worden, um die scheinbare Verletzung des Energie-Massen-Erhaltungsgesetzes bei der Ausstrahlung von β-Teilchen (Elektronen) durch radioaktive Kerne zu erklären (siehe Kapitel 26). Von den radioaktiven Kernen zerfallen die einen, zum Beispiel ^{226}Ra, unter Aussendung eines α-Teilchens, die anderen, unter ihnen ^{214}Pb, unter Aussendung eines β-Teilchens. Alle α-Teilchen, die von Kernen desselben Typs ausgestrahlt werden, erhalten in Einklang mit dem Energie-Massen-Erhaltungsgesetz die gleiche Energie. Bei β-Teilchen ist das dagegen nicht der Fall. Pauli und später Fermi stellten die Hypothese auf, beim radioaktiven β-Zerfall des Kerns werde gleichzeitig mit dem β-Teilchen ein zweites Teilchen ohne oder mit nur geringer Ruhmasse ausgesandt, das einen Teil der bei der Zerfallsreaktion freigesetzten Energie abführt. Fermi nannte dieses zweite Teilchen Neutrino.

1934 entwickelte Fermi seine Theorie des β-Zerfalls, um die merkwürdige Beobachtung zu erklären, daß manche radioaktive Kerne bei ihrem Zerfall ein Elektron aussenden, obwohl sie doch allen Vorstellungen nach nur aus Protonen und Neutronen bestehen. Er wies darauf hin, daß Atome beim Übergang von einem Quantenzustand zum anderen Lichtquanten aussenden, obwohl Lichtquanten nicht als Bestandteile von Atomen angesehen werden. Vielmehr hat man sich mit der Erklärung zufriedengegeben, daß das Lichtquant im Augenblick seiner Ausstrahlung entsteht. Fermis Theorie läuft darauf hinaus, daß das Elektron (das β-Teilchen) in ähnlicher Weise im Augenblick des Zerfalls des radioaktiven Kerns entsteht, wobei gleichzeitig ein Neutron im Kern sich in ein Proton verwandelt und ein Neutrino (genauer gesagt, ein Antineutrino) aussendet. Die grundlegende Reaktion in Fermis Theorie ist

$$n \to p^+ + e^- + \bar{\nu}$$

Diese Reaktionsgleichung beschreibt gleichzeitig den Zerfall freier Neutronen (siehe Tafel 25.4). Freie Neutronen zerfallen mit einer Halbwertszeit von 1040 Sekunden. In vielen Kernen werden die Neutronen durch Wechselwirkung mit anderen Nucleonen stabilisiert, aber in manchen bleiben sie instabil und zerfallen gemäß der obigen Gleichung.

Neutrinos stehen in nur sehr schwacher Wechselwirkung mit anderen Teilchen, und ihre Existenz hat experimentell erst 1956 nachgewiesen werden können. In diesem Jahr gelang es F. Reines und C. L. Cowan jr., zwei amerikanischen Physikern, zu zeigen, daß Neutrinos aus einem Kernreaktor beim Durchgang durch eine mit flüssigem Wasserstoff gefüllte Blasenkammer eine Reaktion auslösen, die nahezu eine Umkehrung der Zerfallsreaktion des Neutrons darstellt:

$$\bar{\nu} + p^+ \to n + \bar{e}^+$$

Der Zerfall des Neutrons in ein Proton, ein Elektron und ein Neutrino läßt sich mit starken Wechselwirkungen (siehe Abschnitt 25.3) oder elektromagnetischen Kräften nicht erklären. Fermi nahm statt dessen an, daß zwischen manchen Teilchen andere, sogenannte „schwache Wechselwirkungen" auftreten. Sie sind um einen Faktor von etwa 10^{-15} schwächer als die starken Wechselwirkungen zwischen Nucleonen und ähnlichen Teilchen und führen zu Reaktionszeiten in der Größenordnung von 10^{-8} s gegenüber 10^{-23} s im Fall der starken Wechselwirkungskräfte.

Neutrinos und Antineutrinos haben einen Spin 1/2, zeichnen sich aber durch eine außergewöhnliche Eigenschaft aus, die 1957 auf Grund von Arbeiten von Tsung-Dao Lee (geboren 1926) und Chen Ning Yang (geboren 1922) entdeckt worden ist. Diese beiden in den Vereinigten Staaten arbeitenden chinesischen Physiker und andere, durch ihre Ergebnisse angeregten Wissenschaftler stellten fest, daß das Neutrino seinen Spin 1/2 stets in seiner Fortbewegungsrichtung einstellt, also wie ein Propeller mit Rechtsdrall mit Lichtgeschwindigkeit durch den Raum fliegt, während das Antineutrino seinen Spin in entgegengesetzter Weise ausrichtet und sich wie ein Propeller mit Linksdrall fortbewegt.

Im Jahr 1960 wurde im Bemühen, eine Reihe von experimentellen Befunden in möglichst einfacher Weise zu erklären, von verschiedenen Seiten die Hypothese aufgestellt, daß es zwei Arten von Neutrinos und Antineutrinos mit nicht genau übereinstimmenden Eigenschaften gibt. Nach dieser Hypothese sollen das eine Neutrino (ν) und Antineutrino ($\bar{\nu}$) in irgendwelcher nahen Beziehung zum Elektron und Positron stehen, das andere Neutrino (ν') und Antineutrino ($\bar{\nu}'$) dagegen in einer analogen Beziehung zum Müon und Antimüon. Diese Hypothese zu bestätigen gelang 1962 einer Gruppe von Forschern an der Columbia-Universität (New York) und dem Brookhaven National Laboratory (im Staat New York) mittels eines schwierigen Versuchs. Wie schon erwähnt, hatten Reines und Cowan gezeigt, daß bei Reaktionen mit Elektronen entstandene Neutrinos mit Protonen unter Bildung je eines Neutrons und Elektrons reagieren. In dem 1962 durchgeführten Versuch gelang es nachzuweisen, daß Neutrinos, die beim Zerfall von Müonen entstanden sind, bei der Reaktion mit Protonen keine Elektronen, sondern nur Müonen liefern:

$$\nu' + p^+ \rightarrow n + \bar{\mu}^+$$

Wir wollen die beiden Neutrinos *Elektronneutrino*, ν, und *Müonneutrino*, ν', nennen. Bisher wissen wir nichts über das Wesen dieser Teilchen, was den Unterschied im Verhalten auf Grund von Strukturmerkmalen erklären könnte.

25.6. Mesonen und Antimesonen

Die acht bekannten Mesonen und Antimesonen sind in Tafel 25.2 aufgeführt. Die Kaonen sind die Antiteilchen der Antikaonen, und die beiden geladenen Pionen sind Antiteilchen voneinander. Das neutrale Pion ist sein eigenes Antiteilchen. Das gleiche gilt für das η-Teilchen. Alle Mesonen sind instabil; auf ihre Zerfallsreaktionen kommen wir in Abschnitt 25.8 zurück.

Die Pionen und Kaonen sind bei Untersuchungen von Höhenstrahlung entdeckt und ihre Eigenschaften durch Versuche sowohl mit Höhenstrahlung, als auch mit energiereichen, in Teilchenbeschleunigern erzeugten Teilchen bestimmt worden. Die Entdeckung der Pionen verdanken wir Powell und Mitarbeitern (siehe Abschnitt 25.3). Die Kaonen wurden um 1950 von vielen Forschern aufgefunden.

Tafel 25.2. Mesonen und Antimesonen[1].

	elektrische Ladung			Masse	intrinsische Ladung	Ladungs-spin	Seltsamkeit (Xenizität)	Spin
	+1	0	−1					
Äta		η^0		500 MeV	0	0	0	0
Kaonen		K^0	K^-	497,7, 493,8	$-1/2$	$1/2$	-1	0
Antikaonen	$\bar{K}^+$	$\bar{K}^0$		493,8, 497,7	$+1/2$	$1/2$	$+1$	0
Pionen	π^+	π^0	π^-	139,6, 135,0, 139,6	0	1	0	0

1 Ursprünglich war die Bezeichnung Meson für das Müon eingeführt worden, das später μ-Meson genannt wurde, heute aber zu den Leptonen gezählt wird. Die Baryonenzahl wie auch die Leptonenzahl ist für alle Mesonen und Antimesonen 0. Alle in der Tafel angeführten Teilchen haben Spin 0 (keinen Drehimpuls). Das positive und das negative Pion sind ein Teilchen-Antiteilchen-Paar. Das neutrale Pion ist sein eigenes Antiteilchen, ebenso das Äta-Teilchen.

25.7. Baryonen und Antibaryonen

Zu den Baryonen zählen die Nucleonen und schwereren Teilchen. Acht Baryonen und acht Antibaryonen, angegeben in Tafel 25.3, sind aufgefunden worden. Der Name rührt her vom griechischen βαρύς, schwer. Außerdem ist noch die Bezeichnung Hyperonen (vom griechischen ὑπέρ, über) für die Baryonen mit Ausnahme des Protons und Neutrons im Gebrauch.

Entdeckt wurden die Baryonen (mit Ausnahme des bereits bekannten Protons und Neutrons) in den Jahren zwischen 1950 und 1960 bei Versuchen mit Höhenstrahlung sowie mit Teilchenbeschleunigern. Ihre Massen liegen im Bereich von 1115 bis 1318 MeV. Alle Baryonen haben einen Spin 1/2, sind Fermionen und gehorchen dem Pauli-Prinzip.

Tafel 25.3. Baryonen und Antibaryonen[1].

	elektrische Ladung			Masse	intrinsische Ladung	Ladungs-spin	Seltsamkeit (Xenizität)	Spin
	$+1$	0	-1					
Xi-Teilchen		Ξ^0	Ξ^-	1315, 1321,2 MeV	$-1/2$	$1/2$	-2	$1/2$
Sigma-Teilchen	Σ^+	Σ^0	Σ^-	1189,5, 1192,6, 1197,4	0	1	-1	$1/2$
Lambda-Teilchen		Λ		1115,6	0	0	-1	$1/2$
Proton, Neutron	p^+	n		938,2, 939,5	$+1/2$	$1/2$	0	$1/2$
Xi-Antiteilchen	$\bar{\Xi}^+$	$\bar{\Xi}^0$			$+1/2$	$1/2$	$+2$	$1/2$
Sigma-Antiteilchen	$\bar{\Sigma}^+$	$\bar{\Sigma}^0$	$\bar{\Sigma}^-$	wie für die entsprechenden Teilchen	0	1	$+1$	$1/2$
Lambda-Antiteilchen		$\bar{\Lambda}$			0	0	$+1$	$1/2$
Antineutron, Antiproton		$\bar{n}$	$\bar{p}^-$		$-1/2$	$1/2$	0	$1/2$

1 Die Baryonenzahl ist $+1$ für die Baryonen und -1 für die Antibaryonen. Die Leptonenzahl ist für beide Teilchensorten 0.

25.8. Die Zerfallsreaktionen der Elementarteilchen

Die meisten Elementarteilchen zerfallen spontan. Zu den wenigen Ausnahmen zählen als stabile Teilchen das Proton, das Antiproton, das Elektron, das Positron und die sich mit Lichtgeschwindigkeit bewegenden Teilchen.

Obwohl viele der Elementarteilchen erst vor wenigen Jahren entdeckt worden sind, ist bereits ein überaus umfangreiches Erfahrungsmaterial über ihre Eigenschaften sowie über die Reaktionen zusammengetragen worden, bei denen die Teilchen entstehen, sich in andere Materiesorten verwandeln und zerfallen. Die Reaktionen, die die instabilen Teilchen in der Hauptsache bei ihrem Zerfall durchlaufen, sowie die zugehörigen Halbwertszeiten sind in Tafel 25.4 zusammengestellt. Bei allen diesen Zerfallsreaktionen handelt es sich um unimolekulare Vorgänge (vgl. Kapitel 16).

Erhaltungsgesetze. Der Zerfall von Elementarteilchen ist mit Hilfe von Nebelkammern, Stapeln photographischer Platten, Blasenkammern und mit anderen, auf einzelne Teilchen ansprechenden Methoden eingehend untersucht worden. Dabei hat es sich heraus-

Tafel 25.4. Die wichtigsten Zerfallsreaktionen von Elementarteilchen.

	Reaktion	prozentualer Anteil	Halbwertszeit
Baryonen:	$\Xi^0 \to \Lambda + \pi^0$		$\sim 2 \times 10^{-10}$ s
	$\Xi^- \to \Lambda + \pi^-$		2×10^{-10}
	$\Sigma^+ \to p^+ + \pi^0$	46 ± 6	$0,8 \times 10^{-10}$
	$ n + \pi^+$	54 ± 6	
	$\Sigma^0 \to \Lambda + \gamma$		$\sim 10^{-20}$
	$\Sigma^- \to n + \pi^-$		$1,6 \times 10^{-10}$
	$\Lambda \to p^+ + \pi^-$	63 ± 3	$2,4 \times 10^{-10}$
	$ n + \pi^0$	37 ± 3	
	$n \to p^+ + e^- + \bar{\nu}$		1040
Mesonen:	$\eta^0 \to \pi^+ + \pi^0 + \pi^-$, etc.		$\sim 10^{-20}$
	$K_1^0 \to \pi^+ + \pi^-$	78 ± 6	$1,0 \times 10^{-10}$ [1]
	$ \pi^0 + \pi^0$	21 ± 6	
	$K_2^0 \to \pi^+ + \pi^-$	78 ± 6	6×10^{-8}
	$ \pi^0 + \pi^0$	22 ± 6	
	$K^- \to \mu^- + \bar{\nu}'$	59 ± 2	$1,22 \times 10^{-8}$
	$ \pi^0 + \pi^-$	26 ± 2	
	$ \pi^+ + \pi^- + \pi^-$	$5,7 \pm 0,3$	
	$ \pi^0 + \pi^0 + \pi^-$	$1,7 \pm 0,3$	
	$ e^- + \bar{\nu} + \pi^0$	$4,2 \pm 0,4$	
	$ \mu^- + \bar{\nu}' + \pi^0$	$4,0 \pm 0,8$	
	$\pi^+ \to \bar{\mu}^+ + \nu'$	100	$2,56 \times 10^{-8}$
	$ \bar{e}^+ + \nu$	0,013	
	$\pi^0 \to \gamma + \gamma$		2×10^{-15}
Leptonen:	$\mu^- \to e^- + \nu' + \bar{\nu}$		10^{-6}

[1] In einem Strahl neutraler Kaonen K^0 und Antikaonen $\bar{K}^0$ zerfallen die Teilchen mit zwei verschiedenen Geschwindigkeiten zu gleichen Endprodukten. Zur Erklärung wird angenommen, der Strahl enthalte Teilchen K_2^0 und K_1^0, von denen sich die ersteren in einem symmetrischer, die letzteren in einem antisymmetrischer Resonanz von K^0 und $\bar{K}^0$ entsprechenden Quantenzustand befinden. Das Kaon-Antikaon-Paar ist das einzige Teilchenpaar, an dem ein solches Verhalten beobachtet worden ist.

gestellt, daß die Energie-Masse und der Impuls stets erhalten bleiben und noch verschiedene weitere Erhaltungsgesetze streng befolgt werden. Im einzelnen gelten streng die Erhaltungsgesetze für die folgenden Größen:

    Energie-Masse
    Impuls
    Drehimpuls
    elektrische Ladung
    Baryonenzahl
    Leptonenzahl

Die Erhaltung der elektrischen Ladung kommt in den Zerfallsreaktionen in Tafel 25.4 zum Ausdruck. Zum Beispiel kann das Λ-Teilchen, ein Hyperon mit einer etwas größeren Masse als das Proton, beim Zerfall entweder ein Proton und ein negatives Pion liefern oder ein Neutron und ein neutrales Pion. Im ersten Fall entsteht aus dem Λ-Teilchen, das selbst neutral ist, ein positiv und ein negativ geladenes Teilchen, im zweiten Fall entstehen zwei neutrale Teilchen.

Ein kompliziertes, ebenfalls aus Tafel 25.4 ersichtliches Beispiel ist der Zerfall des negativen Kaons. An diesem Teilchen sind sechs verschiedene Zerfallsreaktionen beobachtet worden. Bei fünf von ihnen entstehen je ein negativ geladenes und ein oder zwei neutrale Teilchen. Bei der sechsten Zerfallsreaktion entstehen ein positiv und zwei negativ geladene Zeilchen, nämlich ein positives und zwei negative Pionen. Bei allen sechs Reaktionen bleibt also die elektrische Ladung erhalten.

Weiterhin bleibt die Baryonenzahl bei allen Reaktionen erhalten. Die Baryonenzahl ist $+1$ für die Baryonen, -1 für die Antibaryonen und 0 für alle anderen Teilchen. Bei den verschiedenen Bildungsvorgängen von Baryonen und Antibaryonen entstehen diese stets in Paaren von je einem Baryon und Antibaryon, und der Zerfall eines Baryons führt in jedem Fall zur Bildung eines anderen Baryons und anderer Teilchen mit Baryonenzahl 0. So zerfällt zum Beispiel das negative Ξ-Teilchen unter Bildung eines Λ-Teilchens (Baryonenzahl $+1$) und eines negativen Pions (Baryonenzahl 0).

Die Leptonen, zu denen das Elektron, das Neutrino und das Müon zählen, haben die Leptonenzahl $+1$, die Antileptonen die Leptonenzahl -1, und für alle anderen Teilchen ist die Leptonenzahl 0. Die Leptonenzahl bleibt ebenfalls streng bei allen Reaktionen erhalten. Zum Beispiel zerfällt das Neutron (Leptonenzahl 0) unter Bildung eines Protons (Leptonenzahl 0), eines Elektrons (Leptonenzahl $+1$) und eines Antineutrinos (Leptonenzahl -1). Die Leptonenzahlen des Elektrons und des Antineutrinos ergänzen sich zu null, so daß bei dieser wie bei allen anderen Reaktionen in Tafel 25.4 die Leptonenzahl erhalten bleibt.

Weiterhin gibt es einige Erhaltungsregeln, die sich für starke Wechselwirkungen als gültig erweisen, nicht aber für schwache. Hierauf kommen wir im nächsten Abschnitt zu sprechen.

25.9. Seltsamkeit (Xenizität)

Einen bedeutenden Beitrag zum Verständnis des Wesens der Elementarteilchen lieferten im Zeitraum von 1953 bis 1956 der amerikanische Physiker Murray Gell-Mann und unabhängig von ihm der japanische Physiker K. Nishijima. Die Einordnung der Elementarteilchen in der in den Tafeln 25.1, 25.2 und 25.3 gezeigten Weise ist zum großen Teil den Arbeiten dieser beiden Forscher zu verdanken. Die Grundlage dieser Einordnung bilden die Konzepte der Ladungsmultipletts und der Seltsamkeit. Von keinem dieser beiden Konzepte kann man heute behaupten, es sei voll und ganz verstanden, und wir dürfen annehmen, daß die nahe Zukunft uns weitere wichtige Beiträge in dieser Hinsicht bringen wird.

Wie schon in Abschnitt 25.4 erörtert, legt die große Ähnlichkeit des Protons und des Neutrons in allen Eigenschaften mit Ausnahme der elektrischen Ladung den Gedanken nahe, die beiden Teilchen seien Erscheinungsformen eines einzigen Teilchens, des Nucleons, mit intrinsischer Ladung $+1/2$ und einem Ladungsvektor $1/2$, der je nach Ausrichtung einen Beitrag $+1/2$ oder $-1/2$ liefert, wodurch eine Gesamtladung von $+1$ für das Proton und von 0 für das Neutron zustandekommt. Das Proton und das Neutron können hiernach als ein Ladungsdublett bezeichnet werden[1].

---

1 Die Vorstellung von Ladungsmultipletts ist 1936 von B. Cassen und E. U. Condon, zwei amerikanischen Physikern, eingeführt worden.

25.9. Seltsamkeit (Xenizität)

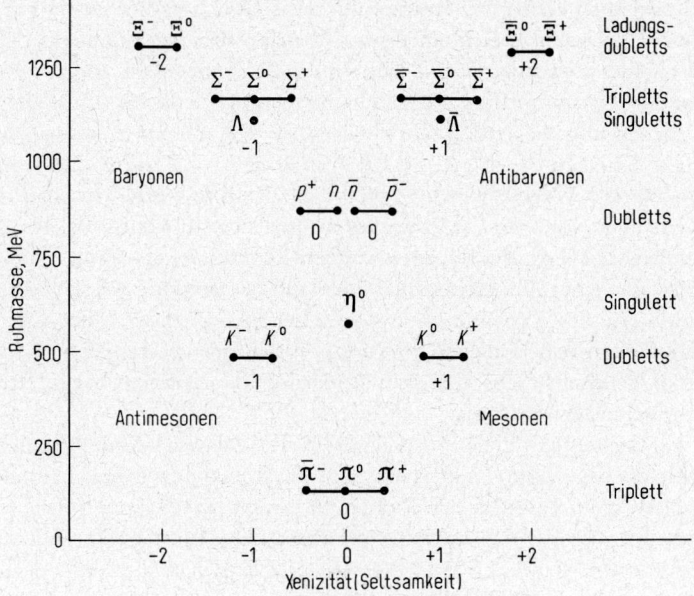

Abb. 25.5. Masse und Xenizität einiger Elementarteilchen.

Gemäß der diagrammatischen Darstellung in Abbildung 25.5 stellen die 24 eingetragenen Teilchen drei Ladungssinguletts, sechs Dubletts und drei Tripletts dar. Im Fall der Ladungssinguletts ist sowohl die intrinsische Ladung als auch der Ladungsvektor 0. Die Ladungsdubletts (Nucleonen, Antinucleonen, Kaonen und Xionen) haben einen Ladungsvektor 1/2 und eine intrinsische Ladung von entweder $+1/2$ oder $-1/2$, so daß die elektrischen Ladungen eines Dubletts entweder 0 und $+1$ oder 0 und -1 sind. Die Ladungstripletts haben einen Ladungsvektor 1 und intrinsische Ladung 0 und somit die elektrischen Ladungen $+1$, 0 und -1, entsprechend den drei möglichen Ausrichtungen des Ladungsvektors.

Das Konzept der Seltsamkeit ist von Gell-Mann und Nishijima eingeführt worden, um in groben Zügen die Geschwindigkeit von Zerfallsreaktionen zu erklären. Einige der instabilen Teilchen sollten infolge starker Wechselwirkungen zerfallen (vgl. Abschnitt 25.3) und damit überaus kurzlebig sein, nämlich Halbwertszeiten in der Größenordnung von nur 10^{-23} s aufweisen. Ein Beispiel hierfür bietet der Zerfall des η°-Teilchens in drei Pionen, ein Vorgang mit einer Halbwertszeit von etwa 10^{-20} s. An vielen anderen Teilchen sind aber viel längere Halbwertszeiten in der Größenordnung von 10^{-9} s beobachtet worden. Solche Teilchen leben also 10^{14}mal so lange wie die Theorie der starken Wechselwirkungen es erwarten ließe. Diese Abweichung vom erwarteten Verhalten hat den Teilchen den Namen „seltsame Teilchen" *(strange particles)* eingetragen.
Gell-Mann und Nishijima machten nun den Vorschlag, den Elementarteilchen eine neue charakteristische Eigenschaft zuzuschreiben, die sogenannte „Seltsamkeit" *(strangeness)*, und zwar in solcher Weise, daß bei Reaktionen mit starker Wechselwirkung die Seltsam-

keit erhalten bleibt, bei Reaktionen mit schwacher Wechselwirkung dagegen nicht. Ein besserer Name als Seltsamkeit mag *Xenizität* sein (nach dem griechischen ξένος, fremd). Werte der Xenizität sind in Abbildung 25.5 angegeben. Für die Pionen, das η-Teilchen, die Nucleonen und die Antinucleonen ist die Xenizität 0, für die Kaonen, das Anti-Λ-Teilchen und die Anti-Σ-Teilchen ist sie $+1$, für die Antikaonen, das Λ-Teilchen und die Σ-Teilchen ist sie -1, für die Antixionen $+2$ und für die Xionen -2.

Bei starker Wechselwirkung bleibt die Xenizität erhalten, das heißt, die Summe der Xenizitäten muß für die Produkte die gleiche sein wie für die Ausgangsstoffe. Als Folge schwacher Wechselwirkungen können Reaktionen stattfinden, bei denen sich die Xenizität um eine Einheit ändert, aber solche Vorgänge sind langsam. Reaktionen mit Änderung der Xenizität um zwei Einheiten sind äußerst langsam.

Die Pionen haben ebenso wie das η-Teilchen eine Xenizität 0. Folglich ist der Zerfall des η-Teilchens nicht von einer Änderung der Xenizität begleitet und ist demgemäß ein sehr schneller Vorgang.

Tafel 25.4 enthält viele Beispiele für Reaktionen mit Änderung der Xenizität. Zum Beispiel hat das negative Antikaon, $\bar{K}^-$, die Xenizität -1 und kann auf sechs verschiedene Weisen unter Bildung von Pionen und Leptonen (Müonen, Elektronen, Antineutrinos) zerfallen, die alle die Xenizität 0 haben. Die resultierende Halbwertszeit für alle sechs Reaktionen ist mit $1{,}22 \cdot 10^{-8}$ s sehr viel länger als die des η-Teilchen, ein Effekt, der der Änderung der Xenizität zugeschrieben wird.

25.10. Resonanzteilchen und Komplexe

Im Jahr 1952 stellten Enrico Fermi und Mitarbeiter bei Untersuchungen der Streuung von Pionenstrahlen an Protonen fest, daß Pionen mit einer kinetischen Energie um 200 MeV erheblich stärker gestreut werden als solche mit höherer oder niedrigerer kinetischer Energie. Dieser Befund wurde als Zeichen einer starken Wechselwirkung zwischen Pion und Proton ausgelegt, die als Bildung eines kurzlebigen Teilchens oder Komplexes angesehen werden kann, für das man das Symbol Δ einführte:

$$\pi + p \rightleftharpoons \Delta$$

Die Masse des Δ-Teilchens beträgt etwa 1236 MeV, und seine Halbwertszeit liegt bei 10^{-23} s. Gemäß der Unschärfebeziehung zwischen Energie und Zeit (siehe Abschnitt 3.10) ist die Masse (Energie) des so kurzlebigen Teilchens nicht scharf definiert, sondern mit einer Ungewißheit von etwa $\pm$ 60 MeV behaftet. (In Wirklichkeit ist umgekehrt die Halbwertszeit von 10^{-23} s aus der experimentell ermittelten Verteilungsfunktion für die Masse des Δ-Komplexes abgeschätzt worden.)

Seit 1952 sind rund zwanzig solcher kurzlebigen Teilchen oder Komplexe aufgefunden worden. Man nennt sie *Resonanzteilchen* oder *Resonanzkomplexe*. Eines von ihnen, $\eta°$, haben wir in unsere Liste der Mesonen aufgenommen (Tafel 25.2). Es entsteht durch Reaktion eines Pions mit einem Neutron innerhalb eines Deuterons:

$$\pi^+ + d^+ \rightarrow \eta° + p^+ + p^+$$

Das $\eta°$-Teilchen ist mit einer Masse von 550 MeV das leichteste der Resonanzteilchen.

Es zerfällt mit einer Halbwertszeit von 10^{-20} s gemäß den Reaktionen

$\eta° \to \gamma + \gamma$	31%
$\eta° \to \pi° + \gamma + \gamma$	21%
$\eta° \to 3\pi°$	21%
$\eta° \to \pi^+ + \pi° + \pi^-$	22%
$\eta° \to \pi^+ + \pi^- + \gamma$	5%
$\eta° \to \pi° + e^+ + e^-$	0,1%
$\eta° \to \pi^+ + \pi^- + e^+ + e^-$	0,1%

Die zweitleichtesten Resonanzteilchen sind die ρ-Teilchen ρ^+ und ρ^- mit Massen von 778 MeV und $\rho°$ mit einer Masse von 770 MeV. Sie entstehen gemäß

$$\pi^+ + p^+ \to \rho^+ + p^+$$
$$p^+ + \bar{p}^- \to \rho° + \pi^+ + \pi^-$$
$$\pi^- + p^+ \to \rho^- + p^+$$

und zerfallen mit einer Halbwertszeit von 10^{-23} s unter Bildung von je zwei Pionen. Abgesehen von ihrem Spin 1 sind sie den Pionen ähnlich. Andere Teilchen mit Spin 1 sind $\omega°$ (Masse 783,4 MeV), $\varphi°$ (Masse 1019 MeV) sowie K^{*+}, $K^{*°}$, $\bar{K}^{*°}$ und $\bar{K}^{*-}$ (Massen 892 MeV für die geladenen und 888 MeV für die ungeladenen Teilchen). Die Beziehungen zwischen diesen neun Mesonen mit Spin 1 und den acht in Tafel 25.2 aufgeführten Mesonen mit Spin 0 soll im nächsten Abschnitt erörtert werden.

Die bereits erwähnten Δ-Teilchen treten auf als Δ^{++}, Δ^+, $\Delta°$ und Δ^- und stellen ein Baryonen-Ladungsquartett mit Spin 3/2 und Massen im Bereich von 1236 MeV für Δ^{++} bis 1246 MeV für Δ^- dar. Außerdem existieren die folgenden Ladungsmultipletts: ein Triplett von Σ^{*+}, $\Sigma^{*°}$ und Σ^{*-} mit Xenizität 1, Spin 3/2 und Massen von 1382, 1385 bzw. 1388 MeV, ein Dublett von $\Xi^{*°}$ und Ξ^{*-} mit Xenizität 2, Spin 3/2 und Massen von 1530 bzw. 1534 MeV sowie ein Singulett, Ω^-, mit Xenizität 3, Spin 3/2 und einer Masse von 1674 MeV. Die Existenz von Ω^- war von Gell-Mann auf Grund von Überlegungen über die Teilchenstruktur ähnlich den Ausführungen im nächsten Abschnitt vorausgesagt worden.

25.11. Die Struktur der Elementarteilchen. Quarks

Es ist anzunehmen, daß sich im Laufe der Zeit eine geschlossene Theorie der Struktur von Elementarteilchen und ihrer Resonanz entwickeln wird. Wie es scheint, ist hierfür zum mindesten ein Satz von drei Protogonen (nach dem griechischen πρῶτος, der erste, und γονεύς, Erzeuger) und drei Antiprotogonen erforderlich. Der zur Zeit erfolgversprechendste Ansatz ist die Vorstellung, daß Mesonen und Baryonen aus sogenannten *Quarks* bestehen, und zwar sieht man die Mesonen als Diquarks (Verbindungen von einem Quark und einem Antiquark) und die Baryonen als Triquarks an. Diese Hypothese ist 1964 von M. Gell-Mann und unabhängig von ihm von George Zweig entwickelt worden.

Bei den drei Quarks handelt es sich um den positiven Quark, p, den negativen Quark, n, und den seltsamen Quark, λ. (Wir benutzen aufrechte Buchstaben p und n für die Quarks, zur Unterscheidung von den Kursivbuchstaben p und n für die Nucleonen.)

Alle drei Quarks sind Fermionen mit Spin 1/2. Die elektrische Ladung ist +2/3 für p und −1/2 für n und λ. Für die drei Antiquarks, $\bar{p}$, $\bar{n}$ und $\bar{\lambda}$, hat die elektrische Ladung entgegengesetztes Vorzeichen, ist also −2/3 für $\bar{p}$ und +1/3 für $\bar{n}$ und $\bar{\lambda}$. Die Baryonenzahl ist +1/3 für alle Quarks und −1/3 für alle Antiquarks, und die Xenizität ist +1 für λ und −1 für $\bar{\lambda}$.

Daß freie Quarks bis heute unter den Reaktionsprodukten energiereicher Teilchen nicht aufgefunden worden sind, läßt darauf schließen, daß sie eine sehr große Masse aufweisen, wahrscheinlich von einigen Tausend MeV. Die effektive Masse von λ in Diquarks ist etwa 145 MeV größer als die von p und n, und die von n ist etwa 4 MeV größer als die von p.

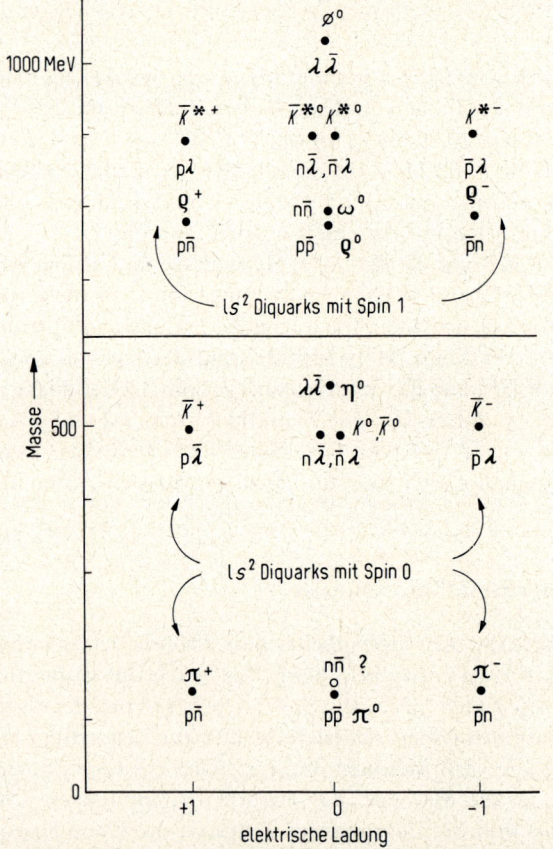

Abb. 25.6. Mesonen (Diquarks) mit Spin 0 und mit Spin 1.

Quarkstruktur von Mesonen. Wir wollen die Diquarks mit Baryonenzahl 0 – also die Verbindungen eines Quarks mit einem Antiquark – näher betrachten. Es ist anzunehmen, daß die stabilsten Diquarks diejenigen sind, in denen sich beide Teilchen bei ihrer Bewegung um den gemeinsamen Schwerpunkt in einem 1s-Orbital befinden. Da Quarks und Antiquarks voneinander verschieden sind, schließt das Pauli-Prinzip eine parallele Einstellung ihrer Spins im selben Orbital nicht aus. Für ein $1s^2$-Diquark ist demnach der resultierende Spin entweder 0 oder 1. Es gibt neun verschiedene Kombinationen, die einen $1s^2$-Diquark ergeben: $p\bar{p}$, $p\bar{n}$, $\bar{p}n$, $n\bar{n}$, $p\bar{\lambda}$, $\bar{p}\lambda$, $n\bar{\lambda}$, $\bar{n}\lambda$ und $\lambda\bar{\lambda}$. Die entsprechenden neun Diquarks mit Spin 0 und weiteren neun mit Spin 1 zeigt Abbildung 25.6, in der außerdem die Symbole der zugehörigen bekannten Teilchen eingetragen sind. Nur eins dieser Teilchen ist bisher nicht aufgefunden worden, nämlich das neutrale Teilchen $n\bar{n}$ mit Spin 0 und einer Masse von etwa 150 MeV. Es kann sein, daß dieses Teilchen beobachtet, aber fälschlich als $\pi°$ identifiziert worden ist.

Wie aus der Abbildung zu entnehmen ist, hat die Spin-Spin-Wechselwirkung zwischen Quark und Antiquark den entgegengesetzten Effekt verglichen mit dem der Wechselwirkung zwischen zwei Elektronen (siehe Abschnitt 5.3): in den $1s^2$-Diquarks sind die Zustände mit Spin 0 (antiparallele Spins) um etwa 500 MeV stabiler als die entsprechenden mit Spin 1 (parallele Spins).

Quarkstruktur von Baryonen. Nach der Quarktheorie bestehen Baryonen aus drei Quarks (Baryonenzahl $3 \cdot 1/3 = 1$) und Antibaryonen aus drei Antiquarks. Es ist anzunehmen, daß die Baryonen mit allen drei Quarks in einem $1s$-Orbital die stabilsten sind. Das Pauli-Prinzip gestattet die folgenden Kombinationen für $1s^3$-Triquarks mit Spin 1/2: p^2n, pn^2, $p^2\lambda$, $pn\lambda(2)$, $n^2\lambda$, $p\lambda^2$ und $n\lambda^2$.

Außer den beiden $pn\lambda$-Zuständen mit Spin 1/2 gibt es einen dritten mit Spin 3/2, wie die folgende Überlegung zeigt. Von den drei verschiedenen Quarks, p, n und λ, im $1s$-Orbital kann jeder seinen Spin in positiver oder negativer Richtung einstellen. Stehen alle drei Spins parallel, so ist der resultierende Spin 3/2, und die Spinorientierungsquantenzahl M_I kann die Werte $+3/2$, $+1/2$, $-1/2$ und $-3/2$ annehmen. Stehen die

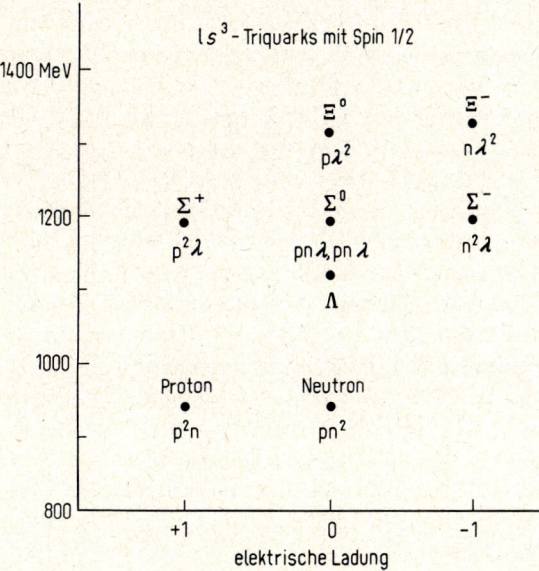

Abb. 25.7. Baryonen (Triquarks) mit Spin 1/2.

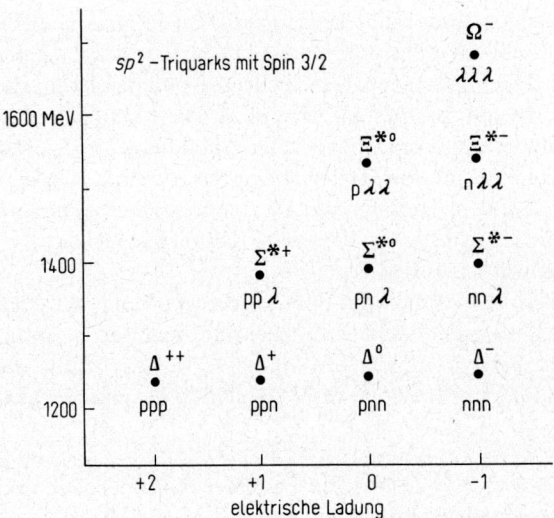

Abb. 25.8. Baryonen (Triquarks) mit Spin 3/2.

Spins nicht alle parallel, so ist der resultierende Spin 1/2, und M_I kann die Werte $+1/2$, $+1/2$, $-1/2$ und $-1/2$ annehmen.

Die acht Triquarks mit Spin 1/2 entsprechen den acht stabilsten, in Tafel 25.3 angegebenen Baryonen, wie in Abbildung 25.7 erläutert ist. Ebenso entsprechen die acht $1s^3$-Triantiquarks den acht stabilsten Antibaryonen.

Die zehn in Abschnitt 25.10 erwähnten Resonanzteilchen Δ^{++}, Δ^+, Δ°, Δ^-, Σ^{*+}, $\Sigma^{*\circ}$, Σ^{*-}, $\Xi^{*\circ}$, Ξ^{*-} und Ω^- (und die ebenfalls existierenden zugehörigen Antiteilchen) stellen eine interessante Teilchenklasse dar. Es handelt sich um Teilchen mit Spin 3/2, der von drei Quarks mit parallelen Spins herrühren könnte. Es liegt Grund zur Annahme vor, daß die Teilchen die zehn in Abbildung 25.8 angegebenen Triquarks ppp bis $\lambda\lambda\lambda$ sind. Um drei einander gleiche Quarks wie ppp mit parallelen Spins unterzubringen, sind drei verschiedene Orbitale erforderlich, die als die trigonalen sp^2-Hybridorbitale angesehen werden können. Wie sich zeigt, ist in diesen Triquarks mit Spin 3/2 die effektive Masse des p-Quarks 412 MeV, die des n-Quarks 416 MeV und die des λ-Quarks 558 MeV. Für die Diquarks mit Spin 1 betragen die entsprechenden Massen 385, 389 und 510 MeV. Für die Baryonen mit Spin 1/2 und Mesonen mit Spin 0 sind die entsprechenden Effektivmassen nur etwa halb so groß, was auf eine erheblich festere Bindung schließen läßt.

Dutzende schwererer Mesonen und Baryonen mit Spin bis zu 19/2 sind beobachtet worden. Bisher hat man sich nicht darum bemüht, ihnen ins Einzelne gehende Strukturen zuzuschreiben (etwa mit Besetzung von d-, f-, g- ... Orbitalen), es steht aber zu erwarten, daß sich eine solche Beschreibung ähnliche der für Elektronenstrukturen von Atomen und Molekeln gebräuchlichen als geeignet erweisen wird.

Die Natur des seltsamen Quarks, λ, ist bisher noch recht unklar. Es ist möglich, daß zwischen λ und n die gleichen strukturellen Beziehungen bestehen wie zwischen dem Müon und dem Elektron. Aber auch diese Beziehungen sind bisher noch keineswegs durchschaut.

Ob wir nun Kernchemiker werden und uns auf Elementarteilchen spezialisieren wollen oder nicht, wir alle dürfen erwartungsvoll den neuen Erkenntnissen über den Aufbau unserer Welt entgegensehen, die in den nächsten Jahren mit Sicherheit aus den Bemühungen von Forschern aller Länder erwachsen werden.

25.12. Positronium, Müonium und Mesonenatome

Ein Positron und ein Elektron können sich, wie 1953 zuerst beobachtet wurde, zu einem Pseudo-Atom vereinigen, das eine gewisse Ähnlichkeit mit dem Wasserstoffatom aufweist. Allerdings kann man vom Wasserstoffatom sagen, das Elektron bewege sich um einen im wesentlichen ortsfesten Kern, das Proton; im sogenannten *Positronium*, dem aus einem Prositron und einem Elektron bestehenden Pseudo-Atom, haben dagegen beide Teilchen die gleiche Masse und führen deshalb vergleichbare Bewegungen um den gemeinsamen Schwerpunkt halbwegs zwischen beiden aus.

Wie der amerikanische Physiker Martin Deutsch feststellen konnte, existiert Positronium in zwei verschiedenen Formen. Im para-Positronium stehen die Spins des Positrons und des Elektrons antiparallel, und im ortho-Positronium stehen sie parallel. Para-Positronium zerfällt mit einer Halbwertszeit von $0,9 \cdot 10^{-10}$ s unter Zerstörung des Positrons und Elektrons und Ausstrahlung von zwei Photonen. Ortho-Positronium zerfällt mit einer Halbwertszeit von $1,0 \cdot 10^{-7}$ s und sendet dabei drei Photonen aus. Zur Entdeckung des Positroniums führte die Beobachtung einer Verzögerung beim Zerfall von Natrium-22, das Positronen ausstrahlt. Die Verzögerung entspricht der Zeitspanne zwischen Erzeugung und Zerstörung des Positroniums und erwies sich als Summe von zwei Reaktionen erster Ordnung mit den oben angegebenen Halbwertszeiten.

Die Existenz von *Müonium* einem Pseudo-Atom, in dem ein negatives Müon sich um ein Proton bewegt, ist ebenfalls nachgewiesen worden. Außerdem hat man einige weitere Mesonenatome beobachten können, die abgesehen vom Ersatz eines Elektrons durch ein Müon oder ein anderes Meson den gleichen Bau aufweisen wie gewöhnliche Atome. Zum Beispiel gibt es ein Müon-Neon, in dem ein negatives Müon die Stelle eines Elektrons einnimmt.

Weiterhin ist es gelungen, ein Müon-Molekel-Ion $[H^+\mu^-D^+]^+$ zu erzeugen, in dem ein Proton und ein Deuteron von einem negativen Müon zusammengehalten werden. Der Abstand zwischen dem Proton und dem Deuteron ist mit nur 0,003 Å so gering, daß die beiden miteinander reagieren können. Diese Reaktion, bei der das Müon freigesetzt wird und ein Kern von Helium-3 sowie ein weiteres Müon entstehen, entwickelt eine Energie von 5,4 MeV. In der Verwendung von Müon-Molekeln solcher Art liegt möglicherweise ein Schlüssel zur gesteuerten Freisetzung von Kernverschmelzungsenergie.

Kapitel 26

Kernchemie

Die Kernchemie ist der Zweig der Naturwissenschaften, der sich mit den Reaktionen und Veränderungen in Atomkernen befaßt. Sie nahm ihren Anfang mit der Entdeckung der Radioaktivität und den Arbeiten von Pierre und Marie Curie über das chemische Verhalten radioaktiver Substanzen. Nach einigen Jahrzehnten eingehenden Studiums der natürlichen Radioaktivität hat sich dann unser Gesichtskreis und Verständnis durch die Entdeckung künstlicher Radioaktivität erheblich erweitert.

Die Kernchemie hat sich zu einem großen und sehr wichtigen Teilgebiet der Naturwissenschaften entwickelt. Bis heute sind etwa 920 radioaktive Nuclide im Laboratorium künstlich erzeugt worden, während uns in der Natur nur etwa 272 stabile und 55 instabile (radioaktive) Nuclide bekannt sind. Der Einsatz radioaktiver Isotope als Indikatoren („tracer") hat sich als eine wertvolle Methode für die chemische und medizinische Forschung erwiesen. Mit der gesteuerten Freisetzung von Atomenergie scheint sich ein neues Zeitalter anzubahnen, in dem dem technischen Fortschritt keine Grenzen durch die beschränkte Leistungsfähigkeit der verfügbaren Energiequellen mehr gesetzt sind.

26.1. Natürliche Radioaktivität

Nachdem Pierre und Marie Curie 1896 das Polonium und das Radium entdeckt hatten (siehe Kapitel 3), gelang es ihnen, Radiumchlorid von Bariumchlorid durch fraktionierte Fällung zu trennen, indem sie der wäßrigen Lösung Alkohol zusetzten. Bis 1902 hatte Marie Curie 0,1 g fast reines Radiumchlorid isoliert, dessen Radioaktivität ungefähr 3 000 000mal so stark war wie die des Urans. Innerhalb weniger Jahre stellte man fest, daß die natürlichen radioaktiven Materialien drei verschiedene Arten von Strahlen aussenden, die auf photographische Platten wirken (Kapitel 3). Die Strahlen wurden α-Strahlen, β-Strahlen und γ-Strahlen genannt. Sie unterscheiden sich voneinander durch ihr verschiedenes Verhalten im Magnetfeld (Abb. 3.12). α-Strahlen sind schnellfliegende Kerne von Heliumatomen, β-Strahlen sind Elektronen, ebenfalls von hoher Geschwindigkeit, und γ-Strahlen sind Lichtquanten sehr kurzer Wellenlängen.

Sehr bald fand man heraus, daß die Strahlen des Radiums (und anderer radioaktiver Elemente) einen Rückgang von Krebswucherungen bewirken. Die Strahlen schädigen auch normale Zellen: eine Überdosierung der Strahlen führt zu „Radium-Verbrennungen". Häufig sind aber die Krebszellen empfindlicher gegen die Strahlung als die normalen Zellen, so daß man sie durch geeignete Behandlung abtöten kann, ohne dabei das gesunde Gewebe bedenklich zu beschädigen. Der Einsatz von Radium in der

724   26. Kernchemie

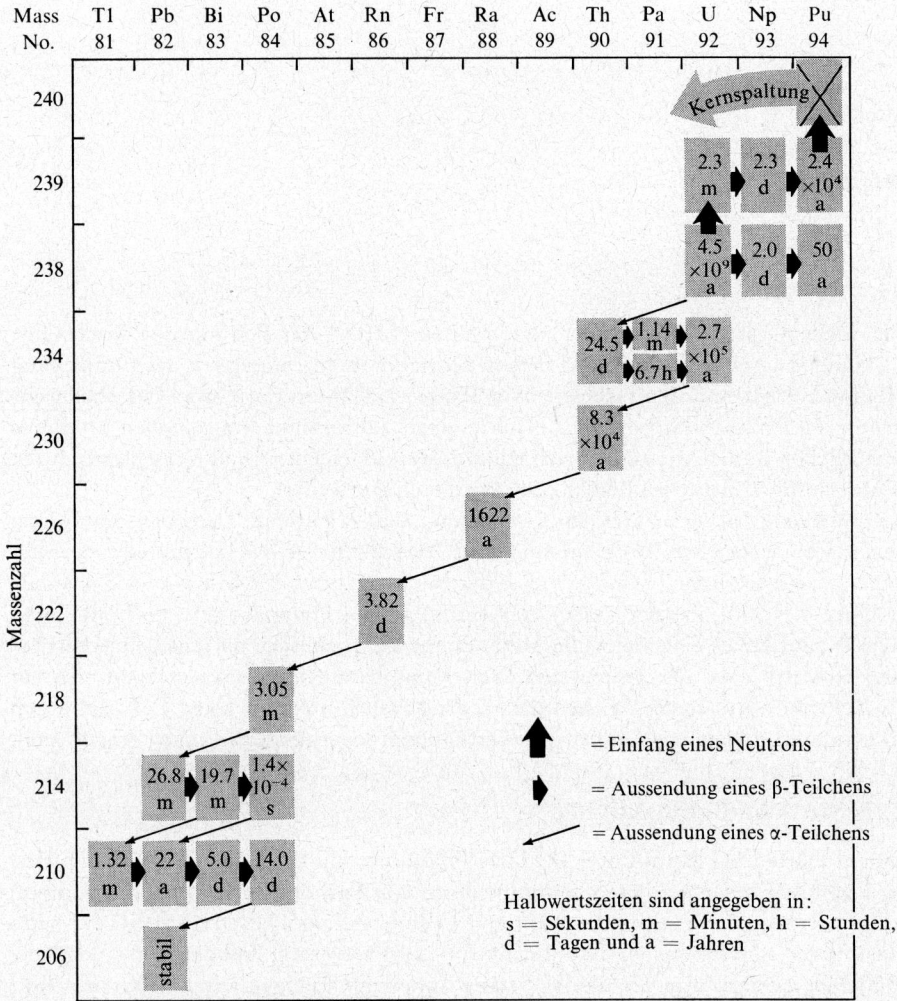

Abb. 26.1. Die Uran-Radium-Zerfallsreihe.

Medizin zur Krebsbekämpfung ist die wichtigste Anwendung, die das Element gefunden hat. Ungefähr seit 1950 wird auch das künstlich radioaktive Kobalt 60 als Ersatz für Radium in erheblichem Umfang herangezogen.

Den vereinten Bemühungen vieler Forscher ist es in den ersten zwanzig Jahren unseres Jahrhunderts gelungen, die Chemie der radioaktiven Elemente der Uranreihen und der Thoriumreihe zu entwirren, und nach 1939 innerhalb weniger Jahre auch die der Neptuniumreihe.

Die radioaktiven Zerfallsreihen des Urans. Wenn ein Atomkern ein α-Teilchen (He^{2+}) aussendet, vermindert sich die Kernladung um zwei Einheiten. Das Element

26.1. Natürliche Radioaktivität

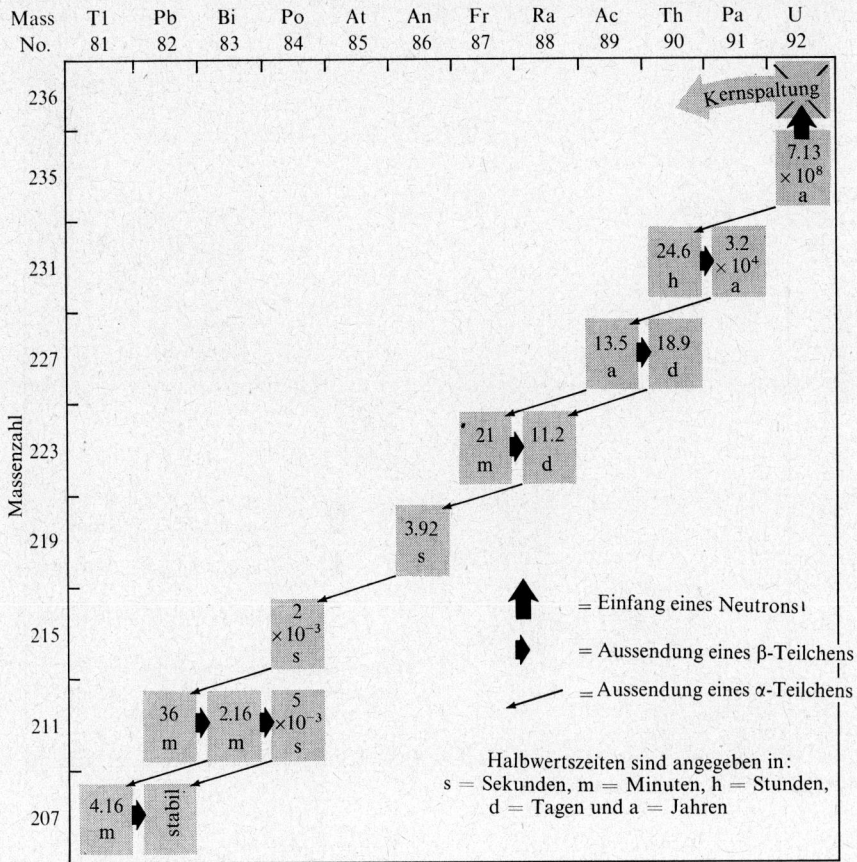

Abb. 26.2. Die Uran-Actinium-Zerfallsreihe.

verwandelt sich folglich in ein anderes Element, dessen Platz im Periodensystem zwei Spalten weiter links liegt: die Ordnungszahl verringert sich um 2. Gleichzeitig verringert sich die Massenzahl (das Atomgewicht) um die Masse des α-Teilchens, also um vier Einheiten. Wenn der Atomkern ein β-Teilchen (Elektron) aussendet, erhöht sich die Kernladung um eine Einheit, während die Massenzahl sich nicht verändert (das Atomgewicht nimmt geringfügig ab). Das Element verwandelt sich dabei in ein anderes, dessen Platz im Periodensystem eine Spalte weiter rechts liegt: die Ordnungszahl erhöht sich um 1. Die Aussendung von γ-Strahlen verursacht keine Veränderung der Ordnungszahl oder des Atomgewichts.

Die Kernreaktionen der *Uran-Radium-Zerfallsreihe* sind in Abbildung 26.1 angegeben. Natürliches Uran besteht zu 99,28% aus dem Isotop ^{238}U. Das Isotop hat eine Halbwertszeit von rund 4 500 000 000 Jahren. Es zerfällt unter Aussendung eines α-Teilchens zu ^{234}Th. Dieses zerfällt unter β-Strahlung zu ^{234}Pa, aus dem seinerseits durch β-Strahlung ^{234}U entsteht. Anschließend werden nacheinander fünf α-Teilchen ausgesendet.

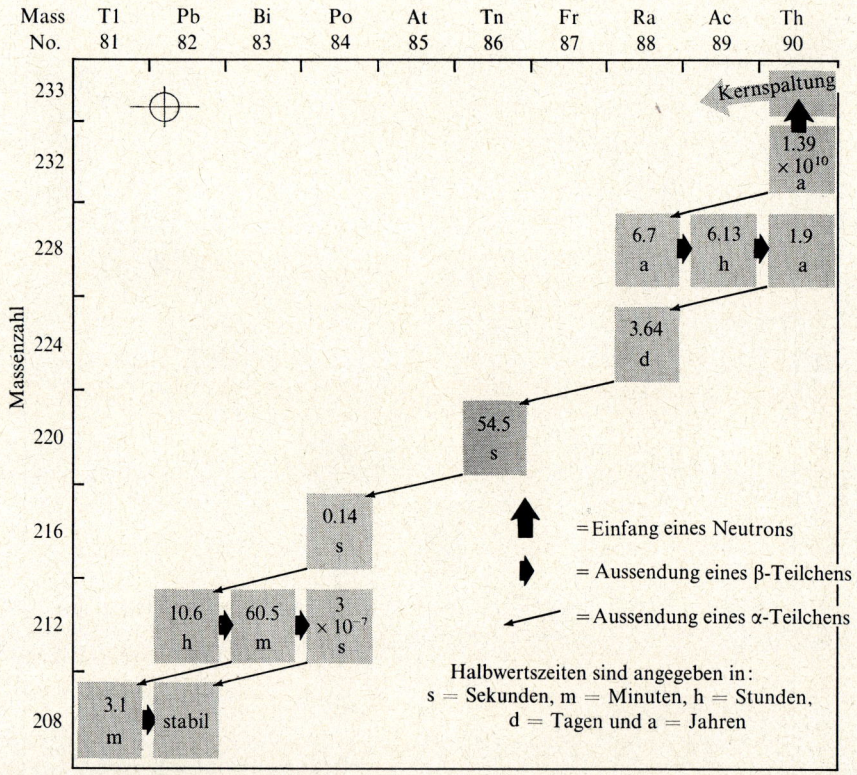

Abb. 26.3. Die Thorium-Zerfallsreihe.

Dadurch entsteht ^{214}Pb. Den Abschluß der Reihe bildet ^{206}Pb, ein stabiles Bleiisotop. Eine ähnliche Reihe ist die *Uran-Actinium-Zerfallsreihe* (Abb. 26.2), die vom ^{235}U ihren Ausgang nimmt. Natürliches Uran besteht zu 0,71% aus ^{235}U. Über Aussendung von sieben α-Teilchen und vier β-Teilchen führt die Reihe zu dem stabilen Bleiisotop ^{207}Pb.

Die Thorium-Zerfallsreihe. Die dritte natürliche radioaktive Zerfallsreihe beginnt mit dem langlebigen, natürlichen Thoriumisotop ^{232}Th, dessen Halbwertszeit $1{,}39 \cdot 10^{10}$ Jahre beträgt (Abb. 26.3). Sie endet bei einem weiteren stabilen Bleiisotop, ^{208}Pb.

Die Neptunium-Zerfallsreihe. Die vierte radioaktive Zerfallsreihe, die in Abbildung 26.4 gezeigt ist, ist nach ihrem langlebigsten Glied, ^{237}Np, benannt.
Wegen der Eigenart des radioaktiven Zerfalls – Aussendung von α-Teilchen der Masse 4 und von β-Teilchen kaum merklicher Masse – besitzen innerhalb jeder einzelnen der vier Zerfallsreihen alle Glieder Massenzahlen, die sich um ganzzahlige Vielfache von 4 unterscheiden. Die vier Reihen können also wie folgt bezeichnet werden:

die $4n$-Reihe = Thorium-Reihe
die $(4n + 1)$-Reihe = Neptunium-Reihe

nismäßig großen Mengen (in der Größenordnung von tausend Tonnen) hergestellt worden. Das Isotop ist ziemlich stabil: seine Halbwertszeit beträgt etwa 24000 Jahre. Es zerfällt langsam unter Aussendung von α-Strahlen. Zur Gewinnung von ^{239}Pu läßt man ^{238}U, den Hauptbestandteil des natürlichen Urans, mit einem Neutron zu ^{239}U reagieren; ^{239}U zerfällt unter β-Strahlung zu ^{239}Np, das seinerseits unter β-Strahlung ^{239}Pu bildet (vgl. Abbildung 26.1):

$$^{238}_{92}U + ^{1}_{0}n \rightarrow ^{239}_{92}U$$
$$^{239}_{92}U \rightarrow ^{239}_{93}Np + e^-$$
$$^{239}_{93}Np \rightarrow ^{239}_{94}Pu + e^-$$

Plutonium und die sieben schwereren Transurane Americium, Curium, Berkelium, Californium, Einsteinium, Fermium und Mendelevium sind von G. T. Seaborg und seinen Mitarbeitern an der Universität von Californien in Berkeley entdeckt worden, das Fermium gleichzeitig von Forschern im Argonne National Laboratory bei Chicago. Das Americium-Isotop ^{241}Am wurde durch die folgenden Reaktionen erzeugt:

$$^{238}_{92}U + ^{4}_{2}He \rightarrow ^{241}_{94}Pu + ^{1}_{0}n$$
$$^{241}_{94}Pu \rightarrow ^{241}_{95}Am + e^-$$

^{241}Am zerfällt langsam unter Aussendung von α-Teilchen; seine Halbwertszeit beträgt 500 Jahre.

Curium wird aus ^{239}Pu durch Beschuß mit Helium-Ionen hergestellt, die im Cyclotron beschleunigt worden sind:

$$^{239}_{94}Pu + ^{4}_{2}He \rightarrow ^{242}_{96}Cm + ^{1}_{0}n$$

Das Isotop ^{242}Cm ist ein α-Strahler mit einer Halbwertszeit von etwa 5 Monaten. Außerdem ist ein weiteres Curiumisotop hergestellt worden, ^{240}Cm, und zwar durch Beschuß von ^{239}Pu mit schnellen Helium-Ionen:

$$^{239}_{94}Pu + ^{4}_{2}He \rightarrow ^{240}_{96}Cm + 3^{1}_{0}n$$

Berkelium und Californium werden wie folgt erzeugt:

$$^{241}_{95}Am + ^{4}_{2}He \rightarrow ^{243}_{97}Bk + 2^{1}_{0}n$$
$$^{242}_{96}Cm + ^{4}_{2}He \rightarrow ^{244}_{98}Cf + 2^{1}_{0}n$$

Californium kann außerdem durch Beschuß von Uran mit Kohlenstoffkernen von 120 MeV dargestellt werden:

$$^{238}_{92}U + ^{12}_{6}C \rightarrow ^{244}_{98}Cf + 6^{1}_{0}n$$
$$^{238}_{92}U + ^{12}_{6}C \rightarrow ^{246}_{98}Cf + 4^{1}_{0}n$$

In ähnlicher Weise, nämlich durch Beschuß von Uran mit energiereichen Atomkernen, gingen G. T. Seaborg und seine Mitarbeiter bei der Erzeugung der Elemente Einsteinium und Fermium vor:

$$^{238}_{92}U + ^{14}_{7}N \rightarrow ^{247}_{99}Es + 5^{1}_{0}n$$
$$^{238}_{92}U + ^{16}_{8}O \rightarrow ^{250}_{100}Fm + 4^{1}_{0}n$$

Außerdem sind mehrere Isotope dieser beiden Elemente jedoch auch in Kernreaktoren nachgewiesen worden, wo sie aus ^{238}U bzw. ^{239}Pu in komplizierten Reaktionsfolgen durch mehrfachen Neutroneneinfang entstehen. Fermium war das erste Element mit einer Ordnungszahl über 96, das auf diese Weise ohne Einsatz von Teilchenbeschleunigern erhalten werden konnte.

Die Erzeugung von Mendelevium gelang durch Beschuß von ^{253}Es mit α-Teilchen aus dem 60-Zoll-Cyclotron in Berkeley, Vermutlich entsteht dabei das Isotop ^{256}Md.

Nobelium wurde zuerst im Jahr 1957 im Cyclotron des Nobel-Instituts in Stockholm durch Beschuß von ^{244}Cm mit Kernen des Kohlenstoffisotops ^{13}C hergestellt. Wahrscheinlich entsteht dabei das Isotop ^{253}No:

$$^{244}_{96}\text{Cm} + ^{13}_{6}\text{C} \rightarrow ^{253}_{102}\text{No} + 4\,^{1}_{0}n$$

Das Element 103, Lawrencium, wurde zuerst im Jahr 1961 in Berkeley beim Beschuß von Californium mit Kernen von ^{10}B und ^{11}B (70 MeV) nachgewiesen:

$$^{250}_{98}\text{Cf} + ^{10}_{5}\text{B} \rightarrow ^{257}_{103}\text{Lw} + 3\,^{1}_{0}n$$
$$^{250}_{98}\text{Cf} + ^{11}_{5}\text{B} \rightarrow ^{257}_{103}\text{Lw} + 4\,^{1}_{0}n$$

Aus den Isotopen ^{251}Cf und ^{252}Cf entsteht ebenfalls ^{257}Lw unter Abgabe einer entsprechend größeren Zahl von Neutronen.

Über die Erzeugung von Khurchatovium, des schwersten bisher bekannten Elements, wurde zuerst 1968 von einer Gruppe russischer Wissenschaftler am Kernforschungszentrum Dubna berichtet, die ^{260}Ku durch Beschuß von ^{242}Pu mit Neonkernen erhielten:

$$^{242}_{94}\text{Pu} + ^{22}_{10}\text{Ne} \rightarrow ^{260}_{104}\text{Ku} + 4\,^{1}_{0}n$$

Mit Einsatz von nur winzigen Mengen der Substanzen gelang es Seaborg und seinen Mitarbeitern, weitgehend Aufschluß über das chemische Verhalten der Transurane zu erhalten. Während Uran in seinen Eigenschaften Ähnlichkeit mit Wolfram hat, zum Beispiel eine große Neigung zeigt, mit der Oxidationsstufe +6 aufzutreten, fanden Seaborg und Mitarbeiter, daß bei den folgenden Elementen eine wachsende Neigung zur Bildung von Ionenverbindungen mit der Oxidationsstufe +3 zum Ausdruck kommt; die Transurane gleichen also nicht den auf Wolfram folgenden Elementen Rhenium, Osmium, Iridium, Platin usw., sondern eher den Lanthanonen.

26.4. Arten von Kernreaktionen

Kernreaktionen vieler verschiedener Arten sind uns heute bekannt. Der spontane radioaktive Zerfall ist eine Kernreaktion, bei der ein einzelner Kern die Rolle des Ausgangsstoffs spielt. Bei anderen, häufig beobachteten Kernreaktionen tritt ein Proton, Deuteron, α-Teilchen, Neutron oder Lichtquant (meist von γ-Strahlung) mit einem Kern in Wechselwirkung. Als Produkte von Kernreaktionen findet man meist einen schweren Kern, begleitet von einem Proton, Elektron, Deuteron, α-Teilchen, einem oder mehreren Neutronen oder einem Lichtquant von γ-Strahlung. Bei einer weiteren, besonders wichtigen Klasse von Kernreaktionen spaltet sich ein schwerer Kern, der durch Aufnahme eines Neutrons instabil geworden ist, in zwei Bruchstücke vergleichbarer Größe sowie mehrere Neutronen. Dieser Vorgang der Kernspaltung, den wir bereits in Kapitel 22 kurz erwähnt hatten, soll später in diesem Kapitel näher beschrieben werden (siehe Abschnitt 26.10).

In welcher Weise ein instabiler Kern zerfallen kann, sei an Hand der folgenden radioaktiven Zerfallsreaktionen erläutert:

	Halbwertszeit
$^3_1H_2 \rightarrow e^- + {}^3_2He_1 + \bar{\nu}$	12,26 a
$^{148}_{64}Gd_{84} \rightarrow \alpha^{2+} + {}^{144}_{62}Sm_{82}$	130 a
$^{15}_8O_7 \rightarrow \bar{e}^+ + {}^{15}_7N_7 + \nu$	124 s
$^{37}_{18}Ar_{19} + e^- \rightarrow {}^{37}_{17}Cl_{20} + \nu$	35,0 d
$^5_3Li_2 \rightarrow p^+ + {}^4_2He_2$	10^{-21} s
$^5_2He_3 \rightarrow n + {}^4_2He_2$	2×10^{-21} s

Die ersten beiden Reaktionen sind bei vielen schweren radioaktiven Kernen vertreten. Auch einige neutronenreiche Kerne im Gebiet der Lanthanone zerfallen unter Ausstrahlung von α-Teilchen. Die meisten neutronenreichen Kerne zerfallen jedoch gemäß der dritten Reaktion, also unter Ausstrahlung eines Positrons, oder auch durch Elektroneneinfang gemäß der vierten Reaktion. (Elektroneneinfang gilt als spontaner Zerfall, weil Elektronen im Atom jederzeit zum Einfang zur Verfügung stehen; als die einzigen Elektronen mit endlicher Aufenthaltswahrscheinlichkeit direkt am Kern werden s-Elektronen eingefangen, gewöhnlich ein 1s-Elektron.) Die letzten beiden Reaktionen, bei denen ein Proton bzw. Neutron ausgesandt wird, sind selten.

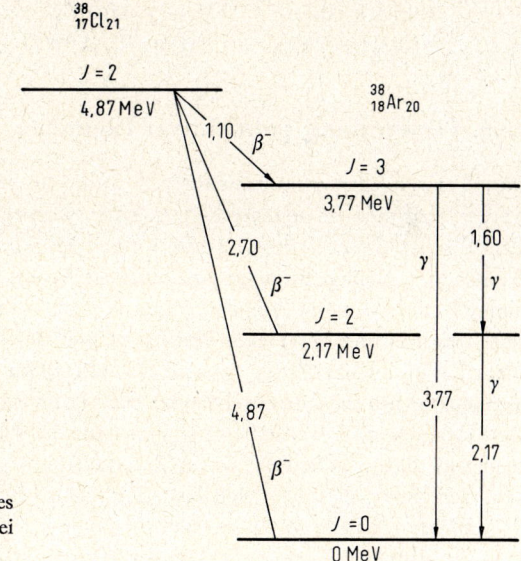

Abb. 26.5. Energieniveau-Diagramm des β-Zerfalls von ^{38}Cl mit Angabe der drei begleitenden γ-Strahlungen.

In der Regel ist ein β-Zerfall (Verlust von $\bar{e}^+$ oder e^-) unmittelbar von Ausstrahlung von γ-Strahlen gefolgt. Beim β-Zerfall kann der Tochterkern in einem oder mehreren angeregten Zuständen entstehen, die dann unter γ-Strahlung in den Grundzustand übergehen. Zur Erläuterung zeigt Abbildung 26.5 ein einfaches Beispiel. Der Messung der Wellenlängen der Lichtquanten (γ-Strahlung) und der maximalen Energie der β-Strahlen (entsprechend einer verschwindenden Energie des gleichzeitig erzeugten Neutrinos) verdanken wir einen großen Teil unserer Kenntnis der Energieniveaus von Nucliden.

Kernreaktionen können durch Beschießen von Kernen mit Lichtquanten, Neutronen, Protonen, Deuteronen, Tritonen (^{3}H$^+$), Trelionen (^{3}He^{2+}), Helionen (α-Teilchen, ^{4}He^{2+}) oder noch schwereren Kernen ausgelöst werden. Als Beispiel sei die Erzeugung von ^{32}P durch Beschießen von gewöhnlichem Phosphor, ^{31}P, mit Deuteronen von 10 MeV genannt:

$$^{31}_{15}P_{16} + ^2_1H_1 \rightarrow ^{32}_{15}P_{18} + ^1_1H_0$$

Für Kernreaktionen bedient man sich meistens einer abkürzenden Schreibweise:

$$^{31}P(d,p)^{32}P$$

Hierbei bedeutet (d,p), daß bei der Reaktion ein Deuteron (d) aufgenommen und ein Proton (p) ausgestrahlt wird. Andere Beispiele für Kernreaktionen dieses allgemeinen Typs sind:

^{6}Li$(n,\alpha)^3$H $\qquad$ ^{11}Be$(d,p)^{12}$Be
^{7}Li$(n,\gamma)^8$Li $\qquad$ ^{11}Be$(t,p)^{13}$Be
^{9}Be$(n,p)^9$Li $\qquad$ ^{10}B$(p,2n)^9$C
^{9}Be$(d,2p)^9$Li $\qquad$ ^{10}B$(p,\gamma)^{11}$C
^{6}Li$(d,n)^7$Be $\qquad$ ^{10}B$(\alpha,n)^{13}$N
^{10}B$(p,\alpha)^7$Be $\qquad$ ^{23}Na$(p,3n)^{21}$Mg
^{6}Li$(^3$He$,n)^8$B $\qquad$ ^{141}Pm$(^{12}$C$,4n)^{149}$Tb

26.5. Verwendung radioaktiver Elemente als Indikatoren

Die Verwendung von radioaktiven und von nichtaktiven Isotopen als Indikatoren *(tracer)* hat sich in neuerer Zeit zu einer wertvollen Forschungsmethode entwickelt[1]. Der Einsatz dieser Isotope kommt einer Markierung von Atomen gleich, deren Weg dann neben großen Mengen von anderen Atomen desselben Elements verfolgt werden kann. Eine der ersten Anwendungen von radioaktiven Indikatoren war die experimentelle Bestimmung der Geschwindigkeit, mit der sich Bleiatome in kristallinem Blei bewegen. Ein solcher Vorgang wird als *Selbstdiffusion* bezeichnet. Man bringt etwas radioaktives Blei auf die Oberfläche einer Bleiplatte und überläßt die Platte für eine bestimmte Zeit sich selbst. Anschließend spaltet man die Platte parallel zur ursprünglichen Oberfläche in dünne Scheiben, deren Radioaktivität gemessen wird. An der Radioaktivität von Schichten, die unter der ursprünglichen Oberfläche lagen, zeigt sich die Diffusion von Bleiatomen durch das Metall.

Bei chemischen Gleichgewichten handelt es sich, wie wir in Kapitel 11 gezeigt haben, nicht um ein statisches Gleichgewicht; vielmehr sind die Umsätze von Reaktion und Rückreaktion einander gleich, so daß die Mengen der verschiedenen beteiligten Substanzen sich zeitlich nicht verändern. Auf den ersten Blick scheint es unmöglich, festzustellen, mit welcher Geschwindigkeit chemische Reaktionen im Gleichgewicht ablaufen. Heute können wir hierfür Isotope als Indikatoren verwenden.

---

1 Bei Untersuchungen mit nicht radioaktiven Isotopen, zum Beispiel mit ^{15}N, benutzt man zu deren Konzentrationsmessung einen Massenspektrographen.

Vielleicht am fruchtbarsten erweisen sich die Isotope als Indikatoren in der Biologie und in der Medizin. Der menschliche Körper enthält so viel Kohlenstoff, Wasserstoff, Stickstoff, Sauerstoff, Schwefel usw., daß es Schwierigkeiten bereitet, eine kleine Menge eines bestimmten organischen Materials im Körper analytisch zu erfassen. Dagegen kann der Weg einer organischen Verbindung, die ein radioaktives Isotop enthält, durch den ganzen Körper verfolgt werden, indem man die Radioaktivität mißt. Besonders geeignet für diese Zwecke ist das radioaktive Kohlenstoffisotop ^{14}C. Es hat eine Halbwertszeit von etwa 5000 Jahren und zerfällt unter Aussendung von β-Strahlen. Die Menge des Isotops in einer Probe kann durch Messung der β-Aktivität bestimmt werden. ^{14}C kann ohne Schwierigkeiten in großen Mengen im Kernreaktor durch Einwirkung langsamer Neutronen auf Stickstoff hergestellt werden:

$$^{14}_{7}N + ^{1}_{0}n \rightarrow ^{14}_{6}C + ^{1}_{1}H$$

Man kann zum Beispiel den Stickstoff in Form einer Ammoniumnitratlösung der Neutronenstrahlung im Kernreaktor aussetzen. Der Kohlenstoff, der dabei entsteht, liegt dann als Bicarbonat-Ion, HCO_3^-, vor und kann durch Zusatz von Bariumhydroxidlösung als Bariumcarbonat ausgefällt werden. Die Radioaktivität der Proben liegt sehr hoch: sie enthalten bis zu 5% radioaktives ^{14}C.

Das Curie, die Maßeinheit der Radioaktivität. Es hat sich als nützlich erwiesen, für die Menge eines radioaktiven Materials eine besondere Maßeinheit einzuführen. Die Einheit heißt das *Curie*. Ein Curie einer beliebigen radioaktiven Substanz ist die Menge, von der pro Sekunde $3{,}70 \cdot 10^{10}$ Atome radioaktiv zerfallen.

Das Curie ist eine sehr große Einheit. Ein Curie Radium entspricht ungefähr einem Gramm dieses Elements. (Ursprünglich hatte man bei der Festlegung des Curies beabsichtigt, ein Curie Radium genau gleich einem Gramm Radium zu machen. Bei Verbesserung der Meßmethoden zeigte es sich jedoch, daß diese Beziehung nicht genau erfüllt ist.)

Die Definition der radioaktiven Menge (gemessen in Curie) in Zerfallsakten pro Zeiteinheit hat zur Folge, daß in einer radioaktiven Zerfallsreihe nach Einstellung des stationären Zustands alle Elemente in der gleichen radioaktiven Menge vorliegen. Nehmen wir zum Beispiel an, ein Gramm Radium habe mit seinem ersten Zerfallsprodukt ^{222}Rn und mit seinen weiteren Zerfallsprodukten (Abb. 26.1) einen stationären Zustand erreicht. Da jedes Atom Radium, das zerfällt, sich in ein Atom Radon verwandelt und der Zerfall des Radiums eine Reaktion erster Ordnung ist, ist die Menge Radon, die pro Zeiteinheit entsteht, der anwesenden Radiummenge proportional. Wenn das System den stationären Zustand erreicht hat, ändert sich die Menge Radon zeitlich nicht mehr; ebenso viele Radonatome, wie in der Zeiteinheit durch Zerfall von Radiumatomen entstehen, zerfallen in der Zeiteinheit unter Bildung des nächsten Glieds der Reihe. Von Radium wie von Radon zerfallen also gleichviel Atome pro Zeiteinheit; beträgt die radioaktive Menge des Radiums ein Curie, so ist im stationären Zustand auch ein Curie Radon anwesend.

Die Menge Radon, die im stationären Zustand zusammen mit einem Gramm Radium auftritt, kann mit Hilfe der Geschwindigkeitsgleichungen für Reaktionen erster Ordnung (siehe Kapitel 16) berechnet werden. Die Reaktionsgeschwindigkeitskonstante des radioaktiven Zerfalls ist der Halbwertszeit umgekehrt proportional. Damit müssen im stationären Zustand, in dem ja pro Zeiteinheit gleichviele Atome Radium und Radon zerfallen, die anwesenden Atome Radium und Radon im gleichen Zahlenverhältnis zueinander stehen wie ihre Halbwertszeiten.

26.6. Altersbestimmung mit Kohlenstoff 14

Eines der interessantesten neueren radioaktiven Verfahren ist die Altersbestimmung kohlenstoffhaltigen Materials durch Messung der Radioaktivität, die vom Kohlenstoffisotop ^{14}C herrührt. Die von dem amerikanischen Physikochemiker Willard F. Libby ausgearbeitete Methode gestattet, das Alter von kohlenstoffhaltigem Material auf ungefähr 200 Jahre genau zu bestimmen, sofern es rund 50000 Jahre nicht überschreitet.
In der oberen Atmosphäre verwandeln Neutronen der Höhenstrahlung Stickstoff in Kohlenstoff 14 (vgl. die Reaktionsgleichung im vorigen Abschnitt). Diese ständige Bildung, der der radioaktive Zerfall gegenübersteht, erhält eine stationäre Konzentration des radioaktiven Isotops aufrecht. Der radioaktive Kohlenstoff wird zu Kohlenstoffdioxid oxidiert, das durch Luftströmungen gründlich mit dem nicht radioaktiven Kohlenstoffdioxid der Atmosphäre vermischt wird. Auf diese Weise wird ein stationärer Zustand aufrechterhalten, bei dem auf je 10^{12} gewöhnliche Kohlenstoffatome ein radioaktives ^{14}C entfällt. Die Pflanzen absorbieren Kohlenstoffdioxid, und zwar radioaktives wie inaktives ohne Unterschied, und bauen es in ihre Gewebe ein. In gleicher Weise bauen Tiere, die sich von den Pflanzen ernähren, den Kohlenstoff in ihre Gewebe ein, immer im Verhältnis $1:10^{12}$ von radioaktivem zu inaktivem Kohlenstoff. In einer lebenden Pflanze oder einem lebenden Tier ist das Verhältnis von radioaktivem zu inaktivem Kohlenstoff also das gleiche wie das stationäre Verhältnis in der Atmosphäre. Wenn die Pflanze oder das Tier gestorben ist, erlischt der Stoffwechsel, und der Gehalt an radioaktivem Kohlenstoff verringert sich durch radioaktiven Zerfall. Nach 5760 Jahren (der Halbwertszeit des ^{14}C) ist die Radioaktivität auf die Hälfte zurückgegangen, nach 11520 Jahren auf ein Viertel usw. Aus der Bestimmung der Radioaktivität einer Kohlenstoffprobe, die aus Holz, Gewebe, Kohle, Haut, Horn oder anderen pflanzlichen oder tierischen Überresten hergestellt worden ist, läßt sich demnach die Zeit bestimmen, die seit der Bindung des Kohlenstoffs aus der Atmosphäre verstrichen ist.
Zur Altersbestimmung wird eine Probe des Materials, die ungefähr 30 g Kohlenstoff enthält, zu Kohlenstoffdioxid verbrannt. Früher reduzierte man das Kohlenstoffdioxid zu elementarem Kohlenstoff (Ruß) und bestimmte dessen β-Aktivität mit einem Geiger-Zählrohr. Inzwischen sind jedoch Gaszählrohre entwickelt worden, in die das Kohlenstoffdioxid direkt eingefüllt werden kann. Zum Vergleich wird in derselben Weise die β-Aktivität von Kohlenstoffdioxid aus organischem Material unserer Zeit gemessen. Aus dem Unterschied der Aktivitäten mit Hilfe der Gleichung für die Geschwindigkeit von Reaktionen erster Ordnung (Kapitel 16) kann aus den Meßwerten das Alter der Probe berechnet werden. Geprüft wurde die Methode am Kernholz eines riesigen Mammutbaums, dessen Jahresringe anzeigten, daß seit der Ablagerung des Kernholzes 2928 ± 50 Jahre vergangen waren. Die radioaktive Messung stimmte damit befriedigend

überein. Eine ebenso gute Übereinstimmung ergab sich bei der Prüfung an anderen kohlenstoffhaltigen Materialien organischen Ursprungs, zum Beispiel an Holz aus ägyptischen Gräbern aus der Zeit der ersten Dynastie, die nach allgemein als zuverlässig geltender archäologischer Rechnung 4900 Jahre alt sind.

Das Verfahren der Altersbestimmung mit Kohlenstoff 14 ist schon auf Tausende von Proben angewendet worden. Eine der vielen interessanten Folgerungen, die sich daraus ergeben haben, ist, daß die letzte Vergletscherung der nördlichen Hemisphäre vor ungefähr 11 400 Jahren eingetreten ist. In Wisconsin (USA.) ist ein verschütteter Wald gefunden worden, dessen Bäume alle in einer Richtung liegen, als seien sie von einem anrückenden Gletscher umgeworfen worden. Die Altersbestimmung des Holzes ergab 11400 ± 700 Jahre. Das Alter von Proben organischer Materialien, die in Europa während der letzten Vergletscherung abgelagert wurden, ist mit 10800 ± 1200 Jahren bestimmt worden. Viele Proben organischen Materials wie Holzkohle usw. von menschlichen Lagerplätzen auf der westlichen Halbkugel stammen laut Altersbestimmung aus Zeiten, die bis zu 11 400 Jahre zurückliegen, einige wenige aus viel älteren Zeiten (vor 30 000 Jahren).

Der Ausbruch des Mt. Mazama im südlichen Oregon (USA.), von dem der Crater Lake stammt, muß vor 6453 ± 250 Jahren stattgefunden haben, wie die Altersbestimmung an Kohle von einem Baum ergab, der dem Ausbruch zum Opfer gefallen war. Mehrere Paare geflochtener Sandalen aus der Fort-Rock-Höhle, die bei einem früheren Ausbruch verschüttet worden war, erwiesen sich als 9053 ± 350 Jahre alt. In der Lascaux-Höhle bei Montignac (Frankreich), die durch bemerkenswerte, prähistorische Wandmalereien bekannt geworden ist, hat man Kohle von Lagerfeuern gefunden, für die die Altersbestimmung 15516 ± 900 Jahre ergab. Leinenhüllen von Handschriften des Buches Jesaja, die vor einiger Zeit in einer Höhle in Palästina gefunden wurden und als deren Entstehungszeit man das erste oder zweite vorchristliche Jahrhundert vermutete, waren laut Altersbestimmung 1917 ± 200 Jahre alt.

26.7. Die Eigenschaften von Nucliden

Die Nuclide der verschiedenen Elemente zeigen viele interessante Eigenschaften. Die meisten der bekannten Nuclide der ersten zehn Elemente sind in Tafel 26.1 aufgeführt.
Bei den meisten Elementen – von den Gliedern der natürlichen radioaktiven Zerfallsreihen abgesehen – ist die Isotopenverteilung in allen natürlichen Vorkommen die gleiche. Diese Isotopenverteilung ist in der vierten Spalte eingetragen.

Eine Betrachtung der Isotopenverteilung läßt, vor allem bei den schwereren Elementen, einige auffallende Gesetzmäßigkeiten erkennen. Die Elemente mit ungerader Ordnungszahl haben nur ein oder zwei natürliche (das heißt, stabile) Isotope, während die Elemente mit gerader Ordnungszahl wesentlich reicher an Isotopen sind; viele von ihnen haben acht oder mehr Isotope. Auch sind die Elemente ungerader Ordnungszahl erheblich seltener als die mit geraden Ordnungszahlen. Die Elemente, von denen es keine stabilen Isotope gibt (Technetium mit Ordnungszahl 43, Astatin mit Ordnungszahl 85, Promethium mit Ordnungszahl 61), haben ungerade Ordnungszahlen.

Tafel 26.1. Elektron, Proton, α-Teilchen und Isotope der leichteren Elemente.

Ordnungs-zahl	Element	Massen-zahl	Masse	ideale Häufigkeit	Halbwerts-zeit	Strahlung
0	Elektron	0	0,0005486			
0	Neutron	1	1,008665		12 min	e^-
1	Proton	1	1,007276			
1	Wasserstoff	1	1,007825	99,985		
		2	2,014102	0,015		
		3	3,014949		12,26 a	e^-
2	α-Teilchen	4	4,001507			
2	Helium	3	3,016030	0,00013		
		4	4,002604	≈100		
		5	5,012296		$2 \cdot 10^{-21}$ s	n, α
		6	6,018900		0,81 s	e^-
		7			$6 \cdot 10^{-5}$ s	e^-
3	Lithium	5	5,012541		$\approx 10^{-21}$ s	p, α
		6	6,015126	7,42		
		7	7,016005	92,58		
		8	8,022488		0,85 s	e^-
		9	9,027300		0,17 s	e^-
4	Beryllium	6	6,019780		$\geq 4 \cdot 10^{-21}$ s	
		7	7,016931		53 d	γ
		8	8,005308		$\approx 3 \cdot 10^{-16}$ s	α
		9	9,012186	100		
		10	10,013535		$2,7 \cdot 10^6$ a	e^-
		11	11,021660		13,6 s	e^-, γ
5	Bor	8	8,024612		0,78 s	e^+
		9	9,013335		$\geq 3 \cdot 10^{-19}$ s	p, α
		10	10,012939	19,6		
		11	11,009305	80,4		
		12	12,014353		0,020 s	e^-, γ
		13	13,017779		0,035 s	e^-
6	Kohlenstoff	10	10,016830		19 s	e^+, γ
		11	11,011433		20,5 min	e^+
		12	12,000000	98,89		
		13	13,003354	1,11		
		14	14,003242		5760 a	e^-
		15	15,010600		2,25 s	e^-, γ
		16	16,014702		0,74 s	e^-
7	Stickstoff	12	12,018709		0,011 s	e^+
		13	13,005739		10,0 min	e^+
		14	14,003074	99,63		
		15	15,000108	0,37		
		16	16,006089		7,35 s	e^-, γ
		17	17,008449		4,14 s	e^-

Tafel 26.1. (Fortsetzung).

Ordnungs-zahl	Element	Massen-zahl	Masse	ideale Häufigkeit	Halbwerts-zeit	Strahlung
8	Sauerstoff	14	14,008597		71 s	e^+, γ
		15	15,003072		124 s	e^+
		16	15,994915	99,759		
		17	16,999133	0,037		
		18	17,999160	0,204		
		19	19,003577		29 s	e^-, γ
		20	20,004071		14 s	e^-, γ
9	Fluor	16	16,011707		$\approx 10^{-19}$ s	
		17	17,002098		66 s	e^+
		18	18,000950		111 min	e^+
		19	18,998405	100		
		20	19,999986		11 s	e^-, γ
		21	20,999972		5 s	e^-
10	Neon	18	18,005715		1,46 s	e^+, γ
		19	19,001892		18 s	e^+
		20	19,992440	90,92		
		21	20,993849	0,257		
		22	21,991384	8,82		
		23	22,994475		38 s	e^-, γ
		24	23,993597		3,38 min	e^-, γ

Bindungsenergie. Wie eine Betrachtung der Nuclidmassen lehrt, verhalten sich diese nicht additiv. Zum Beispiel beträgt die Masse des gewöhnlichen Wasserstoffatoms 1,007825 d und die des Neutrons 1,008665 d. Würde das Heliumatom ^{4}He sich aus zwei Wasserstoffatomen und zwei Neutronen ohne Veränderung der Masse zusammensetzen, so müßte seine Masse 4,032980 d betragen. In Wirklichkeit ist die Masse kleiner, nämlich 4,002604 d. Auch die Massen der schwereren Atome sind kleiner, als einer Zusammensetzung aus Wasserstoffatomen und Neutronen ohne Massenänderung entspricht.

Der Massenverlust, der die Bildung schwererer Atome aus Wasserstoffatomen und Neutronen begleitet, rührt davon her, daß die Bildungsreaktion sehr stark exotherm ist. Bei der Bildung der schwereren Atome aus Wasserstoffatomen und Neutronen wird so viel Energie freigesetzt, daß die Masse, die dieser Energie gemäß der Einstein-Beziehung $E = mc^2$ gleichwertig ist, gegenüber den Massen der Reaktionspartner ins Gewicht fällt. Je stabiler der schwere Kern, desto mehr bleibt seine Masse hinter der Summe der Massen von Protonen und Neutronen zurück, die als Bausteine des Kerns angesehen werden können.

Der Massenverlust, der die Bildung eines ^{4}He-Atoms aus zwei Wasserstoffatomen und zwei Neutronen begleitet, beläuft sich auf 0,030376 d, was einer Bindungsenergie von 28,294 MeV entspricht. Gewöhnlich wird die Bindungsenergie in MeV pro Nucleon angegeben (7,073 MeV pro Nucleon im Fall von ^{4}He). In Abbildung 26.6 ist für eine Reihe stabiler Kerne die Bindungsenergie pro Nucleon gegen die Anzahl Nucleonen (Massenzahl) aufgetragen. Es zeigt sich, daß die Elemente der ersten langen Periode des Periodensystems von Chrom bis Zink das Maximum der Kurve einnehmen. Sie können dementsprechend als die stabilsten von allen Elementen bezeichnet werden. Sollte eines dieser Elemente in andere Elemente verwandelt werden, so wäre die Masse der Reaktionsprodukte merklich größer als die Masse des Ausgangsstoffs. Die Reaktion würde folglich große Energiemengen verbrauchen. Andererseits sollten sowohl schwerere als auch leichtere Elemente sich unter Entwicklung großer Energiemengen in Elemente mit Massenzahlen um 60 verwandeln können.

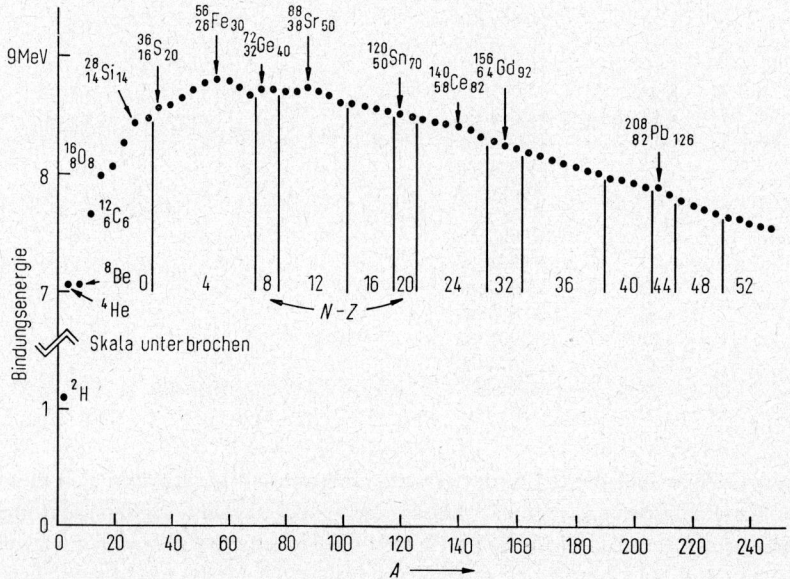

Abb. 26.6. Bindungsenergie pro Nucleon für stabile Kerne mit durch 4 teilbarer Ordnungszahl und gerader Neutronen- und Protonenzahl.

Forscher aus aller Welt haben sich bemüht, auf Grund der heute vorliegenden Fülle von Erfahrungsmaterial über Kernreaktionen eine Theorie des Ursprungs der Kernsorten zu entwickeln. Einer Vorstellung gemäß sollen alle Elemente aus Wasserstoff entstanden sein, und zwar durch fortgesetzten Neutroneneinfang, unterbrochen von gelegentlichem β-Zerfall zur Verringerung der Ordnungszahl. Die Astronomie liefert überzeugendes Beweismaterial dafür, daß unser Weltall sich ständig ausdehnt. Das Licht ferner Milchstraßensysteme enthält Spektrallinien, die einwandfrei identifiziert werden können, aber nicht mit den im Laboratorium beobachteten übereinstimmen. Vielmehr liegt eine allgemeine Verschiebung zu längeren Wellenlängen (Rotverschiebung) vor. Für alle Spektrallinien, für das Kontinuum im optischen Spektrum und sogar für die Radiowellen eines jeden gegebenen Milchstraßensystems ist die relative Rotverschiebung die gleiche. Auf diesen Befund stützt sich die Annahme, daß die Rotverschiebung auf einem Doppler-Effekt beruht (also auf der Abhängigkeit der beobachteten Wellenlänge von der Geschwindigkeit, mit der sich die Lichtquelle relativ zum Beobachter bewegt) und daß die entfernten Milchstraßensysteme demgemäß von uns forteilen. Wie die amerikanischen Astronomen Hubble und Humason vor rund 40 Jahren erkannten, ist die Rotverschiebung am größten für die am weitesten entfernten Milchstraßensysteme. Aus den gemäß der Rotverschiebung berechneten Geschwindigkeiten der Systeme und ihren Entfernungen ergibt sich, daß der Ursprung des Weltalls etwa $15 \cdot 10^9$ Jahre zurückliegen sollte.

Der amerikanische Wissenschaftler George Gamov hat postuliert, das Weltall habe zu diesem Zeitpunkt aus einem riesigen, in Strahlung gebadeten Ball von dichtgepackten Neutronen bestanden, der wegen seiner ungeheuren inneren Energie sofort begonnen habe, sich auszudehnen. Einige der Neutronen seien dann unter Bildung von Protonen, Elektronen und Neutrinos zerfallen, wobei pro Neutron 0,78 MeV Energie freigesetzt wird. Die Protonen können durch Neutroneneinfang Deuteronen bilden. Nach der Neutroneneinfangstheorie des Ursprungs der Nuclide wiederholte sich dieser Vorgang weiter und weiter bis zum Aufbau der Nuclidverteilung, wie wir sie heute kennen.

Diese Theorie begegnet indessen einigen Schwierigkeiten. Eine von ihnen besteht darin, daß es keine stabilen Kerne der Massen 5 und 8 gibt und daß somit ein Aufbau von Elementen über Kerne mit diesen Massen hinaus durch Neutroneneinfang allein nicht möglich ist: der Aufbau müßte zum Stehen kommen, wenn sich aller Wasserstoff in Helium 4 verwandelt hat.

Eine andere Theorie, hauptsächlich vertreten von dem englischen Astrophysiker Fred Hoyle, nimmt an, die Synthese von Nucliden habe sich im Inneren der Sterne abgespielt und dauere heute noch an. Die Schwierigkeiten, die sich aus der Instabilität der Nuclide mit Massenzahl 5 und 8 ergeben, werden überwunden mit Hilfe von Reaktionen wie

$$3\,{}^{4}_{2}\text{He} \rightleftharpoons {}^{12}_{6}\text{C}^{*} \to {}^{12}_{6}\text{C} + \gamma$$

Bei einer Temperatur von rund 100 Millionen Grad und einer Dichte in der Größenordnung von $10\,000$ g cm^{-3} im Inneren eines Sterns besteht ein Gleichgewicht zwischen drei α-Teilchen und einem angeregten ^{12}C-Kern, dessen Energie 7,653 MeV über der des Grundzustands liegt. Der angeregte ^{12}C-Kern kann unter Aussendung eines Lichtquants in den Grundzustand übergehen. Mit verschiedenen anderen bekannten Kernreaktionen kann man dann die Bildung aller schwereren Kerne erklären.

Magische Zahlen. Im Jahr 1934 erörterte W. M. Elsasser, der damals in Frankreich tätig war, das Erfahrungsmaterial, das für eine besonders hohe Stabilität von Kernen beim Auftreten einiger ganz bestimmter Protonen- und Neutronenzahlen spricht. Diese sogenannten *magischen Zahlen* 2, 8, 20, 28, 50, 82 und 126 stehen in Beziehung mit dem Fassungsvermögen der Teilschalen, wie wir es für Elektronen im Atom früher entwickelt hatten. Die magische Zahl 2 ist offensichtlich die Anzahl Fermionen, die ein $1s$-Orbital besetzen können. Die magische Zahl 8 darf als die Anzahl Fermionen gelten, die das $1s$- und die drei $2p$-Orbitale besetzen; im Fall von Kernen steht nämlich zu erwarten, daß ein Teilchen in einem $2p$-Orbital stabiler ist als in einem $2s$-Orbital. In ähnlicher Weise entspricht die Zahl 20 den Fermionen, die paarweise das $1s$-, die drei $2p$-, das $2s$- und die fünf $3d$-Orbitale füllen. Mit den höheren magischen Zahlen sah man sich zunächst vor

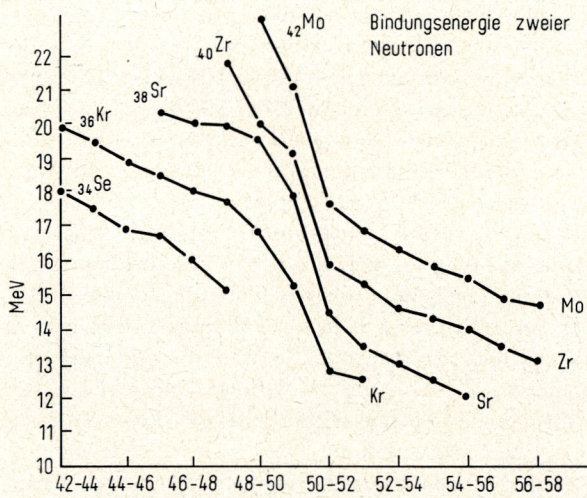

Abb. 26.7. Bindungsenergie von Neutronenpaaren für Kerne mit Neutronenzahl 42 bis 58. Der steile Abfall der Bindungsenergie von der Neutronenzahl 50 an kommt deutlich zum Ausdruck.

ein Rätsel gestellt, das erst vierzehn Jahre später seine Lösung fand (siehe Abschnitt 26.8 und 26.9). Die ersten Anhaltspunkte für die magischen Zahlen ergaben sich aus den Bindungsenergien und nahe verwandten Größen. Als Beispiel zeigt Abbildung 26.7 für die magische Zahl 50 die Energie der Bindung von Neutronenpaaren an Kernen von Ordnungszahlen um 50. Wie aus der Abbildung hervorgeht, fällt die Bindungsenergie bei der Ordnungszahl 50 scharf ab: ihr Wert für 50 → 52 ist viel geringer als für 48 → 50.

Kernradien. Rutherford und Mitarbeiter deuteten die Ergebnisse ihrer Untersuchungen der Streuung von Helionen (α-Teilchen) an Goldfolien (siehe Abschnitt 3.4) dahingehend, daß auf Entfernungen über etwa 10 fm hinaus zwischen den Helionen und den schwereren Kernen nur mehr Coulombsche Abstoßungskräfte wirksam sind. Andere Versuche haben recht genaue Werte für die Größe von Atomkernen sowie für die Verteilungsfunktion der Aufenthaltswahrscheinlichkeit der Nucleonen innerhalb der Kerne geliefert. Aus Messungen der Streuung energiereicher Elektronen, die vor allem der amerikanische Physiker Robert Hofstadter (geboren 1915) anstellten, ergeben sich Verteilungen wie in Abbildung 26.8. Die Nucleonendichte nimmt in allen Kernen (mit Ausnahme nur der leichtesten) innerhalb eines zentralen Bereichs einen konstanten Wert von etwa 0,17 Nucleonen pro fm^3 an und fällt dann mit wachsendem Abstand vom Mittelpunkt rasch auf null ab; hierbei erstreckt sich der Abfall der Dichte von 90% auf 10% des Höchstwerts über eine Strecke von rund 2 fm. Der Kernradius (gemessen bis zum Abstand, bei dem die Dichte auf 50% abgefallen ist) ist der dritten Wurzel der Nucleonenzahl proportional:

$$R = 1{,}07 \, A^{1/3} \, \text{fm} \tag{26.1}$$

Daß die Nucleonen innerhalb des Kerns eine konstante Dichte aufweisen, legt es nahe, daß sie ähnlich wie Molekeln in einer Flüssigkeit, nicht etwa wie in einem Gas gepackt sind (siehe Abschnitt 26.8).

26.7. Die Eigenschaften von Nukliden

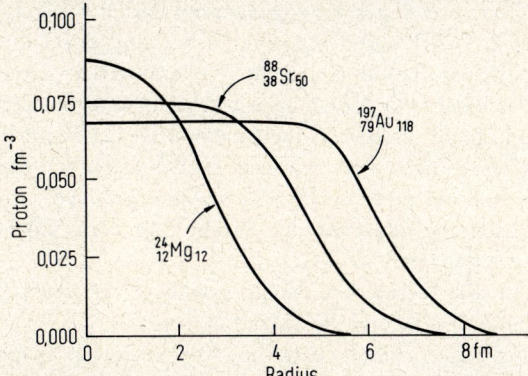

Abb. 26.8. Protonendichteverteilung für drei Kerne, berechnet aus Messungen der Streuung energiereicher Elektronen (100 bis 250 MeV). Abgesehen von einem Faktor N/Z ist die Neutronendichteverteilung praktisch die gleiche.

Spin und magnetisches Moment von Kernen. Der Drehimpuls eines Kerns hat den Wert $[I(I+1)]^{1/2}\hbar$, wobei I in Kernen mit ungerader Nucleonenzahl halbzahlige Werte ($I = 1/2, 3/2, \ldots$) und in Kernen mit gerader Nucleonenzahl ganzzahlige Werte ($I = 0, 1, 2, \ldots$) annimmt. Für die Komponente des Drehimpulses in Richtung eines Magnetfelds sind die Werte $M_I\hbar$ zulässig, wobei die Kernspinorientierungsquantenzahl M_I die Werte $-I, -I+1, \ldots, +I$ annehmen kann. Die Quantenzahlen I und M_I sind den für Atome eingeführten Quantenzahlen J und M_J analog (siehe Abschnitt 3.8 und Kapitel 5).

Tafel 26.2. Spin, Parität und magnetisches Moment von Kernen im Grundzustand[1].

	I^p	μ	μ'	g
$^1_0n_1$	$1/2^+$	$-3{,}31366$	$-1{,}91314$	$-3{,}82628$
$^1_1p_0$	$1/2^+$	$4{,}83722$	$2{,}79277$	$5{,}58554$
$^2_1H_1$	1^+	$1{,}21255$	$0{,}85740$	$0{,}85740$
$^3_1H_2$	$1/2^+$	$5{,}1594$	$2{,}9788$	$5{,}9576$
$^3_2He_1$	$1/2^+$	$-3{,}6849$	$-2{,}1275$	$-4{,}2550$
$^6_3Li_3$	1^+	$1{,}1625$	$0{,}8220$	$0{,}8220$
$^7_3Li_4$	$3/2^-$	$4{,}2039$	$3{,}2563$	$2{,}1709$
$^9_4Be_5$	$3/2^-$	$-1{,}5200$	$-1{,}1774$	$-0{,}7849$
$^{10}_5B_5$	3^+	$2{,}0792$	$1{,}8006$	$0{,}6002$
$^{11}_5B_6$	$3/2^-$	$3{,}4710$	$2{,}6886$	$1{,}7924$
$^{13}_6C_7$	$1/2^-$	$1{,}21656$	$0{,}70238$	$1{,}4048$
$^{14}_7N_7$	1^+	$0{,}5708$	$0{,}4036$	$0{,}4036$
$^{15}_7N_8$	$1/2^-$	$-0{,}49031$	$-0{,}28308$	$-0{,}56616$
$^{17}_8O_9$	$5/2^+$	$-2{,}24066$	$-1{,}8937$	$-0{,}75748$
$^{19}_9F_{10}$	$1/2^+$	$3{,}9194$	$2{,}6287$	$4{,}5257$
$^{22}_{11}Na_{11}$	3^+	$2{,}0150$	$1{,}745$	$0{,}5817$
$^{23}_{11}Na_{12}$	$3/2^+$	$2{,}8628$	$2{,}2175$	$1{,}4783$
$^{24}_{11}Na_{13}$	4^+	$1{,}89$	$1{,}69$	$0{,}423$
$^{24}_{12}Mg_{13}$	$5/2^+$	$-1{,}0118$	$-0{,}8551$	$-0{,}3420$
$^{27}_{13}Al_{14}$	$5/2^+$	$4{,}3086$	$3{,}6414$	$1{,}4566$

1 Für Bedeutung von μ und μ' siehe Text.

Werte von I und der sogenannten Parität für einige Kerne im Grundzustand zeigt Tafel 26.2. Positive und negative Parität sind durch Indizes + bzw. — gekennzeichnet. Bei positiver Parität bleibt die Wellenfunktion unverändert, wenn alle Koordinaten der Nucleonen ihr Vorzeichen wechseln, und bei negativer Parität ist die Wellenfunktion bei einem solchen Vorzeichenwechsel der Koordinaten mit -1 zu multiplizieren. (Die Wellenfunktion ist, wie man sagt, hinsichtlich der Inversion um den Schwerpunkt des Kerns bei positiver Parität symmetrisch, bei negativer Parität antisymmetrisch.) Die Beziehung zwischen der Parität und dem Schalenmodell soll im nächsten Abschnitt erläutert werden.

Für alle Kerne, bei denen sowohl Z, als auch N geradzahlig sind, ist im Grundzustand $I = 0$, und die Parität ist positiv.

Tafel 26.2 enthält weiterhin Meßwerte des magnetischen Moments der aufgeführten Kerne im Grundzustand. In der Tabelle erscheinen zwei Werte, μ und μ', für das magnetische Moment jedes Kerns, deren Definition sich wie folgt unterscheidet:

$$\mu = [I(I+1)]^{1/2} \mu_N g \tag{26.2}$$
$$\mu' = I \mu_N g \tag{26.3}$$

Hierbei ist das *Bohrsche Kernmagneton* μ_N gegeben durch

$$\mu_N = \frac{2\pi \hbar e}{M_p} \cdot 10^{-7} = 6{,}347 \cdot 10^{-33} \text{ Weber Meter} \tag{26.4}$$

Das Bohrsche Kernmagneton ist in derselben Weise definiert wie das sich auf Elektronen beziehende Bohrsche Magneton (siehe Gleichung 3.18), nur ist an Stelle der Elektronenmasse, m, die Protonenmasse, M_p, eingesetzt. Das magnetische Moment μ ist in der beim Arbeiten mit magnetischen Eigenschaften von Substanzen üblichen Weise definiert (siehe Anhang XIV). In der Kernphysik bezeichnet man jedoch im allgemeinen als magnetisches Moment des Kerns die Größe μ', nämlich die größtmögliche Komponente des eigentlichen Moments in der Feldrichtung, und Tabellenwerke geben als Kernmomente Werte von μ', nicht von μ an.

Der Kernspin ist bei der Aufklärung von Atomspektren entdeckt worden. Zum Beispiel zeigte es sich, daß die bei 3596 Å im Emissionsspektrum von ^{209}Bi auftretende Linie eine Hyperfeinstruktur aufweist und sich aus sechs Linien mit Wellenlängen von 3595,952 bis 3596,256 Å zusammensetzt. W. Pauli äußerte 1924 den Gedanken, diese Aufspaltung in sechs Linien könne auf die Wechselwirkung zwischen dem Drehimpuls J der Elektronen und dem Drehimpuls I des Kerns zurückgehen. Es stellte sich heraus, daß die beobachtete Hyperfeinstruktur einem Kernspin $I = 9/2$ des ^{209}Bi-Kerns entspricht. Daß das Deuteron einen Spin $I = 1$ aufweist, entdeckte der amerikanische Physiker I. I. Rabi mit Hilfe einer Molekularstrahlenmethode (einer Abwandlung des Stern-Gerlach-Versuchs, vgl. Abschnitt 3.8), die gleichzeitig eine Messung des magnetischen Moments gestattete. In der Hauptsache sind die heute bekannten magnetischen Kernmomente durch Messung der magnetischen Kernresonanz (*nuclear magnetic resonance*, NMR) ermittelt worden. Hierbei läßt man die Kerne sich in einem Magnetfeld ausrichten (siehe Abbildung 3.29) und bestimmt die Wellenlänge der Lichtquanten im Radiowellen- oder Mikrowellenbereich, deren Energie $h\nu$ gerade ausreicht, eine Änderung von M_I um eine Einheit zu bewirken. In der Regel hält man bei der Messung die Frequenz der Lichtquanten konstant und findet die Resonanz durch Variieren der Feldstärke des Magnetfelds.

Im Fall des Elektrons hat das dem Spin zugehörige magnetische Moment eine Größe, die einem Landé-Faktor $g = 2{,}00232$ entspricht. Die Diracsche Theorie läßt für ein Elementarteilchen den Wert 2 erwarten, und die geringe Abweichung erklärt sich als Folge der Wechselwirkung des Elektrons mit dem elektromagnetischen Feld (Lichtquantenfeld). Wie schon in Abschnitt 3.8 erwähnt, weicht der Landé-Faktor des Protons mit 5,58554 erheblich vom Wert 2 ab, den man für ein einfaches Teilchen erwarten sollte, und deutet deshalb auf eine komplizierte Struktur wie etwa die in Abschnitt 25.11 erörterte Triquarkstruktur hin. Zum gleichen Schluß gelangt man angesichts der Abweichung des Landé-Faktors für das Neutron vom Wert 0, der für ein einfaches Neutralteilchen zu erwarten wäre.

26.8. Das Schalenmodell der Kernstruktur

Im Jahr 1933 brachte der amerikanische Physiker J. H. Bartlett, Jr. (geboren 1904) die Vorstellung auf, den Protonen und Neutronen eines Kerns könnten Orbitale (um den Kernschwerpunkt) in ähnlicher Weise wie den Elektronen im Atom zugewiesen werden. Dieses Orbitalmodell des Kerns vermag die niedrigen magischen Zahlen 2, 8 und 20 recht zufriedenstellend zu erklären. So erhält ^{4}He die Konfiguration $1s^2$ sowohl für seine Protonen, als auch für seine Neutronen, ^{16}O erhält die Konfiguration $1s^2 1p^6$ und ^{40}Ca die Konfiguration $1s^2 1p^6 1d^{10} 2s^2$. (Im Fall von Nucleonenorbitalen wählt man vereinbarungsgemäß für die Hauptquantenzahl die Werte $n = 1, 2, 3, \ldots$ für jeden Wert von l, also nicht die Werte $n = l+1, l+2, \ldots$ wie bei den Elektronenorbitalen.) Die höheren magischen Zahlen, 28, 50, 82 und 126, fanden schließlich ihre Deutung durch das sogenannte *Schalenmodell*, eine Verfeinerung des Orbitalmodells, die 1948 von Maria Goeppert Mayer (geboren 1906), einer amerikanischen Physikerin, und von einer Gruppe deutscher Physiker unter J. Hans D. Jensen (geboren 1907) entwickelt worden ist.

Der Grundgedanke des Schalenmodells besteht in der Annahme, daß jedes Nucleon seinen Bahndrehimpulsvektor (mit Quantenzahl l) und seinen Spinvektor (mit Quantenzahl $s = 1/2$) zu einem resultierenden Spin-Bahndrehimpuls-Vektor koppelt, dessen Quantenzahl j entweder $l+1/2$ oder $l-1/2$ beträgt. Der Gesamtdrehimpuls des Kerns (mit Quantenzahl I) setzt sich dann vektoriell aus den j-Vektoren aller Nucleonen zusammen. Diese Art der Kopplung von Drehimpulsen nennt man *jj*-Kopplung (im Gegensatz zur Russell-Saunders- oder LS-Kopplung; vgl. Abschnitt 5.3). Wie in Abbildung 26.9 dargestellt ist, liegt die Nucleonenteilschale mit $j = l+1/2$ energetisch unterhalb derjenigen mit $j = l-1/2$, und jede der höheren magischen Zahlen entspricht einer Konfiguration mit vollständigen Schalen und einer zusätzlichen Teilschale, zum Beispiel $(1f_{7/2})^8$ im Fall der Zahl 28. Es versteht sich, daß jede vollständige Teilschale mit Quantenzahl j entsprechend den $2j+1$ zulässigen Werten von m_j (von $-j$ bis $+j$) mit $2j+1$ Nucleonen besetzt ist.

Das Schalenmodell liefert zwanglos für die meisten Kerne die richtigen Werte von Spin und Parität. Zum Beispiel tragen die Kerne $^{17}_{8}$O$_9$ und $^{17}_{9}$F$_8$ ein ungepaartes Nucleon außerhalb der vollständigen Schalenstruktur von $^{16}_{8}$O$_8$. Gemäß Abbildung 26.9 weisen wir diesem Nucleon ein $1d^{5/2}$- Orbital zu. Tatsächlich ist für ^{17}O wie auch ^{17}F im Grundzustand $I^P = 5/2^+$ und im ersten Anregungszustand (2s-Zustand) $I^P = 1/2^+$. (Ganz allgemein haben s-, d-, g-, ... Orbitale positive und p-, f-, ... Orbitale negative Parität.) Für die Kerne $^{41}_{20}Ca_{21}$ und $^{41}_{21}Sc_{20}$, die ein ungepaartes Nucleon in einem $1f^{7/2}$-Orbital aufweisen, ist im Grundzustand $I^P = 7/2^-$.

Jedoch kann das einfache Schalenmodell nicht alle Eigenschaften zufriedenstellend erklären, nicht zum Beispiel das magnetische Moment. So ergibt sich etwa für $^7_3Li_4$ als magnetisches Moment eines Protons in einem $1p^{3/2}$-Orbital theoretisch ein Wert von 4,90 Kernmagnetonen, in Wirklichkeit beträgt das magnetische Moment aber 4,20 μ_N und stimmt damit wesentlich besser mit dem theoretischen Wert von 4,27 μ_N überein. der sich für Triton (^{3}H) ergibt, das um ein Helion umläuft (siehe nächsten Abschnitt,)

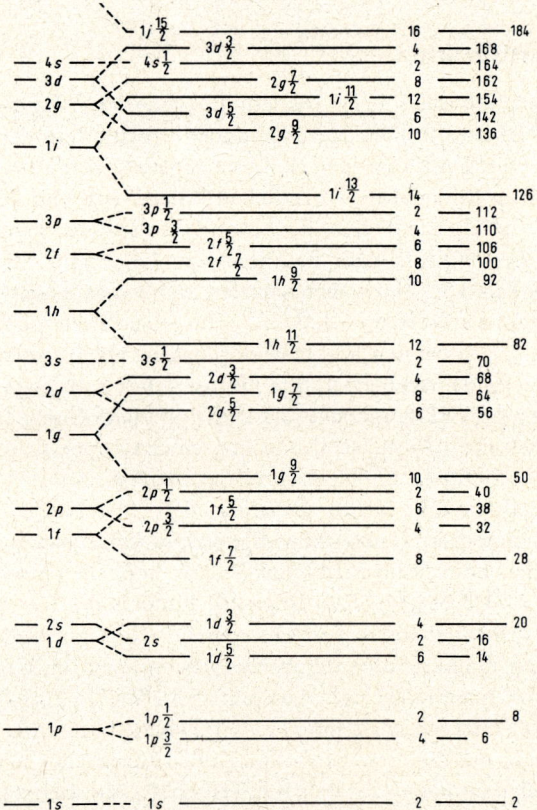

Abb. 26.9. Reihenfolge der Energieniveaus bei Spin-Bahn-Kopplung ($j = l + 1/2$ oder $j = l - 1/2$) für Protonen und Neutronen gemäß dem Schalenmodell der Kernstruktur nach Mayer und Jensen.

26.9. Das Helion-Triton-Modell

Ein anderes leistungsfähiges Modell der Kernstruktur, das α-Teilchen- oder Helion-Triton-Modell, baut auf der Annahme auf, daß man sich die Nucleonen im Kern zu Helionen und Tritonen gruppiert vorstellen kann, die örtliche 1s-Orbitale einnehmen.

26.9. Das Helion-Triton-Modell

Im Fall von ^{16}O zum Beispiel bilden die acht Protonen und acht Neutronen nach dieser Vorstellung vier Helionen, die die Ecken eines Tetraeders besetzen. Nach Aussage des Schalenmodells würden die Protonen und Neutronen das 1s- und die drei 1p-Orbitale einnehmen, die gemeinsam vier örtliche, in Richtung der Ecken eines Tetraeders weisende Hybridorbitale bilden.

Viele Kerneigenschaften lassen sich mit dieser Vorstellung in einfacher Weise erklären. Zum Beispiel stimmt das am Ende des vorigen Abschnitts erwähnte magnetische Moment von ^{7}Li ungefähr mit dem Wert überein, den man von einem um ein Helion umlaufendes Triton erwarten sollte (Verhältnis Ladung zu Masse 1:3), nicht aber für ein umlaufendes Proton (Verhältnis Ladung zu Masse 1:1). Als ein anderes Beispiel sei ^{20}Ne angeführt. Die Eigenschaften dieses und verwandter Kerne wie ^{21}Ne und ^{21}Na lassen auf eine Gestalt schließen, die nicht kugelförmig, sondern gestreckt ist. Von einem aus fünf Helionen bestehenden Gebilde sollte man tatsächlich erwarten, daß es die Konfiguration einer trigonalen Doppelpyramide annimmt, die Helionen sich also räumlich in gleicher Weise anordnen wie die Fluoratome in Phosphorpentafluorid (siehe Abb. 11.5), im Einklang mit der Beobachtung, daß der Kern gestreckt ist.

Für Kerne mit einer größeren Anzahl von Helionen und Tritonen liegt die Annahme nahe, daß ein Helion oder Triton eine zentrale Lage einnimmt, um die sich die anderen schichten. Eine solche Struktur ist naturgemäß von dreizehn Kugeln zu erwarten, nämlich eine dichte Packung von zwölf Kugeln um eine Kugel im Mittelpunkt. Den Atom-

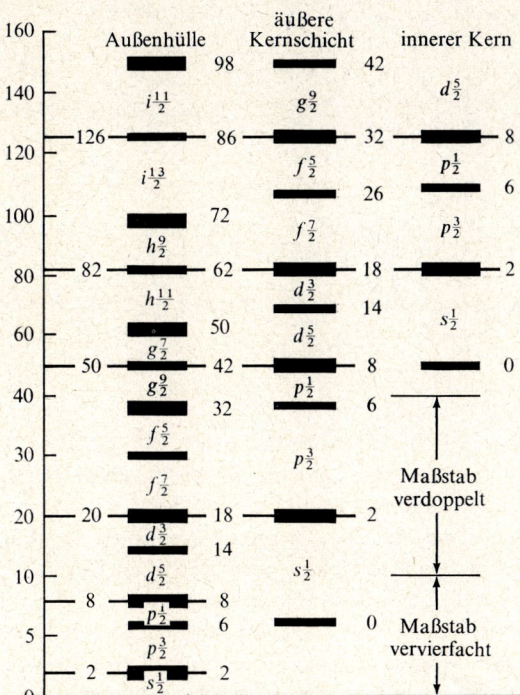

Abb. 26.10. Reihenfolge der Energieniveaus von Nucleonen (überlappende Bereiche) und Zuweisung zu konzentrischen Schichten (innerer Rumpf, äußere Rumpfschicht, äußere Hülle) nach Maßgabe der Hauptquantenzahl.

kernen kann eine Schichtstruktur in der in Abbildung 26.10 angegebenen Weise zugeschrieben werden, in der die Helionen und Tritonen entsprechend der ihnen zugewiesenen Nucleonenorbitale einen inneren Rumpf, eine äußere Kernschicht und eine Außenschicht, auch Mantel genannt, bilden. Diese Zuweisung erfolgt auf Grund der Reihenfolge der Teilschalen im Schalenmodell mit der Annahme, daß eine Teilschale mit nur einem Wert der Hauptquantenzahl zur äußeren Kernschicht beiträgt, eine Teilschale mit zwei Werten der Hauptquantenzahl (etwa 1s und 2s) zum Mantel und der nächstinneren Schicht und eine Teilschale mit drei Werten der Hauptquantenzahl zum Mantel, zur äußeren Kernschicht und zum Rumpf.

Schalendiagramme, die die Verteilung der Schalen und Teilschalen auf die verschiedenen Schichten des Kerns zeigen, sind für die Kerne mit magischen Nucleonenzahlen in Abbildung 26.11 angegeben. Die Anzahl von Helionen und Tritonen in jeder der aufeinanderfolgenden Schichten entspricht ungefähr einer dichtesten Kugelpackung.

Die gestreckte Gestalt schwererer Kerne. Viele experimentell ermittelten Eigenschaften der schwereren Kerne deuten darauf hin, daß jene nicht kugelförmig gebaut, sondern bleibend deformiert sind. Die Deformation tritt hauptsächlich bei Kernen mit Neutronenzahl zwischen 90 und 116 sowie über 140 in Erscheinung. Die meisten deformierten Kerne können als Rotationsellipsoide beschrieben werden, deren Hauptachse 20 bis 40% größer ist als die Nebenachse.

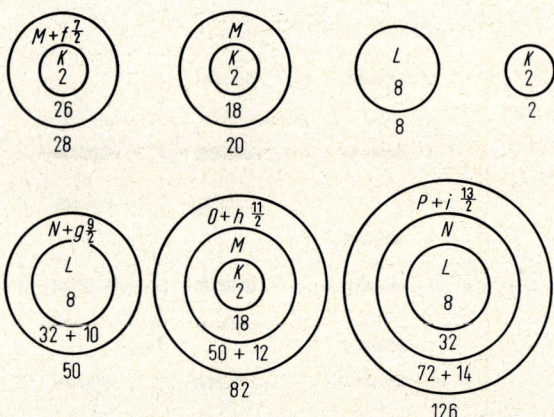

Abb. 26.11. Die Kernstrukturen mit magischen Zahlen.

Das Helion-Triton-Modell liefert eine einfache Erklärung für das Einsetzen der Deformierung bei der Neutronenzahl 90. Diese Neutronenzahl entspricht der Anwesenheit von 45 Helionen und Tritonen. Bei der magischen Zahl 82 sind 41 Helionen und Tritonen anwesend, die sich gemäß Abbildung 26.10 und 26.11 wie folgt auf die Kernschichten verteilen: 1 Helion oder Triton im Rumpf, 9 in der äußeren Kernschicht und 31 im Mantel. Eine dichteste Packung von Kugeln ungefähr gleicher Größe entspricht der Anwesenheit von 1 Helion oder Triton im Rumpf, 12 in der äußeren Kernschale und 32 im Mantel, also einer Gesamtzahl von 45 (vgl. Abb. 26.12a). Eine zusätzliche Kugel müßte entweder an der Oberfläche dieses nahezu kugelförmigen Gebildes angelagert, oder aber in den Rumpf eingebaut werden (vgl. Abb. 26.12b). Wir schließen hieraus, daß bei der Neutronenzahl 90 ein zusätzliches Paar von Neutronen in den Rumpf aufgenommen wird (und zwar unter Benutzung eines $p_{\frac{3}{2}}$-Orbitals), der von nun an aus zwei Helionen und Tritonen besteht und vermöge seiner eigenen gestreckten Gestalt die Streckung des gesamten Atomkerns herbeiführt.

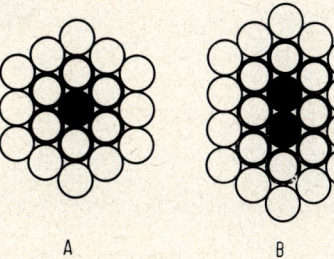

Abb. 26.12. Zweidimensionale Darstellung der Packung von Kugeln um eine und um zwei zentrale Kugeln. Bei ikosaedrischer Packung von Kugeln ungefähr gleicher Größe (innerhalb von 10%) im dreidimensionalen Raum ist eine zentrale Kugel von 12 anderen in erster Schicht und von 32 weiteren in der nächstfolgenden Schicht umgeben.

26.10. Kernspaltung und Kernverschmelzung

Die Instabilität der schweren Elemente im Verhältnis zu den Elementen mit Massenzahlen um 60, die in der Kurve für die Bindungsenergie zum Ausdruck kommt, legt den Gedanken nahe, daß ein schweres Atom spontan in zwei Bruchstücke ungefähr gleicher Größe zerfallen könnte. Eine solche Spaltung hat sich verwirklichen lassen.

Am 6. Januar 1939 berichteten die deutschen Chemiker Otto Hahn (1879–1968) und Fritz Straßmann (geb. 1902), daß in uranhaltigen Substanzen nach Bestrahlen mit Neutronen anscheinend Barium, Lanthan, Cer und Krypton auftreten. Innerhalb von zwei Monaten erschienen dann mehr als vierzig Veröffentlichungen über die Spaltung von Uran. Durch unmittelbare kalorimetrische Messung konnte bestätigt werden, daß eine sehr große Energie – über $20 \cdot 10^{12}$ J mol^{-1} – bei der Spaltung freigesetzt wird. Da ein Kilogramm Uran 4,26 Grammatome enthält, liefert seine vollständige Spaltung etwa $0,8 \cdot 10^{14}$ J. Für die anderen schweren Elemente liegen die Verhältnisse ähnlich. Verglichen damit liefert die Verbrennung eines Kilogramms Kohle nur ungefähr $4 \cdot 10^7$ J. Uran ist also als Energiequelle etwa zweimillionenmal so wertvoll wie Kohle.

Uran 235 und Plutonium 239, das aus Uran 238 hergestellt werden kann, können durch Bestrahlung mit langsamen Neutronen gespalten werden. Thorium 232 kann von schnellen Neutronen gespalten werden, wie 1939 der japanische Physiker Nishina zeigte.

Als Einheit für die Energie, die bei Kernspaltung (bzw. Kernverschmelzung, siehe weiter unten) freigesetzt wird, hat sich die *Megatonne* eingebürgert. Eine Megatonne entspricht $8 \cdot 10^{15}$ J, nämlich der Energie der Explosion einer Million Tonnen TNT, eines der gebräuchlichsten herkömmlichen Sprengstoffe. Eine Megatonne Energie wird frei bei der Spaltung von rund 100 kg Uran oder Plutonium.

Uran und Thorium haben sich eine wichtige Stellung als Energiequellen erobert. Sie zählen durchaus nicht zu den seltenen Elementen: der Anteil des Urans an der Erdkruste ist auf vier Teile pro Million, der des Thoriums auf zwölf Teile pro Million geschätzt worden. Lagerstätten der beiden Elemente finden sich in allen Teilen der Welt.

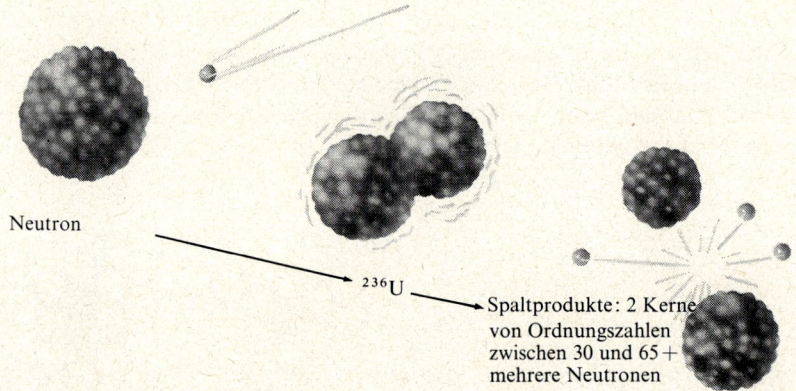

Abb. 26.13. Kernspaltung von ^{235}U.

Die Kernspaltung kann sich zu einer Kettenreaktion auswachsen. Ausgelöst wird sie durch Neutronen. Ein Kern ^{235}U zum Beispiel kann sich mit einem Neutron zu ^{236}U vereinigen. Der Kern ^{236}U ist instabil und spaltet sich in zwei „Tochterkerne". Die Protonen des Kerns ^{235}U verteilen sich auf die beiden neuen Kerne, die gleichzeitig auch den größten Teil der Neutronen des ^{235}U übernehmen. Da aber das Verhältnis von Neutronen zu Protonen in den schweren Kernen höher liegt als in den mittleren und leichten, werden bei der Spaltung einige Neutronen frei. Diese neuen Neutronen können sich mit anderen ^{235}U-Kernen zu ^{236}U-Kernen vereinigen, die sich ihrerseits wieder spalten und dabei neue Neutronen freisetzen. Eine Reaktion dieser Art, deren Produkte die Reaktion in Gang halten, wird als Kettenreaktion oder autokatalytische Reaktion bezeichnet. Bei manchen Kernen, vornehmlich denen in der Nachbarschaft von ^{208}Pb (Gold, Thallium, Blei, Wismut), ist die Spaltung symmetrisch. Beim Beschuß mit Deuteronen von 20 MeV spalten sich diese Kerne in zwei Tochterkerne nahezu gleicher Protonen- und Neutronenzahl; die Halbwertsbreite der Verteilungsfunktion der Tochterkerne beläuft sich auf nur etwa 15 Massenzahleinheiten. Bei den schwereren Kernen dagegen ist die Spaltung unsymmetrisch, wie in Abbildung 26.13 für ^{236}U angedeutet ist.

Wird eine aus mehreren Kilogramm ^{235}U oder ^{239}Pu hergestellte Hohlkugel (oder anderes geeignetes Gebilde mit Hohlraum) schlagartig auf ein geringes Volumen zusammengepreßt, so läuft die autokatalytische Spaltung der Kerne nahezu vollständig ab und setzt eine Energie von 0,01 Megatonnen pro Kilogramm gespaltenes Material frei. Eine gewöhnliche *Atombombe* besteht aus einigen Kilogramm ^{235}U oder ^{239}Pu und einer Vorrichtung, die diese Ladung plötzlich zusammenpreßt. Die Sprengkraft der beiden auf Hiroshima und Nagasaki im August 1945 abgeworfenen Atombomben betrug etwa 0,020 Megatonnen (20 Kilotonnen). Bei den auf Kernspaltung allein beruhenden Atomwaffen des heutigen Arsenals liegt die Sprengkraft im Bereich von 0,001 bis 0,1 Megatonnen.

Auch bei einer *Kernverschmelzung* kann Energie frei werden. Aus der Kurve für die Bindungsenergie (Abb. 26.6) geht hervor, daß ein schwerer Kern etwa 0,1% seiner Masse in Energie verwandelt, wenn er sich spaltet. Bei der Vereinigung sehr leichter Kerne zu schwereren wird ein noch größerer Bruchteil der Masse in Energie verwandelt. Bei der Kernreaktion 4H → He, aus der der größte Teil der Sonnenenergie stammt, verwandelt sich nicht weniger als 0,7% der Masse in Energie. Bei der Reaktion eines Deuterons mit einem Triton zu einem Heliumkern und einem Neutron

$$^2_1H + {}^3_1H \rightarrow {}^4_2He + {}^1_0n$$

setzt sich 0,4% der Masse in Energie um.

Wie 1952 experimentell festgestellt worden ist, kann die Reaktion von Deuterium mit Tritium durch Erzeugung einer Temperatur von mehreren Millionen Grad, wie sie von einer detonierenden Atombombe erreicht wird, ausgelöst werden. Jedoch ist Tritium wegen seiner Radioaktivität und seines raschen Zerfalls (Halbwertszeit 12 Jahre) unbequem zu handhaben und teuer. 1953 fand man dann, daß man eine Spaltungs-Verschmelzungs-Bombe durch Umkleiden einer gewöhnlichen Spaltungsbombe mit *Lithiumdeuterid*, LiD, einer stabilen Substanz, erhalten kann. Einige der Reaktionen, die sich bei der Detonation einer solchen Bombe abspielen, sind

$$^2D + {}^2D \rightarrow {}^3He + n$$
$$^2D + {}^2D \rightarrow {}^3H + p$$
$$n + {}^6Li \rightarrow {}^4He + {}^3H$$
$$^3H + D \rightarrow {}^4He + n$$
$$p + {}^7Li \rightarrow {}^4He + {}^4He$$

Bei der Kernreaktion von Lithiumdeuterid wird eine Energie von etwa 60 Megatonnen pro Tonne reagierenden Materials freigesetzt, gegenüber nur 10 Megatonnen pro Tonne bei der Spaltung von Uran. Als bisher größte Atombombe ist von Rußland im November 1961 eine Spaltungs-Verschmelzungs-Bombe von ungefähr 60 Megatonnen Sprengkraft zur Detonation gebracht worden, rund das Zehnfache der gesamten Sprengkraft aller im zweiten Weltkrieg abgeworfenen Bomben.

Bei den gebräuchlichsten Kernwaffen des heutigen Arsenals handelt es sich um dreistufige Spaltungs-Verschmelzungs-Spaltungs-Bomben, sogenannten Superbomben. Eine typische 20-Megatonnen-Superbombe (halb Spaltung, halb Verschmelzung) trägt in erster Stufe eine Sprengkapsel aus einigen Kilogramm Plutonium, das durch eine Ladung herkömmlichen Sprengstoffs gezündet wird, in zweiter Stufe etwa 150 kg Lithiumdeuterid und in dritter Stufe einen Mantel von über 500 kg gewöhnlichen Urans (^{238}U), dessen Spaltung von schnellen Neutronen ausgelöst wird. Das Gesamtgewicht beläuft sich auf etwa 1,5 Tonnen.

Zur Herstellung von Plutonium bedient man sich einer gesteuerten Kettenreaktion. Ein Stück natürliches Uran enthält 0,71% ^{235}U. Gelegentlich trifft ein Neutron einen ^{235}U-Kern und bewirkt dessen Spaltung. Dabei werden einige Neutronen freigesetzt, die neue Kernspaltungen herbeiführen können. In einem kleinen Uranblock kommt die autokatalytische Reaktion aber nicht in Gang, da die meisten Neutronen nach außen entweichen, sofern sie nicht vorher von Verunreinigungen absorbiert werden. Reaktionshemmend wirkt vor allem Cadmium, dessen Kerne äußerst leicht mit Neutronen reagieren.

Ist die Uranmenge jedoch groß genug, so werden fast alle Neutronen, die durch die Spaltung entstehen, innerhalb des Urans absorbiert. Sie verursachen entweder die Spaltung anderer ^{235}U-Kerne oder verwandeln ^{238}U in ^{239}U, das sich anschließend spontan in ^{239}Pu umwandelt. Das ist das Verfahren, das technisch zur Herstellung von Plutonium Anwendung findet. In einem Gehäuse, einem sogenannten *Kernreaktor*, stapelt man eine große Zahl von Uranblöcken auf und schichtet Graphitblöcke dazwischen, die die bei der Spaltung entstehenden schnellen Neutronen abbremsen. Der erste Kernreaktor der Welt wurde an der Universität Chicago gebaut und am 2. Dezember 1942 in Betrieb genommen. Er enthielt 5600 kg metallisches Uran. Cadmiumstäbe standen bereit, in Hohlräume des Reaktors eingeschoben zu werden, um die Reaktion durch Absorption von Neutronen zu verlangsamen, wenn die Gefahr bestand, daß sie hätte „durchgehen" können.

Die großen Kernreaktoren, die im September 1944 bei Hanford (im Staat Washington, USA.) in Betrieb gesetzt wurden, haben ein solches Ausmaß, daß in ihnen Kernreaktionen mit einem Umsatz ablaufen können, der einer Energieerzeugung von 1 500 000 Kilowatt entspricht.

Die Bedeutung des Kernreaktors als Lieferquelle für radioaktive Substanzen geht deutlich aus einem Vergleich seiner Leistungsfähigkeit mit der gesamten Menge an Radium hervor, die gegenwärtig im Umlauf ist. Seit der Entdeckung des Radiums sind ungefähr 1000 Curie, also 1000 g Radium, aus radiumhaltigen Erzen isoliert und der Verwendung zugeführt worden, hauptsächlich für medizinische Zwecke. Der Umsatz der eben erwähnten Kernreaktoren bei Hanford besteht in einer Spaltung von ungefähr $5 \cdot 10^{20}$ Kernen pro Sekunde. Dabei fallen $10 \cdot 10^{20}$ radioaktive Atome als Spaltprodukte an. Die Konzentration der radioaktiven Spaltprodukte wächst an, bis ihre Zerfallsgeschwindigkeit der Bildungsgeschwindigkeit gleich geworden ist. Da ein Curie $3{,}70 \cdot 10^{10}$ radioaktiven Zerfallsakten pro Sekunde entspricht, entwickeln die Reaktoren eine Radioaktivität von ungefähr $3 \cdot 10^{10}$ Curie, also rund dreißigmillionenmal soviel Radioaktivität wie alles Radium, das bisher aus natürlichem Vorkommen isoliert worden ist.

Diese Berechnung beleuchtet die große Bedeutung der spaltbaren Elemente für die Herstellung radioaktiver Substanzen. Weit größer ist jedoch ihre Bedeutung als Energiequelle der Zukunft. Wir hatten schon erwähnt, daß ein Kilogramm Uran oder Thorium energetisch zwei Millionen Kilogramm Kohle gleichwertig ist. Halten wir uns nun vor Augen, daß Uran und Thorium keineswegs seltene Elemente sind – der Gehalt der Erdkruste an Uran und Thorium ist etwa der gleiche wie der an Blei – so beginnen wir zu verstehen, welche Möglichkeiten die Atomenergie für die Welt der Zukunft eröffnet, welche Beiträge sie für das Wohl der Menschheit zu liefern vermag, sofern nicht ein Krieg unserer Zivilisation ein Ende setzt. Seit sich der Urmensch das Feuer unterwarf, ist keine Erfindung von größerer Tragweite gemacht worden als die gesteuerte Freisetzung von Atomenergie. Wir sind Zeugen einer Tat, die nur in der des Prometheus ihresgleichen hat.

Anhang I

Maßeinheiten

Grundeinheiten des Internationalen Systems

Physikalische Größe	Name der Einheit	Zeichen der Einheit
Länge	Meter	m
Masse	Kilogramm	kg
Zeit	Sekunde	s
elektrischer Strom	Ampere	A
thermodynamische Temperatur	Grad Kelvin	K
Lichtstärke	Candela	cd
Hilfseinheiten[1]		
Winkel	Radian	rad
Raumwinkel	Steradian	sr

1 Diese Einheiten sind dimensionslos

Bruchteile und Vielfache[2]

Bruchteil	Vorsilben	Zeichen	Vielfaches	Vorsilben	Zeichen
10^{-1}	Dezi	d[3]	10	Deka	da[3]
10^{-2}	Zenti	c[3]	10^2	Hekto	h[3]
10^{-3}	Milli	m	10^3	Kilo	k
10^{-6}	Mikro	μ	10^6	Mega	M
10^{-9}	Nano	n	10^9	Giga	G
10^{-12}	Piko	p	10^{12}	Tera	T
10^{-15}	Femto	f			
10^{-18}	Atto	a			

2 Kombination mehrerer vorangestellter Zeichen für Bruchteile oder Vielfache ist unzulässig; zum Beispiel ist 10^{-9} m als 1 nm, nicht als 1 mμm anzugeben. Die durch Voranstellen der Vorsilben gebildeten Einheiten gelten als neue, geschlossene Maßeinheiten, so daß zum Beispiel 1 km^2 = 1 (km)^2 = 10^6 m^2, nicht etwa = 1 k(m^2) = 10^3 m^2.

3 Weitmöglichst zu vermeiden.

Abgeleitete Maßeinheiten des Internationalen Systems mit besonderen Namen

Physikalische Größe	Name der Einheit	Zeichen der Einheit	Definition der Einheit
Energie	Joule	J	$kg\,m^2\,s^{-2} = N\,m$
Kraft	Newton	N	$kg\,m\,s^{-2} = J\,m^{-1}$
Leistung	Watt	W	$kg\,m^2\,s^{-3} = J\,s^{-1}$
elektrische Ladung	Coulomb	C	$A\,s$
elektrische Potentialdifferenz	Volt	V	$kg\,m^2\,s^{-3}\,A^{-1} = J\,A^{-1}\,s^{-1}$
elektrischer Widerstand	Ohm	Ω	$kg\,m^2\,s^{-3}\,A^{-2} = V\,A^{-1}$
elektrische Kapazität	Farad	F	$A^2\,s^4\,kg^{-1}\,m^{-2} = A\,s\,V^{-1}$
magnetischer Fluß	Weber	Wb	$kg\,m^2\,s^{-2}\,A^{-1} = V\,s$
Induktivität	Henry	H	$kg\,m^2\,s^{-2}\,A^{-2} = V\,s\,A^{-1}$
magnetische Flußdichte	Tesla	T	$kg\,s^{-2}\,A^{-1} = V\,s\,m^{-2}$
Lichtstromdichte	Lumen	lm	$cd\,sr$
Beleuchtungsstärke	Lux	lx	$cd\,sr\,m^{-2}$
Frequenz	Hertz	Hz	Schwingungen pro Sekunde
technische Temperatur, t	Grad Celsius	°C	$t\,°C = T\,K - 273{,}15°$

Beispiele anderer abgeleiteter Einheiten des Internationalen Systems

Physikalische Größe	SI-Einheit	Zeichen der Einheit
Fläche	Quadratmeter	m^2
Volumen	Kubikmeter	m^3
Dichte	Kilogramm pro Kubikmeter	$kg\,m^{-3}$
Geschwindigkeit	Meter pro Sekunde	$m\,s^{-1}$
Winkelgeschwindigkeit	Radian pro Sekunde	$rad\,s^{-1}$
Beschleunigung	Meter pro Sekundenquadrat	$m\,s^{-2}$
Druck	Newton pro Quadratmeter	$N\,m^{-2}$
kinematische Viskosität, Diffusionskoeffizient	Quadratmeter pro Sekunde	$m^2\,s^{-1}$
dynamische Viskosität	Newtonsekunden pro Quadratmeter	$N\,s\,m^{-2}$
elektrische Feldstärke	Volt pro Meter	$V\,m^{-1}$
magnetische Feldstärke	Ampere pro Meter	$A\,m^{-1}$
spezifische Lichtausstrahlung	Candela pro Quadratmeter	$cd\,m^{-2}$

In Verbindung mit dem Internationalen System zulässige Einheiten

Physikalische Größe	Name der Einheit	Zeichen der Einheit	Definition der Einheit
Länge	Parsec	pc	$30{,}87 \cdot 10^{15}$ m
Fläche	Barn	b	10^{-28} m^2
	Hektar	ha	10^4 m^2
Volumen	Liter	l	10^{-3} m^3 = dm^3
Druck	Bar	bar	10^5 N m^{-2}
Masse	Tonne	t	10^3 kg = Mg
magnetische Flußdichte (magnetische Induktion)	Gauß	G	10^{-4} T
Radioaktivität	Curie	Ci	$37 \cdot 10^9$ s^{-1}
Energie	Elektronenvolt	eV	$1{,}6021 \cdot 10^{-19}$ J

Die gebräuchlichen Zeiteinheiten wie Stunde, Tag und Jahr sowie in angemessenem Zusammenhang der Winkelgrad bleiben ebenfalls bestehen.

Beispiele von Einheiten, die dem Internationalen System zuwiderlaufen, und ihre Umrechnungsfaktoren

Physikalische Größe	Name der Einheit	Umrechnungsfaktor
Länge	Ångström	10^{-10} m
	Zoll	0,0254 m
	Fuß	0,3048 m
Fläche	Quadratzoll	645,16 mm^2
	Quadratfuß	0,092903 m^2
	Morgen	2553,2 m^2
Volumen	Kubikzoll	$1{,}63871 \cdot 10^{-5}$ m^3
	Kubikfuß	0,028317 m^3
Masse	Pfund	0,500 kg
	englisches Pfund	0,4535924 kg
Kraft	Dyn	10^{-5} N
Druck	Atmosphäre	101,325 kN m^{-2}
	Torr	133,322 N m^{-2}
Energie	Erg	10^{-7} J
	Kalorie	4,184 J
	Kilowattstunde	3,6 MJ
Leistung	Pferdestärke	745,700 W

Anhang II

Werte einiger physikalischer und chemischer Konstanten
(auf ^{12}C-Skala bezogen)

Avogadrosche Zahl	$N = 0{,}60229 \cdot 10^{24}$ mol^{-1}
Lichtgeschwindigkeit	$c = 2{,}997925 \cdot 10^{8}$ m s^{-1}
Elektronenmasse	$m = 0{,}91083 \cdot 10^{-30}$ kg
Elektronenladung	$e = 0{,}160206 \cdot 10^{-18}$ C
	$\varepsilon = 15{,}1880 \cdot 10^{-15}$ S[1]
Faraday	$F = Ne = 96490$ C mol^{-1}
Dalton	$d = 1{,}66033 \cdot 10^{-27}$ kg
Plancksches Wirkungsquantum	$h = 0{,}66252 \cdot 10^{-33}$ J s
Drehimpulsquantum	$\hbar = h/2\pi = 0{,}105443 \cdot 10^{-33}$ J s
Protonenmasse	$m_p = 1{,}67239 \cdot 10^{-27}$ kg
Neutronenmasse	$m_n = 1{,}67470 \cdot 10^{-27}$ kg
Boltzmannsche Konstante	$k = 13{,}805 \cdot 10^{-24}$ J grad^{-1}
Gaskonstante	$R = Nk = 8{,}3146$ J grad^{-1} mol^{-1}
	$= 0{,}08206$ l atm grad^{-1} mol^{-1}
Molvolumen eines idealen Gases unter Normalbedingungen	$273{,}15° R = 22{,}451$ l
Temperatur in Grad Celsius	$t°$ C $= T$ K $- 273{,}15°$
Atmosphärendruck	1 atm $= 101{,}325$ kN m^{-2}
elektrisches Dipolmoment	$1\,\varepsilon\,\text{Å} = 0{,}1602 \cdot 10^{-28}$ C m
	$= 4{,}8029$ Debye
Elektronenvolt	1 eV $= 96{,}4905$ kJ mol^{-1}

[1] Das Stoney, S, ist derart definiert, daß zwei elektrische Ladungen von je 1 Stoney im Abstand von 1 Meter sich mit der Kraft 1 Newton abstoßen.

Beziehungen zwischen Energieeinheiten

$$1 \text{ eV} = 0{,}160206 \cdot 10^{-18} \text{ J}$$
$$= 96{,}4905 \text{ kJ mol}^{-1}$$
$$= 23{,}0618 \text{ kcal mol}^{-1}$$
$$1 \text{ erg} = 1 \cdot 10^{-7} \text{ J}$$
$$1 \text{ l atm} = 9{,}869 \cdot 10^{-3} \text{ J}$$
$$1 \text{ cal} = 4{,}184 \text{ J}$$

Die Energie eines Lichtquants mit Wellenlänge 1 Å ist 12398 eV $= 1{,}1963 \cdot 10^{8}$ J mol^{-1}.
Die Energie eines Lichtquants mit Wellenzahl 1 cm^{-1} ist $1{,}2398 \cdot 10^{-4}$ eV $= 11{,}963$ J mol^{-1}.
Ein Lichtquant der Energie 1 eV hat eine Wellenlänge von 12398 Å, eine Wellenzahl von 8066 cm^{-1} und eine Frequenz von $2{,}418 \cdot 10^{18}$ Hz.

Anhang III

Die Symmetrie von Molekeln und Kristallen[1])

Symmetrieeigenschaften spielen eine wichtige Rolle in der Natur. Viele Strukturmerkmale der Molekeln und Kristalle werden von Symmetriebeziehungen bestimmt.
Ein Gegenstand besitzt Symmetrie, wenn an ihm geometrische Operationen vorgenommen werden können, die den Gegenstand unverändert erscheinen lassen. Zum Beispiel kann ein dreiflügeliger Propeller um 120° um seine Achse gedreht werden und erscheint dann unverändert gegenüber seiner ursprünglichen Lage, vorausgesetzt, daß die drei Flügel einander vollkommen gleichen. Im Folgenden wollen wir zunächst die Symmetrieeigenschaften einzelner Molekeln und anschließend die von Molekelaggregaten in Kristallen betrachten.

Punktsymmetrie. Die Symmetrieoperationen, die einen Punkt im Raum ortsfest erhalten, werden als *Punktsymmetrie*-Operationen bezeichnet. Die Symmetrie einer einzelnen Molekel gehört hierher, da andere Arten von Symmetrieoperationen im allgemeinen die Molekel schrittweise reproduzieren, d.h. zu einem Kristall führen.
Die Punktsymmetrieoperationen sind 1. Drehungen (Rotationen) um eine Achse um einen Bruchteil von 360°, 2. Spiegelung (Reflexion) an einer Ebene, 3. Inversion durch einen Punkt und 4. Drehung um eine Achse, gefolgt von Inversion durch einen Punkt auf der Achse. Die 1., 2. und 4. Operationen sind in Abbildung III.1 dargestellt.
Das Symmetrieelement der Rotationssymmetrie ist eine *n-zählige Drehachse*, bei der die Symmetrieoperation aus einer Drehung um einen Winkel von $360°/n$ mit ganzzahligem n besteht. Lineare Molekeln wie CO_2 haben eine ∞-zählige Drehachse in ihrer Längsrichtung, d.h. sie sind vollständig rotationssymmetrisch um diese Achse. Das Symmetrieelement der Spiegelsymmetrie wird *Spiegelebene* oder *Symmetrieebene* genannt. Die Symmetrieoperation – Spiegelung an dieser Ebene – besteht darin, daß jedes Atom auf einer Seite der Ebene durch ein senkrecht-gegenüberliegendes Atom in gleichem Abstand von der Ebene auf der anderen Seite ersetzt wird. Bei der Inversion wird jedes Atom durch einen bestimmten Raumpunkt in eine gleichweit entfernte Lage auf der gegenüberliegenden Seite projiziert. Der Punkt wird als *Symmetriezentrum* bezeichnet, wenn die Inversion die Molekel scheinbar unverändert beläßt. Bei der durch eine *n-zählige Drehinversionsachse* charakterisierten Symmetrieoperation handelt es sich um eine $360°/n$-Drehung um die Achse, gefolgt von einer Inversion durch einen bestimmten Punkt auf der Achse.

---

1 Übersetzt von Karl W. Böddeker.

756 Anhang III

Sämtliche Punktsymmetrieelemente einer Molekel – Drehachsen, Inversionsachsen, Spiegelebenen und, soweit vorhanden, ein Symmetriezentrum – müssen sich in einem gemeinsamen Punkt treffen, in dem auch das Inversionszentrum auf den Inversionsachsen liegen muß. Dieser gemeinsame Punkt ist offenbar der Punkt, der seine Lage bei

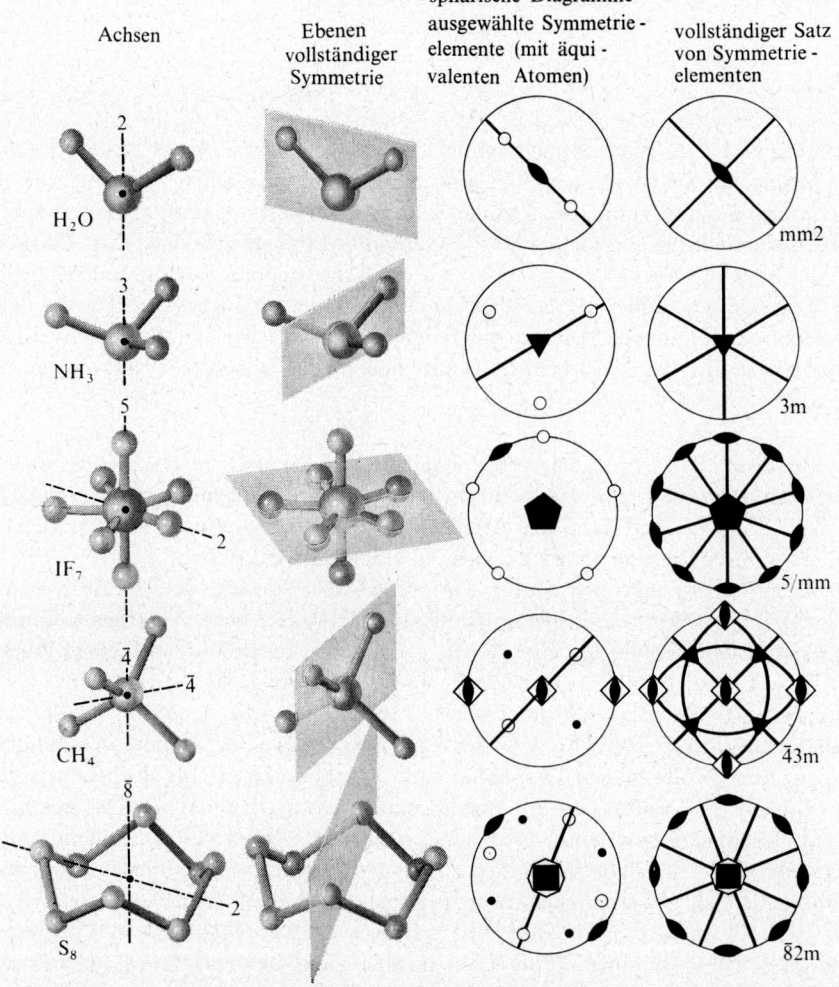

Abb. III.1. Symmetrieelemente einzelner Molekeln. Links sind einige der Drehachsen, Drehinversionsachsen und Spiegelebenen der Molekeln angegeben, wobei n-zählige Dreh- und Drehinversionsachsen mit n bzw. $\bar{n}$ bezeichnet sind. Rechts von den Molekeln sind diese Symmetrieelemente in sphärischen Diagrammen dargestellt. Diese Diagramme entsprechen einer Betrachtung der Molekel in Richtung der Hauptachse (senkrechte Achse in den linken Abbildungen). Der Mittelpunkt des sphärischen Diagramms ist in den linken Abbildungen als Punkt angegeben. Alle Atome, die nicht auf der Hauptachse liegen, erscheinen im sphärischen Diagramm als offene oder ausgefüllte Kreise. Ganz rechts ist für jede Molekel der vollständige Satz ihrer Symmetrieelemente angegeben.

allen Punktsymmetrieoperationen unverändert beibehält, wie es die Definition der Punktsymmetrie verlangt.

Um ein anschauliches Bild von der Wirkungsweise der Punktsymmetrie auf eine Molekel zu erhalten, zeichnet man eine Kugel um den gemeinsamen Punkt und trägt auf der Oberfläche dieser Kugel ein repräsentatives Atom auf, sowie alle weiteren Atome, die aus dem ersten durch Anwendung der vorhandenen Symmetrieelemente erhalten werden. Ein derartiges sphärisches Diagramm ist neben jeder der Molekelzeichnungen in Abbildung III.1 wiedergegeben. Atome auf der oberen Halbkugel sind als offene Kreise dargestellt, Atome auf der unteren Halbkugel als volle Punkte. Die Symmetrieelemente sind dort eingezeichnet, wo sie die Kugeloberfläche schneiden: Spiegelebenen als starke Kurven (Größtkreise auf der Kugeloberfläche) und Dreh- oder Drehinversionsachsen mit speziellen Symbolen an den Punkten, an denen diese Achsen aus der Kugeloberfläche austreten (vgl. Abbildung III.1). Ein Symmetriezentrum kann in dieser Darstellung nicht angedeutet werden, weil es sich im Mittelpunkt der Kugel befindet, doch kann auf sein Vorhandensein aus der Verteilung der Atome auf der Kugeloberfläche geschlossen werden.

Die Punktsymmetrieelemente, die eine einzelne Molekel haben kann, unterliegen keiner Beschränkung, abgesehen davon, daß die Gesamtheit der Symmetrieelemente einer jeden Molekel eine *Gruppe* im mathematischen Sinn bilden muß, das heißt im wesentlichen, es muß sich um einen in sich geschlossenen Satz von Symmetrieoperationen handeln. Zum Beispiel können zwei Spiegelebenen nicht in beliebigen Winkeln zueinander stehen, sondern dürfen nur bestimmte Winkel bilden. Sie können senkrecht zueinander stehen; in diesem Fall ist notwendigerweise auch eine zweizählige Drehachse in der Schnittlinie der Spiegelebenen vorhanden, wie in der Wassermolekel (Abbildung III.1). Die Theorie der *Symmetriegruppen* spielt eine wichtige Rolle in der Molekularspektroskopie und der Quantentheorie, ebenso wie in den neueren Vorstellungen über die Elementarteilchen (Kapitel 25). Die Diagramme auf der rechten Seite der Abbildung III.1 sind Darstellungen der Symmetriegruppen der gezeigten Molekeln.

Gittersymmetrie. Beim lückenlosen Aneinanderfügen von Atomen oder Molekeln unter Bildung von Kristallen tritt eine zweite Art von Symmetrie auf, die *Translationssymmetrie*. Da jede Elementarzelle eine identische Atomgruppierung enthält, läßt eine Translation des Kristalls durch eine vektorielle Verschiebung um den Betrag einer der drei Kristallachsen oder um beliebige Kombinationen ganzzahlig-vielfacher solcher Beträge das Bild der Struktur unverändert und stellt somit eine Symmetrieoperation dar.

Die Translationssymmetrie wird auch *Gittersymmetrie* genannt, weil es die dem *Kristallgitter* eigene Symmetrie ist. Das Kristallgitter ist das Gerüst von Punkten an den Ecken aller Elementarzellen des Kristalls, wie in Abbildung III.2 gezeigt. Das Gitter richtet sich nach Größe und Form der Elementarzelle, nicht jedoch nach deren Inhalt. Es besteht also ein deutlicher Unterschied zwischen dem Kristall*gitter*, das ganz einfach ein der Translationssymmetrie des Kristalls entsprechendes Punktgerüst ist, und der Kristall*struktur*, unter der die vollständige Anordnung der Atome im Kristall zu verstehen ist. Auf das Gitter bezieht sich die Theorie der Röntgenbeugung an Kristallen (Anhang IV).

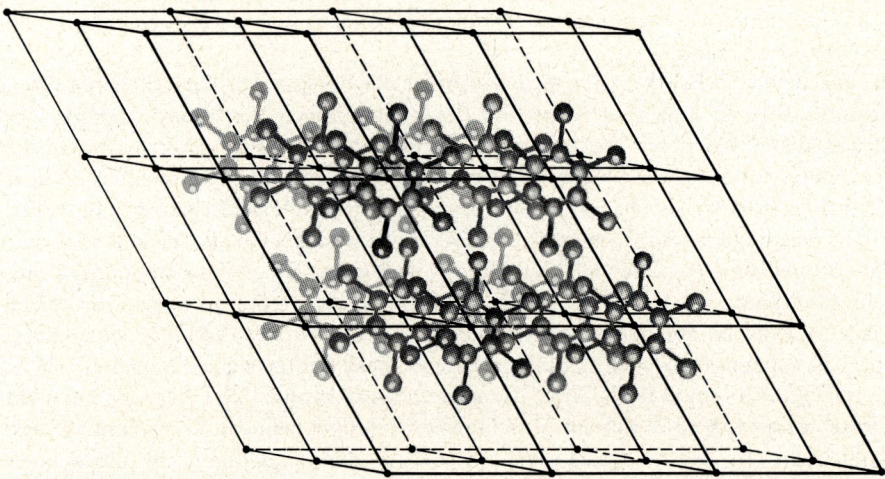

Abb. III.2. Zusammenhang zwischen Kristallgitter und Kristallstruktur im Kristall von Hexamethylbenzol, $C_6(CH_3)_6$. Gitterstellen sind als kräftige Punkte angegeben. Jede Gitterstelle ist der Mittelpunkt einer Hexamethylbenzolmolekel, von denen einige eingezeichnet sind (nur die Kohlenstoffatome sind gezeigt). Die Gitterstellen sind Symmetriezentren des Kristalls und damit auch der einzelnen Molekeln. Der Kristall ist triklin, seine Raumgruppe ist P1.

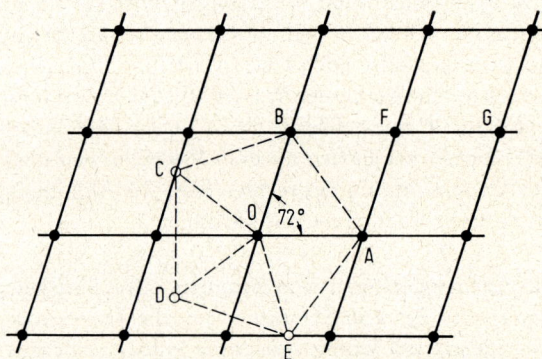

Abb. III.3. Unverträglichkeit von fünfzähliger Drehachse und Gittersymmetrie. Die Symmetrieoperation einer durch O führenden fünfzähligen Drehachse liefert vom Punkt A ausgehend die Punkte B, C, D und E, die Gittersymmetrie dagegen liefert von O, A und B ausgehend die Gitterstellen F, G usw. (ausgefüllte Kreise). Die Punkte C, D und E fallen nicht auf Gitterstellen, und das Gitter weist keine Rotationssymmetrie um die durch O führende Achse auf.

Kristallographische Punktgruppen. Das Nebeneinander von Punktsymmetrie und Gittersymmetrie in Kristallen bringt Einschränkungen für beide Symmetriearten mit sich. Der Grund für diese Einschränkungen wird verständlich, wenn man sich vor Augen hält, daß alle Punktsymmetrieoperationen, die von in Gitterpunkten lokalisierten Punktsymmetrieelementen ausgehen, nicht nur für die örtliche Atomgruppierung um diese Gitterpunkte gelten, sondern auch für das ganze Gerüst von Gitterpunkten selbst. Dies beschränkt die möglichen Punktsymmetrieoperationen auf solche, die an Gittern durchführbar sind.

Ein Gitter besitzt automatisch Symmetriezentren in den Gitterpunkten, und es kann spiegelsymmetrisch sein. Es kann 1-, 2-, 3-, 4- und 6-zählige Dreh- und Drehinversionsachsen haben, jedoch keine anderen Achsen.

Auf welche Weise andere Achsen ausgeschlossen werden, ist am Beispiel der 5-zähligen Achse in Abbildung III.3 erläutert. Wenn 5-zählige Drehachsen und 8-zählige Drehspiegelachsen nicht vorkommen sollen, so schließt das den Einbau von Molekeln wie IF_7 und S_8 (Abbildung III.1) in Kristalle nicht aus; vielmehr können solche Molekeln bei der Kristallbildung durch Wechselwirkung mit Nachbarmolekeln so verzerrt werden, daß ihre 5- bzw. 8-zählige Achsen nicht streng erhalten bleiben.

Berücksichtigt man alle an die möglichen Symmetrieachsen gestellten Bedingungen, so verbleiben nur 32 Punktsymmetriegruppen, die mit der Gittersymmetrie in Einklang sind und daher in Kristallen auftreten können. Sie werden als *kristallographische Punktgruppen* bezeichnet. Jede Gruppe stellt einen in sich geschlossenen Satz von erlaubten Punktsymmetrieelementen dar, – Dreh- oder Drehinversionsachsen der Zähligkeit 2, 3, 4 oder 6, Spiegelebenen und das Inversionszentrum. Sie werden auch *Kristallklassen* genannt, weil eben diese 32 Gruppen resultieren, wenn man die Kristalle nach der Symmetrie ihrer äußerlichen Erscheinung (Art und Anzahl der Kristallflächen) ordnet. Einige Vertreter der 32 kristallographischen Punktgruppen sind in Abbildung III.4 wiedergegeben, dargestellt nach Art der in Abbildung III.1 eingeführten Kugeldiagramme.

Zur Kennzeichnung der Punktgruppen wird ein System von Symbolen verwendet, an dem man die Grundtypen der jeweils vorhandenen Symmetrieelemente ablesen kann. Dieses Punktgruppensymbol ist für jede Punktgruppe neben dem zugehörigen Diagramm in Abbildung III.4 aufgeführt, ebenso in Abbildung III.1 (wo jedoch zwei der Punktgruppen keine kristallographischen Gruppen sind). Das Symbol wird folgendermaßen gebildet. Die Drehachsen werden je nach ihrer Zähligkeit mit 2, 3, 4 oder 6 bezeichnet, die Drehinversionsachsen entsprechend mit $\bar{2}$, $\bar{3}$, $\bar{4}$ und $\bar{6}$; $\bar{1}$ kennzeichnet ein Symmetriezentrum, m eine Spiegelebene. Innerhalb jeder Punktgruppe gilt die Dreh- oder Drehinversionsachse höchster Zähligkeit als Hauptachse der Punktgruppe und wird an erster Stelle im Symbol aufgeführt, gefolgt von Nebenachsen und Spiegelebenen. Eine Spiegelebene parallel zu einer 4-zähligen Hauptachse wird als $4m$ angegeben, und sinngemäß verfährt man bei anderen Achsen. Eine Spiegelebene senkrecht zu einer 4-zähligen Achsen wird mit $4/m$ bezeichnet. Abgesehen von den kubischen Punktgruppen kommen als Nebenachsen nur 2-zählige Achsen in Frage, die zudem stets senkrecht zur Hauptachse angeordnet sind. Bei den kubischen Punktgruppen sind immer vier 3-zählige Achsen vorhanden, die entlang den Raumdiagonalen eines Würfels verlaufen und gegenüber den drei 4-zähligen oder drei 2-zähligen Achsen parallel zu den Würfelkanten als Nebenachsen gelten. Symmetrieelemente, die nicht im Symbol erscheinen, aber als Teil der Punktgruppensymmetrie vorhanden sind, sind in den im Symbol angegebenen Symmetrieelementen implizit enthalten und können mit Hilfe eines von diesen ausgehenden Kugeldiagramms (Abbildung III.1 oder III.4) ermittelt werden.

Gittertypen und Kristallsysteme. Um der Punktsymmetrie des Kristalls zu entsprechen, muß das Kristallgitter hinsichtlich der Geometrie der Elementarzelle und damit hinsichtlich der Achsen der Zelle gewissen Bedingungen genügen. An Hand dieser Bedingungen faßt man die Kristalle in sechs *Kristallsysteme* wie folgt zusammen (vergl. Abbildung III.4):

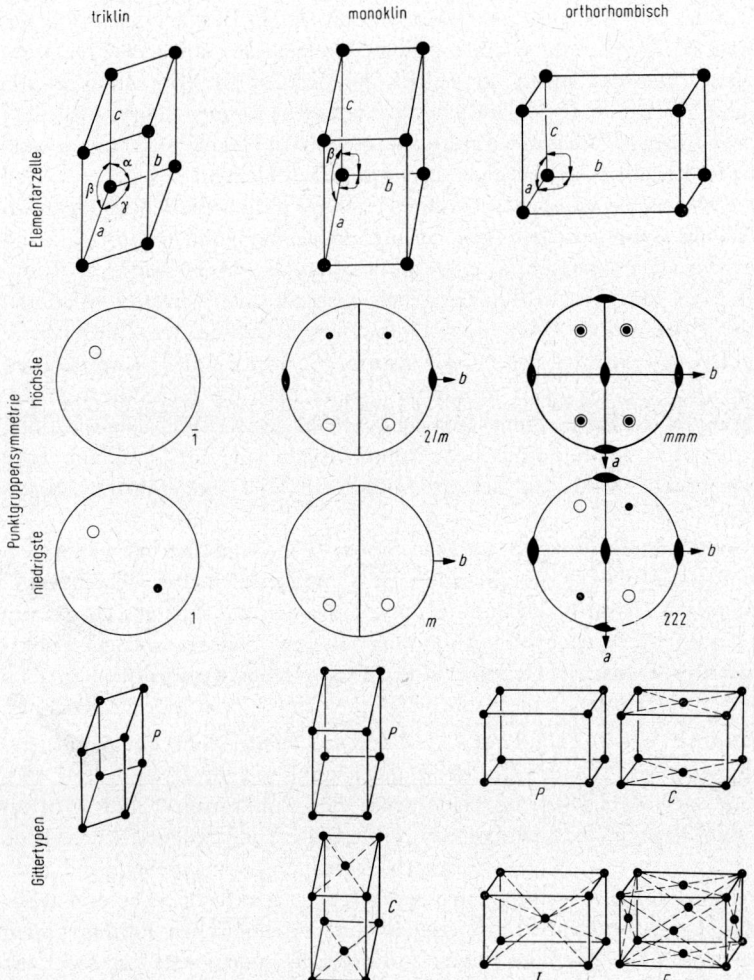

Abb. III.4. Die Kristallsysteme.

1. Sind keine Symmetrieelemente oder nur ein Symmetriezentrum vorhanden, so werden keine Bedingungen an die Achsen gestellt, und der Kristall ist *triklin*. Die von den Achsen gebildeten Winkel α, β und γ sind verschieden von 90°, die Längen a, b und c sind ungleich.

2. Eine einzelne Spiegelebene oder eine einzelne 2-zählige Drehachse bedingt, daß eine der Kristallachen (üblicherweise als b genommen) senkrecht auf der Spiegelebene oder parallel zu der 2-zähligen Achse steht. a und c müssen in der Ebene senkrecht zu b liegen können jedoch beliebige Winkel β einschließen. Der Kristall ist *monoklin*.

3. Eine zweite Spiegelebene senkrecht zur ersten oder ebenso eine zweite 2-zählige Achse ergeben einen *rhombischen* (auch *orthorhombischen*) Kristall. Die a-, b- und c-Achsen stehen rechtwinklig aufeinander, können aber von beliebiger Länge sein.

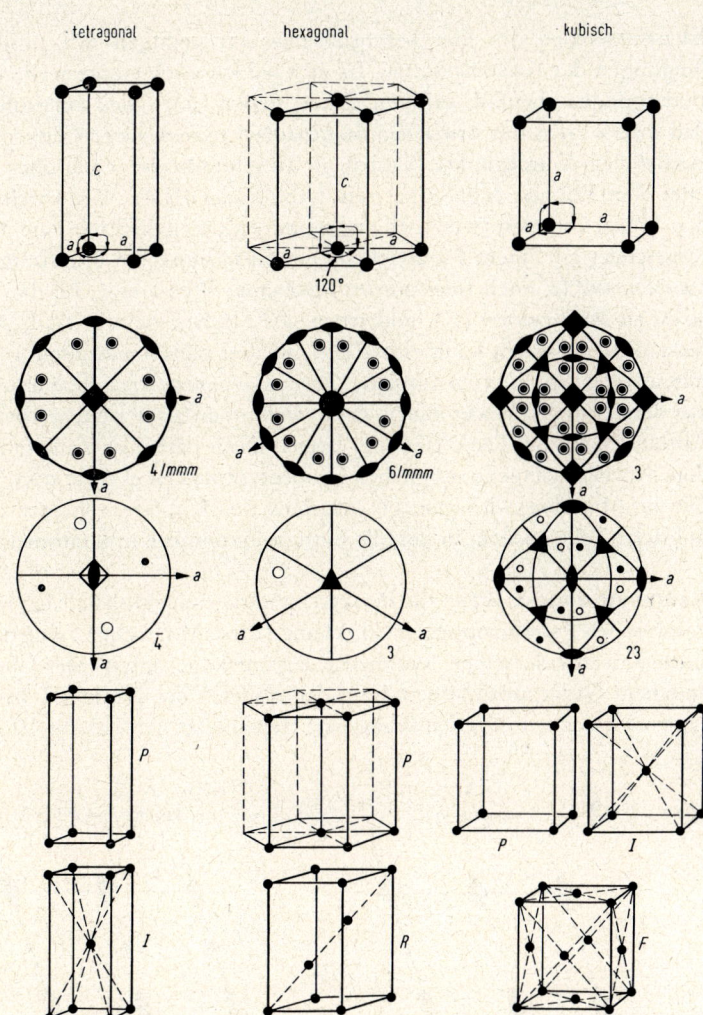

Abb. III.4.
Die Kristallsysteme.

4. Eine 4-zählige Achse macht den Kristall *tetragonal*. Es ist üblich, diese Achse als die c-Achse zu wählen. Die Zellachsen stehen im rechten Winkel zueinander, a und b sind gleich.
5. Eine 3- oder 6-zählige Achse ergibt einen *hexagonalen* Kristall. a und b sind gleich und bilden einen Winkel von 120°, während c senkrecht zu beiden in der 3- oder 6-zähligen Achse verläuft.
6. Kristalle mit vier 3-zähligen und drei 2- oder 4-zähligen Achsen sind *kubisch*. Drei gleiche Zellachsen der Länge a stehen senkrecht aufeinander und sind in Richtung der 4-zähligen oder 2-zähligen Drehachsen eingestellt.
Die in Abbildung III.4 gezeigten repräsentativen Punktgruppen sind nach diesen Kristallsystemen gruppiert.

Elementarzellen der hier beschriebenen Art genügen den punktsymmetrischen Bedingungen der Kristallsysteme. Es gibt jedoch noch einige weitere Zelltypen, die diese Bedingungen ebenfalls erfüllen. Diese Typen lassen sich am einfachsten so darstellen, daß man zu den beschriebenen Standardzellen zusätzliche Gitterpunkte hinzufügt. Die zusätzlichen Gitterpunkte können im Mittelpunkt der Zelle oder im Mittelpunkt einer oder aller Flächen angeordnet sein (Abbildung III.4). Wenn sich Gitterpunkte nur an den Ecken befinden (wie oben angenommen), so haben wir eine *primitive* Zelle vor uns (bezeichnet mit einem P). Erscheint ein Gitterpunkt im Mittelpunkt der Zelle, wird sie *innenzentriert* (I, auch *raumzentriert*) genannt. Wenn eine Fläche der Zelle besetzt ist, so ist sie *basiszentriert* (C), und wenn alle Flächen besetzt sind, *flächenzentriert* (F). Im hexagonalen System kann eine Zelle mit drei gleichen Achsen a, die gleiche Winkel α miteinander bilden, vorkommen. Diese sogenannte rhomboedrische Zelle (R) entsteht aus der normalen hexagonalen Zelle, wenn man zwei weitere Gitterpunkte in gleichen Abständen auf der Linie einer der langen Diagonalen der Zelle hinzufügt. Der vollständige Satz aller vierzehn möglichen Elementarzellen ist in Abbildung III.4 wiedergegeben. Die in Abbildung 2.3 gezeigte Struktur des Kupfers geht auf eine flächenzentrierte kubische Zelle zurück, in der alle Gitterpunkte mit Kupferatomen besetzt sind.

Raumsymmetrie. Wenn die Punktsymmetrie einer Molekel sich mit einer der kristallographischen Punktgruppen deckt, können diese Molekeln zu einem Gitter unter Bildung eines Kristalls derselben Symmetrie zusammengefügt werden. Jede Molekel ist dann an einem Gitterpunkt angeordnet, der zugleich der Punkt ist, in dem sich die Punktsymmetrieelemente der Einzelmolekel treffen (vgl. Abbildung III.2). Diese Symmetrie-

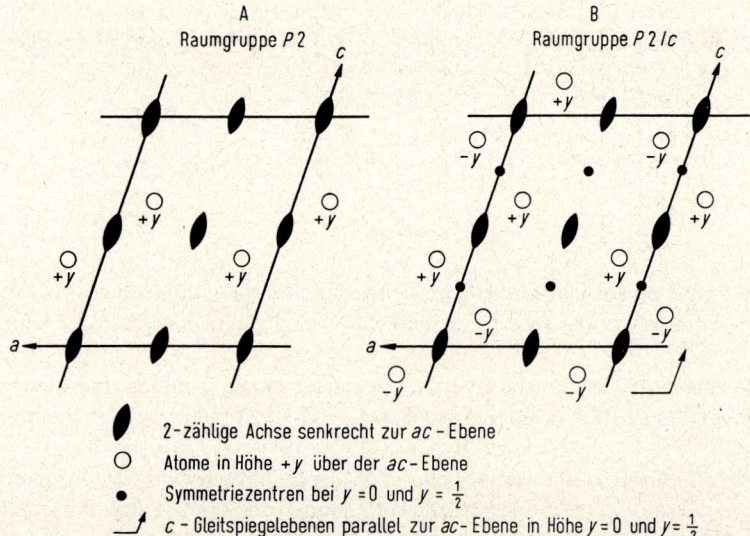

Abb. III.5. Raumsymmetrie. Die Abbildung zeigt zwei monokline Elementarzellen, betrachtet in Richtung der b-Achse. Eingezeichnet sind die Symmetrieelemente in den Zellen sowie eine Anordnung von Atomen, die den Symmetrieoperationen entspricht.

elemente gelten jetzt auch für den gesamten Kristall. Die durch eine derartige Anordnung von Symmetrieelementen gegebene Symmetrie, die außer der Gittersymmetrie noch gewisse Drehungen, Spiegelungen usw. in den Gitterpunkten umfaßt, ist als *Raumsymmetrie* bekannt. Die dreidimensionale Anordnung von Symmetrieelementen selbst wird *Raumgruppe* genannt, wobei das Gruppenkonzept wiederum andeutet, daß der Satz der Symmetrieelemente komplett und in sich geschlossen ist. In Abbildung III.5a ist die Anordnung von Symmetrieelementen dargestellt, die aus der Kombination der Punktsymmetrie 2 mit einem Gitter des Typs P hervorgeht. Zur Kennzeichnung der Raumgruppe wird das Symbol des Gittertyps mit dem der Punktgruppe verbunden, so daß man das Raumgruppensymbol $P2$ für die in Abbildung III.5a gezeigte Gruppe erhält. Wenn die 32 Punktgruppen in dieser Weise mit den erlaubten Raumgittertypen kombiniert werden, ergeben sich 73 Raumgruppen.

Die möglichen Arten von Raumsymmetrie sind allerdings noch zahlreicher, was darauf beruht, daß es neben den bisher behandelten reinen Translationen und reinen Rotationen, Spiegelungen usw. noch andere *Raumsymmetrieoperationen* gibt. Diese zusätzlichen Operationen sind dadurch gekennzeichnet, daß sie Translation mit Drehung oder Spiegelung vereinen; die entsprechenden Elemente werden als *Schraubenachsen* und *Gleitspiegelebenen* bezeichnet.

Die Operation mit einer Schraubenachse besteht in einer Drehung um 360°/n um die Achse, gekoppelt mit einer Translation um $L\,t/n$ parallel zu der Achse, wobei L ein Gittervektor parallel zur Schraubenachse ist (L ist normalerweise eine der Achsen der Elementarzelle); t und n sind ganze Zahlen, und die Schraubenachse wird mit dem Symbol n_t gekennzeichnet. Eine 4_2-Achse parallel zur c-Achse eines tetragonalen Kristalls bedeutet demnach, daß die Drehung um 90° um diese Achse in Verbindung mit einer Translation um $c/2$ entlang dieser Achse eine Symmetrieoperation ist. Abbildung III.6 veranschaulicht die aus den drei Arten 4-zähliger Schraubenachsen, 4_1, 4_2 und 4_3, und der reinen Drehachse, 4, hervorgehenden Symmetrien. In Abbildung III.7 sind die in der Struktur des Selens auftretenden 3_1-Schraubenachsen gezeigt. Die vollständige Zusammenstellung der Achsentypen, die bei der Raumsymmetrie vorkommen können, ist:

$6, 6_1, 6_2, 6_3, 6_4, 6_5, \bar{6}$
$4, 4_1, 4_2, 4_3, \bar{4}$
$3, 3_1, 3_2, \bar{3}$
$2, 2_1, \bar{2}\,(= m)$
$1\,(=$ keine Symmetrie$), \bar{1}\,(=$ Symmetriezentrum$)$

Die Begrenzung auf 6-, 4-, 3- und 2-zählige Schraubenachsen hat ähnliche Gründe, wie sie weiter oben für reine Drehachsen erwähnt wurden.

Eine Gleitspiegelebene bewirkt eine Spiegelung an der Ebene, gekoppelt mit einer Translation um $L/2$ parallel zu der Ebene, wobei L ein Gittervektor parallel zu dieser Ebene ist. L ist normalerweise eine der Kristallachsen; die Spiegelebene wird dann mit dem entsprechenden Symbol a, b, oder c gekennzeichnet. Fügt man zu der Raumsymmetrie in Abbildung III.5a eine c-Gleitebene, so entsteht die in Abbildung III.5b gezeigte Raumgruppe.

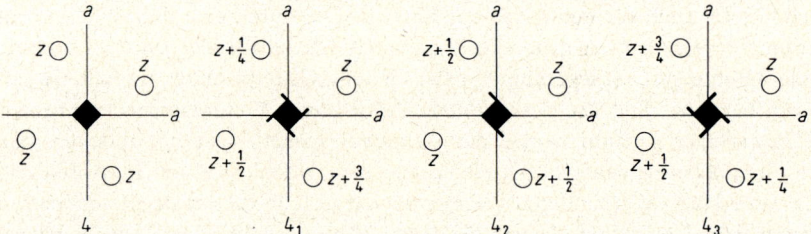

Abb. III.6. Atomanordnungen, die vierzähligen Drehachsen und Schraubenachsen entsprechen. Die Achsen stehen senkrecht zur Papierebene (*aa*-Ebene in einem tetragonalen Kristall). Die Höhe der Atome über dieser Ebene ist in Bruchteilen z der Kantenlänge c angegeben.

Die Raumgruppe in Abbildung III.5b wird mit dem Symbol $P2/c$ bezeichnet, das sich aus dem Gittersymbol P und den Symbolen für die vorkommenden Raumsymmetrieelemente zusammensetzt, ähnlich wie zuvor für die Punktgruppen beschrieben. In gleicher Weise werden die Symbole für alle anderen möglichen Raumgruppen gebildet. Wenn die Raumsymmetrieelemente (Drehachsen, Drehinversionsachsen, Schraubenachsen, Spiegelebenen, Gleitspiegelebenen und Symmetriezentren) auf jede mit der Gittersymmetrie vereinbare Weise unter Benutzung der vierzehn Bravais-Gitter[1] miteinander kombiniert werden, ergeben sich insgesamt 230 unterschiedliche Raumgruppen. Jede Kristallstruktur entspricht irgendeiner dieser Raumgruppen. Eine Zusammenstellung der 230 Raumgruppen, zusammen mit Diagrammen der räumlichen Anordnung der Symmetrieelemente wie in Abbildung III.5 gezeigt, findet sich in den *International Tables for X-ray Crystallography*. Um eine Vorstellung von der Vielfalt der Raumgruppen zu vermitteln, die man bei Berücksichtigung aller zulässigen Raumsymmetrieelemente erhält, sind im folgenden die dreizehn Raumgruppen des monoklinen Systems wiedergegeben.

Punktgruppe	Raumgruppen
m	Pm, Pc, Cm, Cc
2	$P2$, $P2_1$, $C2$
$2/m$	$P2/m$, $P2_1/m$, $C2/m$, $P2/c$, $P2_1/c$, $C2/c$

Beschreibung einer Kristallstruktur. Die vollständige Beschreibung enthält folgende Angaben:
1. das Kristallsystem,
2. Längen und Winkel der Achsen der Elementarzelle,
3. das Raumgruppensymbol,
4. Art und Anzahl der Atome in der Elementarzelle und
5. die Koordinaten x, y, z dieser Atome in eindeutiger Zuordnung, die ausreicht, in Verbindung mit den Raumsymmetrieelementen die Positionen aller Atome in der Elementarzelle festzulegen.

---

1 Die vierzehn Raumgitter heißen Bravais-Gitter nach ihrem Entdecker A. Bravais (1811–1863), einem französischen Physiker.

Spiralsymmetrie. Wiederholte Vervielfältigung einer Atomgruppe durch eine Schraubenachse führt zu einer *Helix* genannten Spiralanordnung. Wenn die Atome durch chemische Bindungen zwischen den Gruppen zu einer durchgehenden Kette verknüpft sind, erhält man eine über die ganze Länge des Kristalls ausgedehnte Helixmolekel. Dies ist bei den Kristallstrukturen von Selen und Tellur der Fall, die Helixmolekeln der Symmetrie 3_1 oder 3_2 (Raumgruppe $P3_121$ oder $P3_221$) enthalten, wie in Abbildung III.7 gezeigt. Helixmolekeln können auch durch eine der Schraubenachse ähnliche Symmetrieoperation, bei der jedoch der Drehwinkel von einer Gruppe zur nächsten kein ganzzahliger Bruchteil von 360° ist, aufgebaut werden. Dies ist die allgemeinste Raumsymmetrieoperation, – beliebige Drehung gekoppelt mit beliebiger Translation. Einige biologisch besonders wichtige Molekeln weisen diese Art von Helixsymmetrie auf; zu nennen sind vor allem die a-Helix von Proteinen (Abbildung 24.2) und das Helixgerüst der DNS-Molekel.

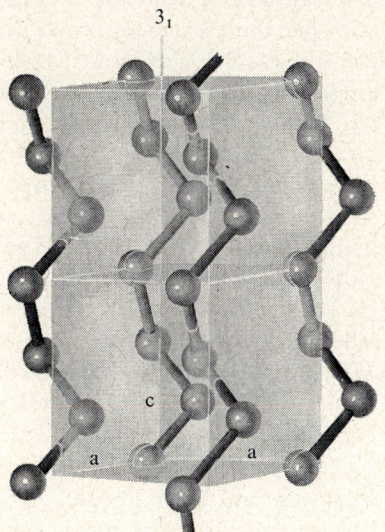

Abb. III.7. Die Struktur von Selen. Entlang der Kanten der Elementarzelle in Richtung der (senkrechten) c-Achse verlaufen 3_1-Schraubenachsen, um die sich helixförmige Molekeln von Selenatomen winden.

Anhang IV

Röntgenstrahlen und Kristallstruktur[1])

Unsere heutige ins Einzelne gehende Kenntnis über die atomare Architektur chemischer Stoffe beruht großenteils auf der Untersuchung von Kristallen mit Röntgenstrahlen. Durch frühe Röntgenuntersuchungen wurden zunächst die Strukturen vieler Elemente und einfacher Verbindungen aufgeklärt und einige grundlegende Erkenntnisse, so etwa die Unterscheidung zwischen Molekel- und Nichtmolekelkristallen, gewonnen. Dabei zeigte sich, daß in den chemischen Bindungskräften, die die Atome verschiedenartiger Stoffe zusammenhalten, beträchtliche Unterschiede bestehen. Mit zunehmender technischer Verfeinerung der Röntgenstrukturanalyse ist es möglich geworden, die Strukturen immer komplizierterer Substanzen zu bestimmen, gipfelnd in der Strukturbestimmung der aus Tausenden von Atomen bestehenden Proteinmolekeln. Die fortschreitende Entwicklung hat zu immer höherer Präzision bei der Bestimmung von Abständen und Winkelbeziehungen zwischen den Atomen in Molekeln geführt, mit deren Hilfe es heute möglich ist, die Bauprinzipien der Molekel genau zu erfassen.

Im Folgenden sollen die für ein Verständnis der Röntgenstrukturanalyse wesentlichen Vorstellungen erläutert werden. Die Ermittlung der Struktur eines Kristalls umfaßt zwei grundlegende Schritte: erstens muß das Kristallgitter und die zugehörige Raumsymmetrie (siehe Anhang III) festgestellt werden; zweitens muß die atomare Besetzung der Elementarzelle bestimmt werden.

Beugung und Kristallgitter. Abbildung IV.1 zeigt das Beugungsbild eines im Strahlengang einer Hochspannungs-Röntgenröhre befindlichen Kristalls, aufgenommen auf photographischem Film hinter dem Kristall in der in Abbildung IV.2 dargestellten Weise. Das Bild wird *Laue-Diagramm* genannt, weil es in der ursprünglich von Max von Laue vorgeschlagenen Anordnung aufgenommen wurde. Wie in Kapitel 3 erläutert, kann die Beugung als eine Reflexion des Röntgenstrahls an Atomschichten des Kristalles ausgelegt werden (siehe Abb. 3.24). Da die Reflexion „spekular" ist (gleiche Einfalls- und Reflexionswinkel), hängt die Lage jedes einzelnen Fleckens auf dem in Abbildung IV.1 gezeigten Diagramm nur von der Orientierung der entsprechenden Atomschicht im Kristall ab. Die Orientierung dieser Schichten wiederum ist durch die Geometrie des Kristallgitters gegeben (siehe Anhang III).

Jedes Atom der Elementarzelle gehört in der translationssymmetrischen Vervielfachung über alle übrigen Elementarzellen des Kristalls zu einem Netzwerk sich entsprechender

---

[1] Übersetzt von Karl W. Böddeker.

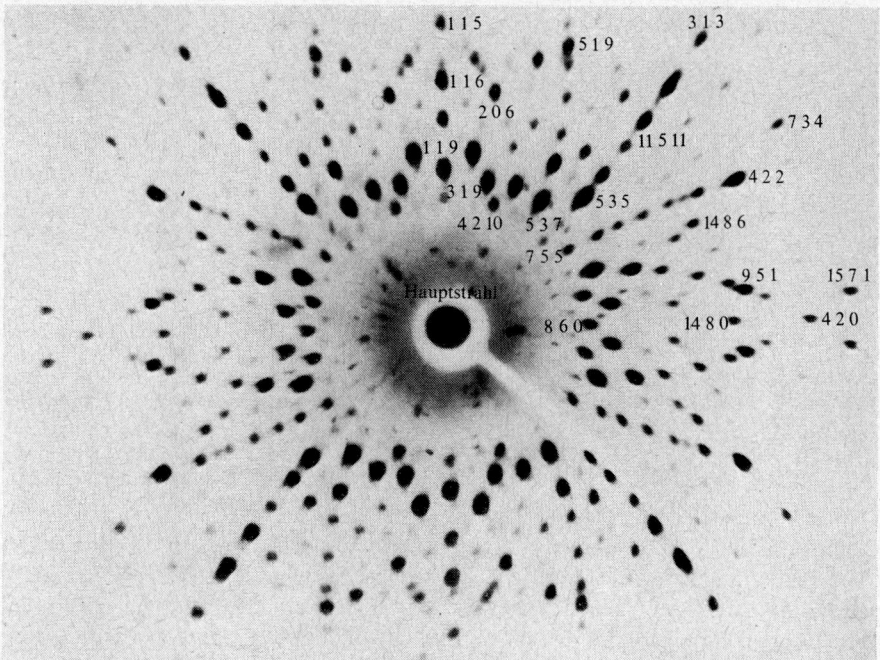

Abb. IV.1. Laue-Diagramm eines kubischen Kristalls (Zunyit, ein Mineral der Formel $Al_{13}Si_5O_{20}$ $(OH,F)_{18}Cl$). Bei der Aufnahme war der einfallende Strahl nahezu parallel zu einer zweizähligen Achse gerichtet, der Schnittlinie zweier Symmetrieebenen. (Die Flecken nahe dem Mittelpunkt rühren von kleinen, dem eigentlichen Kristall oberflächlich anhaftenden Kristalliten her.) Bei einer Reihe von Reflexionen sind die kristallographischen Indices der sie erzeugenden Kristallflächen angemerkt.

Atome, die die Gitterpunkte eines mit dem Kristallgitter identischen Gitters bilden; jedes dieser identischen Gitter besitzt die gleiche Anordnung von Atomebenen. Die Geometrie des Beugungsbildes ist daher allein durch das Kristallgitter bestimmt, während im Gegensatz hierzu die Intensitäten der gebeugten Strahlen von der Anzahl und Anordnung der Atome in der Elementarzelle, d.h. von der eigentlichen Kristallstruktur abhängen. Bei der Röntgenanalyse einer Kristallstruktur wird also zunächst aus der Geometrie des Beugungsdiagramms auf Größe, Form und Symmetrie der Elementarzelle geschlossen, dann wird an Hand der Beugungsintensitäten die Lage der Atome in der Elementarzelle ermittelt.

Geometrie der Gitterebenen. Jede Reflexion in Abbildung IV.1 wird mit den aus jeweils drei Ziffern bestehenden sogenannten *Indices* markiert, aus denen die zugehörige Gitterebene hervorgeht. Die Bedeutung der Indices ist in Abbildung IV.3 erläutert. Hier ist eine Anzahl paralleler Ebenen in gleichem Abstand voneinander gezeigt (gestrichelt), die die Seiten der durch die Achsen OA, OB und OC definierten Elementarzelle schneiden. Sofern die Gitterpunkte O, A, B und C auf den Ebenen liegen, stellen diese einen Satz von Gitterebenen dar, denn die Anordnung wiederholt sich dann in allen Elementar-

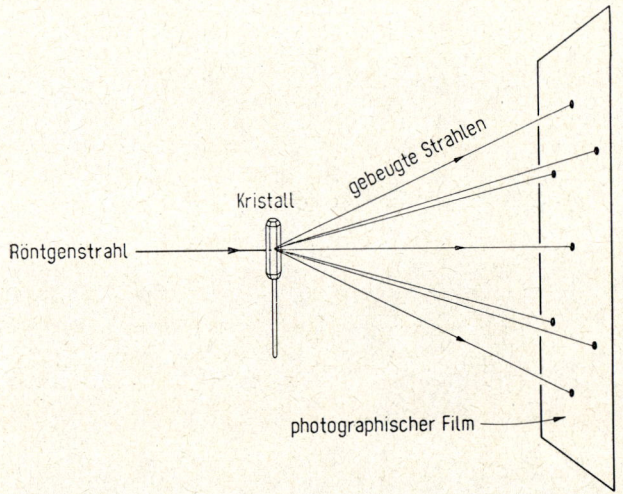

Abb. IV.2. Versuchsanordnung zur Aufnahme von Laue-Diagrammen in schematischer Darstellung.

zellen, und alle Gitterpunkte des Kristalls sind folglich in diesen Ebenen zu finden. Diese Bedingung ist erfüllt, wenn die Achsenabschnitte I_a, I_b und I_c, die bei der Überschneidung der Gitterebenen mit den Kristallachsen entstehen, ganzzahlig in den Achsenlängen aufgehen. Somit $I_a = a/h$, $I_b = b/k$ und $I_c = c/l$, wobei h, k und l ganze Zahlen sind. Diese Zahlen sind die Indices des Satzes von Gitterebenen, und die Röntgenbeugung an diesen Ebenen wird durch das Triplett $h\,k\,l$ gekennzeichnet (= 231 im Beispiel der Abbildung IV.3).

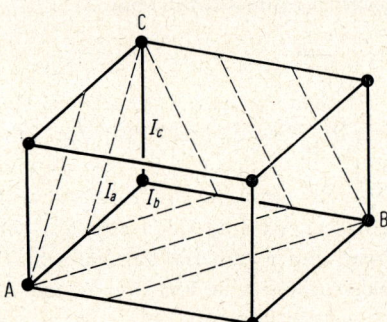

Abb. IV.3. Eine Elementarzelle mit Schnittlinien einer Folge paralleler 231-Flächen.

Wenn die Indices h, k, l einen gemeinsamen Faktor enthalten, z.B. n, dann ist nur jede n-te Ebene unter allen parallelen Ebenen auch tatsächlich mit Gitterpunkten besetzt, und die Reflexion $h\,k\,l$ stellt die Reflexion n-ter Ordnung an den echten Gitterebenen dar. Es handelt sich hier um dasselbe n wie in Gleichung 3.8. Der Gitterebenenabstand d, der in Gleichung 3.8 auftritt, kann mit Hilfe einer aus der Vektorrechnung hergeleiteten Formel berechnet werden. Für Kristalle, deren Achsen nicht senkrecht zueinander stehen, ist die Formel einigermaßen kompliziert, sie vereinfacht sich jedoch für

Kristalle mit orthogonalen Achsen zu

$$\frac{n^2}{d^2} = \frac{h^2}{a^2} + \frac{k^2}{b^2} + \frac{l^2}{c^2} \qquad (IV.1)$$

Bestimmung von Elementarzellkonstanten. Zur Messung der Zelldimensionen eines Kristalls mit Röntgenlicht wird ein monochromatischer Röntgenstrahl benutzt, d.h. ein Strahl von bekannter, einheitlicher Wellenlänge, wie z.B. die charakteristische Röntgenstrahlung der Wellenlänge $\lambda = 1,5407$ Å, die von Röntgenröhren mit Kupferantikathode ausgesendet wird (vgl. Abschnitt 4.1). Für eine Anzahl von Reflexionen des Kristalls wird der Bragg-Winkel θ gemessen, und die zugehörigen Gitterabstände d werden nach Gleichung 3.8 berechnet. Bei einem rhombischen Kristall sind die d-Werte von drei Reflexionen mit bekannten Indices $h\,k\,l$ erforderlich, um die drei Gitterkonstanten a, b und c nach Gleichung IV.1 bestimmen zu können. Bei einem triklinen Kristall werden sechs Reflexionen zur Bestimmung der Achslängen und -winkel benötigt.

Symmetrie. Der erste Schritt zur Bestimmung der vollständigen Raumsymmetrie eines Kristalls ist das Auffinden der Punktgruppe (Anhang III). Die Punktgruppe eines gut ausgebildeten Kristalls kann aus der Anordnung der Kristallflächen abgeleitet werden. Wenn die äußere Form des Kristalls nicht gut genug entwickelt ist, muß die innere Symmetrie röntgenanalytisch ermittelt werden, – sicherheitshalber wird man das in fast allen Fällen ohnehin tun. Die Symmetrieelemente des Kristalls können Laue-Diagrammen entnommen werden (vgl. Abb. IV.1). Jedes Symmetrieelement des Kristalls gibt sich im Laue-Diagramm als symmetrisches Muster innerhalb der Fleckenansammlung auf dem Film zu erkennen, sofern es mit der Strahlenrichtung des Röntgenstrahls zusammenfällt. Das Beispiel in Abbildung IV.1 zeigt, daß sich eine 2-zählige Achse und zwei Spiegelebenen parallel zur Strahlrichtung befinden. Um alle Symmetrieelemente aufzufinden, muß die Lage des Kristalls solange angepaßt werden, bis jede Achse oder Ebene zum Strahl parallel wird und identifiziert werden kann. Auf diese Weise erhält man die vollständige Anordnung der Symmetrieelemente, die eine der Punktgruppen darstellt. Eine erhebliche Schwierigkeit hierbei ist der Umstand, daß alle Kristalle gegenüber Röntgenstrahlen zentrosymmetrisch erscheinen, weil die Beugung an einer Seite eines Gitterebenensatzes normalerweise nicht von der Beugung an der anderen Seite unterscheidbar ist. Verfahren zur Umgehung dieser Schwierigkeit sind entwickelt worden; das einfachste ist, an Hand der äußeren Kristallform festzustellen, ob ein Symmetriezentrum vorhanden ist oder nicht. Es ist bemerkenswert, daß eine einfache makroskopische Beobachtung in diesem Fall wesentlichen Anteil am Ergebnis der im übrigen so leistungsfähigen Röntgenbeugungsmethoden hat.
Ist einmal die Punktgruppe bekannt, wird die Raumgruppe bestimmt, indem erstens die Art des Raumgitters und zweitens die den makroskopisch beobachteten Punktsymmetrieelementen entsprechenden Arten von Raumsymmetrieelementen (siehe Anhang III) aufgesucht werden. Bei der Feststellung des Raumgittertyps muß zwischen einer primitiven Zelle und einer irgendwie zentrierten Zelle (Abbildung III.6) unterschieden

werden; um die Raumsymmetrieelemente zu finden, muß man zwischen reinen Drehachsen und Schraubenachsen, oder zwischen Spiegelebenen und Gleitspiegelebenen unterscheiden. Alle diese Unterscheidungen können an Hand des Beugungsdiagramms getroffen werden, weil ein Symmetrieelement mit einer Translationskomponente bewirkt, daß bestimmte Reflexionen systematisch fehlen. Wenn das Gitter zum Beispiel dem Typ I (innenzentriert) angehört, dann fehlen sämtliche Reflexionen $h\,k\,l$, für die $h+k+l$ ungerade ist. Oder wenn sich eine c-Gleitspiegelebene senkrecht zur b-Achse befindet, fehlen alles Reflexionen vom Typ $h\,0\,l$ mit ungeradem l. Der Grund für diese systematischen Auslöschungen wird später erwähnt. Ihre Beobachtung liefert den Gittertyp und die Raumsymmetrieelemente und erlaubt somit die Bestimmung der Raumgruppe.

Besetzung der Elementarzelle. Die Anzahl der verschiedenartigen Atome in der Elementarzelle kann aus der Dichte und chemischen Formel der Substanz berechnet werden, sobald die Zelldimensionen bekannt sind. Wenn ρ die Dichte und M das Molekular- oder Formelgewicht ist, ergibt sich die Anzahl Q von Molekeln oder Formeleinheiten der Substanz in der Elementarzelle zu

$$Q = \frac{N_0 \rho V}{M} \tag{IV.2}$$

worin N_0 die Avogadrosche Zahl und V das Volumen der Elementarzelle ist. V wird wie folgt aus den Zellkonstanten berechnet:

$$V = abc\,[(1 + 2\cos\alpha\cos\beta\cos\gamma - \cos^2\alpha - \cos^2\beta - \cos^2\gamma]^{1/2} \tag{IV.3}$$

Q muß ganzzahlig sein, denn die Zahl der Atome in der Elementarzelle ist natürlich eine ganze Zahl. Wenn Gleichung IV.2 nicht zu einem ganzzahligen Wert von Q führt, so deutet dies auf einen Fehler in der Dichte, dem Zellenvolumen oder der chemischen Formel hin, oder der Kristall weist irgendeine Unordnung auf, etwa eine willkürliche Verteilung gewisser Atome und Fehlstellen.

Die Anzahl der Atome jeder Sorte in der Zelle ist Q multipliziert mit der Zahl der betreffenden Atome in der chemischen Formel der Substanz. Wenn die chemische Formel nicht genau bekannt ist oder wenn aus Gleichung IV.2 kein ganzzahliger Wert für Q erhalten wird, kann nur die ungefähre Anzahl der Atome jeder Sorte in der Zelle abgeschätzt werden. In einem solchen Fall wird eine erfolgreiche Röntgenstrukturanalyse die genaue Anzahl der Atome jeder Sorte in der Zelle feststellen und führt dann zur Aufstellung der korrekten chemischen Formel der Substanz. Die Formeln vieler komplizierter Stoffe, zum Beispiel vieler Silicate, sind auf diese Weise ermittelt worden.

Anordnung der Atome in der Elementarzelle. Wenn die Anzahl der Atome einer bestimmten Sorte in der Elementarzelle bekannt ist, kann die Raumsymmetrie der Lage der Atome Beschränkungen auferlegen; in einfachen Fällen führen die raumsymmetrischen Forderungen unmittelbar zur vollständigen Atomanordnung. Beim Kupfer beispielsweise enthält die Elementarzelle vier Atome, und nur eine einzige Anordnung von vier Atomen genügt der Raumsymmetrie ($Fm3m$), nämlich die in Abbildung 2.3 gezeigte Anordnung. Bei einer größeren Anzahl von Atomen in der Elementarzelle oder bei weniger Raumsymmetrieelementen bestehen viele Ordnungsmöglichkeiten für die Atome. Normalerweise werden einige Atome Positionen einnehmen, deren Koordinaten x, y, z nicht durch Symmetrieforderungen vorgegeben sind und deshalb bestimmt werden müssen. In solchen Fällen besteht die wichtigste Aufgabe bei der Kristallstrukturbestimmung darin, ein ungefähr zutreffendes Bild der Atomanordnung zu liefern. Die hierfür zur Verfügung stehenden Ausgangsdaten sind – neben Größe, Symmetrie und Besetzung der Elementarzelle – die Intensitäten der an den verschiedenen Gitterebenen gebeugten Röntgenstrahlen.

Aus Gründen, die weiter unten aufgezeigt werden, ist es normalerweise nicht möglich, die Atomanordnung unmittelbar aus den Röntgendaten herzuleiten. Direktmethoden hierfür sind zwar neuerdings entwickelt worden, sind jedoch umständlich, erfordern beträchtlichen Rechenaufwand und sind nur unter bestimmten günstigen Umständen anwendbar. Ein solches auf kristallisierte Proteine anwendbares Verfahren soll später beschrieben werden.

Oft werden mehr oder weniger indirekte Methoden zur Auffindung der Atomanordnung herangezogen. So entwirft der Chemiker mit erfinderischem Spürsinn mögliche Anordnungen, die den durch Zellgröße, Symmetrie und Zellbesetzung gestellten Bedingungen genügen. Manchmal ergeben sich aus gewissen Merkmalen in den Röntgendaten, etwa aus der auffällig hohen Intensität einer bestimmten Reflexion, Hinweise auf möglicherweise vorliegende Atomanordnungen. Bei Kenntnis einiger der für die Substanzklasse, der die untersuchte Substanz angehören mag, zu erwartenden Strukturmerkmale können unvernünftige Atomanordnungen (in denen z.B. Atome zu dicht beieinanderliegen) ausgeschlossen werden. Ein solches Vorgehen ist oft sehr nützlich, wenn es gilt, unter verschiedenen möglichen Strukturen die richtige auszuwählen, denn inzwischen sind viele verläßliche Prinzipien der Molekulararchitektur auf röntgenanalytischem Wege sichergestellt worden.

Die Gültigkeit der nach einer dieser direkten oder indirekten Methoden entworfenen Atomanordnung wird geprüft, indem man die für das Modell zu erwartenden Intensitäten der Röntgenreflexionen berechnet und sie mit den beobachteten Werten vergleicht. Wenn eine halbwegs gute Übereinstimmung erzielt ist, kann man mit Hilfe bekannter Methoden das Modell durch kleine Variationen der Atomkoordinaten soweit verfeinern, wie es die unvermeidlichen experimentellen Unsicherheiten in den Intensitätsmessungen zulassen. Auf diese Weise lassen sich recht genaue Werte für die Atomkoordinaten ermitteln.

Beugungsintensitäten. Bei der Röntgenbeugung an einem gegebenen Satz von Gitterebenen vereinigen sich die von jedem einzelnen Atom des Kristalls ausgehenden Wellen zu der vollständigen Beugungswelle. Wenn die Beugungsbedingung 3.8 erfüllt ist, sind die gebeugten Wellen aller Elementarzellen des Kristalls genau in Phase und interferieren unter Verstärkung. Zur Berechnung von Amplitude und Phase der vollständigen Beugungswelle genügt es deshalb, die an einer einzigen Elementarzelle gebeugte Welle genau zu untersuchen.

Die Amplitude der an einem gegebenen Atom gebeugten Welle ist dem Beugungsfaktor f des betreffenden Atoms proportional. Bewirkt wird die Röntgenbeugung an einem

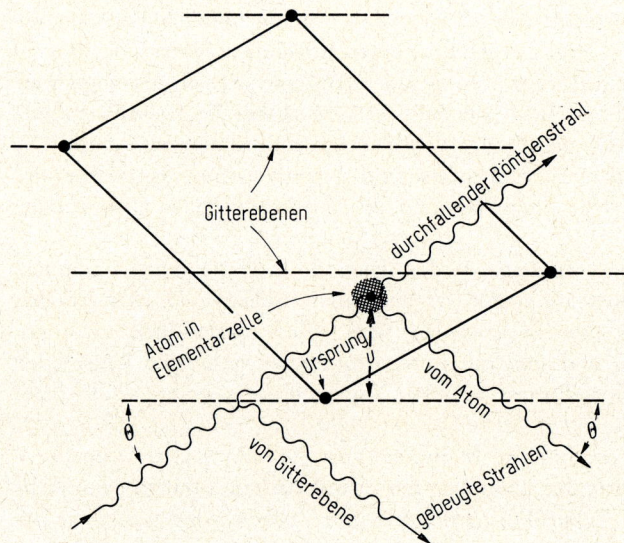

Abb. IV.4. Erläuterung der Berechnung der Phasen von Röntgenstrahlen bei Beugung an Atomen in der Elementarzelle.

Atom durch die Elektronen, die sich in guter Näherung wie freie Elektronen, verteilt nach Maßgabe der elektronischen Ladungswolke des Atoms, verhalten. Der Beugungsfaktor f wird daher als äquivalent der Anzahl freier Elektronen aufgefaßt.
Die Phase ϕ der an einem Atom aus einem gegebenen Satz von Gitterebenen gebeugten Welle ist durch die Position dieses Atoms relativ zu den Gitterebenen gegeben (Abbildung IV.4). Da Einfalls- und Reflexionswinkel gleich sind (Bragg-Winkel θ), hat eine Verschiebung des Atoms parallel zu den Gitterebenen keinen Einfluß auf ϕ, wohl aber eine Verschiebung senkrecht zu den Ebenen (Abbildung IV.4). Es sei u der senkrechte Abstand zwischen dem betrachteten Atom und der durch den Koordinatenursprung der Elementarzelle verlaufenden Gitterebene, und 0 die Phase der im Ursprung gebeugten Welle. Wenn u von 0 auf d (dem Gitterabstand) ansteigt, wächst die Phase der gebeugten Welle von 0 auf $2\pi n$ Radians (wobei n die Ordnung der Beugung an der Gitterebene ist), weil die an einer Gitterebene gebeugte Welle entsprechend der Beugungsbedingung 3.8 um n Wellenlängen hinter der von der nächsten Ebene ausgehenden Welle zurückbleibt. Bei Zwischenwerten von u ist die Phase proportional kleiner, nämlich $\phi = 2\pi n u/d$.
Eine Kombination von gebeugten Cosinuswellen mit Amplituden $f_1, f_2, f_3 \ldots$ und Phasen $\phi_1, \phi_2, \phi_3 \ldots$ hat die Form

$$E = f_1 \cos\left(2\pi \frac{w}{\lambda} + \phi_1\right) + f_2 \cos\left(2\pi \frac{w}{\lambda} + \phi_2\right) \\ + f_3 \cos\left(2\pi \frac{w}{\lambda} + \phi_3\right) + \ldots \quad \text{(IV.4)}$$

worin w eine Koordinate längs des gebeugten Röntgenstrahls und λ die Wellenlänge des Röntgenstrahls ist. Zur einfacheren Handhabung wird Gleichung IV.4 mit komplexen Zahlen (i = $\sqrt{-1}$) wie folgt umgeschrieben:

$$E = \text{Realteil von} \left(\sum_{p=1}^{N} f_p e^{i\left(2\pi \frac{w}{\lambda} + \Phi_p\right)} \right)$$
$$= \text{Realteil von} \left(\sum_{p=1}^{N} f_p e^{i\Phi_p} \right) e^{2\pi i \frac{w}{\lambda}} \qquad (IV.5)$$

Die Summierung in Gleichung IV.5 erstreckt sich über alle N Atome der Elementarzelle. Der Faktor $e^{2\pi i w/\lambda}$ beschreibt einfach eine Cosinuswelle mit Amplitude eins und Phase null. Amplitude und Phase der gebeugten Welle sind daher in dem komplexen Ausdruck F

$$F = \sum_{p=1}^{N} f_p e^{i\Phi_p} \qquad (IV.6)$$

enthalten. Wie oben besprochen, ist jede Phase ϕ_p durch

$$\phi_p = 2\pi n u_p / d \qquad (IV.7)$$

gegeben, wobei u_p der senkrechte Abstand des p-ten Atoms ist. Schreibt man F in der Form

$$F = |F| e^{i\Phi} \qquad (IV.8)$$

dann stellt $|F|$, der Absolutwert der komplexen Zahl F, die Amplitude der zusammengesetzten Beugungswelle und ϕ deren Phase dar.

Die Intensität I jeder Röntgenreflexion $h k l$ ist gleich dem Quadrat dieser Amplitude, $|F|^2$, multipliziert mit einem Proportionalitätsfaktor K, der von der Anzahl der Elementarzellen im Kristall, der Beugungsleistung eines einzelnen Elektrons, und gewissen, durch die experimentelle Durchführung der Intensitätsmessungen bedingten geometrischen Faktoren abhängt:

$$I(hkl) = K |F(hkl)|^2 \qquad (IV.9)$$

Die wichtige Größe F wird *Strukturfaktor* der Reflexion $h k l$ genannt; sie beschreibt den Einfluß der Atomanordnung, d.h. der Struktur, auf die Intensität der Röntgenbeugung. Die Schreibweise $F(hkl)$ soll zum Ausdruck bringen, daß der Wert des Strukturfaktors von den Indices der betreffenden Reflexion abhängig ist.

Die Beugungsintensitäten $I(hkl)$ können aus der Helligkeit der Flecken einer Röntgenaufnahme wie in Abbildung IV.1 oder mit Hilfe einer Ionisierungskammer bzw. eines Geigerzählrohrs in der in Abbildung 3.23 gezeigten Anordnung gemessen werden. Bei modernen Zählermessungen werden Kristall und Zähler auf einem System von computergesteuerten Kreisbahnen in die Reflexionslage gebracht; der Computer berechnet die erforderlichen Bahndaten aus den Gitterkonstanten und den Indices $h k l$ und führt dann automatisch die Intensitätsmessungen an einer großen Zahl von Reflexionen durch.

Aus den gemessenen Intensitäten können die Strukturfaktoren nach Gleichung IV.9 berechnet werden, da der Proportionalitätsfaktor K unter den jeweils eingehaltenen experimentellen Bedingungen ermittelt werden kann. Allerdings wird auf diese Weise nur der Absolutwert $|F|$, die sogenannte *Strukturamplitude*, erhalten; die Phase ϕ wird nicht gemessen.

Bestimmung der Atomanordnung mit Hilfe der Strukturfaktoren. Jeder Strukturfaktor $F(hkl)$ liefert eine Information über die Atomanordnung, nämlich eine bestimmte Beitragskombination nach Gleichung IV.6, die durch den senkrecht zu den Gitterebenen hkl gemessenen Abstand u_p gegeben ist. Um diese Information für die Festlegung der Atomkoordinaten nutzbar zu machen, muß u_p für jedes Atom in Form von Koordinaten x, y, z ausgedrückt werden. Mit Hilfe der Vektorrechnung läßt sich folgende einfache Beziehung herleiten

$$\frac{nu}{d} = hx + ky + lz \tag{IV.10}$$

Mit Gleichung IV.10 und IV.7 erhält man aus Gleichung IV.6 für den Strukturfaktor den Ausdruck

$$F = \sum_{p=1}^{N} f_p e^{n 2\pi i (hx_p + ky_p + lz_p)} \tag{IV.11}$$

in dem die Summierung wieder über alle N Atome der Elementarzelle durchzuführen ist. Gleichung IV.11 ist die Grundgleichung der Röntgenbeugung, mit deren Hilfe die Atomkoordinaten eines Kristalls aus den Beugungsintensitäten erhalten werden. An Hand von Gleichung IV.11 läßt sich auch zeigen, weshalb systematische Auslöschungen ($F = 0$) vorkommen, wenn das vervielfachende Symmetrieprinzip auf Schraubenachsen, Gleitspiegelebenen oder innenzentrierenden oder flächenzentrierenden Translationen beruht.

Wenn die Strukturfaktoren F sowohl nach Amplitude als auch nach Phase (vgl. Gleichung IV.8) gemessen werden könnten, wäre die direkte Aufklärung jeder Kristallstruktur aus gemessenen Größen möglich. In Wirklichkeit ist aber die Phase von F der Messung nicht zugänglich, und es gibt keinen einfachen Weg, über Gleichung IV.11 von den $|F|$-Werten direkt zu den Atomkoordinaten x_p, y_p, z_p zu gelangen.

Bei den früher beschriebenen indirekten Verfahren werden mögliche Atomanordnungen im Hinblick auf Zellgeometrie, Symmetrie und strukturchemische Zugehörigkeitsmerkmale ausgewählt. Diese Anordnungen werden dann an Hand von Gleichung IV.11 geprüft, und schließlich werden die Koordinaten des zutreffenden Modells in kleinen Schritten variiert, bis die beste Übereinstimmung zwischen berechneten und beobachteten $|F|$-Werten erzielt ist. Außer diesen sind noch einige anspruchsvollere Methoden entwickelt worden, um dem Mangel an Strukturfaktor-Phasenwerten zu begegnen und um Direktinformationen über die Atomanordnung allein aus den Strukturamplituden zu gewinnen. Diese Methoden verringern den Aufwand an Schätzarbeit und chemischer Intuition bei der Aufklärung von Kristallstrukturen, erfordern jedoch umfangreiche Rechnungen, die ohne Computer nicht durchführbar sind.

Die Fouriermethode. Das für komplizierte Strukturen am besten geeignete Verfahren benutzt die wichtige Methode der *Fouriersynthese*. Die Grundlage dieses Verfahrens ist sinngemäß bereits in der Herleitung der Gleichung IV.11 enthalten, wenn man, statt über an den einzelnen Atomen lokalisierte Beugungszentren zu summieren, die Summierung über Beugungsbeiträge der einzelnen Elektronen erstreckt, die über die gesamte Elementarzelle nach Maßgabe einer Elektronendichtefunktion $\rho(x, y, z)$ verteilt sind. Die Anzahl von Elektronen in dem kleinen Volumen $V\Delta x\Delta y\Delta z$ in der Umgebung des Punktes x, y, z ist $\rho(x,y,z) V\Delta x\Delta y\Delta z$. Der Beitrag dieser Elektronen zur gebeugten Welle ist nach Gleichung (IV.11) $e^{2\pi i(hx+ky+lz)} \rho(x,y,z) V\Delta x\Delta y\Delta z$. Hier erscheint kein f-Faktor, weil dieser Beitrag in einem kleinen Volumenelement lokalisiert ist und nicht den Nettobeitrag eines vergleichsweise ausgedehnten ganzen Atoms darstellt, wie er in Gleichung IV.11 eingeht. Diese lokalisierten Anteile werden dann für alle Punkte x, y, z über die gesamte Elementarzelle summiert. Mit dem Übergang von Δx, Δy und Δz zu infinitesimalen Werten nimmt die Summe die Form eines Integrals über die Elementarzelle an:

$$F(hkl) = V \int_0^1 \int_0^1 \int_0^1 \rho(x,y,z) e^{2\pi i(hx+ky+lz)} dx\, dy\, dz \qquad \text{(IV.12)}$$

(Der Bereich jeder Koordinate von 0 bis 1 stellt einen Durchgang von einer Seite der Elementarzelle zur anderen in Richtung der entsprechenden Zellachse dar).
Gleichung IV.12, die die Strukturfaktoren zu der Elektronendichtefunktion $\rho(x,y,z)$ in Beziehung setzt, ist mit der Standardformel der Theorie der Fourieranalyse identisch, die eine periodische Funktion in ihre Frequenzkomponenten zerlegt. Die Funktion $\rho(x,y,z)$ ist wegen der Translationssymmetrie des Kristalls in drei Dimensionen periodisch, weshalb die Frequenzkomponenten ebenfalls dreidimensional sind. Die Ziffern h, k und l spielen die Rolle von Frequenzen in den Richtungen der drei Kristallachsen. Wie Gleichung IV.12 zeigt, sind die Strukturfaktoren die dreidimensionalen Frequenzkomponenten der Elektronendichte im Kristall.
Wenn die Frequenzkomponenten einer periodischen Funktion bekannt sind, kann die Funktion als Sinuswellenkombination geeigneter Amplituden und Phasen aufgebaut werden. Dies ist das Verfahren der *Fouriersynthese*, der Umkehrung von Gleichung IV.12, die die Funktion in ihre Frequenzkomponenten zerlegte. Die Synthese ist eine Summe von Sinuswellen und zwar je eine für jede Frequenzkomponente:

$$\rho(x,y,z) = \frac{1}{V} \sum_h \sum_k \sum_l F(hkl) e^{-2\pi i(hx+ky+lz)} \qquad \text{(IV.13)}$$

Jede Sinuswelle ist wie zuvor durch die Funktion $e^{-2\pi i(hx+ky+lz)}$ repräsentiert, die eine Welle beschreibt, deren Kämme längs den Gitterebenen hkl ausgerichtet sind. Amplitude und Phase der Welle sind in dem Faktor $F(hkl)$ enthalten. Somit trägt jede Röntgenreflexion zur Fourierreihe IV.13 mit einer Welle in der geometrischen Konfiguration der Gitterebenen bei, mit Amplitude und Phase, die durch den Strukturfaktor dieser Reflexion gegeben sind. Die Gesamtelektronendichte ist die Summe dieser in allen Richtungen sich überschneidenden Wellen. Die Summe erstreckt sich über alle Werte der Indices h, k und l, im Prinzip von $-\infty$ bis $+\infty$, praktisch über den Bereich wahrnehmbarer Strukturfaktoren.
Als ein Beispiel für die Ergebnisse, die diese Methode liefert, ist in Abbildung IV.5 die nach der Fouriersynthese berechnete Elektronendichte eines Nickelphthalocyaninkristalls gezeigt. Da die vollständige dreidimensionale Elektronendichte nur schwierig in zwei Dimensionen darstellbar ist, zeigt Abbildung IV.5 die Projektion der Elektronendichte auf eine Fläche der Elementarzelle. Die einzelnen Atome erscheinen als Erhebungen in der Elektronendichteverteilung. Die in jeder Erhebung enthaltene Zahl von

Elektronen ist gleich der Atomnummer des betreffenden Atoms, so daß jede Atomart identifiziert werden kann. Die Kerne der Atome befinden sich im Zentrum der entsprechenden Dichtemaxima, und die Atomkoordinaten können somit direkt aus diesem Elektronendichterelief abgelesen werden. Die Fouriermethode läßt die Gesamtstruktur regelrecht „sichtbar" werden.

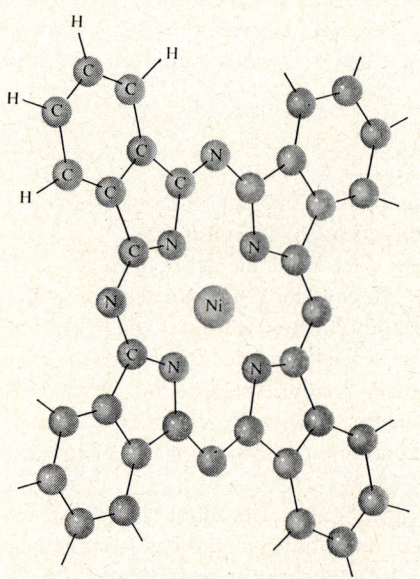

Abb. IV.5. Konturlinien der Elektronendichte einer Molekel von Nickelphthalocyanin, mit Hilfe der Fourier-Synthese berechnet aus Messungen der Intensität der Reflexionen in Röntgenbeugungsaufnahmen des Kristalls.

Wäre es möglich, die Strukturfaktoren sowohl nach Amplitude als auch nach Phase zu messen, so ließe sich die gesamte Struktur direkt aus der Fourierreihe IV.13 berechnen. In Wirklichkeit setzt die Analyse von Kristallstrukturen mit Hilfe der Fouriermethode die Feststellung der Phasen auf mehr oder weniger indirektem Weg voraus. Wenn mit Hilfe einer der früher beschriebenen Methoden ein Näherungsmodell der Struktur oder eines Teils der Struktur aufgestellt werden kann, ist eine näherungsweise Berechnung der Phasen nach Gleichung IV.11 möglich. Diese können nach Gleichung IV.8 mit den beobachteten Amplituden zu Strukturfaktoren kombiniert werden, aus denen dann mit der Fourierreihe IV.13 die Elektronendichte berechnet wird. Bei einem hinreichend zutreffenden Ausgangsmodell wird dieses Verfahren die zunächst angeommenen Atompositionen verbessern und läßt manchmal auch weitere Atome hervortreten, die im Ausgangsmodell noch nicht vorgesehen waren. Unter Hinzunahme dieser Atome und mit verfeinerten Atompositionen werden genauere Phasenwerte zugänglich, die zu einem verbesserten Strukturmodell führen. Unter diesen Umständen konvergiert das Verfahren gegen die vollständige Struktur.

Besonders nützlich ist die Fouriermethode bei komplizierten organischen Verbindungen; die Strukturen vieler biochemisch wichtiger Molekeln sind auf diese Weise bestimmt worden. Ein hervorragendes Beispiel ist das Vitamin B_{12}, dessen nach Fouriermethoden aufgestellte Struktur in Abbildung IV.6 gezeigt ist. Die Molekel, $C_{63}H_{81}N_{14}O_{14}PCo$, enthält 99 Atome, die in der Abbildung wiedergegeben sind, sowie 84 nicht abgebildete Wasserstoffatome.

Eine wichtige Methode bei der Strukturbestimmung durch Fouriersynthese ist die der *isomorphen Substitution*. Zwei Kristalle sind isomorph, wenn sie trotz Verschiedenheit in den vertretenen Atomsorten die gleiche räumliche Atomanordnung besitzen (siehe Abschnitt 4.10). Die isomorphe Substitution eines Atoms innerhalb einer Struktur ist eine Substitution, bei der die räumliche Anordnung der Atome unverändert bleibt. Isomorphe Substitutionen ermöglichen eine Direktbestimmung der Strukturfaktorphasen.

Die Methode ist am einfachsten auf zentrosymmetrische Kristalle anwendbar. Die Molekel von Phthalocyanin, $C_{32}H_{18}N_8$, ist zentrosymmetrisch, ebenso die aus ihnen zusammengesetzten Kristalle, bei denen sich der Zentralpunkt jeder Einzelmolekel in einem Symmetriezentrum befindet. Mit gewissen Metallen verbindet sich die Molekel zu stabilen Derivaten, etwa dem $C_{32}H_{16}N_8Ni$, dessen Struktur in Abbildung IV.5 gezeigt ist. Das Metall besetzt den ursprünglich freien Zentralpunkt der Molekel unter Ausbildung von kovalenten Bindungen zu den vier nächsten Stickstoffatomen. (Ähnliche Verhältnisse liegen im Vitamin B_{12} vor, Abbildung IV.6). Die Molekeln $C_{32}H_{18}N_8$ und $C_{32}H_{16}N_8Ni$, deren einziger wesentlicher Unterschied die Substitution des Nickelatoms im Zentrum ist, bilden isomorphe Kristalle. Die Beugungsintensitäten der beiden Kristalle unterscheiden sich daher nur im Beitrag des Nickelatoms, d.h. in einem einzigen Zusatzterm in Gleichung IV.11. (Die Beiträge der beiden bei der isomorphen Substitution durch das Nickel ersetzten Wasserstoffatome sind zu schwach, um merklichen Einfluß zu haben.) Da ein Symmetriezentrum vorliegt, enthält die Elementarzelle zu jedem Atom x, y, z ein gleiches Gegenatom $-x, -y, -z$; die Beiträge dieser Atompaare kombinieren sich in Gleichung IV.12 zu einem reellen (d.h. nicht komplexen) Term:

$$f(e^{2\pi i(hx+ky+lz)} + e^{-2\pi i(hx+ky+lz)}) = 2f\cos 2\pi(hx+ky+lz)$$

Für den zentrosymmetrischen Fall sind daher alle Strukturfaktoren $F(hkl)$ reelle Größen, und ihre Phasen sind entweder 0 (d.h. $F>0$) oder π (d.h. $F<0$). Der Beitrag des Nickelatoms in der Lage 0 0 0 zu Gleichung IV.11 ist zwangsläufig positiv. Wenn daher die Strukturamplitude bei der isomorphen Substitution von Nickel abnimmt, war der ursprüngliche Strukturfaktor negativ (Phase π), während er bei zunehmender Amplitude entweder positiv (Phase 0) oder höchstens geringfügig negativ war, zwei Möglichkeiten, die angesichts der Größe der Amplitudenzunahme unterscheidbar sind. Auf diese Weise können durch Intensitätsvergleich einander entsprechender Reflexionen der beiden Kristalle die Phasen aller Strukturfaktoren bestimmt werden. Die Summierung der Fourierreihe IV.13 liefert dann die vollständige Struktur. Nach diesem Verfahren ist Abbildung IV.5 gewonnen worden.

In jüngster Zeit ist es gelungen, die Fouriermethode auf sehr viel kompliziertere Molekeln auszudehnen. Es hat sich gezeigt, daß schwere Atome wie Quecksilber oder Gold an bestimmten spezifischen Stellen von Proteinmolekeln chemisch angelagert werden können. Damit besteht die Möglichkeit, die isomorphe Substitution zur Bestimmung der Strukturfaktorphasen heranzuziehen. Mindestens zwei isomorphe Substitutionen sind zur Bestimmung der unbekannten Phasen erforderlich, wenn die Begrenzung auf Phase

0 oder π fortfällt. Um die Intensitätsänderungen zur Phasenbestimmung benutzen zu können, muß man zunächst einmal die Lage der substituierten schweren Atome in der Elementarzelle bestimmen. Glücklicherweise beeinflußt ein schweres Atom die Beugungsintensitäten eines aus vielen leichten Atomen zusammengesetzten Kristalls auf solche Weise, daß die Position des schweren Atoms direkt und ohne Kenntnis der Gesamtstruktur ermittelt werden kann.

Die erste mit diesen Methoden analysierte Proteinmolekel war die von Myoglobin, eines Verwandten des Hämoglobins mit ungefähr 2500 Atomen pro Molekel. Inzwischen sind die Strukturen von etwa einem halben Dutzend Proteinmolekeln, darunter auch von Hämoglobin selbst, auf diesem Wege bestimmt worden. Die Resultate geben wertvolle Hinweise auf die biochemische Wirkungsweise dieser Molekeln.

Anhang V

Wasserstoffähnliche Orbitale[1]

Die Wellenfunktionen für die stationären Zustände wasserstoffähnlicher Atome sind durch drei Quantenzahlen gekennzeichnet: die Hauptquantenzahl n, die Azimutalquantenzahl l und die Orientierungsquantenzahl (magnetische Quantenzahl) m. Meist gibt man die Funktionen in Polarkoordinaten an, und zwar als das Produkt dreier Teilfunktionen, die jeweils nur eine der Variablen r, ϑ und φ enthalten:

$$\psi_{nlm}(r,\vartheta,\varphi) = R_{nl}(r)\Theta_{lm}(\vartheta)\Phi_m(\varphi) \tag{V.1}$$

Die drei Teilfunktionen Φ, Θ und R lauten:

$$\Phi_m(\varphi) = \frac{1}{\sqrt{2\pi}}\, e^{im\varphi} \tag{V.2}$$

$$\Theta_{lm}(\vartheta) = \left\{\frac{(2l+1)(l-|m|)!}{2(l+|m|)!}\right\}^{1/2} P_l^{|m|}(\cos\vartheta) \tag{V.3}$$

und

$$R_{nl}(r) = -\left[\left(\frac{2Z}{na_0}\right)^3 \frac{(n-l-1)!}{2n\{(n+l)!\}^3}\right]^{1/2} e^{-\rho/2} \rho^l L_{n+l}^{2l+1}(\rho). \tag{V.4}$$

Dabei ist

$$\rho = \frac{2Z}{na_0}r \tag{V.5}$$

$$a_0 = \frac{h^2}{4\pi^2\mu\varepsilon^2} = 0{,}530\,\text{Å} \tag{V.6}$$

Die Funktionen $P_l^{|m|}(\cos\vartheta)$ nennt man die zugeordneten Legendre-Funktionen, die Funktionen $L_{n+l}^{2l+1}(\rho)$ die zugeordneten Laguerre-Polynome.

Die angegebenen Wellenfunktionen sind normiert. Es gilt also:

$$\int_{r=0}^{\infty}\int_{\vartheta=0}^{\pi}\int_{\varphi=0}^{2\pi} \psi^*_{nlm}(r,\vartheta,\varphi)\psi_{nlm}(r,\vartheta,\varphi) r^2 \sin\vartheta\, d\varphi d\vartheta dr = 1 \tag{V.7}$$

ψ^* ist die zu ψ konjugiert komplexe Funktion. Die Teilfunktionen Φ, Θ und R sind jeweils für sich normiert:

$$\int_0^{2\pi} \Phi^*_m(\varphi)\Phi_m(\varphi)\,d\varphi = 1, \tag{V.8}$$

---

1 Entnommen aus *Die Natur der chemischen Bindung* von Linus Pauling, übersetzt von H. Noller, Verlag Chemie, 1962.

$$\int_0^\pi \{\Theta_{lm}(\vartheta)\}^2 \sin\vartheta \, d\vartheta = 1, \tag{V.9}$$

$$\int_0^\infty \{R_{nl}(r)\}^2 r^2 \, dr = 1. \tag{V.10}$$

In den Tabellen V.1, V.2 und V.3 sind die mathematischen Ausdrücke der drei Teilfunktionen wasserstoffähnlicher Wellenfunktionen für alle Werte der Quantenzahlen zusammengestellt, die bei den Atomen im Grundzustand auftreten können. Die Ausdrücke für die Teilfunktion $\Phi_m(\varphi)$ sind sowohl in komplexer als auch in realer Form angegeben.

Tafel V.1. Die Wellenfunktionen $\Phi_m(\varphi)$.

$$\Phi_0(\varphi) = \frac{1}{\sqrt{2\pi}} \quad \text{oder} \quad \Phi_0(\varphi) = \frac{1}{\sqrt{2\pi}}$$

$$\Phi_1(\varphi) = \frac{1}{\sqrt{2\pi}} e^{i\varphi} \quad \text{oder} \quad \Phi_{1\,cos}(\varphi) = \frac{1}{\sqrt{\pi}} \cos\varphi$$

$$\Phi_{-1}(\varphi) = \frac{1}{\sqrt{2\pi}} e^{-i\varphi} \quad \text{oder} \quad \Phi_{1\,sin}(\varphi) = \frac{1}{\sqrt{\pi}} \sin\varphi$$

$$\Phi_2(\varphi) = \frac{1}{\sqrt{2\pi}} e^{i2\varphi} \quad \text{oder} \quad \Phi_{2\,cos}(\varphi) = \frac{1}{\sqrt{\pi}} \cos 2\varphi$$

$$\Phi_{-2}(\varphi) = \frac{1}{\sqrt{2\pi}} e^{-i2\varphi} \quad \text{oder} \quad \Phi_{2\,sin}(\varphi) = \frac{1}{\sqrt{\pi}} \sin 2\varphi$$

Tafel V.2. Die Wellenfunktionen $\Theta_{lm}(\vartheta)$.

$l = 0$, s-Orbitale: $\quad \Theta_{00}(\vartheta) = \dfrac{\sqrt{2}}{2}$

$l = 1$, p-Orbitale: $\quad \Theta_{10}(\vartheta) = \dfrac{\sqrt{6}}{2} \cos\vartheta$

$\quad\quad\quad\quad\quad\quad\quad\quad \Theta_{1\pm 1}(\vartheta) = \dfrac{\sqrt{3}}{2} \sin\vartheta$

$l = 2$, d-Orbitale: $\quad \Theta_{20}(\vartheta) = \dfrac{\sqrt{10}}{4} (3\cos^2\vartheta - 1)$

$\quad\quad\quad\quad\quad\quad\quad\quad \Theta_{2\pm 1}(\vartheta) = \dfrac{\sqrt{15}}{2} \sin\vartheta \cos\vartheta$

$\quad\quad\quad\quad\quad\quad\quad\quad \Theta_{2\pm 2}(\vartheta) = \dfrac{\sqrt{15}}{4} \sin^2\vartheta$

$l = 3$, f-Orbitale: $\quad \Theta_{30}(\vartheta) = \dfrac{3\sqrt{14}}{4} \left(\dfrac{5}{3}\cos^3\vartheta - \cos\vartheta\right)$

$\quad\quad\quad\quad\quad\quad\quad\quad \Theta_{3\pm 1}(\vartheta) = \dfrac{\sqrt{42}}{8} \sin\vartheta (5\cos^2\vartheta - 1)$

$\quad\quad\quad\quad\quad\quad\quad\quad \Theta_{3\pm 2}(\vartheta) = \dfrac{\sqrt{105}}{4} \sin^2\vartheta \cos\vartheta$

$\quad\quad\quad\quad\quad\quad\quad\quad \Theta_{3\pm 3}(\vartheta) = \dfrac{\sqrt{70}}{8} \sin^3\vartheta$

Tafel V.3. Die radialen Wellenfunktionen für Wasserstoff.

$n = 1$, K-Schale: $l = 0$, $1s$ $R_{10}(r) = (Z/a_0)^{3/2} \cdot 2\mathrm{e}^{-\rho/2}$

$n = 2$, L-Schale $l = 0$, $2s$ $R_{20}(r) = \dfrac{(Z/a_0)^{3/2}}{2\sqrt{2}} (2 - \rho)\mathrm{e}^{-\rho/2}$

                     $l = 1$, $2p$ $R_{21}(r) = \dfrac{(Z/a_0)^{3/2}}{2\sqrt{6}} \rho\mathrm{e}^{-\rho/2}$

$n = 3$, M-Schale: $l = 0$, $3s$ $R_{30}(r) = \dfrac{(Z/a_0)^{3/2}}{9\sqrt{3}} (6 - 6\rho + \rho^2)\mathrm{e}^{-\rho/2}$

                      $l = 1$, $3p$ $R_{31}(r) = \dfrac{(Z/a_0)^{3/2}}{9\sqrt{6}} (4 - \rho)\rho\mathrm{e}^{-\rho/2}$

                      $l = 2$, $3d$ $R_{32}(r) = \dfrac{(Z/a_0)^{3/2}}{9\sqrt{30}} \rho^2\mathrm{e}^{-\rho/2}$

$n = 4$, N-Schale: $l = 0$, $4s$ $R_{40}(r) = \dfrac{(Z/a_0)^{3/2}}{96} (24 - 36\rho + 12\rho^2 - \rho^3)\mathrm{e}^{-\rho/2}$

                      $l = 1$, $4p$ $R_{41}(r) = \dfrac{(Z/a_0)^{3/2}}{32\sqrt{15}} (20 - 10\rho + \rho^2)\rho\mathrm{e}^{-\rho/2}$

                      $l = 2$, $4d$ $R_{42}(r) = \dfrac{(Z/a_0)^{3/2}}{96\sqrt{5}} (6 - \rho)\rho^2\mathrm{e}^{-\rho/2}$

                      $l = 3$, $4f$ $R_{43}(r) = \dfrac{(Z/a_0)^{3/2}}{96\sqrt{35}} \rho^3\mathrm{e}^{-\rho/2}$

$n = 5$, O-Schale: $l = 0$, $5s$ $R_{50}(r) = \dfrac{(Z/a_0)^{3/2}}{300\sqrt{5}} (120 - 240\rho + 120\rho^2 - 20\rho^3 + \rho^4)\mathrm{e}^{-\rho/2}$

                      $l = 1$, $5p$ $R_{51}(r) = \dfrac{(Z/a_0)^{3/2}}{150\sqrt{30}} (120 - 90\rho + 18\rho^2 - \rho^3)\rho\mathrm{e}^{-\rho/2}$

                      $l = 2$, $5d$ $R_{52}(r) = \dfrac{(Z/a_0)^{3/2}}{150\sqrt{70}} (42 - 14\rho + \rho^2)\rho^2\mathrm{e}^{-\rho/2}$

                      $l = 3$, $5f$ $R_{53}(r) = \dfrac{(Z/a_0)^{3/2}}{300\sqrt{70}} (8 - \rho)\rho^3\mathrm{e}^{-\rho/2}$

                      $l = 4$, $5g$ $R_{54}(r) = \dfrac{(Z/a_0)^{3/2}}{900\sqrt{70}} \rho^4\mathrm{e}^{-\rho/2}$

$n = 6$, P-Schale: $l = 0$, $6s$ $R_{60}(r) = \dfrac{(Z/a_0)^{3/2}}{2160\sqrt{6}} (720 - 1800\rho + 1200\rho^2 - 300\rho^3 + 30\rho^4 - \rho^5)\mathrm{e}^{-\rho/2}$

                      $l = 1$, $6p$ $R_{61}(r) = \dfrac{(Z/a_0)^{3/2}}{432\sqrt{210}} (840 - 840\rho + 252\rho^2 - 28\rho^3 + \rho^4)\rho\mathrm{e}^{-\rho/2}$

Anhang VI

Russell-Saunders-Zustände und Pauli-Prinzip[1])

Nach Abschnitt 5.3 findet man die erlaubten Russell-Saunders-Zustände eines Atoms mit zwei Elektronen, die verschiedene Hauptquantenzahlen haben, auf folgende Weise. Man addiert die Elektronenspins vektoriell zu einem resultierenden Spin mit der Gesamtspin-Quantenzahl S, die bei zwei Elektronen die Werte 0 und 1 haben kann. Ebenso addiert man die Orbitaldrehimpulse der Elektronen vektoriell zum Gesamt-Orbitaldrehimpuls mit der Quantenzahl L. Je nach der Größe der einzelnen Orbitaldrehimpulse sind dabei mehr oder weniger Additionsarten zugelassen. Schließlich addiert man den Gesamtspin und den Gesamt-Orbitaldrehimpuls auf alle erlaubten Arten zum Gesamtdrehimpuls mit der Quantenzahl J. Für gerade Elektronenzahlen ist S, und damit auch J ganzzahlig, für ungerade Elektronenzahlen sind beide halbzahlig (1/2, 3/2, ...).
Gemäß Abschnitt 5.3 schränkt das Pauli-Prinzip die Zahl der Additionsmöglichkeiten ein, wenn die beiden Elektronen die gleiche Hauptquantenzahl und Azimuthalquantenzahl haben. Z.B. hat Helium im Grundzustand die Elektronenkonfiguration $1s^2$. Bei beiden Elektronen ist $n = 1$, $l = 0$ und natürlich auch $s = 1/2$. Darum muß beim einen Elektron $m_s = +1/2$, beim andern $m_s = -1/2$ sein. Da somit der resultierende Spin null ist, kann nur ein Singulettzustand mit dem Symbol $^1S_0$ auftreten. Der Triplettzustand $^3S_1$ wird durch das Pauli-Prinzip ausgeschlossen. Er tritt tatsächlich in der Natur nicht auf.
Erst das Pauli-Prinzip läßt uns die Grundzustände der Atome verständlich werden. Mit seiner Hilfe können wir leicht die erlaubten Russell-Saunders-Zustände für zwei oder mehr Elektronen in der gleichen Teilschale, d.h. mit gleichen Werten von n und l, ermitteln.
Bisweilen lassen sich die erlaubten Zustände durch eine einfache Überlegung finden, die wir uns am Grundzustand des Stickstoff-Atoms klarmachen wollen. Dieses Atom hat sieben Elektronen. Die stabilste Elektronenkonfiguration ist $1s^22s^22p^3$. Wie beim Helium tragen die beiden $1s$-Elektronen weder zum Gesamtspin noch zum Gesamt-Orbitaldrehimpuls des Atoms bei. Das gleiche gilt für die $2s$-Elektronen. Um die Quantenzahlen S, L und J für den Grundzustand zu finden, brauchen wir darum nur die drei p-Elektronen zu berücksichtigen. Bei drei Elektronen können sowohl Quartettzustände, mit der Spinquantenzahl 3/2, auftreten als auch Dublettzustände, mit der Spinquantenzahl 1/2. Nach der ersten Hundschen Regel (siehe Abschnitt 5.3) sind jedoch die Quar-

---

1 Mit geringfügigen Änderungen entnommen aus *Die Natur der chemischen Bindung* von Linus Pauling, übersetzt von H. Noller, Verlag Chemie, 1962.

tettzustände stabiler als die Dublettzustände. Der Grundzustand muß demnach ein Quartettzustand sein. Bei jedem der drei 2p-Elektronen ist $l = 1$. Würde es keine Einschränkungen geben, so könnte der resultierende Orbitaldrehimpuls L die Werte 0, 1, 2 oder 3 haben, entsprechend den Quartettzuständen ^4S, ^4P, ^4D und ^4F. Nun müssen aber bei einem Quartettzustand mit $S = 3/2$ die Spins der drei 2p-Elektronen parallel sein. Die Quantenzahlen n, l, s und m_s haben demzufolge hier die gleichen Werte, nämlich $n = 2$, $l = 1$, $s = 1/2$ und $m_s = +1/2$ (sofern der resultierende Spinvektor in die positive Richtung weist). Da die drei Elektronen einander nach dem Pauli-Prinzip aber nicht in allen Quantenzahlen gleichen dürfen, muß jedes einen anderen Wert der noch ausstehenden Quantenzahl m_l haben, nämlich $+1$, 0 und -1. Folglich ist der resultierende Orbitaldrehimpuls null. Das Pauli-Prinzip läßt also für die Elektronenkonfiguration $2p^3$ nur einen Quartettzustand zu, nämlich $^4S_{3/2}$. Als Grundzustand des Stickstoff-Atoms finden wir somit $1s^2 2s^2 2p^3\ ^4S_{3/2}$, und dies stimmt, wie aus Tabelle 5.5 hervorgeht, mit dem spektroskopischen Befund überein.

Die Überlegung wird etwas umständlicher, wenn man zeigen will, daß $^2D_{3/2}$, $^2D_{1/2}$ und $^2S_{1/2}$ die erlaubten Dublettzustände für diese Elektronenkonfiguration sind. Wie man sie findet, wollen wir uns weiter unten an einem einfacheren Beispiel klarmachen, nämlich für zwei äquivalente p-Elektronen, d. h. zwei Elektronen mit dem gleichen Wert von n und mit $l = 1$.

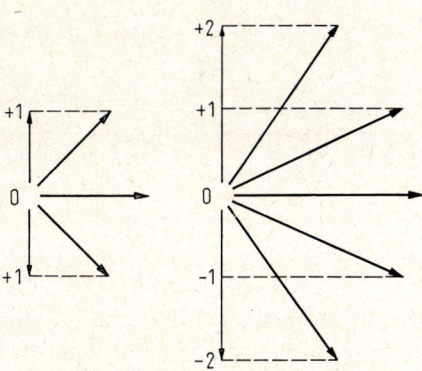

Abb. VI.1. Die Orientierungsmöglichkeiten des Gesamtdrehimpulsvektors in einem senkrechten Magnetfeld. Für $J = 1$ gibt es drei Orientierungen (linkes Diagramm). Die Gesamt-Orientierungsquantenzahl M_J kann die Werte -1, 0 und $+1$ haben. Für $J = 2$ (rechtes Diagramm) gibt es fünf Orientierungen. Gleichzeitig kann die Abbildung gelesen werden als Darstellung der Orientierungsmöglichkeiten der Vektoren des Gesamt-Spindrehimpulses und des Gesamt-Orbitaldrehimpulses beim Paschen-Back-Effekt für den ^3D-Zustand mit Quantenzahlen $S = 1$ und $L = 2$. Das linke Diagramm zeigt die Orientierung des Spinvektors, das rechte die unabhängige Orientierung des Orbitalvektors in einem Magnetfeld mit senkrechter Feldrichtung.

Der Zeeman-Effekt. Wie der holländische Physiker Pieter Zeeman (1865–1943) im Jahr 1896 entdeckte, spalten sich Spektrallinien in zwei oder mehr Komponenten, wenn man das Strahlung emittierende oder absorbierende Atom in ein Magnetfeld bringt. Nach ihm nennt man diese Erscheinung Zeeman-Effekt. Aufspaltung der Spektrallinien bedeutet natürlich Aufspaltung der atomaren Energieniveaus, und zwar offenbar infolge der Wechselwirkung der spin- und der orbitalmagnetischen Momente der Elektronen mit dem Magnetfeld.

Wir wollen uns dies am Beispiel der Elektronenkonfiguration $2p3p$ ansehen. Die Russell-Saunders-Zustände in der Reihenfolge zunehmender Energie sind $^3D_1$, $^3D_2$, $^3D_3$, $^3P_0$, $^3P_1$, $^3P_2$, $^3S_1$, $^1D_2$, $^1P_1$ und $^1S_0$. Es sind also zehn Energieniveaus vorhanden. Wird nun ein Magnetfeld angelegt, so spalten alle diese Niveaus, ausgenommen die mit $J = 0$,

mehrfach auf, die Niveaus mit $J = 1$ dreifach, entsprechend $M_J = -1, 0$ und $+1$, die Niveaus mit $J = 2$ fünffach, entsprechend $M_J = -2, -1, 0, +1, +2$ (M_J = Orientierungsquantenzahl oder magnetische Quantenzahl für den Gesamtdrehimpuls). Abbildung VI.1 stellt die Orientierungsmöglichkeiten des Gesamtdrehimpulses im Magnetfeld dar. Ein Zustand mit gegebenem J-Wert spaltet allgemein $(2J+1)$-fach auf. Eine weitere Aufspaltung kann nicht erzielt werden[1]. In Abwesenheit des Magnetfelds ist der Zustand, wie man sagt, $(2J+1)$-fach *entartet*. In Wirklichkeit besteht z. B. der Russell-Saunders-Zustand $^3D_1$ aus drei Zuständen, die aber ohne äußeres Magnetfeld zufällig die gleiche Energie haben. Verschiedene Zustände gleicher Energie bezeichnet man allgemein als entartet. Durch das Feld wird die Entartung aufgehoben.
Wenn man die $(2J+1)$-Werte für die zehn oben aufgeführten Russell-Saunders-Zustände addiert, so ergeben sich für die Elektronenkonfiguration $2p3p$ insgesamt 36 Zustände. Beim Anlegen eines Magnetfelds treten also 36 Energieniveaus auf.
Das Magnetfeld ändert die Energie eines (entarteten) Zustandes um

$$\Delta E = M_J g \mu_B H \qquad (VI.1)$$

Hierbei ist M_J die Orientierungsquantenzahl für den Gesamtdrehimpuls, g der Landé-Faktor, der weiter unten noch behandelt wird, μ_B das Bohrsche Magneton und H die Stärke des Magnetfeldes. Wie in Abbildung VI.2 dargestellt, spaltet sich jedes Energieniveau in $2J+1$ äquidistante Niveaus auf.

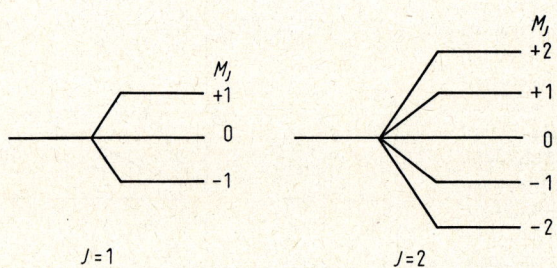

Abb. VI.2. Energieniveauaufspaltung von Zuständen mit Gesamt-Drehimpuls-Quantenzahl $J = 1$ (links) und $J = 2$ (rechts) beim Zeeman-Effekt. Das Magnetfeld spaltet das degenerierte Energieniveau in drei bzw. fünf Komponenten, die den verschiedenen Werten der magnetischen Quantenzahl M_J entsprechen.

Der Paschen-Back-Effekt. Man kann das Magnetfeld so stark machen, daß die Zeeman-Aufspaltung der Russell-Saunders-Zustände etwa ebenso groß wird wie der Abstand zwischen Zuständen mit verschiedenen J-Werten, z. B. den Zuständen $^3D_3$, $^3D_2$ und $^3D_1$. Wie F. Paschen und E. Back entdeckt haben, ändert sich dann das Termschema. In einem starken Magnetfeld wird die Kopplung zwischen Orbitaldrehimpuls und Spin gelöst. Es existiert kein resultierender Drehimpuls mehr, der durch die Quantenzahl J zu bezeichnen wäre. Der Gesamt-Orbitaldrehimpuls (Quantenzahl L) und der Gesamtspin (Quantenzahl S) orientieren sich jetzt unabhängig voneinander nach dem Magnetfeld. Die verschiedenen Orientierungsmöglichkeiten kennzeichnet man durch die Orbitalorientierungs-Quantenzahl M_L und die Spinorientierungs-Quantenzahl M_S. Dies ist

---

[1] Ausgenommen hiervon ist die Hyperfeinstruktur, die auftritt, wenn der Kern des Atoms einen Spin aufweist (siehe Abschnitt 26.7). Die Hyperfeinaufspaltung beeinträchtigt die Gültigkeit der obigen Gedankengänge jedoch nicht.

in Abbildung VI.1 für das Multiplett $^3D_1$, $^3D_2$ und $^3D_3$ veranschaulicht (zweite Auslegung der Abbildung). Wenn $S = 1$ und $L = 2$ ist, hat der Spin drei Orientierungsmöglichkeiten, entsprechend $M_S = -1$, 0 und $+1$, der Orbitaldrehimpuls fünf, entsprechend $M_L = -2, -1, 0, +1$ und $+2$. Da sich der Spin und der Orbitaldrehimpuls unabhängig voneinander orientieren, treten 15 verschiedene Quantenzustände auf. Ähnlich führt der Paschen-Back-Effekt das Multiplett $^3P_0$, $^3P_1$ und $^3P_2$ in neun Quantenzustände über. Die übrigen Russell-Saunders-Zustände der Elektronenkonfiguration $2p3p$ zeigen keinen Paschen-Back-Effekt, da bei ihnen entweder $S = 0$ oder $L = 0$ ist. Sie bilden zusammen 12 verschiedene Zustände, so daß insgesamt wieder 36 Zustände zusammenkommen, wie im Fall des Zeeman-Effektes. Die Verstärkung des Magnetfeldes führt somit offenbar nicht zum Verschwinden von Quantenzuständen und zum Entstehen neuer. Vielmehr ändert sich nur die Energie der schon vorhandenen Zustände.

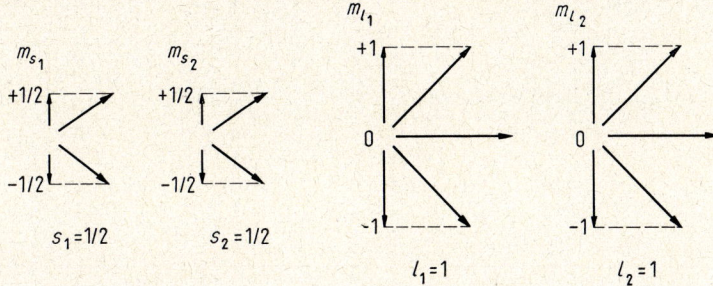

Abb. VI.3. Die verschiedenen Orientierungen des Spins und des Orbitaldrehimpulses zweier p-Elektronen im Fall des extremen Paschen-Back-Effekts. Jeder einzelne Spin und jeder einzelne Orbitaldrehimpuls richtet sich völlig unabhängig von allen anderen Drehimpulsen nach dem Magnetfeld aus, das hier senkrecht zu denken ist. Jedes Elektron kann seinen Spin so orientieren, daß die Komponente des Drehimpulses in Feldrichtung den Quantenzahlen $m_s = +1/2$ oder $-1/2$ entspricht. Jeder Orbitaldrehimpuls kann sich so ausrichten, daß seine Komponente in Feldrichtung den Quantenzahlen $m = +1$, 0 oder -1, entspricht.

Der extreme Paschen-Back-Effekt. Macht man das Magnetfeld extrem stark, dann lösen sich noch weitere Kopplungen. Die Elektronenspins addieren sich dann nicht mehr zu einem resultierenden Spin, ebensowenig bilden die Orbitaldrehimpulse einen resultierenden Orbitaldrehimpuls. Unabhängig von anderen Drehimpulsen richtet jedes Elektron seinen Spin nach dem Feld aus. Die beiden möglichen Orientierungen haben die Quantenzahlen $+1/2$ und $-1/2$. Ebenso orientieren sich alle Orbitaldrehimpulse unabhängig von allen anderen Drehimpulsen nach dem Feld, wobei s-Elektronen nur eine Möglichkeit haben ($m_l = 0$), p-Elektronen drei ($m_l = -1, 0 +1$) usw. Bei der Elektronenkonfiguration $2p3p$ hat jedes Elektron zwei Orientierungsmöglichkeiten für den Spin und drei für den Orbitaldrehimpuls. Abbildung VI.3 stellt sie dar. Da die Orientierungen völlig unabhängig voneinander sind, treten bei dieser Elektronenkonfiguration im Fall des extremen Paschen-Back-Effekts $2 \cdot 2 \cdot 3 \cdot 3 = 36$ Quantenzustände auf. Dies ist wiederum die gleiche Zahl wie bei den oben aufgeführten zehn Russell-Saunders-Zuständen und beim normalen Paschen-Black-Effekt.

Zwei äquivalente p-Elektronen. Haben zwei Elektronen die gleiche Hauptquantenzahl, dann verbietet das Pauli-Prinzip einige der in Abbildung VI.3 angegebenen Zustände des extremen Paschen-Back-Effekts, z. B. diejenigen, in denen beide Elektronen die Quantenzahlen $m_s = +1/2$ und $m_l = +1$ haben. Wie man bei Durchsicht der Möglichkeiten findet, gibt es für zwei äquivalente p-Elektronen 15 erlaubte Zustände. Diese

Tafel VI.1. Die erlaubten Zustände für zwei äquivalente p-Elektronen.

m_{s_1}	m_{s_2}	m_{l_1}	m_{l_2}	$M_S = m_{s_1} + m_{s_2}$	$M_L = m_{l_1} + m_{l_2}$
$+^1/_2$	$+^1/_2$	$+1$	0	$+1$	$+1$
		$+1$	-1	$+1$	0
		0	-1	$+1$	-1
$+^1/_2$	$-^1/_2$	$+1$	$+1$	0	$+2$
		$+1$	0	0	$+1$
		$+1$	-1	0	0
		0	$+1$	0	$+1$
		0	0	0	0
		0	-1	0	-1
		-1	$+1$	0	0
		-1	0	0	-1
		-1	-1	0	-2
$-^1/_2$	$-^1/_2$	$+1$	0	-1	$+1$
		$+1$	-1	-1	0
		0	-1	-1	-1

sind in Tafel VI.1 aufgeführt. Es treten nur solche Zustände auf, bei denen mindestens eine der Quantenzahlen m_{s_1} und m_{l_1} des ersten Elektrons verschieden ist von den Quantenzahlen m_{s_2} bzw. m_{l_2} des zweiten Elektrons. Außerdem ist folgendes zu beachten: Lassen sich zwei Zuordnungen von Quantenzahlen durch Vertauschen der Elektronen ineinander überführen, so zählen sie nicht als zwei Zustände, sondern nur als einer.

Der Paschen-Back-Effekt stellt sozusagen das Bindeglied zwischen dem extremen Paschen-Back-Effekt und den Russell-Saunders-Zuständen dar. Wir wollen uns den Zusammenhang an unserem Beispiel zweier äquivalenter p-Elektronen ansehen. Durch Addition der Spinorientierungs-Quantenzahlen der einzelnen Elektronen erhält man die Orientierungsquantenzahl M_S für den Gesamtspin. Ebenso erhält man durch Addition der Orbitalorientierungs-Quantenzahlen der einzelnen Elektronen die Orientierungsquantenzahl M_L für den Gesamt-Orbitaldrehimpuls. Aus diesen Zahlen aber kann man sofort die Russell-Saunders-Zustände ablesen. Wenn $M_S = +1$ oder -1 (oder auch 0) ist, so bedingt dies das Auftreten von Triplettzuständen, da bei diesen ja $S = 1$ ist. Die Werte $M_S = +1$ oder -1 sind aber nur möglich, wenn $M_L = +1, 0$ oder -1 ist, nicht aber wenn $M_L = +2$ oder -2 ist. Denn in diesem Fall wären die Spin- und die Orbitalorientierungs-Quantenzahlen beider Elektronen und damit alle Quantenzahlen gleich, was nach dem Pauli-Prinzip verboten ist. Es können darum nur ^3P-Zustände auftreten, aber keine ^3D-Zustände. Außer den neun Kombinationen von M_S und M_L, die dem ^3P-Zustand entsprechen, bleiben nur noch die Werte $M_S = 0$ und $M_L = +2$, $+1, 0, -1$ und -2. Diese bilden zusammen, wie man leicht sieht, die Russell-Saunders-

Zustände ^1D und ^1S. Für zwei äquivalente p-Elektronen sind somit die Russell-Saunders-Zustände $^3P_0$, $^3P_1$, $^3P_2$, $^1D_2$ und $^1S_0$ erlaubt.

In Tafel VI.2 sind die Russell-Saunders-Zustände für äquivalente s-, p-, d- und in einigen Fällen auch für f-Elektronen aufgeführt.

Tafel VI.2. Erlaubte Russell-Saunders-Zustände für äquivalente Elektronen.

Äquivalente s-Elektronen

$s - {}^2S$
$s^2 - {}^1S$

Äquivalente p-Elektronen

$p^1 -$	^2P			
$p^2 - {}^1S$		^1D	^3P	
$p^3 -$	^2P	^2D		^4S
$p^4 - {}^1S$		^1D	^3P	
$p^5 -$	^2P			
$p^6 - {}^1S$				

Äquivalente d-Elektronen

$d^1 -$	^2D					
$d^2 - {}^1(SDG)$		$^3(PF)$				
$d^3 -$	^2D		$^2(PDFGH)$	$^4(PF)$		
$d^4 - {}^1(SDG)$		$^3(PF)$	$^1(SDFGI)$	$^3(PDFGH)$	^5D	
$d^5 -$	^2D		$^2(PDFGH)$	$^4(PF)$	$^4(SDFGI)$	$^4(DG)$	^6S
$d^6 - {}^1(SDG)$		$^3(PF)$	$^1(SDFGI)$	$^3(PDFGH)$	^5D	
$d^7 -$	^2D		$^2(PDFGH)$	$^4(PF)$		
$d^8 - {}^1(SDG)$		$^3(PF)$				
$d^9 -$	^2D					
$d^{10} - {}^1S$						

Äquivalente f-Elektronen

f^1	^2F	
f^2	$^1(SDGI)$	$^3(PFH)$
f^{12}	$^1(SDGI)$	$^3(PFH)$
f^{13}	^2F	
f^{14}	^1S	

Der Landé-Faktor g. Zwischen dem magnetischen Moment eines Atoms und seinem Drehimpuls läßt sich eine einfache Beziehung angeben. Die Bohrsche Einheit des Drehimpulses ist $\hbar$, die des magnetischen Moments das Bohrsche Magneton. Als Landé-Faktor bezeichnet man das Verhältnis des magnetischen Moments in Bohrschen Magnetonen zum Drehimpuls in der Bohrschen Einheit $\hbar$. Der Landé-Faktor für das orbital-magnetische Moment ist 1, d.h. ein Elektron mit x Orbitaldrehimpuls-Einheiten hat ein orbitalmagnetisches Moment von x Bohrschen Magnetonen.

Der Proportionalitätsfaktor für die entsprechende Beziehung zwischen dem spin-magnetischen Moment des Elektrons und seinem Spin ist annähernd doppelt so groß, mit anderen Worten der Landé-Faktor für den Spin ist 2.

Für ein Atom in einem Russell-Saunders-Zustand kann der Landé-Faktor mit Hilfe der trigonometrischen Formel für die Winkel, die die Vektoren S und L mit dem Vektor J bilden, berechnet werden. Der Gesamtdrehimpuls in Einheiten $\hbar$ beträgt $[J(J+1)]^{1/2}$. Das magnetische Moment in Richtung des Gesamtdrehimpulsvektors (die Komponente senkrecht zum Gesamtdrehimpuls leistet natürlich keinen Beitrag) erhält man als Summe der Komponenten des orbital- und des spinmagnetischen Moments in Richtung des Vektors J. Nach Einsetzen von $[S(S+1)]^{1/2}$ und $[L(L+1)]^{1/2}$ für die Beträge der Vektoren S und L liefert die entsprechende trigonometrische Formel die folgende Gleichung für den Landé-Faktor:

$$g(J) = \frac{3J(J+1) + S(S+1) - L(L+1)}{2J(J+1)} \qquad \text{(VI.1)}$$

Die allgemeine, für beliebige Werte der Einzelfaktoren g_S und g_L gültige Beziehung lautet

$$g(J) = 1/2(g_S + g_L) + 1/2(g_S - g_L)\frac{S(S+1) - L(L+1)}{J(J+1)} \qquad \text{(VI.2)}$$

Diese Gleichung kann zum Beispiel auf kernmagnetische Momente angewandt werden (vgl. Abschnitt 26.7). Für ein umlaufendes Proton hat g_L den Wert 1, für ein umlaufendes Triton den Wert 1/3. Die Werte von g_S für das Proton und das Triton sind in der letzten Spalte von Tafel 26.2 angegeben.

Anhang VII

Hybridbindungsorbitale

Wie in Abschnitt 5.3 erwähnt, ist die Elektronendichte von s-Orbitalen kugelsymmetrisch, die von p-Orbitalen dagegen in einer Raumrichtung konzentriert, und zwar weisen die drei p-Orbitale p_x, p_y und p_z einer Schale in die x-, die y- bzw. die z-Richtung (siehe Abbildung 5.10). Wie weiter in Abschnitt 6.4 ausgeführt, können das $2s$-Orbital und die drei $2p$-Orbitale des Kohlenstoffatoms (oder das $3s$- und die drei $3p$-Orbitale im Fall von Silicium, und so fort) gemeinsam vier einander gleichwertige Hybridorbitale bilden, die in Richtung der vier Ecken eines Tetraeders weisen; von den möglichen sp-Hybridbindungsorbitalen sind die tetraedrischen die besten (d.h. stabilsten). Die Winkelabhängigkeit eines solchen tetraedrischen sp-Hybridbindungsorbitals ist in Abbildung VII.1 veranschaulicht.

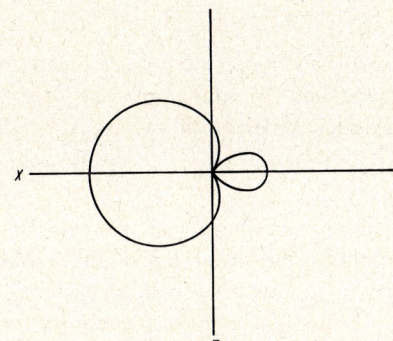

Abb. VII.1. Die Winkelabhängigkeit eines tetraedrischen Orbitals mit Bindungsrichtung entlang der x-Achse.

Ableitung der Existenz und Eigenschaften der tetraedrischen Orbitale. Die wellenmechanische Ableitung der genannten tetraedrischen Bindungsorbitale läßt sich wie folgt durchführen. Wir setzen voraus, daß die radialen Anteile der Wellenfunktion ψ_s einerseits und ψ_{p_x}, ψ_{p_y} und ψ_{p_z} andererseits (siehe Anhang V) einander so ähnlich sind, daß wir die Unterschiede vernachlässigen können. Die winkelabhängigen Anteile, die wir dann allein zu betrachten haben, sind

$$\begin{aligned} s &= 1 \\ p_x &= \sqrt{3}\sin\theta\cos\phi \\ p_y &= \sqrt{3}\sin\theta\sin\phi \\ p_z &= \sqrt{3}\cos\theta \end{aligned} \qquad (VII.1)$$

wobei θ und ϕ die Winkel des räumlichen Polarkoordinatensystems sind. Die Funktionen sind bereits auf 4π normiert, das heißt, das Integral

$$\int_{\Phi=0}^{2\pi} \int_{\theta=0}^{\pi} f^2 \sin\theta \, d\theta \, d\phi$$

des Quadrats der Wellenfunktion über die gesamte Oberfläche einer Kugel nimmt den Wert 4π an. Weiterhin sind die Funktionen *zueinander orthogonal*, was besagt, daß das Integral des Produkts von zwei beliebigen dieser Funktionen (etwa des Produkts sp_x oder $p_x p_y$) über die gesamte Kugeloberfläche den Wert null hat.
Wir fragen nun, ob sich aus den Wellenfunktionen durch Linearkombination („Mischen") eine neue Funktion

$$f = as + bp_x + cp_y + dp_z \qquad (\text{VII.2})$$

bilden läßt (ebenfalls auf 4π normiert, was $a^2 + b^2 + c^2 + d^2 = 1$ erfordert), deren Bindungsstärke die der reinen s- und p-Orbitale übersteigt. Sofern es eine solche Funktion gibt, fragen wir weiter nach den Werten der Koeffizienten, bei denen sie die größte Bindungsfestigkeit erreicht. Die Richtung der Bindung ist ohne Belang; wir wählen die z-Achse. Es läßt sich leicht zeigen, daß p_x und p_y die Stärke einer Bindung in dieser Richtung nicht vergrößern, sondern nur verkleinern können. Wir dürfen ihren Einfluß daher hier vernachlässigen und die gesuchte Funktion somit in der Form schreiben:

$$f_1 = as + (1-a^2)^{1/2} p_z \qquad (\text{VII.3})$$

wobei d entsprechend der Normierungsbedingung durch $(1-a^2)^{1/2}$ ersetzt ist. Für die betrachtete Bindungsrichtung $\theta = 0$ erhält man durch Einsetzen der entsprechenden Ausdrücke für s und p_z

$$f_1(\theta = 0) = a + [3(1-a^2)]^{1/2} \qquad (\text{VII.4})$$

Um zu bestimmen, bei welchem Wert von a dieser Ausdruck seinen Maximalwert annimmt, differenzieren wir nach a und setzen die Ableitung gleich null. Das Ergebnis ist $a = 1/2$. Das beste Bindungsorbital in der z-Richtung ist damit

$$f_1 = \frac{1}{2}s + \frac{\sqrt{3}}{2}p_z = \frac{1}{2} + \frac{3}{2}\cos\theta. \qquad (\text{VII.4})$$

Es hat die in Abbildung VII.1 gezeigte Form. Wie sich durch Einsetzen von $\theta = 0$, $\cos\theta = 1$ ergibt, ist seine Bindungsstärke in z-Richtung 2 und liegt damit höher als die reiner s- und p-Orbitale (Bindungsstärke 1 bzw. 1,732).
Wir suchen nun eine Funktion

$$f_2 = as + bp_x + dp_z$$

die zu f_1 orthogonal ist, also der Bedingung genügt:

$$\int_{\Phi=0}^{2\pi} \int_{\theta=0}^{\pi} f_1 f_2 \sin\theta \, d\theta \, d\phi = 0$$

und fragen nach ihrem Maximalwert sowie der Richtung, in der sie diesen erreicht. (Da p_y ausgelassen worden ist, muß die Richtung in der xz-Ebene liegen.) Die hier nicht im einzelnen wiedergegebene Rechnung führt zu folgender Form der gesuchten Funktion:

$$f_2 = \frac{1}{2}s + \frac{\sqrt{2}}{\sqrt{3}}p_x - \frac{1}{2\sqrt{3}}p_z \qquad (VII.5)$$

Sie erweist sich als der Funktion f_1 vollkommen gleichwertig und unterscheidet sich von dieser lediglich durch eine Rotation um 109°28' in der xz-Ebene. In gleicher Weise lassen sich noch zwei weitere Funktionen gewinnen, die sich ebenfalls von f_1 nur in ihrer räumlichen Ausrichtung unterscheiden.

Wir können einen Satz gleichwertiger tetraedrischer Bindungsorbitale, die sich nur in ihrer Orientierung unterscheiden, wie folgt angeben:

$$\begin{aligned} t_{111} &= {}^1/_2\,(s + p_x + p_y + p_z) \\ t_{1\bar{1}\bar{1}} &= {}^1/_2\,(s + p_x - p_y - p_z) \\ t_{\bar{1}1\bar{1}} &= {}^1/_2\,(s - p_x + p_y - p_z) \\ t_{\bar{1}\bar{1}1} &= {}^1/_2\,(s - p_x - p_y + p_z) \end{aligned} \right\} \qquad (VII.6)$$

(Die Indices von t geben die Raumrichtung an; sie nennen die Koordinaten x, y und z eines Punkts in der betreffenden Richtung, und zwar bezeichnen 1 und $\bar{1}$ die Koordinatenwerte 1 bzw. -1.)

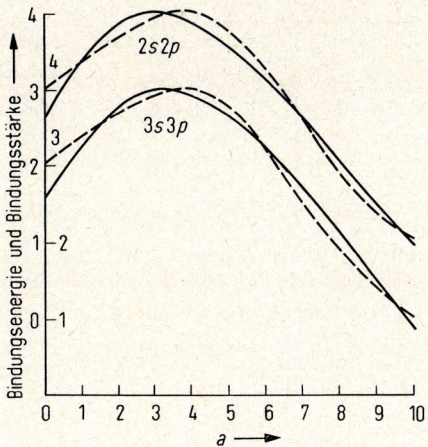

Abb. VII.2. Quadratwerte der Bindungsstärke (gestrichelte Kurven) und berechnete Bindungsenergien (ausgezogene Kurven) für sp-Hybridbindungsorbitale in Abhängigkeit vom s-Charakter. Die Abszisse erstreckt sich von reinen p-Orbitalen ($a = 0$, links) bis zu reinen s-Orbitalen ($a = 10$, rechts). Das obere Kurvenpaar gilt für L-Orbitale ($2s$ und $2p$), das untere mit verschobener Ordinatenskala für M-Orbitale ($3s$ und $3p$).

Die Bindungsstärke des sp-Hybridorbitals nimmt mit wachsendem p-Charakter vom Wert 1 (für das reine s-Orbital) zunächst bis zum Maximalwert 2 (für das tetraedrische Orbital) zu und fällt dann auf 1,732 (für das reine p-Orbital) ab. Diese Abhängigkeit kommt in den gestrichelten Kurven in Abbildung VII.2 zum Ausdruck, die das Quadrat der Bindungsstärke als Funktion des Hybridcharakters der Bindung darstellen. Das Quadrat der Bindungsstärke entspricht dem Produkt der Stärken zweier gleichwertiger

Orbitale von zwei Atomen, die eine Bindung eingehen, und ist ein brauchbares Maß für die Fähigkeit zur Bindungsbildung, wie in der guten Übereinstimmung mit den ausgezogenen Kurven zum Ausdruck kommt, die die berechnete Energie einer Ein-Elektronen-Bindung in Abhängigkeit vom Hybridcharakter angeben.

Oktaedrische Orbitale. Die winkelabhängigen Anteile der Wellenfunktionen der fünf d-Orbitale sind gegeben durch

$$\left.\begin{aligned}
d_{z^2} &= \sqrt{5/4}\,(3\cos^2\theta - 1) \\
d_{yz} &= \sqrt{15}\,\sin\theta\cos\theta\cos\phi \\
d_{xz} &= \sqrt{15}\,\sin\theta\cos\theta\sin\phi \\
d_{xy} &= \sqrt{15/4}\,\sin^2\theta\sin 2\phi \\
d_{x^2+y^2} &= \sqrt{15/4}\,\sin^2\theta\cos 2\phi
\end{aligned}\right\} \tag{VII.7}$$

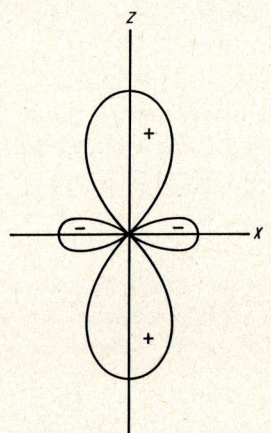

Abb. VII.3. Die Winkelabhängigkeit des d_{z^2}-Orbitals.

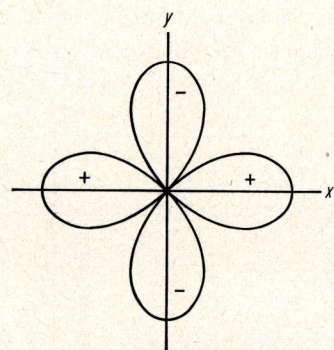

Abb. VII.4. Die Winkelabhängigkeit des $d_{x^2+y^2}$-Orbitals.

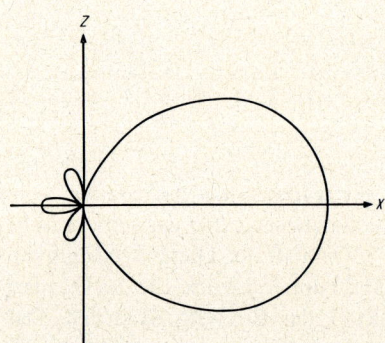

Abb. VII.5. Die Winkelabhängigkeit eines oktaedrischen d^2sp^3-Orbitals mit Bindungsrichtung entlang der x-Achse.

Die Winkelabhängigkeit des d_{z^2}-Orbitals zeigt Abbildung VII.3. Das Orbital ist bezüglich der z-Achse rotationssymmetrisch und besteht aus zwei positiven, tropfenförmigen Bereichen in den Richtungen $+z$ und $-z$ und einem negativen Ring in der xy-Ebene. Die Knotenflächen stehen zur z-Achse im Winkel von $54°44'$ bzw. $125°16'$. Die Stärke des Orbitals ist $\sqrt{5} = 2{,}236$.

Die vier anderen, durch Gleichung VII.7 gegebenen d-Orbitale unterscheiden sich in ihrer Gestalt vom d_{z^2}-Orbital, sind jedoch einander von der räumlichen Ausrichtung abgesehen gleichwertig. Die Winkelabhängigkeit eines von ihnen, des $d_{x^2+y^2}$-Orbitals, zeigt Abbildung VII.4. Die Wellenfunktion hat die Gestalt eines vierblättrigen Kleeblatts; die beiden positiven Bereiche haben ihre Extremwerte in den Richtungen $+x$ und $-x$, die beiden negativen in den Richtungen $+y$ und $-y$. Die Stärke (Wert der Wellenfunktion für diese Richtungen) beträgt $1{,}936$. Im Gegensatz zu den drei p-Orbitalen haben die fünf d-Orbitale nicht alle die gleiche Gestalt.

Falls nur zwei d-Orbitale zur Hybridisierung mit den s- und p-Orbitalen verfügbar sind, können, wie eine eingehendere Betrachtung zeigt, sechs einander gleichwertige Orbitale der Stärke $2{,}923$ gebildet werden (Abb. VII.5), die in Richtung der Ecken eines regelmäßigen Oktaeders weisen. Dieser Satz von sechs gleichwertigen d^2sp^3-Orbitalen ist gegeben durch

$$\left.\begin{aligned}
\psi_1 &= \frac{1}{\sqrt{6}}s + \frac{1}{\sqrt{2}}p_z + \frac{1}{\sqrt{3}}d_{z^2} \\
\psi_2 &= \frac{1}{\sqrt{6}}s - \frac{1}{\sqrt{2}}p_x + \frac{1}{\sqrt{3}}d_{z^2} \\
\psi_3 &= \frac{1}{\sqrt{6}}s + \frac{1}{\sqrt{2}}p_x + \frac{1}{\sqrt{12}}d_{z^2} + \frac{1}{2}p_{x^2+y^2} \\
\psi_4 &= \frac{1}{\sqrt{6}}s - \frac{1}{\sqrt{2}}p_x + \frac{1}{\sqrt{12}}d_{z^2} + \frac{1}{2}d_{x^2+y^2} \\
\psi_5 &= \frac{1}{\sqrt{6}}s + \frac{1}{\sqrt{2}}p_y + \frac{1}{\sqrt{12}}d_{z^2} - \frac{1}{2}d_{x^2+y^2} \\
\psi_6 &= \frac{1}{\sqrt{6}}s - \frac{1}{\sqrt{2}}p_y + \frac{1}{\sqrt{12}}d_{z^2} - \frac{1}{2}d_{x^2+y^2}
\end{aligned}\right\} \quad \text{(VII.8)}$$

Quadratische Bindungsorbitale. In den kovalenten Komplexen des zweiwertigen Nickels, zum Beispiel im Tetracyanoniccolat(II)-Ion, $Ni(CN)_6^{2-}$, besetzen die 26 inneren Elektronen paarweise die folgenden Orbitale: das $1s$-, $2s$- und $3s$-Orbital, die drei $2p$- und die drei $3p$-Orbitale sowie vier der $3d$-Orbitale. Damit bleiben zur Bindungsbildung das fünfte $3d$-Orbital sowie das $4s$- und die drei $4p$-Orbitale verfügbar. Wie eine Rechnung zeigt, können aus diesen durch Hybridisierung vier starke Bindungsorbitale gebildet werden, die in Richtung der Ecken eines Quadrats weisen. Legt man die Bindungen in die Richtung $+x$, $-x$, $+y$ und $-y$, so sind die Orbitale gegeben durch

$$\left.\begin{aligned} \psi_1 &= \frac{1}{2}s + \frac{1}{\sqrt{2}}p_x + \frac{1}{2}d_{xy} \\ \psi_2 &= \frac{1}{2}s - \frac{1}{\sqrt{2}}p_x + \frac{1}{2}d_{xy} \\ \psi_3 &= \frac{1}{2}s + \frac{1}{\sqrt{2}}p_y - \frac{1}{2}d_{xy} \\ \psi_4 &= \frac{1}{2}s - \frac{1}{\sqrt{2}}p_y - \frac{1}{2}d_{xy} \end{aligned}\right\} \quad \text{(VII.9)}$$

Die Bindungsstärke dieser Orbitale ist mit 2,694 erheblich größer als die der tetraedrischen sp^3-Orbitale mit 2,000. An der Bildung der quadratischen Orbitale beteiligen sich nur zwei der drei 4p-Orbitale, und das dritte kann vom Nickelatom zur Bildung einer zusätzlichen, allerdings recht schwachen Bindung benutzt werden.

Komplexe mit oktaedrischen und quadratischen Bindungsorbitalen werden in Kapitel 19 und Anhang XIV erörtert.

Anhang VIII

Bindungs- und Dissoziationsenergien

Wie wir in Abschnitt 6.11 ausgeführt hatten, läßt sich ein in sich konsistenter Satz von Bindungsenergien aufstellen, derart, daß die Bildungswärmen von Substanzen (im Gaszustand und für Bildung aus den Atomen) sich jeweils als die Summe der Bindungsenergien aller Bindungen in der Molekel ergeben. Natürlich ist diese Forderung nur an Substanzen zu stellen, die sich durch eine einzige Valenzstruktur befriedigend wiedergeben lassen. Eine solche Liste von Bindungsenergien ist in Tafel VIII.1 angegeben.

Tafel VIII.1. Bindungsenergien von Einfachbindungen.

H—H	436 kJ mol^{-1}	C—H	415 kJ mol^{-1}	Si—Cl	396 kJ mol^{-1}
Li—Li	111	Si—H	295	Si—Br	289
Na—Na	75	N—H	391	Si—I	213
K—K	55	P—H	322	Ge—Cl	408
Rb—Rb	52	As—H	245	N—O	175
Cs—Cs	45	O—H	463	N—F	270
B—B	255	S—H	368	N—Cl	200
C—C	344	Se—H	277	P—O	360
Si—Si	187	Te—H	241	P—F	486
Ge—Ge	157	H—F	563	P—Cl	317
Sn—Sn	143	H—Cl	432	P—Br	266
N—N	159	H—Br	366	P—I	218
P—P	217	H—I	299	As—O	311
As—As	134	B—C	312	As—F	466
Sb—Sb	126	B—O	460	As—Cl	288
Bi—Bi	105	B—S	276	As—Br	236
O—O	143	B—F	582	As—I	174
S—S	266	B—Cl	388	O—F	212
Se—Se	184	B—Br	310	O—Cl	210
Te—Te	168	C—Si	290	O—Br	217
F—F	158	C—N	292	O—I	241
Cl—Cl	243	C—O	350	S—Cl	277
Br—Br	193	C—S	259	S—Br	239
I—I	151	C—F	441	Se—Cl	243
Li—H	245	C—Cl	328	Cl—F	251
Na—H	202	C—Br	276	Br—F	249
K—H	182	C—I	240	Br—Cl	218
Rb—H	167	Si—O	432	I—F	281
Cs—H	175	Si—S	227	I—Cl	210
B—H	331	Si—F	590	I—Br	178

Die meisten Eintragungen sind auf etwa 3 kJ mol⁻¹ zuverlässig, so daß man auf ihnen aufbauenden Rechnungen innerhalb einer solchen Fehlergrenze pro Bindung vertrauen darf (vgl. die Beispiele in der Aufgabe am Ende dieses Anhangs).

Werte für Einfachbindungen, die in der Tafel nicht aufgeführt sind, lassen sich ungefähr abschätzen mit Hilfe der Beziehung zwischen Bindungsenergie und Elektronegativitätsdifferenz:

$$E(A-B) = {}^1\!/_2 \{ E(A-A) + E(B-B) \} + 100(x_A - x_B)^2 - 6{,}5(x_A - x_B)^4 \text{ kJ mol}^{-1} \quad (VIII.1)$$

Zum Beispiel ist die Bildungswärme von Br_2O bisher nicht bestimmt worden. Br_2O ist eine unbeständige Substanz, die die Struktur

$$\begin{array}{c} :\!\ddot{B}r\!: \\ | \\ :\!\ddot{O}\text{-}\ddot{B}r\!: \end{array}$$

haben dürfte. Mit Gleichung VIII.1 und den Elektronegativitätswerten in Tafel 6.4 ergibt sich für die Energie der Br—O-Bindung ein Wert von 215 kJ mol⁻¹:

$$E(Br-O) = {}^1\!/_2 (193 + 143) + 100(3{,}5 - 2{,}8)^2 - 6{,}5(3{,}5 - 2{,}8)^4$$
$$= 168 + 49 - 2 = 215 \text{ kJ mol}^{-1}$$

Für die Bildung von $Br_2O(g)$ aus den Atomen sollte die Bildungswärme somit 430 kJ mol⁻¹ betragen. Mit Hilfe der Enthalpien der Atome relativ zu den Elementen im Normalzustand (Tafel VIII.3) können wir nun die Normal-Bildungswärme – also für Bildung aus den Elementen im Normalzustand – voraussagen:

$$2\,Br(g) + O(g) \to Br_2O(g) + 430 \text{ kJ mol}^{-1}$$
$$Br_2(fl) \to 2\,Br(g) - 224 \text{ kJ mol}^{-1}$$
$$1/2\,O_2(g) \to O(g) - 249 \text{ kJ mol}^{-1}$$
$$Br_2(fl) + 1/2\,O_2(g) \to Br_2O(g) - 43 \text{ kJ mol}^{-1}$$

Die Bildungswärme sollte hiernach einen kleinen negativen Wert haben. Daß der Schätzwert negativ ist, mag erklären, warum die Substanz sich so leicht zersetzt.

Bindungsenergien für Mehrfachbindungen sind in Tafel VIII.2 angegeben.

Tafel VIII.3 enthält ΔH-Werte der Bildung von Gasatomen aus den Elementen in deren Normalzustand und erleichtert die Umrechnung der Bildungswärmen für Bildung aus den Atomen auf die Normal-Bildungswärmen.

Tafel VIII.2. Bindungsenergien von Mehrfachbindungen.

C=C	615 kJ mol⁻¹	(−81)[1]		C≡C	812 kJ mol⁻¹	(−232)
N=N	418	(+96)		N≡N	946	(+460)
O=O[2]	402	(+124)		C≡N	890	(+15)
C=N	615	(+31)		P≡P	490	(−160)
C=O	725	(+25)				
C=S	477	(−41)				

1 Werte in Klammern geben die Differenzen A=B − 2(A—B) bzw. A≡B − 3(A—B) an. Positive Werte zeigen, daß eine Struktur mit Doppel- bzw. Dreifachbindung stabiler ist als eine mit Einfachbindungen.

2 Dieser Wert bezieht sich auf den ersten Anregungszustand von O_2, ein Singulettzustand, der als Doppelbindungszustand angesehen werden kann.

Tafel VIII.3. Enthalpien einatomiger Gase von Elementen, bezogen auf die Elemente im Normalzustand (in kJ mol⁻¹).

H	218,0								
Li	160,7	C	715,0	N	472,7	O	249,2	F	78,9
Na	107,8	Si	443,5	P	333,9	S	279	Cl	121,0
K	89,2	Ge	328	As	254	Se	202	Br	111,9
Rb	86	Sn	301	Sb	254	Te	199	I	106,9
Cs	79	Pb	194	Bi	208				

Dissoziationsenergie von Bindungen. Unter der Dissoziationsenergie einer Bindung in einer Molekel versteht man die Energie, die zum Bruch dieser Bindung allein erforderlich ist, also zur Spaltung der Molekel in zwei Teile, die die Bindung ursprünglich zusammengehalten hatte. Zum Beispiel ist die Dissoziationsenergie der C—C-Bindung in Äthan, H_3C—CH_3, die Enthalpie der Dissoziation von Äthan in zwei Methylradikale, ·CH_3.

Für zweiatomige Molekeln sind die Bindungsenergie und die Dissoziationsenergie der Bindung einander gleich, für mehratomige Molekeln dagegen sind sie in der Regel verschieden. Natürlich muß die Summe der Dissoziationsenergien, die sich auf Abbruch aller Bindungen eine nach der anderen bezieht, der Summe aller Bindungsenergien in der Molekel gleich sein.

Unterschiede zwischen Bindungs- und Dissoziationsenergien lassen sich gewöhnlich mit bekannten, besonderen Merkmalen der Elektronenstruktur der Dissoziationsprodukte erklären, wie die nachstehende Aufgabe erläutern soll.

Aufgabe 1. Wie groß ist die Dissoziationsenergie der O—H-Bindung in H_2O und in OH? Auf welche strukturellen Eigenschaften läßt sich der Unterschied zwischen den beiden Werten zurückführen?

Lösung. Aus den Enthalpiewerten in Tafel 7.1 ergeben sich die folgenden Reaktionswärmen:

$$1/2\,H_2(g) + 1/2\,O_2(g) \rightarrow OH(g) - 42\,\text{kJ mol}^{-1}$$
$$H(g) \rightarrow 1/2\,H_2(g) + 218$$
$$O(g) \rightarrow 1/2\,O_2(g) + 248$$
$$\overline{H(g) \quad + \quad O(g) \rightarrow \quad OH(g) + 424\,\text{kJ mol}^{-1}}$$

und

$$H_2(g) + 1/2\,O_2(g) \rightarrow H_2O(g) + 242\,\text{kJ mol}^{-1}$$
$$OH(g) \rightarrow 1/2\,H_2(g) + 1/2\,O_2(g) + 42$$
$$H(g) \rightarrow 1/2\,H_2(g) + 218$$
$$\overline{H(g) \quad + \quad OH(g) \rightarrow \quad H_2O(g) + 502\,\text{kJ mol}^{-1}}$$

Hieraus können wir ersehen, daß beim Aufbrechen der beiden O—H-Bindungen der Wassermolekel eine nach der anderen die Dissoziationsenergie für die erste 502 kJ mol⁻¹, für die zweite dagegen nur 424 kJ mol⁻¹ beträgt. (Der Mittelwert, 463 kJ mol⁻¹, ist in Tafel VIII.1 als Bindungsenergie der O—H-Bindung angegeben.)

Zur Beantwortung der Frage, welche strukturellen Eigenschaften für den Unterschied verantwortlich zu machen sind, betrachten wir die Elektronenstrukturen von H_2O, OH und O. (Für die Elektronenstruktur des Wasserstoffatoms spielt es keine Rolle, ob das Atom als erstes oder zweites abgespalten worden ist; sie ist in beiden Fällen $1s\,^2S$ und hat damit auf den Unterschied zwischen der ersten und zweiten Dissoziationsenergie keinen Einfluß.)

Die Wassermolekel enthält am Sauerstoffatom zwei einsame Elektronenpaare, die das $2s$- und ein $2p$-Orbital besetzen. Die anderen beiden $2p$-Orbitale werden zur Bildung der beiden O—H-Bindungen in Anspruch genommen. Die beiden Bindungen bestehen aus je einem Paar von Elektronen entgegengesetzten Spins, die sozusagen zwischen den beiden Atomen ihre Plätze vertauschen.

Das OH-Radikal, das beim Abspalten des ersten Wasserstoffatoms hinterbleibt, hat die Struktur :Ö—H. Auch hier trägt das Sauerstoffatom zwei einsame Elektronenpaare, ein $2s$- und ein $2p$-Paar. Von den anderen beiden $2p$-Orbitalen bewerkstelligt das eine wie zuvor eine O—H-Bindung, während das andere ein ungepaartes Elektron enthält. Das ungepaarte Elektron kann seinen Spin entweder in positiver oder in negativer Richtung einstellen; die Energie ist in beiden Fällen die gleiche, da die anderen Elektronen in der Molekel alle gepaart sind.

Beim Abspalten des zweiten Wasserstoffatoms hinterbleibt ein Sauerstoffatom, :Ö·, das ein $2s$- und ein $2p$-Elektronenpaar sowie zwei ungepaarte Elektronen in den beiden anderen $2p$-Orbitalen aufweist.

Als die beiden nun ungepaarten Elektronen als Bindungselektronen fungierten, waren ihre Spins im wesentlichen gleich oft parallel und antiparallel eingestellt. Im Sauerstoffatom führt jedoch die parallele Einstellung zu einem Triplettzustand, ^3P, die antiparallele Einstellung dagegen zu zwei Singulettzuständen, ^1D und ^1S (siehe Russell-Saunders-Kopplung, Abschnitt 5.3). Die Wechselwirkung der Elektronen im Atom hat zur Folge, daß der Zustand mit parallelen Spins (größte Multiplizität) stabiler ist als die Zustände mit antiparallelen Spins. Der Grundzustand des Sauerstoffatoms ist daher der Triplettzustand, ^3P, den wir mit dem Strukturbild :O ↑↑ kennzeichnen können. Der stabilisierenden Wechselwirkung der beiden parallelen Elektronenspins im Sauerstoffatom ist es zu verdanken, daß in der Wassermolekel die Dissoziationsenergie der zweiten Bindung geringer ist als die der ersten.

Anhang IX

Dampfdruck des Wassers bei verschiedenen Temperaturen

Temperatur °C	Dampfdruck	Temperatur °C	Dampfdruck
−10 (Eis)	0,0028 atm	27	0,0352 atm
−5 (Eis)	,0042	28	,0373
0	,0060	29	,0395
5	,0086	30	,0419
10	,0121	35	,0555
15	,0168	40	,0728
16	,0179	45	,0946
17	,0191	50	,1217
18	,0204	60	,1965
19	,0217	70	,3075
20	,0231	80	,4672
21	,0245	90	,6917
22	,0261	100	1,0000
23	,0277	110	1,414
24	,0294	150	4,698
25	,0313	200	15,340
26	,0332	300	84,774

Anhang X

Eine weitere Ableitung des Boltzmannschen Verteilungssatzes

Die in Abschnitt 9.6 angegebene Ableitung des Boltzmannschen Verteilungssatzes beschreitet einen neuartigen Weg. Die übliche Ableitung, die in den meisten Lehrbüchern der statistischen Mechanik zu finden ist, macht von der Stirlingschen Näherungsformel und der Methode der unbestimmten Multiplikatoren nach Lagrange Gebrauch. Wegen der grundlegenden Bedeutung des Themas und der zusätzlichen Einsicht, die diese Ableitung vermitteln mag, sei sie in diesem Anhang kurz wiedergegeben.

Wir beginnen mit Gleichung 9.22:

$$\text{Anzahl von Zuständen von gleichartigen Molekeln} = \frac{n^N}{\prod_{j=1}^{\infty} N_j!} \quad \text{(X.1)}$$

Wir suchen nach den Werten von N_j, für die diese Funktion ihren Maximalwert annimmt, der der wahrscheinlichsten Verteilung der Molekeln auf die Quantenzustände entspricht. Es erweist sich zweckmäßig, mit dem natürlichen Logarithmus der Funktion, also mit

$$\text{natürlicher Logarithmus der Anzahl von Zuständen} = N \ln n - \sum_{j=1}^{\infty} \ln(N_j!) \quad \text{(X.2)}$$

zu arbeiten, der naturgemäß sein Maximum bei denselben Werten von N_j erreicht wie die ursprüngliche Funktion. Der logarithmische Ausdruck läßt sich vereinfachen mit Hilfe der Stirlingschen Nährungsformel für den Logarithmus einer Fakultät:

$$\ln x! = x \ln x - x \quad \text{(X.3)}$$

(erläutert am Ende dieses Anhangs), einer sehr guten Näherung bei hohen Werten von x. Wir erhalten damit

$$\text{natürlicher Logarithmus der Anzahl von Zuständen} = N \ln n - \sum_{j=1}^{\infty} N_j \ln N_j + \sum_{=1}^{\infty} N_j \quad \text{(X.4)}$$

Unsere Aufgabe besteht im Auffinden des Maximums dieser Funktion hinsichtlich der Werte der Variablen N_1, N_2 usw., und zwar unter den Nebenbedingungen konstanter Gesamtzahl von Molekeln und konstanter Gesamtenergie des Systems, also unter den Bedingungen $\Sigma N_j = N = $ konst. und $\Sigma N_j E_j = E_{\text{ges}} = $ konst.

Hierbei kommt ein Verfahren zur Behandlung von Problemen mit Variablen, die Nebenbedingungen unterliegen, sehr gelegen, nämlich die Lagrange-Methode der unbestimmten Multiplikatoren, die wir dem großen französischen Mathematiker Joseph Louis Lagrange (1736–1813) verdanken.

Wir führen die Funktion ein

$$F = N\ln n - \sum_{j=1}^{\infty} N_j \ln N_j + \sum_{j=1}^{\infty} N_j + a \sum_{j=1}^{\infty} N_j - \beta \sum_{j=1}^{\infty} N_j E_j \qquad (X.5)$$

die sich von der Funktion X.4 nur durch das Auftreten zweier zusätzlicher Terme $a\Sigma N_j$ und $-\beta\Sigma N_j E_j$ unterscheidet (deren Koeffizienten a und β später Werte zugewiesen werden sollen). Beide Terme sind jedoch konstant, denn ΣN_j ist gerade die Gesamtzahl von Molekeln und $\Sigma N_j E_j$ die Gesamtenergie des Systems. Die Funktion F hat deshalb ihr Maximum bei denselben Werten von N_j wie die Funktion X.4.

Zum Festlegen des Maximums differenzieren wir F partiell nach N_j und setzen die Ableitung gleich null:

$$\frac{\partial F}{\partial N_j} = -\ln N_j - 1 + 1 + a - \beta E_j = 0$$

Hieraus folgt

$$\ln N_j = a - \beta E_j$$

und damit

$$N_j = \exp a \exp(-\beta E_j) \qquad (X.6)$$

Die Zahl N_j gibt an, wieviele Molekeln die n Ein-Molekel-Zustände mit Energie E_j (oder sehr nahe E_j) einnehmen. Folglich ist N_j/n die Besetzungswahrscheinlichkeit jedes der einzelnen Quantenzustände mit dieser Energie. Wir wollen diese Wahrscheinlichkeit N_i nennen; sie beträgt

$$N_i = NC \exp(-\beta E_i) \qquad (X.7)$$

wobei NC für $(\exp a)/n$ eingesetzt ist. Der Wert von C ist so zu normieren, daß die Summe aller Wahrscheinlichkeiten N_i die Gesamtzahl N der Molekeln ergibt. Hieraus folgt

$$C = \frac{1}{\sum_{i=1}^{\infty} \exp(-\beta E_i)} \qquad (X.8)$$

Gleichungen X.7 und X.8 sind dieselben wie Gleichungen 9.28 und 9.29 in Abschnitt 9.6 und ergeben nach Einsetzen von $\beta = 1/kT$ den Boltzmannschen Verteilungssatz in seiner üblichen Form.

Eine Näherungsformel für $N!$ kann wie folgt abgeleitet werden. Wir betrachten das bestimmte Integral

$$\int_{x=3/2}^{N+1/2} \ln x \, dx$$

Während x das Intervall von 3/2 bis 5/2 überstreicht, hat der Integrand $\ln x$ einen Durchschnittswert von ungefähr $\ln 2$ (Wert am Mittelpunkt des Intervalls). Im Intervall von 5/2 bis 7/2 ist der Durchschnittswert ungefähr $\ln 3$, und so fort bis zum Wert

$\ln N$ für das Intervall von $N - 1/2$ bis $N + 1/2$. Aber $\ln 2 + \ln 3 + \ldots + \ln N$ ist offenbar $\ln N!$, so daß

$$\ln N! \simeq \int_{x=3/2}^{N+1/2} \ln x \, dx$$

(Dieses Näherungsverfahren, das das bestimmte Integral unter Benutzung von Mittelpunktswerten des Integranden durch eine Summe ersetzt, geht auf Isaac Newton zurück und ist nach ihm benannt.) Andererseits ergibt die bestimmte Integration

$$\int_{x=3/2}^{N+1/2} \ln x \, dx = (N+1/2)\ln(N+1/2) - (N+1/2) - (3/2)\ln(3/2) + 3/2$$

Nach der Newtonschen Näherung ist also die rechte Seite dieses Ausdrucks ungefähr gleich $\ln N!$. Eine bessere Näherung liefert die von dem schottischen Mathematiker James Stirling (1692–1770) angegebene Formel

$$\ln N! = (N+1/2)\ln N - N + (1/2)\ln 2\pi \tag{X.9}$$

Für $N = 15$ zum Beispiel ist $\ln N! = 27{,}899$, und die Stirlingsche Formel ergibt $27{,}894$, die Newtonsche vergleichsweise $27{,}875$. Für sehr hohe Werte von N wird gewöhnlich die vereinfachte Formel $\ln N! \simeq N \ln N - N$ benutzt.

Anhang XI

Der Boltzmannsche Verteilungssatz in der klassischen Mechanik

In der klassischen Mechanik kann der Zustand eines Teilchens durch Angabe von dessen Ortskoordinaten x, y und z sowie den zugehörigen Komponenten v_x, v_y und v_z der Teilchengeschwindigkeit beschrieben werden. In der klassischen statistischen Mechanik ist es im allgemeinen zweckmäßiger, statt der Geschwindigkeitskomponenten die Impulskomponenten $p_x = mv_x$, $p_y = mv_y$ und $p_z = mv_z$ zu benutzen, wobei m die Masse des Teilchens angibt.

Unser System bestehe aus einem einzelnen Teilchen in einem rechteckigen Kasten des Volumens V und befinde sich mit seiner Umgebung der absoluten Temperatur T im Gleichgewicht. Wir fragen nach der Wahrscheinlichkeit, das Teilchen im Volumenelement mit Ortskoordinaten zwischen x und $x + \mathrm{d}x$, y und $y + \mathrm{d}y$ sowie z und $z + \mathrm{d}z$ und mit Impulskomponenten zwischen p_x und $p_x + \mathrm{d}p_x$, p_y und $p_y + \mathrm{d}p_y$ sowie p_z und $p_z + \mathrm{d}p_z$ anzufinden. Wie Maxwell und Boltzmann zeigen konnten, lautet die Antwort

$$\text{Wahrscheinlichkeit} = C \exp(-E/kT)\,\mathrm{d}x\,\mathrm{d}y\,\mathrm{d}z\,\mathrm{d}p_x\,\mathrm{d}p_y\,\mathrm{d}p_z \tag{XI.1}$$

Hierbei ist C ein Normierungsfaktor. Ein ähnlicher Ausdruck tritt im Zähler wie im Nenner von Gleichung 9.30 auf, nur daß dort das Quantengewicht 1 an Stelle des Differentials $\mathrm{d}x\,\mathrm{d}y\,\mathrm{d}z\,\mathrm{d}p_x\,\mathrm{d}p_y\,\mathrm{d}p_z$ erscheint. In der klassischen Theorie ist die Anzahl erlaubter Zustände unbegrenzt, ist jedoch dem sechsdimensionalen Volumenelement $\mathrm{d}x\,\mathrm{d}y\,\mathrm{d}z\,\mathrm{d}p_x\,\mathrm{d}p_y\,\mathrm{d}p_z$ proportional. Der Boltzmannsche Exponentialfaktor ist derselbe in der klassischen wie in der Quantentheorie.

In der klassischen Theorie ist die Energie E die Summe der kinetischen und der potentiellen Energie. Die kinetische Energie, $1/2\,mv^2$, hängt nur von den Impulskomponenten ab:

$$E_{\mathrm{kin}} = \frac{1}{2}mv^2 = \frac{p_x^2}{2m} + \frac{p_y^2}{2m} + \frac{p_z^2}{2m}$$

und die potentielle Energie nur von den Ortskoordinaten x, y und z. [Zum Beispiel hat ein Teilchen im Schwerefeld der Erde die potentielle Energie mgz, wobei z die vertikale Ortskoordinate (Höhe über der Erdoberfläche) und g die Erdbeschleunigung ist.] Da $E = E_{\mathrm{kin}} + E_{\mathrm{pot}}$, kann der Exponentialfaktor $\exp[-(E_{\mathrm{kin}} + E_{\mathrm{pot}})/kT]$ als Produkt zweier Faktoren geschrieben werden: $\exp(-E_{\mathrm{kin}}/kT)\exp(-E_{\mathrm{pot}}/kT)$. Die in Gleichung XI.1 angegebene Wahrscheinlichkeit erscheint damit als das Produkt einer Funktion von x, y und z und einer Funktion von p_x, p_y und p_z. Die Möglichkeit, die Wahrscheinlichkeit in solcher Form anzugeben, zeigt, daß die von $E_{\mathrm{pot}}(x,y,z)$ abhängende Wahrscheinlichkeitsverteilung im Ortsraum x, y, z und die von $E_{\mathrm{kin}}(p_x,p_y,p_z)$ abhängende

Wahrscheinlichkeitsverteilung im Impulsraum p_x, p_y, p_z unabhängig voneinander behandelt werden können. Die entsprechenden Ausdrücke lauten

Wahrscheinlichkeit im Ortsraum $= A \exp(-E_{\text{pot}}/kT)\,\mathrm{d}x\,\mathrm{d}y\,\mathrm{d}z$ \hfill (XI.2)

Wahrscheinlichkeit im Impulsraum $= B \exp(-E_{\text{kin}}/kT)\,\mathrm{d}p_x\,\mathrm{d}p_y\,\mathrm{d}p_z$ \hfill (XI.3)

wobei A und B Normierungsfaktoren sind. Gleichung XI.3 führt unmittelbar zum Maxwell-Boltzmannschen Molekulargeschwindigkeitsverteilungsgesetz, das wir in Abschnitt 9.5 behandelt haben.

Anhang XII

Die Entropie idealer Gase

Die Entropie S eines Systems ist in Gleichung 10.4 durch die Boltzmannsche Beziehung
$$S = k \ln W \tag{XII.1}$$
definiert worden, die den Zusammenhang zwischen Entropie und Multiplizität W des Systems (Anzahl mit der Beschreibung des makroskopischen Zustands des Systems verträglicher Quantenzustände) zum Ausdruck bringt.
Betrachten wir nun ein System, das aus N nicht unterscheidbaren, einatomigen Molekeln besteht. Die molekulare Multiplizität sei w. Ein besonders einfacher Fall liegt vor, wenn jeder Molekel w Quantenzustände gleicher Energie zugänglich sind. Wir fragen nach der Anzahl Quantenzustände W des Systems, das heißt, nach der Anzahl Möglichkeiten, die N nicht unterscheidbaren Molekeln auf w molekulare Quantenzustände zu verteilen. Die Antwort lautet
$$W = \frac{w^N}{N!} \tag{XII.2}$$
Jede Molekel kann nämlich jeden beliebigen der w Quantenzustände einnehmen, was zu w^N Verteilungsmöglichkeiten führen würde. Die Zahl der Möglichkeiten muß jedoch noch durch $N!$ geteilt werden, weil ein Austausch nicht unterscheidbarer Molekeln den Zustand des Systems unverändert läßt. (Wir betrachten hier Fälle, in denen w sehr groß gegenüber N ist.) Mit der Stirlingschen Formel für $N!$ erhalten wir auf diese Weise für die Entropie
$$S = k \ln W = R \ln w - R \ln N + R \tag{XII.3}$$
Diese Ableitung war davon ausgegangen, daß alle w Quantenzustände die gleiche Besetzungswahrscheinlichkeit haben sollten. Nun ist aber die Besetzungswahrscheinlichkeit eines molekularen Quantenzustands bei der Temperatur T dem Boltzmann-Faktor $\exp(-E_i/kT)$ proportional, wie wir in Abschnitt 9.6 gezeigt hatten.
Die durchschnittliche Energie der Molekeln sei $\langle E \rangle$. Wir dürfen dann erwarten, daß die molekularen Quantenzustände mit Energien nahe $\langle E \rangle$ vollauf zur molekularen Multiplizität beitragen. Dieser Forderung und gleichzeitig dem Boltzmannschen Verteilungssatz genügt die folgende Beziehung für die molekulare Multiplizität w:
$$w = \exp(\langle E \rangle/kT) \sum_i \exp(-E_i/kT) \tag{XII.4}$$
Für ein einatomiges Gas bei Temperaturen, bei denen Gleichverteilung erreicht ist,

wissen wir, daß $\langle E \rangle = {}^3/_2 \, kT$. Wir kennen weiterhin die Dichte der Quantenzustände auf der Energieskala (siehe Gleichung 9.18):

$$dN = \frac{4\pi 2^{1/2} m^{3/2} V}{h^3} E^{1/2} dE \tag{XII.5}$$

Verwendung dieses Ausdrucks in Gleichung XII.4 und Ersetzen der Summe durch das entsprechende Integral ergibt

$$w = \frac{4\pi 2^{1/2} m^{3/2} V}{h^3} \exp(3/2) \int_0^\infty \exp(-E/kT) E^{1/2} dE \tag{XII.6}$$

Das bestimmte Integral $\int_{x=0}^\infty \exp(-x/a) x^{1/2} dx$ hat bekanntlich den Wert $\pi^{1/2} a^{3/2}/2$. Damit ergibt sich für w:

$$w = \frac{(2\pi k T m)^{3/2} V}{h^3} \exp(3/2)$$

Einsetzen dieses Ausdrucks für w in Gleichung XII.3 führt zu der folgenden Beziehung für die molare Entropie eines idealen, einatomigen Gases im Temperaturbereich, in dem Gleichverteilung gewährleistet ist:

$$S = {}^3/_2 \, R \ln m + {}^3/_2 \, R \ln T + R \ln V$$
$$- R \ln N + {}^3/_2 \, R + {}^5/_2 \, R \ln(2\pi k/h^2) \tag{XII.7}$$

Diese Gleichung ist unter dem Namen Sackur-Tetrode-Gleichung bekannt, den sie zu Ehren von O. Sackur und H. Tetrode trägt, zwei deutschen Wissenschaftlern, die sie 1912 mittels der alten Quantentheorie zuerst erhalten hatten. Ihre Aufstellung und experimentelle Bestätigung haben bei der Entwicklung des dritten Hauptsatzes der Thermodynamik eine wichtige Rolle gespielt.

Drückt man m durch das Molekulargewicht M aus und setzt für die Konstanten die entsprechenden Werte ein, so erhält man

$$S = {}^3/_2 \, R \ln M + {}^3/_2 \, R \ln T + R \ln V + 11{,}11 \text{ J grad}^{-1} \text{ mol}^{-1} \tag{XII.8}$$

und nach Ersatz von V durch RT/P

$$S = {}^3/_2 \, R \ln M + {}^5/_2 \, R \ln T - R \ln P - 9{,}69 \text{ J grad}^{-1} \text{ mol}^{-1} \tag{XII-9}$$

(mit Angabe von V in l mol^{-1} und P in atm). Diese beiden Gleichungen erscheinen im Text als Gleichungen 10.6 und 10.7.

Die molekulare Zustandssumme. Die Behandlung in den meisten Lehrbüchern der statistischen Mechanik macht von der sogenannten *molekularen Zustandssumme (partition function)* q Gebrauch, die wie folgt definiert ist:

$$q = \sum_i \exp(-E_i/kT) \tag{XII.10}$$

Offensichtlich ist sie der molekularen Multiplizität (Gleichung XII.4) nahe verwandt, von der sie sich nur um den Faktor $\exp(-\langle E \rangle / kT)$ unterscheidet.

Zu einer Beziehung zwischen q und der durchschnittlichen Energie pro Molekel gelangt man wie folgt. Differenzieren von $\ln q$ nach T ergibt

$$\frac{\mathrm{d}\ln q}{\mathrm{d}T} = \frac{1}{q}\frac{\mathrm{d}q}{\mathrm{d}T} = \frac{1}{kT^2 q} \sum_i E_i \exp(-E_i/kT) \tag{XII.11}$$

Da $\frac{1}{q}\exp(-E_i/kT)$ die Wahrscheinlichkeit angibt, die Molekel im Zustand mit Energie E_i anzutreffen, ist die rechte Seite der Gleichung offenbar die durchschnittliche Energie geteilt durch kT^2. Gleichung XII.11 läßt sich damit umformen zu

$$\langle E \rangle = kT^2 \frac{\mathrm{d}\ln q}{\mathrm{d}T} \tag{XII.12}$$

Die Molwärme erhält man durch Differenzieren von $\langle E \rangle$ nach T und Multiplizieren der Ableitung mit N. Die Entropie pro Mol ergibt sich aus Gleichung XII.3 durch Einsetzen von $q\exp(\langle E \rangle/RT)$ für w:

$$S = \frac{\langle E \rangle}{T} + R\ln q - R\ln N + R \tag{XII.13}$$

Gleichungen XII.12 und XII.13 erscheinen in Lehrbüchern der statistischen Thermodynamik.

Anhang XIII

Dielektrische Polarisation und elektrisches Dipolmoment von Atomen, Ionen und Molekeln[1])

Wie in Abschnitt 6.9 erwähnt, hat die Untersuchung der dielektrischen Eigenschaften von Substanzen viel zur Aufklärung von deren Molekularstruktur beigetragen. Bringt man eine Substanz in ein elektrisches Feld, so verändert sich die Ladungsverteilung. Die Elektronen verschieben sich ein wenig gegenüber den zugehörigen Kernen, und auch die Kerne verschieben sich etwas relativ zueinander. Man nennt diesen Vorgang *dielektrische Polarisation*. Die Theorie dieser Erscheinung ist weit genug entwickelt, uns Einblick in die Zusammenhänge zwischen Polarisation und Eigenschaften der Atome, Ionen oder Molekeln, aus denen die Substanz besteht, zu verschaffen.

Dielektrische Polarisation und Dielektrizitätskonstante. Setzt man ein Gas, eine Flüssigkeit oder einen kubischen Kristall der Wirkung eines elektrischen Feldes aus, so werden die positiv und negativ geladenen Partikel, aus denen die Substanz besteht, relativ zueinander etwas verschoben. (Wir wollen uns hier auf kubische Kristalle beschränken, weil bei anderen insofern Komplikationen auftreten, als die betrachteten Eigenschaften dort richtungsabhängig sind. Die Kristalle sind bezüglich dieser Eigenschaften, wie man sagt, nicht isotrop.) Das Feld induziert in der Substanz ein elektrisches Moment. Dieses ist definiert als das Produkt aus der Ladung und dem Abstand zwischen dem positiven und dem negativen Ladungsmittelpunkt. Das elektrische Moment eines Ionenpaares mit der Ladung $+e$ und $-e$ und dem Abstand d voneinander beträgt also de. Das pro Volumeneinheit induzierte mittlere elektrische Moment bezeichnet man als die dielektrische Polarisation P. Durch die Polarisation entsteht im Innern des Stoffes ein Polarisationsfeld von der Größe $4\pi P$, das sich mit dem von außen angelegten Feld E zusammensetzt zu

$$D = E + 4\pi P \qquad (XIII.1)$$

Die Größe D bezeichnet man in der elektromagnetischen Theorie als die *dielektrische Verschiebung*.

Je leichter sich ein Stoff polarisieren läßt, desto größer ist bei gegebener Feldstärke die Polarisation P und damit auch die dielektrische Verschiebung D. Das Verhältnis

$$\varepsilon = \frac{D}{E} = 1 + \frac{4\pi P}{E} \qquad (XIII.2)$$

ist die Dielektrizitätskonstante (DK) des Stoffes. Um diese zu bestimmen, bringt man

---

[1] Mit geringfügigen Änderungen übernommen aus *Die Natur der chemischen Bindung* von Linus Pauling, übersetzt von H. Noller, Verlag Chemie, 1962.

den Stoff zwischen die Platten eines Kondensators und mißt dessen Kapazität. Das Verhältnis der Kapazität mit und ohne Stoff – man nennt diesen Stoff auch das Dielektrikum des Kondensators – ist die gesuchte Dielektrizitätskonstante.

Zur Messung seiner Kapazität kann man den Kondensator parallel zu einem geeichten, veränderlichen Kondensator in einen Schwingkreis einschalten und durch Drehen am veränderlichen Kondensator den Schwingkreis auf eine bestimmte Frequenz abstimmen. Kennt man die dieser Frequenz entsprechende Kapazität – man kann sie natürlich einfach bestimmen, indem man den zu messenden Kondensator wegläßt –, so ergibt sich sofort die gesuchte Kapazität. Denn für diese Frequenz muß die Summe der Kapazitäten im Kreis natürlich immer gleich sein.

Wir betrachten zunächst die Dielektrizitätskonstante eines verdünnten Gases. Die Molekeln sollen kein permanentes Dipolmoment besitzen und so weit auseinander sein, daß sie einander nicht beeinflussen und unabhängig zur Polarisation beitragen. Wir nehmen an, daß das elektrische Feld E in jeder Molekel ein Dipolmoment von der Größe aE induziert. Der Proportionalitätsfaktor a heißt die dielektrische Polarisierbarkeit der Molekel (siehe Abschnitt 11.4). Wir fragen nun nach dem Dipolmoment pro Volumeneinheit. Die Anzahl der Mole pro Volumeneinheit ist gleich dem Quotienten aus der Dichte ρ und dem Molekulargewicht M, die Anzahl der Molekeln pro Volumeneinheit gleich dem Produkt aus diesem Quotienten und der Avogadroschen Zahl N. Folglich ist das pro Volumeneinheit induzierte Dipolmoment die Polarisation des Gases:

$$P = N \frac{\rho}{M} a E \tag{XIII.3}$$

Zusammen mit Gleichung XIII.2 erhält man daraus:

$$(\varepsilon - 1) \frac{M}{\rho} = 4\pi N a. \tag{XIII.4}$$

Diese Gleichung gilt nicht für Flüssigkeiten oder Kristalle, sondern lediglich für Substanzen, deren Dielektrizitätskonstante sich nur wenig von eins unterscheidet, z.B. für Gase. Bei anderen Substanzen muß man den Einfluß der Dipole benachbarter Molekeln berücksichtigen. Denn auch diese erzeugen ein elektrisches Feld, das aber von Ort zu Ort verschieden ist. Jede Molekel steht unter dem Einfluß des elektrischen Feldes, das in dem von ihr eingenommenen Raumgebiet herrscht. Man nennt es das Lokalfeld, und bei vielen Substanzen wird das Lokalfeld ausreichend durch die 1850 von Clausius und Mosotti abgeleitete Gleichung wiedergegeben. Man geht dabei von der Vorstellung aus, daß jede Molekel einen kugelförmigen Hohlraum besetzt. Die Substanz außerhalb des Hohlraums wird durch das angelegte Feld polarisiert. Wie eine einfache Rechnung ergibt, entsteht als Folge der Polarisation P, d.h. als Folge der Verschiebung der positiven und negativen Ladungen, innerhalb des Hohlraums ein Feld der Stärke $(4\pi/3) P$, und zwar zusätzlich zum angelegten Feld E. Das Lokalfeld hat somit die Stärke:

$$E_{\text{lokal}} = E + \frac{4\pi}{3} P \tag{XIII.5}$$

und die Polarisation pro Volumeneinheit ist

$$P = N \frac{\rho}{M} a E_{\text{lokal}} = N\rho \frac{a}{M} (E + \frac{4\pi}{3} P) \tag{XIII.6}$$

Aus dieser Gleichung und der Definition der Dielektrizitätskonstanten gemäß Gleichung XIII.2 erhält man:

$$\frac{\varepsilon-1}{\varepsilon+2} \cdot \frac{M}{\rho} = \frac{4\pi}{3} Na \qquad (XIII.7)$$

Diese sogenannte Lorenz-Lorentz-Gleichung (vgl. Gleichung 11.19), die 1880 aufgestellt wurde, ist eine Kombination der Clausius-Mossottischen Gleichung für das Lokalfeld mit der Vorstellung der Polarisierbarkeit der Molekeln.

Die Wechselwirkung zwischen einer elektromagnetischen Welle, z.B. sichtbarem Licht, und einer Substanz ist in der Hauptsache die Wechselwirkung zwischen dem elektrischen Feld der Welle und der elektrischen Ladung der Substanz. Die Größe der Wechselwirkung hängt von der Dielektrizitätskonstanten ab. Zwischen dieser und dem Brechungsindex n existiert die einfache Beziehung:

$$\varepsilon = n^2 \qquad (XIII.8)$$

Das Ausmaß der Polarisation durch das elektrische Feld der elektromagnetischen Welle hängt von der Schwingungsfrequenz der Welle ab. So beträgt die Dielektrizitätskonstante des Wassers 81, wenn die Frequenz sehr klein oder null ist, z.B. in einem statischen Feld. Für sichtbares Licht sinkt sie auf 1,78. Dieses unterschiedliche Verhalten hat folgenden Grund. Die Wassermolekeln sind permanente elektrische Dipole. In einem statischen elektrischen Feld und auch noch im Feld einer elektromagnetischen Welle geringer Frequenz können diese Dipole sich nach dem Feld ausrichten, wodurch die Polarisation ganz erheblich ansteigt. Im hochfrequenten elektrischen Wechselfeld des sichtbaren Lichts ist eine solche Ausrichtung nicht mehr möglich. Die Molekeln sind zu träge. Allein die Polarisation der Elektronen leistet hier einen Beitrag zur Dielektrizitätskonstanten. Den Beitrag der Orientierungspolarisation zur Dielektrizitätskonstanten werden wir weiter unten ausführlicher behandeln.

Die Lorenz-Lorentz-Gleichung für den Brechungsindex lautet:

$$R = \frac{n^2-1}{n^2+2} \cdot \frac{M}{\rho} = \frac{4\pi}{3} Na \qquad (XIII.9)$$

Die Größe R bezeichnet man als Molrefraktion.

Werte der Polarisierbarkeit a einiger Atome, Ionen und Molekeln sind in Tafel 11.4 und 11.5 angegeben.

Die Debye-Gleichung für die Dielektrizitätskonstante. Wir wollen nun auf die Dielektrizitätskonstante eines Gases eingehen, dessen Molekeln ein permanentes elektrisches Dipolmoment der Größe μ_0 haben (siehe Abschnitt 6.9). Nach Debye ist die Molpolarisation in diesem Fall:

$$P = \frac{4\pi(\varepsilon-1)MN}{3(\varepsilon+2)\rho} \left(\frac{\mu_0^2}{3kT} + a \right) \qquad (XIII.10)$$

Diese Gleichung erhält man durch Erweitern von Gleichung XIII.4 um einen Ausdruck, der den durch bevorzugte Ausrichtung der permanenten Dipole in Feldrichtung bedingten Anteil in Rechnung stellt. Dieser Anteil ergibt sich wie folgt. Für ein molekulares Dipolmoment μ_0, dessen Vektor im Winkel θ zur Feldrichtung steht, ist die Komponente in Feldrichtung $\mu_0 \cos\theta$ und die Energie der Wechselwirkung mit dem Feld dementsprechend $-\mu_0 E \cos\theta$. Die Wahrscheinlichkeit, daß der Dipolvektor in eine Richtung weist, die in den differentiellen Sektor $\theta \, d\theta \, d\phi$ fällt, ist gemäß dem Boltzmannschen Prinzip gegeben durch $\exp(\mu_0 E \cos\theta / kT) \sin\theta \, d\theta \, d\phi$. Der durchschnittliche Wert der Komponente in Feldrichtung ist demnach

$$\langle \mu \rangle = \frac{\int_0^{2\pi} \int_0^{\pi} \mu_0 \cos\theta \exp(\mu_0 E \cos\theta / kT) \sin\theta \, d\theta \, d\phi}{\int_0^{2\pi} \int_0^{\pi} \exp(\mu_0 E \cos\theta / kT) \sin\theta \, d\theta \, d\phi} \tag{XIII.11}$$

(Das Integral im Nenner dient zur Normierung der Wahrscheinlichkeit.) Zur Auswertung der Integrale entwickelt man am einfachsten die Exponentialterme in eine Reihe und bricht jeweils nach dem ersten nicht verschwindenden Glied ab:

$$\langle \mu \rangle = \frac{\mu_0^2 E}{kT} \frac{\int_0^{2\pi} \int_0^{\pi} \cos^2\theta \sin\theta \, d\theta \, d\phi}{4\pi} \tag{XIII.12}$$

Das Integral ist nach Division durch 4π gerade der Mittelwert von $\cos^2\theta$, über die ganze Kugeloberfläche genommen. Sein Betrag ist 1/3. Die quantenmechanische Rechnung liefert genau den gleichen Wert, und zwar ergibt er sich hier als Mittelwert des Ausdrucks

$$\frac{M^2_J}{J(J+1)}$$

mit $M_J = J, J-1, \ldots -J$, wobei J entweder ganz- oder halbzahlig sein kann. Somit ist, quantenmechanisch und klassisch:

$$\langle \mu \rangle = \frac{\mu_0^2 E}{3kT}$$

Nach Division durch E erhält man daraus den ersten Term im Klammerausdruck auf der rechten Seite von Gleichung XIII.10. Er entspricht dem Beitrag der permanenten Dipolmomente der Molekeln. Der zweite Term mit α enthält die Elektronenpolarisation der Molekeln, außerdem die sogenannte Atompolarisation, die geringfügige Verschiebung der Kerne gegeneinander unter der Wirkung des Feldes. Er ist von der Temperatur unabhängig.

Die Dielektrizitätskonstante von Chlorwasserstoff nimmt z.B. von 1,0055 bei 200 K auf 1,0028 bei 500 K ab, jeweils bezogen auf konstante Dichte, die bei 0 °C einem Druck von 1 atm entsprechen würde. Trägt man die (zu $\varepsilon - 1$ proportionale) Polarisation gegen $1/T$ auf, so ergibt sich aus der Neigung für μ_0 ein Wert von 0,225 ε Å. Umfangreiche Tabellen von Dipolmomenten von Gasen und Molekeln in Lösung sind in Handbüchern zu finden. Die Angabe erfolgt gewöhnlich in Debyeschen Einheiten, $1 \, D = 1 \cdot 10^{-18}$ Statcoulomb cm. Zur Umrechnung auf εÅ sind diese Werte durch 4,803 zu teilen (1 εÅ = 4,803 D).

Die Beziehung zwischen dem elektrischen Dipolmoment und dem partiellen Ionencharakter von Bindungen ist in Abschnitt 6.9 erörtert worden.

Anhang XIV

Die magnetischen Eigenschaften von Substanzen[1])

Je nach dem Verhalten von Substanzen im Magnetfeld unterscheidet man zwischen den folgenden Arten von Magnetismus: Diamagnetismus, Paramagnetismus, Ferromagnetismus, Antiferromagnetismus und Ferrimagnetismus. Die Beobachtung der magnetischen Eigenschaften von Substanzen läßt Rückschlüsse auf deren Elektronenstruktur zu.

Diamagnetismus. Wie schon Faraday entdeckt hat, erzeugt ein äußeres Magnetfeld in den meisten Stoffen ein dem Feld entgegengerichtetes magnetisches Moment. Solche Substanzen nennt man diamagnetisch. Stoffe, in denen ein dem äußeren Feld gleichgerichtetes Moment entsteht, bezeichnet man als paramagnetisch.

In einem inhomogenen Magnetfeld wirkt auf einen diamagnetischen Körper eine Kraft, die ihn aus dem Gebiet großer Feldstärke herauszutreiben sucht. Diese Kraft ist proportional der diamagnetischen Suszeptibilität χ des Stoffes, die als das Verhältnis des induzierten magnetischen Moments μ zur Feldstärke H definiert ist:

$$\mu = \chi H \qquad (XIV.1)$$

Die üblichen Methoden zur Bestimmung der magnetischen Suszeptibilität beruhen auf der Messung dieser Kraft.

Man trifft häufig auf die irrige Vorstellung, ein Stab aus paramagnetischem Material würde sich in einem homogenen Magnetfeld parallel zu den Feldlinien ausrichten, ein Stab aus diamagnetischem Material aber senkrecht dazu. In Wirklichkeit stellen sich im homogenen Feld beide Stäbe parallel zu den Feldlinien.

Betrachten wir nun einen kreisförmigen Metalldraht. Während des Anlegens eines Magnetfelds senkrecht zur Ebene des Kreises wird im Draht ein Strom induziert. Mit diesem Strom ist wiederum ein Magnetfeld verknüpft, das dem erzeugenden Feld entgegengerichtet ist und einem magnetischen Dipol gleicht.

Die Elektronen eines Atoms oder eines einatomigen Ions werden durch ein Magnetfeld zu einer zusätzlichen Umlaufbewegung um eine Achse veranlaßt, die parallel zu den Feldlinien durch den Atomkern verläuft. Diese Umlaufbewegung, die sogenannte Larmor-Präzession, hat die Winkelgeschwindigkeit $eH/2mc$. Wenn ρ der Abstand des Elektrons von der Drehachse ist, so beträgt sein Drehimpuls $eH\rho^2/2c$. Da das Ver-

---

[1] Größtenteils übernommen aus *Die Natur der chemischen Bindung* von Linus Pauling, übersetzt von H. Noller, Verlag Chemie, 1962.

hältnis des magnetischen Moments zum Drehimpuls hier durch den Faktor $-e/2mc$ gegeben ist, entspricht dieser Umlaufbewegung des Elektrons ein magnetisches Moment von $-e^2\rho^2 H/4mc^2$. Demnach ist die molare diamagnetische Suszeptibilität:

$$\chi_{\text{mol}} = -\frac{Ne^2}{4mc^2}\sum_i \langle \rho_i^2 \rangle \tag{XIV.2}$$

Hierbei ist $\langle \rho_i^2 \rangle$ der Mittelwert von ρ^2 für das i-te Elektron. Die Summe ist über alle Elektronen zu bilden. Da $\rho^2 = x^2 + y^2$ und $r^2 = x^2 + y^2 + z^2$ ist (ρ = Zylinderradius = Abstand des Elektrons von der Achse der Umlaufbewegung; r = Abstand des Elektrons vom Atomkern), so gilt für kugelsymmetrische Elektronenverteilung $\langle \rho^2 \rangle = {}^2/_3 \langle r^2 \rangle$. Anstelle von Gleichung XIV.2 können wir dann schreiben:

$$\chi_{\text{mol}} = -\frac{Ne^2}{6mc^2}\sum_i \langle r_i^2 \rangle \tag{XIV.3}$$

Aus dem experimentellen Wert der diamagnetischen Suszeptibilität kann man $\Sigma \langle r_i^2 \rangle$ berechnen. Doch kommt man so nur bei den Edelgasen auf annehmbare Werte. Bei vielatomigen Molekeln ist es meist nicht mehr so einfach, aus der diamagnetischen Suszeptibilität auf Struktureigenschaften zu schließen. Die diamagnetische Suszeptibilität ist darum für die Strukturchemie ohne besonderen Wert.
Einige diamagnetische Kristalle, z.B. Graphit, Wismut, Naphthalin und andere aromatische Stoffe, zeigen ausgeprägte diamagnetische Anisotropie. Bei Kristallen von Benzol-Derivaten beträgt die molare diamagnetische Suszeptibilität $-54 \cdot 10^{-6}$ cgsu mol^{-1}, wenn das Feld senkrecht zur Ringebene liegt, und $-37 \cdot 10^{-6}$ cgsu mol^{-1}, wenn es parallel dazu angelegt ist. Diese Anisotropie kann man benutzen, um die Orientierung der aromatischen Molekeln in Kristallen zu ermitteln.
Die diamagnetische Suszeptibilität (pro Mol oder pro Gramm) ist im allgemeinen von der Temperatur unabhängig. Für Wasser beträgt sie $-0,719 \cdot 10^{-6}$ cgsu g^{-1} und für die meisten organischen Stoffe liegen die Werte zwischen $-0,55$ und $-0,75 \cdot 10^{-6}$ cgsu g^{-1}.

Paramagnetismus. Als paramagnetisch bezeichnet man allgemein nur solche Stoffe, deren magnetische Momente dem erzeugenden Feld gleichgerichtet und seiner Stärke proportional sind. Diese Definition schließt ferromagnetische Stoffe aus. Die Suszeptibilitäten der meisten paramagnetischen Stoffe sind einige hundert- bis einige tausendmal so groß wie die üblichen diamagnetischen Suszeptibilitäten und haben positives Vorzeichen. Die Massensuszeptibilitäten – bezogen auf ein Gramm – liegen bei paramagnetischen Stoffen in der Größenordnung 10^{-4} und 10^{-3} cgsu g^{-1} bei diamagnetischen etwa bei $-1 \cdot 10^{-6}$ cgsu g^{-1}. Auch paramagnetische Stoffe haben natürlich einen diamagnetischen Beitrag zur Gesamtsuszeptibilität.
Pierre Curie hat 1895 gezeigt, daß die paramagnetische Suszeptibilität stark von der Temperatur abhängt und bei vielen Stoffen umgekehrt proportional zur absoluten Temperatur ist. Die Gleichung

$$\chi_{\text{mol}} = \frac{C_{\text{mol}}}{T} + D \tag{XIV.4}$$

heißt das Curiesche Gesetz, die Konstante C_{mol} die molare Curiesche Konstante. D hat negativen Zahlenwert und stellt den diamagnetischen Beitrag dar.

Der deutsche Physiker Wilhelm Weber (1804–1891) stellte 1854 eine Theorie auf, nach der der Paramagnetismus auf die Ausrichtung kleiner parmanenter Magnete in der betreffenden Substanz zurückgeht, der Diamagnetismus dagegen auf die Induktion von Strömen, wie oben erläutert. Eine quantitative Behandlung unter Verwendung des Boltzmannschen Verteilungssatzes führte dann Paul Langevin (1872–1946), ein französischer Physiker, im Jahr 1895 durch. Die Theorie ist die gleiche wie für die Ausrichtung elektrischer Dipole (siehe Anhang XIII) und führt zu der Gleichung

$$C_{mol} = \frac{N\mu^2}{3k} \tag{XIV.5}$$

in der μ das magnetische Moment pro Atom oder Molekel ist.

Das magnetische Moment μ ist mit der molaren Curie-Konstante durch die Gleichung verknüpft:

$$\mu \text{ (in Bohrschen Magnetonen)} = 2{,}824\, C_{mol}^{1/2} \tag{XIV.6}$$

Die Curiesche Gleichung gilt für Gase, Lösungen und auch für einige Kristalle. Für andere kristalline Stoffe benötigt man eine allgemeinere Gleichung, wie sie P. Weiss im Jahr 1907 abgeleitet hat. Nach der Annahme von Weiss ist das Lokalfeld, das die Dipole ausrichtet, gleich dem angelegten Feld und einem zusätzlichen Feld, das proportional der magnetischen Volumenpolarisation M ist:

$$H_{lokal} = H + aM. \tag{XIV.7}$$

Mit Hilfe des Boltzmannschen Verteilungssatzes gelangt man zur Gleichung:

$$M = \frac{N\rho\mu^2}{3kTW}(H + aM), \tag{XIV.8}$$

in der ρ die Dichte und W das Molekulargewicht bedeuten. Die Molsuszeptibilität ist definiert als:

$$\chi_{mol} = \frac{WM}{\rho H} \tag{XIV.9}$$

Die Gleichungen XIV.8 und XIV.9 ergeben zusammen die Weiss'sche Gleichung:

$$\chi_{mol} = \frac{C_{mol}}{T - \Theta} \tag{XIV.10}$$

wobei

$$\Theta = \frac{N\rho\mu^2 a}{3kW} \tag{XIV.11}$$

die sogenannte Curie-Temperatur darstellt und C_{mol} durch Gleichung XIV.5 gegeben ist.

Wenn die Weiss'sche Gleichung erfüllt ist, muß die Auftragung von $1/\chi_{mol}$ gegen T eine gerade Linie ergeben. Abbildung XIV.1 zeigt Messungen an drei Kobalt(II)-Salzen. Von sehr tiefen Temperaturen abgesehen, erhält man tatsächlich gerade Linien. Alle drei Geraden haben etwa die gleiche Neigung, und diese ist der reziproke Wert der

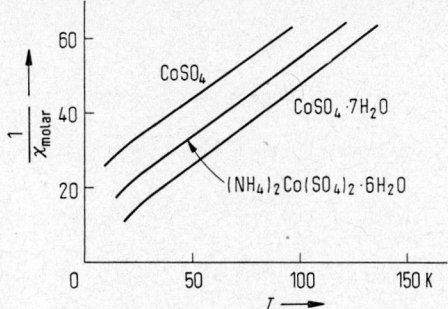

Abb. XIV.1. Reziprokwerte der molaren magnetischen Suszeptibilität von drei Kobalt(II)-verbindungen.

Curie-Konstante. Demnach hat das Kobalt(II)-Atom in allen drei Substanzen das gleiche magnetische Moment.

Das magnetische Kriterium für die Bindungsart. Wie sich herausgestellt hat, gelangt man zu einer befriedigenden Erklärung der magnetischen Momente von Komplexen, indem man die nicht an Bindungen beteiligten Elektronen den stabilen, nicht für Bindungen in Anspruch genommenen Orbitalen ihrer Atome in solcher Weise zuordnet, daß der Zustand höchster Stabilität erreicht wird. Maßgeblich für die Stabilität sind dabei die Hundschen Regeln für Atome (siehe Abschnitt 5.3); insbesondere sind Orbitale gleicher Energie so zu besetzen, daß die größtmögliche Multiplizität resultiert, das heißt, die größtmögliche Zahl ungepaarter Elektronenspins, die nach dem Pauli-Prinzip zugelassen ist. Mit Hilfe des magnetischen Moments kann man so häufig zwischen mehreren zur Diskussion stehenden Arten der Hybridisierung der Valenzorbitale entscheiden. Dieses magnetische Kriterium wollen wir in den folgenden Abschnitten auf oktaedrische und quadratische Komplexe anwenden.

Die magnetischen Momente oktaedrischer Komplexe. Von oktaedrischen Komplexen von Übergangsmetallen der Eisengruppe (sowie auch der Platinmetalle) mit der allgemeinen Formel MX_6 sind zwei hauptsächliche Arten von Elektronenstrukturen zu erwarten.
Bei den Strukturen der ersten Art beteiligen sich die $3d$-Orbitale nicht an den Bindungen. Vielmehr kommen diese zustande mittels des $4s$- und der drei $4p$-Orbitale (vier sp^3-Bindungen in Resonanz zwischen den sechs Bindungslagen), oft auch mittels dieser vier und außerdem zwei $4d$-Orbitalen. Bei Strukturen dieser Art bleiben alle fünf $3d$-Orbitale des Metallatoms für dessen Atomelektronen verfügbar. Das magnetische Moment für den Komplex ist dann nahezu das gleiche wie für das einatomige Metallion M^{z+} (z = Wertigkeit). Wir wollen solche Komplexe als *schwach gebundene Komplexe (hypoligated complexes)*[1] bezeichnen, denn in ihnen sind die Liganden weniger fest gebunden als in denen des anderen Strukturtyps.

---

[1] In der deutschen Literatur finden sich für die schwach und stark gebundenen Komplexe häufig die Bezeichnungen *Anlagerungskomplex* und *Durchdringungskomplex*.

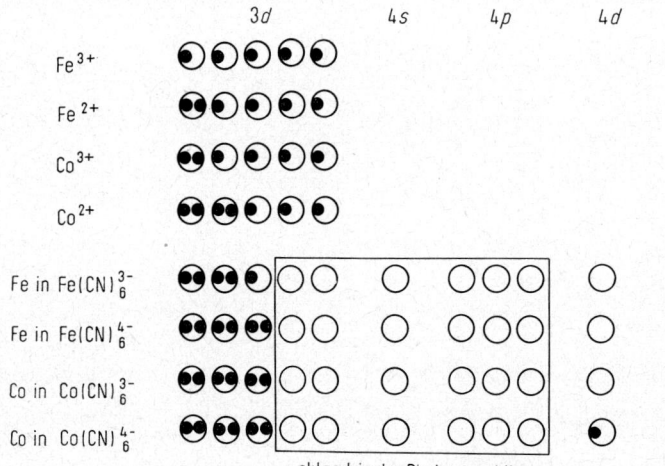

Abb. XIV.2. Elektronenbesetzung der Orbitale in oktaedrischen Komplexen von Eisen und Kobalt.

Die oktaedrischen Strukturen der zweiten Art enthalten d^2sp^3-Bindungen, an deren Bildung sich zwei der $3d$-Orbitale beteiligen, so daß den Atomelektronen nur mehr drei $3d$-Orbitale verbleiben. Solche Komplexe, früher als im wesentlichen kovalent bezeichnet, wollen wir *stark gebundene Komplexe (hyperligated complexes)* nennen.

Die Orbitalbesetzungen in den beiden Arten von Komplexen ist in Abbildung XIV.2 erläutert.

Am Beispiel des zweiwertigen Eisens wollen wir uns nun klarmachen, wie man mit dem magnetischen Kriterium zwischen stark und schwach gebundenen Oktaederkomplexen unterscheiden kann. Das Fe^{2+}-Ion hat außerhalb der Argon-Schale sechs Elektronen, für die bei schwach gebundenen Komplexen fünf $3d$-Orbitale zur Verfügung stehen. Die stabile Verteilung von sechs Elektronen auf fünf Orbitale läßt vier Elektronen ungepaart. Nur ein Orbital ist von einem Elektronenpaar besetzt. Vier ungepaarte Elektronen sollten ein magnetisches Spinmoment von 4,90 Magnetonen haben. Man mißt beim Hexaquoeisen(II)-Ion, $Fe(H_2O)_6^{2+}$, ein Moment von 5,25 Magnetonen. Demzufolge ist dieses Ion offenbar ein schwach gebundener Oktaederkomplex.

Bei stark gebundenen oktaedrischen Komplexen des zweiwertigen Eisens andererseits müssen die sechs Atomelektronen in drei Orbitalen untergebracht werden. Demnach muß das magnetische Moment null sein, was man z. B. bei $Fe(CN)_6^{4-}$ beobachtet.

Die magnetischen Momente, mit denen man bei den einatomigen Ionen Fe^{2+}, Co^{2+} usw. der Theorie nach zu rechnen hat, beruhen zum Teil auf dem Spin, zum Teil auf der Orbitalbewegung der Elektronen. Wenn J die Quantenzahl für den gesamten Drehimpuls ist und g der Landé-Faktor für den jeweiligen Russell-Saunders-Zustand, dann beträgt das magnetische Moment $g[J(J+1)]^{1/2}$ Bohrsche Magnetonen (siehe Abschnitt 5.3 und Anhang VI). Z. B. hat der Grundzustand von Fe^{2+} das Symbol $^5D_4$, für das $g = 1,500$ und das magnetische Moment $\mu = 6,70$ Magnetonen ist. In Komplexen ist jedoch das orbitalmagnetische Moment zum größten Teil aufgehoben. Das Gesamtmoment nähert sich darum dem Wert, der für den Spin allein gilt, und beträgt $[n(n+2)]^{1/2}$

Bohrsche Magnetonen, wobei n die Anzahl der Elektronen mit ungepaartem Spin angibt. Für $n = 4$ ist, wie schon oben erwähnt, $\mu = 4{,}90$ Magnetonen. Man findet beim Hexaquoeisen(II)-Ion in Lösung und einer Reihe von Kristallen 5,25 Magnetonen. Das Orbitalmoment ist demnach weitgehend, wenn auch nicht vollständig aufgehoben.

Nach Tafel XIV.1 erreicht das Spinmoment der Ionen innerhalb der ersten langen Periode, zu der auch die Eisengruppe gehört, einen Maximalwert von 5,92 Magnetonen, der fünf ungepaarten Elektronen entspricht. Die für die Elemente dieser Gruppe theoretisch errechneten Momente stimmen recht gut mit den gemessenen überein. Die Abweichungen lassen sich erklären als Beiträge der Orbitalmomente der Elektronen.

Tafel XIV.1. Magnetische Momente von Ionen der Eisen-Gruppe in wäßriger Lösung.

Ion	Anzahl 3d-Elektronen	Anzahl ungepaarter Elektronen	theoretisches Spinmoment[1]	beobachtetes Moment[1]
K^+, Ca^{2+}, Sc^{3+}, Ti^{4+}	0	0	0,00	0,00
Ti^{3+}, V^{4+}	1	1	1,73	1,78
V^{3+}	2	2	2,83	2,80
V^{2+}, Cr^{3+}, Mn^{4+}	3	3	3,88	3,7–4,0
Cr^{2+}, Mn^{3+}	4	4	4,90	4,8–5,0
Mn^{2+}, Fe^{3+}	5	5	5,92	5,9
Fe^{2+}	6	4	4,90	5,2
Co^{2+}	7	3	3,88	5,0
Ni^{2+}	8	2	2,83	3,2
Cu^{2+}	9	1	1,73	1,9
Cu^+, Zn^{2+}	10	0	0,00	0,00

1 In Bohrschen Magnetonen

Tafel XIV.2. Magnetische Momente von Ionen der Eisen-Gruppe in festen Verbindungen.

Substanz	theoretisches Spinmoment[1]	beobachtetes Moment[1]
$Cr_2O_3 \cdot 7H_2O$	3,88	3,85
$CrSO_4 \cdot 6H_2O$	4,90	4,82
$MnCl_2$	5,92	5,75
$MnSO_4 \cdot 4H_2O$		5,87
$(NH_4)_3FeF_6$		5,88
$FeCl_3$		5,84
$FeCl_2$	4,90	5,23
$(NH_4)_2Fe(SO_4)_2 \cdot 6H_2O$		5,25
$CoCl_2$	3,88	5,04
$(NH_4)_2Co(SO_4)_2 \cdot 6H_2O$		5,00
$Co(N_2H_4)_2Cl_2$		4,93
$NiCl_2$	2,83	3,3
$Ni(N_2H_4)_2(NO_2)_2$		2,80
$Ni(NH_3)_4SO_4$		2,63
$CuCl_2$	1,73	2,02
$Cu(NH_3)_4(NO_2)_2$		1,82

1 In Bohrschen Magnetonen

Tafel XIV.3. Magnetische Momente von oktaedrischen Komplexen von Übergangselementen (in Bohrschen Magnetonen).

stark gebundene Komplexe	Magnetisches Moment μ	
	theoretisch	beobachtet
$K_4Cr^{II}(CN)_6$	2,83	3,3
$K_3Mn^{III}(CN)_6$		3,0
$K_4Mn^{II}(CN)_6$	1,73	2,0
$K_3Fe^{III}(CN)_6$		2,33
$K_4Fe^{II}(CN)_6$	0,00	0,00
$Na_3Fe^{II}(CN)_5NH_3$		0,00
$K_3Co^{III}(CN)_6$		0,00
$Co^{III}(NH_3)_3F_3$		0,00
$Co^{III}(NH_3)_6Cl_3$		0,00
$K_2CaCo^{II}(NO_2)_6$	1,73	1,9
$K_2Pd^{IV}Cl_6$	0,00	0,00
$Pd^{IV}Cl_4(NH_3)_2$		0,00
$Na_3Ir^{III}Cl_2(NO_2)_4$		0,00
$Ir^{III}(NH_3)_3(NO_2)_3$		0,00
$K_2Pt^{IV}Cl_6$		0,00
$Pt^{IV}(NH_3)_6Cl_4$		0,00

schwach gebundene Komplexe		
$Mn^{II}(NH_3)_6Br_2$	5,92	5,9
$(NH_4)_3Fe^{III}F_6$		5,9
$(NH_4)_2Fe^{III}F_5 \cdot H_2O$		5,9
$Fe^{II}(H_2O)_6(NH_4SO_4)_2$	4,90	5,3
$K_3Co^{III}F_6$		5,3
$Co^{II}(NH_3)_6Cl_2$	3,88	4,96

In Kristallen von Salzen dieser Elemente beobachtet man häufig magnetische Momente, die sich nur wenig von denen der entsprechenden Ionen in wäßriger Lösung unterscheiden. Einige Beispiele enthält Tafel XIV.2.

In Tafel XIV.3 sind die magnetischen Momente einiger Oktaederkomplexe der Eisengruppe sowie der Palladium- und der Platingruppe zusammengestellt. Wie man sieht, bildet Eisen mit Fluor und mit Wasser schwach gebundene Oktaederkomplexe, mit Cyanid-, Nitrit- und Dipyridylgruppen stark gebundene. Alle untersuchten Komplexe des dreiwertigen Kobalts sind stark gebunden, mit Ausnahme des Fluorkomplexes CoF_6^{3-}. Dieser ist schwach gebunden. Interessanterweise liegt in der Folge $Co(NH_3)_6^{3+}$, $Co(NH_3)_3F_3$, CoF_6^{3-} der Übergang von starken zu schwachen Bindungen zwischen dem zweiten und dem dritten Komplex.

Zweiwertiges Kobalt bildet mit Wasser schwach, mit der Nitritgruppe stark gebundene Komplexe.

Alle bislang untersuchten Komplexe von Elementen der folgenden zwei Perioden sind diamagnetisch und lassen die große Tendenz dieser Elemente erkennen, stark gebundene Komplexe zu bilden.

Die magnetischen Momente von tetraedrischen und quadratischen Komplexen.
Das zweiwertige Nickelatom, das vier kovalente dsp^2-Bindungen ausbildet, hat für die acht einsamen $3d$-Elektronen nur vier $3d$-Orbitale frei. Diese Elektronen bilden somit vier Paare, und der quadratische Komplex NiX_4 ist diamagnetisch.
Werden in einem Komplex des zweiwertigen Nickels nur das $4s$-Orbital und die $4p$-Orbitale beansprucht, z. B. bei elektrostatischen oder schwach kovalenten Bindungen, so verteilen sich die acht $3d$-Elektronen auf alle fünf $3d$-Orbitale. Da zwei Elektronen ungepaart bleiben, hat der Komplex dann ein magnetisches Moment von 2,83 Bohrschen Magnetonen. Aufgrund magnetischer Messungen kann man also bei Nickel-Komplexen zwischen tetraedrischer und quadratisch ebener Anordnung unterscheiden.
Die Kristalle von $K_2Ni(CN)_4$ und $K_2Ni(CN)_4 \cdot H_2O$ sind diamagnetisch. Nach Ausweis von Isomorphiebetrachtungen enthalten beide den ebenen Komplex $Ni(CN)_4{}^{2-}$. Viele weitere Nickelkomplexe, von denen bei einigen der ebene Bau mit Röntgenbeugungsaufnahmen nachgewiesen worden ist, gehorchen ebenfalls dem magnetischen Kriterium. Alle Palladium(II)- und Platin(II)-verbindungen sind diamagnetisch.

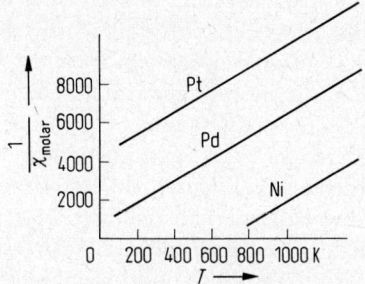

Abb. XIV.3. Reziprokwerte der molaren paramagnetischen Suszeptibilität von Nickel, Palladium und Platin.

Ferromagnetismus. Ferromagnetische Stoffe werden schon durch schwache Felder außergewöhnlich stark magnetisiert, d. h. magnetisch polarisiert. Mit wachsender Feldstärke nähert sich die Magnetisierung einem konstanten Endwert, dem Sättigungswert. Viele dieser Substanzen, z. B. Stahl oder Magnetit (Fe_3O_4), behalten auch nach der Entfernung des Feldes noch ihre Magnetisierung. Die ferromagnetischen Stoffe bestehen aus einzelnen Bezirken von etwa 0,01 mm Durchmesser, in denen die atomaren magnetischen Momente auch ohne äußeres Feld schon parallel sind. In Abwesenheit des Feldes richtet jeder Bezirk sein magnetisches Moment für sich nach bestimmten Richtungen aus, Eisen z. B. in Richtung der Kanten, Nickel in Richtung der Raumdiagonalen der Elementarwürfel. Beim Anlegen eines Felds stellen sich die magnetischen Momente in allen Bezirken in Feldrichtung ein.
Das Sättigungsmoment eines ferromagnetischen Stoffes bei tiefer Temperatur stellt die maximale Komponente des atomaren magnetischen Moments in Feldrichtung dar. Zum Beispiel beträgt das magnetische Moment für den Spin allein $2S$ Bohrsche Magnetonen, während man aus der paramagnetischen Suszeptibilität ein Moment von $2[S(S+1)]^{1/2}$ Magnetonen erhält.
Mit zunehmender Temperatur wirkt die thermische Bewegung der Ausrichtung der

atomaren Magnete immer mehr entgegen. Bei der ferromagnetischen Curie-Temperatur wird die Substanz paramagnetisch.

Abbildung XIV.3 zeigt die paramagnetischen Suszeptibilitäten von Nickel, Palladium und Platin. Das magnetische Moment ergibt sich aus der Neigung der Geraden und hat bei allen drei Substanzen etwa den Betrag, der nach dem Sättigungsmoment von Nickel im ferromagnetischen Bereich, unterhalb 680 K, zu erwarten ist. Palladium und Platin sind nicht ferromagnetisch.

Das Lokalfeld in ferromagnetischen Metallen kommt wahrscheinlich zustande durch eine Wechselwirkung der ungepaarten Spins nicht an Bindungen beteiligter Elektronen mit den Spins von Elektronen, die Ein-Elektronen-Bindungen zwischen den Metallatomen unterhalten.

Antiferromagnetismus. Als antiferromagnetisch bezeichnet man paramagnetische Substanzen, deren magnetische Suszeptibilität bei einer charakteristischen Temperatur ein ausgeprägtes Maximum aufweist. Diese Temperatur nennt man die antiferromagnetische Übergangstemperatur oder Néel-Temperatur, nach L. Néel, der sich als erster mit dieser Art von Magnetismus beschäftigte. Oberhalb der Néel-Temperatur gehorcht die Temperaturabhängigkeit der Suszeptibilität der Weiss'schen Gleichung (Gleichung XIV.10) mit negativem Wert der Curie-Temperatur θ. Unterhalb der Néel-Temperatur fällt die Suszeptibilität mit abnehmender Temperatur gegen null ab.

Alle diese Erscheinungen lassen sich mit der zuerst von Néel gemachten Annahme erklären, in antiferromagnetischen Substanzen seien die magnetischen Momente benachbarter Atome durch ein Resonanzintegral so gekoppelt, daß die höchste Stabilität bei abwechselnder Ausrichtung ↑↓↑↓ ... zustandekommt, nicht wie in ferromagnetischen Substanzen bei paralleler Ausrichtung ↑↑↑↑ .... Die Curie-Temperatur θ ist dann negativ statt positiv, und weiterhin können bei tiefen Temperaturen die Wechselwirkungen zwischen den magnetischen Momenten benachbarter Atome sich gegenseitig so verstärken, daß sich praktisch alle der regelmäßigen antiparallelen Anordnung einpassen und die Suszeptibilität damit rasch gegen null abfällt.

Man kann die entgegengesetzte Ausrichtung der Spins in antiferromagnetischen Kristallen durch Neutronenbeugung nachweisen. Da die Neutronen selbst ein magnetisches Moment haben, ist das Streuvermögen von Atomen mit verschiedener Spinrichtung ebenfalls verschieden. Zum Beispiel sind im MnF_2, das die Kristallstruktur des Rutils (Abb. 18.2) hat, die Momente der Manganatome in einer aus Oktaedern mit gemeinsamen Kanten bestehenden Kette alle in der positiven Richtung orientiert, die in den benachbarten Ketten alle in der negativen Richtung. Die Néel-Temperatur beträgt hier 72 K, die Curie-Temperatur -113 °C.

Ferrimagnetismus. In ferrimagnetischen Stoffen stellen sich die atomaren magnetischen Momente ebenfalls antiparallel, ähnlich wie in den antiferromagnetischen Stoffen. Doch sind die Gesamtmomente in den beiden Richtungen verschieden, so daß das resultierende Moment nicht null wird. Qualitativ verhalten sich ferro- und ferrimagnetische Stoffe darum sehr ähnlich: es gibt eine Curie-Temperatur, oberhalb der die Substanz paramagnetisch und unterhalb der sie ferromagnetisch ist. Jedoch ist das magnetische Gesamtmoment im paramagnetischen Gebiet weit größer, als man nach dem Sättigungswert im ferromagnetischen Gebiet erwarten würde.

Magnetit zum Beispiel, die erste als ferromagnetisch bekannt gewordene Substanz, ist eigentlich ferrimagnetisch. Der Kristall hat die Zusammensetzung Fe_3O_4. Die Eisen-Atome besetzen im Gitter zwei kristallographisch verschiedene Lagen, acht Atome in der Elementarzelle die eine und sechzehn Atome die andere Lage. Die paramagnetische Suszeptibilität oberhalb der Curie-Temperatur entspricht einem magnetischen Moment von 5,2 Magnetonen beim Eisen(II) und von 5,9 Magnetonen beim Eisen(III), wie man sie in schwach gebundenen Komplexen findet. Die Summe der maximalen Komponenten der Momente von einem Eisen(II)-Atom und zwei Eisen(III)-Atomen beträgt – nur die Spinmomente gerechnet – 14 Bohrsche Magnetonen. Man beobachtet aber nur ein ferromagnetisches Sättigungsmoment von 4,2 Bohrschen Magnetonen pro Fe_3O_4. Dies zeigt, daß 8 Fe(II) und 8 Fe(III) ihre Momente parallel richten, während die anderen 8 Fe(III) des Elementarwürfels die Momente entgegengesetzt dazu richten. Das Sättigungsmoment von $MnFe_2O_4$ – Eisen(II) ist hier durch Mangan(II) ersetzt – beträgt pro $MnFe_2O_4$ 5,0 Bohrsche Magnetonen, das von $NiFe_2O_4$ 2,2 pro $NiFe_2O_4$. Diese Werte sind zu erwarten, wenn die Momente der Eisen(III)-Atome sich gerade aufheben. Substituierte Magnetite (Spinelle) dieser Art nennt man Ferrite. Besonders diejenigen mit etwas Zink sowie Mangan oder Nickel anstelle von Eisen(II) haben zur Herstellung von Tonbändern und für andere Zwecke große technische Bedeutung erlangt.

Anhang XV

Werte thermodynamischer Größen einiger Substanzen bei 25 °C und 1 atm

Substanz	$\Delta H°$ kJ mol^{-1}	$\Delta G°$ kJ mol^{-1}	$S°$ J grad^{-1} mol^{-1}	$C_P°$ J grad^{-1} mol^{-1}
Ag(f)	0,00	0,00	42,70	25,49
AgF(f)	−202,9	−185	84	
AgCl(f)	−127,0	−109,7	96,1	50,8
AgBr(f)	−99,5	−95,94	107,1	52,4
AgI(f)	−62,4	−66,3	114	54,4
Ag$_2$O(f)	−30,57	−10,82	121,7	65,6
Al(f)	0,00	0,00	28,32	24,34
AlF$_3$(f)	−1301	−1230	96	
AlCl$_3$(f)	−695	−637	167	89
AlBr$_3$(f)	−526	−505	184	103
AlI$_3$(f)	−315	−314	201	
Al$_2$O$_3$(f)	−1670	−1576	50,99	79,0
Au(f)	0,00	0,00	48	25
Au$_2$O$_3$(f)	81	163	125	
As(grau)	0,00	0,00	35	25
AsF$_3$(g)	−913	−898	289	
AsCl$_3$(fl)	−336	−295	233	
As$_4$O$_6$(f)	−1314	−1152	214	191
Ba(f)	0,00	0,00	67	26
BaCl$_2$(f)	−860	−811	126	75
BaO(f)	−558	−529	70	47
Be(f)	0,00	0,00	9,5	17,8
BeO(f)	−611	−582	14,1	25,4
Bi(f)	0,00	0,00	57	26
BiCl$_3$(f)	−379	−319	190	
B(f)	0,00	0,00	6,5	12,0
BCl$_3$(g)	−395	−380	290	63
Br$_2$(fl)	0,00	0,00	152	
C(Graphit)	0,00	0,00	5,69	8,65
CO(g)	−110,52	−137,27	197,9	29,14
CO$_2$(g)	−393,51	−394,38	213,6	37,13
CH$_4$(g)	−74,85	−50,79	186,2	35,7
Ca(f)	0,00	0,00	41,6	26,3
CaO(f)	−636	−604	40	43
CaCO$_3$(f)	−1207	−1129	93	82
CaCl$_2$(f)	−795	−750	114	73
Cd(f)	0,00	0,00	51	26
CdO(f)	−255	−225	55	43
CdCl$_2$(f)	−389	−343	251	118
Cl$_2$(g)	0,00	0,00	222,9	33,9
Cu(f)	0,00	0,00	33,3	24,5
CuO(f)	−155	−127	44	44
Cu$_2$O(f)	−167	−146	101	70
F$_2$(g)	0,00	0,00	203	31,5
H$_2$(g)	0,00	0,00	130,6	28,8

Substanz	$\Delta H°$ kJ mol^{-1}	$\Delta G°$ kJ mol^{-1}	$S°$ J grad^{-1} mol^{-1}	$C_P°$ J grad^{-1} mol^{-1}
H$_2$O(g)	−241,83	−228,60	188,7	33,6
HF(g)	−269	−271	174	29,1
HCl(g)	−92,31	−95,27	186,7	29,1
HBr(g)	−36,2	−53,2	198,5	29,1
HI(g)	25,9	1,3	206,3	29,2
Hg(fl)	0,00	0,00	77	27,8
Hg$_2$Cl$_2$(f)	−265	−211	196	102
HgO(rot)	−90,7	−58,5	72	46
I$_2$(f)	0,00	0,00	117	55
K(f)	0,00	0,00	64	29
KCl(f)	−435,86	−408,32	82,7	51,5
KClO$_3$(f)	−391,2	−289,9	143,0	100,2
KClO$_4$(f)	−433	−304	151	110
Li(f)	0,00	0,00	28,0	23,6
LiF(f)	−612	−584	36	42
Mg(f)	0,00	0,00	32,5	24
MgO(f)	−602	−570	27	37
MgCO$_3$(f)	−1113	−1029	66	76
N$_2$(g)	0,00	0,00	191,49	29,12
NH$_3$(g)	−46,2	−16,6	192,5	35,66
NH$_4$Cl(f)	−315,4	−203,9	95	84
NO(g)	90,37	86,69	210,6	29,9
NO$_2$(g)	33,85	51,84	240,5	38
N$_2$O$_4$(g)	9,66	98,29	304,3	79
O$_2$(g)	0,00	0,00	205,03	29,36
P(f, weiß)	0,00	0,00	44,4	23
P$_4$(g)	54,9	24,4	280	67
Rb(f)	0,00	0,00	69	30
RbClO$_3$(f)	−392	−292	152	103
RbClO$_4$(f)	−435	−306	224	161
S(f, rhombisch)	0,00	0,00	31,9	22,6
S(f, monoklin)	0,30	0,10	32,6	23,6
SO$_2$(g)	−297	−300	249	40
SO$_3$(g)	−395,2	−370,4	256	51
Sb(f)	0,00	0,00	44	25
SbCl$_3$(f)	−382	−325	186	
Si(f)	0,00	0,00	18,7	19,9
SiCl$_4$(g)	−610	−570	331	91
SiO$_2$(f, Quarz)	−859	−805	42	44
Sn(f, weiß)	0,00	0,00	52	26,4
Sn(f, grau)	2,5	4,6	45	25,8
SnCl$_4$(fl)	−545	−474	259	165
SnO(f)	−286	−257	56	44
SnO$_2$(f)	−581	−520	52	53
Ti(f)	0,00	0,00	30,3	25,1
TiCl$_4$(fl)	−750	−674	253	157
TiO$_2$(f, Rutil)	−912	−853	50	55
Zn(f)	0,00	0,00	41,6	25
ZnCl$_2$(f)	−416	−369	108	77
ZnO(f)	−348	−318	44	40

Register

Abelson, P. H. 644, 728
Abnormer Schmelzpunkt 371
Abschirmungszahl 104
Abstammungslehre 676
Acetaldehyd 656
Acetat-Ton 210
Aceton 656
Acetylen 142, 161, 199, 381
— Reihe 199
Achat 556
Acrolein 656
Actinium 128
Additionsreaktion 198
Adenin 681
Adermin (Vitamin B_6) 496
Adipinsäure 664
Äquivalentgewicht 425
Aerosol 415
Äthan 142, 191, 194
Äthanol 134, 209, 441
— Struktur 133
Äther 209 f., 485
Äthylalkohol 209
Äthylen 142, 197, 650
Ätznatron 542
Akkumulator 465
Aktivierungsenergie 491
Aktivitätskoeffizient 410
Alanin 670
Alaun 238, 432
Albit 557
Aldehyde 655
Alkalihalogenide 155
Alkalimetalle 149, 533, 540
Alkaloide 662
Alkane 190, 208
Alkene 197, 650
Alkine 199
Alkohole 209 f., 652 f.
Altersbestimmung mit Kohlenstoff 14 737
Aluminium 127, 166, 469, 548, 550 f.
Aluminiumalaun 238
Aluminiumbronze 611
Aluminiumchlorid 540, 552, 649
Aluminiumfluorid 538
Aluminiumhydroxid 559
Aluminiumsulfat 551

Aluminothermisches Verfahren 476
Alvarez, L. W. 704
Amalgam 622
Amblygonit 541
Ameisensäure 210, 441, 657
Americium 128, 729
Amide 205
Amine 660
Aminosäure 669 f.
Amminkomplexe 576
Ammoniak 135, 143, 203 f., 216, 245, 247, 351 f., 441, 572, 660
— Dissoziation 428
— Komplexe 573 f.
Ammoniumalaun 552
Ammoniumchlorid 204
Ammoniumfluorid 387
Ammonium-Ion 135, 428
Ammoniumsalze 204
Ampere 36
Amphiprotisch 579
Amphiprotische Molekel 420
Amphiprotische Substanz 440
Amphoter 579
Analcim 557
Anderson, Carl D. 700, 703, 706
Andrews, Thomas 292
Anilin 660
Anion 79
Ångström, Anders Jonas 18
Ångström-Einheit 18
Anode 449
Anodenreaktion 449
Anorganische Komplexe 569
Anregungsenergie 101
Anthracen 202
Antibaryon 698, 712
Antibiotika 694
Antiferromagnetismus 820
Antilepton 698, 708 f.
Antimaterie 698
Antimeson 698, 711 f.
Antimon 80, 146, 213, 471, 579
— Sauerstoffverbindungen 240 f.
Antimon (III)-säure 436
Antiproton 700
Anziehungskraft 36

Apatit 92
Aquamarin 545
Arago, Dominique François Jean 137
Arbeit 37
Arfwedson, Johan August 541
Argentit 473
Arginin 671
Argon 110, 126, 214 f., 259
— Hydrat 380
Argonone 113, 214 f.
Aromatische Kohlenwasserstoffe 200
Arrhenius, Svante 149, 400, 445, 492
Arsen 86, 146, 184, 213, 579
— Oxid 86
— Sauerstoffverbindungen 240 f.
Arsenige Säure 436
Arsensäure 436
Arsin 135
Asbest 557, 560
Ascorbinsäure 688, 690 f.
Asparagin 671
Asparaginsäure 670
Asphalt 648
Aspirin 659
Atmosphäre (atm) 31
Atmosphäre 215
— Zusammensetzung 216
Atom
— Bau 95
— Kern 35, 51
— Struktur 15
— Theorie 16
Atomanordnung 774
Atombombe, Detonation von Hiroshima 4, 748
Atomgewicht 81 f. (Tab.), 84, 91
— Skala 84
— Bestimmung 87, 90
Aureomycin 695
Avogadrosche Zahl 84, 290, 420, 770
Azidimetrische Titration 426
Azomethan 484, 498
Azurit 472

Backpulver 253
Balmer-Serie 95
Barbitursäure 662
Barium 448, 546
— Verbindungen 546
Bariumoxid 196
Bariumperoxid 196
Bariumsulfat 546
Barkla, Charles Glover 112
Barometer 33

Bartlett, J. H. 743
Bartlett, Neil 217
Baryonen 697, 712
Baryt 546
Base, schwache 426, 429
Basenkonstante 428
Bauxit 469
Beadle, G. W. 680
Becker, H. 82
Becquerel, Henri 48
Beize 551
le Bel, Jules Achille 139
Benzin 193
Benzoesäure 659
Benzol 83, 200
Beri-Beri 689
Berkelium 729
Berlinerblau 603, 617, 620
Bernoulli, Daniel 280
Beryll 544
Beryllium 82, 533, 544 f.
Berylliumchlorid 156
Berzelius, Jöns Jakob 80, 92, 128
Bessemer-Verfahren 598
Bestandteil 8, 356
Beton 561
Beugung von
— Elektronenstrahlen 18, 169
— Neutronenstrahlen 169
— Röntgenstrahlen 18, 21, 48, 169
Beugungsaufnahmen von Röntgen- und Elektronenstrahlen 140
Bierbrauerei 421
Bildungsenthalpien von
— Alkalimetallverbindungen 543
— Bleiverbindungen 553
— Borverbindungen 548
— Cadmiumverbindungen 622
— Chromverbindungen 639
— Eisenverbindungen 592
— Erdalkaliverbindungen 544
— Germaniumverbindungen 553
— Goldverbindungen 612
— Hafniumverbindungen 631
— Kobaltverbindungen 592
— Kupferverbindungen 612
— Manganverbindungen 642
— Molybdänverbindungen 639
— Nickelverbindungen 592
— Niobverbindungen 631
— Quecksilberverbindungen 622
— Rheniumverbindungen 642
— Silberverbindungen 612

— Siliciumverbindungen 553
— Tantalverbindungen 631
— Thoriumverbindungen 631
— Titanverbindungen 631
— Uranverbindungen 639
— Vanadiumverbindungen 631
— Wolframverbindungen 639
— Zinkverbindungen 622
— Zinnverbindungen 553
— Zirconiumverbindungen 631
Bildungswärme 161
Bimolekularer Vorgang 488
Binäre Systeme 513 f.
Bindung 569 f.
— gewinkelte, tetraedrische 143
Bindungsabstand 142
Bindungsenergie 164, 174, 207, 493, 737 f., 740, 795
Bindungswinkel 18
Biochemie 667
Biot, Jean Baptiste 137
Bittersalz 238, 545
Bitumen 648
Bjerrum, Niels 69
Blätterkies 220
Blasenkammer 703 f.
Blaupausen 617
Blausäure 249, 437
Blei 80, 86, 566
Bleiakkumulator 466 f.
Bleiazid 250
Bleibenzin 193, 541
Bleichen 196
Bleichmittel 226, 238
Bleidioxid 467, 566
Bleiglätte 566
Bleiglanz 85, 475
Bleikammerverfahren 236
Bleisulfat 467, 567
Bleisulfid 88, 197
Bleitetraäthyl 193
Bleiweiß 197, 566
Blomstrand, C. W. 587
Blut, Schäumen von 215
Bohr, Niels 69, 96 f.
Bohrsche Frequenzbedingung 97, 127
Bohrsches Magneton 71
Bohrsche Theorie des Wasserstoffatoms 95 f.
Boltzmann, Ludwig 280, 305
Boltzmann-Beziehung 337
Boltzmann-Konstante 272, 305, 376
Boltzmann-Verteilung 285
Boltzmannsches Prinzip 811

Boltzmannscher Verteilungssatz 285, 350, 409 f., 491, 800 f.
Bor 127, 533, 547 f.
Borane 548
Borax 390 f., 547
Borcarbide 179
Born, Max 414
Borsäure 436, 547
Bort 179
Bortrichlorid 156
Bose, S. N. 699
Bose-Einstein-Statistik 289
Bosonen, Verteilungsgesetz 289
Botenteilchen 705
Bothe, W. 82
Botulinus 442
Boyle, Robert 267
Boylesches Gesetz 267, 280
Bragg, W. H. 21, 63
Bragg, W. L. 19, 21, 63, 252
Braggsche Gleichung 63 f.
Braggsche Ionisierungskammer 62
Brand, Henning 182
Brauneisenstein 594
Braunit 641
Braunstein 641
Bravais, A. 764
Bravais-Gitter 764
Brechungsindex 344
Bridges, Calvin 680
Brinell-Härte 181
Britanniametall 565
de Broglie, Louis 66, 105, 275
Brom 144, 188, 213, 224
— Sauerstoffsäuren 229
Bromat 229
Bromit 229
Bromsäure 229
Bromtrifluorid 573
Bromwasserstoff 134, 164
Brønsted-Lowry-Theorie 420, 430
Bronze 565, 611
Buchmann, E. R. 690
Bullrichsalz 251 f., 253
Bunsen, Robert Wilhelm 541
Butan 191, 195
Butlerov, Alexander M. 139

Cadmium 577, 609, 621 f.
— Metallurgie 474
— Verbindungen 624
Caesium 3, 284 f., 540
Caesiumchloridstruktur 151

Calciferol 691
Calcit 438
Calcium 91, 545 f.
Calciumcarbid 200, 204
Calciumcarbonat 368, 561
Calciumfluorid 536
Calciumhypochlorit 226
Californium 729
Campher 29, 400, 650
Cannizzaro, Stanislao 91, 269
Carben 254
— Struktur 255
Carbonado (schwarzer Diamant) 179
Carbonate 438
Carbonat-Ion 252
— Struktur 252
Carboxylgruppe 210
Carneol 556
Carnot, Sadi 309
Carnotit 632
Carnotscher Kreisprozeß 309 f.
Castner-Kellner-Verfahren 469
Cavendish, Henry 36, 149, 216
Cellulose 664
Celsius, Anders 5
— Temperaturskala 5
Cementit (Fe_3C) 596
Cersulfid 553
Cerussit 566
Chabasit 557
Chadwick, James 80, 82
Chain, E. B. 694
Chalcedon 556
de Chancourtois, A. E. B. 125
Charakteristisches Röntgenspektrum 65
Charles, Jacques Alexandre 267 f.
Chelat 582
Chemie, Definition 1
Chemische Bindung 129
Chemisches Gleichgewicht 331, 348, 423
Chemische Namensgebung 173
Chemisches Potential 405
Chemische Reaktionen 10, 83
Chemotherapie 692 f.
Chilesalpeter 247
Chlor 10, 144, 188, 213, 223, 225
— Darstellung 467 f.
— Sauerstoffsäuren 225
Chlordioxid 226
Chloride, Eigenschaften 206
Chlorige Säure 226, 436
Chlorkalk 226
Chlormethan 209

Chloroform 206, 209
Chloroformhydrat 380
Chlorokomplexe 577
Chloropren 651
Chloroprenkautschuk 651
Chloroxid 223, 263
Chlorsäure 226 f., 437
Chlorwasserstoff 134, 164
Chrom 476, 629 f., 635 f.
— Komplexe 578
— Verbindungen 635 f.
Chromgelb 567, 637
Chromalaun 238, 637
Chromhexacarbonyl 585
Chrysopras 556
Chrysotil 560
Chymosin 687
Citronensäure 659
Cis-Konfiguration 485
Cis-Trans-Isomerie 199
Cis- und trans-Isomere 572
Clausius, Rudolf 280, 305
Clausius-Clapeyron-Gleichung 335, 385
Clausius-Mosotti-Gleichung 809
Cocain 663
Coesit 555
Coffein 662
Colemanit 547
common ion effekt 396
Coster, D. 127
de Coulomb, Charles Augustin 36
Coulomb (C) 36
Coulombsches Gesetz 37
Cowan, C. L. jr. 710
Crick, F. H. C. 682
Cristobalit 554 f.
Crookesscher Apparat 48
Curie (C) 733
Curie, Marie Sklodowska 49, 723, 814
Curie, Pierre 723
Curit aus Katanga 88
Curium 128, 729
Cyanidlaugerei 473
Cyanokomplexe 576 f., 585, 620
Cyansäure 437
Cyanurtriazid 26 f.
Cyanwasserstoff 167, 249
— Struktur 167
Cyclische Kohlenwasserstoffe 194
Cyclohexan 195
Cyclohexen 254
Cyclopropan 141, 194 f.
Cyclotron 701 f.

Cystathioninurie 496
Cystein 670, 672
Cystin 671 f.
Cytosin 662, 681

Dalton, John 16, 84, 91, 269
Dalton, Masseneinheit 83
Dampfdichte, Bestimmung nach Hofmann 273
Dampfdruck 32, 334 f.
— Messung 32
Daniell-Element 458
Davisson, C. J. 67
Davy, Humphry 245, 541, 544
Debye, Peter P. 157, 326, 410, 634
Debye-Gleichung 810 f.
Debye-Hückel-Theorie 410
Debyesche charakteristische Temperatur 337
Definitionsarten 7
Demokrit 16
Denaturierung von Proteinen 676
Deoxyribonucleinsäure (DNS) 680
Deuterium 380 f.
Deuteron 82 f.
Deutsch, Martin 721
Diabetes mellitus 692
Dialyse 414
Diamagnetismus 812 f.
Diamant 34, 147, 179
— Kristallstruktur 179
— Struktur 147
Diamminsilberkomplex 576
Diboran 548
Dichte 9
Dichteste Packung von Kugeln 746 f.
Dickinson, R. G. 660
Dicyan 249, 381
Dielektrische Polarisation 808 f.
Dielektrizitätskonstante 157, 372, 375, 377, 414, 808 f.
Diffusion von Gasen 281
Dijodpentoxid 230
Dimethyläther 134, 485
— Struktur 133
Dimethylspiropentan 174
Dipolmoment 70, 156, 199, 262, 343, 811
Dirac, Paul Adrien Maurice 106, 698, 709
Disproportionierung 196
Dissoziation schwacher Basen 428
Dissoziation schwacher Säuren 426
Dissotionsenergie von Bindungen 797 f.
Dissoziationskonstante 422, 427
Dissoziationsstufen mehrwertiger Säuren 427
Distickstoffoxid 148, 245, 294

— Struktur 245
Divanadiumpentoxid 236
DNA 680
Döbereiner, J. W. 125
— Triaden 125
Domagk, Gerhard 693
Doppelbindung 141, 145, 197, 251, 650
— konjugierte 650
Doppler-Effekt 738
Drehimpuls 69
— Elektronenspin 3
— Kernspin 3
— Quantenzahl 3, 69 f.
Dreifachbindung 142, 166, 197, 251, 262, 587
Drosophila 680
Druck, Maßeinheiten 31
Düngemittel 261
Duhem, Pierre 407
Dulong und Petit 91, 301
Dunkle Zone 42
Dural 551
Duralumin 550 f.
Duriron 554
Dynamit 654

Edelgase 109 f., 214
Edison-Akkumulator 605
EDTA 583 f.
Effusion von Gasen 281
Ehrlich, Paul 692 f.
Eigenschaften
— chemische 10
— physikalische 9
Eijkman, Ch. 689
Einfachbindung 166, 211
Einsatzhärtung 601
Einschlußverbindung 380
Einstein, Albert 58, 96, 326
Einsteinium 729
Einsteinsche Beziehung 2, 4, 698, 737
Eis, Tripelpunkt 357
— Entropie 376
Eisen 8, 80, 471, 591, 593, 621
— Komplexe 603 f.
— Struktur 23
— Verbindungen 602 f.
Eisenerz 594
Eisen(II)-hexacyanoferrat(II) 620
Eisen(III)-hexacyanoferrat(II) 620
Eisenkies 594
Eisennickelkies 604
Eisenoxid 166
Eka-Radon 112

Elastomere 561
Elektrische Ladungseinheit 36
Elektrisches Feld 38
Elektrizität 35
Elektrochemische Zelle 459
Elektrode 457 f.
Elektrodenpotential 462
Elektrodenreaktion 457
Elektrolyse 445 f.
— Grundgesetz 454
Elektrolytische Dissoziation 400
Elektrolytische Raffination 470
Elektrolytisches Lösungsmittel 380
Elektrolytische Zelle 455, 457
Elektrolytlösung 409
Elektromagnetische Pumpe 40
Elektromotorische Kraft 457, 460, 464 f.
Elektronen 35, 66 f., 83, 699
— Entdeckung 40
— Ladung 44
— Wellencharakter 66
Elektronegativität 206, 213, 462, 472
Elektronegativitätsskala 158 f.
Elektronegativitätswerte 159
Elektronenaffinität 150
Elektronenkonfiguration 120, 122 f. (Tab.)
Elektronenmangel, Verbindungen 548
Elektronenmikroskop 28
Elektronenpaar 110, 129
Elektronenspin 66, 260
Elektronenspin-Multiplett 114
Elektronenvolt 60
Elektroneutralität 543
Elektroneutralitätsprinzip 167
Elektrostatische Valenzregel 539
Element 77, 95, 116
— Symbole 80
Elementarsubstanz 77
Elementarteilchen 697 f.
Elementarzelle 21, 762, 768
Elementarzellkonstante 769
Ellipsenbahnen 100 f.
Elsasser, W. M. 739
Emaille 560 f.
Emissionsspektrum 55, 618 f.
Emulsion 7
Enantiomere 139
Endotherme Reaktion 161, 199, 472
Energie 1, 297
— Erhaltung, Gesetz 2
— kinetische 47
— potentielle 37
— strahlende 1, 35

Energieniveauschema 120
— Lithiumatom 121
Energieniveaus von Nucleonen 745
Enol-Form 260
Enthalpie 161, 297
Enthalpie einatomiger Gase 797
Entladungsröhre 42
Entropie 303, 376
Entropie zweiatomiger Gase 318
Entropieterm 412
Entweichungsbestreben 405
Enzym 686 f.
Epoxyklebstoff 195
Erdalkalimetalle 150
— Verbindungen 543
Erde, Alter 727
Erdgas 190
Erdöl 648
Ergosterin 691
Erhaltungsgesetze 712 f.
Essig 210
Essigsäure 85, 210, 419, 426, 430, 441, 657
Estermann, I. 284
Europium 552
Eutektisches Gemenge 399
Eutektische Temperatur 399
Exotherme Reaktion 161, 472
Explosion 481, 497

Fahrenheit, Gabriel Daniel 5
Fahrenheit-Skala 5
Faraday, Michael 38, 79, 415, 445, 454 f., 812
Farbe 10, 620
Fehlingsche Lösung 614
Feldspat (Orthoklas) 557
Fermi, Enrico 699, 709, 716
Fermi-Dirac-Statistik 289
Fermionen, Verteilungsgesetz 289
Fermium 729
Ferrimagnetismus 820 f.
Ferromangan 641
Ferromagnetismus 510, 593, 819 f.
Ferrosilicium 553 f.
Fette 659
Feuerstein 556
Feuerwerkskörper 546
Fischer, Emil 675
Fixiersalz 578, 617
Flächengleichrichter 564
Fleming, Alexander 694
Florey, Howard 694
Flotation 472

Register 831

Flüssigkeit, polare 156
— unpolare 156
— unterkühlte 186
Fluor 144, 538, 577
— Komplexe 577
Fluorchlorbrommethan 139
Fluoreszenz 42, 48
Fluorwasserstoff 134, 164, 371
Flußspatstruktur 536
Flußspat 536
Formaldehyd 149, 656, 660 f.
Formalität 390
Fouriersynthese 774
Francium 540
Franck, James 101
Franklin, Benjamin 35
Franklinit 474
Freie Enthalpie 332, 406
— partielle molare 406
Freiheitsgrad 356 f.
Fresnel, Augustin Jean 53
Friedrich, W. 62
Fünfzählige Drehachse und Gittersymmetrie, Unverträglichkeit 758
Fulminat-Ion 249
Funk, Casimir 689
Funkenkammer 703

Gadolinium 448, 553
Gärung 265
Gallium 609, 627
Galmei 474
Galvanisieren 577, 621
Gamov, George 739
Gase 265 f., 398
Gasgesetze 266
Gaskonstante 272
Gaszustand 29
Gay-Lussac, Joseph Louis 266, 268
Gefrierpunkt 31
Gefrierpunkt einer wäßrigen Lösung 400
Gefrierpunktserniedrigung 399 f., 402
Geiger, H. 50
Geiger-Zählrohr 63, 734
Gelbnickelkies 604
Gell-Mann, Murray 714
Gen 684
Generator, elektrischer 47
Genetischer Code 684 f.
Gepufferte Lösung 433
Gerlach, W. 69
Germanium 147, 533, 562
— Verbindungen 562

Germaniumdioxid 562
Germaniumoxid 537
Germaniumsäure 436
Geruch 10
Geschmack 10
Geschwindigkeit chemischer Reaktionen 479 f.
Gesetz 15, 34
Gesetz der
— Erhaltung der Energie 2
— Erhaltung der Masse 2
— konstanten Proportionen 11, 17
— konstanten Zusammensetzung 11
— multiplen Proportionen 17
— Partialdrucke 267
— Photochemie 615
— Verbindungsvolumina 269
Gesetz von Avogadro 266, 268 f., 272
— Charles und Gay-Lussac 266
Gestein 6
Gewicht 85
Gewichtsverhältnisse, Berechnung 85
Giauque, William F. 12, 329
Gibbs, J. Willard 300, 353, 356, 407
Gibbs-Duhem-Gleichung 407
Gilbert, William 35
Gips 238, 546
Gitter
— basiszentriertes 762
— flächenzentriertes 762
— innenzentriertes 762
— raumzentriertes 762
Gitterspektroskop 55
Gittersymmetrie 757
Glas 560 f.
Glaselektrode 424
Glasur 560
Glaubersalz 238
Gleichgewicht 30
Gleichgewicht von Wasserstoff-Ionen und Hydroxid-Ionen 422
Gleichgewichtsbeziehung 349
Gleichgewichtskonstante 581
Gleichverteilung der Energie 315
Gleichverteilungssatz 283
Gleitspiegelebene 763 f.
Glimmer 557, 559
Glucose 663
Glutamin 671
Glutaminsäure 670
Glycerin 237, 653
Glycerintrinitrat (Nitroglycerin) 4, 237, 481, 654
Glycin 670 f.
Glykogen 664, 686

Glykol 399
Goeppert Mayer, Maria 743
Gold 80, 90, 473, 609 f.
— Metallurgie 473
— Verbindungen 620
Goldstein, Eugen 699
Gomberg, Moses 257
Goudsmit, Samuel A. 68
Graham, Thomas 414
Grammatom 85
Granit 6
Graphit 8, 147, 179, 202
Graviton 698
Greenockit 474
Grotthus 615
Guanin 681
Gußeisen 596
Guttapercha 651

Haber-Bosch-Verfahren 204, 352 f.
Hämoglobin 254, 404, 669
Härte 9, 181
Hafnium 475, 632
— Entdeckung 127
Hahn, Otto 747
Halbmetall 533
Halbwertszeit 483, 731
Hall, Charles M. 469
Halogene 134, 144, 150, 187, 224
— Sauerstoffverbindungen 223
Harkins, W. D. 80
Harmonischer Oszillator 322
Harnstoff 380, 660
Harriot, Thomas 24
Hartes Wasser 438
Hauptsatz der Thermodynamik
— erster 298, 309, 331
— zweiter 309, 331, 352
— dritter 312, 607
Hecht, Selig 75
Heisenberg, Werner 72, 106
Helionen 732
Helion-Triton-Modell des Kerns 744
Helium 50, 110, 214 f.
α-Helix 674, 677
Helmholtz, H. L. F. 353
Henrysches Gesetz 398, 406
Héroult, P. L. T. 469
Hertz, Heinrich 53, 57, 101
Heß, Victor 700
Heterogenes System 354
Hexacyanoferrat(II)-Ion 569, 576, 584, 592
Hexacyanoferrat(III)-Ion 569, 576, 592

Hexagonaler Kristall 761
Hildebrand, J. H. 339
Hildebrandsche Regel 339, 381
Hiroshima 748
Histidin 671
Hochofen 594 f.
Höhenstrahlung 700, 706
Hofmann, Dampfdichtebestimmung 273
Hofstadter, Robert 740
Holley, R. H. 685
Holzkohle 179
Homogene und heterogene Reaktionen 480
Homologe 118
Hormone 692
Hornsilber (Kerargyrit) 473
Hoyle, Fred 739
Hückel, E. 410
Hundsche Regeln 115
— Erste 570
Huygens, Christian 53
Hybridbindung 140, 212, 248, 789
Hydrargilit 558
Hydratationsenthalpie 413
Hydrathülle 377 f.
Hydrazin 195, 205, 245
Hydride 189
Hydrolyse 207
Hydronium-Ion 135, 205, 419
Hydrosol 415
Hydroxidbindung 394
Hydroxokomplexe 579
Hxdroxylamin 205, 245
Hydroxylapatit 92
Hydroxylglutaminsäure 670
Hydroxyprolin 671
Hypobromige Säure 229, 436
Hypochlorige Säure 436
Hypochlorit 226
Hypojodige Säure 229, 436
Hypophosphorige Säure 436
Hyposalpetrige Säure 249, 437
Hypothese 15, 34

Ideale Gasgleichung 267, 272
Indium 627
Interferenz von Wellen 53 f.
Internationales System 751
Ionenbindung 129, 149 f., 156
Ionenleitung 445
Ionenradien 153
Ionenstärke 411
Ionenwertigkeit 149
Ionisierungsenergie 101, 103, 150

Iridium 605
Isobar 83,
Isoleucin 670
Isomerie 192, 201
— Cis- Trans- 199
Isomorphie 91, 819
Isopren 651 f.
Isotop 12, 79 f., 736

Jaspis 556
Jenaer Geräteglas 560
Jensen, J. Hans D. 743
Jod 26, 30, 80, 126, 144, 188, 213, 224, 238 f., 248, 493
— Dampfdruck 335 f.
— Sauerstoffsäuren 229
— Tinktur 29
Joddioxid 230
Jodwasserstoff 134, 158, 163, 489, 493
Joliot, Frédéric 82
Joliot-Curie, Irène 82
Joule, James Prescott 280, 298
Joule (J) 298

Kaliophilit 557
Kalium 76, 91, 126, 540
Kaliumchlorat 226
Kaliumchlorid 83
Kaliumcyanid 249
Kaliumjodat 229
Kaliumperchlorat 83, 86
Kalk, gebrannter 252
— gelöschter 253
Kalkfeldspat 557
Kalkspat 6, 91, 136, 252
Kalkstein 6, 252, 368, 594
Kalkstickstoff 204
Kalkstickstoffverfahren 204
Kalomel 396, 626 f.
Kalorie 3, 297
— Kilokalorie 3
Kalorimeter 162
Kalorimeterbombe 163
Kaolinit 559
Kaon 704
Karat 611
Kassiterit 475
Katalysator 195, 208, 236, 494, 649
Katalyse 493
Kathode 449
Kathodenreaktion 449
Kathodenstrahl 48
Kation 79

Kautschuk 651
— synthetischer 651
Keatit 555
Kekulé, August 200
Kekulé-Strukturen 201, 655
Kelvin, Lord 5
Kelvin-Skala 5
Kemp, J. D. 194
Kendrew, J. D. 678
Kerargyrit 473
Kern 741
— Drehimpuls 741
— magnetisches Moment 741
— Spin 741
— Helion-Triton-Modell 744 f.
Kernchemie 723
Kernit 391, 547
Kernmagnetische Resonanzmessung 260
Kernreaktionen 90, 730
Kernreaktor 40, 750
Kernspaltung 640 f., 747
Kernstruktur 80
Kernverschmelzung 747
Keto-Form 260
Ketone 655
Kettenreaktion 497 f.
Khorana, H. G. 685
Kieselgalmei 474
Kieselsäure 436, 554, 556
Kilogramm 3, 7
kinetische Energie 283
Kirchhoff 541
Knipping, P. 62
Kobalt 126, 576, 578, 591 f.
— Komplexe 578, 583
Kochsalz 65, 93, 151
— Struktur 151
Kodachrome-Verfahren 618 f.
Koehler, J. K. 329
Königswasser 577
Kohlenhydrate 663, 688
Kohlensäure 438
Kohlenstoff 87, 141, 146, 162, 179, 253, 647
Kohlenstoff 14 734
Kohlenstoffatom, Tetraederform 136
Kohlenstoffdioxid 148, 162, 251, 265, 438
— festes 34
— kristallines 251
Kohlenstoffmonoxid 148, 162, 250
— Struktur 168
Kohlenstoffsuboxid 255
Kohlenstofftetrachlorid 362
Kohlenwasserstoffe 189 f., 648

— aromatische 200
— cyclische 194
Kondensation 30
Konjugierte Doppelbindung 650
Kontaktverfahren 236
Koks 179, 595
Kollagen 669
Kolloid 414
Komplexe Cyanoferrate 603
Komplex-Ion 569
Konstanten, physikalische und chemische 754
Koordinationszahl 23
Koppsche Regel 301
Kornberg, A. 685
Korund 551
Kosmische Strahlung 700
Kovalente Bindung 129, 132 f., 145, 156
Kovalente Radien 169
Kracken 649
Kresole 654
Kristall 9, 15, 759
— Anordnung 18
— Dampfdruck 30
— Gitter 21, 757, 766 f.
— Klassen 25
— kubischer 21
— Radien 154
— Spaltung 9
— Struktur 764 f.
— Symmetrie 24, 755 f.
— Systeme 24, 760 f.
Kristallographie 21
Kristallographische Indices 767 f.
Kristallsoda 251, 253
Kritischer Druck 294
Kritischer Punkt 294
Kritische Spannung 102
Kritische Temperatur 292, 294
Kronig, A. 280
Kryoskopische Konstante 400
Krypton 110, 112, 127, 214 f.
— Verbindungen 217
Kryptonhydrat 380
Kubischer Kristall 759
Kugelpackung, kubisch dichteste 19, 34
Kunstdünger 204, 237, 241, 542
Kunststoff 665
Kupfer 7, 18, 33, 216, 237 f., 456, 609 f., 762
— Kristall 18
— Verbindungen 612
Kupferglanz 472
Kupferhexacyanoferrat 404
Kupferkies 472

Kupfersulfat 62, 83, 573, 613
Kupfervitriol 238

Labferment 687
Lachgas 245
Laevo- und dextro-Form 673
Lagermetall 565
Lagrange, Joseph Louis 801
Lambda-Teilchen 704
Langerin, Paul 814
Langmuir, Irving 262
Lanthan 475, 548
Lanthanone 118, 475, 552
Lapis lazuli 558
Larmor-Präzession 812
Lasurstein 558
Latimer, W. M. 461
Laue-Diagramm 767 f.
Lavoisier, Antoine Laurent 16, 77
Lawrence, Ernest Orlando 701
Leben 667
Le Châtelier, Henry Louis 354
Le Châteliersches Prinzip 354 f., 386, 392, 420, 568, 643
Lederberg, J. 680
Lee, Tsung-Dao 710
Legierung 6, 501 f., 513
— Kalium 40
Leitfähigkeit 118
— elektrische 9
— Wärme 9
Lepidolith 541
Leptonen 698, 708 f.
Leucin 670
Leucit 557
Lewis, Gilbert Newton 129, 262, 441
Libby, Willard F. 734
Licht 71, 615
Lichtgeschwindigkeit 2
Lichtquant 35, 56 f., 698
Liganz 378
Lipase 687
Lipoid 691
Liter 3
Lithium 121, 533, 540
Lithiumchlorid 541
Lithiumdeuterid 749
Lithiumfluorid 158
Lithiumjodid 154
Lockyer, Sir Norman 215
Löslichkeit 9, 390 f., 398
Löslichkeit von Gasen in Flüssigkeiten 398
Löslichkeit von Salzen und Hydroxiden 394

Löslichkeitskurve 392
Löslichkeitsprodukt 395, 411, 440
Lösung 7, 389 f., 402
— feste 7, 389
— Gefrierpunkt 399 f.
— Gefrierpunktserniedrigung 403
— ideale 408
— nicht ideale 408
— osmotischer Druck 403 f.
— Siedepunkt 399
— Siedepunktserhöhung 402
Lösungsenthalpie 392
Lösungsmittel 377
— Gefrierpunkt 403
— Siedepunkt 403
London, F. 343
Lorenz, Ludwig Valentin 344
Lorenz-Lorentz-Gleichung 344, 810
Lorentz, Hendrik Anton 344
Loschmidtsche Zahl 84
Luft 8, 215
— flüssige 215
Luminal 662
L- und M-Schale 111 f.
Lungenkrebs 24
Lyman, Theodore 99
Lyman-Serie 99
Lysin 671

Magische Zahlen 739
Magnesia 545
Magnesiamilch 545
Magnesit 545
Magnesium 166, 545
Magnesiumoxid 539
Magneteisenstein 594
Magnetisches Feld 38
Magnetisches Moment 70 f., 82, 817, 819
Magnetismus 593
Malachit 472
Malonsäure 255
Mangan 127, 452, 629 f., 641 f.
— Verbindungen 641 f.
Manganit 641
Manganspat 641, 643
Marmor 252
Marsden, E. 50
Martensit 600
Masse 1
— Erhaltung 2
Massenspektrographie 88
Maßeinheiten 751 f.
Maßsystem, internationales 2

Material 6
— heterogenes 6
— homogenes 6
Materie 1, 15, 698
Materiesorten 5
Maxwell, James Clerk 40, 53, 280 f.
Maxwell-Boltzmannsches Verteilungsgesetz 804
Maxwellsches Geschwindigkeitsverteilungsgesetz 289
McMillan, E. M. 644, 728
Medizin und Chemie 692 f.
Mendel, Gregor Johann 679
Mendelejeff 126, 128
Mendelevium 729
Mennige 566
Mesonen 698, 711 f.
Mesonenatome 721
Messing 611, 621
Metall 501 f.
— Gewinnung 471
— Kaltbearbeitung 611
— Molwärme 512
Metallcarbonate, Löslichkeit 438
Metallcarbonyl 584 f.
Metallurgie 471
Meteor-Krater 555
Meter 3
Methan 190, 208
Methanol 209, 441
Methionin 670
Methylalkohol 209
Methylchlorid 136
Methylcyanid 254
Methylen 254
Methylisocyanid 254
Methylorange 430
Metrisches System 2
Meyer, Lothar 126
Michaelis-Menten-Gleichung 494 f.
Mikrowellenspektroskopie 140, 169
Mikrowellenspektrum 261
Milchsäure 253, 658
Millikan, R. A. 44, 59, 72
Milner, S. R. 409
Mimetit 92
Mineral 6
Mischung 7
Mitscherlich, Eilhardt 91
Mörtel 561
Mößbauer-Spektroskopie 572
Mohrsches Salz 238
Mohs, Friedrich 181
Mohs-Skala 181

Mohssche Härte 540
Moissan, Henri 188
Mol 85
Molarität 390
Molekel 17
—Symmetrie 755 f.
Molekelkristall, Verdampfung 29
Molekulare Symmetrie 347
Molekulare Zustandssumme 806 f.
Molekulargeschwindigkeitsverteilungsgesetz 281
Molekulargewicht 77, 273, 401
Molekularmasse 77
Molekularorbital 131
Molekularstruktur 15
— moderne Methoden zur Aufklärung 17
Molrefraktion 810
Molvolumina von Ionen in wäßriger Lösung 412
Molwärme 283, 300
— von Metallen 512
Molybdän 586, 639
Molybdänglanz 639
Monazitsand 552
Mond-Verfahren 604
Monokliner Kristall 760
Montmorillonit 559
Morgan, Thomas Hung 680
Moseley, H. G. J. 78
Moseley-Diagramm 79, 92
Mottenkugeln 29
Mt. Mazama 486, 735
Müon 706
Müonium 721
Muller, H. J. 680
Mulliken, R. S. 219
Mutation 496
Nachtblindheit 689
Naphthalin 29, 87, 202, 394
Natrium 60, 540
— Amalgam 469
— Darstellung 467 f.
— D-Linien 73
Natriumammoniumtartrat 138
Natriumbicarbonat 253
Natriumcarbonat 251, 253, 542
Natriumchlorat 227
Natriumchlorid 10, 445, 452, 467, 542
— Elektrolyse 10
Natriumfluorid 539
Natriumhydrogencarbonat 251, 253
Natriumhydroxid 542
Natriumnitrat (Chilesalpeter) 247
Natriumperoxid 226
Natriumsilicat 556

Natriumsulfat, Löslichkeit 391
Natriumtetraborat 390 f.
Natriumthiosulfat 238, 617
Natrolith 557
Nebelkammer 702
Nernst, Walther 312
Neon 88, 110, 127, 214 f.
Neonlampe 215
Neptunium 128, 644
Neptunium-Zerfallsreihe 726 f.
Neurospora 496, 680, 691
Neutrino 709
Neutron 80
Newlands, J. A. R. 126
Newton, Isaac 52
Newton (N) 3
Newtonsche Bewegungsgesetze 96
Newtonsche Ringe 52 f.
Nicholson, J. W. 69
Nickel 126, 591, 593, 604 f.
— Komplexe 575
— Salze 575
— Verbindungen 575, 604 f.
Nickeltetracarbonyl 584
Nicolsches Prisma 136 f.
Nicotin 663
Niob 632
Nirenberg, M. W. 685
Nishijima, K. 714
Nishina 747
Nitrat-Ion 248
— Struktur 248
Nitrierhärtung 601
Nitroglycerin 4, 237
Nobel, Alfred 654
Noddack, Walter 644
Normalbedingungen 268
Normalität 390, 425, 454
Normalenthalpie
— Antimonverbindungen 183
— Arsenverbindungen 183
— Halogenverbindungen 188
— Kohlenstoffverbindungen 180
— Nichtmetallhydride 189
— Phosphorverbindungen 183
— Sauerstoffverbindungen 178
— Schwefelverbindungen 185
— Selenverbindungen 185
— Stickstoffverbindungen 182
— Tellurverbindungen 185
— Wasserstoffverbindungen 178
— Wismutverbindungen 183
Normalpotential 462

Noyes, A. A.   498
Nucleinsäuren   668
Nucleotid   681
Nuclid   80, 735
— Masse   84, 90

Ochoa, S.   685
Öle   659
Ölsäure   658
Oerstedt, Hans Christian   70
Oktaedrische Bindung   792 f., 816
Oktaedrisches Orbital   569 f., 816
Oktett   119
Olefine   197
Oleum   233
Onnes, Heike Kammerlingh   633
Onyx   556
Opal   556
Optische Aktivität   136
Ordnungszahl   77 f.
Organische Chemie   193, 647 f.
Organische Säuren   210
Osmium   605
Osmose   404
Osmotischer Druck von Lösungen   403 f.
Oxalsäure   437, 658
Oxidationsäquivalent   454
Oxidationsmittel   226
Oxidations-Reduktions-Normalpotential   458
Oxidations-Reduktions-Reaktionen   445 f.
Oxidationsstufen   240
— gemischte   620
Oxidationszahlen von Atomen   172 f., 224, 226
Ozon   145, 616

Palladium   65, 591, 605
Palmitinsäure   658
Papier   542
Paraffin-Reihe   190, 208
Paramagnetismus   812 f.
Parität   741 f.
Partialdruck   398
Paschen-Back-Effekt   784 f.
Pasteur, Louis   138
Pauli, W.   709, 742
Pauli-Prinzip   109, 592, 699, 712, 719, 815
Pechblende   49, 128, 640
Penicillin   694 f.
Pentamethylentetrazol   174
Pepsin   687
Peptidbindung   675
Perchlorsäure   205, 223 f., 437, 440
Perklias   540

Periodensystem   80, 95, 116, 117 f., 125
— geschichtliche Entwicklung   125 f.
Perjodsäure   229, 436
Perkes-Verfahren   473
Permanganat-Ion   452
Permanganat-Lösung   454
Permangansäure   437
Peroxydischwefelsäure   238
Peroxyschwefelsäure   238
Perrin, Jean   42
Perutz, Max   679
Pferdehämoglobin   404
Phasen   8
Phasenregel   356 f.
Phenanthren   202
Phenol   654
Phenole   652 f.
Phenolphthalein   432
Phenylalanin   670
pH-Meßgerät   424
pH-Skala   420
Phonon   633
Phosphin   135, 205
Phosphite   243
Phosphoniumsalze   205
Phosphor   146, 182, 211, 213
— Oxide   240 f.
— roter   146, 182 f.
— Sauerstoffverbindungen   240 f.
— schwarzer   146, 184
— weißer   146, 182 f.
Phosphorige Säure   243
Phosphorsäure   241, 427, 441, 681
Phosphorpentachlorid   168, 212, 573
Phosphorpentafluorid   346, 745
Phosphortrichlorid   211, 572
Phosphortrifluorid   166
Photochemie   615 f.
— Gesetz   615
Photoelektron   57
Photoelektrische Gleichung   58 f.
Photoelektrischer Effekt   57
Photographie   615, 617 f.
Photon   56, 66, 698
Photozelle   59 f.
— Natrium   60
Pion   704, 706
Pitzer, K. S.   194
Planck, Max   52, 56, 96 f.
Plancksches Wirkungsquantum   56, 59, 69, 97
Platin   577, 605
Platin-Iridium   3
Platinmetalle   591

Platinschwarz 606
Plutonium 128, 747
Poincaré, Henri 48
Polare (dipolare) Flüssigkeit 380
Polarimeter 137
Polarisierbarkeit 344 f.
Polarisiertes Licht 137
Polonium 47, 49, 127
Polyeder 19
Polymerisation 649
Polypeptid 664
Polypeptidkette 675
Polysaccharide 663
Portlandzement 561
Positron 700
Positronium 721
Powell, C. F. 706
Preußischblau 603
Priestley, Joseph 36
Prolin 671
Promotionsenergie 212
Propan 191, 194
Protactinium 126, 632
Protein 415, 664, 668 f.
Proton 77, 83, 699
Proust, Joseph Louis 17
Ptyalin 686
Punktsymmetrie 755
Purine 661 f.
Pyrex-Glas 547, 560
Pyridin 661 f.
Pyridoxin 688, 690
Pyrimidine 661 f.
Pyromorphit 92
Pyrophosphorsäure 241

Quecksilber 80, 474, 577, 621 f.
— Amalgam 6
— Barometer 33
— Fulminat (Knallquecksilber) 250
— Thermometer 621
— Verbindungen 624 f.
Quadratische Bindung 793 f., 819
Quadratisches Bindungsorbital 569 f.
Qualitative Analyse 240, 440
Quantenmechanik 72, 265
Quantenmechanik einatomiger Gase 274
Quantentheorie 265, 274
Quantenzahl 100, 106, 276
Quantitative Analyse 239
Quarks 717
Quarz 6, 137 f., 554
Quarzglas 555

Rabi, I. I. 742
Radikale, freie 253
Radioaktiver Indikator 732
Radioaktiver „tracer" 723
Radioaktiver Zerfall 483
Radioaktivität
— Entdeckung 47 f.
— künstliche 728
Radium 47, 75, 486, 546
Radon 112, 127, 214 f.
— Verbindungen 217
Raffination 471
— elektrolytische 470
Raleigh, Walter 24
Ramsay, William 93, 126, 217
Rankine-Skala 5
Raoult, F. M. 399
Raoultsches Gesetz 401 f.
Raumgruppe 25, 763
Raumsymmetrie 762
Rayleigh, Lord 126, 216 f.
Raymond, A. L. 660
Reaktion erster Ordnung 482
Reaktion zweiter Ordnung 487
Reaktionen, chemische 10
Reaktionsmechanismus 490
Rechtshändige und linkshändige Molekeln 674
Reduktionsäquivalent 454
Reines, F. 710
Relativitätskorrektur 46
Relativitätstheorie 2, 46
Resonanz 148, 202, 207, 251
Resonanzenergie 131, 202, 251
Resonanzstruktur 211
Resonanzteilchen 716
Rhenium 127, 644
Rhodanwasserstoffsäure 437
Rhodium 591
Rhodochrosit 91
Rhombischer Kristall 760
Rhomboedrische Zelle 762
Riboflavin 690
Richards, Theodore William 88
Riesenmolekel 367
Röntgen, Wilhelm Konrad 48
Röntgenbeugung 337, 766, 769, 771 f.
Röntgenbeugungsaufnahme 572, 675
Röntgendiagramm 449
Röntgenmikroanalyse 521 f.
Röntgenröhre 545, 640
Röntgenstrahlen 61, 78, 766
— Beugung 48, 62
— Entdeckung 47 f.

— Erzeugung 61
Roheisen 596
Rohrzucker 237, 663
Roscoe, Henry, E. 92
Rotation um Einfachbindungen 194
Rotationsspektren 317
Rote Blutkörperchen 669
Roter Brotschimmel 495
Roteisenstein 594
Rotkupfererz 472
Rotnickelkies 604
Rotverschiebung 738
Rotzinkerz 474
Rubidium 540
Rubin 551
Rumford, Count (Benjamin Thompson) 298
Russell, Henry Norris 114
Russell-Saunders-Kopplung 114
Russell-Saunders-Symbol 127, 591
Russell-Saunders-Zustand 782, 787
Ruß 179
Ruthenium 591, 605
Rutherford, Ernest 50, 80, 740
— Versuchsanordnung 51
Rutil 536
— Kristallstruktur 536, 820

Saccharose 663
Sackur, O. 806
Sackur-Tetrode-Gleichung 806
Säure, schwache 426, 429
— Dissoziation 426
Säurekonstante 427, 436
Säuren und Basen 419 f., 425
—Äquivalentgewicht 425
Salpetersäure 229, 247
Salpetrige Säure 245, 248
Salvarsan 693
Salzsäure 419
Sanger, F. 675
Saphier 551
Sardonyx 556
Sauerstoff 11, 17, 80, 83, 165, 184, 223, 272
Sauerstoffdifluorid 136
Sauerstoffsäuren, Stärke von 435
Saunders, F. A. 114
Scandium 552
— Bildungsenthalpie 548
— Verbindungen 548
Schalenmodell 743
Scheelit 640
Schießbaumwolle 654
Schissler, D. O. 499

Schlaf- und Beruhigungsmittel 662
Schmelzentropie 336
Schmelzpunkt 9, 31, 347 f., 371
Schmelzwärme 300
Schmirgel 551
Schraubenachse 764
Schrödinger, Erwin 106
Schwebetröpfchenversuch 44, 72
Schwefel 144, 231 f.
— monokliner 186, 332
— orthorhombischer 185
Oxide 232
— rhombischer 185, 332
Schwefeldichlorid 136
Schwefeldioxid 232
Schwefelhexafluorid 346
Schwefelkies 220
Schwefelkohlenstoff 148, 261
Schwefelsäure 235 f., 441
— chemische Eigenschaften 236
— Darstellung 236
— rauchende 233
— Verwendung 236
— Struktur 169
Schwefeltrioxid 234
Schwefelwasserstoff 135, 196 f.
Schweflige Säure 235
— Struktur 235
Schweißeisen 597
Schweres Wasser 380
Schwerspat 238, 546
Schwingungszustände zweiatomiger Molekeln 320
Seaborg, G. T. 729
Searles See 542
Segré 644, 700
Seife 542, 660
Seignettesalz 253
Sekunde 3
Selbst-Protolyse 420, 422, 441
Selbstzündung 498
Selen 7, 187, 231, 240, 765
Selenige Säure 436
Selensäure 437
Selenwasserstoff 135, 437
Selenzelle 187
Seltsamkeit 714 f.
Semipermeable Membran 404
Serin 670
Sichelzellenanämie 680
Sicherheitsglas 560
Siedepunkt 32
Siedepunktserhöhung 402

Siemens-Martin-Ofen 597
Siemens-Martin-Verfahren 598
Silber 80, 90, 473, 609 f., 611
— gediegenes 473
— Halogenide 615
— Jodid 448, 615
— Metallurgie 473
— Verbindungen 614 f.
Silberglanz (Argentit) 473
Silicide 554
Silicium 127, 147, 533
Siliciumcarbid 554, 567
Siliciumdioxid 536, 554
Siliciumhydrid 259
Siliciumtetrachlorid 208
Siliciumtetrafluorid 346, 537 f.
Silicone 561
Simpson, O. C. 284
Sinne, chemische 10
Skorbut 688, 690
Smaragd 545
Soda 253
Sodalith 557
Soddy, Frederick 88, 93
Sol 415
Sommerfeld, Arnold 98, 100
Sørensen, S. P. L. 421
Spannungsreihe, elektrochemische 456 f.
Spateisenstein 594
s,p,d,f-Ursprung 107
Spektrum 18, 56
— Emissions- 55
Spezifische Wärme 283
Spiegelebene 755
Spiegeleisen 598, 641
Spin 82
— Quantenzahl 82
Spiralsymmetrie 765
Sphalerit 623
Spodumen 541
Stärke 664, 686
Stahl 598
— angelassener 600
— eutektoider 601
— legierter 602
Stas, J. S. 84
Statistische Mechanik 265
Stearinsäure 658
Stein der Weisen 182
Steinsalz 10
Sterische Hinderung 194
Sterling-Silber 611
Stern, Otto 69, 284

Stern-Gerlach-Versuch 68, 742
Stevenson, D. P. 499
Stibin 135
Stickstoff 80, 145, 165 f., 181, 245 f., 267
— Sauerstoffverbindungen 245 f.
Stickstoffdioxid 267, 485
Stickstoffoxid (Stickoxid) 245
— Struktur 246
Stickstoffoxide 245 f.
Stickstofftrichlorid 136, 156, 165
Stickstoffwasserstoffsäure 263, 437
Stischowit 555
Stöchiometrie 85
Stoffwechsel 667, 686 f.
Stoffwechselvorgänge 686 f.
Stoney, G. Johnstone 37, 40 f.
Stoney (S) 37
α-Strahlen 49 f., 75
β-Strahlen 49 f.
γ-Strahlen 49 f., 82
Straßmann, Fritz 747
Strontianit 546
Strontium 546
Stuckgips 546
Sturtevant, A. H. 680
Sublimation 31
Substanz 1, 6, 9
— molekularer Aufbau 25
Substanzen mit Elektronenmangel 550
Substitutionsreaktionen 208
Sulfanilamid 693
Sulfate 237 f.
Sulfid 439, 580
Sulfidkomplexe 580
Sulfonamide 693
Sulfonsäuregruppen 366
Supraleitung 633 f.
Symmetrieachse 756
Symmetrieebene 755
Symmetriezentrum 755
Syphilis 693
Szintillator 63

Tacke, Ida 644
Talk 559
Tantal 632
Tatum, E. L. 496, 680
Tauchorbital 124
Tautomerie 260
Technetium 127, 644
α-Teilchen 732
Teilchenbeschleuniger 701
Tellur 126 f., 213, 231, 240

Tellursäure 240
Tellurtetrachlorid 573
Tellurwasserstoff 135, 437
Temperatur 4
Temperatur und Löslichkeit 392
Temperguß 8
Terpentinlöl 650
Tetrachlorkohlenstoff 140, 156, 208
Tetraeder 140
Tetraedrische Bindung 206, 819
Tetraedrische Molekel 347
Tetraedrischer Bindungswinkel (109° 28') 140
Tetraedrisches Bindungsorbital 140, 569 f., 789
Tetraedrisches Kohlenstoffatom 140, 143, 206
Tetragonaler Kristall 761
Tetramminkupfer(II)-komplex 574
Tetraphosphordekoxid 223
Tetrode, H. 806
Thallium 93, 627
Theorie 15, 34
Thermodynamik 5, 297 f.
Thermometer 5
— Quecksilber 5
Thermostat 482
Thiamin 689
Thiosäuren 238 f.
Thiosulfat-Ion 239, 578
Thomson, G. P. 67
Thomson, Joseph John 72, 74, 88, 699
Thorium 88, 126, 553, 632, 747
Thorium-Zerfallsreihe 726
Threonin 670
Thymin 662, 681
Thymolphthalein 430
Thyroxin 692
Titan 475, 629 f.
Titration schwacher Säuren und schwacher Basen 429
Titrationskurve 429, 433
Toluol 200
Tonerde 551
Torricelli, Evangeliste 31
Transargononenstruktur 168 f., 224
Transargononische Verbindungen 211 f.
Transistor 563
Trans-Konfiguration 485
Transurane 728
Tremolit 560
Tren 582
Tridymit 554 f.
Trigonale Doppelpyramide 212
Trikliner Kristall 760
Trimethylaluminium 550

Trinatriumphosphat 241
Trinitrotoluol 202
Triphenylmethylradikal 257
Trockeneis 251
Trockenelement 465 f.
Troutonsche Regel 338
Troutonsche Konstante 360
Tryptophan 67
Turnbulls Blau 603
Tyrosin 670

Übergangselement 118
Übergangsmetall 503 f., 569 f., 629 f.
Uhlenbeck, George E. 68
Ultramarin 558
Umwandlungsentropie 336
Umwandlungswärme 300
Unschärfebeziehung 72, 705
Unsynchronisierte Resonanz 507
Uracil 662
Uran 4, 49, 83, 88, 128, 215, 632, 640 f.
— Spaltung 747 f.
Uran-Actinium-Zerfallsreihe 725 f.
Uran-Radium-Zerfallsreihe 724 f.
Urey, Harold C. 12

Valenz 129
Valin 670
Vanadinit 92, 632
Vanadium 92, 629 f., 632
van de Graaf, R. J. 701
van den Broek, A. 126
van der Waals, Johannes Diderik 29, 293
van der Waalssche Anziehungskräfte 29, 193, 345, 383, 537
van der Waalssche Konstante 292
van der Waalssche Radien 170 f., 539
van Helmont, J. B. 265
Vanillin 656
van't Hoff, Jakobus Hendricus 139, 353, 404
Verbindung 77
Verbrennungswärme 687
Verdampfungsentropie 336
Verdampfungswärme 300
Vererbungsvorgänge 679
Verformbarkeit 9, 118
Vergärung 421
Veronal 662
Verteilung eines gelösten Stoffes zwischen zwei Lösungsmitteln 398
Verteilungsgesetz 281
Verteilungskoeffizient 398
Villard, Paul 49

Virus 28, 668
Vitamine 688 f.
Vitamin A 650, 688
— B_1 689
— B_6 496, 690
— B_{12} 690
— C 690 f.
— D 691
— D_2 691
— D_3 691
— E 691
— K 691
Volt 47
von Hevesy, G. 127
von Laue, Max 21, 62
Vulkanisation 651

Wasser 12, 17, 91, 157, 365 f., 422
— carbonhaltiges 438
— Dampfdruck 267, 799
— Dielektrizitätskonstante 377
— Dissoziationskonstante 422
— Eigenschaften 370
— Elektrolyse 11
— Gefrierpunkt 5
— kohlensäurehaltiges 251
— Reinigung 365
— schweres 380
— Siedepunkt 5
— Struktur 134, 369
— Tripelpunkt 5, 357
— Zustandsdiagramm 384 f.
Wasserenthärtung 368
Wasserglas 556
Wasserstoff 11, 17, 129, 177, 270, 380
Wasserstoffatom 95, 97, 107
Wasserstoffbrücke 371, 383, 664
— gewinkelte 382
Wasserstoffbrückenbindung 372 f.
Wasserstoffmolekel 131
— Ion 129 f.
Wasserstoffperoxid 135, 195 f., 437
Watson, J. D. 682
Wärme 297
Wärmeinhalt 161
Wärmemaschine 309
Wärmewert von Nahrungsmitteln 687
Weber, Wilhelm 814
Wechselwirkungen, starke 703
Weichlot 565
Weinsäure 138
Weinstein 253, 542
Weiss, P. 814

Weißbleierz 566
Weißgold 611
Weißmetall 565
Wellenbewegung 53, 71
Wellenfunktion 106, 131, 274 f., 779
Wellengleichung 278
Wellenmechanik 101, 105, 265 f.
Wellenmechanische Berechnung 131
Werner, Alfred 571
Wien, Wilhelm 699
Wilkins, M. H. F. 682
Willemit 474
Williams, R. R. 690
Wilson, C. T. R. 702
Wilson, E. B. jr. 194
Windfrischverfahren 599
Wirkungsgrad von Wärmemaschinen 309
Wismut, Sauerstoffverbindungen 240 f.
Wissenschaftliche Methodik 11
Wolfram 587, 640
Wolframit 640
Wurtzit 623 f.
— Struktur 624

Xenizität 714 f.
Xenon 110, 112, 127, 214 f., 296, 343 f., 552
— Hydrat 379
— Verbindungen 217, 379 f., 628
Xion 704
Xylol 200 f.

Yang, Chen Ning 710
Ytterbium 552
Yttrium 552 f.
— Verbindungen 548
— Bildungsenthalpie 548
Yukawa, Hideki 705
Yukawa-Teilchen 706

Zeeman, Pieter 783
Zeeman-Effekt 783 f.
Zelluloid 651
Zement 560 f.
Zentimeter-Gramm-Sekunde-System 2
Zeolithe 366 f., 557
Zerfallskonstante 486
Zink 570, 577 f., 579, 609, 621 f.
— Metallurgie 474
— Oxid 623
— Verbindungen 622 f.
Zinkblende 448, 474, 623
— Struktur 448, 623
Zinn 80, 147, 213, 564 f.

— Verbindungen 564 f., 577
Zinnstein 475
Zirconium 127, 475, 632
Zirkularbeschleuniger 701
Zucker 237, 663, 687
Zündung 498

Zustandsänderungen, reversible und irreversible 307
Zustandsdiagramm von Wasser 384 f.
Zweig, George 717
Zweiwertiger Kohlenstoff 253